Ottmar Ette
Geburt Leben Sterben Tod

(bibliotheca sinica)

Aula

―

Herausgegeben von
Ottmar Ette

Ottmar Ette

Geburt Leben Sterben Tod

Potsdamer Vorlesungen über das Lebenswissen
in den romanischen Literaturen der Welt

DE GRUYTER

Inhaltsverzeichnis

Vorwort —— V

Zur Einführung: Lebenswissen als ÜberLebensWissen –
von Transplantationen und Verpflanzungen —— 1

TEIL 1: Grundlagen eines Wissens vom Leben und Entwürfe der Geburt von Welten

Von der Zukunft des menschlichen Lebens —— 37

Pablo Neruda, Andrés Bello oder die lebendigen Schöpfungen der Welt —— 47

Vom Begriff des menschlichen Lebens —— 111

TEIL 2: Geburt, Leben, Sterben, Tod – Literarische Inszenierungen

Alejo Carpentier oder die Reversibilität der Lebensreise —— 153

Gabriel García Márquez oder der liebevoll aufgeschobene Tod —— 173

Saint-Simon oder Portraits von Geburt und Tod —— 195

TEIL 3: Geburt und Tod im Lager: Vom Leben und Sterben im konzentrationären Universum

Donatien Alphonse François de Sade oder die Beherrschung der Körper lebendiger Toter —— 217

Albert Cohen oder der Geburts-Tag im Miniatur-Konzentrationslager —— 259

Max Aub oder das Konzentrationslager aus der Vogelperspektive —— 302

Jorge Semprún oder eine Philosophie des Überlebenschreibens —— 340

Cécile Wajsbrot oder die Ästhetik der Abwesenheit —— 378

TEIL 4: Vom Leben und Sterben in autoritären Systemen: Vom Diktatorenroman, seinen Anfängen und Widerständigkeiten

Mario Vargas Llosa oder das Fest des Ziegenbocks —— 407

Esteban Echeverría oder das christologische Martyrium der Aufopferung —— 428

Ernest Renan oder die Desakralisierung Christi —— 452

Domingo Faustino Sarmiento oder das blutige Regime des Todes —— 462

Reinaldo Arenas oder die Freiheit des Freitods —— 498

Werner Krauss oder vom Überleben einer Diktatur —— 515

TEIL 5: Vom Leben, Sterben und vom Weiterleben der Welten: Lebenswissen in poetisch verdichteter Form

José María Heredia oder Visionen des Vergangenen für die Zukunft —— 557

José Martís mexikanische Lyrik oder der Lebendig-Tote —— 587

José Hernández oder Leben und Tod von Marginalisierten —— 625

José Martí oder der poetische Kampf gegen eine Übermacht —— 666

Rubén Darío oder das drohende Sterben des Spanischen —— 689

Ángel Ganivet, Miguel de Unamuno oder ein Ideenreservoir für Tod und Wiedergeburt Spaniens —— 740

TEIL 6: Von der Geburt und vom Lebenswissen der Avantgarden – Vom kubanischen Son bis zu Ophelias Tod und Wiedergeburt

Nicolás Guillén oder die Geburt des Son und der Intrahistoria —— 773

Oliverio Girondo, Jorge Luis Borges oder die Avantgarden und die
Straßenbahn —— 839

César Vallejo, Octavio Paz oder die Boten des Todes und der
Einsamkeit —— 866

TEIL 7: Geburt und Tod als Zeichen des Lebens: Von den Formen und Normen des Zusammenlebens

Gustave Flaubert oder das lange, intensive Sterben einer
Romantikerin —— 905

Clorinda Matto de Turner oder von der Geburt als Frau und Indígena —— 924

Gabriele D'Annunzio oder die Lust am Leben —— 949

Márcio Souza, Virgilio Piñera oder das Schwanken zwischen Leben
und Tod —— 1000

Roland Barthes, das Fehlen der Mutter und die Geburt —— 1024

Die Zitate in der Originalsprache —— 1043

Abbildungsverzeichnis —— 1093

Personenregister —— 1103

Zur Einführung: Lebenswissen als ÜberLebensWissen – von Transplantationen und Verpflanzungen

Himmel und Erde kommen in Berührung, und alle Dinge gestalten sich und gewinnen Form. Das Männliche und Weibliche mischen ihre Samen, und alle Wesen gestalten sich und werden geboren.[1]

Die Titelillustration dieses Bandes meiner Potsdamer Vorlesungen zeigt uns die berühmte Ophelia aus William Shakespeares *Hamlet* in dem nicht weniger berühmten Gemälde von John Everett Millais. Ich habe dieses Gemälde aus dem Jahre 1851/1852 ausgewählt, weil es aus meiner Sicht – und aus Sicht der nun beginnenden Vorlesung – in einem fundamentalen Sinne Geburt, Leben, Sterben und Tod zusammenführt und zusammenhält. Das Gemälde zeigt uns Ophelia als leichenblasse Figur, als – wie man sagen könnte – ‚a scheene Leich', als in ihrem Sterben begriffene, eigentlich schon längst tote, aber zugleich eigenwillig lebendige und vor allem als gebärende, neues Leben hervorbringende Frau,[2] figural eingebettet in alle Zyklen und Vegetationsstufen der sie umgebenden, liebevoll rahmenden, sachte von ihr Besitz ergreifenden Natur. Geburt, Leben, Sterben und Tod: Dies ist keineswegs eine bloße Abfolge, die ein Leben bezeichnet, keine unilineare Sequenz oder ein in eine einzige Entwicklung führendes Narrativ, das ein Dasein-zum-Tode versinnbildlicht, sondern ein untereinander Verwoben-Sein dieser unterschiedlichen Dimensionen menschlichen Lebens. Denn selbstverständlich sind alle vier Terme Bestandteile des Lebens. Ophelia liegt vor uns, mit geöffneten Augen, mit geöffneten Lippen: Sie erzählt uns ihre Geschichte, berichtet von ihren Visionen, spricht vom Wahnsinn des Lebens und Mordens, vom Wahnsinnig-Werden am Leben, das den Tod bringt, das sie und uns zum Wasser, zum Fruchtwasser eines neuen Lebens führt. Sie berichtet uns von all dem, *was nicht mehr ist und doch nicht aufhören kann zu sein*. Sie spricht zu uns vom Leben, von einer unvergänglichen Obsession.

Wir wissen es wohl: Unsere eigene Geburt und unser eigener Tod entziehen sich unserem reflektierten, gleichsam *selbst-bewussten* Erleben. Wir wollen den Augenblick erhaschen, der nicht mehr wiederkehrt: jenen Augenblick, der

---

[1] *I Ging. Das Buch der Wandlungen.* Übersetzt von Helmut Wilhelm. Köln: Diederich 1972, S. 316.
[2] Vgl. zur figuralen Bedeutung des Gebärens wie des Geburtsvorganges die schöne Potsdamer Habilitationsschrift von Gwozdz, Patricia: *Ecce figura. Anatomie eines Konzepts in Konstellationen (1500–1900).* Habilitationsschrift an der Universität Potsdam 2021.

Open Access. © 2022 Ottmar Ette, publiziert von De Gruyter. Dieses Werk ist lizenziert unter einer Creative Commons Namensnennung - Nicht-kommerziell - Keine Bearbeitung 4.0 International Lizenz.
https://doi.org/10.1515/9783110751321-001

nicht mehr ist und doch nicht aufhören kann zu sein. Ein Mittel bleibt uns: die Kunst des Menschen, in *allen* Kulturen der Welt: Seien es mündliche oder schriftlich fixierte, seien es phonozentrische oder graphozentrische Kulturen, sprechen sie zu uns mündlich als Mythos und Erzählung oder als schriftlich fixiertes Epos oder bürgerliche Epopöe. Denn Kunst, denn Literatur ist Wissen vom Leben, Wissen vom Sterben, Tod und Gebären. Die Literatur bietet uns die Chance, Zugriff auf Anfang und Ende eines Lebens zu erhalten, Geburt, Leben, Sterben und Tod zu repräsentieren, zu reflektieren und zu (re)inszenieren.

Welches Wissen vom Leben ist in literarischen und künstlerischen Darstellungen gespeichert? Welche literaturgeschichtlich und ästhetisch relevanten Aspekte treten in den Geburts- und Sterbeszenen in den romanischen Literaturen der Welt[3] hervor? Inwieweit enthalten die Gestaltungsformen von Geburt und Sterben, von Leben und Tod erzähltechnische Programmierungen, die uns nicht notwendigerweise den Schlüssel zum eigenen Leben, sicherlich aber den zum Leben der Literaturen der Welt in die Hand geben? Gibt es Bezüge zu Erkenntnissen der Naturwissenschaften oder der sogenannten Life Sciences, zu denen ich – wie Sie bald bemerken werden – auch die Literaturwissenschaften zähle?

Der französische Kulturhistoriker Philippe Ariès, mit dessen Thesen wir uns später eingehender beschäftigen werden, merkte einmal an: „Seit dem 19. Jahrhundert ist alles im Wandel begriffen. Zuvor blieb der Tod auf einige ihm eigens zugedachte Orte beschränkt […]; der Tod ist nun überall präsent und eingelassen. Man stellt sich nicht, als fürchtete man ihn, man klagt eher darüber, in stetiger Gesellschaft mit ihm zusammenleben zu müssen."[4] Ist unser Leben folglich durch ein Zusammenleben, durch die intime Konvivenz[5] mit dem Tod geprägt?

Furchtlos und analytisch, programmatisch, engagiert und distant beobachtend soll unsere Vorlesung das Zusammenleben von Tod und Leben, das (literarische) Erleben des Geburtsvorganges oder Gebärens, der Liebe und des Zeugens von Leben, aber auch das todbringende Morden oder das (literarische) Überleben des eigenen Todes anhand von Texten aus den romanischen Literaturen der Welt des 18. bis 21. Jahrhunderts unter anderem mit Blick auf Philippe Ariès' Feststellung untersuchen, dass die fatalen Dinge und ihre Orte – und gerade auch die

---

3 Zu Geschichte, Definition und Verständnis des Begriffs „Literaturen der Welt" vgl. Ette, Ottmar: *WeltFraktale. Wege durch die Literaturen der Welt*. Stuttgart: J.B. Metzler Verlag 2017.
4 Ariès, Philippe: *Geschichte des Todes*. München: dtv 1982, S. 17.
5 Zum Begriff der Konvivenz vgl. den dritten Band von Ette, Ottmar:*ZusammenLebensWissen. List, Last und Lust literarischer Konvivenz im globalen Maßstab (ÜberLebenswissen III)*. Berlin: Kulturverlag Kadmos 2010.

vermeintlich fixierten Orte des Todes – in Bewegung geraten sind. Und ich verspreche nicht nur den Studierenden der Allgemeinen und Vergleichenden Literaturwissenschaft, dass wir uns nicht auf die Literaturen der Romania beschränken werden. Im Sinne des großen deutschen Romanisten Erich Auerbach ist man ohnehin nur dann ein wirklicher Romanist, wenn man sich nicht allein auf die Literaturen der Romania konzentriert.

Bevor wir uns auf die Welt der literarischen Texte einlassen, sollten wir uns freilich vergewissern, aus welcher Blickrichtung wir auf jene Phänomene schauen möchten, mit denen wir es im Verlauf dieser Vorlesung zu tun bekommen werden. In diesem Zusammenhang ist es nicht bedeutungslos, dass wir uns bereits in früheren Vorlesungen, wie jener über *LiebeLesen*,[6] intensiv mit den Zusammenhängen zwischen Literatur und Leben beschäftigten und dies aus einer Perspektive taten, die ich mit dem Begriff des *Lebenswissens* beziehungsweise des *Überlebenswissens* bezeichnet habe.[7] Was ich darunter genau verstehe, lässt sich in der genannten Trilogie nachlesen, soll aber im Verlauf unserer aktuellen Vorlesung Stück für Stück entwickelt werden, wobei ich dies mit Vorliebe anhand literarischer Texte aufzeigen und entwickeln will. Ein Beispiel für diese Vorgehensweise werden Sie gleich in diesem Einführungsteil unseres Vorlesungsbandes kennenlernen.

In jedem Falle steht im Zentrum unserer Überlegungen immer wieder der entscheidende Begriff des Lebens, der über einen so langen Prozess im Verlauf der zweiten Hälfte des 20. Jahrhunderts aus den Literaturwissenschaften – und nicht nur aus diesen – förmlich ausgebürgert wurde. Was sollte die Literaturwissenschaft, so könnte man polemisch fragen, denn auch mit dem Leben zu tun haben? Genau hier aber liegt der nicht allein für unsere Literaturwissenschaften zentrale Punkt. Denn es wäre ein grob fahrlässiger inhaltlicher wie wissenschaftsstrategischer Fehler, wollten wir das Feld des Lebens den usurpatorisch danach benannten *Lebenswissenschaften* überlassen. Denn dieses medizinisch-technologische Fächerensemble deckt nur einen Teilbereich dessen ab, was wir mit „Leben" bezeichnen. Auch dies möchte ich Ihnen sogleich anhand eines literarischen Beispiels aufzeigen und plastisch vor Augen führen.

Als ich mich zum ersten Mal in einer Potsdamer Vorlesung mit diesem Thema beschäftigte, wählte ich einen stark theoretischen Zugang. Die theoretischen Fragestellungen und Herausforderungen werde ich sicherlich auch in diesen Vorlesungen eingehend erörtern und gezielt weiterentwickeln. Doch ist

---

6 Vgl. den zweiten Band der Reihe „Aula" in Ette, Ottmar: *LiebeLesen. Potsdamer Vorlesungen zu einem großen Gefühl und dessen Aneignung*. Berlin – Boston: Walter de Gruyter 2020.
7 Vgl. hierzu die Trilogie von Ette, Ottmar: *ÜberLebensWissen I–III*. Drei Bände im Schuber. Berlin: Kulturverlag Kadmos 2004–2010.

es mir wichtig, Sie von Beginn an mit den Literaturen der Welt und dem Lebenswissen und ÜberLebensWissen dieser Literaturen anhand konkreter Texte bekannt und vertraut zu machen. Denn es geht mir nicht zuletzt darum, dass Sie eine ganz bestimmte Lektürehaltung gewinnen und für Ihr eigenes Lesen nutzbar machen. Diese Heranführung soll mit Hilfe eines Textes erfolgen, der mir besonders spannend und aufschlussreich erscheint, weil er eine Vielzahl unterschiedlicher Aspekte von Leben und Wissen über Leben bietet, die zugleich auch im Bereich der Medical Humanities von Interesse und Bedeutung sind. So soll nach diesen kurzen einführenden Überlegungen zu Beginn unserer Vorlesung ein Text aus der neuesten deutschsprachigen Gegenwartsliteratur stehen, der uns mit dem Problem des Lebens und gleichsam einer Neugeburt des Lebens im Zusammenhang mit einer Transplantation konfrontiert, welche nicht nur Fragestellungen der Life Sciences aufruft, sondern nach literarischer, nach künstlerischer, nach ästhetischer Behandlung verlangt.[8]

Beginnen wir bei der Analyse unseres ersten Textes in dieser Vorlesung gleich *in medias res*! In den zentralen Passagen von David Wagners erstmals im Jahre 2013 erschienenen Prosatext *Leben*[9] stoßen wir in einem Krankenhaus auf einen Mann, der mit einer attraktiven Frau im Bett liegt. Es handelt sich nicht um eine Szene, wie sie einem Arzt- oder Krankenschwester-Roman entnommen sein könnte, sondern um den hundertunddritten von insgesamt zweihundertsiebenundsiebzig durchnummerierten Kurztexten, welche die mikrotextuelle Grundstruktur des 2013 mit dem Preis der Leipziger Buchmesse ausgezeichneten Werkes prägen – Es ist eine erträumte Liebesszene zwischen zwei Menschen, die eines verbindet:

> 103
> Die blonde Frau mit den kohlrabenschwarzen Haaren liegt neben mir, die Schwestern und Pfleger in meinem Zimmer übersehen sie geflissentlich. Ich vermute, sie tun mir einen Gefallen: Kaum vorstellbar, dass es erlaubt ist, hier mit einer Frau im Bett zu liegen. In diesem Bett ist es trotzdem nicht eng, La Flaca scheint nicht viel Platz zu brauchen. Sie küsst mich, also ist sie wirklich da.[10]

Was auf den ersten Blick wie ein Gemeinplatz und wie die Auffindung einer zwar trivialen, aber gleichwohl skandalträchtigen Szenerie wirkt, erweist sich

---

8 Vgl. zu diesem Problemfeld Ette, Ottmar / Wirth, Uwe (Hg.): *Nach der Hybridität. Zukünfte der Kulturtheorie*. Berlin: Verlag Walter Frey – edition tranvía 2014; sowie speziell zum Thema Transplantation dies, Hg.: *Kulturwissenschaftliche Konzepte der Transplantation*. Unter Mitarbeit von Carolin Haupt. Berlin – Boston: Walter de Gruyter 2019.
9 Wagner, David: *Leben*. Reinbek bei Hamburg: Rowohlt 2013.
10 Ebda., S. 135.

rasch in der Doppelbeschreibung der Frau, die „blond" und „kohlrabenschwarz" *zugleich* ist, als eine deutlich als solche gekennzeichnete literarische Erfindung, in der die Dinge bekanntlich *zugleich* so sind und nicht so sind, sich genau so zugetragen haben und doch nicht genau so zugetragen haben. Das schreiben macht in diesem Mikrotext mit bewährten literarischen Mitteln auf seine eigene Fiktionalität aufmerksam und unterstreicht, dass es nicht einer einzigen, klar definierten Logik alleine gehorcht.

Vieldeutigkeiten und polyseme Strukturierungen durchziehen den Roman von Anfang bis Ende. So gibt es gute Gründe dafür, dass der 1971 in Andernach geborene David Wagner seinem Band vorsorglich eine Lese(r)anweisung voranstellte: „Alles war genau so / und auch ganz anders."[11] Hier wird vorsorglich und wohl aus didaktischen Gründen für das Lesepublikum unterstrichen, was eigentlich selbstverständlich ist. Denn Literatur bietet stets mehr als eine einzige Logik an und setzt jeglichem Versuch entschiedenen Widerstand entgegen, auf eine einzige Logik, einen einzigen Sinn reduziert zu werden. Wenn es *einen* Sinn in den Literaturen der Welt gibt, dann diesen. Steht sie nicht noch immer in vielerlei Hinsicht in der Tradition jener *Poetik*, in der Aristoteles die folgenreiche Unterscheidung zwischen der Aufgabe des Geschichtsschreibers und jener des Dichters einführte?

Sehen wir also nach in diesem Grundlagenwerk des Schreibens im Abendland, um uns über die Fundamente literarischen Schreibens verständigen zu können! In unverkennbarer Absetzung von Platon hat Aristoteles im neunten Kapitel seiner im Abendland so wirkungsmächtigen *Poetik* den Eigen-Wert der unterschiedlichen Formen der Dichtkunst pointiert hervorgehoben und zugleich von der Aufgabe des Historiographen abgesetzt. So lesen wir in der Übertragung von Manfred Fuhrmann:

> Aus dem Gesagten ergibt sich auch, dass es nicht Aufgabe des Dichters ist mitzuteilen, was wirklich geschehen ist, sondern vielmehr, was geschehen könnte, d. h. das nach den Regeln der Wahrscheinlichkeit oder Notwendigkeit Mögliche. Denn der Geschichtsschreiber und der Dichter unterscheiden sich nicht dadurch voneinander, dass sich der eine in Versen und der andere in Prosa mitteilt – man könnte ja auch das Werk Herodots in Verse kleiden, und es wäre in Versen um nichts weniger ein Geschichtswerk als ohne Verse –; sie unterscheiden sich vielmehr dadurch, dass der eine das wirklich Geschehene mitteilt, der andere, was geschehen könnte. Daher ist Dichtung etwas Philosophischeres und Ernsthafteres als Geschichtsschreibung; denn die Dichtung teilt mehr das Allgemeine, die Geschichtsschreibung hingegen das Besondere mit. Das Allgemeine besteht darin, dass ein Mensch von bestimmter Beschaffenheit nach der Wahrscheinlichkeit oder Notwendigkeit bestimmte Dinge sagt oder tut – eben hierauf zielt die Dichtung, obwohl

---

11 Ebda., S. 5.

sie den Personen Eigennamen gibt. Das besondere besteht in Fragen wie: was hat Alkibiades getan oder was ist ihm zugestoßen.[12]

Halten wir einen Augenblick inne; denn diese berühmte Passage ist oft unvollständig interpretiert worden. Und so wollen wir versuchen, nicht wieder das zu überlesen, was stets überlesen worden ist: Die zweifellos als paradox zu bezeichnende Denkfigur, der zufolge in der verdichteten Sprache der Dichtkunst gerade die Brechung eines Ereignisses durch die Perspektive *eines* Menschen mit seiner bestimmten, konkreten Ausstattung, Prägung oder Bildung das Allgemeine hervorzubringen vermag, eröffnet den historisch wie kulturell wandelbaren ästhetischen Raum, innerhalb dessen das Allgemeine jenseits des Besonderen, jenseits des Partikularen, imaginierbar, denkbar, darstellbar und erkennbar wird. Durch die Fokussierung auf ein bestimmtes Lebenswissen wird ein Wissen vom Leben repräsentierbar, das mit Bestimmtheit die jeweils gewählte Fokussierung übersteigt.[13] Dieses auf die Literaturen der Welt gemünzte Paradoxon sollten wir unbedingt im Auge behalten, um besser zu verstehen, wie etwas Allgemeines (und gleichsam Philosophisches) über Geburt, Leben, Sterben und Tod literarisch entfaltet werden kann.

Abb. 1: David Wagner auf der Leipziger Buchmesse 2018.

In diesem Zusammenhang kann es in den nachfolgenden Überlegungen nicht um eine prinzipielle Unterscheidung und Abgrenzung dessen, was wir heute in einer abendländischen Traditionslinie als „Literatur" bezeichnen, von der Geschichtsschreibung, von der Historiographie gehen – ist dies doch eine Scheidung, die seit Jahrhunderten immer wieder im Zentrum so vieler epistemologischer und literaturtheoretischer Debatten und Umbesetzungen stand (und gewiss auch in Zukunft weiterhin stehen wird). Entscheidend für den hier gewählten Blickpunkt wie für

---

12 Aristoteles: *Poetik*. Griechisch/Deutsch. Übersetzt und herausgegeben von Manfred Fuhrmann. Stuttgart: Philipp Reclam jun. 1982, S. 29–31.
13 Vgl. hierzu auch allgemeiner das fünfte Kapitel in Ette, Ottmar: *ZusammenLebensWissen. List, Last und Lust literarischer Konvivenz im globalen Maßstab (ÜberLebenswissen III)*. Berlin: Kulturverlag Kadmos 2010.

den intendierten Blickwechsel scheint mir vielmehr in den berühmten Formulierungen des Aristoteles weniger, dass es anders als für den Geschichtsschreiber „nicht Aufgabe des Dichters ist mitzuteilen, was wirklich geschehen ist, sondern vielmehr, was geschehen könnte"[14] (oder auch: was hätte geschehen können).

Im Mittelpunkt der auf diese berühmte Scheidung bezogenen Überlegungen steht vielmehr eine paradoxe Denkfigur, die sich daraus ergibt, dass für Aristoteles die Geschichtsschreibung auf das Besondere, die Dichtung aber auf das Allgemeine ziele und folgerichtig auch ein ernsthafteres und philosophischeres Ziel verfolge als die Historiographie. Das Allgemeine aber, so Aristoteles' prägnante und bis heute nicht ausreichend entfaltete Formulierung, bestehe darin, „dass ein Mensch von bestimmter Beschaffenheit nach der Wahrscheinlichkeit oder Notwendigkeit bestimmte Dinge sagt oder tut."[15] Was aber ist hierunter zu verstehen? Und warum insistiert Aristoteles auf *einem* Menschen mit seiner bestimmten Ausstattung?

Die Brechung einer komplexen Realität durch die je besondere Prägung, Bildung, Ausstattung und Sinngebung eines Menschen und damit durch die Perspektive eines einzelnen Menschenlebens eröffnet im Sinne des Aristoteles den historisch wie kulturell wandelbaren ästhetischen Raum, innerhalb dessen das Allgemeine in seiner Komplexität überhaupt erst erfassbar, darstellbar und schreibbar wird. Wenn wir diese Denkfigur verstehen, so meine ich, dann verstehen wir wichtige, ja entscheidende Grundlagen der Literatur. Die Beschränkung auf die Perspektivierung durch ein einzelnes Menschenleben führt gerade nicht zu einer Einschränkung und Reduktion, sondern vielmehr – und hierin liegt die ganze Sprengkraft des aristotelischen Gedankens – zu dessen radikaler Ausweitung. Das Allgemeine wird erst durch die Rückbindung an ein höchst spezifisches *Lebenswissen*, Erlebenswissen, Überlebenswissen und Zusammenlebenswissen ästhetisch zum Vorschein gebracht. Wir befinden uns an einem für unsere gesamte Vorlesung entscheidenden Punkt.

Das nach bestimmten Regeln der Wahrscheinlichkeit und der Notwendigkeit generierte komplexe (literarische) Lebenswissen, das zweifellos einer relativen Eigen-Gesetzlichkeit und Eigen-Logik der Literatur verpflichtet ist und bleibt, erhebt damit Anspruch – folgen wir dem neunten Kapitel von Aristoteles' *Poetik* – auf einen höheren Erkenntniswert, als dies der im Besonderen verhafteten und an das Besondere geketteten Geschichtsschreibung in ihrer Orientierung am tatsächlich Geschehenen und damit Partikularen jemals möglich wäre. Gewiss, dies wird Historikern nicht gefallen, zumindest solchen, die sich der literarischen Mit-

---

14 Aristoteles: *Poetik*, S. 29.
15 Ebda., S. 31.

tel und Mechanismen historiographischen Schreibens im Sinne Hayden Whites[16] nicht bewusst sind. Dabei sollten wir mit Blick auf die aristotelische *Poetik* nicht vergessen, dass der griechische Philosoph in seiner *Rhetorik* neben der Veranschaulichung und der Vergegenwärtigung die *Verlebendigung* als ein weiteres herausragendes Mittel der (ästhetischen) Gestaltung zur Überzeugung durch Rede hervorhob.[17] Man könnte sehr wohl die These vertreten, dass es gerade die Verlebendigung aus dem Blickwinkel eines je spezifischen Lebenswissens ist, auf der die besondere Überzeugungskraft der Literatur (beziehungsweise der Literaturen der Welt) bis heute beruht.[18]

Fallen wir dabei nicht dem noch immer verbreiteten Irrglauben anheim, dass sich aus der aristotelischen Unterscheidung zwischen Dichter und Geschichtsschreiber die bis heute so unausrottbare Unterscheidung zwischen Fiktion und Nicht-Fiktion ableiten ließe. Denn allein der nur scheinbar so klare Gegensatz zwischen dem Vorgefundenen oder Aufgefundenen einerseits und dem Erfundenen andererseits vermag nicht der komplexen Funktionsweise von Literatur gerecht zu werden oder diese in ihrer Vieldeutigkeit gar zu erklären. Die Welt der Literaturen der Welt ist stets eine Welt der Komplexität, ganz so wie das Leben selbst. Es ist daher vielmehr notwendig und unverzichtbar, die Dimension des Lebens miteinzubeziehen und folglich den bipolaren ‚Gegensatz' zwischen Vorgefundenem und Erfundenem um die Dimension des Erlebten und Gelebten zu einem Dreieck zu erweitern. Denn erleben (und auch *leben*) lässt sich nicht nur das Vorgefundene, sondern auch das Erfundene, ohne dass immer klar würde, ob und inwiefern sich zwischen beiden eine Grenzziehung überhaupt definieren und etablieren ließe. Wir leben in unseren Leben die Fiktionen genauso wie das Faktische, ja bisweilen leben und erleben wir das Erfundene noch intensiver, als dies beim nur Faktischen der Fall wäre. Aber wir werden auf derartige Fragestellungen im Verlauf unserer Vorlesung noch mehrfach zurückkommen.

Jetzt ist es aber an der Zeit, zu unserem Beispieltext und zur Textanalyse zurückzukehren! Wenn also in David Wagners *Leben* – dem angeführten Motto gemäß – „alles genau so und auch ganz anders" ist, dann ganz wesentlich deshalb, weil dieser Text seinen Titel ernst nimmt und sich selbstverständlich

---

16 Vgl. hierzu White, Hayden: *Tropics of Discourse. Essays in Cultural Criticism*. Baltimonre – London: The Johns Hopkins University Press 1982.
17 Aristoteles: *Rhetorik*. Übersetzt, mit einer Bibliographie, Erläuterungen und einem Nachwort von Franz G. Sieveke. München: W. Fink Verlag 1980, S. 188–197 (1410a – 1412b).
18 Vgl. hierzu Nünning, Vera: Wie überzeugt Literatur? Eine kleine Rhetorik des Erzählens. In: Chamiotis, A. / Kropp, A. / Steinhoff, C. (Hg.): *Überzeugungsstrategien*. Berlin – Heidelberg: Springer-Verlag 2009, S. 93–107.

nicht mit schlichten Trennungen zwischen „facts" und „fictions" zufrieden gibt: Denn *Leben* ist – lassen Sie es mich so sagen – ein gutes Stück Literatur. Vielmehr werden die unterschiedlichsten Diskurse über Wirklichkeit(en) wechselseitig aufeinander bezogen und von der Position des Lebens und Erlebens her immer wieder neu miteinander verwoben, relationiert und konfiguriert. David Wagners *Leben* zielt auf das Leben, die Kunst und eine Lebenskunst, eine ‚Ars Vivendi' im Zeichen des bedrohten Lebens, im Zeichen des eigenen Todes.

Kehren wir also zum Ich zurück, das mit der blonden Frau mit kohlrabenschwarzem Haar im schmalen Bett seines Krankenzimmers im 1906 von Rudolf Virchow begründeten Klinikum liegt! Mag sein, dass diese schlanke, ja dünne Frau (span. „la flaca") als eine Erfindung des Ich-Erzählers bezeichnet werden darf, der sich kurze Zeit, nachdem man ihm eine fremde Leber transplantiert hat, vorstellt, diese könne von einer jungen Spanierin stammen, mit der er nun auf intimste Weise verbunden sei – durchaus eine sehr eigenwillige, in jedem Falle außergewöhnliche Variante innerhalb jener literarischen und essayistischen Transplantationsdiskurse,[19] in die sich David Wagner bereits 2009 mit seiner Erzählung *Für neue Leben*[20] einschrieb. Wir haben es folglich mit einem auf dem Gebiet organischer Konvivenz erfahrenen Schriftsteller zu tun.

Abb. 2: Virchow-Klinikum Forum in Berlin-Wedding.

Maßgeblich für die in diesem wohlkalkulierten Prosatext vorgenommene Perspektivierung des Erlebens einer Transplantation ist es aber, dass die Einpflanzung des Organs einer anderen Person auf den verschiedensten Ebenen die Frage nach dem Zusammenleben stellt – auch und gerade nach dem Zusammenleben im eigenen Körper-Leib. Die vom Ich imaginierte, ‚erfundene' Organ-

---

19 Vgl. hierzu die Texte von Jean-Luc Nancy, Francisco J. Varela und David Wagner einbeziehende Studie von Krüger-Fürhoff, Irmela Marei: Die neue Leber spricht Spanisch. Transplantationsnarrationen als Auseinandersetzung mit transkulturellen und biopolitischen Hybriditätsdiskursen. In: Ette, Ottmar / Wirth, Uwe (Hg.): Nach der Hybridität, S. 123–135. Vgl. auch dies.: *Verpflanzungsgebiete. Wissenskulturen und Poetik der Transplantation*. München: Fink 2012.
20 Wagner, David: *Für neue Leben*. Berlin: SuKuLTuR 2009.

spenderin, deren Identität wie bei allen Transplantationen dem Empfänger den internationalen Regeln gemäß nicht mitgeteilt werden darf, verwandelt sich in diesem Text gerade nicht in ein beliebiges und austauschbares Ersatzteil, sondern verkörpert sich buchstäblich als ein Eigen-Leben, als ein Leben der Anderen im Leben des Ich. Sie wird damit zur Lebens-Partnerin in einer *Konvivenz*,[21] die intimer kaum sein könnte und die in ihrer körperlichen wie leibhaftigen Dimension durch den im Eingangszitat in Szene gesetzten Kuss in ihrem wirklichen (und erotischen) Da-Sein hervorgehoben wird. Die Organspenderin ist zu einem Teil des Lebens des Ich geworden, so wie das Ich das Weiterleben der als Frau imaginierten Toten garantiert. Beide leben miteinander und ineinander in einer Verschränkung, die organischer nicht vorstellbar wäre.

Die Präsenz des fremden Organs im eigenen Körper lässt die Grenzen zwischen dem ‚Eigenen' und dem ‚Fremden' als fragwürdig, arbiträr und weitgehend brüchig erscheinen. Denn wo wäre hier eine Trennungslinie zu ziehen? Längst ist die Fremde im Diskurs des Ich zu einer Anderen geworden, die Teil des Eigenen ist; gleichviel, ob sie zunächst als Spanierin oder etwas später als Österreicherin oder Finnin[22] – das Ich hatte Jahre zuvor bereits eine finnische Briefpartnerin gehabt[23] – imaginiert wird. Die Autoimmunhepatitis der Ich-Figur beinhaltet als Krankheit, dass die eigene Leber als fremdes Organ wahrgenommen und ‚bekämpft' wird. Ist es da nicht geradezu folgerichtig, der Fremdwerdung des Eigenen mit Hilfe der Lebertransplantation eine Aneignung des Fremden gegenüberzustellen und dadurch einen wechselseitigen Austausch zu bewirken?

In diesem Zusammenhang bleibt sich die Ich-Figur gleichwohl der Tatsache bewusst, dass „ich mir eine europäische Liebesgeschichte zurechtspinne, eben weil ich nichts weiß".[24] Das fehlende Faktische wird durch die eigene Fiktion ausgeglichen, vielleicht auch kompensiert. Aber im Grunde ist es weit mehr: Der Krankheit wird ein Krank-*Sein* an die Seite gestellt, das mit den Mitteln gelebter Erfindung Elemente verstärkt, welche die Funktionsweise der Krankheit weniger bekämpfen als vielmehr friktional[25] – zwischen Findung und Erfindung oszillierend – unterlaufen. Das Erfinden ist nicht allein funktional, es kann auch lebens- und überlebenswichtig werden.

---

21 Vgl. zu den Dimensionen dieses Begriffs Ette, Ottmar: *Konvivenz. Literatur und Leben nach dem Paradies*. Berlin: Kulturverlag Kadmos 2012.
22 Wagner, David: *Leben*, S. 179.
23 Ebda., S. 150.
24 Ebda., S. 179.
25 Zum Begriff der Friktion beziehungsweise des Friktionalen vgl. Ette, Ottmar: *Roland Barthes. Eine intellektuelle Biographie*. Frankfurt am Main: Suhrkamp Verlag ²2007, S. 308–312.

Denn das Erfinden füllt nicht nur einfach die ‚Lücken' des Nicht-Wissens, die Lücken dessen, wo nichts vorgefunden werden kann, sondern entfaltet ein Lebenswissen und Erlebenswissen, das sich in eine lange abendländische Begriffsgeschichte des Organischen einschreibt. Wie aber lässt sich ein Organ und wie lässt sich davon ausgehend Leben definieren? Das Ich versucht, die lange abendländische Begriffsgeschichte auf die eigene transplantierte Leber zu übertragen:

> 179
> Was ist ein Organ? Was ist das, was dem einen aus dem Leib geschnitten und einem anderen eingepflanzt wird? Eine frühe Definition stammt von Thomas von Aquin, er unterschied Organe und Instrumente. Während ein Instrument, ein Beil zum Beispiel, unabhängig von einer bestimmten Seele existiert, sei ein Organ *unitum et proprium*, weil es bloß einer einzigen Seele zugute komme. So ungefähr steht es im *Historischen Wörterbuch der Philosophie*, Band 6. Stichwort Organon. Ich kann das auf meinem Telefon lesen, selbst hier, im Krankenhaus. [...]
> Organe sind selbständig und abhängig zugleich. Sie können nicht allein und für sich sein und haben doch ein Eigenleben, führen das aber ausschließlich innerhalb eines Organismus. Ihr Leben, ihre *vita propia*, ist bloß geliehen, deshalb, sagt Schelling, seien Organe Individuen, deren Individualität nur in Abhängigkeit von oder im Verhältnis zu einem Gesamtorganismus in Erscheinung treten könnte. Wird ein Organ vom Organismus getrennt, stirbt das Organ; der Organismus stirbt allerdings auch. Es ist ganz einfach: Ich sterbe ohne Leber, die Leber stirbt ohne mich.
> Also ist das, was ich fühle, dieses Leben, das ich noch habe, ein Zusammenspiel mehrerer Organe. Alles Lebendige tritt nie als Einzahl, sondern immer als Mehrzahl in Erscheinung. Leben ist die hybride Versammlung verschiedener Organe, gemeinschaftliche Praxis, ein Konzert, in dem jedes einzelne Organ Interesse am Überleben hat.[26]

Was ist Leben im Lichte der Leber? Der über ein Smartphone im Krankenhaus bezogene philosophische Diskurs aus einem online konsultierten *Wörterbuch der Philosophie* ermöglicht es dem Ich-Erzähler, das eigene Leben nicht nur in eine abendländische Reflexionsgeschichte von Thomas von Aquin bis zur Naturphilosophie Schellings zu integrieren, sondern ausgehend von der Frage nach dem Organ Leber die Organizität des Lebens literarisch zu beleuchten. Denn die Leber ist nicht nur unverzichtbar für das Leben des Ich, sie besitzt auch ein Eigen-Leben, das es zu respektieren gilt. Hat nicht das Eigen-Leben der eigenen Leber das eigene Überleben des Ich schon früh in Frage gestellt? Und musste nicht die Eigen-Leber durch eine Fremd-Leber ersetzt als neue Eigen-Leber das eigene Überleben sichern?

---

26 Wagner, David: *Leben*, S. 198f.

Ob die Theoriemetapher des Hybriden beziehungsweise der Hybridität freilich ausreicht,[27] um diese *Symbiose*, dieses organische Zusammenleben zu erklären, darf durchaus bezweifelt werden. An das Wesen der Symbiose und des Symbiotischen rühren Vorstellungen von Hybridität nur wenig. Wagners Text selbst bietet in der Metaphorik des Zusammenspiels noch ein erweitertes Theoriemodell jenseits der Pfropfung an, insofern es hier nicht um ein einziges Leben, sondern um ein Konzert von unterschiedlichen (Lebens-) Akteuren geht. Leben erscheint hier als ein Zusammenspiel und mehr noch: als ein Zusammenleben, das im Singular nicht gedacht werden kann, sondern das immer auf einer Vielzahl von Klängen, auf einer Vielzahl von Stimmen beruhen muss. Das Konzert ist mehr als bloßes mechanisches Zusammenspiel: Es zielt auf lebendige Konvivenz.

Die Konsequenz daraus ist nicht nur für die Transplantation von zentraler Bedeutung: Leben ist damit in einem fundamentalen Sinne immer schon ein Zusammenleben. Die Pluralisierung des Lebensbegriffs impliziert, dass Leben in der Einzahl gar nicht lebbar ist. Im Individuum des Menschen selbst sind gleichsam andere Individuen am Werk, die ihr Eigenleben führen, ohne doch je unabhängig leben zu können. Sie sind auf ein orchestriertes Zusammen-Leben angewiesen. Auf dieser neuen Grundlage wird jedwede Vorstellung von einem homogenen Individuum obsolet und durch das Bild einer Diskontinuität unterschiedlicher Akteure innerhalb des Individuums ersetzt, die freilich ihr Eigenleben nur dann leben können, wenn sie in einem positiven, vielstimmigen Sinne interagieren, wenn sie mithin orchestriert sind. Ein Leben ohne ein Zusammenleben gibt es in diesem umfassenderen Sinne nicht: Leben ist symbiotisch.

David Wagners Prosatext *Leben* führt – jenseits aller Biographeme rund um die angeborene Krankheit der Autoimmunhepatitis des realen Autors, die ebenso großzügig wie sorgfältig in den friktionalen Text eingestreut sind – am eigenen Körper-Leib, aber auch am eigenen, in insgesamt zweihundertsiebenundsiebzig diskontinuierliche Mikrotexte aufgespaltenen Textkorpus vor, wie Leben aus der Vielzahl entsteht. Allein dadurch wird ein Weiter-Leben[28] ermöglicht, dass diese lebendige und lebensstärkende Pluralität erhalten bleibt.

---

[27] Zur Sonderstellung von David Wagners *Leben* gerade auch mit Blick auf das „Verstörungspotential des Hybriditätskonzepts" vgl. Krüger-Fürhoff, Irmela Marei: Die neue Leber spricht Spanisch, S. 130.

[28] Zu weiteren Dimensionen des Begriffs ‚Weiterleben' und von Transvivenz vgl. Ette, Ottmar: Welterleben/Weiterleben. On Vectopia in Georg Forster, Alexander von Humboldt, and Adelbert von Chamisso. In: *Daphnis* (Amsterdam) 45 (2017), S. 343–388; sowie ders.: Juana Borrero: convivencia y transvivencia. In: Rodríguez Gutiérrez, Milena (Hg.): *Casa en la que nunca he sido*

Die eigentliche Transplantation erweist sich als Potenzierung des Lebens. Denn die *Leber*transplantation, die als mehrstündige Operation in Form einer Abfolge heller und dunkler Seiten in einer an Laurence Sternes *Tristram Shandy* erinnernden Darstellungsweise in Szene gesetzt ist, wird zur *Lebens*transplantation, in deren Verlauf nur durch das Zusammenspiel unterschiedlicher Leben Leben am Leben gehalten werden kann. Es entspinnt sich ein großer, vielfachst gebrochener Erzähltext über das Leben, der wie in Wagners Debütroman *Die nachtblaue Hose* zwar die „Mikroskopien des Alltags" und den Weg zu den „winzigen Dingen des Lebens"[29] meisterhaft beherrscht, zugleich aber nun die große Frage nach dem Leben – wenn auch mit vorsichtigen alltäglichen und bisweilen mikroskopischen Gesten und Mikronarrativen – zu stellen wagt. Wie in Wagners Erzählband *Was alles fehlt* geht es um ein „Leben, in dem man kein Ankommen findet"[30] – um dann doch aus einem Kampf um das Erleben in einen Kampf ums Überleben und Zusammenleben hineingezogen zu werden.

Doch im Zentrum unserer Betrachtung steht nicht umsonst dieser Text, der das Leben im Titel führt: Denn das Faszinierende in David Wagners *Leben* besteht darin, dass seine Leserinnen und Leser gerade durch das Mikroskopische und bisweilen scheinbar Hingeworfene förmlich hineingezogen und hineingesogen werden in ein sehr spezifisches Lebenswissen, das Wagners Kunst als ein Erlebenswissen und Nacherlebenswissen buchstäblich vor Augen führt. Im sprachlichen Zusammenspiel von Leben und Leber entsteht eine literarische Transplantation, die im Zusammenwirken der transplantierten medizinischen, philosophischen, autobiographischen und essayistischen Diskurse genauso – und zugleich anders – unter die Haut geht. Was eine Transplantation ist und wie sie erlebt werden kann, können wir in *Leben* wunderbar nacherleben; und zugleich das Leben wie das Sterben, die zweite Geburt wie die Reflexion an der Pforte des Todes.

Aus dem zunächst eher beiläufig entstehenden Bild des männlichen Ich, das in seinem Zimmer im Krankenhaus mit einer blonden jungen Frau mit kohlrabenschwarzem Haar im Bett liegt und von dieser geküsst wird, entsteht ein hochgradig verdichtetes Vexierbild, in dem sich Vorgefundenes und Erfunde-

---

extraña. *Las poetas hispanoamericanas: identidades, feminismos, poéticas (Siglos XIX – XXI)*. New York – Bern – Frankfurt am Main: Peter Lang 2017, S. 268–307.

[29] Ortheil, Hanns-Josef: Abschied vom Rhein. Loblied auf David Wagners „Meine nachtblaue Hose". In: *Merkur. Deutsche Zeitschrift für europäisches Denken* (München) LV, 628 (August 2001), S. 733–738.

[30] Kramatschek, Claudia: Pein und Peinlichkeit. Sehnsuchtsgeschichten von Karen Duve und David Wagner. In: *ndl. neue deutsche literatur* (Berlin) LI, 547 (Januar – Februar 2003), S. 194.

nes im Erlebten und weiter zu Erlebenden zusammenfinden. Dass diese europäische Liebesbeziehung dank der Firma Eurotransplant auf keine simple Paarbeziehung beschränkt bleibt, sondern sich auf viele Beziehungen hin öffnet, wird dem Ich im weiteren Verlauf seiner Überlegungen zunehmend klar. Denn der schönen lebensspendenden Toten wurden gewiss nicht nur die Leber, sondern sicherlich auch das Herz, die Bauchspeicheldrüse oder die Nieren entnommen. Diese aber stellen nun eine relationale Vielbezüglichkeit mit anderen Körpern, mit anderen Leibern, mit anderen Menschen her.

Die verschiedenen Transplantationen schaffen auf diese Weise eine ebenso diffuse wie wirkliche Relationalität der Transplantierten, die damit eine paradoxe Lebens-Gemeinschaft bilden. La Flaca steht damit für eine Konvivenz, die keine monogamen, sondern (passend zu den Frauenbeziehungen des Ich-Erzählers) polygame Züge aufweist und damit vor allem viellogisch geprägt ist. Das Leben mit der Leber einer (oder eines) Anderen ist damit nicht ein bloßes Weiter-Leben, sondern ein Leben, das sich der Tatsache bewusst geworden ist, dass es nur als Zusammenleben Leben gibt. Jenseits der transplantierten philosophischen wie medizinischen Diskurse führt dies der Band mit den Mitteln und Verfahren der Literatur auf ästhetisch überzeugende Weise vielstimmig vor Augen. David Wagners *Leben* entfaltet das Lebenswissen der Literatur als ebenso vieldeutiges wie viellogisches ZusammenLebensWissen. Von einem Zusammenleben, das nicht vom Ich, nicht von irgend einem Punkt der Vielbezüglichkeit aus zu öffnen oder gar zu zentrieren ist. Eine offene rhizomatische Strukturierung entsteht, welche die einzelnen Körper-Leiber, die einzelnen Subjekte transzendiert.

Im Zentrum des preisgekrönten Bandes von David Wagner steht in der Tat die Frage nach dem Zusammenleben. Diese betrifft ebenso die vielfachen Frauenbeziehungen, die das Ich mit wachsender Frequenz im Verlauf des Textes vor seinem Lesepublikum ausbreitet, wie die Beziehung zu seinem Kind, jener kleinen Tochter, die stets distanziert als „das Kind" bezeichnet wird,[31] aber mit ihrer unbändigen Lebensfreude dafür sorgt, dass ihr Vater die immer wieder aufkommenden Suizidgedanken regelmäßig über Bord wirft. Das Leben entfaltet seine Attraktivität in diesem Text vorwiegend aus der Aussicht an einer Teilhabe (und nicht nur Anteilnahme) an jenem menschlichen Lachen und Weinen,[32] dessen belebende

---

[31] Jens Jessen hat in seiner sehr kritischen Besprechung von Wagners Text diese Distanz als falsche Coolness und – mehr noch – als innere Leere gedeutet; vgl. Jessen, Jens: Das unbewegte Pokerface. In: *Die ZEIT* (Hamburg) (28.2.1013).
[32] Zur spezifischen Bedeutung von Lachen und Weinen aus der Perspektive der philosophischen Anthropologie Helmuth Plessners vgl. auch Krüger, Hans-Peter: *Zwischen Lachen und Weinen*. 2 Bde. Berlin: Akademie Verlag 1999–2001.

Stärke und Lebenskraft vor allem die Tochter des Ich-Erzählers verkörpert. Die unbändige Kraft der Kindheit fließt in das Leben ein und lässt es nicht mehr los.

Jenseits dieser Verkörperung von Lebensfreude durchzieht die Frage nach dem Zusammenleben die Gesamtheit des Textes jedoch nicht allein auf Ebene des polyphonen Eigen-Lebens der Organe im Individuum und der erotischen Erfahrungen im heterosexuellen Bereich, sondern auch und gerade auf der Ebene eines Zusammenlebens in größeren, komplexeren Gemeinschaften. Die Bettszene mit La Flaca bündelt diese verschiedenen Ebenen des Organischen, des Erotischen und des Kollektiven insofern auf eine ästhetisch vollkommene Weise, als die hier inszenierte Liebesszene sich in einem Krankenhauszimmer abspielt, wo die Schwestern und Pfleger ganz selbstverständlich – und ohne an der Tür des Kranken und Genesenden anklopfen zu müssen – allgegenwärtig sind. Die Welt von David Wagners *Leben* ist die Welt des Krankenhauses. Sie ist in diesem Prosatext das, was für Giorgio Agamben[33] das Lager in seiner abstraktesten wie in seiner konkretesten Form ist: Nomos und Paradigma des Lebens in der Moderne schlechthin. Wie aber ist diese Welt mit *der* Welt, mit der Erde verbunden?

Zur Beantwortung dieser Frage müssen wir ein klein wenig ausholen und die Frage nochmals anders stellen. Wie und mit Hilfe welcher Verfahren kann in der abendländischen Literatur von der Welt erzählt und Welt geschaffen werden? Wie löst die Literatur die ihr seit ihren Anfängen – seit dem *Gilgamesch*-Epos wie seit dem chinesischen *Shi-Jing* – übertragene Aufgabe ein, auf gleichsam demiurgische Weise Welt zu erzeugen?

Gleich im ersten, der „Narbe des Odysseus" gewidmeten Kapitel seines Hauptwerks *Mimesis. Dargestellte Wirklichkeit in der abendländischen Literatur* wandte sich der Romanist Erich Auerbach dieser Problematik zu, die für seinen Entwurf des Abendlands zumindest aus dem philologischen Blickwinkel von wohl noch größerer Bedeutung war als die Frage nach den schon zu seiner Zeit so oft in ihren antiken Tradierungslinien dargestellten Nachahmungskonzeptionen. Folgen wir also Auerbach bei seiner Suche nach einer Grundlagenforschung, welche zumindest für die abendländischen Literaturen Gültigkeit beanspruchen könnte!

Zur Erhellung dieser Problematik versuchte Auerbach, in seinem zwischen Mai 1942 und April 1945 in seinem Istanbuler Exil entstandenen und bis heute immer wieder aufgelegten Grundlagenwerk zwei sicherlich sehr unterschiedliche, aber miteinander verschiedenartig verwobene Traditionsstränge nachzuweisen, wobei er der Welt Homers auf ebenso komparative wie kontrastive

---

33 Vgl. Agamben, Giorgio: *Homo sacer. Die souveräne Macht und das nackte Leben*. Aus dem Italienischen von Hubert Thüring. Frankfurt am Main: Suhrkamp 2002.

Abb. 3: Erich Auerbach (1892–1957).

Weise die jüdisch-christliche Welt der Bibel gegenüberstellte. Der „biblische Erzählungstext", so Erich Auerbach, wolle uns

> ja nicht nur für einige Stunden unsere eigene Wirklichkeit vergessen lassen wie Homer, sondern er will sie sich unterwerfen; wir sollen unser eigenes Leben in seine Welt einfügen, uns als Glieder seines weltgeschichtlichen Aufbaus fühlen. Dies wird immer schwerer, je weiter sich unsere Lebenswelt von der der biblischen Schriften entfernt [...]. Wird dies aber durch allzustarke Veränderung der Lebenswelt und durch Erwachen des kritischen Bewußtseins untunlich, so gerät der Herrschaftsanspruch in Gefahr [...]. Die homerischen Gedichte geben einen bestimmten, örtlich und zeitlich begrenzten Ereigniszusammenhang; vor, neben und nach demselben sind andere, von ihm unabhängige Ereigniszusammenhänge ohne Konflikt und Schwierigkeit denkbar. Das Alte Testament hingegen gibt Weltgeschichte; sie beginnt mit dem Beginn der Zeit, mit der Weltschöpfung, und will enden mit der Endzeit, der Erfüllung der Verheißung, mit der die Welt ihr Ende finden soll. Alles andere, was noch in der Welt geschieht, kann nur vorgestellt werden als Glied dieses Zusammenhangs [...].[34]

Der Begriff des Lebens ist für Auerbachs Philologie zentral, blieb aber lange Zeit in der literaturwissenschaftlichen Forschung unerkannt. Auch in dieser Passage fällt die Präsenz des Lexems ‚Leben' auf, die sich hier mit der wiederholten Nennung des zweifellos soziologisch und kulturtheoretisch eingefärbten Begriffs der *Lebenswelt* verbindet. Auerbach entfaltet nicht nur auf der letzten Seite seines Hauptwerkes *Mimesis* ein wahres Feuerwerk der Lebens-Begriffe.

Die Tatsache, dass Erich Auerbach, der gewiss bereits zum damaligen Zeitpunkt seiner *Philologie der Weltliteratur*[35] auf der Spur war, die homerische und die alttestamentarisch-biblische Welt als die beiden fundamentalen Ausgangs- und Bezugspunkte begriff, deren Kräftefelder die dargestellte Wirklichkeit in

---

34 Auerbach, Erich: *Mimesis. Dargestellte Wirklichkeit in der abendländischen Literatur*. Bern: A. Francke Verlag 1946, S. 21.
35 Vgl. Auerbach, Erich: Philologie der Weltliteratur. In: *Weltliteratur*. Festgabe für Fritz Strich. Bern 1952, S. 39–50; wieder aufgenommen in Auerbach, Erich: *Gesammelte Aufsätze zur romanischen Philologie*. Herausgegeben von Fritz Schalk und Gustav Konrad. Bern – München: Francke Verlag 1967, S. 301–310.

der abendländischen Literatur bis in die Gegenwart prägen, führte den Philologen zur Einsicht in eine auf den ersten Blick paradoxe Struktur, die wir aber begreifen müssen, wollen wir die Komplexität literarischer Darstellungsmuster von Geburt, Leben, Sterben und Tod adäquat verstehen:

> Das Alte Testament ist in seiner Komposition unvergleichlich weniger einheitlich als die homerischen Gedichte, es ist viel auffälliger zusammengestückt – aber die einzelnen Stücke gehören alle in einen weltgeschichtlichen und weltgeschichtsdeutenden Zusammenhang. Mögen sich auch einzelne, nicht ohne weiteres sich einfügende Elemente erhalten haben, sie werden doch von der Deutung ergriffen; und so fühlt der Leser jeden Augenblick die religiös-weltgeschichtliche Perspektive, die den einzelnen Erzählungen ihren Gesamtsinn und ihr Gesamtziel gibt. So viel vereinzelter, horizontal unverbundener die Erzählungen und Erzählungsgruppen nebeneinander stehen als die der Ilias und der Odyssee, so viel stärker ist ihre gemeinsame vertikale Bindung, die sie alle unter einem Zeichen zusammenhält, und die Homer gänzlich fehlt. In jeder einzelnen der großen Gestalten des Alten Testaments, von Adam bis zu den Propheten, ist ein Moment der gedachten vertikalen Verbindung verkörpert.[36]

Die horizontale und die vertikale Bindung und Verbindung, die man durchaus mit der Unterscheidung zwischen syntagmatischer und paradigmatischer Ebene assoziieren könnte, werden nicht nur in ihren erzähltechnischen Möglichkeiten reflektiert, sondern zugleich in ihrer Macht und Gewalt, die insbesondere letztere auf ihre Leser*innen auszuüben pflegt. Das alttestamentarische Erzählmodell zielt auf einen Gesamtsinn, auf einen Gesamtzweck, dem auch und gerade das Leben der Leserschaft unterzuordnen, ja mehr noch: zu unterwerfen ist. Auerbach war sich der Kräfte, ja der Gewalt eines derartigen Erzählmodells sehr bewusst.

Erich Auerbachs Analyse ist, was den Urgrund abendländischen Erzählens angeht, von fundamentaler Bedeutung. Der raumzeitlich eng begrenzten Fragmenthaftigkeit von *Ilias* und *Odyssee* entspricht in Auerbachs Sinne eine große erzählerische (und erzähltechnische) Geschlossenheit, während umgekehrt die einheitliche „religiös-weltgeschichtliche Perspektive"[37] des Alten Testaments sich auf der Textebene in einer gleichsam zusammengestückelten Fragmentarität niederschlage. Die häufig untersuchte Dialektik von Fragment und Totalität[38] wird in diesen Eingangspassagen von Auerbachs *Mimesis* von einer nicht minder wirkungsmächtigen Wechselbeziehung zwischen – wie sich formulieren ließe – raumzeitlicher Begrenztheit und raumzeitlicher Entgrenzung sowie von

---

36 Auerbach, Erich: *Mimesis*, S. 22.
37 Ebda.
38 Vgl. hierzu u. a. Dällenbach, Lucien / Nibbrig, Christiaan L. Hart (Hg.): *Fragment und Totalität*. Frankfurt am Main: Suhrkamp 1984.

lebensweltlich fundierter Geschichtenwelt und religiös fundierter Weltgeschichte komplettiert.

Hierbei ist die Tatsache aufschlussreich, dass sich die weltgeschichtliche Dimension nicht nur mit einem Herrschaftsanspruch verbindet, der selbst die räumlich und zeitlich entferntesten Phänomene auf die eigene (Heils-) Geschichte zu beziehen sucht, sondern sich aus einer Abstraktion von konkreten raumzeitlichen Bedingungen entfaltet – und sich vor allem in ein direktes Verhältnis zum Leben seiner Leser setzt: „Während also einerseits die Wirklichkeit des Alten Testaments als volle Wahrheit mit dem Anspruch auf Alleinherrschaft auftritt, zwingt sie eben dieser Anspruch zu einer ständigen deutenden Veränderung des eigenen Inhalts; dieser lebt Jahrtausende lang in unausgesetzter bewegter Entwicklung in dem Leben der Menschen in Europa."[39]

Kein Zweifel: Erich Auerbach wollte, wie er dies schon im Untertitel seines Meisterwerkes signalisierte, seine Überlegungen auf Europa und auf den Bereich der abendländischen Literatur eingegrenzt wissen. Eine Ausweitung auf das, was er später in *Philologie der Weltliteratur* wie in einem Blitz als „Literaturen der Welt" bezeichnete, war im 1945 an den Rändern Europas abgeschlossenen Werk nicht vorgesehen.[40] Auch in der angeführten Passage zeigt die Verdoppelung des Lexems ‚Leben' die Wirkung, ja die Gewalt und Wucht an, die das erzähltechnische Modell des Alten Testaments in der jüdisch-christlichen, umdeutenden Bewegung ausübt. Diese Wucht, diese Gewalt ist zweifellos ‚gedämpft' im zweiten, im homerischen Modell, das letztlich in der Figur des Odysseus einen Reisenden schafft, der die hier ausgespannte und doch stets bewusst begrenzte Welt durch seine Bewegungen erkundet und zu ‚seiner', zu ‚unserer' Welt macht – zu einer Welt, die auf der Grundlage des Diskontinuierlichen, der immer wieder unterbrochenen und immer wieder fortgesetzten Bewegung lebt.

Ich möchte an dieser Stelle nicht die einfach herzustellende Verbindung mit den Bewegungen des Titelhelden im mesopotamischen *Gilgamesch-Epos* heranziehen, welche unseren Beobachtungskreis nochmals erweitern würden. Auch die Verweise auf andere Kulturkreise sowie das chinesische *Shi-Jing* mit seinen vielfältigen Bewegungsmustern sollen hier unterbleiben, damit wir uns ganz auf den für uns zentralen Punkt der Argumentation konzentrieren können. Denn man könnte Auerbach folgend und zuspitzend von einer kontinental-kontinuierlichen und einer archipelisch-diskontinuierlichen Erzähl- und Schreibtradition sprechen, wobei die erstere die Totalität der Welt gleichsam

---

39 Auerbach, Erich: *Mimesis*, S. 21 f.
40 Vgl. hierzu die Konzeption dieser Literaturen der Welt in Ette, Ottmar: *WeltFraktale. Wege durch die Literaturen der Welt*. Stuttgart: J.B. Metzler Verlag 2017.

enzyklopädisch durch unablässige Hinzufügungen erreicht, während die zweite sie *fraktal*,[41] gleichsam in der Form eines (im Sinne von Claude Lévi-Strauss verstandenen) „modèle réduit" beziehungsweise als „mise en abyme" (im Verständnis André Gides) hervorbringt. Für diese zweite Tradition stehen jene Textfiliationen, die ich in meinem gerade erwähnten Buch über *WeltFraktale* genauer zu fassen gesucht habe. Für welches Modell, für welche Filiation hat sich David Wagner entschieden?

Auch wenn sich sein *Leben* unterschiedlichster Diskurse bedient und auf dieser Ebene eine hohe Heterogenität aufweist, so lässt sich dieser Text, der sich auf der Ebene der Schreibweise einer unmittelbar erkennbaren „écriture courte" zuordnet, doch unverkennbar einer Tradition stark raum-zeitlich eingeschränkter Diegese angliedern. Die ganze Welt erscheint in einem Fraktal – und diese fraktale Welt ist in Wagners *Leben* keine andere als die des Krankenhauses. Im Krankenhaus erst bündelt sich die Welt: Das Krankenhaus steht fraktal ein für eine Welt, die ebenso in ihren kleinsten und alltäglichsten Mikrologien wie in ihren umspannenden Zusammenhängen einem sinnstiftenden Erklärungsmodell zugeführt wird. Beschäftigen wir uns also mit dieser inselhaften Welt des Krankenhauses!

Dass diese Welt ganz im Sinne Giorgio Agambens[42] eine Welt im Ausnahmezustand ist, kann dabei nicht verwundern. Im Krankenhaus ist dieser Ausnahmezustand nach der Aufnahme freilich alltäglichste Normalität: Der *Stato di eccezione* ist der Normalfall – Tag für Tag, Nacht für Nacht, Woche für Woche. Im Krankenhaus ist der Ausnahmezustand Routine. Als das Ich nach der Lebertransplantation zum ersten Mal im Rollstuhl und von einer Physiotherapeutin begleitet zur Rampe vor Haus 4 gebracht wird, vor der die Krankenwagen, aber auch die Fahrzeuge der Bestattungsunternehmen halten,[43] wird die Welt des Krankenhauses mit der Außenwelt verschiedentlich in eine Beziehung gesetzt. Sehen wir uns diese Beziehungen näher an!

Nur in einem ersten Schritt wird die Außenwelt mit dem Leben identifiziert: „Ich bin wieder unten, bin an der Luft, ich lebe."[44] Denn als das Ich gezwungen wird, „ein paar Schritte zu gehen, zwei, drei, vier, fünf, sechs, sieben Schritte",[45]

---

41 Zum Begriff des Fraktals vgl. Mandelbrot, Benoît B.: *Die fraktale Geometrie der Natur.* Herausgegeben von Ulrich Zähle. Aus dem Englischen übersetzt von Reinhilt Zähle und Ulrich Zähle. Basel – Boston: Birkhäuser Verlag 1987.
42 Vgl. Agamben, Giorgio: *Stato di eccezione. Homo sacer, II, 1.* Torino: Bollati Boringhieri 2003.
43 Wagner, David: *Leben,* S. 170.
44 Ebda.
45 Ebda., S. 171.

wird ihm dramatisch deutlich: „offenbar bin ich tatsächlich auf einem anderen Planeten gelandet, einem, auf dem die Schwerkraft viel größer ist als auf der Erde."[46] Die Welt des Ich hat sich in einem fundamentalen Sinne verändert: Nichts ist wie vorher. Die ganzen Ausmaße dieser Krankenhausanlage des Virchow-Klinikums werden aus der Perspektive des ‚Innenhofs' der Mittelallee dieser Welt mit ihrem Innenleben erkennbar: „Hier und da Lichthauben aus Glas, auf dem Klinikgelände ist fast alles unterkellert, eine Unterwelt unter der Unterwelt."[47] Die Überquerung des Styx beim Eintritt in diese Welt mit ihrem Eigen-Leben – der nicht „zuzahlungsbefreite"[48] Ich-Erzähler muss dem „Fährmann",[49] dem Fahrer des Krankenwagens, einen Fünf-Euro-Schein aushändigen, bevor die Überfahrt beginnen kann – machte freilich von Beginn an deutlich, dass die Welt des Krankenhauses nicht eine Welt der Toten ist, sondern dass sie eine höchst komplexe Lebenswelt darstellt: Nirgendwo sonst wohl ist das Leben, ist der Wunsch nach Leben intensiver und allgegenwärtiger. Das Leben zählt – und sei es auf einem anderen Planeten namens Krankenhaus ...

Diese Welt, dieser Planet des Krankenhauses ist komplex und so verwirrend, dass das Ich sich keine allzu präzisen räumlichen oder architektonischen Vorstellungen davon machen kann. So ist das Krankenhaus, das alles andere als eine gleichförmige, homogene Welt darstellt, in unterschiedlichste Stationen aufgeteilt, die nur auf langen Wegen über schier unendliche Gänge miteinander verbunden sind. Die einzelnen Stationen bilden unterschiedliche Inseln, von denen jede einzelne ihre nicht zuletzt auch disziplinär je eigene Insel-Welt mit ihrer eigenen Logik (und mit ihren eigenen Ärzten und Ärztinnen) bildet. Jede *Insel-Welt* aber ist wiederum Teil und Bestandteil einer archipelischen *Inselwelt*, in der die unterschiedlichen Logiken und Inseln untereinander und miteinander archipelisch wie transarchipelisch verbunden sind. Mit dem Rollstuhl oder dem rollenden Krankenhausbett – „Das Krankenhausbett ist eigentlich ein Fahrzeug, es hat vier Räder, es ist ein Krankenwagen, ich liege und gleite dahin, werde über lange Flure gefahren und in einen Aufzug geschoben."[50] – werden die großen Distanzen überwunden, so wie sich Inseln nur mit spezifischen schwimmfähigen Fahrzeugen ansteuern lassen. Wie mit einem Boot oder Schiff also können die Wasserflächen zwischen den Inseln, die Gänge und Flure, durchquert und große Distanzen zurückgelegt werden. Dabei ist alles in

---

46 Ebda.
47 Ebda., S. 173.
48 Ebda., S. 116.
49 Ebda.
50 Ebda., S. 20.

unablässiger Bewegung: Jede Insel ist multirelational mit allen anderen Inseln dieser Welt vernetzt.

Die archipelische Welt des Krankenhauses ist ihrerseits über die ständig landenden und wieder startenden Hubschrauber mit anderen Archipelen verbunden, so dass die Transplantate, die Herzen, Nieren, Lebern oder Bauchspeicheldrüsen stets auf transarchipelischem Wege ihren Weg ins Innere des Krankenhauses finden, bevor sie selbst zu lebendigen Bestandteilen jener Körper-Leiber werden, für die sie nach vom Ich nicht durchschaubaren Verfahren ausgesucht worden sind. Die Insel-Welten überlagern sich und verweisen ihrerseits auf sich wiederum überlagernde Inselwelten: *Une île peut en cacher une autre.* Und stellen diese sich überlagernden archipelischen und transarchipelischen Insel-Welten nicht ein Modell des eigenen Körper-Leibes dar, in welchem sich die Organe auf ähnliche Weise miteinander vernetzt haben?

Die archipelischen Strukturen des Diskontinuierlichen prägen aus diesem Blickwinkel nicht nur mit ihrem vielfältigen Eigen-Leben das Innen-Leben des Körper-Leibs des Ich, sondern auch die Insel-Welt und Inselwelt des Krankenhauses, dessen Archipel-Struktur über Ländergrenzen hinweg mit anderen Archipelen diskontinuierlich, aber relational vielverbunden zusammenhängt. Das Leben organisiert sich innerhalb wie zwischen diesen Ebenen stets als ein Zusammenleben, als eine Konvivenz von unterschiedlichen Organen, Menschen, Sprachen, Geschlechtern, Disziplinen, Diskursen, Konzernen und Ökonomien. Die fraktale Welt des Krankenhauses liefert ein Deutungs- und Erklärungsmodell für *die* Welt überhaupt. Gerade dadurch, dass sich der in viele Mikrotexte aufgeteilte Wagner'sche Text auf das Krankenhaus begrenzt, kommt er als Fraktal dem Auftrag der bürgerlichen Epopöe nach, die Totalität der Welt im begrenzten Raum eines Buches zu erfassen.

Die Welt des Krankenhauses ist voller Leben: Ständig wechseln die Menschen, die neben dem Bett der Ich-Figur im Krankenzimmer erscheinen. Menschen aus Berlin, dem Libanon oder Sibirien tauchen auf und verschwinden wieder, werden geheilt oder mit der Nachricht ihres baldigen Todes entlassen, zeigen sich mit ihren Ehefrauen, Geliebten, mit ihren Familien oder Arbeitskollegen, verweisen auf andere Sozialisationen und Gewohnheiten, auf andere Berufe und Lebenswelten, auf andere Sprachen und Kulturen. Ja, es gibt ein Außerhalb des Krankenhauses, aber dieses Außerhalb ist im Fraktal des Krankenhauses immer schon präsent. Hinzu kommt eine ganze Population von stets voneinander unterschiedenen und sich unterscheidenden Krankenschwestern und Pflegern, Studentinnen und Studenten, Ärztinnen und Ärzten sowie von Chefärzten, die schon an der Qualität ihrer gepflegten Schuhe mit handgenähten Ledersohlen erkennbar sind – Distinktionen allerorten ...

Ansätze einer Krankenhaussoziologie des Alltagslebens werden deutlich – oder geht es hier eher um eine Ethnologie? Das Krankenhaus erscheint somit nicht nur als Insel-Welt und Inselwelt, sondern als eine Welt der Konvivenz, die als Fraktal die ganze Welt, die ganze Erde abzubilden vermag. Es ist *die* Welt, die im Mittelpunkt des archipelischen Schreibens in diesem Band steht – *Et une clinique peut en cacher une autre*:

> 211
> Ich blättere in einem älteren Notizbuch, das in einem Seitenfach meiner braunen Reisetasche lag, offenbar hatte ich es da vergessen. Ich lese, im Krankenhaus liegend, Notizen übers Krankenhaus, diese Notizen habe wohl ich gemacht, die Schrift sieht aus wie meine. Immer wieder lese ich das Wort *Krankenhaus*, eigentlich möchte ich das Wort *Krankenhaus* nie wieder hören, schreiben oder lesen, ich möchte es nicht einmal mehr denken – aber weil ich schon weiß, dass ich das Wort *Krankenhaus* noch sehr oft werde hören und sagen müssen, versuche ich, mich abzustumpfen, ich sage leise: Krankenhaus, Krankenhaus, Krankenhaus, ich versuche, mich zu immunisieren, Krankenhaus, Krankenhaus, Krankenhaus, ich spreche dieses Wort so oft, bis es gar nichts mehr bedeutet, Krankenhaus, ach Krankenhaus. *Klinik* oder *Klinikum* klingt auch nicht besser.
> Im Krankenhaus, so mein Bettnachbar und Zimmerkamerad, er hat mich murmeln hören, seien wir dazu verdammt, zu liegen und zu warten, bis es besser wird. Oder richtig krank zu werden. Deshalb heiße es „Krankenhaus".[51]

Die geradezu rituelle Wiederholung des Wortes „Krankenhaus" versucht, die Semantik durch Abnutzung zu schwächen, das Wort durch seine häufige Benutzung zu entwerten, abzunutzen, austauschbar zu machen. Zugleich hat diese Repetition auch etwas Magisches, Beschwörendes: Einem unbekannten Ritus folgend und diesem vertrauend versucht das Ich, sich von seiner alles umfassenden Umgebung zu befreien. Die Vervielfachung des Lexems ‚Krankenhaus' entspricht der Vervielfachung der Krankenhäuser, die das Ich seit seiner Kindheit immer wieder aufsuchen musste und buchstäblich durchlaufen hat. Das Krankenhaus bietet Rettung, ist zugleich aber auch Gefängnis und Durchgang zum Tode.

Kein Wunder, dass sich das frühere Notizbuch in der braunen Reisetasche findet, die das Ich seit Jahrzehnten auf allen Reisen begleitet – auch auf dem Weg mit dem Fährmann zur Lebertransplantation im Virchow-Klinikum. Das Leben erscheint folglich so wie eine Reise, die das Ich immer wieder ins Krankenhaus – und immer wieder auch in andere Krankenhäuser – führt. Gibt es einen Weg zum Leben, der dauerhaft aus dem Krankenhaus herausführt?

---

[51] Ebda., S. 221f.

Schon früh wird in David Wagners *Leben* demonstriert, wie sehr sich irrt, wer Kranksein und Krankenhaus mit Bewegungslosigkeit verwechselt. Ein Mikrotext führt bereits zu Beginn des Prosatextes das Thema der Reise ein und verbindet es mit dem Thema der Insel:

> 23
> Ich schlafe in einer Außenkabine, in der Bordwand ein Bullauge, ich sehe Wasser, viel Wasser, manchmal zieht eine Insel vorbei, ein U-Boot taucht auf, ein Eisberg treibt dahin oder ein einsamer Schwimmer, der fast schon aufgegeben hat. Das muss die Vergangenheit sein.
> Ich habe mich eingeschifft, ich bin an Bord, es geht einmal durch mein Krankenzimmer, vom Kissen zum Nachtschrank, vom Nachtschrank zum Wandschrank, vom Wandschrank zum Tisch, auf den Stuhl, ans Fenster, ins Bad, zum Fernseher an der Wand und weiter. Ich bin unterwegs, im Bett geht es hinaus, der Transport schiebt, die Krankheit ist die große Reise, *le grand tour*, einmal in die Unterwelt und vielleicht zurück. Krankheit ist vakante Zeit, ist, habe ich das nicht irgendwo gelesen, die Reise der Armen.[52]

Wie bei Xavier de Maistre wohnen wir einem *Voyage autour de ma chambre*, einer Reise um die ganze Welt in meinem (Krankenhaus-)Zimmer bei. Es ist eine Entdeckungsreise in jeglicher Hinsicht, eine Abenteuerreise mit eingebauter Lebensgefahr: eine Reise, die zur Entdeckung des eigenen Lebens, vielleicht aber auch des eigenen Todes führt. So wie sich das Ich in seinem Krankenzimmer von Insel zu Insel hangelt, so wie sich die Krankheit als eine Schifffahrt von Insel zu Insel verstehen lässt, so wie sich das Leben des Ich als eine Reise von Krankenhaus zu Krankenhaus – unterbrochen von anderen Reisen in Berlin oder nach Mexiko – begreifen lässt, so ist das Leben eine Reise, die sich in unterschiedlichen Bewegungsräumen entfaltet. Es handelt sich um eine Abenteuerreise des Ich zum Ich in zweihundertundsiebenundsiebzig Textinseln.

Damit aber ist das Krankenhaus alles andere als ein statischer Ort. Es erweist sich vielmehr als ein hochgradig vektorisierter Bewegungs-Raum, durch den sich das Ich ständig bewegt oder unablässig – von Station zu Station, von Insel zu Insel – transportiert wird. Die Krankheit als „Grand Tour" erweist sich als die Reise einer Bildung des Ich, das ohne diese beständigen Reisen nie zu diesem Ich geworden wäre. Auch wenn es sich nicht selten als ein Schwimmer zwischen den Inseln versteht, „der fast schon aufgegeben hat".[53]

Denn das Krank-Sein des Ich reduziert sich nicht auf die Krankheit, lässt sich nicht auf jene Parameter zurückschneiden und reduzieren, welche der

---

52 Ebda., S. 26.
53 Ebda.

transplantationsmedizinische Diskurs bereithält – ein Diskurs, der gleichwohl in diesem Band unverzichtbar und letztlich allgegenwärtig ist. Das Ich von David Wagners *Leben* gestaltet seinen Weg vielmehr *im Ausgang* von der Krankheit: Das Leben des Kranken weiß sich im Kranksein in einer Welt, die der Krankheit die eigene Kreativität, die dem Vorgefundenen die eigene Erfindung und Selbst-Erfindung entgegenzusetzen sucht.

Kein Zweifel: Von Beginn des Wagner'schen Fraktaltextes, von Beginn seines ersten Teils an, der unter der Überschrift „Blut" steht, geht es für das Ich ums Überleben. Das Schreiben erscheint vor allem und in erster Linie als ein Überlebensschreiben. Unmittelbar vor der lebensbedrohlichen Attacke, an der er fast in seinem Badezimmer verblutet, liest der Protagonist in der Zeitung „etwas über Mücken und die Frage, warum sie bei Regen nicht von den fallenden Tropfen erschlagen werden".[54] Doch noch bevor das Ich „genau verstanden" hat, „wie sie überleben",[55] geht es schon ums eigene Überleben: um den eigenen Überlebenskampf. Dieser prägt den gesamten Band mit all seinen Textinseln.

Wenige Seiten vor dem Ende des Bandes schließt sich der Kreis, als erneut die Frage offen bleibt, ob bei dem außerhalb des Krankenhauses niederprasselnden Regen Mücken noch „überleben" können.[56] Dies ist keine Frage eines sterilen Fliegenbeinzählens: Die Frage nach dem Überleben und mehr noch nach einem ÜberLebensWissen ist neben jener nach dem Zusammenleben zweifellos eine Leitfrage, welche den Band in seiner Gesamtheit durchzieht. Aber welche Antworten hierauf finden sich in David Wagners *Leben*?

In Mikrotext 50 geht es um die Tatsache, dass es zum „Erfahrungsschatz eines jeden Erwachsenen oder Halbwüchsigen" gehört, mindestens einmal schon fast gestorben zu sein:[57] „Selbst zu Friedenszeiten ist Leben im Rückblick bloß Überleben – ein Wunder, dass all die Menschen rings um einen herum noch da sind, beinah wären sie alle schon gestorben. Fast jeder hat so eine Geschichte zu erzählen, und viele halten es für ein großes Glück, überlebt zu haben, bis zu diesem Satz, jetzt, hier."[58]

Bis zu diesem Satz: Ich schreibe, also lebe ich. Oder besser: Also lebe ich noch. Und ich lebe, so gibt uns der Text zu verstehen, weil ich bislang überlebt habe. Leben impliziert immer einen hohen Bestandteil an Überlebenswissen,

---

54 Ebda., S. 9.
55 Ebda.
56 Ebda., S. 267.
57 Ebda., S. 54.
58 Ebda., S. 55.

das – um es kurz zu sagen – ein Wissen bereithält, wie und auf welche Weise man überleben kann.

Schreiben und Erzählen sind LebensZeichen, sind Zeichen eines Lebens, das noch nicht aus-gelebt ist. Schreiben und Erzählen sind damit in David Wagners *Leben* so etwas wie ein „Lebensgeruch", den lebende Ameisen an sich haben, der sich aber bald nach ihrem Tod verflüchtigt.[59] Ich schreibe nicht mehr, also bin ich tot? So lange ich schreibe und – dies wusste auch Scheherazade – solange ich erzähle, lebe ich und habe ich überlebt, kann ich auf weiteres Leben und Überleben hoffen. Die kluge und umsichtige Erzählerin Scheherazade verkörpert so etwas wie die Ökonomie einer Literatur, die stets um ihren eigenen prekären Status weiß und eben darum – mit dem Mittel der Schrift – nach Ewigkeit, nach Unsterblichkeit trachtet.

In der großen Figur von *Tausendundeiner Nacht*[60] haben die Literaturen der Welt auf Ebene der Rahmenerzählung bereits vor Jahrtausenden eine Figur geschaffen, die sich nicht nur gegen das Sterben, gegen den Tod auflehnt und von der Gewalt berichtet, sondern diese Gewalt in einen Schöpfungsakt transformiert, welcher nicht nur der Erzählerin das Leben rettet. Literatur ist in ihrem Kern weit mehr als ein Erzählen von Gewalt: Sie ist ästhetische *Transformation* von Gewalt. Auch im Leben der Literatur ist der Tod stets allgegenwärtig – als Bedrohung, als Antrieb, als unverzichtbarer Bestandteil des Lebens. Das bedrohte Leben in Kreativität zu transformieren: Dies ist die Kraft der Literatur, die tief aus der Gewalt schöpft.[61]

David Wagner hat mit Bedacht sein ‚Todesarten'-Projekt[62] in seinen Band *Leben* integriert: in lyrischer Form angeordnete gewaltsame Todesfälle, die Zeitungsmeldungen entnommen – von ihrem Tod her schlaglichtartig eine jeweilige Lebensgeschichte erhellen, ja brutal ausleuchten. Erst vom Tod her werden diese Leben lesbar (gemacht). Aber nicht nur in diesen ‚Todesarten' experimentiert und operiert David Wagner mit Verdichtungsformen des Erzählens: Man könnte in der Tat mit Blick auf seine Prosa von einer „Intensivstation des Erzählens"[63] sprechen.

---

59 Ebda., S. 215.
60 Vgl. hierzu Ette, Ottmar: *ZusammenLebensWissen*, S. 44–47.
61 Vgl. hierzu die schöne Potsdamer Habilitationsschrift von Lenz, Markus Alexander: *Die verletzte Republik – Erzählte Gewalt im Frankreich des 21. Jahrhunderts (2010–2020)*. Habilitationsschrift Universität Potsdam 2021.
62 Vgl. hierzu den Verweis auf eine 2004 in einen Krankenhausaufenthalt ‚eingeschobene' Lesung David Wagners im Café Burger in Platthaus, Andreas: David Wagner über sein neues Buch: Meine eigene Geschichte, wie geht die? In: *Frankfurter Allgemeine Zeitung* (Frankfurt am Main) (21.2.2013).
63 Böttiger, Helmut: Ein fremdes Flirren. In: *Süddeutsche Zeitung* (München) (14.3.2013).

In der Literatur, so zeigt sich auch in *Leben*, geht es um Leben oder Tod – und auch und vor allem um das Leben des Todes (einschließlich des eigenen Todes: dessen, der schreibt, dessen, der liest).

Literatur ist stets ein Laboratorium, stets ein Erprobungsraum, bisweilen aber auch: ein Operationsraum. Wagners *Leben* ist ein literarisch intensives Operieren am offenen Leben, das nur zu schnell vom Tod her eine andere Richtung, einen anderen Sinn bekäme. Das Lexem ‚Leben' ist ein Substantiv, bei dem sich hinter dem einen Leben die vielen Leben verbergen: *Une vie peut en cacher une autre.* Und es lässt sich durchdeklinieren, als Verlauf erproben, in seiner Prozessualität testen – so lange, bis das Wort ‚Leben' alle Leben leben und lebendig werden lässt. Es bietet gegen die Gewalt keinen Widerstand auf, der nur Gegen-Gewalt wäre, sondern Widerständigkeit, die der Gewalt ihre Kraft abtrotzt.

Doch die vielen Leben, die vielen Geschichten lassen sich immer wieder auf ein Leben, auf eine Geschichte herunterbrechen. Und eine Geschichte erzählen kann nur, wer diese Geschichte selbst (und auch das Erzählen dieser Geschichte) überlebt hat.[64] Insofern ist das Erzählen, ist die Literatur mit dem Überleben – wie uns nicht nur die Literaturen der Shoah und der Konzentrationslager zeigen – auf fundamentale Weise verknüpft. Wir werden uns dies im Verlauf unserer Vorlesung noch genauer anschauen. Dem mit dem realen Autor nicht zu verwechselnden Ich-Erzähler von David Wagners friktionalem Prosatext – der knapp sieben Jahre nach der 2007 vorgenommenen erfolgreichen Lebertransplantation beim realen Autor David Wagner erschien[65] – wird dies im Verlauf seines eigenen Weges, seines eigenen Erzählens Schritt für Schritt klar. Denn er kommt „mit der Zeit dahinter, dass jede Krankheit, welche auch immer, ihren Patienten eine Geschichte schenkt. Eine Geschichte, die er oder sie dann gern erzählt, immer wieder, mit Ausschmückungen, Verzögerungen, Abschweifungen und dramatischen Wendungen. Sich selbst erzählen zu hören heißt, noch zu leben. Zu reden heißt, ich bin nicht tot."[66] Kann es ein klareres Angehen gegen den Tod geben als dessen textproduktive Herauszögerung im Über-das-eigene-Leben-Schreiben?

---

64 Vgl. hierzu ausführlich Ette, Ottmar: *ZusammenLebensWissen*, S. 44–47. Vgl. hierzu auch das Interview von Britta Bürger mit David Wagner „In existenzieller Not ‚hilft einem das Erzählen'" in *Deutschlandradio* am 15.3.2013, am Tag nach der Preisvergabe der Leipziger Buchmesse.
65 Vgl. hierzu das von Erik Heier geführte Interview „Der Schriftsteller David Wagner über sein neues Buch *Leben*" in *Tip Berlin* (Berlin (12.3.2013), S. 1.
66 Wagner, David: *Leben*, S. 241.

In ein „Gequatsche"⁶⁷ freilich darf dieses Schreiben, darf dieses Erzählen nicht ausarten. Hiervon grenzt sich der Ich-Erzähler bei David Wagner etwa so ab, wie sich die Erzählerfigur in Marcel Prousts *A la recherche du temps perdu* von der „conversation" und dem Geplauder in der Welt der Salons abgrenzt, um in seiner eigenen *recherche*, seiner eigenen Forschung dem Leben auf die Spur zu kommen.

Ganz ähnlich schützt sich die bewusst in Mikrotexte aufgespaltene ‚Geschichte' in Wagners *Leben* davor, in die Form einer kontinuierlich erzählten Geschichte – gleichviel, ob sie mit dramatischen Wendungen oder mehr im Plauderton erzählt werden mag – über das eigene Leben wie das eigene Überleben abzugleiten. David Wagners *Leben* ist auch der kunstvolle (und gelungene) Versuch, sich nicht von der eigenen Krankheitsgeschichte (und damit von der eigenen Krankheit) einfangen zu lassen, sich nicht auf diese Krankheit reduziert zu sehen, sondern der Krankheit im Kranksein ästhetische Widerständigkeit entgegenzusetzen. Und damit Krankheit nicht in Gesprächsstoff, in pure Konversation zu verwandeln, sondern in eine Kunstform zu bringen, in Kunst umzuschaffen.

Dieses Umschaffen aber braucht Zeit. Es hat wohl nicht umsonst ein ganzes Jahrsiebt gedauert, bis das Experiment des Buches eine literarische Antwort auf die Operation der Lebertransplantation zu finden und zu formulieren vermochte. Die Widerstandskraft der Ästhetik benötigt Zeit, erweist sich dann aber auch als eine Lebenskraft, welche ein ÜberLebensWissen entfaltet, ohne in einen (menschlich verständlichen, aber literarisch unergiebigen) Betroffenheitsdiskurs abzugleiten – nur noch Gesprächsstoff zu sein, austauschbar, verwechselbar.

Wagners *Leben* aber ist nicht austauschbar. Und die lebenswissenschaftlichen Reflexionen über den Körper-Leib des Erkrankten führen sehr weit. Denn der Körper des Kranken, erst einmal im Krankenhaus angeliefert, gehört nicht mehr dem Kranken; und diese Enteignung des Körpers wird wiederholt reflektiert:

> 43
> Eine Schwester betritt das Zimmer, fühlt mir den Puls, misst meinen Blutdruck. Mir kommt es vor, als gehöre mein Körper ihr. Ich überlege, wer im Laufe meines Lebens so alles an meinem Körper herumgefummelt hat: meine Mutter, mein Vater, alle Ärzte und Zahnärzte, mit denen ich zu tun hatte, alle Friseure und Friseusen, die, mit denen ich ins Bett gegangen bin, Personen des uneingeschränkten Vertrauens, die mir die Pickel auf dem Rücken ausgedrückt haben, neben denen ich schlafe, die Physiotherapeutin, die mir die Schulter massiert, das Kind, mit dem ich auf dem Teppich herumbalge. Das war's dann aber auch. Die meiste Zeit hatte ich mich ganz für mich allein. Der Körper aber, der

---

67 Ebda.

hier im Krankenhaus behandelt wird, ist nicht mehr meiner. Ich habe ihn abgegeben, ich habe unterschrieben, ich lasse andere machen.[68]

Der Körper-Leib, der wir sind und den wir haben, spaltet sich auf in ein Leib-Sein und ein Körper-Haben, wobei des letzteren Objekthaftigkeit im Krankenhaus im Vordergrund steht. Insofern kann dieser Körper als Objekt, als Gegenstand auch an ein Krankenhaus veräußert oder schlicht nur abgegeben werden. Dieses ‚Abgeben' des eigenen Körpers ist ein Abgeben des Körpers als Objekt – als Gegenstand von Untersuchungen, Messungen, Injektionen, Eingriffen, Operationen, Transplantationen. Diese Vergegenständlichung des Körpers hat Folgen für die Selbstwahrnehmung des Ich.

Von diesem Körper-Haben könnten wir im Sinne der philosophischen Anthropologie Helmuth Plessners[69] aber ein Leib-Sein unterscheiden, das nicht auf den Besitz des Körpers (den ich bemalen und verschönern, aber auch zur Behandlung abgeben und operieren lassen kann) abzielt. Beim Leib-Sein geht es vielmehr um jene Dimension gleichsam unveräußerbaren Schmerzes, aber auch unveräußerbarer Lust, die sich in diesem Leib-Sein jeglicher Objektivierung entgegenstellt und entzieht. Vereinfachend ausgedrückt: Den Leib kann ich im Krankenhaus nicht abgeben. Und doch ist er im Krankenhaus auch mit dabei – und nicht nur auf der Ebene der Schmerzstillung. Körper-Haben und Leib-Sein sind die beiden Seiten ein und desselben Körper-Leibs, der für das Ich und dessen Selbstwahrnehmung von zentraler Bedeutung ist.

In David Wagners *Leben* geht es – dies zeigt sich immer wieder deutlich – nicht allein um das Körper-Haben, sondern auch um das Leib-Sein. Denn dieses steht als Sein dem Ich-Sein des Erzählers deutlich näher. Auch in diesem Zusammenhang bleibt nichts auf die Logik des Krankenhauses (und der

---

68 Ebda., S. 49 f.
69 Vgl. u. a. Plessner, Helmuth: Anthropologie der Sinne (1970). In (ders.): *Gesammelte Schriften*. Bd. 3: *Anthropologie der Sinne*. Herausgegeben von Günter Dux, Odo Marquard und Elisabeth Ströker. Frankfurt am Main: Suhrkamp 1980, S. 317–393. Zur Fruchtbarmachung dieser erstmals 1970 erschienenen Schrift für eine philosophisch-literaturwissenschaftliche und zugleich lebenswissenschaftliche Textanalyse vgl. Ette, Ottmar: „Unheimlich nahe mir verwandt": Hand-Schrift und Territorialität bei Hannah Arendt. In: *Potsdamer Studien zur Frauen- und Geschlechterforschung* (Potsdam) V, 1–2 (2001), S. 41–54; sowie ders.: Mit Haut und Haar? Körperliches und Leibhaftiges bei Ramón Gómez de la Serna, Luisa Futoransky und Juan Manuel de Prada. In: *Romanistische Zeitschrift für Literaturgeschichte / Cahiers d'Histoire des Littératures Romanes* (Heidelberg) XXV, 3–4 (2001), S. 429–465. Vgl. zu dieser Dimension der Philosophie Helmuth Plessners insbesondere Krüger, Hans-Peter: Das Spiel zwischen Leibsein und Körperhaben. Helmuth Plessners Philosophische Anthropologie. In: *Deutsche Zeitschrift für Philosophie* (Berlin) XLVIII, 2 (2000), S. 289–317.

Krankheit) reduziert: Denn selbstverständlich stehen im Vordergrund des Blicks, der im Krankenhaus auf den Körper geworfen wird, die Objekthaftigkeit und die Möglichkeiten der Vergegenständlichung dieses Körpers – von der Pflege bis zum Eingriff, von der Erholung bis zum Herausschneiden und zur Transplantation.

Allerdings wird im Krank-Sein die Dimension des Leib-Seins lebendiger und virulenter denn je, auch wenn sich der *behandelte* Körper immer wieder in den Vordergrund zu schieben sucht und im medizinisch-technischen Diskurs (und gerade auch im Diskurs der Transplantationsmedizin) fast ausschließlich dominiert. Doch dieser medizinisch-technische Diskurs deckt nur einen Teil des Körper-Leibes ab, versucht uns aber zugleich vorzuspiegeln, dass er die Gesamtheit des Körpers abdecke, die Gesamtheit aller Lebensprozesse adressiere. Darin besteht gleichsam der Trick der sogenannten *Lebenswissenschaften*, uns dazu zu bringen, das Weg-Eskamotieren eines großen Teiles unseres Körper-Leibes gar nicht mehr wahrzunehmen oder bewusst zu erleben.

Der Ich-Erzähler selbst ist sich der Defizienz eines derartigen Vorgehens höchst bewusst und versucht, unsere Sinne für diese Art medizinisch-technischer Lebenswissenschaften zu schärfen. Denn sie blenden aus und negieren radikal, was in ihrer Sprache schlicht nicht auszudrücken ist. Die Literaturen der Welt aber suchen nach einer vollständigen sprachlichen Expressivität des Körper-Leibes und bilden daher einen Teil jener *Lebenswissenschaften*, welche diesen Term umfassend für sich beanspruchen dürfen: die sich folglich nicht nur auf Life Sciences beschränken. Das Leib-Sein führt eine andere Logik vor Augen, die nicht auf die Logik der Krankheit begrenzbar ist, sondern die Dimension des Im Leib Seins des Menschen – im Schmerz wie in der Lust – als Erlebensraum und Überlebensraum des nicht zu Objektivierenden höchst bewusst macht.

Selbstverständlich aber sind (wie im Erleben der physischen Liebe) Körper-Haben und Leib-Sein in keiner Weise voneinander getrennt, sondern ineinander verschränkt, ineinander verwoben. Veränderungen auf der Ebene des Körper-Habens führen (wie der Ich-Erzähler zu berichten weiß) zu unmittelbaren Reaktionen auf der Ebene des Leib-Seins: „Ist zuviel Ammoniak im Blut, wird der Körper müde. Und denkt sich seltsame Sachen aus."[70] Denn der Körper-Leib denkt und hat seine eigenen Ideen, wie dies Roland Barthes in seinem Versuch, zu einer Ästhetik der Lust zu gelangen, 1973 formulierte. So heißt es in jenem hochverdichteten Mikrotext, der die Figur 8 („Corps") abschließt: „Die Lust am

---

70 Wagner, David: *Leben*, S. 41.

Text, das ist jener Augenblick, in dem mein Körper seinen eigenen Ideen folgt – denn mein Körper hat nicht dieselben Ideen wie ich."[71]

Barthes' *Lust am Text* verdeutlicht uns noch einmal auf einer theoretisch-sinnlichen Ebene die Unteilbarkeit von Körper-Haben und Leib-Sein im lustvollen Erleben gerade auch der Lektüre. David Wagners Experimentaltext *Leben* folgt diesen Ideen und macht die Ideen des Körper-Leibs immer wieder lebendig und zugänglich, lässt sie uns lustvoll erleben und nacherleben. Der vierzig Jahre nach *Le Plaisir du texte* erschienene mikrotextuelle Band ist ganz gewiss kein Betroffenheitstext, der sich zugleich auf die Dimensionen eines Dankbarkeitsdiskurses (Dankbarkeit vor allem gegenüber den Organspendern, Dankbarkeit beispielsweise aber auch gegenüber den Ärzten und Krankenpflegern) begrenzen ließe. Es handelt sich vielmehr um einen hochgradig experimentellen Text, der die Lust am Text als Lust am Leben – als Lust am Lebenschreiben wie am Lebenslesen – auskundschaftet und uns ganz nebenbei einen panoramatischen Blick auf Geburt und Wiedergeburt, auf Leben und ein zweites Leben, aber auch auf Sterben und den Tod eröffnet. Er nutzt den Experimentierraum der Literatur, um die unterschiedlichsten Lebensformen und Lebensnormen, um die verschiedenartigsten Diskurse und Sichtweisen zu Wort kommen zu lassen und uns damit gleichsam spielerisch-ernsthaft in die Problematiken des Lebens und Erlebens einzuführen.

Wagners Experimentaltext ist aus vielen Diskursen, aus vielen Intertexten gemacht. Immer wieder wird dabei die Anamnese, die Grundform der medizinischen Narration der Krankengeschichte, in kursiver Setzung in den Text eingeblendet. Und doch hat dieser biowissenschaftliche Diskurs keine Präponderanz, besitzt keinerlei höhere Erkenntnis mit Blick auf das, was Leben ist. Der biowissenschaftliche und biotechnologische Diskurs über das, was Leben ist, erscheint als eine besondere Diskursformation, als eine besondere ‚Sprache', der gleichwohl kein höheres Erkenntnispotential zugeschrieben wird. Er ist sehr wohl graphisch hervorgehoben, aber nicht aus der Vielstimmigkeit, der Polyphonie der Diskurse herausgehoben. Er ist notwendig, um ein vollständiges Panorama des Schreibens über Geburt, Leben, Sterben und Tod zu bieten, nimmt aber – entgegen seines Anspruchs auf Vorherrschaft – keine zentrale Stellung in David Wagners *Leben* ein.

Was zeichnet diesen Diskurs und seine konkrete Textgestalt aus? Nun, die Geschichte, die von diesem medizinischen Diskurs erzählt wird, ist eine arme

---

[71] Barthes, Roland: *Die Lust am Text*. Aus dem Französischen von Ottmar Ette. Kommentar von Ottmar Ette. Berlin: Suhrkamp Verlag 2010, S. 27. Vgl. dort auch die ausführliche Kommentierung dieser Figur.

Geschichte: Sie erzählt von Symptomen und Befunden, von Diagnosen und Therapien, von Untersuchungen und Nachuntersuchungen, von Analysen und Prognosen. Im literarischen Text wird dieser biowissenschaftliche Diskurs mit vielen anderen Diskursen in eine – wenn man so will – im vollen Sinne *lebenswissenschaftliche* Diskursivität überführt, die sich nicht aus einer einzigen Logik speist, sondern die unterschiedlichsten Logiken relational miteinander zu verbinden sucht. Denn die Leserinnen und Leser dieses Experimentaltextes haben längst begriffen, dass die Problematik der Transplantation nicht monologisch, sondern nur polylogisch nachzuvollziehen und zu begreifen ist.

Fassen wir also zusammen: Der Fraktaltext David Wagners ist ein Experimentaltext in dem Sinne, dass er die Symptome und Zeichen, die Anamnesen und Krankheitsbilder, die Therapien und Schreibstrategien in eine Viellogik übersetzt, die sich jedweder monolithischen, kontinentalen Sinnerzeugung widersetzt! Aus der Widerständigkeit der Ästhetik erzeugt sie eine Diskontinuität, die in ihrer offenen archipelischen Strukturierung das Leben nicht einem einzigen Gesetz, nicht einem einzigen Verstehen zuführt und unterwirft. Denn wir müssen begreifen, dass Transplantation Fragen einer organischen Konvivenz aufwirft, die wir keinem medizinisch-biowissenschaftlichen Fächerensemble mit seinen präzisen, aber letztlich armen Diskursen allein überlassen dürfen.

Bereits die polylogische Anlage der Mikrotexte verweist als literarisches Strukturelement darauf, dass Leben in seiner fundamentalkomplexen Viellogik stets auch vielperspektivisch betrachtet sein will. David Wagners *Leben* kommt dieser literarischen Strukturierungsanforderung nach, ja übererfüllt sie experimentell. Das von uns gleich zu Beginn ins Auge gefasste Zusammenleben mit dem Du im Ich öffnet sich auf die unterschiedlichsten Diskurse so, wie sich die Organe der Spender(in) komplex disseminieren. Das Lebensprinzip von David Wagners *Leben* ist nicht der Dialog, sondern der Polylog – und mehr noch: eine vitale Polylogik.

Die zunächst kindlich erscheinende Sehnsucht des Erzählers nach einem allumfassenden Wissen tritt in dieser Abfolge von Mikrotexten immer wieder zutage. Wie aber wäre ein solcher Ort des Wissens – und zwar nicht nur eines disziplinierten Wissens, sondern eines komplexen Lebenswissens in seiner radikalsten Form – vorstellbar? In jungen Jahren hatte das Ich einen derartigen Ort imaginiert; so heißt es zu Beginn von Mikrotext 111:

> Als Kind hatte ich die Vorstellung, dass ich eines Tages an einen Ort komme, an dem ich alles erfahren werde, einen Ort, an dem sich alles klärt, alle Fragen, Rätsel und Probleme. Einen Ort, an dem sich herausstellt, was es mit diesem Leben auf sich hat, was dieses Leben überhaupt soll, wozu ich auf der Welt bin und warum was geschieht. Ich dachte, dass sich dort auch alle weiteren Fragen klären – was es mit den Sternen und dem Weltall, den Milchstraßen und Galaxienhaufen auf sich hat, warum das All so groß und wir so

klein sind, wie es mit dem Leben auf der Erde anfing, warum die Dinosaurier ausgestorben sind, wir, die Menschen, aber noch nicht, und wann es für uns soweit ist etc. etc.[72]

Allumfassender könnten die Fragen kaum sein, die sich das Kind in der Erzählerfigur in diesem archipelischen Prosatext stellt. Es sind Fragen, von denen wir längst wissen (oder doch zumindest wissen sollten), dass sich jede endgültige Antwort auf das, was Leben ist, nicht anders ausnimmt als das (vielleicht durchaus disziplinierte) Stehenbleiben auf einem Weg, der niemals aufhört, sich weiter und weiter zu verzweigen und auf immer neue Herkünfte wie Zukünfte zu verweisen. Wagners *Leben* wählt als strukturelle Antwort auf diese Problematik die archipelische und transarchipelische Lösung von kleinen literarischen Textinseln, in deren Relationalität die unterschiedlichsten Wissensfragen beleuchtet werden – selbst die, warum umherschwirrende Mücken nicht von großen Regentropfen erschlagen werden.

An eben dieser Stelle tritt die Literatur, tritt die literarische Seinsweise von Textualität in ihr Recht. In einer Wissenskonstellation, die sich wie im Falle der Literaturen der Welt aus vielen Ursprüngen ableitet und die aus vielen Sprachen und Kulturen kommt, die Jahrtausende durchquert hat und stets alle überlebte, die sie totgesagt haben, lässt sich die Frage nach dem Leben nicht aus einer einzigen Disziplin – und wäre es das biowissenschaftliche Fächerensemble – auf adäquate Weise ableiten.

Suchen wir nach Möglichkeiten, die Life Sciences oder Biowissenschaften in wirkliche Lebenswissenschaften zu überführen, dann werden wir nach Diskursivitäten und nach Aufschreibesystemen suchen müssen, die in der Lage sind, der Komplexität des Lebens durch den Rückgriff auf die unterschiedlichsten Traditionen, die verschiedenartigsten Blickwinkel, die vielfältigsten Sprachen und Diskurse gerecht zu werden. Geht es um die Entfaltung wirklicher Lebenswissenschaften, die das Kulturelle in gr. ‚bios' nicht länger auszuklammern versuchen, dann führt in der Vielfalt sich verzweigender Wege doch kein Weg an den Literaturen der Welt vorbei. Denn sie – und nur sie allein – verfügen über ein alle Kulturen, alle Räume und Zeiten querendes Lebenswissen, das uns die unterschiedlichsten Perspektiven auf Gebären und Sterben, auf Leben und Tod immer wieder neu enthüllt.

Aus all diesen Gründen kann auf das viellogische Wissen der Literaturen der Welt – dies scheint mir nicht nur mit Blick auf David Wagners *Leben* evident – gerade in der aktuellen Phase beschleunigter transarealer Austauschprozesse in keiner Weise verzichtet werden. Literatur ist für unsere Gesellschaften

---

[72] Wagner, David: *Leben*, S. 144.

ein lebensnotwendiges Lebensmittel.[73] Als ebenso unverzichtbar aber erscheint mir das Wissen einer viellogischen Philologie,[74] die sich – ganz im Sinne des Auerbach'schen Vermächtnisses – nicht in die jeweils vorherrschende Fachlogik zwingen lässt, sondern sich entschlossen den großen Fragen stellt, welche Literatur und Leben auf immer wieder neue Weise aufwerfen.

Denn der Anspruch, den Erich Auerbach sich selbst, vor allem aber der von ihm projektierten Philologie der Weltliteratur stellte, hätte umfassender und ambitionierter nicht ausfallen können. Die entschlossene Forderung, auf die bereits sein Band *Mimesis* und explizit dann der von ihm 1952 konzipierte Entwurf einer Philologie der Zukunft abzielte, scheint heute freilich verwegener denn je:

> Wir besitzen, soviel ich weiß, noch keine Versuche zu synthetischer Philologie der Weltliteratur, sondern nur einige Ansätze dieser Art innerhalb des abendländischen Kulturkreises. Aber je mehr die Erde zusammenwächst, um so mehr wird die synthetische und perspektivistische Tätigkeit sich erweitern müssen. Es ist eine große Aufgabe, die Menschen in ihrer eigenen Geschichte ihrer selbst bewußt zu machen; und doch sehr klein, schon ein Verzicht, wenn man daran denkt, dass wir nicht nur auf der Erde sind, sondern in der Welt, im Universum. Aber was frühere Epochen wagten, nämlich im Universum den Ort der Menschen zu bestimmen, das scheint nun ferne.[75]

Eine im vollen Verständnis lebenswissenschaftlich ausgerichtete viellogische Philologie kann nicht darauf verzichten, die fundamentale Frage nach dem Leben wie nach dem Ort – oder besser: den Orten – der Menschen im Universum zu stellen. Gewiss: Es gibt den Ort nicht, an dem sich alle Fragen klären lassen, an dem sich wissen und erleben lässt, was zuvor weder gewusst noch erlebt werden konnte! Es gibt nicht jenen Ort, den sich das Kind erträumte und den sich noch der Ich-Erzähler in David Wagners *Leben* sehnsuchtsvoll wünscht.

Auch der Erprobungsraum der Literaturen der Welt, der quer zu den Kulturen, quer zu den Sprachen, quer zu den Jahrhunderten verläuft, kann nicht an die Stelle eines solchen erträumten Ortes treten. Doch die Sehnsüchte nach einem solchen Wissen sind hier wohl am besten aufgehoben. Denn vielleicht – und darin liegen nicht allein eine Hoffnung und ein Begehren, sondern auch eine Ethik wie eine Ästhetik des Wissens verborgen – kommen die Literaturen der Welt diesem Sehnsuchtsort eines umfassenden Wissens vom Leben im

---

73 Vgl. hierzu Ette, Ottmar / Sánchez, Yvette / Sellier, Veronika (Hg.): *LebensMittel. Essen und Trinken in den Künsten und Kulturen.* Zürich: diaphanes 2013.
74 Vgl. hierzu Ette, Ottmar: *Viellogische Philologie. Die Literaturen der Welt und das Beispiel einer transarealen peruanischen Literatur.* Berlin: Verlag Walter Frey – edition tranvía 2013.
75 Auerbach, Erich: Philologie der Weltliteratur, S. 310.

Leben doch am nächsten. Und mit ihnen eine Philologie, die nach dem Leben fragt, die Literatur und Leben nicht miteinander verwechselt, aber auch beide Bereiche nicht voneinander abtrennt: eine Philologie, für welche die Frage nach Geburt und Sterben, nach Leben und Tod eine Frage darstellt, die zutiefst philologisch ist und auf die wir in unserer Vorlesung eine Vielzahl von Antworten finden werden.

TEIL 1: **Grundlagen eines Wissens vom Leben und Entwürfe der Geburt von Welten**

Von der Zukunft des menschlichen Lebens

Nähern wir uns zunächst in einem zweiten Schritt an die Themenstellung unserer Vorlesung vom Gebiet der Philosophie und von einem Punkt aus an, der seit der Wende zum 21. Jahrhundert recht stark diskutiert wird. Ich meine die Debatte um Eugenik und spreche unter anderem von Jürgen Habermas' Buch *Die Zukunft der menschlichen Natur – auf dem Weg zu einer liberalen Eugenik?*, das erstmals 2001 erschien und mittlerweile bereits in der mindestens sechsten – und erweiterten – Auflage vorliegt. Die Frage nach dem Leben ist eine Themenstellung, welche in besonderem Maße und seit vielen Jahrhunderten die Philosophie angeht. Auch wenn letztere diese Frage mit Hilfe eines seit dem Beginn der Moderne stark akademisch disziplinierten Diskurses erörtert und nicht über die Freiheiten und Polysemien literarischer Diskurse verfügt, so sind die Ergebnisse dieser akademischen Disziplin doch für unsere Vorlesung von großem Interesse.

Der Eingangstext dieses Bandes, der auf einen Vortrag anlässlich einer Preisverleihung in Zürich zurückgeht, steht unter dem Titel „Begründete Enthaltsamkeit. Gibt es postmetaphysische Antworten auf die Frage nach dem ‚richtigen Leben'?" und setzt sich mit einem Problem auseinander, das wir ebenfalls von Beginn an traktieren wollen: dem Verhältnis der unterschiedlichen Disziplinen zum Leben – weit jenseits der Literaturen der Welt. Ich möchte Ihnen gerne den Auftakt dieses Aufsatzes und dieses ersten Teils von Jürgen Habermas' Buch ungekürzt vor Augen führen und zu Gehör bringen; jenen beiden Sinnen, die ich mit unterschiedlichsten Zitaten immer wieder aufs Neue bei Ihnen anregen möchte. Lassen wir uns also auf die Logik und Argumentation eines renommierten deutschen Philosophen ein und stellen wir zunächst fest, dass dieser Philosoph auf ein Beispiel aus der deutschsprachigen Literatur zurückgreift:

> Im Anblick von „Stiller" läßt Max Frisch den Staatsanwalt fragen: „Was macht der Mensch mit der Zeit seines Lebens? Die Frage war mir kaum bewusst, sie irritierte mich bloß." Frisch stellt die Frage im Indikativ. Der nachdenkliche Leser gibt ihr, in der Sorge um sich selbst, eine ethische Wendung: „Was soll ich mit der Zeit meines Lebens machen?" Lange genug meinten Philosophen, dafür geeignete Ratschläge parat zu haben. Aber heute, nach der Metaphysik, traut sich die Philosophie verbindliche Antworten auf Fragen der persönlichen oder gar der kollektiven Lebensführung nicht mehr zu. Die *Minima moralia* beginnen mit einem melancholischen Refrain auf Nietzsches fröhliche Wissenschaft – mit dem Eingeständnis eines Unvermögens: „Die traurige Wissenschaft, aus der ich meinen Freunden einiges darbiete, bezieht sich auf einen Bereich, der für undenkliche Zeiten als der eigentliche der Philosophie galt [...] die Lehre vom richtigen Leben." Inzwischen ist die Ethik, wie Adorno meint, zur traurigen Wissenschaft regrediert, weil sie bestenfalls zer-

streute, in aphoristischer Form festgehaltene „Reflexionen aus dem beschädigten Leben" erlaubt.[1]

Wir sehen, dass Jürgen Habermas auf das Zitat des Schweizer Schriftstellers Max Frisch wenige Zeilen später ein anderes Zitat aus der Feder des deutschen Philosophen Theodor W. Adorno folgen lässt. In dieser Eingangspassage werden verschiedene Dinge schnell deutlich: Zum einen wird beklagt, dass die Philosophie einen ganzen Bereich geradezu aufgegeben habe, für den sie früher zentral zuständig gewesen sei. Es handelt sich um den Bereich der Lebensführung, mithin der Frage nach dem richtigen Leben, wie sie von der Moralphilosophie und der Ethik zuvörderst gestellt wurde. Warum aber traut sich die Philosophie, wenn wir Jürgen Habermas glauben, in diesem Bereich nichts mehr zu? Vertraut sie ihren eigenen Ratschlägen postnietzscheanisch nicht mehr?

Abb. 4: Jürgen Habermas (*1929) bei einer Diskussion in der Hochschule für Philosophie München.

Zugleich wird deutlich, dass Adorno ein halbes Jahrhundert zuvor bereits konstatieren musste, in welch starkem Maße die Philosophie bereits zum damaligen Zeitpunkt in der Gefahr stand, diese Bereiche immer mehr zu verlieren. Und doch hatten diese ehedem den Kernbereich der Philosophie und des Philosophierens gebildet…

Jürgen Habermas rückt diese Feststellung selbstverständlich strategisch an den Beginn seines Buchs, um sich eben diesem Gebiete zuzuwenden. Denn er wird im weiteren Verlauf des ersten Teils darstellen, in welch starkem Maße andere Disziplinen und Tätigkeiten in diesen Leerraum geschlüpft sind, allen voran die Psychoanalyse, aber auch – und dies in wachsendem Maße – all jene Wissenschaftlerinnen und Wissenschaftler, die im Bereich der Genomforschung und der Gentechnologie tätig sind und die aus der hohen gesellschaftlichen Legitimation, die ihnen zuteilwird, in nicht selten recht unbedarfter, geradezu naiver Weise Normierungen und Normvorstellungen vom ‚richtigen Leben' ent-

---

[1] Habermas, Jürgen: *Die Zukunft der menschlichen Natur – auf dem Weg zu einer liberalen Eugenik?* Frankfurt am Main: Suhrkamp 2001, S. 11.

wickeln und anbieten. Sie stoßen damit gezielt in jenen Leerraum, welchen die Philosophie – und nicht nur sie – hinterlassen hat.

Des Weiteren scheint es mir in diesem Zusammenhang nicht zufällig zu sein, dass der Philosoph Jürgen Habermas zunächst den Schweizer Schriftsteller Max Frisch – gewiss auch eine Reverenz gegenüber dem Ort der Preisverleihung – zu Wort kommen lässt. Denn es ist die Literatur, welche ihrerseits zu keinem Zeitpunkt darauf verzichtet hat, uns immer und immer wieder aufs Neue vom Leben zu erzählen, uns nach dem Leben zu fragen, uns ihr dichtes und zugleich diffuses Wissen über das Leben und vom Leben im Lebensprozess selbst vorzustellen. Die Literatur lebt uns ihre ständig erneuerten Fragen und Aporien vor, die ihr eigenes Lebenswissen mitgestalten und ihr Sein als ein künstlerisches Tun präsentieren, das – um mit Roland Barthes zu sprechen – darauf spezialisiert ist, nicht spezialisiert zu sein.

Wir haben bereits im Einleitungsteil zu dieser Vorlesung gesehen, dass sich die Literaturen der Welt unablässig mit dem Leben, mit dem Begriff des Lebens, mit den Fragen des Lebens auseinandersetzen. Wie wir am Beispiel von David Wagners Experimentaltext *Leben* gesehen haben, lassen die Literaturen der Welt die Frage nach dem richtigen Leben nicht unbeantwortet, ja mehr noch: Sie überschütten uns mit Antworten, die nicht auf einen eindeutigen Nenner zu bringen sind, sondern vielmehr einen Respons darstellen, der sich auf neue, nun spezifischere Fragen öffnet.

Die Literatur ist daher für den Philosophen Habermas mit Recht die erste Anlaufstelle und ein erster Bezugspunkt. Nicht aber die Literaturwissenschaft, die sich ja professionell mit der Deutung von Literatur beschäftigt. Sie hat sich im Verlauf ihrer Geschichte während des 20. Jahrhunderts immer stärker vom Begriff und den Bedeutungen des Lebens entfernt; und man könnte mit guten Gründen vermuten, dass sie dies zum gleichen Zeitpunkt tat, auf den bereits Theodor W. Adorno aufmerksam machte, nur dass sie diesen Abschied vom Leben in einer wesentlich radikaleren Weise vollzog. Wir haben bei unserem kurzen Rückblick auf die Philologie ja gesehen, wie stark der Lebensbegriff und das Nachdenken über das Leben beispielsweise noch bei einem Philologen wie Erich Auerbach war.

Bedeutungsvoll an diesem historischen Prozess ist nicht allein dessen Radikalität, sondern auch die Tatsache, dass ein solcher Rückzug aus dem Leben nicht einmal ins Bewusstsein der Literaturwissenschaftlerinnen und Literaturwissenschaftler gedrungen zu sein scheint; ein Bewusstsein davon, diesen riesigen und genuin literarischen Bereich jemals besessen beziehungsweise den Begriff und die Problematik des Lebens jemals verlassen und aufgegeben zu haben. Genau an diesem Punkt aber setzen meine Überlegungen zu unserer aktuellen Vorlesung an. Denn gleichsam zwischen den ‚Grenzen' von Geburt und

Tod – und diese ‚Grenzen' gehören selbstverständlich dazu – erstreckt sich das Leben. Letzteres nehmen wir gleichsam von seinen beiden Enden her in Angriff – so wie die berühmte Wurst, die ja bekanntlich zwei Enden hat und nicht notwendig vektoriell gerichtet ist. In gewisser, freilich methodologisch veränderter Weise erobern wir uns mit dieser Vorlesung einen traditionellen Bereich der Philologie zurück. Ist dies darum ein Beleg dafür, eine ‚Zukunftsphilologie' zu sein? Ich würde nicht zögern, eine solche Frage zu bejahen.

Zweifellos sind sowohl im Bereich der Philosophie als auch der Literatur gleichsam die Räume für die Reflexion des richtigen Lebens immer enger geworden und die Modelle für ein ethisch fundiertes Leben mit der Zeit abhandengekommen. Dies ließe sich zumindest für die zweite Hälfte des 20. Jahrhunderts behaupten. Die Pluralisierung der Lebensverhältnisse und die multi-, inter- und transkulturellen Bewegungen tun heute ein Übriges, um diesen Prozess Im Kontext der zu Ende gegangenen vierten Phase beschleunigter Globalisierung im Weltmaßstab zu verstärken.[2] Doch gerade in einem solchen weltumspannenden Zusammenhang, so scheint mir, haben die Literaturen der Welt weitaus bessere Chancen als die Philosophie, lebbare Modelle und Lebensvorstellungen zu diskutieren und ästhetisch zu repräsentieren, ohne in den unangenehmen Geruch zu kommen, normative und kulturell fixierte Lebensentwürfe entwickeln zu wollen.

Nun sind speziell in unserer Zeit die Dinge in Sachen Anfang und Ende des menschlichen Lebens technologisch sehr in Bewegung gekommen, insoweit der Mensch immer stärker sowohl den Beginn als auch das Ende des Lebens nicht nur zu gestalten, sondern zu programmieren und umzukodieren sucht. Wir haben einen ersten Einblick bereits durch die Problematik der Organtransplantation bekommen, doch lauten wesentliche Stichworte hierzu vor allem Präimplantationsdiagnostik (PID) sowie Forschung an embryonalen Stammzellen. Die daraus resultierenden grundlegenden Veränderungen und Folgewirkungen hat Jürgen Habermas in einer weiteren Passage seines Buches über *Die Zukunft der menschlichen Natur* recht plastisch dargestellt. Lassen wir den Philosophen also nochmals zu Wort kommen:

> Bisher konnte das säkulare Denken der europäischen Moderne ebenso wie der religiöse Glaube davon ausgehen, dass die genetischen Anlagen des Neugeborenen und damit die organischen Ausgangsbedingungen für dessen künftige Lebensgeschichte der Programmierung und absichtlichen Manipulation durch andere Personen entzogen sind. [...] Unsere Lebensgeschichte ist aus einem Stoff gemacht, den wir uns ‚zu Eigen machen' und im Sinne Kierkegaards ‚verantwortlich übernehmen' können. Was heute zur Disposition

---

[2] Diese Prozesse einer Generellen Globalisierungsgeschichte habe ich anhand literarischer Texte aus den Literaturen der Welt darzustellen gesucht in Ette, Ottmar: *TransArea. Eine literarische Globalisierungsgeschichte.* Berlin – Boston: Walter de Gruyter 2012.

gestellt wird, ist etwas anderes – die *Unverfügbarkeit* eines kontingenten Befruchtungsvorgangs mit der Folge einer *unvorhersehbaren* Kombination von zwei verschiedenen Chromosomensätzen. Diese unscheinbare Kontingenz scheint sich aber – im Augenblick ihrer Beherrschbarkeit – als eine notwendige Voraussetzung für das Selbstseinkönnen und die grundsätzlich egalitäre Natur unserer interpersonalen Beziehungen herauszustellen. Denn sobald Erwachsene eines Tages die wünschenswerte genetische Ausstattung von Nachkommen als formbares Produkt betrachten und dafür nach eigenem Gutdünken ein passendes Design entwerfen würden, übten sie über ihre genetisch manipulierten Erzeugnisse eine Art der Verfügung aus, die in die somatischen Grundlagen des spontanen Selbstverhältnisses und der ethischen Freiheit einer anderen Person eingreift und die, wie es bisher scheint, nur über Sachen, nicht über Personen ausgeübt werden dürfte. Dann könnten die Nachgeborenen die Hersteller ihres Genoms zur Rechenschaft ziehen und für die aus ihrer Sicht unerwünschten Folgen der organischen Ausgangslage ihrer Lebensgeschichte verantwortlich machen.³

Auf diesen biotechnologisch von den Life Sciences geprägten Gebieten der ‚Lebens-Gestaltung' zeichnet sich also eine neue Entwicklung ab, die in unseren Überlegungen, die um Literatur kreisen, nicht unberücksichtigt bleiben darf. Denn menschliches (und auch tierisches) Leben kann im Zeichen eines biotechnologisch-medizinischen Fächerensembles längst zum Gegenstand eines wissenschaftlichen ‚Lebens-Designs' werden. Die Ausschaltung der Kontingenz und des Zufalls, der für Balzac bekanntlich im berühmten Vorwort zu seiner *Comédie humaine* noch „le plus grand romancier du monde" war, geht die Literaturen der Welt und deren Lebensbegriff ganz unmittelbar an. Die gewünschte und biotechnologisch angestrebte größtmögliche Ausschaltung des Zufalls aber stellt auch die Philologie im Zeichen des Zusammenspiels von Zufall, Möglichkeit und historischer Notwendigkeit vor gewaltige Herausforderungen.⁴

Ich hatte zu Beginn unserer Vorlesung gesagt, dass sich unsere eigene Geburt und unser eigener Tod unserem reflektierten Erleben entziehen. Dies wäre zwar auch in den Zeiten der Präimplantationsdiagnostik noch immer der Fall. Doch ist die Unverfügbarkeit über die Programmierung des Lebens – und damit die rationale Konzeption eines Menschen am Reißbrett der Biowissenschaften – auf einer sehr zentralen, entscheidenden Ebene aufgebrochen: Sie beginnt, einer zunehmenden Verfügbarkeit von Lebensvorgängen und Lebensbereichen Platz zu machen.

wir können auch an dieser Stelle erkennen, dass die Nicht-Verfügbarkeit bislang ein menschliches Attribut war, die Verfügbarkeit hingegen ein fraglos göttliches. Auf diesem weiten Feld des Lebens sind die Dinge in Bewegung ge-

---

3 Habermas, Jürgen: *Die Zukunft der menschlichen Natur*, S. 29 f.
4 Vgl. hierzu Köhler, Erich: *Der literarische Zufall, das Mögliche und die Notwendigkeit*. München: Fink 1973.

raten: Der Mensch greift erstmals nach dem Baum des Lebens im Paradies.[5] Gleichzeitig wird deutlich, warum Kunst und insbesondere Literatur als Kreationen von Schöpfern mit demiurgischen Attributen ausgezeichnet wurden, die im Verlauf des 19. Jahrhunderts aus dem sakralen Bereich der literarischen Kreation zuwuchsen. Denn die Literaturen der Welt verfügen in der Tat gleichsam über die Möglichkeiten, Geburt und Tod zu programmieren und – aus einer quasi göttlichen Position, die gentechnologisch gesehen freilich in größere Nähe gerückt ist – die jeweilige genetische Ausstattung, wie es Jürgen Habermas formulierte, zu definieren. Nicht umsonst verwandelte sich im Verlaufe des 19. Jahrhunderts der „écrivain" in einen „créateur", in einen Demiurgen und allmächtigen Weltenschöpfer.

Vermittels der umfassenden Sinnstiftung eines ganzen Lebens gebieten die Literaturen der Welt über die Verfügbarkeit von Leben und kommen damit einem tiefen, jahrtausendealten Traum der Menschheitsgeschichte entgegen: nicht nur die jeweilige Lebensgeschichte, sondern vielmehr die Lebensprozesse selbst in den Griff zu bekommen. Dies hat im Übrigen auch Rückwirkungen auf die Geburt des Lebens selbst. Denn die Verfügbarkeit über Leben bedeutet letztlich, dass die Zeugung gleichsam auf Widerruf erfolgt, insofern zunächst durch eine medizinische Untersuchung festgestellt wird, ob das gezeugte Leben am Leben gelassen werden soll oder nicht, ja ob ein Leben also für existenzwürdig angesehen wird oder nicht. All dies aber ist heute in den Verfügungsbereich des Menschen gerückt – oder geraten. Klar ist dabei, dass diese biopolitische Tatsache, so nebensächlich sie auf den ersten Blick auch scheinen mag, ungeheure Veränderungen auslöst in der Sicht und im Verständnis des Menschen von sich selbst.

Wir bewegen uns mit diesen Problematiken unzweifelhaft im Bereich biopolitischer Fragestellungen, wie sie vor allem seit den siebziger Jahren des 20. Jahrhunderts, verstärkt aber um die Jahrtausendwende – seit Michel Foucault[6] und insbesondere seit Giorgio Agamben[7] – vehement diskutiert werden und in die verschiedensten Denk- Forschungs- und Tätigkeitsbereiche hinein

---

5 Zur Wichtigkeit der Paradiesvorstellung vgl. Ette, Ottmar: *Konvivenz. Literatur und Leben nach dem Paradies*. Berlin: Kulturverlag Kadmos 2012.
6 Neben den einschlägigen Schriften Foucaults vgl. Lemm, Vanessa (Hg.): *Michel Foucault: neoliberalismo e biopolítica*. Santiago de Chile: Universidad Diego Portales 2010; sowie Kammler, Clemens / Parr, Rolf / Schneider, Ulrich Johannes (Hg.): *Foucault Handbuch. Leben – Werk – Wirkung*. Sonderausgabe. Stuttgart – Weimar: Verlag J.B. Metzler 2014.
7 Vgl. neben den einschlägigen Schriften Agambens insbesondere sein Interview Agamben, Giorgio: Une biopolitique mineure (interview recueilli par Mathieu Potte-Bonneville et Stany Grelet). In: *Vacarme* (Paris) III, 10 (1999), S. 4–10.

abgestrahlt haben. Biopolitische Fragestellungen werden uns im Verlauf unserer Vorlesung immer wieder beschäftigen. Lassen Sie uns zunächst aber nach der Problematik des Lebenswissens aus einer stärker literaturwissenschaftlichen Perspektive fragen – Das Zwiegespräch mit der Philosophie bleibt uns Philologinnen und Philologen ja gewiss erhalten!

Dazu möchte ich Sie zunächst einmal mit einer Definition konfrontieren: Literatur darf – im Grunde nimmt dies der Textauszug von Jürgen Habermas implizit schon an – in ihren unterschiedlichsten Schreibformen als ein sich wandelndes und zugleich interaktives Speichermedium von Lebenswissen verstanden werden.[8] Die wissenschaftliche Beschäftigung mit Literatur kann sich – wie zu zeigen sein wird – zum Ziel setzen, möglichst umfassende und komplexe Bereiche dieses gespeicherten Wissens zu erschließen, zugänglich und für unser heutiges Denken und Handeln fruchtbar zu machen. Das ist eine philologische Aufgabe, aber auch eine politische. Kann Literaturwissenschaft folglich eine Lebenswissenschaft sein?

Lassen sie mich vorab auf diese Frage eine klare Antwort geben: Ja. Und mehr noch: Sie muss es künftig werden, will sie nicht an den Rand gedrängt werden und zu einem schönen, nur noch für Initiierte offenen Orchideenfach verkommen. In der zweiten Hälfte des 20. Jahrhunderts sind die Grenzen zwischen den Wissenschaften, aber auch zwischen Wissenschaft und Literatur erneut und in ebenso vielfältiger wie fundamentaler Weise in Bewegung geraten. Beispiele hierfür haben wir bereits gesehen. Feste Grenzziehungen zwischen Natur- und Kulturwissenschaften, Geistes- und Gesellschaftswissenschaften entsprechen zwar noch immer gängigen Ordnungssystemen des Wissenschaftsbetriebs auch noch im 21. Jahrhundert, aber längst nicht mehr den Entwicklungen innerhalb der konkreten Wissenschaftspraktiken: Die Philologie muss sich bewegen!

Bereits zu Beginn der neunziger Jahre des zurückliegenden Jahrhunderts zeichnete sich eine derartige Entwicklung in den Wissenschaften deutlich ab. Es bedarf keiner Sehergabe, um heute prognostizieren zu können, dass sich diese Entwicklung unter dem Eindruck der Entfaltung transdisziplinärer Wissenschaftskonzepte parallel und komplementär zu weiteren Formen von Ausdifferenzierung und Spezialisierung des Wissens im 21. Jahrhundert beschleunigen wird. Unsere Vorlesung versucht, auf diese Prozesse und Herausforderungen gerade im Bereich des für unser gesamtes Wissenschaftssystem zentralen Lebens-Begriffs Antworten aus Sicht der Philologien zu finden.

Dies bedeutet, für die Philologien einen zentralen Aufgaben- und Arbeitsbereich hinzuzugewinnen. Die Erschließung neuer Wissensräume zwischen

---

[8] Vgl. hierzu Ette, Ottmar: *ÜberLebenswissen. Die Aufgabe der Philologie.* Berlin: Kulturverlag Kadmos 2004.

oder quer zu vorhandenen Einteilungen vorherrschender Wissenschaftssystematik bildet eine der fundamentalen Voraussetzungen für Kreativität und Produktivität, aber auch für Präsenz und Performanz der Wissenschaften in ihrem gesellschaftlichen Umfeld. Doch gibt es nicht selten den Fall, dass neue Wissensräume nicht erschlossen und genutzt, sondern nominell okkupiert werden, ohne dass die beteiligten Wissenschaften in der Lage wären, ein ihrer neu geschaffenen Begrifflichkeit entsprechendes Instrumentarium zu entwickeln, das den von ihnen selbst ausgespannten *Horizont* füllen könnte. Hier gilt es aufmerksam zu sein und eventuelle ‚Mogelpackungen' frühzeitig zu erkennen.

Ein gutes Beispiel für eine derartige ‚Mogelpackung' bietet der Begriff der Lebenswissenschaften. Seit das Jahr 2001 von der Bundesministerin für Bildung und Forschung im Verbund mit wissenschaftlichen Institutionen zum „Jahr der Lebenswissenschaften" ausgerufen wurde, erweckten die Diskussionen um das menschliche Genom, um die Stammzellforschung oder um die Möglichkeiten, tierisches oder menschliches Leben zu klonen, Erbgut oder Saatgut gentechnisch zu manipulieren, in der Öffentlichkeit zunehmend den Eindruck, die hier angesprochenen hochspezialisierten Wissenschaften deckten das gesamte Spektrum menschlichen Lebens ab. Dies war und ist aber keineswegs der Fall, denn Bereiche außerhalb des Abdeckungsgebiets der Life Sciences blieben einfach in den Medien unerwähnt.

Feuilletons, Fernsehserien, politische Debatten oder Talk-Shows waren zumindest vor dem 11. September 2001 von der Suche nach dem Schlüssel zum menschlichen Leben beherrscht, wobei man sich Leben mit zunehmender Ausschließlichkeit als einen komplexen, aber entschlüsselbaren Code vorzustellen begann. Einen Code, den allein die sogenannten ‚Lebenswissenschaften' entschlüsseln könnten. Dank faszinierender Verstehens-Modelle und beeindruckender Forschungsergebnisse, die mehr und mehr auf Bereiche des Alltagslebens und der Zukunftssicherung durchschlagen, wurden die Biowissenschaften in den Massenmedien, aber auch in der Forschungsförderung zu dem, was über den ursprünglichen Gebrauch des englischsprachigen Begriffs der *Life Sciences* deutlich hinausgeht: Sie wurden zu den Wissenschaften vom Leben schlechthin proklamiert. Selbst zwei Jahrzehnte später haben die Geisteswissenschaften – und noch weniger die Philologien – kaum auf diese Herausforderung reagiert. Es gab eine umfangreiche Debatte um den Begriff des Lebenswissens,[9] aber kein wirkliches Umsteuern in der strategischen Ausrichtung geisteswissenschaftlicher Forschung.

---

9 Vgl. hierzu etwa Asholt, Wolfgang / Ette, Ottmar (Hg.): *Literaturwissenschaft als Lebenswissenschaft. Programm – Projekte – Perspektiven*. Tübingen: Gunter Narr Verlag 2010.

Währenddessen faszinierte die Öffentlichkeit, aber auch die Forschung jene schillernde Vorstellung von einem einzigen Code. Das Rätsel des Lebens schien nun endlich entzifferbar: als rechenbare und letztlich berechenbare Kette. Die Menschheit glaubte, dem Baum des Lebens im Paradies ein entscheidendes Stück nähergekommen zu sein. Der Traum, alles in einem einzigen Code, alles in einer einzigen Weltformel dechiffrieren zu können, schien zum Greifen nah: Wieder einmal – und die Literaturen der Welt erzählen uns von vielen derartigen Momenten in der Menschheitsgeschichte – wähnte sich die Menschheit am Ziel, selbst zum Schöpfergott, selbst zum Demiurgen und Lebensschöpfer werden zu können.

Dem Universalitätsanspruch und der Hegemonie eines bestimmten Fächerspektrums innerhalb des seit Beginn des 19. Jahrhunderts verschärft ausgetragenen Wettstreits der Wissenschaften sollte man jedoch entgegenhalten, was Hans-Georg Gadamer ausgehend von einer Philosophie des Hörens und Zuhörens im Verhältnis zwischen Natur- und Geisteswissenschaften zu Protokoll gab:

> Nun pflegt man den Geisteswissenschaften ja gern gerade die Frage zu stellen, in welchem Sinne sie Wissenschaft sein wollen, wenn es kein Kriterium für das Verständnis von Texten oder Worten gibt. Für die Naturwissenschaften und die Verkehrsformen der Technik ist gewiß richtig, dass Eindeutigkeit der Verständigungsmittel garantiert ist. Aber unbestreitbar macht selbst der Apparat einer auf Wissenschaft und Technik gegründeten Zivilisation lange nicht das Ganze des Miteinanderlebens aus.[10]

Vorsicht ist also geboten, wenn wir uns mit den Universalansprüchen der Biowissenschaften beschäftigen wollen. Der Begriff der Lebenswissenschaften ist nicht nur so vieldeutig und schillernd, so umfassend und marktgängig, als wäre er von Werbestrategen eigens für die Durchsetzung biowissenschaftlich-naturwissenschaftlicher Interessen in Sozial- wie Forschungsgemeinschaften konzipiert; er ist überdies ein Verdrängungsbegriff, der nicht nur den Begriff vom Leben im Vergleich zur abendländischen Antike ungeheuer reduziert, sondern durch seine besitzergreifende Tendenz andere Wissenschaften gleichsam vom Zugang zum Leben fernhält. Das Erreichen dieses Zieles gelingt den sogenannten ‚Lebenswissenschaften' gerade wegen der geschickten Nutzbarmachung einer der Literatur und den Geisteswissenschaften entlehnten Metaphorik. Nicht nur der genetische Code des Lebens, sondern auch jener der Inszenierung der Biowissenschaften ist *lesbar* und entschlüsselbar. Wir werden dies noch verschiedentlich in unserer Vorlesung sehen.

---

10 Gadamer, Hans-Georg: Über das Hören. In: Vogel, Thomas (Hg.): *Über das Hören: Einem Phänomen auf der Spur*. Tübingen: Attempto 1998, S. 197–207, hier S. 202f.

Die Philosophie hat längst – dies ist aus der Geschichte dieser Disziplin selbstverständlich – auf diese Herausforderungen durch die von der Gentechnologie aufgeworfenen Probleme reagiert und gerade im Bereich der Eugenik die Frage nach einem Leben ohne „das Bewegende von moralischen Gefühlen der Verpflichtung und der Schuld, des Vorwurfs und der Verzeihung, ohne das Befreiende moralischer Achtung, ohne das Beglückende solidarischer Unterstützung und ohne das Bedrückende moralischen Versagens, ohne die ‚Freundlichkeit' eines zivilisierten Umgangs mit Konflikt und Widerspruch" gestellt – so Jürgen Habermas in dem bereits zitierten Band über die Natur des Menschen. Doch ist die Tragweite des biowissenschaftlichen Griffs in die semantische Trickkiste in jenen Wissenschaften, die sich doch vordringlich mit semantischen Verfahren beschäftigen, noch kaum reflektiert worden; und noch immer ist man meilenweit davon entfernt, das Problem schwindender Legitimation des eigenen philologischen Tuns erkannt zu haben.

Denn es geht beim Rekurs auf die Lebensmetapher und den dadurch ausgelösten Verwechslungen und Verwirrspielen keineswegs allein um die wohlfeile Aneignung eines philosophischen Mehrwerts im Kontext einer stillschweigend von allen Wissenschaften geteilten Metaphorologie. Die rasche, ja blitzschnelle Verbreitung des Begriffs hat zu vielen Reaktionen und Klagen, aber – wie mir scheint – noch zu keiner eigentlichen Strategie gerade in jenen Wissenschaften geführt, die sich im weitesten Sinne mit Literatur auseinandersetzen. Diese Wissenschaften wären schlecht beraten, verzichteten sie auf den Begriff des Lebens und gäben diesen ohne Not und wider besseres Wissen einer hochgradig beschränkten Verwendung preis.

Es ist vielmehr notwendig, innerhalb der eigenen Geschichte Verwendungsweisen des Begriffs zu untersuchen, um dessen Breite für die eigene Verwendung wiederzugewinnen. Mit anderen Worten: Blicken wir zurück in die Vergangenheit, um Zukunft zu gestalten – und zwar nicht nur die vergangene Zukunft eines vergangenen Schreibens, sondern eine Zukunft, die sich gerade auch für die Philologien eröffnen könnte! Dabei soll die Literatur, dabei soll die Dichtkunst unsere Lehrmeisterin sein, um Leben nicht länger in akademischen Einengungen und Begriffsdefinitionen zu verstehen, sondern als ein Movens, das alles durchdringt.

Pablo Neruda, Andrés Bello oder die lebendigen Schöpfungen der Welt

Ich möchte Ihnen gerne einen Dichter aus der weltumspannenden Romania des 20. Jahrhunderts vorstellen, der im Grunde das tat, was Jahrtausende zuvor im *Gilgamesch-Epos* entworfen worden war: ein vollständiges Bild der Welt, ein vollständiges literarisches Portrait unseres Planeten und des Lebens, das sich allerorten auf ihm findet. Und all dies nicht mehr aus mesopotamischem Blickwinkel perspektiviert, sondern aus der Perspektive der sogenannten ‚Neuen Welt'. Ich spreche vom chilenischen Dichter Pablo Neruda und seinem *Canto General*; einem Werk, das man als eine Art Gesang der Welt und Gesang von der Welt verstehen könnte.[1]

Blickt man auf das Erscheinen des *Canto General* aus heutiger Sicht, so entbehrt es nicht der Ironie, dass dieser große lyrische Gesang kurz nach Jorge Luis Borges' *El Aleph* erschien, jenem großen literarischen Versuch des Argentiniers, die ganze Welt an einem einzigen Punkt und mit allen unterschiedlichen Geschichtsabläufen in einem „nunc stans" in Raum und Zeit literarisch festzuhalten.[2] Alle Räume und alle Zeiten sollten an diesem Punkte vereinigt sein und doch nicht miteinander verschmelzen, sondern in ihrer Eigen-Gesetzlichkeit, in ihrer Eigen-Logik erkennbar bleiben. Jorge Luis Borges' *El Aleph* ist damit ein fundamental polylogischer Entwurf der Welt. Pablo Nerudas so ganz anders gearteter großer Welt-Entwurf erschien im Jahr 1950 und damit genau in der Mitte jenes zwanzigsten Jahrhunderts, dessen erste Hälfte von zwei selbstzerstörerischen Weltkriegen und dem Abwurf der ersten Atombomben, damit von jener Erfahrung geprägt war, dass die Menschheit den gesamten Planeten, die gesamte Schöpfung auch in einem einzigen Augenblick vernichten kann. Diese Grunderfahrung ist der Menschheit geblieben und wird sie so lange begleiten, wie sie über die Waffen zur gesamten Auslöschung allen Lebens auf der Erde verfügt. Doch lassen Sie mich an dieser Stelle – wie in meinen Vorlesungen üblich – einige wenige Biographeme aus Pablo Nerudas Leben vorstellen; Elemente seiner Biographie, die für unsere nachfolgende Deutung von Belang sind!

Pablo Neruda erblickte als Ricardo Eliecer Neftalí Reyes am 12. Juli 1904 in Parral (Chile) das Licht der Welt und starb am 23. September 1973 in Santiago de Chile, kurz nachdem sich die Militärs unter Pinochet am berüchtigten 11. Sep-

---

[1] Vgl. zu Pablo Neruda auch Pizarro, Ana: Neruda en la transición. In (dies.): *Travesías*. Santiago de Chile: Editorial Hueders – Editorial Roneo 2021, S. 57–66.
[2] Vgl. hierzu den dritten Band der Reihe „Aula" in Ette, Ottmar: *Von den historischen Avantgarden bis nach der Postmoderne* (2021), S. 494–548.

Open Access. © 2022 Ottmar Ette, publiziert von De Gruyter. Dieses Werk ist lizenziert unter einer Creative Commons Namensnennung - Nicht-kommerziell - Keine Bearbeitung 4.0 International Lizenz.
https://doi.org/10.1515/9783110751321-003

tember an die Macht geputscht hatten. Seine Mutter verstarb einen Monat nach seiner Geburt, doch der Sohn eines Lokomotivführers ging einen sehr eigenen Weg durchs Leben, der ihn zu Lebzeiten zum sicherlich berühmtesten Dichter Lateinamerikas machte. Denn Pablo Neruda hatte nicht nur wie Gabriela Mistral einen „nom de plume", ein Schriftsteller-Pseudonym gewählt, unter dem er weltberühmt wurde; er trat als Literaturnobelpreisträger des Jahres 1971 auch die Nachfolge seiner illustren Landsmännin an, die 1945 erstmals für Chile und ihren Kontinent diese Auszeichnung erhalten hatte.

Abb. 5: Pablo Neruda (1904–1973).

Da der Vater in den Süden Chiles zog und sich wieder neu verheiratete, wuchs der Junge in Temuco auf, wo er zwischen 1910 und 1920 die Schulbank drückte. Aus der Zeit seiner Bekanntschaft mit Gabriela Mistral, die er in der Knabenschule in Temuco kennenlernte, stammen die ersten Veröffentlichungen des jungen Dichters, der 1920 im Gedenken an den tschechischen Dichter Jan Neruda oder an eine tschechische Geigerin sein Pseudonym Pablo Neruda wählte. Die Landschaften des Südens und die Lokomotivfahrten mit seinem Vater blieben markante Landschaftselemente in seinem Schreiben. 1921 wechselte er dann an das Pädagogische Institut der chilenischen Hauptstadt, wo er Französisch und Pädagogik studierte und zum ersten Mal mit einem Preis für eines seiner Gedichte ausgezeichnet wurde.

Das Leben des chilenischen Dichters ist ein Leben voller Reisen, auf denen er einen großen Teil der Welt kennenlernte. Pablo Neruda trat 1927 in den diplomatischen Dienst Chiles ein und verbrachte seine ersten Jahre zwischen 1927 und 1931 in Südostasien unter anderem als Honorarkonsul in Rangun, Colombo, Singapur und Jakarta, wobei er unter anderem auch Nehru kennenlernte. Seine Tätigkeit führte ihn 1933 nach Buenos Aires und im Folgejahr nach Spanien. Mit Federico García Lorca, den er in Argentinien kennengelernt hatte, gab er in freundschaftlicher Verbindung die wichtige Zeitschrift *Caballo verde para la poesía* heraus. Nachdem Lorca zu Beginn des Spanischen Bürgerkriegs von den Putschisten erschossen worden war, wurde die Lyrik Nerudas immer politischer, auch wenn sein Diplomatenamt ihn zu Neutralität verpflichtete.

Als die faschistischen Truppen Francos vor den Toren Madrids standen und die spanische Hauptstadt belagerten, musste er zunächst nach Barcelona und dann nach Frankreich flüchten, wo er den Gedichtzyklus *España en el corazón*, *Spanien im Herzen*, veröffentlichte. In Paris engagierte er sich unter anderem mit Pablo Picasso, aber auch César Vallejo (mit dem wir uns noch beschäftigen werden) für die Spanische Republik, kehrte dann 1938 aber noch vor Ende des Bürgerkriegs nach Chile zurück, wo er in zahlreichen Artikeln für das Periodikum *Aurora* vor dem aufkommenden Faschismus in Europa warnte. 1939 erhielt er die Aufgabe, als chilenischer Konsul in Paris spanische Flüchtlinge anzuwerben und zu betreuen, die nach Chile auswandern wollten. Neruda soll insgesamt etwa zweitausend spanische, vor dem Bürgerkrieg Geflohene nach Chile gebracht haben.

Das Leben des chilenischen Dichters war seit seinem unmittelbaren Erleben der Schrecken des Spanischen Bürgerkriegs stark politisch geprägt. Ein wichtiger Schritt wurde Nerudas Beitritt zur Kommunistischen Partei Chiles, was zugleich einen Wandel in seiner Lyrik bedeutete. Nachdem er 1940 Konsul in Mexiko geworden war, reiste er nach Guatemala und Kuba. Nach der Teilnahme an einem Schriftstellerkongress in New York stieg er während der Rückreise zu den Tempelanlagen von Macchu Picchu auf; eine Erfahrung, die mehrfach in seinem poetischen Werk und nicht zuletzt in seinem *Canto General* zum Ausdruck kommt. Die Welt der indigenen Kulturen ist in Nerudas Dichtung sehr gegenwärtig.

Der Politiker Neruda wurde 1945 in Chile zum Senator gewählt, genoss als solcher Immunität und wandte sich energisch gegen den damaligen chilenischen Präsidenten, den er des Verrats am chilenischen Volk bezichtigte. 1948 wurde Neruda auf Grund angeblicher konspirativer Tätigkeiten für die Kommunisten aus dem Senat ausgeschlossen und polizeilich gesucht: Präsident González Videla war nicht gewillt, weitere Angriffe Nerudas zu dulden. Neruda musste in Chile untertauchen und wechselte ständig seinen Wohnsitz; in dieser bewegten Zeit entstanden Teile seines *Canto General*.

Obwohl ihn viele in Chile schützten und ihm Unterschlupf boten, musste er doch heimlich über die Anden nach Argentinien fliehen, was er später in seiner Autobiographie *Confieso que he vivido* eindrucksvoll beschrieb. Über Argentinien, wo er den späteren guatemaltekischen Literaturnobelpreisträger Miguel Ángel Asturias traf, gelangte er mit Hilfe von dessen Pass nach Paris, wo er auf die herzliche Unterstützung durch Pablo Picasso zählen konnte. Stets standen Neruda viele Freunde und politische Weggefährten zur Seite, die seine Aktivitäten unterstützen. Die gefährliche Flucht öffnete sich rasch auf weitere Unternehmungen.

Denn Neruda reiste von seinem Exil in Paris unter anderem in die Sowjetunion sowie in weitere Länder Osteuropas (wie etwa in die DDR, wo er 1951 den jungen FDJ-Vorsitzenden Erich Honecker traf) und erhielt zahlreiche Auszeichnungen im damaligen ‚Ostblock', wo man seine Lyrik fleißig übersetzte und mit Preisen auszeichnete. Doch begab sich Neruda in Sachen Weltfrieden – ähnlich wie der kubanische Dichter Nicolás Guillén, mit dem wir uns später auseinandersetzen werden – auch in andere Weltregionen, unter anderem nach Mexiko, Indien oder China.

Nachdem man seitens der chilenischen Regierung entsprechende Signale ausgesandt hatte, konnte Pablo Neruda 1952 wieder nach Chile zurückkehren. Er lernte Matilde Urrutia kennen, die 1955 seine dritte Frau wurde. Doch wollen wir die verschiedenen Liebespartnerinnen des Dichters, seine oftmals drolligen Häuser und Einrichtungen in Chile und überhaupt die Vielzahl an Devotionalien, die dem Dichter in Chile geweiht sind, nicht allzu sehr strapazieren. Sie spielen in vielen biographischen Darstellungen eine wichtige Rolle.

Neruda setzte sich politisch für weitgehende Sozialreformen ein, widmete sich in den Folgejahren aber vorrangig seinem dichterischen Werk und veröffentlichte 1953 seinen *Canto General*, der bereits 1950 in einer ersten Fassung in Mexiko erschienen war. Der Dichter engagierte sich vielfältig in Chile, wurde 1957 auch zum Vorsitzenden des chilenischen Schriftstellerverbandes gewählt, nahm aber in der Folge erneut auf zahlreichen Reisen unter anderem in die Sowjetunion und nach China an weltweiten Debatten um den Weltfrieden teil. 1961 ließ er sich an der chilenischen Pazifikküste einen Landsitz bauen, wo man vom Bett aus – und das muss ich Ihnen dann doch noch erzählen – wunderbar und geradezu hautnah auf den Pazifik blicken kann, als kämen die Wellen bis ins Schlafzimmer. Dieser Ort, Isla Negra, ist heute berühmt und selbstverständlich eines der schönsten Neruda-Museen in Chile.

1969 wurde Neruda von der Kommunistischen Partei Chiles als Präsidentschaftskandidat nominiert, trat jedoch zugunsten Salvador Allendes zurück und unterstützte diesen und die Unidad Popular tatkräftig in einem höchst erfolgreichen Wahlkampf. Dafür wurde er 1970, nach dem Wahlsieg Allendes, zum Botschafter in Paris bestellt, das ohne jeden Zweifel zum damaligen Zeitpunkt für alle lateinamerikanischen Literatinnen und Literaten noch immer die kulturelle Welthauptstadt war. Salvador Allende soll den krebskranken Neruda persönlich davon überzeugt haben, noch einmal einen Posten in Paris anzunehmen. Doch wurde Neruda schon wenige Monate später in Paris wohl an Krebs operiert.

In die Zeit seiner Genesung fiel im Oktober 1971 die bereits erwähnte Nachricht von der Verleihung des Literaturnobelpreises, welche sich in eine Periode großer sozialer Aufbrüche, politischer Veränderungen und großer Hoffnungen im Westen einfügte. Der schwer von seiner Krankheit gezeichnete Neruda folgte 1972 noch einer Einladung des PEN-Clubs nach New York, zog sich aber danach von allen Ämtern und aus dem öffentlichen Leben zurück. Es gehört zum Mythos Pablo Neruda, dass der chilenische Dichter nur zwölf Tage nach der Ermordung Salvador Allendes durch die chilenischen Putschisten unter Augusto Pinochet in einer Klinik in Santiago de Chile seiner Krankheit am 23. September 1973 erlag. Die politischen Umstände mögen zur Verschlechterung seines Gesundheitszustands beigetragen haben. Ich gestehe Ihnen gerne, dass dieser geradezu symbolische Tod sogar mich als damaligen Schüler der Oberstufe eines weit entfernten Gymnasiums im Schwarzwald erschütterte. Und ich kann mich auch noch gut daran erinnern, dass das Begräbnis des gefeierten Dichters und Literaturnobelpreisträgers damals zum ersten, freilich fruchtlosen Protest gegen die Militärjunta wurde.

In der literarischen Entwicklung des Poeten, um den es in den vergangenen Jahrzehnten sehr viel stiller geworden ist, spielten zu Beginn, etwa in seinem 1923 erschienenen Gedichtband *Crepusculario*, dem Titel gemäß noch manche Elemente aus der Romantik und vor allem dem hispanoamerikanischen Modernismus eine Rolle. Doch Neruda befreite sich von diesen Anklängen an die literarische Traditionen Lateinamerikas zweifellos in seinen *Veinte poemas de amor y una canción desperada* schon im Jahr 1924. Die zeitgenössischen Kritiker reagierten noch eher unwillig auf diese Liebeslyrik, welche die erotischen Dimensionen geschlechtlicher Liebe mit den Elementen der Erde und der gesamten kosmischen Schöpfung verband. Doch sein chilenisches und lateinamerikanisches Publikum erreichte der bald schon populäre Gedichtband des Dichters aus Chile fast mühelos.

Für die Thematik unserer Vorlesung hätte sich auch der 1933 erschienene Gedichtband *Residencia en la tierra* geeignet, der die chaotische Sinnlosigkeit des Lebens auf der Erde in poetisch gelungene Bilder kleidet. Verfall, Zerstörung und Tod spielen eine entscheidende Rolle, doch liegen diese Gedichte noch vor dem geradezu kosmischen Aufgriff des chilenischen Dichters, der an die großen Traditionen in der Nachfolge des *Gilgamesch-Epos* anschließt. Auch Nerudas spätere Distanzierung von den Gedichten der ersten *Residencia* mag einen weiteren Grund dafür liefern, uns ebenso wenig auf diese Gedichte zu konzentrieren wie auf die dramatischen Schöpfungen von *España en el corazón*, welche 1937 die emotionale Betroffenheit des Dichters im Angesicht eines siegreich aufsteigenden Faschismus im Spanischen Bürgerkrieg zum Ausdruck bringen. Doch ist es diese politische Dimension der Gedichte dieses Zyklus, welche uns zu jenem Band führt, der im Mittelpunkt unserer Aufmerksamkeit stehen soll. Dass letzterer politisch ausgerichtet ist, braucht uns nicht zu verwundern, entsteht er doch hauptsächlich in jenem Jahr, das Neruda noch vor seiner Flucht nach Argentinien im Untergrund und auf der ständigen Hut vor der nach ihm fahndenden Polizei verbringt.

Wenden wir uns im Folgenden also dem *Canto General* Pablo Nerudas zu! Es handelt sich um ein Monumentalwerk, das im Jahr 1950 erstmals erschien und dessen Entstehung bis ins Jahr 1938 zurückreicht, vor allem aber jene Zeit der politischen Verfolgung und der Flucht aus Chile umfasst, von der gerade die Rede war und die Neruda in seiner postum erschienenen Autobiographie *Confieso que he vivido* witzig, ironisch und ausführlich darstellte.

Sicherlich ist es etwas ungerecht, Nerudas gerade auch im Ausland stark politisch wahrgenommenes Opus in den Kontext von Borges' *El Aleph* zu stellen. Doch wird gerade hieran vielleicht deutlich, wie schwer es der *Canto General* heute als politisch – im Sinne Sartres – engagierte Dichtung hat, jene Wirkung zu entfalten, die ihm in den sechziger und siebziger Jahren gerade im politisch aufgewühlten Europa, aber selbstverständlich früher auch schon in seiner Heimat zugeschrieben wurde. Man könnte in der Tat dieses Werk auch mit dem Titel „La Tierra" versehen, doch deutet der Titel der deutschen Übersetzung – *Der große Gesang* – ausreichend an, um welche terrestrischen Dimensionen es sich in diesem Gedicht handelt.

Pablo Nerudas *Canto General* bildet im Grunde einen Gedichtzyklus aus über dreihundert Gedichten, die – analog etwa zu Dante Alighieris Weltgedicht der *Commedia* – in verschiedene episch-lyrische Gesänge eingeteilt sind. In der Tat werden wir in diesem chilenischen Welt-Poem den großen Sänger und Dichter seines Volks und seines Kontinents kennenlernen, als den sich Pablo Neruda immer verstand, eine Rolle, aus der er auch seine politische Legitimation ableitete und seinen Anspruch, im Namen des Volkes für das Volk sprechen zu dürfen und mithin in diesem vielfachen Sinne ein Dichter des Volks zu sein.

Wir werden dabei im Verlauf unserer mündlich gehaltenen Vorlesung anhand von Selbst-Aufsprachen des Dichters auch akustisch zur Kenntnis nehmen können, wie sich dieses Sendungsbewusstsein, dieses Sprechen auch für andere im gehobenen Ton der Worte Pablo Nerudas rhetorisch-körperlich ausdrückt. Die Selbst-Aufsprachen Nerudas sind freilich auch im Internet relativ leicht zu finden. Immerhin: Das Neruda'sche Selbstverständnis steht keineswegs isoliert innerhalb seines poetischen Kontexts, was es ansonsten leicht lächerlich machen würde. Es ist vielmehr eingebunden in eine breite Akzeptanz dieser Rolle durch das Publikum, ja selbst jenen Teil des Publikums, der dem für die Kommunistische Partei Chiles auftretenden Poeten zu Lebzeiten feindlich gegenüberstand.

Dies mag eine Episode illustrieren, auf die ich schon anspielte: Als der große und mit dem Literaturnobelpreis geehrte chilenische Dichter wenige Tage nach dem erfolgreichen Putsch der Militärs um Pinochet verstarb, kam man nicht umhin, ihn nicht einfach verscharren zu lassen, sondern eine offizielle Bestattung zu erlauben. Diese aber wurde zur ersten öffentlichen Demonstration gegen die neuen Machthaber, gegen die Rechts-Diktatur General Augusto Pinochets. Hierzu passt auch die oft kolportierte Anekdote von jenen Berg- und Minenarbeitern, die sich nach langem Warten in glühender Sonne nach vielen mehrstündigen Reden die Häupter entblößten, als Pablo Neruda die Rednertribüne erklomm und seine Gedichte vortrug.

Kein Zweifel also: Pablo Neruda war in Chile eine literarische Institution, deren Rolle und Funktion wir bei unserer Annäherung an seine Lyrik nicht aus den Augen verlieren dürfen! Sein gegenwärtiges ‚Verschwinden' aus den öffentlichen Diskussionen ist mit dem ‚Verschwinden' Jean-Paul Sartres gleichzusetzen, der in Frankreich noch immer ein überlanges „Purgatoire", ein weit über Gebühr ausgedehntes Fegefeuer durchläuft. Neruda wie Sartre waren die zentralen und ihre Zeitgenossen an Renommee weit überragenden Figuren von Literatur und Philosophie in ihren jeweiligen Ländern. Beiden wurde der Nobelpreis für Literatur zuerkannt, den ein Sartre freilich ablehnte. Beide Schriftsteller sind aus der Öffentlichkeit weitgehend verdrängt. In beiden Fällen bedeutet dies aber nicht, dass die Werke dieser großen ‚Dichter und Denker' dauerhaft verschwunden wären.

Eine neue Zeit wird beide neu lesen; und ich bin der festen Überzeugung, dass Pablo Neruda auch unserer heutigen Zeit viel in verdichteter Form zu sagen hat. Denn nachdem der Chilene die frühe, noch stark dem Modernismo verpflichtete Lyrik überwunden hatte, die sich insbesondere in *Crepusculario*, aber auch in manch späterem Gedicht manifestierte, verstand er sich selbst in einer weitgehend politischen Rolle, die seiner Dichtkunst in großem Maße ihren Stempel aufdrückte. Dies bedeutet keineswegs, dass der frühe Gedichtband des Neunzehnjährigen oder die im folgenden Jahr veröffentlichten *Veinte poemas de amor y una canción desesperada* etwa wie bei einem Jorge Luis Borges im Orkus der Vorgeschichte verschwunden wären. Wir finden hier eine Vielzahl von Elementen, die im gesamten Schaffen des chilenischen Dichters wiederkehren, und nicht umsonst sind beide Bände bis heute überaus populär und verbreitet geblieben in Nerudas lateinamerikanischer Heimat.

Doch lassen sich deutliche Veränderungen in der lyrischen Sprache, vor allem aber auch im Selbstverständnis als Dichter erkennen. Bei kaum einem anderen Dichter Lateinamerikas spielt die Art und Weise, wie sich Neruda in der Dichterrolle öffentlich inszenierte und stilisierte, eine so wichtige und bedeutende Rolle – hat die *Figura* des Dichters doch stark die Lyrik des chilenischen Poeten geprägt. Dies gilt nicht nur für die im engeren Sinne politischen, bisweilen und nicht selten gar agitatorisch-propagandistischen Gedichte Nerudas, sondern auch und gerade für Konzeption und lyrische Durchführung seines *Canto General*. Wir können durchaus der vor langen Jahren geäußerten Einschätzung des Regensburger Romanisten Johannes Hösle zustimmen, dass es wohl seit Victor Hugo keinen Dichter gegeben habe, der sich so sehr als Stimme seines Volks und der Menschheit insgesamt verstand.[3] Daher rührt auch das Monumentale der lyrischen Konstruktionen Nerudas, die in gewisser Weise versuchten, die Linien von Raum und Zeit in ihren Zeilen zu bündeln.

Dabei haftet der Dichtkunst Pablo Nerudas stets etwas geradezu Sakrales an. Die Geste der chilenischen Minenarbeiter, die sich die Häupter entblößten, mag dies auch von der Rezeptionsseite bezeugen: Das Feierliche enthält die Züge einer Religiosität, wenn auch keinesfalls einer Religion. Das liturgische Element, aber auch der Lobpreis des Elementaren finden sich schon früh in Nerudas Lyrik und werden auch nach dem *Canto General*, etwa in den berühmten *Odas elementales*, eine überragende Bedeutung erhalten. Als Einblendungen in die monumentale Größe des *Großen Gesangs* aber sind sie konstruktiv nicht wegzudenken und stimmlich in Selbst-Aufsprachen präsent.

Der *Canto General* ist in gewisser Weise die Chronik einer späten Geburt des amerikanischen Kontinents und zugleich ein Hohelied an alles, was diese Geburt im Rahmen einer ganzen Welt beschleunigt. Wir werden gleich die Flüsse sehen, die das Fruchtwasser dieses späten Zur-Welt-Kommens darstellen. Hymnisch werden Zeugungsakt und Tod, Schöpfung der Welt und Kreation des Kosmos voller Leidenschaft besungen. Fundamental ist für diesen Band die politische Erfahrung Nerudas: Der seine Generation prägende Spanische Bürgerkrieg, der Aufstieg des europäischen Faschismus, dann die Entstehung des ‚Kalten Krieges', den Neruda aus der Sicht der Kommunistischen Partei begriff; all das, was die Polarisierungen aus der Politik auf das Feld der Literatur übertrug – sie sind allenthalben mit Händen zu greifen. Spätestens mit dem *Canto General* war Pablo Neruda ein politischer Dichter; doch wir werden gleich sehen, dass er weit davon entfernt war, sich darauf zu beschränken. Denn gerade dem Weltentwurf, dem Vorgang von Geburt und Entstehung von Leben, wandte sich Neruda in weltumspannender poetischer Diktion zu.

Die fünfzehn Bücher oder Gesänge seines *Canto General* sind zweifellos Nerudas ehrgeizigstes literarisches Projekt und stellen den Versuch dar, seine Heimat Chile und den gesamten Kontinent zu repräsentieren sowie beiden eine Stimme zu geben. Im Kern handelt es sich um eine Kosmogonie des amerikanischen Kontinents, in welcher Nerudas dichterische Stimme jener eines Propheten gleicht. Im ersten Gesang schon besingt dieses dichterische Ich die Spannbreite und Geschichte seines Kontinents, führt damit den Protagonisten seines Zyklus in bewegenden Bildern ein. Das Gedicht entstammt dem ersten Gesang, *La lám-*

---

3 Vgl. Hösle, Johannes: Pablo Neruda. In: Eitel, Wolfgang (Hg.): *Lateinamerikanische Literatur der Gegenwart in Einzeldarstellungen*. Stuttgart: Kröner Verlag 1978, S. 184–209.

para en la tierra, und eröffnet damit den gesamten Zyklus der Weltschöpfung. Am Rande des Gedichts notierte Neruda eine nähere zeitliche Bestimmung – *Amor América(1400)*:

Vor der Perücke und vor der Jacke
wurden die Ströme, Ströme Arterien:
Waren die Kordilleren, in deren gerichteter Welle
der Kondor und der Schnee unbeweglich schienen:
Es ward die Menschheit und die Dichte, es ward der Donner
namenlos noch, planetarische Pampas.

Der Mensch ward Erde, ward Ton, ward Lider
zitternden Schlamms, Form aus Lehm gemacht,
ward Kariben-Krug, Chibcha-Stein,
Kaiser-Kelch oder Araukaner-Kiesel.
Zart und blutig war's, doch am Griff
seiner Waffe aus feuchtem Kristall
standen die Initialen der Erde
geschrieben.

         Keiner konnte
danach sie erinnern: Der Wind
sie vergaß, die Sprache des Wassers
ward begraben, die Schlüssel verloren
oder überschwemmt vom Schweigen, vom Blut.

Nicht ging verloren das Leben, ihr Hirtenbrüder.
Doch wie eine wilde Rose fiel
ein roter Tropfen in die Dichte,
und es verlöschte eine Lampe aus Erde.
Ich bin hier, die Geschichte zu erzählen.
Vom Frieden des Büffels
bis zum gepeitschten Sand
der endgültigen Erde, im Schaume
antarktischen Lichtes aufgehäuft,
und von den steilen Höhlen
des dunklen venezolanischen Friedens
Suchte ich Dich, mein Vater,
junger Krieger aus Finsternis und Kupfer,
oh Du, Brautpflanze, unbezähmte Mähne,
Mutter Kaiman, metallene Taube.

Ich, Inka aus Schleim,
berührte den Stein und sagte:
Wer

erwartet mich? Und drückte die Hand
auf eine Handvoll von leerem Kristall.
Doch ich ging zwischen Zapoteken-Blumen,
und süß war das Licht wie ein Reh,
und im Dunkeln gleich einem Lid so grün.

Erde mein, ohne Namen, ohne Amerika,
Staubblatt der Tropen, Lanze aus Purpur,
Dein Duft durchdrang mir die Wurzeln,
bis zum Kelch, den ich trank, bis zum schlanksten
Wort, aus meinem Mund noch nicht geboren.

Antes de la peluca y la casaca
fueron los ríos, ríos arteriales:
fueron las cordilleras, en cuya onda raída
el cóndor o la nieve parecían inmóviles:
fue la humedad y la espesura, el trueno
sin nombre todavía, las pampas planetarias.

El hombre tierra fue, vasija, párpado
del barro trémulo, forma de la arcilla,
fue cántaro caribe, piedra chibcha,
copa imperial o sílice araucana.
Tierno y sangriento fue, pero en la empuñadura
de su arma de cristal humedecido,
las iniciales de la tierra estaban
escritas.

       Nadie pudo
recordarlas después: el viento
las olvidó, el idioma del agua
fue enterrado, las claves se perdieron
o se inundaron de silencio o sangre.

No se perdió la vida, hermanos pastorales.
Pero como una rosa salvaje
cayó una gota roja en la espesura,
y se apagó una lámpara de tierra.
Yo estoy aquí para contar la historia.
Desde la paz del búfalo
hasta las azotadas arenas
de la tierra final, en las espumas
acumuladas de la luz antártica,
y por las madrigueras despeñadas
de la sombría paz venezolana,
te busqué, padre mío,

joven guerrero de tiniebla y cobre,
o tú, planta nupcial, cabellera indomable,
madre caimán, metálica paloma.

Yo, incásico del légamo,
toqué la piedra y dije:
Quién
me espera? Y apreté la mano
sobre un puñado de cristal vacío.
Pero anduve entre flores zapotecas
y dulce era la luz como un venado,
y era la sombra como un párpado verde.

Tierra mía sin nombre, sin América,
estambre equinoccial, lanza de púrpura,
tu aroma me trepó por las raíces
hasta la copa que bebía, hasta la más delgada
palabra aún no nacida de mi boca.[4]

Wir wohnen in diesen bisweilen hymnischen Versen einem Geburtsvorgang bei, dessen Metaphorologie nicht nur dieses Gedicht, sondern viele der nachfolgenden Gedichte quert und durchzieht. Es handelt sich um einen Gebärvorgang, der geschlechtlich nicht fixiert ist, der Mutter und Vater kennt und eine Vielzahl an Elementen enthält, welche zwischen ‚zärtlich' und ‚blutig' den Vorgang der Geburt hymnisch feiern. Doch noch hat das Kind keinen Namen, auch wenn wir durch eine Vielzahl indigener Bezeichnungen wissen, dass es sich um Amerika handelt: um den gesamten Kontinent mit seinen Büffeln im Norden, seinen Kariben in der Mitte und mit seinen Araukanern im chilenischen Süden.

In diesem im Gedichtband kursiv gesetzten Eröffnungsgedicht des Zyklus werden zunächst und vor allem gegen „peluca" und „casaca", also gegen die Repräsentationen der europäischen Zivilisation, Elemente der Natur gesetzt, in denen immer wieder das Wasser, die Feuchte, der Regen, die Flüsse als Grundelement der Natur und als Bedingung von Leben und Geborenwerden evoziert werden. Wasser ist das bewegende Element, macht die Erde feucht, aber erscheint auch als Schnee in den Kordilleren, dort freilich festgefroren und so statisch wie der Kondor, der ebenso wie der Kaiman für Amerika steht.

Dabei erscheint freilich von der ersten Strophe an der amerikanische Kontinent als Körper, als Organismus, der von den Flüssen wie von Adern durchzogen ist. Wir wissen von unserer Beschäftigung mit David Wagners Experimentaltext

---

[4] Neruda, Pablo: *Canto General*. Caracas: Biblioteca Ayacucho 1981, S. 3f.

Leben, dass es bei jedem Körper auf die Bewegungen und auf die Verbindungen zwischen den einzelnen Bestandteilen sowie auf deren Zusammenleben ankommt. Die Flüsse als Arterien des Körpers bilden eine topische Metapher, die keineswegs originell an sich ist. Doch gibt Neruda ihr die Frische und Ursprünglichkeit zurück, indem er diesen Körper erst sich entwickeln, auf die Welt kommen lässt, um ihn dann eben als großen und großartigen Organismus zu feiern. Aber noch ist alles in Schweigen oder Blut gehüllt ...

Neben das Grundelement des Wassers tritt das der Erde, was typisch für Neruda, aber auch charakteristisch für die vom Dichter entworfene und evozierte Partie des Globus ist. Denn diesen Teil des Planeten durchziehen die Wellen der Kordilleren, mithin ein Gebirge aus Stein, aus Mineralien und Kristallen, in denen bereits all jenes aufgehoben wird, was die Geschichte des Kontinents dereinst entfalten soll. Doch eben diese Kordilleren erscheinen – geologisch durchaus zutreffend – als Wellen, als bewegliche Teile aus Flüssigkeiten, die sich an der Oberfläche unseres Planeten auch als Laven zeigen. So ist bereits in den ersten Versen des Gedichts auch jener Gegensatz zwischen Wasser und Erde evoziert, der später jene Opposition zwischen den Indianern als Söhnen der Erde, des Landes einerseits und den Spaniern als Söhnen des Meeres, als Söhnen des Wassers andererseits darstellen wird. Diese Opposition erscheint freilich nicht als eine kategorische: Denn schon in den Wellen der Kordilleren deutet sich an, dass sich die Erde und die Flüssigkeiten miteinander vermischen und verschmelzen werden. Ganz so, wie es später auch zu Verbindungen zwischen der bald schon eroberten indigenen und der über diese hereinbrechenden europäischen Bevölkerung kommen wird.

Und doch ist diese Welt, die so naturhaft und zivilisationsfern scheint, bereits datiert auf das Jahr 1400 und damit auf den Beginn des letzten Jahrhunderts ohne europäische Vorherrschaft. Bekanntlich brach die Expansion Europas und damit die erste Phase beschleunigter Globalisierung erst am Ende des 15. Jahrhunderts über den Kontinent herein.[5] Wir bemerken in diesem Zusammenhang deutlich, dass das Eröffnungsgedicht bereits zu Beginn grundlegende Oppositionen und semantische Gegensatzpaare aufbaut, die dann im fortlaufenden Zyklus entfaltet werden. Dazu gehören etwa Wasser und Erde, geschichtslose und geschichtlich gerichtete Zeit, Zivilisation und Natur, Namenlosigkeit und Namensgebung, Festes und Flüssiges, Körper und Organismus und vieles mehr.

Geradezu emblematisch wird die Identitätszuweisung für diesen Bereich der Erde aber um ein weiteres Element erweitert, nämlich um den Kondor und

---

5 Vgl. zu den unterschiedlichen Phasen beschleunigter Globalisierung Ette, Ottmar: *Trans-Area. Eine literarische Globalisierungsgeschichte*. Berlin – Boston: Walter de Gruyter 2012.

damit um das Element der Luft, des Windes. Der Kondor ist für den amerikanischen Kontinent eine emblematische Markierung, die der gesamten Szenerie zusammen mit dem Schnee, also dem gefrorenen Wasser in den Kordilleren, ihren Stempel und ihre Blickrichtung aufdrückt. Damit wird im gleichen Atemzug der Blick des Dichters von oben herab über die Dinge vorweggenommen, also gleichsam der Blick des Schöpfers, des Demiurgen auf seine (literarische) Schöpfung.

Dieses Ich des Poeten wird schon im ersten Gedicht an zentraler Stelle eingeführt, gleich zu Beginn eines Verses, der auf die nachfolgend von diesem Ich erzählte Geschichte aufmerksam macht. Es ist eine lyrisch entworfene Narration in epischer Breite, die sich im *Canto General* vor den Augen der Leserschaft enrollt. Das lyrische Ich ist ein Geschichtenerzähler und entfaltet für uns vergleichbar mit der Bibel, mit dem von Auerbach so genannten „biblischen Erzählungstext",[6] alles in einer *Genesis*, in einer Schöpfungsgeschichte (vgl. Abb. 6). Diese besitzt mythische Dimensionen von epischer Breite und sucht uns die gesamte Welt akkumulativ und kontinental zu erzählen. Wenn sich der Dichter auch auf den Südteil Amerikas und auf Chile konzentriert: Er bemüht sich doch um die Darstellung einer Totalität, die in diesem *Großen Gesang* zum Ausdruck gebracht werden soll. Pablo Nerudas *Canto General* schreibt sich in die biblische Erzähltradition ein, verändert die jüdisch-christliche Heilsgeschichte aber insoweit, als diese nun entsakralisiert wird. Gleichwohl weist die Jahreszahl 1400 noch auf Christi Geburt und deutet zugleich an, dass Reste der christlichen Heilsgeschichte sehr wohl noch vorhanden sind.

Die reflektierte Einführung des Menschen in einem zweiten Schritt, gleich zu Beginn der zweiten Strophe, wird sofort rückgebunden an die Erde; eine Rückbindung, die wir bei Neruda im Übrigen auch in der Konfiguration von Dichter und Erde finden. Die Wimpern und Augenlider („párpados"), die dem Urschlamm entsteigen, sind eine weitere biblische Anspielung und verweisen zugleich auf platonische Vorstellungen, welche etwa auch den Augen der Seele einen Bezug zur Welt des Schlamms einräumen. Doch scheint alles noch namenlos: Weder die weiten Pampas noch die Menschen selbst scheinen einen Namen zu tragen; eine recht verwirrende Aussage, ist doch diese Szenerie auf das Jahr 1400 datiert, also auf einen Zeitpunkt, in dem wir es gerade im Bereich der Kordilleren mit hochentwickelten indigenen Kulturen zu tun haben. Und in der Tat nennt der Dichter auch die Völker – von den Kariben im Norden bis zu den Araukanern im Süden – bei ihren jeweiligen Namen.

---

6 Auerbach, Erich: *Mimesis. Dargestellte Wirklichkeit in der abendländischen Literatur*. Bern: A. Francke Verlag 1946, S. S. 21.

Abb. 6: Diego Rivera: *América prehispánica*, Öl auf Leinwand, 1950.

Gerade bei der Nennung der Völker fällt ab der Erwähnung der Kariben freilich eine Trennung des gesamten Kontinents auf, insofern die Konzentration des Dichters dem südlichen Teil des Doppelkontinents gilt. So „general" ist dieser „canto" also nicht: Er berücksichtigt die bereits geschichtlich gewordene amerikanische Realität der Lateinamerikaner. Hat dies mit der weitgehenden Auslöschung der Ureinwohner im Norden des Kontinents zu tun? Dass es um Kämpfe zwischen den verschiedenen Völkern und nicht erst um Kämpfe im Zuge der Conquista geht, belegt der Verweis auf die Waffen des Menschen. Denn diese Waffen tragen bereits die Initialen der Erde, die „iniciales de la tierra", und damit die erste, noch nicht entzifferte Schrift, welche dieser Welt ihren eigenen Sinn gibt. Dass diese Schriftzeichen auf einem Element der Kultur, auf einem zerstörerischen Element von Kultur – nämlich einer Waffe – stehen, mag die Gewalttätigkeit des Menschen mit der Gewalttätigkeit der Erde verbinden. In jedem Falle beginnt an dieser Stelle der Weg des Menschen durch die Zeiten – eine Waffe in der Hand; ein Weg, der bis zur Aktualität des Dichters in der Erzählzeit führt. Zugleich wird damit eine tellurische Dimension betont, die allen Aktivitäten des Menschen in Amerika eingeschrieben ist: Selbst die Zerstörung und Selbstzerstörung des Menschen trägt noch die Initialen der Erde. So wird etymologisch von diesen *Initialen* aus der weitere Weg des Menschen bis hin zu Zerstörung und Tod dem Gedicht eingeschrieben. Die Schrift am Griff der Waffe birgt dieses Geheimnis.

Doch diese Schrift geriet in Vergessenheit: Niemand konnte sie erinnern, in niemandes Gedächtnis blieb sie bestehen. Selbst der Wind vergaß die Initialen, wie uns der Beginn der dritten Strophe mitteilt. Und von der Schrift werden wir zu einer Sprache geführt, zur natürlichen Sprache des Wassers, die jedoch begraben wird und von der Oberfläche der Erde verschwindet. Der Dichter allein scheint diese Sprache des Wassers, diese Sprache der Natur, noch zu kennen und deuten zu können. Diese Sprache geht unter im Flüssigen, im Wasser, in den Strömen oder auch im Blut, das ebenso für die Geburt wie für den Tod steht.

Mit dem Blut verbindet sich bereits die Dimension der menschlichen Geschichte, welche sich in dieser Lebensflüssigkeit zu erkennen gibt. Das Blut steht für den Anfang wie für das Ende der menschlichen Geschichte, für das Auf-die-Welt-Kommen wie das Von-der-Welt-Scheiden. Das *Leben* aber ging, wie uns der Beginn der vierten Strophe zeigt, nicht verloren: Es ist allumfassend. Wohl aber ging ein Licht aus, „una lámpara de tierra" verlöschte. Eben hier setzt nun das Ich des Dichters ein: „Yo estoy aquí para contar la historia." Und diese Geschichte, die uns das Dichter-Ich in epischer Verdichtung erzählt, wird die Geschichte dieses Lebens sein, das nicht verloren ging.

Die *Figura* dieses Ich, dieses Dichters, steht vor uns. Es ist ein solches Dichter-Ich, das sich Pablo Neruda in langen Jahren des Schreibens aufbaute und das sich mit seiner Person verband. Welcher Sendungswille, welches Bewusstsein der eigenen Aufgabe, die sich in derartigen Figurationen vorstellen! Unwillkürlich denkt man bei diesen Wendungen an jene Verse, die der nikaraguanische Dichter Rubén Darío zu Beginn des Jahrhunderts den Dichtern der Zukunft mitgab. Hören wir die große Figur des hispanoamerikanischen Modernismo:

> Türme Gottes! Dichter!
> Himmlische Blitzableiter,
> die Ihr den schweren Stürmen widersteht,
> kargen Gebirgszügen gleich,
> schroffen Bergspitzen gleich,
> Wellenbrecher der Ewigkeiten!
>
> ¡Torres de Dios! ¡Poetas!
> ¡Pararrayos celestes
> que resistís las duras tempestades,
> como crestas escuetas,
> como picos agrestes,
> rompeolas de las eternidades![7]

---

[7] Darío, Rubén: ¡Torres de Dios!...In (ders.): *Páginas escogidas*. Edición de Ricardo Gullón. Madrid: Ediciones Cátedra 1979, S. 105.

Nach einem langen neunzehnten Jahrhundert der langsamen Ent-Sakralisierung Gottes sind nun die Dichter berufen, dieser ihre eigene Sakralisierung als Dichter entgegenzustellen. Pablo Neruda steht unbezweifelbar fest in dieser Tradition lateinamerikanischer Lyrik.

Zugleich mit diesem Ich kommt die Geschichte über die Menschen. Sie wird von keinem anderen als dem Dichter erzählt, der damit auf den narrativ-epischen Grundzug des folgenden lyrischen Zyklus aufmerksam macht. Diese narrativen Strukturen werden sofort entfaltet, gehen in ein „desde" und ein „hasta" und damit in eine Vektorisierung aller Zeitbegriffe über. An die Stelle der geschichtslosen Zeit tritt die gerichtete geschichtliche Zeit, an die Stelle der in der Sprache des Wassers erzählten Geschichte tritt die Sprache des Menschen, tritt die Sprache des Dichter-Ichs, die nun die Zeit einteilt und den eigenen Kategorien unterwirft.

Es gibt keinen Zweifel daran, dass Pablo Neruda in dieser vierten Strophe – wie so oft in seiner Dichtkunst – zugleich auch ein autobiographisches Element aus seiner Lebenszeit im Süden Chiles einbindet, indem er die „arenas" implizit mit der chilenischen Stadt Punta Arenas dadurch in Verbindung treten lässt, dass es sich hier wie bei den Gebieten im Süden um eine „tierra final" handelt, gleichsam am Ende der bewohnten Welt gelegen. Damit setzt auch die Suche des Ich ein, eine Suche – „te busqué" –, die dem *Canto General* seine Grundstruktur geben wird. Die Suche nach dem Vater, die Suche nach der Mutter: Sie führt auf einen Weg durch verschiedene Welten, ganz so, wie Dantes Weltenwanderer mit seinem Begleiter Vergil die verschiedenen Welten der *Commedia* durchstreift. Der Dichter befindet sich auf der Suche nach dem Glück, auf der Suche nach Erfüllung, auf der Suche nach Beatrice: aus einer Situation der Schutzlosigkeit, der Orientierungslosigkeit, der Identitätslosigkeit heraus, die allein durch diesen Weg überwunden werden kann. Vergessen wir nicht, in welcher lebensbedrohlichen Situation als Gejagter sich Neruda bei der Niederschrift der Gedichte dieses Zyklus befand: *Nel mezzo del cammin' di nostra vita*.

Das dichterische Ich bezieht sich, wie die zweitletzte Strophe deutlich macht, auf den gesamten lateinamerikanischen Bereich des Doppelkontinents, von den Inkas im Süden bis hin zu den Zapoteken im Norden, geographisch gesprochen in Nordamerika, in Mexiko. Noch ist dieses Land, dieser Kontinent aber ohne Namen – und doch schon aus Sicht des Dichters ‚mein'; noch ist die Präsenz der Europäer explizit nicht gegeben, und doch ist von der Raumaufteilung des Gedichts bereits die iberische Kolonisation vorweggenommen. Mit dieser Spannung lebt das Eröffnungsgedicht des *Canto General*, mit dieser Spannung aber wird sich vor allem dessen weiterer Verlauf auf kreative Weise auseinandersetzen. Denn aus dieser Spannung ergibt sich nicht zuletzt der epische Charakter dieses lyrischen Zyklus. Aber noch ist das Wort im Munde des Dichters – wie uns der letzte Vers anzeigt – nicht geboren:

Noch hat die Geschichte nicht begonnen; und damit zugleich die Geschichte der Menschheit und die Geschichte des Dichterwortes.

Der zweite Gesang des *Canto General* besteht aus zwölf Gedichten und stellt – nicht nur im geographischen Sinne des Wortes – den amerikanistischen Höhepunkt des gesamten Zyklus dar: *Alturas de Macchu Picchu*. Schon die Zahl zwölf als magische Zahl der Vollkommenheit belegt, welches Gewicht – auch wenn die Zahlensymbolik sicherlich nicht an deren Komplexität bei Dante heranreicht – diesem zweiten Buch zukommt: ein besonderes Gewicht, das nicht zuletzt auch durch die separate Selbst-Aufsprache durch Pablo Neruda in seiner lyrisch-ästhetischen Eigenständigkeit bestätigt wurde und zum Ausdruck kommt. Dieser Zyklus von zwölf Gedichten bezieht sich autobiographisch auf einen Besuch der berühmten Ruinenstadt in den peruanischen Anden, die Pablo Neruda 1943 tief beeindruckte, durchaus jenseits aller archäologischen Wissensbestände. Denn der Aufstieg des Dichters nach Macchu Picchu kam einem Aufstieg in die Transzendenz und zugleich einem Abstieg tief in das Innenleben amerikanischer Kulturen gleich.

Macchu Picchu steht für Neruda gleichsam emblematisch für die zu Stein geronnene Zeit der indianischen Hochkulturen, hoch oben in den Anden über der nachfolgenden Geschichte thronend. Es ist nicht ganz einfach, einen Gedichtzyklus wie den *Canto General* oder darin selbst die *Alturas de Macchu Picchu* sozusagen im Taschenformat didaktisch zu präsentieren. Ich möchte im Folgenden jedoch versuchen, die im Sinne unserer Vorlesung relevanten und vor allem repräsentativen Passagen herauszusuchen und zu präsentieren; Passagen, die nicht zuletzt auch die Sonderstellung Pablo Nerudas gegenüber den lateinamerikanischen Dichtern der Avantgarde einerseits und den hispanoamerikanischen Dichterinnen der ersten Hälfte des 20. Jahrhunderts andererseits aufmerksam machen.[8]

Dabei sollten wir vor allem nicht vergessen, dass mit Neruda ein neuer Ton und ein neuer Bezug zu den indigenen Kulturen Einzug in die Lyrik Hispanoamerikas hält; ein neuer Bezug zu einem kulturellen Pol, der nicht einfach entweder dem indianistischen oder dem indigenistischen Pol zuzuordnen ist, sondern von beiden etwas behält, nicht zuletzt auch – wie wir gleich hören werden – wegen seines Anspruchs, durch den Dichtermund die (vermeintlich) längst versunkenen indianischen Kulturen sprechen zu lassen. Denn es geht um den Aufstieg, das Leben und den Abstieg der indigenen Kulturen (Latein-) Amerikas und damit folglich um einen kompletten kulturellen Lebenszyklus zwischen Geburt, Leben, Sterben und Tod.

---

8 Vgl. zu beiden Seiten ausführlich den dritten Band der Reihe „Aula" in Ette, Ottmar: *Von den historischen Avantgarden bis nach der Postmoderne* (2021), insb. S. 188–289 u. S. 397–606.

So möchte ich im Fortgang unserer Vorlesung versuchen, eine Zusammenstellung von Passagen aus den *Alturas de Macchu Picchu* zu bieten, die gerade auch die im ersten und von uns untersuchten Gedicht des *Canto General* angesprochenen Elemente wiederaufnimmt beziehungsweise in neue Kontexte stellt. Begleiten wir also den Dichter bei seinem autobiographisch fundierten Aufstieg in die Anden; ein Aufstieg, der zugleich ein Abstieg in die indigene Geschichte der Kulturen dieses Kontinents ist:

       VI
Alsdann stieg ich auf der Leiter der Erde empor
vom grässlichen Dickicht verlorener Urwälder
hinauf zu Dir, Macchu Picchu.
Hohe Stadt von steigenden Steinen,
Aufenthalt zuletzt von dem, der das Irdische
nicht verbarg in der schläfrigen Kleidung.
In dir, zwei parallelen Linien gleich,
wog sich die Wiege des Blitzes und des
Menschen im Dornenwinde.

Mutter aus Stein, des Kondors Schaum.

Hohe Klippe menschlichen Aufgangs.
[...]
       VII
[...]
Als die Hand von der Farbe des Tons
zu Ton ward, als die feinen Lider sich schlossen,
voll rauer Mauern, festungsbevölkert,
und als der ganze Mensch sich in seinem Loch verheddert,
blieb doch die höchste Präzision:
Der hohe Sitz des menschlichen Aufgangs:
das höchste Gefäß, das das Schweigen hielt:
Ein Leben aus Stein nach so vielen Leben.

       VIII
Steig auf mit mir, amerikanische Liebe.

Küsse mit mir der Steine Geheimnis.
Sich ergießendes Silber vom Urubamba
lässt Pollen auffliegen zum gelben Kelch.
Es fliegt die Leere der Schlingwinde,
steinerne Pflanze, härtester Kranz,
auf dem Schweigen des Gebirgskastens.
Komm' mein winziges Leben, zwischen den Flügeln
der Erde, während – kristallin und kalt, luftgeschlagen

und umkämpfte Smaragde wegräumend,
oh wildes Wasser, vom Schnee herab.

Meine Liebe, Liebe, bis zur abrupten Nacht
vom klangvollen andinen Sockel,
zum Sonnenaufgang auf roten Knien,
die Kontemplation schneeblinden Sohnes.
[...]
          XII
Steig auf, mit mir zur Welt zu kommen, Bruder.
[...]
Ich komme, um durch euren toten Mund zu sprechen.
Vereint quer durch die Erde alle
schweigenden Lippen verströmend
und vom Grunde her sprecht zu mir in dieser langen Nacht,
als wäre ich mit euch am Ankerplatz,
erzählt mir alles, Kette für Kette,
Glied für Glied und Schritt für Schritt,
wetzt die Messer, die ihr behieltet,
haltet sie an meine Brust, an meine Hand,
wie einen Fluss voll gelber Strahlen,
wie einen Fluss voll begrabener Tiger,
und lasst mich weinen, Stunden, Tage, Jahre,
blinde Zeitalter, sternenjahrhundertelang.

Gebt mir das Schweigen, das Wasser, die Hoffnung.

Gebt mir den Kampf, das Eisen, die Vulkane.

Rückt enger die Körper, magnetengleich.

Kommt in meine Venen und in meinen Mund.

Sprecht durch meine Worte und mein Blut.

          VI
Entonces en la escala de la tierra he subido
entre la atroz maraña de las selvas perdidas
hasta ti, Macchu Picchu.
Alta ciudad de piedras escalares,
por fin morada del que lo terrestre
no escondió en las dormidas vestiduras.
En ti, como dos líneas paralelas,
la cuna del relámpago y del hombre
se mecían en un viento de espinas.

Madre de piedra, espuma de los cóndores.

Alto arrecife de la aurora humana.
[...]
VII
[...]
Cuando la mano de color de arcilla
se convirtió en arcilla, y cuando los pequeños párpados se cerraron
llenos de ásperos muros, poblados de castillos,
y cuando todo el hombre se enredó en su agujero,
quedó la exactitud enarbolada:
el alto sitio de la aurora humana:
la más alta vasija que contuvo el silencio:
una vida de piedra después de tantas vidas.

VIII
Sube conmigo, amor americano.

Besa conmigo las piedras secretas.
La plata torrencial del Urubamba
hace volar el polen a su copa amarilla.
Vuela el vacío de la enredadera,
la planta pétrea, la guirnalda dura
sobre el silencio del cajón serrano.
Ven, minúscula vida, entre las alas
de la tierra, mientras –cristal y frío, aire golpeado
apartando esmeraldas combatidas,
oh agua salvaje, bajas de la nieve.

Amor, amor, hasta la noche abrupta,
desde el sonoro pedernal andino,
hacia la aurora de rodillas rojas,
contempla el hijo ciego de la nieve.
[...]

XII
Sube a nacer conmigo, hermano.
[...]
Yo vengo a hablar por vuestra boca muerta.
A través de la tierra juntad todos
los silenciosos labios derramados
y desde el fondo habladme toda esta larga noche
como si yo estuviera con vosotros anclado,
contadme todo, cadena a cadena,
eslabón a eslabón, y paso a paso,
afilad los cuchillos que guardasteis,

> ponedlos en mi pecho y en mi mano,
> como un río de rayos amarillos,
> como un río de tigres enterrados,
> y dejadme llorar, horas, días, años,
> edades ciegas, siglos estelares.
>
> Dadme el silencio, el agua, la esperanza.
>
> Dadme la lucha, el hierro, los volcanes.
>
> Apegadme los cuerpos como imanes.
>
> Acudid a mis venas y a mi boca.
>
> Hablad por mis palabras y mi sangre.[9]

Pablo Neruda entfaltet vor unseren Augen ein lyrisches Gemälde, in welchem das längst Vergangene wieder zu neuem Leben erweckt wird, in dem die Toten zu den Lebenden sprechen vom Tod, vom Kampf, von ihrer Geburt und Wiedergeburt. Denn das Leben ist mit dem Tod nicht zu Ende: Der Dichter wird zum Träger dieser Wiedergeburt, wird zum Gebärenden, der diese längst verschollene, zu Stein gewordene Vergangenheit erneut zur Welt bringt in seinem Mund, in seinen Venen und in seinem Blut. Es geht um das lange zuvor schon vollendete Leben, um den Untergang dessen, was einst über den Wolken thronte, um das Sterben einer Kultur, die nicht mehr ist und um die Wiedergeburt, für die der Dichter zum Medium wird. So wird der Dichter zum Sprachrohr dessen, was nicht mehr ist und doch nicht aufhören kann zu sein.

Unser Rundgang durch die *Alturas de Macchu Picchu* beginnt also mit dem Aufstieg des lyrischen Ichs zu den Höhen, gleichsam durch die „selvas perdidas", die dem finsteren Wald in Dantes göttlicher *Commedia* nicht von ungefähr ähneln, bevor die Klarheit, die Transparenz erreicht wird. Von Beginn an spricht der Dichter die Stadt direkt an; und in dieser Wendung an die tote, zu Stein erstarrte Stadt sehen wir zugleich auch die Wendung an die Vergangenheit und eine Wendung an all jene, die zu den normalen Sterblichen nicht mehr sprechen können. Wie bei Dante finden wir also eine Situation der Kommunikation mit der Vergangenheit vor, nur dass hierzu nicht der Abstieg in die Hölle, sondern der Aufstieg in die Ruinen der indigenen Stadt gewählt wurde und damit letztlich auch eine Topologie, die sich mit der Besteigung des Mont

---

[9] Neruda, Pablo: *Canto General*, Alturas de Macchu Picchu VI, VII, VIII, XII.

Ventoux durch Petrarca seit dem 14. Jahrhundert durch die europäische und abendländische Literaturgeschichte zieht.[10]

In dieser hoch hinauf in die Anden gebauten Kultstätte und Stadt wird zugleich die Wiege des Blitzes und die Wiege des Menschen verortet; eine Verbindung, die die Parallelität von menschlicher und göttlicher wie natürlicher Geschichte betont. Die Geschichte des Menschen fällt in eins mit der Geschichte göttlicher Mächte. Der Blitz fährt in diese Geschichte so, wie der Mensch in die Naturgeschichte des Planeten hineinfährt und sie auf immer verändert. Das Erscheinen des Menschen in der Geschichte des Planeten wird mehrfach mit dem Sonnenaufgang verbunden: Der Mensch erscheint nach seiner Geburt in der Wiege, der er jedoch bald schon entsteigt, um sich des Planeten in seiner Gesamtheit zu bemächtigen. Wäre die Metapher vom Anthropozän nicht so arrogant, weil sie den Menschen ins Zentrum aller Dinge und Entwicklungen auf dem Planeten Erde stellt, obwohl er die von ihm ausgelösten Prozesse in keiner Weise mehr beherrscht und die Folgen seines Tuns im Griff hat, dann könnten wir dies als den Anfang vom Ende der Naturgeschichte bezeichnen. Wir könnten den Aufstieg des Menschen hinauf zum Anthropozän akklamieren, zur Erdepoche im Zeichen der weltverändernden Aktivitäten des Menschen.

Hier wird also jene Mutter aufgefunden, hier werden jene Kondor-Vögel sichtbar, auf deren Suche sich das Ich bereits im ersten Gedicht gemacht hatte. Die Wiedergeburt der indigenen Kulturen, ebenfalls im Eröffnungsgedicht des *Canto General* angemerkt, nimmt konkretere Züge an. Die „espuma", der Schaum des großen amerikanischen Kondors, verbindet sich mit den Müttern aus Stein: eine doppelte Anspielung auf die Geschichte der Natur und die Geschichte des Menschengeschlechts und damit auf die Anfänge der müttergeborenen Menschheit. Nicht umsonst spricht der Dichter die Ruinenstadt in der Naturmetaphorik des Riffs und des Sonnenaufgangs des Menschengeschlechts an und insistiert einmal mehr auf der Zugehörigkeit des Menschen jener Zeiten noch zum Reich der Natur. Damit wird eine kosmologische Einheit evoziert, die als Naturverbundenheit des Menschen zu umschreiben ausgesprochen verkürzend wäre: Noch ist der Mensch ein Teil der kosmologischen Ordnung und damit zugleich aller Wesen des Kosmos, die aus dem Chaos, aus dem Urschlamm geschaffen wurden und Teil der Schöpfung sind. Denn der Begriff Kosmos steht zum einen für die Ordnung und zum anderen für die Schönheit; eine ästhetische Dimension, die sie auch heute noch etwa im Begriff der Kosmetik in unserer Sprache präsent haben.

---

10 Vgl. hierzu Ritter, Joachim: *Subjektivität. Sechs Aufsätze*. Frankfurt am Main: Suhrkamp 1974.

Am Ende des siebten Gedichts, das der hier zentral gestellten lyrischen Einheit folgt, stoßen wir zunächst auf Bilder des Todes, auf die Rückverwandlung des Menschen der Erde in Tonerde, in Natur und Boden. Wieder sind es die Augenlider, die „párpados", die sich diesmal schließen und das Ende eines Lebenszyklus anzeigen. An dieser Stelle wird Macchu Picchu zum der Geschichte anvertrauten Überrest der menschlichen Kultur, deren Exaktheit und Präzision im strukturellen architektonischen Aufbau noch immer sichtbar ist. Die Stadt wird zum „alto sitio de la aurora humana"; eine Darstellung, die zwar für die gesamte Menschheit nicht ganz zutreffend ist, zweifellos aber für den inkaischen Kulturbereich gilt. In diesem Gedicht des Macchu Picchu-Zyklus kehren die Lexeme zurück, die wir im ersten, den gesamten Zyklus des *Canto General* eröffnenden Gedicht bereits vorfanden: „vasija", „silencio", „arcilla", „madre", „cóndor" – all jene Lexeme, die sich nun in einer erneuten Wendung des poetischen Glücksrads Nerudas zu einer neuen Konfiguration formieren und zugleich ein steinernes Leben bekräftigen, das den vielen menschlichen Leben nachfolgt und von diesen für immer kündet.

Im unmittelbaren Anschluss daran wird der „amor americano" aufgefordert, mit dem lyrischen Ich den Aufstieg zu Macchu Picchu zu unternehmen, also eine gemeinsame Reise anzutreten – auch dies eine bewegliche Konfiguration, die der *Divina Commedia* Dantes nicht unbekannt ist. Pablo Neruda schreibt sich ganz bewusst ein in poetische Traditionen des Abendlandes, die zugleich grundlegend verändert und gleichsam ‚amerikanisiert' werden. Wir sehen, wie erstaunlich sich Bezüge herstellen lassen nicht nur zu Dante Alighieri, sondern auch zu Jorge Luis Borges' *El Aleph*, dessen Figur Carlos Argentino Daneri bereits auf die Präsenz abendländischer Traditionen, die sich von Dante herleiten, in den zeitgenössischen Kreationen Lateinamerikas aufmerksam gemacht hatte.[11] Denn Carlos Argentino Daneris Langgedicht *La Tierra* hatte eben auch jenes Übereinander von Zeiten und Zeitschichten gesetzt, das der chilenische Dichter hier gemeinsam mit der amerikanischen Liebe, mit einer neuen Dante'schen Beatrice, durchstreifen will und durchstreifen wird. Die fundamentale Ironie von Borges lassen wir an dieser Stelle unserer Vorlesung außer Acht.

Die Stein gewordene Kultur der Inkas wird in diesem Gedicht mit der belebten Natur verbunden, gerinnt zu harten Girlanden und zu steinernen Pflanzen, welche den Weg des Ich und seiner Begleiterin (wenn wir deren Geschlecht im Sinne Dantes deuten) säumen. Im Grunde haben wir es hier zusätzlich mit dem Motiv der Zeitreise zu tun: Denn eine Reise beginnt, welche nicht allein die drei

---

[11] Vgl. hierzu die entsprechende Vorlesung in Ette, Ottmar: *Von den historischen Avantgarden bis nach der Postmoderne* (2021).

Dimensionen des Raumes, sondern zusätzlich die vierte der Zeit umfasst.[12] Erneut tritt an dieser Stelle das Element des Wassers hinzu und öffnet in seiner Wildheit den Blick auf die belebte Natur und das Leben überhaupt. Dessen fruchtbringende Präsenz hatte sich bereits in der Erwähnung des Flusses Urubamba gezeigt, eines Nebenflusses des Amazonas, der wie viele andere Flüsse und Ströme die „ríos arteriales" des Eröffnungsgedichts repräsentiert. Diese andine Gebirgs- und inkaische Kulturlandschaft ist es, welche von der Liebe des Dichters durchdrungen wird; einer Liebe, die sich der Vergangenheit öffnet und diese in sich aufzunehmen bestrebt ist. Das dichterische Ich *verkörpert* alle kulturellen Dimensionen einer Geschichte dieses Raumes der Amerikas.

Im Schlussteil dieses ‚kleinen' Zyklus der *Alturas de Macchu Picchu*, im zwölften Gedicht dieser Serie also, findet das Ich erneut zu seiner von ihm beanspruchten Rolle als Sprachrohr längst untergegangener Kulturen, denen in der Dichtung wieder neues Leben eingehaucht wird. Dabei tritt nun ein Bruder an die Seite des zur steinernen Stadt Aufsteigenden; ein Bruder, der die Solidarität mit den Menschen, insbesondere aber mit der indigenen Bevölkerung jener Stadt und damit mit der eigenen inkaischen Vorgeschichte betont. Auch diese Figur nimmt ein Element – nämlich die Hirtenfiguren – des Eröffnungsgedichtes des *Canto General* wieder auf. Mit guten Gründen wird dieser Aufstieg in die Metaphorik des Geboren-Werdens gekleidet, mithin einer doppelten Geburt anvertraut, in welcher der Bruder zum Zwillingsbruder wird: „Sube a nacer conmigo, hermano."

Vor diesem poetischen Hintergrund ergreift der Dichter erneut das Wort im Bewusstsein, durch den Mund der Toten und damit für die und anstelle der Toten zu sprechen. In seiner hymnischen Stimme – ich verweise noch einmal auf die im Übrigen durchaus diskutable Selbst-Aufsprache des chilenischen Dichters – werden die schweigsamen Lippen der Geschlechter zu neuen Worten wiedererweckt: Die Reise durch die Vergangenheit leitet damit gleichsam über zu einer Reise der Vergangenheit in die Gegenwart. Die Gegenwart aber füllt sich in Gegenwart des Dichter-Demiurgen mit Vergangenheit, die vergegenwärtigt wird. So können wir sehr wohl von einer Wiedergeburt inkaischer beziehungsweise indigener Kulturelemente sprechen.

Umgekehrt füllt sich die Stimme des Dichters mit neuem, mit fremdem Leben. Alles sollen ihm die Indigenen der Vergangenheit, die Inkas, die Erbauer von Macchu Picchu erzählen und anvertrauen: ein Ziel, das schon den eigenen Anspruch miteinschließt, damit auch wiederum eine geschichtlich-kulturelle Totalität weiterzugeben. Die Verbindung mit den Brüdern der Vergangenheit beruht

---

12 Vgl. hierzu die Ausführungen im Theorieteil des ersten „Aula"-Bandes von Ette, Ottmar: *ReiseSchreiben. Potsdamer Vorlesungen zur Reiseliteratur* (2020).

dabei auf der Anteilnahme an deren vergangenem Leiden, an einem gemeinsam geteilten Leiden an einer Geschichte, welche diese wiedererweckten Brüder nicht zu Ende schreiben konnten. So fordert der Dichter die indianischen Vorfahren auf, ihm alles zu vermitteln, ihm alles zu geben, dessen sie sich erinnern können. Dabei tauchen auch jene Lexeme wie Schweigen oder Wasser wieder auf, die wir bei unserer Analyse schon kennengelernt haben und die stellvertretend für die Welt des Dichters mitsamt seiner Verkörperung alles Vergangenen stehen.

Das dichterische Ich *ist* die Vergangenheit in der Gegenwart. So kommt das Alte in das Neue und wird Teil von dessen Körper, wird Blut in den Adern des Ichs – gleichsam in seinen ‚offenen Adern' im Sinne Eduardo Galeanos –, wird Wort in seinem Mund, das neues Leben erhält. Mit anderen Worten: Das Vergangene kommt in einem poetischen und schmerzhaften Geburtsvorgang wieder zur Welt. Auf diese Weise erhält die indigene Vergangenheit das Wort – ein vormals unterdrücktes Wort – im Sprechen und im Blut des Dichters, der zugleich stellvertretend steht für die Vergangenheit, als deren Garant das lyrische Ich auftritt.

Es ist aufschlussreich, diesen Gedichtzyklus mit jenen ‚Memoiren' in Beziehung zu setzen, die Pablo Nerudas Vielzahl an autobiographischen Schriften postum komplettierten und unter dem Titel *Confieso que he vivido* erschienen: zweifellos ein Kultbuch aller Lateinamerika-Liebhaber der siebziger und frühen achtziger Jahre. Dass Neruda schon im Titel dieser autobiographischen Schrift auf den Prozess des Lebens hinweist und damit das Leben zentral stellt, sei an dieser Stelle nur vermerkt.

In *Confieso que he vivido* berichtet Neruda im achten Kapitel „La patria en tinieblas" von seiner Rückkehr nach Chile nach der willentlichen Aufgabe seines diplomatischen Postens in Mexiko; eine Rückkehr, an die er einige Überlegungen zur Bezogenheit des Menschen auf die natürliche Umwelt und zu seiner Heimat anknüpft. Dies sind bemerkenswerte Äußerungen, die natürlich aus der Perspektive der Erzählzeit sehr wohl wissen, dass auf der Ebene der erzählten Zeit dem Ich noch die Flucht aus Chile und ins Exil bevorstehen sollte. Doch scheint mir dieser Bezug zum eigenen Raum, zur eigenen Räumlichkeit gerade innerhalb eines vielbewegten Lebens des chilenischen Dichters von größter Wichtigkeit zu sein. Schauen wir uns diese Passage also näher an:

> Ich denke, dass der Mensch in seinem Vaterlande leben muss, und ich glaube, dass die Entwurzelung der Menschen eine Frustration darstellt, welche auf die eine oder die andere Weise die Klarheit der Seele beeinträchtigt. Ich kann nicht anders als in meinem eigenen Lande leben [...].
>
> Ich blieb noch in Peru und stieg hinauf zu den Ruinen von Macchu Picchu. Wir kamen zu Pferde hinauf. Es gab damals noch keine Straße. Von oben sah ich die alten Bauten aus Stein, die von den allerhöchsten Spitzen der grünen Anden umgeben waren. Von der zerrütteten und vom Gang der Jahrhunderte angenagten Festung herab ergossen sich Sturzbäche. Massen von weißem Nebel stiegen vom Flusse Wilcamayo auf. Ich fühlte mich unendlich

klein inmitten dieses Nabels aus Stein; dem Nabel einer entvölkerten, stolzen und eminenten Welt, der ich auf irgend eine Weise zugehörte. Ich fühlte, dass meine eigenen Hände hier in einer weit entfernten Periode gearbeitet, Furchen gegraben und Felsen geglättet hatten.

Ich fühlte mich als Chilene, als Peruaner, als Amerikaner. Ich hatte in jenen schwierigen Höhen, unter jenen ruhmreichen und verstreuten Ruinen ein Gelübde zur Fortsetzung meines Gesanges abgelegt.

Hier kam mein Gedicht „Höhen von Macchu Picchu" auf die Welt.[13]

Es ist durchaus kein Zufall, dass Pablo Neruda an diesem traditionsreichen Ort Metaphern der Körperlichkeit benutzt, wie sie auch seinen Gedichten des *Canto General* eingeschrieben sind. Die Stadt hoch oben in den grünen Anden bildet einen Nabel aus Stein inmitten einer verlassenen Welt, in welcher der Dichter doch quer durch die Zeitalter, quer durch die Jahrhunderte anwesend war und am gemeinsamen Vorhaben der indigenen Kulturen mitgearbeitet hat. In der Imagination des Dichters überlagern sich die Jahrhunderte, überlagern sich die Welten. Der Nabel dieser inkaischen Welt verweist auf die Geburt dieser Kultur, von deren Geburtsvorgang noch immer das steinerne Zeugnis – der Körper aus Stein – spricht. Und parallel dazu bringt der Dichter sein Gedicht *Alturas de Macchu Picchu* auf die Welt, lässt diesen kleinen Zyklus von zwölf Gedichten in einen Gebärvorgang übergehen, welcher das Gedicht als lebendiges Wesen hervorbringt. Denn dass die Gedichte lebende und lebendige Wesen sind, daran hat der chilenische Poet niemals gezweifelt!

In dieser Passage seiner Autobiographie macht Neruda nochmals deutlich, welch fundamentale Wirkung der Aufstieg zu den Ruinen von Macchu Picchu auf ihn hatte. Und welchen Einfluss gerade auch die überlegene und überlegte, von oben schauende Perspektive auf die alte Indianerstadt auf sein Selbstverständnis ausübte. Noch im Gedicht findet sich exakt dieser Blickwinkel, jener Blick von oben, der die Anlage von Macchu Picchu geradezu strukturalistisch analysiert und vor seiner Leserschaft ausbreitet.

Auch in dieser Passage finden wir eine Verbindung zwischen der Geburt und dem Kreatürlichen, eine Verbindung zwischen dem Lebendigen, Organischen und dem Stein, in welchen dieser indigene Körper buchstäblich hineingemeißelt wurde. Dabei erscheint das Ich als dieser steinernen Welt der Vergangenheit zugehörig: Es findet ein Identifikationsprozess statt, der schließlich in einen Identitätsbildungsprozess überleitet. Der Dichter fühlt sich als Chilene, als Peruaner, als Amerikaner: Eine kontinentale Zugehörigkeit ist geboren. Und sie drückt sich literarisch – wenn wir auf Erich Auerbach und sein in *Mimesis* zum Ausdruck ge-

---

[13] Neruda, Pablo: *Confieso que he vivido*. Barcelona: Seix Barral 1974. S. 235. Alle Übersetzungen ins Deutsche stammen in diesem Band, wo nicht anders angegeben, vom Verfasser. Die Prosa-Zitate in der Originalsprache finden die Leser*innen im Anhang des Bandes (O.E.).

brachtes zweigleisiges Schema einer Darstellung von Totalität zurückgehen – in kontinentalen Bildern, in Bildern einer kontinental-kontinuierlichen Totalitätsdarstellung aus. Macchu Picchu bildet den Nabel einer kontinental *konzipierten* amerikanischen Welt.

Im Zentrum des Gedichts steht letztlich – wie im *Canto General* allgemein – die Frage nach dem Leben, nach den Grenzen individuellen wie kollektiven Lebens und dem WeiterLeben von Kulturen wie Menschen nach dem Tod. Die Frage des Individuums wird in diesem Zusammenhang niemals außerhalb der kollektiven Sinngebung und außerhalb einer überindividuellen Zugehörigkeit behandelt. Die Problematik eines individuellen Lebens ist stets eingebettet in diejenige einer geschichtlich-kulturellen Gemeinschaft der Amerikas im Rahmen jenes mobilen Raumentwurfs, der dem *Canto General* ab seiner *Genesis* zu Grunde liegt.

Dabei wird das Nationale, etwa das Chilenische, in den Kontext einer kontinentalen amerikanischen (und vorzugsweise lateinamerikanischen) Zugehörigkeit gestellt. „Patria chica" und „Patria grande" spielen in diesem Zusammenhang durchaus eine Rolle, auch wenn – wie etwa zeitgleich bei dem kubanischen Dichter José Lezama Lima in *La expresión americana*[14] – die ‚Amerikanität' über allem steht. Anders als beim Kubaner Lezama Lima, der einen inselweltlichen, einen archipelischen Entwurf für die Amerikas vorlegte, ist die Vision des Chilenen Pablo Neruda freilich kontinental ausgerichtet. Es scheint in diesem Kontext durchaus Prägungen zu geben, die sich über ein ganzes Dichterleben auswirken. In dieser kontinentalen Vision verortet Neruda zugleich auch die Geburt und Legitimation seines Gesanges, seines „Canto"; und hier verortet er auch die Geburt seines Gedichts *Alturas de Macchu Picchu*. Pablo Nerudas Gesang entfaltet eine amerikanische Vision und eine Vision Amerikas, in welcher ein Gesamt-Körper gezeichnet wird, der sich nicht aus verschiedensten Inseln, Insel-Welten und Inselwelten zusammensetzt, sondern aus Flüssen, Gebirgszügen und großen territorialen Flächen gezimmert ist.

Wir sollten an dieser Stelle in der gebotenen Kürze die Gesamtstruktur des *Canto General* ins Auge fassen und uns vergegenwärtigen: Er besteht aus insgesamt fünfzehn Teilen, von denen wir die beiden ersten nun kennengelernt haben, nämlich *La lámpara en la tierra* und *Alturas de Macchu Picchu*. Es schließt sich der berühmt gewordene dritte Teil zu den Konquistadoren an, der die geschichtlichen Ereignisse seit der sogenannten ‚Entdeckung' Amerikas durch die Spanier reflektiert, um daran kontrapunktisch den nicht weniger berühmten vierten Teil, *Los libertadores*, anzuschließen, auf den wir kurz eingehen werden. Die beiden nach-

---

14 Vgl. hierzu das Kapitel in Ette, Ottmar: *Von den historischen Avantgarden bis nach der Postmoderne* (2021), S. 741–772.

folgenden Teile führen die Geschichte weiter bis weit ins 20. Jahrhundert und schließen mit der Anrufung des Namens Amerikas ab.

Der siebte Teil des Bandes ist der sogenannte *Canto General de Chile*, der im Zentrum des Zyklus steht und dem eine besondere, durchaus nationale und nationalgeschichtliche Bedeutung zukommt. Die Verankerung Amerikas im chilenischen Volk sowie die autobiographische Dimension des gesamten Gesangs schließen sich an, daneben Erinnerungen des dichterischen Ich an die Aufenthalte im Süden, inmitten der südchilenischen Natur, die dem Dichter von Kindheit an besonders ans Herz gewachsen war.

Dann setzt der fünfzehnte und letzte Gesang des Zyklus mit dem Titel *Yo soy* ein: Es geht nicht mehr um ein „estar", eine vorübergehende Befindlichkeit, um einen Zustand, wie wir diesen ganz zu Beginn des Gedichtzyklus vorgefunden hatten, sondern um einen Vorstoß zum „ser", zum Sein, zum Wesen, zum Wesentlichen und damit auch zum eigenen gesellschaftlichen, gemeinschaftlichen und persönlichen Leben des dichterischen Ich. Auch in diesen letzten Teil ist der politische Standort Nerudas eingeschrieben, bisweilen gar in recht propagandistischen, uns heute etwas fremd gewordenen Passagen wie im zweitletzten Gedicht des *Canto General*, in dem sich der Dichter an seine Partei wendet: *A mi Partido*. Ist dies die obligate Ehrenbezeugung gegenüber der Kommunistischen Partei, ja die Unterwerfung unter die kommunistische Führung?

Wir sollten dieses Gedicht freilich zur Kenntnis nehmen, gibt es uns doch Aufschluss über einen nicht unbeträchtlichen Teil von Nerudas Schreiben. Denn dieser politisch-propagandistische Aspekt nahm bis in die letzten Lebensjahre des chilenischen Dichters im lyrischen Schaffen eher noch zu. All diese Schöpfungen entstehen unter dem beängstigenden Eindruck einer wachsenden Einmischung der USA in die chilenische Innenpolitik und gipfeln schließlich im Gedicht *Incitación al Nixonicidio*, also im Aufruf des Dichters zum Mord am damaligen Präsidenten der Vereinigten Staaten.

Es wäre sicherlich ein Leichtes, eine Anthologie mit derartigen bösen Gedichten über die USA und deren Präsidenten aus lateinamerikanischer Sicht und von lateinamerikanischen Dichtern vorgetragen zusammenzustellen. Von wesentlich höherer literarischer Qualität wäre in einer solchen das Gedicht an Roosevelt des nikaraguanischen Poeten Rubén Darío, der den begründeten Ängsten seiner Epoche aus lateinamerikanischem Blickwinkel verdichteten poetischen Ausdruck verlieh. Wir werden uns mit diesem Gedicht und dessen zeitgeschichtlichem Kontext noch ausführlich beschäftigen. Zu nennen wäre aber ebenso das Gedicht des Argentiniers Ezequiel Martínez Estrada, in welchem anlässlich der von den USA gesteuerten dilettantischen Invasion in der Schweinebucht vor Kuba eine Hasstirade gegen den damaligen US-Präsidenten John F. Kennedy vom Stapel gelassen wird; eine Tirade voll aufgestauten Hasses, über welche die Literaturgeschichte glücklicherweise mild ihren Schleier gebreitet hat. Doch sollten wir kurz den Lobgesang Nerudas auf seine Partei, auf die Kommunistische Partei Chiles, zur Kenntnis nehmen:

> Mir hast du die Brüderlichkeit gegeben mit jenem, den ich nicht kenne.
> Mir hast du die Stärke hinzugefügt von allen, die leben.
> Mir hast du das Vaterland wiedergegeben, wie in einer Geburt.
> Mir hast du die Freiheit gegeben, die der Einzelgänger nicht besitzt.
> Mir zeigtest du, die Güte zu entzünden wie das Feuer.
> Mir gabst du das Aufrechte, das der Baum braucht.
> Mir zeigtest du, Einheit und Differenz aller Menschen zu sehen.
> Mir führtest du vor, wie der Schmerz eines Wesens im Siege aller vergeht.
> Mir zeigtest du, auf den harten Betten meiner Brüder zu schlafen.
> Mir machtest du klar, auf die Realität wie auf einen Felsen zu bauen.
> Mir machtest du abhold, die Übles wollen, Mauer zum Frenetischen.
> Mir hast du die Helle der Welt und die mögliche Freude zu sehen gegeben.
> Mir hast du Unzerstörbarkeit gegeben, denn mit dir ende ich nicht in mir.

> Me has dado la fraternidad hacia el que no conozco.
> Me has agregado la fuerza de todos los que viven.
> Me has vuelto a dar la patria como en un nacimiento.
> Me has dado la libertad que no tiene el solitario.
> Me enseñaste a encender la bondad, como el fuego.
> Me diste la rectitud que necesita el árbol.
> Me enseñaste a ver la unidad y la diferencia de los hombres.
> Me mostraste cómo el dolor de un ser ha muerto en la victoria de todos.
> Me enseñaste a dormir en las camas duras de mis hermanos.
> Me hiciste construir sobre la realidad como sobre una roca.
> Me hiciste adversario del malvado y muro del frenético.
> Me has hecho ver la claridad del mundo y la posibilidad de la alegría.
> Me has hecho indestructible porque contigo no termino en mí mismo.[15]

Wir finden hier alle Grundmetaphern Pablo Nerudas wieder, einschließlich der Geburtsmetaphorik, die von so zentraler Bedeutung für seine Dichtkunst ist. Allerdings könnte man in dieser Lobpreisung der Kommunistischen Partei auch bemängeln, dass im Gedicht all diese Metaphern zu Klischees geworden sind. Und in dem Maße, wie sie hier zu Klischees wurden, zu ausdruck- und farblosen Serienbildern, sind sie auch andernorts, gleichsam kotextuell und damit im selben Gedichtband, von einem Verlust an Prägekraft und Schärfe gezeichnet, der damit auf dem gesamten Gedichtzyklus lastet.

Ich möchte Ihnen dies gerne an einigen Beispielen vorführen, die ich dazu aus didaktischen Gründen in Serie schalte: Wenn Macchu Picchu Geburt war,

---

15 Neruda, Pablo: *Canto General, Yo soy: A mi Partido*, S. 368.

dann ist auch die Partei Geburt. Wenn das Ich in Macchu Picchu über sich selbst hinausreicht, dann auch durch die Partei. Wenn es in Macchu Picchu Brüder findet, dann auch in der Partei. So einfach sind die Dinge in dieser parteiischen Litanei, die die Dinge beim Namen, bei der Realität zu nennen vorgibt und doch nur Klischees, Abziehbilder des vorherigen Gedichtzyklus produziert und aneinanderreiht!

Man könnte mit guten Gründen in diesen nicht so sehr politischen als vielmehr ideologisch-propagandistischen Gedichten Pablo Nerudas einen poetischen Absturz des chilenischen Dichters sehen, der seine Dichtkunst in den Dienst der Partei und damit auf eine harte Probe stellt. Denn das Erschreckende dieses Gesangs ist nicht nur die Totalität, in welcher hier die Partei alles, selbst die intime Metaphorik Nerudas, auszufüllen scheint. Das Erschreckende ist vor allem darin zu sehen, wie religiös diese Totalität vorgetragen und verabsolutiert wird: in Form einer Litanei, zu deren Bewegungen die Bewegungen eines Weihrauchschwenkers sicherlich gut passen würden. Die Totalität der dichterischen Welt Nerudas ist in diesem Gedicht an die Kommunistische Partei dem Totalitätsanspruch einer Partei gewichen, auf deren Opfertisch alles zuvor poetisch Entfaltete aufgeopfert wird. Und dankbar strömt der Opferduft nach oben ...

Auch dies gehört zum Gesamtbild des chilenischen Dichters Pablo Neruda. gAber vergessen wir dennoch – trotz dieses Lobgesangs auf die immer richtige und immer solidarische Parteilinie – nicht, welche lyrische Kraft, welches literarische Urgestein Pablo Neruda darstellt! Es ist diese poetische Stärke, die seine Schöpfungen auch weit über die Zeit hinausführen und uns weit über jene propagandistischen Gedichte erheben, die der große Dichter eben *auch* verfertigt hat.

Doch wir müssen mit unserer Beschäftigung mit Pablo Neruda zu einem Ende kommen! Dazu möchte ich Ihnen einen Auszug aus dem *Canto General* präsentieren, und zwar aus dem den „Libertadores" gewidmeten Teil, von dem aus sich viele Beziehungen zu vorhandenen Deutungen der ‚großen Männer' der hispanoamerikanischen „Independencia" herstellen ließen. Es sollen uns hier aber nicht die Bolívar oder San Martín aus dem Beginn des 19. Jahrhunderts interessieren, sondern vielmehr eine andere Gestalt aus der zweiten Hälfte desselben Jahrhunderts, die zum damaligen Zeitpunkt heiß umkämpft war und in zunehmendem Maße in die internationale Diskussion und die politischen Diskurse in und über Kuba hineingezogen wurde. Ich spreche vom kubanischen Dichter und Revolutionär José Martí, dessen Rezeptionsgeschichte speziell in Lateinamerika faszinierend ist.[16]

---

16 Vgl. Ette, Ottmar: *José Martí. Teil I: Apostel – Dichter – Revolutionär. Eine Geschichte seiner Rezeption.* Tübingen: Max Niemeyer Verlag 1991.

Dieser großen Figur der kubanischen Geschichte gilt das vierunddreißigste Gedicht, das schlicht mit *Martí (1890)* überschrieben ist und damit eine Anspielung auf ein Jahr enthält, in welchem Martís Leben von einer Reihe signifikanter Ereignisse betroffen wurde. Denn es war dieses Jahr 1890, in welchem er die Arbeiterbildungsallianz „La Liga" gründete und eine Vielzahl von Reisen zur Vorbereitung des von ihm intellektuell konzipierten Freiheitskampfes Kubas gegen den spanischen Kolonialismus unternahm. Er begab sich als offizieller Delegierter auch nach Washington, wo in jenen Wochen bei der Conferencia Monetaria Internacional darüber entschieden wurde, welche wirtschaftlichen Kooperationsformen auf dem amerikanischen Kontinent entwickelt würden und welche Führungsrolle dabei den expandierenden US-amerikanischen Wirtschafts- und Machtinteressen zukommen sollten.

In eben jenem Jahr entfaltete Martí eine intensive politische Arbeit auf dem internationalen Parkett, insoweit der Kubaner zum Konsul Argentiniens und zugleich Paraguays in New York ernannt wurde und in der Folge bei den Beratungen auf lateinamerikanischer Seite eine wichtige Rolle spielte, da er sehr frühzeitig schon – und hiervon zeugen eine Fülle von Artikeln und Essays aus seiner Feder – die Absichten der Vereinigten Staaten durchschaut hatte. Das Jahr 1890 aber war auch das Jahr der Niederschrift der programmatischen *Versos sencillos*; jener Verse also, deren Einfachheit, deren Rückgriff auf eine scheinbar einfache lyrische Sprache die Dichter und vor allem die Dichterinnen der ersten Jahrhunderthälfte – darunter auch die Literaturnobelpreisträgerin Gabriela Mistral –, aber zweifellos auch den Dichter Neruda selbst sehr stark geprägt haben.

Gerade um die Mitte des 20. Jahrhunderts war José Martí von großer Wichtigkeit für Nerudas eigene dichterische Entwicklung geworden, machte sich der Chilene doch in zunehmendem Maße daran, nach einfachen, vereinfachten, zugänglichen lyrischen Lösungen zu suchen, um seiner Lyrik eine möglichst breite Zuhörerschaft und Leserschaft zu erschließen und zu sichern. Das letzte Lebensjahrzehnt Martís, der gleich zu Beginn des von ihm entfachten Freiheitskampfes 1895 fiel, war mithin die intensive Epoche eines ebenso politischen wie poetischen Schaffens des wie Neruda kleingewachsenen Kubaners, der Ende 1890 zum Delegierten Uruguays bei der Internationalen Währungskonferenz ernannt werden sollte, der aber auch gerade im Jahre 1890 zu einer lyrischen Ausdrucksform fand, welche ihm nicht nur neue sprachliche Möglichkeiten, sondern auch das bleibende Vermächtnis im kollektiven Gedächtnis seines Volkes wie Lateinamerikas insgesamt sicherte. Denn die *Einfachen Verse* veränderten das Antlitz des hispanoamerikanischen Modernismo und gingen eine fruchtbare Verbindung mit Martís Handeln als politischer wie poetischer Revolutionär ein:

Kuba, schaumbekränzte, sprühende Blüte,
scharlachrote Lilie, jasminengleich,
nicht leicht fällt's, unter dem Blütennetz deine
dunkle, gemarterte Kohle zu finden,
die alte Falte, die der Tod hinterließ,
die Wunde, bedeckt vom Schaume.

Aber in dir drinnen, wie eine klare
Geometrie von gekeimtem Schnee,
wo sich deine letzten Rinden öffnen,
dort liegt Martí, reiner Mandel gleich.

Er ist im kreisrunden Grunde der Luft,
er ist im blauen Zentrum des Landes,
und strahlt wie ein Tropfen Wasser
die schlafende Reinheit seines Samenkorns.

Aus Kristall ist die Nacht, die ihn bedeckt.

[...]
Dies Feuer ganz erschüttert seine Struktur.
Und so aus der liegenden Festung,
aus dem versteckten Samenkorn strömend
brechen die Kämpfer der Insel auf.

Sie kommen aus einer bestimmten Quelle.

Geboren aus einer kristallenen Kehre.

Cuba, flor espumosa, efervescente
azucena escarlata, jazminero,
cuesta encontrar bajo la red florida
tu sombrío carbón martirizado,
la antigua arruga que dejó la muerte,
la cicatriz cubierta por la espuma.

Pero dentro de ti como una clara
geometría de nieve germinada,
donde se abren tus últimas cortezas,
yace Martí como una almendra pura.

Está en el fondo circular del aire,
está en el centro azul del territorio,
y reluce como una gota de agua
su dormida pureza de semilla.

Es de cristal la noche que lo cubre.

[...]
Todo fuego estremece su estructura.
Y así de la yacente fortaleza,
del escondido germen caudaloso
salen los combatientes de la isla.

Vienen de un manantial determinado.

Nacen de una vertiente cristalina.[17]

Dieses José Martí gewidmete Gedicht gehört sicherlich nicht zu den bekanntesten und wohl auch nicht zu den besten des Gedichtzyklus von Nerudas *Canto General*. Und doch scheint es mir bedeutungsvoll in vielerlei Hinsicht, waren jene Jahre doch die eines beginnenden Kampfes gegen die Diktatur Batistas auf der Insel, die mit dem Triumph Fidel Castros und der Kubanischen Revolution enden sollten. José Martí hat in diesem Gedicht deutlich an Statur gewonnen, nicht zuletzt in politischer Hinsicht, wird er doch zur eigentlichen Quelle des Widerstands gegen die noch herrschende Batista-Diktatur.

Gewiss erreicht das Gedicht nicht die Tiefe und Dichte mancher Martí gewidmeter Gedichte des Kubaners José Lezama Lima, der in *La expresión americana* auch in seiner Prosa die aufkommende Widerstandsbewegung poetisch feierte. Doch auch wenn die Symbolik eher einfach gestrickt ist und der Name Martís sich selbstverständlich – wie schon so oft, aber bereits bei ihm selbst – mit dem Begriff des ‚Mártir' reimt, so zeigen die Verse doch an, dass der große kubanische Intellektuelle des ausgehenden 19. Jahrhunderts nun auch in einem kontinentalen Sinne für die Revolution zu stehen begann. Dass dabei in den Städten die Kommunistische Partei Kubas eine wichtige Rolle spielte, die später von den Revolutionären um Fidel Castro aus Machtgründen heruntergespielt wurde, dürfte mitverantwortlich sein für Pablo Nerudas poetisches, zugleich aber auch politisch engagiertes Poem.

Die fünfziger Jahre sind sehr spannende Jahre, die um das Jahr 1953 der Rezeptionsgeschichte José Martís eine interessante Veränderung bringen – und dies hatte Pablo Neruda sehr richtig erkannt. Im Ausland hatte zuvor – seit der Würdigung Martís etwa durch den nikaraguanischen Modernisten Rubén Darío – vor allem der literarische, insbesondere der lyrische Martí dominiert, während im Inland, also auf der Insel Kuba, fast durchweg der politische Martí die Rezeption beherrschte. In Nerudas Gedicht zeigt sich, dass nun auch im Ausland der politi-

---

17 Neruda, Pablo: *Canto General, Los Libertadores: Martí (1890)*, S. 108.

sche Martí wahrgenommen wurde, während im Gegenzug und schon einige Jahre zuvor auf der Insel im Umkreis der *Orígenes*-Gruppe Lezama Limas der Dichter Martí an Bedeutung gewann.

Im Gedicht des *Canto General* ist diese politische Dimension des Schaffens Martís unverkennbar in den Vordergrund gerückt, schließt sich der Bedeutung des Dichters als in der Erde ruhendes Samenkorn und als Quell an, aus dem sich der bewaffnete Widerstand speist. Von diesem Samenkorn in seiner geradezu kristallinen Reinheit gehen jene Impulse aus, die Neruda fast prophetisch wahrzunehmen glaubt. Der chilenische Dichter erfasste damit seismographisch eine Bedeutung, die dem kubanischen Dichter und Revolutionär in der Tat in jenen Jahren einer bewegten Rezeptionsgeschichte zuwachsen sollte.

Denn nur wenige Jahre später werden sich – wie übrigens nahezu alle politischen Bewegungen im Kuba seit den zwanziger Jahren – die „combatientes" Fidel Castros in der Tat auf den großen kubanischen Denker berufen: Martís Wort sollte in der Tat als Samen aufgehen und zugleich auch in der Rede vom „autor intelectual" politisch-propagandistisch fruchtbar werden. So sollte aus dieser „reinen Mandel" eben jene sozialistische Revolution entstehen, die Neruda in jenen Jahren bereits erträumte, auch wenn es nicht eine Revolution unter Führung der Kommunistischen Partei sein würde, von welcher der chilenische Politiker und Dichter so sehr überzeugt war. Hart und polemisch sind bisweilen Pablo Nerudas Auseinandersetzungen mit den kubanischen Marxisten oder Castristen und noch härter jene mit manchen kubanischen Schriftstellern wie Roberto Fernández Retamar, einem Intellektuellen, Essayisten und Dichter, den der Chilene nicht ganz zu Unrecht für einen reinen Opportunisten und eine Fehlbesetzung als Direktor der Casa de las Américas hielt.

Doch sollte es eben diese Kubanische Revolution sein, die in der Tat den Anspruch erhob, im Gefolge des „Libertador" José Martí das „Primer territorio libre de América" geworden zu sein. Eben sie war es auch, deren Erfolg und internationale Kulturpolitik in der zweiten Hälfte des 20. Jahrhunderts die Grundlagen für eine breitere internationale Rezeption der lateinamerikanischen Literaten schuf. Auch Pablo Neruda profitierte als Schriftsteller und Autor davon, mochte ihm dies nun gefallen oder nicht: In der Wahrnehmung im Osten wie im Westen war Lateinamerika durch den Erfolg der kubanischen Kämpfer, die Neruda in seinem angeführten Gedicht besang, zu einem Inbegriff der politischen und gesellschaftlichen Revolution geworden.

Zugleich ist es doch erstaunlich, wie Nerudas Gedicht all dies heute, aus einer Perspektive *ex post*, gleichsam augenfällig werden lässt und prophezeit, was sich nur drei Jahre später anbahnen und ein knappes Jahrzehnt später vollenden sollte. José Martí wird in diesem Gedicht zur Verkörperung der Reinheit, wie eine Mandel, die in der Erde liegt, und eines revolutionären Kampfes, der ebenso rein und nicht mehr fern ist. In diesem poetischen Zusammenhang, den das Nerudas Gedicht von seinen Eingangsversen an nahelegt, könnten wir die Mandel Martís über die *martirisierte* Erde Kubas hinaus mit dem Mandala, der mandelförmigen Erfassung spiritueller Totalität, in Verbindung bringen, insoweit sich alles in Martí findet, alles in Martí bündelt, alles in Martí verkörpert. José Martí erscheint auf geradezu magische Weise mit den Grundelementen, mit der Erde, vor allem aber mit dem Wasser verbunden, welches das Wasser seiner Insel ist, das sich an ihren Gestaden schäumend bricht. In Martí findet Neruda jene Verbindung von politischem Kämpfer und literarischem Schöpfer, von großem Dichter und weitblickendem Revolutionär vor, welche in gewisser Weise auch zur „Liberación" seines eigenen Selbstverständnisses beigetragen haben mag.

Noch ein letzter Verweis auf den *Canto General* sei mir gestattet! Es handelt sich dabei um das achtzehnte Gedicht des achten Teils, die beide denselben Titel tragen: *La tierra se llama Juan* – die Erde heißt Hans. Auch in diesem Gedicht wird nochmals eine Totalität erfahrbar, die Totalität einer Verschmelzung der Erde mit einem Gesicht, mit einem Namen, mit einer Figur, die der Dichter Juan nennt. Ganz bewusst wählt er damit einen spanischsprachigen Allerweltsnamen:

> Hinter den großen Befreiern stand Hans,
> arbeitend, fischend und auch kämpfend,
> als Zimmermann oder in seiner feuchten Mine.
> Seine Hände haben die Erde gepflügt und die Wege gemessen,
>   Seine Knochen sind überall.
> Doch er lebt. Er kehrte aus der Erde zurück. Er ist geboren.
> Er ist von neuem geboren wie eine ewige Pflanze.
> [...]
> Baum der Ewigkeit,
> heute werden sie mit Stahl verteidigt,
> heute werden sie mit deiner eigenen Größe verteidigt
> im sowjetischen Vaterland, schutzgepanzert
> gegen die Bisse des tödlich verwundeten Wolfes.
>
> Volk, aus dem Leiden wurde die Ordnung geboren.
>
> Aus der Ordnung ist deine Siegesfahne geboren.
>
> Erhebe sie mit allen Händen, die fielen,
> verteidige sie mit allen Händen, die sich verbinden:
> und möge sie bis zum endgültigen Siege vorrücken, dem Sterne zu
> die Einheit deiner unbesiegbaren Gesichter.
>
> Detrás de los libertadores estaba Juan
> trabajando, pescando y combatiendo,

en su trabajo de carpintería o en su mina mojada.
Sus manos han arado la tierra y han medido los caminos.
          Sus huesos están en todas partes.
Pero vive. Regresó de la tierra. Ha nacido.
Ha nacido de nuevo como una planta eterna.
[...]
árbol de eternidad,
hoy están defendidas con acero,
hoy están defendidas con tu propia grandeza
en la patria soviética, blindada
contra las mordeduras del lobo agonizante.

Pueblo, del sufrimiento nació el orden.

Del orden tu bandera de victoria ha nacido.

Levántala con todas las manos que cayeron,
defiéndela con todas las manos que se juntan:
y que avance a la lucha final, hacia la estrella
la unidad de tus rostros invencibles.[18]

Auch hier stoßen wir wieder auf die Geburtsmetaphorik, die in Nerudas *Canto General* – wie wir bereits sehen konnten – eine zentrale Bedeutung besitzt. Doch in diesem Gedicht des Zyklus wird das Lexem der Geburt mit dem der Wiedergeburt verbunden und an eine pflanzliche Denkfigur gekoppelt. Auf diese Weise geht es um die Wiedergeburt eines Menschen namens Hans als Hans in einem zweiten, in einem weiteren Leben: Der Tod ist nicht länger das Ende der Existenz, sondern kann auch einen Neuanfang signalisieren. Denn Neruda nimmt zum individuellen Menschenleben das kollektive Leben eines Volkes hinzu, in welchem sich der Zyklus von Geburt, Leben, Sterben und Tod immer wieder auf ein neues Leben, auf eine Wiedergeburt hin öffnet. Und eben hierzu dient ihm die *Figura* des Arbeiters Juan, der zwar einen persönlichen Namen trägt, dessen Züge sich aber mit den Gesichtern eines ganzen Volkes vermischen und verwischen. Neruda entwirft auf diese gewiss etwas simple Weise die Grundzüge einer *figuralen* Geschichte, in welcher die ‚einfachen' Menschen wiedergeboren werden.

In Nerudas Gedicht sehen wir ohne größere Anstrengungen, wie die Konzentration einer Totalität im Gesicht eines einzigen Menschen – eben von Juan, der einfacher Bauer, Minenarbeiter oder Fischer ist – sich öffnet auf eine größere Totalität, die nicht nur das Volk ganz allgemein, sondern das arbeitende, politisch gelenkte, gute Volk ist. Diesem arbeitsamen Menschen, der männlich

---

18 Neruda, Pablo: *Canto General, La tierra se llama Juan: La tierra se llama Juan*, S. 221.

und nicht weiblich determiniert ist, steht allein noch ein im Sterben liegender Wolf gegenüber, dessen Bisse freilich noch immer gefährlich sind. Es ist unverkennbar, dass der chilenische Dichter mit diesen Bildern auf die Traditionslinie der *Versos sencillos*, der *Einfachen Verse* José Martís zurückgreift und ‚einfache' Bilder mit der spezifischen Aufgabe versieht, in diesem Falle die Klassenkämpfe nicht allein in Chile, sondern etwa auch in der Sowjetunion darzustellen. Dass diese Aufgabenstellung in Übereinstimmung mit den Vorgaben der Kommunistischen Partei steht, ist offenkundig, beeinträchtigt jedoch nicht grundlegend die poetische Aussagekraft und Stärke dieses Gedichts.

Gleichzeitig handelt es sich um eine klare Opposition oder – wie wir besser sagen müssten – um einen ideologischen Manichäismus, der das Gedicht in politischer Hinsicht willentlich monosemiert. Neruda lässt uns so als Leserinnen und Leser kaum eine Chance zu kreativen politischen Deutungsversuchen: Seine Gedichte zwingen uns zu Interpretationen, die ideologischer Natur sind und uns vom Autor vorgegeben werden. Die einfache Sprache bezweckt, ein möglichst breites und mit der traditionellen Sprache der Dichtung wenig vertrautes Publikum anzusprechen. Es ist, als würde die Generalität des Gesangs *zumindest in politischer Hinsicht* keine wirkliche Generalität sein, sondern sich von einer vorbestimmten Totalität herleiten, hinter welcher letztlich eine bestimmte Partei und zugleich autoritäre ideologische Vorstellungen stehen.

Wir sehen somit, dass wir die ideologische Monosemierung keineswegs nur im Gedicht an die Kommunistische Partei finden. Sie findet sich vielmehr in vielen der Gedichte des *Canto General* und zeigt sich besonders in jenen, die auf eine Gegenwart und eine Zukunft hin konzipiert sind. Ich meine aber auch, dass es deutlich zu weit gehen würde, alle poetischen Strukturierungen der verschiedenen Gedichte des *Canto* auf eine Totalität zurückzuführen, also letztlich selbst die *Genesis* der amerikanischen Welt mit diesen autoritären politischen Strukturen in Verbindung zu bringen. Gewiss wäre es ein Leichtes, in verschiedenen Isotopien des Gedichtzyklus zumindest die Latenz eines parteipolitischen Blickwinkels sowie ein Liebäugeln mit ideologischen Deutungsansprüchen zu sehen. Doch hieße dies auch, die spezifische Polysemie der vom chilenischen Dichter evozierten Bilder und Symbole zu übersehen und damit jene Vieldeutigkeit zu übergehen, die sich in der poetischen Welt Nerudas ebenfalls so stark manifestiert.

Ich möchte vor dem Hintergrund dieser komplexen poetischen Sachlage dieses Kapitel abschließend Ihr Augenmerk nochmals auf die literarischen und poetischen Verfertigungsmöglichkeiten von Totalität lenken und auf Traditionen hinweisen, innerhalb der hispanoamerikanischen Dichtkunst die Totalität einer ganzen Welt kreativ zu entfalten. Und ich will dies erneut im Angesicht jener theoretischen Überlegungen tun, wie sie Erich Auerbach zu Beginn seines Hauptwerks *Mimesis* für die abendländische Literatur entwickelt hat.

Denn es gab zu Beginn des 19. Jahrhunderts gleichsam in der Nachfolge der amerikanischen Reise wie der weltbewussten Reiseveröffentlichungen Alexander von Humboldts[19] einen großen und weltumspannenden lyrischen Versuch, in einer nicht weniger entscheidenden politischen Übergangszeit – und zwar der zwischen kolonialer Abhängigkeit und postkolonialer Selbstbestimmung – den amerikanischen Kontinent als eine Totalität zu erfassen, die allein mit dichterischen Mitteln entworfen werden konnte. Ich spreche vom berühmten Versuch des ebenfalls tief in der chilenischen Geistesgeschichte verwurzelten Andrés Bello, der am 29. November 1781 in Caracas das Licht der Welt erblickte und hochgeehrt am 15. Oktober 1865 in Santiago de Chile verstarb. Sein umfassender poetischer Versuch, die Welt Amerikas literarisch zu entfalten, blieb zwar gewaltiges Fragment; doch war dieses Fragment in seiner Bedeutung für die Dichtkunst in den Amerikas von solcher Relevanz, dass ich Ihnen zumindest kurz einige der Aspekte dieses Werks stark resümierend vorstellen darf.

Es wird Sie vielleicht überraschen, dass wir uns im Rahmen unserer Behandlung der Lyrik Hispanoamerikas mit einem Manne beschäftigen, der nicht in erster Linie durch seine Dichtkunst, sondern durch seine politischen, kulturpolitischen und sprachwissenschaftlichen Arbeiten auf sich aufmerksam gemacht hat. Andrés Bello ist Ihnen möglicherweise vor allem als Verfasser der *Gramática de la lengua castellana destinada al uso de los americanos* bekannt, die 1841 erschien und die erste Grammatik des Spanischen aus amerikanischer Sicht und für Amerikaner geschrieben darstellt. Vielleicht kennen Sie Andrés Bello aber auch als den Begleiter Simón Bolívars 1810 auf seiner Mission nach London im Dienste der Independencia seiner venezolanischen beziehungsweise südamerikanischen Heimat. Vielleicht haben Sie davon gehört, dass Bello als Jurist das Strafgesetzbuch Chiles und vieler anderer Staaten Lateinamerikas wesentlich geprägt oder zumindest mitbeeinflusst hat. Oder Sie wissen, dass And-

Abb. 7: Andrés Bello (1781–1865).

---

19 Vgl. hierzu Ette, Ottmar: *Weltbewusstsein. Alexander von Humboldt und das unvollendete Projekt einer anderen Moderne. Mit einem Vorwort zur zweiten Auflage.* Weilerswist: Velbrück Wissenschaft 2020.

rés Bello ein paar Jahrzehnte zuvor den jungen Alexander von Humboldt bei einigen seiner Ausflüge begleitete und vom Denken des preußischen Naturforschers so beeindruckt war, dass er ihm spätere Schriften, Übersetzungen, aber auch so manche Bezugnahme in seiner Lyrik widmete. Sie werden sich also wundern, dass wir ausgerechnet Andrés Bello als Vertreter der Dichtkunst heranziehen, obwohl dieser doch eben diese Kunst – auch in Bezug auf sein eigenes Schaffen – als sekundär, als zweitrangig ansah. Warum also Andrés Bello?

Ganz einfach: Weil er eine lyrische Tradition begründete, in welche Pablo Neruda sich mit seinem *Canto General* einschrieb! Andrés Bello hatte mit einigem Erfolg – wenn auch nicht unangefeindet – versucht, die Grundlagen für eine auch kulturelle Unabhängigkeit zu legen, obwohl (oder gerade weil) er sich der Tatsache einer engen Verbindung mit Spanien stets bewusst blieb. Er schrieb seine Grammatik des Spanischen aus amerikanischer Sicht, weil er befürchtete, das Spanische könne in Amerika in etwa so auseinanderbrechen, wie es das Lateinische am Ende des Römischen Reiches getan hatte: Sie sehen, Bello war ein historisch denkender Mensch!

Er stand fest auf dem Boden der Aufklärung und war überaus der Geschichte verbunden, deren Episteme er – um mit Michel Foucault zu sprechen – in unbedingter Weise respektierte. Er war keineswegs – wie ihm dies später nachgesagt wurde – reaktionär, sondern wertkonservativ in einem aufklärerischen Sinne. Aufklärerisch auch im Sinne jener internationalen „República de las Letras", die er zu gestalten und vor allem aufrechtzuerhalten trachtete. Darin unterschied er sich im Übrigen auch von anderen großen Lateinamerikanern wie Domingo Faustino Sarmiento nicht.

Andrés Bello verstand sich selbst als Teil jener internationalen Gelehrtenrepublik, deren Führungsanspruch er im politischen wie vor allem im kulturpolitischen Bereich stets hervorhob. Als Mittel zur grundlegenden Verbesserung der künftigen lateinamerikanischen Republiken erschien ihm – wie vielen Zeitgenossen – Erziehung maßgebend zu sein. Ihr widmete er stets sein Hauptaugenmerk, indem er sie in einem ganzheitlichen, die gesamte Kultur der „ciudad letrada"[20] einbindenden und umfassenden Sinne verstand. Dabei war es für ihn selbstverständlich, dass als kulturelle Äußerung nur all jenes akzeptiert und verstanden wurde, was aus abendländischen Quellen stammte. Dies war

---

20 Vgl. zum Begriff der gebildeten Stadt, in der sich alle Macht konzentriert, Rama, Angel: *La ciudad letrada*. Hanover: Ediciones del Norte 1984. Zum historischen Kontext und zur Bedeutung dieses Konzepts vgl. Herrera Prado, Hugo: Errancias por el laberinto de los signos. En torno a „La ciudad letrada" y sus debates. In: Ugalde Quintana, Sergio / Ette, Ottmar (Hg.): *Políticas y estrategias de la crítica II: ideología, historia y actores de los estudios literarios*. Madrid – Frankfurt am Main: Iberoamericana – Vervuert 2021, S. 163–185.

für ihn eine Selbstverständlichkeit, die auf die kulturellen Scheuklappen seiner Epoche wies.

Zugleich aber war er darauf bedacht, das Sprudelnde all jener Quellen unbedingt zu ‚amerikanisieren'. Er las die europäischen Romantiker, übersetzte gar einige ihrer prominentesten Vertreter wie etwa Lord Byron oder Victor Hugo, war seinerseits aber weit davon entfernt, selbst zum Romantiker zu werden, ja machte sich bisweilen recht lustig über diese neue ‚Mode' des Schreibens. Am Ende unserer Beschäftigung mit dem Venezolaner werden wir hierfür ein schönes Beispiel kennenlernen.

Bello war bis in die Mitte des 19. Jahrhunderts – und dies zeigt seine berühmte Polemik mit Sarmiento sehr deutlich[21] – ein Vertreter der Aufklärung und des Neoklassizismus; und doch hat sein Denken, sein Ziel einer kulturellen Unabhängigkeit der hispanoamerikanischen Republiken das Denken der Romantiker grundlegend mitgeprägt. Es geht daher nicht an, die Romantiker gegen Bello auszuspielen: Zu sehr war der Dichter, den man noch als einen Universalgelehrten im Stile des 18. Jahrhunderts bezeichnen könnte, in ästhetischen Dingen auf der Höhe seiner Zeit.

Im Schaffen des großen, noch im kolonialen Caracas geborenen Venezolaners kann man sicherlich drei große Etappen ausmachen: die venezolanische, die Londoner und die chilenische Etappe. Die venezolanische Etappe umfasst die Jahre bis 1810 und bildet sozusagen die Lehrjahre des künftigen Dichters, Gelehrten und Universitätsgründers. Nach dem Tod seines Vaters im Jahr 1800 war Andrés Bello gezwungen, eine Stelle in der Verwaltung anzunehmen und damit eine politische Arbeit aufzunehmen, die ihn ein Jahrzehnt später in die Junta Revolucionaria in Caracas geraten ließ. Als deren Vertreter reiste er zusammen mit Simón Bolívar und Luis López Méndez nach London: Sie sehen, dass Andrés Bello absolut am Puls der Zeit und jener entscheidenden Ereignisse war, welche die Independencia aufs richtige Gleis setzten!

Zuvor hatte sich der junge Mann grundlegende Kenntnisse der lateinischen wie der spanischen Klassiker angeeignet; Kenntnisse, die er in den Bibliotheken Londons vertiefen sollte – nicht zuletzt auch in jener Francisco de Mirandas in der englischen Hauptstadt. 1797 war er an die Real y Pontificia Universidad de Caracas gegangen, 1798 schon graduierte er zum Bachiller en Artes. Eine substanzielle Erweiterung seiner naturgeschichtlichen und naturwissenschaftlichen Kenntnisse schloss sich an, wobei die Ankunft des Preußen Alexander von Humboldts in Venezuela für sein Leben von großer Bedeutung wurde. Denn Natur als

---

21 Vgl. hierzu Ramos, Julio: *Desencuentros de la modernidad en América Latina. Literatura y política en el siglo XIX*. México: Fondo de Cultura Económica 1989.

Gegenstand wissenschaftlicher Erfahrung, aber auch poetischer Darstellung und Einbildungskraft sollte sein künftiges Schaffen als Autor prägen.

Frühe Zeitschriftenprojekte in Venezuela belegen, dass es ihm dabei stets nicht nur um Akkumulierung und Aufhäufung, sondern vor allem um die Verbreitung von Wissen ging. So überrascht auch nicht, dass er zu einem wichtigen Verbreiter, ja Vulgarisierer der Schriften Humboldts im entstehenden Lateinamerika wurde. Andrés Bello übersetzte und kommentierte in seiner Londoner Zeit die reiseliterarischen wie philosophischen Schriften des preußischen Natur- und Kulturforschers in Auszügen; ein Werk, welches den jungen Venezolaner nachhaltig prägte. Gedichte schrieb er damals schon; auch fanden sie wohl den Applaus der guten Gesellschaft von Caracas, doch veröffentlichte er sie zum damaligen Zeitpunkt noch nicht.

Dass es sich um Gedichte im zu jener Zeit dominanten neoklassizistischen Stil handelte, ist freilich unumstritten. In einem Versdrama in drei Aufzügen, *Venezuela consolada* aus dem Jahr 1805, unterhielten sich allegorisch Venezuela, die Zeit und Neptun unter anderem über die neue Impfmethode – zum Wohle von Carlos IV wohlgemerkt –, was Bellos ungebrochenen aufklärerischen Optimismus und sein Vertrauen in den Fortschritt menschlichen Wissens und menschlicher Fähigkeiten dokumentieren mag. Nun ja, Impfgegner aller Couleur gab es auch zum damaligen Zeitpunkt schon: Andrés Bello blieb hier gelassen. Freilich darf man mit guten Gründen den wachsenden Widerspruch zwischen dem Herrscherlob gegenüber dem spanischen König und der wenige Jahre später – etwa auch in der *Alocución a la poesía* – herausgestrichenen Anrufung an die Heroen der Independencia hervorheben.[22] Ein radikaler Revolutionär war Andrés Bello fürwahr nicht. Wohl aber ein umfassend gebildeter Gelehrter und Dichter, der sich um die kulturelle Gestaltung der Unabhängigkeit der ehemals spanischen Kolonien große Verdienste erwarb.

Die zweite Etappe Andrés Bellos ist der ursprünglich als kurzer Aufenthalt geplante, dann aber 19 Jahre andauernde, von ständigen finanziellen Sorgen überschattete Zeitraum in der britischen Hauptstadt. Aus literarischer Sicht aber waren diese Wanderjahre, wenn wir einen langjährigen Aufenthalt fern der Heimat so bezeichnen wollen, besonders fruchtbare Jahre für den Venezolaner. Wir blicken einem Gelehrten über die Schulter: In der Bibliothek des Britischen Museum brütete er über Manuskripten, arbeitete über die spanischen Autoren des Siglo de Oro, feilte an seinem großen Essay über das *Poema del Mío Cid*, das er

---

22 Vgl. hierzu González Boixo, José Carlos: Andrés Bello. In: Iñigo Madrigal, Luis (Hg.): *Historia de la literatura hispanoamericana*. Bd. 2: *Del neoclasicismo al modernismo*. Madrid: Cátedra 1987, S. 297–308.

zu Lebzeiten nie veröffentlichen konnte. Andrés Bello setzte seine Zeitschriftenprojekte der venezolanischen Zeit schöpferisch um in zwei der großen, epochemachenden amerikanistischen Periodika der ersten Hälfte des 19. Jahrhunderts: *La Biblioteca Americana* (1823) und *Repertorio Americano* (1826 bis 1827) – einmal ganz abgesehen von der Mitarbeit an anderen Zeitschriften der Zeit. Die Projekte des venezolanischen Gelehrten wurden zunehmend umfassender und schlossen ebenso natur- wie kulturwissenschaftliche Studien mit ein.

Nicht nur im politischen, sondern auch im literarischen Bereich war der Venezolaner sicherlich kein Revolutionär: Wie viele akademische Gelehrte beharrte er auf dem Bestehenden. Auf dem Gebiet etwa der Lyrik ließ Bello, trotz seines Interesses für die sich in Frankreich und England durchsetzenden Romantiker und deren Literatur, keinen Zweifel an seinen neoklassizistischen Überzeugungen. Aus ihm wurde keiner jener amerikanischen Romantikerinnen und Romantiker, welche die mobile Einheit und Gesamtheit einer Romantik zwischen zwei Welten schufen.[23] Er unterstrich vielmehr die moralische Dimension der Lyrik und kritisierte den kubanischen Dichter José María Heredia ob dessen mitunter erotischen Freizügigkeiten. Er weigerte sich, die zeitgenössisch neuen literarischen Spielräume für sein eigenes Schreiben zu nutzen – „moralidad" und „naturalidad" bildeten auch weiterhin die Grundbegriffe seines neoklassizistischen Systems. Dabei zählten für den Venezolaner vor allem die politischen und gesellschaftlichen Verpflichtungen eines Literaten: Die soziale Rolle des Dichters wurde von Bello immer wieder als vorrangig herausgestellt.

In dieser Zeit erschienen die beiden berühmtesten Gedichte von Andrés Bello, seine *Alocución a la poesía* sowie *La agricultura de la Zona Tórrida*, beides umfangreiche Versschöpfungen, die schon von ihrer Titelgebung her der Romantik die kalte Schulter zeigten und die offenkundige Nähe zum Neoklassizismus unterstrichen. Denn welcher Romantiker hätte schon über die Landwirtschaft in der trockenen Klimazone geschrieben? Da gab es für die romantischen Freigeister prickelndere Themen ...

Im Jahr 1823 also wurde seine *Alocución a la poesía* mit dem bezeichnenden Zusatz „En que se introducen las alabanzas de los pueblos e individuos americanos que más se han distinguido en la guerra de la independencia" publiziert: „Wo die Lobpreisungen der amerikanischen Völker und Individuen eingeführt werden, die sich am meisten im Kriege zugunsten der Unabhängigkeit ausgezeichnet haben." Diese poetische Schöpfung erschien zu einem Zeitpunkt, als gerade das letzte Kapitel der Unabhängigkeitskriege in Südamerika aufgeschla-

---

23 Vgl. hierzu den vierten Band der Reihe „Aula" in Ette, Ottmar: *Romantik zwischen zwei Welten* (2021), passim.

gen worden war. An der Position von Andrés Bello zugunsten der Unabhängigkeitsrevolution war nicht zu rütteln, sie stand bei allem Konservatismus nicht zur Disposition. Ich möchte Ihnen im Folgenden – seien Sie unbesorgt! – nicht alle der insgesamt achthundertunddreiundvierzig Verse dieser totalen poetischen Schöpfung vorstellen, wohl aber den vielgerühmten Beginn dieses auch als Lehrgedicht deutbaren Versepos präsentieren, um noch einmal danach zu fragen, was in den Literaturen der Welt im Sinne eines Lebenszyklus und einer Weltschöpfung poetisch darstellbar ist. Schauen wir uns also diese Anrufung an die Dichtkunst genauer an:

> Göttliche Dichtkunst, Du von der Einsamkeit Bewohnbare,
> Befragen will ich Deine Gesänge nach den Lehren,
> Im Schweigen des beschatteten Urwalds Weise,
> Du, der die grünbewachsene Höhle ward bewohnbar
> Und das Echo der Gebirge Begleiterin war;
> Zeit ist's, das gebildete Europa zu verlassen,
> Das Deine angeborene Ländlichkeit nicht liebt,
> Dass Deinen Flug Du dorthin richtest, wo
> Die Welt des Kolumbus ihre Bühne gibt.
> Günstig respektiert zumal der Himmel
> Den immer grünen Zweig,
> Mit dem den Mute Du krönst;
> Dort auch in der blühenden Ebne
> Des Waldes Dickicht und des Flusses Spur:
> Sie bieten Deinem Pinsel tausend Farben;
> Und Zephyr steiget auf zwischen den Rosen;
> Und leuchtend flimmernde Sterne
> Leiten nächstens der Karosse Lauf;
> Und der König des Himmels steigt strahlend
> aus den perlmuttbesetzten Wolkenbahnen;
> Und in nie gelernten Stimmen singt
> Ein Vögelchen mit süßem Schnabel Liebeslieder.
>
> Divina Poesía, tú de la soledad habitadora,
> a consultar tus cantos enseñada,
> con el silencio de la selva umbría,
> tú a quien la verde gruta fue morada,
> y el eco de los montes compañía;
> tiempo es que dejes ya la culta Europa,
> que tu nativa rustiquez desama,
> y dirijas el vuelo adonde te abre
> el mundo de Colón su grande escena.
> También propicio allí respeta el cielo
> la siempre verde rama
> con que al valor coronas;

> también allí la florecida vega,
> el bosque enmarañado, el sesgo río,
> colores mil a tus pinceles brindan;
> y Céfiro revuela entre las rosas;
> y fúlgidas estrellas
> tachonan la carroza de la noche;
> y el rey del cielo entre cortinas bellas
> de nacaradas nubes se levanta;
> y la avecilla en no aprendidos tonos
> con dulce pico endechas de amor canta.[24]

Die erste Strophe dieser *Silva*,[25] dieser Anrufung an die Poesie, an die Dichtkunst ist berühmt geworden – nicht etwa, weil hier die mythologischen Anspielungen so gelungen wären, weil die Natur als Inspirationsquelle des Dichters erscheint, weil einzelne Elemente dieser belebten, aber dennoch statischen, vom Individuum getrennten Natur besungen würden. All dies gehört zum Formen- und Farbenschatz des Neoklassizismus und ist den Zeitgenossen in tausendfachen Variationen wohlvertraut. Die Strophe ist vor allem berühmt, weil in ihr der Dichter die besungene Dichtkunst weg von der „culta Europa" nach Amerika, auf den Kontinent des Kolumbus holen und damit in die Frische der Natur oder, wie Alexander von Humboldt in seinem Vorwort zur *Relation historique* wenige Jahre zuvor formulierte, in jenes Reich einer scheinbar übermächtigen Natur locken will, in welchem nicht der Mensch, sondern die vielfältig belebte Natur alles beherrscht. Die Dichtkunst soll also den Atlantik überqueren – ein wenig so, wie noch im selben Jahrhundert etwas weiter nördlich die Vorstellung entsteht, die Weltmacht müsse ihren Weg von Osten nach Westen fortsetzen und endlich auf den amerikanischen Kontinent überspringen: eine *Translatio Imperii*, nur diesmal im Gewand der Poesie und somit eine Art *Translatio Studii*. Dies ist wahrhaftig eine Anrufung der Poesie Amerikas!

Das für das Gesamtwerk von Andrés Bello so Charakteristische ist der bereits mehrfach betonte fruchtbare Widerspruch in seinem literarischen Schaffen. Im Auftakt von *Alocución a la poesía* bildet er sich insbesondere zwischen der Verwendung der neoklassizistischen Dichtform, ihren standardisierten Metaphern, ihrer normierten Topik einerseits und andererseits der durchaus neuen, fast revolutionär zu nennenden Wendung, der zufolge die Dichtkunst nun ihre Heimstatt in der Neuen Welt oder – wie es hier ebenso widersprüchlich heißt – in der Welt

---

[24] Bello, Andrés: *Alocución a la poesía (Fragmentos de un poema titulado "América")*. In Ramos, José / Grases, Pedro (Hg.): *Andrés Bello: Antología esencial*. Caracas: Biblioteca Ayacucho 1993, S. 4f.

[25] Vgl. Domínguez Caparrós, José: *Diccionario de métrica española*. Madrid: Paraninfo ²1992.

des Kolumbus zu finden habe. Es ist also noch immer die Welt des Kolumbus, des Europäers, und nicht etwa die des Indigenen, des Cuauthémoc, des Enriquillo, der Anacaona.

Die Dichtkunst werde in Amerika nicht nur eine neue Heimstätte finden, sondern auch ein neues Leben führen. Die mit immergrünem Lorbeer bekränzte „Poesia" werde im Reich der Natur wiedergeboren und zu neuem Leben streben, das sich fernab des gebildeten, kultivierten Europa entfalten werde. Zephyros werde seine Winde über die gesamte Pflanzenwelt ausschwärmen lassen, ebenso über die Wälder wie die Urwälder des Kontinents. Wie bei Neruda stoßen wir auch beim Venezolaner Bello auf eine kontinentale Konzeption der amerikanischen Welt, die gleichwohl nicht von Europa getrennt gedacht werden kann: Europa ist stets noch im Gesamtbild vorhanden. Und parallel hierzu findet sich bei Bello eine Hierarchie der ethnischen Gruppen, welche diesen Kontinent bevölkern: Die europäische Kultur ist für ihn – um es mit einem Wort aus der deutschen politischen Debatte zu benennen – die Leitkultur schlechthin. Mit Blick auf diese Vorstellung sehen wir leicht, wieviel sich diesbezüglich in Nerudas *Canto General* geändert hat.

Die Vision des Andrés Bello ist in diesem Gedicht in Bezug auf Amerika nicht national, sondern kontinental geprägt. Entsprechend ist sein Bild auch nicht diskontinuierlich und nicht viellogisch, sondern akzentuiert – in etwa so, wie er die spanische Sprache in seinen sprachwissenschaftlichen Arbeiten ‚amerikanisierte' – nicht alles neu: Keine andere Sprache, keine andere Kultur, keine andere Literatur, keine andere Dichtkunst soll entstehen, sondern eine, die andere, neue Akzente innerhalb der vorhandenen Strukturen und Muster setzt.

Insbesondere die lateinamerikanische Kritik hat gerade in diesen ersten Versen eine Art Unabhängigkeitsfahne der amerikanischen beziehungsweise hispanoamerikanischen Dichtkunst und Literatur gesehen. Man kann diesen Standpunkt ruhigen Gewissens teilen. In gewisser Weise nimmt Bello in seiner *Alocución a la poesía* die romantischen Polemiken vorweg, in denen es um die Schaffung jeweiliger Nationalliteraturen gehen wird, zugleich aber auch die Vorstellungen von der Schaffung einer Literatur kontinentalen (beziehungsweise subkontinentalen) Zuschnitts, wie sie gegen Ende des 19. Jahrhunderts von manchen Modernisten entwickelt und diskutiert werden wird.[26] So stoßen wir in Bellos Gedicht auf eine Reihe von Projekten, welche *in nuce* das Jahrhundert der Romantik in Amerika vorwegnehmen werden. Nicht umsonst sollte

---

26 Vgl. hierzu die Ausführungen in Ette, Ottmar: *Romantik zwischen zwei Welten* (2021), S. 251–492, S. 627–792 u. S. 1010–1075.

seine *Alocución a la poesía* im vollständigen Endzustand den Titel *América* tragen und für die Totalität des Kontinents einstehen.

Die Vision Bellos ist in diesem Gedicht in Bezug auf Amerika nicht national, sondern kontinental geprägt. Sie zielt nicht auf die „Patria chica", sondern auf die „Patria grande". Gleichzeitig mit dieser gleichsam gesamtlateinamerikanischen Ausrichtung knüpft Bello unverhohlen und direkt an die abendländische Antike an, wobei der rustikalere Kontext einer amerikanischen Dichtkunst dieser zuträglich sein solle und ihr einen anderen Ort innerhalb menschlicher Sinnbildungsprozesse und Soziabilitäten verschaffen werde. Hören wir nur wenige Verse später den Gesang des amerikanischen Dichters:

> So sahen Dich nicht Deine schönsten Tage,
> als Du in der Kindheit des Menschengeschlechts
> Lehrerin warst der Völker und Herrscher
> und sangest der Welt die ersten Gesetze.
> Nicht aufhalten möge Dich, oh Göttin,
> diese Region voller Elend und Licht,
> wo Deine ausgesuchte Rivalin,
> die Philosophie,
> welche die Tugend unterwirft dem Kalkül
> und den Kult der Sterblichen Dir stahl,
> wo die gekrönte Hydra Dir wieder von neuem
> das sklavische Denken zu bringen empfahl,
> die alte Nacht der Gewalt und Barbarei;
> wo Freiheit ist ein eitler Wahn,
> Glaube eine Knechtschaft und Größe ein Trug,
> wo Bestechung schlicht Kultur sich nennt.
> [...]
> Und über den weiten Atlantik spannt
> die ermüdeten Flügel zu anderem Himmel,
> zu anderer Welt, zu anderen Menschen,
> wo Du einst sahest unbebaute Gestade,
> dem Manne erst kürzlich untertan;
> und die Reichtümer all dieser Klimazonen,
> Amerika, Du der Sonne junge Braut,
> des alten Okeanos jüngster Spross,
> in diesem Schoße fruchtbar gezeugt.

> No tal te vieron tus más bellos días,
> cuando en la infancia de la gente humana,
> maestra de los pueblos y los reyes,
> cantaste al mundo las primeras leyes.
> No te detenga, oh diosa,
> esta región de luz y de miseria,
> en donde tu ambiciosa

> rival Filosofía,
> que la virtud a cálculo somete,
> de los mortales te ha usurpado el culto;
> donde la coronada hidra amenaza
> traer de nuevo al pensamiento esclavo
> la antigua noche de barbarie y crimen;
> donde la libertad vano delirio,
> fe la servilidad, grandeza el fasto,
> la corrupción cultura se apellida.
> [...]
> y sobre el vasto Atlántico tendiendo
> las vagarosas alas, a otro cielo,
> a otro mundo, a otras gentes te encamina,
> do viste aún su primitivo traje
> la tierra, al hombre sometida apenas;
> y las riquezas de los climas todos
> América, del Sol joven esposa
> del antiguo Océano hija postrera,
> en su seno feraz cría y esmera.[27]

In Andrés Bellos Langgedicht wird die Dichtkunst der griechischen Antike als der Natur näherstehend gegen die spanische Tyrannei nicht allein politisch, sondern vor allem kulturell ausgespielt. Dies insoweit, als dass sich die hispanoamerikanischen Regionen viel leichter an diese naturräumliche Welt der Antike als an jene andere Welt anschließen könnten, in der nicht mehr die Direktheit, Natürlichkeit, Heiligkeit und Naivität der Antike und mit ihr die Dichtkunst herrscht, sondern die alles kalkulierende Philosophie. Die unverblümte Frontstellung der vieldeutigen Dichtkunst gegen die der Rationalität und der Berechnung unterworfene Philosophie ist offenkundig.

Neoklassizistische Topoi sind auch in diesen Versen leicht auszumachen, so etwa auch die falschen, nur scheinbar zutreffenden Bezeichnungen für in Wirklichkeit ganz andere Phänomene. So wird etwa kritisch angemerkt, dass man Bestechung und Korruption als ‚Kultur' bezeichne. Es handelt sich um nicht selten gemeinplatzartige Formulierungen, die sich nicht anders etwa in José Joaquín Fernández de Lizardis *El Periquillo Sarniento* finden, dem wir uns in einer früheren Vorlesung bereits aufmerksam zuwandten.[28]

Die in das Versepos eingestreuten Verweise auf Alexander von Humboldt, den der junge Bello einst begleitete, konkretisieren sich in der Folge und werden deutlich in der Anrufung jener vier Sterne, die das Kreuz des Südens bil-

---

27 Bello, Andrés: *Alocución a la poesía*, S. 5 f.
28 Vgl. das entsprechende Kapitel in Ette, Ottmar: *Romantik zwischen zwei Welten*, S. 285 ff.

den. Alexander von Humboldt hatte dieses Kreuz einst angerufen und sich dabei auf Dantes Formulierung „Vidi quattro stelle" bezogen – ein intertextuelles Verweisspiel, dessen sich Andrés Bello gewiss sehr bewusst war. Denn seine eigenen Verse standen in unmittelbarem Zusammenhang mit Dantes Welt-Gedicht der göttlichen *Commedia*.

All dies führt uns eindrucksvoll vor Augen: Die *Alocución a la poesía* ist zugleich – wie es die soeben angeführten Verse suggerieren – eine Anrufung des Lehrcharakters der Dichtkunst, welche sich hier der Herrschaft anderer Diskursformen und -normen wie etwa der Philosophie entledigt und selbst den Anspruch erhebt, in die alte, in der Antike gesicherte heilige Führungsrolle wiedereingesetzt zu werden. Es handelt sich um die Anrufung einer poetischen Diskursform, welche nicht die jener anderen Alterität ist, die die Romantiker in der Irrationalität erblickten, welche sie der neoklassizistischen Rationalität entgegenstellten. Bei Andrés Bello geht es vielmehr um Dichtkunst als *Memoria*, um die Anrufung der Lyrik als *Mnemosyne*, als Archiv und kulturelle Bibliothek, nicht als Behältnis des rational nicht Fassbaren. Es ist eine Abgrenzung von all dem, was die Romantiker verehrten – von Vagheit, Traum und Melancholie.

In der *Alocución a la poesía* geht es im Licht der Sonne, im Lichte der Vernunft vielmehr rechtschaffen darum, in Anknüpfung an die abendländische Antike und möglicherweise auch ihre freilich für Bello nicht gleichwertigen amerikanischen Äquivalente einen rationalen Traum weiterzuführen, an den im Grunde bereits die Renaissance und der Humanismus angeknüpft hatten. Die neoklassizistische Position von Bellos *Alocución* ist unverkennbar – und doch öffnet sie sich auf den gesamten amerikanischen Kontinent.

Daher ist die nur wenige Strophen später erfolgende Anrufung der *Memoria* nur folgerichtig. Des Dichters Muse und Erinnerung ruft nichts von der indianischen Gegenwart, sondern ihre zum Mythos geronnene Vergangenheit an. Dies stimmt mit der Tatsache überein, dass sich die „Libertadores" Amerikas nicht auf die indigene Bevölkerung beriefen, wohl aber auf deren große Herrscherfiguren, in deren Fußstapfen sie zu treten vorgaben. Auch hierfür möchte ich Ihnen gerne ein Beispiel geben:

> Göttin des Gedächtnisses, Hymnen verlangt
> von Dir auch des Montezumas Reich,
> auf dass, Iturbides Plan erst durchkreuzt,
> Du die freien Völker artig aufzählest.
> Vieles, oh rätselvoll mexikanische Nation,
> von Deiner Macht und Deinem Beispiel erhoffet
> die Freiheit [...].
> Wach auf (oh Muse, es ist an der Zeit),
> wach auf zu sublimem Geiste, der keck

den Flug zu solch glänzendem Ziele erhebt,
und mögest von Popayán die Dinge besingen,
und von der nicht kleineren Barquisimeto,
und auch vom Volke, dessen Scheiterhaufen einst
an seinen Ufern der Manzanares bestaunt [...].

Diosa de la memoria, himnos te pide
el imperio también de Motezuma,
que, rota la coyunda de Iturbide,
entre los pueblos libres se enumera.
Mucho, nación bizarra mexicana,
de tu poder y de tu ejemplo espera,
la libertad [...].
Despierte (oh Musa, tiempo es ya) despierte
algún sublime ingenio, que levante
el vuelo a tan espléndido sujeto,
y que de Popayán los hechos cante
y de la no inferior Barquisimeto,
y del pueblo también, cuyos hogares
a sus orillas mira el Manzanares [...].[29]

Ein komplexes Bild Amerikas entsteht, welches das Weiterleben der alten Herrscher und Mythen in den Taten der entstehenden Nationen besingt. Lang schon ist Montezuma von den spanischen Konquistadoren ermordet. Doch reiht er sich im Kontext der emergierenden mexikanischen Nation ein in das, was nicht mehr ist und doch nicht aufhören kann zu sein. Iturbide steht hier als historische Figur für die alten kolonialen Abhängigkeiten, gegen welche die noch viel älteren indigenen Herrscher ins Feld geführt werden, um die „bizarre" mexikanische Nation herauszubilden. Das Alte lebt weiter in der Geschichte der Heutigen, die Träger der Unabhängigkeit führen die alten Namen im Munde, die kreolischen Eliten bemächtigen sich der indigenen Gestalten, aber lassen zugleich die indigene Bevölkerung im Elend verhungern. Leben und Weiterleben der amerikanischen Antike gehen einher mit dem Sterben der indigenen Völker, von denen das Gedicht freilich keine Notiz nimmt. Wir begreifen: Das Leben von Nationen und die Ansprüche bestimmter Trägerschichten und Eliten ist aus vielen Leben gemacht. Es sind gerade diese weißen, kreolischen Trägerschichten der Independencia, die sich des Fort- und Weiterlebens indigener Herrschergestalten bemächtigen, um sich als Führungsschicht zu legitimieren.

Sie bemerken unschwer die fundamentale politische Ambivalenz eines derartigen Programms der Unabhängigkeit. Denn der Rückgriff auf indigene Kämpfer

---

29 Bello, Andrés: *Alocución a la poesía*, S. 11 f.

gegen die spanische Eroberung rechtfertigt den aktuellen Kampf gegen die koloniale Vorherrschaft Spaniens, freilich ohne auch nur im geringsten indigene Rechte und Werte zu beachten. Es ließe sich sagen, dass die indigenen Namen der Herrscher weiterleben, dass aber die gesellschaftlichen und kulturellen Systeme, für die sie einstanden, dem Sterben und dem Tod ausgeliefert werden. Das Neue soll geboren werden und in die Welt kommen; dazu benötigt es ein Weiterleben des Alten, der amerikanischen Antike – jedoch nur auf einer ebenso rhetorischen wie symbolischen Ebene.

Bei diesem Langgedicht des Venezolaners Andrés Bello handelt es sich um eine neoklassizistische Anrufung der Muse Memoria und doch zugleich um den Entwurf einer Beschäftigung mit neuen, mit amerikanischen Themen, mit neuen, da amerikanischen Orten, mit amerikanischen Legenden und Mythen, mit amerikanischen Figuren und Helden. Dies ist das politisch-literarische Programm, das noch in Gertrudis Gómez de Avellanedas *Guatimozín* und in Manuel de Jesús Galváns *Enriquillo* mitschwingt und Teil eines lateinamerikanischen Identitätsentwurfes wird.[30] Der Neoklassizismus unter amerikanischen Vorzeichen wird zur Antriebsfeder einer Kunst, die sich als amerikanisch versteht und ihre Themen mit einem gewissen ‚Indianismo' in ihrer eigenen Sprache amerikanisch behandeln will. Die Romantik wird das Programm Andrés Bellos umsetzen und verwirklichen – wenn auch in anderer, seine sprachlichen, literarischen, lyrischen Mittel überschreitender Weise.

Wir sollten durchaus hervorheben, dass dieses Programm des venezolanischen Gelehrten und Dichters zumindest in Einklang mit den, sicherlich aber auch in Anlehnung an die altamerikanistischen Schriften Alexander von Humboldts steht. Der preußische Kulturforscher und Mitbegründer der Disziplin der Altamerikanistik hatte etwa in seinen *Vues des Cordillères et monumens des peuples indigènes de l'Amérique* darauf hingewiesen, dass die griechischen Kolonien einst vermittels ihre Mythen mit dem Mutterland verbunden waren, zugleich aber eigene Mythen und Legenden entfalteten, welche ihre eigene Identitätsbestimmung sicherstellten. Humboldt hatte dabei auf die staatstragende Funktion derartiger Mythen und Legenden hingewiesen und darauf aufmerksam gemacht, welch enorme Bedeutung diese Vorstellungen auch auf dem amerikanischen Kontinent bereits besaßen beziehungsweise besitzen könnten. Genau dieses fordert nun Andrés Bello für die in Entstehung befindlichen Nationen des amerikanischen Kontinents ein. Es ist nicht die Forderung einer literarischen Unabhängigkeit, sondern vielmehr die einer kulturellen und literarischen Eigenständigkeit,

---

30 Vgl. hierzu die entsprechenden Kapitel zu Gertrudis Gómez de Avellaneda sowie zu Manuel de Jesús Galván in Ette, Ottmar: *Romantik zwischen zwei Welten* (2021), S. 425 ff. u. S. 733 ff.

mithin nach Schaffung einer eigenen literarischen Tradition und Thematik. Und dies ging durchaus konform mit den Vorstellungen und Zielen vieler Romantikerinnen und Romantiker.

In Bellos Gedicht erscheint Amerika als Hort der Freiheit und eines Lebens in Freiheit – ganz im Gegensatz zu Europa. Und dies nicht etwa, weil dort die alte Kolonialmach säße, sondern weil dieses Europa just nach dem Wiener Kongress von einer absolutistischen Restauration getrieben wurde, welche übrigens auch einen Alexander von Humboldt mit dem Gedanken spielen ließ, ins unabhängig gewordene und im Aufbau befindliche Mexiko überzusiedeln. Damit ist die Welt von Barbarei und Verbrechen, von alter Sklaverei und Despotie gemeint, die im vorherigen Zitat angesprochen wurde.

Daher kann Europa für Andrés Bello im politischen Bereich nicht länger das Modell sein; und deshalb müssen im literarischen Bereich auch amerikanische Themen und Töne an die Stelle der europäischen treten. Jedoch ist die Sprache, in der diese Überlegungen ausgedrückt werden, durch und durch eine Sprache, wie sie zeitgleich noch die spanischen Dichter verwendeten. Wir werden in der Folge in unserer Vorlesung bald zu unserem Erstaunen sehen, dass dieser Aufruf Bellos, zu amerikanischen Themen und Traditionen überzugehen, ohne das europäische Erbe als literar-ästhetische Leitlinie zu verlassen, bereits wenige Jahre zuvor von einem jungen, noch nicht einmal siebzehnjährigen kubanischen Dichter eingelöst wurde. Er tat dies auf so brillante Weise, dass in seinen Gedichten zugleich auch der zutiefst romantische Grundgehalt, die Idee von politischer und kultureller Emanzipation, in seiner vollen Gewalt – wenn auch noch gemäßigt in Ziel und Ausdrucksform – zum Tragen kam. Doch bleiben wir bei Andrés Bello, indem wir ihn wiederum auf das 20. Jahrhundert hin öffnen, um uns der Zusammenhänge mit dem chilenischen Dichter Pablo Neruda in jenem Chile zu versichern, das der Venezolaner durch seine Schriften und Aktivitäten um die Mitte des 19. Jahrhunderts so stark geprägt hatte.

Es ist nicht allein die Sprache, sondern es sind auch Metaphorik und Grundstruktur des Gedichts, die sich in die abendländische, an der Antike ausgerichtete klassische Tradition einschreiben. Die Forschung hat insbesondere auf Vergil als intertextuelles Vorbild hingewiesen, vor allem auf dessen *Georgica*. Dabei ist die *Alocución a la poesía* ein (wir könnten ironisch hinzufügen: romantisches) Fragment eines gesamten großen Zyklus geblieben, welcher nach Bellos ursprünglichem Plan den Namen *América* tragen sollte.

Die Verbindungen zur chilenischen Lyrik des 20. Jahrhunderts sind vor diesem Hintergrund nicht schwer zu belegen. Denn erst ein Pablo Neruda hat mit seinem *Canto General* eine solch gewaltige Projektion vom Leben eines ganzen Kontinents eingelöst. Vergleichen wir hier den Ansatz Bellos mit der Sprachgewalt Pablo Nerudas, um die Kontinuitäten innerhalb dieser Konzeption der

Dichtkunst und ihres amerikanistischen Auftrags zu erfassen! Dabei möchte ich an eine Passage in Nerudas großem Zyklus anschließen und mit dem uns bekannten Gedicht an Hans verbinden, indem ich die letzte Strophe unseres früheren Zitats zu Beginn noch einmal aufgreife:

> *Erde mein, ohne Namen, ohne Amerika,*
> *Staubblatt der Tropen, Lanze aus Purpur,*
> *Dein Duft durchdrang mir die Wurzeln,*
> *bis zum Kelch, den ich trank, bis zum schlanksten*
> *Wort, aus meinem Mund noch nicht geboren.*

> Orinoco, lass mich an deinen Ufern,
> die von jener Stunde ohne Stunde sind:
> lass mich wie damals nackend gehen,
> in deine taufenden Tiefen tauchen.
> Orinoco von scharlachrotem Wasser,
> lass mich die Hände versenken, die zu
> Deiner Mutterschaft, zum Weg kehren zurück,
> Fluss von Rassen, Heimat von Wurzeln,
> dein weites Rumoren, dein wildes Blatt,
> kommt von dort, woher ich komme [...].

> Unsere Erde, weite Erde, Einsamkeiten,
> bevölkerte sich mit Lauten, Armen, Mündern.
> Eine verschwiegene Silbe entbrannte,
> konfigurierte die geheime Rose,
> bis die weiten Wiesen erzitterten,
> von Metallen und Galopp bedeckt.
> Wahrheit war wie ein Pflug so hart.
> [...]
> Heimat, dich gebärten die Holzfäller,
> die ungetauften Söhne, die Zimmerleute,
> die wie ein seltener Vogel gaben
> einen Tropfen Blut im Flug,
> und heute wirst von neuem hart geboren,
> von wo Verräter und Gefängniswärter
> dich auf immer für überflutet glauben.
> Heute wirst wie damals vom Volke geboren.
> [...]
> Hinter den großen Befreiern stand Hans,
> arbeitend, fischend und auch kämpfend,
> als Zimmermann oder in seiner feuchten Mine.
> Seine Hände haben die Erde gepflügt und die Wege gemessen,
>   Seine Knochen sind überall.
> Doch er lebt.

[...]
Tierra mía sin nombre, sin América,
estambre equinoccial, lanza de púrpura,
tu aroma me trepó por las raíces
hasta la copa que bebía, hasta la más delgada
palabra aún no nacida de mi boca.

Orinoco, déjame en tus márgenes
de aquella hora sin hora:
déjame como entonces ir desnudo,
entrar en tus tinieblas bautismales.
Orinoco de agua escarlata,
déjame hundir las manos que regresan
a tu maternidad, a tu transcurso,
río de razas, patria de raíces,
tu ancho rumor, tu lámina salvaje
viene de donde vengo [...].

Nuestra tierra, ancha tierra, soledades,
se pobló de rumores, brazos, bocas.
Una callada sílaba iba ardiendo,
congregando la rosa clandestina,
hasta que las praderas trepidaron
cubiertas de metales y galopes.
Fue dura la verdad como un arado.
[...]
Patria, naciste de los leñadores,
de hijos sin bautizar, de carpinteros,
de los que dieron como un ave extraña
una gota de sangre voladora,
y hoy nacerás de nuevo duramente,
desde donde el traidor y el carcelero
te creen para siempre sumergida.
Hoy nacerás del pueblo como entonces.
[...]
Detrás de los libertadores estaba Juan
trabajando, pescando y combatiendo,
en su trabajo de carpintería o en su mina mojada.
Sus manos han arado la tierra y han medido los caminos.
        Sus huesos están en todas partes.
Pero vive.[31]

---

31 Neruda, Pablo: *Canto general*, Auszüge aus den Teilen I, IV u. VIII.

Diese kurzen Ausschnitte aus dem *Canto General* setzen sozusagen die naturgeschichtlich-poetische Genesis der Neuen Welt, die Zeit der Befreiungskämpfe und der „Libertadores" sowie den Protagonisten des Geschehens, das Volk, in Szene. Sie mögen Ihnen beweisen – wenn es denn eines Beweises bedurfte –, dass die Vorstellung von einer Amerikanisierung der Dichtkunst und ihrer Beziehung auf den amerikanischen Subkontinent nicht Gesang aus längst vergangener Zeit ist, sondern auch für das 20. Jahrhundert noch Aufgabe und Herausforderung darstellt oder zumindest darstellen kann. Wir können ohne den großen (geplanten) Zyklus von Andrés Bello den großen Zyklus Nerudas nicht in seinem Entwurf und nicht in seiner dichterischen Ausführung verstehen. Neruda griff reichlich auf die amerikanische Mythologie zurück, entfaltete die weiten Flächen der Erde des Subkontinents, aber stellte – anders als Bello – das Volk und nicht mehr die Vertreter einer gesellschaftlichen Elite ins Zentrum seines lyrischen Weltentwurfs von Amerika.

Zu dem von Bello geplanten lyrischen Zyklus gehörte auch *La agricultura de la Zona Tórrida*, das autobiographisch durch einen Gang Bellos entlang der dunklen Londoner Hafendocks ausgelöst worden sein soll. Er bemerkte dabei das Verladen tropischer Früchte und dachte dabei an die Tropen seines Kontinents: Dieses Verladen soll sein der Landwirtschaft in der trockenheißen Zone gewidmete Opus ausgelöst haben. Um welche Früchte es sich im Londoner Hafen wohl gehandelt haben mag?

Die Grundstruktur dieses Gedichts ist harmonisch in sechs voneinander klar geschiedene Teile getrennt, die freilich aufeinander bezogen werden. Hören wir auch hier die erste Strophe, die gefolgt wird von der Aufzählung all jener landwirtschaftlichen Produkte, all jener Früchte, die ein schon von Kolumbus besungener so paradiesischer Boden wie derjenige Amerikas hervorbringt! Erneut erscheint Amerika als Reich der Sonne; eine Zuschreibung, die trotz der unterschiedlichsten Klimazonen auf diesem Subkontinent bis heute intakt geblieben ist:

> Gegrüßet Du, fruchtbare Zone,
> die Du verliebt die Sonne umläufst
> in vagem Kurse, und was alles sich belebt
> in so verschiedenem Klima erhebt,
> sei zärtlich von diesem Lichte umfasst!
> Du flechtest dem Sommer seinen Kranz
> aus Stachelgranaten; Du gibst
> die Traube dem kochenden Zuber;
> nicht vom purpurnen, roten oder güldenen
> Fruchtfleisch; Du schenkst den schönen Gefilden,
> wo keine Schattierung fehlt; es trinket daraus
> tausenderlei Aromen der Wind;
> und Herden ziehen ohne Zahl,
> sie weiden das Grün der Ebenen,

die nur den Horizont als Grenze kennen,
weiden am erhabenen Berge,
den der unerreichbare Schnee begrenzt.

¡Salve, fecunda zona,
que al sol enamorado circunscribes
el vago curso, y cuanto ser se anima,
en cada vario clima,
acariciada de su luz, concibes!
Tú tejes al verano su guirnalda
de granadas espigas; tú la uva
das a la hirviente cuba;
no de purpúrea fruta, o roja, o gualda,
a tus florestas bellas
falta matiz alguno; y bebe en ellas
aromas mil el viento;
y greyes van sin cuento
paciendo tu verdura, desde el llano
que tiene por lindero el horizonte,
hasta el erguido monte,
de inaccesible nieve siempre cano.[32]

Die Grundstruktur dieses den Anbau in den Tropen umfassenden Gedichts ist wie erwähnt harmonisch in sechs Teile getrennt, welche freilich eng aufeinander bezogen sind und ein Ganzes bilden. Die erste Strophe wird gefolgt von der Aufzählung all jener landwirtschaftlichen Produkte, all jener Früchte, die dieses Eden in Amerika hervorbringe. Aus dem Blickwinkel seines Lebens im regnerischen London erscheinen dem in Caracas Geborenen die amerikanischen Tropen als Paradies, in welchem alles gedeiht und alles im Zeichen der Fülle und des Überflusses steht. Wir wissen heute, dass die Landwirtschaft in den Tropen keineswegs nur im Zeichen der Fülle, sondern auch der Falle steht, erschöpfen sich tropische Böden doch schnell und bedürfen ökologisch größter Nachhaltigkeit bei der Bewirtschaftung. Die Fruchtbarkeit der Tropen trügt!

Andrés Bello wusste davon aber ebenso wenig wie die allermeisten seiner Zeitgenossen: Erst mit Alexander von Humboldt gelangte langsam eine Sichtweise in die tropische Landwirtschaft, die nach den ökologischen Schäden und Kosten eines massiven Anbaus fragte – wie etwa innerhalb der Strukturen einer Plantagenökonomie. Für den Venezolaner Andrés Bello waren die Tropen ganz einfach noch das Reich der Sonne und einer ewigen, höchst produktiven Tätigkeit der Natur. Eine Welt im Zeichen der Sonne, vielleicht noch

---

[32] Bello, Andrés: *La agricultura de la Zona Tórrida*. In Ramos, José / Grases, Pedro (Hg.): *Andrés Bello: Antología esencial*. Caracas: Biblioteca Ayacucho 1993, S. 25.

mit einer Palme begrünt: Bis heute ist dies ein Urbild (und Klischee) von ‚Lateinamerikanizität' geblieben.

In jedem Falle ist diese Welt Amerikas eine Welt voller Leben: Ganz seinem kontinentalen Entwurf und dem Bild als Reich der Natur gemäß, präsentiert sich uns die Neue Welt im Sinne des Dichters als reicher Garten, in dessen Grün unendliche Herden weiden. Lob der Landgebiete und Verachtung der Städte, Beschreibung der landwirtschaftlichen Arbeiten, Lob des Friedens nach den verlustreichen Unabhängigkeitskriegen und schließlich ein Aufruf an die jungen freien lateinamerikanischen Nationen, ihre Energien der Landwirtschaft zuzuwenden, bilden die grundlegenden Bestandteile dieses Gedichts. In ihm gemahnen nicht nur die neoklassizistische Formensprache, sondern auch die physiokratischen Überzeugungen ihres Autors noch an das ausgehende 18. Jahrhundert.

Innerhalb der gesamten Gedichtkonzeption erkennen wir mühelos das Thema der „Alabanza de la aldea", des Lobpreises des Dorflebens Horaz'scher und Vergil'scher Prägung – im Anschluss an die lateinische Dichtung neoklassizistisch wiederaufbereitet. Unverkennbar treten in dieser Herausstellung der Bedeutung der Landwirtschaft für die künftige Entwicklung Hispanoamerikas die physiokratischen Züge hervor, die gleichsam einen Teil des ideologischen Unterbaus dieses Zyklus ausmachen. Die Beschreibung der Landschaft ist statisch, ‚literarisch', textuell, keineswegs dynamisch oder realistisch, ungeachtet aller Amerikanismen, die der gelehrte Autor seinem Lehrgedicht – wohlgemerkt aus dem europäischen Exil – mit auf den Weg gab. Nein, für die künftige Entfaltung der Literaturen Lateinamerikas konnte dies kein zukunftsträchtiges literarisches Modell sein!

Bellos Zyklus blieb – anders als Nerudas – Fragment; eines freilich, das für lange Zeit als gleichsam romantisches Fragment verstanden wurde. Was Alexander von Humboldt in seinem ebenfalls Fragment gebliebenen, insgesamt dreißig voluminöse Bände umfassenden amerikanischen Reisewerk mit Blick auf Amerika schuf und später in seinem ebenfalls fragmentarischen, vieltausendseitigen *Kosmos* noch ein letztes Mal auf alles zwischen Himmel und Erde erweiterte, das wollte auch Andrés Bello in seinem lyrischen Werk erschaffen. Er wollte das Leben einer ganzen Welt in Buchform repräsentieren.

Ich möchte in diesem Zusammenhang nicht ausführlich auf die zweifellos sehr wichtige und für die amerikanische Kultur folgenreiche chilenische Etappe Bellos eingehen, die sich von 1829 bis zu seinem Tod im Jahr 1865 erstreckt. Dies ist ein Zeitraum, den wir in ein Verhältnis zu den großen Werken romantischer Schriftsteller in den Amerikas setzen müssen.[33] Denn als Bello stirbt, ist

---

33 Vgl. dazu nochmals ausführlich den vierten Band der Reihe „Aula" in Ette, Ottmar: *Romantik zwischen zwei Welten* (2021).

der große romantische Dichter José María Heredia schon dreißig Jahre tot, sind zwei Jahrzehnte seit Domingo Faustino Sarmientos Erstveröffentlichung des *Facundo* in eben dieser Stadt Santiago de Chile verstrichen und immerhin ein Jahrzehnt seit der Veröffentlichung von José Mármols Roman *Amalia* vergangen. Andrés Bello war das lebendige Relikt einer anderen Zeit.

Und doch hat sich Bello niemals dem romantischen Geist ergeben, hat von seiner von ihm selbst errichteten universitären Zitadelle aus die aufklärerisch-neoklassizistischen Positionen bisweilen gleichgültig, bisweilen stur behauptet. Nicht selten spottete er von dieser überalterten, aber unangreifbaren Warte aus über die Romantiker, deren Stern in Europa während der vierziger Jahre schon zu sinken begann. Dieser klassische Universalgelehrte des 18. Jahrhunderts hatte dabei durchaus Humor, wenn er von den Dichtern der Romantik in den Amerikas, aber auch in Europa sprach. Schauen wir uns zum Abschluss unserer Beschäftigung mit Andrés Bello noch sein Gedicht *La Moda* aus dem Jahre 1846 an:

> Mehr als einmal wollt zu schlechter Stunde
> ich eine Seite schreiben Dir, oh Kunigunde,
> wollt Deine Blicke darauf ziehen
> doch meine Muse schwieg. Mit viel Mühen
> verbracht ich, Himmel, einen ganzen Morgen,
> Verse schmiedend schrieb ich steif und stur.
> – Muse, sprach ich, für ein Album diese Reime
> einer jungen Schönen. Doch mit Sorgen
> nicht ein einziger kam, wollte schon borgen.
> – Für diesen schönen Tempel, diesen nur,
> stick ich die Blüten meiner Kunst der Reime,
> einen Kranz Dir, Schöne, will ich flechten,
> für meine Göttin brauch ich keinen schlechten.
> Es ist, Du weißt es, eine Sache,
> die ich tun muss, dass sie mich nicht verlache.
> Ein Tag ward Dir so schön mein hehrer Kult,
> ich fleh Dich an, ich bitte, nein ich befehle,
> geliebte Muse, schenk mir Deine Huld,
> enthüll's mir jetzt; und sag' mir wann
> Dein holder Blick mich streift; doch ich verhehle
> nicht, wie sehr mir alles fehlet. Und nicht mal dann!

> Quise más de una vez, en mala hora,
> escribir una página, Isidora,
> que detener tu vista mereciera.
> Desoyóme mi Musa. Toda entera
> me pasé, te lo juro, esta mañana,
> hilando coplas con tenaz porfía.

– Musa, son para el álbum, le decía,
de una joven beldad. –¡Plegaria vana!
No me salió una sola ni mediana.
– Para este bello altar que se atavía
con tanta flor de amena poesía,
entretejer una guirnalda quiero,
digna de la deidad que en él venero.
Es (tú lo sabes) cosa
de obligación forzosa.
Si agradable te fue mi culto un día,
te ruego, te conjuro, te requiero,
amada Musa mía,
que lo muestres ahora; y si ya cesas
de mirarme propicia, este postrero
favor te pido sólo. – ¡Ni por ésas!³⁴

Auch hier haben wir es mit einer Anrufung der Dichtkunst zu tun, auch hier wird die Muse herbeigerufen – freilich nicht in der Umfänglichkeit eines ganzen Kontinents, aber immerhin in derjenigen eines ganzen Albums der Schönen und vom Dichter Angebeteten. Sicher hat der Dichter hier die modischen Romantiker im Blick – und dennoch: Eine gewisse Selbstironie ist unverkennbar, kehren doch gewisse Lexeme aus dem Anfangsteil der *Alocución a la poesía* überdeutlich wieder!

Wie gesagt: Der Mann hat Humor, und sogar beißenden Spott, den er hier über die begnadeten, inspirierten Dichter der Romantik und ihre Liebesgedichte ausgießt. Doch was ist das alles, wenn wir Andrés Bello folgen? Der Titel gibt uns die Antwort: Es ist die Mode, die Mode der Romantik, zumindest aus der Sicht des neoklassizistischen Dichters und Universitätsgründers. Der lorbeergeschmückte Poet vertritt die Position jenes Literaten, der sich im Besitz der ewigen Werte wähnt und verächtlich herabblickt auf jene, die den ständig verfliegenden Gedanken eines kurzen Tages nachhängen. Gewiss ist auch ein Stückchen Selbstironie dabei. Doch Andrés Bellos Lebensweg, sein literarisches, intellektuelles, politisches, wissenschaftliches, linguistisches Schaffen ist nicht auf kurzfristige Effekte und Moden, sondern auf Langzeit berechnet, auf die „longue durée". Dies kommt auch in diesem Spottgedicht über *Die Mode*, wenn wir es so nennen wollen, deutlich zum Ausdruck. Auch dies gehört zum Leben, zum *literarischen* Leben dazu!

---

34 Bello, Andrés: *La Moda*, In (ders.): *Obras completas*. Edición bajo la dirección del Consejo de instrucción pública en cumplimiento de la lei de 5 de setiembre de 1872. Bd. 3: *Poesías*. Santiago de Chile: Impreso por Pedro G. Ramírez 1883, S. 197.

Andrés Bello war im fortgeschrittenen Alter von achtundvierzig Jahren nach Chile gekommen und verwandelte sich dort in die dominierende Figur des intellektuellen Lebens der chilenischen Hauptstadt. Über mehrere Wahlperioden war er (wie später auch Neruda) Senator und seit 1852 – zum Zeitpunkt des Falls der Rosas-Diktatur – als Politiker pensioniert. Schon seit 1847 aber war er Rektor der von ihm konzipierten Universität von Santiago de Chile: Als Schöpfer einer amerikanischen Grammatik, als Politiker und als Universitätsgründer wurde er zur grauen Eminenz des amerikanischen Geisteslebens. Er blieb in seiner universellen Bildung noch Mitte des 19. Jahrhunderts eher an den Vorstellungen und Idealen des 18. Jahrhunderts orientiert. Chiles Strafgesetzbuch war wesentlich sein Werk, und es wurde als erster Código Civil vorbildgebend für die anderen Staaten Lateinamerikas. Kein Wunder, dass ein solcher Mann in einer derart starken Stellung innerhalb des intellektuellen und politischen Feldes seiner Zeit zur idealen Angriffsfläche für einen Romantiker wie Sarmiento werden konnte, ja werden musste!

Aus dieser Zeit rührt das Bild eines ultrakonservativen Bello, eines Vertreters von Positionen, die nicht mehr zeitgemäß schienen und es wohl auch nicht mehr waren. Andrés Bellos Stellung hat all dies nicht nachhaltig gefährden können, auch wenn der Venezolaner und Wahl-Chilene recht isoliert dastand inmitten einer romantischen Bewegung, die seit den vierziger Jahren Oberwasser bekommen hatte und unverkennbar in den großen Städten Hispanoamerikas den Ton angab.

Wir könnten – vielleicht etwas unfair aktualisierend – die Fragment gebliebene Totalität des amerikanischen Gedichtzyklus des Poeten Andrés Bello einem totalen Projekt des Intellektuellen Bello zuschreiben. Denn wie Humboldt zielte Bello stets aufs Ganze. Der Entwurf dieser amerikanischen Welt ist eindeutig in das Licht der Aufklärung, der Rationalität, aber auch eines konservativen Liberalismus getaucht und verbindet die Aufgaben der Dichtkunst mit jenen der Politik, für die Andrés Bello auch in seiner chilenischen Etappe persönlich einstand. Aus dieser Perspektive betrachtet liegt der Entwurf Amerikas durch den Chilenen Pablo Neruda gar nicht so weit entfernt.

Denn Nerudas *Canto General* zielt nicht weniger auf Totalität und ist nicht weniger ideologisch und politisch geprägt. Wir verstehen jetzt wesentlich besser, in welche spezifisch hispanoamerikanischen Traditionslinien der Dichtkunst sich sein Versuch einschrieb, das gesamte Leben von Natur und Mensch mit Blick auf den amerikanischen Kontinent literarisch zu entfalten. Denn Pablo Neruda war wie einst Andrés Bello ein politisch engagierter Dichter und Intellektueller, ja man könnte beide hinsichtlich ihrer Entwürfe Amerikas als „escritores comprometidos" und damit als politisch engagierte Dichter beschreiben.

Lassen Sie mich daher am Ende dieses Kapitels noch einmal kurz zu Pablo Neruda zurückkehren! Die Entwicklung seines Gesamtwerks zeigt in deutlicher Weise, dass für den chilenischen Dichter Literatur in zunehmendem Maße zur Waffe im politischen Kampf geworden war. Dieser Bewusstwerdungsprozess Nerudas war an seine politisch-ideologische Arbeit und an sein Engagement, seinen „compromiso" mit der Kommunistischen Partei Chiles gebunden. Daraus leitete sich auch sein Anspruch ab, über die Zyklen von Geburt, Leben, Sterben und Tod in einer umfassenden Weise zu schreiben und zugleich diesen Kreisläufen einen eigenen Zyklus von Gedichten zur Seite zu stellen, welcher die Totalität alles Lebendigen in Amerika porträtieren sollte.

Hinzu kommt etwas für die lateinamerikanische Welt Spezifisches: Denn die Macht über das Wort und die Macht des Wortes sind in Lateinamerika in weitaus höherem Maße mit einer politischen Dimension verbunden und mit einem besonderen Gewicht des Intellektuellen in der lateinamerikanischen Gesellschaft verknüpft. Das Verständnis als Intellektueller ist dabei im Fall von Pablo Neruda – wie bei vielen lateinamerikanischen Intellektuellen jener Zeit – zugleich mit einem politischen „compromiso" verbunden. Es geht mithin weitaus weniger um ein Engagement für allgemeine, universal gehaltene humanistische Werte wie Freiheit, Menschenrechte, Menschenwürde, als vielmehr um oftmals politische Ziele, die sich mit parteipolitischen Interessen decken können. Gerade die Polarisierung des literarischen Feldes während der sechziger Jahre in Lateinamerika verstärkte unter dem Eindruck der Ereignisse auf Kuba diese damalige historische Entwicklung enorm, so dass universale – oder für solche gehaltene – Werte eher in den Hintergrund rückten. Aus diesem Zusammenhang heraus lässt sich das politische Engagement des chilenischen Dichters verstehen, wenn auch nicht immer rechtfertigen.

Diese Überlegungen zum ‚ideologisierten' Verhalten Nerudas und zu den Interferenzen zwischen literarischem und politischem Feld bedeuten aber nun keineswegs, dass Neruda damit zum Parteifunktionär geworden wäre oder dass wir ein Recht besäßen, seine Lyrik insgesamt und pauschal als parteipolitisch inspirierte Dichtung zu verstehen oder besser abzuqualifizieren. Die Macht über das Wort verlieh dem Intellektuellen in Lateinamerika – zumindest zum damaligen Zeitpunkt – eine innerhalb der Gesellschaft insgesamt sehr stark wahrgenommene Position im Sinne eines moralischen Gewissens der Nation.

Ohne Zweifel war Pablo Neruda dabei ein „intellectuel de gauche". Er kam seiner Rolle als Gewissen der Nation in einer Vielzahl konkreter politischer Fragen und Aktionen nach – und zwar jenseits seiner politischen Ämter und Funktionen. Neruda verstand sich als Sprachrohr sowohl der Politik („la politique") als auch des Politischen („le politique"). Auch im Spanischen gibt es die schöne

Unterscheidung zwischen „la política" und „lo político". Und Neruda verstand sein politisches Leben keineswegs nur als Bestandteil einer Politik und einer parteipolitischen Linie.

Der Schöpfer des *Canto General* versuchte zunehmend in seinem literarischen Schaffen wie in seiner Dichtung, die ganze soziale, ethnische, ethische und kulturelle Breite im Leben seines Volkes zu repräsentieren. So könnten wir formulieren, dass gerade in seinem *Canto General* die verschiedensten Kulturen zu Wort kommen, oder genauer: dass Neruda den verschiedensten Kulturen Amerikas literarischen Ausdruck verleiht, ja für sie spricht. Pablo Neruda bemühte sich nachhaltig, die verschiedensten kulturellen Pole seiner chilenischen Heimat wie auch der gesamten lateinamerikanischen Welt zu repräsentieren. Sein Juan ist ebenso indigener Bauer wie schwarzer Fischer oder weißer Zimmermann. Kritisch könnte man nur anfügen, dass der Dichter in diesem Zusammenhang allein die Männer repräsentierte.

‚Hans' ist in gewissem Sinne aber auch ein homogenes, eindimensionales Abziehbild. Denn er ist Arbeiter und Bauer – damit Teil des Volkes in einem im Kontext der fünfziger Jahre durchaus ideologischen Sinne. Der Begriff ‚pueblo', dies hatten wir in *La tierra se llama Juan* gesehen, ist ideologisch und parteipolitisch gedacht und steht in Opposition zum Bürgertum, zur Bourgeoisie, wie auch zu den herrschenden Klassen insgesamt. Eine Problematik ergibt sich ferner aus der Inanspruchnahme einer vermeintlich übergeordneten Position, von der herab der erwählte Dichter für alle anderen Kulturen und Klassen sprechen kann: aus dem Bewusstsein des Intellektuellen, für all jene das Wort ergreifen zu können, die nicht über das Wort – das öffentliche und das veröffentlichte Wort – frei verfügen.

Natürlich wissen wir heute – und wir wissen es nicht erst seit dem „Indigenismo" –, dass diese Position eine Fiktion war und ist. Doch es war eine wirksame, gerade in Chile selbst überaus wirkungsvolle Fiktion, welche Nerudas Selbstbild als dichterisches Gewissen der chilenischen Nation, gleichsam als ‚Nationaldichter' wie Nicolás Guillén in Kuba, fundierte und ihn in eben dieser Rolle zu einer Institution innerhalb des intellektuellen und literarischen Feldes Chiles werden ließ.

Dieses Bild entsprach überaus genau der in der Nachkriegszeit in Europa verbreiteten Vorstellung vom *engagierten Intellektuellen*, wie ihn Sartre zwar nicht erfunden, aber propagiert und zugleich auch mitgeformt und repräsentiert hatte. Insoweit Neruda diesem Bild des „écrivain engagé" entsprach, wurde auch sein literarisches Schaffen in diesem Kontext von Europa aus nicht nur verstehbar, sondern entsprach gleichsam den eigenen Projektionen breiter Leserkreise auf den lateinamerikanischen Subkontinent. In dieser zeithistorischen Konstellation ist wohl einer der Hauptgründe dafür zu sehen, dass Pablo Neruda auch international zu eben jener großen Figur werden konnte, als die er sich als Intellektueller Chiles und als Nationaldichter, ja als Dichter Amerikas auch selbst verstand.

Genau diese Rolle freilich ist es, die für die aktuellen Leserinnen und Leser problematisch geworden ist. Denn spätestens ein Jahrzehnt nach Nerudas Tod traten in den USA und in Europa zeitgeschichtliche Veränderungen insbesondere im kulturellen Bereich auf, welche die Bilder von engagierten Schriftstellern als längst historisch erscheinen ließen und eine damit verbundene Literatur für obsolet erklärten. Die Lyrik Pablo Nerudas fand auf diese Weise immer weniger Fürsprecher. Und selbst der Erhalt des Nobelpreises für Literatur konnte seine Lyrik nicht davor bewahren, zwar nicht vergessen, aber deutlich in den Hintergrund gerückt zu werden.

Wir sollten diese Aspekte seines Schaffens und seiner Rezeption zwar aus heutiger Sicht problematisieren, Pablo Nerudas literarisches Werk aber nicht aus dieser Sicht allein beurteilen und schon gar nicht verurteilen! Wir sollten vielmehr seine Lyrik in ihrer Gesamtheit in ihrem zeitgeschichtlichen kulturellen Kontext begreifen und präziser verstehen, warum sie zu einem bestimmten Zeitpunkt Millionen von Leserinnen und Lesern faszinierte. Pablo Neruda ist mit seinem poetischen Schaffen zweifellos historisch geworden; und als historische Figur, als historisch gewordenen Dichter sollten wir ihn und sein Schaffen wieder neu perspektivieren.

Zu diesem neu zu bestimmenden Blickwinkel auf Neruda und seine Schöpfungen zählen viele unterschiedliche Aspekte; so ist seine uns heute vielleicht seltsam pathetisch erscheinende Vortragsweise nicht zu verstehen, wenn wir sie nicht mit der von ihm lange Zeit erfolgreich beanspruchten Rolle als Stimme Chiles und Amerikas in Verbindung bringen. Wir sollten auf Neruda anwenden, was wir immer als gute Literaturwissenschaftlerinnen und Literaturwissenschaftler tun: die zeitgeschichtlichen Kontexte rekonstruieren, deren Implikationen erläutern und damit auch die Texte wieder einem neuen Verständnis aus einer veränderten Perspektive zuführen.

Denn die Texte dieses Autors sind weit davon entfernt, statisch zu sein; sie *bewegen* sich, sie entwickeln ihr *Eigen-Leben* im Zusammenspiel zwischen den poetischen Artefakten in ihrem historischen Zusammenhang und den heutigen Fragehorizonten, mit denen wir an Nerudas Gedichte herantreten. So verändern sich die Lesarten auf eine lebendige Weise und machen anschaulich, dass nicht nur die in den poetischen Schöpfungen des Chilenen entfalteten Gegenstände mit den Zyklen von Geburt, Leben, Sterben und Tod zu tun haben, sondern dass seine Gedichte selbst nicht weniger in diese Zyklen eingebunden sind. Philologinnen und Philologen sind gewiss keine Geburtshelfer; aber sie können doch entscheidend dazu beitragen, einem sterbenden literarischen Werk durch neue Blicke auf eine anders rekonstruierte Vergangenheit wieder neues Leben einzuhauchen. Diese ‚Wiedergeburt' hängst weitgehend davon ab, wie wir heute, aus unserer aktuellen Perspektive, mit Hilfe der von uns behandelten Texte eine neue Beziehung zur Vergangenheit herstellen.

So können wir auch Pablo Nerudas Selbst-Aufsprachen neu verstehen: Die hymnische Vortragsweise, der gehobene, von der Alltagssprache abgehobene Ton, die in der Stimme selbst zum Ausdruck kommende Dimension eines Leidens, das nicht nur individuelle, sondern vor allem kollektive Züge trägt, stellen Charakteristika und Fixpunkte eines dichterischen Selbstverständnisses dar, das sich selbst als Stimme eines Volkes, eines Kontinents, ja des Kreatürlichen und in der Welt Lebenden begreift. Der Dichter war zum Zeitpunkt der Aufsprache mit seiner historischen Stimme, die wie aus einer anderen Zeit zu uns spricht, zum Sprachrohr einer heterogenen Welt geworden, die in ihm ihren Ausdruck und ihre Einheit fand. Wir müssen immer wieder erst lernen, die Historizität der Stimme neu zu lesen. Denn wenn wir etwa historische Filme sehen, so werden die Moden und Kostüme, die Frisuren und Perücken, die Häuser, die Möbel oder die Transportmittel stets den historischen Verhältnissen präzise angepasst, nicht aber die Stimmen, die zu uns sprechen. Wir bemerken diese Stimmen gar nicht, die wir hören. Denn wir hören die Stimmen aktueller Schauspielerinnen und Schauspieler, hören Töne und Klänge von Stimmen, die uns bestens vertraut sind, weil wir gleichsam transparent durch sie hindurchhören. Niemals aber werden wir mit den historischen Stimmen konfrontiert werden – den Stimmen aus einer Zeit, die nicht mehr ist und doch nicht aufhören kann zu sein.

Bei Pablo Neruda können wir nur vor dem soeben umschriebenen zeitgeschichtlichen Hintergrund den geradezu sakralen Ton seiner Stimme verstehen: Wir wohnen einer Weihe und Sakralisierung des Dichterwortes bei, in welchem der Kontinent seine Identität zu finden sucht und doch nur immer Konstruktionen möglicher Identitätsentwürfe zurückgespiegelt erhält. Diese Bewegung müssen wir erfassen, denn sie zeigt uns viel vom Leben der Literaturen der Welt. Nerudas Stimme fällt mit ihrem sofort wiedererkennbaren Ton in eine Epoche, in welcher in der Tat die unterschiedlichsten Identitätskonstruktionen und -zuschreibungen den Subkontinent und dessen Völker in der Mitte des 20. Jahrhunderts umtrieben.

Wollen wir folglich Leben und Sterben in den romanischen Literaturen der Welt untersuchen und mehr noch adäquat verstehen, so müssen wir diese Literaturen nicht allein auf der Gegenstandsebene analysieren, sondern uns zugleich jener beweglichen Beziehung widmen, welche die Leserinnen und Leser einer gegebenen Zeit mit bestimmten Texten, ihren unmittelbaren Kotexten und vor allem den zeitgeschichtlichen Kontexten verbindet. Denn den Literaturen der Welt ist das Leben und das Sterben keineswegs nur auf der Inhaltsebene, sondern auch auf der Ausdrucksebene und in der mobilen Relation zwischen einem Text und dessen kreativen Anverwandlungen eingeschrieben. Vor dem Hintergrund dieser Erkenntnisse sollten wir an dieser Stelle unserer Vorlesung unsere Suche nach dem Leben und nach dem Sterben, nach dem Tod und nach der Geburt weiterführen!

Vom Begriff des menschlichen Lebens

Wenn wir uns die zeitgenössische, die aktuelle Behandlung des Lebensbegriffes im deutschsprachigen Raum, aber auch im Westen insgesamt vor Augen halten, dann wäre eine Preisgabe des Lebensbegriffs in den Philologien wie in den Kulturwissenschaften insgesamt für diese Disziplinen selbstmörderisch. Oder zumindest lebensgefährlich, und zwar in einem doppelten Sinne. Gerade die explosionsartige Verbreitung des Begriffs ‚Leben' in der Öffentlichkeit sollte uns auf das enorm angestiegene Interesse breiter Bevölkerungsschichten an Formen wissenschaftlicher Beschäftigung mit Phänomenen des Lebens aufmerksam machen, zugleich aber auch die Ohren dafür öffnen, welche Chancen für die künftige Erschließung neuer Wissensräume in einer lebenswissenschaftlichen Ausrichtung von Geistes- und Kulturwissenschaften liegen. Diese Chancen gilt es – wo auch immer Sie später als Philologinnen und Philologen unterkommen: in der Schule, in Kulturinstitutionen, im Wissenschaftsmanagement oder im diplomatischen Dienst – bewusst und für Ihre Aufgabengebiete förderlich zu nutzen.

Eines sollten Sie sich stets vor Augen halten: Was das Leben ist, bestimmt nicht eine einzige Blickrichtung, auch nicht eine medizinisch-technologische! Denn Leben ist auch im wissenschaftlichen Sinne nicht die Beute einer einzigen Fächergruppe, folgt nicht der Logik eines einzigen Codes. Sind nicht die Naturwissenschaften selbst eindrucksvoll in ihrer (über die Metaphorik hinausgehenden) vielfältigen Verflechtung mit „moralischen Ökonomien", mit „kognitiven Leidenschaften" beleuchtet worden? So formulierte vor einigen Jahren die Wissenschaftshistorikerin Lorraine Daston bündig:

> Wissenschaft steht in unserer Kultur für Rationalität und Faktizität, und daher klingt es fast wie ein Paradox, wenn man die These aufstellt, dass die Wissenschaft wesentlich von ganz spezifischen Konstellationen von Emotionen und Werten abhängt. Emotionen mögen durch Steigerung der Motivation die wissenschaftliche Arbeit befeuern, Werte können in Form von Ideologien in wissenschaftliche Ergebnisse eindringen oder als institutionalisierte Normen die Wissenschaft stützen, aber ins Innerste der Wissenschaft dringen weder Werte noch Emotionen ein – so lauten die gewohnten Gegensätze und die von ihnen diktierten Abgrenzungen. Das Ideal der wissenschaftlichen Objektivität, wie es gegenwärtig vertreten wird, beruht auf der Existenz und Undurchlässigkeit dieser Grenzziehungen.[1]

Dass es sich in den gegenwärtigen Wissenschaften und in der „scientific community" tatsächlich so verhält, ist jedoch – wie die Wissenschaftshistorikerin

---

1 Daston, Lorraine: *Wunder, Beweise und Tatsachen. Zur Geschichte der Rationalität.* Frankfurt a. M.: Fischer-Taschenbuch-Verlag 2001, S. 157.

an einer Vielzahl von Beispielen vorführte – mehr als fraglich. Die besagten Grenzen sind dabei nicht durchlässig oder durchlässiger geworden, sie waren es schon immer. Es mag tröstlich sein, dass die Lebenswissenschaften sicherlich mehr am Leben partizipieren, als ihnen bewusst oder auch lieb ist. Wissenschaftlerinnen und Wissenschaftler lassen ihre Emotionen, lassen ihr jeweiliges Leben nicht einfach im privaten Haushalt zurück oder geben es beim Zutritt in ihr Labor am Eingang ab. Diese schlichte Erkenntnis entbindet aber nicht von der im Übrigen ethisch grundlegenden Verpflichtung, Leben und Lebenswissen vor einem (bio-)wissenschaftlichen Alleinvertretungsanspruch zu schützen, selbst wenn dieser sich vorerst ‚nur' auf der Ebene neuer Begrifflichkeiten – und damit Gegenstandskonstruktionen – niederschlägt. Sollte man den Begriff der Lebenswissenschaften nicht besser ablehnen oder allein den Biowissenschaften überlassen?

Diese etwas simplistische Alternative böte keine Lösung. Denn der Rückgriff von Seiten jener Wissenschaften, die als Kultur- und Geisteswissenschaften bezeichnet werden, auf den Term „Lebenswissenschaft" zwingt keineswegs dazu, sich in eine Traditionslinie zu begeben, die am nachhaltigsten wohl im 19. und beginnenden 20. Jahrhundert mit dem Begriff der Lebensphilosophie ins öffentliche Bewusstsein trat. Es geht folglich im weiteren Verlauf unserer Vorlesung nicht um spezifisch lebensphilosophische Fragestellungen. Ebenso wenig soll „Leben" hier aus fach- oder fächergruppenspezifischer Sichtweise bestimmt und gedeutet werden, wie dies in der „Lebensphilosophie" mit ihrem nicht selten holistischen Anspruch geschah. Ziel unserer Vorlesung ist es ja, das Wissen der Literaturen der Welt als ein zutiefst vom Lebenswissen unterschiedlichster Zeiten und unterschiedlichster Räume, unterschiedlichster Kulturen und unterschiedlichster Sprachen geprägtes Wissen zu begreifen.

Denn die Literaturen der Welt – und ich verstehe den Begriff ‚Literatur' hier in einem weiten Sinne[2] – orientieren ihren Lebensbegriff weder vorrangig an einer Scheidung von Organischem und Anorganischem, weder allein an leiblichen oder körperlichen, seelischen oder geistigen Dimensionen von Leben. Sie verfügen über viele verschiedenartige Codes, über unterschiedlichste Denk- und Schreibtraditionen, die in ihrer Vielgestaltigkeit, aber auch in ihrer Aussagekraft mit den Ergebnissen aktueller biowissenschaftlicher Forschungen in Beziehung gesetzt werden können. Selbst in den traditionellsten Geisteswissenschaften beginnt die Überzeugung Raum zu greifen, dass der menschliche Körper nicht mehr nur aus motivgeschichtlicher Sicht erforscht und ansonsten als ‚Natur' den medizinisch-naturwissenschaftlichen Fakultäten überlassen werden kann. Die

---

[2] Vgl. Ette, Ottmar: *WeltFraktale. Wege durch die Literaturen der Welt*. Stuttgart: J.B. Metzler Verlag 2017.

Entwicklung neuer Formen inter- und transdisziplinärer Zusammenarbeit sind zum Erwerb neuen Wissens über Leben dringend geboten. Denn gerade an unserem eigenen Körper wird unwiderlegbar deutlich, wie sehr sich die unterschiedlichsten Wissensbereiche des Lebens und dessen überschneiden, was wir im Abendland in ‚Natur' und ‚Kultur' aufzutrennen gewohnt sind.

Geben Sie bitte einen Augenblick auf Ihren Körper-Leib acht und versuchen Sie, ein Körper-Haben als Objekt von einem Leib-Sein zu unterscheiden, in welchem Sie Lust und Schmerz empfinden können! Schmerzt Sie gerade Ihr Körper, während Sie dieser Vorlesung folgen? Tut Ihnen Ihre rechte Schulter weh? Und verspüren Sie diesen Schmerz, weil Sie dort gestern einen Schlag abbekamen oder Ihr Muskel durch den gestrigen kleinen Fahrradunfall lädiert ist – oder ist diese Vorlesung zu anstrengend oder mögen Sie es nicht, mit so vielen Menschen in einem einzigen Raum zu sein?

Wo also liegen die Grenzen zwischen Körper und Leib, zwischen Natur und Kultur? In unserem Körper-Leib verschränken sich gleichsam alle Wissenschaften und im Übrigen auch alle Bereiche des Wissens. Es kann folglich nicht darum gehen, Lebenswissen, wie es sich in textueller Form ästhetisch ausdrückt, ausschließlich disziplinär zu erfassen und damit zu disziplinieren.

Ich habe soeben den Begriff der Wissenschaft von jenem des Wissens unterschieden oder differenziert. Der Begriff des Wissens – und damit auch jener des Lebenswissens – übersteigt selbstverständlich den Bereich der Wissenschaft und schließt insbesondere künstlerische, narrative und poetische Wissens-, Ausdrucks- und Speicherformen mit ein, die ihrerseits wissenschaftlicher Analyse zugänglich sind oder doch zugänglich gemacht werden können. Damit rücken textuelle oder intermediale Übersetzungsformen von Wissen, aber auch performative Aspekte gerade mit Blick auf den Lebensvollzug und ein anzustrebendes ‚gutes Leben' (oder ‚Überleben') in den Vordergrund. Widmen wir uns dem etwas genauer!

Ein Wissen vom Leben kann dabei ebenso in Schrifttexten (im Roman oder einer philosophischen Lebenslehre, in Biographie oder Autobiographie, in philologischen Reflexionen oder moralistischen Maximen) wie in Bildtexten, in der Inszenierung und Performanz des Körperleibs wie in der Befragung und (künstlerischen oder wissenschaftlichen) Repräsentation von Körperwissen hergestellt, dargestellt und gedeutet werden. Hybridformen des Schreibens gilt dabei in dieser Vorlesung mit Blick auf Geburt, Leben, Sterben und Tod mein besonderes Augenmerk. Dies wohl nicht zuletzt deshalb, weil man Hybridität – wie sich der Kulturtheoretiker Homi K. Bhabha ausdrückte – als die „Perplexität des Lebenden (*living*)" begreifen kann, „insofern es die Repräsentation der Fülle des Lebens (*life*) unterbricht".[3] An dieser Perplexität im Angesicht des Lebenden und Lebendigen, aber auch des Bedroht-Seins durch den Tod will diese Vorlesung teilhaben. Und dabei ganz in dem Sinne, wie wir das ‚Weltgedicht' des *Canto General* von Pablo Neruda gedeutet haben – indem wir einen möglichst umfassenden, in alle Formen der Weltschöpfung eingegangenen Begriff des Lebens und des Lebendigen pflegen.

Das aktuelle ‚Fehlen' des Lebensbegriffs in den philologischen und literaturwissenschaftlichen Debatten ist kein Zufall, sondern das Ergebnis eines langsamen, aber stetig voranschreitenden Prozesses. Betrachtet man die Entwicklung der Geistes- beziehungsweise Kulturwissenschaften insbesondere in der zweiten Hälfte des zurückliegenden Jahrhunderts, so fällt auf, dass während dieses Zeitraums nicht zuletzt im Zeichen methodologischer und ideologiekritischer Debatten der Begriff des Lebens zunehmend aus ihnen herausgefiltert wurde. Dies bedeutet nicht etwa, dass damit automatisch ein Verlust ihres Lebensbezuges einhergehen musste, wohl aber, dass auf diese Weise ein Reflexionshorizont verloren ging, dessen Sinnstiftungspotential und Handlungsbezogenheit sich andere Wissenschaften zunehmend zunutze gemacht haben.

War für einen Erich Auerbach, Leo Spitzer, Karl Vossler oder Werner Krauß der Lebensbegriff noch selbstverständlich, so schied er schon bei Erich Köhler oder Hans Robert Jauss als den Wortführern der nachfolgenden Generation von Romanisten zunehmend aus. Es gibt aber keinen vernünftigen Grund, warum gerade die Philologien auf den Begriff des Lebens verzichten und es anderen Wissenschaften und Wissenskonfigurationen überlassen sollten, Lebenswissen als Wissen über Leben zugänglich zu machen. Vielleicht mag eine gewisse ideologische Scheu, möglicherweise sogar Abscheu gegenüber der Lebensphilosophie eine Rolle bei dieser Abwendung vom Lebensbegriff gespielt haben; doch rational begründbar und vor allem für die Entwicklung der Philologien dienlich war dies nicht.

Erstaunlich ist es schon, wie die Wissenschaften vom Wort in literarischen Texten immer wieder gerne jenes Wörtchen ‚Leben' übersahen, als hätte es zu Analyse und Deutung nichts beizutragen. ‚Realität', ‚Geschichte' oder ‚Gesellschaft' erschienen als wichtige, interpretationsrelevante Lexeme, nicht aber ‚Leben'. Man könnte bisweilen versucht sein, gar von einer Verdrängung des Lebensbegriffs aus den Philologien zu sprechen, die möglicherweise nicht bewusst vonstattenging, aber höchst effizient war. Wie aber wäre einer solchen Entwicklung zu begegnen? Bestünde nicht die Gefahr, Literatur und Kunst –

---

[3] Bhabha, Homi K.: DissemiNation: time, narrative, and the margins of the modern nation. In (ders., Hg.): *Nation and Narration*. London – New York: Routledge 1990, S. 314.

„sekundäre modellbildende Systeme", von denen Jurij M. Lotman geradezu liebevoll sprach[4] – mit dem ‚Leben' gleichzusetzen, einer kruden Widerspiegelungstheorie zu huldigen oder in einen schematischen Realismus prästrukturalistischer wie präpoststrukturalistischer Provenienz zurückzufallen?

Die wissenschaftliche Beschäftigung mit Lebenswissen kann das Erleben[5] oder Erlebenswissen ebenso einschließen wie (in der Folge gleich zu diskutierende) biowissenschaftliche Ansätze, das Zusammenleben beziehungsweise die Konvivenz verschiedener Kulturen[6] ebenso untersuchen wie Fragen von Leiblichkeit oder Körperlichkeit.[7] Wenn es denn Lebenswissenschaften in einem dem Begriff adäquateren Sinne geben soll, müssen sie das breite Spektrum des griechischen „bíos" (und nicht nur „zoé") und damit auch die unterschiedlichen Logiken integrieren, die sich in der Beschäftigung mit verschiedenartigsten Bereichen des Lebens ausgebildet haben. Das ‚nackte', dass ‚bloße' Leben, das den Menschen mit allen anderen Lebewesen verbindet, und das politisch, sozial und kulturell geprägte Leben – und damit ‚Natur' und ‚Kultur' in ihrem Lebensbezug – sind gemäß unterschiedlichster Logiken relational aufeinander zu beziehen. Zweifellos hat die Diskussion über diese Begrifflichkeiten begonnen,[8] doch nicht in jenem Maße, das notwendig wäre, um einen wirklichen Schwenk geschweige denn einen veritablen ‚Turn' in den Geistes- und Kulturwissenschaften auszulösen.

Auf Ebene des Lebenswissens überschneiden sich Literatur und Wissenschaft, bilden Heterotopien des Wissens, die wir nicht einfach dem einen oder dem anderen Bereich allein zuordnen können. Denn Literatur basiert wie Wissenschaft auf Forschung, auf *Recherche* – und sei es die nach der verlorenen Zeit. Als *Horizontbegriff* stellt Lebenswissen disziplinäre Grenzziehungen in Frage und verlangt nach transdisziplinären Herangehensweisen, welche Wis-

---

4 Vgl. Lotman, Jurij M.: *Die Struktur literarischer Texte*. Übersetzt von Rolf-Dietrich Keil. München: W. Fink Verlag ²1981.
5 Vgl. Ette, Ottmar: Alexander von Humboldts Briefe aus Russland – Wissenschaft im Zeichen ihres Erlebens. In: Humboldt, Alexander von: *Briefe aus Russland 1829*. Herausgegeben von Eberhard Knobloch, Ingo Schwarz und Christian Suckow. Mit einem einleitenden Essay von Ottmar Ette. Berlin: Akademie Verlag 2009, S. 13–36.
6 Vgl. Ette, Ottmar: *ZusammenLebensWissen. List, Last und Lust literarischer Konvivenz im globalen Maßstab (ÜberLebenswissen III)*. Berlin: Kulturverlag Kadmos 2010.
7 Vgl. Ette, Ottmar: „Unheimlich nahe mir verwandt": Hand-Schrift und Territorialität bei Hannah Arendt. In: *Potsdamer Studien zur Frauen- und Geschlechterforschung* (Potsdam) V, 1–2 (2001), S. 41–54.
8 Vgl. hierzu den Sammelband von Asholt, Wolfgang / Ette, Ottmar (Hg.): *Literaturwissenschaft als Lebenswissenschaft. Programm – Projekte – Perspektiven*. Tübingen: Gunter Narr Verlag 2010.

sensbestände der Literatur- wie der Gesellschaftswissenschaften, der Kultur- wie der Naturwissenschaften mit dem sich verändernden Gedächtnis der Literaturen der Welt verbinden. Dies aber bedeutet, dass in nachfolgenden Überlegungen dieser Vorlesung die unterschiedlichen Schreib- und Ausdrucksformen nicht als ornamentales Beiwerk, sondern als integraler epistemologischer Bestandteil der jeweiligen Räume des Wissens verstanden werden sollen. Wir wollen in dieser Vorlesung – ganz so, wie wir dies bereits bei den von uns behandelten Texten getan haben – Beispiele aus den Literaturen der Welt in ihrer ganzen ästhetischen Komplexität behandeln.

Lebenswissen ist ein komplexes, sich aus unterschiedlichsten Wissenssegmenten zusammensetzendes Phänomen und kann daher nicht die Sache einer einzigen Diskursformation sein. Wie schnell sich Konzeptionen und Hypothesenbildungen gerade im Bereich der Erforschung des Lebens ändern, zeigt sich nicht nur im biowissenschaftlichen Bereich, sondern auch auf dem Gebiet der Philologie beziehungsweise der spezialisierten Literaturwissenschaften. Einen endgültigen Begriff von dem, was Leben ist, wird glücklicherweise auch das 21. Jahrhundert nicht entwickeln können. Literaturen können mit diesen Offenheiten und semantischen Spielräumen wesentlich besser und kreativer umgehen als streng disziplinierte Wissenschaften. Die Einsicht, „dass Rationalität plural ist", bietet eine gute Grundlage, um unterschiedliche Logiken, verschiedene Kulturen, Künste und Wissenschaften zu Wort und zu Gehör kommen zu lassen – und dies sollte nicht allein für die Literaturen der Welt, sondern auch für das Feld der unterschiedlichen Wissenschaften gelten.

An dieser Stelle möchte ich nun ganz bewusst einen Vertreter jener eingangs erwähnten und ein wenig geschmähten Lebenswissenschaften zu Wort kommen lassen; einen Vertreter freilich, der uns in seinem Bemühen, Brücken zwischen den Forschungen der Biowissenschaften einerseits und der (insbesondere Goethe'schen) Literatur andererseits herzustellen, deutlich die Möglichkeiten signalisiert, Natur- und Kulturwissenschaften und deren Ergebnisse auf verschiedenste Weise zusammenzudenken. Denn es gibt sie auf beiden Seiten, ebenso im Bereich der Natur- wie der Kulturwissenschaften: die Brückenbauer zwischen den unterschiedlichen Wissen- und Wissenschaftsgebieten. Sie sind auf beiden Seiten der künstlichen Grenzanlagen mit ihren automatisierten Schussmechanismen nicht notwendig immer besonders beliebt, aber stets kreativ und anregend.

In seinem lesenswerten Buch über *Chaos und Ordnung* hat Friedrich Cramer unter anderem versucht, die Komplexität des Lebendigen aus biowissenschaftlich-naturwissenschaftlicher Sicht herauszuarbeiten und für andere Wissenschaften und deren Logiken zu öffnen. Bitte lassen Sie sich nicht von der Terminologie abschrecken: Es geht mir im Wesentlichen um eine epistemologisch fundierte, präzisere Beschreibbarkeit jener Prozesse, die das Leben regeln – und wohl auch das Leben der Literaturen der Welt:

> Voraussagbarkeit ist kein Kriterium für Wissenschaftlichkeit mehr. In Newtonschen Systemen kann man die Bahnen der Geschosse oder der Planeten aus den Anfangsbedingungen berechnen und voraussagen. [...]
> Die Situation hat sich – ursprünglich ausgehend von der Quantenphysik und der Relativitätstheorie – in den Naturwissenschaften ganz allgemein zu verändern begonnen. Wir sind an eine Grenze in der Beschreibung des Lebendigen gestoßen, die als Analogie gesehen werden kann zur Heisenbergschen Unschärfe-Relation in der Beschreibung der *Elementarpartikel*. In Systemen mit Bifurkationspunkten sind die Voraussagemöglichkeiten eingeschränkt. [...]
> Die Komplexität des Lebendigen stellt eine Begrenzung unserer Wissensmöglichkeiten dar: Nicht, dass wir nicht etwa viele Einzelheiten der Nukleinsäuren und Proteine beschreiben könnten. Aber das Zusammenwirken dieser Komponenten in Subsystemen und höheren Organisationen stellt ein nicht-prognostizierbares Netzwerksystem dar, für das der Charakter der fundamentalen Komplexität gilt. [...]
> Solche Systeme sind nicht reduzierbar, ich nenne sie, die die Eigenschaft haben, dass das Ganze mehr als die Summe seiner Teile ist, fundamental-komplexe Systeme. In solchen Systemen gibt es keine Reversibilität. Es lässt sich nicht die klassische, reversible, sondern die irreversible Thermodynamik anwenden. Und deshalb wäre es einfach eine intellektuelle Nachlässigkeit, anzunehmen, dass in Wissenschaften wie der Biochemie oder der Neurophysiologie sich ein Gesamtbild eines Lebewesens aus Mosaiksteinchen zusammensetzen lässt.[9]

Deutlich zeichnet sich in diesen Überlegungen eine Entwicklung ab, die auf eine sehr paradoxe Weise die Naturwissenschaften den Geistes- und Kulturwissenschaften annähert: die Problematik der Komplexität. In den Geistes- und Kulturwissenschaften sind wir daran gewöhnt, dass wir keine Voraussagen machen können über bestimmte Entwicklungen auf den von uns bearbeiteten Gebieten. Wir sind sozusagen mit fundamental-komplexen Systemen vertraut. So lässt sich – und niemand würde es von Ihnen erwarten – etwa von den Geschichtswissenschaftlern die künftige Geschichte ebenso wenig voraussagen wie es denn möglich wäre oder eingefordert würde, dass Literaturwissenschaftlerinnen den nächsten Roman von Umberto Eco oder Marie Redonnet im Voraus bestimmen könnten oder wüssten, wer die nächsten Nobelpreise für Literatur in Stockholm entgegennehmen darf. Es gibt Wahrscheinlichkeiten, aber keinerlei Sicherheiten. Grund hierfür ist im Wesentlichen die Komplexität und bisweilen geradezu Unüberschaubarkeit von Faktoren, die auf Entscheidungsprozesse einwirken. Und selbst die Rezeption eines bereits erschienenen Ge-

---

[9] Cramer, Friedrich: *Cramer, Friedrich: Chaos und Ordnung. Die komplexe Struktur des Lebendigen.* Frankfurt am Main – Leipzig: Insel Verlag 1996, S. 222–224.

dichtbands oder Romans lässt sich für die nachfolgenden Jahre, Jahrzehnte oder Jahrhunderte nicht wirklich prognostizieren.

Derlei Voraussagen wurden und werden aber ganz gewohnheitsmäßig den Naturwissenschaften abverlangt. Wir erleben zwar tagtäglich, mit welchen Risiken Voraussagen nicht selten völlig banaler Dinge behaftet sind und fluchen, wenn sich der Wetterbericht mal wieder gänzlich geirrt hat und wir im Regen stehen, wo doch Sonne angekündigt war. Gerade die täglichen Wettervorhersagen zeigen uns mit für uns alle nachvollziehbarer Deutlichkeit, dass wir zwar die unterschiedlichsten Faktoren analysieren und in ihrer Entwicklung berechnen können, nicht aber die Entwicklung und das Zusammenspiel von fundamental-komplexen Systemfaktoren vorherzusagen wagen dürfen. Und dort, wo wir es wie im Wetterbericht dennoch tun, Gefahr laufen, mit den Voraussagen des Bauernkalenders verglichen zu werden – der so schlecht dabei nicht abschneidet ...

Doch noch immer funktioniert trotz alledem, was Friedrich Cramer den „Mythos der Prognostizierbarkeit" nennt und was wir den „Mythos der Prognostizierfähigkeit" nennen könnten: Wir glauben daran, dass die Naturwissenschaften hierzu in der Lage sind. Die Veränderungen unseres Klimas werden von hochspezialisierten Klimaforscherinnen und Klimaforschern vorausgesagt. Neuere Forschungen wie auch die lange Verdriftung des Forschungsschiffes „Polarstern" zeigen jedoch, dass die Prozesse noch schneller als bereits vorhergesagt ablaufen. Und wer vermöchte, die politischen Reaktionen allein schon der Länder-,Gemeinschaft' der Europäischen Union vorherzusagen? Wie werden sich etwa die Emissionen innerhalb der EU entwickeln, wenn einige Länder die selbstgesetzten moderaten Normen vielleicht einzuhalten vermögen, andere Länder aber – wie etwa die osteuropäischen Populismus-Demokraturen – sich völlig folgenlos für sie einen Teufel darum scheren? Voraussagen wären hier wie in der Literatur Fiktionen. Und die Modellbildungen der Klimaforschung lassen sich durchaus mit jenen sekundären modellbildenden Systemen vergleichen, von denen Lotman sprach.

Selbst in den sogenannten ‚harten Naturwissenschaften' lassen sich die Abläufe komplexer Prozesse – und darauf zielen Cramers Überlegungen ab – immer weniger vorhersagen. Dort, wo die Newtonsche Physik funktioniert, mag dies noch immer gelten, aber diesseits von Quantenphysik und Heisenbergscher Unschärferelation gilt dies eben nicht mehr so einfach. Die von Cramer in der zitierten Passage erwähnten Bifurkationen lassen sich beispielsweise in einem Flussdelta eben nicht im Voraus berechnen; wir können ihren jeweiligen Verlauf ebenso wenig prognostizieren, wie wir die Verzweigungen eines Baumes, der meinetwegen in einer dem Westwind exponierten Gegend wächst, voraussagen können. Das heißt natürlich, dass wir durchaus Voraussagen und

Modelle erstellen können; nur dürfen wir uns nicht sicher sein, dass sich der Baum an unsere Modelle, Berechnungen und Fiktionen hält.

Bleiben wir noch einen Augenblick bei unserem Beispiel eines Flussdeltas: Wir können von Bifurkation zu Bifurkation nicht einfach zurückgehen, denn an jedem Punkt der jeweiligen Bifurkationen liegen komplexe Entscheidungsfaktoren vor, die nicht reversibel sind. Im Nachhinein können wir sie durchaus errechnen und berechnen. Im Grunde ist also stets eine ganze Geschichte hochkomplexer Entscheidungsfaktoren gespeichert in einer späteren Verzweigung, ohne dass wir uns dessen wirklich bewusst geschweige denn in der Lage wären, klare Vorhersagen zu treffen.

In der Newton'schen und Descartes'schen Physik und Denkungsart war es möglich, ein komplexes Problem in seine Einzelteile zu zerlegen, die Einzelprobleme zu berechnen und daraus wieder Gesamtberechnungen durchzuführen. Die Berechnung von Teilsystemen setzte sich zur Berechnung des Gesamtsystems zusammen und war schlüssig. Auf diese Weise verfahren unsere Straßenbauämter und unsere Architekten – und wenn etwas tatsächlich in sich zusammenfällt, waren entweder die Berechnungen falsch oder die verwendeten Materialien schlecht. Dann ist es schlicht ein Fall für die Gerichte. Derartige genaue Berechnungen aber sind in vielen Bereichen – und insbesondere dort, wo es um Strukturen des Lebendigen geht – ganz einfach nicht möglich, ja sogar unsinnig. Präzise Hochrechnungen der nächsten Gewinner des Literaturnobelpreises ergäben schlicht keinen Sinn.

In dem soeben kurz umrissenen Zusammenhang wäre es aber auch möglich, etwa die Literaturen der Welt als ein derartiges fundamental-komplexes System zu verstehen. Und in der Tat gäbe es viele Gründe dafür, das literarische System als ein *lebendiges* zu begreifen, dessen Fundamental-Komplexität auf den verschiedensten Ebenen beobachtbar ist. Wir hatten die Lebendigkeit eines solchen Systems bereits auf Ebene der Rezeption von Pablo Nerudas Werk gesehen. Aus meiner Sicht käme folglich das Element des Lebens vor allem dann hinzu, wenn literarische Texte von Leserinnen und Lesern gelesen werden, wenn sie also rezipiert, zu einem Teil des Lebensalltags und vielleicht sogar bestimmter Aspekte der Lebensgestaltung und Lebensführung eines jeweiligen Lesepublikums werden. Freilich wäre auch ohne die Einbeziehung der Rezeption die Komplexität des Systems Literatur so hoch, dass man es durchaus mit der Struktur des Lebendigen im Sinne von Friedrich Cramer in Beziehung setzen und vergleichen könnte. Bilden die Literaturen der Welt also ein lebendes, ein lebendiges System?

Wir haben bis hierher schon einmal drei Dinge über das Leben gelernt. Drei Kriterien lassen sich bestimmen: Es handelt sich erstens um einen irreversiblen Prozess, zweitens bildet die Summe der Teile bildet nicht einfach das Ganze – oder anders ausgedrückt: Das Ganze lässt sich nicht in eine Summe seiner Teile zerlegen, ohne dass dabei das Leben zerstört würde – und drittens ist eine wirkliche Voraussagbarkeit, eine Prognostizierbarkeit weder im kulturwissenschaftlichen noch im naturwissenschaftlichen Sinne von vorneherein gegeben.

Lassen Sie uns an dieser Stelle aber auf den Bereich der Literatur aus literaturwissenschaftlicher Perspektive zurückkommen! Literatur erschließt Lebenswissen narrativ nicht zuletzt als *Erlebenswissen*. Dieses Erleben ist als Erlebnis wie als Nacherleben ohne jeden Zweifel wissenschaftlicher Analyse zugänglich, sei sie produktions- oder rezeptionsästhetischer Ausrichtung. Eine lebenswissenschaftlich ausgerichtete Philologie wird sich dabei stets der selbstreflexiven Logik ihres Tuns gewärtig sein, ist sie doch selbst bestrebt, ihrerseits Lebenswissen zu produzieren, mithin lebenswissenschaftlich produktiv zu sein. Vielleicht liegt hierin das Vermächtnis der postum veröffentlichten Vorlesung von Roland Barthes am Collège de France, die der Frage des Zusammenlebens in Differenz und damit einer zutiefst lebenswissenschaftlichen Problematik gewidmet ist. Denn in der Tat lässt sich Barthes' gesamtes literarisches und zeichentheoretisches Werk als *LebensZeichen* lesen.[10]

Doch sollen zugleich auch Bereiche eines Lebenswissens erfasst werden, die sich noch nicht stabilisiert haben und im Grunde noch über keine Diskurse und folglich keine diskursive Existenz verfügen, auch wenn sie von den Künsten, Literaturen und Medien längst präsentiert und repräsentiert werden. Hierzu zählt auch und gerade der Bereich der Liebe, dem ich mich bereits in einer eigenen Vorlesung gewidmet habe,[11] aber auch wie in unserer aktuellen Vorlesung der Bereich der Geburt, des Lebens, des Sterbens und des Todes.

Leben und Lust, Körper und Wissen,[12] Spielformen literarischen Schreibens und Schreibformen literaturwissenschaftlichen Spiels sollen bei der Findung und Erfindung neuer Wissensräume in die Konstruktion wissenschaftlicher Objekte eingehen und zugleich deren wissenschaftliche Subjekte verändern. Die Aufgabe der Philologie als treue Freundin des (literarischen) Wortes und als Wissenschaft mag in Zukunft nicht unwesentlich davon abhängen, wie sie ihr Verhältnis zum Leben – und damit natürlich auch zum Sterben und zum Tode – bestimmt. Dass ich damit nicht von einem Leben spreche, das ein ‚Leben zum Tode' wäre, haben Sie längst bemerkt!

---

10 Vgl hierzu Ette, Ottmar: *LebensZeichen. Roland Barthes zur Einführung.* Zweite, unveränderte Auflage. Hamburg: Junius Verlag 2013.
11 Vgl. dazu ausführlich den zweiten Band der Reihe „Aula" in Ette, Ottmar: *LiebeLesen* (2020).
12 Vgl. hierzu Ette, Ottmar: Körper Wissen Lust. Roland Barthes oder Der Entwurf einer leibhaftigen Wissenschaft. In: Hülk, Walburga / Renner, Ursula (Hg.): *Biologie, Psychologie, Poetologie. Verhandlungen zwischen den Wissenschaften.* Würzburg: Königshausen & Neumann 2005, S. 149–170.

Nun, diese Überlegungen sollten Sie zunächst einmal mit einer gewissen wissenschaftsgeschichtlichen, aber auch methodologischen und forschungsstrategischen Logik konfrontieren, die dem Vorhaben zu Grunde liegt, das wir mit dieser Vorlesung im Auge haben. Zugleich aber sollte Ihnen auch klargeworden sein, dass man den Begriff des Lebens nicht auf biowissenschaftliche Dimensionen reduzieren darf. Denn sonst wird aus dem Leben, aus der Geburt, dem Sterben und dem Tod, aber auch mit Blick auf die Liebe das pure Funktionieren eines bestimmten körperlichen Apparats. Ich kann diesen Körper, der allein aus der Perspektive des Körper-Habens perspektiviert wird, mechanistisch oder gentechnologisch beschreiben oder behandeln.

So ergibt sich ein Körper-Objekt, das sich im Grunde aus der Logik der abendländischen Wissenschaften heraus als Maschine oder meinetwegen auch als Programm auffassen lässt, das auf eine genau bestimmte Weise abgespult werden kann. Dass das kontrollierte Abspulen derartiger Programme wichtig – und nicht selten auch lebensrettend sein kann, soll an dieser Stelle gewiss nicht in Frage gestellt werden. Gerade die sogenannte ‚Apparate-Medizin' beweist dies tagtäglich, ebenso bei der Begleitung der Geburt wie des Todes von Menschen. Darum soll die Stimme der Schulmedizin beziehungsweise des medizinisch-technologischen Fächerensembles auch immer wieder in unsere Vorlesung eingeblendet werden. Doch das Leben, das Sterben, Geburt und Tod hierauf zu reduzieren, liegt mir sehr fern. Die Literaturen der Welt bieten hier ein komplexeres, wenn auch auf Grund der Komplexität nicht selten unangenehmeres, unübersichtlicheres (da im Sinne Friedrich Cramers fundamentalkomplexes) Bild.

Begeben wir uns im Folgenden in die Diskussion einer Serie von Aspekten, die mit dem Begriff des Lebenswissens verbunden sind! Als Einstieg in diese Serie habe ich für Sie einen Text ausgewählt, mit dem Sie im Rahmen dieser Vorlesung vielleicht nicht gerechnet hätten. Es ist ein Text über das Leben, ein Bild-Text, genauer eine Bilderhandschrift, die ich gerne gemeinsam mit Ihnen durchgehen möchte. Denn sie führt in gewisser Weise quer durch verschiedenste Kulturen vor, was man unter Lebenswissen verstehen kann.

Es geht mir dabei nicht – wie Sie gleich sehen werden – um Situierung und Besprechung dieser Bilderhandschrift aus anthropologisch-altamerikanistischer Sicht, sondern um den Versuch, danach zu fragen, was es eigentlich bedeutet, auf einen einzigen Blick ein ganzes Leben zu überblicken und dabei dieses Leben nicht zu übersehen. Widmen wir uns also kurz dieser Bilderhandschrift:

Abb. 8: Auszüge aus dem Codex Mendoza („Raccolta di Mendoza"): Waschung eines neugeborenen Babys und Namensgebung.

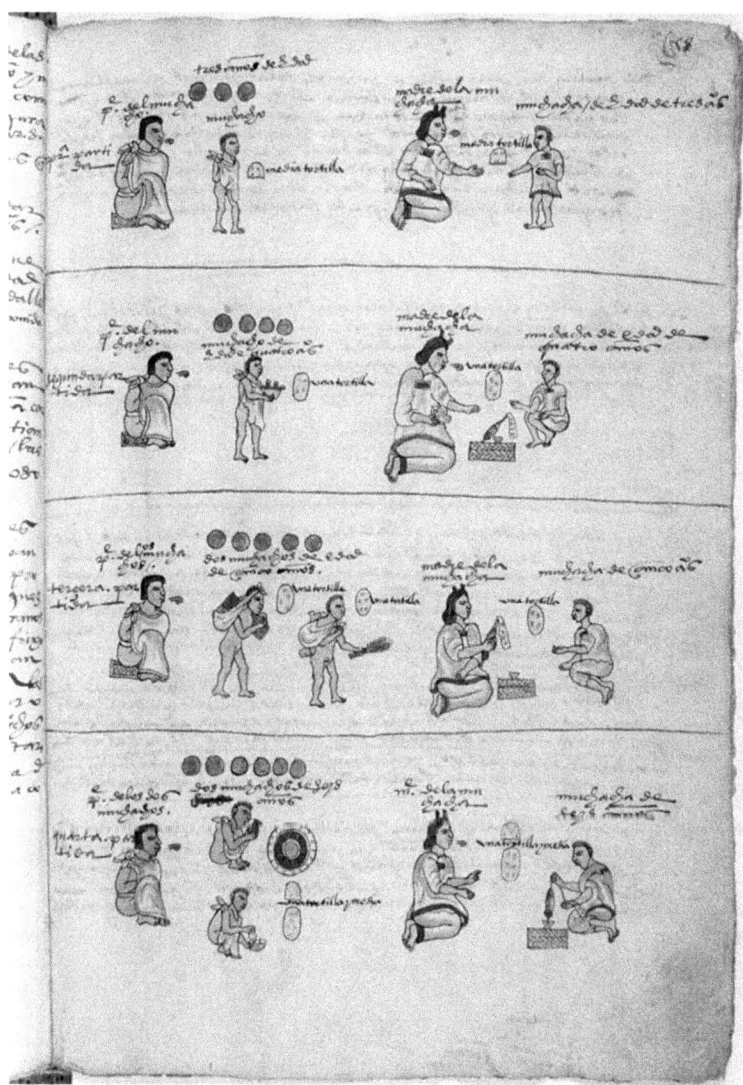

Abb. 9: Codex Mendoza: Erste Lebensjahre und der wachsende Nahrungsbedarf eines Kindes, geschlechterspezifische Aufgaben (Lasten-Tragen, Spinnen).

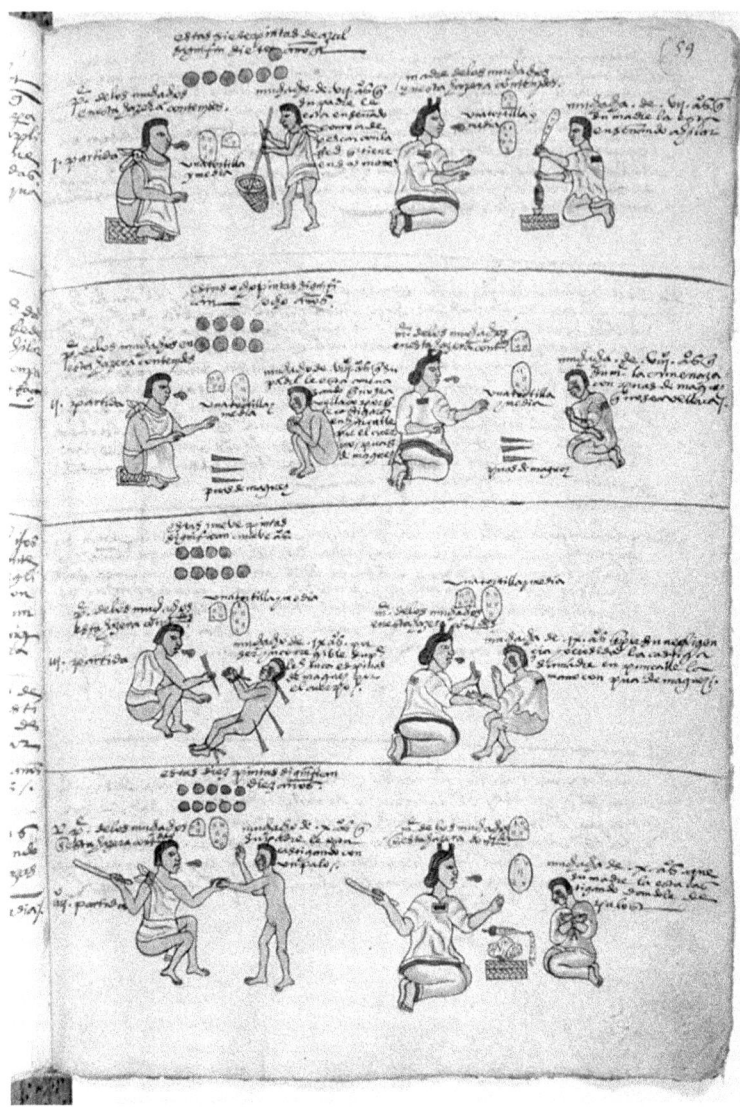

Abb. 10: Codex Mendoza: Bestrafung von Jugendlichen.

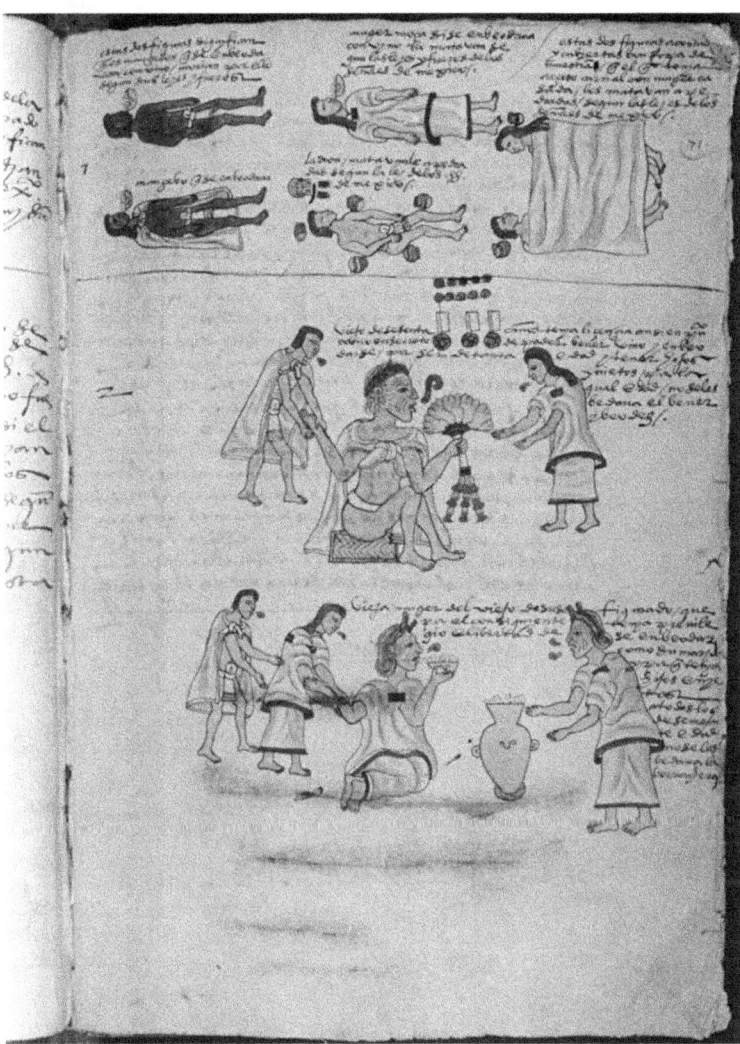

Abb. 11: Codex Mendoza: Bestrafung für Kapitalverbrechen. Oben rechts: Steinigung nach begangenem Ehebruch.

Abb. 12: Codex Mendoza: Hochzeitsszenen.

Ich wähle einen Auszug aus dem sogenannten *Codex Mendoza* (auch *Raccolta di Mendoza* genannt),[13] der mich auf eine eigenartige Weise immer schon berührt, ja fasziniert hat und dessen Faszinationskraft ich mir heute vielleicht ein wenig besser erklären kann. Denn im Sinne von Roland Barthes handelt es sich gleichsam um ein Phantasma, das sicherlich mit dazu beigetragen hat, dass ich mich mit dem Begriff des Lebenswissens heute auf eine neue und neuartige Weise literaturgeschichtlich und lebenswissenschaftlich zugleich nähere. Doch zunächst einmal einige Informationen zu diesem Bild-Text!

Der *Codex Mendoza* wurde im Auftrag des ersten, von 1535 bis 1550 herrschenden Vizekönigs von Neuspanien, Alfonso de Mendoza, kurz nach der Eroberung Mexikos beziehungsweise Anáuacs für Kaiser Karl den Fünften oder Carlos I. angefertigt. Eigens zu diesem Zweck wurde der Text für einen aztekischen Bildschriftmaler, einen „tlacuilo", in der traditionellen Bildzeichensprache geschrieben. Für den Kaiser im weit entfernten Europa wurde zugleich ein christlicher Priester mit Kenntnissen des Náhuatl damit beauftragt, eine ausführliche Erklärung des Inhalts auf Spanisch niederzuschreiben.

Es braucht uns hier nicht zu interessieren, dass das Schiff, auf dem das Manuskript nach Spanien transportiert wurde, von einem französischen Kriegsschiff wie so oft gekapert wurde, so dass der *Codex Mendoza* letztlich in den Händen des berühmten französischen Kosmographen und Reisenden André Thevet landete. Durch Verkauf und weitere Umwege gelangte er schließlich 1654 in die Bodleian Library. Die Illustrationen und Kommentare des *Codex Mendoza* wurden dann in den Jahren 1830 bis 1848 vom englischen Exzentriker Lord Kingsborough in einem Monumentalwerk unter dem Titel *Antiquities of Mexico* veröffentlicht.

Aufgabe dieser Bilderhandschrift war es letztlich, Geschichte und Kultur einschließlich der Alltagskultur der Azteken in verständlicher Form für eine europäische Leserschaft aufzuzeichnen. Besonders spannend und aufschlussreich ist dabei das direkte inter- und mehr noch transmediale Ineinanderwirken von Bilderhandschrift und spanischsprachigem Kommentar in Alphabetschrift, der zum Teil direkt in die Bilderhandschrift eingetragen wurde.

Der *Codex Mendoza* präsentiert uns eine Kultur und ein Volk, die Azteken, die zum Zeitpunkt der Eroberung auf dem Höhepunkt ihrer Macht im nord- und mittelamerikanischen Raum waren. Dies gilt es zu berücksichtigen, wenn wir uns nun mit dem Wissen vom Leben der Azteken beschäftigen, das hier in zwei verschiedenen Schriftsystemen und gleichsam aus bikulturellem Blickwinkel schriftlich gespeichert ist. Allerdings habe ich bei der bildlichen Reproduktion

---

13 Vgl. Ross, Kurt (Hg.): *Codex Mendoza. Aztekische Handschrift.* Fribourg: Liber 1978.

auf die Wiedergabe der spanischen Kommentare in alphabetischer Schrift verzichtet: Sie müssen sich also in die nachgearbeiteten Umrisszeichnungen also eine Reihe von spanischsprachigen Kommentaren hinzudenken. Doch auf diese spezifisch transmediale Dimension soll es uns nicht zentral ankommen ...

Wichtig ist vielmehr, dass die uns im *Codex Mendoza* vorgelegten Bilder oder Zeichnungen gleichsam auf einen einzigen Blick das Leben der Azteken umfassen und nachvollziehbar darstellen. Es ist – wenn Sie so wollen – ein kunstvoll verdichtetes, konzentriertes Lebenswissen, das in dieser verdoppelten Schrift beziehungsweise Bilderschrift aufbewahrt und festgehalten wird, um es für ein mit der Kultur der Azteken oder *Mexica* nicht vertrautes europäisches Publikum nachvollziehbar zu machen. Dies ist als die vorrangige Funktion von Alphabetschrift und Bilderhandschrift zunächst einmal festzuhalten.

In der oberen linken Figur (Abb. 8) sehen wir, wie ein Kleinkind von einer Frau, vielleicht einer Hebamme, aus der Wiege genommen wird und in einer irdenen Wanne auf einer Schilfmatte gewaschen wird. Die drei Knaben rufen darauf laut den Namen des Neugeborenen. Sie können das Rufen, die Worte mit der stilisierten Zunge bei den drei Knaben deutlich erkennen – die Zunge deutet immer das jeweilige Sprechen an. Über und unter der Matte sind die Zeichen für die beiden Geschlechter angebracht: Speer und Schild sind Symbole der Männlichkeit; Besen, Spindel und Arbeitskorb dienen als Symbole für die Frauen.[14] Vater und Mutter befinden sich unten links, gegenüber dem Lehrer und dem Priester. die kleinen Hörner – eigentlich Haarbüschel – auf dem Kopf signalisieren, dass es sich um eine Frau, hier die Mutter, handelt. Sie sehen: Die schematisierten Symbole erleichtern erheblich das Verstehen der Bilder!

Das Kleinkind in der Wiege befindet sich gleichsam im Fadenkreuz der Eltern, des Priesters und des Lehrers, und die Zungen deuten an, dass sie alle sprechen und ihr Wort in die Waagschale werfen. Es geht offenkundig um die künftige Erziehung des kleinen Menschleins. Der Priester ist übrigens in der kolorierten Originalfassung leicht an seinem dunklen Gesicht und an Blutspuren zu erkennen, die er sich bei Selbstpeinigungen hinter dem Ohr selber beigebracht hat. Die Palmenblättermatte unter dem Vater und dem Priester ist im Übrigen ein Autoritätssymbol, das im gesamten *Codex Mendoza* – so Kurt Ross – nie unter einer Frau zu sehen ist.

In der zweiten Figur (Abb. 9) können sie erkennen, dass zwischen den Altersstufen von drei und sechs Jahren – jeder Punkt über den Figuren steht für ein Lebensjahr – die tägliche Nahrungsration der Aztekenkinder von einem hal-

---

14 Ich halte mich bei meinen Ausführungen im Wesentlichen an die Deutungen von Kurt Ross, der den *Codex Mendoza* edierte.

ben auf eineinhalb Maiskuchen zunimmt. Es scheint sich um ein durch und durch geordnetes Gemeinwesen zu handeln. Die Mädchen wiederum lernen die Gegenstände im Arbeitskorb zu benennen; und später werden sie im Gebrauch der Spindel unterrichtet. Die Jungs müssen leichte Lasten tragen, um sich an körperliche Arbeit und physische Belastbarkeit zu gewöhnen; ab einem Alter von sechs Jahren werden sie auf den Marktplatz gesandt, um die von den Händlerinnen hinterlassenen Reste aufzusammeln – so zumindest die Deutung des Herausgebers der von mir herangezogenen Ausgabe. In jedem Fall handelt es sich um einen Gebrauch nicht benutzter Überreste, was auf eine sehr nachhaltige Verwendung von Ressourcen durch diese indigene Gesellschaft im damaligen Anáhuac, im Hochtal von Mexiko schließen lässt.

In der dritten Figur (Abb. 10) wiederum sehen wir, wie ein Vater seinen neunjährigen Sohn an Händen und Füßen gefesselt hat und ihm mit Dornen der Maguey-Pflanze in die Schultern und andere Körperteile sticht. Ein gleichaltriges Mädchen wird etwas weniger hart behandelt: Seine Mutter sticht es lediglich in die Handgelenke. Handelt es sich um eine Abhärtungspraxis der Mexica oder um Strafen für ungehörige Kinder? Faule und unfolgsame Zehnjährige werden jedenfalls mit dem Stock geschlagen. Sie sehen, wie hart die Sitten der Azteken bei der Kindererziehung waren: Früh wurde der Nachwuchs daran gewöhnt, Entbehrungen und Schmerzen auszuhalten. Der *Codex Mendoza* informiert uns über weitere Methoden der Kindererziehung, insofern Abhärtungspraktiken wie etwa das Einatmen der Dämpfe brennender Axi-Früchte geübt werden. Alles zielte darauf ab, die Kinder fit für ein an Entbehrungen reiches Leben zu machen.

Doch beschäftigen wir uns nicht nur mit der Kindererziehung, die uns viel über die Lebenszyklen und die Lebensbedingungen im Reich der Mexica sagen, sondern auch mit dem Leben von Erwachsenen, so wie es im *Codex Mendoza* dargestellt wird! Die vierte Figur (Abb. 11) sieht recht harmlos aus; doch das Paar unter derselben Decke symbolisiert den Ehebruch und die darauf stehende Todesstrafe der Beschuldigten durch Steinigung. Auch wenn die Geschlechterrollen klar festgelegt waren und es sich beim Reich der Azteken insgesamt um eine patriarchalisch strukturierte Gesellschaft handelte, so wurde Ehebruch doch nicht allein der Frau angelastet. Allerdings gab es auch hier geschlechterspezifische Unterschiede. Denn das Vergehen wurde äußerst streng bestraft: Die Frau wurde nicht selten in Anwesenheit ihres Mannes öffentlich gesteinigt.

Wie sehr eine patriarchalische Geschlechterordnung durchschlug, mag zusätzlich die folgende Regelung belegen: Ein verheirateter Mann konnte sich im Gegensatz zu den Frauen straflos außerehelicher Beziehungen erfreuen, solange sie nicht mit einer verheirateten Frau stattfanden. Den Frauen freilich war ein derartiges Verhalten nicht gestattet. Einmal mehr stoßen wir auf die Tatsache, die wir bereits in unserer Vorlesung über das Erlernen und die Praktiken der Liebe vielfach studieren konnten:[15] Die Liebe gehört zweifellos zu den zentralen Bestandteilen des Lebenswissens, denn an ihr lassen sich die eine Gesellschaft prägenden und leitenden kulturellen Praktiken ohne größere Mühe ablesen. In einer sich anschließenden Zeichnung der Bilderhandschrift stoßen wir auf die Darstellung der beiden unrechtlich miteinander Verbundenen, wie sie gemeinsam gefesselt auf ihre Bestrafung durch Steinigung warten. Kein Zweifel: In der aztekischen Kultur waren Strafen nichts, was man mit humanen Praktiken unserer Zeit vergleichen könnte ...

Doch wir lassen nun die Strafen für Kinder wie für Erwachsene außer Acht und wenden uns den schönen Dingen des Lebens zu! Wir wollen dabei im semantischen Feld der Liebespraktiken und Geschlechterverhältnisse bleiben, denn – wie erwähnt – sagen sie uns ungeheuer viel über eine Gesellschaft oder Gemeinschaft aus. Die relativ komplexe fünfte Figur (Abb. 12) zeigt Ihnen eine Heirat bei den Azteken. Die Braut wird in der Nacht von der ‚Kupplerin' ins Haus des Bräutigams getragen; vier Frauen beleuchten den Weg mit Tannenfackeln – Sie können diese Zeremonie am unteren Teil der gesamten Darstellung leicht erkennen. Die gleichsam als Trauzeugen dienenden Alten spenden Weihrauch, stellen die Mahlzeit auf und singen endlose Gesänge über die Pflichten der Eheleute. Bitte lachen Sie nicht, aber bei der Hochzeit meines Bruders war der Dorfpfarrer von der Kanzel herab mit Lehren und Anweisungen für die Brautleute ebenfalls nicht sparsam! Er hatte sozusagen jene Rolle inne, welche den Alten in der Bilderhandschrift der Mexica obliegt. So weit, wie Sie vielleicht glauben mögen, ist all dies von unseren Gebräuchen und Riten nicht entfernt.

die beiden alten Medizinmänner binden die Kleider des Brautpaars symbolisch zusammen. Die Mahlzeit besteht aus geröstetem Mais in einem Korb und einem Topf voll Truthahnfleisch – was übrigens auch heute noch in Mexiko unter der Bezeichnung „Mole de guajalote" sehr beliebt ist. Darunter sieht man des Weiteren einen Krug und einen Becher „Pulque", wobei es sich dabei um einen starken Schnaps handelt, den es nach wie vor im heutigen Mexiko gibt. Wenn Sie schon einmal in Mexiko waren, werden Sie ihn sicherlich genossen haben. Bei den Azteken war der Zugang zu diesem Getränk freilich gesellschaftlich geregelt; denn nur den Alten war der Genuss von starkem Alkohol erlaubt.

Der schwarze Fleck auf dem Gesicht der Braut stellt die Schminke dar: Auch bei den Mexica-Frauen war Kosmetik durchaus angesagt. In der oberen, in unserem Ausschnitt nicht mehr dargestellten Zeile gibt übrigens ein Vater seine jugendlichen Söhne in die jeweilige Obhut eines Priesters und eines Lehrers. Unten zeichnet sich das Schicksal des Mädchens ab, so dass gleichsam die

---

15 Vgl. den zweiten Band der Reihe „Aula" von Ette, Ottmar: *LiebeLesen* (2020).

Geschlechterdifferenz die zentrale Stellung der Beziehungen beider Ehepartner in einer legalisierten ehelichen Verbindung zeigt. Die Institution Ehe verweist bei den Azteken auf eine an monogamen Geschlechterbeziehungen ausgerichtete Gesellschaft, so dass sie im Kontext der späteren Christianisierung keinerlei Schwierigkeiten bei der Transkulturation christlicher und aztekischer Riten und Gebräuche machte. Selbst die Kosmetik der Frauen dürfte sich auch nach der spanischen Conquista für lange Zeit nicht grundlegend verändert haben.

In der unteren Zeile der sechsten und letzten Figur (Abb. 12) sehen wir einen alten Mann und eine alte Frau, letztere wieder an ihren hochgesteckten Haarbüscheln erkennbar. Der Mann, dessen gealtertes Gesicht wir deutlich erkennen können, genießt hier eines der beiden ausschließlich dieser Generation vorbehaltenen Privilegien: den bereits erwähnten Alkohol. Die Zahlensymbole weisen den Greis als rüstigen Siebzigjährigen aus. Er durfte also öffentlich wie privat „Octli" – eine Art Wein – zu sich nehmen und sich nach Lust und Laune betrinken. Unter ihm sehen wir zugleich eine fröhliche Pulque-Trinkerin, ebenfalls im Greisenalter. Sie darf sich wie ihr Mann berauschen, weil sie Kinder und Enkel hatte und damit Anrecht auf dieses Privileg besaß. Den Kindern dieser Greise aber war der Alkohol untersagt – eine aufschlussreiche Tatsache angesichts der häufigen Verwendung halluzinogener Produkte und Stoffe in der aztekischen Kultur wie in den indigenen Kulturen überhaupt. Doch auch dies ist ein Wissen vom Leben, das deutlich in den bunt ausgemalten Bildern festgehalten und vom spanischen Schreiber gleich mehrfach unterstrichen wurde.

Wir haben es in den Bilderhandschriften des *Codex Mendoza* auf – wie ich finde – beeindruckende Weise mit der Darstellung des Lebens bei den Azteken zu tun. Aus Perspektive unserer Vorlesung handelt es sich in der Tat um bilderhandschriftliche Speicherformen von Lebenswissen, die uns auch heute noch viel über die Alltagskultur der Mexica oder Azteken sagen. Dieses auf zwei verschiedene, aber sich komplementierende medial-technologische Arten gespeicherte Wissen hatte wohl – zumindest im Sinne des Auftraggebers, des spanischen Vizekönigs – keinen normativen, sondern einen vorwiegend deskriptiven Sinn; und auch vom eigentlichen ursprünglichen Empfänger, dem spanischen König und Kaiser des Heiligen Römischen Reiches Deutscher Nation, Karl dem Fünften, konnte keine Übernahme dieser Lebensregeln erwartet werden.

Anders aber könnte es sich mit dem ‚Hieroglyphenmaler' – wie man lange Zeit sagte – verhalten; denn für ihn ging es hier im Grunde um eine repräsentative Darstellung oder Wiedergabe des aztekischen Lebens beziehungsweise des Lebens im aztekischen Reich schlechthin. Palin und Clavijero, die diese Darstellungen ihrerseits schon zu Zeiten Alexander von Humboldts gedeutet hatten und von diesem zitiert wurden,[16] wiesen darauf hin, dass all diese Darstellungen gleichsam im Imperativ zu lesen seien: Sie seien Vorbilder oder Modelle, an denen sich alle Azteken auszurichten gehabt hätten. Diese Bilderhandschriften geben uns folglich wichtige Hinweise dafür, wie wir uns das Alltagsleben unter aztekischer Herrschaft vorzustellen haben. Aber eben das Leben *der* Azteken und nicht eines bestimmten Vertreters dieser ethnischen Gruppe: Es ging im *Codex Mendoza* in keinem Falle um ein individuelles Leben, das von den Schreibern dargestellt worden wäre.

Der *Codex* ist von dominant deskriptiver Natur. Gleichwohl stellt sich eine Narrativität fast automatisch zwischen den verschiedenen dargestellten Figuren dar. Deutlich ist, dass eine gewisse Chronologie der Repräsentation aztekischen Lebens der gesamten künstlerischen Darstellung wie der Anordnung ihrer einzelnen Teile zu Grunde liegt. Die Darstellung des Lebens der Azteken erfolgt vom nur wenige Tage alten Säugling, der gerade gewaschen wird, über verschiedene Altersstufen von Kindern und Jugendlichen sowie über die wichtigsten Elemente des Erwachsenenlebens wie Arbeit oder Krieg bis hin zum geradezu biblischen Alter der beiden Greise, die wir am Ende beim fröhlichen Genuss starken Alkohols sehen.

Übrigens ist die räumliche Anordnung der Figuren auf jenen Bildtafeln, die in Alexander von Humboldt *Vues des Cordillères et monumens des peuples indigènes de l'Amérique*[17] wiedergegeben werden, ganz und gar europäisch, wie dies dem preußischen Mitbegründer der Altamerikanistik durchaus bewusst war. Denn wir können sie von oben links nach unten rechts lesen, für Europäer also ‚ganz natürlich', so wie wir auch alphabetische Schrifttexte bis heute lesen. Noch unsere Malerei, unsere Gemälde und unsere Skizzen funktionieren nach diesen Gesichtspunkten, die selbstverständlich längst verinnerlicht wurden und uns gleichsam ‚natürlich' vorkommen.[18] Die Azteken freilich lasen ihre Bilderhandschriften genau anders: von unten nach oben und von rechts nach links, also der abendländischen Leserichtung gegenüber exakt invers. Doch ist dies für die Blickrichtung unserer Vorlesung von keiner größeren Relevanz.

---

16 Vgl. hierzu auch die Ausführungen im fünften Band der Reihe „Aula" in Ette, Ottmar: *Aufklärung zwischen zwei Welten* (2022), S. 267 ff.
17 Vgl. hierzu die deutschsprachige Ausgabe von Humboldt, Alexander von: *Ansichten der Kordilleren und Monumente der eingeborenen Völker Amerikas*. Aus dem Französischen von Claudia Kalscheuer. Ediert und mit einem Nachwort versehen von Oliver Lubrich und Ottmar Ette. Frankfurt am Main: Eichborn Verlag (Die Andere Bibliothek) 2004.
18 Vgl. hierzu den schönen Band von Butor, Michel: *Les mots dans la peinture*. Genf – Paris: Skira – Flammarion 1969.

Faszinierend aus heutiger Sicht ist, wie stark Leben in dieser so anderen Kultur und in einer so anderen Zeit mit der in gewisser Weise statisch dargestellten Narrativität und mit den repräsentativen Anekdoten verknüpft wird, welche in den einzelnen Szenen dargestellt werden. In diesen teilweise liebevoll ausgemalten, repräsentativen Episoden kommt im Grunde das Lebenswissen einer ganzen Kultur zum Vorschein.

Mindestens ebenso faszinierend aber ist die Tatsache, dass wir hier das Leben in seiner auf Sitten und Gebräuche bezogenen Gesamtheit dargestellt bekommen – von der Wiege bis an den Rand des Grabes, bis an die Betörung der Sinne am Ende des Lebens, gleichsam mit einem Fuß schon im Grab. Das vielleicht Faszinierendste an dieser Darstellung ist jedoch die Tatsache, dass all das, was wir unter dem Titel dieser Vorlesung behandeln, sorgsam gestreift wird und zugleich ausgespart bleibt.

Denn es wird keine Geburt dargestellt! Das Kindlein liegt bereits in der Wiege, im Zentrum der Aufmerksamkeit seiner Eltern, von Lehrer und Priester bereits beäugt und in der Obhut der Frauen. Dass diese Frauen, Mutter und Hebamme, es aber in die Welt gesetzt beziehungsweise auf die Welt gebracht haben, erscheint in dieser Bilder-Welt nicht: Der Geburtsvorgang wird ausgespart, erscheint in dieser Bilder-Sequenz nicht. ebenso steht es mit dem Sterben und mehr noch mit dem Tod. Zwar wird der Tod im *Codex Mendoza* häufig dargestellt, und zwar vor allem entweder als Opfertod oder als Tod im militärischen Kampf. Doch in den Bilderhandschriften können wir zwar den Vorgang des Älterwerdens erkennen, wie sich unschwer an den Gesichtszügen oder der Körperhaltung ablesen lässt; aber das Sterben sowie der Tod selbst werden nicht bilder-schriftlich dargestellt. Sie bilden gleichsam den unsichtbaren Rahmen, innerhalb dessen sich das hier gespeicherte und repräsentierte Lebenswissen situiert.

Weder der eigentliche Anfang noch das eigentliche Ende des Lebens werden also den Betrachtern und Betrachterinnen vor Augen geführt. Auch dies ist ein Stück Lebenswissen, denn im Grunde können wir selbst, in unserem individuellen Leben, über diese wahrhaft existenziellen Aspekte unseres eigenen Lebens selbst keine Auskunft geben. Während wir noch über unsere Zeit in der Wiege oder im Kinderwagen zumeist reichlich Bildmaterial besitzen, ist unsere eigene Geburt in der Regel nicht photographisch festgehalten. Bewusst erleben wir unsere eigene Geburt nicht, selbst wenn unser KörperLeib die Spuren einer schweren Geburt möglicherweise noch lange trägt. Ebensowenig können wir natürlich Bilder von unserem eigenen Tod noch wahrnehmen, sollten sie denn überhaupt gemacht werden. Bewusst erleben wir auch den Tod nicht mit. Es sind eher Bilder vom Grab, die wir von unseren Toten haben, also nach dem Eintritt des Todes: Bilder von Trauer und von Verlust. Wir haben von unseren Eltern aber nicht selten noch Photographien, die sie gerade beim Feiern, vielleicht auch beim

Genuss von Alkohol, in euphorisiertem Zustand gar, zeigen. Anfang und Ende eines Lebens aber sind ausgespart, sind unserem eigenen Bewusstsein nicht zugänglich, ja sind gleichsam aus ihm getilgt.

Vor diesem Hintergrund stellt sich die Frage, welches Wissen gemeint ist, wenn wir von Lebenswissen sprechen. Dabei ist in jeder Hinsicht klar, dass dieses Leben letztlich immer einen Anfang und ein Ende impliziert, ja dass etwa ein ‚gutes' oder ein ‚schlechtes' Leben nur dann als gut oder schlecht bezeichnet werden kann, wenn wir über ein ganzes Leben, einen vollständigen Ablauf verfügen. Denn wenn etwa unsere Mutter bei unserer Geburt verstarb, werden wir dann nicht wie Jean-Jacques Rousseau ein ganzes Leben lang damit hadern? Oder wenn wir nach einem erfüllten Leben in irgendeinem Folterkeller irgendeiner Diktatur für lange Zeit verschwinden, werden wir unser Leben dann immer noch als ein ‚gutes Leben' bezeichnen?

Versuchen wir also genauer zu fassen, was wir unter dem Begriff ‚Lebenswissen' verstehen! Dieser Begriff meint zunächst in einem ganz allgemeinen Sinne den Bezug zwischen Wissen und Leben, Leben und Wissen. Es geht ebenso um ein Wissen vom Leben, ein Wissen zum Leben als auch um ein Wissen im Leben und ein Wissen durch Leben; aber auch ein Leben im Wissen sowie ein Leben vom Wissen kommen in Betracht, wie es etwa im Idealfall die Wissenschaftlerin oder der Wissenschaftler führen. Wissen ist in diesem Falle freilich eine sehr spezielle Art und Weise des Lebensvollzugs.

Lebenswissen meint in diesem Zusammenhang ein Wissen vom Leben im Vollzug, so wie wir es gerade bei der aztekischen Bilderhandschrift des *Codex Mendoza* gesehen haben. Man könnte freilich ebenso darauf verweisen, dass im Falle des Lebenswissens das Wissen jedoch selbst in dem impliziert ist, was seinen Gegenstand bildet. Lebenswissen kann in dieser Hinsicht auch als eine Lebensweise verstanden werden, etwa in der Hinsicht, das eigene Leben bewusst zu leben. Dies kann – wie in unserem Falle – normativ oder deskriptiv intendiert sein, also ein Lebensmodell vorgeben oder eine Lebensweise vor Augen führen: Beides ist möglich.

In gewisser Weise lässt sich sagen, dass ein Wissen vom Leben immer schon zur Lebensweise und zur Lebensführung gehört. Denn ohne ein Wissen von sich selbst kann Leben gar nicht vollzogen werden. Mit anderen Worten: Lebensvollzug basiert stets auf einem Wissen, das das Leben über sich selbst besitzt oder zu besitzen glaubt. Man könnte diesen Aspekt sicherlich auch als Lebenshaltung, als eine auf Wissen und Erfahrungen beruhende Haltung gegenüber dem Leben verstehen. Dabei ist deutlich, dass ein derartiges Wissen hochgradig mobil und dynamisch ist und sich in Raum und Zeit verändert.

Unter den von uns gemachten Erfahrungen – oder ‚Lebenserfahrungen' – könnten wir jenes Wissen verstehen, das wir nur durch und im Vollzug des Lebens gewinnen können. Aus meiner Sicht ist in diesem Zusammenhang besonders bemerkenswert, dass dieses Wissen freilich auch durch Simulakra und Lebensmodelle gewonnen werden kann, also insbesondere durch Literatur, durch Film und Fernsehen, durch die unterschiedlichsten künstlerischen und nichtkünstlerischen Medien, die uns zur Verfügung stehen. Gustave Flauberts Emma Bovary etwa hat ihr ganzes Lebenswissen und ihr ganzes Wissen über die Liebe aus der Lektüre romantischer Romane gewonnen, so wie der Don Quijote von Cervantes sein hochdifferenziertes Lebenswissen aus der Lektüre zahlreicher Ritterromane bezog.

In diesem Kontext stellt sich stets die Frage nach der Geltung des oder eines bestimmten Lebenswissens und auf welche Weise es legitimiert ist, um seinerseits wiederum Handlungen, Haltungen und Aktivitäten zu begründen. Denn nicht irgendein Lebenswissen stellt für eine bestimmte kulturelle, ethnische oder Alters-Gruppe ein Lebenswissen zu Verfügung, das innerhalb dieser Gruppe Anspruch auf Gültigkeit vorweisen kann. Die Lektüre romantischer Liebesromane hilft Ihnen beim Leben in einer politischen Partei oder Interessengruppe nicht unbedingt weiter, sehr wohl aber bei einer bestimmten Influencerin in den sogenannten ‚sozialen Medien', die entsprechende Vorstellungen verbreitet. So mag es ein Wissen um ein Leben vom Wissen gewesen sein, das Werner Krauss dazu gebracht hat, sein Lebenswissen noch in der Todeszelle als ein Leben zum Wissen in die Waagschale zu werfen[19] – und letztlich zu überleben. All dies berührt selbstverständlich zutiefst die Pragmatik des Lebenswissens.

In all diesen Dimensionen ist Lebenswissen zum einen überindividuell, wird tradiert und weitergegeben, ist zugleich aber auch in wachsendem Maße einer ständigen Veränderung und Neuanpassung ausgesetzt. Lebenswissen ist ein hochgradig veränderlicher und mobiler Term. In einem individuellen Leben gibt es bestimmte Kontinuitäten des Lebenswissens, zugleich aber eine Unzahl an Neuanpassungen, Umformulierungen und Veränderungen. In diesem Zusammenhang von einer wie auch immer gearteten Gebrochenheit von Lebenswissen zu sprechen, erscheint mir aus meiner Sicht als absurd.

Ich würde meinerseits eher von der bewussten Vorläufigkeit allen Lebenswissens sprechen, da es stets unter dem Eindruck neuer Lernprozesse verändert werden kann oder verändert werden muss. Menschen passen sich an veränderte Situationen oder Lebenskontexte an, indem sie ihr Lebenswissen aktualisieren. So können etwa Flüchtlinge oder Migrantinnen ihr Lebenswissen im

---

19 Vgl. hierzu Ette, Ottmar: „Von einer höheren Warte aus". Werner Krauss – eine Literaturwissenschaft der Grundprobleme. In: Ette, Ottmar / Fontius, Martin / Haßler, Gerda / Jehle, Peter (Hg.): *Werner Krauss. Wege – Werke – Wirkungen*. Berlin: Berlin Verlag 1999, S. 91–122.

neuen Gastland verändern und der neuen Lebenssituation anpassen. Auch die aufnehmende Bevölkerung muss sich entsprechend auf neue Aspekte des eigenen Lebenswissens einstellen beziehungsweise Teile des alten Lebenswissens transformieren. Denn Lebenswissen kann gerade innerhalb bestimmter Gemeinschaften – etwa von Familie, Sippe, Partei, Nation, Religion oder Kulturkreis – über eine erstaunliche Langlebigkeit verfügen: Es kann zugleich die Kontinuität dieser Gruppe absichern und ihr Überleben als Gruppe gewährleisten. Dies schließt selbstverständlich bestimmte Handlungsmuster einschließlich bestimmter Wertezuweisungen mit ein. Vergleichbares gilt im Übrigen auch für migratorisches Wissen, also ein Lebenswissen, das gerade auf ein Überleben in der Migration und durch die Migration abzielt. Transformationen des eigenen Lebenswissens sind hier sehr wahrscheinlich: Das muss nicht so sein, kann aber so sein. In jedem Falle stehen pragmatische Gesichtspunkte jeweils im Vordergrund.

Lebenswissen wird von bestimmten Handlungen im Leben entscheidend mitgeprägt und prägt umgekehrt wiederum bestimmte Handlungen und Handlungsmuster wesentlich mit. Dabei ist der Grad an Beeinflussbarkeit und Veränderbarkeit durch Erfahrungen individuell wie kulturell sehr unterschiedlich. Lebenswissen hat in diesem Sinne mit Lernverhalten und dessen Optimierbarkeit zu tun. Das Erlernen, insbesondere das Lernen aus Fehlern,[20] sowie das Üben ist zugleich mit dem Erleben der Konsequenzen und unmittelbaren Auswirkungen des eigenen Lebenswissens rückgekoppelt. Es handelt sich im Grunde um ein Wissen, das mehrfach gebunden ist an soziale und kulturelle Rahmenbedingungen oder Rahmungen, aber auch an individuelle Lebenserfahrungen, weshalb das Lebenswissen einen hohen Grad an Selbstreferentialität besitzt.

Lebenswissen kann in diesem Falle sehr wohl etwa durch Sprichwörter zum Ausdruck gebracht und vieldeutig diskutiert werden.[21] Dabei können diese Sprichwörter in Bezug zum eigenen Lebenswissen gebracht werden, wobei das jeweilige individuelle Lebenswissen doch vorrangig an die je eigenen Erfahrungen, Handlungen, Haltungen und Handlungsmuster geknüpft ist. Selbstverständlich ergibt sich gerade aus dieser Interaktion auch die Subjektwerdung in einem umfassenden pragmatischen Sinne.

---

20 Vgl. hierzu den Band von Ingold, Felix Philipp / Sánchez, Yvette (Hg.): *Fehler im System. Irrtum, Defizit und Katastrophe als Faktoren kultureller Produktivität*. Göttingen: Wallstein Verlag 2008.
21 Vgl. hierzu Krauss, Werner: *Die Welt im spanischen Sprichwort. Spanisch und Deutsch*. Leipzig: Verlag Philipp Reclam 1971.

Subjektivität kann sich im Grunde nur im Umfeld der Aneignung und Veränderung beziehungsweise Resemantisierung von Lebenswissen bilden, das kollektiv tradiert und individuell angeeignet wird. In diesem Zusammenhang scheint mir wichtig, dass weite Bereiche dieses Lebenswissens nicht bewusst reflektiert, sondern dem einzelnen Individuum gleichsam ‚natürlich' erscheinen. Sie können dies vielleicht am besten damit vergleichen, dass ein bestimmtes Körperwissen existiert, welches unserem Körper gleichsam angeboren zu sein scheint. Und doch ist es letztlich kulturell geprägt und beruht auf einem Zusammenspiel von Kultur und Natur, das seine eigene Geschichte sowohl überindividuell als auch individuell besitzt.

Lebenswissen hat keinen unhintergehbaren normativen Bezug. Vielmehr enthält Lebenswissen gerade auch die Möglichkeit, in der selbstreferentiellen Bezüglichkeit diese Normen zur Disposition zu stellen oder aber für andere, nicht aber für das Ich selbst geltend zu machen. Lebenswissen kann eben auch darin bestehen, verschiedene Ebenen der Geltung und unterschiedlichen Gültigkeit voneinander zu trennen und beispielsweise auf der offiziellen Ebene oder in der Öffentlichkeit einzufordern, was in der privaten Sphäre niemals als Anforderung an sich selbst gestellt werden würde. Einen diesbezüglichen Konflikt zwischen den verschiedenen Ebenen kann das Lebenswissen sodann unterbinden: Es unterliegt keiner durchgängigen Logik oder Rationalität.

Daher scheint mir die Tatsache wichtig zu sein, dass es sich beim Lebenswissen um einen Wissensbereich handelt, der keineswegs kohärent organisiert sein muss, sondern in vielfache Fragmente und Muster unterschiedlicher Pragmatik und Anwendungsfähigkeit aufgeteilt ist. Dabei können dies Fragmente unterschiedlicher Provenienz sein und aus verschiedenartigen Gültigkeitskontexten stammen. Entscheidend ist nicht, dass sie durchgängige Kohärenzen bilden, sondern dass das Individuum in der Lage ist, zwischen den einzelnen Bereichen hin und her zu springen, ohne dabei auf allzu konfliktive Weise die Widersprüche innerhalb der eigenen Subjektivität und ihres Handelns in einer gegebenen Gesellschaft zu empfinden.

Dabei können diese Fragmente eines praxisbezogenen Wissens durch eine ethische Reflexion oder eine moralische Grundhaltung mehr oder minder notdürftig miteinander verbunden sein, müssen es aber nicht. Mit anderen Worten: Ich glaube nicht, dass Lebenswissen im Grunde ethisches Wissen ist. Vielmehr ist es ein Wissen, das in hohem Maß selbstreferentiell und Ich-konstitutiv ist und dabei gerade auch Körperwissen – und somit nicht-rationale Elemente – in sich aufnimmt.

Zum ‚durchschnittlichen' Lebenswissen in Mitteleuropa zählt etwa ein konventionsgemäß angeeignetes Körperwissen, vor dem Überqueren einer Straße unbewusst nach links zu schauen, während dies in Großbritannien oder auf

Malta fatale Konsequenzen hätte. Auch dies ist eine Form des Lebenswissens, ja des Überlebenswissens, das wir uns als Kinder früh schon aneignen und das uns etwa im Vereinigten Königreich in brenzlige Situationen bringen kann. Auch jenes Körperwissen, das etwa in der aztekischen Erziehung durch das Stechen mit einer Maguey-Pflanze erzeugt wird, zählt zu den später gleichsam renaturalisierten Formen des Körperwissens, des Schmerzes (oder auch der Lust), die Teil des Lebenswissens werden. Der Ehebruch, wie er im *Codex Mendoza* der Strafe kollektiver Steinigung zugeführt wird, ist ein normatives Lebenswissen, mit dem von den beiden Liebenden bewusst oder unbewusst gebrochen wurde. Die Geschichte von Paolo und Francesca in Dantes göttlicher *Komödie* zeigt uns, dass man auch im christlichen Abendland schwer für diesen Übertritt der Liebe[22] bezahlen muss und in der Hölle landen kann. Auch diese Normvorstellungen sowie die praktischen Möglichkeiten, sich ihrer Geltung oder doch zumindest der Bestrafung zu entziehen, zählen zum Lebenswissen beziehungsweise Überlebenswissen in einer bestimmten Gesellschaft und Kultur.

Allerdings sei an dieser Stelle unserer Überlegungen betont, dass Lebenswissen niemals beim rein Fragmentarischen, also bei einzelnen Bruchstücken von Lebenswissen, stehenbleiben kann, sondern stets den Versuch unternimmt, davon ausgehend mehr oder minder umfassendere Entwürfe von Leben zu bilden, auch wenn dies nicht notwendig in einem bewussten Akt formuliert werden muss. Bruchstücke von Lebenswissen sind – vergleichbar mit den Sprichworten in einer sprachlichen Gemeinschaft – stets auf eine Metaebene bezogen. Diese Metaebene muss ihrerseits stets auch ein Wissen um die Grenzen von Lebenswissen beinhalten; denn dieses Wissen um die Beschränktheit der Wirksamkeit von Lebenswissen sichert diesem Lebenswissen gerade den Status und Geltungsbereich, in dem dieses Wissen Gültigkeit beanspruchen darf.

Unstrittig ist, dass das Wissen um die Grenzen des Lebenswissens als Teil des Lebenswissens selbst von erheblicher Bedeutung ist. Denn nur durch ein Wissen über die eigenen Grenzen (etwa auch im interkulturellen oder gemeinschaftsspezifischen Bereich) kann dieses Lebenswissen wirklich von höchstem Nutzen sein. So könnte sowohl die Literatur eine derartige Grenze markieren, insofern das anhand des eigenen Lebens erworbene Wissen nicht auf Literatur applizierbar ist *und umgekehrt*. Oder denken Sie an ein Lebenswissen speziell für Fernreisevorgänge, insoweit ein Lebenswissen aus Europa nicht leichtfertig auf außereuropäische Regionen übertragen werden kann! Das Lebenswissen kann einem das Tolerieren von Handlungen in der Ferne erlauben, deren Praxis

---

[22] Vgl. zu Paolo und Francesca den zweiten Band der Reihe „Aula" in Ette, Ottmar: *LiebeLesen* (2020), S. 7 ff.

dasselbe Individuum wieder zurück in der Heimat anderen niemals erlauben würde. Grenzen des Lebenswissens werden aber auch bezeichnet von Konzepten wie Schicksal, Unglück, Zufall oder Glück. Lebenswissen kann ein ethisches Wissen in dem Sinne sein, dass es ein Wissen darüber ist, was für eine bestimmte Gruppe selbst in Hinblick auf ein ‚gutes Leben' gut ist oder nicht. In jedem Falle aber ist ein solches Wissen stets veränderbar – nicht zuletzt auch durch das Bewusstsein, an bestimmte Grenzen ebenso des Wissens wie des Lebens zu stoßen.

Nach Roland Barthes beinhaltet Lebenswissen aber in ganz zentraler Weise auch ein Wissen von den Möglichkeiten und Grenzen des Zusammenlebens, der Konvivenz.[23] Dies ist in einem fundamentalen Sinne ein politischer und zugleich auch biopolitischer Aspekt, ja eine Fundierung des Lebenswissens im Zusammen-Lebens-Wissen und damit in einem Wissen vom Zusammenleben in einer Gruppe, Gemeinschaft oder Gesellschaft. Hinsichtlich der Formen des Zusammenlebens sind im *Codex Mendoza* eine ganze Vielzahl von Möglichkeiten angegeben, von denen ich nur einige nennen will: von der Entstehung der Nachkommenschaft und deren Integration in eine Gemeinschaft oder Gesellschaft durch Strafen und Gehorchen sowie die Hochzeit mit dem Zusammenknoten der Kleider bis hin zum gemeinsamen Alter und den gemeinsamen Trinkgelagen der Greise. Selbstverständlich gehören auch die Einübungsformen des Kampfes in einem gemeinsamen Krieg gegen Feinde hierzu. Stets sind es Formen des Zusammenlebens, die dabei im Vordergrund stehen. In diesem Zusammenhang spielen selbstverständlich ethische Bestimmungen des ‚guten Lebens' oder dessen, was für eine bestimmte Gemeinschaft in einer bestimmten Zeit als ‚gutes Leben' angesehen werden darf, eine wichtige Rolle. Sie werden ebenfalls im *Codex Mendoza* auf zentrale Weise visualisiert.

Die Dimension des Zusammenlebenswissens beinhaltet selbstverständlich auch Fragen, wie mit anderen, etwa kulturell anders geprägten Formen des Lebenswissens umgegangen werden kann und auf welche Weise Strategien für ein gleichberechtigtes Zusammenleben in die Wirklichkeit umgesetzt werden können. Lebenswissen muss insoweit auch Grenzen des Geltungsbereichs des eigenen Lebenswissens im multikulturellen Nebeneinander, im interkulturellen Miteinander und im transkulturellen ‚Durcheinander' beinhalten.[24] Dies ist ge-

---

23 Vgl. Barthes, Roland: *Comment vivre ensemble. Simulations romanesques de quelques espaces quotidiens. Notes de cours et de séminaires au Collège de France, 1976–1977*. Texte établi, annoté et présenté par Claude Coste. Paris: Seuil – IMEC 2002.
24 Zur Definition dieser Begriffe vgl. Ette, Ottmar: *ZusammenLebensWissen. List, Last und Lust literarischer Konvivenz im globalen Maßstab (ÜberLebenswissen III)*. Berlin: Kulturverlag Kadmos 2010.

rade im Verlauf von Phasen beschleunigter Globalisierung beziehungsweise während Phasen hohen migratorischen Drucks sowohl auf dem Gebiet der Binnen- wie der Transmigration von entscheidender Wichtigkeit. Letztlich spielen hier zugleich Fragen der Macht bei der Durchsetzung als richtig erachteter Formen von Lebensführung und Lebensweise eine entscheidende Rolle, mithin die Frage, welche gesellschaftliche Gruppe über die Macht verfügt, bestimmte Auffassungen von einem ‚guten Leben' gegenüber anderen Gruppen durchzusetzen. Dies ist nicht nur eine Problematik für Gesetzgebung und Rechtswissenschaften, sondern auch und gerade für die Literaturen der Welt, die in ihrem viellogischen Schreiben die Bedingungen, Chancen und Risiken bestimmter Formen und Normen des Zusammenlebenswissens ausloten.

Wichtig scheint mir ferner die performative Dimension des Lebenswissens: In dieser Hinsicht befinden wir uns bereits auf dem Weg zur künstlerischen Performanz beziehungsweise zur performativen Dimension von Lebenswissen in der Literatur. Dabei erweist sich auch in diesem Zusammenhang Literatur als jene Spezialisierung, die darauf spezialisiert ist, nicht spezialisiert zu sein und keine spezifische, disziplinierte, normierte Form von Wissen bei ihren experimentellen Versuchsanordnungen zu privilegieren.

Denn in den Literaturen der Welt kommt es anders als beispielsweise in der akademischen Disziplin der Philosophie nicht darauf an, kohärente Denkmuster zu entwickeln. Vielmehr können in den Literaturen der Welt unterschiedliche Fragmente von Lebenswissen oder auch unterschiedliche kulturell bedingte Formen von Lebenswissen aufeinander prallen, wobei sich daraus wiederum geradezu notwendig eine übergeordnete Ebene entwickelt, in der Reaktionsweisen auf diesen Zusammenprall von antagonistischen oder gegenläufigen Formen des Lebenswissens erprobt werden können und ihrerseits wieder in verändertes, angepasstes Lebenswissen eingehen.

Auch in dieser Hinsicht können wiederum verschiedene Traditionen von Körperwissen – etwa in unterschiedlichen Kulturen, Gruppen und Gemeinschaften – als wichtige Bezugspunkte für Veränderungen dienen. Dies gilt gerade für die verschiedenartigen Praktiken, welche das Geborenwerden und das Sterben in den unterschiedlichen Kulturen prägen. Aber selbstverständlich gehören in zentraler Weise hierzu auch verschiedenste Geschlechteridentitäten, die in unserem Jahrtausend und in unseren westlichen Gesellschaften frei praktiziert und gelebt werden können – oder zumindest sollten.

Denn die Vorfälle bei der diesjährigen Fußball-Europameisterschaft zeigen, dass die in osteuropäischen Gesellschaften massiv praktizierte Unterdrückung missliebiger Geschlechteridentitäten, die von der heterosexuellen Normvorstellung abweichen, nicht von der UEFA oder dem Deutschen Fußball-Bund im Vorfeld des Spiels der deutschen Mannschaft gegen Ungarn gerügt werden, wohl aber von Teilen einer bundesdeutschen Gesellschaft, die aktiv und proaktiv für die Ausübung dieser Rechte innerhalb der Europäischen Union eintritt. Hier hat sich in weiten Bereichen der westeuropäischen Gesellschaften das Lebenswissen transformiert. Dass ein solches Lebenswissen längst in den Literaturen der Welt erprobt und prospektiv vorweggenommen wurde, ist in jeglicher Hinsicht hochbedeutsam.

Die unterschiedlichen Formen und Gattungen der Literaturen der Welt können uns ein vielgestaltiges Wissen darüber vermitteln, wie man leben kann (etwa im Roman), wie man gelebt hat (etwa in der Biographie) oder wie man das eigene Leben in Lebenswissen transformieren kann (etwa in der Autobiographie). Wir werden in dieser Vorlesung auf unterschiedliche Schreibformen des Autobiographischen gerade mit Blick auf die Formen und Normen von Lebenswissen noch gesondert eingehen. Vielleicht ließe sich die Autobiographie weniger als ein Lebenswissen im eigentlichen Sinne, denn als Inszenierung von Lebenswissen über das eigene Leben einschließlich seiner Herausbildung verstehen. Hinsichtlich der literarischen Gattung der *Memoiren* wäre dies dann ein Wissen über das Leben anderer, so wie sie im Blickfeld des schreibenden Subjekts erscheinen.

Selbstverständlich kommt hierbei auch der Darstellung und Inszenierung von Gefühlskulturen eine zentrale, tragende Rolle zu.[25] Lebenswissen in den Literaturen der Welt ist ein Leben modellierendes Wissen, das sich auf die Gestaltung der textinternen Figuren und Figurenkonstellationen bezieht, aber auch an die textexternen Rezipienten und Instanzen richtet. Auf diesem Gebiet kommen somit die unterschiedlichen Beziehungen zwischen Literatur und Lebensvollzug in der Auseinandersetzung zwischen Lebensnormen und Lebensformen zum Tragen.

Die Philologie sollte sich dringlich – so meine feste Überzeugung – mit dieser spezifischen, aber gleichwohl ubiquitären Form des Wissens beschäftigen und unterschiedliche Ausprägungsformen, Dimensionen und Traditionen von Lebenswissen untersuchen. In diesem Sinne würde sie ihrerseits wiederum Lebenswissen erzeugen, das seinerseits gesellschaftlich relevant werden kann, so wie ich dies im Übrigen auch in meinen Thesen zur im Lande Brandenburg eher beschwichtigend geführten ‚Toleranz'-Debatte bei einer gemeinsamen Tagung mit Philolog*innen und Politiker*innen versucht habe.[26] Denn das Wissen, das ich bestimmten Lebenserfahrungen entnehme, muss nicht grundlegend anderer Natur sein als das

---

25 Vgl. hierzu Ette, Ottmar / Lehnert, Gertrud (Hg.): *Große Gefühle. Ein Kaleidoskop*. Berlin: Kulturverlag Kadmos 2007.
26 Vgl. hierzu das neunte und letzte Kapitel „Differenz Macht Toleranz" in Ette, Ottmar: *Über-Lebenswissen. Die Aufgabe der Philologie*. Berlin: Kulturverlag Kadmos 2004, S. 253–277.

Wissen, das ich in bestimmten literarischen Texten vorfinde. Im Gegenteil: Oftmals sind die Angebote an Lebenspraktiken, die uns in schriftlicher Form erreichen, aufschlussreicher oder verlockender als jene, die uns bruchstückhaft in unserem Lebensalltag begegnen!

Den Philologien bietet sich mit Blick auf die Auseinandersetzung mit Formen und Normen des Lebenswissens in den Literaturen der Welt ein ungeheuer interessantes und anspruchsvolles Betätigungsfeld. Wir sollten folglich aller Widerstände und aller akademischen Behäbigkeit zum Trotz optimistisch davon ausgehen, dass unsere philologischen Wissenschaften in der Lage sein werden, gesellschaftlich relevantes Lebenswissen nicht nur zu analysieren, sondern selbst auch hervorzubringen beziehungsweise weiterzuentwickeln. Dies könnte – in des Wortes doppelter Bedeutung – die zentrale und zukunftsweisende *Aufgabe* der Philologie sein. In jedem Falle aber beinhaltet dies eine programmatische Öffnung jener „Freundin des Wortes" auf Gegenstandsbereiche, die wir nicht länger den Biowissenschaften und ihrem Fächerensemble, ja nicht einmal der akademisch disziplinierten Philosophie überlassen sollten.

Die Literaturen der Welt führen auf eine sehr spezifische und zugleich verdichtete Weise bestimmte Formen des Lebenswissens vor, setzen bestimmte Fragmente des Lebenswissens, aber auch ein Wissen von den gesellschaftlichen und gemeinschaftlichen Zusammenhängen dieses Lebenswissens ästhetisch-sinnlich in Szene. In diesem Kontext ist es von außerordentlicher Bedeutung, dass all die oben genannten verschiedenartigen Formen und Aspekte von Lebenswissen von den Literaturen der Welt aisthetisch gespeichert und für Jahrhunderte abrufbar gehalten werden. Sie können eindrücklich – mit der Philologie als Geburtshelferin – ins Bewusstsein gehoben werden: sowohl als Lebensweise oder als Lebensführung, als Simulakrum eigener Lebenserfahrung oder als Laboratorium fundamental-komplexer Strukturen des Lebendigen. Bedeutet dies aber nicht, dass wir plötzlich wieder damit anfangen, einer Art Widerspiegelungstheorie neuen Typs aufzusitzen?

Zutreffend ist, dass damit eine Wendung der Literaturwissenschaft beziehungsweise der Philologie, wie wir sie in dieser Vorlesung verstehen, in Richtung auf eine stärker inhalts- und gegenstandsbezogene Orientierung vollzogen wird. Diese neue Ausrichtung bedeutet aber keinesfalls, dass die avancierten Untersuchungsmethoden und Ergebnisse der vielfältigen text- und diskursanalytischen, intertextuellen oder inter- und transmedialen Herangehensweisen aufgegeben werden müssten. Ganz im Gegenteil: Sie sollen ja gerade fruchtbar gemacht werden für eine lebenswissenschaftliche Analyse von Literatur, die aber nunmehr die Inhalte nicht mehr als sekundäre Belanglosigkeiten behandelt, die innerhalb eines Meeres von Textualitäten untergehen. Wir müssen ernst nehmen und zugleich ernst damit machen, dass Leserinnen und Leser von Literatur primär weniger an Strukturen und Textualitäten als an Inhalten und Handlungsabläufen interessiert sind, zugleich aber der Auffassung treu bleiben, dass literarische Texte nicht auf Inhalte reduziert werden dürfen! Denn Inhalts- und Ausdrucksebene sind vielmehr eng miteinander zu vernetzen oder – wie man früher gesagt hätte – zu verzahnen.

Die verschiedenartigsten Formen und Normen von Lebenswissen situieren sich auf allen Ebenen des literarischen Kommunikationssystems. Dabei erscheint es als besonders wichtig, ja als vordringlich, lebenswissenschaftlich relevante Inhalte auf die textinterne Kommunikationssituation und nicht etwa auf einen direkten Dialog oder gar eine präskriptive Beziehung zum Lesepublikum hin zu beziehen. Das Lebenswissen eines Rodolphe in Liebesdingen vermag es, die Bedürfnisse der Emma Bovary in Flauberts großem Roman für sich nutzbar zu machen. Da geht es um keinen direkten Appell an die Leserschaft, sondern um eine Inszenierung von Wissensfragmenten, welche ihre spezifische Funktionalität innerhalb der literarischen Strukturen – hier des Romans *Madame Bovary* – haben. Diese Funktionalität wird erst deutlich, wenn wir uns die Tatsache vor Augen halten, dass die junge Emma ihr Lebenswissen zu einem erheblichen Teil romantischen Liebesromanen entnahm.

Erst wenn wir folglich die textinterne Kommunikationssituation verstanden und die jeweilige Funktionalisierung bestimmter Bestände von Lebenswissen untersucht haben, können wir uns – etwa auch mit Hilfe von Interviews, Briefauszügen usw. – ein Bild davon verschaffen, welche Aspekte des Lebenswissens für die Kommunikation auf der textexternen Kommunikationsebene zwischen Roman und Leserschaft wichtig sind. Diese kann auf der einen Seite den Autor oder die Autorin selbst betreffen, insoweit nicht selten – wie etwa bei Jorge Semprún, mit dem wir uns noch eingehender beschäftigen werden – das Schreiben von Literatur lebensrettend sein kann, die Niederschrift eines Textes also gleichsam Ausfluss eines Lebenswissens ist, das ein Überlebenswissen darstellt.

Die textexterne Kommunikationsebene kann aber auch Lebenswissen transportieren, das wir durch bestimmte Rezeptionsprozesse beziehungsweise Aneignungsvorgänge untersuchen, aber gewiss auch erwerben können. So kann die Selbstmordwelle nach der Lektüre von Goethes *Werther* in einer bestimmten kulturellen und sozialen Situation im deutschsprachigen Raum zweifellos auf ein Lebenswissen hinweisen, welches von der Leserschaft auf das eigene Leben übertragen wurde und in diesem Kontext gerade nicht lebensrettend, sondern mörderisch beziehungsweise selbstmörderisch agierte. Wir könnten aber auch – um ein gegenläufiges Beispiel zu nennen – die externe Kommunikationsebene mit Blick auf David Wagners Roman *Leben* befragen und untersuchen, wie viele Menschen dieser Roman dazu brachte, selbst zu Organspenderinnen und Organspendern zu werden. Doch gilt es dabei stets, auf der Analyseebene sehr klar die textinternen von den textexternen Kommunikationsformen von Lebenswissen zu trennen, auch wenn diese in den gerade genannten Beispielen sehr stark ineinander geblendet erscheinen.

Gleichzeitig wird mit diesen Überlegungen deutlich, dass wir es mit einer fundamental-komplexen Struktur oder besser noch Strukturiertheit zu tun haben, da die Dimensionen von Lebenswissen in einem literarischen Text durchaus eine Komplexität besitzen, die ganz wie im Bereich der Biowissenschaften Voraussagen ungeheuer erschwert oder gar verunmöglicht. Denn zu komplex sind die Bifurkationen und irreversiblen Prozesse, die in den Literaturen der Welt auf den verschiedensten Ebenen ablaufen. Überdies dürfte hinlänglich klargeworden sein, in welch starkem Maße Lebenswissen in literarischen Texten nicht nur präsent, sondern relevant und entscheidend ist. Diese Dimensionen des Textes muss die Philologie künftig einbeziehen, will sie nicht ein marginales und marginalisiertes Schattendasein jenseits jeglicher gesellschaftlicher Relevanz spielen. Aus dieser Randlage im Schatten sollten wir die Philologien wie – im engeren Sinne – die Literaturwissenschaften unbedingt wieder herausholen!

Folgen wir den Untersuchungen eines Alexander von Humboldt in seinen *Vues des Cordillères et monumens des peuples indigènes de l'Amérique*, so ist für die Azteken Leben gleich Sprechen, während der Tod dann Verstummen oder Schweigen ist. Wir haben auf den bildhandschriftlichen Darstellungen des *Codex Mendoza* gesehen, wie dieses Sprechen – und damit das Leben – stets durch die stilisierten Zungen angedeutet wird. Man könnte also sagen, dass der Säugling beziehungsweise das Kleinkind in der Wiege gleichsam in eine Logosphäre eintreten und sofort mit dem Leben als Sprache ihrer Gemeinschaft in Berührung kommen. Sie werden dabei mit ihrem eigenen Namen konfrontiert, mit dem die anderen Kinder den Neuankömmling rufen: mit einem Namen, dessen Bedeutungen sich dem Jugendlichen oder jungen Erwachsenen schrittweise enthüllen werden. Diese Szenerie symbolisiert gleichsam eine Art sozialer Geburt des Menschen: Seine Aufnahme in die sozialen Beziehungen und damit zugleich auch in eine Sprachgemeinschaft werden deutlich. Diese soziale Geburt des Säuglings erfolgt auf diese Weise – allgemeiner noch formuliert – nicht nur in die eigene Gemeinschaft, sondern in eine Welt, die spricht, in eine Welt der *Logosphäre*. Denn wir bewegen uns nicht nur in jener Sphäre, in welcher wir Luft atmen können, also in der Atmosphäre, sondern auch in einer Sphäre, in welcher uns unser Leben hindurch die Worte, die wir hören und die Worte, die wir sprechen, tagtäglich begleiten.

Diese Überlegungen passen sehr gut zu einer Beobachtung oder – wenn Sie so wollen – zu einem Fragment von Lebenswissen, das aus der Feder des französischen Kultur- und Zeichentheoretikers Roland Barthes stammt, der selbstverständlich auch in dieser Vorlesung nicht fehlen darf. In seinem Vorwort zu einem Roman des französischen Schriftstellers Jean Cayrol, der 1964 unter dem Titel *Les corps étrangers* erschien, heißt es bei Roland Barthes:

> Ein bekannter Test besagt, dass es niemand gut verträgt, seine eigene Stimme (auf dem Tonband) zu hören, und oft sogar erkennt man sie nicht; denn die Stimme begründet, sobald man sie von ihrer Quelle trennt, stets eine Art von seltsamer Vertrautheit, die definitiv eben jene der Cayrol'schen Welt ist, einer Welt, die sich der Anerkennung durch ihre Präzision öffnet und sich ihr zugleich durch ihre Entwurzelung verweigert. Da gibt es noch ein anderes Zeichen: das der Zeit; keine Stimme ist unbeweglich, keine Stimme hört auf, *vorüberzugehen*; mehr noch: Diese Zeit, welche die Stimme manifestiert, ist keine heitere Zeit; so gleichmäßig und diskret sie auch immer sein mag, so kontinuierlich ihr Fließen auch sei, so ist jede Stimme doch bedroht; sie ist eine symbolische Substanz des menschlichen Lebens, und so steht an dessen Ursprung immer ein Schrei und an seinem Ende ein Schweigen; zwischen diesen beiden Augenblicken entwickelt sich die zerbrechliche Zeit des gesprochenen Wortes; als flüssige und als bedrohte Substanz ist die Stimme folglich das Leben selbst, und dem ist vielleicht so, weil ein Roman von Cayrol stets ein Roman der reinen Stimme allein ist, stets ein Roman des zerbrechlichen Lebens.[27]

In diesem – wie ich finde – sehr filigranen Zitat von Roland Barthes, dessen gesamtes theoretisches und literarisches Schaffen man unter das Zeichen des Lebens stellen kann,[28] wird eine substanzielle und symbolische Verbindung zwischen der Stimme des Menschen und dessen Leben hergestellt. Innerhalb dieser sorgsam geknüpften Relation wird die Stimme mit dem Leben identifiziert – fast in einer Art anthropologischer Konstante, sobald wir diese Überlegung mit der Überzeugung der Azteken verbinden, welche die Stimme in eine ursächliche Beziehung zum menschlichen Leben stellte. Denn die Stimme des Menschen ist höchst fragil und zerbrechlich: Sie signalisiert und kommuniziert bei weitem nicht bloß semantisch deutbare Sprachäußerungen, sondern gibt uns mit ihrem Timbre und ihren Schwingungen, mit ihrem Abbrechen oder ihrer Rauheit Auskunft über die Gefühlswelt oder die Befindlichkeit der Sprecherin oder des Sprechers, die zu uns sprechen. Sie erzählt uns viel vom Leben dieser Personen.

Gleichzeitig wird das Leben im wahrsten Sinne des Wortes *gerahmt* von zwei stimmlichen beziehungsweise phonischen Phänomenen und Momenten: dem Schrei, also dem Geburtsschrei, den ein Mensch bei seiner Geburt und bei der Umstellung auf die Atmung mit Sauerstoff ausstößt, und dem Schweigen, das an die Stelle des Sprechens tritt und den Tod bedeutet. Das menschliche

---

[27] Barthes, Roland: La Rature. In (ders. / Marty, Eric, Hg.): *Œuvres complètes*. Bd. 1: 1942–1965. Paris: Seuil 1993, S. 1437f.
[28] Vgl. hierzu Ette, Ottmar: *LebensZeichen. Roland Barthes zur Einführung*. Zweite, unveränderte Auflage. Hamburg: Junius Verlag 2013.

Leben situiert sich zwischen Schrei und Schweigen. Es gibt, wenn Sie so wollen, eine akustische Markierung von Leben, insoweit die beiden Phänomene und Augenblicke, die das Leben begrenzen und zugleich zum Leben machen, auf erstaunliche Weise dominant akustischer Natur sind. Und ist der menschliche Schrei nicht eine erste Äußerung auf Ebene der Logosphäre? Kündigt er nicht in der Welt der Sprachäußerungen an, dass das Ich im vollsten, aber auch im Freud'schen Sinne des Wortes *da* ist?

Zwischen Schrei und Schweigen erstreckt sich die nicht nur akustische Fragilität der Stimme und damit des Lebens. Mit dem Schrei werden die Atmosphäre und die Logosphäre miteinander verbunden: Bereits die Umstellung auf die Lungenatmung beinhaltet ein Auf-die-Welt-Kommen, das sich notwendig akustisch äußert und auch als Äußerung des Ich verstanden wird: Das Ich ist in der Welt, ist auf die Welt gekommen. Es besitzt eine Stimme, die es zu Gehör bringt.

Das Schweigen hingegen steht für den Tod, der für Roland Barthes – wie er später in seiner friktionalen Autobiographie *Roland Barthes par Roland Barthes* schrieb – als zutiefst undialektisch erscheint. Denn an diesem Punkt gibt es keine Dialektik, von diesem Punkt geht keinerlei dialektische Bewegung mehr aus. Im Tod und durch den Tod ist alles zum Stillstand gekommen: Alles erstirbt im Schweigen. An ein Leben voller Sprache schließt sich ein langes Schweigen an ...

Bei Roland Barthes finden wir im Übrigen eine interessante Überlegung zu Geburt und Leben in seinen Vorlesungen von 1977 und 1978 am Collège de France, die unter dem Titel *Comment vivre ensemble* stattfanden und veröffentlicht wurden.[29] Dort beschäftigt sich Barthes mit der Figur der „clôture", des Sich-Abschließens und Sich-Einschließens, und kommt dort zu folgender Einschätzung: „(Auf der symbolischen Ebene gibt es keinen anderen absoluten Schutz als den Bauch seiner Mutter). Herauskommen, dies bedeutet den Schutz aufzugeben: Das ist das Leben selbst."[30]

Die psychoanalytischen Hintergründe dieser Passage sind evident und liegen klar auf der Hand. Und doch gelangen wir in diesen Formulierungen zugleich zu einer anderen Einsicht in das Leben selbst. Letzteres wird hier definiert als ein Sich-Preisgeben, als ein Schutzlos-Werden durch den Geburtsakt selbst, durch das Herauskommen aus dem mütterlichen Körper. Leben heißt folglich, den

---

29 Vgl. Barthes, Roland: *Comment vivre ensemble. Simulations romanesques de quelques espaces quotidiens. Notes de cours et de séminaires au Collège de France, 1976–1977.* Texte établi, annoté et présenté par Claude Coste. Paris: Seuil – IMEC 2002.
30 Ebda., S. 96: „(symboliquement, il n'y a pas d'autre protection absolue que le ventre de sa mère). Sortir, c'est se déprotéger: la vie elle-même."

Schutz durch die Mutter aufgeben, von der Mutter getrennt sein. Die autobiographischen Bezüge zu den Lebensumständen von Roland Barthes, der zeit seines Lebens und bis zu ihrem Tode mit seiner Mutter zusammenlebte, sind offenkundig und bedürfen an dieser Stelle keiner weiteren Erläuterung. Wir könnten aber auch die Perspektive umkehren und folglich sagen: Leben ist ein Ent-Decken, das mit dem Geburtsvorgang, mit dem Verlassen des Uterus beginnt und von dort her seinen Ausgang nimmt.

Zum Abschluss unserer theoretischen Annäherung an das Thema *Geburt, Leben, Sterben und Tod* – und selbstverständlich werde ich die Ergebnisse unseres Theoriedurchgangs stets in die nachfolgenden Textanalysen einspeisen, anhand dieser literarischen Texte überprüfen und gegebenenfalls modifizieren – möchte ich Sie gerne mit einer während des Zeitraums einer ersten Konzeption dieser Vorlesung erschienenen biowissenschaftlichen Arbeit konfrontieren, welche die Frage nach Leben und Geburt aus gentechnologischer Perspektive stellt. Denn ich habe Ihnen ja versprochen, das interdisziplinäre Gespräch mit biowissenschaftlichen Ergebnissen und Einsichten zu pflegen und für unsere Vorlesung lebenswissenschaftlich nutzbar zu machen.

Der zum Zeitpunkt der Veröffentlichung in Hannover lehrende Gentechnologe und Stammzellenforscher Christopher Baum versuchte in seinem lesenswerten Beitrag, einer reduktionistischen Haltung entgegenzutreten, der zufolge die Gene uns auf allen Ebenen prägen würden und uns gleichsam deterministisch vorgeben, was wir tun oder lassen werden, woran wir erkranken und wohl auch sterben werden – wie unser gesamtes Leben folglich aus biowissenschaftlicher Sicht verlaufen wird. Baum wendet sich dabei bewusst auch gegen die allzu verbreitete Vorstellung, die Einzigartigkeit eines Menschen beruhe auf der Einzigartigkeit seiner Gene – und dass letztere alles für das weitere Leben vorgäben, der Mensch also nichts weiter wäre als eine genetisch vorprogrammierte Maschine.

Demgegenüber entwickelt Baum eine Vorstellung von Individuation, in der wir eine Reihe von Elementen wiederfinden werden, die wir bereits bei unserer kurzen Beschäftigung mit Friedrich Cramer kennengelernt hatten. Dazu zählen insbesondere das Thema der Irreversibilität und das der Unvorhersehbarkeit, denen sich Baum in seinen Überlegungen zuwendet. Denn diese zeichnen auch für diesen Stammzellenforscher das menschliche Leben aus:

> Individuation ist ein fortschreitender und irreversibler Prozeß und hat offenbar etwas mit multilateraler Kommunikation zu tun. Individuation setzt Freiheit und Kommunikation voraus; sie integriert die genetische Information als eine von vielen Quellen. Umgekehrt ist die sogenannte Einmaligkeit der Gene aber nicht definierend für ein Individuum. Ein menschliches Individuum kann daher sowohl als genetisch reproduzierter Zwilling als auch als (denkbare, aber noch nicht realisierte) genetisch heterogene Aggregations-Chimäre ein selbstbestimmtes Leben führen.

> Der größte Einfluß der Gene findet sich kurz nach der Befruchtung. In den ersten Teilungsstadien verhält sich das befruchtete Ei nahezu autark, umweltunabhängig. Vielleicht aus diesem Grunde kann der frühe Embryo auch so gut in vitro, in der Retorte, gedeihen; bis hin zur Formung der Blastozyste, aus der die embryonalen Stammzellen gewonnen werden. [...]
> Noch vor der ersten entscheidenden Differenzierung, die zur Bildung der drei Keimblätter führt (Gastrulation), findet die Nidation in der Gebärmutter statt. Dies ist das erste wirklich kommunikative und soziale Stadium der menschlichen Existenz. Alle nachfolgenden Schritte finden in Interaktion mit mütterlichem Gewebe statt: Die Plazenta baut sich auf, ein Mischgewebe aus mütterlichen und kindlichen Anteilen, und die Körperanlagen des Embryos bilden sich unter ihrem Einfluß heraus.
> Je weiter die Embryogenese und die Fötalentwicklung voranschreiten, desto größer wird der Umwelteinfluß. Zunächst handelt es sich um eine rein bilaterale Beziehung zur Mutter; in der späten Fötalzeit entstehen neuronale Vernetzungen, deren spezifischer Aufbau bereits stark reizabhängig ist. Das Hörvermögen wird intrauterin schon so weit ausgebildet, dass erste nicht-mütterliche externe Signale aufgenommen werden können. Mit der Geburt tritt der Mensch erstmals in die erweiterte Umwelt ein. Und wie bekannt, zeichnet sich das nachgeburtliche Leben durch eine immer buntere multilaterale Kommunikation und Sozialisierung aus, die den Einfluß der Gene zunehmend reduziert und in der Gewichtung für die Entwicklung zurückdrängt.[31]

Wir werden uns noch des Öfteren im Verlauf dieser Vorlesung mit Fragen der Genforschung auseinanderzusetzen haben; denn in der Tat scheint es mir wichtig, die Herausforderungen, die seitens der Biowissenschaften in die gesamte Gesellschaft getragen werden, auch in den Philologien aufzugreifen und unsere Disziplin den neuen gesellschaftlichen Anforderungen entsprechend zu modifizieren. In der soeben angeführten Stellungnahme von Christopher Baum, die von Seiten eines Genforschers so ganz anders daherkommt, als die Massenmedien mit ihrer deterministischen Hysterie und Heilserwartung uns dies glauben machen wollen, zeichnet sich freilich ein Menschenbild ab, das nicht von den Genen her zentriert ist. Vielmehr wird darauf verwiesen, dass bereits pränatal vom Fötus die ersten Signale aufgenommen werden, die jenseits der Mutter ausgestrahlt wurden, so dass man bereits im Mutterleib von den Anfängen einer ersten Sozialisation, einer ersten Einlassung auf die Gesellschaft gesprochen werden kann.

---

31 Baum, Christopher: Vom Sinn der Grenzen. Dialektik in der Gentherapie und Stammzellforschung. In (Albrecht, Stephan / Dierken, Jörg / Freese, Harald / Hößle, Corinna, Hg.): *Stammzellforschung – Debatte zwischen Ethik, Politik und Geschäft. Dokumentation der Vorträge aus der öffentlichen Ringvorlesung „Probleme um die Stammzellforschung und Reproduktionsmedizin – Debatte zwischen Ethik, Politik und Geschäft" im Rahmen des Allgemeinen Vorlesungswesens der Universität Hamburg aus dem Sommersemester 2002*. Hamburg: HUP 2003, S. 77–97, hier S. 87 f.

Schrittweise rücken sodann die unterschiedlichsten Umweltfaktoren und Signale, Informationsquellen und Mutationspotentiale ins sinnlich erfahrbare Wahrnehmungsfeld, um den Prozess der Individuation – und damit letztlich des Lebens – zu beschleunigen. Damit einhergehend wird auch und gerade die Frage der Geburt in eine andere Kontinuität gestellt, insoweit die soziale Kommunikation zunächst pränatal mit der Mutter entsteht und dann noch intrauterin – damit noch immer pränatal – auch mit der Außenwelt außerhalb des Mutterbauchs aufgenommen wird. Der Prozess der Individuation ist folglich in diesem Entwicklungsprozess bereits eingelagert.

So markiert die Geburt selbst einen Punkt in einer Entwicklungslinie, die aus dieser humanmedizinischen Sicht nicht den eigentlichen Beginn der Kommunikation mit der Welt und damit der kulturbedingten Sozialisation darstellt. Die Geburt ist ‚nur' das Zur-Welt-Kommen, markiert nicht die Entstehung einer individuellen Wahr-Nehmung und auch nicht den Beginn einer umweltbezogenen Kommunikation.

Es ist nicht meine Absicht, mit diesen Argumenten in eine Diskussion einzutreten, die noch aus den Zeiten der Debatten um den Paragraphen 218 und den Schwangerschaftsabbruch uns allen wohlvertraut ist. Ich will mich ebenso explizit von allen sogenannten ‚Pro-Lifers' abwenden, welche dieses Feld zumeist aus anderen, ideologieverseuchten Gründen zu einem Kampffeld um Frauenrechte und selbstbestimmtes Leben gemacht haben. Ich will mich an dieser Stelle klar gegen alle reaktionären Versuche wenden, unter dem Vorwand eines Schutzes ‚des' Lebens die gerade erst gewonnenen Formen weiblicher Selbstbestimmung durch Normen autoritärer Fremdbestimmung zu ersetzen.

Mir geht es in dem zuvor umrissenen Zusammenhang um etwas anderes: Es geht darum aufzuzeigen, dass die Geburt keineswegs ein so punktuelles Ereignis ist, wie wir uns dies so gerne vorstellen mögen. Damit will ich nicht das Wunderbare eines Gebärvorgangs und des oftmals langen Augenblicks einer Geburt kleinreden, die in allen Kulturen mit unterschiedlichsten Riten, Geschenken und Feierlichkeiten verbunden ist. Wir werden später noch – auch aus medizinischer Sicht – sehen, dass der Geburtsvorgang selbst wiederum ein höchst narrativ geprägter Prozess mit verschiedenen Phasen ist, welcher in den Literaturen der Welt vielfältigste Darstellungsformen gefunden hat.

Zu einem späteren Zeitpunkt werden wir in unserer Vorlesung begreifen, dass es mit dem Tod eine ähnliche Bewandtnis hat. Denn auch der Tod, den Roland Barthes „undialektisch" nannte, ist nicht notwendigerweise eine klare Grenzlinie, die leicht identifizierbar wäre und die Lebenden von den Toten trennt. Wir haben diese Problematik schon sehr deutlich in David Wagners schönem Roman *Leben* und in den literarisch sehr sorgsam ausgearbeiteten Herausforderungen einer Transplantationsmedizin gesehen.

Doch in die Geschichte des Todes werden wir uns auf einer theoretischen Ebene erst später einarbeiten. An dieser Stelle unserer Vorlesung soll der Beginn zunächst – anders als bei der Frage der Geburt – von der Seite der Literatur her, durch die literarischen Texte selbst, und daher unter Rückgriff auf das Lebenswissen der Literaturen der Welt erfolgen. Lassen Sie mich betonen, wie wichtig es mir ist, die biowissenschaftlichen, aber auch die biopolitischen Dimensionen der von uns thematisch gewählten Themenstellung von Geburt, Leben, Sterben und Tod herauszustellen! Die Thematik der Herrschaft über den individuellen Körper und dessen Disziplinierung ist fundamental verknüpft mit der Macht über den Gesellschaftskörper wie über den politischen Körper mit all seinen soziokulturellen Implikationen.

Halten wir fest: Biopolitische Fragen sind stets Fragen der Macht – sowohl die Frage nach der Macht bestimmter Traditionen oder kultureller Normen als auch die Frage nach der Durchsetzung bestimmter Normen oder konkreter Eingriffe in das Leben, in die Lebensabläufe der betroffenen Bürger, der Individuen, ja ganzer Völker! Dies lässt sich nicht mit Hilfe einer rein nationalen oder areabezogenen Begrenztheit, sondern nur mit Hilfe einer transareal aufgestellten Forschung angehen.[32] Das Feld des Biopolitischen reicht von der Geburtenkontrolle bis hin zu Fragestellungen der Euthanasie, also von der Eugenik bis zu Fragen der Bevölkerungsexplosion und der Abtreibung. Selbstverständlich sind auch weltweite Phänomene des europäischen Kolonialismus wie der Sklavenhandel oder die Verpflanzung von ‚Coolies' aus Indien oder China in die amerikanische Hemisphäre biopolitische Vorgänge von größter Relevanz.

Freilich kann das gesamte biopolitische Themenfeld im Rahmen unserer Vorlesung auch nicht annähernd ausgeleuchtet werden. Doch sollten wir selbst bei der Analyse vermeintlich unscheinbarer Details literarischer Repräsentation immer im Gedächtnis behalten, dass noch die kleinsten Details und einen sehr weitreichenden Einblick in Biopolitiken vermitteln können und uns ein Wissen vom Leben und dessen (gesellschaftlich kontrollierten und bestimmten) Grenzen darbieten, das in der Regel im Bereich der Literaturwissenschaften höchstens marginal zur Kenntnis genommen zu werden pflegt. Mit unserer Vorlesung versuchen wir, daran etwas Entscheidendes zu ändern und die Literaturen der Welt als einen Erprobungsraum zu begreifen, in welchem wir die unterschiedlichsten Formen von Lebenswissen, Erlebenswissen, Überlebenswissen und Zusammenlebenswissen in ihrer literarästhetischen wie in ihrer soziopolitischen und kulturellen Wirksamkeit sinnlich erfahren und mehr noch *erleben* können.

---

32 Vgl. hierzu Ette, Ottmar: *TransArea. Eine literarische Globalisierungsgeschichte*. Berlin – Boston: Walter de Gruyter 2012.

TEIL 2: **Geburt, Leben, Sterben, Tod – Literarische Inszenierungen**

Alejo Carpentier oder die Reversibilität der Lebensreise

Auf unserem bisherigen Weg durch die Vorlesung haben wir uns eine Reihe von Einsichten erarbeitet. Wir hatten im ersten Teil unserer Veranstaltung beispielsweise festgehalten, dass es drei zentrale Charakteristika des Lebens gibt – grundsätzliche Erkenntnisse, die wir zunächst aus den Biowissenschaften abgeleitet hatten. Dazu zählten erstens die *Irreversibilität* des Lebens und der Lebensprozesse; zweitens die Tatsache, dass die *Summe der Teile nicht das Ganze* ausmacht und daher sich das Leben nicht einfach in seine Einzelteile zerlegen lässt, um danach einfach wieder zusammengesetzt werden zu können; und schließlich drittens die radikale *Unvorhersagbarkeit* des Lebens, eine Einsicht, die sich gerade auch im Bereich der Biowissenschaften durchzusetzen beginnt und daher längst nicht mehr ein beklagenswertes Fehlen von Wissenschaftlichkeit darstellt. Wir haben damit die Eckpfeiler dessen identifiziert, was alle Lebensprozesse zwischen Geburt und Sterben auszeichnet.

Nun aber kommen die Literaturen der Welt ins Spiel. Sie bilden – wie wir ja bereits wissen – eine Art Labor, einen Experimentierraum des Wissens und insbesondere des Lebenswissens, in welchem grundlegende Fragen und Herausforderungen angegangen werden können. Dies gilt selbstverständlich auch für jede einzelne der von uns festgehaltenen Grundbedingungen von Lebensprozessen. Was aber geschieht, wenn wir die erste dieser drei Bedingungen verändern? Was ereignet sich, wenn wir also die beiden anderen Bedingungen aufrechterhalten, die Irreversibilität des Lebens aber außer Kraft setzen und das Leben umkehren? Mit anderen Worten: Welches Wissen über Leben und welches Überlebenswissen können wir erreichen und erhalten, wenn wir das Leben in seinem Ablauf umkehren, also mit dem Sterben beginnen und mit dem Verschwinden im Mutterbauch enden?

Genau dieser Frage ist Alejo Carpentier in seiner phantastischen Erzählung *Viaje a la semilla* nachgegangen. Bei dieser *Reise zum Samen* handelt es sich um die titelgebende Geschichte seines gleichnamigen Erzählbandes *Viaje a la semilla*, der im Jahr 1944 erschien. Bevor wir uns mit diesem Text auseinandersetzen, möchte ich Ihnen wie gewohnt einige wichtige Biographeme zu diesem berühmten kubanischen Autor an die Hand geben.

Alejo Carpentier y Valmont[1] wurde am 26. Dezember 1904 nicht, wie er selbst immer wieder kolportierte und verschiedentlich streute, in La Habana, sondern vielmehr in der Schweiz, in Lausanne geboren und verstarb am 24. April 1980 wiederum nicht auf Kuba, sondern in seinem geliebten Paris. Seine Eltern waren väterlicherseits ein französischer Architekt namens Georges Julien Carpentier sowie mütterlicherseits eine gebürtige Russin, Lina Valmont, die in der Schweiz aufgewachsen war, Medizin studiert hatte und als Sprachlehrerin arbeitete. Carpentiers Eltern waren zwei Jahre zuvor (nur einige Monate nach der politischen Unabhängigkeitserklärung Kubas am 20. Mai 1902) nach Kuba ausgewandert und hatten sich auf der Karibikinsel niedergelassen.

Der kleine Alejo erhielt in der kubanischen Hauptstadt eine sehr gute Erziehung. In der reich ausgestatteten Bibliothek seines Vaters las er mit Begeisterung die Werke der französischen Romantiker und der spanischen Modernisten: Ein weiter Lektürehorizont bildet sich aus und erste Erzählungen sowie frühe Romanversuche entstehen. Zu Hause wurde er auf Französisch erzogen, auf der Straße sprach er Spanisch; auch seine englische Sprachausbildung war hervorragend. In seiner Jugend begleitete er seine Eltern auf einer Reise nach Russland sowie in weitere Länder Europas. Nach ihrer Rückkehr verbrachten die Carpentiers längere Zeit in Paris, wo Alejo das Lycée Jason de Sailly besuchte. Aus dieser Zeit stammt seine Verbundenheit mit Europa und seine Liebe zur französischen Hauptstadt. Sein Abitur machte er jedoch in La Habana.

Abb. 13: Alejo Carpentier (1904–1980).

In der Absicht, später einmal in das Geschäft seines Vaters einzutreten, begann er ein Architekturstudium an der dortigen Universität, das er jedoch bald schon abbrach. Zugleich studierte er Literatur und Musikwissenschaft. Beide Eltern waren hervorragende Musiker; eine Leidenschaft, die Alejo Carpentier von seinen Eltern erbte, wobei er schon in jungen Jahren musikalische Studien fortsetzte, die er bereits als Kind begonnen hatte. Diese Leidenschaft wird sich in

---

[1] Zu diesem kubanischen Schriftsteller vgl. Herlinghaus, Hermann: *Alejo Carpentier. Persönliche Geschichte eines literarischen Moderneprojekts.* München: Edition text + kritik 1991.

der Folge in einer Reihe von Büchern und Aufsätzen über musikalische Themen niederschlagen. Als der Vater eines Tages die Familie verließ, brach Alejo sein Studium ab und begann zu arbeiten. Er schrieb für verschiedene Zeitungen und Zeitschriften der kubanischen Hauptstadt und trat bald der politischen Oppositionsbewegung gegen Diktator Gerardo Machado bei. Dieses politische Engagement sollte ihn prägen.

Seit 1923 gab er die Wochenzeitschrift *Carteles* heraus. 1927 gründete er außerdem zusammen mit Nicolás Guillén und anderen die renommierte *Revista de Avance*, die bald zum Sprachrohr der intellektuellen Avantgarde in Kuba wurde. Zahlreiche renommierte kubanische Linksintellektuelle und Künstler rund um die Minoristen-Gruppe zählten zu seinem Freundeskreis. Gleichzeitig war er Mitarbeiter bei der konservativen, stets aber mit einem spannenden Feuilleton aufwartenden Zeitung *Diario de la Marina* und schrieb Artikel für die Wochenzeitschrift *Social*. Seine rebellischen Aktivitäten brachten ihn schließlich unter der Machado-Diktatur für kurze Zeit ins Gefängnis, wo eine erste Version seines afrokubanischen Romans *Ecué-Yamba-O!* entstand, der 1933 in Madrid erschien. 1928 nutzte er die Veranstaltung eines internationalen Journalistenkongresses, um sich mit der Unterstützung des französischen Dichters Robert Desnos, der ihm seinen eigenen Pass zur Verfügung stellte, nach Frankreich einzuschiffen und für elf Jahre freiwillig ins Exil nach Paris zu gehen. Seine zweite Pariser Periode beginnt.

In Frankreich nahm er zusammen mit Robert Desnos und André Breton, der Zentralfigur des französischen Surrealismus, an den Aktivitäten dieser Bewegung teil und knüpfte zahlreiche Kontakte in die zeitgenössische Komponistenszene. Er lebte von seinen Artikeln und Radioprogrammen und war Mitarbeiter bei zahlreichen französischen und spanischen Zeitschriften. Nach dem Tod seiner ersten Frau, der Schweizerin Marguerite Lessert, heiratete er die Französin Eva Fréjaville. 1936 unternahm er eine kurze Reise nach Kuba, um seine Mutter zu besuchen. Häufiger aber begab er sich während seiner Pariser Jahre nach Madrid, wo er für spanische Zeitschriften schrieb und die Elite der spanischen Schriftsteller und Intellektuellen wie Federico García Lorca, Rafael Alberti, Miguel Hernández und viele andere kennenlernte.

Erneut engagierte sich Carpentier politisch und bezog klar Position gegen den in Europa vorrückenden Faschismus. 1937 nahm er am Internationalen Kongress der antifaschistischen Intellektuellen in Madrid, Valencia, Barcelona und Paris teil, der zur Unterstützung der Spanischen Republik abgehalten wurde und zum Kampf gegen die Putschisten unter General Franco aufrief. Dort lernte er unter anderem den mexikanischen Dichter Octavio Paz kennen. In Paris trat er mit dem guatemaltekischen Schriftsteller Miguel Ángel Asturias sowie mit Pablo Picasso in Verbindung und vertiefte seine Beziehungen zum kubanischen Dichter Nicolás Guillén, dem kubanischen Maler Wilfredo Lam, dem Komponisten Amadeo Roldán und vielen anderen Künstlern und Kulturschaffenden. Längst war der vielseitig künstlerisch gebildete Alejo Carpentier zu einem höchst belesenen *poeta doctus* geworden.

Kurz vor dem bevorstehenden Ausbruch des Zeiten Weltkrieges und nach dem Pakt zwischen Fulgencio Batista und der kubanischen Linken kehrte Carpentier 1939 nach Kuba zurück, wo er eine Professur für Musikwissenschaft an der Universität La Habana erhielt. Wenige Monate später wurde er von seiner zweiten Frau geschieden; zwei Jahre später heiratete er Lidia Esteban Hierro, die Tochter einer wohlhabenden Familie der Insel, die durch Zuckerrohranbau zu Reichtum gekommen war. Carpentier genoss es, wieder auf Kuba zu leben.

Während der sechs Jahre, die Carpentier in Kuba verbrachte, schloss er sich zeitweise dem *Grupo Orígenes* an, einer Dichter- und Künstlergruppe um den charismatischen kubanischen Dichter José Lezama Lima, welche die an der katholischen Linken orientierten intellektuellen Strömungen sowie die neuen literarischen Bewegungen der Insel repräsentierte. Daneben schrieb er aber auch für die *Gaceta del Caribe*, eine von Nicolás Guillén und Juan Marinello ins Leben gerufene Zeitung der damaligen kubanischen Kommunisten. Alejo Carpentier besaß zweifellos ein ausgeprägtes Fingerspitzengefühl für persönliche Kontakte und zählte zu den bestvernetzten Intellektuellen und Schriftstellern auf der Insel.

Im Jahr 1943 reiste Alejo Carpentier nach Haiti; eine Reise, die den kubanischen Schriftsteller in enormem Maße prägen und sein weiteres literarisches Schaffen bestimmen sollte. Es entstehen nicht nur erste Skizzen für seinen 1949 erschienenen Roman *El reino de este mundo*, *Das Reich von dieser Welt*, sondern auch für sein Vorwort zu diesem Roman, wo er programmatisch seine Konzeption des „real maravilloso" entwickelte, des „Real-Wunderbaren". Zu einer Zeit, in welcher Europa in Faschismus und Krieg versank, wird für Carpentier Lateinamerika zu einem Kontinent der Hoffnungen und mehr noch der Utopien, wo einem das Wunderbare auf Schritt und Tritt begegne und sich die Zukunft der Menschheit ankündige. In den Zeitraum kurz nach seiner Haiti-Reise fällt auch die Niederschrift seiner Erzählung *Reise zum Ursprung*, die 1944 erschien und mit der wir uns im Anschluss wie angekündigt intensiv beschäftigen werden.

Nach dem Ende des Zweiten Weltkriegs nahm Carpentier in Caracas eine Stelle bei der Werbeagentur Publicidad Ars an. Diese von 1946 bis 1958 ausgeübte Tätigkeit verschaffte ihm finanziellen Wohlstand und einen angesehenen Namen in der venezolanischen Geschäftswelt. Im gleichen Zeitraum hatte er einen Lehrstuhl für Kulturgeschichte an der Kunsthochschule in Caracas inne. Zu alledem kam der literarische Ruhm hinzu. 1947 und 1948 unternahm er Reisen in die „Llanos" und die Flussregionen in Venezuela als Recherche zu seinem Roman *Los pasos perdidos*, *Die verlorenen Spuren*, der 1953 erschien und seine Vision der Geschichte Amerikas nicht ohne Verweise auf eine Geschichte der Musik entfaltete.

Um die Mitte der fünfziger Jahre war Alejo Carpentier zweifellos einer der bekanntesten Schriftsteller Lateinamerikas. Nach dem Triumph der kubanischen Revolutionäre um Fidel Castro am 1. Januar 1959 stellte er sich zügig auf die Seite der Kubanischen Revolution und kehrte 1959 nach Kuba zurück. Von Fidel Castro wurde er zum Staatsminister ernannt und sogleich mit der Leitung des Verlags Editorial Nacional betraut, dem eine wichtige Rolle bei der Alphabetisierung der Inselbevölkerung zukam. Carpentier wurde zu einem wichtigen Mitglied der kubanischen Regierung und unternahm diplomatische Reisen in die Sowjetunion sowie in die osteuropäischen Staaten, später auch nach Vietnam.

1962 erschien sein Roman *El Siglo de las Luces*, *Das Jahrhundert der Aufklärung*, dessen Entstehung in die fünfziger Jahre zurückreicht und in dem er die Übertragung von Prinzipien der Französischen Revolution auf die Karibik schillernd thematisiert. Der historisierende Roman entfaltet ein breites historisches Fresko, das in einigen Teilen auch als Warnung vor Fehlentwicklungen in der Revolution gelesen werden kann. In den Folgejahren stand er treu zur Revolution, suchte jedoch zugleich eine gewisse Distanz zu jenen politischen Entwicklungen, die gewiss nicht in einem Sinne waren.

So lebte Alejo Carpentier von 1966 bis zu seinem Tod im Jahr 1980 wieder in ‚seinem' Paris als Kulturattaché der kubanischen Regierung für Frankreich und Europa. Während dieser Jahre rundete er mit mehreren Romanen – etwa *Concierto barroco*, *El acoso*, *La harpa y la sombra* oder *La consagración de la primavera* – und sein einflussreichen Essaybänden sein literarisches Gesamtwerk höchst produktiv ab. 1978 erhielt er den Premio Cervantes, die höchste literarische Auszeichnung der spanischsprachigen Welt, den er der Kommunistischen Partei Kubas stiftete. Er starb am 24. April 1980, national wie international hochgeehrt und mit einer Vielzahl renommierter Literaturpreise ausgezeichnet, fernab der Revolution in seiner Pariser Wohnung.

Die Erzählung, mit der wir uns in der Folge beschäftigen wollen, ist in dreizehn römisch durchnummerierte Abschnitte unterteilt, die ihrerseits immer recht kurz gehalten sind und selten anderthalb Seiten überschreiten. Da es sich um eine zusammenhängende Erzählung handelt, würde ich auch nicht von dreizehn seriellen Mikroerzählungen sprechen, sondern nur von einer Aufteilung und Untergliederung, die einen kurzen Kommentar verdient.

Denn die Zahl dreizehn ist bei einem *poeta doctus* wie Alejo Carpentier nicht ganz unwichtig. Klar ist, dass er diese Zahl, deren Mittelpunkt bei der Zahl sieben liegt, nicht nur als Primzahl ausgewählt hat, sondern dass sie – bei einem so sehr frankophilen Autor wie Carpentier – eine zweifellos literaturgeschichtliche Bedeutung hat. Bei der Zahl dreizehn ergeben sich sofort intertextuelle Beziehungen:

Einer der berühmtesten Verse der französischen Literaturgeschichte ist von Gérard de Nerval und stammt aus dem Gedichtzyklus seiner *Chimères*. Ich möchte Ihnen – auch wenn es auf den ersten Blick ein wenig hergeholt erscheint – gerne dieses Sonett mit dem Titel *Artémis* in voller Länge präsentieren, zumal es sich (und auch das verberge ich nicht) um eines meiner Lieblingssonette handelt:

> Die Dreizehn kehrt wieder... Und ist doch noch die Erste;
> Und sie ist stets die einzige, – ist der einzige Moment;
> Denn bist, oh Du, Königin!, die letzte oder die erste?
> Bist Du, mein König, ihr einzger oder letzter Amant?...
>
> Liebt, wer Euch geliebt von der Wiege zur Bahre;
> Jene, die ich liebte, liebt zärtlich mich noch immer:
> Der Tod ist's – oder die Tote... Lustvoll und schlimmer!
> Die Rose, die sie hält, ist die *Rose, die wahre*.
>
> Neapolitanische Heilge mit Armen voll Feuer,
> Rose mit violettem Herz, Blume: der heiligen Gundel
> Dein Kreuz fandst in des öden Himmels Gemäuer?
>
> Weiße Rosen, fallt ab! Ihr plagt die Götter heuer,
> Fallt ab, weiße Geister, von Eures Himmels Zundel,
> – Die Heilige des Abgrunds ist mir heilger und teuer![2].
>
> La Treizième revient... C'est encor la première;
> Et c'est toujours la seule, – ou c'est le seul moment;
> Car es-tu reine, ô toi! la première ou dernière?
> Es-tu roi, toi le seul ou le dernier amant?...
>
> Aimez qui vous aima du berceau dans la bière;
> Celle que j'aimai seul m'aime encor tendrement:
> C'est la mort – ou la morte... O délice! ô tourment!
> La rose qu'elle tient, c'est la *Rose trémière*.
>
> Sainte napolitaine aux mains pleines de feux,
> Rose au cœur violet, fleur de sainte Gudule,
> As-tu trouvé ta croix dans le désert des cieux?
>
> Roses blanches, tombez! vous insultez nos dieux,
> Tombez, fantômes blancs, de votre ciel qui brûle:
> – La sainte de l'abîme est plus sainte à mes yeux!

---

2 Nerval, Gérard de: Artémis. In (ders.): *Les Filles du feu – Les Chimères*. Paris: Michel Lévy frères 1856, S. 294.

Wir haben an dieser Stelle sicherlich nicht die Zeit, eine eingehende Interpretation Gérard de Nervals Sonett zu entwickeln. Die titelgebende Göttin Artemis ist, wie Sie sicherlich wissen, eine der populärsten Göttinnen aus der griechischen Welt der Mythen und Sagen und zählt zu den zwölf großen olympischen Göttern. Sie ist auf der einen Seite die Göttin der Jagd und des Waldes, als welche sie auch im Park von Sanssouci mehrfach dargestellt wird, aber auch der Geburt, des Mondes und Hüterin der Frauen. Ihre Abkunft könnte höher kaum sein, denn sie ist die Tochter des Zeus und der Leto sowie Zwillingsschwester des Apollon.

Artemis ist allgemein in der populären Mythologie die jungfräuliche Jagdgöttin, doch wurden – wie schon angedeutet – nach und nach weitere Attribute lokaler Herkunft auf sie übertragen. Dabei wurde sie auch zur Herrin der Tiere des Waldes und pflegte jene hart zu bestrafen, die sie beleidigt hatten. So verlangte sie etwa von Agamemnon zur Strafe für eine Schmähung die Opferung seiner Tochter Iphigenie – Sie erinnern sich –, als die griechische Flotte auf dem Weg nach Troja die Häfen nicht verlassen konnte, weil kein Wind aufkommen wollte. Wir haben uns schon in einer früheren Vorlesung mit Artemis und der von ihr entführten Iphigenie im Taurerlande in einer mexikanischen Adaptation von Alfonso Reyes beschäftigt, in welcher die griechische Göttin gleichsam entkolonisiert und aztekisiert oder mexikanisiert wurde.[3] Die literarische Verwandlungsfähigkeit dieser schönen, aber unnahbaren griechischen Göttin ist fast unbegrenzt.

Einerseits darf Artemis als Verderben bringend gesehen werden, andererseits aber kann sie auch Linderungen verheißen: So konnte sie eine schmerzlose Niederkunft und damit den Gebärenden große Hilfe schenken. Starben Frauen im Wochenbett, so glaubte man, sie seien von Artemis mit einem Pfeil getroffen und erlöst worden; und so opferte man der Göttin die Kleider der Toten. Insbesondere die jungen Mädchen flehten ihren Schutz an, indem sie der Göttin Artemis vor ihrer Hochzeit Opfer darbrachten und auf eine glückliche Niederkunft hofften. Aber auch als Vegetations- und Fruchtbarkeitsgöttin tritt Artemis vielfach im antiken Mythos in Erscheinung. Ihr Kultbild stellte sie bisweilen als die ‚Vielbrüstige' dar, die überall ihren Reichtum verbreitet und aus der der Lebensstoff unendlich hervorquillt; zugleich wird auch auf phallische Tänze zu ihren Ehren verwiesen (Abb. 14). In Kleinasien stand der Kult der Artemis im Grunde dem Kult der Großen Mutter zur Seite und war mit diesem gleichbedeutend. Später wurde sie sogar mit der Mondgöttin Selene verschmol-

---

3 Vgl. das Alfonos Reyes' *Ifigenia cruel* gewidmete Kapitel im dritten Band der „Aula"-Reihe in Ette, Ottmar: *Von den historischen Avantgarden bis nach der Postmoderne* (2021), S. 196 ff.

Abb. 14: Vielbrüstige Artemis im Stil der ephesischen Göttin, 2. Jhdt. n. Chr.

zen, als die sie Nacht für Nacht ihren Geliebten Endymion besuchte – eine Episode des Mythos, auf die wir bei unserer Beschäftigung mit Balzacs Novelle *Sarrasine* und dessen Deutung durch Roland Barthes stießen.[4]

Das Liebesmotiv in Nervals Gedicht verbindet sich im Zeichen der Artemis mit dem Tod; und von Beginn an zeigt die Zahl 13 an, dass wir es in diesem Sonett mit einem Zyklus zu tun haben. Denn die dreizehnte Stunde wird – wenn Sie auf das Zifferblatt Ihrer analogen Uhr schauen, auf dem 13 Uhr gleich 1 Uhr ist – wieder zur ersten, zur einzigen, zusammengeschmolzen in einem einzigen Moment, einer einzigen Liebe („moment" – „amant").

Ein ganzes Leben spannt sich im zweiten Quartett auf: Denn hier erscheint eine Liebe, die von der Wiege, also von der Geburt, bis zur Bahre reicht, also zum Tod. Denn das französische Lexem „bière" meint nicht – wie es einmal im Doktorandenkolloquium von Erich Köhler in Freiburg hieß, wo ein Doktorand „bière" im übertragenen Sinne mit ‚Suff' übersetzte – ein beliebtes alkoholisches Getränk, sondern die „Bahre", auf der eine Lebensreise zu Ende gegan-

---

[4] Vgl. hierzu den vierten Band der Reihe „Aula" in Ette, Ottmar: *Romantik zwischen zwei Welten* (2021), S. 794–796.

gen ist. Das zweite Quartett umfasst mithin den gesamten Vorgang von Geburt, Leben, Sterben und Tod und stellt diese Gesamtheit in den Zusammenhang einer beiderseitigen Liebe. Damit aber wird die mütterliche Liebe evoziert und der Bezug zur Mutter hergestellt, ist sie es doch, die von der Wiege bis zur Bahre liebt und deren Bild sich zugleich mit dem Tod – der im romanischen Kulturbereich bekanntlich weiblich ist – und zudem mit der Toten, „la mort" und „la morte", verbindet. Das Bild der (toten) Geliebten ist noch immer im Bild der Mutter präsent – und umgekehrt.

Ich möchte in diesem Zusammenhang nicht auf die poetische Bewegung einer Sakralisierung der Geliebten und der Mutter eingehen, die im Zeichen der neapolitanischen Heiligen in den beiden Terzetten durchgeführt wird. Es sei lediglich darauf hingewiesen, dass neben die mütterliche und die geschlechtliche, erotische Liebe im Sonett nun auch die göttliche Liebe tritt. Entscheidend ist für unseren spezifischen Kontext, dass in diesem lange nachhallenden Gedicht Gérard de Nervals – das Alejo Carpentier nach meiner Überzeugung sicherlich vor Augen hatte, als er *Viaje a la semilla* schrieb – die Zahl 13 für die ewige Wiederkehr und Wiederholung einsteht, für den Zyklus, der zugleich auch einen Lebenszyklus umfasst und die letzte mit der ersten Stunde, die letzte mit der ersten Geliebten verschmelzen lässt.

In Carpentiers Erzählung aus dem Jahre 1944 sehen wir uns zunächst mit dem Abriss eines einst prachtvollen Hauses konfrontiert, das Stück für Stück von schwarzen Bauarbeitern eingerissen und abgetragen wird. Dabei werden allerlei an die griechisch-römische Antike, sicherlich aber auch an die kolonialspanische Bauweise eines Stadtpalasts gemahnende künstlerische Elemente und Bauteile für immer zerstört. Die gesamte Szenerie spielt, wie wir bald bemerken werden, in Havanna, der von Carpentier so genannten *Ciudad de las Columnas*, der Stadt der Säulen.[5] Und es handelt sich um das Haus oder besser den Palast des Marqués de Capellanías, mithin ein historisches Gebäude, was bei einem so gebildeten Schriftsteller wie Alejo Carpentier nicht verwundert.

Ein alter Schwarzer wird von den Bauarbeitern angesprochen, die schon bald Feierabend machen und den endgültigen Abriss des Hauses auf den nächsten Tag verschieben. Gleich zu Beginn des zweiten Kapitels vollführt der unbekannte Alte allerlei merkwürdige Bewegungen und schwingt seine Krücken über einen Friedhof von Ziegeln und Platten. Wir sind auf Kuba, im Herzen von La Habana, und selbstverständlich handelt es sich um afrokubanische Beschwörungsriten, wie sie in der kubanischen Geschichte bis heute in unter-

---

[5] Vgl. Carpentier, Alejo: *La Ciudad de las Columnas*. La Habana: Editorial Letras Cubanas 1982.

schiedlichsten Kulten lebendig geblieben sind. Alejo Carpentier hatte nicht umsonst seinen ersten Roman diesen afrokubanischen Riten gewidmet und war mit dem großen Erforscher dieser afrokubanischen Religionen und ‚Erfinder' des im Übrigen vier Jahre zuvor geschaffenen Begriffs der *Transkulturation*[6] bestens bekannt: dem kubanischen Anthropologen Fernando Ortiz.

Schon bald beginnen wir als Leserinnen und Leser zu begreifen, dass mit den scheinbar skurrilen Bewegungen des Alten eine Zeit wiedererweckt wird, die eigentlich unrettbar vergangen ist und die gleichsam mit diesem Hausabriss definitiv zu Grabe getragen wird. Doch nun hat eine fundamentale Veränderung eingesetzt. Denn alles springt wieder zurück, alle bereits heruntergebrochenen Balustradenteile und Dachgauben bilden sich wieder neu: Der Palast des Marqués kehrt in seinen funktionstüchtigen Zustand zurück. Und nun, nachdem der Alte die Tür des Hauses mit einem Schlüssel wieder geöffnet hat, beginnt am Übergang zum dritten Kapitel sich das Haus wieder mit Leben, genauer noch: mit dem langsamen Übergang vom Tod zum Leben zu füllen. Sehen wir uns dies am Übergang vom zweiten zum dritten Kapitel genauer an:

> Don Marcial, Marquis von Capellanías, lag auf dem Totenbett, die Brust medaillengepanzert und von vier großen Kerzen mit langen Bärten aus geschmolzenem Wachs eskortiert.
>
> III
>
> Die Kerzen wuchsen langsam und nahmen ihre Schweißtropfen wieder auf. Als sie die volle Größe wiedererlangt hatten, löschte sie die Nonne aus, indem sie ein Licht wegnahm. Die Dochte wurden weiß und schleuderten den verkohlten Teil von sich. [...] Als der Arzt mit professioneller Verzweiflung den Kopf schüttelte, fühlte der Kranke sich besser. Er schlief einige Stunden und wachte unter dem schwarzen und braunenbeschatteten Blick von Padre Anastasio auf. Aus der freimütigen, detaillierten und sündenbeladenen Beichte wurde eine mit plötzlichem Schweigen, peinlichen Worten, zahlreichen Heimlichkeiten. Und welches Recht hatte der Karmelitermönch im Grunde, sich in sein Leben zu mischen? Don Marcial fand sich auf einmal in der Mitte des Zimmers wieder. Befreit von einem Druck auf die Schläfen, erhob er sich überraschend schnell. Die nackte Frau, die sich in den Brokatstoffen des Bettes räkelte, suchte nach Mieder und Unterrock und nahm wenig später das Rascheln zerknüllter Seide und den Duft mit sich fort. Unten in dem geschlossenen Wagen lag auf den Nägeln des Ledersitzes ein Kuvert mit Goldmünzen.[7]

---

[6] Vgl. hierzu Ortiz, Fernando: *Contrapunteo cubano del tabaco y el azúcar*. Prólogo y Cronología Julio Le Riverend. Caracas: Biblioteca Ayacucho 1978. Vgl. hierzu auch das entsprechende Kapitel in Ette, Ottmar: *Von den historischen Avantgarden bis nach der Postmoderne* (2021), S. 741ff.

[7] Carpentier, Alejo: Reise zum Ursprung. [Übersetzung von Anneliese Botond]. In: Schnelle, Kurt (Hg.): *Reise zum Ursprung. Kubanische Erzählungen*. Frankfurt am Main: Röderberg-Verlag 1973, S. 128–145, hier S. 130.

Wir haben verstanden: Vor unseren Augen entrollt sich eine Szenerie in umgekehrter Abfolge – Alejo Carpentier hat in seiner Erzählung den Zeitpfeil umgedreht! Der gerade noch tote Marquis wacht auf, sein Sterben und Tod gehen gleichsam in eine Geburt, in ein anderes Leben über, das sich nun vor ihm auftut, freilich ohne dass er wüsste, wie es weitergehen soll. Der kubanische Schriftsteller hat sich seine Erzählung, die kurze Zeit nach seiner Reise nach Haiti und der ‚Entdeckung' des „Real-Wunderbaren" entstand, nicht leicht gemacht.

Denn es wird nicht einfach alles umgekehrt erzählt. Vielmehr denken die handelnden Personen – und insbesondere der Protagonist selbst – in eine umgekehrte Richtung und erleben den Lebensablauf gleichsam in umgekehrter Vektorizität neu. Mit anderen Worten: Sie kennen den weiteren Fortgang ihres Lebens, ihrer Reise, noch nicht und erleben diese ‚umgedrehte' Vektorizität wie ein neues Leben. Dabei ist vom Titel her der Topos der Lebensreise bereits angekündigt, nur dass dies nicht wie bei Nerval eine Reise von der Wiege bis zur Bahre, sondern von der Bahre bis zur Wiege wird – doch ausgestattet mit derselben Unvorhersehbarkeit des Lebens.

Damit bewegt sich die gesamte Erzählung auf einen Ursprung zu, dessen genauere Konturen wir erst noch erkennen müssen und nicht schon vom Anfang der Geschichte her wissen können. Denn auch für uns Leser und Leserinnen ist diese Reise zum Ursprung neu und unvorhersehbar. Es würde also zu kurz greifen, wenn wir behaupten würden, dass die Rahmenerzählung der kubanischen Bauarbeiter chronologisch verläuft – sie kehren im dreizehnten Kapitel zurück und wollen den Stadtpalast endgültig abreißen –, während die Binnenerzählung gleichsam gegen den Uhrzeiger erzählt wird, folglich mit umgekehrter Vektorizität.

Diese Beobachtung ist wichtig und beleuchtet ein bedeutungsvolles strukturelles Moment des gesamten Aufbaus der Erzählung: Die Relation zwischen *histoire* und *récit* ist nicht einfach umgedreht, indem die einzelnen Elemente der *histoire* nun in umgekehrter Reihenfolge angeordnet wären; vielmehr werden das Innenleben aller Personen – und selbst der Gegenstände – an dieser gleichsam neuen Entwicklung strukturell ausgerichtet. Mit anderen Worten: Die einzelnen Figuren dieser kunstvollen Erzählung *erleben* die Entwicklung ihres Lebens nicht als ein Rückschreiten oder gar als einen Rückschritt, sondern als eine Entwicklung, in welcher bis auf den Aspekt der Unumkehrbarkeit des Lebens alle weiteren definitorischen Aspekte vollgültig *durcherlebt* werden können. Viele Geschehnisse und Erlebnisse, die bei der ‚ursprünglichen' Vektorizität von den handelnden Personen als positiv empfunden wurden, können auch bei umgekehrter Vektorizität im vollem Umfange als neu und lebenswert erlebt werden. Das Leben mit umgekehrter Vektorizität kann ebenso genossen werden wie das Leben von der Wiege bis zur Bahre. Die Dreizehnte kehrt wieder und ist noch immer die Erste und die Einzige: Ganz wie bei Nerval geben die Kapitelzahlen diese zirkuläre Struktur wieder, nur dass die Vektorizität dieser Kreisstruktur eine doppelte ist, die mit dem Uhrzeiger und gegen den Uhrzeiger läuft.

So erfahren wir etwa im fünften Kapitel, dass die beiden Liebenden, der Marquis und die zur Marquise gewordene Frau, nach ihrer Hochzeit zu einer der Plantagen auf dem kubanischen Lande fahren, um dort auf dem eigenen Gut auszuspannen. Die beiden lassen die schwarzen Sklaven zur eigenen Zerstreuung ausgelassen tanzen und trommeln. So ließe sich die Geschichte aber nur aus der umgekehrten Perspektive erzählen. Jene Geschichte aber, welche uns Alejo Carpentiers Erzählerfigur präsentiert, liest sich anders:

> Nach einem Morgengrauen, das von einer anmutlosen Umarmung verlängert wurde, kehrten beide, vom Nichtverständnis erleichtert und mit geschlossener Wunde, nach der Stadt zurück. Die Marquise vertauschte ihr Reisekleid mit einem Brautkleid, und die Brautleute gingen, wie es die Sitte vorschrieb, zur Kirche, um ihre Freiheit wiederzuerlangen. Geschenke wurden an Verwandte und Freunde zurückgegeben, und ein jeder suchte bei einem von Glocken und prangenden Pferdegeschirren erzeugten Stimmengewirr die Straße auf, wo seine Wohnung lag. Marcial besuchte María de las Mercedes noch eine Zeitlang, bis zu dem Tag, da man die Ringe in die Werkstatt des Goldschmiedes brachte, damit die Gravierung entfernt würde. Für Marcial begann ein neues Leben. In den Haus mit den hohen Gittern wurde die Ceres durch eine italienische Venus ersetzt, und die Fratzengesichter des Brunnens schoben fast unmerklich ihre Reliefs weiter vor, als sie beim Aufglühen der Morgenröte noch das Licht der Öllampen angezündet sahen.[8]

In dieser Passage wird deutlich, dass sich hier eine Entwicklung hin zur „vita nova", zu einem neuen Leben, insoweit anbahnt, als sich die Wunden der Vergangenheit – in diesem Falle die reichlich unromantisch evozierte Hochzeitsnacht mit ihrer brautgemäßen Entjungferung – wieder schließen. Die Vektorizität wird umgedreht; und eben darum eröffnen sich völlig neue Lebensperspektiven. Der rituelle Parcours durch die Kirche führt vom Vermählt-Sein zur ‚Entmählung'; und dieser Prozess wird als eine Entwicklung erlebt, durch welche die beiden Vermählten glücklich ihre Freiheit erlangen und getrennte Wohnungen beziehen können. Erzähltechnisch nicht unproblematisch ist die Tatsache, dass der Erzähler selbst sehr wohl von „wieder" und „zurück" und anderen Formen einer gleichsam ursprünglichen Vektorizität spricht, welche deutlich machen, dass er selbst sich des Umkehrungsprozesses bewusst ist. Die handelnden Figuren selbst aber erleben die Geschehnisse auf Ebene der Binnenhandlung ganz ‚natürlich' so, als würden sie in der sozusagen richtigen Abfolge aufeinander folgen. So erlangen die zunächst Vermählten ihre Freiheit, sehen sich noch ein wenig, verlieren sich dann

---

[8] Carpentier, Alejo: Reise zum Ursprung, S. 133 f.

aus den Augen und gewinnen ihr eigenes unabhängiges Leben. Dass sie zur Feier dieses Aktes an ihre Freunde Geschenke verteilen, erscheint vollständig sinnvoll.

In der im Bewusstsein des Lesepublikums gehaltenen Gegenläufigkeit von *récit* und *histoire* enthüllen sich aber auch Elemente, die ansonsten in dieser Erzählung vielleicht im Verborgenen geblieben wären. Sehr lange jedenfalls scheint Marcial die künftige Marquise nicht umgarnt, nicht allzu lange der Marquis der jungen Frau den Hof gemacht zu haben. Die Hochzeitsnacht selbst scheint – wenig überraschend – für die Liebenden daher auch keinen eigentlichen Höhepunkt dargestellt zu haben. Sie erscheint bestenfalls als die Nacht einer Verwundung, einer Liebeswunde der Defloration. Im Vorfeld der Liebeswerbung zeigt sich außerdem, dass im Hause des Marquis einst dessen Vater lebte, von dem wir später erfahren, dass er im Grunde ähnlich wie sein Sohn im Bett liegend verstarb. Zugleich erfahren wir, dass in seinem Stadtpalast eine signifikante Umbesetzung stattgefunden hatte. Denn die blendend schöne Statue der Göttin Venus war – als Verkörperung der erotischen Liebe – zeitnah zur angestrebten Hochzeit von einer anderen Göttinnen-Statue ersetzt worden, die bereits in früheren Kapiteln aufgetaucht war: Ceres, Göttin der Fruchtbarkeit.

Die rasche Umbesetzung hatte durchaus mit der kurzfristig geplanten Hochzeit zu tun. Denn Ceres ist die römische Göttin des Ackerbaus und aller der Ernährung dienenden Pflanzen, womit sie in die Nachfolge der griechischen Demeter tritt. Zugleich aber ist sie auch Göttin der Ehe und eine kultische Totengöttin, die über das Ende des Lebens als Stifterin herrscht. Mit diesem Wissen im Rücken, das dem *poeta doctus* Carpentier selbstverständlich bekannt war, verstehen wir nun besser, warum die Statue der Ceres in dieser doppelten Funktion höchst eifersüchtig über die Liebenden und deren Schicksal wacht. Gar nicht zu unserer Geschichte passen will freilich der Aspekt, dass die römische Göttin Ceres insbesondere eine Göttin der Plebejer war. Eine zentrale Bedeutung in ihrem Kult kommt der verzweifelten Suche der Mutter nach ihrer verlorenen Tochter zu, der Proserpina oder Persephone. Doch für unsere Erzählung sind die Aspekte der Ehestifterin wie der Todeshüterin zweifellos bestimmend.

Damit wird zugleich auch verständlich, warum es nicht die Göttin der Liebe, die schöne Venus ist, sondern die Ehe- und Totengöttin Ceres, welche die Irrungen und Wirrungen des Palastes bis zuletzt überlebt. Beide Dimensionen sind in Carpentiers *Viaje a la semilla* aufs Engste miteinander verbunden. Für die schöne Venus blieb da kein zentraler Ort im Stadtpalast mehr frei.

Wir begleiten nun den jungen und immer jüngeren Protagonisten durch die verschiedenen Stationen seines Verjüngungsprozesses. Das ‚Aging' ist in dieser Erzählung folglich kein Problem, denn die Uhrzeiger laufen anders herum. Da gibt es schon eher mancherlei Konflikte mit einer überbordenden Jugendlichkeit, welche im Leben des Protagonisten breiten Raum einnimmt. Denn er nutzt die Privilegien seines Standes in einem von der Sklaverei bestimmten La Habana und der kubanischen Sklavenhaltergesellschaft weidlich aus.

Doch ich möchte Ihnen an dieser Stelle nicht weiter von dem rassistisch fein säuberlich getrennten Umgang mit den schwarzen, den mulattischen und den weißen Mädchen berichten, die gemäß des in der Karibik herrschenden Rassismus-Konzepts für unterschiedliche Tätigkeiten zugunsten der privilegierten Weißen vorgesehen waren. Die Infantilisierung unseres Protagonisten schreitet nämlich rasch voran, der Eintritt in die letzte Stufe des „Colegio" steht kurz bevor. Bald schon wird Martial von den Worten seiner Lehrer immer weniger verstehen, bis er am Ende seiner Schulzeit in eine Freiheit entlassen wird, die er mit einem schwarzen Sklaven, bald aber auch mit einem Hund sehr gerne teilt. Ich denke, dass Erzählweise und Vektorizität von Carpentiers Erzählung nun zur Genüge deutlich geworden sind, so dass ich mich am Ende unserer Beschäftigung mit dieser *Reise zum Ursprung* einem anderen wichtigen Aspekt widmen kann.

Wir hatten bereits gesehen, dass der Prozess des Sterbens – beziehungsweise umgekehrt der des Wiedereintritts ins Leben – reichlich undramatisch vollzogen wird. Aleio Carpentiers Erzählung verfährt auf der einen Seite (und die vektorisierten Abläufe beherrschend) wie eine umgekehrt abgespielte Filmspule. Es werden einfach die Augen aufgeschlagen und die Welt zeigt sich umgekehrt in all jenen Konventionen und Klischees, wie sie die Gesellschaft beim Prozess eines langsam ablaufenden Sterbevorgangs verlangt: Wir erleben, wie die Beichte, das Warten, das Weinen der Freunde oder die Umarmungen des Abschieds vollzogen werden. Wie aber wäre diese Dimension mit der Problematik einer gleichsam umgedrehten Verlaufsform der Geburt in Einklang zu bringen?

Es ist offensichtlich, dass wir im Zusammenhang dieser Fragestellung mit Blick auf unsere Konzeption des Lebenswissens auf einen wichtigen Problemhorizont zusteuern. Sehen wir uns daher zunächst die literarische Darstellung der Geburtsszene näher an, die für den Protagonisten gleichsam ein Aus-der-Welt-Verschwinden oder eine Art des Sterbens darstellt; eine Szene, die selbstverständlich hochgradig interpretationsbedürftig ist! Ich möchte Ihnen gerne diese Geburt als Sterben oder dieses Sterben als Geburt in einen Auszug aus dem vorletzten, dem zwölften Kapitel der *Reise zum Ursprung* vorstellen:

> Hunger, Durst, Wärme, Kälte. Kaum hatte Marcial seine Wahrnehmung auf diese grundlegenden Wirklichkeiten zurückgeführt, als er auch auf das Licht verzichtete, das ihm schon Hilfsmittel war. Er kannte seinen Namen nicht. Als die Taufe mit ihrem unangenehmen Salz zurückgenommen war, wollte er nicht mehr den Geruch noch das Gehör, ja nicht einmal mehr die Sehfähigkeit. Seine Hände streiften angenehme Dinge. Er war ein Wesen, das ausschließlich auf Gefühls- und Tastsinn angewiesen war. Das Universum drang durch alle Poren in ihn ein. Dann schloß er die Augen, die nur nebulöse Riesen unterschieden, und

drang in einen warmen, feuchten Körper voll Finsternis ein, der starb. Als der Körper fühlte, dass er ihn mit seiner eigenen Substanz umhüllt hatte, glitt er ins Leben hinüber.

Aber nun lief die Zeit schneller ab und ließ seine letzten Stunden zusammenschrumpfen. Die Minuten ertönten wie ein *Glissando* von Spielkarten unter dem Daumen eines Spielers.[9]

Wir befinden uns an dieser Stelle an einem entscheidenden Übergang zwischen Rahmenstruktur und Binnenstruktur dieser kunstvollen Erzählung. Darauf machen uns die wieder schneller laufenden Uhrzeiger und Stunden aufmerksam. Es wird nicht möglich sein, im Folgenden alle erzähltechnischen Aspekte dieser Passage auszuleuchten, wohl aber jene, die für unser Thema von Geburt, Leben, Sterben und Tod entscheidend sind.

Wir sehen den Körper von Martial, wie er immer kleiner wird, wie er immer genügsamer und glücklicher auf jene Nah-Sinne wie das Taktile vertraut und die Fern-Sinne wie das Auge vernachlässigt. Wozu sollen ihm denn seine Fern-Sinne auch dienen? Denn allein seine Nah-Sinne zeigen ihm an, dass er erfolgreich in den Körper seiner Mutter eingedrungen ist, die ihn bald schon mit ihrem Leib gänzlich umhüllt. Es ist eine Vereinigung mit der Mutter, in welcher sich wie in Nervals Sonett *Artemis* die erotische Liebe mit der mütterlichen verbindet, ja in der mütterlichen Liebe ganz aufgeht. So gleitet Martial – wie sich der Erzähler ausdrückt – „ins Leben hinüber", eröffnet sich in dieser Geburtsszene folglich nicht die Möglichkeit seines eigenen Verschwindens und Sterbens, sondern eine Welt voller Leben, in welcher er allein mit angenehmen Dingen zu tun hat. Denn zu diesem Zeitpunkt lebt der Mutterkörper und versorgt ihn mit allem, was er braucht, umhüllt und schützt ihn, bevor die Mutter bei der Geburt ihres Sohnes verstirbt. Es ist dieser doppelte Verlust des Schutzes durch den Körper-Leib der Mutter wie auch durch den Tod der Mutter selbst, welche durch Martials Hineinschlupfen in den Mutterschoß überwunden werden.

Auf diese Weise gleiten auch wir als Lesepublikum in der Geburtsszene in die Frage hinein, an welchem Punkt das Leben der Mutter anfängt oder endet und an welchem Punkt das Leben des Kindes endet oder beginnt. Beider Leben überschneidet sich an einem Punkt, der nicht genau bestimmbar ist, der jedoch aus der Perspektive beider Vektorisierungen des Geschehens Sinn erzeugt. Die Erzählung demonstriert, wie mit Hilfe beider Vektorisierungen nicht eine einfache Polysemie, sondern eine komplexe Polylogik[10] des Textes hervorgebracht wird.

---

9 Carpentier, Alejo: Reise zum Ursprung, S. 143 f.
10 Vgl. hierzu Ette, Ottmar: *Viellogische Philologie. Die Literaturen der Welt und das Beispiel einer transarealen peruanischen Literatur.* Berlin: Verlag Walter Frey – edition tranvía 2013.

Eindeutige Grenzziehungen sind in der literarischen Darstellung in diesem Zusammenhang nicht auszumachen: Es handelt sich eher um schleifende Übergänge, bei denen die Grenzen zwischen Leben und Tod, zwischen Sterben und Gebären fließend sind und aus beiden ‚Richtungen' Sinn machen. In der Erzählerfigur sehen wir diese schleifenden Übergänge ebenso, bewegt sich der Erzähler doch zwischen einer extradiegetischen und einer heterodiegetischen Fokalisierung, die von Carpentier sicherlich bewusst an dieser Nahtstelle von Rahmen- und Binnenstruktur gewählt wurde. Wir stoßen auf eine gegenläufige Anlage des *récit*, bemerken aber auch Elemente einer *histoire* wie etwa den Tod der Mutter bei der Geburt, die gleichzeitig in Bewegung gehalten werden und auf beide ‚Zeitpfeile', auf beide Vektorisierungen verweisen. Deutlich freilich wird – und dies ist für uns entscheidend – dass das Leben in der literarischen Darstellung keineswegs an die Irreversibilität aller Ereignisse gekoppelt ist.

Mit der Rückkehr in den Mutterleib wohnen wir einer doppelten Überschneidung von Leben und Tod bei. Geburt und Sterben tauschen gleichsam ihre Seme aus, ihre bedeutungstragenden Elemente. Wir könnten diesen komplexen Vorgang vielleicht wie folgt veranschaulichen: Das Sterben ist bei rechtsdrehendem Uhrzeiger mit dem Schließen der Augen verbunden, während bei linksdrehendem Uhrzeiger in deutlicher Symmetrie das Schließen der Augen mit dem Eindringen in den Mutterschoß und damit der ‚umgekehrten' Geburt gleichgesetzt werden kann. Was bei rechtsdrehendem Uhrzeiger den Zeitraum der Geburt markiert, bedeutet bei linksdrehendem Uhrzeiger keineswegs das Sterben, sondern ein Eintauchen und Hinübergleiten in ein (anderes) Leben, das sich just in diesem Augenblick eröffnet.

Lassen Sie es mich noch einmal anders ausdrücken: Das Aufschlagen der Augen bei linksdrehendem Uhrzeiger eröffnet einen Lebenslauf, der sich bei rechtsdrehendem Uhrzeiger im Augenblick der Geburt ebenfalls ergibt! Beide Abläufe des Lebens sind gleichermaßen unvorhersehbar; und beide Leben sind niemals die Summe ihrer Teile, sondern strukturell wesentlich mehr. Überdies gibt Martials Eindringen in den Mutterschoß seiner Mutter wieder neues Leben, bringt also die Mutter bei linksdrehendem Uhrzeiger ins Leben ‚zurück', während sie ihm bei rechtsdrehendem Uhrzeiger neues Leben nach dem pränatalen Leben spendet. So kann der Sohn bei linksdrehendem Uhrzeiger der Mutter das Leben schenken und damit deren Sterben in einem Geburtsakt auslöschen, der für die Mutter bei rechtsdrehendem Uhrzeiger tödlich verlief. Ich möchte an dieser Stelle unserer Vorlesung bereits vorwegnehmen, dass wir derartigen Überkreuzungen von Gebären und Sterben, von Leben und Tod in den Literaturen der Welt immer wieder begegnen werden.

Doch verfolgen wir Alejo Carpentiers Erzählung bis zu ihrem Ende beziehungsweise bis zu ihrem Ursprung! Wir sind in dieser Entwicklungsphase des

Protagonisten im Säuglingszustand des Ich angekommen, das nun auch seine individuelle Identität und seinen Namen verliert. Von nun an stehen die Grundbedingungen des Lebens und die Grundbedürfnisse im Vordergrund aller Wünsche des Protagonisten, den wir im Grunde nicht mehr Martial nennen dürfen. Der eigentliche Geburtsvorgang steht nun unmittelbar bevor und die Verbindung mit dem Universum über die Poren lässt erkennen, dass alles auf die Vereinigung mit dem gesamten Kosmos hinausläuft: Die Auflösung des Lebens im Kosmos oder – wenn Sie so wollen – die Verschmelzung mit dem Universum zeichnet sich ab!

Dieses umgekehrte Geborenwerden als ein Sterben zu bezeichnen, griffe wohl deutlich zu kurz. Denn es handelt sich im Grunde um ein Aufgehen im Universum, um eine Verschmelzung mit dem Leben selbst. Zugleich werden durch diesen Weg Martials zurück in den Mutterschoß, in den warmen, feuchten Körper-Leib, diesem mütterlichen Körper das eigene Leben und die eigene Freiheit zurückgegeben. Die junge Frau kann sich jetzt wieder in ihrem eigenen Sinne entfalten. Damit erfolgt gleichsam eine weitere Geburt, die nun bis zum Säuglingszustand der immer jünger werdenden Frau durchzuspielen wäre. Doch ist dies für die Ziele und Zwecke unserer Vorlesung gar nicht notwendig ...

Die Literatur spielt hier den in der Natur unumkehrbaren Entwicklungsprozess des Organismus in umgekehrter Abfolge durch. Das Lebenswissen, das wir als Menschen bei rechtsdrehendem Uhrzeiger entwickeln, wird nicht ausgeblendet, sondern von der Erzählerfigur, die Rahmenhandlung und Binnenhandlung miteinander verbindet, immer wieder im Bewusstsein der Leserschaft gehalten. Wir verstehen jetzt besser, warum Carpentier eine derart ‚doppelt' ausgestattete Erzählinstanz wählte.

Zugleich zeigt sich aber, dass dieses Lebenswissen (bei rechtsdrehendem Uhrzeiger) nicht ausreicht, um ein Erlebenswissen einzufangen, das die Dinge und Entwicklungen bei linksdrehendem Uhrzeiger erlebt. Dies bedeutet, dass unser Lebenswissen als Leserschaft auf literarische – und dies heißt experimentelle – Weise grundlegend erweitert wird. Denn es entwickelt sich eine andere Logik, eine andere Progression, die sich auch als eine Art Entledigung von allen Zwängen des Lebens lesen lässt. So gewinnen die Menschen beispielsweise durch die ‚Entheiratung' ihre Freiheit wieder oder sie können sich durch das Wiedereindringen in den Mutterschoß mit dem Essenziellen des Lebens auseinandersetzen, ohne von den Fern-Sinnen auf Dinge in größerer Entfernung einseitig fixiert zu sein. Und die bei der Geburt ihres Sohnes ums Leben gekommene Mutter gewinnt ihr eigenes Leben vollauf zurück.

Der französische Kultursemiotiker Roland Barthes hatte uns im oben angeführten Zitat gezeigt, dass Leben heißt, sich aus dem Bauch der Mutter heraus zu begeben und den mütterlichen Schutz zu verlieren, sich zu exponieren. Logischerweise erfolgt in Alejo Carpentiers *Viaje a la semilla*, also wörtlich einer *Reise zum Samen*, nun eine Entwicklung, die weg aus der ständig zunehmenden Exposition des Ich und hinein in die Sicherheit all seiner Lebensbezüge führt. Es ist eine Reise zum Samenkorn, zum Ursprung aller Dinge.

Leben als positiver Prozess heißt in Carpentiers viellogischer Erzählung, eine zunehmende Sicherheit zu erfahren, eine organisch wachsende Vereinigung mit den Dingen zu erleben. Leben heißt – mit anderen Worten – eine Verschmelzung mit dem Universum zu erfahren, die als Reiseerfahrung itinerarisch angelegt ist und als unilinearer Prozess mit der hermeneutischen Bewegungsfigur der Linie einher geht.[11] Diese Bewegungsfigur ist mit den Verstehensprozessen identisch, welche sich mit der Pilgerschaft, aber auch mit der Vereinigung mit Christus etwa in den *Moradas* von Santa Teresa de Jesús im Rahmen der spanischen Mystik verknüpfen. Dieser Reise oder reiseliterarischen Bewegung haftet folglich etwas Transzendentes an, das nicht notwendig mit einer bestimmten Religion, sondern vielmehr mit dem Leben selbst verbunden ist. Wie aber lässt sich diese transzendente Verstehens-Bewegung mit dem in der Erzählung evozierten Lebenswissen in Verbindung bringen?

Auch die Lebensreise bei linksdrehendem Uhrzeiger erzeugt einen tiefen Sinn, wobei das von ihr produzierte Lebenswissen aber nicht deckungsgleich mit dem Lebenswissen bei rechtsdrehendem Uhrzeiger ist. Schon in David Wagners *Leben* hatten wir literarisch vor Augen geführt bekommen, dass das Sterben Leben spenden kann und nicht einfach eine klare Grenze zwischen Leben und Tod existiert. So wird auch in dieser Erzählung anschaulich deutlich, dass Geburt und Sterben nunmehr invers perspektiviert als Sterben und Geburt erscheinen, wodurch ihre Arbitrarität herausgestrichen und ihre Funktion als Begrenzung des Lebens nachhaltig in Frage gestellt wird.

Als Leserinnen und Leser von Carpentiers *Viaje a la semilla* müssen wir uns einer Reihe von Fragen stellen: Was führt dazu, dass die Augen wieder aufgeschlagen werden können? Wann gibt es beim Eintritt in den mütterlichen Körper ein Erlöschen des Lebens? oder ist dieses Hinübergleiten ins Leben, von dem die Erzählerfigur spricht, gleichbedeutend mit einer Feier des Lebens selbst, das nicht länger individuell gedacht wird? Der Prozess zunehmender Individualisierung und Identitätsbildung bei rechtsdrehendem Uhrzeiger wird bei linksdrehendem Uhrzeiger zu einem Prozess, bei dem es zu einer zunehmenden Entledigung von Verantwortlichkeiten, aber auch von Identitäten kommt, die auf den jeweiligen Personen lasten. Und schließlich erscheint auch der Geburtsvorgang selbst

---

11 Vgl. hierzu Band 1 der Reihe „Aula" in Ette, Ottmar: *ReiseSchreiben. Potsdamer Vorlesungen über die Reiseliteratur*. Berlin – Boston: Walter de Gruyter 2020, S. 210 ff.

als ein fundamental offener Erzählkern, vielleicht sogar als jener Kern, von dem aus überhaupt Erzählungen möglich werden: als Kern, zu dem wir unterwegs auf einer narrativ angelegten Lebens-Reise sind.

Die Semantik des Spiels und eines – wenn Sie so wollen – göttlichen Spielers öffnet am Ende der kurzen Erzählung wieder den Blick auf eine übergeordnete, überindividuelle und zugleich transzendente Dimension. Denn es geht im Kern um die Frage, was Leben ist und was zu leben heißt. Die sich schneller bewegende Zeit erfasst gegen Ende des Erzähltexts nun wieder die kollektive Welt, deren Strukturen und von Menschen geschaffene Formen einschließlich der Architektur des Stadtpalastes in La Habana sich auflösen oder schlicht abgerissen werden.

Ich möchte Ihnen dieses Ende der Binnenerzählung gerne noch nachliefern, weil sich im dreizehnten Kapitel auf dieser Ebene ein Zyklus andeutet, ein Lebenszyklus gleichsam, der sich auf die vom Menschen geschaffenen Gegenstände wie auch auf die Natur hin öffnet und der Geschichte als solcher ein (zumindest vorübergehendes) Ende bereitet:

> Die Vögel kehrten unter einem Aufwirbeln von Federn ins Ei zurück. Die Fische füllten den Rogen auf und hinterließen eine Schneeschicht von Schuppen auf dem Grund des Beckens. Die Palmen falteten die Blätter zusammen und verschwanden in der Erde wie geschlossene Fächer. Die Schößlinge saugten ihre Blätter ein, und der Erdboden zog alles an sich, was ihm gehörte. Der Donner hallte in den Korridoren wider. Haare wuchsen am Sämischleder der Handschuhe. Die Wolltücher lösten ihre Gewebe und rundeten das Vlies der Schafe. Die Schränke, die Sekretäre, die Kruzifixe, die Tische, die Jalousien flogen in die Nacht hinaus und suchten ihre alten Ursprünge am Grund der Wälder. Alles, was durch Nägel zusammengehalten war, stürzte ein. Eine irgendwo verankerte Brigg trug die Marmorplatten des Fußbodens und des Brunnens eilends nach Italien. Die Waffensammlungen, die Beschläge, die Schlüssel, die Kupferkasserolen, die Zäume in den Ställen schmolzen und ließen einen Metallfluss fließen, den Galerien ohne Dach zur Erde hinableiteten. Alles verwandelte sich und kehrte in den Urzustand zurück. Der Lehm wurde wieder zu Lehm und hinterließ eine Einöde anstelle des Hauses.[12]

Das Leben erscheint aus Carpentiers inverser Darstellung als ein einziger expansiver Prozess; als eine Expansion, die auf allen Ebenen des Lebens vor sich geht. Als Konsequenz daraus sind wir fast wieder im Urschlamm angekommen, in jenem Lehm, aus dem der christlichen Religion zufolge Gott einst alles formte. Doch wir brauchen in *Viaje a la semilla* keinen Schöpfergott, keinen Demiurgen. Denn die Welt wird wieder zu jener Materie, zu jenem Chaos, aus dem sich einst der Kosmos bildete.

---

12 Carpentier, Alejo: Reise zum Ursprung, S. 144.

Die Welt des Kosmos, die geordnete und schöne Welt – denn der Begriff ‚Kosmos', den Sie heutzutage etwa im Begriff ‚Kosmetik' wiederfinden, meint Ordnung und Schönheit zugleich – hat sich in die ursprüngliche Einheit des Chaos zurückgebildet. Was sich aus dem Urschlamm entfaltet, kann auch wieder zu Urschlamm werden. Prozesse der Expansion wie der Implosion sind beiderseits Lebensprozesse, gleichviel, ob wir sie bei rechtsdrehendem oder bei linksdrehendem Uhrzeiger anschauen. Wir sind im Samen, im Kern, in den Ursprüngen der Welt angekommen; der Prozess ständig expandierender Teilungen und Bifurkationen innerhalb eines sich (seit dem Big Bang) in ständiger Expansion befindlichen Universums ist an ein Ende gekommen –oder an einen Anfang ...

Das Leben bewegt sich – wie die Biowissenschaften uns lehren und wie dies stellvertretend Friedrich Cramer mehrfach betonte – stets auf der Grenze zwischen Kosmos und Chaos, zwischen Urschlamm und Ordnung. Lassen Sie uns in unserer Vorlesung noch ein wenig in der Welt Lateinamerikas verweilen, bevor wir uns nach Europa und ins Reich des französischen Sonnenkönigs begeben! Ohne Alejo Carpentiers „real maravilloso" – wie dies fälschlich so häufig geschieht – mit dem „Realismo mágico" eines Gabriel García Márquez gleichzusetzen, wollen wir die Experimentierfreudigkeit lateinamerikanischer und speziell karibischer Erzähler doch nutzen, um noch mehr über das Leben, aber auch über das Sterben, zu erfahren.

Gabriel García Márquez oder der liebevoll aufgeschobene Tod

Wir haben uns bereits in unserer Vorlesung über *LiebeLesen*[1] ausführlich mit einem wunderbaren Roman beschäftigt; dabei konzentrierten wir uns allerdings auf die Frage der Liebe und haben das Thema des Todes weitgehend ausgeklammert. Wir sahen, dass es sich in *El amor en los tiempos del cólera* um einen Roman über die Liebe nach der Liebe und vor diesem Hintergrund in mehrfachem Sinne um einen postmodernen Liebesroman handelt. Ja, alles scheint schon über die Liebe gesagt worden zu sein – und auch die Protagonisten selbst scheinen schon alles über die Liebe in ihrem jeweils sehr unterschiedlichen Leben erfahren zu haben! Trotz alledem kommt es fast zu einer Art Wunder der Liebe, die so sehr in das Leben der beiden Alters-Liebenden eingreift, als ginge es darum, das Sterben und selbst den Tod in seinem verhängnisvollen Laufe noch aufzuhalten. War der Tod aber nicht – wie wir in unserer Vorlesung über Liebe und Lektüre vor allem dem Schweizer Essayisten Denis de Rougemont[2] entnahmen – schon immer in die Konzeptionen der Liebe im Abendland eingeschrieben?

Im Zentrum dieses unterhaltsamen karibischen Romans des kolumbianischen Literaturnobelpreisträgers steht zweifellos die Liebe zwischen zwei alt gewordenen Liebenden. Auf die Frage des ‚Aging', des Älterwerdens, werde ich noch zurückkommen. Doch wenn wir uns diesen Roman von García Márquez näher anschauen, dann sollten wir nicht vergessen, dass dem Sterben und vor allem dem Tod eine ganz wesentliche, fundamentale Rolle zukommt. Nicht ohne Grund beginnt die gesamte Romanhandlung mit dem Besuch bei einem Selbstmörder, der sich gerade mit Hilfe von Arsen ins Jenseits befördert hat – übrigens trotz seiner ungeheuren Liebe zu einer jüngeren und natürlich sehr schönen Frau. Doch den Prozess des langsamen Verfalls seines eigenen Körpers – auch dies ein Problem des Älterwerdens – wollte er nicht länger mitansehen. Das „Aging" wird folglich noch ein in dieser Vorlesung mehrfach vorgestelltes und diskutiertes Problemfeld werden. Doch bevor wir dies tun, möchte ich Ihnen zumindest einige wenige Biographeme zu diesem Autor aus Kolumbien an die Hand geben, die für unsere nachfolgende Lektüre von Bedeutung sind.

Gabriel García Márquez wurde am 6. März 1927 in dem kolumbianischen Dörfchen Aracataca als Ältestes von sechzehn Kindern eines Telegraphisten geboren und verstarb am 7. April 2014 in Mexiko-Stadt. 1928 findet das blutige

---

1 Vgl. den zweiten Band der „Aula"-Vorlesungen in Ette, Ottmar: *LiebeLesen* (2020), S. 677 ff.
2 Vgl. die Rougemont gewidmeten Ausführungen in ebda., S. 135 ff.

Open Access. © 2022 Ottmar Ette, publiziert von De Gruyter. Dieses Werk ist lizenziert unter einer Creative Commons Namensnennung - Nicht-kommerziell - Keine Bearbeitung 4.0 International Lizenz.
https://doi.org/10.1515/9783110751321-006

Massaker an streikenden Bananenarbeitern der United Fruit Company in der Nähe seines Geburtsortes statt, das eine wichtige Episode in seinem sicherlich bekanntesten Roman *Cien años de soledad* bilden wird. Der Pfarrer, der ihn taufte, liefert das wohl einzige Dokument über diese grässliche Bluttat, die vollständig verschwiegen werden sollte.

Nach der Übersiedelung seiner Eltern nach Riohacha ins Departamento de Sucre, wo der Vater später eine Apotheke aufmacht, wuchs der kleine Junge bis zu seinem achten Lebensjahr bei seinen Großeltern mütterlicherseits in der mythenumwobenen Atmosphäre von Aracataca auf, umgeben von den Erzählungen seiner Großmutter und konfrontiert mit der Geschichte seines Großvaters, eines Veteranen des „Krieges der tausend Tage". Als der Großvater starb, zog der Junge zu seinen Eltern. Doch die Jahre in Aracataca haben sich tief in sein Gedächtnis und seine erzählerische Sensibilität eingegraben.

Seine Schuljahre verbrachte der künftige Schriftsteller, von dem bereits erste Texte erscheinen, in der Hafenstadt Barranquilla, wo er ein Jesuitenkolleg besucht. Als er mit zwölf Jahren ein Stipendium erhielt, konnte er seine Schulzeit im Jesuitenkolleg von Zipaquirá fünfzig Kilometer vor den Toren Bogotás fortsetzen. Dem Wunsch seiner Eltern entsprechend begann er 1946 ein Jurastudium an der Universidad Nacional in Bogotá. Zu diesem Zeitpunkt lernte er bereits seine spätere Frau Mercedes Barcha kennen, ein Mädchen, das aus einer der in Kolumbien zahlreichen arabischen Einwandererfamilien stammte. Das Jurastudium konnte ihn weder in Bogotá noch – nach dem sogenannten „Bogotazo" – in Cartagena begeistern, so dass er es spätestens 1950 abbrach; aus dieser Zeit stammt seine Freundschaft mit Camilo Torres, eines Vertreters der Kirche der Armen, der später seinen ersten Sohn taufte und in der Guerrilla ums Leben kam.

Längst schon hatte sich Gabriel García Márquez für Literatur interessiert und las mit Leidenschaft Texte von Ernest Hemingway, Virginia Woolf oder William Faulkner, der für sein späteres schriftstellerisches Werk sehr wichtig werden sollte. Neben ersten veröffentlichten Erzählungen und dem 1952 abgelehnten Romanmanuskript von *La Hojarasca* widmete sich García Márquez vor allem der journalistischen Arbeit: Er schrieb für den *Heraldo* von Barranquilla, arbeitete als Reporter unter anderem für *El Espectador* in Bogotá, wo seine ersten Erzählungen erschienen. So wurde er 1955 Berichterstatter der Großmächtekonferenz in Genf, hielt sich länger in Rom und Paris auf und reiste durch Europa. Doch nachdem der kolumbianische Diktator Rojas Pinilla schließlich 1956 den *Espectador* schließen ließ, wird García Márquez, der Starreporter dieses Periodikums, wo unter anderem seine ersten Filmchroniken erschienen, vorübergehend mittellos.

Daher trieb Gabriel García Márquez – seiner Erfolge als Journalist zum Trotz – nun literarische Pläne voran. Er reiste 1957 als Reporter in die Deutsche Demokratische Republik, in die Sowjetunion und in andere sozialistische Länder, die er bereits seit 1955 wie Polen und Ungarn insgeheim besucht hatte. Im März 1958 heiratete er Mercedes Barcha, die er bereits als Dreizehnjährige kennengelernt hatte und mit der ihn eine innige Liebe verband. Als Journalist arbeitete er für die Presseagentur *Prensa Latina* in Bogotá und in New York. Fidel Castro bat ihn, ein Buch über den Triumph seiner Revolution zu schreiben: Beide Männer wird fortan eine lange Freundschaft verbinden. Zum Bruch wird es dagegen bald schon mit einem Freund und Schriftstellerkollegen kommen: dem ebenfalls späteren Literaturnobelpreisträger Mario Vargas Llosa, mit dem wir uns noch auseinandersetzen werden. Nach dieser politischen ‚Wasserscheide' der lateinamerikanischen Literaten, die 1971 mit der sogenannten ‚Padilla-Affäre' ihren Höhepunkt erreicht und das literarische Feld Lateinamerikas grundlegend verändert, wird García Márquez weiterhin zur sozialistischen Revolution auf Kuba stehen und die Insel häufig als gern gesehener Gast besuchen.

Abb. 15: Gabriel García Márquez (1927–2014).

Schriftstellerisch betätigte sich García Márquez nicht nur mit Reportagen und Chroniken, sondern verfasste Drehbücher (insbesondere für mexikanische Produzenten), Kurzgeschichten, literarische Erzählungen und bald auch Romane, die zunächst auf ein eher bescheidenes Echo stoßen. 1967 aber gelingt ihm mit *Cien años de soledad* der schriftstellerische Durchbruch mit einem Text, an dem der Kolumbianer seit den vierziger Jahren gearbeitet hatte. Der Roman wird zu einem gigantischen Bucherfolg und 1969 als bestes ausländisches Buch in Paris ausgezeichnet – übrigens gemeinsam mit einem Roman des Kubaners Reinaldo Arenas, *El mundo alucinante*, mit dem wir uns ebenfalls noch beschäftigen werden.

Gabriel García Márquez' Bestseller zählt gewiss zu den bei der Literaturkritik wie bei einem internationalen Lesepublikum geschätztesten Romanen des 20. Jahrhunderts. *Hundert Jahre Einsamkeit* machte fast über Nacht – und mit einer Weltauflage von heute über 30 Millionen verkaufter Exemplare – García Márquez zum meistgelesenen Schriftsteller Lateinamerikas. Dass er 1982 mit dem Nobelpreis für

Literatur ausgezeichnet wurde, war zu diesem Zeitpunkt und angesichts des anhaltenden Erfolgs auch späterer Romane und Kurzgeschichten fast schon eine Selbstverständlichkeit.

Angesichts der politisch instabilen Lage Kolumbiens zog Gabriel García Márquez es vor, außerhalb seines Landes zeitweise in Barcelona, danach in Mexiko-Stadt oder auch auf Kuba zu leben. Er engagierte sich mit all seinen Kräften gegen die lateinamerikanischen Diktaturen und für einen Sozialismus auf lateinamerikanischem Boden, verfasste engagierte Romane gegen die chilenische Diktatur, aber erkundete in Romanen wie der 1981 gemeinsam in Bogotá, Barcelona und Buenos Aires mit einer Startauflage von zwei Millionen Exemplaren erschienen *Chronik eines angekündigten Todes* auch die verschiedensten Dimensionen der arabischen Einwanderung[3] nach Lateinamerika und speziell nach Kolumbien. Diese Konvivenz mit der aus arabischen Ländern stammenden Bevölkerung war nicht nur in *Crónica de una muerte anunciada*, sondern bereits in *Cien años de soledad* präsent gewesen. Längst war der Kolumbianer überall als Botschafter für Menschenrechte und im Einsatz für politische Gefangene in Lateinamerika bekannt. 1981 wurde er vom französischen Staatspräsidenten François Mitterrand in die *Légion d'Honneur* aufgenommen: Eine internationale Ehrung und Auszeichnung folgte der anderen.

Doch der in vielen seiner Romane zum Ausdruck kommende Wunsch des Literaturnobelpreisträgers, seine große Altersliebe mit seiner Frau Mercedes glücklich ausleben zu dürfen, erfüllte sich nur noch zum Teil. Gegen Ende des Jahrhunderts überstand der mit einer Vielzahl an literarischen Preisen Überhäufte eine Krebserkrankung, zog sich aber zunehmend aus der Öffentlichkeit zurück und starb, an Demenz erkrankt, am 17. April 2014 in Mexiko-Stadt, wo der Kolumbianer lange Jahre seines Lebens verbracht hatte.

Solchermaßen biographisch gerüstet und mit Biographemen ausgestattet, können wir uns nun seinem Roman *El amor en los tiempos del cólera* zuwenden, der 1985 erschien – vier Jahre nach dem enormen weltweiten Erfolg von *Crónica de una muerte anunciada*. In unserer Vorlesung über *LiebeLesen* hatten wir schon von dieser ungewöhnlichen und allen Leserinnen und Lesern ans Herz gehenden Liebesgeschichte gehört, in welcher in epischer Breite von jenem ungleichzeitigen Dreiecksverhältnis erzählt wird, in welchem drei sehr unterschiedliche Liebende miteinander verwoben sind. Denn erst nach dem Tod des auf skurrile und gleich noch näher zu betrachtende Weise ums Leben gekommenen Arztes Juvenal Urbino, der ein halbes Jahrhundert mit Fermina Daza verheiratet war, erscheint Florentino Ariza, um die Witwe, die ihn vor fast

---

[3] Vgl. hierzu auch das entsprechende Kapitel im dritten Band der Reihe „Aula" in Ette, Ottmar: *Von den historischen Avantgarden bis nach der Postmoderne* (2021), S. 830 ff.

einem ganzen Leben als Liebespartner abgewiesen hatte, seine Aufwartung zu machen. Doch die Witwe will von den erneuerten, aber reichlich inopportunen Liebesschwüren Florentinos nichts hören und wirft ihn hinaus – Ende der Liebe?

Mitnichten! Denn so leicht lässt sich ein Florentino Ariza nicht ein weiteres Mal abweisen. Schließlich hatte er sich gut auf diesen Augenblick vorbereitet. Einundfünfzig Jahre, neun Monate und vier Tage hatte er auf seine Chance gewartet, im hohen Alter doch noch sein Liebeswerben erhört zu sehen. Wie García Márquez selbst hatte sich Florentino als junger Mann unsterblich in das hübsche Schulmädchen verliebt. Nach Hunderten von romantischen Liebesbriefen schien Florentinos Werben endlich von Erfolg gekrönt zu werden, doch Ferminas Vater hielt nichts von dieser Partie mit einem armen Telegraphisten und entführte die Tochter auf eine anderthalbjährige Reise zu Verwandten. Derlei Reiseunterbrechungen, so ausgedehnt sie auch immer sein mögen, können nicht immer die Liebesgefühle unterdrücken, wie wir bereits aus Rousseaus *Julie ou la nouvelle Héloïse* wissen.[4] Dies war auch Gabriel García Márquez bekannt. Dennoch ließ er seine Geschichte einen erheblichen Haken schlagen.

Denn nachdem die beiden Liebenden während der gesamten Reise auf telegraphische Weise in Verbindung blieben und sich ewige Liebe schworen, verändert sich Ferminas Haltung nach der Rückkehr: Sie weist den ihr treu ergebenen Telegraphisten ab und wendet sich unter gütiger Beihilfe ihres Vaters dem begehrtesten Junggesellen der Stadt zu – eben Doktor Juvenal Urbino. Gleichwohl liebt Fermina auch diesen Mann letztlich nicht, mit dem sie immerhin mehr als fünfzig Ehejahre verbringt. Beide Ehepartner erlernen es, gut miteinander auszukommen und einen liebeähnlichen Zustand herzustellen. Ja, die Liebe ist mit all ihren Abarten – wie wir bereits in der Vorlesung über *LiebeLesen* gelernt haben – eine Kunst, die man wie das Lesen oder Schreiben oder Rechnen erlernt!

Florentino Ariza macht unterdessen Karriere und steigt zum angesehenen Direktor der Karibischen Flussschifffahrtsgesellschaft auf. Er führt nach Aussage des Erzählers das Leben eines Don Juan, der freilich im Innersten seines Herzens stets Fermina Daza treu geblieben ist. Geduldig wartet er noch immer auf jenen Augenblick, der sich ihm dann urplötzlich im einundachtzigsten Lebensjahr des Doktor Urbino darbietet. Er hatte immer gewusst, dass ihm allein der eigene Tod einen Strich durch die Rechnung würde machen können; und so hielt er sich stets bei bester Gesundheit. Und als Urbino weg und die Chance

---

4 Vgl. zur Reise des in Julie ebenso unsterblich verliebten Saint-Preux um die Welt, die in Zusammenhang mit der zweiten Phase beschleunigter Globalisierung steht, Ette, Ottmar: *LiebeLesen*, S. 364 ff.

da war, schrieb Florentino hundertvierzig Liebesbriefe an Fermina, die allesamt unbeantwortet blieben, aber eine Tür zu ihrem Herzen öffneten und langsam in wöchentliche Besuche des Junggesellen bei der Witwe übergingen.

Alle Versuche von Ferminas Kindern, der alten Dame das gesellschaftlich Unziemliche ihrer neuen Verbindung vor Augen zu führen, scheitern an ihrem Stolz. Doch ich will Ihrer Lektüre und unserem Vorgehen nicht die Spannung nehmen und schildere Ihnen nicht vorab, wie sich eine Liebesgeschichte entwickelt, auf die Florentino mehr als ein halbes Jahrhundert warten musste.

Halten wir aber fest, dass es der Tod ist, der den entscheidenden Teil der Romanhandlung eröffnet, jenen Teil der Liebesgeschichte, der sich um das Altern, den körperlichen Verfall, aber auch die ständig neuen Entdeckungen und Erkundungen im Zeichen der Liebe dreht! Dies alles ist angesiedelt in einer Landschaft, die von der Versandung des Flusses, von zerstörerischen Eingriffen des Menschen in die Natur, vom Verfall der Städte und von vielen Details geprägt ist, die auf Altern und Zerstörungen hinweisen. Der Tod steht aber auch am Beginn des gesamten Romans. Denn es ist Doktor Juvenal Urbino, der den bereits erwähnten Tod seines Freundes – dessen erfolgreichen Selbstmord vertuschend – medizinisch korrekt konstatieren muss. Wie aber sieht es mit Urbinos eigenem Tod aus, jenem Tod, der ja – von Florentino Ariza jahrzehntelang ersehnt – erst den Weg freimachen wird für die abschließende Erfüllung seiner Liebessehnsucht, die wie stets bei García Márquez jegliches gewöhnliche Maß bei weitem sprengt?

Der Tod, der Doktor Juvenal Urbino trifft, schleicht sich heimlich, sachte und sanft in sein Leben ein – zu einem Zeitpunkt nämlich, als der erfahrene Arzt bereits die achtzig überschritten hat und sein Alter genießt. Ein sprachgewandter, aber störrischer Papagei ist entflogen – und leider kann ich hier nicht auf die Literaturgeschichte des Papageis in den Literaturen der Welt, aber speziell auch in den Literaturen Lateinamerikas eingehen.[5] Doktor Juvenal Urbino versucht jedenfalls, diesen entwischten Papagei, der auf einem Baum im Garten seines Hauses Platz genommen hat, wieder einzufangen. Und er tut dies sehr zum Entsetzen der Dienerschaft, wie Sie gleich sehen werden:

> Er stieg auf die dritte Sprosse und sodann auf die vierte, doch hatte er sich mit der Höhe des Zweiges verrechnet und klammerte sich nun mit der linken Hand an die Leiter und

---

5 Hier wären Alexander von Humboldt, Gustave Flaubert, Julian Barnes, aber auch Gabriel García Márquez einige der profiliertesten Kandidaten; vgl. hierzu Ette, Ottmar: Papageien, Schriftsteller und die Suche nach der Identität. Auf den Spuren eines Vogels von Alexander von Humboldt bis in die Gegenwart. In: *Curiosités caraïbes*. Für Ulrich Fleischmann. Gießen: Wieseck 1988, S. 35–40.

versuchte, den Papagei mit seiner rechten zu fangen. Digna Pardo, die alte Hausangestellte, die ihm sagen wollte, dass es für die Beerdigung schon spät geworden sei, sah im Augenwinkel den Mann hoch oben auf der Leiter und traute ihren Augen nicht, da sie ihn nur an den grünen Streifen seiner elastischen Hosenträger erkannte.

– Ach du heiliger Bimbam, Sakrament nochmal!, schrie sie, Sie werden sich umbringen!

Doktor Urbino erwischte den Papagei am Hals und seufzte triumphal auf: *ça y est*. Doch er ließ den Papagei sofort wieder los, weil die Leiter unter seinen Füßen rutschte und er einen Augenblick lang in der Luft hing, in dem ihm plötzlich klar wurde, dass er ohne die Sterbesakramente der letzten Kommunion sterben würde, dass er nun nichts mehr beichten und sich von niemandem mehr verabschieden können würde, nachmittags um 4 Uhr und sieben Minuten an einem Pfingstsonntag.

Fermina Daza war in der Küche und kostete die Suppe für das Abendessen, als sie den Schreckensschrei von Digna Pardo und die Aufregung der Hausangestellten und bald darauf die der Nachbarschaft hörte. Sie warf den Löffel weg und versuchte, trotz des unbesiegbaren Gewichts ihres Alters so schnell sie konnte zu rennen, wobei sie wie eine Verrückte schrie, ohne noch genau zu wissen, was unter den Zweigen des Mangobaums vor sich ging, und das Herz zersprang ihr in Stücke, als sie ihren Mann auf dem Rücken im Schlamm liegen sah, schon tot noch im Leben, doch noch immer eine letzte Minute dem finalen Peitschenhieb des Todes abringend, damit sie noch Zeit hätte, es zu ihm zu schaffen. Es gelang ihm, sie in dem ganzen Durcheinander und durch die Tränen des unsäglichen Schmerzes hindurch, ohne sie sterben zu müssen, wiederzuerkennen, und er schaute sie zum allerletzten Male mit seinen leuchtenden Augen an, die trauriger und dankbarer waren, als sie es je in einem halben Jahrhundert gemeinsamen Lebens gesehen hatte, und er konnte ihr schließlich mit seinem letzten Atemzug sagen: – Gott allein weiß, wie sehr ich Dich liebte.

Es war ein denkwürdiger Tod, und nicht ohne Grund.[6]

Dies ist eine Sterbeszene, wie sie nur ein Gabriel García Márquez schreiben kann. Und dieser Tod ist in der Tat höchst denkwürdig, nicht allein seines letztlich urkomischen Charakters wegen, der von der Tollpatschigkeit des Achtzigjährigen beim Papageienfangen herrührt. Vielleicht denken Sie, dass es sich bei dieser Szene um einen eher banalen Tod handelt: Ein Greis stürzt beim Versuch, einen Papagei wieder einzufangen, von der Leiter und bricht sich das Genick auf eine Weise, wie es bei den berüchtigten Unfällen im Haushalt dutzendweise pro Jahr vorkommt. Genau deshalb habe ich Ihnen aber diesen Tod ausgesucht, um ihn Ihnen als etwas höchst Banales und doch Einzigartiges vorzuführen, ja als etwas letztlich Endgültiges, auf das man sogar mit einem gewissen Humor blicken kann. Anders als Gustave Flaubert, der bekanntlich behauptete, beim Schreiben der Sterbeszene von Emma Bovary

---

6 García Márquez, Gabriel: *El amor en los tiempos del cólera*. Barcelona: Penguin Random House Grupo Editorial 2015, S. 68 f.

den Geschmack von Arsen auf den Lippen gespürt zu haben, verspürte Gabriel García Márquez beim Schreiben dieser Szene sicherlich keinerlei Todesangst.

So ist es gleichsam ein simpler Fehltritt, der Doktor Urbino ein Ende bereitet; und es ist das Federvieh, das seine Frau Fermina Daza in Form eines Papageis ins Haus gebracht hatte, das dem Hausherrn höchstpersönlich das Leben kosten wird. Für uns aufschlussreich sind mehrere Aspekte dieses banalen Todes – und ich verspreche Ihnen: Wir werden noch weit pathetischere Inszenierungen kennenlernen! Doktor Juvenal Urbino ist sich in der Sekunde der Tatsache bewusst, dass er unausweichlich in dieser Szene werde sterben müssen. Er besitzt ein klares Bewusstsein von seinem unmittelbar bevorstehenden und unausweichlichen Tod, hat zugleich aber noch Zeit genug, um es sehr zu bedauern, dass er ohne die Sterbesakramente – also ohne jenen geistlichen Beistand, der zumindest einer Emma Bovary noch zuteilwurde –, ohne Beichte und ohne die Möglichkeit das Leben verlassen muss, etwas von dem dort Getanen zu bedauern, oder sich noch verabschieden zu können. So gerne noch würde er sein Leben bei vollem Bewusstsein und nach allen Regeln der Kunst abschließen...

Mit diesem Wunsch, der ihn noch in den letzten Sekunden seines Lebens durchzuckt, steht der Doktor in der langen Geschichte des Todes im Abendland nicht allein. Wir werden im weiteren Verlauf der Vorlesung sehen, dass diese Todesart – der überraschende Tod – spätestens seit dem Mittelalter die schrecklichste und gefürchtetste Todesform ist, reißt sie den gerade noch Lebenden doch ohne Vorwarnung und damit ohne die Gnade Gottes rücksichtslos aus dem Leben. Er stirbt nicht von den Seinen umsorgt und verehrt in einem Bett, das als Sterbebett hergerichtet wurde; und er kann sich nicht von all jenen verabschieden, die ihm im Leben etwas bedeuteten. Nein, er fällt vielmehr von einer Leiter herunter und liegt am Ende seines Lebens in jenem Schlamm, aus dem er dem christlichen Glauben nach einst geformt wurde!

Wir werden noch mehrfach mit dieser Todesart konfrontiert werden. Daher möchte ich Ihnen die *mors repentina* – denn dies ist der Fachausdruck für diesen undankbaren, urplötzlichen Tod – zugleich mit der Feder jenes französischen Forschers vorstellen, der gewiss als der wohl weltweit renommierteste Todesforscher angesehen werden durfte. Es handelt sich um den französischen Kulturforscher und Mediävisten Philippe Ariès:

> Damit der Tod sich [...] ankündigen konnte, durfte er nicht plötzlich eintreten, als *mors repentina*. Wenn er sich nämlich nicht im voraus bemerkbar machte, hörte er auf, zwar furchtbare, aber doch wohl oder übel erwartete und willig hingenommene Notwendigkeit zu sein. Er setzte dann die Ordnung der Welt, an die jedermann glaubte, außer Kraft, absurdes Instrument eines zuweilen als Zorn Gottes sich verkleidenden Zufalls. Ebendeshalb wurde die *mors repentina* als schimpflich und beschämend aufgefasst. [...] In dieser mit dem Tode so vertrauten Welt war der plötzliche Tod hässlich und gemein; er flößte

Angst ein – ein fremdartiges und schreckliches Phänomen, über das man nicht zu sprechen wagte.

Heute, da wir den Tod aus dem Alltagsleben verbannt haben, wären wir umgekehrt angesichts eines unerwarteten und absurden tödlichen Unfalls wohl eher bewegt und würden die sonst gültigen Verbote aus diesem ungewöhnlichen Anlass vielleicht aufheben. Der häßliche und gemeine Tod ist im Mittelalter nicht nur der plötzliche und absurde Tod wie der von Gaheris, sondern auch der heimliche Tod ohne Zeugen oder Zeremonien, der Tod des Reisenden unterwegs, des im Fluss Ertrunkenen, des Unbekannten, dessen Leichnam am Feldrain aufgefunden wird, oder sogar der des zufällig vom Blitz getroffenen Nachbarn. Es verschlägt wenig, dass er schuldlos war: sein plötzlicher Tod belastet ihn mit einem Fluch. Das ist eine sehr alte Vorstellung.[7]

Vor diesem von Ariès aus einer Perspektive der „longue durée" ausgemalten Hintergrund können wir leicht ersehen, dass es sich beim Tode von Doktor Urbino um eine Spielart der *mors repentina* handelt, die im Grunde auf die Antike zurückgeht, aber im Mittelalter eine ganz besonders scharfe Ablehnung und Ausgrenzung erfuhr. Denn dieser plötzliche Tod war gefürchtet, ja wurde sogar als ein Fluch verstanden, der auf einem Menschen lastete. Doktor Urbino wird sich beim Fallen und bei diesem „Tod noch im Leben" der Tatsache bewusst, einem solch plötzlichen Tod ohne Abschied, ohne Zeremonie, ohne Kommunion und ohne Seelenrettung anheimzufallen und damit in gewisser Weise verflucht zu sein. Wenn für ihn auch an der Wende vom 19. zum 20. Jahrhundert ein solcher Tod nichts Schimpfliches hat und später auch auf Gemälden wegen seiner Berühmtheit dargestellt werden sollte, ist diese Todesart doch für den Betroffenen eine besondere Strafe. Allerdings ließ Gabriel García Márquez huldvolle Gnade ergehen, gab er doch Doktor Urbino die Möglichkeit, sich ein allerletztes Mal gegenüber seiner Frau zu äußern – ein wenig so wie in einer Oper oder einem schlechten Film, in denen der Tod hinausgezögert wird und wo die letzten Worte eine zuvor nie gesagte Wahrheit bezeugen. So hat diese Sterbeszene zweifellos etwas Melodramatisches.

Wenn wir die angeführte Passage noch einmal Revue passieren lassen, fällt uns die Häufigkeit des Lexems ‚Leben' auf. Besonders bemerkenswert ist die Formulierung, die von García Márquez in der obigen Passage gewählt wurde: Doktor Juvenal Urbino gab sich Rechenschaft darüber, dass er gestorben war und dass er im Schlamm lag, „ya muerto en vida". Es handelt sich gleichsam um ein Sprechen von der Seite des Todes aus, fast schon aus einer anderen Welt, vergleichbar mit Worten aus dem Grabe, die zugleich ewige Wahrheiten formulieren und die dringliche Frage aufwerfen, wann eigentlich ein Mensch gänzlich tot ist und wo genau die Grenzen von Leben und Tod verlaufen.

---

7 Ariès, Philippe: *Geschichte des Todes*. München: dtv 1987, S. 20 f.

Wir beginnen zu ahnen, dass nicht nur – wie wir bei Alejo Carpentiers *Viaje a la semilla* bereits sahen – für die Geburt keine klare Grenzlinie gezogen, kein eindeutiger Zeitpunkt für den Beginn eines Lebens angegeben werden kann. Auch der Tod ist, wie wir in dieser kleinen Passage sehen, eine Art Übergang, ein Zwischenbereich, denn hier bemerkt einer, dass er tot ist – und spricht doch noch zu den Lebenden, als ob er lebte. Ist er nun tot oder lebendig? Die hellen, leuchtenden Augen Doktor Urbinos deuten im Grunde an, dass er bereits etwas anderes zu sehen begonnen hat, dass er als „muerto en vida" die „vida de la muerte", also nach dem Ende des Lebens ein anderes Leben bezeugen kann. Aber lassen Sie uns zunächst genauer der Frage nachgehen, wann ein Mensch eigentlich tot ist!

Zum Todesbegriff im klinischen Sinne möchte ich Ihnen gerne etwas aus einem Aufsatz in der Zeitschrift *Menschen* der „Aktion Mensch" über die Marburger Blindenhörbücherei als Impuls kurz vorstellen. Die hier zitierte Passage daraus lautet: „Ärzte und Wissenschaftler haben den Tod vom Herzen ins Hirn verlagert. Denn erst das Hirntodkonzept macht die heutige Transplantationspraxis möglich. Nur wenn das Herz noch schlägt, können die Mediziner frische und dadurch verpflanzbare Organe gewinnen. Nach internationaler Übereinkunft von 1968 gilt der Hirntod als Tod eines Menschen. Die Bundesärztekammer in Deutschland hat sich dieser Meinung angeschlossen. 1997 beschloss der Bundestag das Transplantationsgesetz."

Wir hatten die Problematik der Grenze von Leben und Tod bereits anhand von David Wagners Experimentaltext *Leben* und die damit verbundenen Möglichkeiten und Grenzen der Transplantationsmedizin diskutiert. Nun, die Frage des Hirntodes scheint nur auf den ersten Blick eine klare Grenze zwischen Leben und Tod zu ziehen. Denn wir sollten nicht vergessen, dass die meisten Klinikärzte den hirntoten Spendern bei der Organentnahme eine Vollnarkose oder zumindest Beruhigungsmittel verabreichen. Warum können sich Hirntote noch – wie häufig beschrieben – bewegen? Was ist das für ein Tod, bei dem der Mensch sich noch bewegt? Und was ist mit der jungen Frau, die als Hirntote noch ein Kind gebar? Es gibt also durchaus Zweifel an einer allzu klaren Position, die das Fehlen jeglicher Hirnfunktion mit dem Tod des ganzen Menschen gleichsetzt. Zugleich ist der Hirntod ein einschneidender Zeitpunkt im Sterbeprozess, denn es handelt sich um einen unumkehrbaren Verlaufspunkt: Der Hirntod markiert den *Point of no Return*. Wissenschaftlich aber lässt sich, allgemein formuliert, nicht nachweisen, wie viel oder wie wenig Leben in einem Hirntoten noch steckt. Und natürlich auch, wieviel Bewusstsein in ihm noch ist: Dazu müssten wir Hirntote befragen können. Die Formulierung „muerto en vida" wirft folglich eine ganze Vielzahl an Problemen auf und eröffnet einen ‚Zwischen-Raum', in welchem keine klare Grenze zwischen Leben und Tod oder besser zwischen Leben, Sterben und Tot-Sein gezogen werden kann.

Fernab aller kulturellen Differenzen zwischen Europa und Lateinamerika ist klar: Das heutige Verständnis von Hirntod ist eine gesellschaftliche Übereinkunft, eine soziale Konvention, die gerade mit Blick auf die Transplantationsdiagnostik vor allem pragmatischen und funktionalen Wert besitzt. Der Tod beziehungsweise der Zeitpunkt des Todes ist eine Konvention, die nicht unabhängig von den Notwendigkeiten ist, Organspenden zu gewinnen und damit Menschenleben zu retten. Wer als hirntot gilt, ist tot, auch ohne die ansonsten ‚sicheren' Anzeichen für den eingetretenen Tod. Unter diesen wären insbesondere eine vollkommene Reaktionslosigkeit, die völlige Muskelstarre, das Erscheinen von Leichenflecken sowie ein völlig kalter Körper-Leib zu nennen. Mit der Frage der Grenzen von Leben und Tod ist letztlich unser gesamtes Menschenbild verbunden: Denn ist es allein unser Hirn, das unsere Lebendigkeit, unser Lebendig-Sein bezeugt? Geburt und Sterben können als jene Übergänge aufgefasst werden, hinter die wir nur ver*mittelt* – das heißt mit Hilfe anderer Medien wie nicht zuletzt der Literatur – blicken können.

Wir beginnen also zu ahnen, dass wir am Beispiel dieser recht banalen Todesart des Doktor Urbino eine recht komplexe Fragesituation angetroffen haben, die uns zu verstehen gibt, wie sehr der Tod in das Leben und das Leben in den Tod hinüberreicht. Denn Doktor Urbino entgeht durch das Hinauszögern seines Todes in einen ungewissen Zwischenbereich auch dem Fluch der „mors repentina", dem völlig einsamen, von keinem zur Kenntnis genommenen Tod. Gabriel García Márquez bewahrt ihn dadurch vor der übrigens in unserer Gesellschaft häufigsten Todesart: Irgendwo in einem Krankenzimmerbett oder im Altersheim wegzusterben, ohne dass irgendwelche Angehörigen dabei wären, die an diesem Tod in der Todesstunde Anteil nehmen könnten. Auch in den Literaturen der Welt ist diese Form des Todes nicht selten, wird freilich aber häufig mit dem Versuch gekoppelt, ‚hinter' die Grenzen zwischen Leben und Tod schauen zu können.

Durch die Schreie ihrer Hausangestellten aufmerksam geworden, kommt Fermina Daza eiligst zu ihrem Mann gelaufen, um ihm gleichsam wie eine letzte Beichte ein Geständnis abzunehmen, das *in extremis* wie eine Art Testament, in jedem Falle wie das Geständnis einer höchsten und unverbrüchlichen Wahrheit wirkt. Denn nur Gott allein wisse, wie sehr er sie geliebt habe. Im tatsächlichen Leben, in der realen Konvivenz über ein halbes Jahrhundert hinweg, haben beide von dieser Liebe sich wechselseitig nicht allzu viel gezeigt, nehmen wir vielleicht die ersten Jahre der Frischvermählten einmal davon aus. Zum Tod gehört also auch die zusätzliche Möglichkeit, noch ein letztes Mal – vielleicht auch ein einziges Mal – Zugang zu einer letzten Wahrheit zu haben; in diesem Falle der Wahrheit der Liebe, die dann im glücklicheren Falle gegenüber Zeugen des eigenen Todes geäußert werden kann.

Auch für diesen Punkt werden wir in den Literaturen der Welt eine Reihe von Zeugnissen, Beispielen und Variationen finden. In jedem Fall aber ist das Schrecknis eines anonymen, einsamen, gottvergessenen Todes für Doktor Juvenal Urbino in *El amor en los tiempos del cólera* gebannt. Liebe und Tod gehen in der Todesszene eine letzte Verbindung ein; und Gott allein weiß, wie oft wir diese Verbindung zwischen Liebe und Tod in unserer Vorlesung über *LiebeLesen* konstatieren konnten. Auch dies gehört zum weiten Beziehungs- und Verbindungsfeld zwischen Eros und Thanatos ...

Das vorher nie Gesagte macht uns zugleich aber auch auf eine wichtige zusätzliche Dimension aufmerksam: Die Zeit scheint gleichsam außer Kraft gesetzt. Die linear ablaufende Zeit wird für einen mehr oder minder langen Augenblick angehalten. Mit anderen Worten: Aus dem letzten Punkt im Leben wird eine Übersicht über das ganze Leben noch einmal möglich. Überlebende, die eigentlich schon klinisch tot waren, berichten von derartigen Einsichten, von Rückblicken ungeheurer Intensität, in denen das ganze Leben noch einmal als Film am inneren Auge vorüberläuft, so als wäre man selbst der Zuschauer dieses Lebens, die Zuschauerin dieses Films, der doch das eigene Leben darstellt.

Ich selbst habe einmal als junger Mann eine solche Erfahrung gemacht, als ich am Steuer eines Autos saß, das auf eine Mauer zuraste. Nie werde ich die Intensität dieser Lebens-Bilder vergessen, die große Helle und Klarheit der Bilder eines Lebens, meines Lebens, das in der kurzen Zeitspanne vor dem Aufprall noch einmal an einem vorüberläuft. Nun, wie Sie sehen, habe ich überlebt; und das Überleben ist immer die Grundbedingung dafür, dass man eine Geschichte überhaupt erzählen und mit-teilen kann. Aber was wir in der Tat auf Grund der Berichte vieler Fast-Verstorbener festhalten können, ist die Tatsache, dass es eine Art rückwärtslaufende Bilderspule in unserem Kopf, in unserem Gehirn gibt, die uns zum Zeitpunkt unseres Todes alles noch einmal – und ein allerletztes Mal – vor Augen führt und nacherleben lässt. Und ohne eine solche panoramatische Sichtweise des eigenen Lebens wäre der letzte, pathetische Satz von Doktor Urbino mit leuchtenden, niemals zuvor von Fermina Daza gesehenen Augen nicht möglich gewesen.

Wie aber kommt es zum Tod? Wie beginnen wir zu sterben? Und wann beginnt dieser unser Leben abschließende Prozess? Das Älterwerden, das Bewusstsein einer wachsenden Gebrechlichkeit, die Einsicht in das eigene ‚Aging‘, in den derzeit vom Menschen noch kaum zu steuernden Prozess des Älterwerdens, des körperlichen Verfalls und der Vergreisung bildet einen wichtigen Gegenstand der Reflexion und der aus vielen Perspektiven vorgenommenen Beleuchtung in *El amor en los tiempos del cólera*.

Hunderte von Seiten nach der Darstellung des Todes von Doktor Juvenal Urbino wird uns dessen Frau Fermina Daza bei einem gefährlichen Fehltritt –

ähnlich wie später ihr Mann auf der Leiter – präsentiert, zu einem Zeitpunkt, als das älter gewordene Ehepaar zufällig im Kino Florentino Ariza gegenüberstand. Florentino war in Begleitung der Mulattin Leona Cassiani, einer der wenigen Frauen, welcher der Charme Florentinos niemals etwas hatte anhaben können. war sie doch in ihrer Jugend von einem großen Mann vergewaltigt worden, den sie in allen späteren Männern nie mehr hatte wiederfinden können. Die Verbindung von Erotik und Gewalt wird im Roman wie in allen Erzählwerken von García Márquez vielfach beleuchtet. So zeigte sich die schöne Mulattin auch Florentino Ariza gegenüber völlig unbeirrbar und eigenständig.

Mithin handelt es sich bei ihr um eine Frau, die nicht in Konkurrenz zur deutlich älter gewordenen und in ihrer Physiognomie beschriebenen Fermina Daza steht. Im Folgenden präsentiere ich Ihnen diese Szene, in der das Älterwerden sehr schön zum Ausdruck kommt und als Lektion, die das Leben gibt, vorgeführt wird. Florentino Ariza sieht die Frau, die er liebt, am Arm des anderen weggehen:

> Florentino Ariza sah, wie sie sich am Arm ihres Ehemannes in der Menge entfernte, die aus dem Kino strömte, und war überrascht, sie an einem öffentlichen Ort mit der Mantilla einer Armen und in Pantöffelchen zu sehen. Was ihn aber am meisten bewegte war die Tatsache, dass ihr Ehemann sie am Arm nehmen musste, um ihr die richtige Richtung zum Ausgang zu zeigen, und selbst so verrechnete sie sich noch in der Höhe und stürzte um ein Haar über die Stufe an der Türe.
> Florentino Ariza war sehr empfindsam für diese Fehltritte, die dem Alter geschuldet waren. Als er noch jung war, unterbrach er in den Parks seine Lektüre von Versen, um Pärchen von Alten zu beobachten, die sich dabei halfen, die Straße zu überqueren, und dies waren Lektionen des Lebens, die ihn noch unscharf erkennen ließen, welches die Gesetze seines eigenen Alters sein würden. In jenem Alter, das Doktor Juvenal Urbino damals in der Nacht in jenem Kino hatte, blühten die Männer in einer Art von herbstlicher Jugend auf, sie erschienen würdevoller mit ihren ersten weißen Haaren, wurden vor allem in den Augen junger Frauen erfinderischer und verführerischer, während ihre verblühten Ehefrauen sich an den Armen ihrer Männer festhalten mussten, um nicht selbst über ihren eigenen Schatten zu stolpern. Viele Jahre später jedoch ergossen sich dieselben Ehemänner urplötzlich in den Abgrund des infamen Altwerdens von Körper und Seele; und dann waren es ihre wieder stärker gewordenen Ehefrauen, die sie wie Blinde barmherzig am Arm führen mussten, wobei sie ihnen ins Ohr flüsterten, um ihren Stolz als Männer nicht zu verletzen, dass sie gut Obacht gäben, weil es drei Stufen seien und nicht zwei, dass es eine Pfütze mitten auf der Straße gebe, dass dieser große Sack, der quer über den Gehweg lag, ein toter Bettler war, und so halfen sie ihren Männern mühevoll über die Straße, so als ob dies die letzte Furt über den letzten Fluss des Lebens wäre. Florentino Ariza hatte so viele Male in diesen Spiegel geblickt, dass er niemals vor dem Tod soviel Angst empfand als vor dem infamen Alter, in dem er von einer Frau an den Arm genommen werden müsste. Er wusste, dass er an diesem Tag, und zwar genau an diesem Tag, alle Hoffnung auf Fermina Daza würde aufgeben müssen.[8]

---

[8] García Márquez, Gabriel: *El amor en los tiempos del cólera*, S. 366 f.

Wieder ist in diesem Zitat die Häufigkeit des kleinen Wörtchens „Leben" auffällig. Denn bei der Lektüre dieser Gedanken von Florentino Ariza lernen wir so, wie durch die Beobachtung der Realität der junge Florentino seine Lektionen über das Leben lernte, – nur eben aus dem Nacherleben durch das Lesen von Literatur – wichtige Einsichten über den Verlauf des Lebens und das ungleiche Altern von Männern und Frauen. Sie verstehen jetzt vielleicht besser, warum ich mit Blick auf die Literaturen der Welt und deren kreative Aneignung durch unterschiedlichste Schichten von Leserinnen und Lesern nicht nur von Lebenswissen und Überlebenswissen, sondern auch von *Nacherlebenswissen* spreche, das wir eben durch die Lektüre von Literatur für uns gewinnen können.

Es gibt übrigens eine schöne Stelle in den Schriften von Roland Barthes, an welcher der französische Zeichentheoretiker und Lebenswissenschaftler davon sprach, dass Frauen kontinuierlich älter würden, während die Männer gleichsam schleusenartig altern, also von einer Stufe plötzlich auf eine tiefere Stufe absinken. Etwas Vergleichbares finden wir auch beim kolumbianischen Literaturnobelpreisträger. Denn es ist spannend zu beobachten, dass Gabriel García Márquez in diesen Gedanken Florentino Arizas ebenfalls mehrfach auf die Metaphorik des Flusses zurückgreift, der selbstverständlich in der Bedeutung des ‚Lebensflusses' als topische Metapher seit Urzeiten den Schriftstellern zur Verfügung steht. Doch das Sich-Ergießen des Flusses in den Abgrund eines infamen Alters impliziert bei Gabriel García Márquez eine Metaphorologie, welche der Schriftsteller gegen Ende seines Lebens im Zeichen seiner Demenz über sich selbst ergehen lassen musste.

In dieser Passage wird sehr schön deutlich, auf welche Weise ein Lebenswissen ausgebreitet wird, das sich der junge Florentino Ariza bereits im Park durch die Beobachtung alter Leute angeeignet hatte. Zum Zeitpunkt der obigen Passage ist er bereits sechsundfünfzig Jahre alt und sozusagen im besten Mannesalter. Doch die Lektionen des Lebens, die er aus der Beobachtung der Wirklichkeit gelernt hat, helfen ihn in seinem jetzigen Lebensabschnitt gerade auch mit Blick auf die weitere Entwicklung seines Lebens und auf das, was er dort noch alles erleben sollte. Denn er weiß um das Altern, vor dem er Angst hat; jenes Altern, das für ihn schlimmer ist als der Tod, da es ihm über einen langen Zeitraum hinweg die eigene Ohnmacht vor Augen führt.

Sehr schön werden die unterschiedlichen Beschleunigungsphasen des Alterns bei Männern und bei Frauen dargestellt, wobei die Frauen – und dies ist keine Frage der Gleichstellung – bekanntlich statistisch das deutlich längere Leben besitzen und ihre Männer in der Regel überleben. So auch bei Fermina Daza, worauf Florentino Ariza ja durchaus spekuliert hatte. Diese Passage aus *El amor en los tiempos del cólera* macht zugleich sehr überzeugend deutlich, was ein explizites Lebenswissen im Roman sein kann. Dabei wird dieses Lebenswissen unverkennbar dem die Realität und die Alten im Park beobachtenden Florentino Ariza untergeschoben; ein Lebenswissen, das aber sogleich zur auktorialen Erzählerfigur hinüberwächst. Der Blick in den Spiegel und damit die Spiegelmetapher, welche auch in diesem Roman mit dem Zeitpunkt einer tiefgreifenden Erkenntnis und Selbsterkenntnis gepaart ist, deutet auf die Problematik der Angst nicht vor dem Tode selbst hin, sondern vor einem vom Subjekt unkontrollierbaren Alterungsprozess. Florentino Ariza muss aber wohlbehalten und kontrolliert ein hohes Alter erreichen, um seine Hoffnungen erfüllt zu sehen und vielleicht doch noch der Liebe Fermina Dazas teilhaftig werden zu können.

Bevor wir uns aber abschließend mit der glückenden Altersliebe der beiden Liebenden in García Márquez' Roman *El amor en los tiempos del cólera* auseinandersetzen, sollten wir uns mit einigen statistischen Grunddaten des Lebens und Alterns überhaupt beschäftigen. Vielleicht wäre es an dieser Stelle unserer Vorlesung sinnvoll, auf Basisdaten in der Darstellung der Struktur des Lebendigen wiederum bei Friedrich Cramer zurückzugreifen. Dort finden wir die folgende Aufstellung zur mittleren Lebenserwartung:

Spezies	mittlere Lebenserwartung (Jahre)
Fliege	0,077
Maus	3–3,5
Ratte	3–3,5
Kaninchen	5–7
Meerschweinchen	8
Katze	9–10
Fuchs	10
Eichhörnchen	10–12
Hund	10–12
Ameise	10–15
Frosch	10–15
Schaf	10–15
Ziege	12–15
Wolf	12–15

(fortgesetzt)

Spezies	mittlere Lebenserwartung (Jahre)
Hering	16
Hahn	20
Tiger	20
Löwe	20–25
Rind	20–25
Menschenaffen	20–30
Pferd	20–30
Schwein	20–30
Kamel	40–50
Krokodil	50
Karpfen	50–60
Falke	60–70
Rabe	60–70
Mensch	70–74
Galapagos Schildkröte	100–150
Elefant	150–200[9]

Schade, dass in dieser Statistik der durchschnittlichen Lebenserwartungen unser Papagei nicht auftaucht, denn er hätte wohl von seiner Lebenserwartung her diejenige eines Doktor Urbino übertroffen. Dabei ist es nicht uninteressant, die Verschiedenartigkeit der Lebenserwartungen unterschiedlicher Lebewesen auf unserem Planeten zur Kenntnis zu nehmen. Sie reicht hier von der Fliege mit 0 Komma 077 Jahren über die uns genetisch ja sehr nahestehende Maus mit 3 Jahren und den Hund mit 10 bis 12 Jahren bis zum Krokodil mit 50, dem Raben mit 60 bis 70 und dem Elefanten mit 150 bis 200 Jahren und öffnet damit eine weite Spanne.

Da der alte Papagei, nach dem Doktor Urbino fatalerweise jagt, auf hundert Jahre und mehr hoffen darf, überrascht es selbstverständlich nicht, wenn er seinen alten Herrn überlebt. García Márquez saß bei der literarischen Gestaltung

---

[9] Mittlere Lebenserwartung verschiedener Spezies von der Fliege bis zum Elefanten. In: Cramer, Friedrich: *Chaos und Ordnung*, S. 256 f. und 262.

dieser Szene gewiss der Schalk im Nacken. Denn ein Mensch darf nur zwischen siebzig und vierundsiebzig Jahre im Schnitt erwarten: Juvenal Urbino zieht folgerichtig den kürzeren. Dabei hat sich freilich die Lebenskurve im Verlauf des 20. Jahrhunderts ganz signifikant verändert. Zum Teil kennen Sie diese Erkenntnisse ja aus der aktuellen Rentendiskussion – Ach nein, die wird Sie wenig interessieren ...

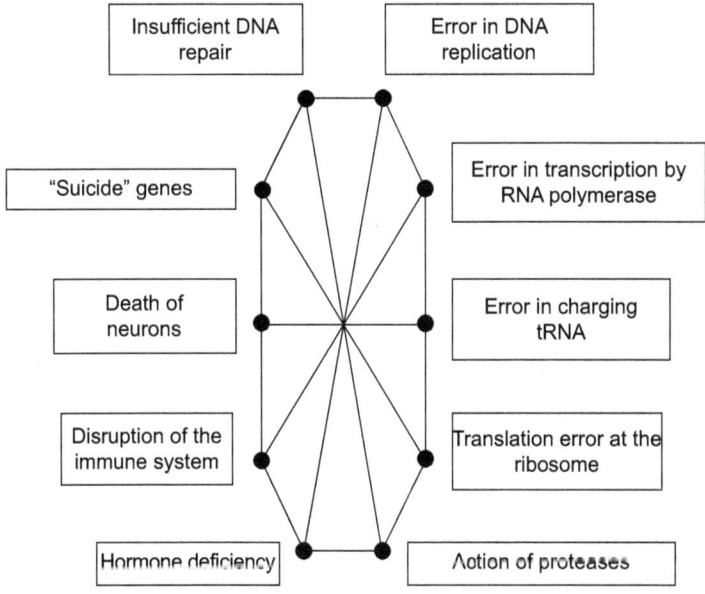

Abb. 16: Friedrich Cramer: Network of molecular events that lead to aging and death. In: *Chaos and Order* 1993, Fig. 8.5.

Sie können sich dies bei Cramer in einer Grafik anschauen, die zeigt, wie sehr sich durch die Möglichkeiten medizinischen Eingriffs und die verbesserte hygienische Situation ein mehr oder minder optimales Ausnutzen der biologisch vorprogrammierten Lebensdauer immer stärker in einem Anstieg der Lebenserwartung niederschlägt (Abb. 17). In einem weiteren Schaubild, auf das ich hier nur verweisen will, hat Friedrich Cramer all jene Faktoren zusammengetragen, die eine Art Netzwerk des Lebens bilden und zugleich jene Faktoren ausweisen, welche signifikant zum Altern oder zum Tod beitragen können (Abb. 16). Da es sich um äußerst komplex aufeinander bezogene und höchste Präzisionsleistungen erbringende Netzwerke handelt, können Störungen in der Tat zum sehr plötzlichen Zusammenbruch und damit zum Tod führen. Wir haben dies beim

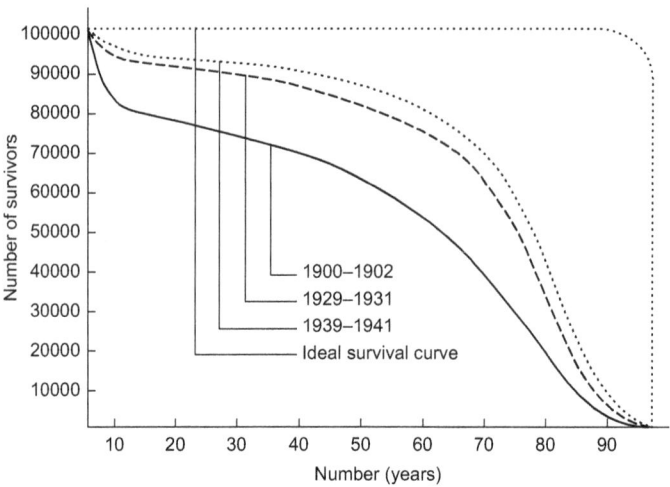

Abb. 17: Friedrich Cramer: Number of survivors per 100000 human births in the USA since the beginnings of modern medicine. In: *Chaos and Order* 1993, Fig. 8.2.

notwendigen Zusammenspiel, also bei der *Konvivenz* unterschiedlichster Organe des menschlichen Körpers, deutlich gesehen.

Die von Cramer genannten Faktoren sind unter anderem ungenügende DNA-Reparaturen, Selbstmord-Gene, Absterben von Neuronen, Verfall des Immunsystems, Hormonmangel, Fehler in der DNA-Replikation, Fehltranskription der RNA-Polymerase, Fehlbeladung von tRNA, Fehlablesung am Ribosom sowie die Wirkung von Proteasen. All dies ist in den Einzelheiten vielleicht nicht so wichtig; für uns entscheidend ist aber die Netzwerkmetaphorik, die aus dem streng biowissenschaftlichen Bereich herausführt. Auch an dieser Stelle zeigt sich die Bedeutung der Einsicht, dass es sich beim Leben um ein fundamental-komplexes System handelt, dessen Vernetzungsgrad gerade die Leistung, aber auch die Möglichkeiten des Zusammenbruchs beinhaltet. Auf die Frage, ob Altern Schicksal ist oder eine Krankheit, hält der Biochemiker und Biowissenschaftler Cramer für uns eine klare Antwort bereit:

> Altern ist Schicksal, ist biologische Notwendigkeit und ist auch ein grundsätzliches strukturelles Merkmal einer evolvierenden, aus dissipativen Strukturen bestehenden Welt. Alles altert und stirbt: Fixsterne, Mineralien, Zellen, Lebewesen und Systeme von Lebewesen. Warum sollte das Altern des Menschen hiervon eine Ausnahme bilden und eine lästige Krankheit sein, die man eines Tages mit dem Fortschritt der Medizin wird heilen können – eine völlig unsinnige Vorstellung. Freilich kann der Mensch als bewußt leben-

des Individuum sich den Untergang seines Ichs, seines Geistes, seines Bewußtseins kaum vorstellen – eher schon den Verfall und Untergang seines Körpers, der Materie, der trägen Masse.[10]

Vor diesem biowissenschaftlichen Argumentationshintergrund könnte man formulieren, dass zur Struktur des lebendigen Lebens notwendig auch die Alterungsprozesse gehören. Klar und für unsere Epoche charakteristisch ist freilich auch, dass längst an den Codes zu drehen versucht wird, die unsere Altersgrenze sozusagen festschreiben. Dies ist eine Tatsache, die von immenser biopolitischer Bedeutung ist – und denken Sie nur: Was wäre ein hundertjähriger Rentner, der massenweise vorkäme, erst für eine Herausforderung für unsere ohnehin überlasteten Rentensysteme! Vielleicht kämen dann (zynisch gesprochen) wieder die sozialen und wirtschaftlichen Aspekte unseres Lebens hinsichtlich einer Verkürzung der maximal zu erwartenden Lebensdauer erneut und unversehens zu einer größeren Bedeutung. Doch sollte uns dies an dieser Stelle unserer Vorlesung nicht weiter beunruhigen oder gar belasten: Denn bereits zum aktuellen Zeitpunkt können wir für unsere westlichen Gesellschaften feststellen, dass ein gefüllter Geldsack das Altern und den Tod signifikant hinauszögert.

Kehren wir ein letztes Mal zurück zur Frage des Zusammenhangs zwischen Liebe und Tod, aber auch zwischen Altern und Liebe, wie sie Gabriel García Márquez' Roman auf eine Weise stellt, die aus der Perspektivik des Lebenswissens von ungeheurem Interesse ist. Wir befinden uns im letzten Teil des Romans an Bord eines Schiffs auf dem Río Magdalena; eines Schiffes, das Florentino Ariza als jenen heterotopischen Ort-in-Bewegung gewählt und damit als mögliche Utopie konzipiert hatte, an dem die jahrzehntelang von ihm erträumte Liebe zu Fermina Daza zur Realität werden sollte.

Und ja, Sie haben es geahnt: Es kommt in der Tat zur großen Liebe der beiden alten Leutchen! Alles gipfelt in einer Liebesnacht, an deren Beginn freilich ein fundamentales Problem steht: die gealterten Körper und der auf beide wartende Tod. Ich möchte Ihnen gerne diese Passage einer doppelt verbotenen Liebe – das zweite Verbot gilt in der bürgerlichen Gesellschaft dem Alter der Liebenden – vorführen, um die Präsenz des Todes im Alterungsprozess, zugleich aber auch die Möglichkeit zu zeigen, wie gegen konventionelles Lebenswissen verstoßen werden kann. Schauen wir uns folglich diese Passage näher an, um uns auch für künftige Lektüren genügend Spielraum zu erarbeiten:

---

10 Cramer, Friedrich: *Chaos und Ordnung*, S. 264.

> Florentino Ariza legte sich rücklings auf das Bett und versuchte, seine Fassung wiederzugewinnen, erneut ohne zu wissen, was er mit dem Fell des Tigers machen sollte, den er erlegt hatte. Sie sagte ihm: „Schau nicht her." Er fragte warum, ohne sein Gesicht von der Decke abzuwenden.
> „Weil es Dir nicht gefallen wird", sagte sie.
> Dann sah er sie an, und er sah sie bis zur Hüfte nackt, ganz so, wie er sie sich vorgestellt hatte. Sie hatte faltige Schultern, hängende Brüste und Rippen, die von einer bleichen Haut überzogen waren, die so kalt war wie die eines Frosches. Sie bedeckte sich den Busen mit der Bluse, die sie gerade ausgezogen hatte, und löschte das Licht. Daraufhin stand er auf und begann, sich in der Dunkelheit auszuziehen, wobei er jedes einzelne Kleidungsstück auf sie warf, das er sich ausgezogen hatte, und sie warf alles zurück, halbtot vor Lachen.
> Dann blieben sie lange Zeit rücklings auf dem Bett nebeneinander liegen [...]. Sie sprachen von sich, von ihren verschiedenen Leben, von dem unwahrscheinlichen Zufall, jetzt in der dunklen Kajüte eines Dampfschiffes nackt zu sein, wo es doch recht war zu denken, dass ihnen keine andere Zeit mehr blieb, als auf den Tod zu warten.[11]

Doch Todgeweihte lieben länger. Und so wird aus dem Roman eine lange Reflexion über das Herauszögern des Todes durch die Liebe, über den Verfall der Körper durch ein Altern, das gleichwohl nicht wie bei Jeremiah de Saint-Amour, dem Freund Doktor Urbinos, aus falscher Scham zum Selbstmord führen muss. Damit leuchtet zugleich eine biopolitische wie auch eine politische Dimension auf: Es geht um die Befreiung aus einer Gesellschaft, welche die Alten zum Warten auf den Tod und zu einer Lustfeindlichkeit zwingt, die in gewisser Weise die Vorwegnahme des baldigen eigenen Todes ist. *El amor en los tiempos del cólera* ist ein sanfter Aufschrei gegen alle Konventionen, gegen alle Lebensnormen und Lebensformen, die sich dieser Lustfeindlichkeit unterwerfen und einem Alter den Weg bereiten, das in der Tat nur noch ein Warten auf den Tod ist. vor diesem Hintergrund schmerzt es zu denken, dass die letzten Jahre des kolumbianischen Literaturnobelpreisträgers Jahre einer Altersdemenz waren, während derer ihn freilich seine Frau Mercedes begleitete.

Die Gesellschaft bleibt angesichts der Übertretung von Normen, die sie für das Leben ihrer Alten ein für alle Mal gesetzt hat, jedoch nicht untätig. Fermina Dazas eigener Sohn versucht – wie zuvor seine Schwester – noch in letzter Minute, die Flucht seiner Mutter aus der Verdammung zum Warten auf den Tod zu hintertreiben und Florentino Arizas Vorhaben, sich endlich mit Fermina Daza zu vereinigen, in letzter Minute zum Scheitern zu bringen. Viele Gründe sprechen dafür, dass diese problematische Beziehung zwischen Mutter und Sohn sich schon in der Szene seiner Geburt andeutete, die ich Ihnen als Beispiel einer keineswegs idylli-

---

[11] García Márquez, Gabriel: *El amor en los tiempos del cólera*, S. 481 f.

schen Mutter-Kind-Beziehung und Geburtsszene in einer Vorlesung, die sich mit Geburt, Leben, Sterben und Tod auseinandersetzt, nicht vorenthalten will:

> Sie flüchtete sich in den gerade erst geborenen Sohn. Sie hatte ihn aus ihrem Körper mit der Erleichterung herauskommen sehen, wie man sich von etwas befreit, das nicht zu einem gehört, und sie hatte an dem Schrecken über sich selbst gelitten, als sie feststellte, dass sie nicht die geringste Zuneigung zu jenem Stück aus ihrem Bauch empfand, das die Amme ihr, schmutzig von Talg und Blut, in lebendigem Fleische und mit der Nabelschnur um den Hals gewickelt zeigte. Doch in der Einsamkeit des Palastes lernte sie es kennen, lernten sie sich kennen, und sie entdeckte mit einer gewaltigen Freude, dass man die Kinder nicht liebt, weil sie Kinder sind, sondern wegen der Freundschaft zur eigenen Aufzucht. Am Ende ertrug sie nichts und niemanden außer ihm im Hause ihres Unglücks.[12]

In dieser aufschlussreichen Passage wird das Baby nicht durch die gemeinsame körperliche Bindung der Mutter zum Kind, weder durch die Nabelschnur noch durch die Placenta noch durch das Blut. Der Geburtsvorgang selbst erscheint vielmehr – und auch hier ergibt sich eine Parallele zur Geburtsszene von Emma Bovary in Flauberts Roman – als Entfernung von etwas Fremdem aus dem eigenen Körper, als Operation, die einen befreienden Charakter für die Mutter besitzt. Denn letztere ist es, die wie von einer Wucherung in ihrem Körper befreit wird, so als wäre das eigene Kind nichts anderes als ein Fremdkörper, den man möglichst schnell wieder loswerden will.

Bei Fermina Daza stellt die Mutterliebe zu ihrem Sohn einen sich langsam herausbildenden Prozess dar. Die Muttergefühle bilden sich erst postnatal heraus, in der Einsamkeit einer von der Schwiegermutter noch dominierten Welt, in der die junge Frau ihren eigenen Platz an der Seite von Doktor Juvenal Urbino noch lange nicht gefunden hat. Der Geburtsvorgang selbst wird keine einschneidende Erfahrung im Leben der jungen Frau darstellen. Denn im Grunde liebt sie weder ihren Mann noch ihren Sohn, sondern lernt in beiden Fällen nur mühsam, einen liebeähnlichen Zustand herzustellen.

Daher kann es die Leserschaft auch nicht überraschen, dass sich Fermina Daza später von dieser Nabelschnur der Bindung zu den Kindern relativ leicht wieder lösen wird. Und dass sich ihre Kinder später auch rücksichtslos, allein den gesellschaftlichen Konventionen und ihrem eigenen Ruf gehorchend, in ihr Leben einmischen werden. Der Geburtsvorgang erscheint als fremder manipulativer Eingriff und Ferminas fehlende Affektivität gegenüber ihrem eigenen Neugeborenen erschreckt sie selbst. Denn das Ausbleiben einer mütterlichen Liebe widersprach allen Erwartungen, hatte sie doch längst kulturell vermittelt bekommen, dass der Geburtsvorgang selbst den Übergang der Liebe von der

---

12 García Márquez, Gabriel: *El amor en los tiempos del cólera*, S. 296f.

Mutter zu ihrem Kind gleichsam automatisch einleitet. Doch Fermina Dazas Gefühle geben eine solche mütterliche Liebe zu ihrem Kind nicht her.

Die wirkliche Geburt des Sohnes erfolgte erst nach dem eigentlichen physischen Geburtsvorgang: nach einer Trennung, die es schließlich erlauben sollte, dass sich beide – beide Körper – wieder einander annähern konnten und eine Beziehung zueinander aufnahmen, die einer Liebe zwischen Mutter und Sohn ähnelte. Diese Beziehung endete mit dem Augenblick, in welchem der Sohn seiner Mutter im Alter ihre große Liebe zu verwehren suchte. Doch dies ist für unsere Lesart von *El amor en los tiempos del cólera* nicht wirklich entscheidend. Für uns zählt vielmehr die Tatsache, dass die beiden Liebenden ihr Alter so gestalten, dass es nicht länger als ein Warten auf den Tod, als ein Dasein-zum-Tode erscheint, sondern vielmehr der Liebe und damit dem prallen Leben gewidmet ist: Der Tod kann noch warten.

Saint-Simon oder Portraits von Geburt und Tod

Der angekündigte Sprung vom lateinamerikanischen 20. Jahrhundert ins Zeitalter des französischen Sonnenkönigs mag gewagt erscheinen; doch möchte ich mit diesem Sprung in Raum und Zeit versuchen, näher an die Grundbedingungen der Darstellung von Geburt und Tod, von Leben und Sterben in den abendländischen Literaturen heranzurücken. Welches sind die vielleicht entscheidenden Aspekte, wenn es um die literarische Zeichnung des Auf-die-Welt-Kommens und des Von-der-Welt-Scheidens geht? Wie wurden diese Momente in einem soziopolitischen Zusammenhang repräsentiert, der am Hofe des Sonnenkönigs von einer fundamentalen gesellschaftlichen Normierung und Reglementierung geprägt war?

Blickt man in das umfangreiche Inhaltsverzeichnis der noch umfangreicheren Bände von Saint-Simons berühmten *Memoiren*, dann fällt einem von Beginn an auf, wie häufig die Worte Geburt und – weit mehr noch – Tod vorkommen. Ich möchte dies als Ausgangspunkt und Einstieg in einen literarhistorischen Parcours durch das 18. Jahrhundert und bis in die Gegenwart nehmen, mit dem wir nach den beiden lateinamerikanischen Auftakttexten dieses Teiles unserer Vorlesung beginnen. Dabei geht es mir selbstverständlich nicht um eine literarhistorische Präsentation der Literaturen der Welt in der Romania; denn eine solche habe ich bereits in meinen drei veröffentlichten literaturgeschichtlichen Vorlesungen vorgelegt.[1] Es ist mir vielmehr um die themen- und motivzentrierte Anordnung literarhistorisch relevanter Werke der Literaturen der Welt zu tun, welche überdies in diesen Vorlesungen zumeist nicht oder nur teilweise berücksichtigt werden konnten. Aus literarhistorischer Sicht hat der vorliegende Band also bestenfalls ergänzenden Charakter: Es geht – wie Sie ja wissen – vorwiegend um die uns vorrangig interessierende Thematik von Geburt, Leben, Sterben und Tod.

Doch bevor wir uns mit dem umfangreichen Memoirenwerk Saint-Simons auseinandersetzen, sollen zunächst einige Biographeme des Autors aufgearbeitet und präsentiert werden, die für unsere nachfolgende Lektüre von Bedeutung sind. Diesbezüglich dürfen wir feststellen, dass Louis de Rouvroy, Duc de Saint-Simon am 16. Januar 1675 in Versailles geboren wurde und am 2. Mai 1755

---

1 Vgl. hierzu die Bände 3, 4 und 5 der Reihe „Aula" in Ette, Ottmar: *Von den historischen Avantgarden bis nach der Postmoderne. Potsdamer Vorlesungen zu den Hauptwerken der Romanischen Literaturen des 20. und 21. Jahrhunderts* (2021); *Romantik zwischen zwei Welten. Potsdamer Vorlesungen zu den Hauptwerken der Romanischen Literaturen des 19. Jahrhunderts* (2021); sowie *Aufklärung zwischen zwei Welten. Potsdamer Vorlesungen zu den Hauptwerken der Romanischen Literaturen des 18. Jahrhunderts* (2021), allesamt erschienen im Verlag Walter de Gruyter.

in Paris am Ende eines Lebens verstarb, dessen Länge für das frühe 18. Jahrhundert außerordentlich war. Dies ist kein vernachlässigbares Detail, wenn man als derjenige französische Schriftsteller in die Annalen einging, welcher das aristokratische Leben am Hofe von Louis XIV. und unter der Régence wie kein anderer beschrieb.

Um seine Herkunft zu beschreiben, genügt es, darauf zu verweisen, dass seine Taufpaten kein Geringerer als Louis XIV. und die Königin Marie-Thérése höchstselbst waren und dass zu seinen Spielkameraden die sogenannten „Enfants de France" zählten, also die Kinder der königlichen Familie, darunter der spätere Regent Philippe d'Orléans, mit dem er freundschaftlich verbunden war. Schon beim jungen Knaben legte man größten Wert auf eine hervorragende Bildung, die der junge Mann förmlich in sich aufsog.

Abb. 18: Perrine Viger du Vigneau: Portrait des Duc de Saint-Simon (1675–1755).

Mit sechzehn Jahren wurde Saint-Simon den Konventionen entsprechend bei Hofe eingeführt, bereits mit achtzehn Jahren wurde er beim Tod seines Vaters zum neuen Herzog von Saint-Simon. Der Sonnenkönig hatte den französischen Adel entmachtet – und der junge Saint-Simon lernte schon früh eine Reihe von Adeligen kennen, die von einer Wiedererrichtung ihres einstigen Einflusses träumten. Diesen Positionen blieb der adelsstolze Herzog ein Leben lang treu.

Bereits in jungen Jahren hatte Saint-Simon einen Band mit Memoiren gelesen und träumte seinerseits davon, eines Tages solche Memoiren zu verfassen. Doch aller Anfang war schwer...

Der Duc de Saint-Simon heiratete 1695 Mademoiselle de Lorge, die aus einer hochadeligen Familie stammte und über exzellente Beziehungen verfügte. Er hatte lange und ausführlich nach einer solchen Frau gesucht, doch stand dieses Kalkül nicht der Liebe im Wege, insofern er mit seiner Frau innig verbunden zusammenlebte und mit ihr eine Tochter und zwei Söhne hatte. Bereits 1702 quittierte er nach Ausbruch des Spanischen Erbfolgekrieges seinen Dienst in der königlichen Armee, da man ihm eine rasche Beförderung verweigerte. Religiös fühlte er sich zu den Jansenisten hingezogen; doch der französische König unterstützte die Jesuiten, die gegen die Jansenisten mobil machten. Auch sonst stand Saint-Simon, dem schon die Zeitgenossen einen gewissen Standesdünkel nachsagten, dem König kritisch gegenüber, betraute dieser doch Angehörige des niederen Adels und selbst Bürgerliche mit wichtigen Aufgaben, was in Saint-Simons Augen unverzeihlich war. Doch immer wieder zerschlugen sich seine Hoffnungen auf ein Wiedererstarken des Adels in einem von Louis XIV. radikal zentralisierten Staat.

Mit dem Tod des „Roi-Soleil" im Jahre 1715 eröffneten sich für Saint-Simon plötzlich politische Spielräume, die er nicht zuletzt dank seiner Freundschaft mit Philipp von Orléans (Abb. 19) während der Régence zumindest anfangs nutzte. Doch schon vor dem Tod des Regenten 1723 war Saint-Simon von geschickteren Diplomaten am französischen Hof *de facto* politisch kaltgestellt worden. In der Folge zog er sich auf seine Besitzungen zurück – und das Schreiben nahm fortan für ihn einen immer breiteren Raum ein. Erst im Jahr 1739 besann sich Saint-Simon jedoch auf seine ursprüngliche Idee und wurde zum Verfasser jenes Werkes, für das er in die Literaturgeschichten nicht nur Frankreichs einging. So verwundert es auch nicht, dass der große Romanist Erich Auerbach ein wichtiges Kapitel seines im Istanbuler Exil entstandenen Hauptwerks *Mimesis. Dargestellte Wirklichkeit in der abendländischen Literatur* dem Schreiben des französischen Herzogs widmete.

Denn in der Folge wurde Saint-Simon zum Verfasser breit angelegter *Memoiren*, die zwischen 1739 und 1752 entstanden und zwischen 1879 und 1928 in nicht weniger als einundvierzig Bänden publiziert vorlagen. Auf dieser Textgrundlage wurden seine *Mémoires* zumindest auszugsweise in verschiedene europäische Sprachen übersetzt. Die von Saint-Simon vorgetragene schonungslose Kritik der letzten Regierungsjahre von Louis XIV. sowie der sich anschließenden Regentschaft von Philippe d'Orléans stellten wichtige Einblicke in die politischen wie kulturellen Vorgänge jener Zeit und zugleich eine wichtige Korrektur der damaligen offiziellen Geschichtsschreibung dar. Saint-Simon arbeitete weit mehr als ein Jahrzehnt lang an diesem monumentalen Werk, das insbesondere die Jahre zwischen 1691 und 1723 erfasste und sich im 19. Jahrhundert einer enormen Beliebtheit gerade auch bei großen Erzählern erfreute. Insbesondere die großen französischen Romanciers wie Stendhal, Honoré de Balzac oder Marcel Proust griffen begeistert auf die *Memoiren* zurück und delektierten sich am für diese Gattung ungewöhnlichen Stil Saint-Simons. Denn dieser beherrschte wie kein anderer die hohe Kunst des literarischen Portraits.

Besonders beeindruckt heute, dass sich Saint-Simon als Vertreter der Aristokratie selbst am Hofe des Sonnenkönigs nie von seinen hochadeligen Idealen lossagte und Kritik am französischen Zentralismus übte. Allem Bürgerlichen stand der Verfasser der *Memoiren* skeptisch bis schroff ablehnend gegenüber. Setzte sich Saint-Simon für politische Reformen ein, so dienten diese stets den Rechten der Feudalaristokratie. Gerne wählte er die Rolle eines prophetischen Anklägers, der den Zeitläuften kritisch bis ablehnend gegenüberstand. So wie er 1702 die Armee verließ, weil er sich durch das Ausbleiben einer Beförderung in seiner Standesehre getroffen fühlte, so verstand er viele Vorgänge einschließlich des Scheiterns seiner eigenen Pläne als ein von Gott vorgegebenes Schicksal, dem der Mensch sich beugen müsse. Gute Politik, so die tiefe Überzeugung des Herzogs, war in Frankreich schlicht unmöglich.

Sicherlich sind die Beobachtungen des französischen Duc in seinen Schriften sehr persönlich gefärbt und bringen seinen gesellschaftlichen Standort deutlich zum Ausdruck. Doch Saint-Simons Präzision in der Schilderung von Details verleiht seinen Reflexionen des Alltagslebens am französischen Hofe gegen Ende des 17. und zu Beginn des 18. Jahrhunderts – aller Parteilichkeit zum Trotz – eine psychologische Tiefenschärfe, wie sie andere ‚Quellen' der Historiographie nicht besitzen. Saint-Simon verstand sich insbesondere auf die Gestaltung von Personen-Portraits, die – mit einer Vielzahl an Details ausgeschmückt – wahre Kunstwerke genauer literarischer Observation und eines sehr weit reichenden Lebenswissens waren, das sich als Frucht einer scharfen Beobachtungsgabe begreifen lässt.

Von starken Vorlieben und Abneigungen geprägt, entwickelten sich die 1739 begonnenen *Mémoires* Saint-Simons zu einer literarischen Beobachtungskunst, die atmosphärisch präzise politische wie persönliche Vorgänge so lebendig darstellt, dass diese Schilderungen eine große Anschaulichkeit und Überzeugungskraft entfalten. Auch wenn sich der Autor auf zahlreiche Hofchroniken und auf vor allem adelige Autoren stützte, ist seine Memoirenliteratur doch von einer starken Leidenschaftlichkeit sowohl in Fragen der Zuneigung als auch einer resoluten Ablehnung geprägt, die es ihrerseits erlaubt, den Charakter dieses französischen Schriftstellers anhand einer Vielzahl von Details recht präzise zu fassen. Denn die *Mémoires* geben den Menschen Saint-Simon durchaus preis.

Es ist der Forschung zu verdanken, dass wir heute darüber im Bilde sind, inwieweit der Herzog von Saint-Simon bereits ab 1694 seine täglichen Erlebnisse und Einsichten in Tagebuchform niederschrieb. Um 1730 erhielt er des Weiteren den unveröffentlichten Bericht eines Höflings, der in eher trockenem Ton vom Hofe berichtete und der ihm Anregung genug war, über den verknöcherten Stil seines unveröffentlichten Vorgängers weit hinauszugehen, kritisierte er doch das Werk in scharfen Worten. Vor diesem Hintergrund arbeitete Saint-Simon sein eigenes Memoirenwerk aus, wobei er immer wieder auch auf andere Chroniken, Berichte und Memoiren zurückgriff. Dabei gelang es dem französischen Autor, sein Werk ebenso durch zahlreiche literarische Personenportraits wie durch gelungene Szenen-Schilderungen anzureichern; Konfigurationen, die man nicht mehr vergisst, wenn man sie einmal gelesen hat. In diesem Zusammenhang diente ihm seine kritische Distanz zur vorherrschenden Politik als wesentliches Moment einer Distanznahme, die seinem literarischen Stilwillen zugute kam.

Bittere Kritik übte der Herzog nicht zuletzt an der Verfolgung der Hugenotten und vor allem der Jansenisten durch den unter seiner Feder oft wenig gebildeten und intelligenten, dafür aber herrschsüchtigen und von Schmeichlern umgebenen König der Franzosen. Saint-Simons spitze Feder spießte die Machenschaften und Komplotte rund um die Zentralfigur des Königs auf, entlarvte die Machtgelüste einer kleinen Elite, die im Übrigen nicht die Wirtschaft verbessern, sondern das Volk nur stärker auspressen wollte. So entstand das lebendige Fresko eines Herrschaftssystems und des französischen Adels, an den sich immer wieder die Hoffnungen Saint-Simons klammerten. Jedoch stehen in scharfem Kontrast zu den Bildern der Verkommenheit die Portraits der mit Saint-Simon befreundeten Personen, die in zum Teil hell leuchtenden Farben dargestellt werden. Nicht die umfassende Außen- oder Innenpolitik bilden das Zentrum seines Interesses, sondern die handelnden und leidenden Menschen bei Hofe: Saint-Simon ging es um das Leben von Menschen, deren Namen den Zeitgenossen wohlbekannt waren, über deren alltägliches Leben man aber kaum etwas wusste.

Bürgerliche Literaten wie Racine, La Rochefoucauld oder Voltaire spielen in der glanzvollen Übergangszeit zwischen dem Siècle Classique und der Frühaufklärung für den standesbewussten Herzog keine wesentliche Rolle. Dies tut dem literarischen Glanz der *Memoiren* freilich keinen Abbruch, sondern wirft nur ein Licht auf den Standesdünkel des Verfassers. Bis heute faszinieren jedoch die Menschen, die Saint-Simon voller Lebendigkeit vor unser Auge stellt und von denen er unendlich viele Details erspäht. Das Strahlende wie das

Schreckliche finden bei ihm ihren angemessenen Platz. Darin liegt bis heute die Modernität dieses Schriftstellers, dessen Gesellschaftsvorstellungen man durchaus als antiquiert bezeichnen kann. Es ist kein Zufall, dass es gerade die großen französischen Romanciers waren, die auf Grundlage erster fundierter Ausgaben im 19. Jahrhundert den Duc de Saint-Simon wiederentdeckten.

All diese literarischen Qualitäten wollen wir nun anhand seiner Texte überprüfen und näher beleuchten, was er uns über Leben und Sterben, über Geburt und Tod zu sagen hat. Am Anfang der *Memoiren* steht die Einführung der eigenen Person, jenes Ichs, das uns in der Folge auf Tausenden von Seiten durch die höfisch-französische Gesellschaft des ausgehenden 17. und der ersten Hälfte des 18. Jahrhunderts führen wird:

> Ich bin in der Nacht vom 15. zum 16. Januar 1675 geboren als einziges Kind aus der Ehe des Duc de Claude Saint-Simon, Pair von Frankreich, und seiner zweiten Frau, Charlotte d'Aubespine. Von seiner ersten Frau, Diane de Budos, hatte mein Vater nur eine Tochter und keinen Sohn gehabt. Diese Tochter hatte er mit dem Duc de Brissac, Pair von Frankreich und einzigem Bruder der Duchesse de Villeroy, verheiratet. Sie starb 1684 kinderlos, schon seit langem getrennt von einem Ehemann, für den sie zu gut gewesen; in ihrem Testament hatte sie mich als ihren Universalerben eingesetzt.
>
> Ich trug den Titel eines Vidame von Chartres und wurde mit großer Sorgfalt und Aufmerksamkeit erzogen. Meine Mutter, die viel Seelenkraft und gesunden Menschenverstand besaß, war unablässig um meine körperliche und geistige Ausbildung bemüht. [...] Denn mein Vater, der 1606 geboren war, würde kaum noch so lange leben, um mich vor diesem Ungemach bewahren zu können. Und meine Mutter prägte mir immer wieder ein, dass ein junger Mann wie ich, der als Sohn eines Günstlings Ludwigs XIII. über keinerlei gesellschaftliche Beziehungen verfüge, unbedingt etwas aus sich machen müsse; die Freunde meines Vaters seien gestorben oder längst außerstande, mir beizustehen, und sie selbst, meine Mutter, sei von Kind auf bei ihrer Verwandten, der alten Duchesse d'Angoulême (der Großmutter mütterlicherseits des Duc de Guise), aufgewachsen und dann mit einem Greis verheiratet worden. [...] Zwar verspürte ich für das Studium und die exakten Wissenschaften nur wenig Neigung, desto stärker aber war meine gleichsam angeborene Leselust und die Vorliebe für die Geschichte; daraus erwuchs das Verlangen, den Vorbildern, die ich darin fand, nachzueifern und etwas zu leisten, ein Ausgleich für meine Gleichgültigkeit gegen die Wissenschaften. [...]
>
> Die Lektüre der Geschichtswerke, und besonders die Memoiren aus unserer französischen Geschichte der neueren Zeit von Franz I. an, in die ich mich aus eigenem Antrieb versenkte, weckte in mir das Verlangen, ebenfalls Memoiren zu schreiben über das, was ich erleben würde, in der Absicht und in der Hoffnung, die Ereignisse meiner Zeit möglichst klar zu erkennen und wiederzugeben.[2]

---

[2] Saint-Simon, Louis de Rouvroy, Duc de: *Mémoires*. Texte établi par Adolphe Chéruel. Paris: Hachette 1856, Bd. 1, S. 1–3.

Auf wenigen Seiten erzählt Saint-Simon hier sehr knapp und zugleich präzise, in welches Leben er hineingeboren wurde und von welch hoher Abkunft er ist. Er fixiert genau den Zeitpunkt seiner Geburt, macht vor allem aber auf die familiäre Situation und weit mehr noch auf die gesellschaftliche Stellung seiner Familie innerhalb der damaligen Adelsgesellschaft Frankreichs aufmerksam. Geburt erscheint hier als soziale Situierung: Man wird in eine stabile, statische Gesellschaft an einer bestimmten Stelle hineingeboren und hat sich mit den Umständen zu arrangieren, die einem zugefallen sind.

Die Geburt ist das entscheidende Moment der Konstituierung als soziales Wesen in einer in klare Kasten eingeteilten Feudalgesellschaft. Entscheidend ist auch mit Blick auf den Vater, welche Kinder er mit welcher Frau hatte und welche Möglichkeiten sich daraus ergaben. Demgegenüber haben Verheiratungen wenig oder nichts mit Liebe und Zuneigung zu tun, sondern mit den Beziehungen, Reichtümern und Verbindungen, die sich dadurch ergeben können.

Dabei fungieren Familienbeziehungen weniger als affektive Bezugspunkte denn als gesellschaftliche Markierungen und auch als soziale Marken – ein bestimmtes gesellschaftlich-symbolisches Kapital, das durch die Geburt und mit der Geburt erworben wurde. Zugleich macht Saint-Simon seinen Leserinnen und Lesern deutlich, dass er in eine hohe gesellschaftliche Stellung hineingeboren wurde – immerhin ist sein Vater „Pair de France" –, dass diese Stellung aber erst seit relativ kurzer Dauer erworben wurde und gleichsam gesellschaftlich prekär ist. Daher ging es sehr wohl darum, etwas aus dieser Stellung zu machen und einen eigenen Akzent zu setzen.

Denn ein Duc de Saint Simon – dies war dem Hochwohlgeborenen deutlich – konnte bei weitem nicht mit einem Duc de Guise mithalten. Dies ist es, was im Siècle Classique ein Molière in seinen Komödien als das „se connaître" bezeichnete und alles dem Lachen preisgab, was sich ‚nicht kannte', das heißt, was unfähig war, den eigenen gesellschaftlichen Platz zu erkennen und zu akzeptieren.

Überdies war Saint-Simon der einzige männliche Nachkomme seines Vaters, der in zweiter Ehe und gegen Ende seines Lebens – er war bereits bei der Geburt seines Sohnes neunundsechzig Jahre alt – endlich den erhofften Stammhalter und Erben zeugen sollte. Denn alle gesellschaftlichen Erb- und Aufstiegsmöglichkeiten verlaufen in dieser zutiefst patriarchalischen Adelsgesellschaft ‚natürlich' patrilinear. Auch auf dieser Ebene ist es die Funktion innerhalb einer festgefügten, mit wenigen Möglichkeiten des Aufstiegs und Abstiegs versehenen Feudalgesellschaft, welche ebenfalls mit Blick auf die Geschlechterbeziehungen im Vordergrund steht.

Die Geburt – so sehen wir es deutlich aus der Perspektive eines hochgeborenen Mitglieds der Adelsgesellschaft am Hofe von Louis XIV. – ist kein körper-leiblicher Prozess, der am Anfang eines individuellen Lebens steht, sondern vor allem ein soziales Faktum. Sie situiert den jeweiligen Menschen also in einer festgefügten, wenn auch nicht bewegungslosen Feudalgesellschaft, in der er seinen Platz einnehmen, aber zugleich auch sichern muss. Die Funktion der Frau ist als Gebärerin wesentlich auch daran zu messen, ob es ihr gelingt, eine Nachkommenschaft auf die Welt zu bringen, die diese soziale Position und Rolle fortschreiben kann. Und dabei ist das Gebären eines männlichen Erben entscheidend. Kinderlosigkeit führt – wie es das Beispiel von Saint-Simons Stiefschwester zeigt oder zumindest anzudeuten scheint – rasch in die soziale Marginalisierung, wenn auch selbstverständlich auf hohem gesellschaftlichem Niveau. Noch heute ist in unseren Adelsfamilien die Häufigkeit von Geburten ein entscheidender sozialer Faktor, der es erlaubt, die Bindungen unter den unterschiedlichen Häusern zu vervielfachen. Vier bis sechs Kinder in die Welt zu setzen, ist daher für eine Frau von Adel auch in unseren Zeiten keine Ausnahme: Es wird von ihr erwartet. Glauben Sie mir nicht, dass sich die Verhältnisse auf diesem Gebiet so wenig verändert haben, dann googeln Sie mal den in unserer Region ansässigen preußischen Landadel!

Dann jedoch gibt es gleichsam einen zweiten Geburtsvorgang, dem sich letztlich die Niederschrift der *Memoiren* selbst verdankt. Saint-Simons Mutter hatte geschlechterspezifisch die Aufgabe übernommen, für die Erziehung, Ausbildung und Bildung des Sohnes zu sorgen oder zumindest darüber zu wachen, dass er sich innerhalb der Normen der französischen Adelsgesellschaft entwickelt und die *Lebensnormen* dieser Gesellschaft respektiert. Bildung stellt gleichsam das soziale Sicherheitsnetz dar, das die gesellschaftliche Stellung des Sohnes garantieren soll, da die anderen Sicherungssysteme auf Ebene des Hochadels entweder nicht verlässlich scheinen oder erst gar nicht wirksam werden. Es geht im Leben ganz wesentlich darum, die eigene Stellung nicht nur zu markieren, sondern auch zu verteidigen und möglichst noch auszubauen, was durch die Geburt als gesellschaftliche Markierung ererbt worden war.

Dabei zeigt sich ein gleichsam angeborenes, also ebenso wie die soziale Stellung ererbtes Element: die Neigung zur Lektüre, die Leselust, die sich dabei vor allem auf Memoiren und Geschichtsschreibung richtet. Denn der Adel schreibt am liebsten seine eigene Geschichte selbst. Damit sind jene beiden Gebiete benannt, auf denen Saint-Simon selbst später brillieren sollte. Diese literarische Geburt ist wie die soziale ein Vorgang, in dem wir es mit einer klar strukturierten Reihe von gegebenen Daten, Vorbildern und Modellen zu tun haben. Dabei zeigt sich von Beginn an ein doppelter Mimesis-Begriff in Saint-Simons Schreiben, und dies ganz im Sinne von Aristoteles' Mimesis-Verständnis, die zum einen die Nachahmung der Vorbilder, der berühmten Schriftsteller oder Historiographen meint, zum anderen aber auch die Nachahmung der Natur beziehungsweise der gesellschaftlichen Wirklichkeit.

Genau diese doppelte Zielrichtung abzubilden und wiederzugeben nimmt sich Saint-Simon vor. In dieser Hinsicht ist seine literarische Geburt zugleich mit seiner sozialen Geburt aufs Engste verbunden. Wer wäre berufener als der Sohn eines „Pair de France", von dieser aristokratischen Gesellschaft zu berichten? Denn es ist diese ererbte, durch Geburt ihm zugefallene Position, welche ihm seine Perspektivik auf die Gesellschaft des französischen Hofes eröffnen wird und selbstverständlich auch die finanziellen Möglichkeiten sichert, um ein solches Schreiben (von dem Saint-Simon selbstverständlich nicht leben muss) ins Werk setzen zu können.

Sehen wir uns in der gebotenen Kürze noch andere Geburten an, von denen Saint-Simon in seinen *Memoiren* häufig zu berichten weiß und bleiben wir dabei zunächst im Kreise seiner Familie! Die Geburt seiner Tochter, die namentlich nicht einmal vermerkt wird, wird auf den 8. September datiert, erscheint aber nur in einem Nebensatz: „Madame de Saint-Simon hatte ihren Großvater, Monsieur de Frémont, verloren und war zur selben Zeit, am 8. September mit meiner Tochter niedergekommen."[3] Tod und Geburt liegen in diesen eher beiläufigen Formulierungen also ganz nahe zusammen. Etwas ausführlicher ist Saint-Simon da schon bei der Geburt seines Sohnes, denn diese ‚feinen Unterschiede' verstehen sich in einer phallogozentrischen Gesellschaftsordnung von selbst. Vergleichen wir beide Geburten kurz miteinander:

> Als die Truppen die Winterquartiere bezogen, gedachte ich mich nach Paris zu begeben; es war bereits Oktober. Mme. de Saint-Simon hatte ihren Großvater, M. de Frémont, verloren und war zur selben Zeit, am 8. September, mit meiner Tochter niedergekommen.
> [...]
> Kurz zuvor, am 29. Mai, war Mme. de Saint-Simon sehr glücklich niedergekommen, Gottes Gnade schenkte uns einen Sohn. Er führte wie ich seinerzeit den Namen Vidame de Chartres. Ich weiß nicht, woher diese besondere Vorliebe für Namen und Titel stammt, aber sie üben in allen Nationen die gleiche Verführungskraft aus, und selbst jene Leute, die diesen Hang als Schwäche bezeichnen, ahmen den Brauch nach.[4]

In diesen Passagen zeigt sich ohne Zweifel ein geschlechterdifferentes Verhalten des väterlichen Erzeugers wie der gesamten Gesellschaft. Es gibt signifikante Unterschiede zwischen der Geburt einer Tochter und der Geburt eines Sohnes; feine Unterschiede, die wir Saint-Simon selbstverständlich nicht per-

---

[3] Saint-Simon, Louis de Rouvroy, Duc de: *Mémoires.* Bd. 1, S. 379 f.: „Mme de Saint-Simon avoit perdu M. Frémont, père de Mme la maréchale de Lorges, et elle étoit en même temps heureusement accouchée de ma fille le 8 septembre."
[4] Ebda. u. Bd. 2, S. 174.

sönlich anlasten wollen, weil sie in der damaligen Zeit bei Hofe ganz unbestritten gemacht werden. Mit der Geburt des Sohnes, der ebenfalls namentlich nicht genannt wird – was wiederum auf die geringere Bedeutung des Individuums gegenüber der sozialen Rolle und Funktion verweist –, kommt die Frage der Titel und vom Vater auf den Sohn übertragenen Ehrentitel ins Spiel. Diese Titel dienen als gesellschaftliche Visitenkarten der sozialen Herkunft und des Platzes, den ein Mensch in der statischen Kasten-Gesellschaft des damaligen Frankreich beanspruchen darf. Mit großem Stolz verweist Saint-Simon in diesem Zusammenhang darauf, dass sein Sohn denselben Titel trägt, den er selbst als neugeborener erhalten hatte: Die Filiation, „de père en fils", ist folglich patrilinear gesichert und Anlass zu Freude und Dank an einen gnädigen (jansenistischen) Gott.

Es ist auffällig, wie häufig Geburt und Tod zweier Menschen – wie bereits in dem oben erwähnten Beispiel – in der literarisch in Szene gesetzten Darstellung bei Saint-Simon sehr nahe beieinanderliegen. Geburt, Sterben und Tod werden oft im selben Abschnitt behandelt und als letztlich von Gott gesteuerte schicksalhafte Ereignisse beleuchtet: Alles ist von Gottes Gnade abhängig! Ich möchte Ihnen dies am Beispiel der im Jahre 1710 stattgefundenen Geburt des späteren französischen Königs Ludwigs des Fünfzehnten (Abb. 20) und der sich unmittelbar anschließenden Darstellung des Todes von Monsieur le Duc exemplarisch vor Augen führen. Sehen wir uns die entsprechende Passage also näher an:

> Samstag, den 15. Februar, wurde der König um sieben Uhr morgens, eine Stunde früher als gewöhnlich, geweckt, weil ihm mitgeteilt werden sollte, dass die Duchesse de Bourgogne bereits in den Wehen liege. Er kleidete sich eilig an, um zu ihr zu gehen. Sie ließ ihn nicht lange warten: drei Minuten und drei Sekunden nach acht Uhr brachte sie zur allgemeinen Freude einen Duc d'Anjou, den heute regierenden Ludwig XV:, zur Welt. [...]
> Bald darauf ereignete sich ein Todesfall, der die Gesellschaft gleichermaßen erschreckte und erleichterte. Monsieur le Duc wurde schon seit langem von einem seltsamen Übel geplagt, das ihn zuweilen in epileptische Zustände und Lähmungen versetzte, die jedoch nur kurze Zeit dauerten und die er so sorgsam zu verbergen pflegte, dass er einen seiner Diener davonjagte, weil dieser mit anderem Dienstpersonal darüber gesprochen hatte. [...] Am Montagabend ging er ins Hôtel de Bouillon und von dort zum Duc de Coislin, der seinerseits sehr krank war. Er fuhr in einer unbeleuchteten Karosse mit nur einem Lakaien auf dem Rücksitz. Als er aus dem Palais Coislin kam und den Pont Royal überquerte, fühlte er sich so elend, dass er zum Klingelzug griff und seinen Lakaien aufforderte, sich neben ihn zu setzen. Er fragte ihn, ob sein Mund verzerrt sei, und ließ dem Kutscher sagen, er solle vor der Hintertreppe seiner Garderobe halten, denn er wolle vermeiden, dass die im Hôtel Condé versammelte Gesellschaft ihn zu sehen bekäme. Doch schon unterwegs verlor er die Sprache und das Bewusstsein; er stammelte gerade noch irgendetwas, als sein Lakai und ein Straßenkehrer, der gerade dastand, ihn aus der Karosse zogen und ihn vor die Tür seiner Garderobe schleppten, die sie jedoch verschlossen

fanden; worauf sie so lange und so heftig klopften, dass die ganze Gesellschaft herbeieilte. Man brachte ihn auf der Stelle zu Bett. Die schleunigst hinzugezogenen Ärzte und Priester walteten vergeblich ihres Amtes. Er gab kein Lebenszeichen mehr von sich, verzog nur noch das Gesicht zu schrecklichen Grimassen, und so starb er um vier Uhr früh am Fastnachtsdienstag.

Mitten im Festesrausch, umringt von prächtigen Masken, betäubt von Überraschung und benommen von dem Anblick, der sich ihr plötzlich bot, verlor Madame la Duchesse dennoch keine Sekunde ihre Geistesgegenwart.[5]

Im Grunde zieht sich in dieser Passage das gesamte Thema unserer Vorlesung zusammen: Sie handelt von Geburt, gesellschaftlichem Leben, individuellem Sterben und Tod. All dies wird fast in einem einzigen Atemzug geschildert. Dabei werden die verschiedenen Abläufe im Grunde sehr geschickt ineinander verschränkt. Diese wechselseitigen Verschränkungen könnten wir leicht einer literaturwissenschaftlichen Analyse unterziehen.

Abb. 19: Jean-Baptiste Santerre: Philippe, duc d'Orléans, régent de France (1674–1723) mit seiner Maitresse Madame de Parabère als Minerva.

---

5 Ebda., Bd. 8, S. 111 u. 119 f.

Abb. 20: Jean Ranc: Louis XV. (1710–1774) im Alter von neun Jahren im Krönungsornat.

Von entscheidender Bedeutung erscheint mir in diesem Zitat aber die Tatsache, dass hier die Maske des Todes gegen die Masken des Karnevals, die Verstöße der Lakaien gegen die Körperbeherrschung der Adligen – in des Wortes vielfältiger Bedeutung – geführt werden. Der Tod darf keine öffentlich sichtbaren Gefühlsregungen auslösen. Wie sehr ein Marcel Proust an derartigen Stellen lernte, die Ästhetiken adeliger Körperbeherrschung und Gefühlskontrolle etwa am Beispiel des Todes des Duc de Guermantes in *A la recherche du temps perdu* zum Ausdruck zu bringen, ist bei einem Vergleich zwischen entsprechenden Stellen des Romans mit den *Mémoires* von Saint-Simon offenkundig. Auch bei letzterem zeigt die Duchesse keinerlei Gefühlsregung, als sie vom Ableben ihres Mannes in Kenntnis gesetzt wird.

In alledem äußert sich deutlich eine Konstellation im Sinne einer feststehenden, fixierten Gesellschaftsordnung, wie wir dies bereits in den Zitaten zuvor beobachten konnten. Die Frage der Geburt, des Sterbens und des Todes ist eine, die sehr viel mit einer bestimmten Kultur, einer bestimmten Gesellschaft, einer sozialen Gruppe und einer bestimmten Zeit zu tun hat. Im Hause des sterbenden, wohl von einem Herzinfarkt betroffenen Duc feiert saisongemäß gerade eine lustige adelige Karnevalsgesellschaft, und deren Feiern darf auf keinen Fall getrübt werden – auch nicht durch den Tod des Gastgebers! Die

Duchesse muss die „contenance" bewahren, denn nichts gerät durch den Tod eines Mitglieds dieses Gesellschaftssystems aus den Fugen: *La vie continue!*

Zugleich könnte ich an dieser wie an vielen vergleichbaren Stellen darauf verweisen, dass es einen tiefgreifenden Unterschied zwischen dem Körper-Leib eines Menschen und dessen Kleidung gibt. Der Körper-Leib steht zumeist für das Individuum, den Menschen, das Einzigartige, während die Kleidung – und beim Karnevalsfest auch die Verkleidung – vielmehr einen gesellschaftlichen Rang, einen sozialen Stand angibt, den dieser Mensch in der Feudalgesellschaft einnimmt. Wie sehr dies gerade auf Honoré de Balzac und die Erzähler des 19. und zum Teil auch des 20. Jahrhunderts wie etwa Marcel Proust einwirkte, ist für die literarische Darstellung der (französischen) Adelsgesellschaft aus bürgerlicher Perspektive sehr wichtig geworden.

Leben und Sterben, Fest und Trauer sind im obigen Zitat in so großer Verdichtung nebeneinander gestellt, dass es angesichts dieser Kontiguität keine Frage sein kann, ob die damit angezielte Wirkung beabsichtigt oder eher zufällig ist. Der Herzog von Saint-Simon will mit dieser Szenerie ein ganz bestimmtes Licht auf die ‚Noblesse' seiner Zeit werfen und deren Standesbewusstsein unter Beweis stellen. Alles Handeln der Personen scheint auf die gesellschaftlichen Auswirkungen, auf die Rezeption durch eine bestimmte Gesellschaft – in welcher natürlich die Lakaien und die Dienerschaft nicht zählen – berechnet und kalkuliert zu sein. Das Leben des damaligen Adels ist ein Leben in dauerhafter Inszenierung; und diese endet selbstverständlich auch nicht mit dem Sterben, das wie die Geburt von seiner sozialen Funktion her verstanden wird.

Wir haben vermerkt, dass Saint-Simon sehr präzise das Jahr, den Tag und vor allem die Uhrzeit einer Geburt festhält – er tut dies stets oder bemüht sich zumindest darum. Die exakten Datierungen sind notwendig, gibt doch der genaue Zeitpunkt der Geburt im Kontext der Astrologie später Aufschluss über den weiteren Lebensweg der soeben auf die Welt Gekommenen. So determiniert die Geburt im Zeichen der Sterne einen Lebensweg und einen Menschen, der gleichsam von Beginn an seinen Platz in der Gesellschaft angewiesen bekommt. Diese göttliche Zuweisung anzunehmen und aus ihr etwas zu machen, ist die Forderung der Gesellschaft, der sich dieses Individuum unbedingt beugen muss – gleichviel, ob es der künftige König, ein Sohn Saint-Simons oder aber seine Tochter sind, die gerade das Licht der Welt erblickt haben. Gebären und Sterben vollziehen sich in gesellschaftlich genau geregelten Bahnen.

Es mag auf uns heute fast ein wenig lächerlich wirken, dass die französische Königin nicht einen Sohn mit einem bestimmten individuellen Namen, sondern einen Duc d'Anjou auf die Welt bringt, der später einmal den Königsthron Frankreichs einnehmen wird. Der Zeitpunkt der Geburt und die gesellschaftliche Stellung von Vater und Mutter determinieren einen Lebensweg, der gleichsam in die Wiege gelegt ist und den das so bestimmte Individuum beschreiben muss. Die zwischenmenschliche, emotionale und affektive Dimension ist aus diesen Vorfällen in sehr weitgehendem Maße getilgt. Das spezifische Lebenswissen, das in derlei Formulierungen von Seiten des Ich-Erzählers eingeblendet wird, ist deutlich an der sozialen Dimension und Funktion dieser Geburt – aber auch aller anderen biopolitisch relevanten Ereignisse – ausgerichtet. Zugleich wird uns deutlich: Bei Geburt und Sterben gibt es eine über das Individuelle weit hinausreichende biopolitische Dimension, die freilich in jeder Gesellschaft, Kultur und historischen Epoche verschieden ist.

Auch das Sterben des Duc in der oben angeführten Passage lässt sich vor diesem zeithistorischen Hintergrund besser einordnen. denn es geht gerade darum, nicht hinter die Kulissen blicken zu lassen und der Gesellschaft eine Selbstbeherrschung und Selbstinszenierung zu zeigen, die keinerlei Raum für epileptische Anfälle, aber – im Falle der Duchesse – auch keinen Raum für Gefühlsausbrüche aufweist. Das Zeigen von Trauer und Schmerz ist als öffentlich sichtbares Zeichen aus dieser Inszenierung der eigenen Rolle verbannt.

Daher müssen die gesellschaftlichen Rollen in diesem Maskenball weiter- und bis zum bitteren Ende gespielt werden; allein der Lakai und der Straßenkehrer verstoßen dagegen, obwohl der Duc selbst die Gesellschaft durch sein Unwohlsein, vielleicht aber auch durch seinen Tod nicht im Geringsten stören wollte. Für die Dienstboten geht es um das Leben des Duc, für den Duc und dessen Ehefrau geht es um die gesellschaftliche Rolle, die zu spielen ihr Privileg ist. Die Grimassen, die der Tod auf das Gesicht des Herzogs zeichnet, werden folglich auch nicht mehr ihm zugerechnet, sei der Duc – sozial gesehen – doch schon tot und hat seine gesellschaftliche Rolle ausgespielt. Die Fratzen gehen nur noch auf das Konto jener Kraft, auf welche die Menschen keinen Einfluss haben, mithin auf das Konto des Todes. Die Sorge des Duc, möglichst nicht entstellt zu werden, wird also nicht zufällig hier erwähnt. Denn sie weist voraus auf den Todeskampf, der gleichsam aus dem Leben heraus- und in den Tod hineindefiniert wird, so dass der Duc keine Verzerrungen, keine Verstellungen mehr zu Lebzeiten erfährt. Er muss seine Rollenmaske, seine *Persona*, bis zum Ende spielen: Sie ist zu einem Teil seiner selbst geworden.

In Saint-Simons *Memoiren* finden sich viele Todesszenen, in denen die Sterbenden bis in ihren eigenen Tod hinein Haltung bewahren oder zumindest Haltung zu bewahren versuchen. Das Leben muss der eigenen gesellschaftlichen Stellung entsprechend bis zum Ende gelebt werden, so wie es auch schon von Geburt an festgelegt war. Denn letztere war schon Teil jenes Spielens einer gesellschaftlichen Rolle, die bis in den Tod hinein möglichst fehlerlos weitergespielt werden muss.

Ich möchte Ihnen unseren kurzen Gang durch die *Memoiren* Saint-Simons abschließend eine Stelle präsentieren, die einer der nicht nur aus meiner Sicht größten Romanisten des 20. Jahrhunderts, Erich Auerbach, in seinem bereits erwähnten Buch *Mimesis. Dargestellte Wirklichkeit in der abendländischen Literatur*, das jeder angehende Romanist und jede Romanistin einmal in die Hand genommen haben müsste, interpretiert hat. Es handelt sich dabei um eine Passage im sechzehnten Kapitel seines zwischen Mai 1942 und April 1945 im Istanbuler Exil geschriebenen Buches mit dem Titel „Das unterbrochene Abendessen".[6] Inmitten der Schrecknisse des Zweiten Weltkriegs und der Shoah vertiefte sich Auerbach dort in den großen Stilisten und Meister der Kunst des Memoirenschreibens, der ihn vom 20. in das ausgehende 17. und die erste Hälfte des 18. Jahrhunderts führte. Die Passage, um die es geht, ist die folgende:

> Der völlig niedergeschlagene Dauphin blieb in seinen Gemächern und wollte dort außer seinem Bruder, seinem Beichtvater und dem Duc de Beauvillier niemanden empfangen. Letzterer, der seit acht Tagen krank in seinem Stadthaus lag, raffte sich auf und machte sich auf den Weg, um die Seelengröße seines einstigen Zöglings zu bewundern, die niemals so deutlich hervortrat wie an jenem Schreckenstage. Es war, ohne dass beide es ahnten, das letzte Mal, dass sie einander auf dieser Welt sahen. [...] Der Dauphin kam mir mit einem Ausdruck sanfter Trauer entgegen, der mich erschütterte, und ich erschrak über seinen zugleich starren wie scheuen Blick. Die Veränderung seines Antlitzes, die großen, eher bleichen als rötlichen Flecken, die allenthalben sichtbar waren, fielen nicht nur mir, sondern jedem Anwesenden auf. [...] Er warf mir einen Blick zu, der mir das Herz zerriss, dann ging er. [...] Die allgemeine Bestürzung war unbeschreiblich. [...] Am Dienstag, dem 16., ging es dem Prinzen noch schlechter; er fühlte sich von einem furchtbaren inneren Feuer verzehrt, obwohl das Fieber nicht weiter stieg. Aber der Pulsschlag schien sehr bedrohlich. Die Flecken, die man auf seinem Gesicht gesehen, verbreiteten sich nun über den ganzen Körper. [...]
> Am Mittwoch, dem 17., verschlechterte sich der Zustand ganz merklich. [...] Ich hegte keine Hoffnung mehr, und doch hoffte man wider alle Hoffnung, stets bis zum Ende. Die Schmerzen und das verzehrende Feuer steigerten sich weiterhin. [...] Am Donnerstag, dem 18., vernahm ich vormittags, der Dauphin habe voller Ungeduld Mitternacht erwartet, alsdann die Messe gehört, die Kommunion empfangen und zwei Stunden in inniger Gemeinschaft mit Gott verbracht; er habe, wie mir Madame de Saint-Simon mitteilte, die letzte Ölung erhalten und sei schließlich um halb neun verschieden. Diese Memoiren sind nicht dazu da, um meinen Gefühlen Ausdruck zu verleihen – wer sie einmal lange nach meinem Tode liest, wird genug Persönliches darin finden und spüren, in welchem seelischen Zustand ich und auch Madame de Saint-Simon damals waren. Der Prinz, der bestimmt war, einmal die Krone zu erben, und der nach dem Tode seines Vaters Thronfol-

---

6 Vgl. zu Geschichte und Bedeutung dieses Werks auch Ette, Ottmar: Erich Auerbach oder Die Aufgabe der Philologie. In: Estelmann, Frank / Krügel, Pierre / Müller, Olaf (Hg.): *Traditionen der Entgrenzung. Beiträge zur romanistischen Wissenschaftsgeschichte*. Frankfurt am Main – Berlin – New York: Peter Lang 2003, S. 21–42.

ger wurde, war als Kind schreckenerregend und ließ, wie ich bereits angedeutet habe, das Schlimmste befürchten. [...] Frankreich wurde schließlich die härteste Strafe zuteil; Gott hatte ihm einen Prinzen gezeigt, dessen es nicht wert war. Die Erde war seiner nicht würdig gewesen, er war schon zur ewigen Seligkeit herangereift.[7]

Vor dem Hintergrund vorangegangener Kapitel führt Auerbach in seinen Überlegungen zunächst den Gedanken ein, dass sich die Memoirenliteratur – anders als die von ihm zuvor behandelten Werke und Texte – nicht um die absolute Stiltrennung der literarischen Gattungen zu kümmern brauche.[8] Die französische Memoirenliteratur habe stark unter dem Einfluss des Moralismus gestanden und habe sich auf das Leben am Hofe konzentriert; ihr brillantester Vertreter sei der Herzog von Saint-Simon gewesen. Nach einer kurzen zeitgeschichtlichen und biographischen Würdigung kommt Auerbach aber dann auf die ideologisch-politische Positionierung des Herzogs zu sprechen, den er als einen „antiabsolutistischen Reaktionär" bezeichnet und beschreibt.[9]

Wir sehen, dass Auerbach in seinen Positionierungen zumindest bezüglich der jeweiligen politischen Einordnung keine Zweideutigkeiten zuließ: Saint-Simon habe im 18. Jahrhundert nicht in die Zeit gepasst, stamme er doch aus dem Zeitalter von Louis XIV. und gehe der beginnenden Frühaufklärung unmittelbar voraus. Doch genau in dieser Zugehörigkeit zu einer Epoche des Übergangs – so dürfen wir Auerbach interpretieren – liege die Bedeutung dieses großen französischen Schriftstellers. Im Zusammenhang mit vielen literarischen Qualitäten habe die Meisterschaft Saint-Simons darin bestanden, den lebendigen Menschen wiederzugeben:[10] Er habe nicht erfunden, sondern mit dem Material gearbeitet, das ihm sein Leben gab.[11] Die Frequenz des kleinen Wörtchens „Leben" ist unter der Feder von Auerbach beeindruckend. Und ich schließe mich ausdrücklich seiner Einschätzung an, dass „Saint-Simon ein Vorläufer moderner und modernster Formen der Lebensauffassung und Lebenswiedergabe" war.[12] Denn gerade in dieser vieldeutigen Fassung eines Wissens vom Leben im Leben selbst liegt nach meiner Überzeugung die weit über die eigene Epoche hinausreichende große Bedeutung Saint-Simons.

Dann aber kommt Auerbach auf die literarische Darstellung der Todesnacht des Dauphin zu sprechen, des Thronfolgers des Königs also, der wie viele seiner

---

7 Saint-Simon, Louis de Rouvroy, Duc de: *Mémoires* 1857, Bd. 10, S. 92–115.
8 Vgl. Auerbach, Erich: *Mimesis. Dargestellte Wirklichkeit in der abendländischen Literatur.* Bern: A. Francke Verlag 1982, S. 387.
9 Ebda., S. 388.
10 Ebda., S. 389.
11 Ebda.
12 Ebda., S. 400.

Zeitgenossen an den Blattern verstarb. Auerbach lässt uns in die Darstellungstechnik des Herzogs blicken, der ganz bewusst verborgen habe, dass er in gehobener Stimmung gewesen sei und den Tod des Dauphin als einen Glücksfall für Frankreich erachtet habe.[13] Ganz am Ende der obigen Passage finden wir freilich einen klaren Hinweis auf diese Deutung Auerbachs, für den die politischen Orientierungen und Hoffnungen von Saint-Simon im Vordergrund standen. In seinem regelkonformen Portrait des sterbenden Dauphin vermittelt uns Saint-Simon sehr wohl einen Hinweis auf seine eigene Einschätzung, dass dieser Mann für die Zukunft der Krone Frankreichs nicht geeignet gewesen sei. Dies ist der Rahmen, innerhalb dessen sich sein Portrait situiert.

An dieser wie auch an mehreren anderen Stellen macht Erich Auerbach zudem auf den Satzbau sowie weitere stilistische Eigenheiten Saint-Simons aufmerksam. Gerade in der Darstellung des gesellschaftlich Unpassenden komme oftmals bei ihm die Ergründung des Wesens einer dargestellten Person zum Ausdruck. Niemals habe Saint-Simon versucht, sein Material vorab nach einer vorgegebenen Ordnung zu gliedern:[14] Die Wesenszüge kommen gleichsam in ihren Ablaufqualitäten zum Ausdruck – ganz so, wie wir die Reaktionsweisen und die Blicke des Dauphin als Ausdrucksformen seiner bevorstehenden Konfrontation mit dem eigenen Tode Stück für Stück entdecken. Wie stets gehe Saint-Simon von äußeren Elementen und Markierungen aus, um auf das Innere der von ihm portraitierten Personen zu schließen. Dies können Elemente der Kleidung oder der Perücke, aber auch äußerliche Ticks und Auffälligkeiten sein. Stets jedoch stelle Saint-Simon, so Auerbach, seine eigene Beziehung, sein eigenes Verhältnis zur portraitierten Person mit dar, wie er dies auch am Ende des obigen Ausschnitts tut und darlegt.

Wenn Auerbach in Saint-Simons Darstellungen von Menschen stets eine Einheit von Körper und Geist, von Lebenslage und Lebensgeschichte erblickt,[15] dann können wir in der obigen Szenerie der literarischen Begleitung eines langsamen Sterbens eben diese Dimensionen des Lebens beim französischen Thronfolger ausmachen. Die Trauer des Portraitmalers ist wie die Bestürzung am Hofe eine gesellschaftliche Konvention, welche freilich die scharfe Beobachtung des Vorrückens der Krankheit und das Erkennen von deren körperlichen Anzeichen nicht verdrängt. Überdies weiß sich Saint-Simon mit seiner Gattin einig, die er der Beibehaltung objektiver Darstellungsformen wegen stets mit

---

13 Ebda., S. 390.
14 Ebda., S. 394.
15 Ebda., S. 397.

ihrem offiziellen Titel und Namen anspricht – selbst hier ganz der Hofmann, zu dem er erzogen wurde.

Blicken wir noch einmal auf die literarische Darstellung des langsamen Sterbens des französischen Thronfolgers, so wird deutlich, in welcher semantischen Ambivalenz, ja mehr noch Polysemie sich die Worte Saint-Simons bewegen und in welchem Maße sie ebenso ein Licht auf das Sterben des französischen Dauphin wie auf dessen Beobachter werfen. Dabei wahrt Saint-Simon bei aller Stärke seiner Empfindungen die Form, orientiert sich an der Etikette bei der Darstellung eines Todes, der doch schon so lange zurückliegt. Denn vergessen wir nicht: Saint-Simon schreibt Jahrzehnte nach den von ihm dargestellten Ereignissen bei Hofe!

Das Sterben und der Abschied des Dauphin vom Leben konfigurieren einen geradezu aus staatsmännischer, ja transzendenter Perspektive geschilderten Tod, der auf das Schicksal eines Volkes, des französischen Volkes und seines Staates, aufmerksam macht. der Tod ist in dieser Schilderung in seiner ganzen überindividuellen Dimension präsent, zugleich aber auch bis in die kleinsten physiognomischen Details hinein gegenwärtig. Saint-Simon verwendet sein ganzes Lebenswissen darauf, diesen Tod als das Sterben eines Menschen vor Gott in seiner gesamten psychologischen Tiefenschärfe darzustellen.

Das individuelle Schicksal steht gleichwohl nicht im Vordergrund: Am Körper des Thronfolgers entwickelt sich nur ein exzellentes Beobachtungs- und Darstellungsvermögen, das Saint-Simon auszeichnet, weil es in wenigen Worten ein Menschenleben und dessen gesellschaftliche Position fixiert. Das Individuum selbst erscheint in einer Vielzahl von Details, doch wird es immer wieder rückbezogen auf eine soziale, ja hier sogar auf eine transzendente – da von Gott eigens angelegte – Funktion, in welcher es zugleich eine gesellschaftliche Rolle spielt.

Auf diese Weise erscheint der Tod eines Menschen in der Memoirenliteratur als ‚Chronik eines angekündigten Todes', den Saint-Simon uns geradezu exemplarisch und fast auch in Form einer Chronik mit ihren Datierungen und ihrer Darstellung des gesellschaftlichen Lebens präsentiert. Hier stirbt einer, der seine gesellschaftlich vorgesehene Rolle als künftiger König von Frankreich nicht mehr wird spielen können. Und doch muss er die für ihn vorgesehene Rolle noch bis zu seinem eigenen Tod erfüllen, muss bis in seinen eigenen Tod hinein eine gesellschaftliche, sozial determinierte *Persona* sein.

Zugleich macht diese Stelle aber deutlich, dass es nicht um den Ausdruck der Gefühle des Ich, nicht um die Konstruktion einer modernen Subjektivität gleichsam von innen her, nicht um all das geht, was Jean-Jacques Rousseau in seiner Findung und Erfindung der Autobiographie in der Moderne so folgenreich entwickeln wird. Das Lebenswissen eines Saint-Simon ist noch deutlich *vor* den Idealen und dem Menschenbild der Aufklärung anzusetzen und entspricht den Vorstellungen eines Hochadels, der doch seiner Machtfunktion im Staate des französischen Sonnenkönigs und des Ancien Régime verlustig ging. Es ist, als ob dieser Machtverlust, den jener Stand erfuhr und dem Saint-Simon mit Stolz angehörte, die Beobachtungsgabe des Herzogs noch zusätzlich geschärft hätte: Es geht nicht mehr um Machtausübung, sondern um eine möglichst präzise Beobachtung der Macht in ihrem Zentrum, am französischen Königshof zu Versailles.

So geht es in diesen *Memoiren* nicht um das Individuum Saint-Simon, sondern um dessen Gesellschaft, die er gleichsam in ihrem leeren Zentrum observiert: Dort, wo der machtlose Adel die Ränkespiele der Macht nur noch beobachten kann. Ein Maler dieser Gesellschaft ist er, nicht der Maler seiner selbst: wohl eher noch ein Hof-Maler, der an diesem Ort – *la cour et la ville* – wie in einem Fraktal die Gesamtheit Frankreichs zu fassen bekommt und zur Darstellung bringt. Vor diesem Hintergrund und in dieser Funktion bleibt der Tod – wie schon die Geburt – vor allem und in erster Linie ein *soziales* Ereignis.

TEIL 3: **Geburt und Tod im Lager: Vom Leben und Sterben im konzentrationären Universum**

Donatien Alphonse François de Sade oder die Beherrschung der Körper lebendiger Toter

Der aus Genf stammende Philosoph Jean-Jacques Rousseau, dem wir uns im Rahmen dieser Vorlesung nicht nochmals ausführlich zuwenden können,[1] verstand sein eigenes Leben als eine Abfolge von „malheurs", die ihn ab seiner Geburt seine ganze Lebenserfahrung hindurch begleiteten. Die Geburt wird daher zum Kainszeichen eines Lebens, das sich an diesen prägenden Moment anschließt und immer weiter in all seinen Verästelungen fortsetzt. Wir wollen uns in aller Kürze mit diesem *Lebenszeichen* auseinandersetzen, verstand sich Rousseau doch als ein von dieser Geburt *gezeichneten* Menschen, der den dabei erfolgten Tod seiner Mutter stets als riesige Bürde mit sich herumschleppte und als Zeichen seines In-der-Welt-Seins begriff.

Gleich nach dem berühmten Incipit, das wir in anderen Vorlesungen intensiv besprochen haben, folgt sozusagen auf der nächsten Seite seiner *Bekenntnisse* eine Passage, die für uns von Interesse ist:

> Ich bin geboren zu Genf im Jahre 1712 von dem Genfer Bürger Isaac Rousseau und von der Genfer Bürgerin Suzanne Bernard. Ein höchst bescheidenes Erbe, das es unter fünfzehn Kindern aufzuteilen galt, hatte den Anteil meines Vaters gleichsam auf nichts zurückgeführt, und so besaß er zum Überleben nur seinen Beruf als Uhrmacher, in welchem er in Wahrheit überaus geschickt war. Meine Mutter, die Tochter des Ministers Bernard, war reicher; sie besaß Weisheit und Schönheit: Nicht ohne Mühe war es meinem Vater gelungen, sie zu erhalten. Ihre Liebesbeziehung hatte fast mit ihrem Leben begonnen: Im Alter von acht oder neun Jahren [...].
>
> Nach der Geburt meines einzigen Bruders brach mein Vater nach Konstantinopel auf, wohin man ihn gerufen und wo er zum Uhrmacher des Serail ernannt. [...] Meine Mutter besaß mehr als nur ihre Tugend, um dies durchzustehen, sie liebte ihren Ehemann zärtlich und übte Druck aus, damit er zurückkäme: Er verließ alles und kehrte zurück. Ich war die traurige Frucht dieser Rückkehr. Zehn Monate später wurde ich verkrüppelt und krank geboren; ich kostete meiner Mutter das Leben, und meine Geburt war das erste meiner Unglücke.
>
> Ich habe nie erfahren, wie mein Vater diesen Verlust verschmerzte, aber ich weiß, dass er nie darüber hinwegkam. Er glaubte sie in mir wiederzusehen, ohne doch vergessen zu können, dass ich sie ihm weggenommen; er küsste und umarmte mich niemals, ohne dass ich nicht an seinen Seufzern, an seinen konvulsiven Umarmungen verspürt hätte, dass sich bittere Trauer in seine Liebkosungen mischte; sie waren dafür nur umso zärtlicher. Wenn er mir sagte: Jean-Jacques, sprechen wir von Deiner Mutter, antwortete ich ihm: Ach, mein Vater, so werden wir denn weinen; und allein dieses Wort zog schon

---

1 Vgl. die Rousseau gewidmeten Kapitel in den „Aula"-Bänden, Bd. 2: Ette, Ottmar: *LiebeLesen* (2020), S. 246 ff., sowie Bd. 5: Ette, Ottmar: *Aufklärung zwischen zwei Welten* (2022), S. 343 ff.

die Tränen an. Ach!, seufzte er aufstöhnend, gib sie mir wieder, tröste mich über sie hinweg, fülle die Leere, die sie in meiner Seele hinterlassen hat. Würde ich Dich so lieben, wenn Du nur mein Sohn wärest? Vierzig Jahre nach ihrem Verlust verstarb er in den Armen einer zweiten Frau, aber mit dem Namen der ersten auf den Lippen und mit ihrem Bildnis auf dem Grunde seines Herzens. [...]

Ich wurde fast sterbend geboren; man erhoffte kaum, mich am Leben zu erhalten. Ich trug den Keim eines Unwohlseins, welches die Jahre noch verstärkten. [...]²

Vergleichen wir diesen Auszug mit Zitaten aus der Feder von Saint-Simon, so könnte der Unterschied kaum größer sein. Und doch befinden wir uns im selben 18. Jahrhundert und überdies in derselben Sprache und Kultur. Doch wir blicken nun nicht mehr auf die uns umgebende Welt aus der Perspektive des Hochadels, sondern erleben diese Welt aus dem Blickwinkel des Bürgertums mit all seinen Geldnöten und Problemen – eine erzwungene Arbeitsmigration nach Konstantinopel miteingeschlossen. Wir sind nicht länger Zeugen des Lebens am französischen Hof, sondern befinden uns inmitten einer Republik – der stolzen Republik von Genf. Uns umgeben nicht länger die Werte des Hochadels und des Vertrauens in die Staatsform, die man bald schon als „Ancien Régime" bezeichnen sollte, sondern erleben das „Siècle des Lumières", das „Jahrhundert der Aufklärung", in seinem ganzen Glanze, den es über Genf, Frankreich, Europa und die transatlantische Welt auszustrahlen wusste. Und nicht zu allerletzt: Wir erfreuen uns nicht mehr an der Feder eines Verfassers von Memoiren, in deren Zentrum die literarische Darstellung anderer berühmter Persönlichkeiten steht, sondern verfolgen gespannt die Entstehung der ersten Autobiographie der Moderne, in welcher ein einfacher Bürgerlicher – der Herzog von Saint-Simon hätte sich in seinem Grabe umgedreht ... – die Stimme erhob, um sich selbst zum Mittelpunkt seines Schreibens zu machen und über sein eigenes Leben zu berichten! Dieses Leben des Genfer Bürgers Jean-Jacques Rousseau aber begann mit einer Geburt, die seiner Mutter das Leben kostete; ganz so, wie wir dies in Alejo Carpentiers *Viaje a la semilla* bereits gesehen hatten. Geburten waren für jede Frau unter den damaligen Hygienebedingungen des Wochenbetts ein Wagnis: Das Gebären ging nur allzu oft mit dem Sterben einher.

Im ersten Abschnitt des obigen Zitats wird zunächst jene Formel des „Ich wurde geboren", des „Je suis né" gebraucht, die uns ganz selbstverständlich ist und mit der jeder Lebenslauf, jedes Curriculum Vitae beginnt. Allerdings ist offensichtlich, dass in dieser Formel im Französischen etwas weniger Passivität steckt als in der deutschen Ausdrucksweise; und doch ist völlig deutlich, dass das Fehlen von Hinweisen auf den Geburtsvorgang selbst darauf verweist, dass

---

2 Rousseau, Jean-Jacques: *Les Confessions*. Illustrations par Maurice Leloir. 2 Bde. Paris: Launette 1889, Bd. 1, S. 2–4.

das nun im Mittelpunkt stehende Subjekt lediglich ein Objekt war. Man muss nicht von Martin Heideggers existenzphilosophischer Rede vom In-die-Welt-geworfen-Sein ausgehen, um konstatieren zu können, dass die Geburt als Vorgang oder narrativ zu erfassender Prozess deshalb so formelhaft erschlafft ist, weil das Ich darüber im Grunde keine näheren Aussagen zu machen weiß. Im Falle von Jean-Jacques Rousseau werden wir diese Feststellung freilich gleich modifizieren müssen.

Abb. 21: Maurice Quentin de La Tour: Porträt von Jean-Jacques Rousseau (1712–1778), Pastellzeichnung 1753.

Sie sehen, dass auch Rousseau zu Beginn seines Schreibens auf den gesellschaftlichen Stand seiner Eltern verweisen muss – und dies durchaus sehr affirmativ. Denn bei seinen Eltern handelt es sich zwar nicht um Adelige, aber immerhin um einen Bürger und eine Bürgerin der berühmten Genfer Republik. Sein ganzes Leben hindurch sollte Rousseau auf diese Herkunft stolz sein, nicht einem monarchistischen – und aus seiner Sicht tyrannischen – Staatssystem wie dem französischen zu entstammen. Dies beinhaltet einiges an Einbildung nicht auf eine hochadelige Abkunft, wohl aber auf eine republikanische Bürgertradition. Wie durchlässig freilich auch in der damaligen Schweiz die noch immer scharf trennenden Standesgrenzen waren, stellte nicht zuletzt Jean-Jacques Rousseau selbst in seinem Briefroman *Julie ou la Nouvelle Héloïse* anhand einer vorromantische Konzeptionen implizierenden Liebesgeschichte dar, die wir uns wie erwähnt bereits in früheren Vorlesungen näher angesehen hatten ...

Zugleich werden Hinweise auf die wirtschaftlichen Verhältnisse der Familie gegeben, wobei Rousseaus Vater unter nicht weniger als fünfzehn Kindern aufwuchs, unter denen das elterliche Vermögen aufgeteilt werden musste. Armut ist nur ein anderer Name für Teile des Genfer Bürgertums. Rousseau ist also – wie andere große Aufklärer auch – ein Handwerkersohn, entstammt mithin dem niederen Bürgertum, für das ein Saint-Simon höchstens ein spöttisches Lächeln übrig gehabt haben dürfte. Seine Mutter freilich ist die Tochter eines Genfer Patriziers; ein soziales Faktum, das die tatsächliche Liebesheirat von Mutter und Vater ja dann erschwert haben soll. Doch jene Liebe der beiden war größer als die Kluft zwischen Genfer Bürgertum und Patriziertum; und damit führt Rousseau in seine eigene Familie und letztlich in seine eigene Geburt bereits dieses für sein Denken so wichtige Element einer über die Standesgrenzen hinaus sich etablierenden Konvivenz ein. Jean-Jacques ist nichts anderes als das Produkt – oder wie er sich ausdrückt: die Frucht – dieser Liebe, wenn wir auch im weiteren Verlauf dieser Passage sehen, dass dies mit fatalen Folgen für die Mutter einherging. Doch die Liebe der Eltern, die tiefe Trauer um die jung verstorbene Mutter wie die Liebe des Vaters zu seinem Sohn prägen trotz aller Vorwürfe die Kinderjahre des Genfer Philosophen. Dass sich bei diesem Kind tiefe Schuldkomplexe mit Blick auf die bei seiner Geburt verstorbene Mutter bildeten, ist angesichts des Verhaltens des Vaters gleichwohl unstrittig.

Wir erfahren im Kontext der Erörterungen zur Geburt des Ich, dass der Vater Rousseaus nach Konstantinopel ging, um dort als Uhrmacher in einem Serail zu arbeiten. Die wirtschaftlichen Grundlagen der väterlichen Familie waren sehr prekär – und wie Sie sehen, ist die Arbeitsmigration durchaus keine Erfindung der aktuellen Globalisierungsphase! Genfer Uhrmacher waren im Orient sehr gesucht, denn man war nicht zuletzt an einem Anschluss an technologische Standards in Europa bemüht. Zweifellos ging es bei dieser Anstellung mithin auch um einen Technologietransfer auf der Höhe der Zeit. Aber warum gerade in einem Serail?

Ob Rousseau in diesem Zusammenhang die seiner Epoche gemäße orientalistische Karte zog und seinen Vater gleich zum ‚Uhrmacher im Serail' werden ließ, oder ob diese Angaben wirklich den Tatsachen entsprachen, vermag ich Ihnen nicht zu sagen. In der in unserem Auszug ausgelassenen Passage habe ich Ihnen die Verlockungen erspart, denen die schöne und weise Mutter von Seiten anderer Prätendenten während der Abwesenheit ihres Mannes ausgesetzt war. Doch stets obsiegt die Liebe; und Rousseau bezeichnet sich explizit als ein Kind dieser Liebe, gleichsam eine Frucht der Rückkehr seines Vaters zu seiner Mutter.

Die entsprechenden Monate später kam das Ich zur Welt. Doch zeigte sich nach dessen Angaben rasch, dass das Kind krank und behindert auf die Welt kam; eine Behinderung, unter der Rousseau offenkundig unter anderem sein oft beklagtes Blasenleiden verstand. Traumatisch aber war für letzteren die ihn ein Leben lang verfolgende Tatsache, dass seine Geburt seiner Mutter das Leben kostete, dass seine Geburt also gleichbedeutend mit ihrem Tod und der Zerstörung der liebevollen Ganzheit der Familie war.

Dergestalt haben wir es erneut mit einer Verschränkung von Geburt und Tod zu tun – ein wenig so, wie wir bei Alejo Carpentier am Ende den Marqués im Bauch seiner Mutter verschwinden sahen. Dieser Vorgang schenkte letzterer das Leben, so dass dieses Verschwinden zu einer anderen, lebensspendenden Geburt werden konnte. Damit ist die Geburt zugleich ein anderer Tod; eine Tatsache, die Rousseau zeit seines Lebens im Übrigen auch nach seiner Mutter suchen ließ. Er fand sie, nebenbei bemerkt, zunächst in Madame de Warens, jener gläubigen Gönnerin, die ihm zum Katholizismus bekehrte, bald aber auch zu seiner mütterlichen Geliebten avancierte. Mit ihr fand Rousseau einen Teil seiner schmerzhaft vermissten Mutter-Figura wieder.

In seiner Gesamtheit steht das Leben von Jean-Jacques Rousseau also im Zeichen des Todes seiner Mutter: Er betrachtete seine Geburt und ihren Tod als den ersten seiner Unglücksfälle. Schuld an letzterem kann er nicht tragen – und doch fühlt er sich schuldig. Dieser diffuse Schuldkomplex zieht sich durch das Leben und auch das Denken des Genfer Philosophen. In diesem doppelten Vorgang des Geborenwerdens und Sterbens werden gleichsam zwei verschiedene Leben semantisiert: zum einen das der insgeheim idealisierten und sakralisierten Mutter, zum anderen das des jungen Mannes, der vom Vater stets an seine Verantwortung als Muttermörder, der keiner war, erinnert wurde. Denn in allen körperlichen Berührungen des Vaters ist für das Ich die Mutter gleichsam anwesend: Sie überwacht durch ihre Allgegenwart ihre Familie, welche das Ich bald schon verlassen wird.

Für den Vater ist das Leben seiner Frau in der Geburt auf das Kind übergesprungen. Im jüngsten Sohn sieht er die Gestalt der Mutter, der Junge selbst wird also zum Repräsentanten einer Mutterfigur, für die er aber nicht einstehen kann. Von ihm verlangt der Vater, dass er ihm die Mutter wiedergebe, ein Vater, der seinem Sohn bekennt, dass seine Liebe zu ihm mehr ist als eine reine Vaterliebe. Dies erfüllt, juristisch gesprochen, den Tatbestand einer Anklage des Vaters gegen den Sohn, eine Anklage, gegen welche sich letzterer im Grunde nicht zur Wehr setzten kann. Denn im Sohn sieht und liebt der Vater noch immer zugleich auch dessen Mutter, seine verstorbene Frau.

Für Jean-Jacques Rousseau ist diese familiäre Konfiguration im Grunde ebenso hoffnungslos wie unentrinnbar. Im Ich des Genfer Philosophen verkörpert sich gleichsam die Leere, die der Vater wieder zu füllen hofft. Das Ich repräsentiert diese Leere, die niemand mehr – auch nicht die zweite Frau des Vaters – zu füllen imstande ist. Jean-Jacques steht für seine Mutter ein, die er nur notdürftig ersetzt: Er gelangt wider Willen an ihre Stelle und wird immer wieder mit dem Tod der Mutter identifiziert. Als Mörder der Mutter wird das Objekt des Geburtsvorgangs gleichsam zum Subjekt eines Tötungsverbrechens, von dem Rousseau von niemandem – auch nicht vom eigenen Vater – freigesprochen werden kann.

So ist das Ich unschuldig *und* schuldig in eine Muttermordgeschichte verstrickt, aus der es kein Entrinnen gibt. Die Subjektivierung verläuft über eine *Ent-Zweiung*, eine Trennung von der Mutter, eine Trennung von der Gebärenden, mit der das Ich vor der Geburt symbiotisch zusammenlebte. So wird im Grunde auch Rousseaus ganzes Leben, das er uns in *Les Confessions* bekennt und beichtet, zu einer langen Sequenz des Todes und mehr noch des unaufhörlichen Sterbens. Wir finden in dieser Konfiguration noch einmal – wenn auch auf eine gänzlich andere Art – jene Spaltung des Subjekts vor, in der die Herausbildung des modernen Subjekts oder des Subjekts in der Moderne wurzelt: komplementär zu jener *Subjekt-Werdung*, für die Rousseau exemplarisch für die Moderne einstehen kann.[3]

Damit ist die Geburt unentrinnbar mit dem Entzug der Mutter, mit einer Preisgabe des Ich verbunden. Es mag durchaus sein, dass diese prägende Konfiguration den Philosophen dazu bewog und dafür sorgte, dass Rousseau alle fünf Kinder, die er mit Thérèse zeugte, ebenfalls ohne Mutter aufwachsen ließ, indem er sie ins Waisenhaus steckte und sich als Mitbegründer einer modernen Pädagogik, der er zweifellos war, nicht weiter um sie kümmerte. Von einer solchen Schuld des Muttermordes reingewaschen zu werden, hätte Rousseau höchstens durch ein ‚Hohes Gericht' zuteilwerden können, ein Jüngstes Gericht, das das Schreiben des eigenen Lebens, die erste moderne *Auto-Bio-Graphie*, letztlich in eine Schrift der Ent-Schuldung, des Freispruchs hätte umwandeln können. Ist dies in der berühmten Eingangsszene, die uns den Philosophen mit dem Buch seines Lebens in der Hand zeigt, wie er vor das „höchste Wesen" tritt und sich für unschuldig erklärt, nicht ganz offensichtlich enthalten?

Jean-Jacques Rousseau verstand sich in einem fundamentalen Sinne als unschuldig. Zugleich begriff er sich als herausragender Repräsentant einer verfolgten Tugend, einer „vertu persécutée", insofern ihn das Böse in Gestalt

---

[3] Vgl. zu diesem Themenkomplex nochmals ausführlich das Rousseau-Kapitel im fünften Band der „Aula"-Reihe in Ette, Ottmar: *Aufklärung zwischen zwei Welten*, S. 343 ff.

unterschiedlichster Individuen und Institutionen zeit seines Lebens bedroht habe. Doch Jean-Jacques Rousseau war in diesem Punkte nicht der einzige Philosoph der französischsprachigen Aufklärung, der für sich diese Unschuld reklamierte und auf Unschuld plädierte.

Denn in gewisser Weise können wir beide Züge, die Rousseaus Lebenswerk grundlegend prägen, auch in des Marquis de Sades erstem zu Lebzeiten veröffentlichten Werk wiedererkennen: in *Justine ou les malheurs de la vertu*. Bevor wir uns aber mit dieser komplexen Beziehung beschäftigen, zu der im Übrigen auch gehört, dass der Marquis zeitweilig im Briefwechsel mit Rousseau stand, obwohl er diesen letztlich zu seinen Gegnern zählen musste, möchte ich Ihnen gerne einige wenige Biographeme zu jenem Schriftsteller an die Hand geben, der seit den französischen Surrealisten als der „Göttliche Marquis" in die (Literatur-) Geschichte einging.

Donatien Alphonse François, Comte de Sade, wurde am 2. Juni 1740 in Paris geboren und starb in Charenton-Saint-Maurice bei Paris am 2. Dezember 1814. Er stammte aus einer alten provenzalischen Adelsfamilie, die den Grafentitel führte, seit seinem Großvater aber auch den höheren Titel eines Marquis beanspruchte, den Donatien mit Vorliebe trug. Dieser wuchs im Pariser Stadtpalais seiner Familie unter Aufsicht von Charles de Bourbon-Condé auf, des Comte de Charolais, der als stadtbekannter Libertin in die Geschichte einging.

In Paris besuchte der bildhübsche Junge das renommierte Collège Louis-le-Grand und anschließend eine Kadettenanstalt für Hochadelige, um die Offizierslaufbahn einzuschlagen. Er nahm am Siebenjährigen Krieg teil und wurde wegen seiner Tapferkeit mehrfach befördert sowie ausgezeichnet. Sein Vater handelte den Ehevertrag mit der überaus reichen Renée Pélagie Cordier de Launay de Montreuil aus, womit sich eine hochadelige Herkunft mit großem Besitztum erfolgversprechend verband. Der junge Marquis schien bestens für ein glänzendes gesellschaftliches Leben in Frankreich gerüstet.

Doch sein zügelloses Genussleben, durch den Reichtum seiner Frau ermöglicht, führte bald nach seiner Entlassung als Kavallerieoffizier zu einer maßlosen Verschuldung. Auch die Ehe mit dieser jungen Frau konnte daran nichts ändern: Der jugendliche Marquis sprengte bald die Grenzen der erotischen Ausschweifungen, die man einem Hochadeligen erlaubte, durch zahlreiche Beziehungen zu Schauspielerinnen und anderen jungen Frauen, die er sich zum Teil gefügig machte. Noch im Jahr seiner Eheschließung wurde er der Polizei verdächtig und ein Inspektor Marais wurde für ihn zuständig, der ein Vierteljahrhundert lang zu Sades Verfolger de Sades und in seiner Biographie immer wieder auftaucht. Nach zahlreichen Liebesaffären und skandalösen Exzessen, die sowohl in Paris als auch auf seinem Landsitz Lacoste stattfanden, nach der Aufnahme einer Liebesbeziehung zu seiner Schwägerin, der jüngeren Schwester seiner Ehefrau, sowie nach zahlreichen Anschuldigungen sexueller Misshandlungen von Seiten verschiedenster Frauen und einer sich anschließenden Flucht nach Italien erwirkte seine Familie schließlich 1777 eine dreizehnjährige Sicherheitsverwahrung – unter anderem in der Pariser Bastille.

Man kann ohne Zweifel sagen, dass der Marquis de Sade während seiner Jahre in der Bastille, in denen er freien Zugang zu Büchern hatte und viel las, zum Schriftsteller wurde und sowohl Theaterstücke als auch Romane und Erzählungen verfasste. Dabei bediente er sich einer winzigen Schrift, um nicht durch übermäßigen Papierkonsum aufzufallen. Während der Französischen Revolution kam Sade zwar vorübergehend frei, doch entging er als Gegner von Robespierre und später Napoleon nur knapp der Guillotine. Weitere Haftstrafen schlossen sich an, doch wurde Sade auch ein erstes Mal in die Irrenanstalt von Charenton verlegt, was seiner Ehefrau erlaubte, sich von ihrem als geisteskrank eingestuften Ehemann scheiden zu lassen.

Wieder in Freiheit schloss er sich als Aristokrat den radikalen Jakobinern an. Er wurde unter anderem zum Revolutionsrichter, setzte sich zugleich aber für seine Schwiegereltern ein und geriet in Verdacht, konterrevolutionäre Aktivitäten auszuführen. Wie schon vor seiner Flucht nach Italien wurde er erneut zum Tode verurteilt. Doch nach dem Robespierres Sturz wurde das Todesurteil nicht mehr vollstreckt. Verschiedene Haftstrafen und Freilassungen schlossen sich an, bis Napoleon – der in Sade einen gefährlichen Gegner erblickte – sich persönlich dafür einsetzte, den Marquis dauerhaft hinter Gitter zu bringen. Die letzten elf Jahre seines Lebens verbrachte der Göttliche Marquis in der Irrenanstalt von Charenton. Auf persönliche Anordnung von Napoleons Polizeiminister wurde Sade bis zu seinem Tod am 2. Dezember 1814 schließlich in Einzelhaft gesteckt und mit Schreibverbot belegt.

Während seiner fast dreißigjährigen Internierung setzte sich Sade intensiv mit den literarischen und philosophischen Strömungen seiner Zeit auseinander. Umfangreiche Lektüren machten ihn zu einem Schriftsteller und Philosophen, der eigenständige Positionen vertrat und als französischer Aufklärungsphilosoph verstanden werden muss. Doch erst in den sechziger Jahren des 20. Jahrhunderts erkannte man die Vielseitigkeit des Sade'schen Gesamtwerkes und würdigte die große literarische Produktivität dieses Autors: Der Marquis galt nun endgültig als höchst produktiver Schriftsteller der Aufklärungsepoche. Ich empfehle Ihnen besonders die Lektüre von Roland Barthes' *Sade, Fourier, Loyola*[4] oder auch von Gilbert Lely;[5] es handelt sich um Texte, in denen

---

4 Vgl. Barthes, Roland: *Sade, Fourier, Loyola*. Paris: Seuil 1971.
5 Vgl. auch Lely, Gilbert: *Sade. Etudes sur sa vie et sur son œuvre*. Paris: Gallimard 1967.

eine eindeutige Ent-Pathologisierung zum Ausdruck kommt, und die Ihnen vor Augen führen, wie der Marquis de Sade als Autor *normalisiert*[6] und an französischen Gymnasien in Schulbuchlektüre verwandelt wurde.

Abb. 22: Charles-Amédée-Philippe van Loo: Angebliches Porträt von Donatien Alphonse François de Sade (1740–1814).

Wenn wir uns dem Marquis widmen, so sollten wir zunächst also bedenken, dass eine derartige Beschäftigung während langer Phasen selbst noch des 20. Jahrhunderts keineswegs selbstverständlich war. Noch Ende der sechziger Jahre wurden die Professoren an der als revolutionär geltenden Heidelberger Universität von ihren Romanistikstudenten ausgebuht, wenn sie es – wie Erich Köhler – wagen wollten, sich in ihren Vorlesungen und Seminaren mit diesem verruchten Autor zu beschäftigen. Das Trauma, das Köhler davontrug, habe ich selbst noch als junger Freiburger Student (so sagte man damals) wahrgenommen. Der Marquis de Sade galt lange (und gilt zum Teil heute noch) als ein verruchter Autor, dessen Schriften in den obersten, nur mit Hilfe von Leitern erreichbaren Regalen der Bibliotheken aufbewahrt werden. Und doch war deren Lektüre im 19. Jahrhundert prägend für Autoren wie Honoré de Balzac, Charles Baudelaire, Gustave Flaubert

---

6 Auf diese Entwicklung hat Michel Delon 1985 in einem Vortrag beim Deutschen Romanistentag zum Thema „La normalisation scolaire: Sade dans les manuels français" aufmerksam gemacht. Mit einigen Veränderungen abgedruckt in Delon, Michel: La normalisation scolaire: Sade dans les manuels français (1960–1985). In: Berger, Günter / Lüsebrink, Hans-Jürgen (Hg.): *Literarische Kanonbildung in der Romania. Beiträge aus dem Deutschen Romanistentag 1985*. Rheinfelden: Schäuble Verlag 1987, S. 225–246.

oder Joris-Karl Huysmans. Denn gerade für Schriftsteller und Dichter, die gegen die vorherrschende bürgerliche Ordnung anschrieben, war Sade ein wichtiger Orientierungspunkt.

Gewiss, es war ein langer Weg aus der Pathologie und den Giftschränkchen der Bibliotheken in die Vorlesungen, Seminare, Anthologien und Schulbücher! Und ich würde auch nicht leichtfertig behaupten, dass dieser Weg nicht unumkehrbar wäre, gibt es doch viele Länder auf der Erde, in denen eine Lektüre des Marquis de Sade noch immer verboten ist. Doch war Sade eine wichtige Unterströmung der Literaturen des 19. Jahrhunderts, so wurde er seit der zweiten Hälfte des 20. Jahrhunderts zu einem Autor, über den man unbehelligt schreiben und dessen Theorien und philosophische Denkanstöße man doch diskutieren kann – auch wenn ich selbst an der Universität einmal ein weniger tolerantes Verhalten erfuhr ...

Auf dem langen Weg der „normalisation" kommt Denis de Rougemont zweifellos eine Zwischenstellung zu. Wir haben uns ja mit seinen Theorien in der Vorlesung über die Liebe und deren Beziehung zum Lesen ausführlich auseinandergesetzt.[7] In einem Abschnitt seines Buchs über die Liebe im Abendland kommt er auf den Marquis de Sade sowie auf den Sadismus zu sprechen, wobei er sich philosophisch auf den französischen Denker Pierre Klossowski bezieht[8] und damit auch diskursiv absichert. Denn letzterer hatte bei Sade eine Verbindung von Lebensprinzip und Todesprinzip diagnostiziert; eine Verbindung, die uns in besonderem Maße interessiert. Auch wenn wir bei Klossowski weniger eine Analyse von Sades Texten als vielmehr eine ‚behandelnde' Analyse des Autors selbst erleben, wird aus Sicht des französischen Philosophen doch eine Verbindung mit einer Sichtweise der Natur beim Göttlichen Marquis hergestellt, die sich gegen Rousseau wendet und durch die kalkulierte Ausschweifung selbst das im Sinne Sades sinnlich-gefährliche Treiben der Natur begrenzen will.

Am 12. Juni 1791 schrieb der Marquis de Sade an seinen Anwalt, man drucke derzeit einen Roman von ihm – er habe Geld gebraucht und man habe einen Roman von ihm verlangt, der „bien poivré" sei.[9] Er habe ihn gemacht, „capable d'empester le diable": Bei diesem Roman handelt es sich um *Justine ou les malheurs de la vertu*.[10] Die Bestellung des Romans war eine vorgebliche, denn Sade hatte an diesem Manuskript bereits seit 1788 gearbeitet. Der 1791 in

---

7 Vgl. Ette, Ottmar: *LiebeLesen*, S. 135 ff.
8 Rougemont, Denis de: *Die Liebe und das Abendland*. Mit einem Post-Scriptum des Autors. Aus dem Französischen von Friedrich Scholz und Irene Kuhn. Zürich: Diogenes 1987, S. 396.
9 Vgl. hierzu Lely, Gilbert: Avant-propos. In: Sade, Marquis de: *Justine ou les malheurs de la vertu*. Paris: Union Générale d'Editions 1969, S. 9.
10 Ebda., S. 9–12.

Paris veröffentlichte Roman war der erste zu Lebzeiten Sades veröffentlichte Erzähltext und geeignet, nicht unbedingt auf Grund seiner neuartigen narrativen Struktur die Zensur auf den Plan zu rufen. Die Erstausgabe erschien freilich ohne Autorangabe und unter Verweis auf einen holländischen Verlag. Dies war eine im Siècle des Lumières in Frankreich übliche Vorgehensweise, um sich vor Verfolgungen durch staatliche Instanzen zu schützen. Zahlreiche Neuauflagen bezeugen den Erfolg dieses literarischen Debuts.

Mit *Justine ou les malheurs de la vertu* wendet sich der Marquis unverkennbar vom Fortschrittsoptimismus der Aufklärungsphilosophie ab. Sein Folgeroman, die *Nouvelle Justine*, erschien 1797 und verzichtete auf manche der Kautelen und Vorsichtsmaßnahmen, die für den Erstlingsroman ergriffen worden waren. Sade hatte zu diesem Zeitpunkt bereits mehrere Werke veröffentlicht und konnte fraglos auf eine kleine, aber begierige Leserschaft zählen. Wiederholt erweist sich Sades *Justine* als eine Abrechnung mit Jean-Jacques Rousseaus Bestseller der Lumières, seinem Briefroman *Julie ou la Nouvelle Héloïse*, und greift auch sonst eine Vielzahl aufklärerischer Philosopheme auf und an.

Das Romanschaffen des Marquis de Sade ist zutiefst eingebettet in das Denken des Aufklärungszeitalters und selbstverständlich ein nicht unwesentlicher Teil desselben. Antithetisch wird in dieser Romanfolge rund um die tugendhafte Justine das Schicksal zweier Schwestern dargestellt, von denen eine verrucht und von einem lasterhaften Leben erfüllt ist, das sie zum Erfolg führt, während ihre tugendhafte Schwester, eben Justine, in vielerlei Hinsicht das Leben als beständiges Leiden erfahren muss. Viele der Schriften des Marquis de Sade sind binär strukturiert und verfügen, wie Roland Barthes gezeigt hat, über klar auffindbare Strukturmerkmale. Doch anders als in Sades Theaterstücken siegt in seinen Romanen nie die Tugend, sondern das Laster.

Der Marquis inszeniert insbesondere in seinen Romanen eine radikale Abkehr von den gültigen Moralvorstellungen der französischen Gesellschaft. Seine Schriften erscheinen als ‚Blumen des Bösen', sind eine „Apologie du mal", welche die andere Seite der Aufklärung zeigt. Doch zugleich gibt es zahlreiche Übereinstimmungen mit dem Mainstream der Aufklärungsphilosophie, etwa hinsichtlich der Verwendung des Motivs der „vertu persécutée", ist die verfolgte Unschuld doch stets – so wie dies viele Aufklärungsphilosophen auf beiden Seiten des Atlantik[11] für sich als Opfer der Tyrannei in Anspruch nahmen – den Verbrechen des Bösen ausgesetzt. Justine wird zum Opfer unvorstellbarer Misshandlungen und Foltergräuel, bezeugt zugleich aber durch ihr Leiden deren Existenz.

---

11 Vgl. zu diesem Motiv auch ausführlich den fünften Band der Reihe „Aula" in Ette, Ottmar: *Aufklärung zwischen zwei Welten* (2022), passim.

Damit eröffnet sie einen Bereich für die Literatur, der zuvor tabuisiert und verschlossen gewesen war.

Die Multiplikation der Leiden und der Ungerechtigkeit ins Ungeheuerliche zeigt eine Welt auf, die der Fortschrittsoptimismus vieler Aufklärer nur notdürftig verkleidet: Tyrannei ist Trumpf! Nicht nur einzelne große Gestalten des Verbrechens und der Korruption aller Werte, auch die Vertreter von Staat und Kirche sind hochrangige Verbrecherfiguren, die das Böse inkarnieren. Nicht in seinen Theaterstücken, wohl aber in seinen Romanen inszeniert der Marquis de Sade ein wahres „Theater der Grausamkeit" mit einer Struktur, die auf die Vorstellungsformen des 20. Jahrhundert und das „Théâtre de la cruauté" Antonin Artauds vorausweist. Die Libertinage des 18. Jahrhunderts wird an ihre psychischen, psychologischen wie psychoanalytisch deutbaren Grenzen geführt. Sades Vorstellungswelten wirkten nicht allein auf die schwarze Romantik, auf das Fin de siècle oder die Surrealisten stark ein, sondern eröffnete dem Lebenswissen wie dem Zusammenlebenswissen der Literaturen der Welt zuvor nicht darstellbare Bereiche. Was noch im 19. Jahrhundert eine vielgelesene literarische Unterströmung war, verwandelte sich im 20. Jahrhundert in eine starke ästhetische Prägung, die andere Formen der Gewalt darstellbar machte.[12]

Nicht nur gegen Rousseaus philosophisches Zusammenlebenswissen, nicht nur gegen den Fortschrittsglauben vieler Vertreter der Aufklärung, sondern auch gegen alle Formen der Philanthropie und des christlichen Humanismus ist diese fundamentale *Dialektik der Aufklärung* im Sinne Max Horkheimers und Theodor W. Adornos gerichtet. Wie der hemmungslose Kolonialismus und die damit einhergehende Sklaverei, die mit immer stärker rationalen Mitteln eine möglichst effiziente Ausbeutung menschlicher Körper intendiert, verkörpert die Welt des Marquis de Sade eben jene Dialektik der Aufklärung, von der viele Wege – wie wir noch sehen werden – in die Konzentrationslager des ausgehenden 19. Jahrhunderts und vor allem der Totalitarismen des 20. Jahrhunderts führen. Rationalismus und Totalitarismus werden im Werk des Marquis *körpernah* engeführt.

Wenden wir uns nun der literaturwissenschaftlichen Textanalyse zu, um die mit Sades Werk verbundenen Querverbindungen zu Fragen von Geburt und Sterben, von Leben und Tod in diesen Narrativen des Aufklärungszeitalters kritisch zu beleuchten! In dem bereits 1788 abgeschlossenen Roman *Justine ou les malheurs de la vertu* entwickelt Sade nach einer kurzen philosophischen Einführung, in welcher er antagonistisch die Laster den Tugenden gegenüberstellt

---

[12] Zur Geschichte der literarischen Darstellung von Gewalt im französischen Gegenwartsroman vgl. die schöne Potsdamer Habilitationsschrift von Lenz, Markus Alexander: *Die verletzte Republik. Erzählte Gewalt im Frankreich des 21. Jahrhunderts (2010–2020)*.

und gleichsam einen philosophischen Rahmen für seine Schreckensgeschichte baut, der auch auf einer genauen Kenntnis der literarischen Entwicklungen seiner Zeit beruht, aus dem Gegensatzpaar zweier Schwestern gleichsam die jeweils weiblichen Verkörperungen von Tugend und Laster.

Dabei steht das Leben von Juliette wie von Justine von Beginn an im Zeichen des Todes – und wir könnten hinzufügen: eines schrecklichen Todes. Erst wenige Zeilen zuvor hatte uns Sades Erzähler mit Juliette vertraut gemacht, die er uns als Madame la Comtesse de Lorsange vorstellt, welche ganz offensichtlich eine blendende Stellung in der Gesellschaft einnimmt. Damit aber bewegen wir uns nun von der Ebene der Erzählzeit auf die Ebene der erzählten Zeit, an deren Beginn der Tod der Eltern beider Schwestern steht. Von dort aus beginnt gleichsam eine neue Zeitrechnung für sie und ihre jeweils sehr unterschiedlichen Lebenswege – ist der Tod der Eltern für beide Frauen doch ein Beginn:

> Die Gräfin von Lorsange hatte gleichwohl die beste Erziehung genossen: Als Tochter eines steinreichen Bankiers von Paris war sie zusammen mit ihrer drei Jahre jüngeren Schwester namens Justine in einer der berühmtesten Abteien dieser Hauptstadt erzogen worden, wo weder der einen noch der anderen beider Schwestern bis zum Alter von zwölf und von fünfzehn Jahren kein Rat, kein Lehrmeister, kein Buch, kein Talent verweigert worden waren.
>
> In dieser für die Tugend beider jungen Mädchen fatalen Epoche ging ihnen alles an einem einzigen Tage verloren: Ein plötzlicher Bankrott stürzte ihren Vater in eine so grausame Situation, dass er an Kummer darüber verstarb. Seine Frau folgte ihm einen Monat später ins Grab. Zwei kalte und weit entfernte Verwandte beratschlagten darüber, wie man mit den jungen Waisenkindern verfahren solle; ihr von den Gläubigern sichergestellter Anteil belief sich für jede auf gerade einmal hundert Taler. Da sich niemand damit belasten wollte, öffnete man ihnen die Türe zum Kloster, gab ihnen ihre Mitgift und ließ ihnen frei, was sie werden wollten.
>
> Frau von Lorsange, die sich damals Juliette nannte und deren Charakter und deren Geist in etwa genauso ausgebildet waren wie im Alter von dreißig Jahren – einem Alter, das sie zum Zeitpunkt der Geschichte besaß, die wir jetzt erzählen –, schien nur für die Lust empfänglich, frei zu sein, ohne auch nur einen Augenblick lang über die grausamen Umstände nachzudenken, welche ihre Ketten zerbrochen hatten. Justine wiederum, die, wie wir schon erwähnten, zwölf Jahre alt war, besaß einen dunklen und melancholischen Charakter, der sie die ganze Schrecklichkeit ihrer Lage fühlen ließ. Anders als ihre Schwester nicht mit Künstlichkeit und Finesse, sondern mit einer überraschenden Zärtlichkeit und Empfindsamkeit ausgestattet, besaß sie nichts als Naivität und Herzensgüte, welche sie in vielerlei Fallen tappen ließen.[13]

Bis zu diesem Punkt der Romanhandlung unterscheidet sich *Justine ou les malheurs de la vertu* in nichts von ähnlichen Romanen, wie sie etwa aus der Feder von Samuel Richardson stammten und wie sie von ihm und seinen zahlreichen Epigo-

---

[13] Sade, Marquis de: *Justine ou les malheurs de la vertu*, S. 15.

nen mit dem größten Publikumserfolg während der Aufklärungsepoche zuhauf verfasst und verkauft wurden. Sade griff ganz bewusst auf die Erzählmuster und die Anlage der Romane seiner Zeit zurück, um hernach seinen eigenen Roman nur umso radikaler von diesen im 18. Jahrhundert gängigen Mustern abzutrennen.

Wir dürfen zunächst einmal feststellen, dass wir es mit zwei Schwestern aus gutem Hause zu tun haben, die über eine exzellente Erziehung verfügen: Sie wuchsen in einer elitären Abtei auf, hatten die besten Lehrmeister und erhielten die besten Bücher. Nichts war ihren Eltern für ihre Bildung zu schade. Und doch waren beide voneinander grundverschieden, so dass sie sich – wie in dieser Eingangspassage bereits angedeutet – sehr rasch in unterschiedliche Richtungen entwickelten, wobei sich zwischen beiden Schwestern eine radikale Trennung vollzog.

Zugleich wird deutlich, dass die hervorragende Erziehung beider keineswegs dazu führte, dass die Mädchen einen ähnlichen Weg eingeschlagen hätten. Zu sehr unterschieden sie sich charakterlich voneinander, als dass sie auf die schwierige Herausforderung des plötzlichen Verlusts des Familienvermögens und auf den rasch darauf folgenden Tod ihrer Eltern in ähnlicher Weise hätten reagieren können. In der gegensätzlichen Ausprägung ihrer Charaktere legt Sade die binäre, antagonistische Struktur seines Erzähltextes an, die für alle weiteren sich anschließenden Vorgänge zumindest mitverantwortlich zeichnet.

In beiden so ungleichen Schwestern tritt uns ein Gegensatzpaar entgegen, dessen spannungsvolles Verhältnis der Marquis als narrativen Treibstoff für seine Geschichte verwenden wird. Juliette entwickelt sich hin zu einer „femme libertine", die später auch zur „femme fatale" wird: Sie steht ein für den hemmungslosen Genuss und die Offenheit gegenüber allen Freuden und Lüsten der Gesellschaft, die sie sich dank ihrer *Finesse* erschließt. Die andere, Justine, verfügt hingegen über einen dunkleren, zeittypisch melancholischeren Charakter und damit über Attribute, welche sie eher zu einem gesellschaftsabgewandten und nachdenklicheren Menschen machen. Justines Naivität lässt sie zu einer leicht zu manipulierenden Frau werden, die nichts vom Leben weiß und deren Lebenswissen ganz an den Werten der erfahrenen Erziehung ausgerichtet ist.

So erfahren wir von Beginn des Romans an, dass beide Schwestern trotz derselben Erziehung und Bildung über ein sehr unterschiedliches Lebenswissen verfügen. Mit anderen Worten: Der Marquis de Sade hat sie absichtsvoll mit einem voll und ganz differierenden Lebenswissen ausgestattet. Und genau dieses extrem gegensätzliche Lebenswissen, mithin die mit allen Wassern gewaschene dreißigjährige Erfahrung des fünfzehnjährigen Mädchens und die große „candeur" und Naivität der gerade einmal Zwölfjährigen, wird über das weitere so unterschiedliche Schicksal der beiden Schwestern entscheiden:

> Juliette war bezaubert davon, ihre eigene Herrin zu sein, und wollte einen Augenblick lang die Tränen von Justine trocknen, doch sah sie ein, dass ihr dies nicht gelingen würde, und so machte sie sich daran, ihr zu grollen, anstatt sie zu trösten; sie warf ihr ihre Empfindsamkeit vor; sie sagte ihr mit einer sehr über ihr Alter hinausgehenden Philosophie, dass sie in dieser Welt nur über das betrübt sein dürfe, was uns rein persönlich betreffe; dass es möglich sei, in sich selbst physische Empfindungen von einer recht pikanten Wollust zu finden, um alle moralischen Empfindungen auszulöschen, deren Zusammenstoß schmerzhaft sein könnte; dass eine solche Vorgehensweise umso essentieller in Gebrauch zu setzen sei, als die wahrhaftige Weisheit darin bestünde, die Summe an Lüsten unendlich zu verdoppeln, als vielmehr die Zahl seiner Leiden zu vervielfachen; dass es mit einem Wort nichts gebe, was einen davon abhalten dürfe, jene perfide Empfindsamkeit zu ersticken, von welcher nur die anderen profitierten, während sie uns selbst nichts als Kummer bereite. Doch man verhärtet ein gutes Herz nur schwerlich, denn es wehrt sich hartnäckig gegen alle Vernunftgründe, während seine Freuden es über die falschen Brillanten eines Schöngeists hinwegtrösten.
>
> Juliette griff noch auf andere Kunstkniffe zurück und sagte dann zu ihrer Schwester, dass es mit dem Alter und dem Aussehen, dass sie die eine wie die andere hätten, unmöglich wäre, dass sie an Hunger sterben könnten. [...]
>
> Justine graute vor solchen Reden. Sie sagte, dass sie einer solchen Schmach jederzeit den Tod vorziehen würde [...].[14]

Wir befinden uns in dieser Passage am entscheidenden Punkt der Trennung jener beiden Schwestern, die sich erst wieder am Ende des Romans in gesellschaftlich völlig unterschiedlichen Positionen wiedersehen werden. Ihre Grundverschiedenheit ist sehr plastisch herausgearbeitet; und Sade legt in Juliettes Mund auch Argumente einer das Rationale betonenden Aufklärungsphilosophie, die sich entschieden gegen die aufkommende „sensibilité", gegen die um sich greifende präromantische Empfindsamkeit wandten und Materialität wie Vernunft in den Vordergrund rückten.

Die ältere und schon erfahrenere, aber charakterlich ganz anders bestückte Schwester vertritt in ihren Reden, in ihrem *Diskurs* (den Justine als solchen auch wahrnimmt) die Position einer Philosophie, die nicht nur gegen die Empfindsamkeit gerichtet ist, sondern sich an utilitaristischen Argumenten orientiert, wobei die moralischen Affekte jederzeit aus ihrer Sicht durch Freuden und Lüste übertönt und ausgeblendet werden können. Diese Lüste und Wollüste, diese „plaisirs" und „jouissances", von denen Juliette spricht, stammen aus dem Körper-Leib selbst: Das Subjekt kann sich Empfindungen und Freuden damit selbst verschaffen und ist selbst – als weibliches Subjekt – Herrin über diese Formen lustvollen Erlebens. In diese Richtung zielt auch die Anmerkung Juliettes, sie seien beide hübsch genug, so dass sie nicht verhungern müssten: Eine weibliche Sexualität vergewissert sich ihrer körperlichen Vermarktungsmöglichkeiten.

---

14 Sade, Marquis de: *Justine ou les malheurs de la vertu*, S. 16.

Ich habe Ihnen mit dem obigen Ausschnitt eine zensierte Fassung in der Taschenbuchausgabe vorgeführt, denn hier fehlt eine Szene, die die Möglichkeiten unterstreicht, wie sich die schöne Juliette ihre eigenen Lüste selbst verschaffen kann: indem sie ihre Röcke hochreißt und zu masturbieren beginnt. Justine, die Gerechte, wendet sich mit Grausen von ihrer Schwester – von deren Diskurs wie von deren schändlichem Tun – ab. Juliette ist über das plötzliche Hinscheiden ihrer Eltern schnell getröstet und auch darüber, dass sie keinerlei größere Geldsummen zu ihrer Verfügung hat. Sie weint ihrem Vater oder ihrer Mutter keine Träne nach, sondern versucht, binnen kürzester Zeit ihren schönen Körper einzusetzen, um ihre gesellschaftliche Position zu verbessern. Dies gelingt ihr rasch, während die arme und herzensgute, aber naive Justine von einer Verlegenheit und Zwangssituation in die andere taumelt. Sie wird schon bald zum Opfer aller Bösewichter und *Libertins*, die an einem schönen Frauenkörper ihre Lust ausleben wollen.

Im gleichen Atemzug wird deutlich, dass sich Justines Leben fortan zwischen zwei Toden abspielen wird: auf der einen Seite dem Tod der Eltern, die auf der symbolischen Ebene erst den Aufbruch in ein neues Leben ermöglichen, und zum anderen ihr eigener Tod, der stets die Grenze dessen markiert, was sich Justine selbst zuzumuten in der Lage und willens ist. Der Tod von Vater und Mutter ist wie eine Geburt in ein völlig anderes, im Zeichen ständiger Gewaltanwendungen an ihrem Körper-Leib stehenden Leben. Das Leben und die „malheurs" der schönen Zwölfjährigen sind folglich von dieser zweiten Geburt und vom eigenen Tod begrenzt. Und all ihre Abenteuer, die sie gegen ihren Willen bestehen muss, führen sie stets an die Grenze zum Tod, wobei wir als Leserinnen und Leser nach einiger Zeit begreifen, dass diese Grenze immer weiter hinausgeschoben wird und es gleichsam eine ganze Reihe von Todeslinien gibt, zwischen denen sich fortan das Leben der Justine entfalten muss. Denn in der Tat wird dessen weiterer Verlauf ständig von unterschiedlichsten Formen der Gewalt und Vergewaltigung, von Missbrauch, Einsperrungen und Folter beherrscht sein. Alles zielt auf die fremde Beherrschung ihres Körper-Leibes, der zum eigentlichen Gegenstand objektiviert wird und dessen verschiedene Formen jeweils verschiedenartigen Zwecken zugeführt werden: Das weibliche Subjekt wird zum Objekt degradiert.

Ich hatte Sie bereits darauf aufmerksam gemacht, dass der französische Zeichen- und Kulturtheoretiker Roland Barthes mit seinen Arbeiten viel zur ‚Normalisierung' der Schriften des Marquis de Sade beitrug. Das ‚enfant terrible' der französischen Theorieszene beschäftigte sich bereits seit Anfang der sechziger Jahre mit dem wohl berühmtesten Libertin der französischen Literaturgeschichte. Im Jahre 1967 endlich publizierte Barthes dann einen ersten öffentlichkeitswirksamen und Sade gewidmeten Text, der 1971 wiederum in seinen einflussreichen Band *Sade, Fourier, Loyola* aufgenommen wurde.[15]

In diesem Essay oder Versuch über den Marquis de Sade, der als Vorwort für eine Werkausgabe entstand und unter dem Titel *Der Baum des Verbrechens* ebenfalls 1967 in der neoavantgardistischen Theoriezeitschrift *Tel Quel* erschien, richtete Barthes, ähnlich wie im ersten Teil von *Sur Racine*,[16] seinen Blick auf die Konstruktion des Raums durch den literarischen Text. Und ähnlich wie in jenem Vorwort zu Racine entwarf Barthes eine Art Anthropologie des Sade'schen Menschen, untersuchte seine Nahrung (welche die körperlichen Anstrengungen ausgleichen müsse), seine Kleidung (die stets funktional sei) oder sein Alter (die „Rasse der Libertins" beginnt erst mit 35 Jahren).[17] Diese originelle Herangehensweise erschloss eine ganze Vielzahl an Möglichkeiten, sich auch künftig Sades Schriften zu nähern.

All diesen innovativen Teiluntersuchungen folgt geradezu eine Soziologie der Population in dessen Texten, eine Untersuchung der sozialen Herkunft der Libertins und ihrer Opfer sowie der hierarchischen Strukturen der Sade'schen Stadt.[18] Die Analyse der verschiedenen Körperstellungen sowie der Regeln ihrer Kombination und Komposition manifestiert sich als strukturalistisch zu untersuchende Abfolge von Relationen, welche in die Bäumchen-Schemata der Linguisten – Barthes denkt offensichtlich an die Klassenstammbäume etwa der Konstituentenstrukturgrammatik beziehungsweise der Dependenzgrammatik – übersetzbar sei. Es beginnt das, was man als die Textualisierung der Schriften des Marquis de Sade bezeichnen könnte. Diese bewusste Ablösung vom körperlich-sexuellen Gewaltszenario war die Eintrittstür, die es ermöglichte, Sade für ein breiteres Lesepublikum ‚aufzubereiten'. So konnte Barthes auch vom „Baum des Verbrechens" sprechen.[19]

Den wie in der Casanova-Forschung häufig von der Kritik geäußerten (und oft vorgeschobenen) ästhetischen Vorwurf der Monotonie von Sades Darstellungen ließ Barthes nicht gelten, könne sich ein solcher Eindruck doch nur einstellen, wenn man diese Beschreibungen auf die Realität beziehe; das einzige Universum Sades aber sei das „Universum des Diskurses". In der Bezeichnung der Reden Juliettes durch Justine war der Ausdruck „discours" mit Recht von Sade selbst – wie

---

15 Vgl. Barthes, Roland: *Sade, Fourier, Loyola*. Paris: Seuil 1971.
16 Vgl. hierzu Ette, Ottmar: *Roland Barthes. Eine intellektuelle Biographie*. 3. unveränderte Auflage. Berlin: Suhrkamp Verlag 2012.
17 Vgl. hierzu auch die Ausgabe von *Sade, Fourier, Loyola* in der Ausgabe der *Œuvres complètes*. Bde. 1–3. Edition établie et présentée par Eric Marty. Paris: Seuil 1993–1994, hier Bd. 2, S. 1055.
18 Ebda., Bd. 2, S. 1056–1059.
19 Ebda., Bd. 2, S. 1060.

wir sahen – eingeführt worden. Als Schriftsteller platziere sich Sade immer auf der Seite der *Semiosis*, nicht aber der *Mimesis*.[20]

Damit kappte Barthes ganz bewusst die bislang oft direkt hergestellte Beziehung zwischen Signifikant und außersprachlichem Referenten – also genau jene Relation, die er zum selben Zeitpunkt in seiner Untersuchung des historiographischen Diskurses für den „Realitätseffekt", die ‚referentielle Illusion', verantwortlich gemacht hatte.[21] Innerhalb des so *geschaffenen* Universums des Diskurses wird verständlich, dass Barthes mit Erzähltextgrammatik und Rhetorik eben jene Analysemethoden in Anschlag brachte, die sich schon am Ende seines Bataille gewidmeten Essays als Vorgehensweisen abgezeichnet hatten. Roland Barthes ist in diesen literaturwissenschaftlich-texttheoretischen Gefilden noch ganz der Strukturalist, als welcher er in der französischen Öffentlichkeit galt und als welcher er sein damals bereits hohes symbolisches Kapital als Forscher erwarb.

Diese strukturalistischen Methoden, die Barthes auch dem Bereich der Translinguistik zuordnete, insoweit sie die Grenze des Einzelsatzes überspringen, sollen an dieser Stelle unserer Vorlesung nicht weiterverfolgt werden, könnte man diese strukturalistische Anlage doch ebenso in ihrer Anwendung auf verschiedenste, Barthes' Semiologie der sechziger Jahre zugängliche Bereiche (wie Mode, Nahrung, Werbung und vieles mehr) anwenden. Eine derartige Untersuchung würde uns aber von unserem Thema Gebären und Sterben, Leben und Tod entfernen.

So verschieden auch das Verhältnis zwischen einer durch Exerzitien zu unterwerfenden Körperlichkeit (wie etwa bei Ignatius von Loyola) und einem an sehr unterschiedlichen Sinneswahrnehmungen orientierten Schreiben sein mag: Im Diskursuniversum Sades bildet sich eine geschlossene Sprache (und „écriture"), die sich in ihrer eigenen Regelhaftigkeit vom Außersprachlich-Referentiellen abkoppelt – oder zumindest doch abkoppeln lässt. Dies aber war die Öffnung, durch die Roland Barthes in den Text-Körper des Marquis de Sade eindrang. Sprachbeherrschung steht, so ließe sich formulieren, in engem Verbund mit Körper-Beherrschung. Es ging für Barthes folglich wesentlich um eine Untersuchung der Sprache wie der Textualität in den Schriften des „Divin Marquis".

Dies bedeutet freilich nicht, dass die Körper und damit das Körperliche aus Barthes' Analyse ausgeblendet worden wären. Sie werden nur anders, auf neue Weise, perspektiviert und positioniert. Die verschiedenen Stellungen der Körper in Sades Texten lassen sich für Barthes in die verschiedenen Figuren der antiken Rhetorik übersetzen – eine recht ingeniöse Eingebung des französischen Kulturtheore-

---

20 Ebda., Bd. 2, S. 1065. Barthes versteht Mimesis in dieser Formulierung offenbar nur als Darstellung bzw. Nachahmung einer außersprachlichen Wirklichkeit, nicht aber vorgängiger Texte.
21 Vgl. Ette, Ottmar: *Roland Barthes. Eine intellektuelle Biographie* (2012).

tikers. Metapher, Asyndeton, Anakoluth: Die Körperfiguren Sades fügen sich in Wort- und Gedankenfiguren ebenso, wie Ertés Frauenkörper sich in die Zeichen des Alphabets fügen lassen (Abb. 23 u. 24).[22]

 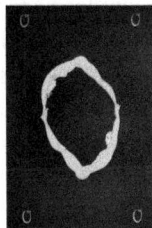

Abb. 23 und 24: Erté: Alphabet. Die Buchstaben „E" und „O".

Die Personen in Sades Texten erscheinen so in mehrfachem Sinne als „Sprachakteure".[23] Um ihre Bewegungen (und jene des Romans) nachvollziehen zu können, müsste eine neue „grammaire narrative" geschaffen werden, eine neue Erzähltextgrammatik,[24] sei es doch die Vielfalt an Sprachen, die den Roman auszeichne. In Sades „Pornogrammen" komme es wie in einem Hitzekessel zur „Fusion" von Diskurs und Körper.[25] So überrascht es nicht, wenn die „erotische Kette" der Körper auch mit einer transphrastischen Struktur in Verbindung gebracht wird, wenn also die Linguistik des Körpers nicht an der Satzgrenze haltmacht, die im erotischen Bereich dem „couple", dem Liebespaar entspreche.[26] Roland Barthes legte nichts anderes als eine Diskursanalyse des geschriebenen Körpers, seiner Figuren und Stellungen wie seiner Fusion mit dem literarischen Diskurs bei Sade vor.

Es ist daher keineswegs so, dass Barthes mit der Wahl Sades einen Skandal hätte provozieren wollen oder es darauf angelegt hätte, die französische und europäische Öffentlichkeit zu provozieren. Der „divin Marquis", der den französischen Autoren des 19. Jahrhunderts als ständiger, wenn auch oft verborgener Bezugspunkt diente, war längst von den Surrealisten in eine Art Gegenkanon aufgenommen worden. In der Nachkriegszeit hatte eine steigende Zahl literatur-

---

22 Barthes widmet Ertés Buchstaben und Zahlen eine intelligente Studie, die 1971 in einer Erté-Ausgabe zunächst in Italien erschien; vgl. hierzu die Ausgabe der Œuvres complètes, Bd. 2, S. 1222–1240.
23 Ebda., Bd. 2, S. 1143.
24 Ebda.
25 Ebda., Bd. 2, S. 1153.
26 Ebda., Bd. 2, S. 1157 f.

kritischer und wissenschaftlicher Publikationen – unter ihnen auch eine Veröffentlichung von Maurice Blanchot – nicht nur das Interesse an Sade dokumentiert, sondern zugleich zu einer ersten ‚Normalisierung' oder, wie man auch sagen könnte, ‚Literarisierung' seiner Texte geführt. Neben Blanchots 1949 erschienenem Buch *Lautréamont et Sade* sei vor allem Pierre Klossowskis *Sade mon prochain* von 1947 aus der unmittelbaren Nachkriegszeit angeführt – freilich ohne diese Rezeptionslinie, innerhalb derer wir bei Rougemont ja bereits Klossowski kennengelernt hatten, an dieser Stelle weiterverfolgen zu wollen. Von Roland Barthes im Übrigen explizit genannt wurde das für die Sade-Rezeption wegweisende Buch von Gilbert Lely, *Sade. Etudes sur sa vie et sur son œuvre*, das bei Gallimard 1967 erschien und das ich Ihnen ja bereits ans Herz gelegt hatte.

Erneut markierte das Jahr 1968, wenn den „événements" sicherlich auch keine entscheidende Rolle zukam, einen gewissen Wendepunkt innerhalb dieser Rezeptionsgeschichte, die ich nur noch einmal kurz aufnehmen will. Barthes' Beschäftigung mit dem Autor von *Justine* stellte weder einen gesuchten Skandal noch eine Pioniertat dar, förderte aber zweifellos die Rezeption und schließlich die Kanonisierung Sades in Frankreich. Ihre eigentliche Bedeutung aber erhielt Barthes' Auseinandersetzung mit dem Libertin durch den Versuch, Körper und Schreiben in ihrem Zusammenwirken zu analysieren, auch wenn gerade das körperliche Element zuvor von jeglicher außersprachlichen Referentialität gereinigt, *textualisiert* wurde. Diese Vertextung war gleichsam der Preis, den Barthes für die diskursanalytische Dekonstruktion der Körperfiguren Sades, für die Fusion von Körper und Diskurs in der Schrift, zu entrichten hatte.

Mag dieser Preis, den die Texte Sades für ihre De-Referentialisierung und nachfolgende Kanonisierung zahlen mussten, auch noch so hoch gewesen sein: Barthes eignete sich nicht zuletzt durch den Rückgriff auf den ‚göttlichen Marquis' einen literarischen Vorläufer und mit ihm einen Teil der Geschichte von Körper und Schreiben in ihren wechselseitigen Beziehungen an. Damit war letztlich der Weg bereitet für eine von äußeren Zwängen und vielfachem Druck einigermaßen befreite Beschäftigung mit jenem Schriftsteller und Philosophen, der nach dem Zweiten Weltkrieg für Pierre Klossowski in Frankreich und für Max Horkheimer und Theodor W. Adorno in der Bundesrepublik Deutschland zum Vertreter der anderen Seite der Aufklärung gemacht worden war, wofür die genannten deutschen Philosophen die Formel der bereits erwähnten *Dialektik der Aufklärung* fanden.

Die Beziehung zwischen Körper und Schreiben bildet aber nur *eine* Dimension des Verhältnisses zwischen Körperlichkeit und „écriture". Barthes ging nicht nur der Geschichte von Körper und Schreiben, sondern auch jener von Körper und Schrift nach. Er komplettierte damit das semantische Auseinanderdriften seines „écriture"-Begriffs in Schreiben und Schrift, das wir bezüglich seiner Auseinandersetzung mit den Schriften Jacques Derridas leicht konstatieren können. In seinem erwähnten Essay über das Alphabet Ertés macht Barthes explizit auf die Verbindung seiner Beschäftigung mit der Materialität des Buchstabens und Derridas *Grammatologie* aufmerksam.[27] Die Beziehung zwischen Körper und Schreiben, vor allem aber zwischen Körper und *Schrift* war 1970 eine der grundlegenden Bedeutungsebenen in *L'Empire des signes*, wo Barthes ikonotextuelle Beziehungen nicht nur zwischen Photographie und Druckerschrift, sondern auch zwischen Kalligraphie und Zeichnung, Handschrift und Gemälde entfaltet hatte. Die Bedeutung dieser Beziehungen hervorgehoben zu haben, gehört nicht zu den geringsten Verdiensten von Barthes' Beschäftigungen mit dem Marquis de Sade.

Lassen Sie mich zur Erläuterung der Überlegungen von Roland Barthes an dieser Stelle zwei kurze Zitate aus dem zweiten, aus dem Jahr 1971 stammenden Essay in *Sade, Fourier, Loyola* anführen. Der erste Text steht unter der Überschrift „Rhetorische Figuren" und liest sich wie folgt:

> Die Lustpraxis ist bei Sade ein wirklicher Text – so dass man bei ihm von *Pornographie* sprechen muss, was bedeutet: kein Diskurs über Liebesverhalten, sondern jenes Geflecht von erotischen Figuren, die wie die rhetorischen Figuren der geschriebenen Rede aufgeteilt und miteinander kombiniert werden. In den Liebesszenen findet man Konfigurationen von Personen, Aktionsfolgen, die den von der klassischen Rhetorik gefundenen und benannten „Ausschmückungen" entsprechen. An erster Stelle die *Metapher*, die unterschiedslos einem gleichen Paradigma, dem der Verletzung, folgend, ein Subjekt dem anderen substituiert. Dann zum Beispiel das *Asyndeton*, eine erprobte Folge von Ausschweifungen („Ich beging Vatermord, Inzest, Totschlag, Prostitution, Sodomie", sagt Saint-Fond und geht mit den Einheiten des Verbrechens genauso um wie Cäsar mit denen der Eroberung: *veni, vidi, vici*), das *Anakoluth*, der Bruch der Satzkonstruktion, womit der Stilist die Grammatik (*die Nase der Cleopatra, wäre sie kürzer gewesen...*) und der Libertin die Konstruktion der erotischen Konjunktionen herausfordert („Nichts amüsiert mich mehr, als in einem Hintern den Vorgang zu beginnen, den ich in einem anderen zu beenden gedenke"). Und ebenso wie sich ein kühner Schriftsteller eine unglaubliche Stilfigur ausdenken kann, so statten Rombeau und Rodin den erotischen Diskurs mit einer neuen Figur aus (schnell und der Reihe nach die aufgereihten Hintern von vier Mädchen ausloten), der sie dann als gewissenhafte Grammatiker auch einen Namen geben (die *Windmühle*).[28]

An dieser Stelle von Barthes' Sade-Versuch wird sehr schön erkennbar, inwieweit hier der Strukturalist Maß genommen hat und die Einheiten des Diskurses von ihren Bewegungsfiguren her sozusagen strukturalistisch-rhetorisch übersetzte in die Figuren der antiken Rhetorik. Barthes, der sich auch mit ihr ausführlich auseinandersetzte, verwandelt den Sade'schen Text in einen Bewegungs-Text, der nach den Regeln dieser Rhetorik funktioniert und alle konkreten und denkbaren Körper zueinander in Bewegung setzt.

---

27 Vgl. ebda., Bd. 2, S. 1230.
28 Barthes, Roland: *Sade, Fourier, Loyola* [1971], S. 152f.

Damit wird im Grunde zugleich der Diskurs abgelöst vom konkreten Körper, situiert sich im unbestimmten Jenseits einer Körperlichkeit, die nicht länger mimetisch verstanden werden kann. Justine wird gleichsam auf eine andere Art objektiviert und erscheint als Abfolge rhetorischer Figuren, deren Choreographie Sade bestimmt. Auf diese Weise ergeben sich immer neue Kon*figura*tionen.[29]

Im folgenden Abschnitt kehrt unter dem Titel „Pornogramm" gleichsam der Körper zurück in die Schrift, verschmilzt mit dem Diskurs unter geregelter Zuführung von Hitze und *verkörpert* eine mit Hilfe der erotisierten Körper geschaffene Textualität, die für Barthes zum damaligen Zeitpunkt, im bereits poststrukturalistischen Orbit von *Tel Quel*, so entscheidend war. Alles schien in unterschiedlichste Textualitäten auflösbar zu sein – im Grunde so, wie eine Erzähltextgrammatik aller Erzählformen auf diesem Planeten noch wenige Jahre zuvor erträumt worden war.

Nach dieser unmittelbar folgenden Passage folgt der kürzeste Abschnitt des gesamten Buches. Er gilt nicht von ungefähr dem Begriff des Sadismus, womit Barthes frontal die psychopathologischen Erwartungen seiner Leserschaft anging. Wir erleben an dieser Stelle, dass als Sadismus ganz einfach alles verabschiedet wird, was sich eher dümmlich allein auf den Inhalt der Schriften des „Göttlichen Marquis" bezieht:

> Sade produziert Pornogramme. Das Pornogramm ist nicht nur die geschriebene Spur einer erotischen Praxis und nicht einmal das Produkt einer Aufteilung dieser Praxis, die wie eine Grammatik von Plätzen und Operationen behandelt wird. Eine neue Chemie des Textes ergibt die Fusion (wie unter der Einwirkung glühender Hitze) von Diskurs und Körper („Hier bin ich ganz nackt, sagt Eugénie zu ihren Lehrern, schreiben Sie Abhandlungen über mich so viel Sie wollen"), so dass, wenn dieser Punkt erreicht ist, das Schreiben zu dem wird, was den Austausch von Logos und Eros regelt, und es möglich ist, von der Erotik als Grammatiker und von der Sprache als Pornograph zu sprechen. [...]
> SADISMUS: Der Sadismus ist nur der grobe (vulgäre) *Inhalt* des Sade'schen Textes.[30]

Damit erklärt Barthes den Sadismus gleichsam zur groben Oberfläche der Schriften Sades, also zu dem, was ins Auge springt, aber nicht analytisch gelesen wurde. Als grobes Oberflächenphänomen ist dieses Verständnis von Sadismus für den französischen Zeichentheoretiker und Rhetoriker nicht weiter interessant, drücke all dies doch nur auf den ersten Blick aus, was Sade inhaltlich geschrieben habe. Roland Barthes aber ging es um den Austausch von Logos und Eros, war es um die so ganz andere Chemie in den Texten des Marquis de Sade zu tun, um deren strukturalistisch-poststrukturalistische Analyse er sich bemühte.

---

29 Vgl. hierzu die auf die gesamte Breite des Figura-Begriffs eingehende Potsdamer Habilitationsschrift von Gwozdz, Patricia: *Ecce figura. Anatomie eines Konzepts in Konstellationen (1500–1900)*. Habilitationsschrift Universität Potsdam 2021.
30 Barthes, Roland: *Sade, Fourier, Loyola*, S. 180 und 193.

Doch kehren wir wieder konkret zu *Justine ou les malheurs de la vertu* zurück! Wir hatten die unbestreitbare Tatsache vermerkt, dass sich das Leben Justines im Grunde zwischen zwei Toden, jenem ihrer Eltern und jenem anderen ihrer selbst, ansiedelt und vollzieht. Justine ist nicht nur die ständig von Vergewaltigung, Sodomie, Schändung oder Folter Bedrohte, sie ist vor allem die ständig auf der Schwelle zum Tod Lebende: eine tote Lebendige oder eine lebendig Tote und damit vergleichbar mit dem, was man in den Konzentrationslagern des 20. Jahrhunderts als „Muselmann" bezeichnete.[31] Sie lebt und bewegt sich und ist zugleich doch schon tot. Im Grunde lebt sie im Grenzland des Todes, ohne doch – zumindest in diesem Werk des Marquis de Sade – die endgültige Grenze definitiv zu überschreiten. Wir werden uns im Anschluss an unsere Überlegungen zu Sade mit der Problematik des Konzentrationslagers noch eingehend beschäftigen und bereits in diesem Kapitel unseres Bandes die Beziehungen zum Totalitarismus beleuchten.

Ich möchte Ihnen in der Folge zwei Zitate aus Sades Roman vorstellen, die diese Situation auf verschiedene Weise reflektieren. Beim ersten Zitat handelt es sich um eine für Sade typische Szene der vielfachen Körperbeherrschung, wobei sich die Protagonistin gegen die von allen Seiten eindringenden nicht wehren kann und diesen hilflos preisgegeben ist. Wir sind immer noch in der Szenerie der Verfolgung der Unschuld, die sich nicht aus ihrer Opferrolle flüchten kann:

> Das Delirium bemächtigt sich schließlich meines Verfolgers, seine grässlichen Schreie kündigen die Vervollständigung seines Verbrechens an; ich bin überschwemmt, man löst meine Fesseln.
> – Auf geht's meine Freunde, sagte Cardoville zu den beiden jungen Leuten, bemächtigt Euch dieser Nutte und genießt sie nach Eurem Gelüste; sie gehört Euch, wir überlassen sie Euch.
> Die beiden Libertins ergreifen mich. Während der eine mich von vorne genießt, dringt der andere in meinen Hintern ein; dann wechseln sie sich ab und wechseln erneut: ich werde mehr von ihrer erstaunlichen Dicke zerrissen als ich es zuvor von der Öffnung der kunstvollen Barrikaden von Saint-Florent gewesen war; und jener und Cardoville amüsieren sich über diese jungen Leute, während sich diese an mir zu schaffen machen. Saint-Florent sodomisiert La Rose, während mich dieser auf dieselbe Weise behandelt, und Cardoville tut dasselbe mit Julien, der sich in mir an einem dezenteren Orte erregt. Ich bin der Mittelpunkt dieser schauerlichen Orgien, ich bin deren Fixpunkt und deren Feder; viermal schon haben ebenso La Rose wie Julien ihren Kultus in meinem Tempel verrichtet, während sich Cardoville und Saint-Florent, die weniger stark und erschöpfter

---

[31] Vgl. hierzu Agamben, Giorgio: *Homo sacer. Die souveräne Macht und das nackte Leben.* Aus dem Italienischen von Hubert Thüring. Frankfurt am Main: Suhrkamp 2002, S. 194 f.

waren, mit einer Opferung an meine Geliebten begnügen. Doch nun ist's das letzte Mal, es wurde auch Zeit, ich stand im Begriffe, das Bewusstsein zu verlieren.[32]

Die Beschreibungen der Vergewaltigungen und des sexuellen Missbrauchs gehorchen bei Sade zumeist einer spezifischen Ordnung, die häufig – wie in diesem Falle – spiegelsymmetrisch verfährt. Alles wird diesen Symmetrieachsen untergeordnet und in einen Bezug zu den Körperöffnungen gebracht gemäß einer Grammatik, deren Regeln Roland Barthes beschrieben hat. Die ganze Figur wird als Justine-zentrisch beschrieben und weist zugleich die Kennzeichen einer Mechanik, ja einer maschinenhaften Anordnung auf, deren Programm bis zur Erschöpfung aller Beteiligten durchgespielt wird.

Entscheidend an dieser Passage aus *Justine ou les malheurs de la vertu* ist nicht nur, dass Justine das an ihr Vollzogene präzise in vielen Details zu beschreiben vermag, zugleich aber im Begriff steht, ihr Bewusstsein zu verlieren. Entscheidend ist vor allem, dass mit diesem drohenden Bewusstseinsverlust ihre Nähe zum Tode angedeutet und zugleich deutlich gemacht wird, dass in ihr durchaus noch Leben und Bewusstsein ist, dass sie beides aber bei noch etwas stärkerer Belastung zu verlieren droht. Justine schwebt in einem Grenzbereich zwischen Leben und Tod, voll und ganz ihren Peinigern ausgeliefert. Diese nehmen in keiner Weise Rücksicht auf sie und kalkulieren ihren Tod mit ein. Sie sind einzig daran interessiert, die junge Frau für ihre Lust zu missbrauchen.

Ich brauche Ihnen an dieser Stelle nicht zu sagen, dass der Marquis de Sade damit so furchtbare Fälle von sexuellem Missbrauch in seine Literatur aufnahm, wie sie sich ebenso schlimm und (denken wir an den Missbrauch von Kindern) schlimmer noch in unserem Jahrhundert sowie – rein statistisch betrachtet – in unserer Nachbarschaft abspielen. Die Literatur ist seit den Zeiten des *Gilgamesch*-Epos und der dortigen Darstellung sexueller Praktiken dafür prädestiniert, ein Wissen vom Leben zu entfalten, das keine Bereiche menschlichen Erlebens und menschlicher Phantasie – auf längere Zeit betrachtet – ausspart. Auf einem ganz anderen Blatt stehen die gesetzlichen Normen, die in einer gegebenen Gesellschaft zu einer gegebenen Zeit die für notwendig erachteten Grenzen setzen. Die Veröffentlichung dieser Pornogramme des Marquis de Sade war lange Zeit mit diesen gesetzlichen Normsetzungen nicht vereinbar; und sie ist es auch heute noch in einer Vielzahl von Gesellschaften nicht. Aus dem interaktiven Speicher der Literaturen der Welt ist diese lange Traditionslinie eines Schreibens, das nur allzu oft von der Wirklichkeit eingeholt oder noch überboten wird, freilich nicht zu löschen.

---

[32] Sade, Marquis de: *Justine ou les malheurs de la vertu*, S. 307 f.

Der Marquis de Sade schildert ständig derartige Grenzsituationen körperlich wie psychisch extremer Belastbarkeit: Stets erreicht dabei die weibliche Protagonistin die Grenze ihres Lebendig-Bleibens und bleibt doch immer nur das Objekt, das die Lust anderer erzeugt, ohne selbst Lust zu empfinden. Daher ließe sich mit guten Gründen sagen – und die Protagonistin bestätigt dies unzählige Male –, dass sie bereits tausend Tode gestorben sei. Damit hat Justine die Erfahrung ihres eigenen Todes *in ihrem Leben selbst* gemacht. So ist aus dieser Grenzsituation der Weg zur Reflexion über den Tod selbstverständlich nicht weit; denn wie bereits betont: In allem ist der Tod allgegenwärtig! Vielleicht könnten wir sogar formulieren: In allem Leben ist der Tod omnipräsent. Eine dieser zahlreichen Stellen des Nachsinnens über den Tod findet sich nur wenige Seiten nach der oben beschriebenen Passage:

> Entschuldigen Sie tausendmal, Madame, sagte dieses unglückselige Mädchen, als sie hier ihre Abenteuer beendete; tausend Vergebungen dafür, ihren Geist mit so vielen Obszönitäten beschmutzt und, mit einem Worte, so lange ihre Geduld missbraucht zu haben. Ich habe vielleicht den Himmel mit so vielen unreinen Erzählungen beleidigt, ich habe meine Wunden von neuem geöffnet, habe ihre Seelenruhe gestört. Adieu, Madame, Adieu; das Gestirn erhebt sich, meine Wachen rufen, lassen Sie mich meinem Schicksal entgegengehen, ich fürchte es nicht länger, es wird meine Qualen verkürzen. Dieser letzte Augenblick des Menschen ist nur schrecklich für ein glückliches Wesen, dessen Tage ohne alle Wolken dahinflogen; aber die unglückliche Kreatur, welche nur den Wind der Schlangen verspürt und deren schwankende Schritte sich nur auf Dornen bewegten, welche die Flamme des Tages nur wie der vom Wege abgekommene Reisende sieht, der zitternd die Furchen der Blitze erblickt; jene aber, der grausame Schicksalsschläge die Eltern, die Freunde, das Vermögen, den Schutz und die Rettung geraubt; jene, die in der Welt nur noch Tränen besitzt, um sich zu benetzen, und nur noch Drangsale, um sich zu nähren; jene also, sage ich, sieht, wie der Tod näher kommt, ohne ihn noch zu fürchten, sie erhofft ihn sich sogar wie einen sicheren Hafen, in dem ihr die Ruhe wieder geboren wird, für sie, im Schoße eines zu gerechten Gottes, als dass er erlauben könnte, dass die auf Erden geschändete Unschuld in einer anderen Welt nicht ihren Lohn für so viele Übel erhielte.[33]

Auffällig ist in diesem Zitat, wie die Metaphorik des Geborenwerdens und jene des Sterbens gegenseitig engeführt werden und das Sterben mit einer Wiedergeburt in eins gesetzt wird. Sicherlich lassen sich in derlei Stellen die zu Grunde liegenden christlichen Vorstellungen von einem besseren Leben nach dem Tode erkennen; sie werden in dieser Konfiguration aber so verändert, dass der Tod zum Lohn eines von Foltern und Qualen getränkten Lebens werden kann. Auf der Ebene der Lebens-Reise und der Seefahrt wird er zu einem sicheren Hafen, in welchem das von Stürmen durchschüttelte Schiff endlich Sicherheit und Ruhe finden kann. Und in diesem sicheren Hafen vertraut Jus-

---

33 Sade, Marquis de: *Justine ou les malheurs de la vertu*, S. 312f.

tine noch immer auf ihren gerechten Christen-Gott, der sie für ihre Folterqualen entschädigen werde.

Bevor nun an dieser Stelle der philosophisch-moralisierende Diskurs des Romanbeginns wieder aufgenommen wird und – jenseits einer unüberhörbar ironischen Einfärbung – letztlich noch berichten kann, dass sich selbst Juliette noch zu einem besseren Leben im Kloster entschlossen hat, möchte ich mich mit Ihnen nach der Funktion des Todes in diesem Text und nach den Grenzen des Todes in Justines Diskurs fragen. Wie viele Tode stirbt der Mensch? Welche Tode kann ein Mensch nacheinander sterben? Auf welche Weise kann ein Mensch an einen Punkt gebracht werden, an dem er nicht mehr in der Lage ist, sich noch das Leben, ein Weiterleben zu wünschen, zugleich aber auch nicht bereit oder fähig ist – wie es im Deutschen so schön heißt –, sich das Leben zu nehmen?

Es ist zweifellos so, dass der Marquis de Sade im Diskurs des „libertinage" eine Situation durchspielt, die stets von einer unverdienten Gewaltanwendung am immer selben Opfer und von der absoluten Hilflosigkeit dieses Opfers geprägt ist. Dabei finden diese Gewaltanwendungen, Folterungen, sexuellen Missbrauchstaten, Inzeste und so vieles mehr stets an einem abgeschlossenen, gefängnisartigen Ort statt, der das Opfer von jeglicher Hilfe, ja vom Wissen der Täter abschneidet. Denn die Täter gehen stets systematisch vor, spulen geradezu ein Programm herunter, teilen ihr Herrschaftswissen aber niemals mit ihrem Opfer, das sich in völliger Abhängigkeit von ihnen befindet.

Geradezu unendlich sind jene geschlossenen Orte, an denen der Marquis de Sade seine Szenen ansiedelt. Selten einmal gibt es ein offenes Gelände wie etwa einen dunklen Wald, fast immer aber dunkle Schlösser oder Klöster, egal ob in der Provence oder im Schwarzwald, die von dicken Mauern umgeben sind. Ich habe Ihnen einen derartigen Ort der Vergewaltigungen und Folterungen einmal in seinem schematischen Aufbau vor Augen führen wollen; er stammt von Roland Barthes, in der deutschsprachigen Ausgabe von *Sade, Fourier, Loyola* auf Seite 169 (Abb. 25).

Man könnte sich keinen von der Außenwelt abgeschlosseneren Ort mit vielen Wächtern vorstellen, welche die Opfer bewachen und quälen. Es handelt sich um eine scharf voneinander getrennte Gemeinschaft von Tätern und Opfern, die doch auf schier unauflösbare Weise zusammengehören.

Von diesem Punkt aus ist es gar nicht weit zu jenen Überlegungen, die Hannah Arendt vordringlich mit Blick auf die Konzentrations- und Vernichtungslager der Nationalsozialisten, aber auch auf die Gulags der Sowjetunion in ihrem zunächst in englischer Sprache erschienen Buch *Elemente und Ursprünge totaler*

Abb. 25: Roland Barthes: Schematische Skizze eines Folterkellers in *Sade, Fourier, Loyola*.

Herrschaft entwickelt hat.[34] Dabei ist die Beziehung zwischen den Folterräumen des Marquis de Sade und den Konzentrationslagern so willkürlich nicht, wie es bei oberflächlicher Betrachtung vielleicht scheinen mag. Denn mit guten Gründen hatte Giorgio Agamben darauf hingewiesen, dass das Lager das biopolitische Paradigma der Moderne schlechthin sei.[35] Und den Beginn der Moderne siedle ich – wie ich in allen meinen Vorlesungen betone – im letzten Drittel des 18. Jahrhunderts an.

Mit anderen Worten: Es gibt eine tiefgehende strukturelle Beziehung zwischen der europäischen Moderne, dem Sade'schen Gefängnis- wie Folterort und den Konzentrationslagern, die seit den mit dem europäischen Kolonialismus verbundenen „campos de concentraciones" und „Concentration Camps" auf Kuba und in Südafrika am Ende des 19. Jahrhunderts eine neue funktionale

---

34 Vgl. Arendt, Hannah: *Elemente und Ursprünge totaler Herrschaft*. Aus dem Englischen übersetzt von der Verfasserin. München – Zürich: Piper Verlag 1991.
35 Vgl. Agamben, Giorgio: *Homo sacer. Die souveräne Macht und das nackte Leben*. Aus dem Italienischen von Hubert Thüring. Frankfurt am Main: Suhrkamp 2002.

Qualität erreichten. Dazu kommt die evidente Beziehung zwischen den Grundstrukturen der abgesicherten Sklavenbaracken in der Plantagenwirtschaft, die allesamt über einen Gleisanschluss verfügten, und den ‚modernen' Konzentrationslagern der deutschen Nazis, in welchen die Opfer ebenfalls völlig von der Außenwelt abgeschnitten und auf Gedeih und Verderb den Allmachtsphantasien der Täter ausgeliefert waren. Es gilt, zusätzlich zu den Überlegungen von Hannah Arendt diese strukturelle Relation zwischen europäischer Aufklärung, europäischer Moderne und europäischem Kolonialismus beim Denken der Gesamtstruktur von Konzentrationslagern im Gedächtnis zu behalten.

Beginnen wir zunächst mit der Ausgangsüberlegung von Arendt zur Funktionsweise der Konzentrations- und Vernichtungslager, die sie zum Teil – mit Blick auf ihre kurze Zeit in einem südfranzösischen Konzentrationslager, aus dem sie fliehen konnte – ja auch aus eigener Erfahrung kannte. Dabei fasziniert – wie stets beim Denken dieser Philosophin – die große Klarheit und Transparenz, mit der die in Königsberg Geborene ihren Gegenstand beschreibt:

> Die Konzentrations- und Vernichtungslager dienen dem totalen Herrschaftsapparat als Laboratorien, in denen experimentiert wird, ob der fundamentale Anspruch der totalitären Systeme, dass Menschen total beherrschbar sind, zutreffend ist. Hier handelt es sich darum, festzustellen, was überhaupt möglich ist, und den Beweis dafür zu erbringen, dass schlechthin alles möglich ist. [...]
>
> Totale Herrschaft, die darauf ausgeht, alle Menschen in ihrer unendlichen Pluralität und Verschiedenheit so zu organisieren, als ob sie alle zusammen nur einen einzigen Menschen darstellten, ist nur möglich, wenn es gelingt, jeden Menschen auf eine sich immer gleichbleibende Identität von Reaktionen zu reduzieren, so dass jedes dieser Reaktionsbündel mit jedem anderen vertauschbar ist. Es handelt sich dabei darum, das herzustellen, was es nicht gibt, nämlich so etwas wie eine Spezies Mensch, deren einzige „Freiheit" darin bestehen wird, „die eigene Art zu erhalten". (Hitler erwähnt in seinen *Tischgesprächen* mehrmals, dass er „einen Zustand [anstrebt], in dem jeder einzelne weiß, er lebt und stirbt für die Erhaltung seiner Art".)[36]

Das Lager wird damit zum Laboratorium einer totalen Beherrschung von beliebig vielen unterschiedlichen Menschen, zum Labor einer totalen Herrschaft, die selbstverständlich auch eine Körperbeherrschung im Sinne einer Beherrschung der Körper anderer ist. Jegliche Art von Differenz wird dabei erbarmungslos ausgemerzt. Damit erblickt Hannah Arendt den eigentlichen Sinn von Konzentrations- und Vernichtungslagern gerade nicht in der Produktion von Gütern, in der Bereithaltung von Arbeitssklaven oder in billigen Arbeitskräften für die lebensgefährliche Herstellung von Kriegswaffen, sondern in einem gleichsam immateriellen Ziel: der Erprobung einer totalen Beherrschbarkeit des Menschen.

---

36 Arendt, Hannah: *Elemente und Ursprünge totaler Herrschaft*. München: Piper 2009, S. 907.

Wir beginnen in einem derartigen Denkzusammenhang zu begreifen, dass wir in Sades Gefängnissen, Schlössern und Klöstern genau auf diese totalitäre, der europäischen Moderne eingeschriebene Dimension zusteuern: Sades abgeschlossene Lokalitäten werden zu Laboratorien dessen, was möglich ist, um zu erproben, was eigentlich gar nicht sein kann. Dazu aber ist eine ganze Abfolge von Todesarten notwendig. Hannah Arendt gibt uns zu diesem Punkt eine ganze Reihe im Grunde tief erschütternder Hinweise, denen wir noch kurz nachgehen sollten.

Dem Konzentrationslager liegt im Sinne Hannah Arendts eine Abfolge von Tötungen zu Grunde, die sozusagen verschiedene Todesarten am Menschen experimentell applizieren, lange bevor es zum physischen Tod des einzelnen Menschen kommt. Die erste Todesart ist die Tötung der juristischen Person, doch hören wir selbst:

a. Der erste entscheidende Schritt auf dem Wege zur totalen Herrschaft ist nichtsdestoweniger die Tötung der juristischen Person, die im Falle der Staatenlosigkeit automatisch dadurch erfolgt, dass der Staatenlose außerhalb allen geltenden Rechtes zu stehen kommt. Im Falle der totalen Herrschaft wird aus dieser automatischen Tötung ein geplanter Mord, der dadurch eintritt, dass die Konzentrationslager immer außerhalb des normalen Strafvollzugs gestellt werden und die Insassen niemals „zur Ahndung von strafbaren oder sonst verwerflichen Taten" eingeliefert werden durften. Unter allen Umständen achtet die totale Herrschaft darauf, in den Lagern Menschen zu versammeln, die nur noch *sind* – Juden, Bazillenträger, Exponenten absterbender Klassen –, aber ihre Fähigkeit zu handeln, zur Tat wie zur Missetat, bereits verloren haben. [...]

b. Der nächste entscheidende Schritt in der Präparierung lebender Leichname ist die Ermordung der moralischen Person. Dies geschieht wesentlich dadurch, dass zum ersten Male in der Geschichte Märtyrertum unmöglich gemacht worden ist. Denn die Lager und der Mord des politischen Gegners sind nur Teile eines Systems des Vergessens, das sich nicht nur auf die Mittel öffentlicher Meinungsbildung wie das gedruckte und gesprochene Wort erstreckt, sondern bis in die Familien und Freundeskreise des Betroffenen greift, wo es Trauer und Erinnerung unmittelbar verhindert. Die Frauen, die in der Sowjetunion sich sofort nach der Verhaftung des Mannes scheiden lassen, um ihren Kindern das Leben zu sichern, und den eventuell Zurückkehrenden verzweifelt, ja empört aus dem Hause weisen, gehören wohl mit zu den furchtbarsten Zeichen dessen, was Menschen aus Menschen machen können. [...] Indem die Konzentrationslager den Tod selbst anonym machen – in der Sowjetunion ist es nahezu unmöglich, auch nur festzustellen, ob einer schon tot oder noch lebendig ist –, nahmen sie dem Sterben den Sinn, den es immer hatte haben können. Sie schlugen gewissermaßen dem einzelnen seinen eigenen Tod aus der Hand [...].

Das eigentlich Grauenhafte der Lager jedoch ist gerade, dass diese spontane Vertiertheit in den deutschen Lagern mehr und mehr zurücktrat, nachdem die SS ihre Verwaltung übernommen hatte, und von einer absolut kalten, absolut berechneten und systematischen Zerstörung der menschlichen Körper zum Zwecke der Zerstörung der menschlichen Würde abgelöst wurde, die sich genug in der Gewalt hatte, den Tod zu verhindern oder auf unabsehbar lange Zeit hinauszuschieben. [...]

c. Dass die Zerstörung der Individualität nach Ermordung der moralischen und Vernichtung der juristischen Person in nahezu allen Fällen gelingt, geht am klarsten aus dem Verhalten der Inhaftierten selbst hervor. Es mag noch aus irgendwelchen Gesetzen der Massenpsychologie erklärlich sein, dass die Millionen von Menschen sich widerstandslos in den Gastod haben abkommandieren lassen [...]. Wesentlicher in diesem Zusammenhang ist es, dass auch einzeln zum Tode Verurteilte nur sehr selten versucht haben, einen ihrer Henker mitzunehmen [...].[37]

Auch in Sades experimentellem Roman können wir eine derartige Handlungsweise beobachten. Die Tötung der Protagonistin als juristischer Person ist in *Justine ou les malheurs de la vertu* im Grunde mit der Auszahlung eines kärglichen Erbes abgeschlossen. Die beiden nächsten Tötungen sind freilich bei ihr differenziert zu sehen, da es dem Marquis de Sade ja auch darum ging, sie als Sinnbild der Tugendhaftigkeit in ihrer Eigenschaft als verfolgte Tugend – wie im vorigen Sade-Zitat deutlich – zu erhalten. Doch war sie auch nicht einem modernisierten Konzentrationslager der Waffen-SS ausgesetzt, das auf die Vernichtung der moralischen Person wie auch jeglicher menschlicher Individualität gerichtet war. Sades Protagonistin setzt ihrem eigenen Tod, ihrem eigenen Absterben keinerlei Widerstand mehr entgegen und lässt zudem nicht den Wunsch erkennen, zumindest einen der Missetäter mit in ihren Tod zu nehmen. Wollte sie vielleicht nicht – und auch dies ist zu bedenken – unmittelbar vor ihrem eigenen Tod an dem eines anderen Menschen schuldig werden?

Aber gehen wir die Überlegungen Hannah Arendts systematisch an! Erstens: Die *Tötung der juristischen Person* ist es also, die allem anderen vorausgeht. Der Lagerinsasse – oder die geraubte Frau – besitzt rechtlich keinerlei Ansprüche mehr, die sie geltend machen könnte, ja es ist zumeist noch nicht einmal bekannt, dass sie sich im Lager aufhält. Hier zeigt sich deutlich eine Übereinstimmung zwischen Arendts Analyse und Justines Lage. Die Abtrennung vom normalen Strafvollzug, in dem die potentiellen Verbrecher noch eine Reihe von Rechten besitzen, garantiert gleichsam die Außerhalbbefindlichkeit des Konzentrationärs gegenüber dem Gesetz: Er kann sozusagen nicht in das Gesetz kommen, so wie es Justine nicht möglich ist, auf irgendwelche Rechte zu pochen, die es ihr ermöglichen würden, mehr als nur ein „Reaktionsbündel" im Arendt'schen Sinne zu sein, eine Begnadigung durch ihre Täter oder Henker zu erhalten oder gar das Lager zu verlassen.

Zweitens: Die *Tötung der moralischen Person* ist im Grunde noch viel weitgreifender, da die Person im Grunde für alle anderen Menschen längst gestorben und tot ist; selbst das eigene Hinscheiden kann dem Leben des Betroffenen keinen Sinn mehr geben, ist er doch in dieser Phase längst ein lebender Leich-

---

[37] Arendt, Hannah: *Elemente und Ursprünge totaler Herrschaft*, S. 923, 929f. und S. 932–934.

nam. Das Sterben verliert in einem solchen Zusammenhang jeglichen Sinn, ja es ist noch nicht einmal mehr ein Märtyrertod für eine Religion, für eine Verhaltensweise oder für eine Überzeugung. In diesem Oxymoron und Paradoxon zeigt sich, wie sehr sich in dieser Art der Ausgrenzung durch Eingrenzung, die das Konzentrationslager darstellt, Leben und Tod überlappen und im Grunde längst Grenzbereiche überschritten sind, welche die Menschen im Zwischenbereich, im Grenzland zwischen verschiedenen Todesarten umherirren lassen. In jedem Falle aber wird der eigene Tod keinen Sinn mehr haben: Selbst das Sterben ist dem Menschen genommen.

Drittens: Die Tötung der Individualität beinhaltet zugleich auch die Unfähigkeit, in irgendeiner Weise noch Widerstand zu leisten – und wäre es gegen den eigenen Tod, gegen die Tötung der eigenen Person. Der Tod wird vom

Abb. 26: Hannah Arendt auf dem 1. Kulturkritikerkongress im Jahr 1958.

Opfer förmlich herbeigesehnt. Die zuletzt zitierte Passage aus *Justine ou les malheurs de la vertu* macht deutlich, dass in einer solchen Lebenssituation der Tod keine Gefahr, keine Bedrohung darstellt, sondern in gewisser Weise eine Erlösung ist, die keinen Groll, keine Wut, keinen Widerstand gegen die Folterer und Henker auslöst. Allerdings wird im Grunde nicht mehr das Individuum durch den Tod erlöst, sondern nur noch ein entindividualisierter Mensch, der zu keinerlei Aktionen mehr in der Lage ist.

Im Grunde können wir die Schriften des Marquis de Sade neben vielen anderen Aspekten als immenses Laboratorium begreifen, in dem aufgezeigt wird, was menschenmöglich ist und was Menschen anderen Menschen antun können. In diesem Sinne bilden sie ein literarisches Labor, das mit den realen Versuchsanlagen des europäischen Kolonialismus im 19. Jahrhundert oder den Konzentrationslagern in Deutschland, Frankreich oder Russland im 20. Jahrhundert *strukturell* vergleichbar ist. Mit Roland Barthes und Hannah Arendt werfen wir auf diese Weise zwei sehr unterschiedliche Blicke auf des göttlichen Marquis ungeheures und ungeheuerliches Werk, wobei wir zugleich verstanden haben, dass den Texten de Sades eine enorme Polysemie und Vieldeutigkeit eignet, die sie aus jeglicher Reduktion auf psychopathologische Aspekte weitgehend befreien. Wir dürfen die Schriften de Sades als das wahrnehmen, was sie sind: literarische Texte. Diese Schriften des „Göttlichen Marquis" bilden – und dies ist der Kernbereich aller Literaturen der Welt – einen ästhetischen Experimentierraum, in welchem ein Lebenswissen als Wissen vom Leben im Leben, aber auch ein Erlebenswissen und ein Überlebenswissen mit den Mitteln der Literatur erprobt werden.

Aus dieser Perspektive ist es letztlich nur konsequent, wenn der Marquis de Sade – anders als in der ersten Fassung seiner *Justine*, in der *Nouvelle Justine*, nach Tausenden von Seiten die Protagonistin letztlich sterben lässt, genauer: vom Blitz erschlagen lässt. Justine wird gleichsam von einem göttlichen, in jedem Falle transzendenten Schlag getroffen, wodurch die Vertreterin der Tugend und der „vertu persécutée" ein für alle Mal niedergestreckt wird. Sie hatte lange auf diesen von ihr so ersehnten Tod warten müssen. Und ich meine, dass hierin nicht nur die Dimension des unvermittelten Gottesurteils, sondern zugleich auch eine sehr lange Tradition innerhalb der abendländischen Literaturgeschichte des Todes steckt. Denn wir haben es hier mit nicht mehr und nicht weniger als dem gewaltsamen und verabscheuungswürdigen Tod zu tun, mit der *mors repentina*, einer Todesart, die wir bereits kennengelernt haben. So erscheint selbst der Tod jener Vertreterin der Unschuld noch als eine Strafe Gottes.

Aus den unterschiedlichen Perspektiven hat sich das literarische Werk des Marquis de Sade als ein literarisches Denkmal erwiesen, das charakteristisch für das Jahrhundert der Aufklärung ist. Vielleicht geben uns Max Horkheimer und Theodor W. Adorno in ihrer so einflussreichen *Dialektik der Aufklärung* noch einen weiteren Hinweis darauf, in welchem Verhältnis wir uns den Marquis de Sade und die Gesellschaft der Moderne vorstellen und denken können. In einem längeren Exkurs, der unter dem Titel „Juliette oder Aufklärung und Moral" steht und mit der Definition der Aufklärung durch Immanuel Kant als dem „Ausgang des Menschen aus der selbstverschuldeten Unmündigkeit" einsetzt, versuchen die beiden Philosophen, Sade – und mit ihm auch Friedrich Nietzsche – in die von ihnen herauspräparierte Dialektik der Aufklärung miteinzubeziehen. Schauen wir uns ihre unmittelbar vor dem Ende dieses längeren Exkurses befindlichen Zeilen einmal näher an:

> Das Wesen der Vorgeschichte ist die Erscheinung des äußersten Grauens im Einzelnen. Hinter der statistischen Erfassung der im Pogrom Geschlachteten, die auch die barmherzig Erschossenen einschließt, verschwindet das Wesen, das an der genauen Darstellung der Ausnahme, der schlimmsten Folterung, allein zutage tritt. Das glückliche Dasein in der Welt des Grauens wird durch deren bloße Existenz als ruchlos widerlegt. Diese wird damit zum Wesen, jenes zum Nichtigen. Zur Tötung der eigenen Kinder und Gattinnen, zur Prostitution und Sodomie, ist es bei den Oberen gewiss in der bürgerlichen Ära seltener gekommen als bei den Regierten, von denen die Sitten der Herren aus früheren Tagen übernommen wurden. Dafür haben diese, wenn es um die Macht ging, selbst in späten

Jahrhunderten Berge von Leichen getürmt. Vor der Gesinnung und den Taten der Herren im Faschismus, in dem die Herrschaft zu sich selbst gekommen ist, sinkt die enthusiastische Schilderung des Lebens Brisa-Testas, an dem jene freilich sich erkennen lassen, zu familiärer Harmlosigkeit herab. Die privaten Laster sind bei Sade wie schon bei Mandeville die vorwegnehmende Geschichtsschreibung der öffentlichen Tugenden der totalitären Ära. Die Unmöglichkeit, aus der Vernunft ein grundsätzliches Argument gegen den Mord vorzubringen, nicht vertuscht, sondern in alle Welt geschrien zu haben, hat den Hass entzündet, mit dem gerade die Progressiven Sade und Nietzsche heute noch verfolgen. Anders als der logische Positivismus nahmen beide die Wissenschaft beim Wort.[38]

In dieser Passage aus der *Dialektik der Aufklärung* stoßen wir noch einmal auf ein ganz grundsätzliches Problem, mit dem unsere abendländische Gesellschaft und insbesondere das Projekt der europäischen Moderne verbunden sind. Denn es geht im Kern um die Frage, inwieweit der totalitäre Staat, wie wir ihn im 20. Jahrhundert kennengelernt haben, die logische Konsequenz aus der Aufklärung und der Herrschaft der *Ratio*, der Vernunft, darstellt. Denn für eine auf die *Ratio* gegründete Gesellschaftsordnung gibt es keinen guten, triftigen Grund mehr, den Mord nicht zuzulassen, da doch keinerlei transzendente Bindungen als „religio" den Menschen in einer moralischen und ethischen Position verankern. Denn im Totalitarismus, beispielsweise im Deutschland der Nationalsozialisten, beschreibt sich nur noch eine geringe Minderheit überhaupt als gottgläubig oder als gottesfürchtig. Nichts schützt den Menschen mehr vor Autoritarismus und Totalitarismus – so die historische Erfahrung von Horkheimer und Adorno am Ausgang des Zeiten Weltkriegs, als ihr Band über die andere Seite von Vernunft und Aufklärung gemeinschaftlich entstand.

Im Grunde lassen sich, vereinfacht gesagt, zwei gegensätzliche Positionen ausmachen: Auf der einen Seite ist dies die Position von Jürgen Habermas, der das Projekt der Aufklärung für noch immer unvollendet ansieht und im Grunde nach mehr Aufklärung und mehr Rationalität ruft, um ein Aufkommen des Faschismus, Nationalsozialismus und anderer Totalitarismen dauerhaft nicht mehr zuzulassen.[39] Und auf der anderen Seite steht die französische Denktradition, für die unter anderem Jacques Derrida oder Julia Kristeva Repräsentanten sind, die gerade in der Tradition der Aufklärungsphilosophie und sich daran anschließend im deutschen Idealismus jene autoritären Wurzeln ausmachten, die letztlich dazu geführt hätten, dass der Nationalsozialismus in absolut logischer Konsequenz die Bühne der Geschichte betrat und übernahm.

---

38 Horkheimer, Max / Adorno, Theodor W.: *Dialektik der Aufklärung*. Frankfurt a. Main: Suhrkamp1981, S. 126 f.
39 Vgl. hierzu Habermas, Jürgen: Die Moderne – ein unvollendetes Projekt (1980). In (ders.): *Kleine Politische Schriften (I–IV)*. Frankfurt am Main: Suhrkamp 1981, S. 444–466.

Die für unsere Beurteilung der Aufklärungsphilosophie entscheidende Frage also ist, ob – aus dem Blickwinkel des Projekts der Aufklärung und damit der abendländischen Moderne betrachtet – die Faschismen und Totalitarismen des 20. Jahrhunderts einen ‚Betriebsunfall' der Geschichte darstellen oder eine logische Konsequenz des Setzens auf Rationalität und Vernunft sind. Auf unseren Marquis de Sade bezogen würde diese Frage dann lauten, ob seine Schriften letztlich die logische Konsequenz aus der Aufklärungsphilosophie – mit der Sade bestens vertraut war – ziehen, oder ob sie gegen die Grundprinzipien der Aufklärung verstoßen und daher gerade ein gegenaufklärerisches Denken repräsentieren.

Sie sehen: Wir haben es hier mit einer der Grundfragen an die abendländische Zivilisation und an die Aufklärung zu tun, auf die wir ja so stolz sind! Doch diese Frage richtet sich nicht an die unleugbaren positiven Seiten und Erfolge der Aufklärung, die keineswegs in Zweifel gezogen werden sollen, sondern macht auf eine andere Seite von ihr aufmerksam – eine dunkle Seite, in deren Bannkreis wir auf den europäischen Totalitarismus wie auch auf den europäischen Kolonialismus stoßen. Denn auch dies gehört zur Aufklärungsepoche dazu: Eine Vielzahl guter Gründe, so fürchte ich, spricht dafür, dass die Vorstellungen des Marquis de Sade vieles mit unserem abendländischen Projekt der Moderne verbindet.

Darauf verweist nicht allein der Zeitpunkt seiner Schriften, gleichsam in der Sattelzeit der Moderne, sondern weit mehr noch die feste Verankerung im aufklärerischen Denken, das Sade sicherlich bisweilen parodiert, aber immer wieder zur unbedingten Grundlage seiner Reflexionen macht. Max Horkheimer und Theodor W. Adorno haben in ihrer *Dialektik der Aufklärung* in – wie Sie sahen – nicht immer einfachen Formulierungen sehr überzeugend den Scheideweg dargestellt, an dem sich die Schriften des Marquis de Sade situieren. Sie beleuchten damit eine der vielen Dimensionen, die dieses Werk der französischen Aufklärung auch heute noch so aktuell und spannend machen. Der Totschlag jedenfalls, die Tötung, die Vergewaltigung, der sexuelle Missbrauch wie der Machtmissbrauch, die Körperbeherrschung, die Aussperrung durch Einsperrung: All dies sind biopolitische Dimensionen des Sade'schen Werkes, die uns heute vielleicht mehr denn je betreffen – und sicherlich auch betroffen machen.

Widmen wir uns unsere Überlegungen zu Sade abschließend nun den *120 Tagen von Sodom*, jenem Werk, auf das ich in meiner Vorlesung über die Aufklärung zwischen zwei Welten[40] bereits hingewiesen habe und das nicht zuletzt auch durch Pier Paolo Pasolinis Verfilmung einem Millionenpublikum ganz öf-

---

40 Vgl. den fünften Band der Reihe „Aula" in Ette, Ottmar: *Aufklärung zwischen zwei Welten*, S. 587 ff.

fentlich zugänglich geworden ist! Dabei ist *Les cent-vingt journées de Sodome ou l'Ecole du libertinage* ein Romanfragment, das 1785 entstand und ein klassisches Beispiel für Kerker- oder Gefängnisliteratur ist. Und dies in einem doppelten Sinne: Denn der Autor saß zum Zeitpunkt der Niederschrift nicht nur bereits lange in Haft, er erträumte sich auch literarisch ein Gefängnis, das freilich die verschiedenartigsten Lüste beinhalten sollte.

Nicht umsonst hat der Marquis de Sade paratextuell sein mögliches Lesepublikum vor der Lektüre dieses Romanfragments gewarnt, das wohl erst 1904 im Druck erschien. Denn nicht weniger als zweiundvierzig Frauen und Knaben werden in der befestigten Burg des Herzogs von Blangis gefangen gehalten, der absoluten Willkür dieses Mannes und dreien seiner Mittäter vollständig ausgeliefert. Zu Beginn dieses Romans sind diese Frauen und Knaben bereits den juristischen Tod im Sinne Hannah Arendts gestorben: Sie besitzen keinerlei Rechte mehr und können im Grunde nichts mehr für ihre eigenen Personen geltend machen. Es gilt allein das Gesetz des Terrors, der freilich mit großer Rationalität vorgeht und alles, bis in die kleinsten Details, systematisch arrangiert. Denn niemand weiß von einer der zweiundvierzig Personen, die sich in dieser von der Außenwelt abgeriegelten Zitadelle wie in einem Konzentrationslager befinden. Sie sind – mit anderen Worten – bereits für die Welt gestorben und daher lebendige Tote.

Vor dem Hintergrund unserer Überlegungen zu Hannah Arendt, aber auch zu Max Horkheimers und Theodor W. Adornos *Dialektik der Aufklärung* ist die Nähe von Sades fiktionalen Entwürfen zu totalitären Theorien unübersehbar. Er setzt alles daran, ein perfekt durchorganisiertes Spektakel von sexuellem Missbrauch, Folter und Qualen vor den Augen seiner Leserschaft zu entrollen – und dies mit einer rationalen Konsequenz, die bis zum heutigen Tag verblüfft. Auf einer schmalen Papierrolle niedergeschrieben, die den Gefängniswärtern Sades verborgen blieb, entstand eines der rätselhaftesten Manuskripte der französischen Literaturgeschichte. Geradezu obsessiv mit dieser Niederschrift beschäftigt, arbeitete dieser Philosoph der Spätaufklärung unermüdlich am Programm unsäglicher Grausamkeiten, die im weiteren Verlauf des Romans buchstäblich entrollt werden. Heute freilich müssen Sie keine Papierrolle mehr entrollen: Es gibt eine sehr genaue kritische Ausgabe der *120 Tage von Sodom*, welche die Grundlage der wissenschaftlichen Auseinandersetzung mit diesem Werk aus Sades Feder darstellt.

Auch wenn sich die Rezeption dieses Werks immer wieder gegen eine vereindeutigende Lektüre im Zeichen der Sexualpathologie wehren musste, zeigt sich bei einer genaueren Analyse der textuellen Genese deutlich, wie sehr der Marquis die Zusammenhänge zwischen totaler Herrschaft, sexueller Lusterfahrung und gnadenloser Grausamkeit ins Zentrum seines Romans zu rücken suchte. Es ist diese komplexe Dimension von Sades Text aus dem Frühwerk, welche Pier Paolo Pasolini in seiner Verfilmung der *120 Tage von Sodom* herauszuarbeiten suchte. Dabei koppelte er durch die diegetische Transposition aus dem Ancien Régime in die letzten Tage der Mussolini-Herrschaft die Vorlage Sades von ihrer historischen Kontextualität ab und verband sie explizit mit den Totalitätsphantasien des italienischen Faschismus, wobei selbstverständlich auch andere Totalitarismen des 20. Jahrhunderts von ihm mitgemeint waren. Freilich ging es in Pasolinis politischer und philosophischer Lektüre um Mechanismen absoluter Herrschaft, wie sie in Form von Unterdrückungsmethoden nicht zuletzt in bürgerlich-kapitalistischen Gesellschaften vorzukommen pflegen. Dies mag die Spannbreite der polysemen Ausdeutungsmöglichkeiten des Romanfragments deutlich vor Augen führen.

Der Marquis de Sade war sich – wie wir einer Vielzahl von Passagen seiner Werke entnehmen können – sehr wohl der ungeheuren Brisanz seines Schreibens und seiner Darstellungswelt bewusst und versuchte, dies in direkten Ansprachen an die Adresse der Leserschaft, ja in wirklichen „Appels aux lecteurs", immer wieder auch in direkte Leserorientierungen und Leseanweisungen einmünden zu lassen. Sade war ohne Zweifel ein Autor, der noch selbst aus dem Gefängnis heraus verstand, dass seine eigenen Texte wie er selbst zwar weggesperrt werden konnten, dass sie aber ohne jeden Zweifel eine erhebliche Wirkung haben würden, sollten sie dereinst ihren Autor überleben und ihre Leserinnen und Leser der Zukunft erreichen.

So findet sich auch gleich im Auftaktbereich der „Introduction" in den *120 Tagen von Sodom* eine wichtige Passage, die deutlich macht, wie stark Sade der Figur des textinternen expliziten Lesers gleichsam Aneignungsformen wie Poetikfragmente seines eigenen Tuns überantwortet. Sehen wir uns daher diese Reflexionen einmal näher an:

> Nun musst Du, lieber Freund und Leser, Dein Herz und Deinen Geist auf die unreinste Erzählung vorbereiten, die jemals, seit die Welt existiert, verfasst wurde, insoweit sich ein vergleichbares Buch weder in der Antike noch bei den Modernen finden lässt. Stelle Dir vor, dass alle ehrsame oder von dieser tierischen Kraft vorgeschriebene Wollust, von der Du ohne Unterlass und ohne sie zu kennen sprichst und welche Du Natur nennst, dass also diese Wollust, sage ich, ausdrücklich aus dieser Sammlung ausgeschlossen ist, und dass es für den Fall, dass Du eher abenteuerlich auf sie träfest, dies immer nur zu einem Zeitpunkt geschähe, an dem sie von irgend einem Verbrechen begleitet oder irgendeiner infamen Tat farbig beleuchtet würde. Zweifellos werden Dir viele von all den Abweichungen, die Du gemalt sehen wirst, höchlichst missfallen, doch werden sich welche finden lassen, welche Dich so erregen werden, dass sie Dich einen Erguss kosten, und dies ist alles, was es für uns braucht. Hätten wir nicht alles gesagt, alles analysiert, wie wolltest Du dann, dass wir vermutet hätten, wonach Dir der Sinn steht? Nun ist es an Dir, das Übrige zu nehmen oder wegzulassen [...].[41]

---

[41] Sade, Marquis de: *Les cent-vingt journées de Sodome*. In: Œuvres complètes du marquis de Sade. Édition définitive. 16 Bde. Paris: Tête de feuilles 1973, Bd. 8, S. 60f.

Was in diesem Zitat zunächst sehr deutlich vor Augen geführt wird, ist der Anspruch auf absolute Vorbildlosigkeit: *Les cent-vingt journées de Sodome ou l'Ecole du libertinage* sieht sich nicht minder als Jean-Jacques Rousseaus *Les Confessions* als völlig außergewöhnliches Buchprojekt, das weder bei antiken noch bei modernen Autoren vergleichbare Modelle kennt und das weder Vorläufer besitzt noch Nachahmer finden werde. Bemerkenswert ist bei der Berufung auf die Einzigartigkeit die gleichsam doppelte Abgrenzung von den „Anciens" wie von den „Modernes", eine – wenn Sie so wollen – letzte Referenz gegenüber jener *Querelle des anciens et des modernes*, die im Grunde zu einer Art Vorstufe oder fast schon Sattelzeit der Moderne wurde und letztlich die absolute Offenheit der künftigen Entwicklungen wie der Zukunft überhaupt zum Fluchtpunkt haben sollte.[42] Es gibt bei den „Anciens" also nichts nachzuahmen und bei den „Modernes" nichts, was diese prospektiv von Sade übernehmen könnten, denn dessen Werk ist absolut neuartig und absolut schonungslos. Sade begreift sein eigenes Schreiben als vorbildlos; und vorbildlos ist es gegen die Natur gerichtet. Denn es setzt ganz auf pure Rationalität, auf kaltes Kalkül und Berechnung.

Daneben tritt als zweites Element ein Totalitätsanspruch, der im 18. Jahrhundert keineswegs einzigartig ist. Die nicht weniger in Rousseaus *Bekenntnissen* zu beobachtende Behauptung, *alles* und auch wirklich alles sagen zu wollen und sagen zu müssen, bildet die zentrale Achse des Vorgebrachten, könne doch sonst keine wirkliche Erkenntnis, keine den Leser körperlich ergreifende Darstellung stattfinden. Das Insistieren auf dem „tout", auf dem „tout dire", ist ebenso für Rousseau wie für Sade charakteristisch. Zudem war sich der Marquis de Sade zweifellos der Tatsache bewusst, ein Buch verfasst zu haben, das unmittelbar die körperliche Präsenz des Lesepublikums ergreift: Zu deutlich sind die Anspielungen auf die im Fadenkreuz seines Schreibens stehende Männlichkeit des expliziten Lesers.

Doch Sade durchkreuzt zugleich die erwartbaren Erwartungshorizonte. Die von der Natur vorgesehenen Wollüste, die „jouissances", gebe es in diesem „récit" und in diesem „recueil" gar nicht im quasi-natürlichen Reinzustand zu genießen, würden sie doch stets von einem Verbrechen oder einer Infamie begleitet, welche ihnen ihre eigentliche Beleuchtung verschafften. Bei Sade kann man sich nicht einfach zurücklehnen und die Lektüre konsumieren: Seine Bücher gehören nicht zu jener Klasse, von der eine ingeniöse Leserin des 18. Jahrhunderts einmal sagte, es gebe eben eine Sorte von Büchern, die man nur mit einer Hand lesen könne. Nur die Radikalität des Verfahrens und die Radikalität aller Darstellungsmuster, dies wird hier deutlich, scheint es überhaupt erst möglich zu ma-

---

[42] Vgl. zur *Querelle des Anciens et des Modernes* die Ausführungen in Ette, Ottmar: *Aufklärung zwischen zwei Welten*, S. 111 ff.

chen, die ganze Breite potentieller Erfahrungen in den Griff zu bekommen und damit vielleicht auch auf den (philosophischen) Begriff zu bringen.

Ich möchte an dieser Stelle unserer Auseinandersetzung mit Sade aber zumindest noch kurz den Bogen zurück zu Hannah Arendt und zur *Dialektik der Aufklärung* im Sinne Horkheimers und Adornos schlagen. Vielleicht wird in den „Règlements" – also gleichsam der Lagerordnung der Welt der *120 Tage von Sodom* – am besten deutlich, was es erlaubt, die Verbindung zwischen dem Marquis de Sade und dem Totalitarismus bis hin zu jenem biopolitischen Paradigma der Moderne zu ziehen, als das Giorgio Agamben die Konzentrationslager und den *Homo sacer*, den als juristische Person nicht mehr existierenden Vogelfreien, begriff. In diesen Passagen wird überdies deutlich, welch gnadenlose Ordnung in diesen Kerkermauern eingehalten werden musste:

Lagerordnung:
Jeden Tag wird um 10 Uhr morgens aufgestanden. Zu diesem Zeitpunkt kommen die vier Ficker, die nachts nicht im Dienst waren, zu Besuch bei den Freunden vorbei, wobei jeder von ihnen einen kleinen Jungen mitbringen wird; sie werden nach der Reihe von einem Zimmer zum nächsten gehen. Sie werden nach dem Willen und dem Begehren der Freunde vorgehen, doch zu Beginn werden die kleinen Jungs, die sie mit sich führen, nur als Perspektive dienen, denn es ist beschlossen und arrangiert, dass die acht Entjungferungen der Mädchen erst im Monat Dezember angegangen werden, während die Weitung ihrer Ärsche und jener der acht kleinen Jungen ihrerseits erst im Laufe des Monats Januar vorgenommen werden, und dies, um die Wollust durch die Vergrößerung eines pausenlos entflammten und niemals befriedigten Begehrens zu reizen, so dass ein Zustand erreicht wird, der notwendig zu einer gewissen lustvollen Wut führen muss, an der die Freunde arbeiten, um eine der wundervollsten Situationen der Geilheit hervorzurufen. [...]
Jeder Untertan, der auf irgendeine Weise Dinge verweigert, die ihm abverlangt werden, selbst wenn sie ihm unmöglich sind, wird auf die strengste Weise bestraft: Denn der Untertan hatte dies vorherzusehen und Vorsorge dafür zu treffen. Das geringste Lachen oder das geringste Fehlen von Aufmerksamkeit oder Respekt und Unterwerfung werden in den durchgeführten Orgien als eine der schlimmsten und am grausamsten zu bestrafenden Verfehlungen erachtet. Jeder Mann, der *in flagranti* mit einer Frau ertappt wird, wird mit dem Verlust eines Gliedes bestraft, sollte er nicht vorab die Genehmigung zum Genusse dieser Frau erhalten haben. Die kleinste religiöse Handlung von Seiten eines der Untertanen, welche auch immer diese Handlung sein möge, wird mit dem Tode bestraft. Es ist ausdrücklich den Freunden vorbehalten, in allen Versammlungen nur die wollüstigsten, die orgiastischsten Reden zu halten und die dreckigsten, die stärksten und die blasphemischsten Ausdrücke zu gebrauchen. [...] Sollte irgendein Untertan einen Fluchtversuch während der Versammlungen unternehmen, wird er augenblicklich – wer auch immer es sei – mit dem Tode bestraft.[43]

---

[43] Sade, Marquis de: *Les cent-vingt journées de Sodome*, S. 50 und 55f.

Hier hätte die rationale Ordnung (und Anordnung) aller furchtbaren Geschehnisse, Vergewaltigungen, Kindesmissbräuche und Sexualfolterungen nicht überzeugender ausgedrückt werden können als in diesen „Règlements". Denn selbst die Wut, die „fureur", ist das Ergebnis eines kalten Kalküls rund um die Aufstauung von Lust und deren gezielter Nicht-Befriedigung. Sehr aufschlussreich ist in der angeführten Passage die Verwendung von Begriffen wie „fureur lubrique" und „lubricité", also der stets noch zu übertreffenden Geilheit und Lüsternheit, die durch eine Reihe von monatelangen Verfahren immer weiter gesteigert werden.

In diesem Zitat wird sehr schön deutlich, in welch umfangreichem Maße alles in dieser totalitären Lager-Herrschaft bis ins kleinste, nebensächlichste Detail geregelt ist. Das Leben der „sujets", die zu reinen „objets" geworden sind, spielt überhaupt keine Rolle: Sie sind ihren juristischen wie ihren moralischen Tod längst gestorben. Es gilt allein noch die Ordnung des Lagers – wen kümmert da der Tod von einigen ohnehin aus der Gesellschaft spurlos verschwundenen Menschen?

Die Regelungen sind dabei von einem Höchstmaß an Rationalität durchdrungen, um ein Höchstmaß an sexueller Lust sowie an sexueller Verausgabung zu erzielen. Wir verstehen, warum sich ein Roland Barthes dafür interessierte, wovon sich die Täter, aber auch ihre Opfer ernährten. Die Durchrationalisierung der Perversion endet in einer Ordnung, die absolut ist und die jeweils durch Verstümmelungen oder durch den Tod sanktioniert werden muss. Der Tod ist die eigentliche Grenze dieser Ordnung, doch unmittelbar an den Tod stoßen alle Lüste: Eros und Thanatos werden enggeführt.

Dabei sind die diskursiven Lüste – also die Blasphemien, Verfluchungen und obszönen Redensarten – genau vorgeschrieben: Es geht nicht an, gleichsam einen neutralen Diskurs zu halten. Vor diesem Hintergrund wird ebenfalls verständlich, warum Roland Barthes in seiner berühmten Antrittsvorlesung am *Collège de France* in einer umstrittenen Formulierung die Sprache als faschistisch brandmarkte, zwinge sie doch zum Sprechen.[44] Und dass Pier Paolo Pasolini die raumzeitliche Diegese seiner *120 Tage von Sodom* in den italienischen Faschismus verlegte.

Eine wichtige Rolle in der Ökonomie der Lüste spielt auch der Aufschub der Lust, eine Verzögerung, die letztlich die Begierde auf Grund der wochen- und monatelangen Nicht-Erfüllung kalkuliert weiter anstacheln soll. Dazu sind monatelange Planungen im Voraus nötig. Das Liebesobjekt und der völlig objektivierte Körper werden perspektivisch gezeigt, aber nicht sofort zur Befriedigung freigegeben und zugänglich gemacht. Alles zielt auf die rationale Objektivierung des Körpers der Anderen und zugleich auf die Lust des eigenen Leibes.

---

44 Vgl. Barthes, Roland: *Leçon. Leçon inaugurale de la Chaire de sémiologie littéraire au Collège de France, prononcée le 7 janvier 1977.* Paris: Seuil 1978.

Dies bedeutet letztlich eine radikale Objektivierung, eine totalitäre Verdinglichung des Anderen und eine zusätzliche Subjektivierung der vier Freunde, denen alles buchstäblich auf den Leib geschneidert wird. Sie stehen auf dem Höhepunkt der Macht wie auf jenem der Lust: Alles ist an ihrer totalitären Wunscherfüllung ausgerichtet. Doch auch sie sind letztlich in gewisser Weise vom Tode bedroht, sollten sie sich von dieser Regelung verabschieden wollen, bloß um irgendwelchen individuellen Lüsten nachzugeben: Sei es durch den gleichsam normenkonformen, wenn auch durch Notzucht erzwungenen Geschlechtsverkehr mit irgendeiner der Frauen, sei es durch religiöses Abweichlertum oder – wie man im Stalinismus, zeitweise im Regime der DDR oder auf Kuba hätte hören können – durch ideologischen Diversionismus. Dass sich unter den vier Freunden neben einem Adeligen, einem hohen Richter und einem Bankier auch ein bekannter Kirchenfürst befindet, führt die große Bedeutung von Blasphemien entsprechend vor Augen: Jegliche Rückkehr zur Irrationalität – wie etwa zur Welt des Glaubens und der Religion – wird mit dem Tode bestraft!

Alles ist präzise festgelegt, wird genau in seinen Wirkungen vorausberechnet und unterliegt einer ständigen Durchführungskontrolle, deren Bestrafungsmechanismus ein Mechanismus zum Tode ist. Wie in den Konzentrationslagern der Nazis herrschte eine absolute Ordnung der Rationalität. In Sades Welt, ‚Du côté de chez Sade', wird die Dialektik der Aufklärung in enorm belastender Weise spürbar und fühlbar. Denn hier wird die Körperbeherrschung in beide Richtungen – mithin als Beherrschung der Körper der Anderen wie auch einer Beherrschung des eigenen Körper-Leibs – hautnah in allen Konsequenzen vorgeführt. Und vielleicht liegt gerade hierin der Charme von Sades Überlegungen: Sie sind erschreckend ‚normal', nur hinsichtlich ihrer Rationalität etwas konsequenter als vieles andere bis zu Ende gedacht.

Wie im „Univers concentrationnaire" endet alles in einem Grauen, das rational konzipiert und ausgeleuchtet ist und auf Empfindungen und große Erregungen zielt, welche geradezu maschinell und wie am Fließband produziert werden. Sades Welt ist die Vorwegnahme der Welt der Konzentrationslager, freilich mit einer rationalen Zielsetzung, die gänzlich anders geartet ist als die der Lager totalitärer Regime. So kann man die Räumlichkeiten des Schlosses der *120 Tage von Sodom* zum einen als Lager verstehen, zum anderen aber auch als Laboratorium und vielleicht nicht weniger als Fabrik, in der bestimmte körperliche Güter produziert werden und einer beständigen Gütekontrolle unterliegen. Es besteht kein Zweifel daran, dass sich diese totalitäre Struktur mit den auf Sklavenwirtschaft beruhenden Plantagen des kapitalistischen europäischen Kolonialismus in eine enge Verbindung bringen lässt.

Vielleicht ist das einzig Perverse am Marquis de Sade dessen bis zum Exzess getriebene rationale Normalität, ja Normalisierung. Die Einsperrung durch Aussperrung und die Aussperrung durch Einsperrung unterliegen dem Gesetz einer durchrationalisierten Gewalt, für die der Tod keinen Schrecken – und auch keine Grenze mehr – besitzt und darstellt. Er ist zum Bestandteil eines durchrationalisierten Lebens geworden, dessen Grenzen er zugleich doch noch immer markiert. Wie im Konzentrationslager Hannah Arendts hat der Tod selbst keine Würde mehr: Ihm eignet keinerlei Sinn, noch nicht einmal der eines Märtyrertums. Im Tod erfüllt sich nicht mehr das Leben: Der Tod ist bestenfalls das physische Ende eines länger anhaltenden und durchgeplanten Ablaufs eines Lebens zum Tode. Er ist zum alltäglichen Begleiter geworden und betrachtet ungerührt das gesamte Geschehen aus der Distanz.

Vielleicht könnte man den Tod damit in jene Rolle heben, in welcher er in einem Gedicht der heute weitgehend vergessenen deutschen Lyrikerin Emma Kann erschien. Es handelt sich um ein Gedicht, das sie 1940 im südfranzösischen Konzentrationslager von Gurs schrieb, wo sie einige Monate zusammen mit Hannah Arendt eingesperrt war und aus dem sie wie diese fliehen konnte; ein Gedicht aus dem Konzentrationslager selbst, das ich Ihnen zum Ende unserer Beschäftigung mit dem Marquis de Sade nicht vorenthalten möchte. Allerdings erscheint am Ende dieser Verse noch jene Möglichkeit, die den langjährigen Insassen der Konzentrations- und Vernichtungslager – ähnlich wie den Insassen in Sades Sodom – im Sinne von Hannah Arendt aus der Hand geschlagen wurde; die Möglichkeit nämlich, sich wieder in den Besitz des eigenen Lebens zu bringen und sich dieses in aller Freiheit zu nehmen:

> Der Tod ist mir ein Kamerad
> Seit meine Fahrt begann.
> Oft, wenn mir etwas wehe tat,
> Sah ich ihn fragend an,
> Doch er war still. Er winkte nicht.
> Er blieb nur bei mir stehen
> Und ließ in seinem Angesicht
> Mich seine Ruhe sehen.
>
> Und wie ein Mann, der Kraft verspürt,
> Auch schweigend Frieden gibt
> Dem, der den Weg, der zu ihm führt,
> Aus ganzem Herzen liebt,
> So wußte ich: es ist noch nicht
> Jetzt Zeit zur letzten Tat.
> Doch wenn die Welt mein Wollen bricht,
> Bleibt mir mein Kamerad.[45]

---

45 Kann, Emma: Der Tod ist mir ein Kamerad... (1940). In: *Mnemosyne* (Klagenfurt) 24 (1998), S. 13.

Dieses von einer jüdischen Autorin, die aus dem Konzentrationslager über den Atlantik nach Kuba und später in die Vereinigten Staaten von Amerika fliehen konnte, stammende Gedicht über den Tod dient uns als Überleitung zum Themenkomplex des Antisemitismus und der Judenverfolgung durch die Nationalsozialisten und damit zu jener Problematik, mit der wir am Beispiel der Theorien Hannah Arendts bereits in Berührung gekommen waren. Dieser Spur wollen wir im Folgenden weiter nachgehen, um andere Aspekte von Geburt und Leben, Sterben und Tod in den Literaturen der Welt näher herauszuarbeiten.

Albert Cohen oder der Geburts-Tag im Miniatur-Konzentrationslager

Stürzen wir uns sogleich in einen der berühmtesten Romane von Albert Cohen, *Belle du Seigneur*, der diesem auf Korfu geborenen und in die französische Literatur ‚eingewanderten' Schriftsteller die Nominierung für den Literaturnobelpreis eintrug. Benedetti, der Direktor der Informationsabteilung beim Sekretariat des Völkerbundes hat eine halbe Hundertschaft ‚guter Freunde' zu seinem monatlich stattfindenden Cocktail eingeladen. In einer gepflegten, kultivierten Atmosphäre plaudern die Gäste angeregt miteinander, sprechen über die internationale Politik, die hohe Diplomatie und selbstverständlich auch über die anderen Anwesenden. Nur ein einziger Gast spricht mit niemandem und wird von niemandem angesprochen:

> Von allen übersehen und in Ermangelung von Artgenossen spielte der arme Leprakranke den Eiligen, um sich eine gewisse Contenance zu verschaffen, und so bestand seine Teilnahme am Cocktail darin, die laut plappernde Menge wacker und in regelmäßigen Abständen zu durchqueren. Mit gesenktem Kopf, so als ob ihn die Nase nach unten zöge, durchlief er eiligst und von einem Ende zum anderen den riesigen Salon, wobei er bisweilen die Gäste anstieß und sich, stets ohne jede Reaktion, dafür entschuldigte. Indem er auf diese Weise brillante Diagonalen hinlegte, tarnte er seine eigene Isolierung, wobei er so tat, als müsse er dringlich einen Bekannten erreichen, der ihn dort hinten, am anderen Ende des Salons, erwartete. Sein Getue konnte im Übrigen niemanden täuschen. [...] Einmal mehr setzte sich der in Sozialwissenschaften promovierte und laufstarke Ewige Jude in Bewegung und nahm im Lande des Exils eine seiner unnützen Reisen wieder auf, wobei er sich mit derselben Eile dem Buffet zuwandte, wo ihn ein trostreiches Sandwich erwartete, das sein einziger Sozialkontakt und sein einziges Recht bei diesem Cocktail war. Zwei volle Stunden lang, von sechs Uhr bis acht Uhr, zwang sich so der unglückselige Finkelstein zu einem Gewaltmarsch von mehreren Kilometern, den er gegenüber seiner Frau, wenn er wieder zuhause war, nicht eingestand.[1]

Anhand dieser im Grunde wunderschönen Bewegungsbeschreibung des beständigen Querens und Durchquerens des großen Salons, der für den Cocktail-Empfang von Benedetti hergerichtet ist, lässt sich am Beispiel von Finkelstein die Frage von Vektorisierung und Bewegungsfiguren sehr gut erläutern. Denn der Jude Finkelstein ist zugleich in die Gesellschaft eingeschlossen und aus ihr ausgeschlossen. Er muss sich ständig bewegen, weil niemand mit ihm sprechen will, weil er keinen Ort hat, an dem er sich dauerhaft aufhalten könnte: Er

---

[1] Cohen, Albert: *Belle du Seigneur*. Edition établie par Christel Peyrefitte et Bella Cohen, Paris: Gallimard 1986, S. 274.

ist der „Juif errant", der Ewige Jude, unausgesprochen aber erbarmungslos aus der Gesellschaft exkludiert. Sein Leben ist notgedrungen vektorisiert!

Was aber bedeutet diese Vektorisierung im Kontext einer Exklusion innerhalb einer Inklusion? Im Rahmen des hier geschilderten gesellschaftlichen Ereignisses der Société des Nations kommt ihm innerhalb des bunten Wirrwarrs der internationalen Diplomaten- und Funktionärswelt im Genf der dreißiger Jahre kein eigener Ort, sondern nur eine Bewegung zu. Seine Bewegungen beziehen sich auf eine „terre d'exil": Er besitzt nicht wie die anderen irgendein Land, das er repräsentieren könnte, verfügt über keinen festen Wohnsitz. Die ihn und keinen anderen auszeichnende Vektorisierung ist eine Bewegung ohne jeden festen Wohnsitz, der sein Eigen wäre.

Finkelsteins Bewegungsmuster ist für Albert Cohen ein Modell: In ihm ist ein ganzes Schicksal gespeichert, das Schicksal eines ganzen Lebens, welches die individuelle Dimension aber weit übersteigt. Von Benedetti einmal jährlich nur eingeladen, weil der Völkerbundbeamte – wie uns der Erzähler erläutert[2] – „wie alle Antisemiten" den Einfluss der Juden in den USA bei weitem überschätzt, gibt sich der Korrespondent einer zionistischen Presseagentur vergeblich (da für alle anderen Gäste durchschaubar) den Anschein, ‚pressieren' zu müssen, um einen Gesprächspartner am anderen Ende des Salons rechtzeitig zu erreichen. Doch da gibt es im Völkerbund niemanden, der auf ihn warten oder mit ihm sprechen würde; und auch Finkelstein schweigt, will seiner Frau nichts von dem erzählen, was ihn zwei Stunden lang in Bewegung hielt: sein eigenes Ausgeschlossensein als Jude in einer zutiefst antisemitischen Gesellschaft.

Der promovierte Jude Finkelstein gerät damit zum tragischen Zerrbild und Gegenmodell der Erfolgreichen, die innerhalb der streng hierarchisierten Hackordnung des Völkerbunds und ihrer Unterteilung in „importants", „surimportants" und „sursurimportants" stets auf der Suche nach ‚dicken Fischen' zirkulieren, deren Bekanntschaft sich später auszahlen könnte und die daher in diesem Gesellschaftsspiel möglichst rasch ‚harpuniert' werden müssen. Die Pression, unter welcher Jacob Finkelstein steht und gegen deren Implodieren als Depression der sozialwissenschaftlich geschulte Jude wacker und unter Täuschung auch seiner Frau anzukämpfen versucht, ist der Druck einer Weltgemeinschaft, die wohl international organisiert, aber nicht interkulturell orientiert ist. Die gesamte Société des Nations, der gesamte „Bund der Völker", ist unausgesprochen antisemitisch eingestellt.

Alle kennen die Spielregeln dieses Gesellschaftsspiels einer Exklusion durch Inklusion. Denn diese Spielregeln der Cocktail-Party, denen sich alle Gäste – von

---

2 Ebda.

einigen wenigen Sachbearbeitern angefangen über Funktionäre und Sektionsdirektoren bis hinauf zum Untergeneralsekretär Solal oder dem Generalsekretär Sir John – unterwerfen, sind die eines westeuropäisch dominierten Okzidents, des alten Europa der Zwischenkriegszeit, das kurz vor seinem Zusammenbruch steht und dessen Juden nur wenige Jahre vom Versuch einer ‚Endlösung' der ‚Judenfrage' entfernt sind. Die Szenerie bildet eine Mise en abyme im doppelten Wortsinn: Sie ist das Fraktal[3] des Verhaltens der gesamten Weltgesellschaft, durch welches im Kleinen deutlich wird, was das große Ganze beherrscht.

Gewiss, der in den dreißiger Jahren vom 1895 auf Korfu geborenen und 1981 in Genf verstorbenen Albert Cohen angelegte, mehrfach umgearbeitete und schließlich 1968 meisterhaft abgeschlossene Roman *Belle du Seigneur* bietet den jüdischen Romanfiguren mehrere Lösungsmöglichkeiten, mehrere mögliche Positionen an. Solal, die zentrale Figur der mit dem gleichnamigen Roman 1930 eröffneten Tetralogie, führt eindrucksvoll in seinem literarischen Lebensweg vor, wie man aus dem Ghetto einer kleinen griechischen Insel im Mittelmeer kommend und die verschiedensten Gesellschaftsschichten wie einst der Held des Schelmenromans querend, auch als Jude im Herzen Europas Karriere machen kann; eine Kariere, die ihn – wie bei Benedettis Cocktail-Party zu sehen – in die höchsten gesellschaftlichen Sphären aufsteigen lässt. Er verstand es, die Nischen im System für sich auszunutzen: Solal hat es zu etwas gebracht.

Abb. 27: Albert Cohen (1895–1981) im Jahr 1968.

Seine Völkerbundkarriere ist freilich ein gesellschaftlicher Aufstieg, für den der zwischen Orient und Okzident Hin- und Hergerissene einen hohen Preis kultureller und menschlicher Entfremdung zahlen muss. Es ist ein Aufstieg, der ihn schließlich wieder auf die Ebene einer sozialen Null zurückführen wird, der er nur aufgrund seiner Schönheit, seiner Intelligenz und seines absoluten Liebeswillens hatte entkommen können. Die Figur des zwischen Orient und Okzident pendelnden, vor allem aber auch vermittelnden Juden findet sich nicht nur –

---

3 Vgl. zu diesem Begriff und seiner Anwendung auf die Literaturen der Welt Ette, Ottmar: *WeltFraktale. Wege durch die Literaturen der Welt.* Stuttgart: J.B. Metzler Verlag 2017.

zweifellos autobiographisch legitimiert – im Gesamtwerk Albert Cohens sehr häufig, sondern ist gerade vor dem Machtantritt Hitlers wesentlicher Bestandteil des kulturellen Selbstentwurfs vieler jüdischer Intellektueller und Schriftsteller. Wir werden auf diese ‚vermittelnde' Bewegungsfigur des Judentums noch zurückkommen.

Aber Jacob Finkelstein, der uns unmittelbar vor der oben angeführten Passage als „zéro social" vorgestellt wird, steht darüber hinaus – ein wenig versteckt, da besser getarnt – die Figur eines anderen Juden gegenüber. Dieser „Juif converti et homosexuel", dieser homosexuelle Konvertit kennt alles, was Rang und Namen in der europäischen Gesellschaft („la haute société européenne") besitzt, und hat es nach zwanzig Jahren „de stratégies, de flatteries et de couleuvres avalées" endlich geschafft, von und in dieser ehrenwerten Gesellschaft anerkannt zu sein: Er hat alle Schlangen, die man ihm vorlegte, verschluckt. Er ist namenlos mit dieser abendländischen Gesellschaft verschmolzen, verfügt über einen Ort in ihr und unterscheidet sich (zumindest auf den ersten Blick) nicht mehr von seiner Umgebung, von der sich Finkelstein, nicht nur des Phänotyps (seiner großen Nase) wegen für alle offenkundig abhebt. Dass Albert Cohen seinen Konvertiten, der zum christlichen Glauben übertrat, auch gleichzeitig homosexuell sein lässt, mag als kleiner Hinweis auf Cohens latente Homophobie verstanden werden.

Wie häufig in Albert Cohens Texten – so etwa in seinem Theaterstück *Ezéchiel*, das 1933 an der *Comédie Française* aufgeführt einen Skandal auslöste und seinem Verfasser den traumatisierenden Vorwurf eintrug, nach Hitlers Machtergreifung zu einem denkbar ungünstigen Zeitpunkt antisemitischen Tendenzen Vorschub geleistet zu haben – werden dem Leser kontrastiv zwei Stereotype des Juden inszeniert vorgesetzt.[4] Dem überzeugten Zionisten wird hier der Typus des assimilierten Juden gegenübergestellt. Cohen war ein Meister in diesem Spiel mit Klischees und Versatzstücken einer ‚jüdischen Identität' in den westlichen Gesellschaften des 20. Jahrhunderts.

Es ist mithin kein Zufall, dass die politisch-kulturelle Perversion der Assimilation mit einer – *ebenfalls aus dem Blickwinkel des Cohen'schen Erzählers* – sexuellen Perversion verknüpft wird, die Marcel Proust sicherlich als „Inversion" bezeichnet hätte und für die der Schöpfer von *A la recherche du temps perdu* in der Tat das den Autor des Romanzyklus Solals obsessiv verfolgende, aber nicht immer explizit genannte Beispiel ist. Cohen besaß ein gespanntes Verhältnis zu Proust und dessen Schreiben, das er neidvoll bewunderte, an dem er sich aber

---

4 Vgl. hierzu auch Valbert, Gérard: *Albert Cohen, le seigneur*, Paris: Grasset 1990, S. 276 f.

aus geschlechterdifferenten Gründen stets abarbeitete. Doch auch hierauf werde ich gegen Ende unserer Beschäftigung nochmals zurückkommen.

Nicht nur in den Salons der Pariser Jahrhundertwende, sondern auch im Genfer Salon Benedettis ist (noch) Platz für den assimilierten Juden, der „converti" und „inverti" zugleich ist und dessen Integration in die ‚gute internationale Gesellschaft' in den Augen Albert Cohens nicht von Dauer sein konnte. Jacob Finkelstein aber bleibt einstweilen nur die „errance" innerhalb eines multikulturellen Salons, dessen kultureller Relativismus jener „Herren aller Länder" nur oberflächlich getarnte Monokultur ist, welche – neben anderen Kulturen – aus evidenten antisemitischen Gründen die jüdische Kultur ausschließt. Ein Dialog oder besser noch Polylog zwischen den Kulturen findet nicht statt: Es bleibt bei der reinen beziehungslosen Kopräsenz unter dem Vorzeichen einer interessegeleiteten und stets prekär bleibenden Toleranz, die eben keine Achtung und keinen Respekt gegenüber kultureller oder religiöser Differenz zollt.[5]

Für den ausgerechnet in Gesellschaftswissenschaften promovierten Finkelstein bleibt das erhoffte Wunder, „une conversation avec un frère humain"[6], aus: Niemand wünscht Kontakt mit ihm zu haben. So ruft der Erzähler diesem Zionisten der Zwischenkriegszeit von einer aktualisierten Ebene der Erzählzeit her die tröstenden Worte zu: „Mein lieber Finkelstein, Du Harmloser, so bereit für die Liebe, Du Jude meines Herzens, ich warte jetzt auf Dich in Israel, im Kreise der Deinen, der Unsrigen endlich erwünscht."[7] Die Gemeinschaft des Landes Israel soll für den, der in dieser westlichen Gesellschaft keinen festen Wohnsitz hatte, zur eigentlichen Heimstätte werden.

Wir sollten uns jedoch davor hüten, diese Erzählerstimme mit jener des realen Autors, des Verfassers von *Ô vous, frères humains* gleichzusetzen, wie dies innerhalb der Cohen-Forschung so häufig geschieht.[8] Diese so durchgängig zu beobachtende und vom Autor ingeniös beabsichtigte Verwechslung lässt sich als solche gerade an dieser Stelle transparent machen, schrieb der reale Autor Albert Cohen, der überzeugter Zionist war, sich für die Sache Israels einsetzte und dem der neugegründete Staat später einen Botschafterposten anbot, den der Autor von *Le livre de ma mère* aber zugunsten seines literarischen Schaffens

---

5 Vgl. hierzu die Thesen des Schlusskapitels „Differenz Macht Toleranz" in Ette, Ottmar: *Über-Lebenswissen. Die Aufgabe der Philologie*. Berlin: Kulturverlag Kadmos 2004, S. 253–277.
6 Cohen, Albert: *Belle du Seigneur*, S. 275.
7 Ebda.: „Cher Finkelstein, inoffensif et si prêt à aimer, Juif de mon cœur, je t'espère en Israël maintenant, parmi les tiens, parmi les nôtres, désirable enfin."
8 Vgl. etwa eine Auflistung von Romanpassagen, die in der Folge als Aussagen Albert Cohens gedeutet werden, in Peyrefitte, Christel: Préface. In: Cohen, Albert: *Belle du Seigneur*, S. XXXII.

ablehnte, doch keineswegs im Palästina seiner Sehnsucht. Vielmehr arbeitete er in einem gut geschützten, vielfach verriegelten und abgeschirmten Zimmer seiner zweiten Heimat Genf.[9] Denn das Ehepaar Cohen lebte sehr zurückgezogen, seit sich der Verfasser von *Solal* nach der vorgezogenen Beendigung seiner Tätigkeit als „fonctionnaire international" seit Anfang der fünfziger Jahre ganz dem Schreiben gewidmet hatte.[10]

In seinem Genf, das ihm in den Kriegsjahren Asyl und Schutz vor Verfolgungen bot, war er in eben jenen Jahren, in denen die Romanhandlung von *Belle du Seigneur* angesiedelt ist, im Bureau International du Travail des Völkerbundes tätig gewesen. Dies hatte ihm auch ohne jede gesellschaftswissenschaftliche Doktorarbeit tiefe Einblicke in diese „Société des Nations", aber auch in die heraufziehende Katastrophe des Krieges und der Shoah ermöglicht. Ihr konnte er wenige Jahre später gerade noch rechtzeitig aus seiner damaligen Pariser Schriftstellerwohnung zusammen mit seiner Familie nach England entfliehen.

Das Bewegungsmuster des umherirrenden Juden, des „Juif errant" Finkelstein, im multikulturellen Raum der in Genf versammelten Repräsentanten ist keineswegs nur eine individuelle Reaktion, die den vom Antisemitismus erzeugten Druck in unaufhörliche Bewegung umsetzt und spatialisiert, verräumlicht. Es ist vielmehr ein kollektives Schicksal, dem sich nach den Pogromen in verschiedenen Nationen und Regionen Osteuropas gerade die dortigen Juden (und Finkelsteins Name deutet eine solche Herkunft an) ausgesetzt sahen. Der Antisemitismus brachte einen Gesellschaftsdruck hervor, der sich für viele Juden in einer ständigen Verdrängung oder Vertreibung und damit in einer unabschließbaren Bewegung äußerte, der sie in vielen Ländern – nicht nur Europas – ausgesetzt waren.

Die dadurch erzeugte Bewegungsfigur mag – neben anderen Beispielen im Romanwerk Albert Cohens – die Familiengeschichte Jérémies verdeutlichen, der von seinem christlichen Marseiller Freund Scipion gutmütig gefragt wird, aus welchem Land er denn stamme. Die Antwort des Aschkenasim, der sich aus einem deutschen Gefängnis retten konnte und wie sein Namensvetter in *Ezéchiel* stets einen notdürftig verschnürten Koffer bei sich trägt, ist so einfach nicht, wie der nachfolgende, in fingierter Mündlichkeit gehaltene Dialog verdeutlichen mag:

---

9 Vgl. hierzu Valbert, Gérard: *Albert Cohen, le seigneur*, S. 12.
10 Vgl. Cohen, Bella: Albert Cohen. In: Cohen, Albert: *Belle du Seigneur*, S. XLV; sowie ebenfalls von der letzten Ehefrau Cohens, *Autour d'Albert Cohen*, Paris: Gallimard 1990.

Ich bin in Litauen geboren.
Ah schön, das ist ein kleines Land, von dem ich schon einmal sprechen gehört habe. Du bist also ein Litauer.
Nein, mein Herr Scipion. Weil mein Vater geboren ist zu Rumänien.
Verstanden, Du bist also Rumäne, sagte Scipion konziliant.
Nein, nicht Rumäne. Weil die Herren Rumänen meinem Herrn Vater den Pass weggenommen.
Was bist Du denn dann?
Eher ein Serbe.
Was heißt denn eher?
Weil ich auch etwas Engländer bin.
Scipion stützte seine schwer gewordene Stirne.
Jetzt sag' schon, meine Hübsche, nur zu. Und reg' Dich nicht auf.
Meine Mutter ist geboren zu Polen. Aber ihr Herr Vater ward geboren zu Saloniki und er war Türke, aber nicht sehr viel.
Dann bist Du also Türke, nicht.
Oh nein. Schau, es ist doch ganz einfach. Aber der Konsul hat nicht verstanden, weil er war nicht intelligent. Der Herr Vater meines Herrn Vater lebte in Marokko, aber er war geboren zu Malta, einem Land von England. Aber da der Konsul nicht anerkannte, dass er gewesen Bulgare, obwohl der Herr Vater des Herrn Vater meines Vaters aus Tatar-Pazardjik stammte, und weil ich einen Cousin aus Kanada habe, der Russe war bevor nach Kanada gekommen (Scipion hatte schmerzlich zu wimmern begonnen.) und der war steinreich zu Manchester mit vielen Freunden in London, so haben sie mir zum Anfang Papiere gegeben, dass ich aus Malta bin, aber nachdem mein Cousin starb...
Hör sofort auf!, schrie Scipion.
Warum denn, Herr Scipion.
Weil ich nicht auch sterben will!
Aber das Ende ist doch so interessant, als Erklärung dafür, dass ich Grieche bin, obwohl mein Pass serbisch, weil ich habe zu Belgrad einen Freund der...
Scipion ergriff die Flucht.[11]

Sie sehen, wie wichtig der Ort der Geburt ist. Doch diese Nativität macht bezüglich der Nationalität – und nicht umsonst hat der Begriff ‚Nation' etwas mit der Geburt zu tun – bei weitem nicht alles aus. Denn auch der Tod kann nachträglich eine Geburt hinsichtlich ihres rechtlichen Status verändern, zumindest dann, wenn man von Land zu Land getrieben wird und keinen festen Wohnsitz hat.

Doch wir sollten uns nicht wie Scipion dem weiteren Verlauf einer jüdischen Familiengeschichte im Bund der Nationen durch Flucht entziehen, sondern versuchen, uns der hier gewiss literarisch überzeichneten Problematik von Raum

---

11 Cohen, Albert: *Mangeclous*. Paris: Gallimard 1980, S. 494f.

und Bewegung zu stellen und im Folgenden dieser in der Forschung bislang unterschätzten spatialen Dynamik (zumindest perspektivisch) im Gesamtwerk dieses Schriftstellers nachzugehen. Cohen stammte von einer kleinen griechischen Insel im Ionischen Meer und ist im venezianischen Dialekt der Juden Korfus aufgewachsen. Bei der (aus Angst vor weiteren Pogromen erfolgten) Übersiedelung mit seinen Eltern nach Marseille besaß er einen ottomanischen Pass, bevor er nach seinem Studium in Genf die Schweizer Staatsbürgerschaft erwarb. Sie ermöglichte es ihm, nicht nur problemlos einen Teil seiner Familie in Alexandria (wo er zum Proust-Leser wurde) zu besuchen und in Genf beim Bureau International du Travail zu arbeiten, sondern auch als französisch schreibender Autor von einem britischen Konsul in Bordeaux als Verfasser von *Solal* erkannt zu werden. Dies wiederum ermöglichte ihm die Flucht vor den Deutschen und die Einreise nach England, wonach es ihm gelang, als Diplomat im internationalen Auftrag jenen Reisepass für Staatenlose zu entwerfen und international durchzusetzen, auf den er nicht weniger stolz war als auf die nicht in seiner Muttersprache abgefassten Romane. Letztere unterzeichnete er mit jenem Namen, dem er erst bei seiner Einbürgerung in die Schweiz (der in Genf Wohnende war zum Bürger von Mellingen im Kanton Aargau geworden) ein kleines „h" hinzugefügt hatte.[12]

Albert Cohens Lebensweg weist ihn zweifellos als einen Schriftsteller ohne festen Wohnsitz aus. Zwar wurden seine Schriften in zwei Bänden in die *Pléiade*-Ausgabe aufgenommen, doch sollte uns diese Konsekration als französisch schreibender Autor jedoch nicht vergessen lassen, dass Cohen weder der Literatur Frankreichs noch der Frankophonie eindeutig zugeordnet werden kann. Jérémie führt uns vor, wie die binäre Logik nationaler Zuschreibung und Identität unterlaufen werden kann, ohne dass damit notwendig die Aufgabe einer komplexen Identitätskonstruktion verbunden wäre. Wir sollten uns also einlassen auf die andere Logik einer Literatur ohne festen Wohnsitz, die ihre Konzepte und Verfahren der Transkulturalität und Transarealität im Sinne eines Polylogs zwischen verschiedenen Kulturen, Sprachen und Zugehörigkeiten verpflichtet weiß. Ob mit diesem viellogischen Spiel von Zugehörigkeiten eine Aufhebung binärer, dichotomischer Denkstrukturen und Zuweisungsmuster – *Was bist Du denn eigentlich? Woher kommst Du denn eigentlich?* – zugunsten von Differenzmerkmalen verbunden ist, wird unsere Analyse andeuten. Aber erst die Zukunft wird zeigen können, inwiefern derartige Entwürfe gleichzeitig vielfacher Zuweisungsmuster von großen Teilen unserer Gesellschaften akzeptiert und respektiert werden können.

---

12 Zur Biographie Cohens vgl. nochmals die Monographie des dem Schriftsteller freundschaftlich verbundenen Valbert, Gérard (1990): *Albert Cohen, le seigneur*.

Doch versuchen wir, entschlossen einen Schritt in diese Richtung zu gehen! Der französische Philosoph Alain Finkielkraut – und ich habe nicht umsonst einen Philosophen gewählt, dessen Name sich mit der Geschichte von Cohens Finkelstein berührt – lässt seine ebenso (selbst-) kritische wie provokative Auseinandersetzung mit Selbstbild und Identitätsgefühl der Juden nach Auschwitz mit einer Art ‚Urszene' beginnen, wie sie von vielen Schriftstellern in immer wieder neuen Varianten erzählt worden sei. Ein Kind wird – etwa beim harmlosen Ballspiel – plötzlich durch einen Mitschüler und Gegenspieler aus seiner Unschuld und seinem Zugehörigkeitsgefühl zur gesamten Gruppe gerissen, indem es mit einer Beleidigung, ja mit einem Fluch konfrontiert wird: „Crève, sale Juif!"[13] – Kratz doch ab, du dreckiger Jude!

An die Stelle einer bisher geglaubten Homogenität, einer Einheit mit den anderen Kindern, tritt der schmerzliche Bewusstwerdungsprozess, *anders* als die anderen zu sein. Schlagartig wird dem Kind, oftmals auch in des Wortes unmittelbarer Bedeutung, deutlich gemacht, dass es eine unüberbrückbare Andersheit, eine radikale Alterität verkörpert, die es aus der Gemeinschaft der übergroßen Mehrheit für immer ausschließt, ohne dass es den Grund hierfür zu sagen wüsste. Die Beleidigung, so Finkielkraut, wirke wie eine Taufe, gebe dem Betroffenen Wahrheit und Namen, verweise ihn in den Bereich einer „essence éternelle qu'il n'est plus en son pouvoir de récuser ou d'infléchir".[14] Da gibt es also nichts mehr zu ändern, *Les jeux sont faits!*

Die Verwünschung erscheint also wie eine zweite Geburt, diesmal aber mit dem ‚richtigen', dem *eigentlichen* Namen des in die Gesellschaft Entlassenen. Das Kind oder der Jugendliche wird mit einer Spaltung gerade dort konfrontiert, wo es Gemeinschaft – etwa die Gemeinschaft der Ballspielenden – unreflektiert vorausgesetzt hatte. Doch etwas ist für immer anders geworden. Der Gegensatz zwischen Eigenem und Fremdem, die dichotomische Struktur der Trennung, wird von außen aufgezwungen: Das Kind wird aus dem Kreis der Mitspieler ausgeschlossen und bleibt für sich allein.

Bei Alain Finkielkraut lässt sich sehr gut nicht die Exklusion durch Inklusion (die beim ‚Leprakranken' Finkelstein etwa vorgeführt wird) verstehen, sondern umgekehrt die Inklusion durch Exklusion, insoweit der Ausschluss aus der Gruppe letztlich zum Einschluss in die Gruppe der Juden gerät. Auch dies lässt sich in den entsprechenden Erzähltexten sehr gut an den Vektorisierungen und damit verbundenen Bewegungsfiguren ablesen: Die Literaturen der Welt bilden in diesem Zusammenhang einen untrüglichen Seismographen. Wir

---

13 Finkielkraut, Alain (1980): *Le Juif imaginaire*, Paris: Seuil, S. 10.
14 Ebda., S. 11.

werden dies auf der Ebene der Bewegungsfiguren sogleich am Beispiel eines Textes Albert Cohens buchstäblich nachvollziehen. Das beschimpfte Kind wird gleichsam auf abrupte Weise *deterritorialisiert*, in einer zweiten Bewegung dann aber sogleich als Jude *reterritorialisiert*. Damit sind grundlegende Veränderungen des individuellen Lebenswissens verbunden, das an ein anderes kollektives Lebenswissen angeschlossen wird, ausgelöst durch eine von Finkielkraut beschriebene Inklusion durch Exklusion.

Ist diese so oft pathetisch erzählte Geschichte eines jüdischen Individuationsprozesses tragisch? Alain Finkielkraut verweigert sich der so einfachen und naheliegenden Bejahung dieser Frage. Wie viele andere, so der 1949 geborene französische Intellektuelle, habe er auch in seinem eigenen Leben Vorteile aus jener radikalen Trennung zwischen den anderen und ihm selbst gezogen und jenen Roman gelebt, der es ihm erlaubt habe, sich nicht zuletzt auch in Rückgriff auf die Sartre'schen *Réflexions sur la question juive* als Rebell und Unterdrückter, als Vertreter eines leidenden Volkes und Besitzer einer ausgeprägteren Sensibilität, einer „sensibilité supérieure",[15] zu fühlen.

Die Geschichte des Judentums und der Verfolgung, des Auserwähltseins und des Genozids habe nicht nur in keiner Weise auf ihm gelastet, so der französische Philosoph und Intellektuelle, sondern ihm ein quasi angeborenes Selbstverständnis verschafft, von dem die anderen – ohne dass er dafür etwas hätte leisten müssen – umgekehrt ihrerseits ausgeschlossen waren. Das jüdische Kind war wie viele andere Nachkriegsjuden, und ohne es recht zu merken, zu einem ‚eingebildeten Juden' geworden: „Diese hypnotisierten jungen Leute gehen qua Identifikation voran: Sie haben es sich in der Fabel bequem gemacht; das Judentum, das sie für sich beanspruchen, entreißt sie ihrer selbst und transportiert sie auf magische Weise auf eine Bühne, welche sie erhebt und verstärkt. Ich schlage vor, diese Bewohner des Irrealen, die zahlreicher sind als man denkt, künftig als imaginäre Juden zu bezeichnen."[16]

Kein Zweifel: Alain Finkielkrauts Versuch, den Essentialismus einer jüdischen Identität, die Statik einer ein für alle Mal gegebenen religiösen, kulturellen und historischen Alterität in der Kippfigur des Marginalisiert-Seins wie des Auserwählt-Seins zu dekonstruieren, verdankt sich, von den philosophischen

---

15 *ebda.*, S. 16.
16 Ebda., S. 23: „Ces jeunes gens hypnotisés procèdent par identification: ils ont pris pension dans la fable; le judaïsme dont ils se réclament les ravit à eux-mêmes et les transporte magiquement sur une scène qui les élève et qui les sanctifie. Ces habitants de l'irréel, plus nombreux qu'on ne le pense, je propose de les nommer Juifs imaginaires." Zur Problematik von Exil, Auserwähltsein und *étrangeté* vgl. auch Kristeva, Julia: *Etrangers à nous-mêmes*, Paris: Gallimard 1991, S. 95 ff.

Voraussetzungen einmal abgesehen, der historischen Situation nach der Schoah. Zuspitzend könnten wir formulieren, dass eine Dekonstruktion des Judentums und mehr noch des Jude-Seins als Essenzialität erst für jene möglich wird, die Verfolgung und Genozid nur als Narration – und sei es in der eigenen Familie – kennengelernt und damit die Shoah selbst überlebt haben. Denn erst ein sich dieser Voraussetzungen bewusst gewordener „juif imaginaire" (so mag es scheinen) besitzt jene existentielle und historische Distanz, die es ihm ermöglicht, das „imaginaire juif" in seiner kulturellen Polyvalenz nicht nur zu begreifen, sondern mehr noch in seiner komplexen Mechanik gerade auch in Rückgriff auf die oben beschriebene Geburts- oder Ursprungsszene vorzuführen.

Doch ist – so könnten wir fragen – die in der individuellen Erfahrung wie im kollektiven „imaginaire juif" so tief eingesenkte Urszene radikaler und unversöhnlicher Ausweisung aus der Gemeinschaft, ist der am Beispiel des Juden Jacob Finkelstein von Albert Cohen so fissurlos inszenierte Bruch zum einen zwischen Juden und Nicht-Juden und zum anderen zwischen bewusst ihr Judentum lebenden und sich der dominanten Kultur assimilierenden Juden wirklich so glatt und unüberbrückbar, wie es uns der Sohn dem Holocaust entkommener und nach Frankreich eingewanderter polnischer Juden Alain Finkielkraut in diesem Eingangskapitel glauben machen will?

Sicherlich hat der Verfasser von *Le Juif imaginaire* Albert Cohen gelesen, dessen *Belle du Seigneur* übrigens just (und nicht gerade rezeptionsförderlich) in jenem Jahr 1968 erschien, als die Pariser Studenten – und unter ihnen der junge Finkielkraut selbst – das französische Einreiseverbot für Daniel Cohn-Bendit wütend mit dem Ruf „Nous sommes tous des juifs allemands" quittierten. Im dritten Teil seines Buchs geht Finkielkraut unter dem Titel „Les dispersés et leur royaume" mehrfach auf Romanfiguren Albert Cohens ein, äußert sich zu den fünf „Valeureux" aus Céphalonie, zitiert aus *Mangeclous* und verweist auf den im Frankreich der dreißiger Jahre wiederaufflammenden und von Cohen in *Solal* detailgetreu gestalteten Antisemitismus, der sich mit Vorliebe gegen die sogenannten ‚Ostjuden' richtete.[17]

Es kann wohl kaum ein Zweifel daran bestehen, dass Alain Finkielkraut bei seiner Inszenierung der ‚Urszene' einer Geburt zum Juden auch an Albert Cohen dachte, dessen Text *Ô vous, frères humains* 1972 wie immer bei Gallimard erschienen war. Lässt Cohens Schrift jene Struktur erkennen, wie sie Finkielkraut in seiner Variante ‚nachstellt' – eben jene Dramatik eines Ausschlusses aus dem Kreis der anderen, der sich vielleicht eines Tages für den Ausgeschlossenen wieder öffnen könnte, ihn vorerst aber zu einem Paria, einem „lépreux", einem Aussätzi-

---

17 Finkielkraut, Alain: *Le Juif imaginaire*, S. 169–173.

gen macht? Im Folgenden soll versucht werden, den kulturellen Räumen und Bewegungsmustern bei Cohen nachzugehen, ausgehend von dieser (auch Cohen'schen) Geburtsszene als Jude, und zugleich zu begreifen, in welcher Weise diese Bewegungen mit dem Prozess des Schreibens, aber auch mit jenem des Verstehens wie des Lesens verbunden ist und auf welche Weise eine Engführung von Geburt des Juden mit dem Sterben als Jude literarisch erfolgt.

Dieser Text, der zu einem Zeitpunkt verfasst wurde, als der Schöpfer des großen Romanzyklus – wie der Ich-Erzähler prophetisch anmerkt – keine zehn Jahre mehr zu leben hatte,[18] ist in der Cohen-Forschung mehrfach in seiner Wichtigkeit und Repräsentativität für das Cohen'sche Gesamtwerk hervorgehoben worden. So markiert *Ô vous, frères humains* etwa für Denise R. Goitein-Galperin, die diesem Spätwerk den Auftakt ihrer Cohen-Monographie widmete, die Geburt des „juif-poète",[19] insoweit diese existentielle Erfahrung das Schreiben des jüdischen Schriftstellers überhaupt erst ermöglicht habe. Man kann diese Szene sehr wohl als die eigentliche Geburt des Schriftstellers Albert Cohen erachten, so wie er in die Literaturgeschichten einging und noch heute vor uns steht. Es habe, so führt die Autorin aus, dieser Geburt des Juden in ihm bedurft, um die Berufung zum Dichter und Schriftsteller erkennen zu können.[20] Diese gleichsam zweite Geburt Albert Cohens ist für die Perspektivik unserer Vorlesung von großer Relevanz.

Judentum und Schreiben, verbunden mit dem Komplex der Liebe,[21] erscheinen so in ihrer unauflösbaren Einheit bei Cohen vor dem Hintergrund einer Kindheitserfahrung, die unverkennbar revelatorischen Charakter besaß. *Ô vous, frères humains* vollzieht aus einer solchen Sicht nur nach, was die Geschichte dem jüdischen Jungen an seinem zehnten *Geburt*stag als Lebensaufgabe (wie es explizit heißt: als „Geschenk") mitgab. Angesichts der fast ausschließlich autobiographischen Lesart dieses Buches überrascht allerdings die Tatsache, dass auf die Beziehung des 1972 publizierten Textes zu dem erstmals 1945 erschienenen *Jour de mes dix ans* wohl hingewiesen, dieser letztgenannte Text aber im selben

---

18 Cohen, Albert: Ô vous, frères humains. In (ders.): Œuvres. Paris: Gallimard 1993, S. 1045: „Drôle, je serai un mort dans quatre ou cinq ans, ou dix ans au plus, un mort déconfit et ankylosé."
19 Goitein-Galperin, Denise R.: *Visage de mon peuple. Essai sur Albert Cohen.* Paris: Nizet 1982, S. 17; die Autorin hatte diese These bereits kurze Zeit nach Veröffentlichung von *Ô vous, frères humains* vertreten in (dies.): Albert Cohen: la naissance du juif-poète. In: *Les Nouveaux Cahiers* 42 (automne 1975), S. 62–71.
20 Goitein-Galperin, Denise R.: *Visage de mon peuple*, S. 24.
21 Vgl. hierzu die Potsdamer Dissertation von Fröhlich, Melanie: *Liebe und Judentum im Werk Albert Cohens. Facetten eines Zwiegesprächs.* Berlin – Boston: Walter de Gruyter 2017.

Atemzug als eine „notation sans plus"[22] abgewertet wurde, deren tieferer Sinn erst mit Hilfe des siebenundzwanzig Jahre später veröffentlichten Buches vor Augen geführt werden könne. Auf eben diesen Text wollen wir uns aber in unserer Vorlesung über Geburt und Tod, Leben und Sterben konzentrieren.

Die von Goitein-Galperin zurecht und überzeugend herausgearbeitete innige Verbindung von jüdischem Bewusstwerdungsprozess und Schreiben sollte uns freilich nicht vergessen lassen, dass es sich bei *Jour de mes dix ans* und ‚a fortiori' bei der Buchveröffentlichung von *Ô vous, frères humains* um literarisch durchgefeilte Texte handelt, deren komplexer Aufbau uns unter keinen Umständen erlaubt, einen Kurzschluss zwischen der Erzählerfigur und dem realen Autor Albert Cohen herzustellen. Nicht umsonst hatte Cohen bei der „réécriture" seines 1945 erstmals veröffentlichten Textes eine nachträgliche Einteilung in römisch durchnummerierte Kapitel bevorzugt, so wie sie auch die fiktionalen Texte seiner Tetralogie charakterisiert. Schon auf der paratextuellen wie intratextuellen Ebene ist *Jour de mes dix ans* weit davon entfernt, eine bloße „notation" zu sein.

Ähnlich sieht es mit der Frage nach dem Dokumentarischen beziehungsweise nach der Fiktionalität aus. Wir werden die Frage, was auf einem Bürgersteig in Marseille an jenem 16. August 1905, an dem der Ich-Erzähler, aber auch Albert Cohen selbst, ihren zehnten Geburtstag begingen, nicht mit einem simplen Hinweis auf die im Text dargestellten Ereignisse beantworten können. Vielmehr müssen wir stets bedenken, dass wir es mit einer literarischen Formgebung zu tun haben, die gerade in ihrer Tendenz zur Verknappung und Verdichtung bereits in *Jour de mes dix ans* vollständig ausgeprägt ist. Denn es geht nicht um einen simplen Geburtstag, sondern um eine wirkliche Geburt mit ihren Schmerzen, ihren Wehen und ihrem Erleben von Leben.

Es kommt ein weiterer Punkt hinzu: Wir sollten nicht vergessen, dass Albert Cohen mit zunehmendem Alter immer stärker daran interessiert war, die Grenzen zwischen seinem literarischen Kunstwerk und insbesondere dessen Zentralfigur Solal und seiner eigenen Existenz mit Hilfe einer Vielzahl von Radio- und Fernsehinterviews, aber auch Photographien und Kommentaren epitextuell zu verschieben und aufzulösen. So wurde dem Leser ein autobiographischer Pakt mit dem gegen Ende seines Lebens die Massenmedien zunehmend für seine Zwecke instrumentalisierenden Autor förmlich aufgezwungen. Die bewusst intendierte Rückbindung an die Autorbiographie sollte wohl in unser Verständnis des Werks, nicht aber unreflektiert in unsere Analyse der

---

22 Goitein-Galperin, Denise R.: *Visage de mon peuple*, S. 17.

konkreten Texte Albert Cohens einfließen. Denn *Jour de mes dix ans* ist ein hochliterarischer „récit".

Mit anderen Worten: Wir sollten unsere Lektüre von letztgenanntem Text oder auch von *Ô vous, frères humains* nicht so sehr vom Modell historisch-dokumentarischer Rekonstruktion als von jenem einer literarischen Konstruktion leiten lassen, ohne uns freilich der Gefahr auszuliefern, beide Sichtweisen radikal voneinander zu trennen. Allein die Einsicht in den konstruktiv-kreativen Charakter dieser Texte, in den Aspekt der literarischen *Konstruktion* einer Geburts- und Urszene aber kann uns erlauben, die operative Funktion dieser 1945 und 1972 veröffentlichten Schriften innerhalb des Gesamtwerks zu erfassen. In beiden Texten wurden auf *friktionale* Weise die Grenzziehungen zwischen fiktionalem und autobiographischem Status zunehmend und wohlkalkuliert außer Kraft gesetzt. Dies wird auch dadurch erhellt, dass gerade die intratextuellen Beziehungen von *Jour de mes dix ans* und *Ô vous, frères humains* zu Cohens Roman-Tetralogie von großer Bedeutung für unser Verständnis des gesamten Oeuvre sein werden und nicht aus unserer an *Jour de mes dix ans* orientierten Betrachtung ausgeblendet werden dürfen.

Jour de mes dix ans erschien wenige Monate nach Kriegsende 1945 zweiteilig in *La France libre*.[23] Der Text ist Paul-Henri Spaak (1899–1972) gewidmet, dem mit Cohen seit der Londoner Exilzeit freundschaftlich verbundenen belgischen Außenminister und späteren sozialistischen Ministerpräsidenten. Unterzeichnet wurde er nicht mehr mit dem während der Kriegsjahre zumeist von Cohen verwendeten Pseudonym Jean Mahan, sondern mit dem Autornamen. Er ist in insgesamt 37 kurze, jeweils mit einem Titel versehene Abschnitte aufgeteilt, deren erster die Überschrift „Souvenir d'enfance" trägt. Bereits die ersten Sätze unterstreichen in durchaus ambivalenter Form den Anspruch auf die Wahrheit dessen, was hier aus der eigenen Kindheit des Autors ‚berichtet' werden soll:

> Weiße Seite, Du mein Trost, meine intime Freundin, wenn ich vom bösen Draußen zurückkomme, das mich jeden Tag tötet, ohne dass sie sich dessen gewahr würden, ich will Dir erzählen und mir erzählen von einer leider wahren Geschichte aus meiner Kindheit. Du, meine treue goldene Feder, von der ich will, dass man Dich mit mir begräbt, errichte hier ein flüchtiges Denkmal, das recht drollig ist. Ja, eine Kindheitserinnerung.[24]

---

23 Cohen, Albert: Jour de mes dix ans. In: *La France libre* (16 juillet), S. 193–200 / (15 août 1945), S. 287–294; eine verkürzte Fassung erschien noch im September desselben Jahres in der Zeitschrift *Esprit*. Schon 1940, kurz nach seiner Flucht nach England, kam Cohen mit *La France libre*, dieser wichtigen Exilzeitschrift unter Federführung Raymond Arons, in Berührung, deren Redaktionsmitglied er bald schon wurde; vgl. hierzu Valbert, Gérard: *Albert Cohen, le seigneur*, S. 348.
24 Cohen, Albert: Jour de mes dix ans, S. 193.

Dieser erste Abschnitt endet nach einer langen Aufzählung vom Erzähler polemisch ausgegrenzter literarischer beziehungsweise trivialer, vom Publikum gemeinhin goutierter, geschätzter und schöner Kindheitserinnerungen wie folgt:

> Nein, es handelt sich um eine jüdische Kindheitserinnerung. Es handelt sich um den Tag, an dem ich zehn Jahre alt wurde. Meine Damen und Herren, hören Sie und bereiten Sie sich aufs Lachen vor. Oh fälschlich lächelndes Grinsen meiner Schmerzen. Oh Traurigkeit dieses Mannes im Spiegel, den ich betrachte.[25]

Cohen hat Anfang und Ende dieses soeben zitierten ersten Abschnitts in *Ô vous, frères humains* enger zusammengerückt und dadurch gerade die noch zu besprechende wechselseitige Spiegelung stärker akzentuiert: „cet homme qui me regarde dans cette glace que je regarde."[26] Es ist freilich im Rahmen unserer Vorlesung unmöglich, eine detaillierte textkritische Aufarbeitung der „réécriture" Cohens zu leisten, die schon zu Beginn des Textes wichtige Akzentverschiebungen vornahm: So wird aus „assez drôle" 1972 „peu drôle", Zeitmarkierungen werden auf Ebene der Erzählzeit eingeführt, bestimmte im Text von 1945 angelegte Elemente werden narrativ entfaltet und durchsetzen in beeindruckender Proliferation den Text. Weitere Beispiele für diese spannenden Umschreibungen und Umakzentuierungen ließen sich leicht häufen, doch wollen wir hierauf nicht unser Augenmerk richten.

In den wenigen Sätzen dieses gelungenen Incipit sind die literarischen Grundstrukturen des gesamten Textes bereits angelegt. Das Ich wendet sich unmittelbar und explizit an mehrere Adressaten: die als intime Freundin apostrophierte weiße Seite Papier, die goldene Feder, die dem Ich als Schreibwerkzeug dient, und – jenseits der schriftkulturellen Ebene – in mündlicher Kommunikationssituation eine Zuhörerschaft, die offenkundig über das lachen kann, woran das Ich so leidet. In der unmittelbaren Reaktion geht der Blick des Ich in den Spiegel, wo es kontrastiv mit der „Traurigkeit dieses Mannes" konfrontiert wird, dem es die nachfolgende Geschichte ebenfalls erzählen will. Der Blick in den Spiegel ist wie in Flauberts *Madame Bovary* der Blick in eine Erkenntnis über das Ich, über dessen gesamtes Leben und dessen prekäres Überleben in einer Gesellschaft, die als böse charakterisiert wird.

Implizit ist auf dieser Ebene des Adressatenkreises bereits die jüdische Kindheit mit einer antisemitischen Zuhörerschaft verbunden, welcher nicht von ungefähr der letzte Satz des Textes gilt: Was einen Antisemiten zum Lachen brächte, „De quoi faire rigoler un antisémite".[27] Die bereits erwähnte Auffüh-

---

25 Ebda.
26 Cohen, Albert: Ô vous, frères humain. In (ders.): Œuvres, S. 1041.
27 Cohen, Albert: Jour de mes dix ans, S. 194.

rung seines einzigen Theaterstückes *Ezéchiel* an der Pariser Comédie Française und die sich daran anschließenden Polemiken, die in dem Vorwurf gipfelten, der jüdische Bühnenautor arbeite letztlich den Antisemiten und Hitler-Deutschland in die Hände, hatte dem Schriftsteller stark zugesetzt und ihm schmerzlich bewusst gemacht, wie sehr die Reaktionen des Publikums selbst von den besten Autorintentionen abweichen konnten. In *Jour de mes dix ans* trifft das Ich in zwei zueinander spiegelsymmetrischen Figuren auseinander. Damit ist das Geschichtenerzählen – wie im Solal-Zyklus überhaupt – immer auch ein Kampf gegen jene Angst, die aus der Geschichte, aus der „Histoire" erwächst und sich in der Präsenz anderer (feindseliger) Menschen niederschlägt. Die zahlreichen Schlösser und Schließ-Vorrichtungen, die Cohens Appartement in Genf von der Außenwelt abtrennten, mögen einen Eindruck davon vermitteln, wie sehr diese Angst autobiographisch fundiert war.

Mit der Problematik des Adressatenkreises ist eine Raumaufteilung verbunden, in welcher radikal zwischen einem positiv besetzten inneren Raum der Freundschaft und einem bösen Außen unterschieden wird, dem bereits die Isotopie des (langsamen) Todes zugeordnet ist. Denn das ‚Draußen' tötet das Ich Stück für Stück, ohne es zu ahnen, und führt es damit einem langsamen Absterben zu. Angesichts dieser feindlichen Außenwelt erscheint das innere Kommunikationssystem als Trost („consolation"), der an die Stelle ungeschützter zwischenmenschlicher Beziehungen tritt. Das Schreiben, das verschriftlichte Erzählen, wird damit zum vielleicht wichtigsten Bestandteil eines Überlebenswissens des Ich.

Der scharfen Unterscheidung zwischen ‚Innen' und ‚Außen' entsprechen somit nicht nur die Seme ‚Leben' versus ‚Tod' beziehungsweise ‚Freundschaft' versus ‚Bösartigkeit', sondern auch die an den Innenraum angekoppelte schriftliche Kommunikationssituation, in welcher die Horizontalität der Schreibfläche des Papiers durch die Vertikalität des über die Fläche geführten Schreibgeräts, der „plume d'or", komplementär ergänzt wird. Dargestellt wird hier also nicht die für Cohens Schreibtechnik charakteristische Form, in welcher eine Frau (Ehefrau, Geliebte, Tochter oder engagierte Schreibkraft) unter dem Diktat des Autors die Schreibmaschine betätigt, sondern eine gleichsam intimere Kommunikation zwischen Schreibendem und Schreibgerät. Diese Goldene Schreibfeder kann nicht nur in der Vertikalität gehalten ein „fugace mémorial" errichten und damit nur ephemer der Zeitlichkeit und letztlich dem Vergehen entkommen, sondern auch wiederum dem Tod des schreibenden Ich zugeordnet werden. Denn diese Goldene Feder solle dereinst dem Leichnam des Schreibenden beigegeben werden und das Ich – wie eine chinesische Terrakotta-Armee – als Wächter und Beschützer in den Tod begleiten.

Horizontalität der Fläche und Vertikalität der „plume d'or", in welcher sich die Seme des Lebendig-Organischen und des Unorganisch-Metallischen und

Wertvollen, zugleich auch die Leichtigkeit der Feder und die Schwere des Metalls miteinander verbinden, gehen ihrerseits ein in das Bild des Mannes im Spiegel, das uns gleichsam als „miroir d'encre"[28] entgegentritt und auf die Dimension des Autobiographischen wie des mimetisch Gespiegelten aufmerksam macht. Die Spiegelung der Blicke weist uns auf den bereits erwähnten Erkenntnisprozess, aber auch auf das nachfolgende Auseinandertreten des Ich in eine erste und dritte Person Singular hin, die sich von einer von der dritten Person Plural beherrschten Außenwelt abgrenzt und zugleich den für diesen Text charakteristischen Wechsel zwischen erster und dritter Person Singular und damit zwischen Innenschau und Spiegelschau, zwischen Identitätskonstruktion und Ganzheitserfahrung einerseits sowie Narzissmus und Vervielfachung andererseits vorbereitet. Die Rückbindung dieses im englischen Exil verfassten Texts an komplexe Schreib- und Reflexionsprozesse ist damit von Beginn an nicht nur gegenwärtig, sondern signalisiert. Albert Cohen hat diesen Text, der in der unmittelbaren Nachkriegszeit in einer wenig zugänglichen Zeitschrift erschien und daher auch nur ein kleines Lesepublikum erreichen konnte, mit äußerster literarischer Sorgfalt geschrieben.

All dies relativiert den Gestus des Geständnisses, der *Confessiones*, mit dem sich die ersten Seiten dieser Erzählung präsentieren. Von Beginn des Erinnerungsprozesses an wird im zweiten Abschnitt unter dem Titel „Début d'aveu" gerade die kollektive und paradigmatische Dimension des Erinnerten und noch zu Schreibenden hervorgehoben. Nicht nur das Ich, nicht nur das vereinzelte Individuum wird erinnert; es werden viele Juden an ihrem zehnten Geburtstag imaginiert, wie sie sich jenem Straßenhändler eines Universal-Fleckenmittels nähern, der den kleinen, gerade aus der Schule kommenden Juden nach sorgfältiger Musterung seines Äußeren aus seinem Zuhörerkreis verbannt: „Du da, Du bist ein Judd, nicht [...], Du bist ein dreckiger Jude, bist ein Habgieriger, nicht, Dein Vater ist in der internationalen Finanz, nicht, Du kommst hierher, um das Brot der Franzosen zu essen, nicht, aber nichts da, wir lieben die dreckigen Juden hier nicht, das ist 'ne dreckige Rasse."[29]

Der kollektiven Einführung der Opfer im zweiten folgt und entspricht die kollektive Verurteilung der Juden im dritten Abschnitt, der ausschließlich die diskriminierende Rede des französischen Straßenhändlers in Marseille enthält. Aufschlussreich dabei ist, dass sich diese Situation auf offener Straße ereignet, in einer Öffentlichkeit also, in der sich keine Stimme zur Verteidigung des Kin-

---

28 Vgl. Beaujour, Michel: *Miroirs d'encre*. Paris: Seuil 1980.
29 Cohen, Albert: Jour de mes dix ans, S. 193: „Toi, tu es un Youpin, hein [...], tu es un sale Juif, tu es avare hein, ton père est de la finance internationale hein, tu viens manger le pain des Français hein, eh ben nous, on aime pas les sales Juifs par ici, c'est une sale race."

des rührt. Es ist vielmehr eine Öffentlichkeit, die grundlegend von der damaligen antisemitischen Propaganda in Frankreich, aber auch in ganz Europa geprägt ist.

Die wohl erfolgreichste literarische Ausgestaltung der in der Rede des Fleckenmittelverkäufers, des „camelot", anklingenden These von der Weltverschwörung des Judentums, die sogenannten *Protokolle der Weisen von Zion*, werden in *Jour de mes dix ans* explizit erwähnt.[30] Die Spuren dieser Weltverschwörungsideologie sind längst historisch geklärt, gehen sie doch auf ein 1864 anonym in Brüssel erschienenes Pamphlets des französischen Autors Maurice Joly zurück.[31] Doch den Höhepunkt ihrer Wirkungsgeschichte sollten die *Protocoles des Sages de Sion*, die Grundbausteine des antisemitischen Diskurses bereitstellten und weiter popularisierten, zwischen den Weltkriegen erreichen. Wir können in der heutigen Epoche, in welcher Weltverschwörungsideologen wieder eine starke Ausstrahlungskraft besitzen und die Köpfe vieler ‚Gläubiger' nachhaltig verwirren, diese popularisierte Funktionsweise unbewiesener Behauptungen, alternativer Fakten sowie erlogener Szenarien in der aktuellen rechtsradikalen Szene sehr gut nachvollziehen. Selbst bei den professionellen und finanziell übrigens sehr erfolgreichen Leugnern des Coronavirus sind antisemitische Töne nicht zu überhören, haben Weltverschwörungen doch nicht nur in Europa vornehmlich mit Juden ‚aus der internationalen Finanz' zu tun – daran hat sich wenig geändert ...

In Cohens Erzählung freilich haben wir keine offene Kommunikationssituation vor uns, wie diese zumindest theoretisch die sogenannten ‚sozialen Netzwerke' bieten. Im Raum um den „camelot" gibt es keinen Gegendiskurs, das Ich ist dem – selbstverständlich – blonden Aggressor schutzlos preisgegeben. Die historischen Hintergründe dieses Ereignisses, das den Kern des zum fünfzigsten Geburtstag Albert Cohens erschienenen *Jour de mes dix ans* bildet, sind in den Text eingeblendet und vermitteln ein antisemitisches Stimmungsbild jenes Marseille, das sich im Jahr 1905 noch immer im ganz Frankreich erfassenden Strudel der Dreyfus-Affäre befand. Der französische Fleckenmittelverkäufer vergisst inmitten der Gemeinplätze des antisemitischen Diskurses nicht, auf diese Tatsache wirkungsvoll anzuspielen. Diese historische und mehr noch mentalitätsgeschichtliche Dimension wird in *Ô vous, frères humains* durch zusätzliche Details aus dem damaligen Alltagsleben und Alltagsdiskurs noch verstärkt.

---

30 Ebda., S. 198.
31 Vgl. Battenberg, Friedrich: *Das europäische Zeitalter der Juden. Zur Entwicklung einer Minderheit in der nichtjüdischen Umwelt Europas*. Teilband 2. Darmstadt: Wissenschaftliche Buchgesellschaft 1990, S. 234 ff.

Für das Ich verändert die direkte Ansprache durch den „camelot" mit einem Schlag die Welt. Es ist die eigentliche Geburtsszene, die das Ich von einem behüteten Drinnen in ein feindliches Draußen führt, das mit dem Hin- und Her- Geworfen-Sein im Leben gleichgesetzt werden kann. Denn für den völlig unvermittelt aus dem Kreis potentieller Käufer ausgeschlossenen Jungen beginnt nun eine Bewegung, die durch mehrere Ruhepausen oder Haltestellen zwar rhythmisiert wird, ihr (vorläufiges) Ende aber erst im letzten Abschnitt der Erzählung („Allegro ma non troppo") im Hause der Eltern finden wird.

Vor dem Zusammenstoß auf der Straße hatte der Ich-Erzähler an einem Nachhilfekurs in der Schule teilgenommen, kam also aus einem geschlossenen, geschützten und zugleich öffentlich-nationalen Raum, dessen Gemeinschaftsstruktur im Gegensatz zur offenen Straße nicht rein zufällig, sondern im Sinne des republikanischen Bildungssystems von bestimmten Kriterien (wie Alter, Geschlecht, Wohnort, Wissenstand, nicht aber von der Zugehörigkeit zu Religionsgemeinschaften oder ethnischen Gruppen) bestimmt wird. Nun aber befindet sich der Ich-Erzähler mitten im Leben und dem antisemitischen Fleckenmittelverkäufer ausgesetzt: Keine Mutter ist mehr da, die ihn vor den Angriffen des „camelot" schützen könnte.

Der Bewegung hin zu jenem Kreis, der sich um den Straßenhändler gebildet hatte, folgt die entgegengesetzte Bewegung, die fremdbestimmt ist und den Jungen aus der Gemeinschaft in die Gesellschaft wirft. Angelockt und verführt von der Sprache des „camelot wird der des Französischen noch nicht ganz Mächtige in eben dieser Sprache verjagt, die er so liebt und in welcher der Ich-Erzähler auf der Ebene der Erzählzeit auch seinen literarischen Text verfasst. Die Sprache des blonden Verkäufers ist auch die Sprache, deren sich erzähltes (oder erlebendes) wie erzählendes Ich bedienen. Damit bildet sich im Französischen selbst eine Bruchlinie aus, ist sie doch die Sprache des Eigenen und des Fremden zugleich; jene Sprache, in welcher der von einer griechischen Insel nach Frankreich Immigrierte eine Gemeinschaft jenseits des Familienkreises aufzubauen geglaubt hatte. Doch auch aus dieser schützenden sprachlichen Umgebung wird der kleine zehnjährige Junge hinausgeschleudert in die ihm feindlich und ablehnend begegnende Gesellschaft.

Das Französische selbst erweist sich als nicht homogen, sondern entpuppt sich als von starken Rissen durchzogen. Der mündlichen beziehungsweise mündlich stilisierten Sprache des Straßenhändlers steht freilich eine andere Sprache gegenüber, jene der französischen Literatur, die in ihrer Schriftlichkeit in Opposition zur gefährlichen mündlichen Kommunikationssituation der Außenwelt steht. Dies war bereits im ersten Abschnitt hinsichtlich des Gegensatzes zwischen Mündlichkeit und Schriftlichkeit zu beobachten gewesen. Die Literatursprache wird damit potentiell zur eigenen Ausdrucksform eines imaginären Innenraums, während das Französische der realen Außenwelt zur tendenziell gefährlichen Fremd-Sprache wird, die in den Händen anderer liegt.

Die Reaktion des Protagonisten auf den verbalen (und nachfolgend auch handgreiflichen) Angriff des blonden Franzosen mit Oberlippenbart ist ein ebenso sprach- wie hilfloses Lächeln. Ihm steht das Lachen jener Menschen gegenüber, die unverzüglich eine Lücke bilden, um den ‚kleinen Aussätzigen', den „lépreux", wie es in *Belle du Seigneur* hieß, aus ihrer Gemeinschaft auszustoßen. Augenblicklich findet eine sogar körperliche Veränderung statt, verwandelt sich doch das „sourire d'enfant" schlagartig in ein „sourire de bossu", das die antisemitischen Vorurteile, die sich an einem bestimmten Phänotyp festmachen („je vois ça à ta gueule") in eine neue, ‚jüdische' Körperlichkeit übersetzen, indem der Junge spontan einen imaginären „Judenbuckel" ausbildet. Die Metamorphose, die Verwandlung in einen Juden hat unter der Pression der Anderen begonnen: Das Ich ist ins Leben und damit in die Gesellschaft eingetaucht und muss mit den antisemitischen Vorurteilen fertig werden.

Der Mythos setzt sich in Bewegung: Straßenhändler und Kind – beide greifen sie auf Versatzstücke des kollektiven Gedächtnisses, auf das „imaginaire juif" aus jeweils heterostereotyper und autostereotyper Perspektive zurück. Fremd- und Selbstbild des Ausgestoßenen suchen in der interkulturellen Konfliktsituation nach neuen Räumen jenseits der an einem Zentrum orientierten Kreisstruktur nur scheinbarer Gemeinschaft. Welche alternativen Räume kann das Kind diesem Raumverlust entgegensetzen? Welche Räume der Gemeinschaft kann es erzeugen, in welchen sich ein Wissen vom Überleben inmitten einer feindlichen Gesellschaft verkörpern kann?

Der kleine Junge irrt durch die Straßen Marseilles und läuft wie ein Hund die Mauern entlang, die seine Bewegungsrichtung vorgeben und von deren Oberfläche der Zehnjährige abgewiesen wird. Es ist die ziellose Bewegung des Einsamen in der Menge, die wir anhand Finkelsteins Herumirren im Salon beobachten konnten. Doch auf welche Weise konkretisiert sich in diesem Text das Bewegungsbild des „juif errant"?

Ein erster Halt an einer Mauer zeigt, dass die Verwandlung nicht nur das zehnjährige Kind, sondern auch seine Umgebung ‚infiziert', verwandelt sich diese Mauer doch in seine erste Klagemauer – „mon premier mur des pleurs".[32] Damit setzt nicht nur eine Historisierung, sondern eine grundlegende Resemantisierung der Umwelt ein, des ‚Außen', des Lebens in der Gesellschaft. Die Welt wird von nun an vom Zehnjährigen mit neuen Augen gesehen: Es ist die Geburt eines neuen Blicks auf die Dinge, die nicht mehr vertraut sind, sondern ihre

---

32 Cohen, Albert: Jour de mes dix ans, S. 194.

Selbstverständlichkeit und Transparenz verloren haben. Auf den eigentlichen Vorgang der Geburt folgt die Geburt des Blicks.

Die offene Straße von Marseille erweist sich als von Mauern umgeben, die ein Labyrinth bilden, innerhalb dessen sich das Ich bewegt und keinen Ausweg, keine Erklärung finden kann. Wieso bin ich der Gemeinschaft der Franzosen verlustig gegangen? Der Wechsel in die dritte Person im sechsten Abschnitt führt lediglich zu einer Anhäufung von Fragen, auf die keine Antworten gefunden werden, so dass das Kind in der letzten Frage auf sich selbst und in die erste Person zurückgeworfen wird: „Et qui êtes-vous ou qui suis-je pour que je vous aime encore et tant?"[33] Und wer seid Ihr oder wer bin ich, der ich Euch doch so sehr liebe? Die Identitätsfrage sprengt die Gemeinschaft („communion") gerade aus dem Bewusstsein der eigenen, unerwiderten Liebe, die ins Leere geht.

Im unmittelbar folgenden Abschnitt, „Un camp de concentration en miniature", macht sich der Junge auf den Weg zum Bahnhof, um einen Zug zu nehmen und zu verschwinden. Häufig ist auf die Symbolik der Eisenbahn in den Schriften Albert Cohens aufmerksam gemacht und darauf hingewiesen worden, dass die Züge für den Bereich des Todes stehen und an jene Züge gemahnen, welche auch die Juden Marseilles nach der Besetzung der ‚Freien Zone' durch die Deutschen in die Konzentrationslager der Nazis abtransportierten. Nach dem Tod der wohl an Herzschwäche leidenden Mutter Cohens im Januar 1943 in dem schon okkupierten, bedrohlichen Marseille konnte sich sein Vater einem solchen Schicksal nur knapp durch Flucht entziehen.

Doch schon in seinem 1930 – also lange vor Hitlers ‚Judenpolitik' und schließlich der sogenannten Wannsee-Konferenz – erschienenen Roman *Solal* hatte Adrienne de Valdonne den Zug nach Marseille genommen, wo sie ebenso den Freitod fand wie Isolde in Cohens wohl bekanntestem Roman *Belle du Seigneur*, dessen Entstehungszeit bekanntlich noch vor die Veröffentlichung von *Mangeclous* (1938) zurückreicht. Das Konzentrationslager *en miniature* ist an dieses Schienennetz angeschlossen und im Bahnhof selbst verortet: Es ist jenes Bahnhofsabort, in das der Junge sich gegen Entgelt bei der Klofrau für einen begrenzten Zeitraum zurückziehen und einschließen kann.

So begeht der kleine Junge seinen zehnten Geburts-Tag auf einem Bahnhofsabort im Hauptbahnhof von Marseille. Die Statik dieses Raumes steht in einem eigenartigen Kontrast zur vektorisierten Dynamik eines Bahnhofes mit seinen ständigen Bewegungen von Zügen und Menschen. Und doch ist diese erkaufte Ruhe mehrdeutig, symbolisiert doch gerade diese Bahnhofstoilette mit

---

33 Ebda., S. 194.

ihrer in Cohens Romanen ständig präsenten Mechanik der Klospülung nicht nur die Aus-Scheidung, das Verschwindenlassen von Exkrementen, sondern auch die Flüchtigkeit ihrer Besucher. Es handelt sich fraglos um die Heterotopie eines Durchgangsortes.

Das W.C. ist als Klosett wohl ein abgeschlossener Raum, in dem der Junge weinen und versuchen kann, das Unbegreifliche zu begreifen; es ist aber zugleich als Ort des Durchgangs denkbar ungeeignet als Raum des Eigenen, der eigenen Identitätssuche, der eigenen kulturellen Bindungen. Das Geld wird als ‚Eintrittsgeld' zum Mittel des zum Juden gewordenen zehnjährigen Jungen, um sich von einer feindlichen Umwelt einen prekären Ort der Ruhe zu erkaufen, einen stigmatisierten *locus*, der niemals zum Ort des Eigenen werden kann.

So wird auch Solal am Ende von *Belle du Seigneur* an einem solchen Ort des Durchgangs sterben, der nie zum Eigenen werden konnte, und an dem die „Valeureux", die jüdischen Verwandten aus dem Ghetto seiner Heimatinsel, immer nur als höchstens geduldete und meistens belachte Fremde neben den „Herren aller Länder" erscheinen mussten. Dieser Ort des Lebens und des Sterbens ist das eine multikulturelle Internationalität affichierende Hotel Ritz in Genf, das gegenüber dem Hauptbahnhofsklo von Marseille lediglich ein weitaus höheres Sozialprestige, keinesfalls aber eine andere Struktur als Durchgangsort besitzt und als Heterotopie ebenso ein Ort des Übergangs zum Tod ist. Auch der Palast des Völkerbundes zu Genf mit seinem „Saal der verlorenen Schritte" repräsentiert letztlich das Ephemere eines internationalen Durchgangsraums, an dessen Ende die Bestialität von Krieg und Shoah stehen. Auch an diesem heterotopischen Ort über dem Genfer See ist kein fester Wohnsitz zu finden. Doch es gibt noch einen weiteren Ort, der dieselbe Vektorizität als Durchgangslager aufweist.

Von der Existenz der Konzentrationslager hatte Albert Cohen als Politiker und Diplomat im Londoner Exil zwar schon vor Kriegsende mehrfach gehört, von ihrem massenmordendem Grauen aber konnte er sich wohl erst wenige Wochen vor Niederschrift seines Texts ein Bild machen. So wies der ausgestreckte Zeigefinger des Straßenhändlers unter dem Lachen der Umstehenden dem kleinen Jungen bereits einen Platz im (noch virtuellen) Konzentrationslager und damit in der Geschichte des jüdischen Volkes zu, die in jenen Monaten des Jahres 1945 für den nur knapp diesem Schicksal Entronnenen zu einer grauenhaften Gegenwart geworden war. Erst jetzt, am Ausgang des Zweiten Weltkriegs, wurde sich Cohen des ganzen Grauens und Schreckens bewusst, zu dessen Opfer ‚sein' Volk der Juden geworden war.

Diese Geschichte des Schreckens ließ den Autor von *Belle du Seigneur* auch künftig nicht mehr los. An einem solchen Durchgangsort also versuchte das Kind, die Ereignisse und sein Schicksal zu begreifen; doch der Perspektivwechsel zwischen dritter und erster Person bringt auch in diesem Abschnitt unter dem Titel „Youpin, me répétais-je" keine Aussicht auf Lösung. Ein inneres Zwiegespräch tritt an die Stelle dieses Wechsels, ohne jedoch der gesuchten ‚Wahrheit' näherzukommen. Dem Spielen mit den eigenen Haarlocken, dem stupiden Wiederholen der Anklage des blonden Franzosen, aber auch eines „Vive la France" oder Schokoladewerbespruchs folgen schließlich „de petites comédies funèbres":[34] kleine Trauerkomödien, die der Junge mit den fünf Fingern einer Hand aufführt.

Ich greife im Folgenden zurück auf die Textfassung von *Ô vous, frères humains*, also die Umarbeitung von *Jour de mes dix ans*, um ihnen jene Szene darzustellen, in welcher der Junge – auf dem Zementboden des Bahnhofsklos eingeschlossen – in dem, was er sein Konzentrationslager *en miniature* nennt, gegen den Schock anzukämpfen sucht. Ich übersetze Ihnen diese Passage gleich:

> Um die Zeit totzuschlagen oder um mir selbst Gesellschaft zu leisten, führte ich kleine Trauerkomödien (*comédies funèbres*) auf, mit den Fingern meiner rechten Hand, meinen fünf Marionetten. So vollführt man kleine Absurditäten während eines Unglücks, das habe ich an meinem zehnten Geburtstag gelernt. [...]
> Ja, die Menschen brauchen das, sich während eines Unglücks ein wenig zu beschäftigen. Während eines Unglücks, wenn sie ganz alleine sind, haben die Menschen, die armen Menschen, seltsame kleine Beschäftigungen, haben ein Bedürfnis danach, wunderliche Worte zu sagen oder ein Stückchen eines Gedichts ständig wiederzukäuen [...], vielleicht um das Unglück mit Worten oder Gesten zu verdecken, um es mit einem Vorhang aus kleinen unnützen Beschäftigungen zu verdecken, um nicht den Abgrund des Unglücks zu erblicken, vielleicht um die Existenz des Unglücks zu leugnen, um es mit Worten oder Gesten zu leugnen, die einfach und normal sind, um es mit dem Gewohnten und nicht Katastrophalen zu leugnen, vielleicht um eine Magie zu vollführen, um ein kleines Holocaust am Unglück zu vollziehen und es zu beschwören, vielleicht um das Unglück mit Worten oder Gesten zu täuschen [...].[35]

Damit erfolgt erstmals ein Übergang von der Repetition zur Repräsentation, die einen neuen Raum des Verstehens, einen neuen hermeneutisch-literarischen Raum für den Jungen eröffnet. Auch wenn im Erzählerdiskurs dieser Übergang überspielt wird – diene all dies doch nur dazu, sich mit Hilfe einiger Worte und Gesten zu beruhigen und einzulullen –, so taucht in dieser Schlüsselpassage gleichwohl die Kernformel einer Begründung schöpferischen Tuns auf, die wir gleich im ersten Satz des Textes („Page blanche, ma consolation") kennengelernt hatten. Diese Kernformel lautet: „peut-être simplement et piteusement

---

34 Ebda., S. 196.
35 Cohen, Albert: *Ô vous, frères humains*. Paris: Gallimard 1980, S. 56 f.

pour s'amuser un peu et se consoler lamentablement",[36] also lediglich auf beklagenswerte Weise zum eigenen Amüsement und zum eigenen Trost des Ich.

Dieses Ich konzentriert sich auf sich selbst und richtet sich in einem ersten Schritt daher an sich selbst. So schöpft es aus seinem kreativen Tun Trost: Es verwandelt den Echoraum des Bahnhofsklos, in dem nur fremde Worte widerhallen, in den Ort einer ersten Repräsentation, einer ersten schöpferischen und tröstlichen Kommunikation mit sich selbst, die – wie wir noch sehen werden – zur Schrift, zum schöpferischen Schreiben überleitet. Die Aufführung der fünf Finger, deren Fünf-Zahl an die tapferen Juden in *Solal* und *Mangeclous* erinnert, ist die körperliche Bewegung einer Aufführung, die den Weg zur Kunst weist. So ruft der Erzähler in *Mangeclous* dem aus Verzweiflung über das Gebaren seiner Frau allein tanzenden Vater Deume zu: „Danser pour se venger, c'est le commencement de l'œuvre d'art."[37] Der Beginn des Kunstwerkes also ist es, aus Rache zu tanzen, sich zu bewegen, sich nicht immobilisieren zu lassen. Der kleine Junge lässt seine Finger so tanzen wie der Verfasser des Romanzyklus seine Helden dank seiner „plume d'or". Der Raum der Kunst tritt dem der unbestimmten, ungewissen „errance" des „juif errant" entgegen.

Im weiteren Verlauf von *Jour de mes dix ans* schließt sich an diesen ersten Innenraum einer Repräsentation eine Abfolge verschiedener Innenräume an, deren erster im Ich selbst angesiedelt ist. So heißt es nur wenige Zeilen nach den „petites comédies funèbres avec les cinq doigts de ma main":

> Ging ich ans Ufer des Meeres, so war ich sicher, dass dieses Mittelmeer, das ich sah, sich auch in meinem Kopf befand, nicht das Bild des Mittelmeeres, sondern dieses Mittelmeer selbst, winzig und salzig, in meinem Kopf, miniaturartig aber wahr und mit all seinen Fischen, wenn auch ganz kleinen, mit all seinen Wellen und einer kleinen sengenden Sonne, ein wahres Meer mit all seinen Felsen und all seinen Schiffen absolut vollständig in meinem Kopf, mit Kohlen und lebendigen Matrosen, jedes Schiff mit demselben Kapitän wie das große Schiff da draußen, derselbe Kapitän aber sehr zwergenhaft, und man könnte ihn berühren, hätte man Finger, die fein und klein genug wären. Ich war sicher, dass es in meinem Kopf, dem Zirkus der Welt, die wahre Erde mit ihren Wäldern gab, mit allen Pferden der Erde, aber so klein, allen Königen in Fleisch und Blut, allen Toten, den ganzen Himmel mit seinen Sternen und sogar Gott, extrem klein und zierlich. Und all das glaube ich noch immer ein bisschen, aber pssst.[38]

Die Verlagerung der Außenwelt in den Innenraum des Kopfes erzeugt eine Verdoppelung der Welt, die im schreibenden Ich selbst *en miniature* verortet wird. Diese Welt im Miniaturformat erinnert ebenso an Vorstellungen der christlichen

---

36 Ebda.
37 Cohen, Albert: *Mangeclous*, S. 672.
38 Cohen, Albert: Jour de mes dix ans, S. 196 f.

Mystik und jüdischen Kabbala wie – in neuerer Zeit – an die *Fiktionen* und *El Aleph* eines Jorge Luis Borges, der sich ebenfalls beider Quellen bediente. Es gibt meines Wissens freilich keinerlei Hinweise, die darauf deuten könnten, dass Albert Cohen den großen argentinischen Schriftsteller gekannt und gelesen haben könnte.

Alles ist im Innenraum des Ich präsent und allgegenwärtig. Und das Motiv des Spiegels oder der Spiegelung öffnet sich auf diesen Innenraum, in welchem ein Fingerspiel die einzelnen Figuren zu berühren und zu bewegen vermag. Zugleich ist dieser Innenraum wie schon der Bahnhofsabort eine Miniaturwelt, die überdies den Schöpfergott enthält. Damit ist Gott – „extrêmement petit et mignon" – unschädlich gemacht. Er wird zu einer harmlosen Fingerpuppenfigur im Innenraum des menschlichen Demiurgen.

Gleichzeitig öffnet sich der Raum auf das Mittelmeer hin und schließt unter Vermittlung der Schiffe und ihrer Bewegungen implizit auch jene Inselwelt mit ein, der das Ich entstammt. In der Endlichkeit des körperlichen Innenraums ist die Unendlichkeit des kosmischen Außenraums enthalten, kleiner zwar, aber nicht weniger ‚wahr'. Der Vergleich mit einem Buch drängt sich auf, das in seiner räumlich begrenzten Endlichkeit ebenfalls die Unendlichkeit allein schon an intertextuellen Relationen enthält. Die außerhalbbefindliche Realität kann keinen übergeordneten Wahrheitsanspruch geltend machen, sind ihre Gegenstände und Kreaturen, ja ist selbst ihre transzendente Begründung doch allesamt im Kopf eines Kindes enthalten und aufgehoben – einschließlich einer kleinen, aber sengenden Sonne, die über diesem Mittelmeer brennt.

Albert Cohen hat die oben zitierte Passage mit minimalen Veränderungen in das fünfte Kapitel seines Buchs *Le livre de ma mère* einmontiert,[39] mit dem er 1954, ein gutes Jahrzehnt nach ihrem Tod in Marseille, seiner Mutter wie seiner Mutterliebe ein literarisches Denkmal setzte. Wir dürfen daraus einerseits ableiten, dass das in den Innenraum des eigenen Kopfes übernommene Meer („la mer") sehr wohl mit der Mutter („la mère") in Verbindung gebracht werden darf, war sie es doch, die zumindest als literarische Figur dem Jungen am Ufer riet, nur immer kräftig die Meeresluft einzuatmen[40] und – so dürfen wir hinzufügen – damit in sich aufzunehmen. Andererseits aber macht diese von Cohen

---

39 Cohen, Albert: Le livre de ma mère, in (ders.): Œuvres, S. 714f; hierauf macht auch Denise Goitein-Galperin: *Visage de mon peuple*, S. 18f. aufmerksam.
40 Cohen, Albert: Le livre de ma mère, S. 718: „elle me disait de bien respirer l'air de la mer, de faire une provision d'air pur pour toute la semaine. J'obéissais, tout aussi nigaud qu'elle. Les consommateurs regardaient ce petit imbécile qui ouvrait consciencieusement la bouche toute grande pour bien avaler l'air de la Méditerranée."

vielfach verwendete Montagetechnik deutlich, welch zentrale Rolle der autobiographischen Erzählung *Jour de mes dix ans* zukommt, nimmt sie doch nicht nur (wie wir bereits sahen) Elemente früherer Texte Cohens in sich auf, sondern verweist auch auf Texte außerhalb von *Ô vous, frères humains*, die der Autor von *Solal* erst nach langem Schweigen seit dem Bucherfolg von *Le livre de ma mère* niederschrieb beziehungsweise abschloss und publizierte. *Jour de mes dix ans*, die Erzählung über den zehnten Geburtstag eines kleinen jüdischen Jungen 1905 in Marseille, nimmt daher mit Blick auf das literarische Gesamtwerk des Albert Cohen eine fürwahr zentrale, alles mit allem verbindende Position ein.

Der Text erscheint so als Zentrum eines sich über mehr als ein halbes Jahrhundert erstreckenden Publikationszeitraums und damit eines intratextuellen Netzwerks, das von den ersten Publikationen Cohens in den zwanziger Jahren bis (wie sich leicht beweisen ließe) hin zu den *Carnets 1978* reicht. Keine andere literarische Schrift Cohens ließe sich mit dieser Position vergleichen. Die Erzählung ist weder als Frühwerk noch als literarisches Experiment zu bezeichnen, verfügte ihr Verfasser doch über lange literarische Erfahrung und konnte er doch als Buchautor auf große Erfolge zurückblicken, die beim Publikum aufgrund der historischen Ereignisse allerdings wieder weitgehend in Vergessenheit geraten waren. *Jour de mes dix ans* ist daher weit davon entfernt, eine bloße „notation" zu sein, die in einer wenig zugänglichen Zeitschrift erschien: Die Erzählung ist – anderthalb Jahrzehnte nach dem großen Erfolg des Romans *Solal* – das Werk eines Autors im Vollbesitz seiner schriftstellerischen Kräfte.

Vor diesem intratextuellen Hintergrund wird deutlich, dass *Jour de mes dix ans* nicht nur die Erfahrungen der Dreyfus-Affäre und der Judenverfolgungen des Nazi-Regimes literarisch verarbeitete, sondern jene Klammer darstellt, die auf beeindruckende Weise ein Werk zusammenhält, das – wie schon anhand der Publikationsdaten der Cohen'schen Texte offensichtlich ist – in zwei Teile zerfällt. Ist *Belle du Seigneur* der Roman, der aufgrund der ersten Ablehnung des Manuskripts im Hause Gallimard, seiner späte(re)n Überarbeitung und der Veröffentlichung dreieinhalb Jahrzehnte nach seiner Inangriffnahme die vierziger Jahre im Romanzyklus überwölbt, so darf in *Jour de mes dix ans* jene kraftvolle literarische Formgebung erblickt werden, in der Cohen nicht nur dem *Schreiben nach Auschwitz* Ausdruck verlieh, sondern dessen vielleicht tiefste Begründung und Affirmation lieferte.

Denn diese Erzählung ist der ästhetisch gelungene Ausdruck eines Schreibens um des Überlebens willen, eines Schreibens, das auf die Kraft der Literatur im Sinne eines Überlebenswissens setzt, das sich in den Literaturen der Welt seit Scheherazade und *Tausendundeiner Nacht*, ja seit dem *Gilgamesch-*

Epos findet.⁴¹ *Jour de mes dix ans* ist der eigentliche Brennspiegel eines großartigen literarischen Oeuvre, dessen Energielinien sich in diesem kleinen, am Ausgang einer schrecklichen historischen Erfahrung verfassten *friktionalen*⁴² Text bündeln.

In der Rückschau des Ich-Erzählers tut sich gleich im nachfolgenden Abschnitt „Mon petit autel à la France" ein weiterer Innenraum auf, den Cohen im Übrigen ebenfalls in das fünfte Kapitel von *Le livre de ma mère* aufnehmen sollte, womit die autobiographischen, literarischen und intratextuellen Beziehungen zwischen Mutter und Sohn zusätzlich gestärkt wurden. In seinem Kinderzimmer in der elterlichen Wohnung hat der Junge in einem abschließbaren Schrank einen Frankreich gewidmeten Altar eingerichtet, „une sainte exposition enfantine", „un reposoir, une crèche patriotique, une sorte de reliquaire des gloires de la France".⁴³

Dies ist der sakrosankte Ort einer patriotischen Verherrlichung Frankreichs inmitten all der Bedrohungen, denen der Junge doch in und von der französischen Gesellschaft in den Zeiten der Dreyfus-Affäre ausgesetzt ist. Seine Verehrung für das von ihm glorifizierte Land ist trotz allem ungebrochen. Wem aber gilt diese Verehrung eines kleinen jüdischen Jungen? Neben allerlei patriotischen Ikonen und heroischen Erinnerungen enthält dieser Altar auch eine Reihe von Reliquien: „Die Reliquien bestanden ganz durcheinander aus Portraits von Racine, von La Fontaine, von Corneille, von Jeanne d'Arc, von Duguesclin, von Napoleon, von Pasteur, von Montaigne, natürlich von Jules Verne und selbst von Louis Boussenard."⁴⁴

Hier sollen uns weniger die Namen interessieren als die Struktur dieses Anbetungsraumes, der für die kindliche Imagination des Jungen so wichtig ist. In diesem zweifachen Innenraum wird gleichsam ein kulturelles Gedächtnis aufbewahrt. Es erlaubt dem Kind, das diesen Raum selbst vor seinen Eltern schützt, nur bei abgeschlossener Zimmertür betrachtet und ansonsten doppelt abschließt, sich das Fremde anzueignen und in das Eigene zu verwandeln, indem dieses Fremde sakralisiert und damit unantastbar gemacht wird. Das für das Geburts-

---

41 Vgl. hierzu die Trilogie von Ette, Ottmar: *ÜberLebensWissen I–III*. Drei Bände im Schuber. Berlin: Kulturverlag Kadmos 2004–2010.
42 Zum Begriff des zwischen Fiktion und Diktion unaufhörlich oszillierenden *friktionalen* Text vgl. Ette, Ottmar: *Roland Barthes. Eine intellektuelle Biographie*. Frankfurt am Main: Suhrkamp Verlag ²2007, S. 308–312.
43 Cohen, Albert: Jour de mes dix ans, S. 197.
44 Ebda.: „Les reliques étaient hétéroclitement des portraits de Racine, de La Fontaine, de Corneille, de Jeanne d'Arc, de Duguesclin, de Napoléon, de Pasteur, de Montaigne, de Jules Verne naturellement et même de Louis Boussenard."

tagskind Allerheiligste kann mit niemandem geteilt werden und wird selbst vor den Eltern verborgen.

Angesichts der damaligen französischen Schulausbildung dominiert keineswegs überraschend unter den Reliquien offenkundig der Anteil der Literaten, die eine literarische, schriftkulturelle Tradition verkörpern, in welche sich der jüdische Erzähler später einschreiben wird. Der Mangel eines eigenen nationalen Gedächtnisses macht die Proliferation nationalkultureller Zeichen notwendig. Deren heteroklite Zusammensetzung täuscht nicht darüber hinweg, dass sie dem Assimilationsgebot einer sich als homogen darstellenden Nationalkultur gehorchen und für eine territorial errichtete Identität als Nation einstehen, der sich der Junge zugehörig fühlt. Dies belegen auch die kleinen Säckchen, die er von einem französischen Mitschüler abkaufte und die Erde aus den französischen Kolonien beinhalten sollen. Auch sie bilden Bestandteile dieses vaterländischen Altars, der selbstverständlich auch die französischen Kolonialgebiete noch in das Territoriale miteinschließt.

Die religiöse Sprache verweist dabei ohne Zweifel auf die Tatsache, dass der kleine Junge die ursprüngliche religiöse Prägung durch eine Sakralisierung des Profanen zu überdecken sucht, so dass die identifikatorische Ausrichtung an Frankreich, jenem Land, in das sich die Familie geflüchtet hatte, unantastbar wird. Der Ausschluss der Eltern deutet an, dass die familiär ererbte, gleichsam genetisch vermittelte kulturelle Tradition auf dem Altar der Kultur einer anderen nationalen Gemeinschaft geopfert werden soll.

Auch mit Blick auf diesen Zusammenhang ist der Innenraum, der Reliquienschrein, vorwiegend literarisch und schriftkulturell geprägt. Es verwundert nicht, dass im Herzen dieses Schreins sich auch ein Gedicht des Erzählers findet, ebenfalls in Miniaturausführung: „Contre un tout petit coquetier orné d'un poussin funèbre et de vague aspect rabbinique, il y avait une poésie naine de moi à la France."[45] Damit schreibt sich das Ich prospektiv als Schriftsteller in eine Auflistung großer Autorennamen Frankreichs ein, ganz so, wie Albert Cohen später in die Reihe großer französischer Autoren integriert wurde, seine Pléiade-Ausgabe erhielt und sogar von Staatspräsident Mitterrand persönlich für den Literaturnobelpreis vorgeschlagen wurde.

Neben den nicht völlig ausgelöschten Spuren einer südlichen Inselwelt und der eigenen jüdischen Herkunft findet sich zugleich ein erstes literarisches (Er-) Zeugnis des künftigen Dichters und Erzählers in französischer Sprache – jener Sprache, die im Hause *Coen* nicht gesprochen wurde. Es steht für eine literarische Aktivität im Kontext einer kulturellen Assimilation, die neue Werte-

---

45 Ebda., S. 198.

hierarchien aufzurichten bestrebt ist und die darauf abzielt, sich möglichst vollständig zu integrieren.

Zwei weitere Raumstrukturen schließen die Erinnerungen des Ich-Erzählers an die Zeit vor dem „jour du camelot" ab. Es sind Erinnerungen an eine Epoche, die nun schon bald weit entrückt scheint, die gleichsam vor der erneuten Geburt des Jungen liegt. Beide Erinnerungsfragmente sind eng miteinander verbunden. Denn der damals Sechsjährige, dessen Eltern arm waren und schon frühmorgens zur Arbeit gingen, musste immer alleine aufstehen, um wiederum alleine in eine „petite école de sœurs catholiques", in eine kleine Schule katholischer Nonnen zu gehen, in der ihn seine Eltern untergebracht hatten.[46] Dieses Detail ist durchaus repräsentativ für viele jüdische Eltern, die zur Zeit der Dreyfus-Affäre oftmals versuchten, ihre Kinder in katholischen Institutionen und Instituten ‚sicher' unterzubringen und dadurch vor jeglichen Verfolgungen zu schützen.

Doch die Einsamkeit geht stets mit dem Gefühl des Ungeschütztseins einher. Der Junge besitzt für die Wohnung noch keinen Schlüssel und legt sich auf seine Eltern wartend abends vor die Wohnungstür, wobei ihm die unfreundlichen Mitbewohner des Hauses mit ihren Flüchen und Beschimpfungen Angst einflößen. Diesem letztlich nicht frei zugänglichen Innenraum ist auch der Innenraum der Schule zugeordnet, die im Gegensatz zur laizistischen Schule weniger die Nationalkultur als eine katholisch fundierte Kultur des guten Benehmens und der (etwa beim Gehen des Jungen von Schülern anderer Schulen bemerkten) Körperkontrolle zu vermitteln sucht. Hier wird das Kind vielleicht zum ersten Mal mit der Problematik einer als essentiell und unveränderbar verstandenen Andersheit des eigenen Ich konfrontiert.

Denn die „Mère Supérieure" – eine Anekdote, die noch der alte Cohen bei Interviews genüsslich und fast wortidentisch zu erzählen liebte – hatte eine sehr ambivalente Vorliebe für den Jungen, in welcher bereits die Kippfigur von Auserwähltsein und Ausgestoßensein zum Ausdruck kommt: „Oh, die Schwester Oberin, für die ich eine respektvolle Flamme nährte, seufzte, wenn sie meine braunen Locken sah, und murmelte, wie schade es doch sei, womit sie auf meine jüdische Abkunft und Stammeszugehörigkeit anspielte."[47]

In dieser Szene wird zugleich erstmals das Thema Liebe zwischen einem jüdischen Mann und einer christlichen Frau eingeführt, das für alle Romane Albert Cohens (und auch für einen großen Teil seiner eigenen Biographie) grund-

---

46 Ebda.
47 Ebda., S. 199: „Oui, la Mère Supérieure, pour laquelle je nourrissais une respectueuse flamme, soupirait en regardant mes boucles brunes et murmurait que c'était dommage, faisant allusion à ma juive ascendance et tribu."

legend war. Diesen Aspekt wird Cohen in *Ô vous, frères humains* mit Hilfe der Figur der Viviane deutlich verstärken und akzentuieren. Mit diesem hübschen christlichen Mädchen ist das Ich nach einem Erdbeben in einem Keller in Marseille eingeschlossen. So führt das Paar ein von der Außenwelt völlig abgeschlossenes Leben, in das Cohen nicht nur charakteristische Züge des Zusammenlebens von Solal und Ariane, sondern auch der in einem Keller Berlins vor den Nazi-Schergen verborgenen jüdischen Zwergin Rachel einbaut. Die Problematik einer heterosexuellen und interkulturellen Liebesbeziehung,[48] die schon in *Solal* meisterhaft ausgeführt worden war, findet sich in *Jour de mes dix ans* zusätzlich rückgebunden an die Figur einer Oberin, einer Übermutter, einer „Mère Supérieure". Von ihr ist der kleine Junge jedoch unwiderruflich wie durch ein Inzesttabu getrennt: Es ist eine Liebe, die nicht zur Erfüllung führen kann.

Nicht alle Innenräume sind – wie wir sehen – geeignet, dem kleinen Jungen einen eigenen Platz innerhalb eines komplexen interkulturellen Geflechts zur eigenen Ausgestaltung in Harmonie mit einer größeren sozialen Gruppe, den überwiegend katholischen Franzosen, anzubieten. Auch die Bahnhofstoilette hatte für teures Geld nur einen vorübergehenden Schutz geboten: Von einer über die lange Aufenthaltsdauer erbosten Toilettenfrau wurde der Junge bald wieder vertrieben. Zuvor aber verwandelte er die Wände dieses Innenraumes in Schreibflächen, in Projektionsflächen seiner Wünsche nach Integration und Harmonie: „Mort à la haine", „Vive la bonté" oder „Aimez-vous les uns les autres" werden zum hilflosen Ausdruck seines verzweifelten Willens, die Idee der Gemeinschaft nicht aufzugeben, über die jeweiligen Einzelkulturen hinausreichende Werte zu finden und diese nicht nur zu versprachlichen, sondern schriftlich festzuhalten: Tod dem Hass! Es lebe die Großherzigkeit! Liebet Euch! Dies schreibt der kleine zehnjährige Junge an die Wände seines Miniatur-Konzentrationslagers.

Das Transitorische dieses Innenraums wird zur Voraussetzung für eine mögliche Lektüre durch andere Menschen, für eine zeitversetzte schriftliche Kommunikation, die an die Stelle einer „Communion" tritt, eines Gesprächs von Angesicht zu Angesicht. An sie knüpft das erzählende Ich freilich ebenso wenig Hoffnungen auf eine menschenverbessernde Wirkung wie hinsichtlich der Rezeption des von ihm verfassten Textes *Jour de mes dix ans* selbst. Das Transitorische dieses „schwarzen Lochs", wie der Erzähler die Toilette zunächst nennt, unterstreicht aber umgekehrt einmal mehr, dass dieser Raum nicht zu einem Ort des

---

48 Auch aus dieser Perspektive erweist sich die Position des assimilierten Juden in Benedettis Salon als diagonal entgegengesetzt: Seine Liebesbeziehungen sind homosexuell und monokulturell.

Eigenen werden, vom Eigenen folglich positiv nicht besetzt werden kann. Eine Vertreibung ist im Übrigen unausweichlich.

So muss der kleine jüdische Junge die Bahnhofstoilette wieder verlassen. Damit setzt eine ziellose Bewegung ein, die vom Erzähler historisch überhöht und – wie schon im Falle der „Klagemauer" – in eine kollektive Geschichte überführt und dergestalt kulturell umkodiert wird. Die kleine Geschichte wird damit zum Teil *der* Geschichte, deren Kollektivsingular dem Geschehen aus Sicht des erzählenden Ich einen unverkennbaren, eindeutigen Sinn gibt: „Ich lief. Mein ererbtes Umherirren hatte begonnen."[49] Dem Erben wird nicht ein Erbe zuteil, er wird von diesem Erbe offenkundig geerbt.

Damit gewinnen zumindest auf Ebene des Erzählerkommentars die ererbten kulturellen Traditionen die Oberhand über die nicht zuletzt literarisch vermittelten Traditionslinien einer erhofften Assimilation. Es scheint, als ob die ererbte Kultur und Gemeinschaft erst durch die konfrontative Auseinandersetzung mit der Kultur der Anderen aktualisiert und ins eigene Bewusstsein gehoben würde. Der Verwandlung in den „juif", der Geburt als Jude, folgt die Metamorphose in einen „juif errant" buchstäblich auf dem Fuße. Und das Ich setzt sich bald schon nach seiner zweiten Geburt in Bewegung, beginnt seine lange Reise als Jude und wird sich der jüdischen Dimensionen eines Lebenswissens gewahr, das nun auf ihn einströmt. Es wird vom Erbe geerbt.

Charakteristischerweise wird erst jetzt, in Umkehrung des eigenen liebesuchenden Schreibens auf die Wand, die hasserfüllte Schrift auf den Mauern sichtbar, die von nun an den Ewigen Juden verfolgt: „Mort aux Juifs." Das Thema der eigenen Geburt, des *Jour de mes dix ans*, wird kontrapunktisch mit dem Todeswunsch der Anderen verbunden und leitmotivisch mit der Geburt zum Juden vermittelt. In Cohens Roman *Mangeclous* wird der gesellschaftlich so erfolgreiche Solal selbst als Untergeneralsekretär des Völkerbundes ständig von dieser Inschrift verfolgt, so etwa auch auf dem Weg des Erfolgverwöhnten in sein glamouröses Genfer Appartement im Ritz: „Mit den Haaren im Wind ging er rasch die traurige Rue des Pâquis entlang, die von bleichen Lampen, die an einem Draht baumelten, in eine milchige Gipsfarbe getaucht wurde. Nach einem messerscharfen Blick auf eine Mauer, wo mit Kreide eine Beleidigung für die Juden geschmiert war, ging er in eine Bar. Am Tresen stehend stürzte er rasch hintereinander und voller Abscheu vier Gläser in sich hinein."[50]

---

49 Cohen, Albert: Jour de mes dix ans, S. 287: „J'allai. Mon héréditaire errance avait commencé."
50 Cohen, Albert: *Mangeclous*, S. 583: „Cheveux au vent, il allait rapidement le long de la triste rue des Pâquis que de pâles ampoules, pendues à un fil, badigeonnaient de lait frelaté. Après un coup d'œil en stylet sur un mur où était tracée à la craie une injure aux Juifs, il entra dans un bar. Debout devant le comptoir, il but quatre verres, coup sur coup et avec dégoût."

Schon den kleinen Jungen springt diese Inschrift urplötzlich und dann immer wieder von neuem an: Der Kampf um das geschriebene Wort hat begonnen.

Alle in der Folge unternommenen Versuche mündlicher Kommunikation mit den ‚Anderen', mit jenen, die ihren Platz in der Gesellschaft haben, scheitern und unterbrechen nur kurzfristig ein nunmehr zielloses Herumirren im Gewirr der Straßen Marseilles. Die Stadt wird zum Ort der „errance". Wahrhaft menschliche Kommunikation scheint auf offener Straße unmöglich: Eine Kluft hat sich zwischen dem umherirrenden Ich und den ‚Anderen' aufgetan. Diese Kluft zum „Nonjuif",[51] zum Nichtjuden, scheint unüberbrückbar, essentiell und für jedermann erkennbar zu sein.

Auch die Lektüre eines Dreigroschenromans oder einer Zeitung kann die Einsamkeit und Kommunikationslosigkeit nicht dauerhaft aufheben: nicht einmal in seiner „errance" hält das beim Gehen lesende Ich inne, es ist unaufhörlich in Bewegung. Einzig ein altes Pferd wird dem herumirrenden Jungen Verständnis signalisieren und als Verkörperung kreatürlicher Weisheit ein offenes Ohr für seine sich bald schon äußernden messianischen Vorstellungen haben. Ausgeschlossensein und Auserwähltsein gehen ihre ererbte Verbindung ein: Das Ich ist nicht von seiner physischen, ersten Geburt an ein Jude, aber wird es definitiv mit der zweiten. In Abwandlung eines berühmten Satzes, der seine damalige existenzielle Wirkung nicht verfehlte, könnte man formulieren: Man wird nicht als Jude geboren, man wird es.

Das Ich ist in unterschiedliche Kommunikationsbereiche eingespannt. Die zentrale Problematik der Kommunikationssuche verlagert sich zunehmend von der Ebene der erzählten Zeit auf die Ebene der Erzählzeit. Immer wieder werden direkte Appelle an einen Teil der schon im ersten Abschnitt eingeführten Zuhörerschaft eingebaut – an die Antisemiten. Ihnen schließen sich weitere Apelle, ja Drohungen an die „générations européennes" an, die der Erzähler mit der Geste des in der dritten Person Singular evozierten Kindes konfrontiert, das hilflos und prophetisch zugleich mit dem ausgestrecktem „index accusateur", dem anklagenden Zeigefinger (mit dem der Junge zuvor selbst den Todeswunsch der Antisemiten in die Luft gemalt hatte) auf die Schrift an der Wand, auf das „Mort aux Juifs" an der Mauer weist[52].

Der Geste des Anklagens antwortet keine Formulierung einer Begründung. Alles versteht sich wie von selbst. Auf Ebene der erzählten Zeit erzeugt die Unmöglichkeit menschlicher, brüderlicher Kommunikation die Übernahme des antisemitischen Todeswunsches, der zum Gedanken an Selbstmord beziehungsweise

---

51 Ebda., S. 290.
52 Ebda., S. 291.

die Hoffnung darauf gerinnt, sein Vater könne ihm längeres Leiden durch menschliches Töten ersparen, und schließlich im Wunsch nach einem Freitod in Gemeinschaft mit seinen Eltern gipfelt. Damit ist der antisemitische Mechanismus seinem Ziel schon nahe gekommen: Das Konzentrationslager hat, so scheint es, auch als Miniatur-KZ seine Wirkung erreicht – das kollektive Verschwinden der Juden zu bewerkstelligen.

Genau an dieser Stelle kippt Cohens literarisch raffiniert gestaltete Erzählung. Denn aus dem Ausgestoßenen wird endgültig der Auserwählte. Es ist der eher beiläufige, dann bewusst wiederholte, ja zelebrierte Blick in den Spiegel eines Juweliers – und wieder wird der Blick in den Spiegel zum Auslöser eines Erkenntnisprozesses: „Plötzlich erkannte ich mich im Spiegel eines Juwelierladens wieder, und ich hielt an und blickte mich erneut an, und ich verspürte ein Erzittern, und als eine Ehrung meiner selbst führte ich meine Hand an meine Lippen und ich hatte ein flüchtiges und bizarres Lächeln, das scheu war und verschlagen, leicht, zitternd, ruhmreich."[53] Das Element des in der Handgeste verkörperten Rituell-Religiösen ist an dieser Stelle des „récit" unverkennbar, war aber in der gesamten Narration bereits durch das Motiv der Kerzen des Geburtstagsfestes oder auch durch den patriotischen Altar des Jungen latent in den Text eingeführt worden. Es ist eine Geste, die sich selbst zum sakrosankten Ausdruck einer anderen, nicht-christlichen Religion stilisiert und das eben noch verfolgte jüdische Ich über seine Umgebung hebt.

Eine dritte Verwandlung hat stattgefunden: War aus dem unbewusst die kulturelle Assimilation suchenden Schuljungen zunächst ein Jude in den Augen der anderen und danach ein Topos in Bewegung geworden, ein „Juif errant", so wird aus diesem von fremden Augen diskriminierten Juden, der sich selbst mit eigenen Augen betrachtet und als Jude (wieder-)erkennt und anerkennt, ein Auserwählter. Damit wird die Spiegelung auf Ebene der Erzählzeit – gleich zu Beginn der Erzählung hatten wir „cet homme dans la glace que je regarde" kennengelernt – eine Spiegelung auf der Ebene der erzählten Zeit gegenübergestellt. In diesem Sinne könnten wir formulieren, dass Cohens Erzähltext buchstäblich spiegelsymmetrisch wird. Das Ich erfährt sich selbst als Ganzheit und sieht sich nicht mehr nur in fremden, abweisenden Augen, in den Pupillen der Anderen als „kleine Puppe" gespiegelt. Nichts anderes will der sprachliche Ausdruck „Pupille" sagen.

---

[53] Ebda., S. 292: „Soudain je me reconnus dans la glace d'une bijouterie et je m'arrêtai et je me regardai encore et j'eus un tressaillement et, me rendant hommage à moi-même, je portai ma main à mes lèvres qui eurent un sourire furtif et bizarre, timide et malin, léger, tremblant, glorieux."

Dieses Ich gibt sich messianische Züge, imaginiert sich als „prince de l'exil",[54] als Prinz des Exils, womit just jene Formulierung aufgenommen wird, mit der sich Solal im ersten, fünfzehn Jahre zuvor erschienenen Roman des Zyklus identifizierte. Ging ein mythischer Solal mit seinem Schimmel am Ende des Romans von 1930 „vers demain et sa merveilleuse défaite",[55] also dem Morgen und seiner wunderbaren Niederlage entgegen, so geht das zehnjährige Kind gefolgt von seinem Schimmel und wie Solal von den Menschen verspottet in der Manier eines Königs seiner Niederlage entgegen: „promis à la défaite, royal."[56]

Die intratextuellen Zitate und Verweissysteme sind evident und häufen sich gerade in den Schlusspassagen von *Jour de mes dix ans*. Daraus resultiert nicht nur die bereits beobachtete positive Umwertung des Ich-Erzählers, sondern zugleich auch auf der intratextuellen Ebene eine *Hommage* an das bereits publizierte Werk unseres Autors, der sich gleichsam im Spiegel seiner Schriften wiedererkennt und grüßt. Im Spiegel des Narziss spiegeln sich die verschiedenen Roman- und Autorfiguren, die Albert Cohen bis zu diesem Zeitpunkt geschaffen hat: Die Passage ist offenkundig stark autoreferentiell. Eine Identität ist gefunden, doch ist sie vielfältig in sich gebrochen, heterogen und bizarr wie das Lächeln des Ich, wie das Lächeln von Solal, wie das Lächeln Albert Cohens. Damit ist gewiss keine Atmosphäre des Ausgleichs, keine dialektische Vermittlung von ‚Innen' und ‚Außen', kein Zustand von Harmonie und Integration erreicht. Die Erzählung ist noch nicht zu ihrem Ende gekommen.

Der Ausgestoßene ist zum Auserwählten geworden, ohne jedoch seinen Status als Ausgestoßener zu verlieren. Das französische Schulkind ist zum Juden geworden, das sich ein eigenes Hebräisch erfinden muss, um seine Peiniger im Namen Israels und mit der Geste des Erlösers segnen zu können. Dabei wird für den eigentlich seinen zehnten Geburtstag feiernden Jungen seine Schulmappe wie einst für Moses zur Gesetzestafel, zum Verzeichnis der wichtigsten Werte des eigenen Glaubens. Plötzlich ist Jesus an seiner Seite: „Jésus, der geborene Jude, der wie ich ist und der es mir wiederholte, Jesus von meiner Rasse, und seine Getreuen feierten noch den Jahrestag seiner Beschneidung am ersten Januartage."[57]

Eines der wichtigsten Argumente jüdischen Glaubens in der Auseinandersetzung mit dem Christentum wird deutlich erkennbar. Die radikale Grenzzie-

---

54 Ebda., S. 292.
55 Cohen, Albert: Solal. In (ders.): Œuvres, S. 360.
56 Cohen, Albert: Jour de mes dix ans, S. 293.
57 Ebda., S. 294: „Jésus né Juif comme moi et qui me le répétait, Jésus de ma race, et Ses fidèles fêtaient encore l'anniversaire de Sa circoncision le premier jour de janvier."

hung, die Christen und Juden klar zu trennen scheint, erweist sich als durchlässig, in der christlichen Erlöserfigur selbst erscheint (wieder) der Jude: Die Hybridität der Kulturen und Religionen wird sichtbar. Damit ergibt sich aber auch ein gemeinsamer Raum, der am Ende dieser autobiographischen Erzählung steht; ein Raum, der *be*-schrieben werden kann, weil er die Glätte der vertikalen Oberfläche einer Mauer, auf der „Mort aux juifs" steht, verloren hat. Ein imaginärer Moses, die Zehn Gebote in die Höhe haltend, geht beiden Erlöserfiguren voraus, bis eine Prostituierte den kleinen Jungen anspricht und nach Hause schickt: Mitternacht ist vorbei und damit auch der zehnte Geburtstag des Kindes. Der Geburtsvorgang ist abgeschlossen.

Der letzte Abschnitt des Textes bleibt dem Ende der „errance" und der Rückkehr in die elterliche Wohnung vorbehalten: „ô doux ghetto privé de mon enfance morte"[58] – oh du süßes privates Ghetto meiner toten Kindheit. Mit diesen Worten kehrt das Ich, dessen Geburtstag zugleich für den Tod der eigenen Kindheit und die Geburt einer gewiss prekären, hybriden jüdischen Identitätskonstruktion steht, in die elterliche Wohnung, in einen schützenden Innenraum zurück. Dieser schützende elterliche und vor allem mütterliche Innenraum spannt in Opposition zum feindlichen Außen, aber auch zum „champ de concentration en miniature" einen kulturellen Raum auf, der ein Hort der eigenen jüdischen Kultur ist und jenen Raum vorwegnimmt, in dem der Ich-Erzähler im Angesicht seines Spiegelbildes die soeben gelesene Geschichte seiner individuellen wie kollektiven Identitätsbildung niedergeschrieben hat.

Dabei lässt der Ich-Erzähler keinen Zweifel daran, dass es sich bei dieser Erzählung um keine Geschichte aus einem Konzentrationslager handelt:

> Gewiss, Ihr Antisemiten und zarten Seelen, gewiss, die Geschichte, die ich erzählt habe, ist keine Geschichte aus einem Konzentrationslager, und ich habe auch nicht körperlich gelitten an meinem zehnten Geburtstag, am Tag meiner ersten zehn Jahre. Gewiss, man hat seitdem Fortschritte gemacht. Gewiss, der Fleckenverkäufer hat lediglich dafür gesorgt, dass ein kleines Kind sich schämte, hat es nur in Kenntnis seines infamen Zustands gesetzt. Gewiss, er hat es nur von seiner Sünde überzeugt, überhaupt geboren zu sein, einer Sünde, die alle Verdächtigungen und allen Hass verdient.[59]

Mit diesen Aussagen wird freilich nichts relativiert. Denn ohne diesen Fleckenverkäufer und seine Angehörigen im Geiste, so der Erzähler, hätte es die Gaskammern in Deutschland nicht gegeben, wären die Konzentrations- und Vernichtungslager nicht gebaut und betrieben worden. Der Ich-Erzähler kann hiergegen nur seine Geschichte setzen – und seinen abschließenden feierlichen Appell, keine Bruderliebe

---

58 Ebda.
59 Cohen, Albert: *O vous, frères humains*, S. 201.

vorzugaukeln, weil diese stets falsch sei, aber zumindest die Juden nicht länger zu hassen, seien doch alle Menschen gleichermaßen zum Leiden und zum Tode bestimmt. Denn vor diesem erscheinen alle Menschen gleich, unabhängig von ihren jeweiligen komplexen Zugehörigkeiten.

Die Verknüpfung von Innenraum und Schreiben verbindet das Gesamtwerk Albert Cohens mit jenem Marcel Prousts. In den Texten des auf Korfu geborenen Juden findet sich eine Vielzahl expliziter wie impliziter Verweise und Anspielungen auf jenen Autor, dessen Romanzyklus den jungen Cohen früh in seinen Bann schlug.[60] Nicht nur die jüdische Herkunft, die Liebe zur Literatur oder die bei beiden stark ausgeprägte Mutterliebe verbinden die beiden Schriftsteller miteinander. Der Rückgriff auf die Zeit der Kindheit als Quelle des eigenen Schreibens, die Entfaltung insgesamt eher handlungsarmer Romanstrukturen mit obsessiv wiederkehrenden Grundszenen, aber auch die Suche nach einem distanzierten, abgeschirmten Innenraum als Voraussetzung des Entwurfs einer Totalitätsanspruch erhebenden Romanwelt bilden bei allen Unterschieden derart viele Überschneidungen und Gemeinsamkeiten, dass Prousts Worte zu Beginn von *Les plaisirs et les jours* auch diejenigen Albert Cohens hätten sein können: „Da verstand ich, dass Noah niemals die Welt so gut sehen konnte als aus dem Blickwinkel der Arche, obwohl sie geschlossen und es Nacht ward auf Erden."[61]

Konnte Bernard de Fallois von Marcel Proust sagen, er sei der Schriftsteller eines einzigen Buchs gewesen, „l'homme d'un seul livre", so ließe sich dies von Albert Cohen ebenso sagen. In Cohens wie in Prousts Gesamtwerk wird die gesamte literarische Produktion stets auf das sogenannte ‚Hauptwerk' bezogen, die umfangreichen Romanzyklen, in deren Schatten die sogenannten ‚kleineren Schriften' verblassen. Beide Schriftsteller haben jedoch auf unterschiedliche Weise kleinere Texte hinterlassen, in welchen wie in einem Weltfraktal eine Totalität zum Ausdruck kommt.[62]

Ein grundlegender Unterschied zwischen ihnen besteht freilich darin, dass Cohen im Gegensatz zu Proust die interkulturellen Spannungen, Probleme und

---

60 Valbert entwarf die Entdeckung von Prousts *A l'ombre des jeunes filles en fleurs* durch Cohen in einer Buchhandlung Alexandrias als Szene einer „illumination" (*Albert Cohen, le seigneur*, S. 166). Nach seiner Rückkehr nach Genf gab Cohen 1923 an der Universität einen Marcel Proust gewidmeten Kurs (ebda., S. 182), was zusätzlich von seiner intensiven Beschäftigung mit dem Verfasser der *Recherche* zeugen mag.

61 Proust, Marcel: *Les plaisirs et les jours*. Préface d'Anatole France, Paris: Gallimard 1980, S. 11: « Je compris alors que jamais Noé ne put si bien voir le monde que de l'arche, malgré qu'elle fût close et qu'il fût nuit sur la terre."

62 Zum literarischen Begriff des Fraktals vgl. Ette, Ottmar: *WeltFraktale. Wege durch die Literaturen der Welt*. Stuttgart: J.B. Metzler Verlag 2017.

Erfahrungen ins Zentrum seines literarischen Schreibens stellt und etwa das gesellschaftlich zum damaligen Zeitpunkt relevante Verhältnis zwischen Adel und Bürgertum nur am Rande streift. Er tut dies mit eben jener Heftigkeit, mit welcher der Erzähler in Benedettis Salon Partei gegen den assimilierten und für den ausgeschlossenen, umherirrenden Zionisten ergriffen hatte. Vieles in jener Anklage gegen den „Juif converti et homosexuel" erinnert daran, mit welcher Inbrunst Solal in einem langen „Stream of Consciousness" in *Belle du Seigneur* die berühmte Madeleine-Episode in Prousts *A la recherche du temps perdu* als typische Erfindung eines Homosexuellen abqualifiziert, der allein auf den Gedanken verfallen sein könne, ein süßes Gebäck in eine Tasse mit süßlichem Lindenblütentee einzutauchen.[63] Wenn man bei einem Schriftsteller mit Harold Bloom von einer *Anxiety of Influence*[64] sprechen kann, dann bei Cohen mit Blick auf Proust: Anders sind diese Ausfälle des auf Korfu geborenen Autors nicht zu begreifen.

Selbst in *Jour de mes dix ans* spricht vieles dafür, dass die Abgrenzung der eigenen Kindheitserinnerungen des Erzählers von jenen eines „mignon petit capitaliste",[65] dem man eines Tages die Locken abgeschnitten habe, auf Proust gemünzt ist, gegen dessen Verehrung der Comtesse de Noailles Cohen selten zu polemisieren vergaß.[66] In Prousts wiederholtem Lob für die adelige Lyrikerin manifestierte sich für den Autor von *Mangeclous* ein Verrat an Ethik und Aufgabe der Literatur, die nicht zum Zwecke sozialen Vorankommens und gesellschaftlicher Anerkennung missbraucht werden dürfe. Mit der Literatur verbundene unlautere Methoden gesellschaftlichen Aufstiegs waren Cohen im Übrigen ver-

---

63 Cohen, Albert: *Belle du Seigneur*, S. 878: „Proust cette perversité de tremper une madeleine dans du tilleul ces deux goûts douceâtres le goût épouvantable de la madeleine mêlé au goût pire du tilleul féminité perverse qui me le donne autant que ses hystériques flatteries à la Noailles en réalité il ne l'admirait pas ne pouvait pas l'admirer il la flattait pour des motifs sociaux non pas le lui dire ça la peinerait elle aime la petite phrase de Vinteuil les clochers de Martinville la Vivonne les aubépines de Méséglise et autres exquiseries [...]." Auch die hier angesprochene Ariane, die ihrem Solal bisweilen Passagen aus der *Recherche* nicht immer in dezenter Haltung vorliest (S. 828), hat bei aller Bewunderung selbst eine ähnlich formulierte Kritik an Proust vorzubringen: „Proust c'est vraiment bien mais quel affreux snobinet ses flatteries hystériques à la Noailles et puis ravi charmé par des prénoms aristos genre Oriane Basin Palamède respectueux de ces prénoms il les suce il les lèche [...]" (S. 606).
64 Vgl. Bloom, Harold: *The Anxiety of Influence*, New York: Oxford UP 1973.
65 Cohen, Albert: Jour de mes dix ans, S. 193.
66 In seinem Roman *Mangeclous* (S. 669f.) lässt Cohen ausgerechnet die unbarmherzige Madame Deume zuhause den Vortrag des Gedichts *Les Pauvres* üben, mit dem sie als Schatzmeisterin des belgischen Frauenvereins der Dames Belges in Genf die Herzen ihrer Zuhörerinnen in christlicher Nächstenliebe höher schlagen lassen will.

hasst: In *Belle du Seigneur* steht insbesondere der beförderungssüchtige Nichtstuer Adrien Deume für eine solche Haltung, spielt er doch mit dem Gedanken, eine Literaturgesellschaft zu gründen, um durch die so entstehenden sozialen Kontakte seinen Aufstieg als Beamter des Völkerbunds zu beschleunigen. Auch er hatte *seinen* Proust gelesen.

Die kritische, oftmals polemische Auseinandersetzung mit dem Autor von *A la recherche du temps perdu*, an der auch Prousts Engagement für Dreyfus[67] nichts änderte, steht freilich nicht allein, sondern ist Teil eines literarischen Raumes, in dem die expliziten intertextuellen Beziehungen überwiegend negativ konnotiert sind. Die Texte Cohens bieten sicherlich ein anschauliches Beispiel dafür, wie ein Schriftsteller in seinen Bezugnahmen auf Texte anderer Autoren die verschiedenen Formen erwähnter *Anxiety of Influence*[68] durchspielt. Man gewinnt den Eindruck, dass derlei Abgrenzungen im Verlauf seines literarischen Schaffens nicht ab-, sondern deutlich zunahmen.

Umso stärker und liebevoller sind die intratextuellen Relationen gestaltet, die weit über den Romanzyklus hinaus alle Texte Albert Cohens miteinbegrifen und miteinander in Beziehung setzen. Vor dem Hintergrund der Veröffentlichungsgeschichte seiner Bücher ist es nur allzu verständlich, dass der Autor von *Solal* und *Mangeclous* versucht war und versuchte, alle Texte zu einem Gesamtwerk, ja zu einem einzigen Buch zu vereinen, um dieses dann in immer stärkerem Maße an jenes Bild anzunähern, das der Schriftsteller gegen Ende seines Lebens in und über die Medien von sich selbst projizierte. Albert Cohen war ein Meister in der Verwandlung seines gesamten Lebens in ein von ihm klar perspektiviertes Kunstwerk. Hierauf mögen sich ein gewisser Narzissmus, viel mehr aber noch all jene komplexen Spiegelungen und Brechungen beziehen, die im Herzen dieses faszinierenden Oeuvre, in *Jour de mes dix ans*, stehen

---

67 Zu dessen literarischer Verarbeitung in *Jean Santeuil* und der *Recherche* vgl. Jurt, Joseph: Politisches Handeln und ästhetische Transposition. Proust und die Dreyfus-Affäre. In: Mass, Edgar / Roloff, Volker (Hg.): *Marcel Proust. Lesen und Schreiben*. Frankfurt am Main: Insel Verlag 1983, S. 85–107; zu Cohens Interesse an Proust, das sich auch in der Tatsache niederschlug, dass er in seiner *Revue juive* einen unveröffentlichten Text des Autors der *Recherche* brachte, aber auch zur Abneigung gegenüber dem *mondain*, die sich möglicherweise zu jenem Zeitpunkt einstellte, als der Bruder des Schriftstellers ihm Einblick in die unveröffentlichte Korrespondenz Marcel Prousts gewährte, vgl. Valbert, Gérard (1990): *Albert Cohen, le seigneur*, S. 202.

68 Ein weiteres Beispiel eines anderen jüdischen Autors aus der Sicht Arianes in *Belle du Seigneur* (S. 606) mag dies belegen: „Monsieur Kafka on a compris votre cheval c'est la culpabilité sans faute mais vous le montez un peu trop c'est monotone en somme la culpabilité sans faute c'est le thème juif c'est la tragédie du Juif […]."

und weniger den realen Albert Cohen als „cet homme dans la glace que je regarde"⁶⁹ betreffen.

Dieses für Albert Cohens Schreiben zentrale Motiv findet sich ebenfalls in der Transposition der räumlichen Grundstruktur von Marseille nach Paris und vom Ich auf Solal in Kapitel XCIII von *Belle du Seigneur* in überaus deutlicher Weise. Cohen arbeitete häufig mit derartigen ‚Deterritorialisierungen' und ‚Reterritorialisierungen' von Elementen seines Schreibens, die er in die verschiedensten Diegesen und historischen Kontexte einstellte und ihnen damit stets neue Semantiken erschloss. Zu der von Cohen selbst so bezeichneten „krebsartigen Proliferation" als Grundtendenz seines Schreibens wäre viel zu sagen; doch kann dies im Zusammenhang mit der Themenstellung unserer Vorlesung leider nicht weiterverfolgt werden. Denn jeder Text Cohens ruft stets einen weiteren Text hervor,⁷⁰ wobei man freilich nicht notwendig von ‚Krebsgeschwüren' ausgehen muss, sondern sich ein strukturelles Proliferieren als Vorstellung vielleicht besser eignet.

Beschäftigen wir uns jedoch noch ein letztes Mal mit der textuellen Mobilität, mit den Bewegungsfiguren in diesem Schlüsseltext von Albert Cohen! Die Orte und Bewegungen zwischen den verschiedenen Räumen in *Jour de mes dix ans* erzeugen eine Dynamik, welcher das Lesepublikum in seinen Verstehensbewegungen nachfolgt. Der Weg von der Schule zum Straßenhändler und von dort aus quer durch die Stadt zum Bahnhofsabort; nach der dortigen Vertreibung die „errance" durch die Straßen einer feindlich gewordenen Stadt und schließlich – nachdem zuvor mehrere schützende Innenräume evoziert worden waren – in das Haus der jüdischen Eltern: dieser Weg, der nach langen Phasen zielloser Unruhe den Protagonisten schließlich in das jüdische Haus führt und wieder mit Vater und Mutter vereinigt, lässt sich als hermeneutische Bewegung von der äußeren zur inneren Welt lesen.

Diese Cohens Erzählung zu Grunde liegende räumliche Bewegung ist zugleich ein Weg von einfachen Strukturen einer angenommenen Gemeinschaft zu komplexen Strukturen ineinander verzahnter kultureller Systeme: Er ist kei-

---

69 Cohen, Albert: Jour de mes dix ans, S. 193.
70 Vgl. hierzu Peyrefitte, Christel: Préface, S. XIII. In ihrem schönen Aufsatz über die Wechselbeziehungen zwischen Liebe und Judentum hat Walburga Hülk unter Rückgriff auf Lévinas, Lacan und Derrida aufgezeigt, wie sich jüdisch vermittelt Leben, Lieben und Schreiben stets aus dem Aufschub, aus dem „écrire, oui écrire encore" unablässig speisen: Hülk, Walburga: Der nie versiegende Quell. Liebe und Judentum bei Albert Cohen. In: *Romanistische Zeitschrift für Literaturgeschichte* XI (1987), 1–2, S. 93 ff. Vgl. hierzu auch die Potsdamer Dissertation von Fröhlich, Melanie: *Liebe und Judentum im Werk Albert Cohens. Facetten eines Zwiegesprächs.* Berlin – Boston: Walter de Gruyter 2017.

neswegs eine bloße ‚Rückkehr' nach Hause. Denn mit dem zehnten Geburtstag ist die Kindheit für immer tot und kann nicht wieder zurückgeholt werden. In der offenen Welt der Großstadt geht das liebgewonnene „private Ghetto" verloren. Es hat einem geschärften Bewusstsein für ein Leben als Jude in einer europäischen Gesellschaft Platz gemacht.

Trotz aller Zugehörigkeit zur jüdischen Kultur und ihren Traditionen ist im Protagonisten die Einsicht in die Hybridität kultureller Systeme gewachsen, erwies sich doch gerade die ihn ausschließende, sich homogen gebärdende, christlich fundierte Nationalkultur des blonden Straßenhändlers als simple Projektion eines französischen Antisemiten. Sie wurde spätestens mit der Erscheinung Jesu als Jude für immer entlarvt, ohne doch ihre mörderische Gefährlichkeit zu verlieren. Doch das Kind weiß seit seiner zweiten Geburt nun um die vielfältigen Beziehungen zwischen Judentum und Christentum, ohne freilich auch nur im Geringsten an eine Aufgabe des Judentums zu denken.

Die antisemitische Gefahr – die für den Cohen des Jahres 1945 noch immer allgegenwärtig war – erwuchs gleichwohl gerade aus jener vorgetäuschten Homogenität („eh ben *nous, on* aime pas les sales Juifs par ici"),[71] aus jener Gegenüberstellung von einem französischen ‚Wir', das sich an seinem eigenen, richtigen Platz glaubt, und einem ‚Ihr', das eine Gruppe darstellt, die nicht hierher gehöre. Diese Gegenüberstellung zweier scheinbar homogener Gruppen glaubt sich zu Ausschluss und Vernichtung des Anderen legitimiert, sucht letztlich aber nur nach einer Tarnung der eigenen Hybridität und nach einer Rechtfertigung für jene Hassreden, deren Transformation vom Diskursiven ins Militante Albert Cohen so oft beobachten musste. Daher ist die große Wichtigkeit, welche Cohen der Episode des *Camelot* für sein eigenes Leben beimaß, auch mehr als begründet.

Vieles deutet darauf hin, dass unser in Europa aus der Antike übernommener, tradierter und modifizierter Kulturbegriff noch immer letztlich agrikulturellen Vorstellungen verpflichtet ist. Diese ketten den Begriff, den wir uns von Kultur machen, an den Übergang vom Nomaden zum sesshaften Leben und erklären damit räumlich und zeitlich stabile Strukturen zur Voraussetzung jedweder Kultur. Eine raumschaffende und raumsichernde Territorialisierung[72] könnte aus dieser Perspektive in der Tat als Grundvoraussetzung von Kultur verstanden

---

71 Der Zusammenhang zwischen dem Verkauf eines Universalfleckenmittels und der Rede von der „*sale* race" muss hier nicht eigens betont werden.
72 Vgl. den lesenswerten, aber ausschließlich am griechisch-römischen Kulturparadigma ausgerichteten Aufsatz von Böhme, Hartmut: Vom Cultus zur Kultur(wissenschaft). Zur historischen Semantik des Kulturbegriffs. In: Glaser, Renate / Luserke, Matthias (Hg.): *Literaturwissenschaft – Kulturwissenschaft. Positionen, Themen, Perspektiven*, Opladen: Westdeutscher Verlag 1996, S. 53.

werden, die durch die Stetigkeit einer Bearbeitung und Kultivierung des besiedelten Territoriums ergänzt wird. Man darf freilich mit guten Gründen bezweifeln, dass eine derartige Definition die historische Semantik des abendländischen Kulturbegriffs – geschweige denn des Kulturbegriffs in einem planetarischen Maßstab – ausschöpft. Denn weder die altchinesische noch die altjapanische Kultur etwa kennen die Opposition von ‚Natur' und ‚Kultur', die für das Abendland selbst so charakteristisch ist.[73]

Denn in dessen Kultur und Vorstellungswelt sind jenseits der griechisch-römischen Antike und ihrer Filiationen über lange Jahrhunderte und bis heute Vorstellungen von Kultur eingegangen, die – erwähnt seien nur etwa die jüdische oder arabische Kultur in ihrer Vielfalt – ebenfalls nicht in dieses seit der Antike tradierte Schema passen wollen. Nicht umsonst ergreift Scipion die Flucht, als ihm in Cohens angeführtem Theaterstück von Jérémie auf einfache, wenn auch ein wenig umständliche Weise erklärt wird, „was er denn sei".

Auf eine agrikulturelle Begriffstradition reduziert, erfüllten Jérémie, seine Genealogie und seine Kultur wohl das Kriterium der Stetigkeit (ja übererfüllt es im Verhältnis zur Entwicklung in Europa, was Cohen und seine Erzählerfiguren zu betonen niemals müde werden); doch das Kriterium räumlicher Kontinuität und Ständigkeit bleibt völlig unerfüllt. Der ‚nomadisierende', staaten- und passlose Jérémie lässt sich nicht vom Schema territorialer Zugehörigkeit her begreifen: Er will und lässt sich nicht mit einem Territorium identifizieren, sondern trägt seine kulturellen Zugehörigkeiten als Repräsentant seines Volkes in sich. Die wertende Unterscheidung zwischen Menschen, die über einen festen Wohnsitz verfügen, und Menschen, die keinen festen Wohnsitz besitzen, ist bis heute für die abendländische Kulturvorstellung charakteristisch. Lassen Sie mich in aller Kürze anmerken, dass diese impliziten Wertungen auch auf dem Gebiet der Literaturen eine hohe und erstaunliche Beständigkeit besitzen, sind doch die Literaturen ohne festen Wohnsitz[74] auch und gerade in ihrer translingualen Ausprägung vielfältigen Vorurteilen ausgesetzt!

Jérémies Zugehörigkeiten und Identitätszuschreibungen aber sind in ihrer Vielgestaltigkeit nicht an einen territorialen Außenraum gekoppelt, sondern einem Innenraum verpflichtet, der gewiss nicht homogener und bruchloser ist als der von ihm stets mitgeführte Koffer eines „juif errant". Die ständigen Polemiken zwischen Aschkenasim und Sephardim, zwischen Juden des Ostens und

---

73 Vgl. hierzu Ette, Ottmar: Natur und Kultur: Lebenswissenschaftliche Perspektiven Humboldtscher Wissenschaft. In: Ette, Ottmar / Drews, Julian (Hg.): *Horizonte der Humboldt-Forschung. Natur, Kultur, Schreiben*. Hildesheim – Zürich – New York: Georg Olms Verlag 2016, S. 13–51.
74 Vgl. hierzu Ette, Ottmar: *ZwischenWeltenSchreiben. Literaturen ohne festen Wohnsitz (Über-Lebenswissen II)*. Berlin: Kulturverlag Kadmos 2005.

Juden des Mittelmeers in Cohens Gesamtwerk mögen hierfür ein stets liebevoll inszeniertes Beispiel sein: Cohen sah das Judentum nicht als eine territoriale Entität.

Entzieht sich Scipion diesem Rätsel durch Flucht, so entzieht sich ihm der Völkerbund – in dessen französischsprachiger Bezeichnung als „Société des Nations" die Dimension nationaler Territorialität unverstellter hervortritt – durch Verweigerung, Nichtbeachtung und unausgesprochenen Ausschluss. Angesichts dieser Tatsache ist es nicht überraschend, dass die zionistische ‚Reterritorialisierung' aus der historischen Erfahrung der Pogrome und Verfolgungen bis hin zur Dreyfus-Affäre vom Okzident ausging und an dessen Logik orientiert blieb. Der Zionismus war aus *dieser* Perspektive eine logische Konsequenz.

Und welches war die Position von Albert Cohen? Der auf Korfu geborene Schriftsteller, der in seinen Texten immer wieder auch das Erleben der Affaire Dreyfus miteinbezog, setzte sich in seiner politischen Arbeit aktiv für die Verwirklichung der zionistischen Idee ein, siedelte aber selbst nicht auf das Territorium des jungen Staates Israel über. Die Liebesbeziehung zwischen der Christin Ariane und dem Juden Solal, die des Öfteren als „Treibhausliebe"[75] bezeichnet wurde, findet in von außen hermetisch abgeriegelten Innenräumen statt, die immer wieder mit denen einer Karavelle verglichen werden. Sie war das bevorzugte und emblematische Transportmittel der ersten Phase beschleunigter Globalisierung[76] und steht in diesem Zusammenhang sicherlich für eine weltweite Expansion. Die Skorbut-kranken Liebenden erscheinen damit implizit als Schiffsreisende auf dem Weg nach der Insel Kythera („là-bas"), wo sie freilich – soweit wir wissen – niemals ankommen werden.[77]

Die Geschichte war daran nicht unbeteiligt, sondern hat auch in Cohens Romanwelt kräftig nachgeholfen: Denn Solal hat sich – wie das Lesepublikum erst spät erfährt – als Untergeneralsekretär des Völkerbundes vehement für die Aufnahme deutscher Juden in andere Länder eingesetzt und war entlassen worden, als er die Staaten, welche die Juden in Deutschland aus Angst vor einem Anstieg des Antisemitismus in ihren eigenen Ländern aufzunehmen nicht bereit waren, öffentlich anzuprangern versuchte. Im Bund der Völker war für historisch deterritorialisierte Menschen keinerlei Platz vorgesehen.

---

75 Vgl. u. a. Hülk, Walburga: Der nie versiegende Quell, S. 112.
76 Vgl. hierzu Ette, Ottmar: *TransArea. Eine literarische Globalisierungsgeschichte*. Berlin – Boston: Walter de Gruyter 2012.
77 Vgl. Ritte, Jürgen: Dem Tod eine Pirouette drehen. Zum Werk Albert Cohens. In: *Merkur* 5 (1985), S. 439: „unter Aufgabe aller Sicherheiten – Solal begibt sich seiner Stellung, Ariane ihrer Ehe – soll der Ausstieg aus der Geschichte erzwungen werden."

Auch Cohens deterritorialisierte Juden aus dem Ghetto ihrer Insel Kephalonia waren nicht gewillt, sich nach ihren Erfahrungen in Kfar-Saltiel im Land ihrer Vorväter dauerhaft anzusiedeln und damit gleichsam zu reterritorialisieren.[78] Ihre mittelmeerische Inselwelt ist der Heterotopie eines Schiffs, von dem sie aus orientalischer Entfernung das europäische Leben betrachten, sehr verwandt. Ihrer eigenen Kultur gehen sie dadurch keineswegs verlustig – ganz im Gegenteil.

Entwickeln wir aus dieser Perspektive Marcel Prousts Gedankengang weiter, so könnten wir sein Zitat aus *Les plaisirs et les jours* insoweit ergänzen, als Stammvater Noah die Welt aus der Arche vielleicht nicht nur besser sah, *obwohl* sie geschlossen und es Nacht war auf der Erde, sondern *weil* das Land verschwunden war. So bliebe die Welt im Kopf des Kindes mit ihrem Mittelmeer, all ihren Inseln, Schiffen und Kapitänen nicht nur intakt: Sie wäre in ihrer Dichte und Vielverbundenheit der Außenwelt überlegen. Als Fraktal einer Totalität, als Mise en abyme einer ganzen Welt stellt sie sich Cohens Konzentrationslager *en miniature* vehement entgegen und steht für die lebenserhaltende Kraft einer Kreation, die sich mit literarischen Mitteln eines Überlebenswissens bedient, wie es die Literaturen der Welt seit Jahrtausenden transportieren und wie es in Cohens Erzählwelt in der Geburt des kleinen zehnjährigen Kindes zum Juden an diesem Geburts-Tag zum Ausdruck kommt.

---

[78] Nicht umsonst steht die Abreise des *capitaine des vents* Mangeclous aus Palästina nicht nur im Zeichen der Trauer, sondern der Freiheit: „Le soir même, Mangeclous quitta Kfar-Saltiel et se dirigea vers la côte. Sur la grand-route et sous la lune, son ombre violente s'allongeait. Seul et libre, le grotesque rêvait ou nasillait un air de liberté." Cohen, Albert: *Mangeclous*, S. 342.

Max Aub oder das Konzentrationslager aus der Vogelperspektive

Kehren wir noch einmal zu Hannah Arendt und ihren philosophischen Reflexionen zurück, die aus meiner Sicht mit das Klügste darstellen, was über totalitäre Herrschaft jemals geschrieben wurde! Ihre Texte werfen ein erhellendes Licht gerade auch auf jene Schöpfungen der Literaturen der Welt, die sich der schwierigen und gleichwohl unausweichlichen Aufgabe des „Schreibens nach Auschwitz" gewidmet haben und sich keinem Verdikt beugten, ein „Schreiben nach Auschwitz" sei nicht mehr möglich. Denn ein solches Schreiben war in der Tat nicht nur möglich, sondern bitter notwendig und in mehr als einem Sinne lebensrettend.

Im letzten, den Konzentrationslagern gewidmeten Teil des zwölften Kapitels ihrer umfangreichen Schrift *Elemente und Ursprünge totaler Herrschaft* beschäftigte sich Hannah Arendt mehrfach mit einem Problem, das für ein „Schreiben nach Auschwitz" von entscheidender Bedeutung war:

> Die Berichte der Überlebenden von Konzentrations- und Vernichtungslagern sind außerordentlich zahlreich und von auffallender Monotonie. Je echter diese Zeugnisse sind, desto kommunikationsloser sind sie, desto klagloser berichten sie, was sich menschlicher Fassungskraft und menschlicher Erfahrung entzieht. Sie lassen den Leser kalt, stoßen ihn, wenn er sich ihnen wirklich überlässt, in das gleiche apathische Nicht-mehr-Begreifen, in dem sich der Berichterstatter bewegt, und sie lösen fast niemals jene Leidenschaften des empörten Mitleidens aus, durch die von jeher Menschen für die Gerechtigkeit mobilisiert wurden. Trotz überwältigender Beweise haftet das Odium der Unglaubwürdigkeit, mit dem Berichte aus Konzentrationslagern zuerst aufgenommen wurden, immer noch jedem an, der davon berichtet; und je entschlossener der Berichterstatter in die Welt der Lebenden zurückgekehrt ist, desto stärker wird ihn selbst der Zweifel an seiner eigenen Wahrhaftigkeit ergreifen, als verwechsele er einen Alptraum mit der Wirklichkeit.[1]

Hannah Arendt spricht hier ein zentrales Problem allen zeugnishaften Schreibens über die Konzentrationslager unvermittelt an. In dieser Passage ihres ursprünglich unter dem Titel *The Origins of Totalitarianism* 1951 in New York erschienenen und von der Autorin selbst ins Deutsche übertragenen großangelegten Versuchs, die (eigenen) Erfahrungen mit dem Totalitarismus des 20. Jahrhunderts aus historisch-philosophischer Perspektive zu verstehen, wirft Hannah Arendt ein Grundproblem der Literatur wie auch der Literaturwissenschaft auf: Wie ist das Verhältnis von Wirklichkeit und Wahrscheinlichkeit, von Wahrheitsanspruch

---

[1] Arendt, Hannah: *Elemente und Ursprünge totaler Herrschaft. Antisemitismus, Imperialismus, Totalitarismus.* München – Zürich: Piper [8]2001, S. 908 f.

Open Access. © 2022 Ottmar Ette, publiziert von De Gruyter. Dieses Werk ist lizenziert unter einer Creative Commons Namensnennung - Nicht-kommerziell - Keine Bearbeitung 4.0 International Lizenz.
https://doi.org/10.1515/9783110751321-010

und Glaubwürdigkeit, von Bedeutung und Deutung, Findung und Erfindung zu gestalten und zu begreifen? Wie lässt sich von dem berichten, was dem Reich der Fakten angehört, aber nur allzu leicht in jenes der Fabeln oder Alpträume verdrängt wird? Wie lassen sich im Schreiben jene Kommunikation und jenes Mitleiden, jene Betroffenheit herstellen, die von so vielen der von Arendt gelesenen Berichte verfehlt werden? Und schließlich: Wie lässt sich die Faktizität realer Bedrohung verstehen und vermitteln, wo es doch – wie die Autorin von *Eichmann in Jerusalem* in Rückgriff auf Berichte Bruno Bettelheims und David Roussets betonte – „unmöglich" ist, „selbst im Angesicht der Gasöfen und des unmittelbar bevorstehenden Todes [...] an die Realität der Vorgänge zu glauben"?[2]

Im Vorwort zu seinem *Diario de Djelfa*, einem lyrischen Tagebuch, dessen Gedichte im gleichnamigen algerischen Konzentrations- und Arbeitslager verfasst wurden, wohin man den damals achtunddreißigjährigen Schriftsteller im November 1941 zusammen mit dreihundert weiteren Lagerinsassen verschleppt hatte, hielt der hierzulande viel zu wenig bekannte Schriftsteller Max Aub die Bedeutung seines Schreibens im Lager fest: „Diese Gedichte wurden im Konzentrationslager von Djelfa geschrieben, auf den Hochflächen des in die Sahara übergehenden Atlas; ich verdanke ihnen vielleicht mein Leben, denn als ich sie gebar, verlieh mir dies Kräfte, um dem folgenden Tag zu widerstehen: Alles, was in ihnen erzählt wird, ist wirklich passiert. Man könnte sie auch als Unvorgestellte Verse oder als Unvorstellbare Verse bezeichnen, weil mich in ihnen nichts zur Täuschung führte."[3]

Die hier verwendete Geburtsmetaphorik verweist uns auf die zentrale Bedeutung des Bezugs dieser Gedichte zum Leben: Die Geburt der Gedichte aus dem Geist des Widerstands sichert das Überleben des Dichters. Der Gebärvorgang selbst, der Akt der Schöpfung, ist ein Akt des Lebens *gegen* den Tod, ein Akt des Widerstands *gegen* das Sterben und Sterben-Lassen. Auf diese Weise wird Literatur zur Verkörperung und zum Archiv eines Lebenswissens und eines Überlebenswissens zugleich. Das Gebären bringt dieses lebensrettende Wissen in Gedichtform zur und in die Welt.

---

2 Ebda., S. 909.
3 Aub, Max: Diario de Djelfa. In (ders.): *Obras completas*. Bd. 1: *Obra poética completa*. Dirección de la edición Joan Oleza Simó. Edición crítica, estudio introductorio y notas Arcadio López Casanova u. a. Valencia: Biblioteca Valenciana 2001, S. 93: „Fueron escritas estas poesías en el campo de concentración de Djelfa, en las altiplanicies del Atlas sahariano; les debo quizá la vida porque al parirlas cobraba fuerza para resistir el día siguiente: todo cuanto en ellas se narra es real sucedido. Versos inimaginados o inimaginables, se les podría llamar, sin que me llamara a engaño."

Max Aubs Argumentation ist geradlinig: Aus dem realen Leben und Erleben entstanden, ist in diesen Versen aus Djelfa ein Wissen über Leben gespeichert, welches vom Widerstand gegen dessen Auslöschung zeugt. Der Dichter habe in ihnen nicht auf den „engaño" zurückgegriffen, auf die Täuschung oder Fiktion. So enthielt der 1944 im mexikanischen Exil veröffentlichte *Diario de Djelfa* die Zeugnisse der Dichtkunst eines durch Gedichte über Leben und Tod im Lager Überlebenden. Hierbei scheint sich die beunruhigende Frage nach einer Ästhetisierung des Grauens nicht zu stellen: Das Tagebuch von Djelfa enthält nicht die Zeugnisse einer „Lyrik nach Auschwitz", sondern vielmehr einer Lyrik *in* Auschwitz.[4] Und diese ist lebens- und überlebenswichtig, elaboriert sie doch ein Wissen vom Leben *im* Leben, das kraft zum Überleben verleiht.

Abb. 28: Max Aub (1903–1972) in seinem Büro an der Nationalen Autonomen Universität von Mexiko, 1962.

Was aber ist mit dem Schreiben *nach* dem Überleben? Wie lässt sich über ein namenloses Grauen schreiben, ohne in dessen Ästhetisierung oder in die Kommunikationslosigkeit einer – wenn das Oxymoron gestattet ist – *ungläubig wahr*genommenen Augenzeugenschaft zu verfallen? Gibt es eine Theorie des kommunikativen literarischen Handelns im Angesicht der Konzentrations- und Vernichtungslager? Und nicht zuletzt: Wie lässt sich all dies in der Prozessualität von Gebären und Sterben, von Leben und Tod literarisch darstellen?

Man könnte mit guten Gründen das gesamte literarische Schaffen Max Aubs nach dem Verlassen ‚seines' letzten Konzentrationslagers im Sommer 1942[5] bis zu seinem Tod in Mexiko im Sommer 1972 im Zeichen dieser Leitfragen (und Leidfragen) lesen. Denn im Zentrum des polyzentrischen Werks von Max Aub steht ein einziges, vieldeutiges, aber doch letztlich immer an die Lagererfahrung zurückgebundenes Wort: „campo"! Es verleiht der gesamten literari-

---

4 Zu dieser Problematik vgl. auch Ugarte, Michael: Testimonios de exilio: desde el campo de concentración a América. In: Naharro Calderón, José María (Hg.): *El Exilio de las Españas en las Américas*. Barcelona: Anthropos 1990, S. 45.
5 Zu den genaueren Umständen vgl. Soldevila Durante, Ignacio: *El compromiso de la imaginación. Vida y obra de Max Aub*. Segorbe: Fundación Max Aub 1999, S. 43.

schen Schöpfung dieses Schriftstellers seinen geheimen und offenkundigen, seinen polylogischen Sinn.

Denn dieses Wörtchen verweist zurück auf das – wie Aubs lagererprobte Zeitgenossin Hannah Arendt formulierte – Erleben und Überleben jener Laboratorien, „in denen experimentiert wird, ob der fundamentale Anspruch der totalitären Systeme, dass Menschen total beherrschbar sind, zutreffend ist" und ob in diesem Sinne der Beweis dafür erbracht werden kann, „dass schlechthin alles möglich ist".[6] Das unscheinbare Wörtchen „campo" bildet die Nabelschnur des Geburtsvorgangs selbst jener Texte, die dieses Wort im magischen Labyrinth des Max Aub nicht so obsessiv in ihrem Titel tragen wie *Campo cerrado, Campo abierto, Campo de sangre, Campo del Moro, Campo de los almendros, Campo francés*.[7] Zu jenen Schriften, die das polyseme Schlüsselwort nicht in ihrem Titel präsentieren und doch zu dessen Erhellung Wesentliches beitragen, gehört ein – im Verhältnis zum vieltausendseitigen Schreiben des Polygraphen Max Aub – kürzerer Prosatext, der so etwas wie den Faden der Ariadne im „Laberinto mágico" darstellt und im Zentrum der nachfolgenden Überlegungen stehen soll. Erneut also wollen wir wie soeben bei Albert Cohen und seinem kleinen Text *Jour de mes dix an* versuchen, ausgehend von einem zentralen Text, der als ein Fraktal verstanden werden kann, die Gesamtheit einer literarischen Schöpfung rund um den Komplex des Konzentrationslagers zu erfassen.

Wie bei Albert Cohen geht es auch bei Max Aub um einen in sich abgeschlossenen Erzähltext. *Manuscrito Cuervo. Historia de Jacobo* erschien erstmals 1952 im dritten und letzten Band von Aubs selbstverfasster Zeitschrift *Sala de espera* und wurde von ihm in einer sorgfältig überarbeiteten endgültigen Fassung 1955 publiziert – jenem Jahr, in dem Max Aub die mexikanische Staatsbürgerschaft annahm. Der nahezu zeitgleich mit Hannah Arendts 1951 in englisch- und 1955 in deutschsprachiger Fassung erschienenem Buch über den Totalitarismus publizierte Text lässt bereits in seinem Titel eine Zweigliedrigkeit und Mehrdeutigkeit erkennen, die den Text in seiner Gesamtheit durchziehen. Denn der Rabe Jacobo taucht zunächst im ‚Haupttitel' unter der Bezeichnung seiner Spezies auf, bevor er im Untertitel namentlich erwähnt und überdies graphisch im Profil abgebildet wird (Abb. 29). Ein von Max Aub kunstvoll ausgeheckles literarisches Spiel beginnt: Und diesmal griff der pausenlos schreibende Autor tatsächlich auf die Mittel der Fiktion zurück.

---

6 Arendt, Hannah: *Elemente und Ursprünge totaler Herrschaft*, S. 907.
7 Zu einer Gesamtsicht des literarischen Schaffens von Max Aub einschließlich seiner umfassenden Romanzyklen vgl. die schöne Potsdamer Habilitationsschrift von Buschmann, Albrecht: *Max Aub und die spanische Literatur zwischen Avantgarde und Exil*. Berlin – Boston: Walter de Gruyter 2012.

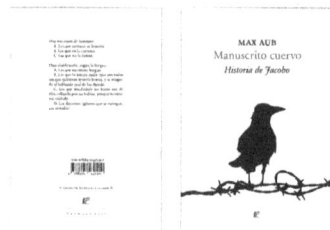

Abb. 29: Max Aub: *Manuscrito cuervo. Historia de Jacobo.* Cover der Ausgabe von 2011.

Was aber ist diese *Historia de Jacobo*: eine von Jacobo erzählte oder von ihm erzählende Geschichte, ein Genitivus subiectivus, ein Genitivus obiectivus oder gar ein Genitivus possessivus? All diese Möglichkeiten sind – zusätzlich zur Bezugnahme auf Geschichte schlechthin – in der vieldeutigen Gestaltung des Textes realisiert, wenn auch das Element des Titelkupfers nahelegt, dass es sich hierbei um den Autor dieser Schrift handeln dürfte. Max Aub ist ein mit allen Wassern literarischer Versteckspiele gewaschener Autor, so dass es zunächst einmal gilt, die Regeln dieses erfundenen literarischen Spiels zu erfassen und zu begreifen.

Die Vermutung, dass es sich bei Jacobo um den Verfasser der gesamten Schrift und damit des Rabenmanuskripts handeln könnte, wird durch die weitere Gestaltung der Titelseite wie des gesamten paratextuellen Apparats bestätigt, wobei die neuzeitlich-abendländische Tradition, das Autorenprofil als Frontispiz separat dem Titelblatt beizustellen, hier insoweit abgewandelt ist, als der Rabe unmittelbar auf der Titelseite prangt und stolz seine Autorschaft kundtut. Er ist nicht nur ‚corvus in fabula', sondern auch deren *auctor*: Urheber und Gewährsmann in einem. Sein Blick – und damit die Perspektive eines fürwahr unwahrscheinlichen Erzählers – prägt Aubs Text vom Titelkupfer an. Doch der unwahrscheinliche Erzähler erzählt uns keine unvorgestellte oder unvorstellbare Geschichte. Aub hat aus dem *Diario de Djelfa* die Lehren gezogen und einen anderen Geburtsprozess gefunden beziehungsweise erfunden.

Die Titelseite verrät uns des Weiteren, dass dieses „Rabenmanuskript" von J.R. Bululú, „*Cronista de su país y visitador de algunos más*"[8] herausgegeben, mit einem Vorwort und Anmerkungen versehen sowie von Aben Máximo Albarrón erstmals aus dem „idioma cuervo"[9] ins Kastilische übertragen wurde. Schließlich

---

[8] Ich greife auf die als siebter Band in der verdienstvollen Reihe Biblioteca Max Aub der Aub-Stiftung in Segorbe erschienene Ausgabe zurück, die ebenfalls von zwei Gelehrten dem Publikum präsentiert wird: Aub, Max: *Manuscrito Cuervo. Historia de Jacobo*. Introducción, edición y notas de José Antonio Pérez Bowie con un Epílogo de José María Naharro-Calderón. Segorbe – Alcalá de Henares: Fundación Max Aub – Universidad de Alcalá de Henares 1999, hier S. 45.
[9] Ebda.

enthält sie eine – ebenfalls nicht separat angeordnete, sondern auf die erste Seite projizierte – Widmung, die ein fünftes Mal das Element des Raben bemüht: „Dedicado a los que conocieron al mismísimo Jacobo, en el campo de Vernete, que no son pocos."[10] Damit wird durch die Hintertür und vorsichtig trotz aller fiktionalen Vorkehrungen ein gewisser mimetischer Abbildanspruch erhoben, welchen der Text an verschiedenen Stellen seines narrativen Ablaufs für sich beansprucht. Zugleich erscheint nicht nur das Schlüsselwort „campo" an etwas ‚versteckter' Stelle bereits auf dem Titelblatt selbst, sondern erneut unser Rabe, der als Autor, Gegenstand und Protagonist des Textes, als Konterfei, als Repräsentant des Rabentums und Sprecher einer übersetzbaren Rabensprache und endlich als ein Wesen erscheint, das viele im Lager von Vernete – und damit in einer angeblichen außersprachlichen Wirklichkeit – selbst kennengelernt hätten. Jacobo existiert oder existierte.

Die Titelseite hat es folglich in sich, sie ist semantisch hochkonzentriert: In ihr schneiden und verdichten sich – wie zu zeigen sein wird – die zentralen Isotopien des gesamten Textes. Überdies verweist eine Fußnote Bululús höhnisch auf die Semantik des Begriffs ‚Konzentration': „Concentración, es decir: Lo más aquilatado, la médula, lo más enjundioso."[11] Der Begriff der Konzentration wird in dieses Beispiel der Lagerliteratur also gleichbedeutend mit ‚essentiell' eingeführt. Und eben dies darf für diesen Begriff auch gelten.

Bereits der erste Satz des sich anschließenden Vorworts von Bululú präzisiert die Wendung „campo de Vernete" insoweit, als es sich um das „campo de concentración de Vernete"[12] und – genauer noch – um ein Konzentrationslager im Süden Frankreichs handeln soll, das der Herausgeber Ende 1940 verlassen habe, ähnlich wie der reale Autor Max Aub. Er habe dabei zu seiner Überraschung ein in der Rabensprache abgefasstes Manuskript in seinem Koffer gefunden. Es stamme zweifellos von Jacobo, der wenige Tage zuvor auf Nimmerwiedersehen verschwunden und von dem nichts weiter bekannt geworden sei. Wir haben es folglich mit einem Text aus der langen Filiation der Herausgeberfiktionen zu tun.

Die sich anschließenden, akademische Gepflogenheiten offenkundig parodierenden Ausführungen zur Rabensprache und ihren Schriftzeichen stellen eine unübersehbare Verbindung zum Erfundenen, zum Unglaubwürdigen, zum Pol der Fiktion her.[13] Demgegenüber erheben die in den Paratext eingearbeiteten

---

10 Ebda.
11 Ebda., S. 96.
12 Ebda., S. 46.
13 Vgl. hierzu Pérez Bowie, José Antonio: Estudio introductorio. In: Aub, Max: *Manuscrito Cuervo*, S. 15: Dort ist die Rede von „estrategias desrealizadoras", die zugleich eine Distanzierung von den Geschehnissen mit sich brächten.

Präzisierungen zum Lager wie auch zu Jacobo selbst, den viele ja gekannt hätten, Anspruch auf außersprachliche Referentialität, Faktizität und Glaubwürdigkeit.

Max Aub weiß sich hier im Verbund mit anderen literarischen Zeugnissen aus jener dunklen Epoche seines Lebens. Denn in der Tat hinterließ dieser wohlbekannte Rabe Jacobo Spuren nicht nur im Gedächtnis damaliger Lagerinsassen, sondern auch in der Literatur jener Jahre. So lesen wir in Gustav Reglers *Das Ohr des Malchus*:

> Am nächsten Morgen meldete sich Walter freiwillig zum Ausleeren der Latrinen. [...] Der Rabe Jakob, den ein Gefangener ans Lager gewöhnt hatte, saß auf seiner Schulter und schlug mit den Flügeln. [...] Dann öffnete sich das Tor aus Stacheldraht, und wir fuhren auf kleinen Loren die Pappelallee hinunter zum Fluß. Der Rabe schwankte noch immer auf Walters Schulter. Die Loren rollten langsam den Wiesenhang hinunter. Plötzlich zog Walter einen Brief aus der Tasche. „Kräh", sagte der Rabe und hackte danach. Aber Walter verwarnte ihn und zeigte in den Schmutzkübel. Der Rabe schwieg. [...]
>
> Die Wächter schrien vorne schon Befehle für die ersten Wagen. Jakob, der Rabe, spannte weit die Flügel und flatterte zu den Flußpappeln hinauf, um die schmutzige Arbeit aus der Adlerperspektive zu überwachen. Ich weiß noch, dass ich in dem Gestank unter einem Baum saß und an den Tränen würgte, die aufsteigen wollten.
>
> Walter leerte seine Kübel, half den anderen, ging immer wieder zurück zur Grube. Er wollte den Kathedralen alles abbitten, er hatte sich wohl an die Stanzen von Rilke erinnert. Die Poesie war wie ein mahnender Engel zu ihm gekommen. Ich zitierte die Stanze nun vor mich hin, und sah dabei auf die fernen Pyrenäen, die wie ein weißes Paradies schimmerten: *Und staunte nur noch, dass sie dies ertrüge – die schwankende gewaltige Genüge...*[14]

Die geschilderte zeugnishafte Szene zielt auf den Alltag in einem Konzentrationslager. Es ist Alltag im Lager von Le Vernet d'Ariège im Südwesten Frankreichs, am Fuße der Pyrenäen, die das damalige Frankreich von Franco-Spanien scheiden. Gustav Regler berichtet von der Tätigkeit des Latrinenleerens, von der auch Max Aub mehrfach zu erzählen wusste: Er war nach seiner ersten Festnahme in Paris am 5. April 1940 zweimal – vom 30. Mai bis 30. November 1940 und vom 6. September bis 24. November 1941 – im selben Lager (wenn auch in unterschiedlichen Abteilungen und Baracken) interniert worden. Max Aub wusste also, wovon er sprach und schrieb, wenn er aus den Lagern in Südfrankreich wie im nordafrikanischen Djelfa berichtete.

---

14 Regler, Gustav: *Das Ohr des Malchus. Eine Lebensgeschichte.* Köln – Berlin: Kiepenheuer & Witsch 1958, S. 453–455. Albrecht Buschmann hat erstmals auf die Anwesenheit des Raben Jakob in Gustav Reglers Erinnerungen aufmerksam gemacht im „Nachwort" zu seiner und Stefanie Gerholds schöner Übersetzung des *Manuscrito Cuervo* in Aub, Max: *Der Mann aus Stroh. Erzählungen.* Aus dem Spanischen von Hildegart Baumgart, Albrecht Buschmann, Susanne Felkau, Stefanie Gerhold, Gustav Siebenmann. Frankfurt am Main: Gatza bei Eichborn 1997, S. 277.

Gustav Regler zählte zu den Abertausenden, die als Kämpfer der Internationalen Brigaden geschlagen die Pyrenäen überquerten, um in den Konzentrationslagern Frankreichs auf-*gefangen* zu werden, konnte später aber wie Aub – wenn auch auf anderen Wegen – nach Mexiko entkommen. Er weist nicht nur auf die Rolle der Lyrik im Konzentrationslager hin, sondern stellt uns auch jenen Raben Jakob vor, der laut Widmung im *Manuscrito Cuervo* mit so vielen (Internierten) bekannt war. Der Rabe war sozusagen eine öffentliche Figur und den Lagerinsassen bekannt. Jacobo war also keine literarische Erfindung eines Schriftstellers, sondern ein real existierendes Wesen am Rande des Lagers. Noch vor der Veröffentlichung der *Lebensgeschichte* aber hatte jener nach dem Brief eines Häftlings hackende Rabe längst selbst zur Feder gegriffen und war – unter tätiger Mithilfe Aubs, der sich in diesem Sinne gerne mit fremden Federn schmückte – zum Autor eines Manuskripts geworden, das seinen Namen als Verfasser trug. Das *Rabenmanuskript* ist folglich kein Manuskript *über* einen Raben: Es stammt vielmehr aus der Feder des Raben Jacobo selbst.

Diese *auctoritas* und die mit ihr verbundene Kommunikationssituation sind innerhalb der Literaturgeschichte des Raben – soweit ich sehe – höchst originell, auch wenn schreibende Tiere in der Welt der Literatur und ihrer Bestiarien nicht unbekannt sind. Der Rabe ist als literarische Figur durchaus beliebt, wobei seine Spannbreite uns von Wilhelm Buschs *Hans Huckebein, der Unglücksrabe* bis zu den eher düsteren Gestalten führt, die in Edgar Allan Poes *The Raven* wohl ihr größtes literarisches Denkmal gefunden haben. Sein unheilverkündendes „Nevermore" ertönt bis heute krächzend durch alle Bilder des Raben hindurch. Noch in Pier Paolo Pasolinis Film *Uccellacci e uccellini* aus dem Jahr 1966 ist ein Rabe der treue Begleiter des Menschen, ganz wie Jacobo als ‚Vogelfreier' aktiv am Lagerleben teilnahm.

In den durch explizite Anspielungen gebildeten literarischen Raum von *Manuscrito Cuervo* wird freilich an herausgehobener Stelle jener Rabe einbezogen, der laut Jacobo das verachtenswerte Produkt eines „fatuo francés, de peluca y pantalón corto",[15] also eines Franzosen mit kurzen Hosen und Perücke sei. Der namentlich nicht genannte, einer breiten Leserschaft aber bekannte Jean de La Fontaine behandelte in seinen Fabeln mehrfach den Raben, der es vergeblich anderen Tieren (und insbesondere dem Adler, wie etwa in *Le Corbeau voulant imiter l'Aigle*) gleichzutun suche. Am berühmtesten aber ist seine Fabel vom Raben und vom Fuchs, *Le Corbeau et le Renard*, deren Eingangsvers in Aubs Rabenmanuskript zitiert wird.[16]

---

15 Aub, Max: *Manuscrito Cuervo*, S. 71.
16 Ebda.

Jenseits der „mala prensa"[17] und der vielen spanischen Sprichwörter und Redewendungen, die den Raben (gewiss nicht nur in Spanien) im Spanischen in schlechtem Licht erscheinen lassen, schreibt die unmittelbare Bezugnahme auf Jean de La Fontaines *Fables* fraglos *Manuscrito Cuervo* in eine Literaturgeschichte sprechender Tiere und mehr noch in eine moralistische Tradition ein, die im Verlauf des gesamten Textes immer wieder intertextuell spürbar wird. Das schwarze Gefieder verleiht Jacobo daher nicht nur vieles, was explizit mit dem schwarzen Gehrock der Priester oder den Talaren von Professoren oder Richtern in Verbindung gebracht wird; er ist nicht nur das Kind von Raneneltern oder jener unheilverheißende Unglücksrabe, der das schreckliche Wort ausspricht, dass das Leiden der Menschen wohl niemals ein Ende nehmen werde: „que la desdicha de los hombres no conocerá fin".[18] Er ist zugleich eine schillernde Figur, in der sich eine Vielzahl literarischer und spezifisch moralistischer Traditionen verkörpern und mit dem real existierenden Raben am Rande des Lagers verbinden. Spannt der Rabe Jacobo seine Flügel, so spiegeln sich auf dem schwarzen Hintergrund die unterschiedlichsten wahren und erfundenen Geschichten.

Doch kehren wir ein letztes Mal auf die Titelseite des *Rabenmanuskripts* zurück! Dort wird mit der Einführung der Figur des Herausgebers Bululú nicht nur eine universitär-akademische Tradition verhohnepiepelt, welcher Max Aub (der trotz Talent und Neigung nie eine Universitätskarriere einschlug) stets in (selbst-)ironischer Distanziertheit gegenüberstand. Denn zugleich wird mit dem Verweis auf den zufälligen Fund eines Manuskripts und die sich daran anschließende notwendige Übersetzung desselben für spanische Leser unübersehbar ein augenzwinkernder Verweis auf Miguel de Cervantes' *Don Quijote* eingebaut, jenen ersten modernen Roman der abendländischen Literaturgeschichte, der sich als in arabischer Sprache abgefasstes *Manuskript* eines Cide Hamete Benengeli ausgab.[19] Mit seiner Herausgeberfiktion knüpfte der spanische Schriftsteller mit dem deutschen Namen folglich an die herausragende und bekannteste Tradition spanischen Erzählens an.

Darüber hinaus stellt der Zusatz, bei Bululú handele es sich um einen ausgewiesenen Chronisten seines Landes und Besucher einiger weiterer Länder, einen direkten Hinweis auf das der Titelseite unmittelbar folgende und dem Chronisten José de Acosta zugeschriebene Motto dar, in welchem die ästhetische Dimension

---

17 Ebda., S. 70.
18 Ebda., S. 110.
19 Vgl. zu dieser intertextuellen Beziehung u. a. Marco, Valeria de: Historia de Jacobo: la imposibilidad de narrar. In: Alonso, Cecilio (Hg.): *Actas del Congreso Internacional «Max Aub y el laberinto español (Valencia y Segorbe, 13–17 diciembre 1993)*. Valencia: Ayuntamiento de Valencia 1996, S. 564–565.

und das Spiel zwischen Kunst und Wirklichkeit vieldeutig beleuchtet werden: „Wahrhaftig besitzen die Werke der göttlichen Kunst ich weiß nicht was an verborgener und geheimer Schönheit, wodurch sie, betrachtet man sie einmal und viele andere Male, einen immer wieder neuen Geschmack erzeugen."[20]

Damit werden das *je ne sais quoi*,[21] das nicht auf den Begriff zu bringende sinnliche Moment des Kunstwerks, der Rätselcharakter von Kunst sowie die gerade in der Rezeption aufscheinende ästhetische Dimension ebenso in den Text Max Aubs eingeblendet wie die Tatsache, dass es sich beim Jesuiten Acosta, dem Verfasser der berühmten *Historia natural y moral de las Indias*, um einen der großen Chronisten der zweiten Hälfte des 16. Jahrhunderts handelt, der als jüngerer Zeitgenosse von Cervantes Spaniens Kolonien und deren indigene Bewohner in Amerika porträtierte und sich mit seinen Schriften großen nicht nur literarischen Ruhm erwarb. Als „cronista" und „visitador" vieler Länder stellte er die Neue Welt als Augenzeuge *und* als distanzierter Chronist dar, wobei er bei der Repräsentation des „Mundus Novus" gegenüber den Indianern als Spanier und als Weißer trotz seiner Augenzeugenschaft eine doppelte Außenperspektive einnahm. Die intertextuelle Vernetzung des *Rabenmanuskripts* ist von Beginn an daher höchst intensiv und verweist auf die großen Traditionen spanischer Prosa im klassischen Zeitalter.

Wie Acosta nehmen Jacobo und Bululú den Status universitär gebildeter Augenzeugen für sich in Anspruch, wobei der Rabe – der mit dem Forschungsstand an den „universidades corvinas",[22] also den Rabenuniversitäten seines Landes bestens vertraut ist – gegenüber der Spezies Mensch zugleich jene Außerhalbbefindlichkeit aufweist, die den Spanier gegenüber der indigenen Welt in Amerika charakterisierte. So kann Jacobo in den seinen Untersuchungen vorangestellten Überlegungen aus zweifacher Sicht den Wahrheitsanspruch seines Textes begründen und wie folgt argumentieren:

> All das, was ich beschreibe oder erzähle, wurde von meinen eigenen Augen gesehen und beobachtet und auf meinen Karteikarten täglich festgehalten. Nichts habe ich der Phantasie – dieser Feindin der Politik – oder der Einbildungskraft – dieser Feindin der Kultur – überlassen.

---

20 Aub, Max: *Manuscrito Cuervo*, S. 46: „Realmente tienen las obras de la divina arte no sé qué de primor como escondido y secreto, con que, miradas unas y otras muchas veces, causan siempre un nuevo gusto."
21 Vgl. hierzu den schönen Aufsatz von Köhler, Erich: „Je ne sais quoi". Ein Kapitel aus der Begriffsgeschichte des Unbegreiflichen. In (ders.): *Esprit und arkadische Freiheit. Aufsätze aus der Welt der Romania*. Frankfurt am Main: Athenäum 1966, S. 230–286.
22 Aub, Max: *Manuscrito Cuervo*, S. 58.

> Alle hier berichteten Tatsachen wurden nicht kraft meines Willens herangezogen, sondern weil sie sich so ereigneten. Ich habe alle Berichte abgelehnt, die mir verdächtig erschienen, selbst wenn der Informant mir glaubwürdig schien. Ich habe die strengstmögliche Vorgehensweise befolgt.[23]

Wir haben es folglich mit ernstzunehmenden Wissenschaftlern zu tun, deren Berichten wir vertrauen sollten. Max Aub verwendet im Grunde dieselben Argumente wie in seinem *Diario de Djelfa*, diesmal aber, indem er sie teilweise in den Mund von Tieren legt. Jacobo und Bululú sind nicht nur Augenzeugen des von ihnen jeweils Berichteten, sondern verfügen zugleich über quellen- und textkritische Methoden, die ihre Darstellungsweise wissenschaftlich absichern sollen. Nehmen wir all dies einmal näher in Augenschein!

Während Bululús Name auf den „comediante que actuaba en solitario, imitando con su voz la de los diversos personajes de la comedia representada",[24] auf den Komödianten, der die Stimmen aller Figuren imitiert, und damit gleichsam auf das Spiel im Spiel des Theaters (erneut im *Siglo de Oro*) zurückverweist, ist der Name des Übersetzers, Aben Máximo Albarrón (dessen Vorname leicht zum ‚Raben' ergänzbar wäre), in seiner arabisierten Form durchsichtig sowohl auf die Manuskriptfiktion des *Quijote* als auch auf den Namen des realen Autors, der nicht zufällig in die Rolle des Übersetzers schlüpft und aus dieser Position nicht allein für die Übersetzung, sondern auch für eine Reihe von Fußnoten verantwortlich zeichnet. Anders als Jacobo und Bululú, anders aber auch als der reale Autor Max Aub handelt es sich bei ihm um eine extradiegetische, der Welt des Konzentrationslagers fremde Figur, die es sich beispielsweise erlauben kann, manche Vorkommnisse, aber auch die Figur des Raben Jacobo selbst gleichsam ‚von außen' zu konturieren. So zögert er beispielsweise nicht, in einer Fußnote Jacobo des Rassismus anzuklagen.[25]

Auf diese Weise zeichnet sich ausgehend von der semantisch äußerst dichten Titelseite eine recht komplexe Erzählmaschinerie ab, die man mit José Antonio Pérez Bowie in fünf verschiedene Ebenen (deren ‚Sender' Jacobo, Aben Máximo Albarrón, J.R. Bululú, ein impliziter sowie der reale Autor wären) einteilen könnte.[26] Ihr eigentlicher Reiz besteht gleichwohl darin, dass diese verschiedenen Kommunikationskreisläufe sich wechselseitig in Bewegung setzen, interagieren und sich vor allem auf eine Weise durchdringen, die ein komplexes Gewebe und *Text*gefüge entstehen lässt, welches für die Leserschaft eine ganze Reihe an Überraschungen bereithält.

---

23 Ebda.
24 So die Anmerkung von José Antonio Pérez Bowie in ebda., S. 173.
25 Aub, Max: *Manuscrito Cuervo*, S. 72.
26 Vgl. hierzu Pérez Bowie, José Antonio: Estudio introductorio, S. 24–28.

Somit entsteht eine dynamische, in fortwährender Bewegung befindliche und ständig die Perspektiven wechselnde Erzählwelt, in welcher der Bericht des Augenzeugen über das Konzentrationslager am Fuße der Pyrenäen in der Hauptsache jener Erzählinstanz überantwortet wird, die zwar den Anspruch auf die Wahrhaftigkeit ihres Berichts betont, durch ihre Zugehörigkeit zur (literarischen) Tierwelt aber unverkennbar dem Pol der Fiktion zugeordnet wird. Max Aub hat ganz im Sinne des Zitats von Hannah Arendt zur Glaubwürdigkeit von Augenzeugenberichten aus den Konzentrationslagern die Lehren aus einer dokumentarischen Augenzeugenschaft gezogen, indem er nun diese testimoniale Dimension mit der Fiktion vermischt und als verlässlichen Augenzeugen einen (hochliterarischen) Raben auswählt.

Dadurch entsteht eine Ebene des Zweifels und der schillernden Ungewissheit, ist in dieser literarischen Konfiguration der Erzählmaschinerie doch nicht die Erzählung, sondern der Erzähler selbst fiktional und „unreliable". Denn wer weiß schon, wie vertrauenswürdig der Philologe und sein literarischer Übersetzer sind? Beiden ist nicht vorbehaltlos zu trauen, könnte die Präsenz ihrer Stimmen im Paratext doch dazu dienen, ihre Anwesenheit im ‚eigentlichen' Text, den *philologus in fabula*, nur umso wirkungsvoller zu verschleiern.

Damit zeichnet sich eine erzähltechnische Strategie Max Aubs ab, die der von Hannah Arendt skizzierten Problematik der Augenzeugenberichte aus den Konzentrations- und Vernichtungslagern gerade entgegengesetzt ist. Es handelt sich dort um reale Augenzeugen, die von realen Erlebnissen berichten, aber bei ihrer Leserschaft nicht selten auf ein Glaubwürdigkeitsdefizit stoßen, da sie dem ‚gesunden Menschenverstand' zu widersprechen scheinen. Max Aubs *Manuscrito Cuervo* lässt dagegen eine Tiergestalt als Augenzeuge auftreten, die zweifellos ein reales Vorbild im Konzentrationslager gehabt haben dürfte. Als sprach- und schriftbegabte, in einer literarischen Tradition stehende Figur ist diese Tiergestalt aber ebenso erkennbar fiktionalen Zuschnitts wie die Übersetzungs- und Editionsinstanzen, die diesem Text zugeordnet werden.

Damit wird einer in der Realität verankerten Fiktion die Aufgabe übertragen, Glaubwürdigkeit, Verständigung und Betroffenheit angesichts der dargestellten Ereignisse gerade jenseits des ‚bon sens' zu erzeugen. „La locura si buena no se cura",[27] so eine Fußnote Bululús, der sich angesichts völlig willkürlicher Verhaftungen und Internierungen in die Welt des spanischen Sprichworts flüchtet. Es ist aufschlussreich, dass sich angesichts des Wahnsinns von Krieg und Verfol-

---

[27] Aub, Max: *Manuscrito Cuervo*, S. 75. Man könnte das Sprichwort wie folgt verdeutschen: „Ist der Wahnsinn gut, geht er nicht kaputt."

gung, Vertreibung und Vernichtung Max Aub ebenso wie Werner Krauss mit dem ungeheuer reichen Schatz spanischer Sprichwörter intensiv beschäftigten.[28]

Max Aub zog genauso wie Werner Krauss die Konsequenzen aus einer Dialektik der Aufklärung, die Tod und Vernichtung aus einem Höchstmaß an Rationalität hervorbrachte. Denn er wusste sehr wohl: Dem Irrationalen ist mit rationalen Mitteln allein nicht beizukommen. Damit löst sich das Faktische nicht im alptraumartig Fiktionalen auf; vielmehr erhebt das Fiktionale fundamentalen Anspruch auf die Schaffung einer (Erzähl-)Welt, welche die von Arendt beklagte Kommunikationslosigkeit der Augenzeugenberichte überwindet und eine komplexe kommunikative Situation herstellt, die zwischen Faktizität und Fiktionalität pendelt. Man könnte all dies als Max Aubs Theorie des kommunikativen Raben bezeichnen, in welcher der reale Autor im Hintergrund, als *figura* jedoch allgegenwärtig bleibt. Aber es gilt: *Tal cuervo, tal huevo.*[29]

Aus dieser Perspektive lässt sich verstehen, warum die selbstbezügliche Parodie des Autornamens gerade auf die Funktion des Übersetzers aus der Rabensprache zielt. Denn dies ist die Instanz, welche die Verbindung zwischen zwei oder mehreren sprachlichen und kulturellen Welten herstellt und zwischen beiden pendelt. Im Translatorischen – und nicht im Testimonialen – scheint jene zentrale Aufgabe des Übersetzers auf, die im *Manuscrito Cuervo* beherzt angegangen wird. Denn es geht im Kern darum, das Erlebte und Erfahrene sinnlich – das heißt ästhetisch – erfahrbar und nacherlebbar zu machen.

Das Oszillieren zwischen zwei korrespondierenden Welten, das es im Augenzeugenbericht aus den Konzentrationslagern mit dem höchst unerwünschten Effekt einer unkontrollierbaren, alptraumartigen ‚Fiktionalisierung' zu tun bekam, wird hier bewusst und kontrolliert dazu verwendet, Fiktionalität und Faktizität intensiv miteinander in Austausch und Wechselwirkung zu setzen. Dieses Aubs *Rabenmanuskript* auszeichnende Pendeln zwischen jenen Polen, die man auf der Textebene als Fiktion und Diktion verstehen darf, lässt sich am besten wohl als *Friktionalität*[30] bezeichnen: Hier wird das außersprachlich Referentialisierbare mit dem Fiktionalen unauflösbar verwoben.

---

28 Vgl. hierzu den erstmals 1946 veröffentlichten Band von Krauss, Werner: *Die Welt im spanischen Sprichwort – spanisch und deutsch*. Leipzig: Verlag Philipp Reclam ²1971. Auch Werner Krauss weiß vom Raben: „Der Rabe kann nicht schwärzer sein als seine Flügel / No puede ser el cuervo más negro que sus alas" (S. 99). Diese Spruchweisheit figuriert auch in der kleinen Sammlung von Rabensprüchen, die der Sammler Max Aub unter der Überschrift „De nosotros para con ellos" zusammentrug (*Manuscrito Cuervo*, S. 70).
29 Ebda.
30 Vgl. zu diesem Begriff das Kapitel „Fiktion, Diktion: Friktion" in Ette, Ottmar: *Roland Barthes. Eine intellektuelle Biographie*. Frankfurt am Main: Suhrkamp 1998, S. 308–312.

Betrachten wir *Manuscrito Cuervo* als einen die Grenzziehungen zwischen Diktion und Fiktion ständig unterlaufenden Text, dann verstehen wir besser, warum Max Aub seine Erzählinstanzen als grenzüberschreitende Figuren angelegt hat. Aben Máximo Albarrón pendelt zwischen fingiertem Übersetzer- und realem Autornamen sowie zwischen den fingierten und doch faksimiliert wiedergegebenen Schriftzeichen der Rabensprache und der Alphabetschrift des Spanischen, während Bululú ausgehend von seinem ‚unwahrscheinlichen', auf einer Theatertradition beruhenden Namen seine philologischen Prinzipien auf ein in seinem Koffer vorgefundenes und zugleich erfundenes unveröffentlichtes Manuskript anwendet. Auf den verschiedensten Ebenen handelt es sich beim *Manuscrito Cuervo* um einen Bewegungs-Text, der seine oszillierenden Dynamiken quer durch alle Erzählvorgänge, von den unterschiedlichen Erzählinstanzen über die jeweils stärker diktional oder fiktional angelegten Erzählmuster bis hin zu den verschiedenartigen Erzählformen anlegt.

Mehr noch als Bululú, dessen erste Worte zu Beginn seines Prologs das Verlassen des Lagers und damit die Überschreitung der durch Stacheldraht und Wachmannschaften gesicherten Grenze zwischen ‚Innenraum' und ‚Außenraum' akzentuieren, ist Jacobo – dessen Name in der jüdischen und christlichen Tradition stets an die Thematik der Geburt, der Gründung der zwölf Stämme Israels sowie an die Verbindung zwischen irdischer und überirdischer Sphäre erinnert – im wahrsten Sinne des Wortes ein Zaungast, der sich bald außerhalb, bald innerhalb des Konzentrationslagers bewegt und gegenüber der von ihm primär angesprochenen Lesergemeinschaft der Raben eine vermittelnde und übersetzende Funktion einnimmt. Er bewegt sich zwischen den Welten hin und her, ist der Sprache der Raben wie jener der Menschen mächtig und vergnügt sich gleichwohl damit, die Welt der Menschen aus einer vorgeblich objektiv-wissenschaftlichen, in Wahrheit aber rabenzentrischen Perspektive zu betrachten. Bei ihm, bei diesem Jakobus, hat Max Aub den Geburtsvorgang dieses Erzähltextes angelegt.

Jacobo, der übersetzte Übersetzer, beschreibt die Menschen als Lebewesen, denen fehlt, was die Raben auszeichnet: Flügel, Gefieder, Unabhängigkeit und Zusammengehörigkeitsgefühl. Stattdessen verfügen sie nur über Arme, kriechen wie die Würmer am Boden, sind auf Kleidung angewiesen, teilen sich in Genealogien und Nationalitäten auf und grenzen einander ständig aus, ja bekämpfen sich offen. Alles Schwarze wird von Jacobo anders als bei den Menschen positiv gesehen, Musik und Sprachklang (und damit auch die Worte selbst, welche die Menschen so gerne mit der Realität verwechseln) erscheinen als ephemere und oberflächliche Phänomene und Beschäftigungen. Wie in den

Chroniken der Neuen Welt wird das Eigene zum universalen Maßstab, das Andere aber zur Abweichung, zur Devianz, die als inferior stigmatisiert wird.[31] Und doch erlaubt diese rabenschwarze Einfärbung vielfache Perspektivenwechsel, welche der Erzähltext mit seinen Leserinnen und Lesern mit immer neuen Überraschungen durchspielt.

Die Gesamtheit des Textes von *Manuscrito Cuervo* besteht zunächst – wie wir sahen – aus einem komplex aufgebauten Paratext, der sich im Wesentlichen aus einer wohldurchdachten Titelseite, einem Vorwort des Herausgebers nebst Motto, einem Inhaltsverzeichnis, das vielfältige Parallelen zu Acostas *Historia natural y moral de las Indias*, aber nur wenige Entsprechungen zum Rabenmanuskript selbst aufweist, und einem kurzen Einleitungstext Jacobos zusammensetzt, der seinerseits als „Schwellentext" mit Blick auf die nachfolgenden Texte bezeichnet werden kann. Zum Paratext sind aber auch die Fußnoten und Anmerkungen von Herausgeber und Übersetzer wie auch die Überschriften der – unter Einschluss der „Consideraciones preliminares de mí" – insgesamt neunundfünfzig mehr oder minder kurzen Texte zu zählen, in die sich *Manuscrito Cuervo* gliedert.

Daraus ergibt sich eine recht auffällige Gesamtstruktur. Erst die sorgfältige Einbettung dieser Kurztexte führt vor Augen, dass die Anlage des Gesamttextes auf einem fragmentarischen, in viele verschiedene Teile zerfallenden Schreiben beruht, das durch eine große Zahl an Diskontinuitäten und Brüchen geprägt ist. Daraus ergibt sich eine archipelische Strukturierung mit unzähligen Text-Inseln und Inselchen, die untereinander in Beziehung stehen. Dies erlaubt zwar stellenweise eine inhaltliche und thematische Bündelung, wie sie in den jeweiligen Überschriften der Kurztexte zum Ausdruck kommt, induziert vor allem aber eine hohe Mobilität beim Springen von Textinsel zu Textinsel, von Perspektive zu Perspektive, was durch den heterogenitätsschaffenden Einbau von Dialogen, Definitionen, Sprichwörtersammlungen,[32] eines Gedichts[33] oder anderer Textbausteine verstärkt wird.

Auf diese kunstvolle und ingeniöse Weise zeichnet sich eine Form experimentellen Schreibens ab, wie sie Max Aub wenige Jahre später in *Jusep Torres Campalans*, dem von vielen lange Zeit für glaubwürdig gehaltenen Portrait eines von ihm erfundenen Malers der katalanischen Avantgarde, in einer gleichsam kubistischen, multiperspektivischen Weise in die Praxis umsetzen sollte.[34] Max

---

31 Vgl. Todorov, Tzvetan: *La conquête de l'Amérique. La question de l'autre.* Paris: Seuil 1982.
32 Vgl. Aub, Max: *Manuscrito Cuervo*, u. a. S. 88.
33 Ebda., S. 143–145.
34 Vgl. zu diesem wichtigen Scharniertext zwischen Avantgarde und postavantgardistischer Ästhetik das diesem Roman Max Aubs gewidmete Kapitel in Ette, Ottmar: *Von den historischen Avantgarden bis nach der Postmoderne*, S. 549 ff.

Aubs Schreiben bewegt sich unaufhörlich zwischen den Ästhetiken der Avantgarde sowie der Postavantgarde und damit auf dem Weg in experimentelle Schreibformen der Postmoderne, die sich hier ihren kreativen Weg bahnen.

Eine solchermaßen zwischen den verschiedenen Text-Inseln hin- und herspringende, diskontinuierliche Strukturierung – im Sinne einer offenen Struktur – vervielfacht die Möglichkeiten *friktionalen* Schreibens, da die Wechsel zwischen dominant narrativen oder deskriptiven, lyrischen oder diskursiven Modi abrupt gestaltet werden können. Schreibformen des Gedichts wie der wissenschaftlichen Abhandlung, des Prologs wie einer aktentypischen Datenerhebung, der literarischen Erzählung oder einer heimatgeschichtlichen Auflistung bilden ein hochgradig heterogenes Textkorpus, das durch ständige Sprünge und Abbrüche gekennzeichnet ist. So wie die Konzentrationslager in Europa von Italien, Spanien und Frankreich über Deutschland und Polen bis in die Lager der Sowjetunion Archipele von Inseln bilden – nicht umsonst ist mit Blick auf die sowjetischen Lager vom „Archipel GULAG" die Rede –, so bilden die Text-Inseln Max Aubs ein System mobiler Relationen und Archipele, die miteinander in lebhaftem Austausch stehen.

Dabei kommt der gezielten Auslassung von Informationen, vor allem aber der Hinzufügung oft unscheinbarer Elemente eine große Bedeutung zu. So erscheint das Lager von Le Vernet ab der Titelseite unter der Bezeichnung „Vernete", so dass – wie schon beim Übersetzernamen – die Hinzufügung auf das einer referentialisierbaren Wirklichkeit künstlich und nicht selten kunstvoll ‚Hinzugefügte' aufmerksam macht und auf dieser Grundlage eine eigene, markierte Wirklichkeit schafft. „Vernete" ist – wie viele andere erweiterte Textelemente auch – weder allein dem Pol des Faktischen noch allein jenem des Fiktionalen zuzuweisen: Es ist das Lager von Le Vernet, in dem Max Aub zweimal interniert wurde, bevor man ihn nach Djelfa deportierte, und zugleich mehr: „algo más." Dies macht – um mit den Acosta zugeschriebenen Worten zu sprechen – wahrhaftig die Besonderheit und den Rätselcharakter der „obras de la divina arte"[35] aus. Denn sie sind anderes und weit mehr als eine simple ‚Widerspiegelung' von Realität, um es mit einem vielfach vulgärmarxistisch gebrauchten Ausdruck zu sagen.

So verwundert es auch nicht, dass Max Aub nicht umhin konnte, dem Wappen von Foix ein kleines, unscheinbares, aber den Charakter des *Friktionalen* betonendes Element hinzuzufügen: einen Dreizack;[36] seien die Ursprünge der Focenses, der Gründer des nahegelegenen Foix, doch maritimer Natur. Die

---

35 Ebda., S. 46.
36 Ebda., S. 64. Vgl. hierzu Naharro-Calderón, José María: Epílogo: De „Cadahalso 34" a Manuscrito Cuervo: el retorno de las alambradas. In: Aub, Max: *Manuscrito Cuervo*, S. 227.

leichte Abweichung, die Differenz durch Hinzufügung, erzeugt zwar nicht die Friktion, markiert sie aber – abhängig vom Kenntnisstand der jeweiligen Leserinnen und Leser – mehr oder minder deutlich. Durch das Einschmuggeln außersprachlich nicht referentialisierbarer Details, durch die Einführung leichter Veränderungen entsteht gleichsam ein – wie sich mit Jorge Luis Borges sagen ließe – *Orbis Tertius*[37] der Literatur und damit jenes „algo más", jenes „etwas mehr", das im Sinne von Max Aub die Literaturen der Welt auszeichnet.

Diese diskreten Grenzüberschreitungen zwischen „fictions" und „facts" werden durch die Infragestellungen von Territorialisierungen jeglicher Art verstärkt. Schon in seinen Vorüberlegungen verweist Jacobo aus rabenzentrischer und für die Raben schreibender Perspektive auf die unter den Menschen übliche Kopplung von Nativität und Nationalität, auf die wir in unserer Vorlesung im Zusammenhang mit der Funktion der Geburt schon mehrfach gestoßen waren:

> Es ist nun einmal so, dass ich nicht weiß, wo ich geboren wurde. Ich halte diesen Aspekt für wichtig, weil die Menschen sich entschieden haben, dass der Ort, wo sie zum ersten Male das Licht der Welt erblicken, von höchster Transzendenz für ihre Zukunft ist. Mit anderen Worten: Anstatt in einem Nest A geboren zu werden, wird man im Nest B geboren, und damit verändern sich die Lebensbedingungen voll und ganz. Wenn Sie in Peking geboren wurden, so werden sie gütlich zu einem Chinesen erklärt; wenn sie auf die selbige Weise ein Bewohner von Buenos Aires aber sind, werden sie zum Argentinier, und dabei ist es gleich, ob sie weiß, schwarz, gelb oder kupferfarben aussehen. Zur größeren Klarheit kommen die Reisepässe noch hinzu. Könnt Ihr Euch einen französischen Raben oder einen spanischen Raben vorstellen, und dies allein auf Grund der Tatsache, auf der einen oder der anderen Seite der Pyrenäen geboren worden zu sein? [...] Das heißt, dass sie die Vaterschaft mit dem Boden verbinden, was das Resultat sehr alter Riten sein muss. Ihre Territorien symbolisieren sie mit bunten Flaggen. Diese verändern sich mit den Zeiten und mit den Beflaggungen.[38]

An dieser wie an vielen anderen Stellen erweist sich die Perspektive des Raben auf die menschlichen Gesellschaften als höchst produktiv. Denn die Weltsicht eines Raben, dem nichts Menschliches fremd ist, erlaubt dank ihrer Außenperspektive eine fundamentale Infragestellung von Gepflogenheiten, Gesetzen und Grenzziehungen unter den Menschen, die zwar – wie etwa die Verbindung von Territorialität und Identität – von den Menschen als ‚natürlich' dargestellt werden, sich aus der Außenperspektive aber rasch als völlig arbiträr und damit kulturell bedingt zu erkennen geben. Grenzen erweisen sich als Fiktionen, die gleichwohl höchst real sind und das Leben und Zusammenleben der Menschen

---

[37] Vgl. Borges, Jorge Luis: Tlön, Uqbar, Orbis Tertius. In (ders.): *Obras Completas*. Bd. 1. Barcelona: Emecé Editores 1996, S. 431–443.
[38] Aub, Max: *Manuscrito Cuervo*, S. 53f.

beherrschen. Doch sind sie ebenso veränderlich wie die Fahnen, welche sie bezeichnen und voneinander abgrenzen. Die für Jacobo unbegreifliche Territorialisierung des Denkens und Handelns löst sich nicht in Luft auf, verliert aber gerade dadurch an Solidität, dass sie von Natur in Geschichte umgewandelt und durch ihre Rückverwandlung in das Ergebnis eines geschichtlichen Prozesses entmythologisiert wird.[39] Aus der Vogelperspektive wird vieles klarer!

Max Aub greift überdies auf eine literarische Tradition zurück, die sich in der französischen Literatur bereits im ausgehenden 17. Jahrhundert entwickelte, im aufklärerischen Projekt von Montesquieus *Lettres persanes*, aber dann ihren bis heute vielleicht prägnantesten und literarisch überzeugendsten Ausdruck fand.[40] Die Außensicht imaginierter Perser auf eine ihnen fremde Pariser Welt erlaubte es dem jungen Montesquieu, in der multiperspektivischen Form des Briefromans nicht nur die Formen inter- beziehungsweise transkultureller Wahrnehmung zu reflektieren. Vielmehr beleuchtete er auch die so natürlich scheinenden Selbstverständlichkeiten, Riten und Mythen – von der in Stände gegliederten Kleidung über das Verhalten in Opernhäusern (für das sich auch Jacobo interessiert) bis hin zum hierarchischen Aufbau von Klerus und Staat – als arbiträre kulturelle Setzungen und interessegeleitete Klassifizierungen. Mit Hilfe dieses im Grunde simplen Verfahrens wird ‚Natur' in der Menschheitsgeschichte in ‚Kultur' zurückverwandelt: Die Riten menschlichen Zusammenlebens erscheinen als kulturelle Setzungen und damit als veränderbar.

Damit stehen sich nicht länger das ‚Eigene' und das ‚Fremde' unversöhnlich gegenüber. Im Verfahren der Verfremdung und dem dadurch erzeugten Fremdwerden des Eigenen wird im ernsthaften Spiel das Eigene wie das Fremde neu perspektiviert: Fremdes und Eigenes stehen sich nicht mehr als ‚natürliche' Wesenheiten fremd gegenüber, sondern erweisen sich als aufs Engste miteinander verflochtene kulturelle Zuschreibungen, die verändert werden können.[41] Aus Jacobos nicht weniger imaginierter Rabenperspektive schreibt sich Max Aub in diese philosophisch-aufklärerische Tradition ein, wobei ihm der Rückgriff auf die Sichtweise eines der Menschheit fremd und verfremdend gegenüberstehenden Tieres ermöglicht, zusätzlich zur lokalen südwestfranzösischen und regional westeuropäischen auch eine weltumspannende, weltpolitische und die gesamte Menschheit erfassende Sichtweise zu entwickeln. Max Aubs literarisches Projekt hat nicht allein einen moralistischen, sondern auch einen bisweilen stark verfremdeten aufklärerischen Grundzug, in welchem einige der zentralen Elemente

---

39 Vgl. zu diesem Verfahren Barthes, Roland: *Mythologies*. Paris: Seuil 1957.
40 Vgl. hierzu das den *Lettres persanes* gewidmete Kapitel im fünften Band der Reihe „Aula" in Ette, Ottmar: *Aufklärung zwischen zwei Welten*, S. 111 ff.
41 Vgl. hierzu Kristeva, Julia: *Etrangers à nous-mêmes*. Paris: Librairie Arthème Fayard 1988.

der Philosophie dieses zwischen verschiedenen Kulturen und Sprachen pendelnden Schriftstellers zum Ausdruck kommen.

Das Leiden an willkürlichen Einteilungen und Grenzziehungen der Menschen verfolgte Max Aub zeit seines Lebens, im Grunde bereits von jenem Augenblick der Geburt und der mit ihr verbundenen Namensgebung an, mit der die Zuschreibung einer nicht nur individuellen Identität verbunden ist. Auf diese „Identity Markers" werden wir noch zu sprechen kommen. Geburt, Nativität und Namensgebung beschäftigten Max Aub ein ganzes Leben lang. So vermerkte er in seinem mexikanischen Exil, in das er aus der Hölle der Konzentrationslager entkommen war, am 2. August 1945 in seinem Tagebuch:

> Welch ein Schaden war es für mich, in unserer vernagelten Welt von nirgendwoher zu sein! So zu heißen, wie ich nun einmal heiße, mit einem Vor- und einem Nachnamen, die aus dem einen wie dem anderen Land stammen könnten... Im gegenwärtigen Klima eines vernagelten Nationalismus in Paris geboren und Spanier zu sein, einen in Deutschland geborenen spanischen Vater und eine Pariser Mutter mit ebenfalls deutscher Herkunft, aber slawischem Nachnamen zu haben und mit diesem französischen Akzent zu sprechen, der mein Kastilisch zerreißt – welch ein Schaden war all dies für mich! Der Agnostizismus meiner freidenkerischen Eltern, in einem katholischen Land wie Spanien, oder ihre jüdische Abstammung in einem antisemitischen Land wie Frankreich – wieviel Verdruss, wieviel Erniedrigung hat mir all dies eingetragen! Welch eine Schmach! Manches von meiner Kraft – von meinen Kräften – habe ich darauf verwandt, gegen solch schändliches Denken anzukämpfen.
>
> Doch sei trotz alledem und zum Ruhme seiner Größe festgehalten, dass es Spanien ist, wo am wenigsten dieser feige Nationalismus, dieser rohe Bodensatz unserer Epoche, floriert – auch wenn dies unglaublich erscheinen mag. Dort musste ich niemals hören, was ich andernorts, hier und dort, als Lohn dafür zu hören bekam, ein Mensch zu sein, ein Mensch wie jeder andere.[42]

Die Abfolge seiner Verfolgungen führte Max Aub nicht zuletzt auf seine Geburt und auf seine Namensgebung mit Vor- und Nachnamen zurück, die von überall sein konnten, aber nicht leicht territorialisierbar waren. Die schmerzhafte Aufzählung all jener Grenzziehungen, die ihn seit seiner Geburt immer wieder marginalisierten und ausgrenzten, ihn – im Sinne Hannah Arendts – überall in Europa zum Paria werden ließen, leitet über zur Konturierung des Menschen *an und für sich*, eines Menschen, der als un „hombre como cualquiera" nicht nur toleriert, sondern in seiner Differenz anerkannt und respektiert werden will. Doch bei aller Liebe zu Spanien, die in so vielen seiner Texte immer wieder hervortritt – trotz all der Grausamkeiten, die er dort miterleben musste –, wollte

---

[42] Aub, Max: *Diarios (1939–1972)*. Edición de Manuel Aznar Soler. Barcelona: Alba Editorial 1998, S. 128 f.

Max Aub nicht als Spanier und nicht als Franzose, nicht als Deutscher und nicht als Mexikaner, nicht als Jude und nicht als Agnostiker, sondern als ein Mensch in seiner vollen geistigen und kulturellen Entfaltung verstanden werden. Innerhalb jenes Zeitraums, den Max Aub im 20. Jahrhundert erlebte, war dieser Wunsch für ihn aber unendlich schwer zu erfüllen.

Der kreative Ort, die ersehnte Heterotopie für diese Wunscherfüllung aber war für ihn die Literatur. Jacobos Rabenperspektive auf die Menschen und die Menschheit erlaubt es Aub, von außen her die Frage nach den Bedingungen des menschlichen Lebens und nach den Mechanismen von Eingrenzung und Ausgrenzung *auf spielerische Weise* und mit den Mitteln der Literatur gleichsam experimentell zu stellen. Literatur wurde spätestens seit der Erfahrung der Konzentrationslager zum Versuchslabor seines Lebens, zu jenem Experimentierraum, in welchem er sich *als Mensch* voll entfalten konnte.

Wie aber richtet sich Aub dieses literarische Versuchslabor seines Lebens ein? Wie gestaltet er diesen Experimentierraum literarisch? Es verwundert nicht, dass er sich in seiner Literatur die unterschiedlichsten Namen gab und die verschiedenartigsten Identitätszuschreibungen verlieh. Dabei handelt es sich um Namensveränderungen, die wir auch im paratextuellen Apparat dieses *Manuscrito Cuervo* wie schon in einer anderen Vorlesung in seinem *Jussep Torres Campalans* konstatieren konnten. Das offene Spiel mit literarischen Pseudonymen und mit unterschiedlichen „noms de plume" manipuliert die eigene Geburt und vor allem die mit ihr einhergehende Namensgebung: Mit einem Federstrich schafft sich Aub eine andere Welt und ein anderes literarisches Gefieder.

Doch ein weiteres[43] kommt hinzu: Das Spiel zwischen Vorfinden und Erfinden, zwischen fiktional erzeugter Realität und real fundierter Fiktionalität lässt eine Friktionalität entstehen, deren hohe Reibungsenergie es dem ‚homo ludens' Max Aub gestattet, ebenso die Grenzziehungen zwischen Fiktion und Realität als auch jene zwischen Spiel und Ernst literarisch außer Kraft zu setzen. Die Auseinandersetzung mit den Totalitarismen seiner Zeit lässt Aub die Elemente und Ursprünge einer totalen Friktion entwickeln, die freilich – wie wir noch sehen werden – ihrerseits an spezifische Grenzen stößt.

Dabei wird ihm das Konzentrationslager nicht nur zu einem wichtigen Ausgangspunkt bei der Untersuchung von Mechanismen der Ausgrenzung und Eingrenzung, sondern zum Paradigma menschlichen Lebens (und wohl auch Sterbens) überhaupt. Das Konzentrationslager ist folglich kein ‚Betriebsunfall'

---

43 Vgl. hierzu Ette, Ottmar: Weiter denken. Viellogisches denken / viellogisches Denken und die Wege zu einer Epistemologie der Erweiterung. In: *Romanistische Zeitschrift für Literaturgeschichte / Cahiers d'Histoire des Littératures Romanes* (Heidelberg) XL, 1–4 (2016), S. 331–355.

der Geschichte, sondern steht für ein Zusammenleben, für eine Konvivenz zwischen den Menschen ein, die es im Folgenden zu untersuchen gilt. Denn wir nähern uns hier zweifellos einer der für die literarische Kreation entscheidenden Konfigurationen im Universum des Max Aub.

Fassen wir an dieser Stelle unserer Vorlesung die Ergebnisse unserer bisherigen Auseinandersetzung mit Max Aubs ‚kleinem' Welt-Fraktal zusammen: Wie in einem Brennspiegel laufen die semantischen Grundlinien von *Manuscrito Cuervo* auf dessen hochgradig verdichteter Titelseite zusammen. Ähnlich bildet das Konzentrationslager von Vernete, welches das Lager von Le Vernet, aber zugleich „algo más" – viele andere Lager ist –, jenen Brennpunkt, von dem aus paradigmatisch das Leben der Menschen an sich und für sich aufgestellt, dargestellt und zur Schau gestellt werden kann. Denn das *Rabenmanuskript* ist sicherlich einer der spielerischsten, aber auch philosophischsten Texte aus der Schreibwerkstatt von Aub. Erst mit der Schaffung der mobilen, aus Sicht der Menschen exzentrischen und territorial grenzüberschreitenden Beobachterperspektive Jacobos gelingt es dem in Frankreich geborenen, in Spanien aufgewachsenen sowie zum Schriftsteller gewordenen und später in Mexiko exilierten Aub, von höherer Warte aus das Lager zu überblicken und in größter Verdichtung mit der Frage nach dem Leben des Menschen zu verknüpfen. So entsteht gleichsam aus der Vogelperspektive eine Anthropologie in pragmatischer Hinsicht – und aus der Sicht eines sich mit seinen eigenen wie mit anderen Federn schmückenden Raben.

In seinem mexikanischen Exil sehnte sich Aub danach, von Zeit zu Zeit wieder nach Europa zurückkehren zu können. Seine den unterschiedlichen europäischen Ländern gegenüber kritische Haltung verlor er dabei keineswegs. In einem Brief vom 22. Februar 1951 aus Mexiko an den damaligen französischen Staatspräsidenten Vincent Auriol protestierte Max Aub gegen die Ablehnung seines Antrags auf ein Visum, das ihm erstmals wieder den Besuch im Frankreich der Nachkriegszeit ermöglicht hätte. Dabei verwahrte er sich energisch gegen jene anonyme Denunzierung und Anschuldigung, ein gefährlicher Kommunist zu sein, welche ihm Verfolgung, Gefängnis und Lageraufenthalte im Stade Roland Garros, in Le Vernet und Djelfa eingebracht hatte, und beschrieb seinen Lebensweg ebenso lapidar wie bitter:

> Ich bin Schriftsteller, Spanier und war 1936 und 1937 Kulturattaché der Botschaft Spaniens in Frankreich. Lassen wir beiseite, dass ich in Paris auf die Welt kam, was der ganzen Situation nur etwas Tragikomisches verleihen könnte. Im März 1940 wurde ich auf Grund einer möglicherweise anonymen Denunzierung festgenommen, weil ich – wie ich erst später erfuhr – Kommunist sei. Ich lernte Konzentrationslager – in Paris, Vernet, Djelfa –,

Gefängnisse – in Marseille, Nizza, Algier – kennen, wurde in Handschellen quer durch Toulouse geführt, um im Laderaum eines Schiffs für Viehtransporte in die Sahara zur Arbeit und anderen Annehmlichkeiten, die man den Antifaschisten zugedacht hatte, abtransportiert zu werden. Leider ist all dies nichts Besonderes [...].[44]

Dieser Brief an den französischen Staatspräsidenten ist für Aubs diktionale Schreibweise, die stets gerade auf der nicht gegebenen Außergewöhnlichkeit seines Schicksals besteht, sehr charakteristisch. Die dramatischen Lebenserfahrungen des in Paris geborenen Schriftstellers vom Beginn des Spanischen Bürgerkriegs bis zu seiner nach vielen Hindernissen endlich geglückten Flucht nach Mexico am 10. September 1942 hatten den engagierten Verfechter und zeitweiligen diplomatischen Vertreter der spanischen Republik bald schon davon überzeugt, dass sein Schicksal nur eines unter vielen vergleichbaren seiner Epoche war.

Damit aber stand Aubs Leben im besten aristotelischen Sinne für die Lebenserfahrung beliebig vieler Mitmenschen in jener Zeit. Sein Fall bildete nicht die Ausnahme, sondern die Regel und wies bestenfalls individuelle, ‚tragikomische' Besonderheiten auf, auf die der mit einem unzerstörbaren Humor ausgestattete Romancier zu verweisen nie vergaß. Daher sein Anspruch, nicht als Angehöriger einer Nation, Ethnie, Ideologie oder Religion aufzutreten, sondern schlicht als Vertreter der Spezies Mensch zu sprechen: „Hablo como hombre", wie er im Mai 1967 in Rückgriff auf eine Formel des Paulus im Brief an die Römer formulierte:[45] Ich spreche als ein Mensch.

Das Besondere, das Aub oftmals so liebevoll und detailreich auszustatten pflegt, erscheint stets in seiner hintergründigen Beziehung zum Allgemeinen. Schon Ignacio Soldevila Durante[46] hat in seiner frühen Darstellung des erzählerischen Werks Max Aubs darauf aufmerksam gemacht, dass der zum damaligen Zeitpunkt intensiv an den Romanen des *Laberinto mágico* arbeitende Autor mit Hilfe des kommunikativen Raben Jacobo die Verhältnisse und Gebräuche im Konzentrationslager so schildert, als würden sie für die Spezies Mensch überhaupt gelten. Diese Dimension der *Historia de Jacobo* wurde bislang in ihren Konsequenzen jedoch noch nicht ausgeleuchtet und weitergedacht. Denn sie

---

[44] Aub, Max: Carta al Presidente Vicente Auriol. In (ders.): *Hablo como hombre*. Edición, introducción y notas de Gonzalo Sobejano. Segorbe: Fundación Max Aub 2002, S. 112.
[45] Aub, Max: *Hablo como hombre*, S. 34. Vgl. die Übersetzung von *Römer* 3, 5: „Ich rede nach menschlicher Weise." In: *Die Heilige Schrift des Alten und Neuen Testamentes*. Nach den Grundtexten übersetzt und herausgegeben von Vinzenz Hamp, Meinrad Stenzel und Josef Kürzinger. Aschaffenburg: Paul Pattloch Verlag 1969, S. 200.
[46] Soldevila Durante, Ignacio: *La obra narrativa de Max Aub (1929–1969)*. Madrid: Gredos 1973, S. 120 f.

ist *kein* simples Missverständnis eines mit der Menschheit nicht allzu gut vertrauten Rabenhirns, das nicht zwischen ‚Freiheit' und ‚Gefangenschaft' unterscheiden könnte, sondern kreativer Ausfluss jenes dramatischen Erlebens von Konzentrations- und Arbeitslagern, in die Max Aub auf Grund einer anonymen Denunzierung nicht als Jude, sondern als vermeintlicher Kommunist, als spanischer „Rojo" erstmals eingeliefert worden war.

In der Tat ist die überwiegende Mehrzahl der Aussagen, die Jacobo über die Menschen trifft, genereller Natur und geht weit über die Grenzen des „campo de Vernete", des südfranzösischen Konzentrationslagers, hinaus. Die Bruchstücke des Lagerlebens sind stets eingebettet in Fragen menschlicher Gemeinschaft, der Möglichkeiten einer Konvivenz unter den Menschen und der Wirksamkeit internationaler Beziehungen überhaupt.

Im Konzentrationslager konzentrieren sich für den französischen Muttersprachler jene Elemente, die für Leben und Zusammenleben der Menschheit insgesamt charakteristisch sind. Der gelehrte Universitätsrabe hat sich weder die Beschreibung eines konkreten Konzentrationslagers noch des Lagers an sich, sondern des Lebens der Menschen zum Ziel gesetzt, als wäre das Leben im Lager mit dem Leben der Menschen gleichzusetzen. Daher rührt auch das wiederholt im *Manuscrito Cuervo* auftauchende Spiel mit der Polysemie des Wörtchens „campo", welches mit dem für Aub so charakteristischen rabenschwarzen Humor das Lagerleben mit dem Landleben zu verwechseln scheint und die Gänge im Lager mit Spaziergängen auf dem Land in Verbindung bringt. Am hintergründigsten und treffendsten aber ist jener Vers aus dem am 11. November 1941 verfassten Gedicht *Entierro en Vernet*, in dem auch das Krächzen der Raben nicht fehlen darf: „campo de campos cercado."[47] Wo hört das Lager auf?

Was wie ein grundsätzlicher methodologischer Irrtum in Jacobos lebenswissenschaftlichem Forschungsprojekt über die Spezies Mensch daherkommt, ist die eigentliche Crux des Textes. Denn hat das Lager überhaupt Grenzen? Wir erkennen zwar die Konturen des in der sogenannten „Zone libre" liegenden Lagers im Frankreich des Vichy-Regimes, doch macht uns schon die trockene Anmerkung in der Fußnote des Herausgebers J.R. Bululú hellhörig, wisse er doch nicht, was mit ‚freier Zone' eigentlich gemeint sei.[48] Denn die Freiheit dieser Zone ist nichts anderes als ein sprachlicher, auf Macht und Gewalt basierender Euphemismus.

Im *Rabenmanuskript* stehen sich nicht eine Zone der Freiheit und eine Zone der Gefangenschaft, eine Zone des Rechts und eine des Unrechts, eine Zone der

---

47 Zit. nach Naharro-Calderón, José María: Epílogo, S. 241.
48 Aub, Max: *Manuscrito Cuervo*, S. 153: „No sé lo que es."

Menschlichkeit und eine der Unmenschlichkeit, des Lebens und des Todes gegenüber. Vielmehr bildet das Konzentrationslager in Aubs *Manuscrito Cuervo* den Brennspiegel, den konzentrischen und konzentrierenden Reflektor der menschlichen Gesellschaft dieser Epoche überhaupt: ein „campo de concentración" der Literatur, in dem „Lo más aquilatado, la médula, lo más enjundioso",[49] also das Wesentliche der menschlichen Existenz zum Vorschein kommt.

Hannah Arendt hatte – wie wir sahen – in ihrer Theorie totaler Herrschaft das Konzentrationslager als Laboratorium, als Experimentierstätte verstanden, in der die Möglichkeiten totaler Beherrschung der menschlichen Spezies erforscht und erprobt werden. Von der Forschung und Erprobung ist es oft nur ein kleiner, wenn auch nicht immer leichter Schritt bis zur Massenproduktion und industriellen Nutzbarmachung. An die Stelle eines zweckorientierten Herstellens von Gütern (wie etwa im Arbeitslager) tritt im Konzentrations- und Vernichtungslager – ohne die Zwangsarbeit völlig auszuschalten – die Produktion und Selbstreproduktion nackter Macht, ein selbstzweckhaftes Handeln,[50] dessen Ziel Arendt freilich an die Expansion und Intensivierung totaler Herrschaft zurückbindet. Innerhalb dieses Experimentier- und Produktionsprozesses in den Lagern von Hitlers Naziregime wie von Stalins Sowjetregime unterschied Hannah Arendt verschiedene Phasen, die sich – wie wir bereits gesehen haben – von der Tötung des juristischen Menschen über die Tötung des moralischen bis hin zu Tötung des physischen Menschen erstrecken.[51]

Diese unbarmherzige Logik des Lagers, die sich hinter offensichtlicher Willkür und scheinbarer Absurdität verbirgt und ihre Verankerung in der Rationalität einer Dialektik der Aufklärung offenbart, zeichnet sich auf den Seiten des *Rabenmanuskripts* ab, auch wenn Jacobo die Realität der Vernichtungslager im unmittelbaren Herrschaftsbereich der Nazis nur vom Hörensagen bekannt sein konnte. Im Abschnitt „Über den Tod" berichtet der Rabe darüber, dass die Menschen ihre Mitmenschen früher an Bäumen aufgehängt hätten als Opfer zu Ehren der Raben und ihres Gottes, des „Gran Cuervo". Der Nachfahre der Galgenvögel bezieht sich dabei auf die Tradition des Rabensteins, der Kultstätte unter dem Galgen, an dem die Gehängten zur Freude der schwarzen Vögel baumelten. Noch der Unfalltod von Wilhelm Buschs Unglücksrabe Hans Hucke-

---

49 Ebda., S. 96.
50 Auf die Nähe dieser Überlegungen zur Luhmann'schen Systemtheorie und die „Selbstproduktion von Funktionssystemen" hat hingewiesen Brunkhorst, Hauke: *Hannah Arendt*. München: Beck 1999, S. 76.
51 Vgl. hierzu Arendt, Hannah: *Elemente und Ursprünge totaler Herrschaft*, S. 907–943.

bein, der sich im Rausch an der Schlinge von Tante Lottes Tischtuch aufhängt, verweist in der Umkehrung auf diese traditionelle Beziehung des Raben zum plötzlichen Tod, zur „mors repentina", am Galgen. Max Aub dürften aber auch jene deutschen Kinderverse nicht unbekannt gewesen sein, die auf den Raben als Aasvogel verweisen: „Fällt er in den Graben, fressen ihn die Raben!"

Diese – aus der Perspektive des 21. Jahrhunderts wohl als *vormodern* zu bezeichnenden – Zeiten, in denen die Leichen der Verurteilten auch noch auf hohen Türmen der Verwesung und den Raben preisgegeben waren, seien aber nun endgültig vorbei und hätten den Zeichen einer anderen Epoche in der Menschheitsgeschichte endgültig Platz gemacht:

> In allerjüngster Zeit, seit das Abschlachten besser organisiert wurde, haben sie unerhörte Extreme erreicht, die Ausgeburten ihrer Verzweiflung sind. Um uns zu beleidigen, verbrennen sie das Fleisch, nachdem sie es in speziellen Kammern mit Hilfe von Gas desinfiziert haben. Ich nehme an, dass die in Genf anhängige Beschwerde unseres Botschafters über dieses ungebührliche Betragen nicht folgenlos bleiben wird. Wenn der Holocaust nicht zu unserer Ehre stattfindet – wozu dann die Kriege? Wozu so viele Leichen? Und, oh Gipfel der Dummheit, sie wählen noch nicht einmal jene aus, die am besten gemästet sind![52]

In dieser von einem verzweifelten Galgenhumor eingefärbten Passage wird Aubs Schreibstrategie besonders deutlich: Die ‚unglaubwürdige' tierische Rabenperspektive Jacobos wirft ein von Missverständnissen und Verfremdungen geprägtes Licht auf die einsetzende massenhafte Produktion von Leichen in den modernen Gaskammern des nationalsozialistischen Terrorregimes, die sich ebenso deutlich entziffern und aus der Rabensprache übersetzen lassen wie die Untätigkeit der schwarzgewandeten Volksvertreter und Diplomaten im Völkerbund zu Genf. Die wissenschaftliche Herangehensweise des Raben – anders als bei den Menschen eingefärbt von der Rabenideologie – deckt aller scheinbaren Missverständnisse zum Trotz das ganze Grauen der industriellen Tötungsanlagen der Konzentrations- und Vernichtungsanlagen schonungslos auf.

Der von Aub erzielte Realitätseffekt[53] ist komplexer Natur und beruht auf dem plötzlichen Umschlagen des Missverstehens in Verstehen, des ‚Fiktionalen' ins ‚Faktische', ohne dass die Friktion zwischen beiden aufgehoben würde. Das Klagen des Raben Jacobo über all jene Menschen, die zwar getötet, aber nicht mehr geopfert werden, rückt den Holocaust in eine geschichtliche Entwicklung, in der die Kriege nicht mehr – wie etwa bei den Azteken – zur Erbeutung möglichst zahlreicher Gefangener dienten, die den Göttern geopfert werden konnten. In der un-

---

52 Aub, Max: *Manuscrito Cuervo*, S. 110.
53 Vgl. zu diesem „effet de réel" den einschlägigen Essay von Barthes, Roland: L'effet de réel. In (ders.): *Œuvres complètes*, Bd. 2, S. 479–484.

menschlichen *Moderne* der Menschen gibt es keine transzendente Sinnstiftung mehr, sollen keinerlei Götter mehr durch Opfergaben günstig gestimmt werden. Keinerlei Auswahl findet statt: Die Produktion der Kadaver, die nicht mehr als Opfer dargebracht werden, trifft die zu Tode zu Bringenden in arbiträrer Willkür (herrschaft). Es herrscht nur noch das dem individuellen Menschen indifferent gegenübertretende Prinzip einer alles beherrschenden Rationalität im Sinne der *Dialektik der Aufklärung*.

Der Rabe Jacobo stößt seinen Schnabel im obigen Zitat tief in jene Wunde, die nach Ansicht des italienischen Philosophen Giorgio Agamben die gesamte abendländische Moderne durchzieht. In kritischer Fortführung und Radikalisierung der Vorstellungen Hannah Arendts und Michel Foucaults versteht Agamben – so Titel und These des dritten und letzten Teils seines *Homo sacer* – das „Lager als biopolitisches Paradigma der Moderne"[54] schlechthin. Es habe in dieser Funktion längst den Staat abgelöst. Das Lager sei nicht nur zu jenem Ort geworden, an dem sich Recht und Faktum nicht mehr unterscheiden lassen,[55] zu jener paradoxen „Zone der Ununterscheidbarkeit zwischen Außen und Innen, Ausnahme und Regel".[56] Vielmehr plädiert der von Heidegger, Arendt und dem französischen Poststrukturalismus geprägte italienische Philosoph dafür, „das Lager nicht als eine historische Tatsache und als eine Anomalie anzusehen, die (wenngleich unter Umständen immer noch anzutreffen) der Vergangenheit angehört, sondern in gewisser Weise als verborgene Matrix, als *nómos* des politischen Raumes, in dem wir auch heute noch leben."[57] Übrigens taucht Martin Heidegger – und dies ist ein schönes Detail des mit Deutschland sehr vertrauten Max Aub – im *Manuscrito Cuervo* zwar nicht namentlich auf, doch die Anspielung auf den „profesor A ZI-40. en la Selva Negra", den man zu den neuesten Nachrichten über Na-zi-Konzentrationslager befragen solle, ist deutlich genug.[58]

Frühe Ausprägungen des Konzentrationslagers lassen sich seit 1896 in den „campos de concentraciones", welche die Spanier im kubanischen Unabhängigkeitskrieg einrichteten, und in den „Concentration Camps", in denen die Engländer die Buren zusammenpferchten,[59] ausmachen. Sie beruhen in ihrer Genese

---

54 Agamben, Giorgio: *Homo sacer. Die souveräne Macht und das nackte Leben*. Aus dem Italienischen von Hubert Thüring. Frankfurt am Main: Suhrkamp 2002, S. 127.
55 Ebda., S. 179.
56 Ebda.
57 Ebda., S. 75.
58 Aub, Max: *Manuscrito Cuervo*, S. 96.
59 Ebda. Der Rabe kommentiert zumindest die englischen Ursprünge mit beißendem Spott: „Los ingleses inventaron los campos de concentración, pero para los demás: razón de su atraso." *Manuscrito Cuervo*, S. 121.

und Entwicklung auf dem Ausnahmezustand und der rechtlich abgesicherten Schaffung rechtsfreier Räume, wie wir sie bei der kolonialen Sklavenwirtschaft vor uns haben. Sie ‚öffnen' sich aber, sobald dieser Ausnahmezustand zur Normalität oder – so Agamben – „*zur Regel zu werden beginnt*".[60] Das Leben, das in diesem Raum noch geführt werden kann, ist das der auch rechtlich vollständig entkleideten, nackten Existenz, die sich dann, wenn der Ausnahmezustand zum Normalzustand geworden ist, in das ‚normale' Menschenleben verwandelt.

Doch dies sind keineswegs Schreckensvisionen einer weit entfernten Dystopie, wie sie dem Bereich der Science-Friction angehören könnten. Wie rasch die angestammten Bürgerrechte verloren gehen und wie schnell ein gesellschaftlich gesichertes Leben auf die Dimension nackter Existenz zurückgeworfen werden kann, musste Max Aub schon als Kind erfahren, als seine Familie während des Vorrückens der Deutschen in der „Grande Guerre" des Ersten Weltkrieges auf Grund der deutschen Staatsangehörigkeit des Vaters nicht nur fürchten musste, jederzeit von französischen Nachbarn bedroht und beschossen zu werden,[61] sondern ganz real ihrer Bürgerrechte verlustig ging, weil man sie fortan als gefährliche Feinde ansah.[62]

Diese Szenerie mit ihren Nacht-und-Nebel-Aktionen, ihren Zugtransporten auf verschlungenen Wegen und dem Verlust des Rechts auf Wohnung und Eigentum, auf Recht und Justiz – und dies, obgleich die Mutter französische Staatsbürgerin war –, bildet das dramatische Vorspiel jener Tragödie, die Aub stellvertretend für Millionen anderer nicht nur zum Menschen, sondern auch zum *homo sacer* in seinem Geburts- und Heimatland Frankreich werden ließen. Überhastet floh die Familie Max Aubs zu dem sich gerade in Spanien aufhaltenden Vater und ließ ihre ganze Habe in Paris zurück. Diese wurde umgehend unter den französischen „citoyens", den ehemaligen Mitbürgern, versteigert.

---

60 Agamben, Giorgio: *Homo sacer*, S. 177.
61 Vgl. hierzu Soldevila Durante, Ignacio: *El compromiso de la imaginación*, S. 15: „El alcalde, muy amigo de la familia, corrió a avisarles de que la gente, despechada por las victorias alemanas en los frentes de batalla, andaban tramando algún atentado, por lo que les advertía de la posibilidad de que al amparo de la oscuridad alguien les disparara un tiro. Mientras se libraba la batalla del Marne, y sin poder pasar por París a recoger lo más preciado, Suzanne Mohrenwitz y sus dos hijos viajan hacia España en un largo, penoso recorrido por ferrocarril que duraría ocho días. Todos sus bienes serían vendidos en pública subasta como pertenecientes al enemigo, y jamás se pudieron recuperar."
62 Zum Prozess massenhafter Entnaturalisierung und Entnationalisierung ‚feindlicher' Bürger, der beispielgebend von Frankreich unternommen und in der Folge von anderen europäischen Ländern fortgesetzt wurde, vgl. Agamben, Giorgio: *Homo sacer*, S. 141.

Die Flüchtlinge hatten nichts als das nackte Leben über die Pyrenäengrenze gerettet.

Die Figur des Flüchtlings, des Heimatlosen und Staatenlosen, des Verbannten und außerhalb des Gesetzes lebenden *Outlaws* sowie buchstäblich *Vogelfreien* leitet sich – wie Giorgio Agamben nachwies – vom *homo sacer* der Antike her. Er ist derjenige, „der *getötet werden kann, aber nicht geopfert werden darf*",[63] den jeder „erschlagen kann, ohne einen Mord zu begehen",[64] und dessen „ganze Existenz auf ein nacktes, aller Rechte entkleidetes Leben reduziert" ist, „das er nur auf der endlosen Flucht oder in der Zuflucht eines fremden Landes retten kann".[65] Der *homo sacer* ist gleichwohl noch auf seiner Flucht mit jener souveränen Macht verbunden, die ihn verbannt hat, und jenen ausgeliefert, die ihn straffrei töten, aber nicht opfern dürfen.

Des Raben Jacobo tiefgründige Einsicht in diesen grundlegenden Mechanismus, der dazu führt, dass die in den Konzentrations- und Vernichtungslagern in einem genau berechneten, absichtsvoll quälenden Verfahren zu Tode Gebrachten außerhalb jeglichen Gesetzes straffrei getötet werden, ohne geopfert werden zu dürfen, macht auf die ökonomische, juridische und politische Überflüssigkeit dieser Vertreterinnen und Vertreter des *homo sacer* in der Moderne aufmerksam. Hannah Arendt hat dies zeitgleich mit Aubs *Rabenmanuskript* – und diese Koinzidenz ist bemerkenswert – in aller Deutlichkeit festgestellt:

> Der ‚Konzentrationär' hat keinen Preis, weil er jederzeit ersetzt werden kann, und er gehört niemandem zu eigen. Er ist, was das Leben der normalen Gesellschaft angeht, vollkommen überflüssig, obwohl er wegen der großen Knappheit an Arbeitskräften in Deutschland während des Krieges zur Arbeit verwendet wurde und obwohl das russische System die Einrichtung der Läger und das ungeheure in ihnen konzentrierte Menschenmaterial auch dazu benutzt, Angebot und Nachfrage auf dem Arbeitsmarkt zu regeln. Diese Regelung erfolgt durch eine planmäßige Regelung der Todesrate in den Lagern.[66]

Max Aubs Galgenvogel der Literatur scheint all dies zu wissen oder doch zumindest zu erahnen. Die Fiktion in der *Historia de Jacobo* erweist sich als todernstes Übersetzungsspiel des *homo ludens* Aben Máximo Albarrón mit dem *homo sacer* Max Aub – und belegt ganz nebenbei die prospektive, Entwicklungen vorzeichnende Fähigkeit und Kraft der Literaturen der Welt. Zwischen beiden *Figurae* Aubs entsteht jene Friktion, die spielerisch eine ernste Einsicht vorantreibt: Das Konzentrationslager ist nicht die Ausnahme, die Anomalie,

---

63 Ebda., S. 18.
64 Ebda., S. 192.
65 Ebda.
66 Arendt, Hannah: *Elemente und Ursprünge totaler Herrschaft*, S. 917.

sondern jenes Paradigma, welches das Leben wie das Zusammenleben der Menschen in der Moderne *regelt*. Es verkörpert gleichsam dieses Leben des Menschen in der Moderne. Was die Rationalität des Diskurses von Hannah Arendt uns vielleicht nicht nahe genug bringt, löst die Fiktion von Max Aubs *Rabenmanuskript* ein: Es bringt uns das Grauen und Entsetzen der Konzentrations- und Vernichtungslager sinnlich und *nacherlebbar* nahe. Es verkörpert ein Lebenswissen, das sich aus dem Erleben und Überleben der Konzentrationslager speist.

Aber gehört nicht all dies längst der Vergangenheit an? Ist dies nicht lediglich der verständliche Versuch einer Hannah Arendt oder eines Max Aub, das Erleben des Grauens geschichts- und existenzphilosophisch beziehungsweise ästhetisch und autobiographisch zu ‚verarbeiten' und zu ‚meistern'? Bululú, stets ein Echo politisch und akademisch anscheinend korrekter Stimmen, könnte uns diesen Schluss nahelegen, betont er doch, er veröffentliche dieses Manuskript „únicamente como curiosidad bibliográfica y recuerdo de un tiempo pasado que, a lo que dicen, no ha de volver, ya que es de todos bien sabido que se acabaron las guerras y los campos de concentración."[67] Alles sei also längst vorüber, die Phase der Kriege und der Konzentrationslager lange schon überwunden und gehöre einer anderen, definitiv in die Vor-Geschichte verabschiedeten Vergangenheit der Menschheit an.

Die bittere Ironie, die aus diesen Zeilen spricht, kristallisiert sich überdeutlich in der Aussage, dass es mit den Kriegen endgültig vorbei sei. Wenn dem aber leicht nachprüfbar nicht so ist, dann gilt das Andauern des nur scheinbar Vergangenen – so legt uns der Text nahe – nicht weniger für die Konzentrationslager. Das Fortdauern der Lager wiederum ist je nach Land unterschiedlich im Bewusstsein verschiedener Bevölkerungssegmente verankert. Doch kann es keinen Zweifel daran geben, dass Bululús Behauptung invers die fortgeführte Existenz von Lagern unterstreicht.

An eben dieser Stelle setzt jenes Lebenswissen an, das in Max Aubs *Manuscrito Cuervo* – ganz im Sinne des erwähnten Mottos – ‚versteckt' ist. Dieses vitale Wissen beruht auf der Erfahrung des *homo sacer*, auf dem Erleben des nackten Lebens. Es ist ein Überlebenswissen im Angesicht der nackten Macht und im Bewusstsein eines Lebens, das in der Literatur – analog zum Konzentrationslager – einen eigenen, souveränen Raum in konzentrierter Form erbaut.

Mithin bildet die Literatur jenen von Aub im *Diario de Djelfa* bedeuteten lebensrettenden Ort eines souveränen Lebens, das sich der nackten Gewalt in der Geburt des schöpferischen Aktes entgegenstemmt. Schreiben ist an diesem Ort mehr als nur Lebenszeichen: Es beinhaltet in Aubs Worten ein In-die-Welt-

---

67 Aub, Max: *Manuscrito Cuervo*, S. 47.

Setzen und verstetigt sich im Raum der Literatur zum Lebenswissen und Überlebenswissen, im Lager selbst sogar zum Zusammenlebenswissen. Im „Hablo como hombre" des *Manuscrito Cuervo* hat der *homo sacer* zur Feder des ‚corvus in fabula' gegriffen und im Schutze des Rabengefieders mehr als nur seine nackte Haut gerettet. Denn der Konzentrationär hat sich in einem schöpferisch wiederholten Geburtsprozess dem eigenen Sterben entgegengestellt.

Auf diese Weise entfaltet Jacobo mit seinen rabenschwarzen Federn vor unseren Augen nicht allein ein Konzentrationslager, sondern eine ganze Welt, die in den Kategorien des Konzentrationslagers darstellbar und lesbar wird. Die von Hannah Arendt untersuchte Tötung des Menschen in drei Stufen stellt den im *Manuscrito Cuervo* in kurzen, verdichteten Bildern fragmentarisch beleuchteten Menschenversuch am *homo sacer* in der engagierten, analytischen, wenn auch bisweilen bitteren Sprache der Philosophin dar. Max Aubs Schreiben jedoch sucht, diesem Menschenversuch einen eigenen experimentellen Text entgegenzustellen, eine literarische Experimentierstätte, deren Voraussetzung ein komplexes Kommunikationssystem ist. Dieses Kommunikationssystem ist das der Literaturen der Welt.

Dabei bedient sich der Schriftsteller nicht zuletzt jener literarischen Verfahren, die ihm aus einer nun aus postavantgardistischer Perspektive gesehenen historischen Avantgarde zu Gebote standen.[68] *Manuscrito Cuervo* markiert wie wohl kein anderer Text Max Aubs die Fundierung einer Entwicklung hin zu postmodernen Schreibformen, die freilich grundlegend im Bewusstsein einer ethischen Verpflichtung der eigenen „écriture" verankert sind. Ethik und Ästhetik verbinden sich im Kontext moralistischer und aufklärerischer Traditionen zu einem Schreiben, in dem sich das Lebenswissen und Überlebenswissen mit dem Wissen um das eigene Überleben in der Literatur und durch die Literatur verbindet. Es ist diese Konfiguration, die sich dem Sterben und dem Tod in den Konzentrationslagern aktiv entgegenstellt.

Die Erfahrung des Ich im Lager, mithin das physische und psychische Erleben jenes Ortes, an dem sich im Sinne Hannah Arendts bei der „Präparation lebender Leichname"[69] Leben und Tod nicht mehr länger voneinander unterscheiden lassen

---

[68] Zur Situierung der Aub'schen Ästhetik im Kontext der künstlerischen Entwicklungen im 20. Jahrhundert vgl. Ette, Ottmar: Avantgarde – Postavantgarde – Postmoderne. Die avantgardistische Impfung. In: Asholt, Wolfgang / Fähnders, Walter (Hg.): *Der Blick vom Wolkenkratzer. Avantgarde – Avantgardekritik – Avantgardeforschung*. Amsterdam – Atlanta: Rodopi 2000, S. 671–718.

[69] Arendt, Hannah: *Elemente und Ursprünge totaler Herrschaft*, S. 921.

und an dem man laut Giorgio Agamben weniger von Leben als von einem „Tod in Bewegung"[70] sprechen müsse, macht bei Aub – und später, wie wir sehen werden, auch bei Jorge Semprún – die Projektion des eigenen Überlebenswissens auf das literarische Tun fast unumgänglich. Denn das Schreiben ist jene Aktivität, die noch vom Leben kündet, wenn das eigene Leben längst vergangen ist. Die Frage, warum er über die Menschen schreibe, beantwortet der Rabe Jacobo nicht nur mit einem gekrächzten „porque me da la corvina gana",[71] weil es also meine Rabenlust ist, und mit dem Argument, dass seine Forschungen allen Raben dieser Welt zum Nutzen gereichen würden. Er fügt diesen hinlänglichen Gründen ohne zu zögern hinzu: „por la gloria que, seguramente, he de sacar de esta empresa".[72] Denn für Jacobo übersteigt der Ruhm, den er aus dem Schreiben gewinnt, alle anderen denkbaren Vorteile.

Der reale Autor Max Aub hätte diese Frage kaum anders beantwortet, verwies er doch in seinen Tagebüchern – so etwa in einem Eintrag vom 10. November 1943 – darauf, dass er mit seinem Schreiben sein Weiterleben nach dem Tode sichern wolle: „¿Yo, contesté, para salvarme y ser famoso. Si miro muy a mis adentros no han cambiado en nada las razones de mi empuje de escritor."[73] Er schreibe also, um berühmt zu werden, sei zum Schriftsteller geworden, um etwas Überzeitliches zu schaffen. Die Literatur ist für Aub auch *nach* der Erfahrung des „universo concentracionario" von Le Vernet und Djelfa stets eine Form der Lebensrettung – und zugleich ein Überlebenswissen: ein Wissen vom Überleben im konzentrierten Raum der Literatur und ihrer Geschichte, das ihn nicht allein vor einem sofortigen physischen Tod bewahrt, sondern auch seinen Namen und sein Angedenken vor dem (endgültigen) Tod durch Vergessenwerden retten wird. So heißt es noch am 12. Februar 1954 mit der für Aub so charakteristischen Ironie: „escribo para permanecer en los manuales de literatura, para estar ahí, para vivir cuando haya muerto."[74] Er schreibe, um in die Literaturgeschichten aufgenommen zu werden, um dort noch am Leben zu sein, wenn er längst gestorben sei. Aub weiß um diese Stärke der Literatur, das in die Welt zu setzen, was über die Zeit hinausgeht.[75]

---

70 Agamben, Giorgio: *Homo sacer*, S. 195.
71 Aub, Max: *Manuscrito Cuervo*, S. 52.
72 Ebda.
73 Aub, Max: *Diarios*, S. 108.
74 Ebda., S. 234.
75 Vgl. hierzu auch mein Interview mit der bereits zitierten Lyrikerin und Überlebenden des Konzentrationslagers von Gurs, Emma Kann: Was über die Zeit hinausgeht. Interview mit der Lyrikerin Emma Kann (Konstanz, 24.4.1991). In: *Exil* (Frankfurt am Main) XIII, 2 (1993), S. 33–40.

Die literarischen und zugleich ludischen Elemente finden sich in Aubs *Rabenmanuskript* zuhauf. So wird etwa das Manuskript der *Historia de Jacobo* vom Herausgeber *nach* dem Verlassen des Lagers von Vernete in einem Koffer gefunden. Es ist, als ob neben allen literarischen Anspielungen und bereits erwähnten Verweisen mit den Mitteln der Fiktion der schmerzliche Verlust eines Koffers voller Manuskripte Max Aubs[76] im damaligen Frankreich wettgemacht werden sollte. *Manuscrito Cuervo* entstand nach dem Verlassen der Alten in der Neuen Welt, nach jenen Erfahrungen, die Max Aub in französischen Gefängnissen und Konzentrationslagern machen musste. Ist der Text daher ein Schreiben *nach* dem Lager?

Vor dem Hintergrund der hier vorgestellten Überlegungen sind Zweifel an einer derartigen Einschätzung angebracht. Denn die *Historia de Jacobo* entstand gewiss nach dem Aufenthalt im Lager, nicht aber nach dem Lager als solchem. Anders als Theodor W. Adorno, dessen berühmtes Diktum das Schreiben von Lyrik nach Auschwitz als barbarisch brandmarkte, hat Hannah Arendt die Dichtung in deutscher Sprache nicht nur im Zeichen des heraufziehenden Nationalsozialismus, sondern gerade mit Blick auf die Erfahrung von Auschwitz für unverzichtbar gehalten.[77] So schrieb die Königsberger Philosophin in einem Brief vom 1. Januar 1933 an ihren verehrten Lehrer Karl Jaspers: „Für mich ist Deutschland die Muttersprache, die Philosophie und die Dichtung. Für all das kann und muß ich einstehen."[78] Nur mit viel Glück und Geistesgegenwart war sie im Chaos der französischen Niederlage am Ende der „drôle de guerre" aus dem südwestfranzösischen Lager von Gurs entkommen,[79] dessen Überlebende später – wie sie in New York erfuhr – nach Auschwitz deportiert wurden.[80]

Max Aub hat sein Verhältnis zum Lager mehrfach – und auch in seinem *Rabenmanuskript* – präzise bestimmt. Die ironisch gespiegelte Äußerung Bululús macht deutlich, dass Max Aub sein eigenes Schreiben in Lyrik, Epik und

---

76 Vgl. hierzu Naharro-Calderón, José María: Epílogo, S. 208.
77 Vgl. hierzu auch Weissberg, Liliane: In Search of the Mother Tongue. Hannah Arendt's German-Jewish Literature. In: Aschheim, Steven E. (Hg.): *Hannah Arendt in Jerusalem*. Berkeley – Los Angeles – London: University of California Press 2001, S. 152f: „Arendt saves the poetry of her mother tongue precisely to come to terms with Auschwitz, the terrible consequence of anti-Semitism, the fact that exceeded and still exceeds her imagination, the 'abyss' confirming and transgressing her own personal experience."
78 Zitiert nach Young-Bruehl, Elisabeth: *Hannah Arendt. Leben, Werk und Zeit*. Aus dem Amerikanischen von Hans Günter Holl. Frankfurt am Main: Fischer Taschenbuch Verlag 2000, S. 161.
79 Vgl. hierzu ihr Zeugnis in Young-Bruehl, Elisabeth: *Hannah Arendt*, S. 226.
80 Ebda., S. 236.

Dramatik nicht in einer Zeit ansiedelt, in der die Kriege und die Lager längst der Vergangenheit angehören. Das Konzentrationslager von Le Vernet d'Ariège mochte aufgelöst sein. In seinem Denken und Schreiben aber bestand das Lager im Sinne Giorgio Agambens als Matrix und Grundstruktur der abendländischen Gesellschaft fort. Eben dies hat der Rabe Jacobo sehr genau erkannt.

Nur vor diesem Hintergrund lässt sich wohl verstehen, warum Max Aub ans Ende seines *Rabenmanuskripts* jene Betrachtungen des Vogels über die für ihn letztlich unbegreiflichen menschlichen Widersprüche, die „contradicciones del hombre",[81] stellt. Die auf den letzten Seiten des Manuskripts zum Ausdruck gebrachte Bewunderung Jacobos für die Kommunisten, die sich anders als alle anderen weder durch arbiträre nationale Grenzziehungen noch durch das Geld von ihrer Solidarität und ihrer Hingabe für ihre Überzeugungen abbringen ließen, schlägt urplötzlich um in Entsetzen angesichts der auch bei ihnen beobachteten Logik des Ausschlusses:

> Aber in dem Augenblick, in dem einer aus der Gruppe nicht mit der Meinung der Mehrheit übereinstimmt, verstoßen sie ihn unter den schlimmsten Anschuldigungen; sie meiden ihn, als hätte er die Pest; was allesamt mit dem nichts zu tun hat, was sie öffentlich verkünden: der Mensch zuerst. Starrköpfig und sektiererisch sind sie, vom Misstrauen zerfressen. Wer nicht wie sie denkt, ist ein Verräter. [...] Nie und nimmer lassen sie zu, dass jemand die Dinge von einem anderen Standpunkt aus betrachtet, der nicht der ihre ist, obwohl sie selbst sich den Luxus gönnen, ihn häufig zu wechseln. [...] Sie vertreten die Auffassung, dass der Mensch das Produkt seiner Umgebung ist; aber wenn er nicht denkt wie sie, liquidieren sie ihn, ohne zu berücksichtigen, dass er – nach ihrer eigenen Theorie – keine Schuld daran trägt. Das Schlimme ist: Die anderen sind noch schlimmer, des Geldes wegen.
>
> Es muss noch etwas anderes geben.[82]

An dieser Stelle also, ganz am Ende des *Rabenmanuskripts*, kommt das berühmte Aub'sche Diktum, es müsse noch etwas Anderes geben: „Debe haber algo más." Die Abrechnung Jacobos mit den Kommunisten skizziert die Grundstrukturen eines totalitären Denkens, das jenseits der Solidarität innerhalb einer gleichgeschalteten Gruppe nur die Mechanismen von Ausschließen und Liquidieren, von Ausgrenzung und Vernichtung kennt. Aus dieser Ausschließungs-Logik – und hierin liegt ein zentrales Gnosem des Überlebenswissens und Zusammenlebenswissens dieses Schriftstellers – versucht das Schreiben Max Aubs definitiv auszubrechen.

Und wieder ergibt sich eine Parallele zwischen dem in Paris geborenen spanischen Autor und der in Königsberg geborenen New Yorker Philosophin. Wie

---

81 Aub, Max: *Manuscrito Cuervo*, S. 167.
82 Ebda., S. 168f.

Hannah Arendt ihre Auseinandersetzung mit den Elementen und Ursprüngen des Totalitarismus nicht auf den Nationalsozialismus begrenzt, sondern auch auf andere ideologisch-politische Konstellationen wie den stalinistischen Sowjetstaat bezogen wissen wollte, versuchte auch der ‚Konzentrationär' Max Aub, die im *Rabenmanuskript* fragmentarisch skizzierte Problematik nicht auf den Bereich faschistischer und nationalsozialistischer Konzentrations- und Vernichtungslager zu reduzieren. Denn auch im *Manuscrito Cuervo* ging es ihm um das gesamtgesellschaftliche Ganze, um jene Werte der Toleranz und weit mehr noch des Respekts vor der Differenz, die er jenseits der literarischen Fiktion in seiner Textsammlung *Hablo como hombre* zum gerade auch prospektive Dimensionen erschließenden Ausdruck zu bringen suchte.[83]

Zugleich macht die Schlusspassage des *Rabenmanuskripts* deutlich, dass die totalitäre mit einer monoperspektivischen und monologischen Sichtweise einhergeht. So steht seine im archipelischen Schreiben verankerte ‚Theorie des kommunikativen Raben', die komplexe Anlage eines polylogischen Kommunikationssystems, das die für sich allein monotonen Strukturen des Augenzeugenberichts in eine Vielzahl ‚fremder' und verfremdender Perspektiven übersetzt, für den experimentellen Versuch der Literatur, in konzentrierter Form den Spielraum eines Denkens zu eröffnen, ohne sich auf die Seite der Fiktion *oder* der Diktion ausschließlich festzulegen. Die ständige Grenzüberschreitung des friktionalen Schreibens ist die konstruktive, auf dem so oft mit Galgenhumor vorgetragenen Dialog zwischen *homo sacer* und *homo ludens* beruhende Antwort auf eine Welt, in welcher der totalitäre Ausschluss des Anderen ein Zusammenleben in Differenz unmöglich macht. Die Hoffnung auf das Gelingen einer derartigen Konvivenz aber hatte Max Aub selbst im Lager niemals aufgegeben.

Dieses Lebenswissen und Überlebenswissen Max Aubs stößt in den Worten Jacobos freilich an eine Grenze des verfügbaren Wissens: „Debe haber algo más."[84] Mit dem Ausdruck des „algo más" ist nicht nur die im geschichtlichen Kontext des Kalten Krieges offenkundig angesprochene Suche nach einem ‚dritten Weg' jenseits von Kapitalismus und Kommunismus gemeint. Denn Jacobos Forschungsbericht über die Spezies Mensch hat sich nicht so entwickelt, wie sich der gebildete und eingebildete Rabe dies vorgestellt hatte. Das dem Manuskript vorangestellte, aber nicht eingelöste Inhaltsverzeichnis zeigt auf, wie sehr sich Jacobo immer mehr von seinem ursprünglichen Ziel einer ko-

---

83 In seinem Vorwort zu dieser Sammlung fasste Gonzalo Sobejano diese Werte bündig zusammen: „Sinceridad, humanismo, dignidad, solidaridad, moral, esperanza, libertad, hombría, entusiasmo, tolerancia, humanidad, fe en el hombre." Sobejano, Gonzalo: Estudio introductorio. In: Aub, Max: *Hablo como hombre*, S. 25.
84 Aub, Max: *Manuscrito Cuervo*, S. 169.

härenten Analyse entfernte und jene Sicherheit eines Beobachters von außen verlor, wie sie Chronisten fremder Welten – und neben José de Acosta wären hier noch ganz andere zu nennen gewesen – zu entwickeln pflegen.

Denn am Ende der letzten Text-Insel seines Archipels ist der ‚auctor corvinus' – so scheint es – mit seinem Rabenlatein am Ende. Dort aber hatte laut Inhaltsverzeichnis das vierzehnte und letzte Kapitel seiner geplanten Forschungsarbeit behandelt werden sollen: „De cómo para ser de verdad hombre hay que estar a la altura de las circunstancias, de lo difícil que resulta sin alas."[85] Die *conditio humana*, dies lässt sich nicht bestreiten, beinhaltet ein Leben ohne Flügel. Wie aber kann der Mensch dann auf der Höhe der Dinge, auf der Höhe seiner Zeitumstände sein?

Doch die Frage nach der *conditio humana* und den aus der Rabenperspektive verständlichen Schwierigkeiten des Menschen, ohne Flügel und Blick von oben zu leben, blieb keineswegs ausgespart. Jacobos Scheitern ist von langer Hand vorbereitet und in Szene gesetzt, es stößt an die Grenzen dessen, was aus seiner Perspektive verstehbar ist und noch verständlich oder kommunizierbar gemacht werden kann.

Die Grenze, an die Jacobo stößt, ist die Grenze des Lagers. Das Problem seiner Darstellung besteht jedoch gerade nicht darin, die Welt der Menschen mit dem Innenraum des Lagers verwechselt zu haben. Denn dort hat der Rabe konzentriert vorgefunden, was die Gesellschaft und das Denken der Menschen im „Massenzeitalter"[86] der Moderne bestimmt. Die Einsichten Hannah Arendts, der Zeitgenossin seines Schöpfers Max Aub, könnten die seinen sein: „Der Versuch der totalen Herrschaft, in den Laboratorien der Konzentrationslager das Überflüssigwerden von Menschen herauszuexperimentieren, entspricht aufs genaueste den Erfahrungen moderner Massen von ihrer eigenen Überflüssigkeit in einer übervölkerten Welt und der Sinnlosigkeit dieser Welt selbst."[87]

Gegen diese Vermassung der willkürlich ausgewählten ‚Überflüssigen' der Konzentrationslager setzt das *Manuscrito Cuervo* den zufällig ausgewählten Katalog der internierten Individuen, die als Spanier, Deutsche, Belgier, Polen oder Franzosen, als Republikaner, Kommunisten, Faschisten und Apolitische, als Künstler und Handwerker, Choleriker, Nasenbohrer und Schachspieler mit ihrer je eigenen singulären Lebensgeschichte und ihren individuellen Ticks er-

---

[85] Ebda., S. 51. Das Thema des flügellosen Menschen wurde bereits im Inhaltsverzeichnis durch eine Fußnote des Herausgebers problematisiert, die intertextuell auf Eugene O'Neills Theaterstück *All God's Chillun Got Wings* von 1923 aufmerksam macht; vgl. ebda., S. 51 sowie S. 174.
[86] Vgl. hierzu Arendt, Hannah: *Elemente und Ursprünge totaler Herrschaft*, S. 907.
[87] Ebda., S. 938.

scheinen. Sie alle sind liebevoll und mit vielen Details gestaltet. In diesem unter den Titel „Algunos hombres" gestellten Katalog scheitert das Projekt des Wissenschaftlers Jacobo, der die Spezies Mensch und nicht deren Individuen erforschen wollte: Es zerplatzt in eine im Grunde unendliche Vielfalt jener, die im Lager als Menschen der Vernichtung ihrer juristischen, moralischen und physischen Individualität preisgegeben werden, vor unseren Augen aber noch einmal in ihrer irreduktiblen Verschiedenheit als Menschen erscheinen. In diesem Mensch-Sein sind sie irreduzibel.

Jede dieser einzelnen Figuren besitzt seinen eigenen Blick auf die Welt, entwickelt seine eigene Logik, die im literarischen Spiel des *Manuscrito Cuervo* zu einer Polylogik zusammengefügt wird. Stellvertretend für viele andere werden sie uns allesamt *vor-gestellt*. Mit all ihren Vorstellungen bricht über die wissenschaftliche Konzeption eine Datenflut herein, die begrifflich nicht mehr aufgelöst werden kann – und zugleich mit der Rabenperspektive bricht, ist Jacobo hier doch bestenfalls noch ‚compilator', aber nicht mehr (expliziter und fiktiver) ‚auctor' seines Textes. In diesem Sinne lässt sich nicht vom ‚Scheitern' des *Manuscrito Cuervo* in seiner Gänze sprechen: Es demonstriert weder die Unzulänglichkeit von Sprache[88] noch die „imposibilidad de escribir",[89] die Unmöglichkeit des Schreibens an sich. Das Scheitern des Raben enthält ein Gelingen: Der explizite Autor macht dem Lebenswissen, Erlebenswissen, Überlebenswissen und Zusammenlebenswissen des realen Autors Platz.

Jacobos Grundproblem besteht darin, die Tatsache nachzuvollziehen, dass sich innerhalb des Lagers ständig neue Lager bilden, die – von solidarischen Menschen eingerichtet – ihrerseits auf Ausgrenzung und Vernichtung abzielen. Ist dies ein Wesenszug des Menschen, eine Grundhaltung seines aus Rabensicht eher verachteten Mensch-Seins? Die Grenze Jacobos ist der *homo sacer*, jener Mensch, der getötet, aber nicht geopfert werden darf, jenes Individuum, das im ausgehenden 20. und beginnenden 21. Jahrhundert in den Lagern Kubas, Mexikos oder Nordkoreas, Chiles oder Chinas, Ruandas oder Russlands, im US-Lager von Guantánamo oder in den Lagern des ehemaligen Jugoslawien, an den italienischen und spanischen Küsten und nordafrikanischen oder kleinasiatischen Gegenküsten der Europäischen Union, am Zugang zum Eurotunnel oder in den „zones d'attente" unserer Flughäfen, *en miniature* in der Verfolgung von Edward Snowden oder in der isolierten Inhaftierung von Julian Assange existiert.

---

[88] Vgl. José Antonio Pérez Bowie, der in seinem „Estudio introductorio" (S. 22) von „la constatación del fracaso de la escritura, de la impotencia del lenguaje para dar cuenta de determinadas realidades" spricht.
[89] Naharro-Calderón, José María: Epílogo, S. 220.

Die Vervielfachung der Lager ist auch aus der Vogelperspektive längst nicht mehr zu überblicken!

Die Strukturen des Lagers – und die verschiedensten Formen des Lagerdenkens – finden sich überall. Jacobo hat die todbringenden Mechanismen des Lagers erkannt und weiß um jene „entortende Verortung" als „Matrix der Politik, in der wir auch heute noch leben und die wir durch alle Metamorphosen hindurch zu erkennen lernen müssen".[90] Seine Verzweiflung ist die Verzweiflung der (akademischen) Philosophie angesichts ihrer Analysen des Lagers und des *homo sacer*. Doch die Mittel der Literatur gehen über diese akademischen Herangehensweisen hinaus und beinhalten jenes „algo más", auf dessen Suche sich Max Aub nach seinem *Diario de Djelfa* begeben hat.

Max Aubs *Manuscrito Cuervo* teilt diese Verzweiflung, überträgt ihre Analyse aber der krähenden Stimme einer akademisch disziplinierten Wissenschaft, deren Verfahren er literarisch parodiert und persifliert. Seine Antwort auf Jacobos „Debe haber algo más" – und auf das von Hannah Arendt im Eingangszitat beklagte „apathische Nicht-mehr-Begreifen"[91] – ist jene *Friktion*, die sich in seinem Text zwischen *homo sacer* und *homo ludens* einstellt.

Wo die Wissenschaft – gerade auch bei Giorgio Agamben[92] – in eine monoperspektivische Sichtweise zu verfallen droht, bildet die archipelisierte, polyperspektivische Sprache der Aub'schen Literatur jene friktionale Experimentierstätte, die nicht nur das Lager zu simulieren und zu subvertieren, sondern zugleich in einer Pendelbewegung spielerischen Ernstes semantisch und existentiell zu konzentrieren und wieder zu *dekonzentrieren* versteht. Das ernste Spiel mit der Logik der Vernichtung schafft einen Spielraum, in dem Gemeinschaft wieder denkbar und lebbar wird. Und so mag es seinen Sinn haben, dass der *homo sacer* Max Aub nicht nur ganz wie Hannah Arendt im Kreis von Freunden, sondern darüber hinaus als *homo ludens* seinen Tod beim Kartenspiel[93] – dem er ein wunderbar vieldeutiges Text- und Bildspiel widmete[94] – fand. Und auch dieses Karten-Spiel war ein Spiel mit dem Tod, denn das gemeinsame Thema der „cartas" (als Briefe und von keinem Geringeren als Jusep Torres Campalans höchstselbst entworfenen

---

90 Agamben, Giorgio: *Homo sacer*, S. 185.
91 Arendt, Hannah: *Elemente und Ursprünge totaler Herrschaft*, S. 909.
92 Schon in seiner Einleitung findet sich eine unverkennbare Tendenz zur Verabsolutierung der eigenen Perspektive; so könne man die Rätsel, die „unser Jahrhundert dem historischen Verstehen aufgegeben hat [...], nur auf dem Boden – demjenigen der Biopolitik – lösen [...], auf dem sie gewachsen sind"; Agamben, Giorgio: *Homo sacer*, S. 14; die Beispiele für diese Ausschließlichkeit von Agambens Lösungsanspruch sind zahlreich.
93 Vgl. hierzu Soldevila Durante, Ignacio: *El compromiso de la imaginación*, S. 59.
94 Aub, Max: *Juego de cartas*. Dibujo: Jusep Torres Campalans. México: Alejandro Finisterre 1964.

Spielkarten) war das Hinscheiden eines anderen „Máximo", Máximo Ballesteros. Max Aubs ingeniöses (und in der Bibliothek der Universität Potsdam vorhandenes) Kartenspiel gewinnt, wer errät, was und wer sich hinter dem Namen Máximo Ballesteros verbirgt.

Dass ebenso Hannah Arendt wie Max Aub beim Kartenspiel ihren Tod fanden, mag trösten. Das Schreiben des Autors des *Rabenmanuskripts* ist kein Schreiben nach Auschwitz, sondern ein Schreiben im Angesicht des Lagers, aus dem Bewusstsein, dass die Menschheit noch immer weit davon entfernt ist, mit dem Lager fertig zu sein. Aber auch aus dem Bewusstsein, dass es etwas gibt, das dem Lager entgegenzutreten vermag: jenes „no sé qué de primor escondido y secreto", das in Max Aubs José de Acosta zugeschriebenen Motto „siempre un nuevo gusto", einen immer neuen Geschmack verheißt. Es ist die Spielkunst, das Lebens- und Überlebenswissen einer Literatur, die sich seit ihren Anfängen vor Tausenden von Jahren unentwegt darum bemüht, die Formen und Normen eines polylogischen Zusammenlebens allen Mechanismen des Ausschlusses zum Trotz in immer neuen kreativen Antworten zu entfalten.

Jorge Semprún oder eine Philosophie des Überlebenschreibens

Wenden wir uns nun dem Überlebenden eines Konzentrations- und Vernichtungslagers zu, der – wie der Schriftsteller Christoph Hein es anlässlich der Verleihung der Ehrendoktorwürde an diesen Autor an der Universität Potsdam am 25. Mai 2007 formulierte – vielleicht wie kein anderer das Gesicht des 20. Jahrhunderts repräsentiert: Ich spreche von keinem anderen als dem in Spanien geborenen und überwiegend in französischer Sprache schreibenden Jorge Semprún! Dieser behandelte in einer Vielzahl herausragender literarischer Werke seine Deportation nach Deutschland und seinen langen ‚Aufenthalt' im berüchtigten Konzentrationslager Buchenwald.

Ich darf Ihnen verraten, dass meine erste persönliche Begegnung mit diesem herausragenden Schriftsteller vor langen Jahren am Instituto Cervantes in Berlin stattfand. Ich unterhielt mich gerade mit dem Direktor des Museums Konzentrationslager Buchenwald, als endlich die Türe aufging und Jorge Semprún zu unserer Gruppe stieß. Er kam herein, erblickte den Museumsdirektor und wünschte nicht „Guten Tag" oder „Guten Abend": Seine ersten Worte richteten sich mit einer einfachen Frage an ihn: „Wie geht's zuhause?" Und damit meinte er ‚sein' Konzentrationslager, das er nur mit sehr viel Glück und tatkräftigem Geschick überlebt hatte.

Dies war mein erster persönlicher Eindruck von Jorge Semprún. Ich habe das Glück gehabt, diesen Schriftsteller in der Folge noch jahrelang wiederzusehen, habe ihn bei allen meinen Paris-Aufenthalten unweit der Seine in der Rue de l'Université besucht und auch damals am Flughafen Tegel abgeholt, als er zum Empfang seiner ehrendoktorwürde für zweieinhalb Tage nach Potsdam kam, wobei er sich auch mit den Doktorandinnen und Doktoranden meines Kolloquiums traf. Es war die erste Ehrendoktorwürde, die Semprún in Deutschland zuteilwurde, und sie war etwas Besonderes für ihn.[1]

Ich erinnere mich noch gut, wie Jorge Semprún am Flughafen durch die Kontrolle ging und leichtfüßig ohne Koffer auf mich zukam. Er hatte in Tegel kein Gepäck bei sich, sondern nur eine kleine abgegriffene Aktentasche aus Leder, in welcher sich eine Zahnbürste, etwas zum Rasieren, ein frisches Hemd,

---

[1] Dieses Kapitel meiner Vorlesung geht weit über meine Laudatio auf Jorge Semprún anlässlich der Verleihung der Ehrendoktorwürde der Philosophischen Fakultät der Universität Potsdam an Jorge Semprún am 25. Mai 2007 hinaus. Die Laudatio findet sich in Ette, Ottmar: Lebensfuge oder Eine Philosophie des ÜberLebenSchreibens. Laudatio für Jorge Semprún. In: *Lendemains* (Tübingen) XXXII, 126–127 (2007), S. 193–207.

eine Krawatte und etwas zum Lesen befand. Das war alles! Ich gestehe Ihnen offen, dass für mich der Festakt zur Verleihung der Ehrendoktorwürde, um den sich manche Anekdoten ranken, der eigentliche Höhepunkt des Lebens der Philosophischen Fakultät an dieser Universität war. Es waren wunderbare Stunden mit einem der Schriftsteller, die mich in meinem beruflichen wie in meinem privaten Leben am tiefsten beeindruckt haben.

Doch steigen wir direkt ein in unsere Lektüre von Jorge Semprún, der auf Französisch Jorge Semprun heißt! Wir tun dies mit einem Text, der Schreiben, Leben und Sterben auf intime Weise aufeinander bezieht:

> Ich betrachte den blauen Himmel über dem Grab von César Vallejo auf dem Friedhof von Montparnasse. Vallejo hatte recht. Ich besitze nichts anderes als meinen Tod, meine Erfahrung des Todes, um mein Leben zu sagen, um es auszudrücken, um es nach vorne zu stellen. Es muss sein, dass ich mit all diesem Tod Leben fabriziere. Und die beste Art, dies erfolgreich zu tun, ist das Schreiben. Aber das Schreiben führt mich zum Tod zurück, schließt mich ein, dreht mir die Luft ab. Genau dort bin ich jetzt: Ich kann nur noch leben, indem ich durch das Schreiben diesen Tod annehme, aber das Schreiben verbietet mir buchstäblich zu leben.[2]

In dieser poetischen Passage, die sich exakt im Zentrum von Jorge Semprúns erstmals 1994 erschienenen Band *L'écriture ou la vie* befindet, entwickelt der Ich-Erzähler das den gesamten Text, letztlich aber auch das Gesamtwerk des am 10. Dezember 1923 in Madrid geborenen und am 7. Juni 2011 in Paris verstorbenen Autors strukturierende Paradox von Schreiben und Sterben, Leben und Tod. Der keineswegs zufällig gewählte Ausgangspunkt für diese Überlegungen ist das Grabmal des peruanischen Dichters César Vallejo in Paris und damit ein „lieu de mémoire", ein Gedächtnisort, von dem aus nicht nur die ganz selbstverständlich nationale Grenzen überschreitende Dimension spanischsprachiger Lyrik, sondern auch die Situation des Exils und vor allem die Allgegenwart des Todes als Produktivkraft für die Literatur eingeblendet werden. Wir werden auf César Vallejo, mit dessen Lyrik und Engagement im Spanischen Bürgerkrieg ich mich in einer anderen Vorlesung bereits beschäftigt habe,[3] noch an späterer Stelle in dieser Vorlesung zurückkommen.

Der am Grabmal Vallejos vollzogene Rückgriff auf das Wissen der Literatur – das im Sinne Semprúns zum Lebenswissen und Überlebenswissen erst dadurch werden kann, dass es dem Tod die künstlerische Schöpfung entgegenstellt, die als solche die Präsenz über den eigenen physischen Tod hinaus in Aussicht

---

2 Semprún, Jorge: *L'écriture ou la vie*. Paris: Editions Gallimard 2006, S. 215.
3 Vgl. hierzu das César Vallejo gewidmete Kapitel im dritten Band der Reihe „Aula" in Ette, Ottmar: *Von den historischen Avantgarden bis nach der Postmoderne*, S. 281 ff.

stellt – bildet einen genialen Kunstgriff des Erzählers wie seines Autors. Semprún gibt dem Blick vom Friedhof auf Paris, der spätestens seit Balzacs *Père Goriot* zum Topos existentieller Entscheidungen wurde, eine neue Richtung, indem er dem Tod wie dem Schreiben von Literatur entgegenruft: *A nous deux maintenant!*

Denn Jorge Semprún, jener Schriftsteller, den wir den translingualen Literaturen ohne festen Wohnsitz zurechnen dürfen,[4] tut dies, indem er den Tod nicht als einen End-, sondern buchstäblich als einen Ausgangspunkt markiert: Von hier aus verkörpert sich ein Überlebenswillen und ein Überlebenswissen, das vom Überleben der Literatur wie des Schreibenden kündet. Nur Schriftsteller vermögen es, so Semprún in seiner Ansprache am 10. April 2005 in Weimar aus Anlass des sechzigsten Jahrestages der Befreiung der nationalsozialistischen Konzentrationslager, „die lebendige und vitale Erinnerung wieder zum Leben [zu] erwecken".[5]

Im Zentrum des gesamten literarischen und philosophischen Schaffens von Jorge Semprún, der als Schriftsteller, Essayist und Intellektueller zu den herausragendsten und weltweit renommiertesten Stimmen des europäischen Denkens und Schreibens zählt, steht ohne jeden Zweifel der immer wieder neu, immer wieder anders perspektivierte Begriff des Lebens. Und wie ein Max Aub verbindet er mit diesem Zentralbegriff den Begriff des Lagers und des Schreibens, der „écriture" dessen, was durch das Leben im Lager zum Schreiben drängt, zugleich aber noch immer mit dem Tode verbunden ist. Denn anders als Max Aub musste Semprún im Konzentrations- und Vernichtungslager Buchenwald den vieltausendfachen Tod zahlloser Mitgefangener erleben, der nach der Befreiung das eigene Überleben immer wieder mit dem Tod in Verbindung brachte.

Abb. 30: Jorge Semprun (1923–2011) im Jahr 2009.

---

4 Vgl. hierzu Ette, Ottmar: *ZwischenWeltenSchreiben. Literaturen ohne festen Wohnsitz (Über-Lebenswissen II)*. Berlin: Kulturverlag Kadmos 2005.
5 Semprún, Jorge: Rede am 10. April 2005 im Weimarer Nationaltheater anlässlich der zentralen Gedenkveranstaltung aus Anlass des 60. Jahrestages der Befreiung der nationalsozialistischen Konzentrationslager. Internet-Ausdruck http://landesarbeitsgericht.thueringen.de/de/politisch.veranstaltungen (11.12.2006), S. 2.

Der Semprún'sche Lebensbegriff ist paradox strukturiert. Denn erst in einem langen, schmerzhaften Reflexionsprozess begreift der Ich-Erzähler von *L'écriture ou la vie*, dass der Tod, dass die Todeserfahrung der einzige Besitz ist, von dem aus das Leben sagbar, ja herstellbar, fabrizierbar ist. Das Schreiben dieses Todes aber – so erkennt er – führt aus der Todeserfahrung nicht zum Leben zurück, sondern zu einem Tod-Schreiben, zu einem „death-writing", in welches das „life-writing" eines Augenzeugen, der allein vom Erlebten berichtet, notwendig zurückfällt. Wir berühren an dieser Stelle eben jene scharfe Beobachtung Hannah Arendts, welche die Augenzeugenschaft und das Berichten über den Tod in das Zeichen der Unglaubwürdigkeit stellt, obwohl doch das Berichtete dokumentarisch belegbar ist.

Aus diesem Dilemma erklärt sich auch Jorge Semprúns vehemente Forderung nach einer Literatur, die in grundlegender Weise „über die Zeugnis- oder Erinnerungsliteratur hinausgeht".[6] Auch in *L'écriture ou la vie* ist diese fundamentale Konstellation und radikale Herausforderung des Semprún'schen Schreibens allgegenwärtig. Die wie aus dem Nichts kommende Nachricht vom Selbstmord Primo Levis, aus dessen *Se questo è un uomo* (1947) und *La tregua* (1963) italienische Originalzitate in den französischen Text einmontiert werden,[7] führt dies dem Erzähler just am 11. April 1987, dem Jahrestag der Befreiung des Konzentrationslagers Buchenwald, in aller Schärfe und für ihn bedrohlich vor Augen. Die lebensbedrohende Alternative des Titels *Schreiben oder Leben* lässt sich nicht – wie der Ich-Erzähler erkennen muss – mit den simplen Mitteln des Augenzeugenberichts außer Kraft setzen. Auch Semprún sucht wie Aub nach jenem „algo más", nach dem entscheidenden Mehr, das die beiden entweder in Frankreich geborenen und auf Spanisch schreibenden oder in Spanien geborenen und auf Französisch schreibenden Schriftsteller schließlich in der Fiktionalität und Friktionalität ihres Schreibens fanden.

Wohlgemerkt: *Schreiben oder Leben*, nicht ‚Literatur oder Leben' (wie dieser Buchtitel bisweilen fälschlich übersetzt oder zitiert wird). Ein beträchtlicher Teil der Faszinationskraft des literarischen Oeuvre Jorge Semprúns und dessen philosophischer Fundierung speist sich aus der Tatsache, dass er „écriture" und „littérature" nicht miteinander gleichsetzt. Denn vergessen wir nicht: Es ist immer wieder die Literatur, die hier – wie an so vielen Orten und Zeiten im Labyrinth des Semprún'schen Werks – ihr Lebenswissen und Überlebenswissen bereithält!

---

6 Ebda.
7 Semprún, Jorge: *L'écriture ou la vie*, S. 304 f.

Fremdsprachige Zitate aus anderen Texten werden des Öfteren in Semprúns vielleicht beeindruckendsten literarischen Text integriert. Nicht allein im Zentrum des Buchs, zu Beginn des sechsten von zehn Kapiteln, sondern auch an anderen Stellen tauchen in *L'écriture ou la vie* unter der Überschrift „Le pouvoir d'écrire" Verse von Vallejo auf Spanisch wie auch in französischer Übersetzung auf: „*En suma, no poseo para expresar mi vida, sino mi muerte ...*"[8] Wenige Seiten später betont der Erzähler, er habe immer Glück gehabt und sei stets zur rechten Zeit auf ein lyrisches Werk gestoßen, das ihm dabei geholfen habe, weiterleben zu können: „l'œuvre poétique qui pouvait m'aider à vivre, à me faire avancer dans l'acuité de ma conscience du monde."[9] Sein Weltbewusstsein, sein Bewusstsein von dieser Welt, sei dadurch stets zum richtigen Zeitpunkt geschärft worden und habe es ihm erlaubt, aller schrecklichen Erfahrungen zum Trotz in dieser Welt weiterleben zu können. Auch die Lektüre von Literatur kann lebensrettend sein!

Die Lyrik César Vallejos eröffnet nicht nur ein Weiterleben und die Schärfung des eigenen Weltbewusstseins, sie diente dem Erzähler – wie wir später erfahren – auch dazu, dem Tod im Konzentrationslager von Buchenwald die Macht verdichteter poetischer Sprache entgegenzustellen. Als unmittelbar nach der Befreiung des Lagers im April 1945 Diego Morales – ‚Rotspanier' wie der Erzähler selbst – einen doppelt absurden Tod stirbt, findet das Ich in seinem Gedächtnis jenes berühmte Gedicht aus dem Zyklus *España aparta de mí este cáliz*, das Vallejo mit Blick auf die Toten des Spanischen Bürgerkriegs verfasst hatte, in dem Morales einst gekämpft und sein Leben bewusst für die Republik aufs Spiel setzte:

Am Ende der Schlacht,
und der Kämpfer schon tot, kam zu ihm ein Mensch
und sagte ihm: „Stirb nicht, ich liebe Dich so sehr!"
Doch der Kadaver, ach!, starb weiter.

Al fin de la batalla,
y muerto el combatiente, vino hacia él un hombre
y le dijo: „No mueras, te amo tanto!"
Pero el cadáver ¡ay! siguió muriendo...[10]

---

8 Ebda., S. 190.
9 Ebda., S. 219.
10 Ebda., S. 251.

Das Wissen der Literatur vom Leben wird gerade im Augenblick und im Angesicht des Todes zu einem Wissen im Leben und für das Leben, auch wenn Vallejos utopische Vision eines Leichnams, der dank der Bemühungen aller wieder ins Leben zurückkehrt,[11] nicht einfach realiter in Erfüllung gehen kann. Doch die Präsenz, die sinnlich erfahrbare Gegenwart der Literatur verleiht einem Tod, der sinn- und würdelos gestorben wird, jenen Sinn, der das Sterben transfiguriert und den physischen Tod transzendiert. Das Leben und mehr noch das Sterben erhalten ihre menschliche Würde zurück und verwandeln sich auf diese Weise – und auch für das Gedächtnis an den soeben verstorbenen ‚Rotspanier' selbst – in sinnvolle, einem gesamten kämpferischen Leben Sinn verleihende Akte.

Nicht anders hatte der Erzähler Maurice Halbwachs, der einst Lehrer des Philosophiestudenten Jorge Semprún an der Sorbonne gewesen war und dessen posthum erschienenes und bis heute wegweisendes Buch *La mémoire collective*[12] vielfältig ins Schaffen seines früheren Schülers Eingang gefunden hat, kurz vor dessen Tod in Buchenwald Verse von Baudelaire ins Ohr geraunt: „Ô mort, vieux capitaine, il est temps / levons l'ancre ..."[13] – „Tod, Du alter Kapitän, Es ist an der Zeit, lichten wir die Anker!" Das Gedicht Baudelaires, so der Erzähler, habe als Sterbegebet seine Wirkung nicht verfehlt: „son regard avait brillé d'une terrible fierté."[14] Denn der Blick von Maurice Halbwachs „habe von einem schrecklichen Stolz geglänzt". Es ist die Literatur, es ist die vom Menschen bewusst geformte und verdichtete Sprache, die selbst dem Sterbenden noch Würde verleiht und seinem sinnlosen Tod im Konzentrationslager doch noch Sinn verleiht.

Wie Hannah Arendt in ihrem Buch *Elemente und Ursprünge totaler Herrschaft* – wie wir sahen – ausführt, soll den Konzentrationären alle Würde, alle Funktion, ja ihr gesamtes Menschsein noch vor ihrem Tod genommen werden. Die dem Konzentrations- und Vernichtungslager Ausgelieferten sterben verschiedene Tode, die ihnen nach und nach alles Menschliche nehmen: Ihr Sterben vollzieht sich in verschiedenen Schritten, die von einer kalten Rationalität gesteuert alles Humane auslöschen. Doch die Literatur und deren Lebenswissen stellen sich dieser Unmenschlichkeit entgegen, setzen weit über die Zeit hinausgehende Zeichen einer Menschlichkeit, die auch im Lager noch von höchster Be-

---

11 Vgl. Vallejo, César: Masa. In (ders.): *Obra poética completa*. Introducción de Américo Ferrari. Madrid: Alianza Editorial 1983, S. 300.
12 Vgl. Halbwachs, Maurice: *La mémoire collective*. Ouvrage posthume publ. par Jeanne Alexandre née Halbwachs. Paris: Presses Universitaires de France 1950.
13 Semprún, Jorge: *L'écriture ou la vie*, S. 250.
14 Ebda.

deutung sind: nicht, weil sie den Menschen Hoffnung auf das eigene Überleben machten, sondern weil sie diesen Menschen ihre Würde, ihren Stolz und ihr Menschsein zurückgeben, die ihnen vom gnadenlosen Regime eines rationalen Totalitarismus geraubt wurden.

Noch stärker akzentuierte Semprún die Wirkung der Verse Baudelaires in seinen Reflexionen über *Mal et Modernité*, wo es heißt: „un mince frémissement s'esquisse sur les lèvres de Maurice Halbwachs. / Il sourit, mourant, son regard sur moi, fraternel."[15] – „Ein leichtes Zittern zeichnet sich auf den Lippen von Maurice Halbwachs ab. / Sterbend lächelt er, seinen Blick auf mich geheftet, brüderlich." Hier wird mit literarischen Mitteln ‚demonstriert', in welchem Maße das Lebenswissen der Literatur gerade auch den Tod herauszufordern vermag, wird aufgezeigt, über welche Macht die Literatur verfügt.

Betrachten wir die unterschiedlichen Inszenierungsweisen dieses Abschieds, so wird deutlich: Wir befinden uns im Reich der Zeichen, im Reich der Literatur, und wir sollten uns vor dem so häufig begangenen Fehler hüten, den Ich-Erzähler mit dem realen Autor Jorge Semprún gleichzusetzen! Denn so oft diese Szene auch in *L'écriture ou la vie* wie in anderen Texten Semprúns geradezu obsessiv wiederkehrt: In *L'évanouissement* wird von Maurice Halbwachs' Tod auf andere, gleichsam komplementäre Weise berichtet, erfährt hier der Erzähler doch vom Tod ‚seines' Soziologieprofessors an der Sorbonne durch die Sterbelisten in der ‚Arbeitsstatistik' des KZ Buchenwald.[16]

Jorge Semprúns Schreiben findet seinen Sitz im Leben nicht durch den Rekurs auf Augenzeugenschaft: Es nutzt die testimoniale Dimension vielmehr für die Spiel-Räume, die allein die Kunst der Literatur bietet. Denn die Lüge der Fiktion erzeugt die höhere Wahrheit der Kunst. Anders als das testimoniale Schreiben findet sich die Literatur dabei auf der Seite des Lebens wieder und bildet – bezieht man die in den Text eingeblendeten Frauenbeziehungen mit ein – ein geradezu magisches Dreieck aus Lesen, Leben und Lieben. Genau an dieser Stelle öffnet sich für den Schriftsteller Semprún jene Türe, welche das Schreiben jenseits von Primo Levis Selbstmord aus der Sphäre des Todes befreit und dank des Lebenswissens der Literatur auf das Leben hin perspektiviert. Denn Schreiben ist nicht gleich Schreiben!

Das Lesen ist dabei sehr häufig selbstbezüglich und höchst produktiv. Immer wieder entfaltet Jorge Semprún als Leser seiner eigenen Texte bestimmte

---

15 Semprún, Jorge: *Mal et Modernité: le Travail de l'Histoire, suivi de „… vous avez une tombe dans les nuages …"*. Marseille: Editions Climats 1995, S. 47.

16 Vgl. hierzu Schoeller, Wilfried F.: *Jorge Semprún. Der Roman der Erinnerung*. München: edition text&kritik 2006, S. 188. Freilich findet sich in dieser Untersuchung sehr häufig die direkte Gleichsetzung von textinterner Erzählerfigur und textexternem Schriftsteller.

Schlüsselszenen in nachfolgenden Texten neu. In jedem neuen Text scheinen zuvor veröffentlichte Texte durch, so dass auf intratextueller Ebene ein Text-Mobile entsteht, in dem der nie enden wollenden Bewegung des Schreibens immer neue und sich wandelnde Textkonfigurationen entsprechen.

Wo das Schreiben zum Durchleben des Todes zurückzuführen und an einem Endpunkt, gleichsam an einem toten Punkt anzukommen droht, wird der Tod durch das Leben der Literatur immer wieder in Bewegung, in die der Semprún'schen Schreibkunst so eigentümliche „mouvance" versetzt. Immer wieder gibt es ein neues Aufbrechen, gibt es neue Aufbrüche, die sich einem definitiven Schlusspunkt entziehen: Das Weiterschreiben ist der kategorische Imperativ Jorge Sempráns. Denn zugleich entfalten Sempráns Texte ein intertextuelles Beziehungsgeflecht, das den Zurückblickenden stets ins lebensrettende Spiel der Literatur miteinbezieht und prospektiv nach vorne blicken lässt: ein wieder und wieder neu einsetzendes Schreiben, das sich auf die Zukunft, auf ein nächstes Buch, einen weiteren Text hin öffnet.

So entsteht das Werk eines Lebens, das dank seiner kontinuierlichen ästhetischen Selbstreflexion nicht in den Fehler verfällt, beim Gelebten und Erfahrenen des Widerstandskämpfers und Exilanten, des Gefolterten und Lagerinsassen, aber auch des Organisators im Untergrund gegen die Franco-Diktatur und späteren Ministers im Kabinett von Felipe González stehenzubleiben. Es ist im Sinne der Lyrikerin Emma Kann, der Exil und die Erfahrung des südfranzösischen Lagers Gurs nicht fremd sind, ein zutiefst lebendiges, ein „stets sich erneuerndes Buch",[17] das auch durch den Tod des in Spanien geborenen Schriftstellers selbst nicht zur Ruhe kommt.

Die poetologischen Reflexionen des Zentralkapitels von *L'écriture ou la vie* lassen keinen Zweifel daran, dass das Ich im Text „nourri de mon expérience mais la dépassant, capable d'y insérer de l'imaginaire, de la fiction ..."[18] sein müsse: Es geht Semprún wie Aub um das „algo más", um dieses Mehr der Literatur und damit um den Einbau von Einbildungskraft und Fiktion in den literarischen Text. Dies ist ein deutliches Warnschild für all jene, die Sempráns Texte als Zeugenberichte missverstehen und auf simple Weise die sorgsam gestaltete Figur des Ich-Erzählers, die sich von Text zu Text unterscheidet, mit der realen Gestalt des Pariser Schriftstellers gleichsetzen.

Die literarischen Figuren und Figurationen Jorge Sempráns oszillieren vielmehr auf eine höchst kunstvolle Weise zwischen der diktionalen Darstellung

---

17 Kann, Emma: *Im Anblick des Anderen. Gedichte 1989*. Konstanz: Hartung-Gorre Verlag 1990, S. 31. Vgl. hierzu auch Ette, Ottmar: „Ein stets sich erneuerndes Buch". Warum es an der Zeit ist, Emma Kann zu entdecken. In: *Orientierung* (Zürich) LXXI, 8 (April 2007), S. 93–96.
18 Semprún, Jorge: *L'écriture ou la vie*, S. 217.

gelebter Erfahrung und dem fiktionalen Entwurf eines Erlebens, das weit über das Gelebte, das Erlittene hinausreicht und sich von diesem Leiden ein Stück weit frei macht. In dieser zutiefst befreienden *friktionalen* Bewegung entsteht aus dem Erfahrungswissen des Gelebten und dem Lebenswissen des Gelesenen ein Erlebenswissen und Überlebenswissen, das den Tod ins eigene Erleben holt und zum Ausgangspunkt einer Literatur des ÜberLebenSchreibens macht.

Auf den fulminanten Seiten von *L'écriture ou la vie* gelingt Jorge Semprún eine ebenso ethisch wie ästhetisch beeindruckende Auseinandersetzung mit dem „univers concentrationnaire", in das der 1942 in die Résistance-Organisation „Franc-Tireurs et Partisans" eingetretene und seit Sommer 1943 für das Netz „Jean-Marie Action" arbeitende junge Philosophiestudent an der Sorbonne geriet, nachdem er infolge von Verhaftung und Folterung durch die Gestapo im Januar 1944 ins Konzentrationslager Buchenwald deportiert worden war. Wie für Max Aub das allgegenwärtige Wörtchen „campo" in sich alle literarischen und vitalen Bedeutungsebenen bündelte, so wurde das Lager für Jorge Semprún gleichsam zur Matrix des gesamten Schaffens, zum eigentlichen Schlüsselbegriff, in dem sich die Geschichte des 20. Jahrhunderts konzentrierte. Es ist beeindruckend, diese Erkenntnis gleichermaßen bei Aub wie bei Semprún und Hannah Arendt zu konstatieren.

Seit *Le grand voyage*, Semprúns Romandebüt aus dem Jahre 1963, in dem sich bereits alle großen Themen der literarischen Lebensreise des 1964 mit dem *Prix Formentor* ausgezeichneten Schriftstellers finden lassen, entfaltet sich eine Beziehung zwischen den Sprachen und Ausdrucksformen der Literatur und der Philosophie. Dieses Verhältnis hat eine Philosophie des ÜberLebenSchreibens entstehen lassen, die in der Literaturgeschichte des „univers concentrationnaire" vielfältige Verbindungen aufweist und doch singulär für sich steht. Es ist nicht eine unter vielen Geschichten um Konzentrations- und Vernichtungslager, sondern *die* hautnah durcherlebte und gleichwohl literarisch gestaltete Geschichte dieser Lager, wie sie sich eine Hannah Arendt nur hatte erträumen können.

Dabei werden aus der Perspektivik eines bestimmten Menschen, den wir – und ich betone dies erneut – nicht mit Jorge Semprún verwechseln oder gar gleichsetzen dürfen, Philosopheme im Bereich und mit den Mitteln der Literatur erprobt und umgekehrt die Sprachen der Literatur in die Philosophie übersetzt. Dieses Verfahren führt viel-logische, unterschiedliche Logiken gleichzeitig entwickelnde Strukturen in ihrer Simultaneität ästhetisch verlebendigend vor Augen. Semprúns literarische Kunst – soweit dürfen wir unserem Fazit schon vorgreifen – verkörpert buchstäblich die grundlegenden Antworten, die ein Überlebenswissen und ein Überlebenswille auf die Herausforderungen einer Geschichte totalitärer Barbarei und Lebensvernichtung zu geben vermögen.

In *L'écriture ou la vie* lässt sich vor dem Hintergrund unserer bisherigen Untersuchungen ein wesentlicher Ausgangspunkt des Semprún'schen Oeuvre ausmachen: Das Zeugnishafte, Testimoniale allein – als „écriture" nicht mit der „littérature" zu verwechseln – vermag es nicht, aus der Erfahrung des Todes jenen Funken des Lebens zu schlagen, der nicht zuletzt deshalb überlebenswichtig ist, weil er sich der lebensbedrohenden Falle von *Schreiben oder Leben* zu entziehen weiß. So stellt der Ich-Erzähler am Ende einer Diskussion um die Möglichkeiten, von den Konzentrationslagern später erzählen zu können und dabei von Menschen verstanden zu werden, die diese menschenverachtende Erfahrung nicht in ihrem eigenen Leben erleben mussten, eindeutig die Notwendigkeit des Hinausgehens über die Darstellung des ‚Faktischen' fest:

> Was soll das heißen, ‚gut erzählt'?, empört sich jemand. Man muss die Dinge sagen wie sie sind, ohne jede Kunstfertigkeit!
>
> Dies ist eine zwingende Behauptung, die von der Mehrheit der Anwesenden gutgeheißen wird, die künftig repatriiert werden sollen. Möglicher künftiger Erzähler. Daher zeige ich auf, um zu sagen, was mir evident erscheint.
>
> Gut erzählen, das heißt: Dies so zu tun, dass es verstanden wird. Ohne etwas Kunstfertigkeit wird dies nicht gelingen. Genügend Kunstfertigkeit, damit es zu Kunst wird![19]

Wenn es folglich gilt, vom Tod in einer dem Leben zugewandten und verlebendigenden Kunstform zu berichten, dann vermag allein der Rekurs auf die Kraft einer ästhetisch fundierten Erkenntnis jenes Verständnis, jenes Verstehen heraufzuführen, das es erlaubt, die Grenzen des je Besonderen auf die Erfahrung eines Allgemeinen hin zu transzendieren. Die Antwort auf die (erfolgreiche) Suche Max Aubs nach dem „algo más" ist das „un peu d'artifice" des Jorge Semprún. Damit aber werden die traditionellen Grenzziehungen zwischen ‚Realität' und ‚Fiktion', zwischen ‚Wirklichkeit' und ‚Literatur' nicht nur in ihrer Brüchigkeit vorgeführt, sondern an entscheidender Stelle durchbrochen. Denn die Kunst kann es im Sinne des Semprún'schen Erzählers schaffen, dass die Erzählungen aus dem Konzentrationslager verstanden und geglaubt werden. Die Kunst des Erzählens verleiht der Erzählung eine höhere, vor allem für die Zuhörer und Leser nachvollziehbare, *nacherlebbare* Wahrheit.

An die Stelle der überkommenen Grenzziehung zwischen Wahrheit und Fiktion tritt das Spannungsfeld von Erleben und Erfinden, von gelebter/n und erfundener/n Geschichte/n, von erfundenem Leben und gelebter Erfindung. Es handelt sich um ein mobiles narratives Netzwerk, das stets auf der Gleichzeitigkeit vieler Logiken beruht, die – von einem scheinbar singulären Leben her gebündelt – sich ganz im Sinne der Aristotelischen *Poetik* auf das Allgemeine hin

---

19 Semprún, Jorge: *L'écriture ou la vie*, S. 165.

öffnen. Denn gerade mit Blick auf die Wirkung, mit Blick auf das Erleben von Literatur durch eine Leserschaft ließe sich sagen: Auch und gerade das erfundene Leben ist als gelesenes ein erlebtes Leben und damit sinnlich nachvollziehbar.

Damit ist längst auch die Scheidung zwischen Leben und Fiktion brüchig geworden: Beide sind in einen wechselseitigen Verweisungszusammenhang eingetreten, so dass Erleben und Erfinden nicht ein Gegensatzpaar im Sinne von ‚Realität' und ‚Fiktion' bilden, sondern sich wechselseitig durchdringen, ohne sich doch je im Selben aufzulösen. Es gehört gewiss zu den vornehmsten Aufgaben der Literaturen der Welt, den Raum der Freiheit zu eröffnen, um das Leben neu zu erproben, neu zu erfinden und das erfundene Leben in gelebte Erfindung zu übersetzen und dadurch intensiver erlebbar zu machen. Die Kraft, die von diesen Bewegungen der Literatur ausgeht, wurde von Jorge Semprún, Max Aub und vielen anderen Autorinnen und Autoren vielfach herausgestellt.

Entscheidend für diese hohe Intensität der Literatur als Lebenswissen und Erlebenswissen ist freilich eine möglichst große Komplexität und Offenheit des Lebensbegriffs und Lebensverständnisses. Indem uns die Literatur ermöglicht, in verdichteter Form unterschiedliche Logiken gleichzeitig zu erleben und zu durchleben, gibt sie uns den Schlüssel in die Hand, uns aus der Herrschaft einer einzigen Logik, einer einzigen Geschichtsschreibung zu befreien. Sie vermag es, jeglicher Reduktion des Lebens entgegenzutreten – auch jenen Reduktionen, wie sie die Biowissenschaften vornehmen.

Das Semprún'sche Erzählmodell, das sich immer wieder aufs Neue aus dem Erleben und Überleben des Konzentrationslagers Buchenwald speist und das eigene Leben immer wieder anders erfindet und erzählt, eröffnet so den Freiraum für eine Literatur, die sich nicht auf die Logik des Testimonialen reduzieren lässt, sondern die Spannung zwischen Erlebtem und Erfundenem verschiedenartig entfaltet und intensiviert. Literatur ist ein Erprobungsraum sinnlich erfahrbarer Komplexität. Und dieser Raum ist zugleich derjenige einer menschlich zu gestaltenden Freiheit.

Von dieser gleichsam unendlichen Bewegung zwischen Erleben und Erfinden werden auch die Grenzen zwischen Leben und Tod erfasst, so dass das eigene Leben nur aus der Erfahrung des Todes und der eigene Tod nur aus dem Erleben des Lebens gedacht werden kann – ganz so, wie dies in *L'écriture ou la vie* im Rückgriff auf César Vallejo vom Erzähler vorgetragen wird. Dabei rückt die nicht weniger paradoxe Beziehung zwischen Leben und Wissen ins Zentrum, die in Semprúns *L'écriture ou la vie* mit einer bemerkenswerten Formulierung auf den Punkt gebracht wird: „Zweifellos ist der Tod die Erschöpfung jeglichen Begehrens, darunter auch des Begehrens zu sterben. Nur ausgehend vom

Leben, vom *Wissen des Lebens*, kann man das Begehren haben, nun zu sterben. Auch dieses todbringende Begehren ist noch immer ein Reflex des Lebens."[20]

Das immer wieder anders von Semprún perspektivierte Sterben seines ehemaligen Lehrers an der Sorbonne, jenes Maurice Halbwachs, dessen Überlegungen grundlegend waren für die Entfaltung der Memoria-Problematik in der zweiten Hälfte des 20. Jahrhunderts, öffnet sich hier auf ein *Lebenswissen*, das selbst im Todeswunsch noch einen letzten Lebensreflex und eine damit verbundene fundamentale Lebensreflexion zu erkennen vermag. Denn ist es nicht ein ganz spezifisches „savoir de la vie", das es dem Ich überhaupt erst ermöglicht, das Konzentrationslager von Buchenwald nicht nur zu überleben, sondern das eigene Erleben in eine Literatur zu übersetzen, die sich nicht länger in Form einer simplen „écriture" (der Todeserfahrung als einer tödlichen Bedrohung) dem eigenen Leben-Wollen entgegenstellt?

Nun erst kann jenes Rätsel gelöst werden, dem sich die Erzählerfigur über einen so langen Zeitraum fast hilflos ausgeliefert fühlte. Denn es geht für das Ich darum, aus all dem Erleben des Todes ein Leben herzustellen, ein Leben zu schaffen, das lebenswert ist.[21] Dies aber kann nur durch ein Schreiben bewerkstelligt werden, das nicht allein dem Testimonialen, dem Augenzeugenhaften, verpflichtet ist, sondern das sich *viellogisch* entfaltet und einen neuen Raum der Freiheit und des Lebens schafft.

So ließe sich als zentrales Lebens- und Überlebens-Gnosem des Semprún'schen Erzählmodells jene Einsicht herausarbeiten, dass ein Lebenswissen nur dann zu einem Überlebenswissen werden kann, wenn es die statischen Grenzziehungen zwischen Leben und Tod, zwischen ‚Realität' und ‚Fiktion' unterläuft, um viel-logische Verstehens- und Lebensstrukturen zu entwerfen, in denen sich Erleben und Erfinden miteinander verbinden, ohne doch miteinander zu verschmelzen. Wie aber lässt sich dieses Gnosem, diese grundlegende Wissenseinheit des Semprún'schen „savoir de la vie" genauer fassen?

Gleich auf den ersten Seiten von dessen *Le grand voyage* entsteht im Dialog auf dem Weg nach Weimar und ins Konzentrationslager Buchenwald gleichsam eine Kartographie der Lager in Europa, ein Wissen, das zu diesem Zeitpunkt zumeist heimlich zirkuliert und in der Bevölkerung anfänglich noch ungleich verteilt ist:

---

20 Semprún, Jorge: *L'écriture ou la vie*, S. 61 (Kursivierung O.E.): „Sans doute la mort est-elle l'épuisement de tout désir, y compris celui de mourir. Ce n'est qu'à partir de la vie, du *savoir de la vie*, que l'on peut avoir le désir de mourir. C'est encore un réflexe de vie que ce désir mortifère."
21 Ebda., S. 215.

> Er hatte die Zeit, es zu wissen. Es war die Epoche der Massenaufbrüche in die Lager. Unspezifische Informationen sickerten durch. Die Lager in Polen waren die schrecklichsten, die deutschen Wachleute sprachen darüber, so scheint es, wenn sie leiser wurden. Es gab einanderes Lager in Österreich, wohin man ebenfalls hoffentlich nicht geschickt wurde. Im Übrigen gab es einen Haufen von Lagern, auch in Deutschland, die mehr oder minder gleich waren. Am Abend vor der Abfahrt hatte man erfahren, dass unser Konvoi zu einem der letztgenannten in der Nähe von Weimar ging. [...]
> „Gibt es Lager auch in Frankreich?"
> Er schaut mich verdutzt an.
> „Natürlich."
> „Französische Lager, in Frankreich?"
> „Natürlich", sagte ich ihm noch einmal, „das sind doch keine japanischen Lager. Französische Lager, in Frankreich."
> „Da gibt es Compiègne, das ist wahr. Aber das nenne ich kein französisches Lager."
> „Da gibt es Compiègne, was ein französisches Lager in Frankreich war, bevor es ein deutsches Lager in Frankreich wurde. Aber es gibt andere, die niemals etwas anderes waren als französische Lager in Frankreich."
> Ich erzähle ihm von Argelès, Saint-Cyprien, Gurs, Chateaubriand. „So eine Scheiße", rief er aus.[22]

Diese Passage des großen Debütromans von 1963 spielt nicht nur mit der Tatsache, dass das Wissen um französische Lager in Frankreich bei Franzosen nicht immer sehr verbreitet war (und womöglich noch immer nicht ist), sondern entwirft auch eine Ubiquität von Lagerstrukturen. Sie differenziert einerseits zwischen verschiedenen Lagertypen und macht andererseits darauf aufmerksam, dass es Lager vor jenen der Nationalsozialisten gab. Dabei bedarf es nicht einmal des Verweises auf die „campos de concentraciones" der Spanier auf Cuba oder auf die „Concentration Camps" der Briten in Südafrika, um zu belegen, dass die Deutschen nicht die Erfinder der Konzentrationslager waren. Die ‚Quellen' der Konzentrationslager speisen sich – übrigens auch manch andere Erfindung wie etwa der polizeiliche Fingerabdruck – aus dem europäischen Kolonialismus.

Vor dem Hintergrund der ästhetischen Implikationen des Spannungsfeldes zwischen Erleben und Erfinden, wie wir es vorhin anhand von *L'écriture ou la vie* entwickelt haben, war es nur folgerichtig, dass sich der in Spanien geborene Schriftsteller, der in seiner Jugend mit seiner Familie im Spanischen Bürgerkrieg sein Geburtsland hatte verlassen müssen und seine politisch-ideologische Sozialisation in Frankreich erfuhr, mit den französischen Lagern in Frankreich auseinandersetzte. Seine eigene Lagererfahrung war jedoch die des deutschen Konzentrationslagers rund um Goethes Eiche auf dem Ettersberg. Doch wie hätte Jorge Semprún, der translinguale Autor einer Literatur ohne festen Wohn-

---

22 Semprún, Jorge: *Le grand voyage*. Paris: Gallimard 2006, S. 22–24.

sitz, der auf der spanischen wie der französischen Seite der Pyrenäen sein stets prekäres Zuhause besaß, jenen Lagern ausweichen können, welche nicht nur die Geschichte Spaniens und Frankreichs im 20. Jahrhundert auf so tragische Weise miteinander verbinden? Wie hätte er nicht verstehen sollen, dass das System der Lager die Grenzen in Europa überspannte und – ganz wie es Hannah Arendt in *Elemente und Ursprünge totaler Herrschaft* analysierte – keineswegs nur eine besonders grauenhafte Erfindung der Deutschen und des Nationalsozialismus war?

Daher beschäftigte sich Jorge Semprún nicht nur in Le grand voyage, sondern auch in anderen Texten speziell mit Geschichte und Spezifik französischer Konzentrationslager in Frankreich. Sein Theaterstück *GURS: une Tragédie européenne*,[23] das vom Centro Andaluz de Teatro in Sevilla, dem Kapuzinertheater in Luxemburg und dem Théâtre National de Nice als Auftragsarbeit der Europäischen Theaterkonvention vergeben und in Sevilla 2004 uraufgeführt wurde,[24] rückt dabei auf verschiedenen Zeitebenen die Problematik von Flucht, Vertreibung und Migration in den Fokus. Wenden wir uns daher kurz diesem Theaterstück zu, um die für das Schreiben Semprúns charakteristischen Beziehungen zum Verhältnis von Leben und Tod herauszuarbeiten!

Daniel Benoin, unter dessen Regie das Stück in Nizza im Dezember 2004 aufgeführt wurde, hielt die guten Gründe fest, wegen derer man sofort an Semprún gedacht hatte, als es im Rahmen der *Convention Théâtrale Européenne* zum Beschluss kam, gemeinsam am Thema „Le théâtre en Europe: miroir des populations déplacées", zu arbeiten: „Semprún ist der Mann der Migration, der Mann der Querung der Sprachen, der Mann einer wahrhaft europäischen Vision, geboren aus dem Leiden und dem Krieg. Seine Kenntnisse des Spanischen, des Französischen und des Deutschen machen ihn zum erträumten Schriftsteller für das Schreiben eines Stückes, das von Beginn an drei große Sprachen des heutigen Europa beinhalten sollte. Dies ist der Sinn des ‚Auftrags', den wir ihm erteilt haben."[25]

---

23 Vgl. Semprún, Jorge: *GURS: une Tragédie européenne*. Das Stück ist nach meinem Kenntnisstand noch unveröffentlicht; mir liegt eine auf April 2006 datierte Manuskriptfassung vor, die auf die Inszenierung von Daniel Benoin verweist.
24 Vgl. hierzu Semprún, Jorge: *Die kulturelle Vielfalt leben*. Eröffnungsvortrag des Ersten Europäischen Kulturforums in Luxemburg am 24. Mai 2004 Internet-Ausdruck, S. 4. Gastspiele der verschiedenen beteiligten Theater lassen sich ebenso nachweisen wie eine von Hanns Zischler angefertigte Übersetzung des Stücks ins Deutsche. Am 17. und 18. August 2006 gastierte etwa das *Théâtre National de Nice* im Rahmen des Brecht-Fests am Berliner Ensemble. Vgl. hierzu auch Neuhofer, Monika: *„Ecrire un seul livre, sans cesse renouvelé": Jorge Semprúns literarische Auseinandersetzung mit Buchenwald*. Frankfurt am Main: Vittorio Klostermann 2006, S. 18.
25 „C'est l'homme du déplacement, l'homme du croisement des langues, l'homme d'une véritable vision européenne, née dans la souffrance et la guerre. Sa maîtrise de l'espagnol, du

Jorge Semprún spielt diese gewünschten Fähigkeiten und Kompetenzen voll aus. Gleich zu Beginn des in fünf Akte eingeteilten Stücks betont die ins Frauenlager von Gurs deportierte Myriam Lévi Toledano, die sich mit Erlaubnis der Lagerverwaltung auf der Suche nach einem Piano für das „Foyer culturel" des Lagers Gurs gemacht hat, die historische Dimension der aktuellen Verfolgungen:

> Ich bin es, die all das geerbt hat. Als die Verfolgungen begannen, wollte mein Vater, dass sich die Familie zerstreue, damit es zumindest einen Überlebenden gebe... Ich habe mich für Frankreich entschieden. „Du behältst die Schlüssel von Sefarad", sagte mein Vater... „In Frankreich wirst Du überleben." Der kleine goldene Schlüssel öffnet sicherlich eine verborgene Schublade...[26]

Mit dem großen Schlüssel für das Haus, das die sephardische Familie bei ihrer Vertreibung 1492 in der für seine drei Kulturen berühmten Stadt Toledo zurücklassen musste, und dem kleinen goldenen Schlüssel, über dessen Schloss sich über die Jahrhunderte kein Wissen mehr in der Familie erhalten hat, erbte Myriam auch ein Überlebenswissen. Dieses erblickte bei Verfolgungen in der Zerstreuung der Familienmitglieder das beste Mittel zum genealogischen Fortbestehen – wenn auch nicht aller Familienmitglieder. Es ist ein Überlebenswissen, das über den Tod Einzelner hinausgeht und genealogisch gedacht ist.

Das über Jahrhunderte tradierte Überlebens-Gnosem ist angesichts der Massenverfolgungen freilich ebenso in die Krise geraten wie das Vertrauen, durch eine Flucht nach Frankreich das eigene Leben retten zu können. Denn längst war Frankreich als Zufluchtsort nicht mehr sicher, wie die spanischen Bürgerkriegsflüchtlinge schmerzhaft am eigenen Leib erfahren mussten, als man sie in eigens für sie errichteten Lagern entlang der Pyrenäengrenze ‚auffing'.

Doch die Situation änderte sich weiter dramatisch. Bald schon sollte Gurs auch für die verfolgten Juden mit seiner Geschichte für die Existenz französischer Lager in Frankreich einstehen – und das südfranzösische Lager bildet gleichsam das Gegenmodell zum längst verlassenen Garten der Familie im Toledo der Judengassen. Myriam erinnert sich an die Erzählungen ihrer Familie, an das über Jahrhunderte gespeicherte Lebenswissen der Sepharden, das sich in ihr inkorporiert. Dabei verknüpft sich die Erinnerung an das verlassene Toledo mit dem Bild des Gartens mit seinen Blumen, mit seinen plätschernden Brunnen: „In der ansteigenden Straße, der Judenstraße ... das war ihr Name. Ich bin nie dort gewe-

---

français et de l'allemand en fait d'autre part l'écrivain rêvé pour tenter l'écriture d'une pièce qui comporterait dès l'origine trois grandes langues de l'Europe d'aujourd'hui. C'est le sens de la ‚commande' que nous lui avons faite." Ich danke Tobias Kraft für den Hinweis auf diese Quelle: http://www.theatre-contemporain.net.

26 Semprún, Jorge: *GURS: une Tragédie européenne*, S. 5.

sen: Ich kenne sie nur vom Hörensagen ... Die Blumen in den Gärten, die Brunnen, die Synagogen, das kleinste Detail der Straße: Alles war in dem, was man sich in der Familie erzählte ..."[27]

Die sehr bewusst europäische Dimension des in seiner Anlage mehrsprachigen Stücks wird bereits paratextuell im Titel markiert. Semprún *konzentriert* hier in wenigen Szenen, aber mit großer historischer Tiefenschärfe die tragische Geschichte Europas im 20. Jahrhundert von einem Konzentrationslager aus; ein Verfahren, wie wir es aus der besten ästhetischen Tradition der Lagerliteratur kennen, arbeitete doch etwa ein Max Aub – wie wir sahen – in seinem wunderbaren *Manuscrito Cuervo* immer wieder heraus, in welchem Maße sich die ganze Geschichte von Verfolgung und Unterdrückung der Menschheit wie der Menschlichkeit in einem einzigen „campo", ‚seinem' Lager von Le Vernet d'Ariège, konzentrieren lasse.[28] Als Fraktal-Struktur eignet sich das Lager in besonderer Weise, um gleichsam als Mise en abyme die Totalität des Totalitarismus konzentriert zur ästhetisch überzeugenden Anschauung zu bringen.

Immer wieder werden die harten Fakten des Lagers Gurs eingeblendet,[29] wird etwa in einem Dialog mit dem Lagerkommandanten darauf verwiesen, dass es noch im Sommer 1940 insgesamt 1640 hier zumeist seit dem Ende des Bürgerkrieges internierte Spanier gegeben habe, dazu etwa 1000 unerwünschte Ausländer, „des Juives apatrides",[30] für die wir in Emma Kann und Hannah Arendt bereits zwei historische Beispiele kennengelernt haben. Binnen weniger Tage seien im Oktober 1940 zehntausendneunhundertfünfundvierzig Juden aus ganz Europa nach Gurs geschafft worden, so dass es – wie der Lagerkommandant im Gespräch mit dem „Inspecteur général" und der Delegierten einer protestantischen Hilfsorganisation leidenschaftslos vorrechnet – nunmehr nicht weniger als zwölftausend Internierte im Lager gebe.[31] Inmitten des Grauens herrscht eine rational fundierte bürokratische Ordnung.

Längst sei alles zur Routine geworden, auch wenn US-amerikanische Journalisten, die das Lager vor kurzem besuchten, die Zustände in Gurs angeprangert hätten. Es wird deutlich, dass sich die Lagerleitung von einem Konzert

---

27 Ebda., S. 4: „Dans la rue qui monte, rue des juifs ... c'était son nom. Je n'y ai jamais été: c'est par ouï-dire ... Les fleurs dans les jardins, les fontaines, les synagogues, le moindre détail de la rue: c'était dans les récits de famille ..."
28 Vgl. hierzu auch Ette, Ottmar: *ÜberLebenswissen. Die Aufgabe der Philologie*, S. 189–225.
29 Vgl. hierzu die Potsdamer Dissertation von Nickel, Claudia: *Spanische Bürgerkriegsflüchtlinge in südfranzösischen Lagern. Räume – Texte – Perspektiven*. Darmstadt: Wissenschaftliche Buchgesellschaft 2012.
30 Semprún, Jorge: *GURS*, S. 7.
31 Ebda., S. 8.

mit der Geigenvirtuosin Myriam – und auch die Namen anderer großer Künstler wie Alfred Nathan, Kurt Leval oder vor allem Ernst Busch werden genannt – am französischen Nationalfeiertag, dem 14. Juli des Jahres 1941, eine Verbesserung der Berichterstattung erhofft.[32] Ein Konzert oder eine Theateraufführung in Gurs sollen – mehr noch als gemeinsame Fußballspiele – eine Normalität des dortigen Lagerlebens vortäuschen. Um mit Giorgio Agamben zu sprechen: Es ist die Normalität des Ausnahmezustands.

Die zu Beginn des zweiten Aktes im Zeichen des „Souvenez-vous" aufgelisteten nackten Zahlen des „camp de concentration français de Gurs" nennen 23000 republikanische Spanier, 7000 Angehörige der Internationalen Brigaden, 120 französische Patrioten und Widerstandskämpfer, 12860 immigrierte und internierte Juden, 6500 deutsche Juden aus Baden sowie 12000 im Vichy-Frankreich festgenommene Juden.[33] Diese Zahlen leiten nicht nur die für Sempruns Stück charakteristischen Szenenwechsel, sondern auch Zeitsprünge ein, die gerade das Verfahren des Theaters im Theater vor Augen führen. Auch die Namen anderer französischer Lager wie Le Vernet oder Saint-Cyprien, die von 1939 bis 1944 existierten, werden eingeblendet: Eine Kartographie französischer Lager in Frankreich entsteht und damit das, was zu Beginn von *Le grand voyage* ungläubig hinterfragt worden war.

Jenseits der Fragmente einer totalitären Geschichte, deren Gegenwart alle Handlungen des Semprún'schen Stücks durchzieht, zeichnet sich bereits ein neues Europa ab, das sich auf Vielsprachigkeit gründet: So soll das Theaterstück im Theaterstück zumindest in den drei (Semprún'schen) Sprachen Spanisch, Französisch und Deutsch aufgeführt werden.[34] Und die Figur des Regisseurs erinnert – nicht zufällig unter Rückgriff auf den von Maurice Halbwachs geprägten Begriff des „kollektiven Gedächtnisses" – alle Mitspieler daran: „Nous sommes dans le domaine de la mémoire collective, du devoir de mémoire …"[35] Eine der Memoria verpflichtete Literatur stemmt sich dem sich ausbreitenden Vergessen – auch der stalinistischen Lager[36] – entgegen und knüpft an literarische Traditionen aus unterschiedlichen europäischen Ländern – für die die Namen von André Malraux, Bert Brecht oder die Dichter des *Siglo de Oro* stehen – sehr bewusst an. Ist diese Literatur aber alleine der Memoria, mithin Erinnerung und Gedächtnis, verpflichtet?

---

32 Ebda., S. 9.
33 Ebda., S. 12.
34 Ebda., S. 20.
35 Ebda., S. 23.
36 Ebda., S. 13.

Die unterschiedlichsten Geschichten, die sich zwischen der Judenvertreibung und den Inquisitionstribunalen im Spanien des 15. Jahrhunderts und dem stalinistischen Archipel Gulag des 20. Jahrhunderts ansiedeln, werden ganz im Sinne des Regisseurs – und ganz im Sinne Hannah Arendts – mit der Geschichte des Lagers Gurs verbunden. Myriam aber fordert als Schauspielerin, dass die Geschichten dieser Geschichte mit ihr selbst, mit ihrem Leben („Avec ma vie")[37] zu tun haben müssten. Diese dezidierte Einforderung einer Rückbindung an das eigene Leben aber ist vor dem Hintergrund unserer Überlegungen von entscheidender Bedeutung, soll eine Reduktion des Textes (und damit wohl auch der Literaturen des „univers concentrationnaire" überhaupt) auf die Dimension des Zeugnishaften und der Memoria verhindert werden. Denn die breiten Diskussionen um die Memoria-Problematik haben im vergangenen Vierteljahrhundert den Blick auf die Literaturen der Welt und das in ihnen gespeicherte Lebens-, Erlebens-, Überlebens und Zusammenlebenswissen mit seiner prospektiven Ausrichtung grundlegend verzerrt.

Denn auch in Sempruns „europäischer Tragödie" genügt es nicht, an die Geschichte zu erinnern, wie sie gewesen ist, Fakten und Fragmente einzublenden, die den Anspruch auf dargestellte Wirklichkeit untermauern. Literatur und Kunst sind vielmehr Lebensmittel in dem Sinne, dass sie für Menschen, die der Beherrschung durch eine ganz bestimmte Geschichte ausgeliefert und unterworfen sind, Voraussetzung und Mittel zum Leben, Überleben und Zusammenleben sind. So ist auch Jorge Sempruns Theaterstück *GURS* keine bloße und im deutschen Sinne verstandene ‚Aufarbeitung' vergangener Geschichte. Denn es ist der Lebensbezug auf produktions-, rezeptions- und distributionsästhetischer Ebene, der diese Literatur und alle ästhetisch durchgeformte Literatur auszeichnet – auch und gerade dort, wo sie dem konkurrierenden Diskurs der Geschichte beziehungsweise der Geschichtsschreibung ausgesetzt ist.

Das zentrale Gnosem eines vielsprachigen und vielkulturellen Zusammenlebens wird auf der Ebene des Theaters im Theater gleichsam experimentell erprobt und zu einem entscheidenden Bestandteil eines Überlebenswissens und Zusammenlebenswissens, das sich der Sprachenverwirrung, der Verfluchung einer aufgrund ihrer Vielsprachigkeit nicht mehr kommunikationsfähigen Menschheit – „La Tour de Babel, en somme!"[38] – entgegenwirft. Die Vielsprachigkeit insistiert auf der Übersetzbarkeit, auf der Verstehbarkeit zwischen den Menschen, aber auch auf der Notwendigkeit, viellogischen Modellen des Verstehens wie des Zusammenlebens den Weg zu bereiten.

---

37 Ebda., S. 17.
38 Ebda., S. 20.

Damit aber zeigt sich, dass die Semprún'sche Erinnerungskultur nicht nur rückwärtsgewandt, sondern dezidiert zukunftsbezogen angelegt ist: Die Konzentrationslager werden zum Schmelztiegel einer neuen und vielversprechenden, da viellogischen europäischen Kultur, deren Schöpfungskraft fraglos in der Erfahrung des „univers concentrationnaire" wurzelt und jeglichem Totalitarismus abgeschworen hat, sei er stalinistischer, nationalsozialistischer, frankistischer oder kommunistischer Prägung. Die Hannah Arendt der *Elemente und Ursprünge totaler Herrschaft*,[39] die wie Emma Kann das Lager von Gurs selbst durchlaufen hat, hätte sich in der in Sempruns Theaterstück aufscheinenden Konzeption eines künftigen Europa gewiss wiedergefunden. Wir sollten uns davor hüten, an eine Verharmlosung der Brutalität der Konzentrationslager zu denken, die Semprún oft genug in ihren menschenverachtendsten Aspekten freigelegt hat. Die Literaturen der Welt eröffnen vielmehr den Raum und das Potential einer Freiheit, die sich ebenso experimentierfreudig wie zukunftsorientiert den Zwängen und Begrenzungen des historiographischen Diskurses entzieht.

In einer so verstandenen Verpflichtung zur „mémoire collective" scheint in diesem Stück wie in allen Texten des europäischen Autors etwas von der Suche nach Gemeinschaft, jener Suche nach Brüderlichkeit auf, die das Überlebenswissen der Semprún'schen Texte hin auf ein prospektives Zusammenlebenswissen öffnet. Die gemeinsamen vielsprachigen Theaterproben in Gurs werden wie die Sonntage in der Baracke 56 des Kleinen Lagers von Buchenwald,[40] die Gespräche mit Maurice Halbwachs und vielen anderen der von den Nationalsozialisten Verschleppten, zur Keimzelle des Künftigen: einer auf der Achtung des Anderen basierenden Gemeinschaft, die sich dem Grauen und der massifizierten Vernichtung entschlossen widersetzt und die autoritären monologischen Strukturen durch offene viellogische Strukturierungen ersetzt.

Es geht in diesem Lehrstück gewiss um Gurs und es geht um viel mehr: Wie ein Zusammenleben in einem künftigen Europa organisiert werden kann und möglich wird, in dem auch „les jeunes beurs des cités",[41] welche die Vernichtung der Juden Europas nicht als Teil ihrer eigenen Geschichte begreifen, sondern sich auf die gewalttätigsten Sätze des großen postkolonialen Denkers Frantz Fanon berufen,[42] in die Gemeinschaft eines vielsprachigen Europa integriert werden können. Jenseits des Überlebenswissens geht es um ein Zusammen-

---

39 Vgl. die englischsprachige Originalausgabe von Arendt, Hannah: *The Origins of Totalitarianism*. New York: Harcourt Brace Jovanovich 1951.
40 Vgl. Semprún, Jorge: *Adieu, vive clarté ...* Paris: Gallimard 1998.
41 Semprún, Jorge: *GURS*, S. 23.
42 Ebda.

lebenswissen, das jegliche Form der Ausgrenzung, Verfolgung und Vernichtung des Anderen verhindert – und dies im Übrigen ganz im Sinne Fanons: „Il y a une phrase de son bouquin, *Les damnés de la terre*, qu'on pourrait citer. Quand vous entendez dire du mal des Juifs, prêtez l'oreille, on parle de vous."[43] Wenn man von den üblen Juden spricht, dann hören Sie hin: Denn man spricht von Ihnen!

Dass das „univers concentrationnaire" zu jenem Ort wird, an dem sich die Matrix eines neuen Europa, einer künftigen Gemeinschaft herauskristallisiert, die zwischen den Kulturen, zwischen den Muttersprachen und zwischen den Vaterländern ihre eigene Dynamik, ihre eigene Bewegung entwickelt, gehört zu den faszinierenden Thesen, die das Werk dieses Europäers *par excellence* für seine Leserinnen und Leser bereit hält. Kein Zweifel: Es geht dem Verfasser von *L'écriture ou la vie* um die Schaffung und Bekräftigung multipler Zugehörigkeiten jenseits aller wie man mit Amin Maalouf formulieren darf – mörderischen Identitäten.[44] Und es geht ihm darum, mit Hilfe dieser multiplen Zugehörigkeiten, mit Hilfe dieser viellogischen Formen gemeinschaftlichen Zusammenlebens eine stabile Zukunft für das so oft in Kriege verwickelte Europa zu errichten.

Man wird folglich Jorge Semprún gewiss nicht gerecht, wenn man ihn allein – wie dies schon oft geschehen ist – als Verfasser einer großartigen Memoria-Literatur bezeichnet und begreift. Dies erfasst noch nicht einmal die Hälfte seines literarischen Vorhabens und verzerrt das große Werk, das dieser in Paris wohnhafte, *translinguale* Schriftsteller ohne festen Wohnsitz geschaffen hat. Vielmehr stellen sich seine literarischen Werke immer auch prospektiv der Herausforderung und Frage, wie nach dem Überleben das Wissen für ein künftiges Zusammenleben entwickelt werden kann. Denn das Zusammenlebenswissen ist – wie uns die Geschichte des 20. Jahrhunderts, aber etwa auch ein Blick in die Geschichte der deutsch-französischen Beziehungen zeigt – starken historischen Schwankungen ausgesetzt, kann es doch in Krisenzeiten sehr rasch verloren gehen, während die Mühen, es wieder aufzubauen, unendliche sind.

Noch in der Heterotopie des Lagers erscheint bei Jorge Semprún diejenige eines Gartens, dessen Vielfalt noch inmitten des Herrschaftsanspruchs eines totalitären Denkens aufblitzt. Der Garten des Wissens, dessen Bild aus den vergangenen Zeiten gleichsam paradiesisch aufscheint,[45] ist nicht der Garten einer lebensfernen Historie, über die schon Friedrich Nietzsche in *Vom Nutzen und Nachteil der Historie für das Leben* spottete. Es ist also nicht der „Garten

---

43 Ebda.
44 Vgl. hierzu Maalouf, Amin: *Les Identités meurtrières*. Paris: Editions Grasset & Fasquelle 1998.
45 Vgl. hierzu auch Ette, Ottmar: *Konvivenz. Literatur und Leben nach dem Paradies*. Berlin: Kulturverlag Kadmos 2012.

des Wissens", in dem der „verwöhnte Müßiggänger" gedankenverloren lustwandelt.[46] In der Vision des Gartens entfaltet sich vielmehr ein Spannungsfeld zwischen Erleben und Erfinden, das nicht vor dem Vorgefundenen und Erlittenen flieht, sondern mit der widerständigen Kraft des Ästhetischen sich „zum Leben und zur Tat"[47] hinwendet. Der kleine Garten im Judenviertel von Toledo, der in Semprúns Theaterstück *GURS* aufscheint, ist als *locus amoenus* das Fraktal der Literaturen der Welt.

Das Aufscheinen des Gartens im Lager ist das Aufscheinen des Lebens selbst: eines Lebens, für das die Literatur ein Lebens-, Überlebens- und Zusammenlebenswissen bereithält, das mit dem je eigenen Leben und Lebenswissen verknüpft werden kann. Denn die Lebens-Gnoseme der Literatur zielen auf ein Allgemeines, das sich aus dem Erlebten *und* Erfundenen entfaltet: ein Wissen, das noch aus dem Lager, dem Ort des Todes und der Vernichtung, den Funken eines Lebens schlägt, der sich im Semprún'schen „savoir de la vie" der Literatur vervielfacht.

Doch kehren wir zu unserem Ausgangspunkt und damit noch ein letztes Mal zu *L'écriture ou la vie* zurück! Das dortige Erzähler-Ich setzt sich im Alter von achtzehn Jahren mit dem leitmotivartig wiederkehrenden Satz aus Wittgensteins *Tractatus* auseinander: *„Der Tod ist kein Ereignis des Lebens. Den Tod erlebt man nicht ..."*[48] Die von Pierre Klossowski stammende Übersetzung – „La mort n'est pas un événement de la vie. La mort ne peut être vécue"[49] – befriedigt den jungen Spanier, der sich im Pariser Exil im Französischen einzurichten beginnt, keineswegs. So übersetzt er den zweiten Teil mit „On ne peut vivre la mort",[50] eine Lösung, die er im 1967 erschienenen Roman *L'évanouissement* wiederum verändert: „La mort n'est pas une expérience vécue."[51]

Die translatorische Schwierigkeit, so erkennt der Ich-Erzähler, liegt darin begründet, dass dem deutschen „Erleben" zwar das spanische „vivencia", aber keine adäquate französische Entsprechung an die Seite zu stellen ist. Das Französische weist hier eine bedeutsame Lücke auf, die nur durch das Pendeln zwischen verschiedenen Sprachen deutlich wird. Das Erzähler-Ich besitzt diese Fähigkeit, zwischen den drei Sprachen zu oszillieren und aus dieser Sprach-

---

46 Nietzsche, Friedrich: Vom Nutzen und Nachteil der Historie für das Leben. In (ders.): *Werke in vier Bänden*. Mit einem Nachwort von Alfred Baeumler. Stuttgart: Alfred Kröner Verlag 1955, S. 97.
47 Ebda.
48 Ebda., S. 223.
49 Ebda., S. 225.
50 Ebda.
51 Ebda.

kompetenz enormen Gewinn zu ziehen. Dass Jorge Semprún von 1946 bis 1952 als Übersetzer bei der UNESCO und seit 1950 als Leiter der spanischen Übersetzungsabteilung arbeitete, machte den späteren Romancier gewiss für derartige Problematiken sensibel und mag darauf verweisen, welch zentrale Rolle die translingualen Übersetzungsprozesse in seinem literarischen Gesamtwerk spielen.

Das soeben nur angedeutete Verfahren der Übersetzungsprobe ist daher für Sempruns Schreib- und Denkstil charakteristisch: Dem transnationalen Lebensweg entspricht ein translationales Weltbewusstsein. Wie viele andere Texte des nach Ausbruch des Spanischen Bürgerkriegs mit seiner Familie ins Exil geflohenen Schriftstellers bietet *L'écriture ou la vie* Passagen und Zitate in spanischer und deutscher, aber auch in italienischer oder englischer Sprache. Diese Vielsprachigkeit ist dabei keine wohlfeile Staffage, sondern Programm. Denn die Sprache Sempruns ist eine nicht nur durch interlinguale Übersetzungsvorgänge, sondern mehr noch durch translinguale Prozesse geformte Sprache, in der ‚hinter' der einen immer auch andere Sprachen hörbar werden. Alles, was auf Französisch niedergeschrieben ist, wurde auch von anderen europäischen Sprachen her durchdacht. Gewiss hat der gebürtige Madrilene – von seinen spanischsprachigen Veröffentlichungen einmal abgesehen – das Französische, die Sprache seines Exils, zu seiner dominanten Literatursprache gemacht; doch ist in seinem Schreiben jenseits der Muttersprache stets die Sprache seiner geliebten, aber bereits 1932 verstorbenen Mutter vernehmbar.

An diesem fragilen Punkt seiner Biographie setzt das Deutsche ein. Denn an die Stelle der Mutter waren früh schon deutschsprachige Gouvernanten getreten. Eine von ihnen sollte zu seiner ungeliebten Stiefmutter werden. Durch die deutschsprachigen Kindermädchen wurde das Deutsche zur ersten Fremdsprache Sempruns; ein Geschenk für den späteren Philosophiestudenten, der Hegel und Marx, Kant und Schelling, Heidegger, Husserl oder Jaspers im Original zu lesen wusste. So ist es vor allem die deutschsprachige Philosophie, die Sempruns Arbeit an und mit der Sprache eine sprachphilosophische Dimension und seinem Schreiben stets eine geradezu übersetzungstheoretische Sensibilität mitgegeben hat. Kein Zufall also, dass die Relevanz des Übersetzens gerade an Wittgenstein, gerade am Beispiel der Philosophie und konkret am Lexem „Leben" vorgeführt wird. Das Semprún'sche „savoir de la vie" ist allgegenwärtig.

In seinem Eröffnungsvortrag zum Ersten Europäischen Kulturforum in Luxemburg am 24. Mai 2004 hat Jorge Semprún in seiner humorvollen Art darauf hingewiesen, auf seinem Tagungsausweis habe man etwas unsicher „Spanien – Frankreich" vermerkt. Doch man hätte gerne noch „Deutschland" hinzufügen können, was der (auch damals anwesenden) Jutta Limbach gewiss nur recht sein könne.⁵² Der Titel von Semprúns Ansprache, *Die kulturelle Vielfalt leben*, weist auf sein Verständnis Europas und auf „dieses tiefe Bewusstsein [hin], dass Europa vor allem diese Vielfalt ist".⁵³ Die sogenannte Repatriierung aus Buchenwald war für Semprún, wie er des Öfteren betonte, eine Rückkehr nach Frankreich und damit aus spanischer Sicht ins Exil. All dies hatte folglich nichts mit einer wirklichen Repatriierung in eine „patrie" oder „patria" zu tun. Jorge Semprún war sich der Tatsache bewusst, im Grunde ohne festen Wohnsitz zu sein – er machte daraus seine „raison d'être".

Der Erzähler nimmt dies in *L'écriture ou la vie* zum Anlass, darüber nachzudenken „que je ne pourrais plus jamais revenir dans aucune patrie. Il n'y avait plus de patrie pour moi."⁵⁴ So gibt es für das Ich kein Vaterland mehr: Eine Rückkehr dorthin sei unmöglich. Der Vervielfachung des Vaterlands in Vaterländer aber entspricht nicht nur die Einsicht, entspringt nicht nur der Gedanke, dass man nicht für zwei Vaterländer sterben könne.⁵⁵ Weit mehr noch entsteht das Bewusstsein, für lange Zeit, vielleicht ein ganzes Leben lang, einem Zwischenbereich anzugehören, der im Grunde (abhängig von der jeweiligen politischen Entwicklung) in ständiger Bewegung war.

Dies kommt sehr deutlich in seinem 1998 erschienenen Band *Adieu, vive clarté ...* zum Ausdruck, wo von einem Grab genau auf der Grenze zwischen Spanien und Frankreich die Rede ist, einem Grab in einem Grenzort als möglicher Heimat der Heimatlosen.⁵⁶ Dieses Oszillieren wird in diesem Roman in eine Beziehung zur Zwischenposition zwischen Literatur und Leben gestellt und zugleich bekräftigt, dass das Leben als solches keineswegs den höchsten Wert darstellt:

> Wenn der Sinn des Lebens ihm insgesamt immanent ist, dann ist ihm sein Wert transzendent. Das Leben wird von Werten transzendiert, die es übersteigen: Selbst ist es nicht der höchste Wert. Im Übrigen wäre es desaströs, wenn das Leben dies wäre. Es war immer ein geschichtliches Desaster, wenn man das Leben in der historischen Praxis für einen höchsten Wert hielt. Die reale Welt wäre ständig in die Sklaverei, die gesellschaftliche Entfremdung oder den glückseligen Konformismus zurückgefallen, hätten die Menschen beständig das Leben als einen höchsten Wert angesehen.
>
> Das Leben an sich und für sich ist nicht heilig: Man muss sich sehr wohl an diese schreckliche metaphysische Nacktheit gewöhnen, an die moralische Forderung, die sich daraus ableitet, um daraus die Konsequenzen zu ziehen. Das Leben ist bloß in abgeleite-

---

52 Vgl. Semprún, Jorge: Die kulturelle Vielfalt leben. Eröffnungsvortrag des Ersten Europäischen Kulturforums in Luxemburg am 24. Mai 2004, Internet-Ausdruck, S. 1.
53 Ebda., S. 2.
54 Semprún, Jorge: *L'écriture ou la vie*, S. 153.
55 Ebda., S. 154.
56 Vgl. hierzu Schoeller, Wilfried F.: *Jorge Semprún*, S. 4.

ter, behelfsmäßiger Form heilig: Wenn es die Freiheit, die Autonomie, die Würde des menschlichen Wesens garantiert, welche höhere Werte darstellen als das Leben an sich und für sich selbst, also das gänzlich nackte Leben. Die mithin Werte darstellen, die es transzendieren.[57]

Dass hier ein Überlebender des Konzentrationslagers Buchenwald, dass also Jorge Semprún in dieser Passage zu bedenken gibt, dass das Leben keineswegs der höchste Wert sei, sondern sich auf andere Werte öffnet, die transzendenten Charakter besitzen, scheint mir von größter Bedeutung zu sein. Dabei verwendet Jorge Semprún auch den Begriff des „nackten Lebens", den wir bei Giorgio Agamben bereits kennengelernt haben, dessen Philosophie zufolge dieses nackte Leben eine zentrale Dimension der biopolitischen Geschichte der Menschheit ist, so dass das Konzentrationslager den eigentlichen „nómos" der abendländischen Moderne darstellt. Es ist für unsere Vorlesung sehr wichtig festzuhalten, dass das Leben an und für sich – zumindest in den Augen dieses ‚Konzentrationärs' – nicht den höchsten Wert beanspruchen darf!

Bei Semprún öffnet sich das Leben als Wert auf die höheren Werte der Freiheit und vor allem der Würde des Menschen. Ich für meinen Teil würde einen Begriff hinzufügen, der mit dem Leben intim verflochten ist: den hohen Wert und das transzendente Ziel des Zusammenlebens in Differenz und in Frieden. Die historischen Ereignisse, auf die Semprún in dieser Passage anspielt, umfassen nicht nur, aber auch einen hochproblematischen Lebensbegriff, wie ihn etwa die Nationalsozialisten ebenso auf kollektiver Ebene – etwa in ihrer Propaganda vom Lebensraum im Osten, der für das Leben des deutschen Volkes von so zentraler Bedeutung sei – wie auf individueller Ebene mit der Beurteilung dessen, was als des Lebenswert und des Lebens unwert angesehen werden müsse, verwendet haben. Auf diese Fragestellung werde ich noch zurückkommen.

Kommen wir nun aber zum angekündigten Verhältnis zwischen Literatur und Leben! Wir sollten uns hüten vor allzu einfachen Analogien, die simpel bestimmte Elemente des Lebens in der Literatur widergespiegelt sehen wollen, so wie es im Vulgärmarxismus, aber auch in vielen anderen Literaturideologien der Fall ist. Die Literatur besitzt ihre spezifischen Eigen-Logiken, die doch immer wieder auf unterschiedlichste Weise auf das Leben etwa eines konkreten Schriftstellers bezogen sein können, aber keineswegs müssen. Jorge Semprún führt am Beispiel fiktionaler Gestalten aus seinen Romanen vor, welche Rolle diese von ihm selbst erfundenen Figuren für sein wirkliches Leben und Überleben spielten, schützte doch ihr vom Autor zu verantwortender Tod im Spiel der

---

57 Semprún, Jorge: *Adieu, vive clarté* ... Paris: Gallimard 2005, S. 33f.

Fiktion durch einen literarischen Trick diesen Schriftsteller davor, vom angstvoll erwarteten Tod selbst heimgesucht zu werden:

> Daher warf sich Juan Larrea, eine Figur aus *La montagne blanche*, in der Nähe von Freneuse in die Seine, im Morgengrauen, nachdem er nicht länger der brutalen Rückkehr der Erinnerungen an das Krematorium von Buchenwald widerstehen konnte. Und Artigas wurde von einer Bande junger Schurken ermordet, auf den letzten Seiten von *L'Algarabie*.
>
> Ich wusste sehr gut, welche Rolle diese fiktiven Todesfälle in meinem realen Leben spielten: Es waren Lockzeichen, die ich vor der Schnauze des schwarzen Stieres meines eigenen Todes hin- und herschwenkte, jenes Todes, zu dem ich jederzeit bestimmt bin.
>
> Damit, mit diesem Spiel im Sinne eines Ausweichmanövers, lenkte ich seine Aufmerksamkeit ab. Die Zeit, welche der Tod – ebenso wacker und stupide wie ein Kampfstier – für das Erahnen der Tatsache bräuchte, ein weiteres Mal einem Simulakrum aufgesessen zu sein, war schon wieder gewonnene Zeit.[58]

In diesen Überlegungen aus *Adieu, vive clarté* ... – wohlgemerkt des Erzählers! – wird die Literatur zur Möglichkeit, dem Tod ein Schnippchen zu schlagen, indem sie in der architextuellen Form des Romans biographische und autobiographische Figuren des realen Autors unter dessen realen Decknamen und Pseudonymen aufnimmt und in den Tod führt, folglich dem Tod zuführt, um den Tod vom eigenen Leben fernzuhalten. Denn „Juan Larrea" oder „Artigas" waren Decknamen des in der Franco-Zeit in Spanien untergetauchten Autors, als dieser im Untergrund gegen die dortige Diktatur kämpfte und agitierte.

Dass der Tod hier als Stier auftritt, ist von einer eigenartigen Schönheit, gerade auch wenn man den Beginn von Max Aubs *El laberinto mágico* heranzieht, wo es der Stier ist, der aus dem Labyrinth nicht mehr herauszufinden vermag und geopfert wird. In dieser Passage aus *Adieu, vive clarté* ... aber ist es das Labyrinth, das dem *Menschen* zum Verhängnis werden muss. Doch dieser Mensch, dieser Schriftsteller, kann seinen eigenen Tod noch insoweit herauszögern und Zeit gewinnen, als er die literarischen Figuren zuerst aufgibt und dem Tod ausliefert. Die Fiktion ist ein „leurre", ist Trick und Täuschung, um den Tod vom realen Leben des Jorge Semprún abzulenken.

Dass das Ich auf den folgenden Zeilen betont, nunmehr gänzlich nackt dazustehen, da es keine weiteren Pseudonyme oder ‚Kriegsnamen' mehr zu bieten hat, und nun vielmehr selbst dem Tod, dem Stier in die Augen schauen muss – selbstverständlich eine kulturell bedingte Symbolik des in Spanien geborenen Autors –, ist aus dieser Sicht geradezu zwangsläufig der Fall. Die Literatur wird auf diese Weise zu einem Spiel, zu einer Fiktion, die direkten Einfluss auf das Leben – auf die Verlängerung des Lebens – des realen Autors zu haben scheint. Wir sehen hie-

---

58 Ebda., S. 53 f.

rin, zumindest aus der Sicht von Jorge Semprún, eine der Möglichkeiten, wie Literatur zum Überlebenswissen eines Autors avancieren kann, der sich seit seiner Verhaftung durch die Gestapo und seine Verbringung in das Konzentrationslager von Buchenwald dem Tod ausgeliefert fühlt. Diese Angst vor dem Tod, diese Angst auch vor dem Selbstmord wie in Primo Levis Fall, weicht auch nach dem Überleben des Lagers nicht von der Seite des Ich. Es geht darum, die Literatur nicht einfach als eine Art Analogie zum Leben zu verstehen, das dieses abbilden oder ‚widerspiegeln' würde. Nein, in der Literatur geht es vielmehr darum, gerade in der Fiktion Antworten zu finden auf Probleme, die das reale Leben stellt! Das Erzähler-Ich sucht nach Möglichkeiten, Antworten auf Probleme des Lebens nicht etwa durch den Nachbau von Wirklichkeit zu finden, sondern eigene Freiräume für das Kreative und damit für die Gestaltung des Lebenswissens zu schaffen.

In *Adieu, vive clarte* ... gibt es noch eine weitere Art und Weise, die Literatur utilitaristisch für pragmatische Ziele einzusetzen. Dies betrifft etwa die Hoffnung des Ich, durch einige Sätze aus einem wichtigen Erzähltext von André Gide, *Paludes*, ein junges Mädchen, eine schöne Frau begeistern zu können. Es ist der Traum von einer „belle inconnue blonde" mit hellen Augen; ein Traum, der sich jedoch niemals in Wirklichkeit verwandelt. Man sollte also Literatur nicht mit dem Leben verwechseln und sie allzu zielgerichtet für eigene Absichten einsetzen. Doch die Bestandsaufnahme des Erzählers ist eher eine Kippfigur:

> Das Leben aber ist kein Roman, so scheint es. Kommen wir zum Roman des Lebens zurück.
> Zum Beispiel und zu Ehren des Beispiels wäre es im Gegenzug nicht dazu gekommen, wenn ich nicht *Le sang noir* von Louis Guilloux gelesen hätte. Abgesehen davon, dass dies einer der größten französischen Romane dieses Jahrhunderts ist – seltsam missverstanden, nach meiner Ansicht: es muss Gründe dafür geben; gewiss sind diese nicht einzugestehen und mindestens skandalös –, habe ich darin wesentliche Dinge gelernt: über die Dichte des Lebens, über das Böse und das Gute, über die Elendigkeiten der Liebe, über den Mut und die Feigheit der Menschen, über Hoffnung und Verzweiflung.[59]

Zum einen warnt uns der Erzähler Sempruns also davor, den Roman mit dem Leben zu verwechseln: denn beides sei nicht dasselbe. Zum anderen aber wendet er sich bewusst dem Roman des *Lebens* zu. Das Leben ist nicht von der Literatur abzutrennen, kann nicht klar vom Lesen von Literatur geschieden werden:[60] Beide sind untrennbar miteinander verwoben. So enthält der Roman ein Wissen vom Leben und zugleich auch ein Lebenswissen *im* Leben *über und für* das

---
59 Ebda., S. 126.
60 Vgl. zu dieser Fragestellung den zweiten Band der Reihe „Aula" in Ette, Ottmar: *LiebeLesen* (2020), passim.

Leben, was ihm selbst durch die Lektüre von Romanen von Guilloux, aber auch von Malraux, von Giraudoux oder von Kafka und vielen anderen bei der Bewältigung des realen Lebens wiederholt geholfen habe. Der Erzähler wäre ein anderer geworden, hätte er nicht diese Romane, hätte er nicht diese Literatur gelesen und in sich aufgesogen.

Wie sehr man ein Anderer werden kann, wenn man intensiv Romane liest, wurde uns bereits ganz am Anfang der Geschichte des modernen europäischen Romans als augenzwinkernde Warnung vor Augen gehalten. Denn Don Quijote, anders als Sancho Pansa, der sein Wissen nicht aus Romanen, sondern aus Volksweisheiten und „Proverbios" bezieht, orientiert sich in seinem Wissen vom Leben an den Ritterromanen, die er eins zu eins auf die ihn umgebende Wirklichkeit überträgt. Was daraus entsteht, berichtet uns der Roman selbst: Er erzählt uns von der Unübersetzbarkeit der Literatur direkt in das wirkliche Leben, einer Unübersetzbarkeit, die nach so vielen überstandenen Abenteuern und zahlreichen Lektionen letztlich in den Tod des Protagonisten führt. Denselben Weg geht – um mit José Joaquín Fernández de Lizardi zu sprechen – die „Quijotita" der Literatur: Auch die Titelheldin von Gustave Flauberts *Madame Bovary* geht bei diesem großen französischen Romancier im Wesentlichen deshalb zugrunde, weil sie in ihrer Kindheit und Jugend die falschen Romane las. Anders als bei Cervantes sind dies nicht länger Ritterromane, sondern romantische Romane, welche der jungen Frau eine Vision des eigenen Lebens vorgaukelten, die sie niemals erreichen konnte. Auch in diesem Falle rächt der Tod erbarmungslos die Lesesünden.

Doch kommen wir von der für die Literaturen der Welt zentralen Frage des Lebenswissens wieder zurück zur Frage, inwieweit sich Jorge Semprún im Zwischenbereich zwischen Spanien und Frankreich, zwischen dem Spanischen und dem Französischen, aber durch seine Deportation ins Konzentrationslager Buchenwald auch im „univers concentrationnaire" als quasi ‚Heimatloser' bewegt. In *Adieu, vive clarté ...* hatte sein Erzähler davon gesprochen, wie gerne er an einem Ort unweit der Pyrenäen zwischen Frankreich und Spanien bestattet werden würde.

Von diesem Ort aus lässt sich Semprúns Literatur – nicht in der Muttersprache, sondern in der Sprache des Exils verfasst – in ihrer fundamentalen Ungeborgenheit als eine Literatur ohne festen Wohnsitz begreifen und zugleich als Literatur, die dank ihrer Heimatlosigkeit, dank der Vervielfachung ihrer Vaterländer in einem fundamentalen Sinne *europäisch* ist, insofern sie sich zu mehreren Zugehörigkeiten bekennt. In seiner Friedenspreis-Rede von 1994 gestand Semprún, dass er eine Zeitlang gedacht habe, in der französischen Sprache

„ein neues Vaterland" gefunden zu haben.[61] Doch davon war er nun abgerückt. Schon Friedrich Nietzsche skizzierte in *Die Fröhliche Wissenschaft* gegen alle nationalistische Kleingeisterei die Heimatlosigkeit als jene Situation, welche „*gute Europäer*"[62] auszeichne. So könnte Jorge Semprúns eigene „gaya scienza" mit dem Autor von *Ecce homo* sagen: „Es fehlt unter den Europäern von heute nicht an solchen, die ein Recht haben, sich in einem abhebenden und ehrenden Sinne Heimatlose zu nennen, ihnen gerade sei meine geheime Weisheit und gaya scienza ausdrücklich an's Herz gelegt!"[63]

Jorge Semprúns Literatur ist in diesem Sinne eine zutiefst europäische Literatur, die im Übrigen – die Bezugnahme auf den peruanischen Dichter César Vallejo zeigte es deutlich – eine wirklich europäische nur sein kann, wenn sie sich ihrer außereuropäischen Beziehungsgeflechte bewusst ist. Nur eine solche Literatur kann im Sinne Semprúns jenes Europa der verschiedensten Sprachen, Kulturen und Nationen heraufführen, für das sich der Intellektuelle – immer wieder seinem philosophischen Vorbild Edmund Husserl und dessen Wiener Vortrag von 1935 folgend[64] – seit Jahrzehnten bis zum heutigen Tage unermüdlich einsetzt. Es ist die Idee von einem Europa, das sich seiner supranationalen Zukunft mutig stellt und die Achtung vor der Differenz als wesentlichen Reichtum begreift. Verstehen Sie, warum man manchmal an der gegenwärtigen europäischen Sprachenpolitik und mehr noch an jenem Geist verzweifeln kann, der ohne Zweifel dahintersteht? Die translinguale, verschiedenste europäische Sprachen integrierende Literatur Jorge Semprúns lässt vor diesem Hintergrund den Schluss zu, dass sein Werk gleichsam auf Europäisch geschrieben ist. Es nimmt in jedem Falle eine Vorbildfunktion für ganz Europa ein.

Exilerfahrung und Widerstand, Deportation und Zwangsarbeit, aber auch die Verwandlung einer zunächst fremden Sprache in die Sprache des eigenen Schreibens, die Umformung der eigenen Lebenserfahrung von Vielsprachigkeit in die Entwicklung einer sehr eigenen kraftvollen, dynamischen Literatursprache sowie die Entbindung der Möglichkeit, die unterschiedlichsten Formen menschlichen

---

61 Semprún, Jorge: *Blick auf Deutschland*. Aus dem Spanischen und dem Französischen übersetzt von Michi Strausfeld u. a. Frankfurt am Main: Suhrkamp 2003, S. 62.
62 Nietzsche, Friedrich: Die fröhliche Wissenschaft („La Gaya Scienza"). In (ders.): *Sämtliche Werke. Kritische Studienausgabe in 15 Einzelbänden*. Herausgegeben von Giorgio Colli und Mazzino Montinari. Bd. 3. München – Berlin: Deutscher Taschenbuch Verlag – Walter de Gruyter [3]1988, S. 631.
63 Ebda., S. 628.
64 Vgl. Semprún Jorge: Commémorer deux destins européens. Dankesrede anlässlich der Entgegennahme der Ehrendoktorwürde der Université Catholique de Louvain: <www.ucl.ac.be/ac tualites/dhc2005/dSemprún.html> (11.12.2006), S. 2.

Wissens – von den Diskursen der Politik wie der Literatur bis hin zu jenen der Wissenschaften – für den Entwurf einer im Schreiben und Handeln beziehungsweise im Schreiben als Handeln Gestalt annehmenden konkreten Utopie fruchtbar zu machen: Dies alles durchzieht das Gesamtwerk dieses großen europäischen Schriftstellers. Jorge Semprún hat die Bewegungsspielräume zwischen den Sprachen, zwischen den Vaterländern entschlossen für sich genutzt. Sie bilden die Voraussetzung für seine stets ethisch fundierte Ästhetik wie für sein politisches Handeln.

Die beständige Übersetzungsarbeit Jorge Semprúns bezieht sich aber nicht allein auf verschiedene Sprachen Europas; er übersetzte vor allem auch zwischen den Sprachen der Philosophie und der Literatur. Die Philosophie ist im Gesamtwerk des Verfassers von *Le grand voyage* (1963), seines im Folgejahr mit dem internationalen Prix Formentor ausgezeichneten fulminanten Erstlingswerks, allgegenwärtig. Dies verwundert nicht: Denn noch bevor Semprún das Studium der Philosophie an der Sorbonne aufnahm, war er als angehender Absolvent des renommierten Pariser Lycée Henri IV in einem nationalen Wettbewerb für eine Arbeit über Edmund Husserl mit dem Preis für Philosophie ausgezeichnet worden. Sie ist die stete Begleiterin des madrilenischen Schriftstellers.

Semprún, der sich 1941 der französischen Résistance anschloss (und im darauf folgenden Jahr der Kommunistischen Partei beitrat), konnte wegen seiner Verhaftung durch die Gestapo und seiner anschließenden Verschleppung ins Konzentrationslager Buchenwald sein Philosophiestudium niemals abschließen. Doch selbst im „univers concentrationnaire" – wo er sich bei der Registrierung als Philosophiestudent bezeichnete – war neben der Welt der Literatur die Welt der Philosophie von ungeheurer Wichtigkeit. Dies sollte sich auch in den Jahrzehnten nach der Befreiung des Konzentrationslagers sowie nach seiner Abberufung von der Koordination der Untergrundarbeit für die Kommunistische Partei Spaniens in Madrid 1963 (und der damit einhergehenden Entscheidung für die Schriftstellerkarriere) nicht ändern: Kant und Schelling, Hegel und Marx, Husserl und Heidegger bilden kontinuierliche Bezugspunkte eines literarischen Schreibens, das sich stets zugleich auch der Philosophie verschrieben hat.

So folgte der eingangs zitierten Passage aus *L'écriture ou la vie* ganz selbstverständlich eine Reflexion des Erzählers zu Immanuel Kants Überlegungen zum radikal Bösen oder Schellings idealistischer Naturphilosophie;[65] Reflexionen, die an dieser wie an anderen Stellen des Gesamtwerks häufig zur Frage nach den Möglichkeiten und Grenzen der menschlichen Freiheit überleiten. Dabei ist es Semprún stets gelungen, die Philosophie dadurch in den Raum der

---

65 Vgl. Semprún, Jorge: *L'écriture ou la vie*, S. 216.

Literatur zu übersetzen, dass er ihre Positionen von bestimmten Erzählern oder anderen literarischen Figuren dialogisch oder besser polylogisch vertreten lässt. Die Philosophie verliert dadurch das Akademisch-Apodiktische und wird zu einer wichtigen Stimme unter vielen im vielstimmigen Werk dieses französischen Autors.

In der Tat könnte man das Verhältnis des Schriftstellers zur Philosophie insgesamt als ein zutiefst polylogisches und polyphones charakterisieren: Sie ist allgegenwärtig, ihre Stimme ist hörbar; aber sie bildet keine unmittelbare Leitlinie, der die Literatur etwa folgen müsste. Dieses Verfahren nimmt den philosophischen Diskursen nichts von ihrer Prägnanz, montiert sie aber als gleichsam importierte und ‚zitierte' Sprachen in den Kontext einer Sprachen- und Redevielfalt, die ihnen jeglichen Ausschließlichkeitsanspruch verwehrt.

Die Literatur wird damit zum experimentellen Erprobungsraum für Philosophie: Ein laborartiger Umgang bisweilen – wie im angeführten Falle Wittgensteins – mit einzelnen Philosophemen, bisweilen aber auch mit komplexen philosophischen Architekturen. Wie etwa im Falle Martin Heideggers *Sein und Zeit*, das der junge Philosophiestudent einst in einer deutschen Buchhandlung in Paris gekauft hatte, werden diese auf ihre Konsistenz, aber auch auf ihre gesellschaftlichen Folgewirkungen hin befragt. Sempruns Literatur zielt auf eine Kritik jeglicher Form totalitären Denkens – und dieser kritische Umgang bezieht sich auch auf den Bereich der Philosophie. Sie liegt daher als eine permanente (wenn auch gewiss nicht alles beherrschende) Gesprächspartnerin der schriftstellerischen Arbeit Sempruns zu Grunde, ohne doch ihr Fundament zu bilden.

Es überrascht daher nicht, dass sich Jorge Semprún nicht nur in zahlreichen Reden und Ansprachen, sondern auch in seinem ursprünglich 1990 als Vortrag gehaltenen und 1995 unter dem Titel *Mal et Modernité: le Travail de l'Histoire* erschienenen Band einer spezifisch geschichtsphilosophisch perspektivierten Fragestellung nach der Herkunft des Bösen widmete, die seit *Le grand voyage* kontinuierlich sein literarisches Schaffen durchzog. Auch in dieser Schrift ist die privilegierte Stellung der deutschsprachigen Philosophie, die das Denken Jorge Sempruns ausweist, nicht zu übersehen. Diese herausragende Stellung steht in einem scharfen Spannungsverhältnis zu Deutschland als Raum des totalitären Nationalsozialismus und als Ort des Konzentrationslagers von Buchenwald.

Aus der Erfahrung dessen, was die deutsche Philosophie (und Literatur) ihm gaben, und all jenem, was ihm ein bestialisches nationalsozialistisches Deutschland antat, war Sempruns Beziehung zu Deutschland seit jeher von einer ungeheuren Intensität und Spannung geprägt. Diese schöpferische Spannung nahm nach dem Fall der Berliner Mauer und dem engagierten Eintreten des politisch denkenden und handelnden Schriftstellers zugunsten demokratischer Prozesse in ganz Europa noch weiter zu. Ihren konzisesten und wohl prägnantesten Ausdruck fand jene jahrzehntelange Entwicklung sicherlich in *Mal et Modernité*, dem philosophisch-literarischen Versuch, der ursprünglich im Rahmen der Conférences Marc Bloch an der Pariser Sorbonne und damit an jener Alma Mater gehalten wurde, an welcher der junge Student sich einst begeistert dem Studium der Philosophie und auch den Vorlesungen von Maurice Halbwachs gewidmet hatte.

Die Reflexion Semprúns über das radikal Böse orientiert sich dabei an den Bezugspunkten von Immanuel Kants bekannter, 1793 erschienener Schrift *Die Religion innerhalb der Grenzen der bloßen Vernunft*, an Hermann Broch – den er nicht nur als Schriftsteller, sondern auch als großen „penseur politique" und „philosophe de l'histoire" versteht[66] –, an Schelling, Heidegger und Jaspers, aber auch an Marc Bloch und Léon Blum, sowie nicht zuletzt an Jacques Maritain und Paul Ricoeur. Es handelt sich bei diesem Text um eine spannende Auseinandersetzung mit dem deutschen Idealismus, die sich im interkulturellen Dialog auf weitere grundlegende Positionen der deutschen und französischen Philosophie im 20. Jahrhundert hin öffnet. In welchem Maße die philosophische Reflexion Jorge Semprúns sich immer wieder um Rolle und Bedeutung Deutschlands dreht, mag die abschließende Passage aus *Mal et Modernité* belegen:

> In diesem Augenblick, in dem Deutschland „den Riss, der sein Herz zerreißt", auslöscht, in welchem es dies in der Ausweitung der demokratischen Vernunft tut, in dem die Mächte des Ostens als solche zusammenbrechen, in dem die apokalyptischen Vorhersagen Heideggers von der Arbeit der Geschichte der Lüge überführt werden, ist es tröstlich, jenes deutsche Denken in Erinnerung zu rufen, welches von Herbert Marcuse 1935 über das unermessliche Werk von Karl Jaspers bis zu Jürgen Habermas heute die zerreisende Hellsichtigkeit der Vernunft aufrecht erhalten hat.[67]

Der spanisch-französische Schriftsteller steht im geschichtsphilosophischen Sinne für eine klare Position ein. Zweifellos richten sich Jorge Semprúns Überlegungen vor allem gegen die Philosophie Martin Heideggers, bestehe der eigentliche Skandal doch nicht darin, dass Heidegger eine Rektoratsrede gehalten und in die NSDAP eingetreten sei, sondern in der Tatsache, dass sein so originelles und einflussreiches Denken im Nationalsozialismus ein Bollwerk gegen eine massifizierte Warengesellschaft auszumachen vermochte, ohne sich später von dieser Position jemals eindeutig und widerspruchslos zu distanzieren.[68] Semprún macht im ge-

---

66 Semprún, Jorge: *Mal et Modernité*, S. 11.
67 Ebda., S. 87.
68 Ebda., S. 64.

samten Schaffen Heideggers denselben „fil conducteur",[69] dieselbe Leitlinie aus, welche die Frontstellung des Philosophen von Todtnauberg insbesondere gegen eine technifizierte Moderne und gegen eine demokratische Massengesellschaft markiere. Doch Heideggers Denken sei längst von der Geschichte überholt und verurteilt worden.

Die Abrechnung mit Heidegger ist der Versuch, angesichts der transhistorischen Präsenz des Bösen in der Geschichte der Menschheit jene „déchirante lucidité de la raison",[70] jene „zerreisende Hellsichtigkeit der Vernunft" wiederherzustellen, die für das deutsche und zugleich für das europäische Denken von so entscheidender Bedeutung sei. *Mal et Modernité* bietet den philosophischen Reflexionshintergrund für die Semprún'sche Literatur, zeigt zugleich aber auch auf, dass nicht nur Philosophie in Literatur, sondern auch Literatur in Philosophie übersetzbar ist und dass einer allzu sorgsamen Scheidung beider Diskurswelten etwas Schematisches – und zugleich (im Sinne von Jorge Luis Borges) zutiefst Fiktionales – eignet.

Vor dem Hintergrund der Erfahrung des Konzentrationslagers Buchenwald zielt das Semprún'sche Werk bewusst darauf ab, Philosophie und Literatur so miteinander zu verschränken, dass sie als Formen des Denkens wie als Formen des Schreibens auf den zentralen Fragenkomplex einer vom „univers concentrationnaire" geprägten Welt[71] bezogen werden können. Im Kern steht die Frage nach der Beziehung zwischen Wissen und Leben, Wissen und Überleben, die – und ich wiederhole es gerne – am Beispiel des Todes von Maurice Halbwachs im Semprún'schen Grundlagenwerk *L'écriture ou la vie* wie folgt formuliert wird: „Nur ausgehend vom Leben, vom *Wissen des Lebens*, kann man das Begehren haben, nun zu sterben. Auch dieses todbringende Begehren ist noch immer ein Reflex des Lebens."[72]

Noch die Todessehnsucht ist ein Lebensreflex, ja mehr noch: eine Lebensreflexion im Zeichen eines sich stets neu konfigurierenden Lebenswissens, das Jorge Semprún hier auf den (begrifflichen) Punkt bringt. Im Zwischenbereich zwischen Leben und Tod, zwischen „écriture" und „littérature", nutzt der Schriftsteller, Intellektuelle und Philosoph Jorge Semprún die Spiel-Räume von Philosophie und

---

69 Ebda., S. 67.
70 Ebda., S. 87.
71 Vgl. hierzu Agamben, Giorgio: *Homo sacer. Die souveräne Macht und das nackte Leben*. Aus dem Italienischen von Hubert Thüring. Frankfurt am Main: Suhrkamp 2002; sowie ders.: *Was von Auschwitz bleibt. Das Archiv und der Zeuge (Homo sacer III)*. Aus dem Italienischen von Stefan Monhardt. Frankfurt am Main: Suhrkamp 2003.
72 Semprún, Jorge: *L'écriture ou la vie*, S. 61 (Kursivierung O.E.): „Ce n'est qu'à partir de la vie, du *savoir de la vie*, que l'on peut avoir le désir de mourir. C'est encore un réflexe de vie que ce désir mortifère."

Literatur, um die Lebenswissenschaft der Philosophie in das Erlebenswissen einer Literatur zu übersetzen, die zugleich auch ein Zusammenlebenswissen[73] entfaltet. Die Frage des Wissens vom Leben im Leben selbst ist eine Kernfrage des Semprún'schen Denkens und Schreibens.

Mal et Modernité zeigt es deutlich an: Der sich selbstironisch auch als „revenant", als Wiedergänger bezeichnende Überlebende des Konzentrationslagers Buchenwald hat sich als Intellektueller und als Philosoph, als Publizist und als Übersetzer, als translingualer Schriftsteller und als spanischer Kulturminister herausragende Verdienste um eine tiefgreifende künstlerische, ebenso pointierte wie profunde kritische Auseinandersetzung mit Denkformen und Praktiken totalitärer Herrschaft, mit den vielfältigsten Formen von Ausgrenzung, Unterdrückung und Ermordung Andersdenkender erworben. Dagegen stehen jene schöpferischen Möglichkeiten, die es dem Menschen im Angesicht des radikal Bösen erlauben, sein Menschsein zu bewahren und im reflektierten Zusammenspiel unterschiedlichster Kulturen, Religionen und Zugehörigkeiten eine ethische Fundierung der Durchsetzung demokratischer und auf dem Respekt von Differenz basierender Werte zu erreichen.

Im Konzentrationslager von Buchenwald ist es den Hitler-Schergen der Waffen-SS nicht gelungen, Semprún den juristischen, den moralischen und letztlich den physischen Tod im Sinne Hannah Arendts sterben zu lassen. Aus diesem Widerstand speist sich sein literarisches Oeuvre. Doch dieses bleibt darauf nicht beschränkt: Es entfaltet ein Wissen vom Leben, vom Überleben und Zusammenleben, das für die Zukunft gemacht ist. Hierfür steht Jorge Semprún mit seinem Lebenswerk ein.

Semprún hat nicht nur durch seine vielbeachtete Dankesrede anlässlich der Entgegennahme des Friedenspreises des Deutschen Buchhandels 1994 oder seine bereits erwähnte Rede vom 10. April 2005 im Weimarer Nationaltheater[74] mit Blick auf die europäische Zukunft Deutschlands Zeichen seines Vertrauens in die Kraft der „raison", in das Vermögen des Geistes und der Wissenschaft gesetzt, dass gerade von einem demokratisch wiedervereinigten Deutschland aus die Vielfalt der Kulturen in einem vielsprachigen Europa entscheidend vorangetrieben werden könne. Semprún sprach nicht von jener Vernunft, die in den Abgrund einer *Dialektik der Aufklärung* führte, sondern von einem rational fundierten Denken, das ethisch ausgerichtet sein muss. Sein Gesamtwerk ent-

---

73 Vgl. zu dieser Fragestellung Barthes, Roland: *Comment vivre ensemble. Simulations romanesques de quelques espaces quotidiens*. Notes de cours et de séminaires au Collège de France, 1976–1977. Texte établi, annoté et présenté par Claude Coste. Paris: Seuil – IMEC 2002.
74 Vgl. hierzu u. a. die bereits zitierte, 2003 erschienene wichtige Textsammlung von Semprún, Jorge: *Blick auf Deutschland*.

wirft aus dem Spannungsfeld von Literatur und Philosophie, von Politik und Wissenschaft den entschlossenen Versuch, im Rückgriff auf die Traditionsstränge deutschsprachiger Philosophie und Literatur aus einer gleichsam *doppelten* Perspektivik – vom Ettersberg der Spaziergänge Goethes und Eckermanns sowie vom Ettersberg des Konzentrationslagers Buchenwald aus – das spezifische Gewicht und die besondere Verantwortung Deutschlands in einem und für ein humanes Europa herauszuarbeiten, das vor Totalitarismen jeglicher Couleur geschützt ist.[75]

Nicht umsonst hat Jorge Semprún daher wiederholt den Vorschlag unterbreitet, Weimar-Buchenwald zu einem „lieu de mémoire et de culture internationale de la Raison démocratique",[76] zu einem internationalen Gedächtnisort für die Kultur demokratischer Vernunft zu machen. Auf literarischer Ebene hat Semprún diesem Gedächtnisort in jüngster Zeit einen zweiten „lieu de mémoire" an die Seite gestellt: Ich meine damit sein Theaterstück *GURS* und das südfranzösische Lager selbst, das er – wie wir sahen – als Keimzelle einer künftigen europäischen Gesellschaft verstand. Flucht, Vertreibung und Migration werden so ins Zentrum einer Kultur gestellt, die nicht mehr von einem statischen, ‚sesshaften' Kulturbegriff allein ausgeht, sondern Kulturen als ebenso mobile wie räumlich und intellektuell dynamische Ensembles versteht. Wie wir sahen, konzentrierte Semprún in *GURS* nicht nur die tragische Geschichte des 20. Jahrhunderts, sondern entwarf zugleich die Leitlinien für eine demokratische Kultur des Zusammenlebens, einer Konvivenz, welche die Entstehung von Kriegen unmöglich machen sollte. Der spanisch-französische Schriftsteller griff damit auf ein *konzentrierendes* Verfahren zurück, wie wir es aus der besten ästhetischen Tradition der Lagerliteratur kennen.[77]

Denn jenseits der Splitter dieser europäischen Geschichte totalitärer Ideologien zeichnet sich bei Semprún ein neues Europa ab, das sich auf Vielsprachigkeit gründet.[78] Semprún'sche Erinnerungskultur ist freilich nicht nur rückwärtsgewandt, sondern dezidiert zukunftsbezogen angelegt: Die Konzentrationslager werden zum Schmelztiegel einer neuen europäischen Kultur, deren Schöpfungskraft fraglos in der Erfahrung des „univers concentrationnaire" wurzelt und jeglichem Totalitarismus – ganz wie bei Max Aub auch dem kommunistischen – abgeschworen hat. Die Hannah Arendt der *Elemente und Ursprünge totaler Herrschaft* hätte gewiss einer solchen Konzeption eines künftigen Europa begeistert zugestimmt.

---

75 Vgl. zum Europa-Gedanken auch Semprún, Jorge / Villepin, Dominique de: *Was es heißt, Europäer zu sein*. Aus dem Französischen von Michael Hein. Hamburg: Murmann Verlag 2006.
76 Vgl. u. a. Semprún, Jorge: *L'écriture ou la vie*, S. 392.
77 Vgl. hierzu Ette, Ottmar: *ÜberLebenswissen. Die Aufgabe der Philologie*. Berlin: Kulturverlag Kadmos 2004, insb. S. 189–225.
78 Ebda., S. 20.

Sie hätte wie Aub und Semprún Hoffnungen gehegt, dass derartige tragische Ereignisse nie mehr in der Menschheitsgeschichte vorkommen sollten. Der Fortgang dieser Geschichte hat freilich gezeigt, dass wir im Osten wie im Westen nur bedingt aus dieser Geschichte gelernt haben. Jene Gnoseme, welche die Lagerliteratur – und an ihrer Spitze Max Aub und Jorge Semprún – entwickelt hat, sind nur bedingt politisch zur Kenntnis genommen worden.

In der Verpflichtung zur „mémoire collective" scheint in diesem Stück wie in allen Texten des europäischen Autors etwas von der Suche nach Gemeinschaft, jener Suche nach Brüderlichkeit (und Geschwisterlichkeit) auf, die das Überlebenswissen der Semprún'schen Texte hin auf ein prospektives Zusammenlebenswissen ausrichtet. Dass ausgerechnet das „univers concentrationnaire" zu jenem Ort wird, an dem sich ein neues Europa, eine künftige Gemeinschaft herauskristallisiert, die zwischen den Kulturen, zwischen den Muttersprachen und zwischen den Vaterländern ihre eigene Dynamik, ihre eigene Bewegung entwickelt, gehört zu den faszinierenden Einsichten, die das Werk dieses wahrhaft europäischen Autors auch für eine künftige Leserschaft bereithält. Diese wird in Gesellschaften leben, welche vor populistischem Totalitarismus und orthodoxer autoritärer Manipulation nicht geschützt sind.

Jenseits aller nationalen Zuordnungen konstruiert sich diese Literatur einen Bewegungsraum, der Europa *in* Bewegung[79] weiß und *als* Bewegung[80] versteht. In diesem doppelten Sinne haben wir es so mit einem Oeuvre zu tun, das auf ganz fundamentale Weise *europäische* Literatur ist, da es Europa mit seinen Migrationen als Bewegung begreift. Man könnte schon im doppelten Autornamen diese vektorielle und translinguale Dimension aufleuchten sehen: Es genügt eine kleine Akzentuierung, um den französischen „nom de plume" Jorge Semprun in den spanischen Herkunftsnamen Jorge Semprún zu verwandeln. Es geht dem Verfasser von *Mal et Modernité* um multiple Zugehörigkeiten jenseits aller mörderischen Identitäten[81] und um das Bewusstsein für eine Kultur, die nicht an den Boden, die nicht ans Territorium gefesselt ist.[82]

---

79 Vgl. Bade, Klaus J.: *Europa in Bewegung. Migration vom späten 18. Jahrhundert bis zur Gegenwart.* München: C.H. Beck 2000.
80 Vgl. Ette, Ottmar: Europa als Bewegung. Zur literarischen Konstruktion eines Faszinosum. In: Holtmann, Dieter / Riemer, Peter (Hg.): *Europa: Einheit und Vielfalt. Eine interdisziplinäre Betrachtung.* Münster – Hamburg – Berlin – London: LIT Verlag 2001, S. 15–44.
81 Verwiesen sei hier nochmals auf den wichtigen Essay von Maalouf, Amin: *Les Identités meurtrières.* Paris: Editions Grasset & Fasquelle 1998.
82 Vgl. hierzu Ette, Ottmar: Europa transarchipelisch denken. Entwürfe für eine neue Landschaft der Theorie (und Praxis). In: *Lendemains* (Tübingen) XXXIX, 154–155 (2014), S. 228–242.

Wie in *Le grand voyage* im Grunde schon alle Themen im Schaffen Semprúns präsent sind oder zumindest doch anklingen, so bildet *L'écriture ou la vie* wie kein anderer Text dieses Autors den eigentlichen Knotenpunkt des Semprún'schen Gesamtwerks: den literarischen Ort, von dem sich die gesamte Landschaft seiner Texte zusammenfügt und einen polyperspektivischen Blick freigibt. Hier läuft das Wissen vom Leben und im Leben („savoir de la vie") mit jenem Wissen des Todes zusammen, das sich im „langage meurtrier de l'écriture",[83] im todbringenden (da allein zum Tod zurückführenden) Schreiben konkretisiert. Um eine Geschichte erzählen zu können, muss man sie – wie das Beispiel von Scheherazade in *Tausendundeiner Nacht* zeigt – erst einmal überleben. Aber man muss auch wieder ins Leben zurückfinden – so die Lektion von *L'écriture ou la vie* –, um dabei dem Tod ins Auge schauen zu können. Erst die Literatur vermag es, ein testimoniales Schreiben aus dem Reich der Toten neu zu perspektivieren, die bloße Zeugenschaft ins Leben zurückzuführen und in eine *friktionale* Dimension des Literarischen einzuspannen, für die das Ich stets ein Anderer und vor allem ein Weiterer[84] ist, damit dem erweiterten und geweiteten Ich neue Spielräume eröffnet werden.

Weit mehr als eine autobiographische Reflexion bietet *L'écriture ou la vie* in seiner Wechselbeziehung mit *Mal et Modernité* eine Philosophie des ÜberLebenSchreibens, die aus der Verpflichtung gegenüber Maurice Halbwachs' „mémoire collective" ein Überlebenswissen destilliert, das sich zugleich – vor dem Hintergrund der europäischen Gemeinschaft der Konzentrationäre – als ein Zusammenlebenswissen, als das Wissen von einer künftigen Konvivenz, erweist. Dabei ist es das eigene Erleben („vivencia") und Erlebenswissen, von dem aus der engagierte Kämpfer gegen die Franco-Diktatur immer wieder versucht hat, die Spannung zwischen der intensiven Beschäftigung mit der deutschen Philosophie und der eigenen Erfahrung der Nazi-Barbarei literarisch und philosophisch zu reflektieren. Wie konsequent Jorge Semprún seine Arbeit an einer Philosophie des ÜberLebenSchreibens fortzuführen und zu vertiefen gedachte, deutet auch der ins Auge gefasste Titel für den Band *Exercices de survie*[85] an. Jorge Semprúns gesamtes Schreiben ist ein literarisches Exerzitium

---

83 Semprún, Jorge: *L'écriture ou la vie*, S. 292.
84 Vgl. zur epistemischen Bedeutung des Weiteren auch Ette, Ottmar: Weiter denken. Viellogisches denken / viellogisches Denken und die Wege zu einer Epistemologie der Erweiterung. In: *Romanistische Zeitschrift für Literaturgeschichte / Cahiers d'Histoire des Littératures Romanes* (Heidelberg) XL, 1–4 (2016), S. 331–355.
85 Vgl. hierzu die Dankesrede Jorge Semprúns anlässlich der Entgegennahme der Ehrenpromotion durch die Philosophische Fakultät der Universität Potsdam am 25. Mai 2007.

des Überlebens, das für ein breites Lesepublikum die Gnoseme seines Überlebenswissens zur Verfügung stellt.

Nur aus dieser spezifischen Konstellation heraus ist die politische Dimension im Schaffen Semprúns wirklich verstehbar als auf die Spitze getriebener Versuch, die *conditio humana* mit den Mitteln der Literatur, der Philosophie und der Politik auf ihre Möglichkeiten hin zu befragen und zu erproben, wie eine Welt geschaffen werden kann, in deren Mittelpunkt ein menschenwürdiges Leben in Frieden und Differenz steht. Mit seinem Leben wie mit seinem Werk verkörpert Jorge Semprún wie kein anderer die kritische Reflexion der europäischen Geschichte des 20. und beginnenden 21. Jahrhunderts – und die Antworten, welche die Kunst als ÜberLebenSchreiben auf das Gelebte zu geben vermag. Der Imperativ des „raconter bien",[86] des guten Erzählens, nimmt jene Haltung der Scheherazade wieder auf, von deren gutem Erzählen in den Geschichten von *Tausendundeiner Nacht* Leben und Tod abhingen.

In *L'écriture ou la vie* werden die Grenzen, aber auch die immensen Möglichkeiten der Literatur vor Augen geführt, vom Tod in einer dem Leben zugewandten Kunstform zu berichten. Gerade weil sich die Kunst in Semprúns Lebenswerk dem Erleben des Todes stellt und aus diesem ein ums andere Mal (Nach-)Erlebten den Funken des Lebens schlägt, musste *L'écriture ou la vie* eine besonders kunstvolle Gestaltung erfahren. Die sich ständig verändernden, aber gleichwohl insistierend vorgetragenen Wiederholungsstrukturen lassen eine geradezu musikalische Anlage des Textes erkennen, deren Komplexität auf der Ebene der narrativen wie der semantischen Verfahren wohl am besten mit einer Kunst der Fuge verglichen werden könnte.

Nicht zufällig quert der Name Paul Celans ein ums andere Mal die Seiten von *L'écriture ou la vie*, wird seine berühmte *Todesfuge* in den Text eingeblendet.[87] Aber anders als bei dem von Semprúns Erzählerfigur realitätsnah in Szene gesetzten Treffen Celans mit Heidegger im Schwarzwald[88] – ein Treffen, das bekanntlich ergebnislos blieb und in den Augen Semprúns die Philosophie Heideggers endgültig entwertete – steht hier kein Selbstmord eines Schriftstellers am Ende. Nicht die Freitode von Primo Levi oder von Maurice Halbwachs' Sohn, sondern die Seite(n) des Lebens behält die Oberhand. Semprúns Kunst der Fuge hat gleichsam kontrapunktisch zu Celan aus *L'écriture ou la vie* eine So könnte der Erzähler – und mit ihm wohl auch sein Schöpfer – in die zitierten Verse von César Vallejo einstimmen:

---

86 Semprún, Jorge: *L'écriture ou la vie*, S. 165.
87 Ebda., S. 372.
88 Ebda., S. 369 f.

Das Leben gefällt mir ganz enorm,
aber selbstverständlich
mit meinem geliebten Tod und meinem Kaffee
und mit Blick auf die breiten Kastanien von Paris...

Me gusta la vida enormemente
pero, desde luego,
con mi muerte querida y mi café
y viendo los castaños frondosos de París...[89]

---

[89] Ebda., S. 220.

Cécile Wajsbrot oder die Ästhetik der Abwesenheit

Lassen Sie uns an dieser Stelle unserer Vorlesung über Geburt und Tod, über Leben und Sterben nach den Texten *vor* dem Konzentrationslager bei Albert Cohen und *aus* dem Konzentrationslager wie bei Max Aub und Jorge Semprún nun zu einem Werk kommen, das *nach* dem Konzentrationslager entstand und in vielfacher Weise die europäische Gegenwartsliteratur geprägt hat. Wir gelangen damit zu einem literarischen Oeuvre, das zweifellos in seiner Gesamtheit *nach* der Postmoderne[1] anzusiedeln ist: Ich spreche von dem umfang- und facettenreichen Schaffen der französischen Schriftstellerin Cécile Wajsbrot.

Sicherlich ist das erste, was nicht nur deutschen Leserinnen und Lesern auffällt, wenn sie Cécile Wajsbrots 2002 erschienenen Erzähltext *Caspar-Friedrich-Strasse* in die Hand nehmen, der Titel dieses Bandes. Dabei ist es wohl weniger die Tatsache, dass auf der Umschlagseite – zweifellos aus Gründen der Lesbarkeit – auf die Bindestriche verzichtet wurde, die den ‚eigentlichen' Titel auf der Titelseite gleichsam in eine semantische Einheit verwandeln (Abb. 31). Denn vor allem springt ins Auge, dass der Name des sicherlich berühmtesten deutschen Malers der Romantik unvollständig ist. So stellt sich zunächst die Frage nach den Gründen für diese Auslassung.

Abb. 31: Cécile Wajsbrot: *Caspar Friedrich Strasse*, Cover der französischen Ausgabe, 2002.

Eine erste Erklärung für diese Lücke könnte darin bestehen, dass ein deutschsprachiger Titel in solcher Länge einem französischsprachigen Publikum nicht zuzumuten und daher auch nicht verkaufsfördernd sein kann – nicht umsonst haben Verlage bei der Wahl des Titels ein gewichtiges Wort mitzusprechen, ja nicht selten das alleinige Entscheidungsrecht. Wie schwierig selbst noch die verkürzte und von Bindestrichen befreite Fassung des Titels für eine franzö-

---

[1] Vgl. hierzu das Cécile Wajsbrot gewidmete Teilkapitel im dritten Band der Reihe „Aula" in Ette, Ottmar: *Von den historischen Avantgarden bis nach der Postmoderne*, S. 989 ff.

sischsprachige Leserschaft ist, mag die von Delphine de Malherbe im *Magazine littéraire* vorgelegte wohlwollende Besprechung des Romans belegen, in welcher der Autorin eine „langue acérée" und ein gelungenes Versteckspiel mit der Erzählerfigur eines Schriftstellers im freien Berlin, eines „écrivain dans le Berlin libéré" bescheinigt werden.[2] Die wiederholte fehlerhafte Wiedergabe des Titels, hinter der man zunächst nur einen Tippfehler vermuten könnte, erweist sich bei der Lektüre der Rezension jedoch rasch als durchaus bedeutungsrelevant, ist hier doch von „le peintre Caspar Friedrich Strass"[3] die Rede, was auf eine etwas überraschende Weise die Vermutung zu belegen vermag, dass sich auch noch die gekürzte Titelfassung für französische Leser nicht nur als sperrig, sondern auch als ausgesprochen tückisch erweisen kann. Der sicherlich bedeutendste Maler der deutschen Romantik ist schon im Nachbarland Frankreich nur noch den Spezialisten bekannt.

Eine zweite Erklärungsmöglichkeit für das Fehlen Davids ließe sich mit der wiederholten Präsenz des napoleonischen Frankreich auf der Textebene in Verbindung bringen. Dabei blendet die auch vom 1774 in Greifswald geborenen und 1840 in Dresden verstorbenen Caspar David Friedrich als Schmach empfundene Besetzung Preußens durch die siegreiche französische Armee mehrfach (wenn auch nur kurz) die historische Figur Napoleons in den Erzähltext Cécile Wajsbrots ein. Als Hauptvertreter einer vom „Empereur" massiv unterstützten und nicht zuletzt an der Verherrlichung von Ruhm und (revolutionärer) Macht Frankreichs beziehungsweise Napoleons ausgerichteten klassizistischen Ästhetik, die für all das stand, wogegen die Kunst eines Caspar David Friedrich aufbegehrte (Abb. 33), darf kein anderer als der 1748 geborene und 1825 verstorbene Jacques-Louis David gelten, dessen lange Zeit beherrschender Einfluss auf die Malerei nur zögerlich dem Druck einer romantischen Kunstauffassung weichen musste. Diese kunstästhetischen Übergänge und Spannungen im Verhältnis zwischen Frankreich und Deutschland bilden den Hintergrund dieses außergewöhnlichen Romans.

Die Streichung des Namens David könnte folglich auf Ebene ästhetischer Reflexion innerhalb der Diegese als deutliche Markierung einer nicht nur kunst-, sondern auch literaturgeschichtlichen Entwicklung gedeutet werden, in die sich die Erzählerfigur von *Caspar-Friedrich-Strasse* in ihren immer wieder um die Romantik kreisenden Überlegungen selbst einschreibt. Doch damit sind die Möglichkeiten, das auffällige Fehlen Davids im Titel zu erklären, bei weitem nicht erschöpft.

---

[2] Malherbe, Delphine de: Nocturnes, de Cécile Wajsbrot. Caspar Friedrich Strass, de Cécile Wajsbrot. In: *Magazine littéraire* (Paris) 410 (2002), S. 63.
[3] Ebda.

Abb. 32: Caspar David Friedrich (1774–1840): Eichbaum im Schnee, 1829.

Denn eine dritte Erklärungsmöglichkeit zielt auf die ganz offensichtliche Tatsache, dass die für das bereits heute so beeindruckende Gesamtwerk Cécile Wajsbrots so prägende Allgegenwart der Shoah,[4] der ebenso planmäßigen wie barbarischen Verfolgung und Vernichtung von Millionen europäischer Juden im Zeichen des deutschen Nationalsozialismus, auch in *Caspar-Friedrich-Strasse* unübersehbar ist. Denn schon im zweiten Kapitel dieses Bandes wird mit Blick auf Friedrichs 1829 entstandenen *Eichbaum im Schnee* unverkennbar eine Beziehung zu jener berühmten Goethe-Eiche hergestellt, zu der einst der Dichterfürst mit seinem getreuen Eckermann gewandelt war (Abb. 32). Sie wurde von den Nationalsozialisten bei der Anlage des Konzentrationslagers Buchenwald bewusst nicht gefällt und verkohlte schließlich bei einem alliierten Luftangriff auf die nahe gelegenen Waffenfabriken. Wir hatten diese Goethe-Eiche bereits bei Jorge Semprún im Konzentrationslager von Buchenwald gesehen, wo sie für die unmittelbare Kontiguität von Weimarer Klassik und deutscher Hochkultur einerseits

---

4 Vgl. hierzu das erste und achte Kapitel in Ette, Ottmar: *ZwischenWeltenSchreiben. Literaturen ohne festen Wohnsitz.* Berlin: Kulturverlag Kadmos 2005.

Abb. 33: Jacques-Louis David (1748–1825): Bonaparte beim Überschreiten der Alpen am Großen Sankt Bernhard, 1800.

und der barbarischen Vernichtung aller Andersdenkenden durch die deutsche Waffen-SS, Lagerbesatzungen und Helfershelfer andererseits stand.

Was auf dem Ettersberg in jenem Konzentrationslager geschah, das in so unmittelbarer Nähe zum Inbegriff deutscher Klassik lag, wird in den literarischen Text – gleichsam medial vermittelt – dank jener Wochenschauen eingeblendet, welche die US-amerikanische Armee, die das Lager am 11. April 1945 befreite, mit den zwangsweise herbeigeschafften Weimarern drehte. Es sind Bilder, die wir heute wohl alle kennen, Bilder die ungeheuer verstören und zugleich jene Zeitgenossen vorführen, die scheinbar nichts von alledem gewusst haben wollten: „Die versteinerten Gesichter der Bewohner von Weimar, welche die Amerikaner in Buchenwald vorüberziehen ließen, ihre Verblüffung, als diese die Massengräber, die abgemagerten Gesichter und Skelette erblicken."[5] Wir haben bei unserer vorausgegangenen Beschäftigung mit dem Werk Jorge

---

5 Wajsbrot, Cécile: *Caspar-Friedrich-Strasse*. Paris: Zulma 2002, S. 24: „les visages pétrifiés des habitants de Weimar que les Américains ont fait défiler à Buchenwald, leur stupeur quand ils découvrent les charniers, les visages et les corps squelettiques."

Semprúns gesehen, dass dieser Autor einer translingualen Literatur ohne festen Wohnsitz, der in einem Gespräch Buchenwald als sein „Zuhause" bezeichnete, wie kein anderer in mehreren seiner Werke, vor allem aber in seinem 1994 erschienenen *L'écriture ou la vie*, diese Szenerien literarisch eindrucksvoll und ergreifend entfaltete.[6]

Auf diese Weise werden die Konzentrationäre von Buchenwald, aber auch die schutzlos der Kälte ausgesetzten nackten Männer, Frauen und Kinder gegenwärtig, die sich „entlang der Barackenfluchten, welche die unermesslichen Ebenen Polens bedeckten",[7] aufreihen, um in den nationalsozialistischen Vernichtungslagern auf bestialischste Weise zum Verschwinden gebracht zu werden. Die nach dem Fall der Berliner Mauer von der Erzählerfigur, einem aus der Deutschen Demokratischen Republik stammenden Schriftsteller, vorgenommene Einweihung einer neuen Straße, die den Namen des großen Malers der Romantik tragen soll, verweist aus der Perspektive eines ‚wiedervereinigten' Deutschlands darauf, dass in Cécile Wajsbrots Text mit der Tilgung des jüdischen Namens David immer auch die versuchte und nicht mehr gut zu machende Tilgung der jüdischen Bevölkerung Berlins, Deutschlands und Europas markiert wird. Zugleich markiert dieser Titel das Fehlen all dieser Menschen, die brutal und verwaltungstechnisch präzise aus der Mitte der Gesellschaft gerissen wurden, und mehr noch die Sprachlosigkeit, die sich nach diesen bestialischen Morden an Unschuldigen beim Besuch eines historischen Konzentrationslagers einstellt.

Der Name Davids, einer der großen Figuren der jüdisch-christlichen Überlieferung, glänzt im Titel durch seine Abwesenheit und wird durch eben dieses Verfahren der Aussparung, der Absenz ins Bewusstsein gehoben, ja ins leere Zentrum (des Davidsterns) gerückt. Damit aber verwandelt sich die Absenz des aus der Kette herausgebrochenen jüdischen Namens in eine Omnipräsenz, die den Text von seinem Titel bis zu seiner letzten Seite in seiner Gesamtheit durchzieht: eine Allgegenwart, die alles prägt und umdeutend erfasst. Es wird daher in der Folge unserer Analyse nicht zuletzt darauf ankommen, die Funktionsweisen sowie die (Be-)Deutungsmöglichkeiten dieses Verfahrens der Aussparung, der Abwesenheit am Beispiel von *Caspar-Friedrich-Strasse* genauer zu untersuchen.

Denn daran, dass es sich um ein sehr bewusst gewähltes und von Beginn an in Szene gesetztes literarisches Verfahren handelt, kann kein Zweifel bestehen. Die Differenz zwischen Caspar Friedrich und Caspar *David* Friedrich wird

---

6 Vgl. nochmals Semprún, Jorge: *L'écriture ou la vie*. Paris: Gallimard 1994.
7 Wajsbrot, Cécile: *Caspar-Friedrich-Strasse*, S. 24: „le long des baraquements qui recouvraient l'immense plaine de Pologne."

Abb. 34: Cécile Wajsbrot (*1954).

bereits auf der paratextuellen Ebene hervorgehoben, wird dem ‚verkürzten' Titel doch schon auf der Umschlagrückseite des Bandes der ungekürzte Künstlername als Korrektiv entgegengestellt. Diese direkte Gegenüberstellung von Aussparung und Ausgespartem kommt – wie wir sehen werden – auch im Prosatext selbst immer wieder auf unterschiedliche Weise zur Anwendung. Der Text macht sein Lesepublikum mithin vertraut mit dem von ihm angewandten Verfahren der Aussparung – auch wenn dies so dezent erfolgt, dass die oben genannte Rezensentin nicht darüber stolperte.

So stößt die regelmäßig eingefügte vollständige Namensnennung immer wieder in die von Beginn des Textes an markierte Lücke, die sich zunächst nur mit dem Namen Davids, in der Folge aber auch mit vielen anderen Aspekten und Elementen einer sorgsam ‚ausgesparten', verdrängten und teilweise ausgelöschten Geschichte verknüpft. Mit dieser Verknüpfung von Erzählsträngen und eingewobenen Leerräumen entsteht eine offene Strukturierung des Textgewebes, in der sich die Präsenz der Lücke, des Ausgesparten da Ausgemerzten, zunächst fast ausschließlich auf die Vergangenheit konzentriert. Erst ganz am Ende, im Schlusskapitel und insbesondere im schillernden Schlusssatz des Prosabandes, erweitert sie sich auf eine neue Öffnung und damit auf die Zukunft hin. Auf diese Weise wird die ‚Aussparung', also die Lücke und das Fehlen Davids, im Bewusstsein des Lesepublikums gehalten.

Auf literarisch wohlkalkulierte Weise öffnet sich die von Caspar David Friedrich zwischen 1830 und 1835 entworfene Landschaft des Riesengebirges (Abb. 35),[8] in welcher der Platz des Menschen zwischen Himmel und Erde kaum auszumachen ist, hin auf ein Künftiges, dessen Konturen im transzendenten Licht des Friedrich'schen Spätwerks nur erst zu erahnen sind. Denn in den Farben des romantischen Gemäldes konfiguriert sich sachte eine Seelen-

---

[8] Vgl. zu den Landschaften Friedrichs u. a. Zacharias, Kyllikki: Landschaften: Rügen, der Tetschener Altar, Riesengebirge, Böhmen. In: Gaßner, Hubertus (Hg.): *Caspar David Friedrich: Die Erfindung der Romantik*. Museum Folkwang Essen, Hamburger Kunsthalle. München: Hirmer Verlag 2006, S. 195–205.

landschaft, eine Landschaft unserer Gefühle und Erschütterungen, welche sich Stück für Stück auf das Kommende hin zu öffnen beginnt:

> Und gleichwohl bilden diese Talungen unsere inneren Erschütterungen und unsere Störungen, bilden diese fortschreitenden Lichtungen unser Zögern und unser langsames Zum-Licht-Kommen, bis zu diesem Himmel schließlich, der gleichzeitig rein und leicht verschleiert ist – ganz so, wie unser Glück niemals ohne Beimischungen scheint –, bis zu diesem Gelb, das gleichzeitig hell und tief ist, von Strähnchen mit langen, ausgefransten mauvefarbenen Inselchen durchzogen, die unsere Erinnerungen sind, wie die Spur, welche sie hinterlassen, wenn die Störung durch das Ereignis sich erst einmal beruhigt hat, bis zu diesem Gelb, das sich ebenfalls langsam in einer braunen Immaterialität verliert, die weder mauve- noch rosafarben noch weiß ist, sondern an der Überkreuzung dieser sich auflösenden Färbungen steht, wie dies bisweilen auch unsere Gefühle sein können, eine Auflösung, die keinen Verlust, sondern eine Öffnung darstellt, welche Platz lässt für das Kommende.[9]

Die sich in diesem Spätwerk Caspar David Friedrichs im Kosmos eines transzendenten Landschaftsentwurfs auftuende Lücke wird von der Erzählerstimme als eine ständig changierende Abfolge von Farbschattierungen gedeutet, die mit ihren weit über die Proportionen einer Seelenlandschaft hinausgreifenden Bewegungen eine Öffnung entstehen lassen, in die sich das Kommende, das Künftige einschreiben wird. Die Einschreibungen dieses noch nicht Sichtbaren, aber doch schon Erahnbaren entfalten sich in Farbschattierungen, welche sich niemals klar und eindeutig, doch bestimmbar und nachvollziehbar zu einer Landschaft anordnen, welche im besten Sinne eine Landschaft der Theorie ist.[10] Denn aus dem bestimmten Unbestimmten schält sich langsam heraus, was in den Künsten Licht auf das Künftige wirft und ebenso das erscheinen lässt, was ist, als auch das, was nicht mehr ist oder auch noch nicht sein kann.

Wie in Caspar David Friedrichs Gemälde strukturieren Öffnungen, Lichtungen, Leerräume und Abwesenheiten das gesamte Textgewebe. Dessen konkreter Ausgangspunkt aber war – so eine kursiv gesetzte und mit den Initialen der Autorin signierte Erläuterung am Ende des Bandes – die Anwesenheit Cécile Wajsbrots im Herbst 2000 in Berlin, ein Aufenthalt, der von der Maison des écrivains und den Amis du roi des Aulnes in Paris sowie dem Berlin-Brandenburgischen Institut in Genshagen ermöglicht worden war.[11] Dies mag erklären, warum nicht das Gesamtwerk, sondern eine Auswahl aus jenen Gemälden Friedrichs, die der

---

9 Wajsbrot, Cécile: *Caspar-Friedrich-Strasse*, S. 114. Zur Entwicklung Friedrichs hin zu seinem Spätwerk vgl. Kellein, Thomas: *Caspar David Friedrich. Der künstlerische Weg*. München – New York: Prestel 1998.
10 Vgl. zu diesem Begriff Ette, Ottmar: *Roland Barthes. Landschaften der Theorie*. Konstanz: Konstanz University Press 2013.
11 Vgl. Wajsbrot, Cécile: *Caspar-Friedrich-Strasse*, S. 115.

Abb. 35: Caspar David Friedrich (1774–1840): Morgen im Riesengebirge, 1810/11.

Sammlung des Preußischen Kulturbesitzes zugehören, herangezogen wurde. Im Übrigen darf ich anmerken, dass ich anlässlich dieses Aufenthalts zum ersten Mal Gelegenheit hatte, die französische Autorin persönlich kennenzulernen; eine Chance, die mein eigenes Denken und Schreiben vielfältig bereichert hat. Es ist bedauerlich, dass Schloss Genshagen dieses überaus fruchtbare Programm deutsch-französischer Zusammenarbeit schon seit langen Jahren eingestellt hat und dafür Veranstaltungen durchführt, wie sie auch an anderer Stelle zu hören und zu sehen sind.

Von Beginn des Wajsbrot'schen Erzähltextes an tun sich (nicht nur) in der Ansprache der in Berlin beheimateten Erzählerfigur unterschiedlichste – und stets höchst bedeutsame – Lücken und Abwesenheiten auf. Eine erste klaffende Lücke betrifft die Biographie des Namensgebers der einzuweihenden Straße selbst. Denn gleich zu Anfang des fünften Kapitels – und damit im Zentrum des aus insgesamt neun Kapiteln oder ‚Bildern' bestehenden Bandes – weist der Schriftsteller seine zur Einweihung versammelte Zuhörerschaft auf ein wichtiges Element im Leben des in Greifswald geborenen emblematischen Malers der deutschen Romantik hin:

> Am 8. Dezember 1787 ist in Greifswald ein zwölfjähriger Junge zu Tode gekommen, als er seinen Bruder vor dem Ertrinken retten wollte. Dieser Bruder hieß Caspar David Friedrich. Wenn man sein Leben dem Tode von jemandem verdankt, der einem lieb ist, einem Bruder, der ein Jahr jünger ist, wenn man sein Leben der Aufopferung eines anderen verdankt, wenn das Ältestenrecht mit Todesfolge ausgeübt wird, dann stellen Sie sich vor, was das

> bedeuten kann, aller Tröstungen zum Trotz, denen man sich hingibt, stellen Sie sich vor, was das danach für ein Leben ist, um diese Aufopferung zu rechtfertigen. Ist es in diesem Augenblick gewesen, dass er zu malen begann, oder war es zuvor, hat er auf diese Weise versucht, die Angst, die Verzweiflung zu exorzisieren, hat dieser innere Bruch andere Brüche bestimmt, die Diskontinuität der Familiengeschichte befehligt, die Entscheidung nahegelegt, kein Handwerker zu werden wie sein Vater, seine Zeit nicht in den Seidenwerkstätten oder in Kerzenfabriken zu verbringen wie seine Brüder, sondern sein Leben anders aufzubauen und Künstler zu werden, sein eigenes Atelier zu haben? In jedem Bruch gibt es eine Kontinuität, und es ist faszinierend, an die Kerzenfabrik zu denken – an das handmodellierte Wachs und an die harte Arbeit – und an die Rolle des Lichts in den Gemälden von Caspar Friedrich.[12]

In dieser sorgfältig strukturierten und erneut sehr poetischen Passage wird nicht nur deutlich das Fehlen des Namens David markiert, sondern zugleich auch auf die dauerhafte ‚Abwesenheit' des jüngeren Bruders von Caspar David Friedrich aufmerksam gemacht. Sein jüngerer Bruder Christoffer – dessen gerade in diesem Zusammenhang so bedeutungsschwerer Name von der Erzählerfigur nicht erwähnt wird – musste in der Tat seinen Versuch, den beim Schlittschuhlaufen im Eis eingebrochenen Caspar vor dem Ertrinken zu retten, mit dem eigenen Leben bezahlen: Er ertrank vor den Augen des künftigen Malers. Der Tod war in Caspar David Friedrichs Familie heimisch geworden und hatte längst die Familiengeschichte bestimmt.[13]

In der aktuellen Romantik-Forschung wird gewiss mit guten Gründen darauf hingewiesen, dass der durch die Selbstaufopferung seines Bruders bei dem jungen Caspar David Friedrich wohl ausgelöste „individuelle Hang zur Melancholie" nicht zu trennen ist „von einer unter den Romantikern weit verbreiteten und künstlerisch gepflegten Haltung der Schwermut und Empfindsamkeit".[14] Dies lasse sich als „Reaktion auf das Melancholie-Verbot und den obligatorischen Fortschrittsoptimismus des vorausgegangenen Zeitalters der Aufklärung"[15] begreifen – und für diesen mag in seiner klassizistischen Ausprägung das Werk von Jacques-Louis David wie kein anderes in Europa stehen. Doch ist es durchaus legitim, wenn der Ich-Erzähler an dieser Stelle von Friedrichs Biographie nach den Wurzeln der so spezifischen Kreativität des herausragenden Malers der deutschen Romantik fragt und zugleich auf die Kontinuitäten im Bruch zwi-

---

12 Wajsbrot, Cécile: *Caspar-Friedrich-Strasse*, S. 57.
13 Bereits 1781 war seine Mutter, Sophie Dorothea Friedrich, verstorben, ein Jahr später eine seiner Schwestern; vgl. hierzu Gaßner, Hubertus: Empfindsamkeit: Schillers „Räuber", Landschaftsgarten, Melancholie, Ruinen, Memento mori. In (ders., Hg.): *Caspar David Friedrich: Die Erfindung der Romantik.*, S. 103.
14 Ebda.
15 Ebda. Zur Bedeutung der Melancholie vgl. auch das entsprechende Kapitel im vierten Band der Reihe „Aula" in Ette, Ottmar: *Romantik zwischen zwei Welten*, S. 177 ff.

schen der familiären Tradition eines Handwerkers („artisan") und der Lebensgeschichte eines Künstlers („artiste") – eine terminologische Scheidung, die zum damaligen Zeitpunkt erst wenige Jahrzehnte zuvor begrifflich entstand – aufmerksam macht. Für Caspar David Friedrich jedenfalls war der Weg vom „artisan" zum „artiste" eine fundamentale Veränderung, die sein gesamtes Leben radikal umgestaltete.

Der furchtbare Verlust, die Selbstaufopferung des jüngeren Bruders, wird daher nicht nur als individuelles Trauma in der Lebensgeschichte Caspar David Friedrichs verstanden. Die Erzählerstimme legt durchaus die Deutung nahe, dass es das Ertrinken seines eigenen Retters, seines Christophorus war, was Friedrichs Kreativität mit dem Zeichen des Verlusts und der Melancholie brandmarkte – und auch später auf die Symbolsprache seiner Kunst durchschlug. Die durch die Aussparung im Titel geschaffene Leerstelle eröffnet ihrerseits die Möglichkeit, dies ebenso im Kontext der politischen wie der ästhetischen Entwicklungen mit der Rebellion gegen den Einfluss eines David und damit einer an Macht und Größe, an antiker Plastizität und klassizistischer Proportion ausgerichteten Malerei zu verbinden. Die ‚Unterdrückung' von David hat damit evidente kunsthistorische wie kunstpolitische Motive im Kontext einer Rivalität, die sich zwischen französischer Aufklärung und deutscher Romantik ansiedelt.

Für die Fragestellung unserer Vorlesung aber dürfte es noch entscheidender sein, dass es der Tod eines sich aufopfernden (und damit *zugleich* geopferten) Bruders ist, der hier vom Erzähler als biographischer Schock eines Künstlerlebens identifiziert wird. Denn dieses Künstlerleben des großen deutschen Romantikers ist eines, das sich aus diesem traumatischen Fortleben eines Todes und eines Toten gleichsam speist. Wir finden auf diese Weise eine Engführung von Tod und Leben vor, so dass sich das Leben des Künstlers gleichsam aus dem Tod des Bruders nährt und damit des einen Tod zur Geburt des anderen, zu jenem „Zum-Licht-Kommen" wird, von dem die Erzählerstimme in unserem ersten Zitat spricht.

Dieser Leben hervorbringende Tod erzeugt zugleich eine Schöpferkraft, die sich aus dem Abwesenden, aus dem Toten und doch nicht Toten alimentiert. Damit wird der Tod in einer ebenso paradoxen wie kreativen Konfiguration zum Lebensmittel, das die künstlerische Arbeit intensiviert, ja vielleicht erst als Lebens- und Überlebensform eröffnet. Zugleich stellt der Tod des Anderen dem eigenen Leben und Überleben immer wieder die Sinnfrage, die Frage nach Bedeutung und Sinnhaftigkeit eines Lebens, das sich der Opferung des Anderen verdankt: „devoir la vie au sacrifice d'un autre" – das ist die Macht, der sich die Kunst Friedrichs gemäß dieser Deutung verdankt.

In einem fundamentalen Sinne ist diese Deutung des Todes, der das Leben ist, christlich geprägt, ist das Kreuz doch Symbol eines Todes, der das Leben schenkt. Aber entsteht daraus auch Kunst, selbst wenn diese Kunst im Zeichen des Lichts der Kerzen steht? Gewiss führt diese Konfiguration, die in einem tiefen Sinne *trostlos* ist, weil sie die Aufopferung des Anderen nur mit einem sich ständig für den abwesenden (und gerade dadurch umso präsenteren) Toten aufopfernden Leben – das doch nur immer Aufschub des Todes ist – ‚begleichen' kann, nicht notwendig zur künstlerischen Kreativität.

Dies macht auf einer anderen diegetischen Ebene die vermeintlich große, aber unerfüllt gebliebene Liebe des Ich-Erzählers deutlich. Nicht zufällig lernte er die junge Frau auf einem Friedhof kennen, wo sie – auf immer untröstlich – am Grabe ihrer Schwester trauerte, die bei einem Autounfall ums Leben kam. Die zwei Jahre jüngere Schwester hatte vorne im Wagen gesessen und war ums Leben gekommen, während die „survivante"[16] im Fonds des Wagens mit einigen Brüchen davongekommen war. Diese „Überlebende" aber sollte sich vom Schock eines solchen Verlusts niemals befreien. Denn er bildet eine tiefe Erschütterung, von dem sich die Unschuldig-Schuldige niemals mehr erholt – und ohne dass ihr durch diesen Verlust unerwartete Kreativkräfte zuwüchsen.

Die Überlebende hält sich für mitschuldig am Tode ihrer Schwester. So hatte der Körper der jüngeren den der älteren Schwester geschützt, hatte sich gleichsam für die Überlebende aufgeopfert und sein Leben hingegeben. Der Ich-Erzähler spürt, dass er diese Überlebende niemals wird trösten können: „Je disais ce qu'on dit dans ces cas-là, sans grande conviction"[17] – das Ich sagt, was man in solchen Fällen zu sagen pflegt, ohne große Überzeugung. Doch der Ich-Erzähler sucht die Nähe des Mädchens, die Präsenz ihrer Stimme, die er rasch wieder verlieren wird, da sein kurzer Besuch im Westteil Berlins zu Ende geht: „Damit ich weitersprechen könnte, damit sie nicht aufbräche, damit sie bei mir bleibt, damit ich sie anschauen und ihre Stimme hören kann."[18]

Diese ebenso behutsam wie präzise gestaltete Szene findet sich am Ende jenes fünften und zentralen Kapitels und damit in eben jenem Teil des Romans, an dessen Beginn die Selbstaufopferung von Caspar David Friedrichs Bruder platziert worden war. Es handelt sich um eine analoge Figuration, die freilich in inverser Darstellung modelliert wurde: ein „chassé-croisé" der Überlebenden und ihrer Toten. Hier stehen sich zwar zwei durchaus vergleichbar tragische Ereignisse gegenüber, bei denen das jeweils jüngere Geschwisterkind zu

---

16 Wajsbrot, Cécile: *Caspar Friedrich Strasse*, S. 65.
17 Ebda.
18 Ebda.: „pour continuer de parler, pour qu'elle ne parte pas, qu'elle reste avec moi, pour que je puisse la regarder et entendre sa voix."

Tode kommt. Doch geht es in der „réconfiguration" nicht um Lebenserfahrungen des 18., sondern um Modellierungen literarischer Figuren im 20. Jahrhundert und nicht um ein Brüder-, sondern um ein Schwesterpaar. Vor allem aber wird die überlebende Schwester – anders als der überlebende Bruder – nicht zu einer Künstlerfigur, sondern bleibt in einem offenkundig nicht-künstlerischen Beruf: Sie unterrichtet und gibt Seminare in Hamburg und später wieder in Berlin.[19]

Als sich der Ich-Erzähler und seine große Liebe, die über lange Jahre eine Art Brieffreundschaft aufrecht erhielten, nach dem Fall der Berliner Mauer und damit nach dem Ende der deutschen Teilung endlich wiedersehen, fällt es beiden schwer, wieder miteinander ins Gespräch zu kommen. Auf seine Frage, wie sie denn lebe („Comment vivez-vous? osai-je lui demander."[20]), findet sie nur eine knappe Antwort: „Mal."[21] Denn es ist ein Leben im Schatten des Todes. Ein ganzes Leben wird so in einer einzigen Silbe zusammengepresst: „Sa réponse tombait comme une pierre au fond d'un lac, lourde et déterminée."[22] Es ist eine Antwort, die wie ein schwerer Stein tief in einen See fällt.

Wieder breitet sich – wie wir in ähnlichen Fällen bereits sahen – melancholische Sprachlosigkeit aus. Kein Anstoß, auch nicht die (imaginierte) Liebe des Erzählers, scheint aus dieser Versteinerung, aus diesem unter Wasser abtauchenden Stein-geworden-Sein herausführen zu können. Auch in einem späteren Treffen gelingt es dem Ich-Erzähler nicht mehr, seine (vielleicht nur vermeintliche) Liebe zu der gerade durch ihre vorherige Abwesenheit allgegenwärtigen Frau in eine Liebesbeziehung zu übersetzen, die auf Grund des Falls der trennenden Berliner Mauer plötzlich möglich scheint. Das Leben – und mehr noch das Lieben – im Zeichen des Todes fällt schwer! Denn die vorherige Abwesenheit der Liebenden hat jene Leerstelle geschaffen, in die das Phantasma der Liebe Einzug halten und jene Allgegenwart der geliebten Frau modellieren konnte, die in solcher Stärke durch keine reale Präsenz, durch keine tatsächliche Gegenwart erreicht werden könnte.

Doch die zentrale Aufgabe des Ich-Erzählers ist es, aus Anlass der Benennung einer Straße nach dem großen Maler der deutschen Romantik eine Ansprache zu halten. Diese Ansprache der namentlich nicht benannten Ich-Erzählerfigur aus Anlass der Einweihung der „Caspar-David-Friedrich-Strasse" trägt die Spuren der Mündlichkeit – gewiss einer fingierten Mündlichkeit – und einer direkten Anrede der Zuhörer, die sich zu diesem Ereignis versammelt haben. Allerdings ist dieser mündliche „discours" zugleich ein schriftlicher *Parcours*. Denn die neun römisch durchnummerierten Kapitel, in die sich der gesamte Prosaband gliedert, tra-

---

19 Ebda., S. 77.
20 Ebda., S. 78.
21 Ebda.
22 Ebda.

gen als Überschriften die Titel berühmter Gemälde Caspar David Friedrichs, so dass gleichsam ein literarischer Gang durch die *Bilder einer Ausstellung* entsteht. Ich hatte das Glück, Cécile Wajsbrot bei einer Lesung im Neuen Museum auf der Berliner Museumsinsel inmitten der Gemälde Caspar David Friedrichs zu erleben, ein literarisch-künstlerisches Ereignis, das – wie es schon das erste Zitat aus *Caspar-Friedrich-Strasse* vermuten lässt – überaus beeindruckend war, stellte sich doch augenblicklich ein intensives poetisches Verhältnis zwischen der Malerei des Romantikers und der Stimme wie den Texten der französischen Autorin ein.

Auch wenn die musikalischen Elemente dieses Bandes – wie in allen Texten Cécile Wajsbrots – gewiss nicht zu überhören sind, da die klanglich-rhythmischen Strukturierungen alle literarischen ‚Bilder' prägen, sollen im Rahmen unserer Vorlesung doch innerhalb der synästhetischen Relationen auf der inter- und transmedialen Ebene die *ikonotextuellen* Beziehungen stärker ins Blickfeld genommen werden. Doch geschieht dies stets im Horizont von Fragen, welche Leben und Sterben betreffen.

In der Tat spielen die Beziehungen zwischen Friedrichs Gemälden und den Texten Cécile Wajsbrots eine entscheidende Rolle für das Verständnis des Bandes. Wie stark diese die Medien von Bild und Text querende transmediale Verklammerung ist und wie sehr diese auch von der Autorin selbst bewusst gewichtet wird, zeigte die bereits erwähnte und kurz nach dem Erscheinen des Bandes veranstaltete öffentliche Lesung von *Caspar-Friedrich-Strasse* in der Alten Nationalgalerie zu Berlin im März 2003, bei der die Zuhörer zugleich zu Zuschauern wurden, fand die Lesung doch inmitten der vom Text explizit erwähnten Werke des Malers aus Greifswald statt. Die gleichfalls erwähnte Tatsache, dass die weit überwiegende Zahl der explizit genannten Gemälde Caspar David Friedrichs der Sammlung der Nationalgalerie Berlin entstammt,[23] wird innerhalb der Diegese des Erzähltexts durch die Herkunft der Erzählerfigur aus Berlin und einem Besuch dieser Figur im Museum motiviert. So ergibt sich leicht die offene Strukturierung eines Gangs durch die Ausstellung im Sinne eines Parcours, der freilich weder einer festen chronologischen, räumlichen oder thematischen Anordnung gehorcht noch die Möglichkeiten verletzt, wie beim Besuch einer Ausstellung kurz einmal zurückzugehen und ein Bild nochmals zu betrachten.

Damit ist der Text in seinem Grundaufbau unverkennbar einer Wege- und Bewegungsmetaphorik zugeordnet, die ja im Titel selbst schon anhand der „Strasse" deutlich markiert ist. Die Wahrnehmungen erfolgen aus einer mobilen,

---

23 Vgl. etwa den Katalog *Caspar David Friedrich. Das Werk aus der Nationalgalerie Berlin Staatliche Museen Preußischer Kulturbesitz*. Ausstellung in der Staatsgalerie Stuttgart 4. April – 26. Mai 1985. Berlin: Frölich & Kaufmann 1985.

sich hin- und herbewegenden Perspektive. Dabei ist es wie beim Gang durch die Bilder einer Ausstellung möglich, den Parcours zu verändern, zwischen verschiedenen Bildern zu pendeln oder andere, alternative Bewegungsfiguren und Choreographien auszuführen. Es geht nicht um einen zielgerichteten, von Zahlen, Fakten und dem „sens commun" geleiteten Rundgang, wie ihn gleich zu Beginn des Textes behänden Schrittes ein Touristenführer mit seiner Gruppe absolviert und professionell ‚abspult', sondern vielmehr um jederzeit offene Bewegungen.

Ich möchte daher den hier vorgeschlagenen Parcours durch die ikonotextuellen Beziehungen auch nicht mit dem ersten Bild, den *Ruines du monastère Eldena près de Greifswald* – also der 1824/1825 geschaffenen Vision der *Klosterruine Eldena bei Greifswald* – beginnen (Abb. 38), sondern als Ausgangspunkt das fünfte Bild wählen, das numerisch – wie wir sahen – eine Zentralstellung einnimmt. Dieses fünfte Kapitel trägt den Titel *La côte de la mer au clair de lune* und bezieht sich auf Friedrichs um 1830 entstandenes Gemälde *Meeresküste bei Mondschein*, das seinerseits auf die mit *Saßnitz* beschriftete Studie aus dem Jahre 1826 zurückgeht (Abb. 36).[24]

Das Gemälde entfaltet eine Geschichte *nach* dem eigentlichen Ereignis. Seine visionäre Kraft entsteht aus einer Spannung, die sich bereits zuvor in einem Unwetter entladen und zwei Schiffbrüchige mit ihrem Segelschiff an Land gespült hat. Der Mast des Schiffs quert die horizontale Trennlinie zwischen den Elementen, bildet eine gleichsam transzendente Verbindung zwischen Himmel, Meer und Erde, die durch das vierte Element, das Feuer, das die beiden Überlebenden entfacht haben, komplettiert wird. Caspar David Friedrichs Malerei zielt stets auf das Kosmische der Schöpfung ab – als Ordnung und Schönheit, als das Allumfassende in jedem Schöpfungsakt. Diese kosmische Dimension ist auch im literarischen Text enthalten.

Die ikonisch evozierte Szenerie ist an der Ostsee, offenkundig vor Rügen und damit unweit von Friedrichs unmittelbarer Heimat angesiedelt, wobei das so oft gedeutete Gemälde nun gleichsam von Cécile Wajsbrots Text semantisch aufgeladen, umkodiert und in das Spiel der Erzählung selbst miteinbezogen wird. Denn wie sollte man diese Darstellung, das Schiff mit seinen beiden winzigen Gestalten in einer von der Natur beherrschten Welt mit ihren düsteren Farben, nicht auf die das Kapitel eröffnende Szene des ertrinkenden Bruders beziehen? Das Gemälde erscheint wie eine Antwort auf diese textuelle Konfiguration, haben sich hier doch zwei Männer – und damit beide – gerettet und ein Feuer entfacht, das gleichsam dem über den Wolken sich abzeichnenden Schimmer des Mondes antwortet. Die Transzendenz einer kosmischen Ordnung scheint gewahrt.

---

24 Ebda., S. 48. Vgl. zu diesem Themenkreis: Kulturstiftung der Länder / Hamburger Kunsthalle (Hg.): *Caspar David Friedrich: Meeresufer im Mondschein*. Berlin: Kulturstiftung 1992.

Abb. 36: Caspar David Friedrich (1774–1840): Meeresküste bei Mondschein, ca. 1830.

Der Wajsbrot'sche Schrifttext erzeugt auf diese Weise eine Rekodierung und Resemantisierung, welche die tödlichen Unfälle des Brüder- wie des Schwesternpaares einbeziehen und weder das Bild auf die Funktion einer Illustration des Textes noch den Text auf die Funktion einer Illustration des Bildes reduzieren. Die eingeführten historischen wie erfundenen Biographeme kreuzen die geometrische Anlage des Gemäldes und lassen den *Schiffbruch mit Zuschauer*[25] in seiner ganzen philosophischen Dimension einer Selbstreflexion der Kunst wie des Lebens erscheinen. Leben und Tod, Ertrinken und Überleben sind gleichsam hautnah aufeinander bezogen.

Bevor wir diesen Aspekt im folgenden Abschnitt weiterentwickeln, sollten wir uns jedoch eine nur auf den ersten Blick allzu evidente Tatsache vor Augen halten: Cécile Wajsbrots Text ist nicht ‚illustriert', verzichtet bewusst auf jegliche

---

[25] Vgl. hierzu Blumenberg, Hans: *Schiffbruch mit Zuschauer. Paradigma einer Daseinsmetapher.* Frankfurt am Main: Suhrkamp 1979. Zum Thema des Schiffbruchs bei Friedrich vgl. Zschoche, Herrmann: *Caspar David Friedrich auf Rügen.* Amsterdam – Dresden: Verlag der Kunst 1998, S. 136–140.

Reproduktion der Gemälde Caspar David Friedrichs. Selbst die Umschlaggestaltung (Abb. 31) ‚zitiert' Friedrich nicht, sondern greift auf ein 1996 entstandenes Gemälde von Raúl Agrán mit dem an Goya gemahnenden Titel *Del dicho al hecho* zurück. Und doch ist auch auf dieser Ebene Abwesenheit nur ein anderes Wort für Allgegenwart: Absenz meint Omnipräsenz.

Denn unmittelbar nach der obigen Szene des gescheiterten Wiedersehens wird im siebten Kapitel Friedrichs *Abtei im Eichenwald* (Abb. 37) eingeblendet – das in den Jahren 1809/1810 entstandene Gemälde bildet gemeinsam mit *Der Mönch am Meer* eines der berühmten Bilderpaare Caspar David Friedrichs.[26] Der Zug von Mönchen, die auf dem verschneiten Friedhof – eines der Lieblingsmotive Friedrichs[27] – wohl einen verstorbenen Bruder zu Grabe tragen, zeichnet sich kaum ab im Licht der untergehenden Wintersonne, „dans la lumière d'hiver crépusculaire";[28] und die Mauer der ehemaligen Abtei, die Friedrich in diesen Eichenwald frei hineinkomponierte, wird plötzlich in einen direkten Bezug zur „einsamen Mauer" des Anhalter-Bahnhofs[29] gestellt.

Friedrichs Gemälde verdoppeln sich und treten in einen Dialog mit der literarischen Kunst der französischen Schriftstellerin. Es ist offenkundig: Die Bilder überlagern und durchdringen einander, obwohl – oder gerade weil – es in Cécile Wajsbrots Band keine materielle Kopräsenz von Text und Bild gibt. Die materielle Abwesenheit der Bilder ist die vielleicht wichtigste konstruktive Voraussetzung dafür, dass die stets gegebene Versuchung illustrativer Rückbindung an die Gemälde der Romantik gekappt beziehungsweise weitestgehend reduziert und gleichsam eine Allgegenwart der Bilder suggeriert wird. Dies stellt sicher, dass die von Friedrich geschaffenen Bildwelten nicht im 19. Jahrhundert verankert bleiben, sondern gleichsam transhistorisch auf die neuen geschichtlichen, gesellschaftlichen und politischen Entwicklungen am Übergang zum 21. Jahrhundert projiziert und übertragen werden können. Die Abwesenheit der Bilder und ‚Illustrationen' erlaubt ein freies transmediales Flottieren, in dem sich die ikonischen

---

26 Zu diesen Bildpaaren vgl. ausführlich Busch, Werner: *Friedrichs Bildverständnis.* In: Gaßner, Hubertus (Hg.): *Caspar David Friedrich: Die Erfindung der Romantik*, S. 32–47. Zur Bedeutung der Winterlandschaften im Gesamtwerk vgl. Friedrich, Caspar David: *Winterlandschaften.* Herausgegeben von Kurt Wettengl. Dortmund: Edition Braus o.J.
27 Vgl. zur Bedeutung der Friedhöfe in seinem Schaffen insbes. Kluge, Hans Joachim: *Caspar David Friedrich. Entwürfe für Grabmäler und Denkmäler.* Berlin: Deutscher Verein für Kunstwissenschaft 1993.
28 Wajsbrot, Cécile: *Caspar-Friedrich-Strasse*, S. 86.
29 Ebda.

Abb. 37: Caspar David Friedrich (1774–1840): Abtei im Eichenwald, zwischen 1809 und 1910.

wie die literarischen Bildersprachen wechselseitig potenzieren. Die aktive und kreative Rolle der Leserschaft ist vorprogrammiert.

Bestimmte Bildelemente kehren ikonisch wie textuell immer wieder. Bereits auf den ersten Zeilen des ersten Bildes (oder Kapitels) von Cécile Wajsbrots *Caspar-Friedrich-Strasse* lässt sich die Dominanz einer von Ruinen beherrschten Landschaft erkennen. So lautet der erste Abschnitt dieses gelungenen „récit":

> Die Ruinen sind überall um uns herum, wenn man sie nur sehen will, gewiss, ihr Schicksal ist es, unter den Konstruktionen und Rekonstruktionen zu verschwinden, haben wir es doch gelernt, zu schminken und zu maskieren, die Zukunft ausgehend von dem, was existiert, zu modellieren, und wenn sich unsere entwurzelten Glastürme zum Künftigen hochrecken, wobei sie glauben, sich zum Himmel zu erheben, dann werden jene, die uns nachfolgen, darin die Spur einer Vergangenheit lesen. Die Plätze, die Arterien, die wir schaffen, die Stadt, auf die wir uns zubewegen, ist die Kopie unserer alten Stadt, anstatt in die Zukunft zu sehen, wenden wir uns der Vergangenheit zu, wobei wir die Klammern verflossener Dekaden schließen, um den Lauf wieder aufzunehmen.[30]

Jenseits einer illustrativen, aber auch jenseits einer nur intermedialen Dimension, bei der sich wie in einem Dialog Text-Bild und Bild-Text wechselseitig beleuchten, ohne sich zu durchdringen, entsteht eine Bilderwelt, die von der

---

30 Ebda., S. 9.

Allgegenwart von Ruinen geprägt ist – gerade auch dann, wenn sie unter den Türmen aus Glas nicht sichtbar zu sein scheint. Hatten sich nicht die stolzen Glastürme der neuen Nationalbibliothek Frankreichs just an jene Stelle gesetzt, von der aus die Züge der ihrer ganzen Habe entkleideten Juden nur einige Dekaden zuvor in die Konzentrations- und Vernichtungslager nach Polen abgefahren waren? Hatten sich nicht gerade dort die Türme des Wissens in die Höhe geschraubt, wo kurz zuvor noch die Ruinen vergangener Katastrophen sichtbar waren?

Diese gleichsam anagrammatische, die Stadt unter der Stadt herauspräparierende Strukturierung, bei der Friedrichs komplexe, aus Versatzstücken unterschiedlichster Provenienz und unterschiedlichen Alters zusammengestellte Vision der *Klosterruine Eldena bei Greifswald* als Titelgebung des Auftaktkapitels ins Incipit eingreift, führt programmatisch die Stoßrichtung des gesamten Textes und dessen Funktionsweise vor. Denn so, wie Friedrich selbst auf die Fragmente von Ruinen unterschiedlichster Räume und Zeiten zurückgriff, um heteroklite Ruinenlandschaften zu schaffen, die weit über die topische Veranschaulichung der Vergänglichkeit alles Menschlichen hinausreichen, konstruiert der Text im Diskurs der Erzählerstimme eine Vision, die die Allgegenwart der Ruinen in einem Berlin des Bau-Booms gerade aus deren scheinbarer Abwesenheit bezieht. So werden in diesem Falle die Ruinen eines 1199 gegründeten und bereits seit dem 17. Jahrhundert verfallenden Zisterzienserklosters[31] mit der Ruine der Berliner Mauer,[32] den Ruinen des Berlin der zwanziger Jahre, im Bombenhagel des Zweiten Weltkriegs und jenem Berlin des sozialistischen Wiederaufbaus in der Deutschen Demokratischen Republik miteinander verschrankt, ohne doch miteinander zu verschmelzen. Wir leben inmitten von Ruinen, die sich unter und hinter den glänzenden Fassaden unserer Neubauten verbergen.

Was für die Städte gilt, gilt auch für ihre Bewohner – und damit auch für die Protagonisten dieses Erzähltexts. Überall sind unter ihren Bauten, unter ihren Konstruktionen die Ruinen spürbar, die „ruines de nos vies",[33] sind die Ruinen unseres vergangenen Lebens im gegenwärtigen noch immer zu fühlen. Doch wie der Titel von Caspar David Friedrichs *Meeresküste bei Mondschein* die Anwesenheit des Schiffswracks übergeht, das doch im Zentrum der romantischen Bildkomposition steht, so garantiert auch bei den Figuren dieses „récit" die Abwesenheit von Wracks, die auf den ersten Blick sichtbar wären, die Präsenz des „naufrage": Schiffbruch überall!

---

31 Wajsbrot, Cécile: *Caspar David Friedrich*, S. 40.
32 Ebda., S. 13.
33 Ebda.

Um unser gegenwärtiges Leben zu verstehen, müssen wir die Ruinen der Vergangenheit in ihrer Gegenwart in uns spüren. Auf den ersten Blick führt die namenlos bleibende Protagonistin ein geregeltes Leben, geht einem ordentlichen Beruf nach, pflegt ihre zwischenmenschlichen Beziehungen. Und doch wird dem Lesepublikum bald schon klar, dass diese Frau eine bloße Überlebende ist. Denn ihr Leben steht im Zeichen der allgegenwärtigen Abwesenheit der toten Schwester. Absenz ist allgegenwärtige Präsenz.

Die Briefe, die sie mit dem Ich-Erzähler austauschte, bilden ebenso wenig die Grundlage für ein gemeinsames erfülltes Leben wie der eigene Gedichtband, den der Ich-Erzähler ihr voller Erwartung zukommen lässt. Ihre Antwort auf alle zum Ausdruck gebrachten Hoffnungen des Protagonisten ist eindeutig:

> Sie wissen nicht zu leben, sagte sie.
> Sie sprach damit meine Verurteilung aus, einen Richterspruch ohne Berufung. Was wollen Sie da antworten? Fängt man erst damit an, sich zu rechtfertigen, dann wird man gegenüber allem vorsichtig. Ich wusste, was ich geschrieben hatte, ich wusste, was ich empfand.
> Und ich war es, der ging, wortlos und ohne mich noch umzudrehen.[34]

Auch in dieser Szene wohnen wir einem Schiffbruch mit Zuschauer bei, der freilich – anders als bei Caspar David Friedrich – weder konstruktiv in die Kunst noch ins Leben übersetzbar ist. Wie die Protagonistin ihrem eigenen Leben das Urteil sprach, so lässt sie auch gegenüber dem Ich-Erzähler keine Gnade walten. Denn ihr Urteil, er wisse nicht zu leben, gibt einem möglichen Widerspruch, einer möglichen Berufung keinerlei Raum.

Es ist der Vorwurf nicht nur eines fehlenden Savoir-vivre, sondern eines fehlenden Lebenswissens, das sich nicht mit dem Verweis auf die Geschichte zu entschuldigen und zu rechtfertigen vermag. Längst ist die Berliner Mauer keine unüberwindliche, das ‚Paar' trennende Grenze mehr. Während er mit einer Frau verheiratet ist (und Kinder hat), die er nicht liebt, ist der Begleiter der Protagonistin ein Mann, der für sie offenkundig nur interessant ist, weil er über Geld verfügt. Beide trennt und verbindet zugleich ihre gemeinsame Unfähigkeit, ein Überlebt-Haben, das allein der Vergangenheit verpflichtet ist, in ein der Zukunft zugewandtes Lebenswissen und Zusammenlebenswissen zu verwandeln.

Beide Partner vermögen es nicht, sich aufeinander einzulassen und aus ihren bisherigen Beziehungen auszubrechen. Die Abwesenheit dieser Art von Lebenswissen, das man auch als ein Wissen von der Liebe ansehen muss, ist allgegenwärtig: Beide können sich nicht auf ihre Liebe einlassen und scheitern an der unsichtbaren Mauer, die sie trennt. Zumindest für die Protagonistin ist letztlich auch die Kunst – anders als für Friedrich – nicht zu einem neuen Le-

---

34 Ebda., S. 86.

bensweg geworden, der aus der Trostlosigkeit des vergangenen Unglücks noch hätte herausführen können. Der Vorwurf an die Adresse des Ich-Erzählers, über kein Lebenswissen zu verfügen, fällt auch auf die „survivante" und Liebende selbst zurück. Sie vermag es nicht, über den Schatten des Todes ihrer Schwester zu springen und ein Leben im vollen Sinne zu führen, das mehr wäre als bloßes Überleben.

Doch der Tod hält auch in einem kollektiven Sinne – und im Sinne eines *kollektiven Gedächtnisses*, im Sinne von Maurice Halbwachs – Vergangenheiten bereit, die für die Nachgeborenen ein Leben in vollem Sinne verhindern. Für die nach der Machtergreifung der Nationalsozialisten, nach der Shoah, nach dem Ende des Zweiten Weltkriegs Geborenen ergibt sich das existenzielle Problem, mit einer Vergangenheit leben zu müssen, die biographisch gesehen nicht die ihre ist und doch nicht von ihnen abgetrennt werden kann. Denn auch sie leben inmitten dieser Ruinen, die überall an frühere Katastrophen erinnern.

Der Ich-Erzähler reflektiert diese Problematik intensiv. Es ist nicht so sehr eine Arbeit am Mythos,[35] sondern weit mehr eine Arbeit an der Erinnerung der Anderen, die zur anderen eigenen Erinnerung geworden ist, welche im Verlauf der letzten Jahrzehnte für diese Generation – glauben wir der Erzählerfigur des ostdeutschen Schriftstellers – zur entscheidenden Schicksals- und Lebensfrage wurde. Denn: „notre destin est de nous souvenir, même de ce que nous n'avons pas connu."[36] Es ist die Erinnerung an das, was man selbst nicht erlebt und gelebt hat. Wie aber mit dieser Erinnerung der Anderen, mit dieser Erinnerung an frühere Katastrophen, inmitten all der Ruinen aus der Vergangenheit in der Gegenwart umgehen?

Daher bildet weniger die Geschichte als die Erinnerung einen zentralen Bezugspunkt für eine Generation, die sich – ein in den Texten Cécile Wajsbrots häufig wiederkehrendes Motiv – darum bemüht, Eurydike zum Licht, zum Leben zurückzuführen:

> Wir sind Orpheus, und niemals werden wir Eurydike treffen, wir wissen dies seit ewigen Zeiten, gleichwohl werden wir nicht damit aufhören, in die Unterwelt abzusteigen, ja, wir steigen hinab, unsere Straße ist ein Weg, der unter die Erde führt, unser Parcours ein vergeblicher Versuch, zum Licht zurückzukehren, wie sollen wir es anstellen, um unsere Gegenwart zu leben, wenn es doch ihre Vergangenheit gab, wie weitermachen nach einem Bruch, von dem man sagt, dass er nicht in die Geschichte integriert werden kann, von dem man sagt, dass er die schreckliche und unbenennbare Ausnahme bildet, welche gleichwohl einen Namen trägt – und bezüglich dessen wir keine andere Wahl haben als ihn zu integrieren, wir, die wir danach kommen, wenn wir doch leben wollen?[37]

---

35 Vgl. Blumenberg, Hans: *Arbeit am Mythos*. Frankfurt am Main: Suhrkamp ⁴1986.
36 Wajsbrot, Cécile: *Caspar-Friedrich-Strasse*, S. 11.
37 Ebda., S. 28.

Orpheus erscheint in dieser ausweglosen Passage geradezu im Bewegungsmuster des Sisyphos. Gibt es einen Ausweg aus diesem unlösbaren Dilemma, die unsagbaren Nazi-Verbrechen doch irgendwie in unser Leben zu integrieren, auch wenn wir daran in keiner Weise schuldig sind? Dies sind Fragen und Herausforderungen, auf welche meine Generation – die die Generation der französischen Autorin ist – dringlich Antworten finden musste, wurde man doch bei internationalen Begegnungen sehr häufig auf diese Taten der Deutschen, auf Konzentrations- und Vernichtungslager angesprochen und musste damit in irgendeiner Weise umgehen.

Jenseits dieser für Cécile Wajsbrots Schreibweise charakteristischen Bearbeitung antiker Mythen – hier des Mythos von Orpheus und Eurydike in der Unterwelt – ist für unsere Fragestellung etwas anderes entscheidend: Denn der für den gesamten Band wohl zentrale Begriff ist zweifellos – schon die vorausgehenden Zitate machten darauf aufmerksam – der des Lebens. Es geht, wie im Verlauf des Textes immer wieder betont wird, in ganz grundlegender Weise letztlich darum, den oder das zu verstehen, was uns *in uns* beim Leben zugleich hilft und behindert: „quelqu'un ou quelque chose en nous qui, à la fois, nous aide et nous empêche de vivre."[38] Das „Vous ne savez pas vivre" der Protagonistin hallt nach. Es geht darum, ein Wissen vom Leben zu erwerben, das hilft, mit dem Leben auf positive Weise umzugehen, sein eigenes Leben leben zu können.

Das Leben – und nicht die Geschichte – wird programmatisch zum Maßstab und Bezugspunkt erklärt: Dies ist das Reich der Literaturen der Welt, deren Lebenswissen die Jahrhunderte, die Kulturen, die Sprachen und die Gesellschaften quert. Die Mauer der deutschen Teilung, so der Ich-Erzähler, habe man für ewig gehalten, und doch habe sie nur 28 Jahre gestanden: „à l'échelle de l'histoire, ce n'est pas grand-chose même si, à l'échelle d'une vie, c'est beaucoup."[39] Gewiss, in der Größenordnung geschichtlicher Zeiträume erscheinen diese achtundzwanzig Jahre als nichts; bezüglich eines individuellen Menschenlebens aber kann dies sehr viel sein. So werden im Zeichen von Friedrichs Klosterruine von Eldena daher mit Recht die „ruines de nos vies"[40] evoziert: jene Ruinen, welche eine zerstörerische und menschenverachtende Geschichte in den Lebensgeschichten einer nachfolgenden Generation hinterlassen hat. Es ist unumgänglich, sich in diesen Ruinen häuslich einzurichten, diese Ruinen mithin zu bewohnen und zur Heimat zu erklären.

---

38 Ebda., S. 88.
39 Ebda., S. 13.
40 Ebda.

Immer wieder prallen in diesem poetischen Erzähltext die so unterschiedlichen Perspektiven von Geschichte und Leben aufeinander. Vergleicht der Ich-Erzähler sein eigenes lyrisches Schaffen mit dem großer russischer Dichter, die Krieg und Verfolgung, Deportation und Exil erdulden mussten, so fühlt er in sich nicht dieselbe Kraft und Gewalt, sei sein Leben doch leichter gewesen: „parce que ma vie était plus facile, que les grands courants de l'histoire ne m'avaient pas autant ballotté."[41] Geschichte erreicht das Schreiben in der Vermittlung über das Leben, so dass die doppelte Logik einer *Lebens*Geschichte entsteht, für welche die große Geschichte nicht der alleinige Maßstab sein kann. Die Allmacht der Geschichte lässt sich nicht als Maßstab auf die Geschichte eines individuellen Lebens herunterbrechen, eine Tatsache, der sich die Literaturen der Welt in ihrem Lebens-, Erlebens-, Überlebens- und Zusammenlebenswissen höchst bewusst sind.

Abb. 38: Caspar David Friedrich (1774–1840): Klosterruine Eldena bei Greifswald. Öl auf Leinwand, ca. 1825.

---

41 Ebda., S. 48.

Zwar erscheint es als durchaus möglich, vermittels der Lektüre – also intertextuell – an der literarisierten Lebenserfahrung großer Autorinnen und Autoren teilzuhaben und deren Werk der Menschlichkeit („leur humanité")[42] fortzusetzen. Man kann durch Lektüre zweifellos aus diesen großen Texten für das eigene Leben lernen. Doch entscheidend ist dabei die Tatsache, dass Literatur *vom Leben her* andere Verständnismuster (und Bewegungsmuster) entwirft, als dies vom Standpunkt einer abstrakten Geschichte aus möglich wäre. Der Maßstab ist folglich das je eigene Leben, dessen Geschichte niemals in der ‚großen' Geschichte aufgeht. Literatur, so ließe sich sagen, ist jener Diskurs, der Geschichte aus der Perspektive des Lebens und konkreter Lebensprozesse aus wahrnimmt und re-präsentiert; vor allem aber ist Literatur ein diskursiver Kosmos, der Geschichte in Leben übersetzt und die einander oft widersprechenden Blickwinkel verschiedenartigster Lebensgeschichten inszeniert. Dieses Lebenswissen ist viellogisch, weil auch unser Leben selbst viellogisch ist. In diesem Sinne ist Literatur ein sich ständig verändernder und zugleich interaktiver, veränderbarer Speicher von Lebenswissen, in welchem das Leben niemals auf *einen* Punkt gebracht werden kann.

Die Zeit scheint für die Generation *nach* der Shoah, für die Generation, die im Zeichen der allgegenwärtigen Abwesenheit Davids, der Absenz großer Teile des Judentums in Europa lebt, still zu stehen und eine gefrorene, versteinerte Zeit zu sein. Erst wenn es möglich ist, sie wieder in Bewegung zu setzen, sich nicht an einer einzigen Vergangenheit der Anderen, sondern zugleich viellogisch auch an anderen und vor allem weiteren Vergangenheiten auszurichten, werde man – so der Ich-Erzähler im abschließenden Kapitel – wieder die Fähigkeit entfalten, „[être] à nouveau vivants, et vivre ainsi la vie que nous avons désormais le droit de vivre".[43] Denn nur auf diese Weise werden wir wieder lebendig und können unser Recht, *nach* der Shoah zu leben, im vollumfänglichsten Sinne leben. Dabei ist die Abwesenheit Davids die Allgegenwart einer vermissten Präsenz.

Die im gesamten Text beobachtbare hohe Frequenz und Insistenz einer Lebensbegrifflichkeit macht deutlich, in welch starkem Maße in den Worten des Schriftstellers die *vitale* Dimension von Literatur immer wieder neu überdacht, immer wieder neu als Lebenswissen perspektiviert wird und werden muss. Zugleich wird unübersehbar (und vielleicht auch warnend) hervorgehoben, dass ein Wissen vom Leben und über das Leben nicht gleichbedeutend ist mit einem Wissen *im* Leben, einem Wissen als konkrete Lebenspraxis und – vielleicht mehr noch – als ein dem Anderen gegenüber offenes und dynamisches Zusam-

---

42 Ebda.
43 Ebda., S. 111.

menlebenswissen. Das Scheitern der Liebesbeziehung des Ich-Erzählers bietet hierfür ein beredtes Beispiel.

Die Präsenz, ja Allgegenwart einer abwesenden Vergangenheit entfaltet im Diskurs, in der Ansprache des ostdeutschen Dichters eine Dichte, die am Ende gleichwohl nicht die Versteinerung, die „pétrification"[44] fortschreibt, in der alle, von der Vergangenheit traumatisiert, gefangen blieben. Vielmehr öffnet sich schließlich der Blick auf neue und zugleich ihrer ‚Andervergangenheit' bewusste Lebensräume, wie sie durch die Einweihung einer Caspar-David-Friedrich-Strasse als Möglichkeit, einen anderen Lebensweg zu eröffnen, in Szene gesetzt werden.

Um eine Geschichte erzählen zu können, dies ist in den Literaturen der Welt die Lehre der Scheherazade, muss man sie erst einmal überlebt haben. Weder die Schwester der Protagonistin noch der Bruder Caspar David Friedrichs konnten *ihre* Version der Geschichte, ihre eigene Lebensgeschichte erzählen. Überlebenswissen ist daher in starkem Maße an ein narratives Wissen gebunden, das ebenso die Traumata wie die Phantasmen mit ihren ‚harten' Erzählkernen zu entfalten sucht. Durch das Erzählen gerät die versteinerte Vergangenheit wieder in Fluss.

Ein narratives Wissen kann als Lebenswissen auch *lebbar* sein. Dass man einen Roman nicht nur nacherleben, sondern auch leben kann, ist nicht erst seit Miguel de Cervantes' *Don Quijote* bekannt und im vergangenen 20. Jahrhundert, im Zeichen nochmals verstärkter intertextueller (Selbst-) Referentialität, geradezu zu einem literarischen Topos geworden. „On peut vivre un roman" – aber kann man auch *Bilder* leben?

Cécile Wajsbrots *Caspar-Friedrich-Strasse* gelingt es – und dies wäre eine zusätzliche Deutung des Titels –, die Werke des großen Malers der deutschen Romantik in eine neue, gerichtete Bewegung zu setzen, wie sie sich in der Wegemetaphorik der Straße bereits andeutet. Dabei wird eine deutsche Vergangenheit eingeblendet, die sich nicht auf die Zeit zwischen 1933, der sogenannten ‚Machtergreifung', und 1961, der Errichtung des ‚Antifaschistischen Schutzwalls', beschränkt. Sie erscheint – wie wir sahen – in ihrer nicht nur historischen, zur Vergangenheit der Anderen gewordenen Dimension, sondern auch in ihrer transhistorischen Präsenz. Daher verwundert es nicht, dass der Ich-Erzähler bei seinem Versuch, die Romantik und das Romantische zu definieren, eine freilich im doppelten Sinne transhistorische Dimension eröffnet und zugleich einfordert: „un mélange d'horizon et de transcendance dont nous manquons

---

44 Ebda.

cruellement aujourd'hui."⁴⁵ Das grausame Fehlen dieser Transzendenz wird als sehr schmerzhaft empfunden.

Die das Historische – und damit historisch Gewordene – transzendierende Kraft der *Erfindung der Romantik*, für die Caspar David Friedrich stehen kann, bedeutet freilich nicht, dass Friedrichs Gemälde nicht nur erlebbar, sondern im eigentlichen Sinne lebbar würden. Cécile Wajsbrots Schriftstellerfigur freilich versucht sich an dieser Herausforderung – und damit an dem Paradox, eine Kunst des Raumes nicht nur in eine Kunst der Zeit, sondern zugleich auch in eine Kunst des Lebens zu übersetzen. Es bleibt offen, ob ihm dies gelingt, dem von seiner ersehnten Lebenspartnerin bescheinigt wurde, nicht leben zu können beziehungsweise nicht zu wissen, wie man lebt. In jedem Falle aber war es ein Gemälde Caspar David Friedrichs – selbstverständlich kein anderes als die *Klosterruine Eldena bei Greifswald*, das auch Cécile Wajsbrots Text eröffnet –, das ihn zu seinem ersten Gedicht inspirierte und damit zu einem Schriftsteller machte: „le tableau qui m'a fait écrire mon premier poème, le premier publié dans une revue prestigieuse dont je n'osais rêver, à mes débuts."⁴⁶ Caspar David Friedrichs Gemälde bedeutete folglich die Geburt des Schriftstellers und Dichters aus dem Geiste der Malerei.

Wie Cécile Wajsbrot das Verhältnis zwischen den beiden Brüdern (also Caspar David Friedrich und seinem ertrunkenen Bruder) und den beiden Schwestern (mithin der Protagonistin und ihrer ums Leben gekommenen Schwester) wie ein „chassé-croisé" konstruierte, so hat sie auch die Figur ihres Schriftstellers in eine Überkreuzstruktur eingebettet. Denn die von ihr geschaffene Schriftstellerfigur ist nicht weiblich, sondern männlich, kommt nicht aus Frankreich, sondern aus Deutschland, stammt nicht aus dem Westen, sondern aus dem Osten, schreibt keine Prosa, sondern Lyrik. Der Konstrukt-Charakter dieser Autorenfigur und deren inverse Beziehung zur französischen Schriftstellerin ist offensichtlich. Ist der Redner und Schriftsteller also letztlich nichts anderes als ein *alter ego*, gar nur ein Sprachrohr der Verfasserin von *Destruction*?⁴⁷

Wir sollten uns davor hüten, einen derartigen erzähltechnischen Kurzschluss herzustellen. Die reale Autorin ist selbstverständlich auf Textebene abwesend. Allerdings entfaltet die von ihr in *Caspar-Friedrich-Strasse* entwickelte Ästhetik der Abwesenheit auch auf dieser Ebene eine ungeheure Präsenz, die uns aber nicht dazu verleiten sollte, die Ansichten des von ihr geschaffenen Ly-

---

45 Ebda., S. 16.
46 Ebda., S. 12.
47 Zur Interpretation dieses sehr erfolgreichen Romans der Autorin vgl. das letzte Kapitel in Ette, Ottmar: *Von den historischen Avantgarden bis nach der Postmoderne*, S. 999 ff.

rikers – auch wenn beide derselben Generation angehören – mit denen der realen Autorin Cécile Wajsbrot zu verwechseln oder gar in eins zu setzen.

Denn die Doppelung der Gestalten, ja vor allem die Aufspaltung in die jüngeren oder älteren Paare, die wir in den Gemälden Caspar David Friedrichs so häufig beobachten können, standen gewiss Pate bei der Anlage dieses sorgfältig konstruierten Erzähltexts. Daher sollte diese Doppelung als erzähltechnische Möglichkeit verstanden werden, eine einseitige Sichtweise von Geschichte zu unterlaufen, ohne der naheliegenden Versuchung nachzugeben, sie als simple Projektion einer Autor-Figur misszuverstehen. Denn nicht umsonst steht der ostdeutsche Lyriker mit seiner Präsenz für ein Fortdauern der auf Ebene der Geschichte längst historisch gewordenen, auf Ebene des Lebens aber noch allgegenwärtigen Deutschen Demokratischen Republik, die lange Zeit – ein halbes Menschenleben lang – vor der eigenen Vergangenheit der Anderen durch eine Mauer geschützt war. Auch sie gehört zu all jenen Ruinen, in deren Gesellschaft wir gerade auch hier in Potsdam leben, wo man doch so gerne an den ‚Alten Fritz' und an ein Zeitalter aufklärerischer Toleranz erinnert.

Doch jene Epoche war nicht nur eine der Toleranz und des Vernunftdenkens, sondern auch einer *Dialektik der Aufklärung*, deren Rationalität – wie wir sahen – nicht nur aufklärerische Effekte zeitigte. Denn die Herrschaft dieser Rationalität führte auch zur Optimierung kolonialer Plantagenwirtschaft, zur Ausprägung von „Concentration Camps" in den Kolonien und schließlich zu Menschen wie Eichmann, anhand dessen Prozess in Jerusalem eine Hannah Arendt die *Banalität des Bösen* im Bewusstsein einer rationalen Präzision und Akkuratesse aufzuzeigen vermochte.

Der Weg war lang von diesen Grundbedingungen aufklärerischer Rationalität über die Ausbeutung versklavter und deportierter Menschen in den Kolonien oder die sexuelle Ausbeutung entrechteter menschlicher Körper beim Marquis de Sade bis in die Zeit des Antisemitismus *vor* der Epoche nationalsozialistischer Konzentrationslager bei Albert Cohen, in die Zeit *in* den südfranzösischen und nordafrikanischen Konzentrationslagern bei Max Aub, in die Zeit der nationalsozialistischen Vernichtungslager bei Jorge Semprún oder in die Zeit *nach* der Shoah in den Erzähltexten Cécile Wajsbrots. Doch dieser Weg hat uns neue historische Zusammenhänge aufgezeigt und neue Beziehungen zwischen Leben und Sterben, zwischen dem Tod im Leben sowie einem Leben im Tod erkennen lassen. Er hat damit unser Verständnis lebenswissenschaftlich grundlegender Relationen im Kontext einer Dialektik der Aufklärung bereichert.

Vor diesem Hintergrund scheint es mir daher wichtig zu sein, der Anwesenheit der Autorin bei der Lesung aus *Caspar-Friedrich-Strasse* im Berliner Neuen Museum ihre Abwesenheit auf textinterner Ebene an die Seite zu stellen und gleichzeitig zu betonen, in welch starkem Maße sich ihr gesamtes Schaffen auf Grund seiner (auch musikalischen) Stimmigkeit und Kohärenz, aber auch eines dichten Gewebes intratextueller Verweise zu einem einzigen Buch entwickelt, an dem sie mit Hilfe immer wieder neuer Erzähler- und Künstlerfiguren weiterarbeitet. Noch in ihrer sorgsamen und deutungsreichen Arbeit an und mit Virginia Woolf in *Nevermore*[48] wird diese anwesende Abwesenheit deutlich.

Die autobiographische Dimension der Texte Cécile Wajsbrots sollte dabei – entgegen einer zumindest in deutschsprachigen Rezensionen beobachtbaren Tendenz – nicht überbetont werden. Auch in *Caspar-Friedrich-Strasse* ist die Abwesenheit der realen Autorin – wie jene Davids – sehr deutlich markiert: nicht zuletzt dadurch, dass die ein historisch gewordenes Staatswesen repräsentierende Schriftstellerfigur in diesem faszinierenden Text ihrem Schreiben ein Ende gesetzt hat und nur noch von den Tantiemen früherer Veröffentlichungen lebt.

Cécile Wajsbrot hingegen arbeitet mit hoher Intensität an der langfristigen Ausgestaltung eines in sich verwobenen literarischen Oeuvres, dessen Ästhetik der Abwesenheit nicht nur für ein französischsprachiges Lesepublikum unverzichtbar ist. Denn dieses sich unverkennbar *nach* der Shoah ansiedelnde Gesamtwerk entwirft nicht zuletzt eine sich aus dem präsenten Abwesenden speisende Schöpferkraft als einen notwendigen kreativen Weg in eine Zukunft, welche sich der Ruinen der Vergangenheit, in denen wir unentwegt leben, bewusst ist und bewusst bleibt. Die Abwesenheit, das Fehlen, die historische Vernichtung von David und damit des europäischen Judentums ist aus der deutschen, ist aus der europäischen Geschichte nicht tilgbar, aber dennoch lebbar in einem schöpferischen Sinne, welcher die Grundlagen für die neue Präsenz und die neuen Entfaltungen Davids nach der Shoah in Deutschland und Europa schafft.

---

[48] Vgl. Wajsbrot, Cécile: *Nevermore*. Roman. Aus dem Französischen übersetzt von Anne Weber. Göttingen: Wallstein Verlag 2021.

TEIL 4: **Vom Leben und Sterben in autoritären Systemen: Vom Diktatorenroman, seinen Anfängen und Widerständigkeiten**

Mario Vargas Llosa oder das Fest des Ziegenbocks

An dieser Stelle unserer Vorlesung über Geburt und Sterben, Leben und Tod wollen wir den europäischen Kontinent und seine Literaturen wieder verlassen. Wir wenden uns den Literaturen Lateinamerikas zu, die im vorliegenden Vorlesungsband auf Grund der dichten und komplexen transarealen Beziehungen eine vollkommen gleichberechtigte Rolle spielen. Dabei wollen wir uns nicht länger mit der Literatur der Konzentrationslager auseinandersetzen, sondern uns allgemeiner fragen, wie ein Leben (und Sterben) in autoritären Gesellschaftssystemen literarisch gestaltet werden kann.

Gewalt und Diktatur sind zentrale Themen in den Literaturen Lateinamerikas. Haben wir uns in unserer Vorlesung über die Literaturen im 20. und 21. Jahrhundert mit Gabriel García Márquez, seiner *Chronik eines angekündigten Todes* und deren transarealen Verstrebungen mit libanesischen Texten aus der Feder eines Elias Khoury beschäftigt,[1] so wollen wir uns in der Folge mit dem in Peru geborenen Mario Vargas Llosa auseinandersetzen, der wie sein kolumbianischer Antipode mit dem Literaturnobelpreis ausgezeichnet wurde.

Beide Autoren repräsentieren an erster Stelle die sogenannten *Boom-Autoren*,[2] welche die lateinamerikanischen Literaturen definitiv auf den Karten der ‚Weltliteratur' verankerten, aber zugleich dem viellogischen System der Literaturen der Welt zum Durchbruch verhalfen.[3] Beide Autoren stehen aber auch für zwei gegenläufige ideologische Ausrichtungen, insofern sie die große Wasserscheide in der lateinamerikanischen Literatur des 20. Jahrhunderts buchstäblich verkörpern. Rund um die berüchtigte Padilla-Affäre und den entsprechenden politischen Optionen für oder gegen die Kubanische Revolution am Ausgang der sechziger Jahre stand Gabriel García Márquez für eine solidarische Haltung gegenüber dem kubanischen Regime, Mario Vargas Llosa für eine zunehmend neoliberale und konservative Position innerhalb der lateinamerikanischen Schriftstellerschaft. Aus den einstigen Freunden wurden erbitterte Gegner, die aber in eben dieser Gegnerschaft die gesamte politische Breite international angesehener lateinamerikanischer Schriftstellerinnen und Schriftsteller repräsentierten. Auf die von beiden

---

[1] Vgl. das entsprechende Kapitel in Ette, Ottmar: *Von den historischen Avantgarden bis nach der Postmoderne*, S. 830–879.
[2] Vgl. hierzu Müller, Gesine: *Die Boom-Autoren heute: García Márquez, Fuentes, Vargas Llosa, Donoso und ihr Abschied von den großen identitätsstiftenden Entwürfen*. Frankfurt am Main: Vervuert 2004.
[3] Vgl. hierzu Ette, Ottmar: *Literatures of the World. Beyond World Literature*. Leiden: Brill 2021.

Literaturnobelpreisträgern unterschiedlich bewerteten kubanischen Kontexte und Zusammenhänge werden wir gegen Ende dieses Teils der Vorlesung ausführlich zurückkommen.

Gabriel García Márquez legte mit *El otoño del patriarca* einen mittlerweile klassischen Roman der Subgattung Diktatorenroman vor, an dessen Drehbuch sich im Übrigen Fidel Castro lange Zeit zu halten schien, indem er auch als alter Mann bis zu seinem Tode die Zügel der Amtsgeschäfte nicht mehr aus der Hand gab. Doch auch Mario Vargas Llosa hat einen nicht weniger großartigen lateinamerikanischen Diktatorenroman verfasst, der sich zugleich – anders als derjenige seines ehemaligen Freundes – in die Subgattung des historischen Romans einordnen lässt. Der Titel dieses Romans, mit dem wir uns im Folgenden auseinandersetzen werden, lautet *La Fiesta del Chivo*, das *Fest des Ziegenbocks* – eine Titelwahl, die ich nachfolgend erläutern werde.

Abb. 39: Mario Vargas Llosa (Arequipe, 1936) am 10. Mai 2019.

Dieser Roman[4] erschien im Jahr 2000 und war in weiten Teilen auf Grundlage von Recherchen des in Peru geborenen Autors im Ibero-Amerikanischen Institut zu Berlin entstanden, wo sich Vargas Llosa dank eines Künstlerstipendiums des Deutschen Akademischen Austauschdienstes aufhielt. Wie in *El otoño del patriarca* geht es auch in diesem Diktatorenroman um die Spätzeit eines patriarchalischen Diktators in Lateinamerika. Doch anders als bei Gabriel García Márquez handelt es sich dabei nicht um eine Figur, die bewusst aus den Versatzstücken unterschiedlicher historischer Vorbilder des Subkontinents gefertigt wurde, also nicht um einen Gewaltherrscher, der mehrere historische Diktatorenfiguren in sich vereint, sondern um die Spätzeit der Diktatur von Rafael Leónidas Trujillo. Letzterer wurde 1961 nach einer einunddreißigjährigen Gewaltherrschaft über die Domi-

---

4 Zu einer ausführlichen Studie des Romans im Zeichen der Konvivenz vgl. Ette, Ottmar: Auf der Suche nach dem verlorenen Zusammenleben. Vom Wissen der Literatur um Konvivenz in „La Fiesta del Chivo" von Mario Vargas Llosa. In: Brink, Margot / Pritsch, Sylvia (Hg.): *Gemeinschaft in der Literatur. Zur Aktualität poetisch-politischer Interventionen*. Würzburg: Königshausen & Neumann 2013, S. 307–319.

nikanische Republik ermordet. Trujillo gilt als Verkörperung einer der blutrünstigsten Diktaturen der lateinamerikanischen Geschichte; und die Nähe von *La Fiesta del Chivo* zum historischen Roman mag uns darauf aufmerksam machen, dass sich der –wie sein Vorbild Gustave Flaubert – höchst recherchefreudige und dokumentenbasiert schreibende Autor ausführlich mit dieser historischen Figur und ihrer menschenverachtenden Geschichte befasst hat.

Damit wählte der peruanische Autor, der 1981 mit *La guerra del fin del mundo* die hispanoamerikanische Welt erstmals in Richtung Brasilien überschritten hatte, einen karibischen Schauplatz und erweiterte somit die Diegese seiner Romane um die karibische Welt. Damit schuf er Stück für Stück eine hemisphärische Konstruktion der Amerikas, die sein gesamtes Romanschaffen charakterisiert und die er zunehmend um die afrikanische wie die asiatische Welt erweiterte – eine romandiegetische Entwicklung, für die ich etwas wirklich Vergleichbares zumindest in der spanischamerikanischen Literatur nicht zu finden vermag.

In der Tat steht Trujillos Diktatur zugleich für einen Typus brutaler Gewaltherrschaft, wie er eben nicht allein für die Dominikanische Republik, sondern für die lateinamerikanische Welt leider immer wieder charakteristisch ist. In der *Figura*[5] des Diktators Trujillo spürt der spätere Literaturnobelpreisträger die Mechanismen autoritärer Gewaltherrscher[6] in Lateinamerika auf und versucht, die Strukturen dieser barbarischen Systeme zu durchleuchten. Insofern ließe sich formulieren, dass das Verfahren von Mario Vargas Llosa umgekehrt angelegt ist wie das von Gabriel García Márquez in *El otoño del patriarca*: Er geht von einer ganz konkreten historischen Gestalt aus, um den Typus des Diktators als solchen entfalten zu können. Dabei dürfen kleine Seitenblicke auf andere lateinamerikanische Diktatorenromane selbstverständlich nicht fehlen.

Gewiss darf man in Esteban Echeverrías Roman *El matadero*[7] und damit in der Porträtierung der Rosas-Diktatur einen Ursprung dieser Subgattung des Romans erkennen. Wir werden auf diesen Sachverhalt noch ausführlich zurückkommen. Die schillernde Figur von Rosas, die für Domingo Faustino Sarmientos *Facundo – civilización y barbarie* eine ebenso zentrale Rolle spielte wie für

---

5 Vgl. hierzu die Potsdamer Habilitationsschrift von Gwozdz, Patricia: *Ecce figura. Anatomie eines Konzepts in Konstellationen (1500–1900)*. Habilitationsschrift an der Universität Potsdam 2021.
6 Zum Thema der literarischen Darstellung von Gewalt in der Gegenwartsliteratur vgl. die Potsdamer Habilitationsschrift von Lenz, Markus Alexander: *Die verletzte Republik – Erzählte Gewalt im Frankreich des 21. Jahrhunderts (2010–2020)*. Habilitationsschrift Universität Potsdam 2021.
7 Echeverría, Esteban: *El Matadero. La Cautiva*. Edición de Leonor Fleming. Madrid: Ediciones Cátedra 1986.

José Mármols *Amalia*,⁸ darf als eine der produktivsten und literaturträchtigsten historischen *Figurae* verstanden werden. Insofern ist die Bearbeitung einer konkreten historischen Diktatorenfigur mit einer in Hispanoamerika sehr langen literarhistorischen Tradition versehen, mit der wir uns noch ausführlich beschäftigen werden. Allerdings darf auch Ramón del Valle-Incláns Roman *Tirano Banderas* zu den Initialzündungen dieser Gattung gerechnet werden, die im weiteren Verlauf des 20. Jahrhunderts so fundamentale Werke wie *El Señor Presidente* des guatemaltekischen Literaturnobelpreisträgers Miguel Ángel Asturias oder *Yo el Supremo* des großen Paraguayers Augusto Roa Bastos hervorgebracht hat. Diese literaturgeschichtliche Tradition, die am Übergang zum 21. Jahrhundert in gewisser Weise mit Mario Vargas Llosas Roman *La Fiesta del Chivo* einen (krönenden) Abschluss gefunden hat, ist so überaus reichhaltig und komplex, dass man ihr eigentlich eine eigene Vorlesung widmen müsste.

Wer Mario Vargas Llosa und seine akribische Vorbereitung eines neuen Romans mit einer beeindruckenden Unzahl von Lektüren und speziellen Recherchen kennt – und ich durfte einmal eine ganze Woche an seiner Seite die bodenlose Neugier dieses Schriftstellers auf alle möglichen historischen und kulturellen Details einschließlich seines allmorgendlich frühen Aufstehens bewundern –, der weiß, in welch stattlichem Maße die Historiographie die Patin der Literatur gerade bei derartigen historischen Romanen des Peruaners mit der doppelten Staatsbürgerschaft ist. Es ist ein ungeheures historisches und historiographisches Wissen in diesen Roman geflossen, der uns aus der Perspektive eines entscheidenden Tages im Leben des Diktators Trujillo – nämlich seines letzten Tages, mithin jenes Maitages des Jahres 1961, an dem er ermordet werden sollte – die ganze Geschichte nicht allein der Dominikanischen Republik, sondern auch eines gewichtigen Teils der Geschichte Lateinamerikas im 20. Jahrhundert *in Form eines Fraktals* vor Augen führt.

Abb. 40: Rafael Leónidas Trujillo (1891–1961) im Jahr 1952.

---

8 Vgl. hierzu die entsprechenden Kapitel im vierten Band der Reihe „Aula" in Ette, Ottmar: *Romantik zwischen zwei Welten* (2021), S. 659 ff.

La Fiesta del Chivo ist in vierundzwanzig römisch durchnummerierte Kapitel gegliedert und versucht, dem Phänomen der Trujillo-Diktatur als System wie auch dem Rätsel des Individuums Trujillo (Abb. 40) selbst aus der Distanz mehrerer Jahrzehnte auf die Spur zu kommen. Vielleicht könnte man die zentralen Fragen, die der Roman und seine unterschiedlichen Erzählerpositionen zu beantworten suchen, dergestalt formulieren: Wie ist es möglich, dass vernünftige, gebildete und im Grunde feinsinnige Menschen gemeinsame Sache mit einem blutrünstigen Diktator machen? Und wie ist es daher erklärbar, dass es bei eigentlich unbescholtenen Bürgern zu einer „convivencia" mit der Inkarnation des Bösen kam? Wie kann kultivierten Menschen das eigene Leben derart entgleiten, dass sie sich bereitfinden, als Helfershelfer für einen grauenhaften Diktator zu arbeiten? Und wie kann es soweit kommen, dass sie selbst noch die Mitglieder der eigenen Familie diesem Untier aufopfern?

Es geht im Folgenden und in diesem Roman also weniger um ein Zusammenleben zwischen unterschiedlichen Kulturen, sondern in erster Linie um ein Zusammenleben mit autoritären, totalitären Systemen, deren Mord-Gebaren und vernichtender Logik sich nahezu alle Figuren jahrzehntelang unterworfen haben. Übrigens auch und gerade jene Attentäter, die auf Trujillo lauern, um den Diktator ins Jenseits zu befördern; Menschen, die letztlich wiederum nur Werkzeuge anderer sind, die ihren Vorteil aus der Diktatur Trujillos gezogen haben, so wie sie auch Vorteil aus dessen endgültigem Verschwinden ziehen werden. Es geht folglich um Leben und Sterben in autoritären Systemen, wobei wir dies am Beispiel Lateinamerikas nachzuvollziehen versuchen.

Die sicherlich zentrale Figur des Romans – und gleichsam Gegenfigur Trujillos – ist Urania, die Tochter von Agustín Cabral alias Cerebrito Cabral, der als Abgeordneter, Senator, Senatspräsident und Minister zu den Gefolgsleuten und wesentlichen Stützen der Trujillo-Diktatur bis kurz vor deren Ende zählte, als Cerebrito einer Intrige zum Opfer fiel und vom ‚Hofe', aus dem Umfeld des Gewaltherrschers verbannt wurde. Urania, deren Mutter früh verstorben war und die in der Santo Domingo School erzogen wurde, einer von US-amerikanischen Schwestern geführten Reichenschule, gelangte in der Spätzeit der Diktatur durch ein Stipendium der Nonnen mit vierzehn Jahren aus der dominikanischen Gefahrenzone und in die USA, wo sie sich in der Welt des Wissens einrichtete.

Diese Welt der Colleges und Top-Universitäten, des Studiums und der ständigen Lektüren diente ihr als Schutz- und Trutzburg gegen die blutigen Ereignisse, welche die Geschichte ihrer dominikanischen Heimat charakterisieren und an denen der von ihr einst vergötterte Vater maßgeblich mitbeteiligt war. Sie sollte zunächst auf der Siena Heights University der Schwestern, danach in Harvard eine brillante Karriere als Studentin und Juristin unter anderem an der

Weltbank und in einer New Yorker Kanzlei machen. Dabei beantwortete sie keinen einzigen der zahlreichen Briefe, die ihr verzweifelter Vater ihr aus ‚Ciudad Trujillo', dem dann wieder zurückbenannten Santo Domingo, schrieb. Denn sie hat sich geschworen, mit dieser Vergangenheit ein für alle Mal zu brechen, nie mehr auf die Karibikinsel zurückzukehren und auch mit ihren Verwandten keinerlei Kontakt mehr zu pflegen.

Doch die Dinge auf ihrer Heimatinsel verändern sich. Als sie erfährt, dass ihr Vater von einem Hirnschlag in einen Invaliden verwandelt wurde, der dauernder Pflege bedarf, wird sie zunächst noch nichts an diesem Entschluss ändern, ihn allerdings durch monatliche Zahlungen unterstützen, so wie ihr Vater einst das Stipendium der „Sisters" in den USA aufgebessert hatte. Urania ist jedoch nicht gewillt, ihren Vater und mit ihm ihre Verwandten sowie die Welt der heimatlichen Karibik noch einmal wiederzusehen.

Und doch taucht sie eines Tages wieder in Santo Domingo auf, kehrt ihrer neuen Heimat USA für kurze Zeit den Rücken und nimmt sich für eine Woche Urlaub, den sie im Hotel Jaragua – also nicht in ihrem Elternhaus – antritt. Wie bei Gabriel García Márquez' *Crónica de una muerte anunciada* steht auch in diesem Roman ein Augenblick vor Sonnenaufgang am Anfang des spannenden Erzähltexts und beschreibt auf poetische Weise einen beginnenden Tag, ein Licht-Werden, das Licht in das Dunkel einer Jahrzehnte zurückliegenden Vergangenheit bringen soll.

Wie durch Zufall gelangt Urania schließlich beim Joggen zu ihrem Elternhaus, wobei sie ihre Schritte und nicht so sehr ihr Wille dorthin führen. Nach längerem Zögern tritt sie ein. Mittlerweile ist dies ein Haus, das allein noch von der Krankenschwester und ihrem zum Pflegefall gewordenen Vater bewohnt wird. So geht sie schließlich in das Zimmer dieses Vaters, der ihr ebenso zusammengeschrumpft erscheint wie das gesamte Anwesen.

Der früher so stattliche und beeindruckende Mann ist – wie das früher so repräsentative Haus – zu einem kleinen, vom Leben zerzausten Individuum geworden, das in schäbiger Kleidung, ohne Gebiss, in seinem Ledersessel sitzt und Urania stumm und mit offenen Augen, die irgendwie trotz des Hirnschlags zu verstehen scheinen, gegenübersitzt. Ich möchte Ihnen gerne diese literarisch überzeugende Gestaltung einer Szene vorführen, in der sich die beruflich in den Vereinigten Staaten höchst erfolgreiche Tochter und der heruntergekommene Vertreter einer historisch gewordenen, längst nicht mehr existierenden Diktatur zum ersten Mal nach fünfunddreißig Jahren – denn die ehemals kleine Uranita ist mittlerweile neunundvierzig Jahre alt geworden – wiedersehen:

> Ein lebendiges, gleißendes Licht empfängt sie, das durch das offene Fenster gleichmäßig hereinbricht. Die Sonnenstrahlung blendet sie für einige Sekunden; danach kann sie das

Bett ausmachen, das von einer grauen Decke eingehüllt wird, die alte Kommode mit ihrem ovalen Spiegel, die Photographien an den Wänden – wie hat er wohl das Foto von ihrem Abschluss in Harvard gekriegt? – und zuletzt, im alten, weitarmigen Ledersessel sitzend, der zusammengesunkene Greis, in einem blauen Pyjama und in Pantoffeln. Er wirkt verloren an seinem Platz. Er ist wie aus Pergament und geschrumpft, genauso wie das Haus. Ein weißer Gegenstand lenkt sie ab, zu Füßen ihres Vaters: ein Töpfchen, halbvoll mit Urin.

Damals hatte er noch schwarze Haare, abgesehen von den eleganten graumelierten Schläfen; jetzt sind seine dünnen Strähnen auf der Glatze gelblich, schmutzig. Seine Augen waren groß, selbstsicher, weltbeherrschend (wenn der Chef nicht in der Nähe war); doch diese beiden Rillen, die sie starr anschauen, sind klein, mäuseartig und verängstigt. Damals hatte er Zähne, aber jetzt keine mehr; man dürfte ihm wohl den Zahnersatz herausgenommen haben (sie bezahlte vor einigen Jahren die Rechnung), da er verschrumpelte Lippen hatte und seine Wangen so eingefallen waren, dass sie sich fast berührten. Er hat sich aufgestützt, seine Füße berühren kaum noch den Boden. Um ihn anzuschauen, musste sie den Kopf heben, den Nacken recken; wenn er jetzt aufstünde, würde er ihr gerade bis zur Schulter reichen.

– Ich bin's, Urania, murmelte sie, als sie näherkam. Sie setzte sich aufs Bett, einen Meter von ihrem Vater entfernt. Weißt Du noch, dass Du eine Tochter hast?

In dem Alten gibt es eine innere Erregung, Bewegungen seiner knochigen, bleichen Händchen, seiner spitzen Finger, die auf seinen Beinen ruhen. Aber die winzigen Äugchen bleiben, auch wenn sie nicht von Urania lassen, ausdruckslos.

– Ich erkenne Dich auch nicht wieder, murmelt Urania. Ich weiß nicht, warum ich gekommen bin, was ich hier mache.[9]

Wir haben in dieser Szene eine Anagnorisis vor uns, eine Szene des Wiedererkennens und der Wiederbegegnung: eines Sich-wechselseitig-Erkennens von zwei Menschen, die lange voneinander getrennt waren. Hier treffen also zwei Welten aufeinander, die ehedem als Vater und Tochter eine einzige gewesen waren. Doch viel Zeit ist vergangen: Aus dem kleinen Mädchen ist eine erfahrene und erfolgreiche Frau und aus dem einst beherrschenden Vater ein Greis geworden, dessen kognitive Fähigkeiten nach einem Hirnschlag in Frage stehen und offen bleiben. Längst ist er nicht mehr der zweitwichtigste Mann in der dominikanischen Diktatur, die nach dem Tode Trujillos in eine Phase scheinbarer Demokratie übergegangen ist.[10]

Der einst mächtige und durchaus liebevolle Vater, der – wie es an einer anderen Stelle des Romans heißt – nach dem Tod von Uranias Mutter für das Mädchen Vater und Mutter zugleich gewesen war, zu dem sie stets aufschaute, wird nun von der in Manhattan lebenden Urania, seiner schönen und ohne alle Liebesbezie-

---

9 Vargas Llosa, Mario: *La Fiesta del Chivo*. Madrid: Alfaguara 2000, S. 64f.
10 Zur Geschichte der Dominikanischen Republik vgl. Gewecke, Frauke: *Der Wille zur Nation. Nationsbildung und Entwürfe nationaler Identität in der Dominikanischen Republik*. Frankfurt am Main: Vervuert Verlag 1996.

hungen zu Männern lebenden Tochter, examiniert als Überbleibsel jener längst historisch gewordenen Zeit der Trujillo-Diktatur, mit der sich die Dominikanerin im fernen New York intensiv beschäftigt hatte. Sie hatte sich einen Weg des Verstehens gebahnt durch die Lektüre unterschiedlichster Bücher – Geschichtswerke, Romane, Augenzeugenberichte oder Zeitungsmeldungen –, um dadurch ihre eigene Geschichte und jene ihres einst mächtigen Vaters besser zu begreifen. Doch die Dominikanische Republik war ihr fern geblieben: Aus dem distanten Manhattan hatte sie keinerlei Kontakt mehr mit Bewohnern der Insel gewollt und bis zu diesem Zeitpunkt auch keinerlei Reisen zurück in ihr Geburtsland unternommen.

Nun, gegen Ende des Lebens ihres Vaters, ist sie jedoch zurückgekehrt und versucht, nicht mehr länger allein mit Hilfe von Sachbüchern oder romanesken Texten, sondern sinnlich und hautnah zu begreifen, was ihr wiederfuhr und was ihr die Dominikanische Republik noch bedeutet. Ihr erster Eindruck ist Verblüffung: Was einmal groß und mächtig war, ist klein und schwächlich geworden. Das einst so stattliche Haus steht für eine Zeit, ja für einen Zeit-raum vergangener Größe, vergangener Macht. Zugleich aber auch für eine Zeit, in der selbst die Genossen und Helfershelfer der Macht Trujillos stets in Angst vor dem „Chivo", vor dem Ziegenbock leben mussten.

Denn sogar in ihren eigenen Häusern konnten die Mächtigen, aber von Trujillo völlig Beherrschten nicht die Herren sein: Urania erinnert sich, dass sie als kleines Mädchen selbst sah, wie Trujillo in Abwesenheit ihres Nachbarn dessen Frau aufsuchte oder besser heimsuchte, da sich seinen Wünschen und häufigen Gelüsten, mit einer Frau – und am besten einer Frau seiner Untergebenen – zu schlafen, niemand entgegenstellen konnte. Trujillo herrschte als Ziegenbock über alle kleineren Böcke. Hätte ein Minister es gewagt, gegen die Wünsche seines Herren aufzubegehren, so hätte der Chef ihn einfach entlassen und man hätte seine Leiche an irgendeinem Stadtrand gefunden. Bisweilen ging der Chivo aber auch ein wenig eleganter vor: Der erwähnte Nachbar mag als Beispiel dienen. Er wurde als Außenminister und Botschafter absichtlich von der Heimat ferngehalten, damit der Diktator in aller Ruhe – und mit dem Wissen dieses Mannes – sich an der schönen Botschafters-Frau gütlich tun kann. Trujillo wusste perfekt, wie eine Diktatur funktioniert: Autoritäre Herrschaft beruht nicht allein auf brutaler Machtausübung gegenüber den Gegnern und Feinden, sondern auch auf Beherrschung und bisweiliger Erniedrigung der als Helfershelfer großzügig an der Macht Beteiligten.

In der Anfangszeit der Diktatur, dies weiß Urania, waren die Verhältnisse noch nicht so. Als Trujillo versuchte, die Frau von Pedro Henríquez Ureña, seines damaligen Erziehungsministers, in dessen Abwesenheit zu verführen, wies sie ihn mutig ab, und der später so einflussreiche dominikanische Intellektuelle legte sein Amt aus Protest nieder. Wenige Jahre später aber wäre die Antwort auf ein solches Verhalten das Verschwinden im Gefängnis oder der direkte Mord gewesen. Pedro Henríquez Ureña und seine Frau kamen zum damaligen Zeitpunkt jedoch noch mit dem Leben davon: Eine große Karriere als Intellektueller im Exil konnte beginnen. Wie aber war es – und diese Frage treibt Urania um – mit ihrer schönen, aber jung verstorbenen Mutter gewesen? Die Tochter phantasiert als Antwort auf ihre Fragen und Befürchtungen eine Szene, in der die bildhübsche Mutter Trujillo den Zutritt zum Haus verweigert. Aber war es wirklich so gewesen? Und hatte ihr Vater davon gewusst? Bei klarem Verstand eröffnet sich sogar noch eine weitere Denkmöglichkeit: Könnte nicht Urania selbst die Tochter des Diktators und seiner womöglich erzwungenen Schäferstündchen mit der Mutter sein? Kann ihr Vater darauf eine Antwort geben?

Urania gegenüber sitzt ein menschliches Wrack. Dass *Cerebrito* Cabral, also dem Schlauköpfchen oder Gehirnchen, wie sein Spitzname einst lautete, gerade ein Hirnschlag getroffen hat, liegt in der Logik der Dinge. Denn Cabral wird just an jenem Ort getroffen, der ihn einst machtvoll hatte werden lassen. Das Töchterchen war sein ganzer Stolz gewesen. Er hatte verbissen versucht, sie vor den Nachstellungen der Diktatur und insbesondere des unverschämten Sohnes Trujillos, Ramfis Trujillo, zu schützen. Diesem war bei einer Truppenparade und bei anderen Festivitäten durchaus die Schönheit des jungen Mädchens ins Auge gefallen.

Wie gefährlich derartige Situationen werden konnten, hatte Uranita in der Schule miterlebt, als eine ihrer Mitschülerinnen von Ramfis eingeladen und in der Folge von ihm und seinen Kumpanen vergewaltigt wurde. Sie war – dem Verbluten nahe – in letzter Minute noch vor das Portal eines Krankenhauses gefahren worden. Auch sie war nichts anderes als die Tochter eines Mächtigen unter Trujillo, eines Generals, der aber nicht gegen derartig unmenschliche, menschenverachtende Verbrechen gegen seine eigene Familie aufbegehren konnte, wäre er sonst doch mit dem Tode bestraft worden. Im Zeichen autoritärer und brutaler Todesdrohungen gleicht das Leben in einer Diktatur für viele eher einem ständig bedrohten Überleben. Eben daraus aber entstand das große Rätsel, das Urania bei aller Lektüre von Geschichtsbüchern nicht zu lösen vermochte: Wie war es möglich, ein derart entmenschlichtes Leben zu akzeptieren und zu führen, nicht aufzubegehren, sondern alles auszuhalten und die Bestialität an der Macht zu lassen? Urania forscht mithin nach den Gründen dafür, dass und wie sich Gewaltherrschaft zu etablieren und zu festigen vermag.

Als renommierte Juristin der Weltbank kam Urania in New York lange nach der Ermordung Trujillos einmal mit dem Botschafter der Dominikanischen Republik bei einem Empfang in Berührung: mit Chirinos, der einstigen rechten Hand und dem Wirtschaftsberater Trujillos, der es wie so viele geschafft hatte, als echter Wendehals nun als lupenreiner Demokrat aufzutreten und Botschafter eines demokratischen Systems zu werden. An diesem Punkt kommen wir in Kontakt mit den Verhaltensweisen und Lebensformen in postdiktatorialen Gesellschaften und erfassen damit historische Erfahrungen, die es ja nicht nur in Lateinamerika gibt, liegen die postdiktatorialen Zeiten in Deutschland doch keineswegs in langer historischer Entfernung[11] — und ich denke hierbei sehr wohl an zwei Diktaturen...

In *La Fiesta del Chivo* geht es erneut um eine schöne Nachbarin, wobei Urania weiß, dass damals auch Chirinos' Frau direkt betroffen war. Dieser berichtet als späterer Botschafter anekdotenhalber von derlei Geschichten und Affären des Ziegenbocks. Er macht sich einen Spaß daraus zu erzählen, wie einer der Mächtigen von Trujillo öffentlich gezwungen wurde, zu seiner eigenen Hörnung als Ehemann noch Beifall zu klatschen. Blenden wir uns in diese Szene kurz ein! In den Worten des Botschafters spricht Trujillo anlässlich einer öffentlichen Festivität, bei der auch ein gewisser Froilán zugegen ist und von Trujillo vor aller Augen erniedrigt wird:

> Ich bin ein überaus geliebter Mann gewesen. Ein Mann, der in seinen Armen die schönsten Frauen dieses Landes hielt. Sie haben mir die Energie geschenkt, es geradewegs zu führen. Ohne sie hätte ich niemals das geschafft, was ich geschafft habe. (Er hob sein Glas ins Licht, betrachtete die Flüssigkeit, prüfte ihre Transparenz, die Helle ihrer Farbe.) Wissen Sie, wer die beste all der Weiber war, die ich genommen habe? („Entschuldigen Sie, meine Freunde, das ungeschickte Verb", entschuldigte sich der Diplomat, „ich zitiere Trujillo wortgetreu".) (Er machte eine weitere Pause, saugte das Aroma seines Brandy-Glases ein. Sein Kopf mit den silberfarbenen Haaren suchte und fand im Kreise der Männer, die zuhörten, das fahle und rundliche Gesicht des Ministers. Und er schloss ab:) Die Frau von Froilán!
>
> Urania macht ein angeekeltes Gesicht, wie damals in jener Nacht, in der sie den Botschafter Chirinos hinzufügen hörte, dass Don Froilán heroisch gelächelt, gelacht, mit den anderen den spaßigen Einfall des Chefs gefeiert hatte. „Weiß wie ein Blatt Papier, ohne in Ohnmacht zu fallen, ohne von einem Herzinfarkt zu Boden gestreckt zu werden", fügte der Diplomat präzisierend hinzu.
>
> – Wie war dies möglich, Papa? Dass ein Mann wie Froilán Arala, gebildet, kultiviert, intelligent, so etwas akzeptieren konnte. Was tat er ihnen an? Was gab er ihnen, um Don Froilán, um Chirinos, um Manuel Alfonso, um Dich, um alle seine rechten und linken Arme in dreckigen Lumpen gehen zu lassen?
>
> Du verstehst es nicht, Urania. Es gibt viele Dinge aus der Ära Trujillo, von denen Du gehört hast; einige schienen Dir anfangs unerklärlich, aber das viele Lesen, Zuhören, Vergleichen und Nachdenken hat dich verstehen lassen, dass so viele Millionen von Personen, die von der Propaganda, den Mangel an Information kleingehackt, von der Indoktrinie-

---

[11] Zum Verhalten eines ehemaligen ranghohen Mitglieds der Waffen-SS in der deutschen Romanistik und den schützenden Reaktionen von Kollegen vgl. die in unterschiedlichste Sprachen übersetzte Studie von Ette, Ottmar: *Der Fall Jauss. Wege des Verstehens in eine Zukunft der Philologie*. Berlin: Kulturverlag Kadmos 2016.

rung, von der Isolierung verdummt, von ihrem freien Urteilsvermögen, ihrem Willen und sogar ihrer Neugier gesäubert wurden dank der Angst und der gewohnten Ergebenheit und der Unterwürfigkeit, dass so viele also Trujillo vergötterten. Sie fürchteten ihn nicht nur, sondern liebten ihn, wie Kinder ihre autoritären Eltern lieben, überzeugt davon, dass Peitschenhiebe und Bestrafungen zu ihrem Besten sind.[12]

Die in New York aus dem Munde des dominikanischen Botschafters und einstigen Vertrauten Trujillos gehörte Anekdote wirft ein bezeichnendes Licht auf die Entourage des Diktators und dessen Herrschaftsgebaren, aber auch auf die Mechanismen einer totalitären Macht. Urania ist auf der verzweifelten Suche nach einem Verstehen, auf der Suche nach einem Wissen, das ihr die Geschichtswerke über die lange Ära Trujillo allein nicht zu geben vermögen. Sie ist auf der Suche nach einem Lebenswissen, das ihr die Beschäftigung mit den jeweiligen Lebensverhältnissen allein verschaffen kann, gleichsam mit dem Mikroklima innerhalb der Diktatur. Es handelt sich um ein Wissen, wie man damals gelebt hat, wie man damals leben konnte, wie man sich einer brutalen Diktatur anpasste und sich selbst verleugnete. Aber musste man sich selbst verleugnen?

Urania muss die Geschichte gleichsam nacherleben und fragt ihren Vater, der ihr wegen seines Hirnschlages nicht mehr antworten kann. In diese Bresche springt der Roman, springt auch der Erzähler, der sich hier – und nicht etwa ihr stummer Vater – an Urania in der zweiten Person Singular wendet. Urania hat sich auf die Suche nach diesem Lebenswissen gemacht, denn es ist letztlich ein Wissen, das ihr das eigene Überleben sichern kann – jenseits dieser Schutz- und Trutzburg, zu der sie ihre eigene Arbeit wie ihre quasi-wissenschaftliche Beschäftigung mit der dominikanischen Historie ausgebaut hat. Sie arbeitet mehr oder minder ununterbrochen – so wie auch Trujillo selbst, der dafür bekannt und legendär war, bis zu zwanzig Stunden am Stück arbeiten zu können.

Jenes Wissen aber, auf dessen Suche sich Urania macht, wird vom Roman, wird vom fiktionalen Erzähltext Vargas Llosas entfaltet. Daher auch die direkte Anrede durch eine Erzählerfigur, die laut Vargas Llosa immer das wichtigste strukturelle Element eines Romans darstellt. Der Roman entfaltet jenes Wissen, das sich Urania mühsam in Form eines Erlebenswissens zusammensucht. Man darf in diesem Zusammenhang durchaus von der unbestreitbaren Meisterschaft von Mario Vargas Llosa sprechen, das historische Wissen über die Trujillo-Diktatur, welches sich der peruanische Schriftsteller durch eine Vielzahl von Recherchen selbst angeeignet und dazu die große Bibliothek des Ibero-Amerikanischen Instituts zu Berlin genutzt hat, auf stimulierend lebendige Weise in ein Erlebenswissen für die Leserschaft umgewandelt zu haben.

---

12 Vargas Llosa, Mario: *La Fiesta del Chivo*, S. 74 f.

Anhand einer Vielzahl von Anekdoten und historischen Beispielen erläutert die Erzählerfigur die Funktionsweise der Trujillo-Diktatur, im Grunde aber auch aller autoritären Systeme, die freilich jeweils kulturspezifische Ausdrucksformen entwickelt haben. Wer einmal gelesen hat, wie Amadito, der als Militäradjutant von Trujillo dazu gezwungen wird, die von ihm geliebte Frau nicht zu heiraten, dafür eine vorzeitige Beförderung erhält und diese Beförderung sich wieder dadurch verdienen muss und verdient, dass er einen Gegner Trujillos kaltblütig auf offenem Feld hinrichtet, der wird von der Macht jenes Wissens der Literatur sprechen können. Dieses besteht darin, sich im Sinne eines *Erlebenswissens* Bereiche des Nachvollziehens zu eröffnen, in denen die Distanz, die etwa der historiographische Diskurs zwischen dem Lesepublikum und den dargestellten Dingen aufbaut, getilgt und umgedeutet wird zu einer erfundenen Nähe, einem Dabeisein und Mit-Erleben, wie es andere Wissensformen nur schwerlich herstellen können – auch wenn Erlebenswissen kein absolutes Privileg allein der Literatur ist.

Ich müsste im Grunde an dieser Stelle auf das Verhältnis zwischen Geschichte und Literatur noch weiter eingehen. Doch die thematische Ausrichtung unserer Vorlesung ermöglicht nur einige wenige Bemerkungen. *La Fiesta del Chivo* macht auf kunstvolle Weise deutlich, dass es keineswegs nur um die Unterscheidung zwischen Realität und Fiktion geht. Diese althergebrachte und nicht auszurottende Scheidung scheint mir eher das Eigentliche zu verdecken, um das es in der Literatur geht. Wir kommen, so glaube ich, auch nicht aus der begrifflichen (und hermeneutischen) Klemme, wenn wir im Sinne Goethes an die Stelle des Begriffs der Realität den der Wahrheit und an die Stelle der Fiktion die Dichtung setzen.

Denn längst ist klar, dass es viele Wahrheiten gibt, dass Wahrheit plural ist und nicht so einfach der Lüge entgegengestellt werden kann – womit ich *gerade nicht* sagen will, dass man *Fakes* von *Fakten* nicht unterscheiden könne. Die Pluralität von Perspektiven der Realität gilt es streng fernzuhalten von gefälschten Realitäten, und genau dies macht es notwendig, mit einem komplexen Begriff von Realität und dargestellter Wirklichkeit zu arbeiten. Ein Beispiel hierfür ist ein schöner Band aus der Feder Vargas Llosas: *Die Wahrheit der Lügen, La verdad de las mentiras.*[13] Wenn wir an die Stelle des Begriffs der Realität den des Lebens setzen, so scheint mir allerdings eine neue Möglichkeit eröffnet, Literatur viel besser und viel tiefer zu verstehen.[14] Wenn *Leben* – und

---

[13] Vgl. Vargas Llosa, Mario: *La verdad de las mentiras. Ensayos sobre la novela moderna.* Lima: Promoción editorial Inca 1993 (auch Barcelona: Seix Barral 1990).
[14] Vgl. hierzu meine Programmschrift zur Literatur als Lebenswissen und die wichtigen Diskussionsbeiträge zu dieser Debatte in Asholt, Wolfgang / Ette, Ottmar (Hg.): *Literaturwissenschaft als Lebenswissenschaft. Programm – Projekte – Perspektiven.* Tübingen: Gunter Narr Verlag 2010.

nicht Realität oder Wahrheit – zu einem zentralen Begriff der Literaturtheorie wird, dann kann ein Begriff wie Fiktion oder Dichtung nicht genügen, um die wechselseitige Durchdringung beider scheinbar voneinander getrennten Bereiche darzustellen.

Ich möchte daher den Begriff des Lebens mit dem des *Erfindens* in eine Wechselbeziehung setzen und beide Begriffe aus ihrer wechselseitigen Durchdringung und Bedingung heraus verstehen. Denn *Erfindung* beinhaltet selbstverständlich *Fiktion*, versteht diesen Begriff aber auch im experimentellen Sinne einer Erfindung, wie wir dies aus den Natur- oder den Technikwissenschaften kennen. Eine Erfindung steht keineswegs einfach im Bereich des Imaginären, Chimärischen, des Lügenhaft-Fiktionalen, sondern hat sehr wohl vielfältige Beziehungen zur Realität und zum gesellschaftlichen wie individuellen Leben aufzuweisen. Wir müssen dem Begriff der Erfindung gerade auch mit Blick auf die Literatur den Wert des Erfinderischen, des Tüftlerischen und insbesondere des Experimentellen zurückgeben. Eine Erfindung kann im besten Sinne das sein, was die Menschheit einen wichtigen Schritt vorwärts bringt.

Insofern lässt sich der Roman *La Fiesta del Chivo* als eine Erfindung verstehen, in der ein Wissen vom Leben und über das Leben als Wissen vom Leben im Leben selbst in Szene gesetzt wird, wobei dies ein Wissen hervorbringt, das als Erlebenswissen sinnlich nachvollziehbar und für eine heterogene Leserschaft miterlebbar wird. Der historiographische Diskurs, der ohnedies nicht ‚literaturfrei' ist, insoweit er sich literarischer Verfahren bedient, wie wir seit Hayden White wissen,[15] ist damit nicht abserviert. Er wird aber im Sinne eines Experiments spezifisch so angeordnet, dass ein Wissen von einer Zeit gleichsam experimentell durchgespielt und in seinen Konsequenzen für das Leben auf unterschiedlichsten Ebenen erfahrbar gemacht wird. Literatur vermittelt uns damit nicht nur ein Wissen, wie eine konkrete historische Diktatur sich entwickelt hat oder wie ein autoritäres oder totalitäres System funktioniert, sondern darüber hinaus, wie es sich anfühlt, in einer Diktatur zu leben, welches die Bedingungen für ein Leben in autoritären Systemen sind und auch, wie sich Widerstand gegen derartige Systeme formieren kann und dies von den Trägern dieses Widerstandes erlebt wird.

Eine Erfindung ist also keineswegs nur das Erfundene im Sinne des Erschwindelten oder Erlogenen, sondern zugleich – im Verständnis der Natur- und Technikwissenschaften – das neuartig Hervorgebrachte, das es erlaubt, eine kreative Antwort auf eine spezifische Problemlage ebenso auf gesellschaft-

---

15 Vgl. hierzu u. a. White, Hayden: *Tropics of Discourse. Essays in Cultural Criticism.* Baltimore – London: The Johns Hopkins University Press 1982.

licher wie auf individueller Ebene zu geben. Im selben Maße ist der Roman von Mario Vargas Llosa die Antwort auf das Rätsel, an dessen Lösung sich Urania gemacht hat, ganz so – wie wir in diesem Teil unserer Vorlesung noch sehen werden – wie Domingo Faustino Sarmientos *Facundo* gleich zu Beginn jenes Rätsel des Caudillo, des Gewaltherrschers, zu lösen verspricht, das nur die Literatur lösen kann. Dies zumindest behauptet die Erzählerstimme des zum damaligen Zeitpunkt aus dem Argentinien der Rosas-Diktatur verbannten Sarmiento.

Dabei geht in das Erfundene zweifellos das Gefundene, also die Dokumentation, die Quellenarbeit, die Recherche und damit auch der historiographische beziehungsweise akademisch disziplinierte Diskurs ein. Gleichzeitig entsteht etwas Neues, ein Verstehens-Modell, das es erlaubt, unterschiedliche Logiken zugleich zu begreifen, hochkonzentriert und nacherlebbar nachzuvollziehen. Hieraus erklärt sich die Faszinationskraft der Literatur – wenn man sie denn als Experimentierfeld und Erprobungsraum von Wissen versteht. Und genau dies wollen wir tun!

Der mit dem neuen Jahrtausend erschienene Roman *Das Fest des Ziegenbocks* vermag es, die Ära Trujillo aus unterschiedlichsten Perspektiven zu beleuchten und lebenswissenschaftlich zu befragen. Quer durch den Roman ziehen sich Erinnerungen derer, die auf den Diktator in einem geparkten Auto warten, um ihn – dem sie oft über lange Jahre dienten – im Kugelhagel ihrer Gewehre sterben zu lassen. Jeder von ihnen hat eine andere Vision jener Grausamkeiten, deren Komplizen sie alle doch über lange Jahre waren. Jeder von ihnen besitzt seine eigene Wahrheit, seine eigene Sicht auf jene Dinge, die ihn dazu veranlassten, sich gegen die Trujillo-Diktatur aufzulehnen und zu erheben, zum Attentäter zu werden.

Auch Urania muss erst noch lernen, dass sie, die sich ihrem Vater gegenüber so selbstsicher und kritisch verhält, ihrerseits von jenen Verwandten kritisiert wird, die bei ihrem Vater blieben und die Ära Trujillo aus Sicht derer beurteilen, die damals unter der Diktatur im Großen und Ganzen gut lebten und vom autoritären System profitierten. Doch nach dem gewaltsamen Machtwechsel verloren sie ihre gesicherten Posten und Pöstchen und mussten lernen, mit den veränderten gesellschaftlichen und politischen Bedingungen eines Systems klarzukommen, das sich noch für lange Jahre im Übergang befand, in dem sich Trujillos Helfershelfer zunehmend geschickter neu als gesellschaftliche Elite konstituierten.

So haben Uranias Verwandte eine gänzlich andere Sichtweise auf die politischen und historischen Entwicklungen entfaltet und eine völlig differente Beurteilung der gesellschaftlichen Veränderungen entwickelt; Perspektiven, die mit Uranias Anspruch auf historische Wahrheit in Konkurrenz zu dem von außerhalb, von New York aus entwickelten Einsichten treten. Der Roman orchestriert diese polyphone, vielstimmige Anlage meisterhaft und lässt nacherleben, wie unter den gegebenen Herrschaftsbedingungen ein viellogisches Panorama der Ära Trujillo entstehen konnte.

Dabei bedeutet die Präsenz unterschiedlicher Logiken keineswegs, dass diese einander auf Augenhöhe begegneten und gleichrangig zu beurteilen wären. Einige der Perspektiven erweisen sich durchaus als hauptsächlich interessegeleitet: Es ist daher nötig – und dies ist die Aufgabe der Leserinnen und Leser des Romans –, ihre jeweiligen Blickpunkte und historischen Verankerungen zu durchschauen, um der Pluralität der Wahrheiten Grenzen zu setzen. Der Roman lässt die ganze Brutalität und Menschenverachtung von Trujillos Diktatur nacherleben. Gleichzeitig wird auch eine Sicht entwickelt, in der ihre Verharmlosung in postdiktatorialen Zeiten wunderbar vorgeführt wird. So antwortet die Kusine Lucindita auf Uranias Anklagen gegen ihren Vater sehr klar und deutlich:

> – Ich weiß nicht, warum Du das mit den Monstrositäten sagst, murmelt sie verwundert. vielleicht hat sich mein Onkel geirrt, als er ein Anhänger Trujillos wurde. Jetzt sagen sie, dass der ein Diktator war und so. Dein Papa diente ihm in gutem Glauben. Obwohl er so hohe Ämter bekleidete, hat er dies nie ausgenutzt. Oder hat er es vielleicht getan? Seine letzten Jahre verbringt er jedenfalls so arm wie ein Hund, und ohne Dich wäre er in einem Altersheim.
> Lucinda versucht, ihre Abscheu zu kontrollieren, die sich ihrer bemächtigt hat. [...]
> – Ich weiß sehr wohl, dass mein Papa Trujillo nicht aus Eigennutz diente. Urania kann einen sarkastischen Tonfall nicht vermeiden. Das scheinen mir aber keine mildernden Umstände zu sein. Das macht alles vielmehr noch schlimmer.
> Ihre Kusine betrachtet sie, ohne zu verstehen.
> – Gut, vielleicht hat er sich getäuscht, wiederholt die Kusine, wobei sie mit dem Blick darum bat, das Thema zu wechseln. Erkenn' zumindest an, dass er sehr anständig war. Er ging auch nicht damit konform, wie so viele andere ein großspuriges Leben unter allen Regierungen, vor allem unter den drei Regierungen Balaguer, zu führen.[16]

Wir werden auf diese Weise in Dialogform mit verschiedenen Logiken konfrontiert, die wir genauer noch als Logiken des Erlebens klassifizieren können, eines gänzlich differierenden Erlebens, das narrativ und diskursiv unterschiedlich eingeführt wird. Die Figuren des Romans werden nicht nur mit unterschiedlichem Lebenswissen ausgestattet, sondern zugleich auch mit unterschiedlichem Erlebenswissen, also mit einem Wissen, das das voneinander abweichende Erleben derselben Situationen zugleich entfaltet und nachvollziehbar macht. In dieser Doppelfunktion scheint mir der eigentliche Kern des Erlebenswissens zu liegen, wie es die Literaturen der Welt seit Tausenden von Jahren quer durch die Kulturen und die Sprachen entfalten.

---

16 Vargas Llosa, Mario: *La Fiesta del Chivo*, S. 206.

Erzähltechnisch wird dieses Erlebenswissen sehr häufig im Roman dergestalt in Szene gesetzt, dass durch Wechsel der Erzählperspektive das jeweilige Erleben derselben Vorgänge unterschiedlich herauspräpariert und nicht selten direkt miteinander konfrontiert wird. Dies erfolgt einerseits so, dass ganze Kapitel oder zumindest längere Sequenzen nun aus der Perspektive einer Romanfigur erzählt werden, wobei die der Leserschaft zuvor schon bekannten Ereignisse nun in einem ganz neuen Licht erscheinen. Hier bedient sich die Literatur also des Verfahrens oder der List, ganz einfach sukzessiv verschiedene Darstellungsweisen als Erlebensformen zu inszenieren, wodurch ein Erlebenswissen produziert wird, das für die Leserinnen und Leser nachvollziehbar ist. Es muss nicht durch die Stimme(n) von Erzählern miteinander vermittelt werden, sondern kann in direkter Rede unmittelbar und unvermittelt aufeinander prallen. Eben dies ist in obigem Zitat der Fall.

Man könnte in *La Fiesta del Chivo* eine Vielzahl derartiger Schreibformen und Verfahren identifizieren und beispielhaft untersuchen, um ein möglichst vielgestaltiges und komplexes Erlebenswissen aufzuzeigen, welches die Widersprüchlichkeiten einer viellogischen Perspektivik ungefiltert – wenn auch vom Autor arrangiert – aufeinander prallen lässt. Um dies genauer vorzuführen und zu untersuchen, wäre es ein Leichtes, die unterschiedlichen Folterszenen heranzuziehen, die an exzessiver Grausamkeit und Brutalität nichts zu wünschen übrig lassen. Diese Folterungen dehnen sich immer wieder über lange Passagen des Romans aus und lassen erkennen, welche ‚Regierung' dieses Regime von Diktator Trujillo war, auch wenn es von der Familie des Senators Cabral doch nachträglich so verharmlost wird. Die Positionen der Familie Cabral werden im Erzähltext zwar kenntlich gemacht, können durch einen Vergleich mit anderen Sichtweisen und Erfahrungen aber nicht für sich beanspruchen, ein allein wahrheitsgemäßes Bild der Ära Trujillo wiederzugeben. Es ist notwendig, sich ein solches Bild, das den verschiedensten Wahrheiten Rechnung trägt, aus unterschiedlichen Teilen und Fragmenten jeweils wie in einem Puzzle kritisch zusammenzustellen. Erst dann kann aus den Wahrheiten gelebter und erlebter Situationen ein komplexes und zugleich getreues Panorama der Ereignisse entstehen.

Ich möchte Ihnen zum Abschluss unseres Parcours eine Passage aus dem letzten Kapitel des Romans vorführen und daran zeigen, wie komplex die unterschiedlichen Perspektiven ineinandergeblendet werden können. Dabei entsteht ein höchst kunstvolles Gewebe an Blicken und Zeiten, an Perspektiven und Erfahrungen, wobei all dieses Wissen als Erlebenswissen zirkuliert wird. Dies ist weit mehr, als Geschichtsschreibung zu leisten und zu bieten vermag: Der Roman wird zu jenem Experimentierraum, in welchem nicht mehr nur die Darstellung von dokumentierter Wirklichkeit, sondern die literarische Darstellung gelebter und erlebter Wirklichkeiten lebendig in Szene gesetzt wird.

Vor der folgenden Szene kann Urania ihren Familienangehörigen nur erklären, warum sie sich ihrem Vater und ihrer Familie gegenüber so abweisend verhält, indem sie erläutert, was sie selbst erlebt hat und nicht mehr vergessen kann. Es ist die Kommunikation dieses Erlebenswissens als erzähltes Erlebenswissen, als narrative Struktur, das so entscheidend ist für den gesamten Roman. Die unterschiedlichen Formen narrativen Wissens erzeugen dort jene offene polylogische Strukturierung, die bisweilen wie ein kubistisches Gemälde wirkt und einen Gegenstand von allen Seiten porträtiert. Wir hatten zu Beginn unserer Untersuchung schon gesehen, dass es durchaus im Bereich des Möglichen ist, dass Senator Cabral es toleriert haben könnte, dass sich Diktator Trujillo von Zeit zu Zeit sexuell seiner Frau, Uranias Mutter, bemächtigte.

Urania stellt sich in Abwägung aller verfügbaren Informationen vor, dass sich ihre Mutter gegen diese geduldete Vergewaltigung wehrte. Doch sie kann sich dieser Tatsache nicht sicher sein, da es mit Ausnahme ihres Vaters keine Zeugen gibt, die dazu Aussagen machen könnten. In diesem Falle – und der Roman spricht dies nur an, aber nicht aus – könnte sogar Urania selbst die Tochter des Generalissimus Trujillo sein, der als ‚Ziegenbock' – daher kommt dieser Spitzname – auf der ganzen Insel uneheliche Kinder hinterließ, also überall Leben zeugte.

Wir nähern uns nun der für Urania entscheidenden Szene ihres Lebens. Als das noch junge Mädchen gerade einmal vierzehn Jahre alt ist, fällt ihr Vater, Agustín Cabral, in Ungnade, wahrscheinlich aus einer puren Caprice des Diktators heraus, der seine Helfershelfer von Zeit zu Zeit derartigen Proben und Experimenten unterwarf. Nachdem alle Versuche scheiterten, wieder in die Gunst Trujillos zu gelangen, der Cerebrito Cabral aus allen Ämtern entfernen und sein Vermögen sperren ließ, kommt schließlich jener alt gewordene Dandy Manuel Alfonso ins Spiel. Dieser pflegte dem Diktator immer junge, mit Vorliebe jungfräuliche Mädchen zuzuführen. Er schlägt nun Agustín Cabral vor, als Zeichen der Unterwürfigkeit und der absoluten Treue Trujillo die eigene Tochter zur Entjungferung anzubieten, ist doch der Chivo auf derartig für ihn vorgesehene Mädchen besonders lüstern. Cerebrito könnte auf diese Weise wieder der Gunst und Gnade des Diktators teilhaftig werden. Die Versuchung für den alleinstehenden Vater mit Tochter ist gewaltig.

Agustín Cabral, das wissen wir längst, ist ein Gesinnungstäter. Er hat keinerlei Vorbehalte, an einem autoritären System zu partizipieren, das an den Interessen eines einzigen Mannes und gewiss auch einer kleinen herrschenden Klasse ausgerichtet ist und alle Mittel staatlicher Gewalt einsetzt, um diesen Interessen zu dienen. Cabral ist an Trujillo und dessen Politik ausgerichtet, ja ist dem Diktator geradezu hörig, obwohl er eigentlich ein schlaues Köpfchen ist, wie sein Spitzname schon besagt. Ohne seinen Herrn und Meister Trujillo aber ist Cerebrito verlassen und hilflos – und verzweifelt, da er nicht weiß, wie er die Gunst Trujillos wiedergewinnen könnte...

Wenn wir alle Indizien, die uns der Roman an die Hand gibt, zusammenrechnen, dann ist es keineswegs unwahrscheinlich, dass dieser Cabral schon früher seine Frau zugunsten seiner eigenen Karriere in der Diktatur dem Gewalthaber Trujillo aufgeopfert haben dürfte. Der frühe Tod der Mutter Uranias mag hierfür ein weiteres Indiz sein. Im selben Sinne ist es nicht nur sehr wahrscheinlich, sondern offenkundig und sicher, dass Cabral auch seine vierzehnjährige Tochter Uranita den Gelüsten des Diktators preisgab. Denn diese wird kurz nach der Entscheidung ihres Vaters, der vorsichtshalber im Badezimmer verschwindet und sich von seiner Tochter nicht mehr verabschieden will, abgeholt und in das Landhaus des Diktators verbracht. Mit allen Ehren selbstverständlich, um sie auf ihr unentrinnbares Schicksal als Opfer eines quasi offiziellen sexuellen Missbrauchs einzustimmen.

Spätestens an dieser Stelle von *La Fiesta del Chivo* beginnt das Lesepublikum zu begreifen, was Uranias fundamentalstes und zugleich intimstes Problem ebenso mit der Diktatur wie mit ihrem einst so generösen und liebevollen Vater ist: Dass sie von ihrem eigenen Papa einem siebzigjährigen Mann zum Fraß vorgeworfen wurde, allein um die politische Laufbahn des *Cerebrito* Cabral wiederherzustellen. Dass Urania mithin einem sexuellen Missbrauch zugeführt wird, der möglicherweise durch ihren eigenen leiblichen Vater, den Diktator Trujillo, vollzogen werden soll.

Von dieser genealogischen Verbindung wissen zum Zeitpunkt dieser Ereignisse freilich weder Trujillo noch die kleine Uranita, die jedoch bange ahnt, was an ihr vollzogen werden wird. Gleichzeitig beginnt man zu begreifen, dass die spindeldürre, körperlich noch nicht sehr entwickelte, aber blendend schöne Urania jenes dürre Skelett ist, das bereits zu Beginn des Romans als Alptraum Trujillos aufscheint. Dieser sinniert voller Wut jener Szene nach, als er das dürre Skelett eines Mädchens in seiner Casa de Caoba unter sich hatte, im Bett seines luxuriösen Mahagony-Hauses. Alptraumartig durchlebt er immer wieder diese Szene, wie er im Angesicht der Verängstigten impotent wird und diese junge Frau nicht wie all die anderen nehmen kann. Dies signalisiert einen Verlust an männlicher Potenz, welcher der Ermordung des Ziegenbockes vorausgeht und bereits das erfolgreiche Attentat auf den dominikanischen Gewaltherrscher ankündigt.

Die schreckliche Szenerie wird in Vargas Llosas Roman in allen Einzelheiten beschrieben. Dass Trujillo in seiner Grausamkeit und Rachsucht die Jungfräulichkeit des Mädchens dabei mit seinen Händen zerstört, ist hier nur ein Detail. So sehen wir ganz am Ende von *La Fiesta del Chivo* den Diktator plötzlich nackt und impotent vor uns liegen in einer Szene, die wir nicht nur aus dem Blickwinkel von Urania erleben und nacherleben, sondern in einer intimen Erzählung, mit der sich Urania im Familienkreis endlich – zum ersten Mal in ihrem Leben – erleichtert und Luft verschafft. Auf diese Weise werden kunstvoll die verschiedensten Ebenen von Raum und Zeit im Roman miteinander verwoben und Formen des Erlebens miteinander konfrontiert, welche die ganze erzählerische Virtuosität des peruanischen Literaturnobelpreisträgers demonstrieren. Wenden wir uns folglich diesem Zitat zu, das in gewisser Weise den gesamten Roman krönt und die verschiedensten Isotopien von *La Fiesta del Chivo* zusammenführt:

> Urania faszinierte diese Brust, die sich hob und senkte. Sie versuchte, seinen Körper nicht anzuschauen, doch ihre Augen liefen bisweilen über seinen etwas schlaffen Bauch, seine weiß gewordenen Schamhaare, das kleine tote Geschlechtsteil und die unbehaarten Beine. Das also war der Generalissimus, der Wohltäter des Vaterlandes, der Vater des Neuen Vaterlandes, der Restaurator der Finanziellen Unabhängigkeit. Dies war der Chef, dem Papa über einen Zeitraum von dreißig Jahren voller Hingabe und Loyalität gedient und dem er das delikateste Geschenk gemacht hatte: seine vierzehnjährige Tochter. Doch die Dinge ereigneten sich nicht so, wie es der Senator erhofft hatte. So dass er – und dies freute Urania im Herzen – Papa nicht rehabilitieren würde; vielleicht würde er ihn ins Gefängnis werfen, vielleicht sogar ermorden lassen.
> – Plötzlich hob er den Arm und schaute mich mit seinen roten, geschwollenen Augen an. Ich bin jetzt neunundvierzig Jahre alt und zittere doch noch immer. Ich habe seit diesem Augenblick fünfunddreißig Jahre lang gezittert.
> Sie streckt ihre Hände vor, und ihre Tante, ihre Kusine und ihre Nichte können es bezeugen: Sie zittern.
> Überrascht und hasserfüllt schaute er sie an, wie eine bösartige Erscheinung. Seine Augen waren rot, feurig, starr und froren sie fest. Sie konnte sich nicht bewegen. Der Blick von Trujillo musterte sie, ging hinab bis zu ihren Schenkeln, sprang auf die Decke mit kleinen Blutflecken und traf sie erneut wie ein Blitz. Vom Ekel erstickt, befahl er ihr:
> – Auf, wasch Dich, siehst du, wie Du das Bett zugerichtet hast? Los, hau ab hier!
> – Es war ein Wunder, dass er mich gehen ließ, überlegte Urania. Nachdem sie ihn verzweifelt, weinend, sich beklagend und über sich selbst erbarmend gesehen hatte. Ein Wunder der Schutzpatronin, Tante.
> Sie erhob sich, sprang vom Bett auf, raffte die über den Boden verstreuten Kleider zusammen, rammte eine Schublade, stand würgend im Badezimmer. [...] sie hielt sich nicht damit auf, sich sauberzumachen; er könnte seine Meinung ändern. Loslaufen, raus aus dem Mahagoni-Haus, entfliehen.[17]

In dieser Passage fallen die häufigen Perspektivenwechsel auf. Zum einen ist es Urania, die ihren Verwandten von den Vorkommnissen in der *Casa de Caoba*

---

17 Vargas Llosa, Mario: *La Fiesta del Chivo*, S. 510f.

berichtet, zum anderen aber auch zumindest eine Erzählerstimme, die unverkennbar eine andere Perspektive einnimmt und zugleich in der Lage ist, Uranias Erzählposition zu reflektieren. Das gesamte letzte Kapitel von *La Fiesta del Chivo* ist durchsetzt von derartigen Perspektivwechseln, die das ungeheuerliche Geschehen, in welchem sich alle Sinn- und Verständnisebenen des Romans bündeln, unterschiedlich beleuchten.

Bereits die Erzählerposition von Urania muss zumindest aufgespalten und damit verdoppelt gedacht werden. Da ist zum einen die Perspektive der jungen, vierzehnjährigen Uranita, die den nackten Diktator betrachtet und kaum ihre Augen von dessen altem Körper abzuwenden vermag. Wo an diesem Körper kann all die Macht lokalisiert werden, die dieser Gewaltherrscher besitzt, wo die Angst, die selbst noch die mächtigsten Dominikaner durchzuckt, wenn sie an die von der Propaganda errichtete heldenhafte Gestalt Trujillos denken? Zum anderen ist da die Perspektive der Neunundvierzigjährigen, der beim Gedanken an diese Szene noch immer die Hände zittern und die doch nicht von diesem Bild im Schlafzimmer des Landhauses lassen kann, das sich ihr eingebrannt hat. Es ist die Perspektive einer Frau, die ihren Verwandten zu erklären versucht, was sie nach all den Jahren noch immer umtreibt und warum sie ihrem todkranken Vater nicht verzeihen kann.

Es gibt aber auch die Perspektiven von Uranias Tante Adelina, die Perspektive ihrer Kusine sowie der kleinen, liebgewonnenen Nichte, die sie in der obigen Passage auch als Tante anspricht. Daneben spricht zumindest eine hier identifizierbare Erzählerstimme, deren Aufgabe es ist, die unterschiedlichen Perspektivwechsel zu koordinieren und zu orchestrieren. Es gehört zu den wichtigen Kräften und zum bisweilen magisch zu nennenden Vermögen der Literatur, durch komplexe Verfahren des Erzählens nicht nur die Erzählenden selbst in immer neue Perspektivwechsel einzubinden. Denn es sind vor allem auch die angesprochenen Leserinnen und Leser des Romans, die in diese Perspektivenvielfalt eingetaucht sind, ohne sich doch stets all der Blickpunkte bewusst zu sein, mit denen sie konfrontiert werden.

Bedeutungsvoll sind vor allem die Wechsel zwischen erlebendem und erzählendem Ich, wobei das zuletzt genannte selbstverständlich zugleich auch ein nacherlebendes und damit neu erlebendes Ich ist, welches uns von seinen Empfindungen und Reflexionen berichtet und uns an seinem inneren Leben teilhaben lässt. Gleichzeitig werden romanintern Reaktionen einer Zuhörerschaft oder einer Leserschaft eingebaut, die sie als eigenes Erlebenswissen konfigurieren. Denn alle Figuren erleben die Erzählung Uranias auf andere Weise.

Vielleicht am eindrucksvollsten bleibt das Erleben der kleinen Nichte Uranias, die am Ende dieser Szene, beim Abschied, ihren kleinen schmächtigen Körper, der an den kleinen schmächtigen Körper der vierzehnjährigen Uranita erinnert, an die

Tante aus dem fernen New York drückt. Mit dieser verständnisvollen und von der Diktatur nicht mehr geprägten Nichte wird der Kontakt zwischen der Insel Manhattan und der Heimatinsel von Cerebritos Tochter sicherlich aufrechterhalten werden. Dies zumindest nimmt sich Urania vor, die am Ende des Romans – ganz wie zu Anfang – wieder aus ihrem Hotelzimmerfenster aufs Meer der Karibik blickt. Diesmal freilich nicht auf ein Meer vor, sondern auf ein Meer nach dem Sonnenuntergang. Der Kreis ist geschlossen, die Erzählung ist zu Ende... und mit ihr fast auch schon die heutige Vorlesung!

Denn es gibt nur noch wenig hinzuzufügen: Der Kreislauf des Lebens hat sich geschlossen und öffnet sich wieder auf neue Kreisläufe von Geburt, Leben, Sterben und Tod. An die Stelle der Tochter Cabrals wird die kleine Nichte treten und mit demselben Vertrauen in ihre Verwandten, mit denselben Hoffnungen auf die Zukunft wie einst Urania in das Leben treten. Das *Fest des Ziegenbocks* ist für sie nur noch eine Erzählung, wie sie die Älteren vortragen, eine Erzählung von Macht und Gewalt – und vor allem von den Strukturen eines autoritären Systems, das die Leben aller auf dieser Karibikinsel geprägt und modelliert hat. Es ist die sich unendlich wiederholende Geschichte von Menschen – und Sie brauchen nur einmal kurz die Liste gegenwärtiger Potentaten auf diesem Planeten im Geiste durchzugehen –, die sich in den Netzen eines Gewaltherrschers verfingen und verstrickten. Sie taten dies, weil sie nicht mehr – wie die vierzehnjährige Uranita – ihren Blick auf den nackten Körper der Macht werfen konnten, sondern nur noch den bedrohlichen, von der Propaganda aufgeblasenen Körper nackter Gewalt zu sehen vermochten.

Esteban Echeverría oder das christologische Martyrium der Aufopferung

Machen wir an dieser Stelle unserer Vorlesung wie angekündigt einen Sprung aus dem Jahr 2000 an den Beginn des 19. Jahrhunderts, von der Dominikanischen Republik nach Argentinien, um die literarischen Ursprünge und ‚Herkünfte' des lateinamerikanischen Schreibens über autoritäre Systeme besser kennenzulernen. Dieser Sprung ist nur auf den ersten Blick ein recht großer, denn wir werden – wie Sie gleich sehen – eine ganze Reihe historischer Kontinuitäten erleben. Die erste davon – in einem Jahrhundert, das von der Desakralisierung des Sakralen und der Resakralisierung des Profanen lebt[1] und daraus eine wichtige Quelle der Inspiration zieht – betrifft gleich im ersten unserer Texte die durchaus als mobil zu verstehende Raumstruktur.

Denn in Esteban Echeverrías Novelle[2] *El Matadero*, zu Deutsch: *Das Schlachthaus*, werden wir es mit einer geschlossenen Raumstruktur zu tun haben, innerhalb derer die nackte Gewalt herrscht. Ich darf Ihnen schon jetzt verraten, dass diese geschlossene Struktur wie ein Labor oder Experimentalraum funktioniert, in welchem die Mechanismen brutaler Autorität bis hin zum Gewaltexzess, ja bis zum Blutrausch genauestens erforscht werden können. Wieder also ist die Fiktion als eine *Erfindung* zu verstehen, die im Dienste der Forschung und Erforschung steht. Die historischen, sozialen, kulturellen und politischen Kontexte freilich haben sich gegenüber Mario Vargas Llosas *La Fiesta del Chivo* sehr stark gewandelt. Doch sehen wir uns diese erzählerische Konfiguration an den Ursprüngen des lateinamerikanischen Diktatorenromans nun etwas näher an!

Auch wenn wir uns bereits in unserer Romantik-Vorlesung sehr ausführlich mit Esteban Echeverría beschäftigt haben, müssen wir gleichwohl auch in unserer aktuellen Vorlesung in der gebotenen Kürze bestimmte Kontexte rekonstruieren, um ein Verständnis der gesamten Novelle zu erleichtern. Folgt man nicht allein den Spuren des Diktatorenromans in Lateinamerika, sondern auch des lateinamerikanischen Romans im Allgemeinen zurück ins 19. Jahrhundert, dann ist eine Auseinandersetzung mit *El Matadero* unausweichlich. Auch wenn diese Novelle 1839 und 1840 in einer Art innerem Exil des argentinischen Autors entstand, war auf Grund der späten, posthumen Veröffentlichung von *Das Schlachthaus* die Wirkung auf die frühen Ursprünge der Literatur in Argentinien

---

[1] Vgl. zu dieser Problematik den gesamten vierten Band der Reihe „Aula" in Ette, Ottmar: *Romantik zwischen zwei Welten*.
[2] Vgl. zur Begründung dieser literarischen Gattungszuordnung das Esteban Echeverría gewidmete Kapitel in ebda., S. 383 ff.

doch begrenzt. Umso stärker wurde sie nach Publikation der Novelle, die sicherlich zum Beeindruckendsten zu zählen ist, was die Literatur Argentiniens im Jahrhundert der Independencia, aber auch im Jahrhundert der langen Rosas-Diktatur hervorgebracht hat.

Es handelt sich bei diesem Erzähltext um eine Novelle, die in ihrem Umfang zweifellos limitiert ist, zugleich aber die Größe einer einfachen Erzählung tendenziell übersteigt. Dabei wird im Gegensatz zum Roman ein räumlich und sachlich eingegrenztes Geschehen dargestellt, welches nicht nur im Sinne Goethes eine „unerhörte Begebenheit" zur literarischen Darstellung bringt, sondern auch auf eine allgemeine Bedeutungsrelevanz abzielt. Denn anders als im „cuento", in der Erzählung, wird wie in der Gattung „novela" eine gesellschaftliche Totalität impliziert, mit der wir uns im Folgenden beschäftigen. *El Matadero* hat weder auf die Geschichte des „cuento" noch der Novelle, der „noveleta", starken Einfluss genommen, sondern auf die Geschichte des lateinamerikanischen Romans. Daher wurde dieser packende Erzähltext auch lange – und wird bisweilen noch immer – als ‚Romanskizze' verstanden und bezeichnet. Es ist mir wichtig, dass sie diese literarhistorische Einordnung und deren Gründe verstehen!

El Matadero erzählt und berichtet uns recht geradlinig und ohne narrative Schnörkel von einer Begebenheit, die wie im Brennglas die Charakteristika der Diktatur von Juan Manuel de Rosas einfängt und zugleich vorführt, wie Gewalt entstehen kann – wie sie durch ideologische Verblendung ins reine Abschlachten, buchstäblich in eine Schlächterei also, gesteigert werden oder abgleiten kann. Der argentinische Autor hat sich ganz auf eine zentrale Handlung konzentriert, die wie eine Achse die gesamte Narration durchquert. Und diese Achse der Gewalt, die in ein Abschlachten Unschuldiger übergeht, bildet das eigentlich Unerhörte, die unerhörte Begebenheit in dieser Novelle des argentinischen Schriftstellers.

El Matadero präsentiert sich von Beginn an als „historia", die sich „por los años de Cristo de 183.." ereignet habe, also in den dreißiger Jahren während der Rosas-Diktatur. Damit erhebt er zugleich Anspruch darauf, mimetisch von einer Geschichte zu erzählen, die sich wirklich in der Heimat des Schriftstellers ereignet habe. Der Autor hatte sich damals von Buenos Aires aufs Land zurückgezogen, da die Repressionen in der argentinischen Hauptstadt enorm zugenommen hatten und vor allem auf Intellektuelle zielten, die wie er wenig Gefallen an der immer radikaleren Diktatur verspürten. Parallel zum Abbildanspruch der Novelle wird von Beginn an eine christliche Isotopie eingeführt, insoweit nicht nur der Name Christi, sondern eine Vielzahl an biblischen und christlichen Elementen über den Text verstreut sind. Diese Isotopie ist gerade im Kontext einer Desakralisierung des Sakralen und einer Resakralisierung des Profanen – wie erwähnt charakteristische Merkmale des 19. Jahrhunderts – von großer Bedeutung.

Es ist Fastenzeit und ein unablässiger Regen geht auf Buenos Aires nieder. Es ist ein Regen, der die Naturgewalten aufruft, wie wir sie aus der Bibel unter der Bezeichnung der Sintflut kennen, einer Strafe Gottes, welche in die jüdischen beziehungsweise christlichen Texte freilich auf intertextuellem Wege aus dem *Gilgamesch-Epos* gelangte. Wir haben diese kosmischen Kräfte der Natur, vor allem aber auch den Regen, der in der lateinamerikanischen Literatur eine so große Rolle spielt, bereits in der Lyrik Pablo Nerudas kennengelernt. An diese Atmosphäre einer *Genesis*, einer Entstehung der Welt, appelliert die Novelle, wenn sie mit diesem biblischen Szenario einsetzt.

Es geht dabei – zumindest auf den ersten Blick – jedoch weniger um die Kräfte des Kosmos als um die schlichte Tatsache, dass in diesem Dauerregen die Versorgung der Hauptstadt mit Lebensmitteln und insbesondere mit Fleisch völlig zusammenbricht. Dies gefährdet auch die Grundlagen der Diktatur, so wie jedes Staatswesen durch Versorgungsengpässe ins Wanken gebracht und destabilisiert werden kann. Insofern kommt dem Wüten der Naturgewalten eine politische Dimension zu.

Abb. 41: Fernando García del Molino: Portrait des Diktators Juan Manuel de Rosas (1793–1877), ca. 1850.

Die Diktatur von Juan Manuel de Rosas dauerte von 1829 bis 1852, wobei der künftige Diktator zunächst als „Gobernador" gewählt wurde und seinen Machtbereich Schritt um Schritt ausweitete. Wir kennen so etwas ja nicht nur aus der lateinamerikanischen, sondern auch aus der deutschen Geschichte – und wir wollen sehr hoffen, dass sich diese Geschichte nicht wiederholt und die Wölfe im Schafspelz auf demokratischem Wege an die Macht gelangen, ohne doch – wie etwa die sogenannte ‚Alternative für Deutschland' – auch nur das geringste Interesse an einer demokratischen Staatsform zu besitzen! Wir werden in der Folge bei Domingo Faustino Sarmiento sehen, wie in dessen Hauptwerk *Facundo* den Gründen für diese argentinische Diktatur nachgeforscht wird. Denn die Literaturen der Welt bemühen sich seit langen geschichtlichen Zeiten, das unter den Menschen immer nach sehr ähnlichen Verfahren aufkommende Problem der Gewalt zu analysieren, um dadurch in Zukunft Schaden von der Menschheit abzuhalten. So ist es auch in diesem Text der argentinischen

„Proscritos" (zu denen ebenso Sarmiento wie Echeverría zählten) das Ziel, Funktionsweise wie Mechanismen autoritärer Herrschaftsformen zu erkennen und herauszuarbeiten. Und just an dieser Stelle stoßen wir auf die Ursprünge des lateinamerikanischen Diktatorenromans, der im Grunde nichts anderes versucht als die Frage zu beantworten, wie es zu autoritären Gewaltsystemen kommen kann und wie man sie verhindern könnte. Eine fundamentale Frage – nicht nur, wenn wir das 19. Jahrhundert, sondern auch das 20. oder 21. Jahrhundert betrachten.

Angetreten unter dem Banner des Föderalismus gegen eine Zentralisierung und von der eigenen Interessenbasis der großen Viehzüchter und „Hacenderos" der argentinischen Pampa ausgehend, führte Rosas' Regierung sehr wohl zu einer massiven Zentralisierung, die geradezu als natürliche Folge einer auf eine einzige Person und deren Kult zugeschnittene Diktatur angesehen werden muss. So zeitigten die bürgerkriegsähnlichen Zustände und Auseinandersetzungen, die sich unmittelbar an die siegreiche Independencia im Bereich des heutigen Argentinien anschlossen, die ständigen bewaffneten Kämpfe und Kleinkriege zwischen verschiedenen Caudillos im Hinterland und zwischen diesen und der wachsenden Rolle des Hafen von Buenos Aires, dessen Bewohner bis heute als „Porteños" bezeichnet werden, zu katastrophalen politischen, gesellschaftlichen und wirtschaftlichen Verhältnissen. Sie mündeten in die Herrschaft des Viehzüchters Rosas und im Exil vieler Intellektueller. Zu diesen argentinischen „Proscriptos" (wie sie später Ricardo Rojas nannte) zählten neben Sarmiento und Echeverría eine ganze Generation, zu der auch der Romancier José Mármol gehörte, der durch seinen Roman *Amalia* berühmt wurde.[3]

Wir haben uns bereits an anderer Stelle ausführlicher mit dem Leben von Esteban Echeverría beschäftigt. Der künftige Denker und Schriftsteller wurde 1805 in Buenos Aires geboren, war also gerade einmal fünf Jahre alt, als die sogenannte „Revolución de Mayo" den Unabhängigkeitswillen von Buenos Aires und Argentinien demonstrierte. Die Werte der Independencia waren Echeverría stets heilig; er sah sie durch die Rosas-Diktatur verraten. Der junge Mann, der unter dem frühen Verlust seines Vaters wie seiner Mutter sowie unter chronischen Herzproblemen litt, profitierte von einem Stipendium Rivadavias, der schon vor seiner Zeit als erster Präsident Argentiniens 1826 und 1827 junge Intellektuelle dadurch fördern wollte, dass er ihnen einen Aufenthalt in Paris beziehungsweise

---

3 Interpretationen von José Mármols *Amalia* finden sich ebenso in den meinen Vorlesungen zu *LiebeLesen* (S. 496 ff.) wie zur *Romantik zwischen zwei Welten* (S. 659 ff.).

Abb. 42: Ernest Charton: Portrait von Esteban Echeverria (1805–1851).

Frankreich ermöglichte. Nach dem geokulturellen Dominantenwechsel am Ausgang des 18. Jahrhunderts war längst nicht mehr Madrid, sondern in postkolonialen Zeiten definitiv Paris für die Argentinier wie für alle Lateinamerikaner zur Richtschnur und kulturellen Orientierung geworden. Man kann sagen, dass die „Ville-lumière" bis in die letzten Dekaden des 20. Jahrhunderts für die Lateinamerikaner die eigentliche kulturelle Hauptstadt blieb. So schiffte sich Echeverría laut Zollunterlagen 1825 als ‚Kaufmann' ein und kehrte 1830 als ‚Literat' wieder in seine Heimat zurück – übervoll an literarischen Erfahrungen und vielen Plänen für Literatur und Politik, die er in den nachfolgenden Jahren umzusetzen suchte. Aus dem stark von den Idealen der Aufklärung und vom „Neoclasicismo" geprägten jungen Literaten war ein zutiefst von der Romantik und der „Bataille d'Hernani" beeinflusster Schriftsteller geworden, der keineswegs französische Themen nach Argentinien verpflanzen, sondern eigene Formen für seine romantischen, politischen wie literarischen Vorstellungen suchen wollte. Doch bedeutete Paris für den noch jungen Argentinier zweifellos die eigentliche Geburt als Schriftsteller.

Die *Amerikanisierung* seiner romantisch-europäischen Vorstellungen verlief bei Echeverría stark über die literarische Darstellung der amerikanischen Natur und argentinischer Landschaften, wie wir sie etwa in seinem Langgedicht *La*

Cautiva erleben können.[4] Wie viele seiner romantischen Idole, wie ein Lord Byron, Victor Hugo oder Chateaubriand, verband er das literarische Schreiben mit starkem politischen Engagement, das sich auf die Verhältnisse vor Ort im postkolonialen Argentinien bezog.

Damit war eine Frontstellung Echeverrías gegen die am Río de la Plata herrschende Rosas-Diktatur schon vorprogrammiert. Die Beziehung zwischen Schreiben und Macht sowie der Anspruch des Schreibenden auf politische Macht werden zentrale Themen von Echeverrías rastloser Tätigkeit sein, zugleich aber die gesamte Generation der Proskribierten im Exil umtreiben. Nicht nur die „Federales", sondern auch die politisch lange Zeit unterlegenen „Unitarios" werden politische Diskurse entwickeln, die von schroffen Gegensätzen geprägt und niemals auf Konsens hin angelegt sind. In den unmittelbar postkolonialen Zeiten bilden sich überall im künftigen Lateinamerika politische Systeme heraus, welche entweder die Herrschaft der einen oder der anderen Partei mit Hilfe demokratischer oder auch autoritärer Mittel begünstigen. Eine Konsensbildung, wie wir sie etwa in der demokratischen Ordnung der bundesrepublikanischen Nachkriegszeit verankert und entwickelt sehen, ist nicht das Ziel politischer Willensbildung in den jungen lateinamerikanischen Staaten. Vielmehr ist es ein Entweder-Oder, das oft genug in blutige Auseinandersetzungen einmündet – ein gravierendes Problem, das sich seit der Independencia durch die politische Geschichte der allermeisten lateinamerikanischen Länder zieht. Eine Lösung dieses Problems ist angesichts einer unter den lateinamerikanischen Eliten weit verbreiteten Korruption nicht in Sicht.

Wir müssen diese grundlegende und zumeist aus den ersten Jahrzehnten nach der Unabhängigkeit ererbte Grundstruktur verstehen, um begreifen zu können, dass Echeverrías Novelle keineswegs eine kühle, distant analysierende Laborsituation simulieren will, in welcher die Diktatur von Juan Manuel de Rosas auf den Prüfstand gestellt wird. Vielmehr ist *El Matadero* wie das gesamte Schreiben Echeverrías in die politischen Kämpfe seiner Zeit eingebunden und ergreift sehr wohl Partei in den Auseinandersetzungen um die Macht in Argentinien. Als die politische Repression der Rosas-Diktatur zunehmend blutrünstiger wurde, löste sich ein von Echeverría mitbegründeter offener Zirkel von Schriftstellern auf. Doch Echeverría versammelte konspirativ eine Gruppe junger Intellektueller im Sommer 1837 um sich, gerade drei Monate vor Erscheinen seines erwähnten Langgedichts *La Cautiva*, das großen Einfluss auf die romantische Generation der argentinischen Literaturgeschichte ausüben sollte.

---

4 Vgl. zu einer Interpretation dieses Gedichts das Kapitel in Ette, Ottmar: *Romantik zwischen zwei Welten*, S. 404 ff.

Diese Gruppe nannte sich zunächst „Joven Generación Argentina" und wurde später umgetauft zu jener Bezeichnung, unter welcher sie in die Geschichtsbücher eingehen sollte: *Asociación de Mayo*. In diesem Zirkel war die literarische Arbeit eng mit der politischen verbunden; ebenso ästhetische wie wirtschaftliche, soziale oder politische Probleme wurden diskutiert. Doch bereits im Folgejahr wurde es unter der Diktatur zu gefährlich für ihre Mitglieder, sich weiterhin zu treffen; und so flüchteten einige ihrer prominentesten Köpfe entweder ins benachbarte Montevideo oder über die Anden nach Chile ins Exil. Echeverría selbst wählte zunächst die ‚innere Emigration' und verlegte seinen Wohnsitz aufs Land, wo unter anderem auch *El Matadero* entstand. Doch bald musste auch er das Land verlassen, hatte er sich doch an einer fruchtlosen Militäraktion des General Lavalle beteiligt: An Bord einer französischen Fregatte erreichte er die Banda Oriental, das von Argentinien abgefallene Uruguay, wo sich viele der ins Exil getriebenen argentinischen Literaten wiederfanden.

Wir wollen uns an dieser Stelle nicht mit dem politischen Denker Esteban Echeverría beschäftigen, dessen Vorstellungswelt im uruguayischen Exil vollends zum Ausdruck kam. Viele Überlegungen seines auf Ideen der Frühsozialisten eklektizistisch zurückgehenden „Dogma Socialista" gingen in die Positionen der ein Jahr nach Echeverrías Tod im Jahr 1852 endlich siegreichen Vertreter eines offeneren, demokratischeren Systems sowie in die Verfassung der argentinischen Republik ein. Zu Lebzeiten vermochte Echeverría mit seinen Ansichten nicht entscheidend durchzudringen und verbrachte die letzten Jahre seines Lebens kränkelnd und einsam. Zunehmend wandte er sich grundlegenden Fragen von Bildung und Erziehung zu, in welchen er den Schlüssel für die Zukunft Argentiniens erblickte. Wir können ihn aus heutiger Sicht in dieser Überzeugung nur bestärken! Den Erfolg seiner Ideen sollte Echeverría allerdings nicht mehr erleben: Er starb im Januar 1851, gerade einmal fünfundvierzig Jahre alt, im uruguayischen Exil – wie erwähnt ein gutes Jahr vor der endgültigen Niederlage der Truppen von Rosas in der blutigen Schlacht von Caseros. Der große romantische Dichter und Denker sollte diesen Sieg nicht mehr feiern.

Doch er hinterließ nicht nur ein schriftstellerisches Werk, das die Geschichte der jungen argentinischen Literatur entscheidend mitprägte, sondern auch eine Novelle, welche in der einen oder anderen Form wesentlich auf die künftige Entfaltung des lateinamerikanischen Diktatorenromans einwirkte. Wie aber, so fragte sich Echeverría, hatte es überhaupt zu dieser Diktatur kommen können? Welches waren die Gründe dafür, dass sich ein autoritäres Regime etablieren und die hehren Ziele und Werte der hispanoamerikanischen Unabhängigkeitsbewegung auf so eklatante Weise verraten konnte?

Die Grundlage der in *El Matadero* geschilderten Ereignisse, so der Erzähler, sei ohne Zweifel die außergewöhnliche Fügsamkeit, die „docilidad"[5] der Bewohner von Buenos Aires gegenüber jedweder autoritären Herrschaft. Dies war eine klare, aber keineswegs hinreichende Begründung dafür, wie es zu einer Diktatur hatte kommen können. Doch wir wollen dieses Element keineswegs aus den Augen verlieren. Denn Echeverrías Erzähler beharrt auf seinem Standpunkt: So erst lasse sich die unumschränkte Herrschaft und die Allgegenwart des Diktators verstehen, der freilich im Text niemals beim Namen genannt wird, sondern stets im Sinne des offiziellen Diskurses als „Restaurador" erscheint. Hatten wir den Ehrentitel eines „Restaurators" nicht schon gehört? Genau, sie haben es bemerkt: In *La Fiesta del Chivo* wird auch Trujillo in Rückgriff auf die historischen Tatsachen mit dieser Bezeichnung belegt, und zwar just in dem Augenblick, in dem er nackt und impotent vor den Augen der vierzehnjährigen Uranita steht! Dies ist ein erster Hinweis auf die lange Filiation und Tradition all jener „Caudillos", „Generalísimos", „Restauradores" und blutrünstigen Diktatoren, welche die Geschichte Lateinamerikas während der beiden letzten Jahrhunderte queren.

Echeverría tut das, was ein guter Schriftsteller tun sollte: Er konzentriert sich von Anfang an auf die Sprache der Diktatur. In einem allgemeinen Sinne basiert seine Kritik an der Diktatur recht klug auf der Einbindung des dominanten politischen Diskurses, der im literarischen Text subvertiert und in seinem hohlen Machtanspruch entlarvt wird. Wir wissen in der Tat aus der Geschichte, welch fundamentale Rolle die Propaganda für die unterschiedlichsten autoritären Systeme spielt. Waren nicht auch Uranitas Verwandte in *La Fiesta del Chivo* auf Phrasen einer solchen Propaganda hereingefallen? Nun, nicht nur in Argentinien, in der Dominikanischen Republik oder in Lateinamerika: So eine Herangehensweise könnten wir angesichts der allgegenwärtigen Populisten heute auch gebrauchen! Autoritätskritik ist für den Argentinier auf fundamentale Weise Sprachkritik, Kritik am autoritären Propaganda-Sprech.

Ironisierend nennt der Erzählerdiskurs den allgegenwärtigen, aber nicht sichtbaren Diktator auch den „muy católico Restaurador"[6] und weist damit nachdrücklich auf die Komplizenschaft der Kirche hin, welche diktatorische Systeme nicht nur im 19., sondern auch im 20. Jahrhundert weitgehend stützte. Auch hierbei handelt es sich um Elemente, die sich in der argentinischen Geschichte ständig wiederholen. Die Komplizenschaft der katholischen Institutio-

---

5 Echeverría, Esteban: *El Matadero*. In (Gutiérrez, Juan María, Hg.): *Obras completas de Esteban Echeverría*. Buenos Aires: Antonio Zamora 1951, S. 310–324, hier S. 310.
6 Ebda., S. 312.

nen hatte im Übrigen handfeste Gründe, waren die Unitarier der ersten Stunde wie Rivadavia doch überzeugte Antiklerikale, welche die Macht der Kirche beschränkt wissen wollten. Juan Manuel de Rosas als Gegner der Unitarier bot sich hier als Bundesgenosse an – ganz so, wie auch Trujillo in der Dominikanischen Republik die Katholische Kirche auf seiner Seite wusste.

Die starken Regenfälle und Überschwemmungen setzen zu Beginn von *El Matadero* alles in Buenos Aires und Umgebung unter Wasser. In Echeverrías Text wird die Naturgewalt des Wassers, gleichsam naheliegend am Río de la Plata, in den sich die Wassermassen eines halben Kontinents ergießen, in eine literarische Symbolik umgedeutet, in welcher die biblischen Elemente auf die Dimensionen einer Menschheitsgeschichte weisen. Die sintflutartigen Regenfälle demonstrieren die Macht der Natur und lassen alles Menschliche, alle Kultur als begrenzt und beschränkt, ja als ohnmächtig erscheinen. Die nichts Gutes verheißende Symbolik des fließenden, strudelnden, alles mit sich fortreißenden Wassers wird im weiteren Verlauf von *El Matadero* im Schlachthaus in Form des in Strömen fließenden Blutes fortgesetzt: Alles und alle werden in einem wahrhaftigen Blutrausch mitgerissen. Doch greifen wir nicht vor, sondern schauen wir uns das bereits erwähnte Incipit der Novelle einmal genauer an:

> Obwohl das, was ich erzählen will, Geschichte ist, werde ich sie nicht mit der Arche Noah und dem Stammbaum ihrer Abkömmlinge beginnen lassen, wie dies die alten spanischen Geschichtsschreiber Amerikas, die unsere Vorbilder sein müssen, zu tun pflegten. Ich habe viele Gründe dafür, nicht diesem Beispiele zu folgen, Gründe, die ich verschweige, um nicht weitschweifig zu werden. Ich werde nur sagen, dass die Ereignisse meiner Erzählung Anno Domini 183... stattfanden. Wir waren zudem in der Fastenzeit, jener Jahreszeit, in welcher das Fleisch in Buenos Aires rar wird, weil die Kirche die Regel des Epiktet, *sustine, abstine* (leide und enthalte Dich) anwendet und den Bäuchen der Gläubigen Fastenruhe und Abstinenz verordnet, da das Fleisch sündig ist und das Fleisch, wie das Sprichwort sagt, nach Fleisch sucht.[7]

Dies ist ein in vielerlei Hinsicht denkwürdiges Incipit, da sich uns der Erzähler gleich zu Beginn in der ersten Person Singular präsentiert und seinen Gegenstand als „historia", später aber auch als „narración" charakterisiert. Von Beginn an wird die Arche Noah und damit die Sintflut aufgerufen, von der sich aus biblischer Sicht bekanntlich alle Menschen und Tiere ableiten. Die Genealogie dieser Wesen ist also die Geschichte der Menschheit, aber auch der Tierwelt selbst, die wir in dieser Geschichte, die mit dem Titel *Das Schlachthaus* überschrieben ist, nicht vergessen wollen.

---

7 Ebda., S. 310.

Dass der Erzähler gleich zu Beginn das Vorbild oder den Prototyp der alten spanischen Geschichtsschreiber Amerikas aufruft, ist gewiss kein Zufall, handelt es sich doch um einen Verweis auf die Geschichte jener spanischen Kolonialzeit, aus der sich die jungen Republiken Amerikas gerade erst befreit haben. Dieser Fingerzeig ist zweifelsohne ironisch eingefärbt, sind diese Geschichtsschreiber Amerikas für einen postkolonialen Schriftsteller doch weder von ihrer spanischen Herkunft noch ihrer Zunft der Historiographie her Vorbilder für einen Autor und Erzähler, der seine Geschichte in einem Buenos Aires nach der Unabhängigkeit in den dreißiger Jahren des 19. Jahrhunderts ansiedelt.

Unverkennbar ist in dieser Novellen-Eröffnung der Erzählerdiskurs nicht nur ironisch eingefärbt, sondern die gesamte Narration in den Zusammenhang eines alt- wie neutestamentarischen, christlichen Diskurses gestellt. Nicht allein die Arche Noah wird bemüht, sondern auch explizit die Jahreszahl nach der Geburt Christi gezählt: *Anno Domini*. Von der Sintflut bis zur Kreuzigung und zur katholischen Fastenzeit haben wir gleich auf den ersten Zeilen der Novelle einen wahren Brennspiegel christlicher Glaubenslehren vor uns – freilich jeweils gebrochen durch die Ironie des Erzählers, welche sich dieser Isotopie hinzufügt. Das Fleisch, so werden wir sogleich belehrt, ist schwach und sündig, es sucht sprichwörtlich nach Fleisch und versucht, gerade in der Fastenzeit nicht auf die Abstinenz zu achten, welche doch durch die heilige Kirche verordnet ist. Dass diese Kirche eine elende Rolle bei der Unterstützung der Diktatur spielt, wird an dieser Stelle des Erzählerdiskurses gleichwohl noch nicht gesagt. Doch von Beginn an werden zwei Diskurse in ein ironisches Licht getaucht: der Diskurs des spanischen Kolonialismus und derjenige der Katholischen Kirche.

Unter Wirkung der enormen Regenfälle spitzen sich die historischen Ereignisse zu: Die dramatische Verschlechterung der Versorgungslage führt – ausgerechnet während der Fastenzeit – zu einer beginnenden Hungersnot, in der schon erste Opfer zu beklagen sind. Im Schlachthaus, das am Rande der Stadt gelegen diese mit Fleisch versorgen soll, sind lange schon keine Fleischtransporte mehr eingetroffen; selbst die früher dort so zahlreich versammelten Ratten sind ersoffen oder haben das Weite gesucht.[8] Es muss etwas geschehen!

Und es geschieht etwas: Ausgerechnet an einem Gründonnerstag der allerheiligsten Karwoche gelingt es, erstmals einen Viehtransport mit fünfzig Tieren zum Matadero durchzubringen, was freilich angesichts eines Tagesbedarfs von zweihundertfünfzig bis dreihundert Tieren für die Stadt bei weitem nicht ausreicht. Denn der Fleischkonsum der Großstadt Buenos Aires ist – ungeachtet

---

8 Ebda., S. 313.

der lateinischen Lehrsprüche der Kirche – auch in der Fastenzeit ungebrochen. Buenos Aires ist gewachsen, wenn die argentinische Kapitale auch noch längst nicht mit jener Metropole vergleichbar ist, die sie am Ende des 19. Jahrhunderts sein wird, als sich die sprichwörtliche „Gran Aldea" in die – wie Rubén Darío es formulierte – „Metrópolis" verwandelte.

Die Ereignisse überschlagen sich: Der Viehtransport reicht aus, um eine große hungrige Menschenmasse anzulocken, die verzweifelt versucht, einiges Fleisch der rasch geschlachteten Tiere zu ergattern – Fleisch sucht das Fleisch! Das Eintreffen des Viehs wird begleitet von Jubelschreien für die Föderation und Hochrufen auf den „Restaurador", dem man auch das erste geschlachtete Tier schickt – fast in der Form eines Tieropfers.[9] Jeder ‚Erfolg' in dieser Krise wird direkt mit dem Diktator in Verbindung gebracht, wobei die Sprachnormierung durch die Diktatur bei Echeverría ebenso offensichtlich ist wie in Vargas Llosas Diktatorenroman vom Ende des 20. Jahrhunderts.

Doch bei bloßen Tieropfern wird es nicht bleiben: Eine kurze Beschreibung des Schlachthofes, des Ortes des berichteten Geschehens, zeigt, dass hier nicht nur die politischen Slogans der Diktatur wie *„Mueran los salvajes unitarios"* allerorts angebracht sind, sondern dass auch die vor kurzem verstorbene Frau des Diktators nicht weniger ist als die Patronin der Fleischer und Schlächter. Alles ist intim auf die Bedürfnisse der Diktatur abgestimmt. Wir haben es zweifellos mit einem sprechenden Patronat zu tun, das im Übrigen auch darauf verweist, dass die Diktatur Identifikations- und Glaubensangebote macht, wie sie traditionellerweise in der kolonialspanischen Gesellschaft eigentlich der Katholischen Kirche zustanden.

Esteban Echeverrías Novelle ist ein Lehrstück in Sachen Diktatur – und dass es die lange Folge argentinischer Militärdiktaturen nicht verhindern konnte, wird man dem Autor sicherlich nicht vorwerfen können. Kunst und Literatur vermögen in den seltensten Fällen, etwas direkt und unmittelbar zu erreichen: Ihre Zielsetzungen sind längerfristiger Natur und nicht auf unmittelbare Veränderung der Gesellschaft gerichtet. Aber eben darin liegt auch ihre Stärke!

Von seinen ersten Zeilen an versammelt der argentinische Autor in *El Matadero* ein Wissen vom Leben unter den Bedingungen der Diktatur, wie es auch heute noch kaum aktueller sein könnte. Bei allen Unterschieden in Raum und Zeit

---

9 Vgl. ebda., S. 315. Auf die Funktion des Tieropfers hat hingewiesen Briesemeister, Dietrich: Esteban Echeverría: „El Matadero". In: Roloff, Volker / Wentzlaff-Eggebert, Harald (Hg.): *Der hispanoamerikanische Roman*. Bd. 1: *Von den Anfängen bis Carpentier*. Darmstadt: Wissenschaftliche Buchgesellschaft 1992, S. 51.

sind die Parallelen zwischen der Analyse des Argentiniers und jenen des peruanischen Autors Vargas Llosa bezüglich der Trujillo-Diktatur frappierend. Ganz im Sinne der oft missverstandenen Sprachkritik von Roland Barthes unterdrückt ein faschistischer Autoritarismus nicht die Sprache, sondern zwingt dazu, die vorgegebene Sprache zu sprechen und so den großen „Restaurator" hochleben zu lassen – und dies selbst dann noch, wenn dieser die eigene Frau vergewaltigt hat...

Zur Literatur gehört bei aller Darstellung des gelebten Lebens unter der Diktatur aber auch ein Lesepublikum, das die entsprechenden Schlüsse aus dem Gelesenen zu ziehen vermag. In jedem Falle deutet sich in *El Matadero* bereits jene etwa auch am Bolívar-Mythos[10] aufzuzeigende Sakralisierung des großen Caudillo oder Warlords an, die sich im Bereich politischer Symbolfiguren besonders schön im entstehenden Lateinamerika nachweisen lässt.

Diese Sakralisierung kann je nach Ausprägung der Diktatur auch die Familie des Diktators umfassen. In der Zwischenzeit sind in der Handlungsstruktur der Novelle die Schutzbefohlenen der verstorbenen, aber geheiligten Patronin Doña Encarnación Ezcurra – und auch an dieser Stelle verweist der realhistorische Vorname geschickt auf die Fleischwerdung, die „Encarnación"! – an die Arbeit und damit ans Schlachten der zur Verfügung stehenden Tiere gegangen. Bald schon überschwemmt das Blut geschlachteter Rinder den Boden des Schlachthofs: Das Blut tritt als Flüssigkeit an die Stelle des Wassers und wird diese Rolle bis zum Ende der Novelle nicht mehr abgeben. Wir werden in der Novelle einer wahren blutigen Sintflut beiwohnen.

Die hungrigen Zuschauer – in ihrer Mehrzahl Schwarze und Angehörige der städtischen Unterschicht – beginnen, sich um Fleischreste und Eingeweide, um alles irgendwie Essbare zu balgen. Echeverría liefert eine Soziologie der politischen Anhängerschaft der argentinischen Diktatur gleich mit. Es kommt zu Szenen, die man sehr wohl als kostumbristisch bezeichnen könnte, wird an diesen Stellen doch die Sprache dieser sozialen Gruppen eingeblendet und zu Ohren gebracht. Die literarische Ausgestaltung dieser Sprache der Unterschicht könnte man mit dem russischen Formalismus als „skaz" bezeichnen. All dies geschieht ganz im Sinne jener Redevielfalt, die laut Michail Bachtin der Traditionslinie des Romans von Cervantes' *Don Quijote* an mitgegeben wurde[11] und ein Erbe der gesamteuropäischen Romantradition darstellt. Der

---

10 Vgl. hierzu Zeuske, Michael: *Simón Bolívar, Befreier Südamerikas. Geschichte und Mythos*. Berlin: Rotbuch Verlag 2011.
11 Vgl. Bachtin, Michail M.: Das Wort im Roman. In (ders.): *Die Ästhetik des Wortes*. Herausgegeben von Rainer Grübel. Frankfurt am Main: Suhrkamp 1979, S. 154–300.

Erzählerdiskurs aber lässt keinen Zweifel an der gesellschaftlichen Dimension jener Szenen, die sich vor den Augen des Lesepublikums abspielen:

> Auf der einen Seite übten sich zwei Jungs im Umgang mit Messern, wobei sie sich große Batzen Fleisches stückweise zuwarfen; auf der anderen Seite organisierten vier Erwachsene mit Hilfe von Messerhieben das Recht auf ein dickes Stück Eingeweide und auf ein Gekröse, die sie einem Fleischer geraubt hatten; und nicht weit von ihnen wandten einige durch die erzwungene Abstinenz abgemagerte Hunde dasselbe Mittel an, um herauszubekommen, wer eine Leber voller Dreck ergattern würde. Dies verkörperte im kleinen Maßstab die barbarische Art und Weise, mit der in unserem Land die großen Fragen und die individuellen wie sozialen Rechte geregelt wurden. Nun gut, letztlich war die Szene, die im Schlachthaus aufgeführt wurde, etwas fürs Auge und weniger für die Feder.[12]

Diese Passage ist in vielerlei Hinsicht aufschlussreich und für den Schreibstil Echeverrías charakteristisch. Denn er visualisiert die von ihm entworfenen Szenerien dergestalt, dass deren Ausführung im Grunde der Leserschaft überantwortet wird; Echeverría arbeitet, um es anders zu formulieren, mit dem Mittel der *Hypotypose*, also dem Evozieren von Bildern im Kopf seiner Leserinnen und Leser, welche jeweils individuell die sprachlich anklingenden Bilder vor ihrem eigenen Auge und mit eigenen Gestalten ‚ausführen'.

Der argentinische Autor spricht direkt auch den ‚Maßstab' des von ihm Dargestellten an. Das auf den ersten Blick Menschlich-Allzumenschliche, mithin die Auseinandersetzungen um das ersehnte Fleisch, wird nicht nur mit dem Tierischen in Beziehung gesetzt, was die Verrohung all dieser Menschen unabhängig von ihrem Alter zeigt, sondern zugleich gesamtgesellschaftlich perspektiviert. Die gesamte Szene wird als Simulakrum der argentinischen Gesellschaft bezeichnet; und wir könnten diese kleinmaßstäbliche literarische Vorgehensweise vielleicht am besten mit dem Begriff eines Fraktals belegen, das die gesamte Struktur gesellschaftlicher Verfahren und Verteilungskämpfe modellartig vor Augen führt. So also, wie sich die Hunde um Abfälle streiten und dabei allein auf das Recht des Stärkeren vertrauen, ist das Leben unter der argentinischen Diktatur angelegt. In ihr gelten keine Rechte und keine Werte: Es gilt allein das Recht dessen, der sich uneingeschränkt durchzusetzen vermag.

Das Schlachthaus ist nichts anderes als ein geradezu soziologisch konzipiertes Fraktal der gesamtgesellschaftlichen Verhältnisse im Argentinien unter der Rosas-Diktatur. Oder mit anderen Worten: Die gesamte argentinische Gesellschaft ist nichts anderes als ein immenses Schlachthaus, in welchem keinerlei republikanische Rechtsstaatlichkeit, sondern nur Gewalt regiert. Ein jeder versucht, sich seine jeweiligen Fleischstücke zu sichern und die anderen weg-

---

12 Echeverría: *El Matadero*, S. 317 f.

zubeißen. All dies zeigt die tierische Verrohung der gesamten Gesellschaft, die stets gesetzlose und gewalttätige ‚Lösung' aller Konflikte, die barbarische Verteilungsproblematik mit ihrem Dschungelgesetz des Stärkeren, die völlige Rechtsunsicherheit im sozialen wie im individuellen Bereich. Wir befinden uns in einem autoritären Regime nackter und roher Gewalt.

Die von Echeverría meisterhaft entworfene kleine Szenerie führt uns den „modo bárbaro" vor, jene Barbarei also, die in Argentinien Einzug gehalten hat und in diesem literarischen Stück denunziert werden soll. Die Diktatur und deren Unterstützer verkörpern diese Barbarei, sind ihr aber ebenso schutzlos ausgeliefert. Wir hatten diese Mechanismen autoritärer Macht bereits in *La Fiesta del Chivo* aus der Nähe gesehen, wo selbst einer der großen Repräsentanten der Macht, Cerebrito Cabral, plötzlich und unverschuldet in Ungnade fallen konnte und mit allem, was ihm gehört und angehört, auf Gedeih und Verderb dem Diktator ausgeliefert ist, dem er eben noch in seiner Machtfülle diente. Denn es ist eines der Prinzipien totalitärer Macht, dass selbst die Vertreter hoher Regierungsämter über Nacht ausgewechselt werden können, auch wenn sie selbst stets der Ansicht sind – und darauf beruht das Funktionieren einer derartigen Gesellschaft –, dass sie von derlei ‚Schicksalsschlägen' nicht getroffen werden können.

Darüber hinaus zeichnet sich in dieser Passage auch die Aufgabe der Literatur ab, gleichsam synekdochisch – als *pars pro toto* – Zeugnis abzulegen von der Verfassung, Verfasstheit und Lage eines Staatswesens, vom Leiden der Menschen, von der Gewalttätigkeit ihrer Lebenssituation. Und eben dies leistet *El Matadero*, ohne dabei allzu sehr in Parteilichkeit zu versinken. Denn selbstverständlich ist Echeverría als realer Autor politisch engagiert und aktiv; sein literarisches Versuchslabor der Novelle aber entfaltet ungeachtet dieser Parteilichkeit modellhaft und im kleinen Maßstab die Vergesellschaftungsformen eines auf nackter Gewalt basierenden Systems. Die von ihm beschriebenen Mechanismen der Gewaltherrschaft in Argentinien können sehr wohl auch auf autoritäre Systeme in anderen Ländern übertragen werden.

So ist es die Aufgabe der Literatur, ganz im Sinne der *Poetik* des Aristoteles aus einer partikularen Perspektive das Allgemeine – gerade auch in seiner partikularen Besonderheit – hervorzutreiben und just das aufscheinen zu lassen, was an allgemeinen Strukturen und Mechanismen verallgemeinert werden kann. Gleichzeitig und damit verbunden ist es die Aufgabe der Literatur, eine dargestellte Wirklichkeit als erlebte und gelebte zu präsentieren sowie zu repräsentieren. Sie entfaltet dabei ein Lebenswissen, welches uns ein Wissen vom Leben unter bestimmten gesellschaftlichen Umständen, vom Zusammenleben in einer bestimmten Gemeinschaft, aber auch vom Überleben auf sozialer

Ebene vermittelt.[13] Denn anders als in der Historiographie, anders als in der Geschichtsschreibung geht es nicht um die Darstellung einer Wirklichkeit, sondern um die gelebten oder erlebbaren wie lebbaren Wirklichkeiten, welche aus verschiedenen Perspektiven, aus unterschiedlichen Blickwinkeln entworfen und eingefangen werden.

Literatur als künstlerisches Modell gesellschaftlicher Verhältnisse im Kleinen: hier ist ein Gedanke des „Roman expérimental", des literarischen Naturalismus vorweggenommen, der in Zolas Romanentwurf in deutlich radikalisierter Form dazu führen sollte, den Roman als gesamtgesellschaftliches Experimentierfeld, als soziales Laboratorium aufzufassen, das zu wissenschaftlich abgesicherten Ergebnissen bezüglich gesellschaftlicher Prozesse kommen soll. Ebenso im Bereich soziologisch ausdifferenzierter Gesellschaften wie im Bereich autoritärer Machtsysteme, wie sie zu Beginn eines postkolonialen Zeitalters und damit nach dem Zusammenbruch kolonialer Machtstrukturen relativ häufig vorkommen. Dies war – unter anderen gesellschaftlichen und kulturellen Voraussetzungen – ein ganzes Jahrhundert später nicht anders auf der Insel Kuba, als diese den Kolonialismus Spaniens nach aufzehrenden Kriegen endlich abzuschütteln vermochte. Denn der Aufbau komplexer, partizipatorischer Gesellschaftssysteme benötigt Zeit.

Ganz so, wie dies der spätere lateinamerikanische Diktatorenroman unternimmt, für den wir beispielhaft Mario Vargas Llosas *La Fiesta del Chivo* herangezogen haben, wird *El Matadero* sehr wohl zu einem Modell der Rosas-Diktatur: mit ihren Befehlshabern, ihren Schergen, der johlenden Menge, der all diesen anonymen Tätern ausgelieferten Opfer, die im Nirgendwo verschwinden. Es wird die Sprache der Diktatur analysiert und ihre Mechanismen, Zwang, Gewalt und Unterordnung, Hierarchie und Verantwortung, ja das gesamte Spannungsfeld von – im Sinne Hannah Arendts – *Macht* und *Gewalt* ausgeleuchtet, um besser zu begreifen, wie sich barbarische Gewalt überall einzunisten versteht. Im Grunde ist *El Matadero* Modell und mehr noch Fraktal von Diktatur überhaupt – eben darin besteht der überzeitliche Wert dieser literarisch geschilderten ‚unerhörten Begebenheit'.

Gestatten Sie mir noch ein kurzes Wort zu den implizierten literarischen Genres, auf die wir bereits vorhin zu sprechen gekommen waren! Diese Novelle stößt zum einen an die Gattungsgrenze des Romans, da gattungsspezifisch vom Roman als dem „bürgerlichen Epos" der Anspruch erhoben wird, eine gesamtgesellschaftliche Realität und Totalität abzubilden. Zum anderen begibt sie sich

---

13 Vgl. hierzu Ette, Ottmar: Über Literaturwissenschaft als Lebenswissenschaft. Perspektiven einer anhebenden Debatte. In: *Lendemains* (Tübingen) XXXIII, 129 (2008), S. 111–118.

aber auch in unmittelbare Nähe zur Allegorie und vor allem zur Parabel, welche gleichnishaft ihre Bedeutungsfülle anhand von Beispielen vor Augen zu führen suchen.

Überaus signifikant ist dabei die visuelle Dimension, welche auch in der Novelle vorherrscht. Ihr Erzähler selbst hat – wie wir bereits sahen – auf diesen Umstand aufmerksam gemacht und seinen Text *hypotypotisch* seiner Leserschaft anvertraut. *El Matadero* ist eine Abfolge sich der Leserschaft stark einprägender Bilder und damit in gewisser Weise ein Bilder-Bogen, welcher bisweilen einen fast alogischen, ja halluzinatorischen Charakter annimmt. Gewiss fügt sich der Erzählerdiskurs immer wieder ordnend und sinngebend zwischen die einzelnen Bildfolgen ein, doch bleibt deren Kraft und polyseme Bedeutungsfülle ungebrochen. Es ist sicherlich nicht zu weit gegriffen, vergleicht man die Bildfolgen Echeverrías zeitgenössisch etwa mit Goyas Bilderwelt, insbesondere seinen *Caprichos* und mehr noch den *Desastres de la Guerra*, wo Gewalttätigkeit, Brutalität und Barbarei auf grausam einfache Bildkompositionen reduziert werden. Esteban Echeverría lässt sich so als der literarische Francisco de Goya begreifen, der tief im Innern seiner Zuschauer schlummernde alptraumhafte Welten tagtraumartig anzuregen und anzusprechen verstand.

Allerdings interessiert sich Esteban Echeverría in seiner Novelle im Gegensatz zu Francisco de Goya weniger für die Tiefen der menschlichen Seele, in deren Abgründe wir mit dem spanischen Maler blicken dürfen, als für die politische Problematik und Tragweite der von ihm literarisch dargestellten Handlungen. Bei beiden Künstlern können wir jedoch das spezifisch *Barbarische* der menschlichen Natur betrachten, die uns ebenso in den *Desastres de la Guerra* wie in *El Matadero* ungeschminkt entgegenleuchtet. Was der eine in den entsetzlichen Grausamkeiten des Kampfs zwischen Spaniern und Franzosen in der Alten Welt visionär gestaltete, beleuchtete der andere in den lebendigen Farben strömenden Bluts im Schlachthaus einer Neuen Welt, die sich gerade erst vom Joch des alten Spanien befreit hatte.

In Echeverrías *Schlachthaus* sind die starken Regenfälle längst schon in blutige Ströme übergegangen. Es überrascht daher nicht, wenn die Beziehung zwischen dem sich anbahnenden Blutbad und der Rosas-Diktatur farblich verankert und politisch semantisiert wird, taucht doch kurz nach dieser Szene ein „pañuelo punzó",[14] ein tiefrotes Taschentuch, sowie die Farbe „colorado" auf – beides Farbadjektive, die in der Rosas-Diktatur zu den Farben der Föderalisten und Anhänger des Regimes zählten. So wird die Farbe Rot – wie später auch in Sarmientos *Facundo*, den wir uns im Folgenden noch näher anschauen – poli-

---

14 Echeverría, Esteban: *El Matadero*, S. 318.

tisch semantisiert und an die Farbszenerie des Schlachthauses angebunden. Vergessen wir dabei nicht, dass wir uns auf das Ende der christlichen Karwoche zubewegen, in welcher das unschuldig vergossene Blut Christi eine entscheidende Rolle spielt! Weitgehend abwesend ist hingegen die Farbe Blau, Farbe der Unitarier und Rosas-Gegner, sind doch auf Grund der starken Regenfälle selbst die Flüsse nicht mehr blau und klar, sondern lehmig-braun („turbio") und undurchsichtig. Selbst der Río de la Plata ist in diese Farbe getaucht.

Doch noch ist das vergossene Blut ‚nur' das geschlachteter Tiere im Schlachthaus. Die auf der Macht der Messer beruhende Gewalt und das Blutbad springen jedoch schon bald von dieser Ebene auf diejenige der Menschen in einer Szene über, die jedem, der den Text einmal gelesen hat, im Gedächtnis haften bleiben wird. Ein Stier reißt sich urplötzlich los, um seinem Schicksal doch noch zu entkommen. Doch aus dem Schlachthaus gibt es kein Entrinnen. In der entstehenden Aufregung und Panik wird ein kleiner Junge versehentlich von einem Lasso-Wurf getroffen und geköpft. Ich möchte Ihnen diese wichtige Passage, die an brutaler Darstellungskraft nichts zu wünschen übrig lässt, nicht vorenthalten:

> Und in der Tat fühlte das Tier, von den Schreien und vor allem von den scharfen Stößen, die seinen Schwanz trafen, in die Enge getrieben, dass die Schlinge lose war und stürmte schnaubend in Richtung Tor, auf beide Seiten rötlich-phosphoreszierende Blicke werfend. Der Lassowerfer gab seinem Pferd einen Ruck, löste sein Lasso vom Schaft, ein scharfes Zischen fuhr durch die Luft, und im selben Augenblick sah man, wie von oben herab, von einer Heugabel im Hof, als hätte ihn ein Axthieb sauber abgetrennt, den Kopf eines Kindes herunterrollen, dessen Rumpf weiter unbeweglich auf seinem Holzpferdchen saß und einen langen Blutstrahl aus seinen Arterien versprühte.[15]

Innerhalb dieser blitzartig sich abspielenden Szene, bei der zunächst dem Stier der Ausbruch aus dem Schlachthaus zu gelingen scheint, kommt es zu einer versehentlichen Köpfung eines kleinen, an den Ereignissen völlig unbeteiligten Kindes, das brutal auf seinem Holzpferdchen enthauptet wird. Die Schrecklichkeit des Ereignisses geht unter im allgemeinen Geschrei und Gejohle der rasenden, den Stier durch die Straßen von Buenos Aires verfolgenden Menge. Dieser ‚Jubel' steht sinnbildlich für eine Situation, in welcher ein barbarischer Akt gar nicht mehr als solcher wahrgenommen werden kann, sondern einfach inmitten aller anderen blutigen Ereignisse untergeht. In einer Diktatur ist kein Raum und keine Zeit für Mitmenschlichkeit: Alles geht im Getümmel einer lärmenden, fanatischen Masse unter.

Und doch ist in dieser Passage erstmals ein Mensch, ein unschuldiges Kind, zum Opfer des sich im Schlachthaus unkontrolliert abspielenden Blutba-

---

[15] Ebda., S. 319.

des geworden. Das Schlachten ist vom Bereich der Tiere auf den der Menschen zunächst unbeabsichtigt übergesprungen. Der Tod des Kindes erfolgt zufällig, doch wird diese Enthauptung auch nicht gesühnt: Niemand muss für diese unbeabsichtigte Tötung die Verantwortung übernehmen. Das Kind ist gleichsam ein schuldloses Opfer der Verhältnisse geworden, die im Schlachthaus, in Buenos Aires beziehungsweise in Argentinien herrschen: Sein Blut mischt sich mit dem der geschlachteten Stiere.

Erneut stoßen wir an dieser Stelle auf eine religiös konnotierte Situation, die der ‚Unschuldigen Kindlein', welche in das Geschehen der Novelle eingeblendet wird. An die Stelle der Tieropfer ist nun erstmals in der Novelle ein Menschenopfer getreten. Aus dem sauber abgetrennten Rumpf des Kinderkörpers quillt das Blut, das gleichsam zum Himmel aufsteigt. Die blutdurstige Menge nimmt dies kaum zur Kenntnis – und doch haben wir hier ein Bild des unschuldigen, des schuldlosen Todes, der zugleich völlig sinnlos ist. Doch alles geht im Getöse der Menge unter, die letztlich nur an zwei Dingen interessiert ist: am Fleisch und den blutigen Spielen, die zu seiner Unterhaltung dienen.

Für den entsprungenen Stier, der seinem Schicksal zu entkommen versucht und sich gegen seinen Tod mit all seinen Kräften wehrt, gibt es freilich keine Chance, kein Entrinnen. Ihm bleibt kein Ausweg: Er wird erneut eingefangen und in den Schlachthof zurückgeschleift, wo man ihn alsbald tötet. Vom „niño degollado", dem enthaupteten Kind, ist in der Zwischenzeit nur mehr ein großer Blutfleck übrig; und das Abtrennen des Kopfes ist für den weiteren Verlauf der Novelle prospektiv von grässlicher Bedeutung.

Einer der Schlächter mit dem sprechenden Namen Matasiete (zu Deutsch „Siebentöter"), einer der fanatischsten Fleischhauer, bringt den Stier endgültig um, indem er ihm ein langes Messer in den Hals stößt.[16] Der männliche Stier, das „soberbio animal",[17] bricht zusammen und verwandelt sich in einen Haufen Fleisch, aus dem Blut quillt. Sein Widerstand war zwecklos gewesen: Die Fleischer und Schlächter obsiegen und entmannen das Tier, dessen Hoden (die für die „dignidad del toro" stehen) als Zeichen des Triumphs abgeschnitten und der Menge gezeigt werden. Denn es geht keineswegs allein um eine Ernährung der Menge in der Fastenzeit (mit Fleisch), sondern vor allem um die Entwürdigung der Feinde und Gegner, die sich der Macht der Schlächter, der Macht der Diktatur entgegenstellen. Wie bereits in *La Fiesta del Chivo* zeigt sich, dass eines der Grundprinzipien der Diktatur darin besteht, ihren Feinden

---

16 Ebda.
17 Ebda.

die Würde, die Dignität zu nehmen. Vom Tod des kleinen Jungen nimmt ohnehin niemand Notiz.

Raserei und Blutrausch sind damit nicht mehr nur zufällig und unabsichtlich, sondern absichtsvoll und rücksichtslos-barbarisch in die menschliche Welt übergesprungen, wie sich nur wenige Zeilen später zeigt. Denn als ein wiederum zufällig vorbeikommender und an den Ereignissen in keiner Weise beteiligter Reiter vorbeikommt, an dessen Kleidung die Zeichen der Föderalisten und damit der Diktatur nicht erkennbar sind, tritt erneut der vom Blut des Stieres noch ganz berauschte Matasiete in Aktion. Ohne jede Vorwarnung wird der Reiter von „Siebentöter" angegriffen, der an diesem wiederum unschuldigen ‚Objekt' seine Mordlust erproben will. Dazu bedarf es keines wirklichen Grundes – wir hatten ja bereits in Vargas Llosas Diktatorenroman gesehen, dass Angriffe selbst auf Mittäter und führende Köpfe der Diktatur ohne jede Legitimation und ohne jeden Grund erfolgen.

Matasiete wird zu seinem Angriff allerdings von der anonymen Menge aufgefordert, die gnadenlos den Tod des völlig überraschten jungen Mannes fordert. Es gibt für dieses Verlangen nach Menschenfleisch keinerlei Gründe: abgesehen von der ungehemmten Lust am blutigen Schauspiel. Die Ereignisse überschlagen sich, denn es bedarf weder einer Anklage noch einer Verurteilung: Schon kniet Matasiete auf dem vollständig überraschten und vom Lasso zu Boden geworfenen Reiter, drückt seine Brust mit dem Knie nieder, ergreift den Haarschopf und zückt nun das Messer, um seinem Opfer – wie gerade noch dem Stier – den Hals aufzuschneiden: „Deguéllalo, Matasiete" („enthaupte ihn!") fordert die Masse ihn auf. Und als sich der Unschuldige, dessen Namen wir nie erfahren werden, zu wehren versucht: „Deguéllalo como al toro."[18] Das Stieropfer ist endgültig zum Menschenopfer geworden. Spätestens hier ist die Verbindung zwischen Stier und (vermeintlichem) Unitarier, zwischen dem entmannten Tier und dem bald schon entehrten jungen Mann offenkundig. Und wie der Stier wird auch der Unitarier keine Chance bekommen, keinerlei Möglichkeit zur Flucht erhalten. In einer Diktatur wird der Einzelne mit den brutalen Forderungen einer anonymen Masse konfrontiert, die ihm feindlich gegenübersteht und Lust am grausamen Spiel besitzt – ohne daran zu denken, dass jedes Individuum aus dieser Masse selbst zum möglichen nächsten Opfer werden könnte.

Man darf an dieser Stelle Parallelen zu den verschiedenen Stufen der Tötung ziehen, welche Hannah Arendt im Bereich des Konzentrationslagers beobachtet und analysiert hatte; Tötungsstufen, die wir im vorangehenden Teil unserer Vorlesung möglichst präzise nachzuvollziehen suchten. Mit der überraschenden

---

18 Ebda., S. 320.

Gefangennahme ohne jeden Grund und ohne jede Anhörung wird folglich bereits der juristische Mensch getötet, gibt es doch keinerlei Möglichkeit für den Verurteilten, gegen seine eigene Gefangennahme ein Gericht anzurufen oder ein rechtliches Verfahren einzuleiten. Aber auch die zweite Stufe der Tötung lässt sich unschwer beobachten, wird der Gefangene und in das Schlachthaus Verbrachte doch seiner Würde und Menschlichkeit entkleidet. Die physische Tötung des Gefangenen ist nach dieser Stufe eine geradezu notwendige Konsequenz. Das Schlachthaus funktioniert wie ein Konzentrationslager, das es als staatliche Institution zum damaligen Zeitpunkt freilich noch nicht gab, da es erst gegen Ende des 19. Jahrhunderts auf der Bühne der Historie erschien – in den südafrikanischen „Concentration Camps" oder auf Kuba.

Der dritte Schritt, die Ermordung des physischen Menschen, lässt noch etwas auf sich warten, wenn auch nicht aus humanitären Gründen. Auf Befehl des Schlachtrichters wird der Unbekannte nicht sogleich von Matasiete hingemordet, sondern muss zunächst ein entwürdigendes Verfahren über sich ergehen lassen, dessen Einzelheiten mitsamt der Folterungen ich uns ersparen will. Beim jungen Unitarier, der sich verzweifelt wehrt und keineswegs klein beigibt, zeigt sich im Verlauf des entwürdigenden Verfahrens körperlich die Erregung, das „movimiento convulsivo de su corazón" – ein Vorzeichen des Kommenden, wie sich schon bald zeigen wird.[19] Doch seine Möglichkeiten, sich erfolgreich gegen die Übermacht seiner Feinde zur Wehr zu setzen, sind kaum höher als die des zuvor geschlachteten Stieres. Aus dem Konzentrationslager des Schlachthauses mit seinen dicken Mauern gibt es kein entkommen.

Immerhin kommt es zu einer offiziellen Anschuldigung, ohne dass freilich auch nur im Geringsten ein rechtliches Verfahren gegen den jungen Mann zustande käme. Dem brutal Misshandelten wird vorgeworfen, nicht die vorgeschriebenen „divisas" zu tragen, die Abzeichen des Herrschers und Diktators; auch sei der Trauerflor für Doña Encarnación Ezcurra nicht an seinem Hut angebracht, so dass er öffentlich gegen den Befehl des Diktators verstoßen habe. Kühn aber antwortet der junge Mann, er trage die Trauer um sein Vaterland nicht an seinem Hut, sondern in seinem Herze – eine Antwort, die ihn als Feind der Diktatur ausweist.

Die Trauer um das argentinische Vaterland wird somit im Herzen lokalisiert, dem Sitz der Gefühle, aber eben auch des Motors aller Bewegungen des Blutkreislaufs und damit jenes Blutes, das für Leben, aber auch für Tod stehen kann. Der Gefolterte wird ausgezogen und wie Christus – erinnern wir uns: Der Karfreitag steht unmittelbar bevor! – nackt in eine Kreuzesstellung oder Kreuzi-

---

[19] Ebda., S. 322.

gungslage gebracht. Die christologischen Anspielungen sind für alle Leserinnen und Leser leicht erkennbar.

Auf kunstvolle Weise werden somit nicht nur überdeutlich Analogien zu den Bewegungen des sich verzweifelt wehrenden Stieres herausgearbeitet: Tier wie Mensch haben in ihrer Erregung wie in ihrem Todeskampf Schaum vor dem Mund. Zugleich wird das unschuldige Opfer auch mit dem Leiden Christi unmittelbar in Verbindung gebracht: Der junge Unitarier wird in seiner Kreuzesstellung zum christologischen Märtyrer, zum Blutzeugen seiner Glaubensüberzeugungen.

Auch an dieser Stelle der Novelle wird deutlich: Das Politische wird auf eine Weise sakralisiert, die durchaus analog zur Sakralisierung von Encarnación Ezcurra als Patronin der Schlächter verläuft. Der Text der Novelle Echeverrías ist literarisch beziehungsweise intertextuell höchst geschickt auf einen sakralen Bezugstext bezogen: auf das Alte Testament wie auf das Leiden Christi.[20] Jeglicher Widerstand ist zwecklos: Der Unitarier wird ausgezogen und bereits mit dieser Tat entehrt, vor den Augen der Anwesenden entmännlicht, wie dies beim Stier erfolgt war. Dann aber geschieht das Unerhörte, das zuvor in der Novelle schon diskret angedeutet worden war:

> In einem einzigen Augenblick fesselten sie seine Beine im Winkel an die vier Tischbeine, wobei sie seinen Körper mit dem Mund nach unten legten. Es war notwendig, dieselbe Operation mit den Händen zu machen, wozu sie die Fesseln lockerten, welche sie auf seinem Rücken zusammenschnürten. Als er sie frei fühlte, richtete sich der junge Mann mit einer ruckartigen Bewegung, in der sich all seine Kraft und Vitalität zu erschöpfen schien, zunächst auf seine Arme, dann auf seine Knie auf, wobei er sofort wieder in sich zusammenfiel und murmelte: Lieber erstechen als nackt ausziehen, ihr infamen Kanaillen.
>
> Seine Kräfte hatten sich erschöpft; sofort wurde er in Kreuzesform festgebunden, und man begann damit, ihn zu entkleiden. Dann aber brach ein Strom von Blut sprudelnd aus Mund und Nase des jungen Mannes, dehnte sich aus und begann, auf beiden Seiten des Tisches herunterzuströmen. Die Schergen erstarrten und die Zuschauer waren wie vom Blitze getroffen.[21]

Ein Blutsturz setzt dem Leben des sich verzweifelt gegen seine Entehrung Wehrenden ein Ende. Er stirbt wie Christus am Kreuz und bezeugt mit seinem Märtyrertod seinen ungebrochenen Glauben. Die Barbarei aber hat ihr Opfer zu Tode gequält. Diesmal ist es ganz bewusst nicht mehr nur ein Stieropfer, sondern ein Menschenopfer, das letztlich der Diktatur dargebracht wird. Kulturgeschichtlich gehen wir dabei den Weg vom rationalen Abschlachten der Tiere über das Tieropfer zurück bis zum Menschenopfer, dem Inbegriff jener Barbarei, die sich noch in der Bibel

---

20 Verwiesen sei hier nochmals auf den Beitrag von Briesemeister, Dietrich: Esteban Echeverría: „El Matadero", S. 51.
21 Echeverría, Esteban: *El Matadero*, S. 113 f.

oder in der geplanten Opferung Iphigenies auf Aulis zeigt. Doch in der Diktatur erscheint sie *inmitten* der Zivilisation, setzt deren Werte außer Kraft und entmenschlicht eine ganze Gesellschaft.

Die Barbarei ist damit in die Mitte der Gesellschaft, in die Mitte der Zivilisation zurückgekehrt. Sie findet Genugtuung und ist erst dann zufrieden, wenn nicht nur Tier-, sondern Menschenblut vergossen wird – wenn auch nicht mehr zu Ehren eines Gottes, sondern des Diktators, dessen äußere Zeichen der junge Mann zu tragen sich geweigert hatte. Wieder verbietet die Diktatur nicht, sondern zwingt jeden Einzelnen ihrer Untertanen, ihre Zeichen zu tragen und zur Schau zu stellen.

Der junge Mann aber wird zum Vertreter jener Menschlichkeit und Zivilisation der Unitarier, die von ihren Gegnern in der diktatorialen Sprechform stets als „salvajes unitarios" beschimpft werden. Immer und immer wieder wird der offizielle Diskurs, die verordnete Sprachregelung der Diktatur, eingeblendet und mit dem Geschehen kontrastiert, demaskiert und ad absurdum geführt. Die Diktatur ist als gemeinschaftliche Praxis des Zusammenlebens stets eine beständige Übung in Sprachnormierung: Sie kann nicht existieren, ohne dass sie für ihre Feinde absolut gleichlautende Sprachbeschimpfungen in Umlauf setzt; ein diskursiver Zwang, an dem sich alle Bürger, alle Untertanen zu beteiligen haben.

Macht und Gewalt jedoch sind nicht auf Seiten des Schriftstellers, auf Seiten des Erzählers, sondern auf Seiten des Diktators und seiner Schergen. Selbst für die Unbeteiligten und Unschuldigen gibt es – wie zuvor für den Stier – keine Fluchtmöglichkeit: Alle sind der Diktatur ausgeliefert, ihren blutrünstigen Helfershelfern und Schlächtern. Der Schlusssatz der Novelle unterstreicht die ‚Moral', welche der Text seinem Lesepublikum an die Hand geben will. Er deutet einmal mehr auf die Abbildfunktion der Literatur: „y por el suceso anterior puede verse a las claras que el foco de la federación estaba en el Matadero."[22] Aus all diesen geschilderten Ereignissen mögen die Leserinnen und Leser ableiten, dass der Brennspiegel der Diktatur im Schlachthaus liegt. Der Erzähler könnte nicht deutlicher werden: Das Schlachthaus ist das *Fraktal* der gesamten Diktatur, in seinen Mauern umfasst es die Gesamtheit des autoritären Rosas-Systems – und die Grundzüge diktatorischer Systeme überhaupt.

In *El Matadero* treffen wir auf einen Tod, der letztlich nichts anderes als ein zufällig ausgelöster politischer Mord ist. Dabei ist es faszinierend, in dieser Novelle nicht nur die Konzentration und Verdichtung eines autoritären Systems zu beobachten, sondern auch dessen symbolische Überhöhung. Es geht folglich

---

22 Echeverría, Esteban: *El Matadero*, S. 324.

nicht allein um die Funktionsweise eines konkreten historischen Regimes, welches in Argentinien den Auftakt zu einer ganzen Serie autoritärer Herrschaftssysteme bildete; es geht auch um eine christologische Überhöhung des Todes eines jungen Mannes, dessen Unschuld und Glaubensstärke für die Charaktereigenschaften eines argentinischen Unitariers stehen sollen.

Dieser stirbt einen Tod, der wie jener Christi erscheint, wird er doch gleichsam in Kreuzesform an einen Tisch gefesselt, so wie Christus ans Kreuz genagelt wurde, und stirbt vor den Augen derer, die für seinen Tod verantwortlich zeichnen – infolge einer letzten Konvulsion seines Herzens. Er stirbt den Opfertod, doch eine Erlösung ist nicht in Sicht. Allerdings wird an diesem unbekannten, namenlosen Mann gleichsam die gesamte Bewegung der Unitarier geheiligt, ihre Sache ins Religiöse und ethisch Gute hinüberdefiniert. Die Federales dagegen werden letztlich als teuflisch-diabolisch porträtiert und repräsentieren das Böse.

Dessen Ort ist das Schlachthaus; ein zwar nicht gänzlich geschlossener Ort; doch wer hier einmal hineinkommt, muss mit dem Leben abgeschlossen haben. Das Schlachthaus ist das „modèle réduit" der Diktatur, zugleich aber auch eine Vorform des Lagers, wie es von Echeverría literarisch ersonnen und mit diktatorischen Systemen verbunden wurde. Aus ihm gibt es kein Entrinnen: Dies zeigt ebenso das Beispiel des kurzzeitig ausgerissenen Stieres wie auch jenes des unschuldig hingeschlachteten Unitariers. In diesem abgeschlossenen Raum herrschen – wie in einem „univers concentrationnaire" – gänzlich andere Gesetze: Es ist gleichsam ein rechtsfreier Raum, in dem ohne Reue und Strafverfolgung gemordet werden kann.

Dies also ist laut Erzähler der „foco" der Federales, von wo aus die Bewegung der Anhänger jener Diktatur das gesamte Land erfasst hat und wo mehr noch das System der Diktatur seinen höchsten Ausdruck als Barbarei inmitten der Zivilisation findet. Im Zeichen des unschuldig hingemordeten jungen Mannes werden alle Unitarier zu Blutzeugen, zu Märtyrern, zu Stellvertretern Christi, dessen Opfertod sie noch einmal sterben. Ganz im Einklang mit der allgemeinen Bewegung einer Sakralisierung des Profanen im 19. Jahrhundert sakralisiert sich auf diese Weise eine politische und geschichtliche Position, die kurz nach Mitte des Jahrhunderts den Sieg über die Diktatur von Juan Manuel de Rosas davontragen sollte.

Esteban Echeverrías *El Matadero* eröffnet – nur wenige Jahre nach Errichtung politisch unabhängiger Strukturen in Lateinamerika – auf gewisse Weise die lange Reihe der Diktatorenromane, obwohl (oder vielleicht gerade weil) der unumschränkte Gewaltherrscher selbst nirgends ins Bild gerückt wird und durch seine Abwesenheit glänzt. Es handelt sich gleichsam um einen Diktatoren-‚Roman' ohne Diktator, denn es geht Echeverría nicht so sehr um eine konkrete historische Persönlichkeit als vielmehr um die Strukturen, welche autoritäre Systeme möglich machen: Noch nicht einmal der Name des Diktators taucht auf.

Doch auf gewisse Weise ist in *El Matadero* dieser Diktator Gott gleich: Er ist „présent partout mais visible nulle part", allgegenwärtig und unsichtbar zugleich. Dieser überall gegenwärtige, aber nirgends sichtbare Diktator ist so ein *Yo el Supremo* in seinem Reich, ein unumschränkter Herrscher: „hace y deshace." Insofern lässt sich eine literarhistorische Linie ziehen von Echeverrías *El Matadero* zu José Mármols *Amalia* und weiter über die spanische Variante des Diktatorenromans in Ramón del Valle-Ínclans *Tirano Banderas* bis hin zu den berühmten lateinamerikanischen Diktatorenromanen jener Autoren, welche die lateinamerikanischen Literaturen außerhalb des Subkontinents so berühmt gemacht haben: *El Señor Presidente* von Miguel Ángel Asturias, *El recurso del método* von Alejo Carpentier, *El otoño del patriarca* von Gabriel García Márquez, *Yo el Supremo* von Augusto Roa Bastos oder *La Fiesta del Chivo* von Mario Vargas Llosa – eine literaturgeschichtliche Serie, die immerhin drei Literaturnobelpreisträger aus Lateinamerika namhaft macht.

Auch wenn es sich bei *El Matadero* deutlich um keinen Roman, sondern um eine Novelle handelt: Man kann mit Fug und Recht behaupten, dass der lateinamerikanische Diktatorenroman genauso alt ist wie die politische Unabhängigkeit Lateinamerikas oder – wenn Sie so wollen – wie die Diktaturen in der postkolonialen Geschichte des Subkontinents. In diesen Erzähltexten fasziniert nicht allein die kritische Reflexion von Geburt und Sterben autoritärer Systeme, sondern auch die literarische Darstellung absoluter Herrschaft über Leben und Tod. Dass die Aufopferung der Unterlegenen in einem diktatorischen System unter das Zeichen Christi gestellt wird, gliedert sich ein in eine Sakralisierung des Profanen, der im 19. Jahrhundert die Profanisierung des Sakralen komplementär gegenübersteht.

Ernest Renan oder die Desakralisierung Christi

Ich möchte Ihnen gerne diese andere Seite einer Desakralisierung des Sakralen kurz am Beispiel eines berühmten Textes aus dem französischen 19. Jahrhundert aufzeigen. Queren wir also für einen Augenblick den Atlantik! Es handelt sich dabei um den Text eines französischen Religionswissenschaftlers, Schriftstellers und Historikers, der nicht nur in Frankreich und Europa, sondern auch im Lateinamerika der zweiten Hälfte des 19. Jahrhunderts eine treue Anhängerschaft besaß. Um seine Reflexionen rund um das *Leben Christi* besser kontextualisieren und verstehen zu können, müssen wir an dieser Stelle einige für uns wichtige Biographeme erarbeiten,[1] die uns mit den Spuren eines der einflussreichsten Orientalisten Europas vertraut machen sollen.

Joseph-Ernest Renan wurde am 28. Februar 1823 in Tréguier in der Bretagne, deren mystizistischer Religiosität er stets verbunden blieb, geboren und starb am 2. Oktober 1892 in jenem Paris, das für ihn stets existenzielle Herausforderung war, aber auch seinen kometenhaften Aufstieg gesehen hatte. Er studierte zunächst katholische Theologie, ging ab 1838 an das Seminar Saint-Nicolas-du-Chardonnet, ab 1841 an das Seminar von Issy und schließlich 1843 an das Grand Séminaire de Saint-Sulpice, wonach er 1844 die Niederen Weihen erhielt. Aufgrund seiner wissenschaftlichen Studien ereilten ihn aber Zweifel an einer Priesterlaufbahn, so dass er bereits 1845 das Seminar verließ. Ausgelöst wurde diese Krise durch kritische Bedenken gegenüber jener historischen Wahrheit, welche die Heilige Schrift gerade auch mit Blick auf das Leben Christi laut Lehrmeinung der Kirche verkündete. Die wissenschaftliche Arbeit bewegte Renan schließlich zur Aufgabe des zunächst ins Auge gefassten Priesterberufs. Es ist gewiss: Wissenschaft basiert darauf, Zweifel zu säen – und Renan konnte in seiner Krise nicht erkennen, wie er all dies mit seinem Glauben sowie mehr noch dem katholischen Dogma, der Lehre der Katholischen Kirche, vereinen können würde. Folglich wurde er nicht Priester, sondern Wissenschaftler.

Zunächst arbeitete Ernest Renan im Brotberuf als „Répétiteur" an einem Collège. Zugleich führte er im Lichte des zeitgenössischen Positivismus intensive philologische Forschungen auf dem Gebiet der Religionsgeschichte und der semitischen Kultur durch. Er bereitete so seine spätere wissenschaftliche Karriere vor, welche ihn im letzten Abschnitt seines Lebens als Schriftsteller in die Höhen der Académie Française führen sollte. Bereits im Revolutionsjahr 1848 erlangte er die „Aggrégation" in Philosophie. Von Oktober 1849 bis Juni

---

[1] Vgl. u. a. Binder, Hans-Otto: Ernest Renan. In: *Biographisch-Bibliographisches Kirchenlexikon*. Band 8. Bautz: Herzberg 1994, S. 23–27.

1850 reiste er im Auftrag der Akademie nach Italien, eine Reise, die ihm auch Material für seine These über Averroës und die „philosophie orientale" beziehungsweise die Aristoteles-Rezeption lieferte. Nach der Rückkehr lebte er gemeinsam mit seiner Schwester in Paris. Renan machte sich in der Wissenschaft rasch einen Namen: Ab 1850 wurde er Mitarbeiter mehrerer bedeutender Zeitschriften im Forschungsbereich seiner Studien.

Der bretonische Autor verfasste zahlreiche religionswissenschaftliche Artikel sowie seine *Histoire générale et système comparée des langues sémitiques* und arbeitete sich damit ein hohes Ansehen als französischer Orientalist. Im Jahr 1851 erhielt er eine Anstellung in der lateinischen Handschriftenabteilung der Pariser Bibliothèque Nationale. Kommentierte Übersetzungen aus dem Hebräischen folgten. Sehr rasch stellten sich weitere wissenschaftliche Erfolge, ja ein gewisser Ruhm auf internationaler Ebene ein: Renan wurde nicht nur Mitglied der Académie des Inscriptions et Belles-Lettres, sondern 1859 auch korrespondierendes Mitglied der Königlich-Preußischen Akademie der Wissenschaften sowie 1860 auswärtiges Mitglied der Bayerischen Akademie der Wissenschaften. Bereits in der zweiten Hälfte der vierziger Jahre hatte er seine programmatische und kulturoptimistische Schrift *L'Avenir de la Science* verfasst, die freilich erst 1890, kurze Zeit vor seinem Tod, veröffentlicht wurde. Diese lange Zeit nicht publizierte Schrift dürfte seinem Gesamtwerk Kohärenz und Kontinuität, „de la suite dans les idées", verliehen haben.

In den Jahren 1860 und 1861 forschte Renan im Nahen Osten, verlor jedoch tragischerweise seine ihn auf der Reise begleitende Schwester, die an Malaria erkrankt war. Er veröffentlichte seine Forschungsergebnisse in zwei Bänden 1864 und 1874 unter dem Titel *La Mission de Phénice*. 1862 erhielt er den Lehrstuhl für Hebräisch, Syrisch und Chaldäisch am hochrenommierten Pariser Collège de France. Am 21. Februar hielt er dort seine Antrittsvorlesung unter dem Titel *De la part des peuples sémitiques dans l'histoire de la civilisation*, in welcher er Jesus als „un homme incomparable", als unvergleichlichen Menschen, bezeichnete. Der dadurch ausgelöste Aufruhr war gewaltig. Es kam zu einem großen Skandal rund um den Vorwurf der Gotteslästerung und Blasphemie, in dessen Verlauf die Proteste insbesondere des Klerus dazu führten, dass Renans Vorlesung verboten wurde.

Sein Hauptwerk sollte die *Histoire des origines du Christianisme* werden, dessen erster Band 1863 in romanesker Form erschien und unter dem Titel *Vie de Jésus* sogleich Furore machte. Er löste ebenso enthusiastische Zustimmung wie erbitterte Ablehnung aus. Allein in Deutschland erschienen binnen kürzester Zeit mehr als ein Dutzend Übersetzungen des französischen Bestsellers, der die Debatten um den Verfasser in Frankreich noch zusätzlich anheizte. 1864 erfolgte auf Druck des Episkopats die Relegation vom Lehrstuhl am Collège de

France, den Renan erst 1870 wieder einnehmen durfte. Renan unternahm daraufhin von Ende 1864 bis Juli 1865 seine zweite Orientreise, die ihn unter anderem nach Ägypten, Kleinasien und Griechenland führte. Berühmt wurde sein Aufenthalt 1865 in Athen, wo er dichterisch auf der Akropolis eine Offenbarung des Göttlichen umschrieb. Unter Eindruck der Reise entstanden nach 1866 weitere Bände der *Histoire des origines du Christianisme*.

Abb. 43: Ernest Renan (1823–1892).

Ich kann an dieser Stelle weder auf Renans weitere orientalistische Forschungen noch auf seine staatspolitischen Schriften eingehen, von denen viele gerade auf dem amerikanischen Kontinent ein breites Echo fanden. Noch in José Enrique Rodós *Ariel* aus dem Jahr 1900 ist Ernest Renan höchst präsent und aus dem Ideenreservoir des uruguayischen Schriftstellers nicht wegzudenken, hatte sich der französische Autor doch – für Rodó beispielhaft – an die Jugend Frankreichs gewandt. Auch die autobiographischen Schriften des Orientalisten und Religionsphilosophen, darunter auch seine Briefe an die Schwester Henriette, sind von großer Wichtigkeit, können an dieser Stelle unserer Vorlesung jedoch keine Berücksichtigung finden. Nach längerer Krankheit starb Ernest Renan hochgeehrt am 2. Oktober 1892 in Paris, nachdem er autobiographisch verlauten ließ, er würde an seinem Leben kaum etwas ändern, sei er doch vollauf zufrieden mit der Art und Weise, wie dieses abgelaufen sei. Glücklich, wer solches von sich sagen kann ...

In den Schriften Renans verbinden sich eklektizistisch positivistische Geradlinigkeit und poetische Emanation, aber auch romantischer Enthusiasmus und spekulative Imagination zu einer sehr eigenen Mischung,[2] die weit über den Bereich der Religionsphilosophie hinaus wirksam wurde. In seinem Gesamtwerk beeindrucken die klaren Grundlinien, denen der Orientalist im Verlauf seines Lebens stets treu blieb; Vorstellungen, die in ihrer thesenartigen

---

[2] Vgl. hierzu Schuh, Hans-Manfred: Ernest Renan. In: Lange, Wolf-Dieter (Hg.): *Französische Literatur des 19. Jahrhunderts*. Band III: *Naturalismus und Symbolismus*. Heidelberg: Quelle & Meyer 1980, S. 43–66.

Anlage mehrere Generationen von Wissenschaftlerinnen und Wissenschaftlern prägten. Seine tiefe Überzeugung, dass die Heilige Schrift nicht Zeugnis einer göttlichen Offenbarung, sondern der ideale Gegenstand historischer Forschungen sei, bestimmte seine wissenschaftliche wie schriftstellerische Ausrichtung, die mit seinem großen Bucherfolg *Vie de Jésus* einer Historisierung und Desakralisierung der *Figura Christi* den Weg bereitete.

Renans schwierige Entscheidung gegen den Priesterberuf war eine vernunftbetonte Wahl, seinem Drang zur wissenschaftlichen Erforschung der historischen Wahrheit jenseits aller kirchlichen Dogmen nachzugeben. Bei aller poetischen Imagination, die in seinen Werken zum Ausdruck kommt, ging es Ernest Renan doch stets um die rationale Fundierung wissenschaftlicher Kritik. Man könnte mit guten Gründen so weit gehen, die vernunftbegründete Wissenschaft als neue Religion des Religionswissenschaftlers Renan anzusehen. Dieser musste nach seinen Vorstellungen aber ebenso Geisteswissenschaftler und Archäologe wie Künstler und Dichter sein, um die Totalität des Wissens universalistisch darstellen zu können, ohne in einem ideenleeren Positivismus zu enden.

In Renans *Vie de Jésus* laufen all die Linien des Denkens und Schreibens des französischen Autors zusammen. Denn das Leben des christlichen Religionsstifters wird einer möglichst lückenlosen und rationalen Erklärung zugeführt, in welcher Wunder oder unerklärliche Phänomene keinen Platz mehr haben. Wie bei seiner Antrittsvorlesung am Collège de France ersetzte Renan die These vom Mensch gewordenen Gottessohn durch diejenige, Jesus Christus sei ein außergewöhnlicher Mensch gewesen. An die Stelle des Mystisch-Spirituellen tritt das verstandesmäßig Erklärbare. Renan unterwirft das Heilige einer wissenschaftlich ausgerichteten Desakralisierung, in der freilich noch immer eine immense Verehrung dieses „unvergleichlichen Menschen" spürbar ist.

Dass Jesus mit einigen autobiographischen Elementen Renans ausgestattet wurde und überdies sozialrevolutionäre Züge erhielt, steht in der heutigen Renan-Forschung fest.[3] Und die Rufe, dass es sich bei diesem Werk um Gotteslästerung handele, sind bis weit ins 20. Jahrhundert keineswegs verstummt. Doch der grundsätzliche philologische Wert der Forschungen Renans ist heute ebenfalls unbestritten.[4] Die Existenz Gottes ist für Renan Fakt, erweist sich jedoch nicht anhand unerklärbarer Wunder, sondern anhand der Existenz beispielhafter, herausragender Menschen in eben dieser gottgeschaffenen Welt. Insofern ist auch sein Zukunftsoptimismus – trotz der Erfahrung des Preußisch-

---

3 Vgl. Schuh, Hans-Manfred: Ernest Renan, S. 50.
4 Ebda., S. 51.

Französischen Krieges und der Commune de Paris – als ungebrochen zu bezeichnen. Seinen wichtigen Überlegungen zum Begriff und der Praxis der Nation,[5] aber auch seinen Vorstellungen rassischer Ungleichheit kann an dieser Stelle nicht nachgegangen werden.[6]

Wenden wir uns nun in der gebotenen Kürze jenem Werk zu, das sicherlich den größten Publikumserfolg erzielte und bis heute immer wieder zu Kontroversen Anlass gibt; und nähern wir uns sogleich einer Passage, die von entscheidender Bedeutung ist für das gesamte *Leben Jesu*, die gesamte *Vie de Jésus*! Es handelt sich dabei um jene Stelle, die uns im Rahmen unserer Vorlesung über Geburt, Leben, Sterben und Tod in ganz besonderem Maße interessiert. Denn es geht um die Geburt Christi:

> Jesus wurde in Nazareth geboren, einer kleinen Stadt in Galiläa, die vor ihm keinerlei Berühmtheit besaß- Sein ganzes Leben lang wurde er mit dem Namen „Nazarener" benannt, und nur durch einen reichlich komplizierten Umweg gelang es, ihn in seiner Legende in Bethlehem auf die Welt kommen zu lassen. Wir werden später den Beweggrund dieser Annahme kennenlernen, und wie sie die notwendige Folge der messianischen Rolle war, welche man auf Jesus übertrug. Man kennt das genaue Datum seiner Geburt nicht. Sie fand unter der Herrschaft des Augustus statt, wahrscheinlich um das Jahr 750 von Rom, das heißt einige Jahre vor dem Jahre 1 des Zeitalters, von dem alle zivilisierten Völker ab dem Tage rechnen, an dem er geboren wurde.
>
> Der Name *Jesus*, der ihm gegeben wurde, ist eine Abwandlung von *Josué*. Dies war ein sehr gebräuchlicher Name; aber natürlich suchte man darin später allerlei Mysterien und eine Anspielung auf die Rolle des Retters. Vielleicht erkühnte sich Jesus selbst, wie alle Mystiker, zu diesem Gebrauch. Es gibt auf diese Weise mehr als eine Berufung in der Geschichte, in der ein einem Kinde ohne Hintergedanken verliehener Name die Gelegenheit dazu bot. Die hitzigen Naturen räumen in Dingen, die sie betreffen, niemals einen Zufall ein.[7]

In diesen Eröffnungssätzen des zweiten Kapitels von Ernest Renans *Vie de Jésus* ist aufschlussreich, dass zunächst die Frage des Geburtsortes thematisiert und zugleich auch einer entmythologisierenden Kritik unterzogen wird. Denn Renan verdächtigt die ‚Legende' vom Messias Jesus, dessen Geburtsort aus politisch-hagiographischen Gründen verändert und Bethlehem hinzugefügt zu haben.

---

5 Vgl. zu Renan im Kontext deutsch-französischer Beziehungen u. a. Jurt, Joseph: Sprache, Literatur, Nation, Kosmopolitismus, Internationalismus. Historische Bedingungen des deutsch-französischen Kulturaustausches. In: Dorion, Gilles / Meißner, Franz-Joseph / Riesz, János / Wielandt, Ulf (Hg.): *Le français aujourd'hui. Une langue à comprendre. Französisch heute.* Mélanges offerts à Jürgen Olbert. Frankfurt am Main: Verlag Moritz Diesterweg 1992, S. 230–241.

6 Vgl. Geiger, Wolfgang: Ernest Renan und der Ursprung des modernen Rassismus. In (ders.): *Geschichte und Weltbild. Plädoyer für eine interkulturelle Hermeneutik.* Frankfurt am Main: Humanities Online 2002, S. 307–333.

7 Renan, Ernest: *Vie de Jésus*. Edition établie, présentée et annotée par Jean Gauthier. Paris: Editions Gallimard 1974, S. 122f.

Man habe ihn bewusst an einen Ort verlegt, welcher der Legendenbildung dienlicher war, weil man auf diese Weise die Außerordentlichkeit des ‚heiligen' Geschehens stärker herausstellen konnte. Denn vom Ort der Geburt – soviel haben wir in dieser Vorlesung bereits gelernt – hängt mit Blick auf die Semantisierung eines ganzen Lebens Entscheidendes ab.

Die zweite Nahtstelle, die als grundlegende Koordinate zugleich auch in Frage gestellt wird, betrifft nach dem Ort den genauen Zeitpunkt der Geburt. Nun wissen wir in der Tat, dass es auf Grund der Kalenderumstellungen, astronomischen Verschiebungen und Veränderungen im Verlauf der beiden zurückliegenden Jahrtausende keineswegs so ist, dass Jesus Christus als historische Figur wirklich in einer Dezembernacht vor zweitausendundeinundzwanzig Jahren auf die Welt kam. So kommt auch dieses im Grunde essentielle Datum nicht ungeschoren davon, das nicht allein für die Bestimmung und Bedeutung eines Menschen, sondern in diesem Falle für eine heute weltumspannende Zeitrechnung und einen gesamten Kulturraum von zentraler Bedeutung ist. Zwar wird von Renan kein anderes Datum genannt; doch das sozusagen ‚unhinterfragte' Geburtsdatum wird gleichsam ausradiert.

Auf diese Weise verändert Ernest Renan von Beginn seiner Beschäftigung mit dem Leben Jesu an die grundlegenden Koordinaten des Religionsgründers in Raum und Zeit. Dabei tritt in diesen Passagen der Diskurs von Sachlichkeit und Wissenschaftlichkeit an die Stelle eines Diskurses, den wir mit religiöser Legendenbildung und vielleicht mehr noch christlicher Hagiographie verbunden wissen. Dieser Diskurs der Wissenschaftlichkeit, der mit vielen ihn stützenden Fußnoten, die ich im obigen Zitat nicht mitabgedruckt habe, gespickt ist, verdrängt gleichsam denjenigen der Religion, von dem sich Renan in seinem eigenen Leben abgewandt hatte. Diese Vorgehensweise macht deutlich, auf welche Weise der französische Religionsphilosoph und Historiker eine ‚Entrümpelung' der Legendenbildung um Jesus Christus in seinen Schriften ins Werk setzt und die ‚Ursprünge des Christentums' völlig neu ausrichtet.

Vor diesem Hintergrund wird aber noch ein drittes bestimmendes Element verändert: die Namensgebung, die nach der Geburt (noch heute) ein entscheidender Vorgang ist. *So, what's in a name?* Der Name Jesu wird all seiner Besonderheit entkleidet, handele es sich hier doch lediglich um eine Sonderform eines völlig gewöhnlichen und häufigen Namens. Im jenem des Herrn schwingt daher nicht von Beginn an die Rolle des Messias mit. Bemerkenswert ist dabei, dass die die Semantisierung zu einem zentralen Punkt avanciert, insoweit eine Gesellschaft oder Kultur, aber auch der einzelne selbst eben diesen Elementen einen unschätzbaren Wert beimessen kann. Denn in der Namensgebung deutet sich womöglich bereits das künftige Schicksal und die Bedeutung der gerade erst auf die Welt gekommenen Person an. Von einem einzigen Punkt aus – wie wir schon im Laufe unserer Vorlesung gelernt haben –, mithin von einem einzigen Moment der Geburt aus wird das gesamte Leben des jeweiligen Individuums wie auch dasjenige seiner Gemeinschaft semantisiert, also mit weitreichenden Bedeutungen versehen. Ernest Renan versucht, sich auch auf dieser Ebene allein an Fakten sowie historische Kontexte zu halten und alle Formen von Legendenbildungen abzuwehren – selbst dann, wenn sie vom Religionsstifter selbst stammen könnten. Denn Jesus sei ein Mystiker gewesen; und Mystiker hätten zu allen Zeiten ihrem eigenen Namen eine prospektive, ihr ganzes Leben ankündigende Bedeutung gegeben. Von solchen Mystifikationen aber distanziert sich der französische Religions- und Glaubensforscher.

Der schon vom Schriftbild her ins Auge fallende Diskurs der Wissenschaftlichkeit führt letztlich dazu, dass die *Figura Christi* all ihrer Heiligkeit entkleidet wird. Die sprachliche Formel, die Renan hierbei benutzt, ist berühmt geworden und deutet auf die Vorsicht und zugleich Entschlossenheit, mit welcher der Historiker zu Werke ging. Denn vor dem Hintergrund all der vielen Einzelheiten, die wir bereits kennen und die von Renan in der Folge entfaltet wurden, kann es kaum überraschen, dass er Jesus zu einem äußerst faszinierenden Menschen, aber eben zu einem Menschen werden lassen musste. Hier also nun der berühmte Satz aus Renans *Leçon* am Collège de France: „Ein unvergleichlicher Mensch, der so groß war, dass ich nicht jenen widersprechen wollte, die vom außergewöhnlichen Charakter seines Werkes frappiert waren und ihn Gott nannten." / „Un homme incomparable, si grand que je ne voudrais pas contredire ceux qui, frappés du caractère exceptionnel de son œuvre, l'appellent Dieu".[8]

Diese von Renan bereits vor der Veröffentlichung seiner *Vie de Jésus* konzipierte sprachliche Formel, die wohlüberlegt war – Renan konnte nicht an der erwartbaren Reaktion des Klerus zweifeln –, gab die Leitlinie für jenen Lebensentwurf Jesu Christi vor, wie ihn der französische Orientalist im ersten Band seiner *Ursprünge des Christentums* skizzierte. So beschreibt er möglichst präzise als Geschichtsschreiber die Fakten, die sich bezüglich der Geburt Jesu ermitteln lassen, um daraus diejenige eines *Menschen* abzuleiten.

Die Geburtsszene selbst ist dabei von Renan nicht in Frage gestellt oder porträtiert worden. Sie ist uns allen wohlvertraut, samt Ochs und Eselein – und doch wissen wir durch einen Blick auf andere Nationen und Kulturen, dass gerade auch diese Elemente höchst regionalen Ursprungs sind und andernorts sehr unterschiedlich gestaltet wurden. Christi Geburt besitzt in Bethlehem eine andere Ausprägung und Ausgestaltung als in Mexiko, im Schwarzwald oder in Togo.

---

[8] Renan, Ernest: *La Chaire d'hébreu au Collège de France. Explication à mes collègues.* Paris: Michel Lévy 1862, S. 13.

Die Desakralisierung des Sakralen bringt es also mit sich, dass Jesus zu einem außergewöhnlichen Wesen, aber eben zu einem Menschen werden musste, bevor wieder der umgekehrte Entwicklungsgang einsetzen kann und wir es am Ende mit einem scharf von anderen Menschen abstechenden Wesen zu tun haben, das wir als Gott verehren können oder nicht. Entscheidend dabei ist, dass dafür die hagiographischen Elemente ihres Sinnes beraubt werden müssen, um die Gestalt Jesu leibhaftig vor uns treten zu lassen.

Dieser Prozess muss mit der Geburt beginnen; denn sonst könnte es keine Resemantisierung der gesamten *Vie de Jésus* und der Lebensgeschichte von Jesus Christus geben. Die Geburt ist der Schlüssel zum Verständnis eines Menschen; und aus eben diesem Grunde empfiehlt es sich, höchst vorsichtig zu sein, wenn wir von bestimmten äußerst wichtigen Geburten hören, von denen selbstverständlich keine im Christentum an die Geburt des Jesuskindes heranreichen darf. Deshalb zeigt sich just an dieser Stelle die entscheidende textuelle Zugriffsmöglichkeit, zugleich aber auch eine Reflexionsmöglichkeit bezüglich der Formen, Funktionen und Bedingungen der Geburt, die wir im Verlauf eines liturgischen Jahres stets wieder neu überdenken sollen. Renan war es mit seinem Werk keineswegs um Gotteslästerung oder gar die Zerstörung des Christentums zu tun: Sein Ziel war es vielmehr, es von allem blendenden sowie den wahren Glauben behindernden Beiwerk zu befreien und zu den historischen Fakten zurückzukehren.

Dieses Ziel des französischen Historikers lässt sich sehr deutlich in einem der letzten Kapitel des Bandes erkennen, welches dem Tod Christi gewidmet ist. Dieses Kapitel beginnt wie folgt:

> Obwohl das wirkliche Motiv für den Tod von Jesus gänzlich religiös war, hatten seine Feinde doch beim Prätor erwirkt, ihn wie wegen eines Staatsverbrechens schuldig zu sprechen; sie hätten vom skeptischen Pilatus keine Verurteilung wegen Ketzertum erhalten. Infolge dieser Vorstellung gingen die Priester daran, für Jesus durch die Menge den Tod am Kreuze zu fordern. Diese Todesart war keineswegs jüdischen Ursprungs; wäre die Verurteilung von Jesus rein nach mosaischem Gesetze erfolgt, so hätte man ihn die Steinigung erleiden lassen. Das Kreuz war eine römische Todesart, welche den Sklaven und jenen Fällen vorbehalten blieb, in denen man dem Tode noch die Verschärfung durch die Schmach hinzufügen wollte. Indem man dies auf Jesus anwandte, behandelte man ihn wie einfache Räuber, wie Briganten, wie Banditen oder jene Feinde niederer Herkunft, denen die Römer nicht die Ehren eines Todes durch das Schwert zukommen ließen. Es war der chimärische „König der Juden" und nicht der dogmatische Ketzer, den man so bestrafte.[9]

---

9 Renan, Ernest: *Vie de Jésus*, S. 394.

Ernest Renan ist sichtlich bemüht, in dieser Passage die historischen Kontexte der Verurteilung Jesu und die Hintergründe für die Wahl der Todesart präzise auszuleuchten. Auch an dieser Stelle habe ich wieder die umfangreichen Fußnoten ausgelassen, welche den hier abgedruckten Fließtext begleiten und die wissenschaftliche Absicherung auf dem damaligen Stand der Forschung belegen. Dabei erläutert Renan vor allem die Semantik der für Jesus gewählten und geforderten Todesart, um seinem Lesepublikum zu vermitteln, welches die historischen Kontextualisierungen seines Todes waren und wie sehr man versuchte, diesen Menschen noch bei seiner Tötung wie einen elenden Räuber aussehen zu lassen. Dabei geht es dem französischen Forscher nicht um heilsgeschichtliche Argumente oder religiöse Aspekte, sondern um die Erklärung eines historisch korrekt geschilderten Ablaufs. Dort, wo Esteban Echeverría seinen Unitarier wie Christus am Kreuze sterben lässt, um diesen profanen Gegner der Rosas-Diktatur zu sakralisieren, behält sich Ernest Renan das Recht vor, den Tod von Jesus Christus, der weit mehr als ein christlicher Heiliger nach christlicher Lehre Teil der göttlichen Dreifaltigkeit ist, nach den jeweiligen profanen Gesetzlichkeiten der Menschen sterben zu lassen und damit zu desakralisieren.

Gegen Ende dieses Kapitels vermerkt der französische Historiker noch einige Besonderheiten des Kreuzestodes, den Jesus erlitt. Auch in diesem Zusammenhang versucht er, aller Legendenbildung entgegenzuwirken und Jesus als Mensch in seinem Tode ganz so zu schildern, wie es jedweder andere Sterbliche am Kreuze gewesen wäre. Führen wir noch ein letztes Zitat aus Renans *Vie de Jésus* an, um – erneut ohne die Angabe von Fußnoten – zu ermessen, wie sehr Renan seiner Linie treu blieb:

> Die besondere Grässlichkeit dieser Todesart am Kreuze liegt darin begründet, dass man drei, ja vier Tage in diesem schrecklichen Zustand auf diesem Schmerzensgerüste noch leben konnte. Die Blutung der Hände kam rasch zum Stillstand und wirkte keineswegs tödlich. Der wahre Grund für den Tod lag in der unnatürlichen Position des Körpers, welche eine furchtbare Störung im Blutkreislauf, schlimme Schmerzen im Kopf und am Herzen sowie schließlich die Steifheit der Glieder nach sich zog. Gekreuzigte mit starker körperlicher Verfassung konnten schlafen und starben an Hunger.[10]

Die genaue Beschreibung des Todes von Jesus am Kreuz wird in solchen Wendungen in den Zusammenhang einer Todesart gestellt, die im Sinne der römischen Kolonialherrschaft eine unehrenhafte Strafe für Verbrecher und Gesindel darstellte. Es war Renan in erster Linie darum zu tun, seiner Leserschaft nicht nur die rechtlichen und semantischen Aspekte dieses Todes am Kreuz, sondern ebenso die medizinischen Gründe und Hintergründe für das langsame, grau-

---

10 Ebda., S. 402.

same Absterben von Gekreuzigten drastisch, aber wissenschaftlich fundiert vor Augen zu führen.

So entsteht weniger das Bild eines Gottes, der seinen vorbestimmten Tod zur Erlösung der Menschheit am Kreuze stirbt, sondern die Darstellung eines überaus menschlichen Leidens, das jeder Gekreuzigte bis zu seinem endgültigen Ableben über sich ergehen lassen muss. Das Sakrale, ja das Göttliche ist menschlich geworden. Jesus ist nicht, wie es gemäß der christlichen Lehre heißt, als Gott zum Menschen geworden und hat unter uns gelebt: Er ist vielmehr im Sinne Ernest Renans als Mensch auf die Welt gekommen und hat als Mensch in dieser Welt den Tod gefunden. Renans *Vie de Jésus* beschreibt die Geburt, das Leben, das Sterben und den Tod dieses Menschen fernab jeglicher Sakralisierung.

Domingo Faustino Sarmiento oder das blutige Regime des Todes

Kehren wir an dieser Stelle unserer Vorlesung wieder nach Lateinamerika zurück und beschäftigen wir uns mit einem jener argentinischen Schriftsteller, die vielleicht am tiefschürfendsten über das Entstehen von Gewalt, über die Macht regionaler Caudillos oder Warlords und das Aufblühen autoritärer Systeme im Cono Sur des Kontinents, am Río de la Plata, nachgedacht und geschrieben haben! Denn wie für Esteban Echeverría war auch für Domingo Faustino Sarmiento die Literatur jenes Erprobungsfeld, in welchem experimentell die gesellschaftlichen Gewaltsituationen in modellartiger Weise nachgestellt und auf ihre Bedeutung hinsichtlich autoritärer Systeme erprobt werden konnten. Wie gesagt: Diese Erprobungen der Literatur tragen eher selten dazu bei, dass autoritäre Systeme direkt wieder verschwinden; aber sie ermöglichen doch ihren Leserinnen und Lesern, besser deren Mechanismen zu verstehen und gegen die Entstehung autoritärer Strukturen anzugehen. Denn sie vermitteln ein Wissen über ein gesellschaftliches beziehungsweise gemeinschaftliches Zusammenleben, welches hilft, die Ausgangspunkte autoritärer Diskurse und Systeme zu unterlaufen; und sie stellt Gnoseme dafür bereit, wie diktatorischen Strukturen der Boden unter den Füßen entzogen werden kann.

Domingo Faustino Sarmiento hat aber keinen Diktatorenroman verfasst oder eine Frühform desselben entwickelt. Wir können ihn daher auf den ersten Blick nicht in die Reihe jener literarischen Autoren einreihen, welche sich unmittelbar auf die Genealogie des lateinamerikanischen Diktatorenromans beziehen lassen. Sein Blickpunkt war vielmehr umfassenderer Art: Es ging ihm darum, gesellschaftliche Systeme überhaupt in ihrer Gänze besser zu verstehen. Dies gelang Sarmiento zumindest bezüglich seiner eigenen Laufbahn recht gut, wurde er später doch Präsident der post-diktatorialen argentinischen Republik. Dazu aber musste er sich notwendig mit den autoritären Auswüchsen beschäftigen, die sich nach der Befreiung vom spanischen Kolonialismus überall in seinem Heimatland breit gemacht hatten.

Sarmiento kann für die argentinische Literatur als das bezeichnet werden, was Goethe für die deutsche darstellt: Die jeweilige Literatur ist schlicht undenkbar ohne diese Schriftsteller und Autornamen. Denn Sarmiento gelang es, literarische wie gesellschaftliche Begrifflichkeiten zu definieren, um welche die Geisteswelt in Argentinien wie auch in anderen Teilen Lateinamerikas kreisen sollte und – zumindest mit Blick auf Argentinien – zum Teil bis heute kreist. Dazu gehörten zweifellos seine Deutungen von argentinischen Figuren wie dem Gaucho oder dem „Rastreador", dem Fährtenleser in den Weiten der Pampa, die ganz Lateinamerika betreffende Frage der Gewaltherrscher oder Caudillos sowie vor allem die zentrale Problematik des Verhältnisses von Zivilisation und Barbarei, von „Civilización" und „Barbarie". Diese Themen betreffen einen Subkontinent, der sich erst wenige Jahrzehnte zuvor eine ungewisse politische Unabhängigkeit dank seiner militärischen Führer in langen Auseinandersetzungen erkämpft hatte.

Abb. 44: Domingo Faustino Sarmiento (1811–1888).

Die Lebensgeschichte Sarmientos und zugleich die Geschichte seiner literarischen Karriere – und auf diese wollen wir uns beschränken – ist rasch erzählt. Im Jahr 1845 erschien in der chilenischen Zeitung *El Progreso* zunächst im Feuilleton der Text eines jungen, seit 1840 in Chile im Exil lebenden Argentiniers, der am Beginn einer brillanten Laufbahn als Journalist, Publizist und Literat, aber auch als Politiker und Staatsmann stand. Kaum ein argentinischer Intellektueller, Denker und Schriftsteller seiner Zeit dürfte das 19. Jahrhundert so grundlegend geprägt und die Diskussionen selbst im kulturtheoretischen Bereich bis heute so nachhaltig beeinflusst haben wie dieser „Proscrito", der sich 1840 zum zweiten Mal nach Chile ins Exil vor der Rosas-Diktatur in Argentinien rettete. Er gehörte folglich derselben Gruppe von Intellektuellen und Schriftstellern wie Esteban Echeverría an, die entweder unter die Räder der Diktatur gerieten oder ins Exil gedrängt wurde.

Wir hatten am Beispiel Echeverrías ja bereits bemerkt, welch ungeheure literarische und politische Dynamik von dieser Gruppe argentinischer „Proscritos" ausging, die nach dem abrupten Ende der Rosas-Diktatur die Geschicke ihres Landes lenken sollten. Vorerst freilich saßen sie allesamt in einem Exil fest, das sich vor allem auf der anderen Seite des Río de la Plata konzentrierte und von Montevideo aus gegen die argentinische Rosas-Diktatur konspirierte. Mit Domingo Faustino Sarmiento nähern wir uns jedoch nicht mehr dem uruguayischen, sondern dem chilenischen Exil dieser versprengten Argentinier an, die von so enormer Bedeutung für die Entwicklung der Literaturen im gesamten Cono Sur des amerikanischen Kontinents waren.

Das autobiographische Element[1] des Exils fehlte keineswegs in jenem Grundlagenwerk, das es jetzt zu besprechen gilt und das erstmals 1845 unter dem Titel *Leben des Facundo Quiroga* erschien. Sarmiento schilderte ebenso genüsslich wie ausführlich sein fluchtartiges Verlassen der argentinischen Republik über die Anden nach Chile, nachdem er den Häschern des Diktators entgangen war. Wie so oft stimmte er dabei das Lied der unbeschreiblichen Dummheit jener Schergen der Diktatur an; eine Einschätzung, die man wie auch bei Esteban Echeverría und vielen anderen häufig über Diktaturen zu hören bekommt. Dies hinderte ihn jedoch nicht daran, die Intelligenz des Diktators selbst zu erkennen und wahrzunehmen, dass es sich bei der Rosas-Diktatur um ein ausgeklügeltes System von Abhängigkeiten handelte, welches eine recht stabile Herrschaft ermöglicht hatte.

In seinen autobiographischen Reminiszenzen, die sich im Grunde innerhalb der Biographie eines anderen, Facundo Quiroga, situierten, vertraute Sarmiento ganz auf die Kraft der Ideen, welche von der anderen Seite der Anden aus nach Argentinien zurückstrahlen und die politische Situation dort im Lichte der Freiheit verändern würden.[2] Sarmientos Ich-Erzähler, den wir nicht mit dem realen Autor von Fleisch und Blut verwechseln dürfen, schuf damit eine räumliche Außerhalbbefindlichkeit, in welcher die ganze Bedeutung des Exils als Hort der Freiheit erkennbar wurde. Dieses literarische Ich illuminierte auf diese Weise zugleich eine erzählerische Maschinerie, welche von außen gegen die verhasste Diktatur in Argentinien erfolgreich zu Felde ziehen wollte. Sarmientos *Facundo* ist damit eines der zahlreichen literarischen Beispiele für eine in Lateinamerika fruchtbare Exilliteratur, welche nicht nur Teile des 19., sondern auch des 20. Jahrhunderts prägen sollte und von daher zutiefst mit der Frage nach Gewalt und Entstehung diktatorialer Formen auf dem Subkontinent befasst war. Denn als Literatur des Exils war sie mit der Gegenwart einer Diktatur im Heimatland beschäftigt, gegen die es anzugehen galt. Ohne eine Apologie des Exils schreiben zu wollen, darf ich doch an dieser Stelle festhalten, wie kreativ sich stets jene Kräfte für eine Literatur erwiesen, die zunächst aus dem Anschreiben gegen die Allgegenwart der Diktatur entstand. Das Exil war trotz all seiner Furchtbarkeit für die lateinamerikanischen Literaturen stets ein schöpferisch-dynamischer Motor erster Ordnung.

Denn es ist leider eine Tatsache: Für nahezu jedes Jahrzehnt – und auch das unsrige macht keine Ausnahme – lassen sich lateinamerikanische Länder aufzählen, die ihre Bürger ins Exil treiben und dadurch Bedingungen dafür schaffen,

---

[1] Vgl. hierzu das Sarmiento gewidmete Kapitel im vierten Band der Reihe „Aula" in Ette, Ottmar: *Romantik zwischen zwei Welten* (2021), S. 627 ff.
[2] Vgl. Sarmiento, Domingo Faustino: *Facundo o Civilización y Barbarie*. Mexico, D.F.: SEP/UNAM 1982, S. 326.

dass dieser dynamische Prozess nicht zum Erliegen kommt. *Facundo* ist also ein Stück Exilliteratur, eine Art vertriebene, besser noch *ausgetriebene* Literatur, die sich zugleich auf intensivste Weise mit der Gewalt im eigenen Herkunftsland beschäftigt. Es ist daher alles andere als ein Zufall, dass sich diese Literaturen mit der Entstehung politischer Gewalt und der Festigung autoritärer gesellschaftlicher Strukturen von jeher kreativ auseinandersetzten.

Doch noch einmal zur Außerhalbbefindlichkeit des Textes: Diese ist Grundlage der Konstituierung, der gesamten Konstruktion des literarischen Kunstwerks. Sie verweist auf das Exil wie auf das Schreiben nicht nur außerhalb Argentiniens, sondern auch außerhalb Europas. Das Faszinierende an Sarmientos Text besteht darin, dass er sich mit beiden ‚Exilierungen' höchst kreativ auseinandersetzt und die Frage der transatlantischen Transplantation von Wissens- und Schreibformen gerade auch aus Europa immer wieder zum Thema macht.[3] Sarmiento ist – wie es die Motti der einzelnen Kapitel in seinem *Facundo* dokumentieren – an den Literaturen Europas ausgerichtet, ja hängst von diesen ab; zugleich aber schreibt er von außerhalb Europas und transformiert jene Modelle, an welchen er sein eigenes Schreiben ausrichtet. Diese doppelte Außerhalbbefindlichkeit gilt es im Folgenden nicht zu vergessen.

Ein weiteres wichtiges Element tritt hinzu: Das Ich hat aus der exterritorialen Position in Chile heraus die Möglichkeit erkannt, die Strahlen der Freiheit über alle Grenzziehungen hinweg in Buchform auszustrahlen und damit auch in seinem Heimatland für die Ideen der Freiheit zu werben. Dies bedeutet nicht allein, dass das Argentinien der Rosas-Diktatur mit der Finsternis von Tyrannei und Barbarei konnotiert wird, sondern dass die Möglichkeit einer sich auf Druckerzeugnisse stützenden Aufklärung von außen her gegeben ist und auf Erfolg hoffen darf. Sarmiento glaubt an die gesellschaftsverändernde Kraft und Macht der Literatur sowie an ihr Vermögen, das Bessere im Menschen zum Vorschein zu bringen. Ist die Pressefreiheit in Argentinien auch außer Kraft gesetzt, so ist es doch möglich, über die Presse Chiles zu agitieren und der Diktatur von Juan Manuel de Rosas Schaden zuzufügen. Von diesem Grundvertrauen in den Fortschritt[4] und in die Ideale der Aufklärung, welche die Führer der Independencia beflügelten,[5] werden Domingo Faustino Sarmientos Texte getragen.

Wenige Monate vor Erscheinen des *Facundo* war ein Rosas-Gesandter im Jahr 1845 nach Santiago de Chile gekommen, um unter anderem die Überstel-

---
3 Vgl. zur Transplantation u. a. Ette, Ottmar / Wirth, Uwe (Hg.): *Kulturwissenschaftliche Konzepte der Transplantation*. Unter Mitarbeit von Carolin Haupt. Berlin – Boston: Walter de Gruyter 2019.
4 Vgl. hierzu Rodríguez Pérsico, Adriana: *Un huracán llamado progreso. Utopía y autobiografía en Sarmiento y Alberdi*. Washington, D.C.: OEA 1996.
5 Vgl. hierzu Ette, Ottmar: *Aufklärung zwischen zwei Welten*, S. 241 ff.

lung von Domingo Faustino Sarmiento nach Argentinien zu fordern. Diktatoren pflegen ihre Feinde auch außerhalb der Landesgrenzen zu verfolgen. Sarmientos *Facundo* war die Antwort auf diesen Versuch, jegliche Opposition zum Schweigen zu bringen – aus dem klaren Bewusstsein heraus, mit der Feder aus dem Ausland gegen die Gewaltherrschaft im eigenen Land wirkungsvoll ankämpfen und allen Mordversuchen trotzen zu können. Wenn ich an die Ereignisse der letzten Jahre denke, in denen Potentaten aus dem Osten Europas selbst innerhalb der Europäischen Union nicht davon abließen, ihre Feinde zu verfolgen oder gegebenenfalls umbringen zu lassen, dann hat sich an dieser Praxis von Gewalthabern und Diktatoren leider wenig geändert.

Domingo Faustino Sarmientos *Facundo* ist zentraler Bestandteil eines politischen Projekts, eines kulturellen und ideengeschichtlichen Vorhabens. Darüber hinaus ist es aber auch ein bewegliches Raumprojekt, das die Exteriorität des eigenen Schreibens wieder zu überwinden sucht, um endlich das eigene Heimatland wieder zurückzugewinnen. Die Strahlen der Aufklärung, die über die Anden nach Argentinien leuchten, nehmen den späteren Weg des Ich-Erzählers vorweg, der mit seinem baldigen Rückweg ins Vaterland die Flucht- und Exilsituation überwinden will und die *ausgetriebene* Literatur wieder an ihren angestammten Ort zurückführen wird. Dies ist fast immer die angestrebte und implizite Grundbewegung innerhalb der Exilliteratur, eine hermeneutische Bewegungsfigur, die den Weg zur Deutung der jeweiligen Texte weist.[6] Literatur nimmt in gewisser Weise die künftige Bewegung des Schriftstellersubjekts wie der von ihm geschaffenen Bücher vorweg, welche ebenfalls im Herkunftsland ihres Autors nicht mehr verboten sein werden. Denn die Proscritos sollten die in Argentinien künftig Regierenden werden: *Sie* schrieben die Geschichte und Literatur ihres Landes mit einer erstaunlichen Homogenität, welche sich selbst in ihrer Wortwahl zeigt. Echeverría oder Sarmiento, aber auch viele andere wie Mármol oder Alberdi wären leicht als ehemals exilierte Beispielsautoren anzuführen.

In der Einleitung, welche Sarmiento seinem Text in der Ausgabe von 1845 voranstellte, findet sich die nicht unpathetische Anrufung des Gegenstands, den der Autor in seinem Werk behandeln möchte. Es geht ihm um die Lösung eines großen Rätsels, des Rätsels der Gewalt[7] und damit um eine Frage, die spä-

---

6 Vgl. hierzu Ette, Ottmar: *Literatur in Bewegung. Raum und Dynamik grenzüberschreitenden Schreibens in Europa und Amerika*. Weilerswist: Velbrück Wissenschaft 2001.
7 Vgl. zur literarischen Darstellung der Gewalt die gelungene Potsdamer Habilitationsschrift von Lenz, Markus Alexander: *Die verletzte Republik – Erzählte Gewalt im Frankreich des 21. Jahrhunderts (2010–2020)*. Habilitationsschrift Universität Potsdam 2021.

ter ebenfalls im Herzen des lateinamerikanischen Diktatorenromans stehen wird: Wie lässt sich brutale Gewalt erklären? Und wie lässt sie sich stoppen?

Dies sind die zentralen Fragen, welche zum Auslöser dafür geworden sind, Sarmientos *Facundo* in diesen Teil unserer Vorlesung zu integrieren und seine literarische Schrift über das Problem der Gewalt im Kontext unserer Überlegungen zur absoluten Herrschaft über Leben und Tod zu berücksichtigen. Vordergründig geht es um den in den Bürgerkriegswirren Argentiniens überaus einflussreichen und im Landesinneren machtvoll herrschenden Caudillo Facundo Quiroga, der zur Titelfigur des gesamten Textes avancierte. Aber im Grunde will der argentinische Schriftsteller wesentlich mehr:

> Du schrecklicher Schatten, Facundo, ich rufe Dich auf, damit Du den blutigen Staub, der Deine Asche bedeckt, abschüttelst und Dich erhebst, damit du uns das geheime Leben und die inneren Konvulsionen erklärst, welche die Eingeweide eines edlen Volkes zerreißen! Du besitzt das Geheimnis: Decke es uns auf! Zehn Jahre noch nach Deinem tragischen Tode sagten der Mensch der Städte und der Gaucho der argentinischen Ebenen beim Einschlagen unterschiedlicher Wege durch menschenleere Gebiete: „Nein!; er ist nicht tot! Er lebt noch immer! Er wird kommen!" Gewiss! Facundo ist nicht tot; in den Traditionen des Volkes, in der Politik und den Revolutionen Argentiniens ist er lebendig; in Rosas, seinem Erben, seiner Ergänzung; seine Seele ist in diese andere, vollendetere, vervollkommnete Form übergegangen, und was bei ihm bloßer Instinkt, Initiation, Tendenz war, verwandelte sich bei Rosas in System, in Wirkung und Endzweck. Die ländliche, koloniale und barbarische Natur verwandelte sich in dieser Metamorphose in Kunst, in System und reguläre Politik, fähig dazu, sich vor dem Antlitz der Welt als Seinsweise eines Volkes zu präsentieren, das sich in einem Manne verkörpert, welcher die Züge eines Genies anzunehmen strebte, das die Ereignisse, die Menschen und die Dinge beherrscht. Facundo war provinzlerisch, barbarisch, mutig, kühn und ward ersetzt durch Rosas, den Sohn des gebildeten Buenos Aires, ohne selbst gebildet zu sein [...].[8]

Mit dieser Passage haben wir einen der berühmtesten Anfänge eines literarischen Meisterwerks in Lateinamerika vor uns. Dieses Incipit macht auf das zentrale Geheimnis, auf das zu lösende Rätsel aufmerksam, dem sich der Text zuwenden wird. Zugleich gibt es auf dieses enigmatische Problem auch schon eine erste Antwort. Diese ist der Verweis auf eine *figurale* Deutung[9] der argentinischen Geschichte, in welcher sich die *Figura* des Caudillo immer wieder durchpaust und sich noch in seinen Erben zu erkennen gibt.

An diesem Incipit beeindruckt nicht zuletzt die Sprache und das Sprachregister, welches Sarmiento für seinen Textanfang bewusst wählt. Denn in weni-

---

[8] Sarmiento, Domingo Faustino: *Facundo*, S. 327.
[9] Vgl. hierzu die ebenso gelungene Potsdamer Habilitationsschrift von Gwozdz, Patricia: *Ecce figura. Anatomie eines Konzepts in Konstellationen (1500–1900)*. Habilitationsschrift an der Universität Potsdam 2021.

gen Zeilen hat Domingo Faustino Sarmiento meisterhaft die Konzeption seines Hauptwerks angelegt in einer Sprache, die der Gewalttätigkeit der von ihm dargestellten Szenen in nichts nachsteht. Die trotzige Anrufung des schon ein ganzes Jahrzehnt lang toten Caudillo, der laute Ruf ins Totenreich gilt einer Gestalt, die im Besitz eines Rätsels *und* seiner Lösung ist. Denn Facundo sei nicht gestorben, sei nicht tot: Er lebt und wirke noch immer stark auf die argentinische Geschichte ein. Das Rätsel des argentinischen Volkes erscheint dann als lösbar, wenn man Facundo als den Schlüssel zu einer wahrlich verzwickten Geschichte ansieht, die freilich Wiederholungscharakter besitzt. Es handelt sich um eine Geschichte politischer Verführungen – so meine ich –, die in vielerlei Hinsicht auch heute noch immer nicht zu Ende ist. Denn auf rätselhafte Weise bleibt die *Figura* des Gewaltherrschers in Argentinien geschichtlich präsent.

Abb. 45: Alfonso Fermepin: Portrait des Facundo Quiroga (1788–1835).

Facundo ist vordergründig die zentrale Figur des Textes – und doch nur ein Stellvertreter. Dem gesamten polymorphen, vielgestaltigen Text liegt eine in ihren Bann ziehende Rätselstruktur zugrunde, die den Spannungsbogen von diesen ersten Zeilen der Einleitung her bis zum Ende des Bandes spannt. Facundo besitzt das Geheimnis; doch allein der Ich-Erzähler kann ihn zum Sprechen bringen. Aber wird dieser Gewaltherrscher, wird dieser ‚kleine' Diktator sich auch zum Sprechen bringen lassen?

Eben hierin liegt die Aufgabe dieses erzählenden Ich, das gerade aus der räumlichen Entfernung des Exils wie der zeitlichen Entfernung zum toten Warlord jene Konzeptionen entwickeln will, die Licht in die Finsternis der argentinischen Geschichte zu bringen versprechen. Denn ohne eine genaue Kenntnis dieser Geschichte, so der Erzähler, kann Argentinien sein Rätsel nicht lösen und sich aus seiner eigenen Historie befreien. Nur wer das Rätsel zu lösen versteht, kann aus dieser figuralen Vergangenheit ausbrechen. Und eben hier liegt die Aufgabe der Literatur: Sie muss jenes Experimentierfeld, jenes Labor bilden, in welchem der Bann gelockert und gelöst werden kann. Sarmiento traut dies der Literatur zu – aber hat es Argentinien jemals geschafft? Hat es in Perón, in Evita, in Maradona nicht immer die Heilsbringer gesehen? Es gibt Völker – und ich nehme das deutsche nicht aus –, die immer wieder *gegen* ihre eigene Geschichte ankämpfen müssen. Argentinien bildet da sicherlich keine Ausnahme...

Doch welche Rolle spielt Facundo? Er ist gestorben, dies ist für Sarmiento gewiss, doch gleichzeitig lebt er weiter – in den Legenden und Erzählungen des Volkes, jenen „tradiciones populares", als seinen ‚tragischen Tod' überlebender ‚Held'. Während sich Esteban Echeverría als Romantiker nur vorsichtig hin auf diese volkskulturellen Traditionen öffnet, geht Sarmiento schon zu Beginn auf sie ein, da sie ihm als Anknüpfungspunkt seines für die argentinische Geschichte und Literatur so wichtigen Bandes dienen. Hieran lässt sich die spezifische Sensibilität der Romantiker – auch Domingo Faustino Sarmiento zählt zu ihnen – für die „tradiciones populares" erkennen. Es sind bei den Romantikern in Amerika nicht allein europäische Märchen, Legenden oder Sagen, sondern auch eigene, amerikanische Formen von „Leyendas" und „Tradiciones", auf denen die literarische Bearbeitung aufbaut und aus denen sich diese romantische Literatur in den Amerikas speist. Sarmientos Erzähler kann und darf die volkskulturellen Aspekte nicht aus dem Blick verlieren, will er das Rätsel um die Gewalt in Argentinien einer Lösung zuführen. Sein Vertrauen in die Macht der Literatur ist groß.

Die Biographie eines Mannes und Caudillos ist für Sarmiento folglich kein Selbstzweck; sie soll vielmehr die Geschichte eines ganzen Volkes erhellen. Die literarische Erforschung von Facundos Biographie ist notwendig, und doch besitzt sie ihr Ziel nicht in sich selbst: Sie ist in Ermangelung einer eigenen argentinischen Geschichtsschreibung auf die politischen Zusammenhänge gerichtet, welche die Geschicke des Landes bestimmten und bestimmen. In diesem größeren historisch-kulturellen Zusammenhang ist Facundo nur eine Gestalt, hinter der sich eine andere verbirgt: Hinter dem Caudillo der argentinischen Llanos, der argentinischen Pampa, verbirgt sich der Diktator, der in der Stadt Buenos Aires Einzug gehalten und seine Diktatur errichtet hat. Im Aufstieg eines einzelnen Warlords lässt sich der systematische Aufstieg der Rosas-Diktatur im ganzen Land studieren. Zwischen Facundo und Rosas besteht auf den ersten Blick ein synekdochisches Verhältnis. Und allein mit Hilfe der Literatur kann es gelingen, diesem *figuralen* Verhältnis näherzukommen.

Zugleich liegt dem Text eine grundlegende Metonymie, eine Verschiebung zu Grunde: Wenn von Facundo die Rede ist, ist stets auch Rosas mitgemeint. Eine politische und historische Entwicklung hat stattgefunden, welche in der Struktur der argentinischen Gesellschaft selbst angelegt ist: Die Instinkte Facundos sind zum kühlen Kalkül von Rosas geworden, aus der planlosen Gewaltherrschaft ist ein System geplanter Unterdrückung und Ausplünderung entstanden. So ist es im Grunde Juan Manuel de Rosas, dem die kraftvollgewaltige Sprache dieses großen argentinischen Schriftstellers gilt. Denn was bei Facundo Instinkt war, sei nun bei Rosas System. Und dieses System der Gewalt soll in seiner Entstehung und vor dem Hintergrund der historischen Entwicklung mit den Mitteln der Literatur analysiert werden.

Gerade die historische Entwicklung der Gewalt wird zu einer Obsession des argentinischen Schriftstellers. Die Beziehung zwischen Facundo Quiroga und Juan Manuel de Rosas ist geschichtlich betrachtet jene des Übergangs zwischen der Kolonialzeit unter spanischer Herrschaft und der politisch unabhängigen argentinischen Republik – allerdings nicht im Sinne eines dialektischen Übergangs, sondern eher im Sinne eines Fortlebens des Kolonialen in der Independencia und den neugeschaffenen politischen Strukturen. Man darf sich den Beginn der argentinischen Republik nicht – wie er in manchen Geschichtswerken und Schulbüchern dargestellt wird – als strahlenden Neuanfang im Zeichen der Unabhängigkeit vorstellen, sondern als blutigen, von inneren Kämpfen zerrissenen Nationenbildungsprozess, der lange Jahrzehnte gewalttätiger Auseinandersetzungen beinhaltete.[10] Das koloniale Erbe, so darf man die Passage aus Sarmientos *Facundo* sehr wohl deuten, lebt in der Gegenwart, in der Rosas-Diktatur fort und ist keineswegs ausgerottet. Damit gibt es selbstverständlich auch eine Verantwortung für diese Gewalt bei der ehemaligen Kolonialmacht Spanien.

Wir haben es mithin deutlich mit einer postkolonialen Problematik zu tun – wohlgemerkt nicht in der zweiten Hälfte des 20., sondern im entstehenden Lateinamerika der ersten Hälfte des 19. Jahrhunderts. Die große Mehrzahl der Postcolonial Studies nimmt diesen zeitlichen Unterschied kaum zur Kenntnis. Ich beziehe mich daher auch weniger auf jene Studien, wie sie in den Vereinigten Staaten von Amerika institutionalisiert wurden und übrigens kaum

---

10 Vgl. zur Geschichte Argentiniens u. a. Bodemer, Klaus / Oagni, Andrea / Waldmann, Peter (Hg.): *Argentinien heute. Politik – Wirtschaft – Kultur*. Frankfurt am Main: Vervuert 2002.

einmal die neokoloniale Rolle der USA selbst kritisch beleuchten. Vielmehr greife ich auf lateinamerikanische Theoretikerinnen und Theoretiker zurück, die anders als etwa Walter Mignolo – der freilich aus den *Postcolonial Critics* in den USA deutlich herausragt – in Lateinamerika geblieben sind. Im mexikanischen Exil Néstor García Canclinis, im Argentinien einer Beatriz Sarlo oder im Chile der Ana Pizarro – um nur diese drei großen Figuren lateinamerikanischer Theoriebildungen herauszugreifen – haben sie ihre wichtigen Untersuchungen vorgelegt.

In den an seine Leserschaft gerichteten, den Band begleitenden Erläuterungen betont Domingo Faustino Sarmiento, dass er das Werk zwar in Eile geschrieben habe, die dargestellten Gegenstände aber anhand von Dokumenten nachprüfbar seien. Sein Text gibt dazu selbst wichtige intertextuelle Hinweise. Einmal mehr übernimmt die Literatur Funktionen, die sie in Ermangelung einer ausgebildeten, institutionalisierten und verantwortlichen Geschichtswissenschaft ausüben muss. Damit wird – was geradezu selbstverständlich wirkt – Abbildanspruch, ja fast dokumentenhafte Treue gegenüber dem Gegenstand behauptet: Für seine experimentelle Laboruntersuchung zur Entstehung von Gewalt zieht Sarmiento alle ihm verfügbaren relevanten Dokumente heran. Ist Sarmientos *Facundo* nicht allein die Biographie eines Caudillo sondern mehr noch ein Geschichtswerk über das Ende der Kolonialzeit und den Beginn einer politischen Unabhängigkeit am Río de la Plata?

Fassen wir einige der bislang berührten Punkte zusammen, so ist Sarmientos *Facundo* zweifellos eine Biographie des Titelhelden, besitzt aber auch autobiographische Elemente, die auf den ins Exil geflüchteten Autor selbst verweisen. Diese autobiographischen Details und Aspekte hat Sarmiento bisweilen liebevoll ausgestaltet. Es handelt sich zudem um die mit literarischen Mitteln durchgeführte Auferweckung eines Toten aus dem Jenseits und eine nur so – auf detaillierte Weise – zu entwirrende Rätselstruktur. Beim Toten handelt es sich freilich um einen, der nicht wirklich tot ist, sondern fortlebt in all den Strukturen, die sich aus seinem Leben, die sich aus seinem Handeln heraus bildeten. Auch dieser Fokus auf einen gleichsam lebendigen Toten darf man mit guten Gründen als eine Obsession Sarmientos – und vielleicht seine größte – bezeichnen. Denn nicht immer, so Sarmientos Gedanke, beendet der plötzliche Tod, die „mors repentina", das Werk eines Menschen.

Doch versuchen wir, in Fortführung dieser Anmerkungen weitere literarische Gattungsmerkmale dieses Textes herauszuarbeiten! Denn gleichzeitig handelt es sich um einen Text mit fast dokumentarischem Anspruch, der mimetisch bestimmte Funktionen einer historiographischen Darstellung erfüllt. *Facundo* ist keineswegs nur die Geschichte eines Menschen, sondern die einer in Entstehung befindlichen und emergierenden Nation. Noch in den beigefügten Anmerkungen wird auf einen späteren Zeitpunkt verwiesen, zu dem dieses Werk in einen neuen Plan umgeschmolzen werden solle, innerhalb dessen die zahlreichen Digressionen und Abschweifungen verschwinden sollten und offizielle, dereinst zugängliche Dokumente eingeblendet würden. Diese genrespezifische Zuordnung zur Gattung der Historiographie ist folglich gerade mit Blick auf die weitere Entfaltung des Textes wichtig.

Noch aber sei der Zeitpunkt, so der argentinische Verfasser aus dem Exil, nicht reif für ein solches geschichtsphilosophisch und realgeschichtlich untermauertes Werk; noch sei die Rosas-Diktatur zu nahe, zu präsent, als dass man sie aus der distanzierten Beobachterperspektive des Historikers betrachten könnte. José Mármol wird in seinem für die Zeit grundlegenden Roman *Amalia* die narrative Position des Erzählers in eine um Dekaden spätere Zukunft verlegen, um aus dieser fiktional erzeugten Distanz das Geschehen der Rosas-Diktatur so portraitieren zu können, als handle es sich um eine längst abgeschlossene Vergangenheit.[11] Man könnte in diesem Fall nicht von einer vergangenen Zukunft,[12] sondern historisch wie erzähltechnisch von künftiger Vergangenheit sprechen.

Domingo Faustino Sarmiento selbst konnte sich auf eine solch distanzierte Beobachterperspektive nicht zurückziehen und war vielmehr direkt betroffen. Daher nahm er eine militante Teilnehmerposition ein, welche diesen Text zur Waffe im Kampf gegen die Diktatur in Argentinien machte. Letztere sah Sarmiento auch im Ausland als gefährlichen Feind des an der Macht befindlichen Diktators an; und als solchen verstand sich auch der Schriftsteller selbst. Die Rosas-Diktatur täuschte sich nicht, als sie der chilenischen Regierung ihr Auslieferungsgesuch unterbreitete: Sarmiento wuchs in der Tat im Exil zu einem der gefährlichsten Gegner dieses autoritären Systems heran.

Der „Libertador" Simón Bolívar hatte die Einzigartigkeit des in den spanischen Kolonien ausgebrochenen Kampfes um die Unabhängigkeit und zugleich die absolute Vorbildlosigkeit wie Zukunftsoffenheit dieses Kampfes um die Independencia betont. Auch in der Einleitung zum *Facundo* wird darauf verwiesen, dass all diese Voraussetzungen Elemente für eine ‚neue Welt' darstellten. In diesem komplexen literarischen Werk wird jene neue Welt also nicht als Erbe der Vergangenheit, sondern als in die Zukunft projizierte, sich in ihren Umrissen noch nicht klar abzeichnende und an keinem Modell, keinem Vorbild orientierte Welt verstanden; ein generationelles Epochengefühl, das wir bei vie-

---

11 Vgl. hierzu das José Mármol gewidmete Kapitel im vierten Band der Reihe „Aula" in Ette, Ottmar: *Romantik zwischen zwei Welten*, S. 659 ff.
12 Vgl. hierzu Koselleck, Reinhart: *Vergangene Zukunft. Zur Semantik geschichtlicher Zeiten*. Frankfurt am Main: Suhrkamp ²1984.

len Zeitgenossen in der ersten Hälfte des 19. Jahrhunderts auf dem Subkontinent beobachten können. Auch Sarmientos *Facundo* ist dieser Aufbruch zu einer Reise ins Ungewisse eingeschrieben: Es ist die lateinamerikanische Variante des gerade erst entstandenen Zeitgefühls einer Moderne, welche nach dem bitteren Triumph der Französischen Revolution, aber auch der Revolutionen in den USA und auf Haiti die bisherigen geschichtlichen und gesellschaftlichen Strukturen verlassen hat und keinem Vorbild mehr verpflichtet ist.

Sarmiento steht damit stellvertretend für seine Zeit – die Zeit, wie sie im Westen abläuft, wie sie für das Abendland charakteristisch ist. Denn Lateinamerika – und dies wird Sie vielleicht überraschen – zählt zum Westen, ist ein Teil des Westens, zu dem wir doch die Vereinigten Staaten von Amerika so selbstverständlich rechnen. *Facundo* drückt dieses generationell im Westen verbreitete neue Zeitgefühl hervorragend aus: Die Zukunft ist radikal offen: Es gibt keine historischen Vorbilder, die Geschichte ist nicht länger „magistra vitae":[13] Alles muss von den Menschen selbst völlig neu gestaltet werden. So wie auch Sie sich und wir alle uns angesichts der sich abzeichnenden und von Menschen gemachten Klimakatastrophe fragen, was uns in Zukunft erwartet und welche Mittel wir politisch und gesellschaftlich, wirtschaftlich und technologisch, kulturell und konvivenziell entwickeln müssen, um im Zeichen des Klimawandels das Leben auf dieser Erde weiterhin lebenswert zu gestalten.

Es überrascht daher nicht, dass es wenig später im weiteren Fortgang des *Facundo* heißt, der argentinischen Republik habe ein Alexis de Tocqueville gefehlt, hatte der französische Essayist mit seiner 1831 unternommenen Reise doch gerade versucht, die Zukunft der Demokratie in Frankreich dadurch aufzuhellen, dass er ihre Gegenwart in den Vereinigten Staaten untersuchte.[14] Wenn es auch keine Vorbilder für die politische Entwicklung gibt, so geht Sarmientos Blick doch immer wieder nach Europa, mit dessen Schriftstellern sich ein fein gesponnenes intertextuelles Netzwerk transatlantischen Zuschnitts ergibt. Europa ist keineswegs mehr Vorbild für die politische Entwicklung – da kommen schon eher die Vereinigten Staaten von Amerika in Betracht; aber literarisch bleiben die Literaturen Europas für einen Schriftsteller wie Sarmiento das Maß aller Dinge, auch wenn er gerade mit seinem *Facundo* in vielfältiger Weise literarisches Neuland betrat.

---

13 Vgl. hierzu Koselleck, Reinhart: Historia Magistra Vitae. Über die Auflösung des Topos im Horizont neuzeitlich bewegter Geschichte. In (ders.): *Vergangene Zukunft. Zur Semantik geschichtlicher Zeiten*, S. 38–66.
14 Vgl. hierzu ausführlich das entsprechende Kapitel in Ette, Ottmar: *Romantik zwischen zwei Welten*, S. 470 ff.

Allerdings zählen nicht alle Länder Europas zu diesen Bezügen. Spanien, so viel ist sicher, kann das Vorbild nicht mehr sein: Der bereits betonte geokulturelle Dominantenwechsel, der sich noch zu Kolonialzeiten im 18. Jahrhundert ereignete, hat die politischen, sozialen und kulturellen Weichen grundlegend anders gestellt. Spanien ist vielmehr haupt- oder zumindest mitverantwortlich für die entstandene Gewalt, mit der man sich in Argentinien in den Auseinandersetzungen der Independencia wie auch nach Erkämpfen der Unabhängigkeit von der iberischen Kolonialmacht herumschlagen musste.

Das amerikanische Spanienbild hat sich seit der zweiten Hälfte des 18. Jahrhunderts auf grundlegende Weise verändert: Die alte Kolonialmacht Spanien verkörpert die Vergangenheit, ist eher das, wovon man sich auf dem amerikanischen Kontinent abheben möchte, was man endgültig abstreifen will. Spanien ist marginal geworden, ja situiert sich in einem Raum, der kaum noch Europa zuzurechnen ist. Das Land sei eine „rezagada de Europa", eine Nachzüglerin Europas; das Land bewege sich noch zwischen Mittelalter und 19. Jahrhundert;[15] und niemand wisse, wie sich die ehemals strahlende Kolonialmacht weiter entwickeln werde.

Die propagandistisch im „Siècle des Lumières" verbreitete Grenzziehung der französischen Aufklärung, der zufolge Afrika in den Pyrenäen beginne, hat ihre Wirkung getan und Spanien für lange Zeit ins zweite Glied rücken lassen.[16] Gehörte Spanien überhaupt noch zu Europa? Die Wüstenartigkeit des Landesinneren sei hierfür ein evidenter Beleg. In den verschiedensten Areas des in Entstehung begriffenen Lateinamerika war diese Überzeugung in Ländern, die sich eben erst gegen die spanische Kolonialmacht erhoben hatten, fest verankert. Spanien ist in der ‚Neuen Welt' geokulturell abgeschrieben, erscheint als ein ewig gestriges Land, dessen Personifizierung stets nach neuen Ketten, nach neuer Unterdrückung verlange und diese Tradition im Übrigen an die „España americana" weitergegeben habe.

In der postkolonialen Situation erscheinen allein das Versagen und die Verbrechen des ehemaligen Mutterlandes: Für alle Übel des Subkontinents wird die ehemalige spanische Kolonialmacht verantwortlich gemacht. Eigene Verantwortlichkeiten werden hingegen geflissentlich übersehen oder kleingeschrieben. Alles zielt darauf ab, das Erbe der einstigen Herren möglichst schnell loszuwerden. Denn auch dieses Spanien in Amerika gilt es zu tilgen, will man – wie es in *Facundo* beständig wiederholt wird – Anschluss an die *europäische Zivilisation* erhalten. Zu dieser europäischen Zivilisation aber rechnet man Spanien nicht mehr: Es repräsentiert nur noch Unterdrückung, Gewalt und eine Politik der Ex-

---

15 Sarmiento, Domingo Faustino: *Facundo*, S. 330.
16 Vgl. hierzu Ette, Ottmar: *Aufklärung zwischen zwei Welten*, S. 516 ff.

traktion von Bodenschätzen wie der Ausplünderung von Ressourcen, welche sich jener zurückgebliebene Teil Europas zu Unrecht angeeignet habe.

Nach dem geokulturellen Dominantenwechsel am Ausgang des 18. Jahrhunderts wollte man in den ehemaligen Kolonien anders als das Mutterland sein: Man dachte – so schien es zumindest auf den ersten Blick – wie die Franzosen, Deutschen oder Engländer, man schrieb wie die französischen, englischen oder deutschen Schriftsteller, man orientierte sich gastronomisch mehr und mehr an Frankreich und man kleidete sich ganz selbstverständlich nach der neuesten französischen oder – seltener – englischen Mode. Die uns bereits bekannte frühe französische Feministin und Sozialhumanistin Flora Tristan, die 1833 und 1834 einen Teil Chiles und Perus bereiste, stellte zu ihrer großen Freude fest, dass die Kleidung der Amerikanerinnen und Amerikaner längst an französischen Modellen ausgerichtet sei, dass man zum Essen die besten – wenn auch unglaublich teuren – französischen Weine reiche und man sich auch beim Speisen längst an den Künsten der französischen Küche orientiere.[17] Der spanischen Mode, der spanischen Literatur, dem spanischen Essen aber kehrten die amerikanischen Eliten den Rücken. Schon Esteban Echeverría hatte als junger Mann kein Stipendium für Spanien, sondern eines für Frankreich erhalten, damit sich dessen Geist auf junge Argentinier wie ihn übertrage und diese dann ihr Heimatland an französischen Parametern orientiert aufbauten. Spanien aber stand im Abseits und verkörperte Rückschritt auf allen Ebenen.

Im Zusammenhang mit derartigen Fragen deutet sich bei Sarmiento bereits eine Legitimation des eigenen amerikanischen Standpunkts an, des Bedürfnisses, eigene amerikanische Formen auch des Schreibens zu entwickeln und nicht länger von Europa abhängig zu sein. Dies war eine Forderung, die in dieser Schrift zwar noch nicht explizit erhoben wurde, auf die sie aber in ihrer komplexen literarischen Form, in welcher die unterschiedlichsten Gattungen vereint werden, die überzeugendste Antwort darstellte. Denn Sarmiento forderte einen argentinischen, einen amerikanischen Weg des Fortschritts ein,[18] welcher auch die literarische Formensprache in den Amerikas betraf. Denn zusätzlich zu den bereits genannten Genres der Biographie, der Autobiographie oder der literarischen Erzählung enthält sein Text Elemente historiographischer Abhandlungen, geographischer Darstellungen, einer essayistischen Ideenliteratur, aber auch des Romans und bisweilen des friktionalen Reiseberichts. Eine solche Formensprache hatte in der Romantik keine Nationalliteratur Europas hervorgebracht!

---

17 Vgl. hierzu Ette, Ottmar: *Romantik zwischen zwei Welten*, S. 490 ff.
18 Vgl. hierzu Rodríguez Pérsico, Adriana: *Un huracán llamado progreso. Utopía y autobiografía en Sarmiento y Alberdi*. Washington, D.C.: OEA – OAS 1993.

Die politische Ausrichtung der Unitarier am Zentrum Buenos Aires wird aus der gesamten Anlage des Landes abgeleitet. Alle schiffbaren Ströme und Flüsse streben dem Río de la Plata zu. Daher leitet Sarmiento aus der naturräumlichen Anlage Argentiniens eine zentralisierte Regierungsstruktur ab und bedient sich somit geodeterministischer Argumentationsschemata, welche selbstverständlich gegen die Föderalisten und die Rosas-Diktatur gerichtet sind. Im ersten Kapitel prophezeit er Buenos Aires, dereinst die gigantischste Stadt beider Amerikas zu sein und sich aus der „gran aldea" in eine Metropole zu verwandeln, was im Übergang zum 20. Jahrhundert dann tatsächlich als Vorstellung eingelöst wurde. Das künftige Leben des gesamten Landes, so Sarmiento, hänge davon ab, die auch für Transatlantiksegler schiffbaren Flüsse zu Leitlinien einer aufzubauenden Industrie zu machen.

Auch wenn Sarmientos *Facundo* in aller Eile geschrieben wurde: Sein großer Versuch über die argentinische Identitätskonstruktion besitzt eine auf den ersten Blick klare und stringente Grundstruktur, mit der wir uns kurz auseinandersetzen wollen. Dabei steht die naturräumliche Ausstattung des Landes zu Beginn seines Hauptwerks im Vordergrund. Die unermessliche Weite ist – wie wäre es auch anders zu erwarten – das charakteristische Merkmal Argentiniens. Die „Pampas" bilden sein Kernstück; und daher sind deren Bewohner für seine Konzeptionen auch so wichtig, hängt von ihnen doch das künftige Leben der argentinischen Republik ab. Doch diese Weite ist zugleich Argentiniens Problem, ist das Land doch von allen Seiten vom „desierto" umgeben: von menschenleeren Gebieten. Dass in diesen Weiten auch zahlreiche indigene Stämme angesiedelt waren, interessiert den künftigen Präsidenten des Landes nicht: Ihm geht es nicht um Integration und Konvivenz, sondern um möglichst rasche Erschließung und Besiedelung.

Doch noch überall lauere in diesen Weiten der Tod: Der gewaltsame Tod sei, so der Erzähler Sarmientos, fast zu einer Normalität im Leben, aber auch im stoischen Charakter der Argentinier geworden. Ein gewaltvolles Ende sei daher nichts Außergewöhnliches für Argentinier, die den Tod zu empfangen, aber auch zu geben gewohnt seien. Der Gaucho verachte aber nicht nur den Tod, sondern auch die Flüsse, die doch die wichtigste Gabe der Vorsehung für eine Nation seien. Und nicht umsonst sind es gerade in der ersten Hälfte des 19. Jahrhunderts europäische Reisende, die sich entlang der argentinischen Flüsse einen Weg in die unbekannten Weiten des Kontinents zu bahnen versuchen; Unternehmungen, von denen Sarmiento ohne Zweifel wusste und die er teilweise auch anführte. Diese zumeist europäischen, bisweilen aber auch US-amerikanischen Reisenden sind die Vorboten einer Erschließung des Landes und seines künftigen Lebens.

Das Landesinnere sei geprägt von einer deutlich asiatischen Färbung; ein Thema, das im weiteren Verlauf des Buches immer wieder anklingt und die Weiten Amerikas mit den asiatischen Weiten, die Gauchos mit den asiatischen Reitervölkern in Beziehung setzt. Wie könnte man solchen Menschen die künftige Entwicklung des Landes überlassen? Die argentinischen Weiten seien nicht der Hort eines zivilisierten republikanischen Regierungssystems, sondern einer Despotie nach asiatischem Vorbild.

Diese Abwertung des Ostens gehört zum *Orientalismus*, den Sarmiento aus den europäischen Literaturen seiner Zeit entnahm.[19] Es ist, als bewegten wir uns mit Gustave Flaubert durch den Norden Afrikas oder mit Ernest Renan durch die kleinasiatische Welt: Sarmiento *orientalisiert* die amerikanische ‚Wüste' nach französischem Vorbild. Als Gegenbild zu dieser orientalisierenden Vision führt der Erzähler des *Facundo* die schottischen und deutschen Einwandererdörfer ins Feld, in denen alles geordnet zugehe, die Kühe beständig gemolken sowie Milch und Käse produziert würden. Solche Einwanderer gelte es nach Argentinien zu verpflanzen. Der Faulheit der Indianer, Spanier und Mestizen, der Zambos und Mulatten wird der Fleiß und die Tüchtigkeit nord- und mitteleuropäischer Einwanderer gegenübergestellt, die – so zeigt die Beschreibung – ihre europäischen Erfahrungen in Amerika einbringen und das ganze Land voranbringen können. Dies ist die Begründung der späteren Einwanderungspolitik, die Argentinien für Millionen dem Hunger ausgesetzter Europäer zum Land der Träume machte. Auch dies ist im *Facundo* schon angelegt.

Von den barbarischen Binnenräumen des Landes setzt sich umso deutlicher die Stadt als Gegenbild ab: Sie ist das Zentrum der Zivilisation und beherbergt in ihrer regelmäßigen Anlage alles, was die „pueblos cultos" ausmache, die kultivierten Völker. Sie müsste nur vor einer barbarischen Invasion durch Vertreter des Landes – wie Facundo, aber auch Rosas – geschützt werden. Alle Attribute der europäischen Zivilisation, von den Schulen bis zum Frack, seien an die Städte, an die Stadtzentren gebunden. Die Gegensätze zwischen Stadt und Land erscheinen dem Beobachter als so stark, dass er glauben könnte, es handle sich um zwei verschiedene Völker, die nichts miteinander zu tun hätten. Denn der Zivilisation der Stadt steht die Barbarei des Landes nahezu unvermittelt gegenüber.

Domingo Faustino Sarmientos These von der – um mit Ernst Bloch zu sprechen – Gleichzeitigkeit des Ungleichzeitigen und den zwei Zivilisationen auf argentinischem Boden wird im *Facundo* zeitlich zurückverfolgt, habe es vor 1810 in Argentinien doch zwei davon gegeben: Die eine sei spanisch-europäisch und „culta" gewesen, die andere barbarisch, amerikanisch und fast indigen. Das

---

19 Vgl. hierzu das Standardwerk von Said, Edward W.: *Orientalism*. New York: Vintage Books 1979.

Element des Barbarischen, des Gaucho, der sich zum Caudillo entwickelt, erscheint demzufolge in geradezu natürlicher Fatalität zu Beginn der Unabhängigkeitskämpfe etwa im Gaucho und Heerführer Artigas, der die Frontstellung zwischen Amerikanern und Spaniern bereits 1811 über den Haufen geworfen und seinen eigenen Krieg mit eigenen, von ihm selbst gesetzten Zielen begonnen habe. Die Schlussfolgerung des Sarmiento'schen Textes ist eindeutig: Die Städte triumphieren über die Spanier, aber das Land triumphiert über die Städte. Dies macht es so schwierig, den Unabhängigkeitsprozess zu verstehen.

Denn mit dieser Argumentation wird ein dialektischer Prozess angedeutet, aus dem zugleich hervorgeht, dass für den Erzähler – und wohl auch für Sarmiento – die Independencia ein andauernder historischer Vorgang ist, der noch nicht zu seinem wahren Ziel gefunden und noch nicht zu Ende gebracht ist. Der erste Schuss, so heißt es im vierten und letzten Kapitel des ersten Teils, sei 1810 zu Beginn der argentinischen Revolution, ihr letzter aber noch nicht gefallen. Damit wird der Kampf gegen Rosas zum notwendig siegreichen Kampf für die Vollendung der Unabhängigkeit stilisiert: Die neue Generation trete gleichsam in die Fußstapfen der Generation der Gründerväter und bekämpfe all jene, die an die Stelle der alten Feinde getreten seien. Dies ist einer der zentralen Punkte der Selbstlegitimation Sarmientos, aber auch der jungen argentinischen Generation der „Proscriptos" überhaupt.

Die übermächtige Barbarisierung trifft aber laut der in *Facundo* angestellten Überlegungen nicht nur Buenos Aires, sondern viel härter noch die Städte des Landesinneren. In einer aufschlussreichen Passage des vierten Kapitels wird fragebogenartig die Situation in La Rioja erfasst, wobei nicht nur die Antworten eines gerade erst ins Exil Geflohenen, sondern vielleicht mehr noch die Fragen Aufschluss über die ideologischen, geschichtsphilosophischen und kulturtheoretischen Prämissen Sarmientos geben. Gleichzeitig deutet sich ein weiteres Mal die gattungsmäßige, genrespezifische Vielfalt und Heterogenität des *Facundo* an, wird im Folgenden doch eine soziologische Untersuchungsform eingeblendet, welche Biographie, Autobiographie, geschichtsphilosophische Abhandlung, Essay oder politisches Manifest ergänzt:

> P. – Welches ist in etwa die aktuelle Einwohnerzahl von La Rioja?
> R. – Kaum eintausendfünfhundert Seelen. Man sagt, es gebe nur fünfzehn Patrizier, die in dieser Stadt wohnhaft sind.
> P. – Wie viele angesehene Bürger wohnen hier?
> R. – In der ganzen Stadt werden es sechs oder acht sein.
> P. – Wie viele Notare und Rechtsanwälte haben hier ihre Kanzlei eröffnet?
> R.   Keiner.
> P. – Wie viele gebildete Richter gibt es hier?
> R. – Keinen.

P. – Wie viele Männer ziehen einen Frack an?
R. – Keiner.
P. – Wie viele junge Riojaner studieren in Córdoba oder Buenos Aires?
R. – Ich weiß nur von einem.
P. – Wie viele Schulen gibt es und wie viele Kinder gehen hin?
R. – Keine.
P. – Gibt es eine Niederlassung öffentlicher Barmherzigkeit?
R. – Keine, noch nicht einmal eine Grundschule. Der einzige Franziskanermönch in diesem Kloster unterrichtet einige Kinder.
P. – Wie viele leerstehende Kirchen gibt es?
R. – Fünf: Allein die Mutterkirche hat Gottesdienst.
R. – Werden neue Häuser gebaut?
R. – Keines, selbst die zusammengefallenen werden nicht repariert. [...][20]

Die Ergebnisse der Fragen sind für den Fragesteller niederschmetternd. Zugleich fühlt er sich in seiner Analyse bestätigt. All dies wird als Zeichen einer ungemein rasch um sich greifenden Barbarisierung gedeutet. Dabei ist in diesem Fragebogen bemerkenswert, dass neben bestimmten sozialen und bildungsspezifischen Indikatoren auch Aspekte bezüglich der Kleidung abgefragt werden, so dass das Tragen eines nach europäischen Vorstellungen gefertigten Fracks zum (An-)Zeichen europäischer Zivilisation wird. Das Ausbleiben von Frackträgern wird dagegen als Symptom der Barbarisierung gedeutet.

Der „Sanjuanino" Sarmiento kann dabei nicht umhin, auch seine Heimatstadt in dieses Panorama miteinzubeziehen, sei San Juan doch noch vor zwanzig Jahren eine der gebildetsten, kultiviertesten Städte des Landesinneren gewesen. Bereits 1831 aber seien viele nach Chile emigriert – zu diesen „nobles proscriptos" zählte auch Sarmiento selbst –, eine Emigrationswelle, die 1840 von einer zweiten ergänzt wurde, der sich Sarmiento ein weiteres Mal zurechnen durfte. In San Juan jedoch gebe es heute kein ständiges Theater mehr, auch gute Bibliotheken seien sehr selten geworden. Der Erzähler streift auf diese eher beiläufige Weise nicht nur autobiographische Details, die auf den textexternen Autor zurückverweisen, er führt direkt als Ich-Erzähler bestimmte Elemente seiner eigenen Bildung und Erziehung ein, indem er diese Bibliotheken als jene Quellen benennt, die ihn bis zum Jahre 1836 zur Verfügung gestanden und vorzugsweise seine Bildung geprägt hätten.

Damit wird autobiographisch das Profil eines Autodidakten deutlich, der im Übrigen sein Leben lang – auch noch als angesehener Literat – jenes Minderwertigkeitsgefühl, jenes Gefühl der Unsicherheit zu verlieren trachtete, aus der Provinz zu stammen und keine grundlegende festgefügte Erziehung genossen, sondern

---

20 Sarmiento, Domingo Faustino: *Facundo*, S. 61f.

sich als Autodidakt alles mehr oder minder zufällig und planlos angeeignet zu haben. Denn „esas ricas, aunque truncas bibliotecas"[21] bilden jene Folie, auf die sich Sarmientos *Facundo* einschreibt, jenen Rahmen, innerhalb dessen der eigene literarische Ort des argentinischen Literaten, Politikers und Kulturtheoretikers sichtbar und beschreibbar wird.

Domingo Faustino Sarmiento ist nicht im kultivierten Buenos Aires aufgewachsen, er hat nicht jene Erziehung in Paris genossen, wie sie Esteban Echeverría zwischen 1825 und 1830 zuteil geworden war. Er schreibt aus dem Landesinneren; und er schreibt mit jenem „exceso de vida", mit jenem Überschuss an Leben, den er beim Eingreifen der Gauchos und Caudillos des „Interior" in den Unabhängigkeitskampf empfand. Sarmiento ist daher eine ganz besondere Figur innerhalb der langen Reihe von Autodidakten, die bis zum Ende des Jahrhunderts, bis hin zu José Enrique Rodó, das Rückgrat der hispanoamerikanischen Literaturen nicht nur am Río de la Plata bilden.

Vor diesem autodidaktischen Hintergrund dürfen wir auch die literarische Form sehen, die sein Schreiben sich schuf: keiner klaren Gattung folgend, keiner von der europäischen Tradition sanktionierten Form huldigend, sondern an den eigenen Zwecken orientiert. So schafft er jene literarische Form, die den eigenen Bedürfnissen und jenen seiner Leserschaft wohl am ehesten entsprach. Facundo Quiroga ist laut Sarmiento ein Produkt der amerikanischen Barbarei, aber Sarmientos *Facundo* selbst, sein Buch also, ist nicht weniger ein Produkt jener Ungezügeltheit, jener alles Klassische, Homogene fliehenden Prägungen, die dem Autodidakten Sarmiento seine Stärke, seine Faszinationskraft vermittelten. Sarmiento ist auch in dieser Hinsicht wie sein Erzähler die Fortsetzung des von ihm so mit Hassliebe betrachteten „Cantor", des volkskulturellen Sängers und Gauchos.

Beeindruckend ist, mit welchen Worten der Erzähler Samientos die Größe dieser auf dem Land angesiedelten (und vom Lande kommenden) Barbarei feiert. Dies erinnert an jene poetischen Parameter und das dichterische Pathos, mit denen der Chilene Pablo Neruda die Entstehung der amerikanischen Welt in seinem *Canto General* beschwor. Hier zeigt sich die Widersprüchlichkeit eines Denkens, das von der Größe der amerikanischen Natur und der in ihr aufkeimenden Menschheit zutiefst fasziniert ist. Im Jahr 1838 will der Ich-Erzähler an einer Szenerie beteiligt gewesen sein, die ihn an die primitiven Zeiten der Welt noch vor Institutionalisierung einer Priesterkaste erinnert habe. Denn 1838 erlebt er – und dies ist ein weiteres autobiographisches Element – ein gleichsam prähistorisches Gebet, das ihn ob seiner Vollkommenheit zum Wei-

---

21 Sarmiento, Domingo Faustino: *Facundo*, S. 65.

nen gebracht habe, wurde doch vom Himmel ergiebiger Regen, Fruchtbarkeit für die Herden und Schutz ihrer Bestände erfleht. Dies wirkt wie eine transhistorische Präsenz der Geburt einer Menschheit, die von allen Anfängen her in diesen Weiten, dieser Natur Amerikas heimisch war und die Entstehung einer Welt der Flüsse und des fruchtbaren Wassers bezeugte.

Die Reise ins Landesinnere ist für den Ich-Erzähler also eine Reise in die Vergangenheit, nicht nur in diejenige des Ichs, sondern der Menschheit insgesamt. Es ist wie in Alejo Carpentiers *Los pasos perdidos* eine Reise zu den Anfängen, zu den Ursprüngen der Schöpfung wie der Zivilisation, die in den Flussgabelungen einer vom Menschen noch nicht beherrschten Welt liegen könnten – nur dass es diesmal nicht die Tiefebenen am Orinoco, sondern an den Strömen sind, die zum Río de la Plata führen. Dies sind die „Arterien", von denen Pablo Nerudas Dichtung sprach. Reisen wird hier zur bewegbaren Zeitmaschine, welche die Ungleichzeitigkeit des Gleichzeitigen erlebbar macht: Prähistorie, Mittelalter, Moderne leben im selben Land miteinander vereint und in unmittelbarer Nähe zu den Wilden, den „salvajes". Es ist eine Welt, wie sie auch ein Andrés Bello beschwor, in welcher die tropische Landwirtschaft ihren Anfang nahm und in der alles von Fruchtbarkeit geprägt und erfüllt ist. So sehr sich Sarmiento auch dem Fortschritt und allen Fortschrittsutopien der europäisch geprägten Zivilisation verschrieben haben mag: Fasziniert ist er doch von der Größe einer Barbarei, die sich seit allen Zeiten noch immer in den Weiten Argentiniens, in den Weiten Amerikas finden lässt.

Innerhalb dieser Welt der unermesslichen Pampa lebt der Gaucho, gleichsam ein ‚Landschaftselement', das sich noch über lange Jahrzehnte bis in die zweite Hälfte des 20. Jahrhunderts hinein finden lässt – etwa in den Erzählungen und Romanen von João Guimarães Rosa[22] aus dem brasilianischen Sertão. Seine Erziehung ist ganz auf körperliche Tüchtigkeit und Geschicklichkeit hin ausgerichtet, sein Leben bewegt sich im Rhythmus der Herden, für die er Sorge tragen muss. Er ist in dieser Welt der Herden Herr über Leben und Tod. Sarmiento liefert in seinem *Facundo* ein beeindruckendes und das ganze Jahrhundert prägendes Bild des Gaucho, in welchem keineswegs nur die Verachtung alles Barbarischen, sondern auch ein Gutteil Bewunderung des in der Provinz aufgewachsenen „Sanjuanino" mitschwingt. Hierin liegt der fundamentale und *lebendige*, dynamische Widerspruch der großen literarischen Schöpfung Sarmientos.

---

22 Vgl. hierzu Ette, Ottmar / Soethe, Paulo Astor (Hg.): *Guimarães Rosa und Meyer-Clason. Literatur, Demokratie, ZusammenLebenswissen*. Berlin – Boston: Walter de Gruyter 2020; sowie das dem brasilianischen Autor gewidmete Kapitel in Ette, Ottmar: *Von den historischen Avantgarden bis nach der Postmoderne*, S. 773 ff.

Es ist diese Faszination für den Gaucho und speziell den „Gaucho malo", die noch in der Biographie des Facundo Quiroga zu spüren ist, welche den Kern dieses nach dem argentinischen Caudillo benannten Hauptwerkes ausmacht. Deren Held wird keineswegs nach einem chronologischen Schema mit seiner Geburt eingeführt, sondern erscheint wahrlich spektakulär auf der Bühne des Geschehens in einer Szene, die ihm selbst als ihn zutiefst prägend erschien. Denn ein Gaucho rettet sich vor den Verfolgungen der Justiz ins „desierto", in eine menschenleere, menschenfeindliche Landstrecke zwischen San Juan und San Luis. Er tut dies in der Hoffnung, bald von seinen Kumpanen erreicht zu werden, die ihm das für die Flucht notwendige Pferd mitbringen sollen. Bald schon hört man das schreckliche Brüllen eines furchterregenden Tigers, der seit längerem die Gegend unsicher macht. Rasch wird aus der Flucht vor der Justiz die wesentlich gefahrvollere Flucht vor dem hungrigen Raubtier. Der Mann beginnt, um sein Leben zu rennen...

In höchster Not rettet sich der Gaucho auf einen einzeln stehenden Baum, in dessen schwankender Krone er zwar den Augen des herannahenden Raubtiers zwar nicht verborgen, wohl aber vor dessen Angriffen vorübergehend geschützt bleibt. Der Tiger blickt den Gaucho mit blutunterlaufenen Augen, mit seiner „mirada sanguinaria", so intensiv an, dass die faszinierende Anziehungskraft dieses Blickes den Geflüchteten schwächt. Zwischen Tiger und Mensch ist ein Zweikampf entbrannt, in welchem zunächst die Vorteile auf der Seite des ersteren liegen. Mensch und Tier, Auge in Auge, Tod oder Leben: hier herrscht allein das Gesetz des Stärkeren!

Zum Glück für den Gaucho finden seine Kumpane nicht nur seine Spur und jene des Tigers, sondern auch die beiden selbst vor, noch bevor es zum entscheidenden Zweikampf zwischen dem Menschen und dem ihn verfolgenden Raubtier gekommen ist. Unser nächstes Zitat mag erklären, warum das Buch so attraktiv für zeitgenössische wie für spätere Leserschichten war und ist:

> Das Raubtier versuchte einen ohnmächtigen Sprung: Es strich um den Baum herum, maß dessen Höhe mit aus Blutdurst blutunterlaufenen Augen, brüllte schließlich aus Wut und ließ sich dann auf dem Boden nieder, wobei es ununterbrochen mit seinem Schwanze schlug und seine Augen fest auf seine Beute gerichtet hatte, während sein Maul leicht geöffnet und trocken war. Diese grässliche Szene dauerte bereits zwei tödliche Stunden lang; die mit Gewalt erzwungene Haltung des Gaucho sowie die erschreckende Faszination, welche der blutunterlaufene, unbewegliche Blick des Tigers auf ihn ausübte, von dessen unbesiegbarer Anziehungskraft er seine Augen nicht abwenden konnte, hatten angefangen, seine Kräfte zu schwächen, und so sah er den Augenblick schon nahe, in dem sein erschöpfter Körper in das breite Maul des Tigers fallen würde, als ein noch weit entferntes Geräusch galoppierender Pferde ihm die Hoffnung einflößte, sich doch noch zu retten.

> In der Tat hatten seine Freunde die Spur des Tigers gesehen und waren ohne Hoffnung, ihn noch zu retten, in die Richtung gerannt. Das verstreute Zaumzeug enthüllte ihnen den Ort der Szene, und zu ihm hinzueilen, die Lassos zu entrollen, diese über den Tiger zu werfen, der *verpackt* und verblendet vor Wut war, war das Werk von Sekunden. Das von zwei Lassos niedergestreckte Raubtier konnte den wiederholten Messerstichen nicht mehr entweichen, mit denen ihn aus Rache für seine lange Agonie jener durchbohrte, der das Opfer des Raubtiers hätte sein sollen. „Damals habe ich erfahren, was Angst ist", sagte General Don Juan Facundo Quiroga, als er einer Gruppe von Offizieren diese Begebenheit erzählte.
> So nannten sie ihn den *Tiger der Ebenen*, und dieser Ehrentitel stand ihm wahrlich nicht schlecht zu Gesicht. [...]
> Facundo Quiroga war das Kind eines Mannes aus San Juan von niederer Herkunft, der als Anrainer der Ebenen von San Juan durch das Weiden seiner Tiere freilich ein gewisses Vermögen aufgehäuft hatte.[23]

Wie Sie bei der Lektüre unschwer bemerken, wird uns in dieser Passage von zwei Geburten erzählt. Sarmiento ordnet kunstvoll die *Plots* seiner *Story* so an, dass er mit der zweiten Geburt seines Gaucho beginnt, von dem wir noch nicht den Namen erfahren haben. Diese zweite Geburt ist eine Art Wiedererweckung zum Leben, ja der Beginn eines zweiten Lebens, nachdem der Mann unter dem Tigerblick mit seinem Leben fast schon abgeschlossen hatte. Die erste Geburt wiederum wird – im Gegensatz zur Körperlichkeit der zweiten – auf ganz charakteristische Weise völlig unkörperlich als soziale Geburt präsentiert: Sie ist letztlich eine Situierung in einer Herkunft, einer Genealogie, einer beruflichen und finanziellen Filiation, die für den weiteren Werdegang des künftigen Caudillo sicherlich wichtig ist. Die zweite Geburt aber wird die Dimension des Blutes und des Blutdurstes in sein Leben bringen. Sie ist die Geburt der Gewalt, eines Überlebenswissens, das in der oben dargestellten Szene auf eine harte Probe gestellt wurde, aber schließlich mit der Ermordung des Feindes endete, auf eine nicht weniger körperliche Art. Dass weder in der ersten noch in der zweiten Geburt von einer Frau die Rede ist, scheint kein Zufall: Facundo, auf den sich die Raubtierhaftigkeit des Tigers übertragen hat und der diesen Ehrentitel mit Recht trägt, agiert in einer reinen Männerwelt, in welcher die Frauen bestenfalls schöne Gegenstände oder *Accessoires* sind.

So also vermag Domingo Faustino Sarmiento zu schreiben! Der Autodidakt steigert die Spannungsmomente seines Textes stets bis zum Höhepunkt. Der „Gaucho malo", der im Übrigen wie Sarmiento selbst aus San Juan kommt, wird gerettet und gleichzeitig erstmals namhaft gemacht und mit seinem Rang genannt: Es ist Facundo, der von nun an in das Geschehen dieses Textes tritt. Aus der Stimme des Erzählers ist kunstvoll dessen Stimme geworden, der sei-

---

23 Sarmiento, Domingo Faustino: *Facundo*, S. 74.

nen Offizieren von der sein Leben bedrohenden Anekdote erzählt. Aus dem von der Justiz verfolgten Außenseiter wurde offiziell ein General, der die Geschicke des Landes prägt und bestimmt. Bereits sein erster Auftritt ist verbunden mit den Semen Feindschaft gegenüber der Zivilisation, Brutalität, Blut, Messer, Kampf auf Leben und Tod, Zustechen ohne jedes Erbarmen.

Jedes Detail der Szenerie besitzt eine politische Bedeutung. Facundo tötet den Tiger so, wie die Fleischhauer in Echeverrías *El Matadero* den Stier getötet hatten: in körperlichem Kontakt und mit dem Dolch, dem Messer, dürstend nach Blut. Dabei springt das Grausame des Raubtiers über auf die Grausamkeit des Menschen – ganz so, wie der Name des Tigers auf Facundo übergeht. So wie später der Blick Facundos jenem blutrünstigen Blick des Tigers gleichen wird, der sein Leben einst bedrohte, wird er selbst gegenüber seinen Mitmenschen zu jenem Tiger, der blutrünstig immer neue Opfer fordert. Facundo repräsentiert das Tierische, Animalische in Menschengestalt: Wie ein Tiger ist er Herr über Leben und Tod.

Facundo verkörpert also den Tiger – auch sein Schädel gleiche dem der Raubkatze –, verkörpert die amerikanische, die zivilisationsfeindliche Natur und deren Prinzip von Kampf und Gewalt sowie das Recht des Stärkeren, der sich überall gewissenlos durchsetzt. Die Biographie Facundos wird diese semantische Ebene, diese Isotopie fortführen: Das vermeintliche Opfer wird selbst zum Schlächter, bevor es seinerseits in diesem Kreislauf der Gewalt wieder zum Opfer wird. Lässt sich ein derartiger Kreislauf überhaupt unterbrechen?

Facundos Aufstieg scheint unaufhaltsam. Durch militärische Erfolge, gelungene Mordanschläge und geschicktes Taktieren gelingt es dem aufstrebenden Heerführer, sich 1835 zum Herrscher über die Stadt La Rioja und ihre gesamte Region zu machen. Er kämpft in einer Welt, in welcher noch die Geschlechterkämpfe des italienischen 12. Jahrhunderts toben. Dem Kampf für die Independencia schließt er sich an, aber ohne deren Ideale zu teilen. Zerstörung und ungebremste Habsucht sind neben Gewalttätigkeit die Merkmale seiner autokratischen Herrschaft: Insoweit kann man auch nicht davon sprechen, dass Facundo regiert. Er verwandelt vielmehr in der Folge La Rioja in eine Kriegsmaschinerie für die Durchsetzung seiner eigenen autokratischen Ziele. In einem politischen Argentinien, das bald in Federales und Unitarios zerfallen wird, wählt er sich selbst und die von ihm ausgehende Gewalt als Ziel. Das Leben dient nicht dazu, Freundschaften zu knüpfen und Liebe zu empfinden: Es dient allein dazu, das Recht des Stärkeren durchzusetzen und Gewalt an die Stelle der Konvivenz treten zu lassen. Das eigene Leben ist aus dem Sterben der Anderen gemacht.

Ich sollte vielleicht noch einmal daran erinnern: Sarmientos Text heißt nicht im Untertitel „Civilización o Barbarie", sondern *Civilización y Barbarie*!

Wir haben es nicht mit einem simplen Gegensatz zwischen Zivilisation und Barbarei, sondern mit einer wechselseitigen Überlappung zu tun, in der zivilisatorische Elemente abrupt in Barbarei umschlagen können und die Barbarei auf dem Land eine Zivilisation hervorbringt, die in ihrer volkskulturellen Bestimmung den aus der Provinz stammenden Erzähler noch immer in ihren Bann schlägt. So ist es ein Bild von Zivilisation *und* Barbarei, das sich der Leserschaft *Facundos* bietet: Beide Terme sind in einen dialektischen Prozess eingebunden, der sich seit dem Beginn des Kampfs um die Unabhängigkeit der ehemals spanischen Kolonien gewalttätig zugespitzt hat.

Facundo ist ohne jeden Zweifel ein literarisches Lehrstück über die Formen und Normen autoritärer und totalitärer Herrschaft. Daher gehört dieser Text auch in eine Geschichte des lateinamerikanischen Diktatorenromans. In den narrativen Ablauf, die Lebensgeschichte Facundo Quirogas, sind mit schöner Regelmäßigkeit extensive Passagen diskursiver Prägung eingeschaltet, die es dem Erzähler erlauben, die dargestellten Ereignisse zu kommentieren, einzuordnen, auf die damalige Aktualität und den eigenen politischen Kampf zu beziehen. Zugleich wird so aber auch ein Geschichtsmodell entworfen, das von der Ebene der kleinen Geschichte her ständig wieder neu angestoßen wird. Die Nation wird zur Narration,[24] die ihrerseits eine Diskursivität schafft, welche Geschichte als in Bewegung befindliches Objekt vorführt. Ebenso der politische Diskurs wie die erzählerische Narration sind aufs Engste mit der argentinischen Nation und ihrem historischen und zeitgenössischen Nationenbildungsprozess verbunden.

Die gesamte Geschichte des Río de la Plata wird in die historische Figur Facundo Quiroga und deren Biographie eingeblendet. In ihr erscheinen aber nicht allein markante Elemente der Vergangenheit, sondern auch mögliche Orientierungspunkte einer möglichen Zukunft. Die „sombra terrible de Facundo" schwebt seit dem Eingangsteil des Textes über allem Geschehen und befragt nicht allein Vergangenheit und Gegenwart, sondern prospektiv auch die Zukunft der argentinischen Nation. Die Figur Facundos wächst so über ihre konkrete historische Bedeutung hinaus: Sie wird zu einer mythischen Gestalt und zu einer *Figura*, in welcher sich die *figurale* Deutung der argentinischen Gewaltgeschichte konkretisiert.

Folgen wir Sarmientos Analyse, so findet sich der Gaucho nicht nur auf Seiten der Federales, sondern auch bei den Unitarios, nicht nur auf dem Lande, sondern auch in der Stadt. Auch wenn sich der Erzähler immer wieder bemüht, Gegensätze als diskurssteuerndes Prinzip einzuführen und damit mehr diskursive Klarheit zu

---

24 Vgl. Bhabha, Homi K. (Hg.): *Nation and Narration*. London – New York: Routledge 1990.

schaffen, erscheint gerade in den narrativen Passagen des *Facundo* doch immer deutlich das Ineinanderwirken der Gegensätze, die dialektische Verknüpfung aller Terme. Der Gaucho macht letztlich auch nicht vor Sarmientos Erzählerstimme Halt: Wie ein „Cantor" beschwört er die argentinische Geschichte, die er in unzähligen Anekdoten in erzählte, ja mehr noch in erlebte oder erlebbare, nacherlebbare Geschichte verwandelt. Die zahlreichen Erzählungen, die in den gesamten Text einmontiert sind, wirken wie Teile eines Diktatorenromans, von dem uns stellvertretend und beispielhaft nur einzelne Episoden vorgestellt werden.

Ich habe in meiner Vorlesung über die *Romantik zwischen zwei Welten* eine derartige Episode analysiert,[25] in welcher die romantisierende Darstellung einer tropischen Natur in Tucumán mit einer kaltblütigen Erschießungsszene kontrastiert. Bei dieser genau kalkulierten Hinrichtung auf dem Hauptplatz von Tucumán hält Facundo die Frauen der im Hintergrund exekutierten Männer bis zum Ertönen der Salven mit harmlosen Worten hin und kostet diese Situation im Grunde auf dieselbe Weise aus, wie in Mario Vargas Llosas *La fiesta del chivo* Trujillo sich immer wieder seiner guten Umgangsformen bedient, um sich von ihm begehrte Frauen gefügig zu machen. In diesen narrativen Passagen sind die Formen und Normen des lateinamerikanischen Diktatorenromans bereits vorgeprägt.

Ich kann an dieser Stelle unserer Vorlesung nicht noch einmal auf jene Szenerie eingehen, in welcher wir sicherlich einen der Höhepunkte von Sarmientos Erzählkunst vor uns haben. Die wunderbare Tropennatur wird in ihrer Schönheit und Unschuld erst ausführlich beschrieben, bevor dann die Gewalt mit aller Brutalität in die Schilderung einbricht[26] und alles im Blut erstickt. Facundo inszeniert den Tod seiner Gegner als sicheres Katz-und-Maus-Spiel, wobei er selbst die Rolle der Katze und damit des Tigers, des Raubtieres spielt, das sich seiner Beute sicher ist. Und diese blutrünstige Gewalt ereignet sich mitten in einer Welt, die als ein Eden dargestellt wird und in ihren exotisierend beschriebenen Details paradiesisch wirkt. Doch mit dem Einbruch Facundos, des „Gaucho malo", ja des Teufels, wird dieses irdische Paradies zerstört.[27] Die Kontrasttechnik, die wir hier bei Sarmiento studieren können, wird auch jene des lateinamerikanischen Diktatorenromans sein.

---

25 Vgl. hierzu den Abschluss des Sarmiento gewidmeten Kapitels im vierten Band der Reihe „Aula" in Ette, Ottmar: *Romantik zwischen zwei Welten*, S. 653 ff.
26 Vgl. hierzu Sarmiento, Domingo Faustino: *Facundo*, S. 204 ff.
27 Vgl. zu dieser Thematik Ette, Ottmar: *Konvivenz. Literatur und Leben nach dem Paradies*. Berlin: Kulturverlag Kadmos 2012.

Ich darf Ihnen die sich anschließenden Schreckensbilder zurückgebliebener Körperteile der auf dem Platz Exekutierten ersparen, die zu einem gefundenen Fressen für die Hunde der Stadt werden: Sie kennen derlei Bilder schon in stärkeren blutroten Farben aus Echeverrías *El Matadero*, aber auch aus Vargas Llosas *La fiesta del chivo*! Angesichts derartiger Szenerien fragt sich der Erzähler Sarmientos mit Recht: Wozu dienten eigentlich die hehren Ideen und die noblen Schlachten der Independencia?

Der Leserschaft dürfte bei der Beantwortung dieser Frage nur mehr der Blick in die Zukunft bleiben; sie wird ihm am Ende des dritten Teils ‚enthüllt'. Doch schon an dieser Stelle wird das Vorbild der Vereinigten Staaten von Amerika beschworen, wo sich innerhalb kürzester Zeit entlang des Mississippi volkreiche Handelsstädte entwickelt hätten. Wieder erscheint im *Facundo* das fluviatile Stromnetz als Leitlinie künftiger Infrastruktur und Industrieentwicklung. Hier findet die Szene nach dem deskriptiven Teil (der tropischen Naturszenerie), einem narrativen Teil (der Vorbereitung der Hinrichtungsszene) sowie einigen sich hieran anknüpfenden Überlegungen des Erzählers schließlich im diskursiven Teil einer wirtschaftspolitisch-geschichtsphilosophisch argumentierenden, parteipolitischen Diskursivität ihren würdigen Abschluss. Nicht umsonst war Tucumán – historisch gesehen – einer der Ausgangspunkte der argentinischen Unabhängigkeit gewesen.

Bleiben wir noch einen Augenblick im zweiten Teil dieses gewaltigen und gewaltvollen Textes, in welchem die Zukunftsvision der „Unión Argentina" nicht fehlen darf! Was hat die Regierung der Federales unter Rosas bislang gebracht? Der Bevölkerung, so der Erzähler, wurde für ihr Leiden nur ein „trapo colorado" gegeben; sie wurde markiert ganz in der Weise, wie der Herr der Viehweiden seinem „ganado" mit dem Brenneisen den Besitzanspruch einbrennt. Gewiss, auch Rosas habe versucht, die Grenzen Argentiniens nach Süden hin auszudehnen, hin auf das „teatro de las frecuentes incursiones de los salvajes", also hin zur Bühne immer wieder stattfindender Angriffe der Wilden, wie der Erzähler hinzufügt. Auf einer Breite von vierhundert „leguas" sollte das Gebiet von Indianern ‚gesäubert' werden; ein grandioser Plan, der durchaus die Zustimmung des Erzählers wie auch Sarmientos findet. Als späterer argentinischer Präsident wird letzterer sich für die vollständige Vernichtung der indigenen Bevölkerung auf argentinischem Boden einsetzen.

Doch dieses Vorhaben sei von den Federales nicht zu Ende geführt worden, hätte man doch den Colorado-Fluss erreichen und diese neue Grenzlinie durch die Anlage mehrerer Forts nach dem Vorbild der USA absichern müssen. Wir dürfen aus heutiger Sicht hinzufügen, dass die „Liberales", die 1852 die Macht übernehmen werden, nur wenig später damit beginnen sollten, derartige Pläne der ‚Säuberung' zu realisieren, also des Genozids an den größtenteils nomadisierenden *First Nations*. Dabei griffen sie bevorzugt auf die Gauchos zurück, die in diesen Indianerkriegen als menschliches Brennmaterial und Kanonenfutter verheizt wurden. Diese Form des kollektiven Todes und Völkermordes entwickelt sich also aus der Kritik an der Gestalt von Facundo alias Rosas. Tatsächlich aber führten die Gegner der Rosas-Diktatur die Indianer-Politik der Vorgängerregierung nur noch mit größerer Anstrengung und wohl auch mit noch größerer Perfidie durch. Bezüglich dieses Genozids an der indigenen Bevölkerung gab es im größten Teil des 19. Jahrhunderts eine bruchlose argentinische Politik.

Das Ende des zweiten Teils des *Facundo* erzählt von der Ausweitung der Machtbefugnisse von Rosas, vom Verblassen des Einflusses von Quiroga und schließlich vom grausamen Tod des ehedem so machtbewussten und siegessicheren Caudillo. Dieser glaubt, seinem Mörder noch befehlen zu können, erhält aber als einzige Antwort von seinem nicht weniger grausamen und 'gauchesken' Mörder eine Kugel ins Auge. Die eindrucksvolle Inszenierung dieses gewaltsamen Todes ist im Buch von langer Hand vorbereitet und beginnt mit dem Abschied des Todgeweihten Ende Dezember 1834 von der Stadt Buenos Aires, die Facundo nicht mehr lebendig wiedersehen sollte.

Die Szenerie wird bewusst in einen historischen Rahmen gestellt und mit dem Hinweis garniert, Facundo habe ähnlich wie Napoleon ein Vorgefühl des Kommenden gehabt, als einst der französische Kaiser die Tuilerien in Richtung Waterloo verließ. Der Erzähler bestreitet Facundo keineswegs geschichtliche Größe. Erstmals seit der Episode mit dem Tiger taucht das Element der Angst, genauer: der Todesangst Facundos auf, das in einem Selbstgespräch des Gaucho – vom Erzähler selbstverständlich mitgehört – zum Ausdruck kommt. Das vektoriell nach vorne gerichtete Element der Angst,[28] das in der Eingangsszene des zweiten Teils bei der Verfolgung durch den Tiger in den Text gelangte, erscheint also noch einmal ganz am Ende von Quirogas Leben und rahmt gleichsam dessen zumindest literarische Existenz. Die narrativen Details des Plots sind von Sarmiento höchst bewusst gestaltet.

Facundo Quiroga eilt seinem vorgegebenen Schicksal entgegen: Jedermann habe in Córdoba gewusst, dass ein Anschlag auf den ehemals so mächtigen Caudillo geplant sei. Auch Facundo weiß von diesen Absichten, weiß vom geplanten Mordanschlag, der in Barranca Yaco (nördlich von Córdoba) gegen ihn ausgeführt werden soll. Doch verändert er selbstsicher seine Fahrtroute nicht, verlangt nur immer nach neuen Pferden. Nichts kann ihn mehr aufhalten: nicht

---

[28] Vgl. hierzu Ette, Ottmar: Angst und Katastrophe / Angst vor Katastrophen. Zur Ökonomie der Angst im Angesicht des Todes. In: Ette, Ottmar / Kasper, Judith (Hg.): *Unfälle der Sprache. Literarische und philologische Erkundungen der Katastrophe*. Wien – Berlin: Verlag Turia + Kant 2014, S. 233–270.

Bitten, nicht Warnungen, nicht Drohungen. Facundo geht seinem gewaltsamen Tode entgegen...

Und er reißt alle, die ihn begleiten, mit in sein Verderben. „Orgullo" und „terrorismo", Hochmut und Terrorismus sind noch immer die beiden wichtigsten Antriebskräfte seines Handelns; auf diese Weise, so der Erzähler, werde er gleichsam mit gefesselten Händen seinem Schicksal übergeben. Dieses widerführt ihm nicht in Gestalt des Mörders Santos Pérez, des typischen „Gaucho malo de la campaña de Córdoba", der selbst nur mit Glück einem Anschlag jener Leute entgeht, die ihm wohl direkt den Mordauftrag gaben, sondern es ist Juan Manuel de Rosas, der – daran lässt der Erzähler keinen Zweifel aufkommen, auch wenn ihm noch die endgültigen Beweise fehlen – hinter allem gestanden habe.

Ich möchte Ihnen im Folgenden nicht nur die doppelte Geburts-, sondern eben auch die Todesszene des Facundo Quiroga vorführen. Denn von beiden Seiten her wird dieses Leben wie in einer christlichen Hagiographie seinen Sinn erhalten:

> Er gelangt zum fatalen Ort, und zwei Salven durchbohren die Kutsche auf beiden Seiten, ohne jedoch jemanden zu verletzten; die Soldaten werfen sich mit bloßen Säbeln auf sie, und in einem einzigen Augenblick machen sie die Pferde unbrauchbar und hauen den Pferdekutschenführer mitsamt seiner Gehilfen in Stücke. Jetzt streckt Quiroga seinen Kopf heraus, und für einen Augenblick zögert die Horde. Er fragt nach dem Kommandanten der Abteilung, sie lassen diesen sich nähern, und auf die Frage von Quiroga, „Was hat das zu bedeuten?", erhält dieser als einzige Antwort eine Kugel ins Auge, die ihn tot niederstreckt.
>
> Daraufhin durchbohrt Santos Pérez mit seinem Schwert mehrfach den unglückseligen Sekretär und befielt nach erfolgter Hinrichtung, die ganze Kutsche voller Leichen Richtung Wald zu kippen, zusammen mit den in Stücke gehauenen Pferden und dem Kutschenlenker, der sich mit gespaltenem Schädel noch immer auf dem Pferde hält. „Was ist das für ein Junge?", fragt er, als er den Postjungen erblickt, den einzigen, der noch am Leben ist. „Das ist einer meiner Neffen", antwortet der Sergeant der Abteilung; „ich hafte für ihn mit meinem Leben." Santos Pérez geht zum Sergeanten und durchbohrt dessen Herz mit einem Schuss, um danach vom Pferde zu steigen und mit einem Arm sofort den Jungen zu ergreifen, zu Boden zu werfen und trotz des Wimmern des Kindes, das sich in Gefahr sieht, zu köpfen.[29]

So also endet das Leben Facundo Quirogas: in einem Blutbad, das ein noch grausamerer, noch unmenschlicherer, in kühler, rationaler Überlegung handelnder Gaucho anrichtet. In diesem gnadenlosen Tod des Facundo und aller, die ihn begleiten, kommt bereits das Rationale, das Systemhafte der Diktatur von Juan Manuel de Rosas zum Ausdruck. Aus Blickrichtung des Erzählers ist

---

29 Sarmiento, Domingo Faustino: *Facundo*, S. 239f.

all dies nur eine logische Folge, eine Konsequenz jener Wissensstruktur über das Leben, die das eigentliche Rätsel von Facundo Quiroga und zugleich der argentinischen Nation darstellt. Die brutale Gewalt, die vom Lande, von den Gauchos, aber auch von der kolonialspanischen Vorgeschichte stammt, ergreift Besitz von der ganzen Nation. Nicht ein einziger Mann vermag sich zu retten: Selbst die Schergen dieser Mordtat werden sofort hingerichtet, sobald sie auch nur aufmucken. Und wieder, wie schon bei Esteban Echeverría, ist auch ein Kind unter den Hingemetzelten.

Mit dem Tod des Caudillo Facundo Quiroga am 18. Februar 1835 geht das blutige Drama keineswegs zu Ende. Denn die Szene exzessiver Gewalt bildet lediglich den Auftakt für das Kommende. Es folgt die noch siebzehn weitere lange Jahre andauernde Schreckensherrschaft von Juan Manuel de Rosas, der neuen Verkörperung der *Figura* des Facundo.

So leitet der Erzählerdiskurs organisch vom zweiten über in den dritten Teil des *Facundo*, mithin von dessen Biographie zum prospektiven politischen Diskurs über das „Gobierno Unitario", wie das erste Kapitel des dritten Teils überschrieben ist. Sarmientos Erzähler spannt den Bogen des von ihm Berichteten bis zur Gegenwart, bis zur Forderung des im Auftrag von Rosas nach Chile gereisten Baldomero García, der die Auslieferung der argentinischen Exilanten und deren Überstellung fordert.

Der Aufbau des Machtapparats und des Terrorregimes, der „Mazorca" und der blutroten politischen Symbolik verrät viel über jene Mechanismen, die im Verlauf des 20. Jahrhunderts im lateinamerikanischen Diktatorenroman fröhliche Urstände feiern werden. Sarmientos Analyse der Gewalt und deren Entstehung ist interessegeleitet, aber zutreffend und klug. Er nutzt alle Möglichkeiten zur Erforschung des ‚Rätsels', welche die Literatur ihm bietet. In seinen geschichtsphilosophischen Exkursen greift der Erzähler immer wieder auf französische Historiker zurück, etwa in Bezug auf die erwähnte „Mazorca", die mit den Fleischhauern sowie ihrer Rolle in den Kämpfen zwischen den Herren von Burgund und jenen von Armagnac und damit mit dem europäischen Mittelalter verglichen wird. Sarmiento bleibt seiner Linie treu, die Brutalität und Menschenverachtung der aktuellen argentinischen Diktatur mit dem europäischen Mittelalter in Verbindung zu bringen.

Die Nähe dieser diskursiven Ausführungen, die auf Passagen beruhen, welche Sarmiento in der französischen Geschichtsschreibung fand, zu den Fiktionen in Echeverrías *El Matadero* ist auffällig und zweifellos bemerkenswert. Ein weiteres, wiederum mittelalterliches Beispiel für derartige Verknüpfungen zwischen der argentinischen Gegenwart und dem mittelalterlichen oder frühneuzeitlichen Europa ist die Institution der Inquisition, die in den politischen Registern fortlebt, die Rosas von jedem Bürger anlegen ließ. Alle Elemente des

Grauens – und vor allem das Messer, das ständige „degollar" – werden aufgeboten, um den Leserinnen und Lesern das passende Hintergrundgemälde für die sich anschließenden Zukunftsvisionen zu liefern.

Einen Augenblick lang scheint es, als ob der Erzähler mit einer neuen Biographie, diesmal jener von Rosas, einsetzen wollte, dessen Kindheit in der Folge in einigen wenigen Zügen entworfen wird. Autorität und Knechtschaft unter der hochfahrenden Mutter sind dabei prägende Elemente für das weitere Leben des künftigen Diktators. Über Rosas und zwei seiner Schwestern liege gleichsam der Geist einer herrschsüchtigen Mutter. Die spätere Grausamkeit und das teuflische Kalkül von Rosas gehen soweit, den öffentlich bedauerten Mord an Facundo Quiroga dazu zu benutzen, Missliebige zu verdächtigen und – wenn notwendig – umbringen zu lassen.

Letztlich aber, so die Erzählerfigur, führe die Rosas-Regierung nur zur Durchsetzung der nationalstaatlichen Einheitsvorstellungen der Unitarier: Rosas selbst schaffe die Voraussetzungen für das „Gobierno Unitario" der Zukunft. Es erscheinen sogar Rosas' Pläne, das alte Vizekönigreich von Buenos Aires am Río de la Plata mit Buenos Aires als Hauptstadt wieder aufleben zu lassen und dafür andere Länder eingliedern zu wollen. Längst habe er sein begehrliches Auge auf Bolivien, Paraguay oder die Banda Oriental geworfen, wobei gerade im letztgenannten Uruguay sein Einfluss recht gefährlich geworden sei – mit den entsprechenden Bedrohungen für die dortigen argentinischen Exilanten.

Diese amerikanischen Erörterungen leiten über zu allgemeinen weltpolitischen Überlegungen des Erzählers, zu seiner Kritik an Frankreich, das teilweise ohne „elevación de ideas" handle, ohne ideelle Größe. Im zweiten und letzten Kapitel des dritten Teils unterscheidet der Erzähler etwas später sogar deutlich zwischen einem Frankreich der Macht und Regierung einerseits und einem idealen und schönen Frankreich, das man in seinen Philosophen und Büchern liebe. Der französische „bloqueo" habe Rosas dazu gedient, sich zum Verteidiger der amerikanischen Unabhängigkeit aufzuwerfen: ausgerechnet er, der laut Erzähler Argentinien doch gerade aus der „gran familia europea" ausgeschlossen habe. Die dümmliche französische Blockade habe erstmals das ausgelöst, was man als das eigentliche Gefühl des „Americanismo" bezeichnen dürfe: Alles, was barbarisch sei, alles, was uns vom kultivierten Europa trenne, sei hier – so der Erzähler – zum Vorschein gekommen. Wir stellen also – vielleicht nicht allzu überrascht – fest, dass der Begriff des „Americanismo" in Sarmientos Werk durchaus negative Züge tragen kann und nicht selten abfällig gemeint ist.

Sarmientos Erzähler konstatiert ein völliges intellektuelles Ausbluten unter der Rosas-Diktatur. Jene Stadt, die sich einmal selbst als das amerikanische Athen bezeichnete, Buenos Aires nämlich, sei längst ohne Forum, ohne Presse und ohne Rednertribüne: alles sei ins gegenüberliegende Montevideo ausgewandert, das nun aufblühe. Doktor Alcina, der auch dann noch gelehrt habe, als Rosas die Bezüge der Universitätsprofessoren streichen ließ, habe in seinen Vorlesungen die Herrschaft von Rosas als das beste Beispiel für eine Tyrannei dargestellt, solange er dies noch konnte. Die Universitäten freilich sind – wie wir in diesem Teil unserer Vorlesung noch sehen werden – nicht immer der Hort, an welchem Resistenz gegen ein autoritäres Regime am deutlichsten zum Ausdruck kommt. In Lateinamerika kommt ihnen allerdings eine deutlich stärkere Rolle im Widerstand gegen Diktaturen zu, als dies im Allgemeinen in Europa und im Besonderen in Deutschland der Fall ist.

Eine ganze Generation sei aus dem öffentlichen Leben verschwunden. Die argentinische Jugend sei an Frankreich, am „Romanticismo", am „Eclecticismo", am „Socialismo" orientiert und müsse sich nun mit ihren französischen Büchern verstecken. Der Erzähler stellt die intellektuelle Situation in Buenos Aires düster dar und geht auf die erste Manifestation eines neuen (literarischen) Geistes ein, den „Salón Literario", den wir im Umfeld von Esteban Echeverría kennengelernt hatten. Hieraus habe sich eine Gruppe von Männern herausgebildet, die einen zivilisierten Widerstand gegen die barbarische Herrschaft der Rosas-Diktatur organisierten. Die Literatur wird zum Hort des Widerstands gegen das verhasste System.

Doch seien viele ihrer Repräsentanten zum jetzigen Zeitpunkt über Amerika und Europa zerstreut; fast alle Überlebenden seien heute „distinguierte Literaten", wobei bei einem politischen Wechsel eine solch illustre „Pléiade" unfehlbar über kurz oder lang an die Regierung kommen werde. Die Argumentation des Erzählerdiskurses ist eindeutig: Literatur und Politik lassen sich nicht fein säuberlich voneinander trennen, sondern sind aufs Engste miteinander verwoben. Letztlich formuliert der Erzähler in diesen Passagen Sarmientos eigenen Macht- und Regierungsanspruch für jene künftige Zeit, die den Ausklang dieses gewichtigen und so einflussreichen Buches bildet.

Der britischen Politik wird im Erzählerdiskurs misstraut, könnte man doch bisweilen den Verdacht nicht gänzlich ausräumen, England sei an einer Schwächung Argentiniens interessiert, um so doch noch das zu erreichen, was zu Beginn des Jahrhunderts durch das Einschreiten tapferer Bürger verhindert worden sei. Die britische Expansion ist noch ungebrochen, der europäische Kolonialismus eine reale Gefahr. Und daran knüpft der Erzähler die folgenden Überlegungen:

> Sich selbst zum Trotze wird sich dieser Staat erheben, auch wenn seine Schösslinge in jedem Jahr folgen, weil die Größe des Staates in den Weidegründen der Pampa liegt; in den tropischen Erzeugnissen des Nordens und im großartigen System schiffbarer Flüsse,

deren Aorta der Río de la Plata ist. Andererseits sind wir Spanier weder Seefahrer noch Industrielle, und Europa wird uns noch für lange Jahrhunderte im Austausch mit unseren Rohstoffen mit seinen Erzeugnissen versorgen; sie wie wir werden in diesem Austausche gewinnen; Europa wird uns das Steuerruder an die Hand geben und uns solange flussaufwärts bringen, bis wir Geschmack an der Schifffahrt gefunden haben.[30]

In dieser Passage ist eine Vielzahl an Aspekten für uns von größtem Interesse: Zum einen macht der Erzähler klar, dass er von der künftigen Größe seines Landes, in welches er die Leserschaft miteinbezieht („nosotros"), zutiefst überzeugt ist. Diese Größe beruht nicht zuletzt auf der Pampa, dem eigentlich zivilisationsfeindlichen Element, wenn auch die beständige Idee der aufblühenden Flussschifffahrt wiederum breitesten Raum erhält und die Ströme und Flüsse als Leitbahnen künftiger Industrialisierung verstanden werden. Mit Leichtigkeit ließen sich hier Verbindungen zu Alexander von Humboldts Vorstellungen herstellen, und zwar ebenso hinsichtlich der Wichtigkeit der Flussschifffahrt wie auch bezüglich des künftigen Gleichgewichts zwischen dem europäischen und dem amerikanischen Handel innerhalb des Systems eines sich herausbildenden Welthandels.[31]

Domingo Faustino Sarmiento denkt wie der preußische Globalisierungstheoretiker an einen gleichgewichtigen transatlantischen Warenaustausch, bei welchem die amerikanischen Rohstoffe mit europäischen Fertigprodukten ausgetauscht werden und Europa den Argentiniern dabei hilft, ihr eigenes Land zum Vorteil aller zu entwickeln. Der daraus beim Autor des *Facundo* resultierende Fortschrittsoptimismus ist ungetrübt und übersieht zweifellos jene Abhängigkeitsverhältnisse, die sich notwendig aus einem Handel allein auf der Basis von Rohstoffen und Naturprodukten gegen Fertigwaren ergeben. Bei Sarmiento trägt diese Vorstellung – aus politischen Gründen freilich nicht uninteressiert – deutlich utopischere Züge eines auf Jahrhunderte hinaus gesicherten Austauschs europäischer Fertigprodukte und amerikanischer Rohstoffe; eine Vorstellung, die sich bereits wenige Jahrzehnte später als irreführend erweisen sollte, brachte diese Handelsasymmetrie doch neue Abhängigkeitsverhältnisse hervor, welche den Weg Argentiniens und aller lateinamerikanischen Länder durch das zurückliegende Jahrhundert begleiten sollten. Denn noch heute sind letztere aufgrund ihrer Abhängigkeit von Rohstoffen wie Erdöl, Kupfer, Seltenen Erden oder Silber und trotz Erzeugung von Naturprodukten wie tropischen Früchten, Kaffee oder Fleisch höchst verwundbar, da sie in ihrem Außenhandel

---

30 Sarmiento, Domingo Faustino: *Facundo*, S. 292.
31 Vgl. Ette, Ottmar: *Alexander von Humboldt und die Globalisierung. Das Mobile des Wissens*. Frankfurt am Main – Leipzig: Insel Verlag 2009.

einseitig auf Erzeugnisse industriell deutlich entwickelterer Nationen in weitem Maße angewiesen sind.

Überaus überraschend ist es dann doch, dass die Argentinier noch Jahrzehnte nach der politischen Unabhängigkeit als Spanier bezeichnet werden und die Spanier essentiell als Volk von Nicht-Schifffahrern erscheinen. Gewiss: Dass die Spanier Handel und Industrie verschlossen, ja feindlich gegenüberstehen, war „communis opinio" im ausgehenden europäischen 18. Jahrhundert gewesen; dass aber ausgerechnet das Volk des „Descubrimiento" und der großen Seefahrer keinen Seefahrergeist besäße, mutet aus heutiger Perspektive denn doch etwas merkwürdig an. Dabei muss man freilich in Rechnung stellen, dass über lange Jahrzehnte das verbissen an seinen Kolonien festhaltende Spanien für viele Bewohner Amerikas die eigentliche Verkörperung des Rückstandes war. Auch Jahrzehnte nach der Independencia hatte sich an der negativen Spanien-Sicht auf dem amerikanischen Kontinent wenig geändert.

Ziel dieser Äußerungen des Sarmiento'schen Erzählers freilich war es vor allem, der veränderten literarischen und ästhetischen nun auch eine veränderte wirtschaftliche und wirtschaftspolitische Ausrichtung in den Ländern Hispanoamerikas – oder doch zumindest in Argentinien selbst – folgen zu lassen. Für eine künftige Entfaltung Argentiniens konnte nicht länger Spanien das Vorbild sein, sondern andere Länder Europas wie Frankreich oder Großbritannien, welche den Geist europäischen Fortschrittsglaubens verkörperten.

Gewiss springt aus dem heutigen Blickwinkel die Kurzsichtigkeit derartiger Vorstellungen und Zukunftprognosen ins Auge. Doch würde man es sich zu leicht machen, derartige Überlegungen aus der Perspektive des „fait accompli", der längst vergangenen Zukunft, geringschätzig abzutun. Denn die für uns vergangene Zukunft war zum damaligen Zeitpunkt eine *offene* Zukunft, die noch keineswegs absehbar war. Die Geschichte hätte ganz anders verlaufen können, auch wenn sie in ihrem tatsächlichen Gang nicht ohne historische Notwendigkeit so eingetroffen ist. Auffällig immerhin ist, dass in derartigen Passagen noch immer Europa und nicht im selben Maße die Vereinigten Staaten Nordamerikas Impulsgeber für die Entwicklung sind, von der sich der Erzähler die bald schon zu erreichende künftige Größe seines Landes verspricht. In späteren Schriften sollte Sarmiento seine Ansicht überdenken und der zur Großmacht heranwachsenden Nation im Norden des Kontinents einen stärkeren Vorbildcharakter einräumen – bis hin zu dem Ausspruch, Argentinien müsse ‚die Vereinigten Staaten des Südens' werden. Doch dies führt aus dem Themengebiet unserer Vorlesung hinaus...

Die künftige Größe seines Landes sieht der Erzähler zusätzlich durch die Erfahrung des Exils gegeben, das viele gebildete Bürger mit anderen politischen und kulturellen Systemen in Berührung gebracht habe. Es gehe nun darum, deren Erfolge und Erfahrungen für das eigene Land fruchtbar zu machen. Dem Exil wird auf diese Weise eine überaus positive Leitfunktion für den Aufbau der künftigen Gesellschaft zugeschrieben. Diese Vorstellung zeugt angesichts der bereits zum damaligen Zeitpunkt so langen und schmerzlichen Verbannung zahlreicher Argentinier von einer ungeheuren Willenskraft und Überzeugungsstärke, das erträumte Argentinien der Rosas-Diktatur zum Trotz künftig doch noch aufbauen zu können.

Ein zuversichtlicher, optimistischer Grundton ist es, der die letzten, auf ein baldiges Ende der Diktatur hoffenden Seiten von *Facundo* prägt. Doch sollte es noch sieben lange Jahre dauern, bis es tatsächlich zum gewaltsamen Sturz von Juan Manuel de Rosas kam. Die Hoffnungen Sarmientos auf eigenen Machtgewinn und die Lenkung des Landes erfüllten sich. Unerfüllt aber blieb sein Wunsch, dass die *figurale* Konzeption der Geschichte, welche Facundo Quiroga als *Figura* des Juan Manuel de Rosas in die Entwicklung Argentiniens eingespeist hatte, mit der Niederschlagung der Rosas-Diktatur durchbrochen werden konnte. Mit diesem Hinweis aber will ich unseren Durchgang durch die blutrünstige Geschichte Argentiniens und die literarischen Darstellungsformen von Geburt und Tod in den Texten jener Region im 19. Jahrhundert abschließen. Facundo Quiroga, jenes Rätsel der argentinischen Geschichte, so steht zu befürchten, ist noch immer nicht gänzlich gestorben und unter der Erde.

Rückblickend auf die Darstellung des Todes in jenen argentinischen Texten, mit denen wir uns in diesem Teil unserer Vorlesung näher auseinandergesetzt haben, könnten wir formulieren, dass der Tod zwar in seiner ganzen Schrecklichkeit literarisch re-präsentiert und gerade mit Blick auf die unschuldigen Opfer in seiner ganzen Absurdität als gewaltvoller, abrupter, plötzlicher Tod (*mors repentina*) gezeichnet wurde. Selbst der Tod des Facundo gehorcht letztlich diesem Paradigma, denn sein Leben endet mit einer letzten unbedarften Frage, auf welche die Kugel seines Mörders selbst die Antwort bildet – Dies lässt keine weitere Diskussion mehr zu! Am Ende seines Lebens steht damit das Enigma, die Frage, die am Anfang seiner Biographie stand, nur dass wir durch den biographisch-literarischen Durchgang eine Reihe von Einsichten gewonnen haben, warum diese Gewalttätigkeit in Argentinien eine so zentrale gesellschaftliche Rolle spielt. Domingo Faustino Sarmiento ist es mit seinem *Facundo* gelungen, mit Hilfe literarischer Mittel auf die Spur der Gewalt in seinem Heimatland zu kommen und Aspekte dessen herauszuarbeiten, was man als Gründe für den Gewaltdiskurs angeben muss. Gemeinsam mit Esteban Echeverrías *El Matadero* bildet *Facundo* ein ausgezeichnetes Versuchsfeld für die schwierige Problematik, wie eine Gewaltherrschaft in Argentinien entstehen konnte.

Vor diesem historischen Hintergrund aber könnten wir zugleich mit guten Gründen behaupten, dass der Tod auch als etwas ungeheuer Vertrautes erscheint: dass den Tod zu geben heißt, eine geradezu vertraute, zumindest aber gezähmte Handlung zu begehen, welche das Leben eines anderen Menschen beendet. In beiden untersuchten Texten gibt es eine gewisse ‚Normalisierung' des Todes inmitten eines literarisch entfalteten Gewaltexzesses, der zu einem wahren Blutbad führt. Auch wenn dies gewiss nicht für das Empfangen des Todes gilt, könnten wir hierin jenen „gezähmten Tod" erkennen, von dem Philippe Ariès in seiner *Geschichte des Todes* sprach. Ich möchte daher erneut den französischen Kulturhistoriker und Todesforscher zu Wort kommen lassen:

> Der Tod hat jedoch während nahezu zweier Jahrtausende allen Entwicklungsschüben widerstanden. In einer von Veränderung geprägten Welt wie der unseren bietet die traditionelle Einstellung zum Tode den Eindruck eines Walles von Trägheit und Kontinuität.
>
> Unsere Alltagswirklichkeit hat diesen Wall inzwischen derart abgetragen, dass wir sogar Mühe haben, ihn uns auch nur vorzustellen und begreiflich zu machen. Die alte Einstellung, für die der Tod nah und vertraut und zugleich abgeschwächt und kaum fühlbar war, steht in schroffem Gegensatz zur unsrigen, für die er so angsteinflößend ist, dass wir ihn kaum beim Namen zu nennen wagen.
>
> Aus diesem Grunde meinen wir, wenn wir diesen vertrauten Tod den gezähmten nennen, damit nicht, dass er früher wild war und inzwischen domestiziert worden ist. Wir wollen im Gegenteil sagen, dass er heute wild geworden ist, während er es vordem nicht war. Der älteste Tod war der gezähmte.[32]

Aus dieser Perspektive – und in Verbindung mit anderen Zitaten von Philippe Ariès, die ich Ihnen im Verlauf der Vorlesung bereits angeführt habe – würde Sarmientos *Facundo* mit Blick auf den Tod eine Art Scharnier- oder Übergangsstellung einnehmen. Wir finden in diesem autodidaktisch verfassten Text nämlich deutliche Spuren des gezähmten, des geradezu selbstverständlichen Todes auf Seiten derer, die den Tod scheinbar erbarmungslos geben, als auch die wilde Fratze des Todes, die Präsentation des angsteinflößenden Todes, wie er sich bei Sarmiento vor allem bei jenen findet, die den Tod empfangen. Der gezähmte Tod ist eine Sichtweise und mehr noch eine Praxis des Todes, wie ihn bei Sarmiento die Gauchos geben, die vom argentinischen Autor ohnedies einer Welt des europäischen Mittelalters in Amerika zugerechnet werden. Es überrascht im Zusammenhang mit einer solchen Logik nicht, dass sie – die im Umgang mit Vieh Vertrauten – ebenso leicht den Tod geben können, so wie sie auch ihren eigenen Tod akzeptieren.

Dies freilich ist die Sichtweise eines Argentiniers, der sicherlich nicht als Gaucho zu bezeichnen ist. Es ist vielmehr der Blick von außen auf eine Tötungs- und Todespraxis, die keineswegs dem eigenen Verständnis des Todes entspricht. Wir dürfen daher festhalten, das in ein und derselben Gesellschaft

---

32 Ariès, Philippe: *Geschichte des Todes*, S. 42.

verschiedene soziologisch unterscheidbare Vorstellungen vom Tod bestehen können und dass es vor diesem Hintergrund die Aufgabe des Schriftstellers oder der Schriftstellerin sein muss, diesen unterschiedlichen Blickpunkten auf den Tod literarischen Raum zu geben – Und eben dies hat Sarmiento getan.

Sarmiento ist ein intensives Portrait des Todes und der Todesvorstellungen unter den Bedingungen der Diktatur in seiner argentinischen Heimat gelungen. Wie sehr dieser Tod in einem ganz tierischen Sinne wild sein kann – und zugleich auch die Fratze gezähmter Alltäglichkeit trägt –, mag uns jene Eingangsszene gezeigt haben, mit der Sarmiento so geschickt seinen Facundo im Angesicht des Tigers einführte und ihn als Figuration argentinischer Geschichte seiner Leserschaft vorstellte. Nicht umsonst ist das Wesen des blutdurstigen Tigers auf die Figur des „Gaucho malo" namens Facundo übergesprungen.

Reinaldo Arenas oder die Freiheit des Freitods

An dieser Stelle unserer Vorlesung will ich mit Ihnen gerne wieder auf die Zeitebene von Mario Vargas Llosas *La fiesta del chivo* und auch in denselben diegetischen Kontext zurückkehren – in die Karibik! Auf den Antilleninseln hat es im Verlauf der beiden letzten Jahrhunderte zahlreiche politische Systeme gegeben, die autoritären Zuschnitts waren und welche die Geschicke ihrer jeweiligen Inseln zum Teil nachhaltig geprägt haben. Zu diesen Inseln gehört zweifellos auch die größte der Antillen, die Insel Kuba, wo 1959 eine Revolution erfolgreich abgeschlossen wurde, die ein Staatssystem autoritärer Ausrichtung schuf, das sich auch heute noch – selbst nach dem Tod seines Revolutionsführers Fidel Castro – erfolgreich an der Macht hält. Denn in diesem Sommer konnte die Kubanische Revolution den immerhin zweiundsechzigsten Jahrestag ihres Sieges über die Diktatur Fulgencio Batistas feiern und allen Protesten und Dissidenten zum Trotz die repressiven Teile ihres Staatssystems weiter ausbauen.

Dass die Kubanische Revolution zugleich allen sehr konkreten Versuchen der USA trotzte, sie seit langen Jahrzehnten durch ein umfassendes Embargo in die Knie zu zwingen, gehört auch zur historischen Wahrheit und in den Kontext der Geschichte einer Insel, die in einer Art Gegenbewegung zum Rhythmus des Rests lateinamerikanischer Staaten lebt. Ich habe in meiner wissenschaftlichen Arbeit seit meiner Dissertation über den Kubaner José Martí stets die Kontakte zu Kuba offen gehalten und derzeit gemeinsam mit meinem an der Berlin-Brandenburgischen Akademie der Wissenschaften angesiedelten Akademien-Vorhaben sowie verschiedenen kubanischen Stellen rund um die Casa Humboldt gemeinsam mit Tobias Kraft ein Projekt auf den Weg gebracht, das jungen kubanischen Forscherinnen und Forschern die Chance bieten soll, sich auf wissenschaftlichem Gebiet international weiterentwickeln zu können.

Dies sei unserer Beschäftigung mit einem Autor vorangestellt, der im Allgemeinen als einer der heftigsten Widersacher des kubanischen Regimes gilt und zu jenen Schriftstellern zu zählen ist, die niemals ihren Frieden mit dem autoritären System auf Kuba machten. Auch dies gehört zur ganzen Wahrheit um Kuba und die Kubanische Revolution dazu; und mir scheint es unbedingt notwendig und erforderlich zu sein, das Regime auf Kuba aus verschiedensten Blickwinkeln viellogisch zu betrachten und keinem politischen Alleinvertretungsanspruch zu glauben.

So führt uns der Weg unserer Vorlesung denn zu einem der großen Schriftsteller nicht nur der kubanischen, sondern der hispanoamerikanischen Literaturen, der durch die Verfilmung seiner Autobiographie auch in Deutschland zeitweise in aller Munde war. Ich spreche von Reinaldo Arenas,[1] zu dem ich Ihnen vorab gerne einige Biographeme nennen würde, um Ihnen die Beschäftigung mit einem der Großen der kubanischen Literatur etwas zu erleichtern, der zugleich einer der prominentesten Vertreter eines homosexuellen Schreibens in den Amerikas war.

Das Leben dieses Schriftstellers ist auf Grund seiner sexuellen, aber auch politischen Ausrichtung eine Abfolge von Verfolgungen und Repressionen gewesen, die ihn von Beginn an hart bedrängten und überschatteten. Ich hatte das persönliche Glück, ihn auf meinem Weg sehr früh kennenzulernen und unter anderem zwei Interviews bei ihm zuhause in Manhattan in den Jahren 1985 und 1990 durchzuführen,[2] so dass ich ihn ein wenig näher kennenlernen konnte. Seit ich vor meinem ersten Besuch bei ihm in der Firestone Library von Princeton zum ersten Mal seine Manuskripte sah und studierte, war ich von diesem Romancier, aber auch Essayisten und Dichter fasziniert. Ich darf hinzufügen, dass mich mit Ausnahme von Jorge Semprún kein anderer Schriftsteller so stark beeindruckt hat.

Abb. 46: Reinaldo Arenas Fuentes (1943–1990).

Reinaldo Arenas Fuentes wurde am 16. Juli 1943 – das Datum kann ich mir wegen des Geburtstages unserer Tochter Judith Thamar leicht merken; dafür hat unser Sohn Emanuel Yanick am Ehrentag von Max Aub seinen Geburtstag – in einem kleinen Ort zwischen Holguin und Gibara im Osten Kubas geboren. Er

---

1 Vgl. zu den unterschiedlichsten Aspekten von Leben und Werk dieses Autors Ette, Ottmar (Hg.): *La escritura de la memoria. Reinaldo Arenas: Textos, estudios y documentación.* Frankfurt am Main: Vervuert Verlag 1992.
2 Vgl. hierzu Ette, Ottmar: Entrevista con Reinaldo Arenas (Nueva York, 29 de noviembre de 1985). In: Heydenreich, Titus (Hg.): *Der Umgang mit dem Fremden. Beiträge zur Literatur aus und über Lateinamerika.* [= Lateinamerika-Studien, Bd. 22] München: Wilhelm Fink Verlag 1986, S. 177–195; sowie (ders.): Los colores de la libertad. Nueva York, 14 de enero de 1990. In (ders., Hg.): *La escritura de la memoria. Reinaldo Arenas: Textos, estudios y documentación.* Frankfurt am Main: Vervuert Verlag 1992, S. 75–91.

starb am 7. Dezember 1990 durch Freitod in seiner zweiten Heimat New York. Da sein Vater kurz nach der Geburt die Familie verließ, wuchs der Junge unter der Obhut der Mutter im Hause der Großeltern auf und verbrachte seine von ihm immer wieder mythisch beschriebene Kindheit auf dem Land. Nach dem Schulbesuch in Holguin schloss er sich – „aus Langeweile und Ermüdung" – 1958 der revolutionären Bewegung Fidel Castros an. Die vom Großvater stark eingeschränkte Zeit auf dem Lande im „Oriente" Kubas ging damit zu Ende.

Der Sieg der Kubanischen Revolution ermöglichte Reinaldo Arenas eine Ausbildung zum landwirtschaftlichen Buchhalter; 1962 kam er schließlich nach Havanna, wo er zunächst Wirtschafts- und später Literaturwissenschaften studierte. Ohne sein Studium abzuschließen, arbeitete er als Bibliothekar an der Nationalbibliothek José Martí in La Habana, widmete sich intensiver Lektüre und nahm sein schon in früher Jugend begonnenes Schreiben wieder auf – nun in Kontakt insbesondere mit Mitgliedern der *Origenes*-Gruppe rund um den Dichter José Lezama Lima.[3] Die Schriftstellerei wird zu seinem Lebenselement, auf das er nie mehr verzichten kann.

Arenas versucht, sich literarisch in Kuba durchzuschlagen. Über seine zeitweilige Tätigkeit am Instituto del Libro hinaus arbeitete er an den kubanischen Zeitschriften *La Gaceta de Cuba, Unión, El Caimán Barbudo* und *Casa de las Américas* mit. Arenas wird zu einem Teil der jungen Literaten- wie auch der Homosexuellenszene in Havanna zu einem Zeitpunkt, als Homosexualität vom immer autoritärer werdenden Regime streng verfolgt wurde. Er wird in ein Umerziehungslager der UMAP (Unidades Militares para la Ayuda de la Producción) verbracht und lernt schmerzhaft das Leben in diesen militärisch geführten Einrichtungen der kubanischen Regierung kennen.

Seit 1970 war Reinaldo Arenas *de facto* in Kuba mit Veröffentlichungsverbot belegt. Im Januar 1974, mitten im ‚grauen Jahrfünft' der Revolution, wurde er schließlich verhaftet und im Morro eingekerkert, Havannas geschichtsträchtigem Gefängnis. Sieben Jahre zuvor hatte er in seinem international erfolgreichsten Roman *El mundo alucinante*[4] – dieser experimentelle Erzähltext wurde gemeinsam mit Gabriel García Márquez' *Cien años de soledad* in Frankreich als bester ausländischer Roman ausgezeichnet – seinen historischen Helden Fray Servando Teresa de Mier noch fiktional in dieses Gefängnis begleitet. Wegen Immoralität, konterrevolutionären Verhaltens und der ungenehmigten Veröffentlichung dreier Bücher im Ausland wurde Arenas zu einer einjährigen Gefängnisstrafe verurteilt. Nach

---

3 Vgl. zu Lezama Lima das ihm gewidmete Kapitel im dritten Band der Reihe „Aula" in Ette, Ottmar: *Von den historischen Avantgarden bis nach der Postmoderne*, S. 741ff.
4 Vgl. hierzu ebda., S. 811ff.

Verbüßung seiner Haftstrafe wurde er in ein politisches Rehabilitierungslager eingewiesen. Der kubanische Staat verfolgte den widerspenstigen Autor mit ganzer Härte.

Während der folgenden Jahre musste Arenas zeitweise untertauchen. Er lebte in schwierigen Verhältnissen unter wechselnden Adressen in Havanna, bis er im Mai 1980, in der Welle des kubanischen Massenexodus und mit viel Glück – denn Arenas wird polizeilich gesucht – über den Hafen Mariel die Insel in einem Boot verlassen konnte, das einige Tage später von der US-amerikanischen Küstenwache mitten im Golfstrom aus Seenot gerettet wird.

Reinaldo Arenas lebte seit 1980 zunächst in Miami, später in New York im Exil. Zeitweise übte er als renommierter Autor Lehrtätigkeiten an der Universidad Internacional von Florida, am Center for Inter-American Relations und an der Cornell University im Staate New York aus. Aus Geldnot verkauft er bereits zu Lebzeiten all seine Manuskripte an die Firestone Library der Universität von Princeton. Gerade auch für die jüngeren kubanischen Exilautorinnen und -autoren wichtig wird seine Tätigkeit als Herausgeber literarischer Zeitschriften, insbesondere von *Mariel,* die zum Sprachrohr der gleichnamigen literarischen Generation avanciert.[5]

Arenas unternahm von seinem Exil in den USA aus mehrere Reisen nach Europa, vor allem nach Spanien und Frankreich. Im Wettlauf mit dem Tod gelang es dem HIV-Infizierten, unterbrochen von dramatischen Krankenhausaufenthalten – Arenas verfügte über keinerlei Krankenversicherung – den Zyklus seiner Romane abzuschließen sowie seine Autobiographie noch auf Kassette aufzunehmen. Gemeinsam mit kubanischen Freunden veranstaltete ich damals eine Arenas gewidmete Sektion der *Annual Convention* der Modern Language Association of America am 28. Dezember 1989 in Washington D.C., an der Reinaldo Arenas teilnahm und wo der an AIDS erkrankte Schriftsteller seinem Humor und seiner unerschütterlichen Schreib-Wut freien Lauf ließ. Die gemeinsam mit Arenas verbrachte Woche in Washington hat sich mir als eine Zeit eingeprägt, in welcher die Lebenslust und die Kreativität dieses Schriftstellers unerschütterlich schienen. Reinaldo Arenas setzte seinem Leben am 7. Dezember 1990 in New York ein Ende. In seinem Abschiedsbrief machte er das kubanische Regime unter Fidel Castro dafür verantwortlich.

Schon vor seinem vor seinem Suizid hatte Arenas mehrfach am Rande des Todes gestanden. Bei der Eröffnung der erwähnten MLA-Sektion *Reading Are-*

---

5 Vgl. zur Wichtigkeit dieser Zeitschrift Ette, Ottmar: La revista "Mariel" (1983–1985): acerca del campo literario y político cubano. In: Bremer, Thomas / Peñate Rivero, Julio (Hg.): *Hacia una historia social de la literatura latinoamericana*. Tomo II. Actas de AELSAL 1985. Giessen – Neuchâtel 1986, S. 81–95.

nas with Arenas hatte der kubanische Schriftsteller gerade einen längeren Krankenhausaufenthalt hinter sich, den er vor seinem in Massen gekommenen Publikum sorgsam zu verbergen suchte. Schon zuvor war der Autor dem Tode nahe gewesen, so etwa unmittelbar vor einer wichtigen Fernsehsendung in Frankreich, wo ihn Bernard Pivot in seine damals berühmten *Apostrophes* eingeladen hatte und Arenas bereits vom Tode gezeichnet war. Aber weder auf Sendung noch in der Sektion von Washington war ihm dieser Zustand – hatte er erst einmal die öffentliche Bühne betreten – in irgendeiner Weise anzumerken. Er schauspielerte sehr professionell alles weg und machte dem Titel der Sektion, also seinem Humor und seinem ansteckenden Lachen, alle Ehre.

Tatsächlich aber hatte er sich unmittelbar vor Eröffnung unserer Sektion, die mit einem längeren Kommentar des Schriftstellers beginnen sollte, einen unfreiwilligen Kurzhaarschnitt verpassen müssen, über den er zugleich weinte und lachte. In der Nacht hatte er häufig geschrien, wie aus den Nebenzimmern des Hotels zu hören war. Doch Arenas war noch nicht mit seinem verschiedenen Erzählzyklen fertig; er wollte eisern durchhalten, bis er zumindest die wichtigsten Texte vollendet haben würde. Die Energie dieses todgeweihten Mannes war unbeschreiblich: Arenas gelang es, die wichtigsten Werke noch abzuschließen. Und so konnte er auch die Arbeit an seiner Autobiographie beenden, die er mit Hilfe eines Kassettenrecorders aufsprach, korrigierte und diktierte. Es handelt sich um die Endredaktion von *Antes que anochezca*, jener Autobiographie, von deren Verfilmung ich eingangs sprach.

Man könnte vermuten, Reinaldo Arenas' Autobiographie würde in ihrem Titel darauf anspielen, dass die Beendigung der Niederschrift unmittelbar seinem Tode vorausgegangen wäre. Aber dies war nicht der Fall! Der Titel spielt vielmehr auf die Tatsache an, dass er über einen langen Zeitraum im Parque Lenín unweit der Hauptstadt Havanna buchstäblich solange schrieb, bis die Sonne untergegangen war und er nicht mehr weiterschreiben konnte. Dies war ein im Untergrund verortetes Schreiben „antes que anochezca", bevor es Nacht wurde. Über Monate hielt sich der Schriftsteller in diesem weiten Park versteckt, um den Fängen der Staatssicherheit zu entgehen und seine Romane, die aus ihm herausmussten, vollenden zu können. Aber davon später mehr!

Bevor wir uns der Autobiographie nähern, würde ich Ihnen gerne die Stimme dieses todkranken Menschen zumindest kurz zu Gehör bringen. Denn in ihr schwingt vieles mit, was nicht nur auf inhaltlicher Ebene für sein Leben und Schreiben, aber auch für sein Sterben, Kämpfen und Deuten ganz charakteristisch ist. Das folgende Zitat ist in der Buchform der Vorlesung nicht mit Stimme hinterlegbar, doch möchte ich es Ihnen als Auszug aus der Sektion auf Spanisch und in deutscher Übersetzung dennoch vorstellen:

Ich habe schon immer gedacht, dass Widersprüche in der Schöpfung fundamental sind. Denn wären wir erstens in Frieden und mit der Welt versöhnt, so würden wir gar nichts hervorbringen. Zweitens erlauben uns diese Widersprüche, die Realität aus verschiedenen Blickwinkeln und von unterschiedlichen Standpunkten aus zu sehen; bis zu einem gewissen Punkt können sie die literarische Vision dieser Realität bereichern. Ich glaube, dass alles, was ich geschrieben habe, in Wirklichkeit so etwas wie ein Teil eines einzigen Buches ist, eines Buches, von dem ich selbstverständlich hoffe, dass Sie alle niemals das Unglück haben werden, es vollständig zu lesen, und ich niemals das Glück, es abzuschließen. In Wirklichkeit bildet alles ein und denselben Kontext. Wenn man so will ein Kontext innerhalb verschiedener infernalischer Kategorien, unterschiedlicher Epochen, die allesamt natürlich furchterregend waren, von der Epoche eines Batista oder sogar noch früher, vor Batista, als meine Kindheit in den vierziger Jahren verlief, dann die Epoche der Diktatur von Fidel Castro und die Hoffnungslosigkeit, die Entwurzelung sowie die grässliche Grausamkeit des Exils, das heißt die Hölle, zu der Dante nahezu alle seine Feinde mit viel Intelligenz und viel Treffsicherheit verurteilte.[6]

In dieser kurzen Passage bemerken sie zum einen sehr anschaulich, wie sehr es aus Reinaldo Arenas – und dies war auch stets in seinen Interviews der Fall – geradezu heraussprudelte, wie er immer einen Satz mit dem anderen verknüpfte und es bisweilen schwierig war, seinen nicht versiegenden Redefluss zu unterbrechen, um eine Frage an den Autor zu platzieren. Denn alles, was er sagte, war im Grunde höchst relevant und aufschlussreich für all jene, die sich mit seinem Werk, seinem rastlosen Schaffen beschäftigten und literaturwissenschaftlich auseinandersetzten. Vielleicht ist dies in diesem Auszug von Ende des Jahres 1989 noch in wesentlich stärkerem Maße der Fall.

Denn Reinaldo Arenas fürchtete zu Recht, nicht mehr allzu viel Zeit zur Verfügung zu haben, um sich mitteilen und sein ganzes Schaffen erläutern zu können. Und so ahnte er auch, dass ihm die Monate, die er brauchen würde und tatsächlich auch brauchte, um die wichtigsten seiner in Arbeit befindlichen Bücher abzuschließen, am Ende seines Lebens doch noch fehlen würden. In der Tat sollte ihm lediglich ein knappes, von Krankenhausaufenthalten zusätzlich verkürztes Jahr verbleiben, um sein Schaffen an einem einzigen Buch, einem einzigen Werk zu Ende zu bringen.

Zum zweiten ist es offenkundig, dass Reinaldo Arenas eine Vielzahl von Texten publizierte, die letztlich in ihren verschiedenen Zyklen ein zusammenhängendes literarisches Werk bildeten.[7] Der kubanische Schriftsteller arbeitete

---

6 Arenas, Reinaldo: *Humor e irreverencia* (28 de diciembre de 1989).
7 Ich habe versucht, diese wechselseitigen Verbindungen und das intensive Verwoben-Sein der jeweiligen Zyklen darzustellen in Ette, Ottmar: La obra de Reinaldo Arenas: una visión de conjunto. In: Ottmar Ette (Hg.): *La escritura de la memoria. Reinaldo Arenas: Textos, estudios y documentación*. Frankfurt am Main: Vervuert Verlag 1992, S. 95–138.

oft gleichzeitig an verschiedenen Zyklen, wobei seine Protagonisten im Allgemeinen am Ende seiner Bücher zu Tode kamen. Doch erstanden sie im nächsten Text wieder auf eigenartige Weise auf. Nach dieser Art literarischer Wiedergeburt führten sie unter neuem Namen die alte Geschichte fort, waren doch alle Epochen – genauso, wie dies Arenas beschrieb – in der fiktionalen Welt des kubanischen Autors auf eine immer andere, aber doch gleich erschreckende Weise furchtbar.

Daher wusste Arenas sehr genau, wie wichtig das Ende eines Lebens war. Zu oft schon hatte er selber auch fiktional vorgeführt, dass erst der Tod einem ganzen Dasein seinen Sinn zu geben vermochte – falls er einem nicht, wie Hannah Arendt mit Blick auf die Konzentrationslager schrieb, aus der Hand geschlagen werden konnte. Andererseits machte Arenas aber auch deutlich, dass er zu jenen Autoren gehört, die letztlich immer nur an einem einzigen Buch schreiben, an einer Art ‚Lebensbuch‘, das aufs Intimste mit ihrem eigenen Sein verbunden ist. In allen fiktionalen Figuren seiner Erzähltexte stoßen wir auf diese Konfigurationen von Arenas' Leben.

Daher eröffnen sich autobiographische Dimensionen in allen seinen Romanen, so wie sich umgekehrt in seiner Autobiographie auch viele romaneske Züge und Fiktionen finden lassen. Wer Arenas' Texte nur fiktional und seine Autobiographie nur diktional liest, ist im Grunde sehr zu bedauern. Denn ein solcher Leser hat nichts von den so unterschiedlichen Formen und Schreibweisen verstanden, die das friktionale Oszillieren zwischen beiden Polen, mithin die fundamentale Friktion[8] seines gesamten Schreibens, in all seinen narrativen, lyrischen, dramatischen oder essayistischen Texten charakterisiert. Arenas schrieb im Grunde seit seiner Kindheit ununterbrochen an diesem ‚Lebensbuch‘ – und wollte es seinen Leserinnen und Lesern, wie er humorvoll hinzufügte, auch nur wohldosiert in einzelnen Büchern zumuten.

Gleichzeitig werden die Konturen eines Schreibens absehbar, einer „escritura sin tregua", das im ständigen Konflikt mit den äußeren Bedingungen lebt und aus der pausenlosen Auseinandersetzung mit dem Leben und Aus-Leben der Homosexualität im damaligen Kuba große Sprengkraft zog. Diese gleichgeschlechtliche Positionierung musste in einem politischen System wie demjenigen Kubas notwendig politische Konsequenzen haben: Gerade sexuelle Rollenzuweisungen des Menschen sind in einer Diktatur *per se* hochpolitisch.

Reinaldo Arenas aber war ein Mensch, der ohne diese Konflikte und Auseinandersetzungen nicht hätte kreativ werden können: Nicht umsonst betonte er im obi-

---

8 Vgl. zum Begriff der Friktion vgl. Ette, Ottmar: *Roland Barthes. Eine intellektuelle Biographie*. Frankfurt am Main: Suhrkamp Verlag ²2007, S. 308–312.

gen Zitat, dass ein Künstler, der mit der Welt in Frieden und Einvernehmen lebte, sogleich aufhören müsste, kreativ zu sein. Denn für Arenas war der Schriftsteller – der richtige, wahrhaftige Schriftsteller – immer ein Dissident, ein Abweichler, jemand, der anderer Meinung ist und aus dieser Spannung die kreativen Energien für sein Leben zieht.

Ohne an dieser Stelle genauer auf die verschiedenen Zyklen im Erzählwerk, aber auch in Lyrik und Theater des Reinaldo Arenas eingehen zu wollen, möchte ich Ihnen in erster Linie die Problematik des Todes und des Selbstmords anhand der Autobiographie *Antes que anochezca* in ihrer Komplexität erläutern. Denn der Freitod besaß für den kubanischen Schriftsteller etwas von einer Befreiung und stand mit seinem Konzept der Freiheit in Zusammenhang. Im Grunde handelt es sich bei seiner in den letzten Lebensmonaten entstandenen Autobiographie um *Mémoires d'outre-tombe*, erschien *Bevor es Nacht wird* – und ich werde im Folgenden aus der deutschen Übersetzung von Klaus Laabs und Thomas Brovot zitieren – doch nach dem Tode des Autors.[9] Gerne füge ich natürlich hinzu, dass die Erstveröffentlichung des spanischsprachigen Beginns von *Antes que anochezca* in dem von mir herausgegebenen Band *La escritura de la memoria* erschien[10] – der Autor hatte mir diese Seiten vorab persönlich für meinen Band zugesandt.

Im auf August 1990 datierten Auftaktkapitel, das signifikanterweise unter dem Titel „Das Ende" steht, hat Reinaldo Arenas sozusagen das Ende seiner Autobiographie, aber auch seines Lebens an den Anfang gestellt und auf diese Weise einen Zyklus, eine Kreisstruktur – geradezu einen ‚Kreis der Hölle' – geschaffen, aus dem es – so eine oft von ihm gebrauchte Formulierung – kein Entrinnen für ihn zu geben schien. Dieses Kapitel beginnt wie folgt; und ich stelle Ihnen die ursprüngliche spanische Fassung der Erstveröffentlichung an die Seite:

> Im Winter 1987 dachte ich daran, zu sterben. Seit Monaten hatte ich furchtbares Fieber. Ich ging zum Arzt, und die Diagnose war Aids. Da ich mich mit jedem Tag schlechter fühlte, kaufte ich mir ein Ticket nach Miami und beschloß, am Meer zu sterben. Nicht in Miami direkt, sondern am Strand. Aber ein teuflischer Bürokratismus scheint dafür zu sorgen, dass sich alles, was wir uns wünschen, hinzieht, selbst der Tod.
>
> Ich will nicht sagen, dass ich wirklich sterben wollte, aber ich finde, wenn einem keine andere Wahl bleibt, als zu leiden und Schmerzen zu ertragen, ohne jede Hoffnung, dann ist der Tod tausendmal besser. Außerdem war ich ein paar Monate vorher in einem

---

9 Arenas, Reinaldo: *Bevor es Nacht wird. Autobiographie.* Aus dem Spanischen von Thomas Brovot und Klaus Laabs. Berlin: Edition diá 1993.
10 Vgl. Arenas, Reinaldo: "Antes que anochezca". Extractos de la autobiografía de Reinaldo Arenas terminada en Nueva York, agosto de 1990. In: Ette, Ottmar: *La escritura de la memoria*, S. 13–26.

> öffentlichen Pissoir gewesen, und es hatte sich nicht dieses Gefühl von verschwörerischer Erwartung eingestellt, das sonst immer da war. Niemand hatte mich beachtet, alle machten sie mit ihren Sexspielen einfach weiter. Mich gab es schon nicht mehr. Ich war nicht mehr jung. Dort kam mir der Gedanke, das beste wäre der Tod. Ich fand es immer erbärmlich, um das Leben zu betteln wie um einen Gefallen. Entweder man lebt, wie man es sich wünscht, oder es ist besser, nicht weiterzuleben. [...]
>
> Nach dreieinhalb Monaten wurde ich entlassen. Ich konnte kaum laufen [...]; ich fing an, wenigstens ein bißchen Staub zu wischen. Dabei entdeckte ich auf dem Nachttisch einen Briefumschlag, der ein Rattengift namens *Troquemichel* enthielt. Darüber bekam ich eine unglaubliche Wut, denn offensichtlich hatte das jemand da hingelegt, damit ich es nahm. Jetzt war ich fest entschlossen, meinen Selbstmord, den ich im stillen schon geplant hatte, erst einmal aufzuschieben. Wer immer mir diesen Umschlag ins Zimmer gelegt hatte, diesen Gefallen würde ich ihm nicht tun.[11]

In dieser dramatischen und zweifellos auch pathetischen Passage schneiden sich mindesten drei verschiedene Isotopien (oder Ebenen gleicher Bedeutung), die sich auch an anderen Stellen im Werk des kubanischen Schriftstellers finden lassen. Zum einen handelt es sich um einen durchgängigen Reflexionshorizont und differenzierten Diskurs über den Freitod, über den Selbstmord, der von der ersten Person Singular erwogen und in seinen Vor- und Nachteilen jeweils unterschiedlich beleuchtet wird. Dieser Diskurs generiert eine im Text deutliche Isotopie und beruht auf einem doppelten Gegensatz. Auf der einen Seite finden sich Selbstmord und Tod, auf der anderen Seite Leben und Weiterleben; auf der einen Seite finden wir Selbstbestimmung über das Leben, was die Selbstbestimmung über den Zeitpunkt des Todes einzuschließen scheint, und auf der anderen Seite eine Fremdbestimmung durch Faktoren wie Krankheitsverlauf oder unaushaltbare Schmerzen, die vom Individuum selbst nicht zu bestimmen oder zu kontrollieren sind.

Der Freitod eröffnet daher eine Möglichkeit, über den Endpunkt des Lebens zu bestimmen, also einen Zeitpunkt festzulegen, ab dem es sich nicht mehr lohnt, beispielsweise nur noch unter großen Schmerzen und Entbehrungen weiterzuleben. Denn anders als bei unserer Geburt haben wir bei unserem Tod vermittels des Suizids die Möglichkeit, durch einen selbstbestimmten Vorgang auf dessen Zeitpunkt einzuwirken. Ähnlich ist übrigens auch die Entscheidung eines Menschen zu bewerten, lebensverlängernden Maßnahmen durch einen notariell beglaubigten Schriftsatz nicht zuzustimmen. Denn beiden Handlungen liegt die Überzeugung zu Grunde, nach mehr oder minder sorgfältiger Abwägung der Vor- und Nachteile ein Ende des Lebens eigenständig bestimmen zu können und bestimmen zu wollen.

---

11 Arenas, Reinaldo: *Bevor es Nacht wird*, S. 7 ff.

Eine zweite Isotopie schiebt sich bei diesem Beginn der Autobiographie von Reinaldo Arenas quer zu den Reflexionen über den Freitod plötzlich in den Vordergrund, wobei sie die vorgängige Suizid-Isotopie gleichsam zu resemantisieren und zu durchbrechen scheint. Dabei geht es um die eigene Sexualität, die Homosexualität, die Suche nach sexuellen Partnern und die Attraktivität des eigenen Körpers, der für andere Partner noch von erotischem Interesse sein und Begehren auslösen will. Diese erotische Lust ist ein wesentlicher Antrieb für die Lebenslust des Ich, das sich freilich nicht mehr jung und daher nicht mehr anziehend fühlt. Die erotischen Spiele anderer Männer lassen das Ich, das diese Isotopie entfaltet, weitgehend unbeachtet: Es ist, als wäre es bereits tot.

Bei der Lektüre dieser Passage bietet sich eine Opposition an zwischen gemeinsamer sexueller Lust, wie sie das Ich im Verlauf von *Antes que anochezca* mit Hunderten von Männern empfindet, und einem Alleinsein, bei dem es auf sich selbst zurückgeworfen und aus der erotischen Gemeinschaft ausgegrenzt ist. In einem öffentlichen Pissoir in New York benutzt das Ich sein Geschlechtsteil alleine zum Urinieren und konstruiert zugleich einen Gegensatz zu jenen erotischen Spielen, wie sie andere Männer im selben Raum ausführen. Das Ich fühlt sich aus dieser Gruppe miteinander erotisch beschäftigter Männer ausgeschlossen, da es sich nicht mehr als jung versteht und von den Anderen bereits als alt angesehen zu werden fürchtet. So kommt zur Diagnose eines baldigen Todes – denn dies bedeutete zum damaligen Zeitpunkt die Krankheit AIDS – noch die Erfahrung des eigenen erotischen Todes, einer körperlichen Unattraktivität, wie sie dem Lebensstil des Ich gänzlich zuwiderläuft.

Was auf den ersten Blick wie ein wechselseitig sich verstärkendes Zusammenspiel von Faktoren aussieht, das den eigenen physischen Tod mit dem vorweggenommenen sexuellen Tod kombiniert und daran den Selbstmordwunsch des Ich knüpft, wird wenige Zeilen später auf das Leben dieses Subjekts in all seinen Facetten bezogen. Dabei wird dieses Leben zunächst mit sexueller Lust und einer frei sich auslebenden Jugend verbunden, während alle anderen Dimensionen dem Pol des ‚Aging', des Alters und der zum Tode führenden Krankheit zugeordnet werden. Doch sehr bald schon verändert sich diese Konfiguration durch das Auftauchen einer dritten Isotopie.

Diese entsteht mit dem eher zufälligen Fund eines Gifts, mit dessen Hilfe dem Ich – davon ist es sofort überzeugt – der Selbstmord nahegelegt werden soll. Dabei wird diese dritte, anonyme, überindividuelle und letztlich – wie der weitere Verlauf der Autobiographie zeigen wird – politische Isotopie wiederum angebunden an die erste, und zwar an den erwähnten diskursiven Gegensatz zwischen Selbst- und Fremdbestimmung. Denn nun erscheint urplötzlich die Möglichkeit, dass das scheinbar selbstbestimmte Handeln sich als ein letztlich fremdbestimmtes erweisen könnte. Denn es gibt Kräfte – und das Ich ist davon fest überzeugt –, welche ihm einen baldigen Tod wünschen.

Die unmittelbare Reaktion des Ich ist „coraje", Mut zum Widerstand gegen alle Pläne von Menschen, die das Ich lieber heute als morgen aus dem Weg räumen würden. Es ist diese dritte Isotopie, die eine Wendung auf der Handlungsebene einläutet und dazu führen wird, das Ich zu einem anderen Handeln zu bewegen. Denn nun wird der Ich-Erzähler beschließen, seine bereits fertigen Selbstmordpläne zu verschieben und Widerstand gegen all jene zu leisten, die ihm den sofortigen Tod wünschen. Und zu diesen Widerstandsformen gehört an ganz zentraler Stelle das eigene Schreiben, die Fertigstellung all der Projekte und Pläne, welche Reinaldo Arenas im obigen Zitat aus der Sektion von 1989 erwähnte, in erster Linie aber die Abfassung der Autobiographie selbst, also jenes Textes, den die Leserinnen und Leser vor Augen haben. Die Autobiographie wird damit zu einer Form des politischen Widerstands gegen all jene, die der kubanische Autor rasch ausgemacht hat: die Vertreter der kubanischen Staatssicherheit, die das Ich verdächtigt, das Rattengift auf seinem Nachttischchen deponiert zu haben, und das autoritäre System Fidel Castros generell.

Damit revidiert das Erzähler-Ich seine Entscheidung für den Freitod; eine Entscheidung, die auf einer rein individuellen Ebene längst getroffen war und ebenso durch den bald bevorstehenden physischen Tod wie den erotischen Tod begründet wurde. Es sind damit nicht jene Ängste, durch den Selbstmord bei engen Freunden viel Schmerz und Trauer auszulösen, sondern politische Gründe, die beim Ich den Entschluss zum Weiterleben wecken. Mit seiner Entscheidung zugunsten eines Aufschubs seines Suizids erweist sich das Ich als *zoon politicon*, als politisches und politisch handelndes Wesen. Es handelt sich also nicht allein um einen Menschen, der nach ganz bestimmten Lebensnormen und Handlungsschemata selbstgewählt und in freier Entscheidung individuell handelt. Der Selbstmord wird im Zeichen der Diktatur zum Politikum.

Vor diesem Hintergrund wird es zu einem essentiellen Teil der Autobiographie, dass Reinaldo Arenas wenige Jahre später, nach dem Abschluss all seiner schriftstellerischen Pläne, bei seinem tatsächlich im Dezember 1990 verübten Selbstmord in New York einen Abschiedsbrief hinterließ. Er hatte ihn wohl einige Tage zuvor niedergeschrieben und der Brief wurde in der – wie ich schon sagte – posthumen Ausgabe seiner Autobiographie am Ende abgedruckt. Dadurch schließt sich der Kreis einer Autobiographie, die eben nicht nur eine Art intimes Tagebuch, sondern zugleich auch – wie der Untertitel es andeutet – Memoiren, „Memorias" sind. Ich möchte Ihnen zumindest kurz aus diesem Abschiedsbrief zitieren:

> Liebe Freunde,
> angesichts meines kritischen Gesundheitszustands und der furchtbaren Ohnmacht, die ich verspüre, weil ich nicht mehr schreiben und für die Freiheit Kubas kämpfen kann, setze ich meinem Leben ein Ende. In den letzten Jahren konnte ich, obwohl ich mich sehr krank fühlte, mein literarisches Werk abschließen, an dem ich fast dreißig Jahre lang gearbeitet habe. Ich vermache euch all meine Ängste, aber auch die Hoffnung, dass Kuba schon bald frei sein wird. [...] Ich setze meinem Leben freiwillig ein Ende, weil ich nicht mehr weiterarbeiten kann. Keiner der Menschen, die mich umgeben, hat an dieser Entscheidung irgendeinen Anteil. Es gibt nur einen Verantwortlichen: Fidel Castro. Die Leiden des Exils, der Schmerz der Verbannung, die Einsamkeit und die Krankheiten, die ich mir nur in der Verbannung zuziehen konnte, hätte ich sicherlich nicht erlitten, wenn ich frei in meinem Land gelebt hätte.
>
> Das kubanische Volk, im Exil und auf der Insel, rufe ich auf, weiter für die Freiheit zu kämpfen. Meine Botschaft ist keine Botschaft der Niederlage, sondern des Kampfes und der Hoffnung.
>
> Kuba wird frei sein. Ich bin es schon.   Reinaldo Arenas[12]

Dies ist der kämpferische Abschiedsbrief eines der sicherlich wichtigsten kubanischen Schriftsteller des 20. Jahrhunderts. Wie mit Hilfe einer Stimme aus dem Grab wird der literarische Zyklus und zugleich derjenige des literarischen Gesamtwerks geschlossen. Und natürlich auch jener des Lebens. Denn es gelang Arenas noch, in der ihm verbleibenden Zeit seine wichtigsten literarischen Texte für den Druck freizugeben. Mit dem Abschluss seiner Arbeit sah er auch denjenigen seines Lebens gekommen und setzte diesem aus freier Entscheidung ein Ende, um seine Asche später im Meer zwischen Florida und seiner Geburtsinsel Kuba von treuen Freunden verstreuen zu lassen.

Viele aus der Generation jener Schriftsteller von *Mariel* starben an AIDS. Auf meinen damals angefertigten Karteikarten verzeichnete ich alle Schriftstellerinnen und Schriftsteller, die in dieser Zeitschrift publizierten; und diese Kartei wurde zur traurigsten innerhalb meiner Bestände, da ich am Ende der meisten Karteikarten den Vermerk „gestorben an AIDS" machen musste. Einige dieser Autoren, dieser sogenannten „Marielitos", wählten wie Reinaldo Arenas den Freitod als letzten Akt des Widerstands gegen das autoritäre System, vor dessen Nachstellungen sie ins Exil geflohen waren.

Entscheidend am zitierten Abschiedsbrief ist sicherlich, dass nicht das individuelle Schicksal und das individuelle Lebenswerk, sondern der kollektive Kampf des kubanischen Volks in den Vordergrund dieser letzten veröffentlichten Zeilen aus der Feder des kubanischen Autors gestellt werden. Dabei ist die Grundopposition jene zwischen Freiheit und Abhängigkeit, zwischen Selbstbe-

---

12 Arenas, Reinaldo: *Bevor es Nacht wird*, S. 297.

stimmung und Fremdbestimmung, wobei auch die Todesart selbst dieser Freiheitssemantik gehorcht.

Der Diskurs, der in diesem Abschiedsbrief zu Tage tritt, ist freilich ein politischer Diskurs, den wir aus ungeheuer vielen öffentlichen Reden und insbesondere auch aus denen jenes Mannes kennen, der als einziger hier namentlich genannt wird: Fidel Castro. Er wird für alles verantwortlich gemacht. Es berührt eigenartig, dass ausgerechnet *sein* Name am Ende der Autobiographie steht: als der allein an allem individuellen und kollektiven Leiden Schuldige oder zumindest dafür doch schuldig Gesprochene. Doch bleibt er präsent bis in die letzten Feinheiten des Diskurses von Reinaldo Arenas selbst. Der Diktator ist überall!

Die politische Dimension hat nicht nur die Oberhand gewonnen. Denn im Grunde kommt noch in diesem Abschiedsbrief eine Biopolitik zum Zuge, die den Slogan der Revolution um Fidel Castro aufgreift und mit in den Tod nimmt: „Patria o Muerte!" War dies Reinaldo Arenas bewusst? Sicherlich nicht. Er wollte einen kämpferischen Abschied von der Welt verfassen. Und doch ist das Diskursuniversum, in dem er sich in seinen letzten Zeilen bewegt, überdeutlich ein grundlegend von Fidel Castro geprägtes. Er scheint noch am Ende der Autobiographie die Fäden aller Geschichten wie auch der Geschichte selbst zu ziehen. Dies war in *Antes que anochezca* sicherlich nicht beabsichtigt!

Es handelt sich dabei lediglich um den Schlusspunkt der Autobiographie, um den Versuch, den Freitod für die Freiheit eines Landes sprechen zu lassen. Doch diese Autobiographie erschöpft sich sicherlich nicht in jenem Versuch, sondern vermag, das gesamte Leben des Kubaners von seiner Geburt bis in sein Sterben hinein literarisch und bisweilen hyperbolisch darzustellen.

Im Folgenden möchte ich Ihnen zumindest einige wenige Einblicke in die spezifisch literarische Qualität eines Schreibens geben, das sich jenseits der Umkehrung und zugleich Anverwandlung eines politischen Diskurses situiert und den Autor in die vielleicht schillerndste Figur der kubanischen Literaturgeschichte verwandelte. Dazu führe ich Sie noch einmal an das ‚eigentliche' Ende des Textes, ist der Abschiedsbrief doch nur ein Addendum, das alle bisherigen Textausgaben von *Antes que anochezca* prägt. Es ist jener Punkt, an welchem nach vielen Ankündigungen die Nacht tatsächlich hereingebrochen ist, der Augenblick, in dem ein Wasserglas zerspringt. Mit diesem Ereignis zerspringt auch das Leben des Ich in tausend Stücke, da es keine Hoffnung, keine Rettung für die erzählende Instanz mehr gibt. Denn der Mond, „la luna", also eigentlich ‚die Möndin', hat sich vom Ich abgewandt, ist am Ende des letzten Kapitels „Los sueños", „Die Träume", für immer verschwunden:

> Was war dieses Wasserglas, das zersprungen war? Es war der Gott, der mich beschützte, es war die Göttin, die mir immer beigestanden hatte, es war der Mond, der meine Mutter war, in den Mond verwandelt.
> Ach Mond! Du warst immer an meiner Seite, dein Licht hat mir in den schlimmsten Augenblicken geleuchtet; seit meiner Kindheit warst du das Geheimnis, das über meinem Schrecken wachte, du warst mein Trost in den verzweifeltsten Nächten, du warst meine Mutter und hast mir eine Wärme geschenkt, die sie mir wohl nie geben konnte; mitten im Wald, an den düstersten Orten, im Meer; dort warst du und hast mich begleitet; du warst mein Trost; du warst es, der mir in den schwersten Augenblicken den Weg gewiesen hat. Meine große Göttin, meine wahrhafte Göttin, du hast mich vor soviel Unheil beschützt; zu dir über dem Meer, zu dir vor der Küste, zu dir zwischen den Klippen meiner trostlosen Insel, zu dir habe ich den Blick gehoben, und ich habe dich angesehen; immer derselbe; in deinem Gesicht habe ich einen Ausdruck von Schmerz gesehen, von Bitterkeit, von Mitleid mit mir, deinem Sohn. Und jetzt, plötzlich, Mond, zerspringst du vor meinem Bett in tausend Stücke. Ich bin allein. Es ist Nacht.[13]

In dieser poetischen Szene ist von Selbstmord keine Rede. Es erscheint vielmehr die Anrufung des Mondes, der Mondgöttin, welche das Ich auf all seinen Wegen, in allen schwierigen Augenblicken, an Land wie im Wasser, im Walde wie im Meer, kontinuierlich beschützt hat und immer für es da war. Doch nun ist alles zu Ende: Das Erzählte wie das erzählende Ich sehen die Splitter einer Mondgöttin, die für immer verschwunden ist, und gehen mit dieser in einer Nacht ohne Mond auf.

Das Licht der ‚Möndin' ist verschwunden und damit das Beschützt-Sein, die Präsenz der Mutter, die kosmische, die galaktische, die unverrückbare Sicherheit des Ich, sich an einem Gegenstand außerhalb der Welt, außerhalb der ihn so sehr bedrohenden Erde orientieren, ausrichten zu können – all dies ist in einem einzigen Augenblick zerplatzt! Dieser Schlussabschnitt, in welchem viel an die lyrischsten Passagen des Romans *Otra vez el mar* erinnert, ist eine letzte Anrufung jenes Gestirns, das mit der Mutter identifiziert wird, gleichsam Arenas' Muttergestirn. Es ist eine Anrufung an die ‚Mutter-Möndin', die ihre Zyklen auslöst, sie selbst in ihren besten Seiten verkörpert, jene Mutter, mit der Arenas eine Hass-Liebe verband, die ihn mit ihrem Blick und Licht jedoch immer wärmend umgab. Sie verhinderte, dass es tatsächlich in vollem Sinne Nacht werden konnte – eine Mutter, deren Photographie auch über dem Schreibtisch des Schriftstellers wachte.

Solange die ‚Möndin' erschien, der Mond da war, gab es immer eine stillgestellte Zeit, bevor die Nacht kommen konnte – eine auf kontinuierliche Dauer gestellte Zeit, in der kein Ende drohte. Nun aber zerspringt diese Zeit als Zeit-

---

13 Ebda., S. 295.

Dauer urplötzlich; eine Symbolik, die mit dem zersprungenen Wasserglas eine korrespondierende Konstellation herstellt und die Kontinuität des andauernden Lebens zerstört. Der Tod ist ein urplötzliches Allein-Sein: Das Da-Sein ist verwandelt in ein Allein-Sein auf einem wüsten Planeten, einer wüsten Erde, die kein Licht eines mitleidenden Gestirns mehr erhellt.

Die enge Verbundenheit mit der Erde aber zeigt sich im ‚eigentlichen' Anfangskapitel, überschrieben mit dem Titel „Las Piedras", „Die Steine". Dieses Kapitel präsentiert eine Szenerie, die an den Debütroman *Celestino antes del alba* erinnert, an den Beginn des Romanzyklus, den Arenas kurz vor seinem Tod noch zu Ende bringen konnte. Es ist der Rückgriff auf die ersten Erinnerungen in der frühesten Kindheit; und diese ersten Erinnerungen des Kindes sind auf Tiefste mit der Erde verbunden.

Das erzählte Ich ist an jener „tierra" ausgerichtet, jener Insel mitten im Karibischen Meer, mit der auch das Geschick, das Schicksal des Ich-Erzählers verbunden ist. Dieses Land, diese Insel, diese Erde werden irgendwo im „Oriente", (wie im Eingangszitat) in den vierziger Jahren, in einem landwirtschaftlich geprägten Teil Kubas verortet und gleichsam inkorporiert:

> Ich war zwei Jahre alt. Ich stand da, nackt; ich bückte mich und leckte mit der Zunge über die Erde. Der erste Geschmack, an den ich mich erinnere, ist der Geschmack der Erde. Ich aß Erde zusammen mit meiner Cousine Dulce Ofelia, die auch zwei Jahre alt war. Ich war ein mageres Kind, aber mit einem ganz dicken Bauch; das kam von den Würmern, die in meinem Magen gewachsen waren, weil ich soviel Erde aß. Wir aßen die Erde im Rancho des Hauses; der Rancho war der Ort, wo die Tiere schliefen, das heißt die Pferde, Kühe, Schweine, Hühner und Schafe. Der Rancho stand gleich neben dem Haus.
>
> Irgendwer schimpfte mit uns, weil wir Erde aßen. Wer war das, der da mit uns schimpfte? Meine Mutter, meine Großmutter, eine meiner Tanten, mein Großvater? Eines Tages hatte ich fürchterliche Bauchschmerzen; ich schaffte es nicht mehr, aufs Klo hinter dem Haus zu gehen, und benutzte den Nachttopf, der unter dem Bett stand, wo ich zusammen mit meiner Mutter schlief. Das erste, was herauskam, war ein riesiger Wurm, ein rotes Tier mit vielen Füßen, wie ein Tausendfüßler, und er sprang im Nachttopf herum; bestimmt raste er vor Wut, weil ich ihn auf so gewaltsame Weise aus seinem Element verstoßen hatte. Dieser Wurm machte mir große Angst, und seitdem erschien er mir jede Nacht und versuchte, sich in meinen Bauch zu bohren, während ich mich an meine Mutter klammerte.
>
> Meine Mutter war eine sehr schöne, sehr einsame Frau. Sie hatte nur einen Mann kennengelernt: meinen Vater. Seine Liebe gehörte ihr nur wenige Monate.[14]

Am Anfang war die Erde, und die Erde schmeckte! Mit ihrer Inkorporierung gelangt auch allerlei Getier in den Bauch des Ich, der anschwillt und den Zweijäh-

---

14 Ebda., S. 15.

rigen plagt. Wir sehen den Kleinen in seiner Angst vor dem Wurm, vor einem eindringen des Wurmes in den eigenen Körper, fest an seine Mutter gedrückt, nach Schutz und Liebe suchend.

Von Beginn an ist diese Figur der Mutter da, in gewisser Weise präfiguriert von der kleinen Cousine Dulce Ofelia – welch eine Anspielung auf Shakespeares Ophelia! –, die ebenfalls der Leidenschaft des Erdeessens frönt. Die hygienischen Verhältnisse auf dem kleinen Bauernhof im „Oriente" lassen sehr zu wünschen übrig und entsprechen den Bedingungen, denen die kubanische Landbevölkerung über weite Strecken des 20. Jahrhunderts unterworfen war. Neben die Vertrautheit mit der Erde und den Pflanzen tritt hier diejenige mit den Tieren und – wie sich später noch zeigen wird – mit ihren sexuellen Praktiken, die dem kleinen Jungen nicht lange verborgen bleiben.

Bald schon wird die Sodomie vorgeführt, eine – wie es heißt – in den Landgebieten Lateinamerikas, aber auch anderer Landstriche dieses Planeten nicht ganz seltene Praxis. Die Sexualsymbolik ist von Beginn an im Text präsent. Denn die Erde, die der kleine Junge sich einverleibt, ist wurmstichig, von kleinen Würmern durchsetzt, die im Inneren des menschlichen Körpers heranreifen. Daraufhin erfolgt eine Austreibungsphase, die wie eine Art Geburt – als grausame, schreckliche Geburt – geschildert wird, bei welcher der Junge sich bei seiner Mutter Trost und Liebe holen muss. Ihr Bild ist allgegenwärtig, das des Vaters jedoch diffus: Er ist und bleibt ein Fremder, der kurz einmal auftaucht, dem Jungen ein Geldstück zusteckt, um sich unter dem lebensgefährlichen Steinhagel seiner Ex-Frau rasch wieder in Sicherheit zu bringen und zu verschwinden – Allein die kurze Liebe dieses Mannes hat die Mutter genossen.

Die Symbolik von Reinaldo Arenas' Schreiben, dieser „escritura de la memoria",[15] ist einfach, grundlegend, an fundamentale Erfahrungen und Sinneswahrnehmungen sowie an all die natürlichen und kosmischen Kräfte gebunden, in deren Geflecht sich das Leben des Menschen entfaltet. Der Tod ist dann ein Herausreißen aus all diesen Zusammenhängen: ein Alleinsein, ein Von-Angesicht-zu-Angesicht-Sein mit dem Nichts, der Nacht ohne Mond, der sich freilich erst zurückzieht, als das Ich des Schutzes nicht mehr bedarf, als das Werk vollendet ist. Denn dieses Ich hat *schreibt nicht mehr*. Und ich meine dies in vielfacher Hinsicht: Was im individuellen und vor allem politischen Diskurs als Freiheit erscheint, ist im lyrisch-existenziellen Diskurs eine Erfahrung des Abgrunds, der Nacht ohne eine Mutter- und Mondgöttin, die liebevoll über allem ihr reflektiertes Licht ausbreitet.

---

15 Vgl. auch die umfangreiche Bibliographie in Ette, Ottmar (Hg.): *La escritura de la memoria*, S. 177–231.

Wenn die schöne Mutter nur kurze Zeit die Liebe eines Mannes genießen konnte, so gilt dies für ihren Sohn nicht, auch wenn die hyperbolische Aufzählung Hunderter erotischer Begegnungen mit immer anderen Männern wohl der Hyperbolik der Schreibweise des kubanischen Autors zu verdanken ist. Sein ganzes Leben war der Ich-Erzähler auf der Suche nach Liebe, einer Liebe, die mit ihren erotischen Praktiken für den Kubaner die Chiffre des Lebens darstellte. Liebe und Sex ließen sich in der literarischen Darstellungsweise der Autobiographie nicht immer voneinander trennen; es dominierte aber eine sexuelle Freiheit, die für den Ich-Erzähler Inbegriff der Freiheit überhaupt war. So heißt es in einem Abschnitt des Kapitels mit dem Titel „Der Sex"[16] – und mit diesem Zitat möchte ich unsere Beschäftigung mit Reinaldo Arenas abschließen – stellvertretend:

> So etwas erlebte ich immer wieder. Ich erinnere mich noch an einen charmanten, braungebrannten und sehr männlichen Jungen, der immer, wenn er zu mir kam, der Passive sein wollte. Ich gebe zu, es machte mir Spaß, diesen Typ Jungs zu bumsen, die extrem männlich wirken. Der Reiz mochte sich mit der Zeit vielleicht ein bißchen abnutzen, aber am Anfang war es aufregend. Und für diesen Jungen war die Lust noch größer als für mich. Danach zog er sich an, drückte mir kraftvoll die Hand und sagte: „Ich geh jetzt, ich muß noch zu meiner Braut." Ich glaube tatsächlich nicht, dass er mir etwas vormachte; er war ein bildhübscher Kerl, und auch seine Freundinnen waren bezaubernd.[17]

---

16 Im spanischen Original heißt der Titel „El erotismo" und macht auf die Problematik der hier gewählten Übersetzung aufmerksam.
17 Arenas, Reinaldo: *Bevor es Nacht wird*, S. 115.

Werner Krauss oder vom Überleben einer Diktatur

Ich wollte das Reinaldo Arenas gewidmete Kapitel nicht mit dem Selbstmord des kubanischen Schriftstellers ausklingen lassen und auf diese Weise quasi mit dem Sieg eines autoritären Systems über das Individuum enden. Und dies sollte auch nicht der Schlusspunkt dieses Teils der Vorlesung werden, welcher den Lebensbedingungen in diktatorischen Systemen gewidmet ist. Es soll nämlich kein negativer, defaitistischer Eindruck bei Ihnen zurückbleiben! Ich möchte Ihnen vielmehr als Ausklang einen Schriftsteller vorstellen, den Sie vielleicht als Literaturwissenschaftler kennengelernt haben, als einen Romanisten, der sich mit den Grundproblemen unseres Faches intensiv auseinandergesetzt hat.[1]

Werner Krauss ist ohne Zweifel eine von dessen großen Figuren.[2] Und dies ebenso aus fachlichen wie aus menschlichen und politischen Gründen. Wollte man eine Geschichte der deutschen Romanistik beziehungsweise der Romanistik im Deutschland des 20. Jahrhunderts gemäß ihres Verhältnisses zu autoritären Systemen verfassen, so müsste diese notwendig in zwei höchst ungleiche Teile zerfallen: in einen kleineren Teil von Romanisten, die wie Erich Auerbach ins Exil gingen oder wie Werner Krauss der Hitler-Diktatur Widerstand entgegensetzten und dafür zum Teil (wie Krauss) zum Tode verurteilt wurden; und in einen weitaus größeren Teil von Romanisten, die sich wie Hugo Friedrich mit dem Regime gut arrangierten oder sich wie der junge Hans Robert Jauss[3] aktiv für die deutschen Nationalsozialisten engagierten. Wie Jauss konnten letztere einen raschen Aufstieg innerhalb der Waffen-SS für sich verbuchen und saßen bis zum Ende der Herrschaft des Nationalsozialismus an den Nahtstellen der Macht.

---

[1] Vgl. hierzu den Aufsatz von Ette, Ottmar: „Von einer höheren Warte aus". Werner Krauss – eine Literaturwissenschaft der Grundprobleme. In: Ette, Ottmar / Fontius, Martin / Haßler, Gerda / Jehle, Peter (Hg.): *Werner Krauss. Wege – Werke – Wirkungen*. Berlin: Berlin Verlag 1999, S. 91–122.

[2] Vgl. hierzu den Krauss gewidmeten Artikel in Gumbrecht, Hans Ulrich: *Vom Leben und Sterben der großen Romanisten. Karl Vossler, Ernst Robert Curtius, Leo Spitzer, Erich Auerbach, Werner Krauss*. München – Wien: Carl Hanser Verlag 2002.

[3] Vgl. die in verschiedene Sprachen übersetzte Studie von Ette, Ottmar: *Der Fall Jauss. Wege des Verstehens in eine Zukunft der Philologie*. Berlin: Kulturverlag Kadmos 2016. Vgl. zu diesem Band auch die verschiedenen Reaktionen aus ganz Lateinamerika in Buj, Joseba / Ugalde, Sergio (Hg.): *Jauss nacionalsocialista: una recepción de la „Estética de la recepción"*. México: Universidad Iberoamericana 2021.

Daran änderte sich auch nach Ende des Zweiten Weltkriegs nur in den seltensten Fällen etwas. Dass sich die Mitglieder der weitaus größeren zweiten Gruppe nach 1945 sehr rasch in die entstehende bundesrepublikanische Gesellschaft einpassten, ‚Gras über die Sache wachsen ließen' und ansonsten in vielerlei Hinsicht ihr vorheriges Leben mitsamt eines nur wenig modifizierten Lebenswissens weiterführten, ist nicht weiter überraschend. Dass derjenige, der wohl den schnellsten Aufstieg innerhalb der Waffen-SS hingelegt hatte, hochdekoriert und mit zahlreichen Orden versehen, und später einen nicht weniger fulminanten Aufstieg innerhalb der Romanistik feiern konnte, ist ebenso wenig verwunderlich. Dass sich eine große Schar männlicher Jünger um ihn bildete, denen er – wie bei der Waffen-SS, nur mit etwas anders gewählten Worten – eintrichterte, sie seien die Elite des Fachs, ist ein Faktum, das für die Geschichte der Literaturwissenschaften spätestens seit der zweiten Hälfte der sechziger Jahre von größter Bedeutung war.

Dese akademischen Netzwerke leben auch heute noch munter fort, was Sie nicht zu verblüffen braucht, haben sich doch mehrere Generationen von Schülern entwickelt. Sie halten das Erbe ihres Meisters, *His Master's Voice* hoch. Dass mir aber eine andere Filiation der Romanistik, die in der NS-Diktatur ins Exil ging oder sich gegen diese Herrschaft engagierte, wesentlich lieber ist, stand für mich bereits als junger Romanistik-Student an der Universität Freiburg im Breisgau nie in Frage – auch wenn ich damals von den nationalsozialistischen Umtrieben des Hans Robert Jauss nur gerüchtehalber gehört hatte. Es gab noch ein diffuses Wissen, das aber aus guten Gründen tunlichst vermied, an die Oberfläche oder gar an die Öffentlichkeit zu gelangen.

Zahlreiche Traditionen aus der Zeit des Nationalsozialismus lebten in der Bundesrepublik Deutschland, aber auch in der Deutschen Demokratischen Republik fort. Ich will Ihnen gerne ein Beispiel dafür geben: Postleitzahlen sind für uns heute ebenso nützliche und präzise wie selbstverständliche und harmlose Elemente der Alltagskultur. Sie sind zu einem nicht weiter reflektierten Bestandteil unserer Welt sowie unserer Kommunikation und Verortung geworden, auch wenn sich das digitale Datennetz längst über diese noch analog verorteten Koordinaten gelegt hat.

In der bundesdeutschen Nachkriegszeit warb die Post für ihre Verwendung mit einem Spruch, der noch vielen geläufig sein dürfte: „Vergiß mein nicht – die Postleitzahl!" Schrieb man Briefe ins Ausland, so setzte man noch den Namen des betreffenden Empfängerlandes in einer eigenen Zeile hinzu oder stellte – etwas später – ein Länderkürzel unmittelbar vor die betreffende Postleitzahl. Briefe zwischen den beiden Teilen Deutschlands pflegten etwa mit den Kürzeln DDR und BRD versehen zu werden, wobei man zur größeren Sicherheit – und auch, um bestehende Empfindlichkeiten postalischen Sendungsbewusstseins nicht zu verletzen – gerne die entsprechenden Bezeichnungen in voller Länge hinzufügte. Sicher ist sicher!

Der Zusammenbruch des real existierenden Sozialismus in Europa, der Fall der Berliner Mauer und der vertraglich geregelte Beitritt der Gebiete der ehemaligen Deutschen Demokratischen Republik zum Geltungsbereich des Grundgesetzes der Bundesrepublik Deutschland führten nicht nur zum Beginn eines noch immer anhaltenden Prozesses der Überwindung dessen, was Werner Krauss einmal sehr treffend als die „Zonengrenzen des Geistes"[4] bezeichnet hatte. Sie sorgten auch dafür, dass die Bewohnerinnen und Bewohner dieses neu entstandenen Territoriums brieflich mit Hilfe eines zugleich einheitlichen und geteilten Postleitzahlensystems miteinander kommunizieren konnten, wobei den betreffenden Zahlen der ‚alten' Bundesländer zunächst ein W, jenen der ‚neuen' Bundesländer ein O vorangestellt werden musste.

Damit wurde ein abstraktes, ansatzweise digitalisiertes System mit einem analogen System verbunden, das aufgrund der keineswegs konnotationslosen Bezeichnungen für Himmelsrichtungen symbolisch hochbefrachtet war. Dieses System verband die beiden Teile des Staatsgebietes trennend miteinander. In einer weiteren Stufe, die zum 1. Juli 1993 in Kraft trat, verschwanden die vorangestellten Buchstaben und machten einem reinen Zahlencode Platz, der nicht mehr vier-, sondern fünfstellig war und keine Abkürzungen durch Wegstreichen der Endnullen mehr zuließ. Die Anfangsnull wurde hingegen zugelassen, so dass für den größten Teil der südlicheren Gebiete der ehemaligen DDR an die Stelle des Buchstabens O nun die Ziffer 0 rückte – eine Differenz, die auf manche diskriminierend wirkte. Den politisch rechtslastigen Diskurs der ‚Bürger zweiter Klasse' gab es damals noch nicht in der Form, wie wir ihn heute ubiquitär wahrnehmen können. Diskriminierung hin oder her: Auf diese Weise konnten 10 unterschiedliche postalische Großregionen geschaffen werden, die ihrerseits in einzelne (Teil-)Regionen untergliedert wurden. Die letzten drei Stellen bezeichnen „den Ort beziehungsweise Zustellbereich oder die Postfächer oder den Großempfänger, für den diese Postleitzahl gilt".[5] Damit war die ephemere Territorialität der DDR in der von unterschiedlichsten Grenzziehungen gekreuzten deutschen Geschichte zumindest postalisch nicht mehr präsent.

Auf die Darstellung mancher bis heute anhaltender Verwirrspiele, die durch die getrennte Zahlenvergabe für sogenannte „Abholer" und bei der „Zustellung" entstanden, kann an dieser Stelle verzichtet werden. Anlässlich der Einführung

---

4 Krauss, Werner: Literaturgeschichte als geschichtlicher Auftrag. In (ders.): *Literaturtheorie, Philosophie und Politik*. Herausgegeben von Manfred Naumann. Berlin – Weimar: Aufbau-Verlag 1987, S. 7.
5 *Das Postleitzahlenbuch. Alphabetisch geordnet*. O.O.: Deutsche Bundespost 1993, S. 18.

des neuen Systems konnte Dr. Klaus Zumwinkel, damals Vorstandsvorsitzender der Deutschen Bundespost, befriedigt – und nicht ohne einen gewissen patriotischen Stolz – im Vorwort zum *Postleitzahlenbuch* festhalten:

> Briefe und Pakete schaffen Brücken zwischen Menschen. Und besonders in der Zeit der Trennung unseres Landes haben sie die Verbindung gehalten zwischen Deutschen und Deutschen: Das „Päckchen nach drüben" wurde dafür sprichwörtlich.
> Dann kam die Wiedervereinigung. Und stellte die Post vor eine historische Aufgabe: ein neues Postleitzahlen-System für ganz Deutschland zu entwickeln.
> Diese Aufgabe ist vollendet, die Trennung – auch postalisch – überwunden: Ganz Deutschland hat einheitliche Postleitzahlen. Das war ein wichtiger Schritt in die Zukunft.[6]

Politische Veränderungen, so dürfen wir festhalten, schlagen sich auch auf der Ebene von Postleitzahlen und Kodierungssystemen durch. Postleitzahlen sind nicht harmlos! Es mag vor diesem Hintergrund folglich nicht mehr ganz so überraschend sein, dass sich Werner Krauss in seinem Roman *PLN. Die Passionen der halykonischen Seele* vom ersten Satz an mit einer nur auf den ersten Blick so nebensächlichen Erscheinung auseinandersetzte und die Frage der „Postleitnummer" ins Zentrum seines Erzähltextes stellte. So begann das erste Kapitel des erstmals 1946 veröffentlichten Romans mit den folgenden, eines satirischen Zungenschlags nicht entbehrenden Worten:

> Im Jahre der Zeitrechnung unseres Heiles ... wurde das großhalykonische Volk mitsamt seinen neuerworbenen Nebenländern, Schutz-, Trutz- und Nutzgebieten inmitten eines Weltkampfs (worin sich die krisenhafte Veranlagung dieser Nation in regelmäßigen Zeitabständen auszugären pflegte) durch eine gänzlich unkriegerische Maßnahme in die langanhaltendste Bewegung versetzt. Die sogenannte POSTLEITNUMMER war damals geschaffen und allen Halykoniern zur Auflage für ihren gesamten Briefverkehr gemacht worden. Über die innere Tragweite dieser Vorschrift konnte eigentlich von vornherein kein Zweifel bestehen.[7]

Dieses recht raffinierte Incipit spielt ganz offenkundig auf die Einführung der Postleitzahl in Verbindung mit den zugehörigen Postleitgebieten durch das NS-Regime seit Oktober 1943 und auf deren Propagierung seit Anfang des Jahres 1944 an.[8]

---

6 Ebda., S. 5.
7 Krauss, Werner: *PLN. Die Passionen der halykonischen Seele*. Roman. 2., durchgesehene Auflage. Frankfurt am Main: Vittorio Klostermann 1983, S. 7.
8 Vgl. hierzu die präzise recherchierte Arbeit von Fillmann, Elisabeth: *Realsatire und Lebensbewältigung. Studien zu Entstehung und Leistung von Werner Krauss' antifaschistischem Roman „PLN. Die Passionen der halykonischen Seele"*. Frankfurt am Main – Berlin – Bern: Peter Lang 1996, S. 89 sowie S. 430–437. Unter den dort abgedruckten Dokumenten findet sich u. a. ein Aufruf zur Einführung der Postleitzahl vom Januar 1944 sowie eine kartographische Übersicht der Postleitgebiete und der Gaueinteilung des damaligen sogenannten Dritten Reiches.

Und mehr noch: Es setzt zugleich ein Spiel in Gang, in dem mit den Mitteln des Romans die Beziehungen zwischen Raum und Zeit und mehr noch zwischen Raum, Macht und Chiffrierung ein ums andere Mal vorgeführt werden konnten. Für den Romanisten war die Postleitnummer nicht harmlos.

Zweifellos warf die Einführung der Postleitzahl für Werner Krauss „ein bezeichnendes Licht auf die politische und psychische Verfassung der Deutschen" und erlaubte es ihm, „die Darstellung und Wertung verschiedener Widerstandsoptionen zu verknüpfen und in eine Form einzubinden, in der auch ganz Individuelles aufgehoben wurde".[9] Zugleich aber gab die Postleitzahl (beziehungsweise im Roman die „Postleitnummer") dem Marburger Romanisten die Möglichkeit, in buchstäblich chiffrierter Form die Frage einer von menschlichen Dimensionen weit entfernten Beherrschung des eigenen Bewegungs- und Kommunikationsraumes vorzuführen. Darin steckte Sprengstoff, wie Krauss in seiner Zelle sehr wohl wusste.

Denn *PLN* ist Gefängnisliteratur – und der Roman wurde von einem verfasst, der in Todesangst schrieb. Werner Krauss wies in einer kurzen Einführung ohne Titel auf diese Umstände hin:

> Die Niederschrift begann 1943 im Zuchthaus Plötzensee (Abt. VIII) und kam 1944 zum Abschluß im Wehrmachtsgefängnis der Lehrter Straße 61, von wo sie Alfred Kothe, ein junger Mitgefangener, nicht ohne sich ernstlich zu gefährden, in die Freiheit schmuggelte. PLN ist dem natürlichen Wunsch eines zum Tod Verurteilten entsprungen, die ihm verbleibende Wartezeit zu benützen, um seine nicht alltäglichen Widerfahrnisse in den Abstand einer geordneten Darstellung zu verbringen.[10]

Werner Krauss gab seinem Roman das kurze, anderthalb Seiten umfassende Vorwort seit der 1948 in Potsdam bei Rütten & Loening erschienenen Ausgabe mit auf den Weg. In der 1946 bei Klostermann in Frankfurt am Main unter dem identischen Titel erschienenen Erstausgabe findet sich ein noch kürzeres, ebenfalls auf jegliche Überschrift verzichtendes Geleitwort des Verfassers, in dem *PLN* als der „Versuch eines Verurteilten", bezeichnet wird, „die Erfahrung Deutschland für seinen Teil zu bewältigen. Der Zwang der Umstände forderte aber eine Darstellung in Chiffren, die nach dem Gesetz ihres eigenen Lebens den Ansatz der ersten Besinnung überdeckten", wie es auf Seite sieben dieser Frankfurter Ausgabe hieß.

Raum und Zeit sind dem wegen seiner aktiven Mitgliedschaft in der Widerstandsgruppe Schulze-Boysen/Harnack zum Tode Verurteilten von noch herrschenden Nationalsozialisten in fundamentaler Weise begrenzt worden. Die

---

9 Ebda., S. 85.
10 Krauss, Werner: *PLN*, S. 5.

Erwartung einer Vollstreckung des Todesurteils und die Kostbarkeit der ihm verbleibenden Stunden prägten auch die wenigen Gedichte von Werner Krauss, die uns aus der Zeit im Zuchthaus überliefert sind: „Mir ist der nahe Tod ins Herz gezeichnet / Versiegt ist schon der Strom der Bilder und / Zurückgefangen in die Urkraft meines Gottes / Die furchtbare Empörung aller Triebe [...]. So lieg ich still. Die Zeit ist umgewendet. / In jeder Stunde find ich ein Geschenk."[11]

Postleitzahlen waren eine späte Erfindung des ‚Dritten Reiches'. Werner Krauss' Marburger Adressen kannten sie noch nicht, auch für Plötzensee scheint eine derartige Angabe nicht notwendig gewesen zu sein. Doch Berlin SW 11 bezeichnete das Reichssicherheitshauptamt in der Prinz-Albrecht-Straße 8, Berlin NW 40 die Untersuchungshaftanstalt Altmoabit. Nach der Befreiung, der Rückkehr nach Marburg in die Rotenbergstraße 28a und nach dem Überwechseln in die neue Leipziger Wohnung in der Gletschersteinstraße 53 führt dann die neue Postleitzahl O 27 (ausgerechnet der Buchstabe O) die Koordinaten und Bewegungen der deutsch-deutschen Geschichte eines Philologen und Intellektuellen vor Augen.

Abb. 47: Werner Krauss (1900–1976) im Jahr 1946.

Diese Bewegungen im deutsch-deutschen Koordinatensystem enden mit dem Tod von Werner Krauss am 28. August 1976 in der Kanalstraße 35 in Berlin-Hessenwinkel – das ab circa 1965 die Postleitzahl 1165, ab 1970 dann 1167 trug[12] und heute die Postleitzahl 12589 besitzt – ausgerechnet 89. Ob sich der Verfasser von *PLN* jemals wieder Gedanken über die Postleitzahl und über *seine* Postleitzahlen machte?

Jedenfalls war er sich der Sprengkraft seiner Erfindung in der Todeszelle bewusst. Werner Krauss montierte in das erste Kapitel seines Romans einen Zeitungsausschnitt ein, den Elisabeth Fillmann erstmals ausfindig machen konnte.

---

11 Krauss, Werner: *Vor gefallenem Vorhang. Aufzeichnungen eines Kronzeugen des Jahrhunderts.* Herausgegeben von Manfred Naumann. Frankfurt am Main: Fischer 1995, S. 164.
12 Ich danke Karin Preisigke vom Werner-Krauss-Nachlass für die freundliche Recherche dieser Angaben.

In der Berliner Ausgabe der *Deutschen Allgemeinen Zeitung* vom 4. Mai 1944 findet sich ein Artikel von Dieter Korodi. Dieser feierte unter dem Titel „Die freundliche Leitzahl" die idyllische Volkstümlichkeit und Harmlosigkeit dieser administrativen Errungenschaft der Reichspost. Von Krauss wurde er als „papier collé" ins Manuskript, aber leider lediglich in zitierter Form in den Roman übernommen. Darin heißt es: „Das freundliche Verhältnis zwischen Post und Publikum kommt auch der Postleitzahl zugute, gegen deren Einführung sich nirgends ein Widerstand regte. Nicht immer wurde eine behördliche Maßregel mit solchem Verständnis aufgenommen. Als hätte man insgeheim schon lange auf sie gewartet, ebnete man ihr den Weg zur Volkstümlichkeit, die sie unzweifelhaft in hohem Maße genießt."[13]

War hier tatsächlich von möglichem „Widerstand" die Rede? Noch war es ein Jahr bis zum Zusammenbruch der Nazi-Diktatur, ein für Werner Krauss unendlich langes Jahr. Erstaunlich ist nicht, dass sich hinter der in *PLN* als Quelle angegebenen „Großhalykonischen Allgemeinen Zeitung" die *Deutsche Allgemeine Zeitung* verbirgt, wohl aber die Tatsache, dass bislang nicht darüber nachgedacht wurde, warum Krauss nicht bei der Begrifflichkeit der „Postleitzahl" blieb, wie sie in diesem Zeitungsausschnitt auch benutzt wurde, und warum der in Stuttgart geborene Romanist seinem Roman daher auch nicht den Titel *PLZ*, sondern *PLN* gab. Genau hierüber aber möchte ich mit Ihnen nachdenken, um die Schreibweise des Marburger Romanisten präziser zu erfassen.

Die Antwort auf die Frage, warum sich bislang niemand über die Veränderung von PLZ zu *PLN* philologische Gedanken gemacht hat, ist so schwer nicht zu finden. Sie dürfte zum einen wohl darin bestehen, dass der Autor schon im Titel jene Grenze markieren wollte, welche die sprachliche Realität seines Kunstwerks von der (nicht zuletzt auch sprachlichen) Wirklichkeit Deutschlands trennte. So markiert bereits der Titel eine jener Grenzziehungen, an denen sich Krauss' erster Roman abarbeiten sollte. *PLN* schafft eine eigene sprachliche, textuelle Welt, die mit der Realität Nazideutschlands freilich in vitalem Austausch steht, jedoch nicht mit dieser gleichzusetzen ist.

Fragen wir nach dem Verfahren, dessen sich der Autor bedient, um diese ‚eigene' Welt zu schaffen und seine Erlebnisse „in den Abstand einer geordneten Darstellung zu verbringen",[14] so fällt die Antwort auf diese zweite Frage womöglich noch einfacher – wenn auch gewiss nicht simpel – aus: Der Romantitel entsteht durch eine schlichte mechanische Drehung. Krauss nutzt einen einfachen,

---

13 Krauss, Werner: *PLN*, S. 8. Die Kopie des Originalbeitrages der DAZ findet sich in Fillmann, Elisabeth: *Realsatire und Lebensbewältigung*, S. 586.
14 Krauss, Werner: *PLN*, S. 5.

für jede Leserin und jeden Leser sofort einsichtigen Trick. Das Z wird um neunzig Grad gedreht und durch diese kleine Verstellung in ein N verwandelt, das nicht nur für die Nummer, sondern auch für jenes Nazitum steht, das alles in Nummern verwandelt zu haben scheint: von den territorialen Räumen des (postalisch neugeordneten) Reiches bis hin zu den Nummern seiner KZ-Insassen, aber auch jener Gefängniszellen, die Werner Krauss seit seiner Verhaftung am 24. November 1942 durchlief. Die Nazis hatten die Welt höchst rational in Nummern verwandelt; ihr Reich war, wie wir im vorigen Teil sahen, keines blanker Irrationalität, sondern einer rationalen Vernunft, wie sie in Max Horkheimers und Theodor W. Adornos *Dialektik der Aufklärung* zutreffend beschrieben wurde.

Das Verfahren der Verwandlung von Z in N gibt uns zugleich einen Schlüssel zur Ästhetik dieses Schlüsselromans in die Hand: Die Lettern von *PLN* führen vor, wie sich der gesamte Text auf Grundlage einer Technik und mehr noch einer *Ästhetik der Verstellung* entfaltet. Dieser sollten wir nachspüren!

Die Postleitnummer des Titels unterstreicht von Beginn an mehrere für den gesamten Roman konstitutive Dimensionen und Isotopien: Sie verweist zum einen auf die Zielsetzung einer Kommunikation, eines Austausches zwischen Sender und Empfänger der von Werner Krauss als Autor zu verantwortenden ‚Sendung'. Zum anderen macht sie aber auch auf die Tatsache aufmerksam, dass es sich bei dieser Botschaft um chiffrierte Kommunikation handelt, die vom Empfänger adäquat dechiffriert werden muss. Das kleine ‚Rätsel der Umwandlung von „Postleitzahl" in „Postleitnummer" führt im Titel bereits vor, in welcher Weise die Ent-Zifferung, die Dechiffrierung erfolgen kann: durch einen Dreh, eine Technik einfacher Verstellung. Doch dies gilt auch für das zweite Element des zweigliedrigen Titels, das dem Lesepublikum bereits beim ersten Blick ‚rätselhaft' scheinen dürfte. Denn was ist mit der „halykonischen Seele" gemeint?

Die in den bislang aufgeführten Zitaten erkennbare Verwendung lässt unschwer darauf schließen, dass das ‚Halykonische' gleichsam als Deckname an die Stelle des ‚Deutschen' tritt. So wird die *Deutsche Allgemeine Zeitung* zur „Großhalykonischen Allgemeinen Zeitung", das „großdeutsche" zum „großhalykonischen" Reich, „Großdeutschland" entsprechend zu „Großhalykonien". Was aber ist dieses Halykonien? Man kann in jedem Falle den Umstand schwerlich übersehen, dass die Tarnung so gering ist, dass ihr eine Schutzfunktion – etwa für den Häftling Werner Krauss – nicht zugesprochen werden kann. Als Tarnung taugt diese Bezeichnung nicht, wohl aber als semantischer Sammelpunkt verschiedener Isotopien.

Nach wenigen Zeilen glaubt ein alphabetisierter Leser nicht nur zu wissen, dass sich hinter „PLN" die Postleitnummer und hinter der „halykonischen" die deutsche Seele ‚verstecken'. Die Chiffrierung dient – entgegen aller gutgemeinten Beteuerungen in einer Vielzahl von Studien – weder Tarnung noch Schutz, sondern lässt durch ihre unmittelbare Ersetzbarkeit das auf den ersten Blick ‚Gemeinte' nur umso deutlicher durchscheinen. Gleichzeitig wird jedoch sprachlich die Differenz markiert, welche die Romanwelt von der Welt des ‚Dritten Reiches' scheidet. Beide Bereiche werden nicht in eins gesetzt.

Damit wird in diesem Roman, der in der Todeszelle entstand, die ästhetische Vermittlung einer paradoxen Situation bezweckt: Gerade weil eine hohe Transparenz und Übersetzbarkeit der textinternen in textexterne Elemente gegeben ist, wird eine einfache Gleichsetzung, eine unmittelbare Identifikation unterlaufen. Die Transparenz impliziert *Differenz*. Großhalykonien verweist auf das Großdeutsche Reich, geht aber nicht in diesem auf und fällt nicht mit ihm zusammen. Die Veröffentlichung des Romans im Jahre 1946 hätte sich allein aus Gründen des Schutzes keiner Tarnung, keiner Chiffrierung mehr bedienen müssen; doch hätte *PLN* ungeheuer an Bedeutungsvielfalt verloren, wäre „Großhalykonien" durch „Großdeutschland" ersetzt worden. Krauss wusste sehr wohl um die ästhetische Bedeutsamkeit seines Verfahrens. Und es ist faszinierend zu sehen, dass er sich selbst in jener existenziellen Grenzsituation, in einer von Todesangst geprägten Lage, nicht auf simplere Darstellungsmuster verließ, sondern jener semantischen Komplexität und Vielfalt treu blieb, wie er sie später nicht nur in seinen literaturwissenschaftlichen Analysen zur Geltung bringen, sondern auch in der Welt des spanischen Sprichwortes[15] entdecken sollte.

Des Weiteren wird auch an diesem zweiten ‚rätselhaften' Titelelement das literarische Verfahren der Verstellung vorgeführt. Denn welche Deutung man auch immer für den etwas sperrigen Ausdruck „halykonisch" vorschlagen mag: Unverkennbar ist doch, dass er aus einer Metathese, der Verstellung zweier Buchstaben hervorgegangen ist: Aus dem Halkyonischen ist das Halykonische geworden; auch hier haben wir es also mit einem kleinen Dreh zu tun.

Die bereits erwähnte Elisabeth Fillmann hat auf eine Reihe bisheriger Deutungen der Chiffre „halykonisch" aufmerksam gemacht,[16] denen man sicherlich den Hinweis auf Robert Musils Schöpfung von „Kaukanien" und des „Kaukanischen" – als literarisch gelungene Verballhornung des habsburgischen k.u.k.-Reiches – in seinem *Mann ohne Eigenschaften* hinzufügen darf. Halykonien ist wie Kaukanien ein eigenes literarisches (Zwischen-) Reich. Der Rückgriff auf den griechischen Mythos von Alkyone, der sich gemeinsam mit vielen weiteren mythologischen Anspielungen einer den gesamten Roman durchziehenden an-

---
15 Vgl. Werner Krauss *Die Welt im spanischen Sprichwort. Spanisch und deutsch*. Leipzig: Verlag Philipp Reclam jun. ²1971.
16 Vgl. Fillmann, Elisabeth: *Realsatire und Lebensbewältigung*, S. 371–374.

tiken Isotopie zuordnen lässt, führt das Element der Totenklage, aber auch jener „halkyonischen Tage" ein, in welcher die Stürme aus Respekt vor der Trauer Alkyones um die Zeit der Wintersonnenwende nicht blasen und damit gleichsam die Ruhe vor dem Sturm aufrufen. Denn Großhalkyonien sollte, dessen war sich Werner Krauss gewiss, nach dem Sturm zu Recht untergehen.

Gleichzeitig ist *PLN* gewiss auch der Roman von Passionen einer Seele in der Ruhe vor dem Sturm, in der tödlichen Ruhe der Gefängnis- und Todeszelle. Werner Krauss mag durch seine gleichzeitige Arbeit an Graciáns *Criticón* – auf die noch zurückzukommen sein wird – an diesen Mythos erinnert worden sein. Entscheidend für unsere Fragestellung ist aber die Tatsache, dass die Metathese, die absichtsvolle Vertauschung der Buchstaben, welche Heinrich Böll sehr zutreffend einmal als „Dissimilation" bezeichnete,[17] ein zweites Mal bereits im Titel das Verfahren der Verstellung unterstreicht. Gewiss wären auch andere Lösungen der Verstellung denkbar gewesen, so etwa ein den Hitlergruß persiflierendes ‚haylkonisch' oder ein ‚hakylonisch', das gleichsam ein babylonisches Zeitalter hätte miteinblenden können. Krauss führt uns auf all diese Spuren seines schreibenden Widerstandes gegen das Unrechts-Regime der Hitler-Diktatur – noch von seiner Todeszelle aus.

Der literarisch doppelt markierte Abstand zwischen außersprachlicher Realität und fiktionaler Welt eröffnet zugleich den Spielraum, den *PLN* für sein romanhaftes Spiel – und Krauss für sein Spiel mit den Masken des Romanciers und des Romanisten – nutzt. Die nicht nur romantechnisch in einer menschlichen Grenzsituation, sondern auch existenziell notwendige Distanzierung von den Ereignissen, auf die der aus Schwaben stammende Philologe in seinem Vorwort aufmerksam machte, wird im Sinne eines Verstellens und einer Verstellung eingeleitet. Der Titel funktioniert wie eine Mise en abyme, die freilich zu den kürzesten und dichtesten der Literaturgeschichte zählen dürfte. Vielleicht bedurfte es dazu eines Philologen, eines Romanisten, der in einer existenziellen Grenzsituation zum Romancier mutierte.

In seiner in der alten Bundesrepublik nach eigenem Eingeständnis kaum zur Kenntnis genommenen Rezension des Romans fragte Peter Härtling mit Blick auf *Die Passionen der halykonischen Seele* gerade aus der Erfahrung einer großen zeitlichen Distanz zu Recht: „Wie beschreibt man Diktaturen, wie schreibt man gegen sie, wenn man ihnen ausgeliefert ist? Sieht man die Mordwerkzeuge noch,

---

[17] Vgl. Böll, Heinrich: Deutscher Narrenspiegel. Werner Krauss: „PLN – Die Passionen der halykonischen Seele". In: *Die Zeit* (Hamburg) (14.10.1983), S. 9. Elisabeth Fillmann verweist auf diese Deutung und betont zugleich, der „Schönheitsfehler der Metathese von k und y" drücke den von ihr aufgelisteten Deutungen „einen Zug von Entstellung" auf (*Realsatire und Lebensbewältigung*, S. 373).

wenn man sie am eigenen Leibe spürt?"[18] Dies ist zweifellos eine der Grundfragen, die sich quer durch diesen Teil unserer Vorlesung ziehen und auf die Werner Krauss eine ästhetisch überragende Antwort gab.

Denn trotz aller Widersprüche und Inkongruenzen hat der romanistische Romancier in seiner existenziellen Bedrohung auf diese in der Tat entscheidende Frage nach der Distanz, nach dem Abstand eine überzeugende ästhetische Antwort gegeben. Diese setzt mit den ersten Zeilen seines der Potsdamer Ausgabe von 1948 vorangestellten und allen späteren Ausgaben beigefügten Vorworts ein und enthält zunächst eine Leseanweisung: „Bei der Lektüre dieses Buches muß das Datum und die Bedingung seines Entstehens beachtet werden. PLN wurde in Fesseln geschrieben und ist ein gefesseltes Buch."[19]

In der Metaphorik der Fesselung (aber nicht Knebelung), die bereits in der Erstausgabe mit dem Verweis auf die „in vinculis eng und flüchtig beschriebenen Zettel"[20] auftauchte, legt uns der von Vossler und Auerbach geprägte Textwissenschaftler eine Leseweise nahe, welche die – ganz den Grundüberzeugungen des Wissenschaftlers entsprechend – von Zeit und Umständen der Niederschrift gesetzten Bedingungen ins Auge fasst. Dies sollte man nicht als Aufruf zur Identifikation oder zum semantischen Determinismus missverstehen. Denn zugleich scheint mir das mehrfache Insistieren auf der Fesselung dem Lesepublikum nahezulegen, diese nicht allein historisch zu rekonstruieren, sondern darüber hinaus auch zu lösen. Das Buch stellt damit seinem Leser eine doppelte Aufgabe: jene einer Kontextualisierung *und* einer gezielten Entfesselung. *PLN* ist nicht nur als Gefängnis-, sondern auch als Widerstandsliteratur erst noch zu entfesseln, wird in diesem Roman, von dem Krauss in seiner Todeszelle nicht ahnen konnte, ob sein Manuskript jemals das Licht der Welt erblicken würde, doch vorgeführt, wie Widerstand gegen ein totalitäres, mörderisches und menschenverachtendes Regime selbst in Fesseln noch geleistet werden kann.

Erhellung der historischen Zusammenhänge und Entfesselung sind gewiss keine gegensätzlichen, sondern komplementäre Begriffe und Zielstellungen. Doch sollte man sich vor der Ansicht hüten, mit einer Kontextualisierung dürfe zugleich auch die Aufgabe der Entfesselung als erfüllt gelten. *PLN* versucht, beide Bewegungen miteinander zu verbinden: Grenzsetzung *und* Entgrenzung. Beide sollen folglich in der hier unternommenen Lektüre auch aufeinander bezogen und wechselseitig fruchtbar gemacht werden.

---

18 Härtling, Peter: Werner Krauss: PLN. In: *Die Welt der Literatur* 2 (1965), S. 29; hier zitiert nach dem Selbstzitat Härtlings in seinem aus Anlass der bereits aufgeführten, 1983 erschienenen Neuauflage von *PLN* verfassten Text „Ein Nachwort in einem Nachwort" (*PLN* S. 315).
19 Krauss, Werner: *PLN*, S. 5.
20 Ebda., S. 7.

Die Erfahrung der Grenze ist in diesem Roman eines Romanisten allgegenwärtig: am Ort des Schreibens selbst, in der Zelle des zum Tode Verurteilten im Zuchthaus Plötzensee und später in anderen Gefängnissen; in der ständigen Möglichkeit eines abrupten Endes eines Schreibens, das den Schlusspunkt fürchtet und sich der „rettende[n] Verzögerung des vollstreckbar gewordenen Urteils"[21] verdankt. Es ist die Metaphorik eines Schreibens *in vinculis*, das beständig auf die Begrenzung seiner Bewegungsfreiheit verweist und nicht zuletzt in der verbindenden Trennung von romanistischem und romanhaftem Schreiben zum Ausdruck kommt, in dem sich *Graciáns Lebenslehre* dialogisch mit jener des Aloys Ritter von Schnipfmeier in *PLN* buchstäblich ‚auseinander-setzt'. Philologie und Logophilie greifen beständig ineinander ein. *PLN* ist nicht zuletzt ein Dokument des Widerstandes gegen die dumpfe, alles Denken erstickende Sprache der Diktatur.

Wenn auch bis heute rätselhaft und weitgehend ungeklärt geblieben ist, wie es möglich war, dass Krauss ein so umfangreiches Manuskript aufbewahren und von Gefängnis zu Gefängnis mitnehmen konnte, so ist doch mit dem Herausschmuggeln des Textes, von dem bereits im Vorwort die Rede ist, eine erste Grenze überwunden: jene zwischen Gefängnis und Gesellschaft, die sicherlich nicht gleichgesetzt werden kann mit jener zwischen Kerker und Freiheit. An dieser Grenze scheitert der in Haft verbleibende Körper des Gefangenen, während sein Schreiben die Möglichkeit erhält, in dieser Außenwelt eine Öffentlichkeit – und sei sie auch die einer Nachwelt – zu erreichen. Krauss nutzte alle Möglichkeiten, sich sein Mensch-Sein auch unter der tödlichen Bedrohung zu bewahren und eben damit Widerstand gegen den Hitler-Faschismus zu leisten.

So beruht die angestrebte Kommunikation, für welche die Lettern des Romantitels stehen, zunächst auf der Überwindung dieser ersten Grenze, die das Manuskript an den Körper und den Körper an die Materialität der Mauern bindet. Diese fundamentale Grenzziehung erscheint mehrfach im Roman, besonders eindrücklich aber auf jenen Seiten, die sich einem Schreiben zuwenden, das den Innenraum dieser Mauern nicht verlässt. Die Hauptfigur des Romans, Aloys Ritter von Schnipfmeier, der anders als Krauss die Zeit in der Haft nicht zum Schreiben nutzt, wendet sich den Unheil verkündenden Zeichen an der Wand seiner Zelle zu:

> Hier hatte jemand Tagebuch geführt und in dramatischen Abständen die ihm beschiedenen richterlichen Verhöre, Anwaltsbesuche und Paketzuwendungen aufgezeichnet und dazwischen zwei „verschärfte Verhöre" mit dicken, vielsagenden Zitterstrichen untermalt. Das jähe Abreißen der Eintragungen ließ mit Schaudern die Endstation dieser schwer geprüften Existenz vermuten. Ein anderer hatte noch Zeit und Kraft genug beses-

---

21 Ebda., S. 5.

sen, um offenbar kurz vor dem Schrecken des Aufbruchs den abschließenden Eintrag anzubringen. Tag X, L. ins Konzentrationslager überführt. Dieser letzte und liebevolle Umgang mit sich selbst, den die Initiale bekundete, rührte Schnipfmeier jedesmal von neuem, wenn er den imaginären Namen zu ergänzen versuchte.[22]

Schreiben ist auch in diesen Fällen ein Schreiben als Widerstand, als Dokument, hier gewesen und gelitten zu haben. Und doch ist dieses Schreiben als Widerstand fundamental ohnmächtig, bezeugt noch die Allmacht der Henker und Schergen der Diktatur. Die weitere Abfolge unterschiedlicher schriftlicher Zeugnisse, die in diesem vielsagend mit dem Titel „Die Besiegung der Zeit" versehenen Kapitel aufgeführt sind, verweist auf die letztlich allen gemeinsame Tatsache, dass ihr Schreiben bestenfalls eine (nicht selten postume) Kommunikation innerhalb der Grenzen des Zuchthauses (nicht zuletzt als Menetekel an der Wand) ermöglicht, die Grenze zur Außenwelt aber nicht zu überspringen vermag. So ist denn ein anderes Schreiben notwendig!

Wer auch immer sich hinter der Initiale L., die ja auch im Zentrum von *PLN* steht, verbergen mag – und jede namentliche Zuweisung könnte nichts daran ändern, dass hier ein individuelles *und* ein kollektives Schicksal zugleich gemeint sind –, entscheidend ist hier die im Verhältnis zum Autor radikal entgegengesetzte Beziehung von Körper und Schrift. Denn während L's Schrift innerhalb der Gefängnismauern zurückbleibt und sein Körper zum baldigen Tod abtransportiert wird, bleibt der Körper des realen Autors Werner Krauss im Zuchthaus zurück. Seine Schrift aber überschreitet die Grenze zur Außenwelt und entgeht dadurch jenem Schicksal einer Abgeschlossenheit des Schreibens, das sich in seiner Funktion als existenzielles Zeugnis, als Dokument der „Endstation" einer „schwer geprüften Existenz" erschöpft. Letzteres ist ein Schreiben, das im Zeugnishaften endet – ein Schreiben, das wir bereits in der Literatur der Konzentrationslager vorgefunden hatten und mit dem sich ebenso Albert Cohen wie vor allem auch Max Aub und Jorge Semprún kritisch auseinandersetzten. Denn ihnen ging es nicht um ein bloßes Zeugnis-Ablegen, sondern um ein ästhetisches Artefakt, um die Schöpfung des Kreativen, das als von Menschenhand Geschaffenes dennoch über die Zeit hinausgeht.

Allein diese Konstellation macht verständlich, warum Werner Krauss' Schreiben weder jäh abbrechen noch zu einem Ende kommen durfte, warum das Ende seines Romans notwendig ‚offen', vieldeutig auslegbar und somit fortführbar bleiben musste. Denn hinter allen Grenzen und Grenzüberschreitungen, hinter allen Fesseln und Entfesselungen lauert in und über diesem Roman die Grenze vom Leben zum Tod. Diese Grenze ist eine, die zwischen dem Leben und dem

---

22 Ebda., S. 282.

Tod das Sterben als Prozess einführt, in dem doch immer noch eine minimale Chance auf Schöpfung besteht. Werner Krauss wusste dies; und er versuchte, diese Chance zur Kreation zu nutzen. Daher rührt sicherlich sein Entschluss, etwas in die Welt zu setzen, mit anderen Worten: etwas zu Gebären, was nicht an die schiere Materialität des Körpers gebunden ist – mithin ein Kunstwerk hervorzubringen.

Es gibt gute Gründe dafür, das Kapitel „Die Besiegung der Zeit" zu jenen narrativen Kernen zu zählen, die möglicherweise am Beginn der Niederschrift des Romans standen. Dieser begann erst spät – und sicherlich nie in seiner Gesamtheit – sich zu einer durchgängigen, kontinuierlichen Form zu fügen.[23] Das Kapitel „Ein Priester des Todes und ein Exkurs" signalisiert bereits mit seinem Titel eine gewisse Eigenständigkeit, die durch eine genauere Analyse zweifellos bestätigt werden könnte. Eine solche soll etwas mehr Licht in die Genese und Strukturierung des Romans bringen.

Situieren wir kurz das Kapitel in seinem romanesken *Kotext*. Es ist das fünfte von insgesamt siebenundfünfzig mehr oder minder kurzen Kapiteln, die durch kein Inhaltsverzeichnis ‚erschlossen' werden, und es wirft die Leserschaft von Beginn an in ein Labyrinth. Über ihm könnte als Auftakt das Dantes Göttlicher *Commedia* entnommene Titelmotto des ersten Kapitels stehen: *„Che la diritta via era smarrita"* (und eben nicht *„Lasciate ogni speranza"*). Denn es bildet einen wichtigen, früh platzierten Zugang zum Verständnis des gesamten Romans, indem es die Grenze zwischen Leben und Tod in ihrer wohl aus Sicht eines Häftlings brutalsten Form vorführt – anhand der ausführlichen Darstellung einer Hinrichtungsszene. Immer wieder scheinen diese Visionen den Autor heimgesucht zu haben. Das Schreiben über sie und mehr noch ihre ästhetische Ausgestaltung dürften ihren Verfasser entlastet haben.

Die schonungslose Detailversessenheit dieses Kapitels mag uns plastisch vor Augen führen, wie sehr die Imagination des Häftlings ein ums andere Mal neue Einzelheiten hinzugefügt und zu einem Gesamtbild von ungeheurer existenzieller wie reflexiver Schärfe und Intensität geformt haben mag. Der zum Tode Verurteilte umging diese Bilder nicht, sondern gestaltete sie mit großer Sorgfalt aus – ein Zeichen zweifellos der Stärke, aber auch der Hoffnung. Doch zeigt gerade der letzte Abschnitt dieses Kapitels eine Distanz, die eine von mehreren Antworten auf Peter Härtlings eingangs zitierte Frage gibt, ob man die „Mordwerkzeuge" noch sehe, „wenn man sie am eigenen Leibe spürt":

---

[23] Auf die Möglichkeit älterer ‚Bausteine' hat bereits Elisabeth Fillmann (*Realsatire und Lebensbewältigung*, S. 88) hingewiesen.

> Man hat sich manchmal gefragt, ob nicht in irgendwelchen Gewitterwolken ein Philosoph, vielleicht auch ein Deus malignus, über der halykonischen Staatsführung wache oder im Haupt seines Großlenkers Platz genommen habe. Aber in Wahrheit war es nur die lückenlose Folgerichtigkeit des Verhaltens, die jede Handlung bis zu einem metaphysischen Schnittpunkt vortrieb. Volk und Führung waren sich keineswegs uneinig; aber ihre Einigkeit bestand in der hemmungslosen Aktivität der einen und in der allbereiten Passivität der anderen Seite. Die wenigen, bei denen die Lehren des Staates fruchteten, wurden zu seinen Feinden. (Wir werden sie später kennenlernen.) Nur die vollständige Inkonsequenz der ungeheuren Mehrzahl des Volkes, sein Festhalten an einem ererbten Richtmaß aus früherer Zeit bewahrte es vor dem Zwang einer unliebsamen Stellungnahme. Denn wenn die Schranken von Recht und Unrecht in der Unberechenbarkeit einer Staatsräson aufgehoben waren und damit alle Lagen des Daseins unter den drohenden Schatten eines Verbotes gerieten, war dann nicht das gefährliche Leben selbst nur im Trotz gegen jedes Gesetz zu bestehen?[24]

In dieser Schlusspassage des fünften Kapitels nimmt eine Erzählerfigur die Fäden in die Hand, die ihrerseits mit den Zeichen ebenso der narrativen Macht – so im Hinweis auf die noch nicht eingeführten Romanfiguren – wie der Diskursmächtigkeit ausgestattet ist. Eine gewisse Holprigkeit des literarischen Verfahrens mag uns dabei durchaus auffallen: Zusammen mit der Tatsache einer Feingliederung in zahlreiche Kapitel, die einfacher niederzuschreiben waren und auch größere Zeiträume eines Nicht-Schreiben-Könnens tolerierten, mag sich hierin die Tatsache niederschlagen, dass *PLN* nicht nur ein in Fesseln verfasstes, sondern ein stets von der Hinrichtung seines zum Tode verurteilten Verfassers bedrohtes Buchmanuskript war.

Die Vielzahl schrecklicher, mehr als nur bewegender Details, die bisweilen die Eindringlichkeit bestimmter Szenen in Peter Weiss' *Ästhetik des Widerstands* noch übertrifft, wird aufgehoben in einem übergreifenden Diskurs, in einem umfassenden Erklärungsmuster, das sich am Ende nur deshalb noch zu einer rhetorischen Frage öffnet, weil in den mehr als fünfzig nachfolgenden Kapiteln so viel noch zu erzählen bleibt. So viel ist noch offen an Fragen und Reflexionen, die ebenso den Autor wie seine Erzählerfigur mit Blick auf das Großhalykonische Reich und dessen Beziehung zwischen Führer und Volk umtreiben.

Die Erzählerfigur aber begibt sich in eine Höhe theoretischer Reflexion, die ohne Zweifel mit jener „höheren Warte"[25] identifiziert werden darf, von der aus

---

24 Krauss, Werner: *PLN*, S. 36.
25 Krauss, Werner: *Grundprobleme der Literaturwissenschaft. Zur Interpretation literarischer Werke*. Mit einem Textanhang. Erweiterte Neuauflage. Reinbek bei Hamburg: Rowohlt [4]1973, S. 10; zu dieser erhöhten Beobachterposition vgl. ausführlich Ette, Ottmar: „Von einer höheren Warte aus". Werner Krauss – eine Literaturwissenschaft der Grundprobleme, S. 91–122.

der Philologe, Literaturtheoretiker und leidenschaftliche Geschichtsphilosoph Werner Krauss mit Vorliebe seine Beobachtungen meldete. Ebenso das Schreiben eines Romans wie das Verfassen einer literaturwissenschaftlichen Studie mussten bei Krauss stets von einer Vielzahl an geschichtsphilosophischen Überlegungen und Einsichten rhythmisiert werden; eine Tatsache, die sich auch bei seinen akademischen Schülern im Osten wie im Westen Deutschlands (wie beispielsweise bei Erich Köhler) charakteristischerweise findet. Denn der Nachfolger Erich Auerbachs auf dessen Marburger Lehrstuhl prägte als einer der einflussstärksten Romanisten zwei Generationen von Forscherinnen und Forschern, was in der aktuellen Ausgestaltung romanistischer Fachgeschichte nicht immer gebührend berücksichtigt wird.

Die Passionen der halykonischen Seele erhalten in der obigen Passage eine Deutung, die der Katastrophe noch immer geschichtsphilosophisch wie philologisch eine Lehre abzutrotzen und der staatsräsonnierenden Überschreitung der Grenze zwischen Recht und Unrecht zugleich eine Begründung des Rechts auf Widerstand abzuringen vermag. Leiden und Leidenschaftlichkeit begegnen sich hier – und damit auch schon in der Titelformulierung, die nicht umsonst ein Kürzel enthält – auf engstem Raum. Der Roman *PLN* ist ein komplexer Akt nicht nur des Widerstands, sondern der Widerständigkeit.

Wie sehr die Position der Erzählerfigur mit Stellungnahmen ihres Schöpfers in Verbindung gebracht werden kann, ist offenkundig. Als Beleg hierfür dürfen die wohl vor September 1947 entstandenen *Betrachtungen und Erfahrungen über die deutsche Opposition* von Werner Krauss gelten, in denen die Erlebnisse und Diskussionen insbesondere mit christlichen Mitgefangenen reflektiert werden: „Das Resultat all dieser Diskussionen war immer dasselbe. Diese Mitgefangenen fühlten sich als Opfer des Regimes, während ich ein Verbrechen gegen das Regime begangen hatte. Zwar versagten sie mir nicht ihre Sympathie, da ich ein verbrecherisches Regime bekämpft hatte, und wir somit unter einem gemeinsamen Feind zu leiden hatten. Aber es blieb zwischen uns die unsichtbare Scheidewand, die den Schuldigen von dem Unschuldigen sondert. Dennoch ist es erstaunlich, dass der Druck einer solchen Tyrannis nicht schließlich bei den Bedrückten eine neue Theorie zur Ermächtigung eines Widerstands hervorbrachte."[26] Für Werner Krauss waren Legitimation und Berechtigung zu Widerstand und Widerständigkeit gegen ein tyrannisches Regime keine offene Frage, sondern Pflicht.

PLN versucht, auf diskursiver Ebene eine Theorie des Widerstands zu fundieren und zu entfalten sowie auf narrativer Ebene jene Scheidewand, jene

---

26 Zit. nach Fillmann, Elisabeth: *Realität und Lebensbewältigung*, S. 377.

Grenze zu überwinden, die den Widerstand gegen das NS-Regime in verschiedene Teile zerbrechen und ohnmächtig werden ließ. Einer eigentlichen ‚Ermächtigung' bedurfte der Philologe Krauss selbstverständlich nicht.

Diskursiv allein war jedoch die doppelte Aufgabe und Herausforderung nicht zu lösen. Die erhöhte Beobachterposition der von Krauss geschaffenen Erzählerfigur, die von den ersten Sätzen des Romans an bisweilen mit ironischem Spott, bisweilen mit Satire oder Sarkasmus die Ereignisse in Großhalykonien kommentiert, erlaubt es im fünften Kapitel, nicht nur dem Tod ins Auge zu blicken und in den Einzelheiten seines großhalykonisch festgelegten Zeremoniells darzustellen. Sie ermöglicht es auch, die Grenze zwischen Leben und Tod zu überspringen und den weiteren Weg des seelenlosen Körpers zu verfolgen, die postalische Benachrichtigung der Hinterbliebenen zu kommentieren oder das Verschwinden der versiegelten körperlichen Überreste des Hingerichteten mit einem Anthropophagieverdacht zu belegen, wie er vom Ausland her bereits geäußert worden sei. Der Tod ist für den Häftling ein vertrauter Begleiter.

Mit den „gehässigsten Formulierungen" dieser „Kampagne", so fürchtet der Erzähler, könnte „eine so vorurteilsfreie Nation"[27] wie die großhalykonische freilich auch auf eine derartige Verwertung gebracht werden, war ihre erste „Ernährungsschlacht", wie uns hintersinnig überbracht wird, doch im Zeichen der Losung „Kampf dem Verderb"[28] geführt worden. Die barbarische Vernichtung des Anderen endet keineswegs an der Grenze zwischen Leben und Tod, sie geht weit über diese hinaus. Dass die nationalsozialistische Vernichtung aller Andersdenkenden, aller Anders-Seienden nach Vernichtung der juristischen, der moralischen oder der physischen Person – denken Sie an unseren Vorlesungsteil über die Konzentrationslager zurück – auch vor der Grenze des Todes nicht haltmachte und die ‚Verwertung' der Körper miteinschloss, ist bekannt: ‚Haut und Haar' waren davor nicht sicher. Aber auch die berüchtigten, pathetisch inszenierten und würdelosen Bücherverbrennungen der Nazis hatten die Verfolgung von Autorinnen und Autoren weit über deren physischen Tod hinaus früh mit aller Deutlichkeit vor Augen geführt. Werner Krauss' Anthropophagie-Verdacht wirft ein Licht auf die zynisch-rationale Verwertung der Leichen durch die NS-Maschinerie – und bei dieser höchst rationalen Verwertung menschlichen Rohmaterials stoßen wir wieder auf die Dialektik einer vernunftorientierten Aufklärung.

Die auktoriale Modellierung der Erzählerposition erlaubt über diese grauenhaften Aspekte hinaus auch einen Blick in das Innenleben des seiner Hin-

---

27 Krauss, Werner: *PLN*, S. 34.
28 Ebda., S. 33.

richtung zugeführten Gefangenen, dem die Knie auf seinem letzten Weg den Dienst versagen: „er wird fast fühllos in ein Nichts geschleppt. Jetzt plötzlich öffnet ihm eine Fülle des Lichts die Augen der Seele."[29] Mit dem Verweis auf „diesen einzigen, alles aufsaugenden Blick"[30] und mit dem Rückgriff auf die für den Romanisten Krauss aus der spanischen Mystik, aber auch aus seiner Gracián-Lektüre[31] vertraute topische Metapher von den Augen der Seele verbindet sich unmittelbar vor dem Vollzug der Hinrichtung eine gleichsam traumartig erfahrene, vom Häftling wohl erträumte Epiphanie. Für den belesenen Krauss standen diese Visionen wohl oft vor seinen Augen der Seele.

Fülle und Simultaneität von Wahrnehmung und Erkenntnis weisen voraus auf das Ende des letzten Kapitels, in dem es von der zentralen Figur, dem mittlerweile von seinem Posten entfernten Reichspostminister und Briefmarkensammler Aloys Ritter von Schnipfmeier, heißt:

> Ob die Entführer seine Befreier waren oder die Mörder, diese Frage versank in dem unablässigen Wachstum des Lichtes, zu dem ihn der Motor in einem Aufstieg ohne Ende emporriß. Arthur, immer drohend und zornig, in der gebietenden Entschlossenheit seines Wesens, war wie ein Drache am Horizont erschienen, während die Erde brannte und Hekatomben von Menschen vor ihrem vergeblichen Opfer sich krümmten.[32]

Alles in dieser Passage erinnert an Dantes geführte Reise durch die Kreise seines *Inferno*. Nicht umsonst stehen diese Schlusssätze des Romans unter der letzten Kapitelüberschrift „Der unendliche Augenblick oder Die große Reise, die dieses Buch nicht beendet", sondern es auf Schreckensvisionen des Künftigen hin öffnet. Diesem offenen Ausgang des Romans stünde als Titel „Apocalypse Now!" schlecht zu Gesicht. Die Grenze zwischen Leben und Tod, die den gesamten Roman durchzieht, bricht im apokalyptisch eingefärbten Schlussbild ein letztes Mal auf, um doch zugleich die Grenzen zwischen Leben und Tod, zwischen Mördern und Befreiern, zwischen Unendlichkeit und Augenblick durchlässig, unbestimmbar, allgegenwärtig zu machen. Der Tod ist nicht das Ende, denn es gibt auch noch einen Tod nach dem Tod, der im grellsten Licht erstrahlt!

Epiphanie und Apokalypse, Weltenlicht und Weltenbrand vereinigen sich in diesem polysemen, auf eindeutige Lösungen nicht reduzierbaren großartigen Romanschluss, der die Reisebewegung dieses Buches fürwahr *nicht* beendet. Ein romanesker Schlusspunkt ist damit nicht gesetzt, eher das Zeichen für die Hoffnung auf einen Neuanfang, auf eine neue Gesellschaft, ein neues Zusammen-

---

29 Ebda., S. 31.
30 Ebda.
31 Vgl. Jiménez Moreno, Luis: *Baltasar Gracián (1601–1658)*. Madrid: Ediciones del Orto 2001.
32 Krauss, Werner: *PLN*, S. 299.

leben. Überdies könnte man sehr wohl die These wagen, dass die Unabschließbarkeit dieses Schlusses eine simple Klassifizierung des Romans verhindern sollte. Denn *PLN* mag mit guten Gründen als Gefängnisliteratur, als Zeugnis und Dokument oder als antifaschistischer Widerstandsroman bezeichnet werden: Er ist es und ist unendlich viel mehr. *PLN* ist eine Literatur der Grenze, die vor ihrem Verstummen, ja noch in ihrem Verstummen Fülle und Erfüllung sucht; ein Roman als Erkundung der Grenzen von Leben und Tod, der auch nach einem möglichen Tode des Verfassers an dessen Stelle für eine bessere Welt eintreten soll.

In seinem kurzen, aber aufschlussreichen Vorwort zur ersten Potsdamer Ausgabe von *PLN* sprach Werner Krauss davon, dass die „Befürchtung einer vorzeitigen Entdeckung" zum „Anlaß der romanhaften Einkleidung" geworden sei.[33] Angesichts der Transparenz dieser Einkleidung, bei der gerade der naive Blick Großhalykonien mit Großdeutschland oder den Großlenker Muphti I. mit dem Führer Adolf Hitler zu identifizieren versucht ist, fällt dieser Erklärungsversuch – wie wir sahen – wenig überzeugend aus. Dies gilt auch angesichts der Tatsache, dass er mit dem Hinweis auf die „beamtete[r] Neugier der mehr oder weniger lesekundigen Wächter und Kriegsgerichtsräte des Dritten Reiches"[34] kokettiert. Werner Krauss goss Hohn und Spott über die beflissenen Diener der Nazi-Diktatur aus.

Der Topos von den stets dummen Schergen des Naziregimes, der in der deutschen Geschichte noch immer zu einer längst automatisierten Unterschätzung der Rechten geführt hat und auch in unserer Zeit noch immer führt, mag dazu beigetragen haben, dass man Krauss diese mit geringem Nachdruck vorgebrachte oder eher nachgeschobene Rechtfertigung gerne abnahm. Die extreme Rechte hat noch immer über gerissene Führer verfügt, die stets mit der Unterschätzung der von ihnen kontrollierten Bewegungen kalkulierten. Wir sollten diesen ewig gleichen Fehler einer Unterschätzung heute nicht wieder machen und auch im Lande Brandenburg, wo sich bei den letzten Landtagswahlen ein knappes Viertel der Bevölkerung als gefügiges Wahlvolk zum rechtsradikalen Flügel der sogenannten ‚Alternative für Deutschland' bekannt hat, auf der Hut sein vor der Intelligenz einer Bewegung, die nach den Dummen fischt.

PLN ist nicht in Geheimschrift geschrieben: Noch dem leseunkundigsten Reichsgerichtsrat wären die überdeutlichen Parallelen sofort ins Auge gesprungen. Zu offenkundig waren doch die ständigen Grenzüberschreitungen zwischen literarischer Fiktion und außersprachlicher Wirklichkeit. Dass die gewählten Chiffren „ihr eigenes wucherndes Leben begannen" und die „Darstellungsweise in

---

33 Krauss, Werner: *PLN*, S. 5.
34 Ebda.

tieferen Lagen der darzustellenden Sache" gründeten, versuchte Krauss mit der „Romanform" selbst zu begründen, in der „das vereinzelte Bewußtsein mit einer sonst niemals wahrgenommenen, beinahe seismographischen Genauigkeit" reagiere.[35] Bei einer derartigen Argumentationsweise kam der Forschung zumeist nicht der Gedanke, dass Krauss im selben Paratext sehr wohl andere Gründe für die Gattungswahl ins Feld geführt hatte: „In der Philosophie steckt noch ein epischer Vorsatz, eine epische Würde und ein epischer Ernst. Daher gibt es wohl eine Philosophie des Humors, aber eine humoristische Philosophie kann es nach einschlägiger Auskunft nicht geben. PLN greift also nach den Bewußtseinsformen des Romans, ohne sich selber die Achtung als Roman verdienen zu wollen."[36]

Die Metaphorik der Einkleidung bringt *PLN* in einen Zusammenhang mit der Travestie: Die Abgrenzung von der Philosophie, die in dreifacher Wiederholung – wie einst bei der Leugnung des Petrus – an einem nicht näher bestimmten ‚Epischen' ausgerichtet ist, wird in der Folge sogleich wieder zurückgenommen. Als letztes klassifikatorisches Element führt Krauss den „Charakter des Dokumentes"[37] ins Feld, wobei er zugleich wider besseres Wissen betont, dass 1946 „die Abschrift fast unverändert zum Abdruck gelangt" und in der Fassung von 1948 „nur die sprachlichen Linien der am flüchtigsten ausgeführten Stellen nachgezogen" worden seien.[38] Doch einen wichtigen Eingriff in die ursprüngliche Textgestalt stellen die im Manuskript noch nicht vorhandenen Zwischenüberschriften dar, die dem Roman nachträglich eine andere Gliederung und Struktur verschafften.[39]

Bewältigung der Erfahrung Deutschland, Wunsch nach geordneter Darstellung, romanhafte Einkleidung, wuchernde Chiffren, aber auch Roman, Philosophie und Dokument: Werner Krauss geht bei der Verwendung klassifikatorischer Begriffe und deren Begründung nicht gerade sparsam zu Werke.[40] Trug die Frankfurter Erstausgabe von 1946 noch keine Gattungsbezeichnung auf ihrem Titelblatt, so ist bedeutungsvoll, dass seit der Ausgabe von 1948, in deren Vorwort Krauss die Klassifikationen häufte, die Bezeichnung „Roman" auf den Titelseiten aller Ausga-

---

35 Ebda.
36 Ebda., S. 6.
37 Ebda.
38 Ebda.
39 Vgl. hierzu wie auch zu anderen Veränderungen u. a. Scheibe, Siegfried: Nachbemerkung. Zur Entstehungs- und Wirkungsgeschichte von „PLN". In: Krauss, Werner: *PLN. Die Passionen der halykonischen Seele*. Roman. 2., durchgesehene Auflage. Frankfurt am Main: Vittorio Klostermann 1983, S. 306 u. 308.
40 Dabei ist interessant, dass die Relativierung des ‚Romanhaften' im Vorwort gerade jener Ausgabe von 1948 erfolgt, die erstmals die Gattungsbezeichnung ‚Roman' – wie fortan in allen späteren Ausgaben – auf der Titelseite trägt.

ben von *PLN* prangt. Eine bloße Laune des Verfassers? Oder eine Entscheidung des Verlegers? Gerade auf die letzte Frage muss eine Antwort wohl offen bleiben.

Vergessen wir nicht: Mit *PLN* war in den Augen vieler der Romanist zum Romancier geworden, ohne dass dieser doch aufgehört hätte, weiterhin als Romanist tätig zu sein. Nicht umsonst wurden in der bei Vittorio Klostermann in Frankfurt am Main erschienenen Ausgabe von 1946 auf der letzten Seite drei Buchpublikationen von Werner Krauss genannt, die allesamt seinem Schaffen als Romanist zu verdanken waren: *Corneille als politischer Dichter* 1936, *Die Lebenslehre des Gracián* 1946 sowie *Spanische Sprichwörter* 1946. Damit wurden für das Erscheinungsjahr von *PLN* unter Einschluss des Romans allein drei Werke genannt, auch wenn das Gracián-Buch tatsächlich erst 1947 unter dem definitiven Titel *Graciáns Lebenslehre* wiederum bei Klostermann herauskam. Damit war die paratextuelle Sachlage klar: Krauss erschien zugleich als Romanist, als Romancier sowie als Sammler und Übersetzer einer sehr individuell ausgelegten Kollektion von Sprichwörtern, die stets seine Spanien- und Weltsicht, aber auch die spezifischen literaturwissenschaftlichen und literarischen Schreibformen schon des Doktoranden bei Vossler durchzogen. Denn es war gerade diese Welt im spanischen Sprichwort, die dem Marburger Philologen oftmals als Ergänzung seines eigenen Lebenswissens diente.

Wenn es denn wahr wäre, dass es wohl eine Philosophie des Humors, aber keine humoristische Philosophie gebe, dann stellt sich zumindest für einen Romanisten die Frage, ob Gleiches dann auch für die Romanistik gilt. Dass Untersuchungen des Humors in der Romania möglich, wenn auch nicht allzu zahlreich sind, mag niemand bezweifeln; aber ist eine humoristische Romanistik denkbar? Man mag die Frage verneinen oder – nicht zuletzt auch mit dem Hinweis auf das unterhaltsame Bändchen *Die Welt im spanischen Sprichwort* – bejahen, gleichviel: Für unsere Fragestellung entscheidend ist, in welcher Weise Werner Krauss die Grenzen zwischen seinem Schreiben als Romanist und jenem als Romancier zog und wie beide Pole mit seiner gesamten Existenz, aber auch mit seinen Erfahrungen mit dem eigenen Leben, Sterben und Tod zusammenhängen.

Das wissenschaftliche Tun ist für Werner Krauss niemals eine von anderen menschlichen Tätigkeiten abgeschlossene Aktivität gewesen. Die Wissenschaft weiß sich mit Gesellschaft, Geschichte und Politik aufs Engste verzahnt: Sie ist für ihn – wie zu Recht betont wurde – „notwendig politisch, so wie umgekehrt die Politik wissenschaftlich kritisierbar sein muß. Politik muß wissenschaftlich, Wissenschaft politisch betrieben werden".[41] Dies läuft im Sinne von Krauss

---

41 Jehle, Peter: *Werner Krauss und die Romanistik im NS-Staat*. Hamburg – Berlin: Argument-Verlag 1996, S. 181.

nicht auf eine politische Steuerung von Wissenschaft hinaus, die er nach der ersten Naivität seiner Leipziger Zeit in der Deutschen Demokratischen Republik wiederholt ablehnte. Eine solche Gängelung durch ein totalitäres System, aber auch eine solche Hörigkeit gegenüber autoritären Staatsformen hatte er bereits in seinem *PLN* aufs Korn genommen und einer hemmungslosen Parodie ausgesetzt.

Denn als das Reichspostministerium zur Unterstützung seiner Stiftung HILILOPOTOE, dessen „Kryptogramm" für das von Schnipfmeier in seiner Eigenschaft als Reichspostminister ins Leben gerufene „Hilfswerks zur Linderung des Loses unverheirateter Postbeamtentöchter" steht, unter anderem Känguru-Marken ausgibt, lässt die wissenschaftliche Legitimation nicht lange auf sich warten. So wird in *PLN* ein Aufsatz „aus der Feder des bekannten Ethnologen und Völkerpsychologen, Professor Eugen Widehopf",[42] eingerückt, der in seiner – wie wir heute sagen würden – intermedial angelegten Briefmarkenstudie unter besonderer Berücksichtigung von Völkerseele und Volksgeist zu der Einsicht gelangt, dass „das Känguruh durch kühne Geistestat zum Symbol einer neuen, von Großhalykonien geführten, gerechteren und besseren Weltordnung geworden" sei[43]. Nein, Werner Krauss ermangelte es nicht an ernstzunehmendem Galgenhumor!

Die ironischen und zugleich didaktischen Kommentare der Erzählerfigur konnten hier nicht ausbleiben, wird an diesen Ausführungen doch „bewundert, wie auf dem Boden echter Wissenschaftlichkeit, die sich in strenger Sachbezogenheit nichts zu vergeben brauchte, doch dieselben Einsichten reiften, wie sie durch die Stichworte der führenden Staatsmänner dem in den Krieg verwickelten Volk unablässig eingehämmert wurden".[44] Ist dies allein auf die Wissenschaft im NS-Staat gemünzt? Parodie und Kommentar zielen unmittelbar auf eine der großhalykonischen Gewaltherrschaft dienstbare Wissenschaft, beschränken sich aber keineswegs auf die dem Faschismus hörige universitäre Forschung. Die Wissenschaftskritik in *PLN* ist allgemeiner und vor allem grundsätzlicher Natur: Sie trifft die zeitgeschichtlichen Kontexte, ist aber nicht an diese gefesselt. Man könnte durchaus formulieren, dass sie die Wissenschaft im Nazi-Reich, aber auch in der Deutschen Demokratischen Republik betrifft; und dass auch in unserer Zeit und in unserem Gesellschaftssystem Krauss' Kritik sehr wohl hörbar bleiben muss. Denn ihr eignet etwas zutiefst Überzeitliches.

Diese allgemeingültige Dimension, die den ‚entfesselten' Humor, aber auch die ernsthafte Ermahnung durch den Verfasser zeigt, hatte nicht zuletzt Rückwirkungen auf im Roman verwendete literarische Techniken und Verfahren, auf

---

42 Krauss, Werner: *PLN*, S. 60.
43 Ebda., S. 63.
44 Ebda.

die erneut und ausführlich zurückzukommen sein wird. Werner Krauss betonte aber auch an anderer Stelle, seine Vorwürfe richteten sich nicht dagegen, „dass die deutschen Wissenschaftler zu wenig Wissenschaftler, sondern dass sie außer diesem Beruf, ihren Beruf als Menschen zu reagieren, überhaupt nicht begriffen".[45] Diese tiefergehende Wissenschaftskritik blieb nicht beim Grundsätzlichen stehen, sondern versuchte Konzeptionen zu entwickeln, welche jene Wissenschaft, die Krauss betrieb, bei aller notwendigen fachlichen und sachlichen Spezialisierung zu einer Literaturwissenschaft der Grundprobleme werden ließen.[46] Ein *guter* Wissenschaftler war für Werner Krauss niemals einer, der nur ein guter Wissenschaftler war. Wissenschaft war im Krauss'schen Sinne ethische Verantwortung gegenüber der gesamten Gesellschaft.

Damit mag zusammenhängen, dass Werner Krauss Autoren besonders schätzte, die in der Lage waren, die unterschiedlichsten Bereiche menschlichen Denkens und Handelns in differenzierten Formen des Schreibens zu repräsentieren. So schrieb er in einem bis heute anregenden Versuch, die spanische „Generation der Niederlage" nicht allein aus historischer Distanz zu betrachten, sondern für die Gegenwart fruchtbar zu machen, über den von ihm gewiss niemals kritiklos bewunderten Verfasser von *Del sentimiento trágico de la vida*: „Unamuno repräsentiert in der Einheit seines Wesens die Verbindung des Literarischen und des Wissenschaftlichen, der Poesie und der Philosophie."[47]

Krauss erblickte in dieser Kombination das Heraufkommen eines neuen Menschentyps: „Ein neuer Typus des geistigen Menschen ist in der Generation 98 erschienen. In ihm vermischen sich Philosophie und Politik, Poesie und Ökonomie."[48] Doch nicht erst der ihm zeitlich nähere Unamuno, sondern bereits Gracián hatte dem im Zuchthaus Plötzensee Einsitzenden gerade aus diesem Grunde Bewunderung und den nachfolgend zitierten Ausruf abgerungen:

> So vollständig hat Graciáns Moralismus die Scheidewand zwischen Wissenschaft und Dichtung abgetragen! Hier, an der Grenze der weltlichen und der sie bekrönenden geistlichen Wissenschaft, wagt er, der ihm am Herzen liegenden „politischen" Wissenschaft eine überragende Stellung zuzuweisen. Und zwar mit dieser den Kern einer Wissenschaftsgesinnung bloßlegenden Begründung: *„Sie ist das wichtigste Wissen, weil sie die Lebenskunst lehrt!"*[49]

---

45 Zit. nach Jehle, Peter: *Werner Krauss und die Romanistik im NS-Staat*, S. 256.
46 Vgl. Ette, Ottmar: „Von einer höheren Warte aus". Werner Krauss – eine Literaturwissenschaft der Grundprobleme.
47 Krauss, Werner: Eine Generation der Niederlage. In (ders.): *Spanien 1900–1965. Beitrag zu einer modernen Ideologiegeschichte*. München – Salzburg: Fink 1972, S. 66.
48 Ebda., S. 57.
49 Krauss, Werner: *Graciáns Lebenslehre*. Frankfurt am Main: Vittorio Klostermann 1947, S. 106.

Und das schreibt einer im Zuchthaus, der wegen Widerstands gegen die Hitler-Diktatur zum Tode verurteilt ist! In dieser verdichteten Passage seines Gracián-Buches liegt ein Gutteil der Lebenslehre von *PLN* verborgen. Gracián und Unamuno werden so zu Wegmarken einer Traditionslinie, die Krauss' Schreiben selbst fortzuführen bestrebt war.

Der Autor von *Corneille als politischer Dichter* wusste zwar, dass sich Deutschland im Gegensatz zu Spanien, wo das wissenschaftliche Spezialistentum seit jeher nur schwach entwickelt gewesen sei, auch künftig in einem beschleunigten Prozess wissenschaftlicher Ausdifferenzierung befand, der im Verlauf des 20. Jahrhunderts das Literarische und das Wissenschaftliche, Poesie und Philosophie immer weiter voneinander entfernte. Doch blieb er stets bemüht, sein eigenes Schreiben offenzuhalten für die verschiedensten Ausdrucksformen dessen, was er in seiner bereits angeführten Wendung als den „Beruf des Menschen" bezeichnete. Und man darf hinzufügen: den Beruf des *schreibenden* Menschen, der den Kern des Wissens, die Lehre der Lebenskunst entdeckt hat. Denn diese ist eine *ars vivendi*, die im Lebenswissen wie dem Überlebenswissen ebenso der Literatur wie der Philologie wurzelt.

Krauss' literarische wie philologische Texte aus dem Zuchthaus bringen dieses Lebens- und Überlebenswissen in verdichteter Form zum Ausdruck. Dies betrifft ebenso die Gestaltung der einzelnen Texte wie auch deren bei Krauss stets beobachtbare intratextuelle (also Verbindungen zwischen seinen unterschiedlichen Texten herstellende) Verzahnung. Es gibt kaum eine Schrift des Verfassers der *Grundprobleme der Literaturwissenschaft*, in der nicht augenzwinkernd jenseits der Verweise in Fußnoten Bezüge zu anderen Texten aus eigener Feder hergestellt würden.

Krauss' Roman *PLN* ist zweifellos ein hochkomplexes Buch, in dem sich philosophische Abhandlung, fundierte Wissenschaftskritik und literarische Parodie, aber auch die Charakteristika des Dokuments, des Zeugnishaften und der Lebensbewältigung mit den Schreibformen von Essay, Erzählung und Politsatire unter dem Dach der Hybridgattung Roman zu einem polyphonen Text vereinigen. Krauss wusste die offene Form des Romans für sich zu nutzen.

Darüber hinaus aber entstanden diese *Passionen der halykonischen Seele* in einer bezeichnenden Komplementarität zur gleichfalls ‚in Fesseln' oder – wie Krauss in seinem ebenfalls sehr kurzen Vorwort formulierte – „unter besonderen Verhältnissen"[50] geschriebenen philologischen Studie *Graciáns Lebenslehre*, die 1943 in den Gefängnissen und Zuchthäusern des NS-Staates alternierend bezie-

---

50 Krauss, Werner: *Graciáns Lebenslehre*. Frankfurt am Main: Vittorio Klostermann 1947, S. 7.

hungsweise zeitlich synchron mit *PLN* niedergeschrieben wurde. Für beide Manuskripte hätte Krauss jene Losung wählen können, die er dem letztgenannten Buch mit dem Jean Paul entnommenen Motto mitgab: „... und ein Plan macht ein Leben unterhaltend, man mag es lesen oder führen."[51]

Beide Bücher ergänzten sich nicht nur mit Blick auf jene Selbsterhaltungskräfte, die Krauss ein physisches und geistiges Überleben in ständiger existenzieller Bedrohung erst ermöglichten – wie selbst Krauss' Antipode Jauss einsehen musste, der die Gelegenheit der Kommentierung nicht beim Schopfe packte, um seine eigenen Verfehlungen gegenüber diesem totalitären Regime einzugestehen, das seinen Kollegen zum Tode verurteilt hatte.[52] Stattdessen übte sich Jauss, der immer höher auf der Karriereleiter in der Waffen-SS kletterte, während Krauss in seiner Todeszelle saß, in kühler Distanz zum schriftstellerischen Tun des Autors von *PLN*, aber mehr noch zu seiner eigenen tiefbraunen Vergangenheit, die er verleugnete. Vielmehr stellen sie weit mehr noch eine widerspruchsvolle Einheit des Denkens und Schreibens dar, wie dies in einer Reihe von Studien bereits herausgearbeitet werden konnte.[53] Es wäre daher nicht übertrieben, fügten wir dem Gracián-Buch den Untertitel ‚Die Passionen der europäischen Seele' und *PLN* den Untertitel ‚Eine Lebenslehre' bei.

Vergessen wir nicht, dass Krauss gleich im ersten, Leben und Werk Graciáns gewidmeten Kapitel den großen Spanier europäisch definierte: „Gracián ist der erste spanische Geist von wahrhaft und bewußt europäischer Orientierung – darin ein Vorläufer der Aufklärung, dass er das Nationale als besonderen Umstand der Veranlagung würdigt und in eine höhere Synthese des geistigen Lebens einführt."[54] Solche Sätze wirken angesichts der nationalistischen Hetzpropaganda wie Fanale einer Selbstbehauptung, weisen aber zugleich auf einen wichtigen Zugang des Romanisten zur Aufklärungsforschung, der er sich schon wenige Jahre später, freilich vor allem im französischsprachigen Bereich, zuwenden sollte. *Graciáns Lebenslehre* gibt uns aber auch einen Wink, warum Krauss sich in *PLN* gerade der halykonischen Seele zuwandte. Denn in einer von Krauss übersetzten Passage Graciáns heißt es: „*Wie sollte auch so ein deutscher Riesenkörper ohne*

---

51 Ebda., S. 5.
52 Vgl. hierzu Jauss, Hans Robert: Ein Kronzeuge unseres Jahrhunderts. In: Krauss, Werner: *Vor gefallenem Vorhang. Aufzeichnungen eines Kronzeugen des Jahrhunderts*, S. 16.
53 Ich beziehe mich auf die Beiträge des Potsdamer Krauss-Symposions und insbesondere auf Barck, Karlheinz: Gracián-Lektüre in Plötzensee. Werner Krauss' „gleichnishafte Zeugenschaft". In: Ette, Ottmar / Fontius, Martin / Haßler, Gerda / Jehle, Peter (Hg.): *Werner Krauss. Wege – Werke – Wirkungen*, S. 141–152.
54 Krauss, Werner: *Graciáns Lebenslehre*, S. 14.

Wein auskommen? Es wäre dann wirklich ein Körper ohne Seele. Der Wein gibt ihm die Seele und das Leben."[55]

Die ‚Doppelbegabung' von Werner Krauss, von der im Rahmen des Potsdamer Krauss-Kolloquiums im März 1998 auffallend häufig die Rede war, bildete sicherlich die Voraussetzung für ein Schreiben, das sich in der Grenzsituation äußerster Bedrohung erst der Fülle seiner Fähigkeiten gewiss werden konnte. Krauss beschäftigte sich mit Schreibformen, die gemeinhin als ‚nicht-wissenschaftlich' gelten, von ihm aber stets gerade auch in seine wissenschaftlichen Arbeiten einmontiert und integriert wurden. Dies mag ein Licht darauf werfen, wie auch jenseits einer unmittelbaren existenziellen Bedrohung, jenseits einer Gefängnisliteratur, zu der nicht nur *PLN* sondern auch *Graciáns Lebenslehre* recht besehen zu zählen wäre, das Krauss'sche Schreiben und sein Wissenschaftsverständnis offen blieben für hybride Ausdrucksformen und für eine unakademische Sichtweise dessen, was Literatur und Philologie ausmacht.

Tagebuch und Erzählung, Brief und Roman stellen von der wissenschaftlichen Arbeit nicht abtrennbare Schreibformen dar. Krauss' Schreiben ist ohne eine ständige Arbeit, ein unermüdliches Abarbeiten an den traditionellen Grenzen der Gattungen nicht zu verstehen – weder mit Blick auf *PLN* noch auf *Graciáns Lebenslehre*. Wie sehr dies mit seiner Konzeption des Wissenschaftlers als eines Menschen verbunden ist, der sich gerade nicht durch die herkömmlichen Grenzen der Wissenschaft beengen lässt, liegt sprichwörtlich auf der Hand. Hierin mag ein gut Teil seiner Bedeutung für uns Heutige, insbesondere aber auch für die Romanistik liegen. Krauss steht für eine Traditionslinie seines Fachgebiets, die im Osten wie im Westen ihre Schüler fand.

Werner Krauss selbst stand in einer Tradition, die sich nicht allein an Erich Auerbach, sondern auch an einem großen Münchner Romanisten orientierte. In einem Brief an seinen Doktorvater Karl Vossler klagte Krauss über den ihm durch die herrschenden Verhältnisse auferlegten „Zustand einer immer länglicher werdenden Verurteilung zu einer Kryptophilologie".[56] Diese Formulierung lässt sich leicht mit jenen literaturwissenschaftlichen, also wissenschaftlichen *und* literarischen Verfahren in Verbindung bringen, die Krauss später, nach seiner Verhaftung am 24. November 1942 und seiner Verurteilung zum Tode durch das Reichskriegsgericht am 18. Januar 1943, ebenso in seinem Gracián-Buch wie in seinem – um auf den im Roman selbst benutzten Ausdruck zurückzugreifen – „Kryptogramm" *PLN* anwandte. Was aber meinte der Marburger Philologe mit Ausdrücken wie „Kryptophilologie" oder „Kryptogramm"?

---

55 Ebda., S. 63.
56 Zit. nach Jehle, Peter: *Werner Krauss und die Romanistik im NS-Staat*, S. 136.

Zwischen dem 18. April 1943, an dem das Todesurteil rechtskräftig und vollstreckbar wurde, und dem glücklichen Ausgang des Wiederaufnahmeverfahrens, an dessen Ende es am 14. September 1944 aufgehoben und in eine fünfjährige Zuchthausstrafe umgewandelt wurde, musste Krauss fürchten, aus der von ihm kryptophilologisch und kryptographisch geschaffenen Welt unvermittelt herausgerissen zu werden. Es wurde bereits darauf hingewiesen, dass sich die Arbeit an *PLN* – deren intensivste Phase laut Elisabeth Fillmann zwischen Januar und Juli 1944 fällt – entsprechend der Angaben von Werner Krauss im Vorwort zur Ausgabe von 1948 genau in der Zeit seiner extremsten existenziellen Bedrohung ansiedelt. Ein Schreiben im Zeichen des Widerstands – aber auch der Widerständigkeit!

Denn die passioniert, mit Leiden und Leidenschaft gestaltete innere Welt ist eine wirkliche Welt des Widerstands, weit mehr vielleicht als seine eher lose Zugehörigkeit zur Widerstandsgruppe Schulze-Boysen/Harnack[57] oder jene Flugblattaktion, die er in der Nacht vom 17. auf den 18. Mai 1942 gemeinsam mit der ihm freundschaftlich verbundenen Studentin Ursula Goetze[58] durchführte und die der wesentlich stärker in Widerstandsaktionen involvierten jungen Frau zum tödlichen Verhängnis wurde. Krauss, der diese Aktion offenkundig missbilligt hatte,[59] entging nicht anders als sein Buch selbst nur aufgrund „der Verkettung freundlicher Umstände"[60] dem brutalen, durch eine willfährige ‚Rechtsprechung' ermöglichten Vernichtungsschlag der NS-Justiz; er kann als Widerstandskämpfer aber bestenfalls zu jenen *minores* und *minimi* gezählt werden, für die er im Be-

---

57 Diese Gruppe darf als überaus groß und weitverzweigt gelten, Krauss war sicherlich weit davon entfernt, einen Überblick über ihre Struktur zu besitzen, welche die unterschiedlichsten Teile des kommunistischen wie des sozialdemokratischen, des proletarischen wie des bürgerlichen, des christlichen wie des atheistischen Widerstandes band. Vgl. hierzu neben den zahlreichen Gesamtdarstellungen mit Bezug zu Krauss vor allem Fillmann, Elisabeth: *Realsatire und Lebensbewältigung*, S. 172–190 sowie Jehle, Peter: *Werner Krauss und die Romanistik im NS-Staat*, S. 150: „Denkwürdige Dialektik: Der Fall der Mauer veränderte das Schwarzweißbild der Schulze-Boysen/Harnack-Gruppe, die auch in der DDR als rein kommunistische Widerstandsorganisation – mit positivem Vorzeichen – figurierte." Nicht weniger interessant der Hinweis, dass Ende 1992 die „Ursula-Goetze-Schule" in Quedlinburg umbenannt wurde: „Begründung: Die Schüler haben keinen Bezug zur Person dieses Namens" (ebda.).
58 Für Elisabeth Fillmann (*Realsatire und Lebensbewältigung*, S. 23) „ist klar, daß seine Widerstandsarbeit eng mit der von Ursula Goetze zusammenhing, an die ihn eine wieder einmal asymmetrische Liebesbeziehung band".
59 Die von Elisabeth Fillmann vertretene These (*Realsatire und Lebensbewältigung*, S. 191), der Einsatz „verdeckter Schreibweise" in einem Flugblatt, das von Napoleon sprach und Hitler meinte, habe einen tieferen Einfluss auf die Schreibweise von *PLN* gehabt, dürfte angesichts der Komplexität der Krauss'schen Schreibstrategien und seiner Belesenheit wohl kaum zu halten sein.
60 Krauss, Werner: *PLN*, S. 5.

reich der Literaturgeschichte stets eine besondere Bedeutung und Aufschlusskraft behauptete.[61] Es geht in diesem Teil unserer Vorlesung auch keinesfalls darum, Krauss zum großen Widerstandskämpfer zu stilisieren oder gar zu monumentalisieren, sondern vielmehr um die kritische Herausarbeitung von Schreibformen fundamentaler Widerständigkeit gegen ein totalitäres Regime, das alle Anders-Seienden bestialisch unterdrückte und ermordete – ein Regime, das nicht mehr ist und doch nicht aufhören kann zu sein ...

In der Forschung noch weitgehend unreflektiert sind jene Ereignisse, die Krauss nicht davon abhielten, die Leitung des Marburger Romanischen Seminars von seinem Lehrer Erich Auerbach just in jenem Augenblick zu übernehmen, als man diesen wohl größten deutschen Romanisten des 20. Jahrhunderts als Juden aus dem Reich ins Exil jagte. Zweifellos war Werner Krauss als Widerstandskämpfer einer von vielen und doch viel zu wenigen, die zumindest zeitweise, wenn auch nicht von Anfang an und in aller Konsequenz, dem Terrorregime ihren Widerstand entgegensetzten. Es gereicht der deutschen Romanistik zur Ehre, einen Werner Krauss in ihren Reihen gehabt zu haben – und nicht nur einen Jauss, dessen Aufstieg und Fall ein schillerndes Licht auf die aktuelle deutsche Romanistik, aber auch andere Disziplinen mit verstreuten Jauss-Apologeten[62] wirft.

Der Raum des Widerstands von Werner Krauss war ein anderer: Sein Schreiben formte eine Widerstandsliteratur, deren Widerständigkeit sich nicht in einem gattungstypischen Sinne[63] auf ihre Zeitumstände beschränkte, obwohl sie sich mit den ihr zur Verfügung stehenden Mitteln gegen die Naziherrschaft stemmte. Mit anderen Worten: Die Widerständigkeit seines Schreibens, das stets nach Kommunikation und nicht nach dem Aufbau einer bloß ‚inneren Welt' strebte, reduzierte sich nicht auf eine zentrale Funktion von Widerstandsliteratur, mithin die Bekämpfung eines konkreten Unrechtregimes, sondern suchte nach Schreibformen, welche politische und diskursive Macht – wo nötig kryptographisch – zu erörtern und mehr noch subversiv zu unterlaufen erlaubten.

Ginge etwas von der Widerständigkeit, von der Widerstandskraft von *PLN* verloren, wenn wir diese nicht allein an die Zeitumstände fesselten, sondern *auch* auf

---

61 Vgl. Krauss, Werner: *Grundprobleme der Literaturwissenschaft*, S. 24.
62 Vgl. hierzu Schlaffer, Hannelore: Hans Robert Jauß. Kleine Apologie. In: *Merkur* 805 (Juni 2016), S. 79–86.
63 Eine Zusammenfassung derartiger Merkmale findet sich bei Elisabeth Fillmann (*Realsatire und Lebensbewältigung*, S. 469): „Mit dem satirisch kritischen Bezug auf den Faschismus, mit dem Impetus, sich nicht von ihm zerstören zu lassen, mit der dialektischen Wirkungsabsicht, andere zu dessen aktiver Überwindung zu bringen und mit den Widerstand leistenden Menschen als Thema, ist klar abgesteckt, daß PLN ein Widerstandsroman ist."

andere totalitäre Systeme bezögen? Im Gegenteil, denn Krauss' Schreiben strebte nach Verallgemeinerbarkeit: Nur so wären die *Passionen der halykonischen Seele* in ihrer imaginativen, bisweilen auch visionären Kraft mehr als zeugnishafte und dokumentarische Literatur einer dramatischen, unmenschlichen, aber vergangenen Zeit. Und weit mehr als autobiographisches Zeugnis und bloßes Dokument wollte *PLN* stets sein. Den Fesseln, die dieser Roman trägt, sollten wir keine neuen hinzufügen, sondern den längst noch nicht ausgeschöpften Möglichkeiten seiner Sinnbildung nachgehen. *PLN* ist der Roman einer Widerständigkeit gegen autoritäre Herrschaftssysteme.

Es war gewiss nicht die ständige Angst um seine Manuskriptseiten, die den zum Tode verurteilten Romancier dazu führten, die Darstellung der Macht gerade nicht auf einen simplen Antagonismus von Macht und Gegenmacht, von Unterdrückung und Widerstand zu reduzieren. Krauss' Widerständigkeit war komplexer als bloßer Widerstand, der ihm in seiner bedrängten Situation ohnehin wenig eingebracht hätte. Die Krauss'sche Machttheorie war weitaus komplexer; und es beeindruckt ungeheuer, dass sie gerade in der extremen Polarisierung der Gefängnishaft des Widerstandskämpfers in *PLN* ihren genuinen Ausdruck fand.

Vor dem Hintergrund einer von der Erzählerfigur ein ums andere Mal festgestellten ‚Arbeitsteiligkeit' im großhalykonischen Reich zwischen „Volk und Führung", die sich – wie wir bereits sahen – „keineswegs uneinig"[64] waren, aber unterschiedlichen aktiven und passiven Anteil an der Herrschafts-, Kriegs- und Unterdrückungsmaschinerie besaßen, wäre eine Schwarzweiß-Darstellung kaum überzeugend und bestenfalls als Zeugnis der Zeit zu verstehen gewesen. *PLN* entwirft ein differenzierteres Bild, ohne die Grenzen zwischen totalitärer faschistischer Herrschaft und den Versuchen zu verzeichnen, Widerstand dagegen zu formieren. Die im Roman zum Ausdruck kommende Machttheorie bezieht sich als Machtkritik nicht nur auf die an der Macht befindliche Macht, sondern auch auf jene, die in der Ohnmacht des Widerstands ihre eigenen Machtstrukturen entwickelt. Dies ist eine Machttheorie, die Macht überhaupt subvertiert. Sie erinnert uns an Max Aub und dessen suchende, verzweifelnde, hoffnungsvolle Formel „debe haber algo más" – es muss noch etwas anderes als Macht und Gegen-Macht geben!

Allzu simplen binären Schemata setzt Krauss' Roman Widerstand und Widerständigkeit entgegen. Die Widerstandsgruppe, deren zentrale, die unterschiedlichen Positionen nicht immer integrierende, sondern auch übergehende Figur der Fliegeroffizier Arthur ist, wird von den Implikationen und der Sprache der Macht in

---

64 Krauss, Werner: *PLN*, S. 36.

Großhalykonien sehr wohl affiziert.⁶⁵ Bereits die Benennung der Gruppe als „Bund für unentwegte Lebensfreude" ist von einer grundlegenden, gewiss auch unernsten, humoristischen Ambivalenz geprägt. Dient diese karnevalesk anmutende Bezeichnung innerhalb der Romandiegese zweifellos als Tarnname, der auch zu vielen anderen derartigen Bezeichnungen und als „BFUL"⁶⁶ zu vergleichbaren Siglen-Bildungen der Sprache des Dritten Reiches, der *Lingua Tertii Imperii* passt, so können wir an dieser Stelle doch Einblick in das Denken des Verfassers erlangen. In seiner Rede weist Arthur, der Kopf der Gruppe, gleich zu Anfang darauf hin, eines der ersten Ziele sei gewesen, eine „Katakombengeselligkeit unseres uneingeschriebenen Vereins"⁶⁷ zu bewerkstelligen. Katakombenwendungen haben bei Krauss ansonsten einen deutlich abwertenden Beigeschmack: So spricht er etwa in seinem programmatischen Aufsatz von 1950, *Literaturgeschichte als geschichtlicher Auftrag*, in Bezug auf Ernst Robert Curtius vom „Typus des ‚Katakombengelehrten'" und an anderer Stelle vom „Katakombendasein" vieler Wissenschaftler und Intellektueller während der Hitlerzeit.⁶⁸

Zugleich geht es Krauss in ganz grundlegender Weise um die Sprache, die das Großhalykonische Reich und alle seine Bewohner prägt. Nicht umsonst machte Victor Klemperer, der Verfasser von *LTI*, in einem Brief vom März 1948 an Werner Krauss, den Verfasser von *PLN*, auf die „Kuriose Titelähnlichkeit" aufmerksam, „wo einer nichts vom anderen wußte. Aber das lag eben in der Luft".⁶⁹ Die Titelähnlichkeit beider Werke brachte die beiden deutschen Sprach-Gelehrten einander freilich nicht näher, waren sie doch Romanisten, die beide in der Deutschen Demokratischen Republik unterschiedlich schulbildend wurden und zueinander eher als schwierig zu bezeichnende persönliche Beziehungen pflegten.⁷⁰ Doch lassen wir diese ‚Zweiteilung' der ostdeutschen Romanistik hier beiseite, die sich selbstverständlich auch in einer entsprechenden Lagerbildung niederschlug! Entscheidend ist, dass sowohl *LTI* als auch *PLN* auf komplementäre Weise die Sprache totalitärer Herrschaft eingehend analysierten.

---

65 Hier ließe sich sicherlich auch eine Verbindung mit der historischen Situation herstellen und begründen; zur Widersprüchlichkeit von Harro Schulze-Boysen vgl. auch Fillmann, Elisabeth: *Realsatire und Lebensbewältigung*, S. 176 f.
66 Krauss, Werner: *PLN*, S. 129.
67 Ebda., S. 153.
68 Krauss, Werner: Literaturgeschichte als geschichtlicher Auftrag, S. 9 u. 49.
69 Vgl. die von Horst F. Müller edierte „Korrespondenz Klemperer – Krauss". In: *Lendemains* (Berlin) XXI, 82–83 (1996), S. 190.
70 Naumann, Manfred: PLN und LTI. Gespräche zwischen Krauss und Klemperer. In: Dill, Hans-Otto (Hg.): *Geschichte und Text in der Literatur Frankreichs, der Romania und der Literaturwissenschaft*. Rita Schober zum 80. Geburtstag. Berlin: Trafo Verlag 2000, S. 173–178.

Die Benennung der Widerstandsgruppe als „Bund für unentwegte Lebensfreude" steht wie die ebenso bewusst gewählte Titelgebung PLN im Bezug zur außersprachlichen Wirklichkeit in einer offenkundigen Analogiebeziehung zu nationalsozialistischen Organisationsformen und Bünden wie etwa *Kraft durch Freude* oder anderen Organisationen. Die Reden und Gespräche innerhalb des BFUL (ein im Übrigen kaum schmeichelhaftes Kürzel) zeigen die Möglichkeiten, aber auch die Grenzen freier Rede in einer Gesellschaft von Unterdrückten, umgeben von Spitzeln und Verrätern, auf: Wir haben es keineswegs mit einem herrschaftsfreien Ort unmittelbarer, unvermittelter Kommunikation zu tun. Auch der Widerstand ist der Herrschaftssprache des totalitären Regimes ausgeliefert. Die grundlegende Ambivalenz einer komplexen Darstellungsweise wird in einer Deutung zum Verschwinden gebracht, in welcher der „Bund für unentwegte Lebensfreude" mit der „Widerstandsgruppe Schulze-Boysen/Harnack mit ihrer Verständigungsgeselligkeit und Lebenslust" gleichgesetzt wird, die „in PLN zur Utopie der befreiten und versöhnten Gesellschaft" wird.[71] Doch man könnte, ja man müsste diese ‚Utopie' auch als Dystopie lesen.

Die Aktionen der Widerstandsgruppe erscheinen teilweise als originell und kurios, teilweise aber auch als sinnlos und gefährlich, wie dies etwa die von der Gruppe inszenierte Entführung von Rosa Payer zeigt. Ihr vermutlicher Tod durch Herzversagen, der durch ihr spurloses Verschwinden nicht mehr aufgeklärt, sondern im Roman nur als Möglichkeit suggeriert wird, deutet sich bereits in ihrem Brautkleid aus schwarzer (!) Seide an, „mit einer weißen Einfassung, die im Spitzbogen über der Brust zusammenlief".[72] Bis in die letzten Zeilen des Romans bleiben Erfolg, Wirkung, Zielsetzung und Auswirkungen dieser Widerstandsgruppe offen: Das Bild des drohenden und zornigen Arthur, der „wie ein Drache am Horizont"[73] erscheint, hat trotz und in seiner „gebietenden Entschlossenheit"[74] etwas zutiefst Beunruhigendes. Die Widerstandsgruppe hat sich im Roman längst in eine im Vergleich zur Gesamtgesellschaft ähnlich hoffnungslose Situation hineinmanövriert.

El sueño de la razón produce mónstruos: Gebiert hier der Traum (und nicht der Schlaf) der Vernunft die künftigen Ungeheuer? Goyas vieldeutige Sentenz scheint geradezu auf eine Dialektik der Aufklärung gemünzt. Ist Arthur im Bombenhagel des verglühenden Großhalykon, das die militärische Überlegen-

---

[71] So die Ansicht von Fillmann, Elisabeth: Formen und Funktionen der literarischen Umsetzung biografischen Erlebens bei Werner Krauss. In: Ette, Ottmar / Fontius, Martin / Haßler, Gerda / Jehle, Peter (Hg.): *Werner Krauss. Wege – Werke – Wirkungen*, S. 130.
[72] Krauss, Werner: *PLN*, S. 229.
[73] Ebda.
[74] Ebda.

heit seiner Kriegsgegner anerkennen muss, als Gegenfigur zum „Großlenker" Muphti I. ein Hoffnungsträger, der von innen her das halykonische Volk zur Freiheit führen könnte? Selbst aus der Perspektive unentwegter Lebensfreude scheint eine positive Antwort nicht widerspruchslos und widerstandslos möglich. Allein mit den Mitteln der Gewalt ist die Frage der Gewalt im Sinne eines menschenwürdigen Lebens in Freiheit wohl kaum zu lösen: Gegen-Gewalt bietet als Antwort auf Gewalt keinen Ausweg.

Die Widerständigkeit und zugleich Beständigkeit des Romans, so scheint mir, liegt gerade nicht in einer widerspruchslos bejahenden Darstellung des politisch organisierten antifaschistischen Widerstands, sondern in seiner polysemen und polylogischen Widerständigkeit, die allen Vereinfachungen trotzt. *PLN* setzt vom Verfahren der Titelbildung mit seiner zweifachen mechanischen Vertauschung, der Drehung des Z zu N und der Verdrehung von y und k, an die Stelle des Antagonismus, der unvermittelten Opposition das Verfahren der Verstellung. Es ist gerade nicht das Verfahren der Verneinung, nicht das Verfahren der simplen Zerstörung. Krauss schlägt einen anderen Weg vor, der ihn später in Konflikte mit dem autoritären System der Deutschen Demokratischen Republik führen wird.

Im Kapitel „Der verhängnisvolle Ministerrat" wird auf Textebene vorgeführt, wie die Werbesprüche des Reichspostministeriums – wirklichkeitsnah wie etwa „Vergiß nur nicht die Postleitnummer, / der Post ersparst du Leid und Kummer" oder „Die Postleitnummer ist kein Wahn: dein Brief kommt zehnmal schneller an"[75] – mit Hilfe von Travestie und Parodie sehr wirkungsvoll verkleidet und lächerlich gemacht werden können. Eine Zerstörung dieser Sprüche, ein Herunterreißen der Plakate, hätte nichts bewirkt. Eine kleine Auswahl der im Ministerrat zunächst mit Gelächter, dann mit Unruhe und schließlich mit Bestürzung aufgenommenen Text-Verkleidungen mag genügen, um die viel subversivere Wirkung der Verstellung zu verstehen: „Du kannst dir Postleitnummern sparen, / dein Brief kommt doch nicht an vor Jahren"; „Die Postleitnummer, sei Parole, / mitsamt dem Staat der Teufel hole!"; und schließlich „Drum gilt für jeden Reichsinsassen: / Die Postleitnummer weggelassen"![76]

Es muss für den stets gerne reimenden Gefängnis- und damit noch immer Reichsinsassen Werner Krauss ein großer Spaß gewesen sein, die noch immer auf Hochtouren laufende Propagandamaschinerie des Hitler-Regimes in dieser Weise postalisch und humoristisch zu verstellen und ad absurdum zu führen. Sein Humor war zweifellos Teil seines unbeirrbaren Überlebenswissens. Die

---
75 Ebda., S. 117.
76 Ebda., S. 122–124.

Reime fordern aber nicht nur den Staat heraus, indem sie ihn zwingen, den Postdienst zu militarisieren, eventuelle ‚Postfrevler' hinzurichten und damit „die zündenden Embleme der geballten Lebenskraft des Staates" auch in diesem so harmlosen Bereich vorzuführen.[77] Sie belegen auch eindrucksvoll Funktionsweise und Wirkmächtigkeit dieses im Grunde einfachen, aber ingeniösen Verfahrens.

Dieses humoristische Schreiben dürfte die unentwegte Lebensfreude von Werner Krauss sehr gestärkt haben, könnte aber auch in einem Zusammenhang stehen mit jener Verstellung, welcher der Romanist gewiss sein Leben verdankt. Denn Krauss' Überlebenswissen setzte auf Tarnung, setzte auf Verstellung. Nachdem ihm der Gerichtsmediziner Dr. Müller-Heß nach Krauss' Überführung zur psychiatrischen Untersuchung nach Alt-Moabit „absolute Nichtzurechnungsfähigkeit"[78] bescheinigte, kam ein zweites Gutachten zu einem gegenteiligen Schluss, so dass ein Drittgutachten im Rahmen des Wideraufnahmeverfahrens zumindest mitentscheidende Bedeutung erlangt haben dürfte. Es diagnostizierte „eine temporär auftretende Defizienz, eine sogenannte ‚Verbalhalluzinose'".[79] Dass Krauss keineswegs unter ‚Verbalhalluzinosen' litt, bezeugt seine klare Sprachmeisterschaft in einem Roman, der gleichwohl in einer existenziellen Grenzsituation niedergeschrieben worden war.

So aber erwies sich neben vielen anderen zusätzlich unterstützenden Faktoren, darunter auch die flankierende Hilfe durch Karl Vossler[80] und vielleicht mehr noch durch Hans-Georg Gadamer, in einem ganz konkreten Sinne die Verstellung für Werner Krauss als lebensrettend. Besonders geschickt war Gadamers Stellungnahme, der Krauss nicht nur seelische Depressionen, Menschenscheu, Verfolgungswahn, Willenlosigkeit und dergleichen mehr attestierte, sondern zugleich anmerkte: „Das Erstaunliche war mir immer, dass diese Störungen völlig spurlos verschwanden."[81]

Auch wenn *PLN* daher sicherlich nicht im Zeichen der behaupteten ‚Verbalhalluzinose' gelesen werden sollte, stellt sich doch die Frage, ob sich Krauss durch seine Argumentationsstrategie gegenüber dem Reichskriegsgericht nicht auch gleichzeitig jene ‚Narrenfreiheit' erstritt, die ihm die Arbeit an *PLN* und *Graciáns Lebenslehre* erlaubt haben könnte und seine Manuskripte die Zeit in verschiedenen Gefängnissen letztlich physisch unbeschadet überstehen ließ. Dies böte einen Erklärungsansatz für die bislang zwar festgestellte, aber nicht

---

77 Ebda., S. 171.
78 Zit. nach Jehle, Peter: *Werner Krauss und die Romanistik im NS-Staat*, S. 144.
79 Ebda., S. 244.
80 Vgl. zu vielfältigen Hilfestellungen das Unterkapitel „Wer hilft?". In: Ebda., S. 145–149.
81 Zit. nach ebda., S. 245.

erklärte Tatsache, dass Krauss monatelang zwei mehrhundertseitige Manuskripte verstecken beziehungsweise behalten konnte.[82] Verstellung war sicherlich nicht die einzige, wohl aber die wirkungsvollste Waffe im Widerstand des Werner Krauss. Er gab sie zu keinem Zeitpunkt aus der Hand, auch nicht während des Kalten Krieges. Diese Waffe darf in Krauss' späterer Widerständigkeit gegenüber Weisungen des Staatsapparates der DDR als Form des Überlebenswissens nicht unterschätzt werden!

Werner Krauss' *PLN* ist auf allen erzähltechnischen Ebenen des Romans von grundlegender Ambivalenz und – damit eng verbunden – von einer beobachtbaren Stimmenvielfalt geprägt. Neben die immer wieder durchbrechende, weite Strecken des Romans beherrschende auktorial modellierte Erzählerfigur, die von ‚höherer Warte aus' die Geschehnisse oftmals ironisch, bisweilen sarkastisch kommentiert und in ihrer Anordnung bestimmt, treten Erzählmodi, in denen Geschehnisse aus der (unterschiedlich beschränkten) Perspektive einzelner Romanfiguren dargestellt werden. Perspektivenwechsel sind damit durchaus gegeben, ufern aber nicht gänzlich aus. Mag man mit Blick auf Schnipfmeier auch von Elementen einer Entwicklung seines Bewusstseins und daher mit Recht von Spuren eines Entwicklungsromans sprechen,[83] so bleibt diese innerhalb einer Vielzahl unterschiedlicher Stimmen doch beschränkt und umfasst die Erzählerfigur als solche wohl kaum, sieht man einmal davon ab, dass ihre diskursive Sicherheit aus eher romantechnischen Gründen zunehmend von einer narrativen Offenheit überwuchert wird. In diesem Sinne haben die Chiffren gewiss ihr bereits im Vorwort angedeutetes Eigenleben entfaltet, ohne jedoch die diskursive Sicherheit der Erzählerfigur in ihrer Distanziertheit grundsätzlich in Frage stellen zu können. Ihre Beobachtungen und Kommentare bilden die Achse, um die sich alles Geschehen und alle Figuren drehen. Sie sind die Leitlinie, an der sich gerade die geschichtsphilosophischen Einschätzungen ausrichten.

Unter den sehr unterschiedlich gestalteten Protagonisten sucht man vergebens nach einem *alter ego* von Werner Krauss. Dies ist durchaus bemerkenswert, wird aber durch einen Hinweis im ‚Zwillingsbuch' dieser Gefängnisliteratur erläutert. Denn in *Graciáns Lebenslehre* stellte sich der Verfasser von *PLN* just diese Frage, §die nicht nur eine Darstellung Graciáns, sondern die Auslegung jedes literarischen Kunstwerkes" betreffe und „mit einer starken Hypothek" belaste, als

---

[82] Vgl. hierzu Elisabeth Fillmann: „Auf jeden Fall hat Krauss sein Manuskript sehr gehütet. Es ist erstaunlich, daß es ihm gelungen ist, die wachsende Blättermenge immer mit sich in die verschiedenen Gefängnisse zu schmuggeln." (*Realsatire und Lebensbewältigung*, S. 92).
[83] Vgl. hierzu Fillmann, Elisabeth: Formen und Funktionen der literarischen Umsetzung biografischen Erlebens bei Werner Krauss, S. 126, wo etwas vereindeutigend von einer „gelingenden Entwicklung Schnipfmeiers (*PLN*) zum Widerstandshandeln" die Rede ist.

Problem: „mit welchem Recht will man die Meinungen eines Autors aus den Meinungen seiner Gestalten vernehmen, und wenn ein solches Recht besteht, wo wäre dann im Kreuzfeuer so vieler Meinungen die Stellung seiner übergreifenden Wahrheit zu gewahren?"[84]

Krauss hat sich dieser Frage nicht allein literaturtheoretisch, sondern auch in der Romanpraxis von *PLN* gestellt und seine eigene romantechnische Lösung gefunden. Gewiss sind in der Form autobiographischer Fenster – ähnlich wie in Krauss' literaturwissenschaftlichen Schriften – einzelne Aspekte, Erfahrungen und Einsichten auf Romanfiguren projiziert worden. Der Romancier konnte an dieser Stelle den Erfahrungswerten des Romanisten nicht widerstehen. Diese Biographeme lassen aber niemals eine Biographie, sondern bestenfalls eine Fülle möglicher Biographie-Fragmente ihres Verfassers entstehen. Der Versuch bliebe vergeblich, Aloys Ritter von Schnipfmeier, Arthur, Eurylos oder andere Mitglieder des „Bundes für unentwegte Lebensfreude" als Identifikationsfiguren oder gar das eigentliche Sprachrohr des realen Autors auszumachen. Krauss hat all diesen Simplifikationen vorgebaut.

Ein anderes Bild bietet sich uns jedoch, wenn wir die sicherlich variable, aber stets kohärente Modellierung der Erzählerfigur in *PLN* betrachten. Denn hier zeigen sich weitgehende Übereinstimmungen mit jener Konstituierung wissenschaftlicher Subjektivität, wie sie die literaturwissenschaftlichen Arbeiten von Werner Krauss ins Werk setzten. Eine erhöhte Beobachterposition, der geschickte Einbau autobiographischer Fenster, die Integration von Aphorismen, Sprichwörtern oder Ramón Gómez de la Sernas *Greguerías* nachempfundenen[85] sprichwortartigen Wendungen, die mitunter auch auf die Romanfiguren überspringen, schaffen eine Textur, die jener einer Verbindung von wissenschaftlicher, autobiographischer und volkskultureller Instanzen[86] bei der Konstruktion des wissenschaftlichen Ich sehr nahe kommt.

---

84 Krauss, Werner: *Graciáns Lebenslehre*, S. 36. Zugleich betont Krauss, wie „einleuchtend" es sei, „daß die Wahrheit unter so verschiedenen Konstellationen auch verschiedene Aspekte aufweist" (ebda.). Damit redet er keiner Beliebigkeit das Wort, sondern der Notwendigkeit, mit Hilfe verschiedener Figurenkonstellationen ein differenzierteres Bild entstehen zu lassen, als es ein monologischer Diskurs zu entwerfen vermag.

85 Die Beziehung zwischen Krauss' Schreibtechniken als Literat und Wissenschaftler zu dem spanischen Avantgardisten Ramón Gómez de la Serna machen aufgrund ihrer Vielschichtigkeit eine Einzeluntersuchung lohnenswert; zu Ramón Gómez de la Serna vgl. auch das diesem Autor gewidmete Kapitel im dritten Band der Reihe „Aula" in Ette, Ottmar: *Von den historischen Avantgarden bis nach der Postmoderne*, S 290 ff.

86 Vgl. Ette, Ottmar: „Von einer höheren Warte aus". Werner Krauss – eine Literaturwissenschaft der Grundprobleme, S. 112 f.

Damit aber wird eine grundlegende intratextuelle Verbindung geschaffen, die nicht allein *Graciáns Lebenslehre* und *PLN*, die beiden ‚Zwillingsbände aus der Todeszelle', sondern die spezifisch wissenschaftlichen mit den spezifisch literarischen Texten verknüpft. Literatur/wissenschaftliches Schreiben bildet sich im Sinne der Textproduktion von Werner Krauss stets als Verbindung zwischen beiden Polen – als Hybridform mit je unterschiedlicher Gewichtung, die durch eine zentrale Vermittlungsstelle, die wissenschaftliche Instanz oder Erzählerfigur, zusammengehalten werden. In den Ausprägungsformen *literatur*wissenschaftlichen Schreibens folgte Werner Krauss zweifellos den Spuren seines Lehrmeisters Erich Auerbach.[87]

Mit Recht hat Karlheinz Barck darauf hingewiesen, dass *PLN* in „Sprache und Stilkonzeption" die „Lehren Graciáns" befolge und dass sich ein für Krauss „charakteristischer Stil in allen seinen Arbeiten" ausmachen lasse.[88] Wir dürfen diese Einschätzung getrost auf die Ebene konstruktiver Grundstrukturen all seiner Schriften erweitern. Dabei lässt sich bei *PLN* freilich eine gegenüber *Graciáns Lebenslehre* ungleich stärkere imaginative, fiktionale Komponente ausmachen, ohne dass dieser Text doch in seiner Funktion als Travestie und Parodie und weit mehr noch als *Verstellung* außersprachlicher Wirklichkeit eine Bewegung ständigen Oszillierens zwischen den Polen von Diktion und Fiktion aufgäbe. Dieses friktionale Oszillieren ist auch mit einer Bewegung des Autors zwischen Romanist und Romancier in Verbindung zu bringen.

In diesem Sinne ist *Graciáns Lebenslehre* zweifellos ein dominant diktionaler Text, während wir es bei *PLN* mit einer fiktionalen Literatur bei starker friktionaler Grundtendenz zu tun haben.[89] Das enorme Gewicht einer auktorial modellierten Erzählerfigur deutet an, dass *Die Passionen der halykonischen Seele* die Fortsetzung einer an menschlichen und philosophischen Grundproblemen ausgerichteten Philologie mit romanesken Mitteln darstellen. Der Romancier Werner Krauss ist ohne den romanistischen Literatur*wissenschaftler* nicht zu denken.

Ohne Frage ist *PLN* „ein Buch des antifaschistischen Widerstandes"; gewiss ließe sich sagen, dass sich „hinter dem ‚Großhalykonischen Reich' das ‚Groß-

---

87 Vgl. zum Begriff der *Literatur*wissenschaft Ette, Ottmar: Laudatio: Mario Vargas Llosa oder die Praxis einer lebenswissenschaftlich ausgerichteten *Literatur*wissenschaft. In: Ette, Ottmar / Ingenschay, Dieter / Maihold, Günther (Hg.): *EuropAmerikas. Transatlantische Beziehungen*. Frankfurt am Main – Madrid: Vervuert – Iberoamericana 2008, S. 9–23.
88 Barck, Karlheinz: Gracián-Lektüre in Plötzensee, S. 143.
89 Zur Definition des Friktionalen als unablässige Bewegung zwischen den von Gérard Genette unterschiedenen Polen von Fiktion und Diktion vgl. Ette, Ottmar: *Roland Barthes. Eine intellektuelle Biographie*. Frankfurt am Main: Suhrkamp 1998, S. 308–312.

deutsche Reich' verbirgt, dass unter Muphti Hitler, unter Oleander Göring, unter Koben Goebbels zu verstehen ist".[90] Doch weist *PLN* über derartige identifikatorische, vereindeutigende Festlegungen weit hinaus: Es handelt sich nicht um einen simplen Schlüsselroman. Die friktionale Dimension, das ständige ‚Abreiben' zwischen ‚Imagination' und ‚Realität', Sprachenvielfalt und Ambivalenz, aber nicht zuletzt auch die allegorische Dimension dieses Romans von Werner Krauss machen *PLN* nicht nur zu einem Buch des Widerstands gegen den Hitler-Faschismus, sondern auch der Widerständigkeit gegen Machtwillkür und Unrechtsherrschaft überhaupt. *PLN* ist eine Schule im Kampf gegen Machtmissbrauch.

Mit feinem Gespür für die Schreibweise von Werner Krauss, in der – wie dieser selber von Azorín sagte – die „empfindsamen Sätze" wie „Antennen, auf die eine neue Wirklichkeit einstrahlt", fungieren,[91] hat Peter Härtling bereits darauf hingewiesen, dass „Arthur, der Kopf der Muphtigegner", „eine der merkwürdigsten Gestalten der Erzählung sei":

> Manches, was er und seine Anhänger leidenschaftlich bedenken als Ziel, entspricht schillernd der großhalykonischen Propaganda. Nähert sich an, was sich unvereinbar haßt? Bindet Verachtung? Hier bricht Dämonie in das Buch, ein Zwischenreich wird sichtbar, zähneknirschender Hoffnung abgetrotzt, dem der Mord so nah ist wie das frei atmende Glück. Der schreibende Häftling ist einer furchtbaren Wahrheit auf der Spur; er entläßt seinen Aloys zögernd in sie, denn die Wahrheit liegt hinter seinem wechselreichen, moritatenhaften Lebenslauf.[92]

In der Tat: Werner Krauss war einer furchtbaren Wahrheit auf die Spur gekommen, in der sich die Grenzen zwischen Macht und Gegenmacht oder – wie es die letzten Sätze des Romans formulieren – zwischen Befreiern und Mördern[93] aufzulösen beginnen, gerade weil sie die reinen Antagonismen eines blutigen Spiels *nicht* voneinander trennen. *PLN* ist die Literatur auch *dieser* Grenze, deren Überschreiten weder für den Häftling noch für den ‚Sonderling' Werner Krauss[94] – wie dieser von der jeweiligen etablierten Macht vor und nach Plötzensee nicht ohne eigenes Zutun genannt wurde – opportun war. Dass Krauss mit nahezu denselben Worten durch die Geheimdienste der Nazis wie der DDR beurteilt wurde, zeigt deutlich an, dass sich die Widerständigkeit des schwäbischen Romanisten gegen jegliche Art autoritären Systems wandte. Werner Krauss'

---

90 Scheibe, Siegfried: Nachbemerkung, S. 301.
91 Krauss, Werner: Eine Generation der Niederlage, S. 49.
92 Härtling, Peter: Ein Nachwort in einem Nachwort, S. 317.
93 Krauss, Werner: *PLN*, S. 299.
94 Vgl. hierzu Franzbach, Martin: Von Sonderlingen und ihren Schutzengeln. Zur politischen Antonomasie von Werner Krauss. In: Ette, Ottmar / Fontius, Martin / Haßler, Gerda / Jehle, Peter (Hg.): *Werner Krauss. Wege – Werke – Wirkungen*, S. 153–159.

Leben arbeitete sich an diesen Grenzziehungen von Diktaturen und autoritären Machtsystemen ab und rieb sich dabei auf.

Anders als alle Machtapparate lässt der Roman diese Grenzen – in mehrfachem Sinne – stets offen: ganz so, wie die Grenze zwischen Romancier und Romanist immer durchlässig blieb. Es bleibt zu hoffen, dass wir – wie Karlheinz Barck es formulierte – „heute, nach dem Verschwinden grobschlächtiger Feindbilder",[95] eine derartige Literatur der Grenze jenseits der von Krauss so apostrophierten „Zonengrenzen des Geistes" besser verstehen. Auch wenn wir sehr wohl wissen, dass grobschlächtige Feindbilder in diesem entstehenden oder wohl schon entstandenen neuen ‚Kalten Krieg' zwischen China und dem, was wir ‚den Westen' nennen, keineswegs verschwunden sind.

Doch kehren wir ein letztes Mal zu jenen „Grenzerfahrungen in der wissenschaftlichen Arbeit" zurück, „die in der akademischen Auseinandersetzung mit dem Oeuvre von Werner Krauss bisher so gut wie keine Rolle" spielten![96] Gleichgültig, ob und aus welchem Grund wir *PLN* für „das wohl wichtigste Buch" halten, „das während der faschistischen Zeit in Deutschland geschrieben wurde",[97] oder nicht: Dieser Roman zeigt den Romanisten als Romancier, für den der „dämonische Trieb zur Literatur" ein Faszinosum blieb; jener Trieb, den er bei Gracián durch Aphorismen und Sammeltätigkeit als „gefesselt", aber gleichwohl in all seiner „Macht, die dem Literarischen über dies Leben gesetzt war",[98] erkannt hatte. Das grundlegende Paradoxon von *PLN* liegt wohl darin, dass dieses Buch – wie Krauss im Vorwort schrieb – ein „gefesseltes" war und doch zugleich diesen dämonischen Trieb entfesselte. Es setzte die Macht des Literarischen gegen die Machtfülle eines Unrechtsstaates, aber auch gegen eine Literatur und Wissenschaft der (Gegen-)Macht. *PLN* konnte in vielfachem Sinne zu einer Literatur der Grenze werden, gerade weil es die Grenzen nicht ignorierte, sondern missachtete. Es sollte uns auch in unserer Zeit dabei helfen, machtvoll daherkommenden Mainstream-Meinungen bedeutungsreich zu widerstehen.

Denn Werner Krauss' Ästhetik der Verstellung, die auch eine Ästhetik des Widerstands und vor allem der Widerständigkeit ist, sollte uns davor schützen, die Erzählerfigur des Romans, aber auch die wissenschaftliche Subjektivität seiner Arbeiten mit dem realen Autor in eins zu setzen. Zugleich sollten wir verstehen, dass die Grenze, die Scheidewand zwischen dem Romanisten und dem Romancier keineswegs so stabil war, wie sie auf den ersten Blick scheinen mochte. Romanist wie Romancier bedienten sich nur allzu oft derselben Schreibstrategien und Ver-

---

95 Barck, Karlheinz: Gracián-Lektüre in Plötzensee, S. 147.
96 Ebda., S. 142.
97 Scheibe, Siegfried: Nachbemerkung, S. 308.
98 Krauss, Werner: *Graciáns Lebenslehre*, S. 23.

fahren, auch wenn sich ihre Bücher einer unterschiedlichen Gattungswahl zu beugen schienen. Wir sollten daraus die Einsicht ziehen, dass Literatur und Wissenschaft niemals voneinander getrennte, *hoffnungsvolle* Kinder sind.

Gerade weil dieser Roman die Grenzen der Literatur in Szene setzt, kann er zur Verkörperung einer Literatur der Grenze werden, die sich in einem bis zum Äußersten gespannten Dialog mit einer „Literaturwissenschaft der Grundprobleme" weiß. Der Romanist als Romancier ist mehr als ein bloßer Romancier des Romanisten: Er entfesselt jene Kraft, jenen dämonischen Trieb des Literarischen, in dem die Grenzen zwischen Literatur und Wissenschaft, zwischen Wissenschaft und Literatur in den Passionen der Krauss'schen Lebenslehre in ihrem Leiden wie in ihrer Leidenschaftlichkeit aufgehen. *PLN* ist ein literarisches Lehrstück, wie man gegen ein autoritäres Regime, *wie man gegen jedwedes autoritäre Regime* ebenso vieldeutig wie viellogisch Zeichen setzen und Widerständigkeit beweisen kann.

TEIL 5: **Vom Leben, Sterben und vom Weiterleben der Welten: Lebenswissen in poetisch verdichteter Form**

José María Heredia oder Visionen des Vergangenen für die Zukunft

Wir hatten bei unserer Beschäftigung mit den Anfängen des Diktatorenromans in Argentinien gesehen, welch wichtige Rolle das Exil für die Literatur der *Proscritos* spielte. Viele funktionale Impulse gingen auf die Schriftsteller der ersten Hälfte des 19. Jahrhunderts von ihrer Verbannung aus Argentinien aus. Wenden wir uns der Area der Karibik zu, so ist die Geschichte dieses Teils von Lateinamerika eine gänzlich andere: Der angeschlagenen, aber noch längst nicht ausgeschalteten Kolonialmacht Spanien gelang es, mit Blick auf ‚seine' Inseln seine koloniale Herrschaft zu sichern und die ‚immer treue' Insel Kuba – so der spanische Ehrentitel der „siempre fiel isla de Cuba" – sowie die ‚Schwesterinsel' Puerto Rico, aber auch streckenweise einen Teil der Insel Hispaniola bis zum Ausgang des 19. Jahrhunderts in seinem Besitz zu halten.

Daher spielte das Exil auch in dieser Area für Menschen, die sich für die politische Unabhängigkeit ihrer Heimatländer einsetzten, eine wichtige Rolle; auch wenn die politischen Hintergründe für die jeweiligen Verbannungen ganz andere als im Rest Lateinamerikas waren, wo längst politisch unabhängige Regierungen an die Macht gelangen konnten. So entstand auf der kolonialspanischen Insel Kuba eine politische Situation, in welcher mit dem Wiedererstarken der Kolonialmacht eine Exilierung die einzige Möglichkeit für Menschen bildete, für ihre Überzeugung von einer notwendigen Unabhängigkeit Kubas aktiv einzutreten.

Als der große Dichter dieser frühen Phase des kubanischen Exils gilt gemeinhin José María Heredia. Doch ist es nicht übertrieben, den am 31. Dezember 1803 in Santiago de Cuba geborenen und am 7. Mai 1839 im mexikanischen Toluca verstorbenen Heredia in den kontinentalen Kontext Amerikas zu rücken und gar als *den* Dichter des Exils zu bezeichnen? Ist er nicht vielmehr der *kubanische* Dichter, derjenige, der die künftige Independencia der Insel besingen und die kommende Unabhängigkeitsbewegung schüren sollte? Ist er nicht eben jener, der von José Martí in den höchsten Tönen gelobt, aber auch mit der Bemerkung abgestempelt wurde, ihm habe Welt, also Welterfahrung, gefehlt: „Le faltó mundo", wie sich der große kubanische Exilant und Revolutionär zu Ende des 19. Jahrhunderts ausdrückte?

Es ist gewiss nicht übertrieben, José María Heredia als den großen exilierten kubanischen Dichter des beginnenden 19. Jahrhunderts und als einen der großen lateinamerikanischen Stimmen eines poetischen Amerika zu bezeichnen. Denn Heredia war durchaus ein Lyriker, der sehr wohl auch gesamtamerikanische, über das Kubanische hinausgehende Erfahrungen in sein dichterisches Schaffen einbringen konnte. Beschäftigen wir uns zunächst einmal mit einigen seiner wichtigsten Biographeme! Sie sollen uns verraten, warum José María Heredia zum großen Exilanten werden konnte, der er für die späteren Generationen der kubanischen Literatur war und bis hin in unsere Gegenwart blieb. Denn Heredia war zweifellos das dichterische Emblem der Unabhängigkeit Kubas, ein Emblem, das allein von José Martí als Dichter und Architekt der Independencia gegen Ende eines langen Jahrhunderts noch in den Schatten gestellt wurde.

Der im „Oriente" Kubas, in Santiago de Cuba, 1803 als erstes Kind Geborene war von Beginn an dem karibischen und zirkumkaribischen Raum in besonderem Maße zugewandt. Seine Eltern waren nach damaligem Verständnis Spanier, die aus der heutigen Dominikanischen Republik stammten. Bereits 1806 kam sein Vater innerhalb der kolonialspanischen Administration nach Pensacola, nach Florida also, wobei bis heute umstritten ist, ob der kleine Junge seinen Vater wirklich begleitete. Im Jahre 1810 zog die Familie zunächst nach La Habana und von dort nach Santo Domingo; auch dies ein Wechsel innerhalb der spanischsprachigen Karibik, eine räumliche Bewegung, wie sie zu Zeiten des kolonialspanischen Reiches keineswegs ungewöhnlich war.

Abb. 48: Escamilla Guzmán: Portrait von José María Heredia (1803–1839), um 1834/35.

Immer wieder aufgestellte Behauptungen, denen zufolge Heredia in Santo Domingo studiert hätte, scheinen jeglicher Fundierung zu entbehren. 1815 schon, also zu sehr aufgewühlten Zeiten, begleitete der zwölfjährige Kubaner seinen Vater ausgerechnet nach Venezuela, das längst zu einem Zentrum der Independencia-Bewegung geworden war und keineswegs von den Spaniern wie geplant befriedet werden konnte. Heredias Vater war als hoher Beamter in Venezuela tätig, während der junge Mann selbst an der Universität von Caracas eingeschrieben war und dort nachweislich eine Lateinprüfung ablegte.

Im Jahr 1817 kehrte er nach Kuba zurück und begann im folgenden Jahr ein Studium der Jurisprudenz an der Universität von Havanna; eine Zeit, in welche auch seine erste große Liebe zu Isabel Rueda fällt, welche die Leserinnen und Leser von Heredias Gedichten als Beliza oder Lesbia kennen. Bereits 1819 verfasste er sein erstes Theaterstück, das in Anwesenheit des Autors noch im selben Jahr von einer Gruppe „Aficionados" im kubanischen Matanzas aufgeführt wurde. Der junge Literat konnte erste Erfolge verbuchen.

Doch schon bald brach der angehende Schriftsteller erneut auf und folgte seinem Vater diesmal nach Mexiko-Stadt, wo letzterer 1819 die Stelle eines „Alcalde del Crimen", eines Richters, an der Audiencia von Neuspanien bekleiden konnte. Heredia tat sich auch in Mexiko als Schriftsteller hervor und verfasste so manchen Beitrag für den mexikanischen *Noticioso general*. Er sammelte seine Gedichte in ersten *Cuadernos*, führte ansonsten aber sein Jurastudium ab 1820 nun an der Universität von Mexiko im Vizekönigreich Neuspanien fort. Betrachtet man diese ersten siebzehn Jahre des jungen kubanischen Poeten im Überblick, so kann man kaum nachvollziehen, warum Martí seinem großen lyrischen Vorgänger in der kubanischen Literatur Weltkenntnis bestritt.

Denn zu den Erfahrungen in Kuba, Santo Domingo, Venezuela, Mexiko und – frühkindlich zwar – wohl auch in Florida kommt die intellektuelle Erfahrung mit der französischen Literatur, aus der er in der Folge manches Theaterstück in spanische Verse übertragen sollte. Die literarische Übersetzung wurde auch für José María Heredia – wie später für viele andere kubanische Autorinnen und Autoren – zur konkreten Erfahrungswelt des Literarischen und Ästhetischen: Übersetzungen bildeten den Experimentierraum, in welchem sich die in Entstehung begriffene kubanische (National-)Literatur erprobte und entfaltete. Mit Gustavo Pérez Firmat[1] könnte man selbst noch mit Blick auf die ersten Jahrzehnte des 20. Jahrhunderts formulieren, dass die Übersetzung zur „Cuban condition", zum kulturellen Paradigma und zur literarischen Seinsweise Kubas wurde – auch wenn man mit der begründeten Aufwertung der literarischen Übersetzung des Guten vielleicht doch etwas zu viel tut.

Das Jahr 1820 war im Leben Heredias von herausgehobener Bedeutung. Da ist zum einen die Tatsache, dass Heredias Vater im Oktober diesen Jahres ermordet wurde – ein gravierender Einschnitt auch im Leben des jungen Künstlers. Zum anderen verfasste er im Dezember 1820 – also gerade einmal siebzehn Jahre alt – sein oftmals von der Kritik als sein größtes poetisches Werk gefeiertes Gedicht: *En el Teocalli de Cholula*. Nicht zufällig wurde es später als „nuestro primer gran poema" gefeiert;[2] eine Einschätzung, der wir im Folgenden bei unserer Beschäftigung mit diesem Poem nachspüren wollen. Doch gedulden

---

[1] Vgl. Pérez Firmat, Gustavo: *The Cuban Condition. Translation and identity in modern Cuban literature*. Cambridge: Cambridge University Press 1989.
[2] Vgl. hierzu Arias, Salvador: Nuestro primer gran poema (Estudio de „En el Teocalli de Cholula" de José María Heredia). In: Prats Sariol, José (Hg.): *Nuevos críticos cubanos*. Selección y prólogo José Prats Sariol. La Habana: Editorial Letras Cubanas 1983, S. 51–104.

wir uns noch einen Augenblick, bevor wir uns dieser großen lyrischen Schöpfung des kubanischen Poeten in Mexiko zuwenden!

Nach der Ermordung seines Vaters kehrte Heredia aus Mexiko nach Kuba zurück, wo er von seinem Onkel unterstützt wurde und für eine begrenzte Zeit – wie später José Martí – in einer Anwaltskanzlei arbeitete. Doch auf Grund seiner Vorstellungen von einer möglichst bald zu erreichenden kubanischen Unabhängigkeit, seiner Zugehörigkeit zu einer Freimaurerloge sowie seiner Verwicklung in eine mögliche Verschwörung musste er 1823 ins Exil zunächst in die USA und ab 1825 in das unabhängig gewordene Mexiko fliehen. Dort wurde der noch junge Mann Offizier, mexikanischer Abgeordneter und seit 1833 Professor für Literatur und Geschichte. Er brachte es sogar zum Minister im ehemaligen Neuspanien. Doch die politischen Verhältnisse in Mexiko trübten sich bald ein: Wie nahezu überall im künftigen Lateinamerika brachen auch hier Auseinandersetzungen zwischen miteinander verfeindeten Parteien aus.

Heredia war auf Grund seiner Unabhängigkeitsbestrebungen 1831 in Abwesenheit von einem spanischen Gericht auf Kuba zum Tode verurteilt worden. Erst als er der Unabhängigkeit öffentlich abschwor, durfte er 1836 auf die Insel zurückkehren, wo er sich aber rasch wieder mit Gesinnungsgenossen traf. Seine Beziehungen zur wichtigen Literatengruppe um Domingo del Monte verliefen nicht spannungsfrei, da man ihm die öffentliche Abkehr von den Idealen der Independencia übelnahm. Bereits nach vier Monaten sahen die kolonialspanischen Behörden den jungen Dichter als mögliche Bedrohung. So musste er seine Heimatinsel wieder verlassen und machte sich 1837 schwerkrank nach Mexiko auf, wo er schließlich im Mai 1839 im schönen Toluca an Tuberkulose verstarb. Heredia ist heute wie eh und je ein in Kuba hochverehrter Dichter: Sein Geburtshaus in Santiago de Cuba ist zu einem kleinen und sehr kubanischen Museum geworden.

Kommen wir nun wie versprochen zu unserer Analyse von *En el Teocalli de Cholula*, dem ersten ‚großen Gedicht' in der Literaturgeschichte Kubas – ginge es nach manchem kubanischen Kritiker! Man kann in diesem Gedicht deutlich und unverkennbar die Einflüsse der präromantischen Dichter Spaniens ausmachen, der „Prerrománticos", aber auch feststellen, dass Volneys *Ruines* einen starken Einfluss auf die Imagination des Dichters ausübten. Das Gedicht stammt aus einer Zeit, in welcher Heredia seine ideologischen und politischen Positionen veränderte und von nun an entschieden gegen jegliche Art von Tyrannei heftigen Widerspruch artikulierte.

Versuchen wir bei unserer Analyse herauszufinden, warum José Martí seinen Landsmann als den ersten großen Dichter Amerikas feierte! Es handelt sich um einen Ausspruch, der vor Martí bereits von Cánovas del Castillo für Heredia verwendet worden war, und warum man *En el Teocalli de Cholula* als erstes großes amerikanisches Gedicht bezeichnen konnte. Wenden wir uns in einem ersten Schritt der ersten Strophe des Gedichts zu, das im Übrigen in drei Fassungen von 1820, 1825 und 1832 vorliegt, wobei wir im Folgenden auf die letztgültige Fassung zurückgreifen wollen:

> Wie schön doch ist die Erde
> der mutigen Azteken! In ihrem
> Schoße, hier eng zusammengedrängt,
> sehen staunend wir vereint die Klimazonen,
> jene vom Pol wie jene des Äquators. Ebenen
> glänzen weit voll güldener Ernten
> des süßen Zuckerrohrs. Orangen sind's
> und Ananas und Bananenstauden, Kinder
> des tropischen Bodens, gemischt mit der
> belaubten Rebe, den wilden Pinien
> wie auch Minervas Baum voll Majestät.
> Ewiger Schnee krönet die hehren Häupter
> des reinsten Iztaccíhuatl, des Orizaba
> wie des Popocatépetl, ohne dass der Winter
> je mit zerstörerischer Hand die fruchtbarsten
> Felder berührte, wo sie betrachtet leicht
> in Purpur und in Gold gehüllt der Indio,
> im Okzident den Glanz der Sonne reflektierend,
> vor ewigem Eise und vor immergrüner Weide,
> wo gülden das Licht sich heitere Bahn bricht,
> sehend, wie tief bewegt Natura innehält,
> wie süß voller Wärme sie schenkt das Leben.[3]

> ¡Cuánto es bella la tierra que habitaban
> los aztecas valientes! En su seno
> en una estrecha zona concentrados,
> con asombro se ven todos los climas
> que hay desde el Polo al Ecuador. Sus llanos
> cubren a par de las doradas mieses
> las cañas deliciosas. El naranjo
> y la piña y el plátano sonante,
> hijos del suelo equinoccial, se mezclan
> a la frondosa vid, al pino agreste,
> y de Minerva el árbol majestuoso.
> Nieve eternal corona las cabezas
> de Iztaccíhuatl purísimo, Orizaba
> y Popocatépetl, sin que el invierno

---

[3] Heredia, José María: En el Teocalli de Cholula. In (ders. / Laurencio, Ángel Aparicio, Hg.): *Poesías completas*. Miami: Ed. Universal 1970, S. 191.

> toque jamás con destructora mano
> los campos fertilísimos, do ledo
> los mira el indio en púrpura ligera
> y oro teñirse, reflejando el brillo
> del sol en occidente, que sereno
> en yelo eterno y perennal verdura
> a torrentes vertió su luz dorada,
> y vio a Naturaleza conmovida
> con su dulce calor hervir en vida.

Es ist, als hätte der junge Kubaner den Aufruf des venezolanischen Universalgelehrten und Dichters Andrés Bello gehört und beginne nun, die Welt Amerikas zu besingen. Die erste Strophe von *En el Teocalli de Cholula* ist ganz nach dem neoklassischen Vorbild einer Beschreibung des amerikanischen Reichs der *Natura* ausgerichtet: eine Hymne an das Leben, wie es in seiner ganzen Vielfalt auf engstem Raum in den Gefilden Mexikos zusammengedrängt ist. Der kubanische Barde folgt auf den ersten Blick den Spuren des konservativen Romantik-Gegners Bello und entwirft ein breites Gemälde des Lebens, wie es nur in den Tropen Amerikas, allein in den Äquinoktial-Gegenden des Neuen Kontinents, möglich ist. Damit ist der Bogen zum Beginn unserer Vorlesung gespannt.

José María Heredia befleißigt sich dabei einer durchaus neoklassizistischen Diktion, indem er die verschiedenen Erzeugnisse tropischer Landwirtschaft, der äquinoktialen Gegenden also, beschreibt und hymnisch zur Geltung bringt. In diesen Wendungen spielt wesentlich der Stolz des amerikanischen Kreolen auf die naturräumliche Ausstattung seines amerikanischen Kontinents mit. Es ist eine bewusste Wendung hin zu „Unserem Amerika", zu „nuestra Amerika", wie es im Glanz der sich erfolgreich durchsetzenden hispanoamerikanischen Unabhängigkeitsbewegung von Neuem erstrahlte. Die karibischen Landschaften Kubas stehen – auch wenn die weiten Zuckerrohrfelder Erwähnung finden – deutlich hinter der Beschreibung des „Landes der Azteken" zurück. Das erste große Gedicht der kubanischen Literaturgeschichte gilt nicht den karibischen Küsten, gilt nicht der Insel Kuba.

Zu diesem neoklassizistischen Rahmen passt die unmittelbare Anrufung einer personifizierten Natur sowie die gleichzeitige Wendung an antike Gottheiten beziehungsweise Mythen der abendländischen, griechisch-römischen Kultur, die hier – gegenüber den Stätten der amerikanischen Antike – dezidiert ins Feld geführt werden. Amerika erstrahlt im Lichte des Westens, des Okzidents, und begreift sich als einen Teil dieser westlichen Welt – gerade auch dann, wenn der erste Mensch, der diese Bühne betritt, ein *Indio* ist, ein im Kontext einer bearbeiteten Natur vorgestellter Bewohner der „tierras aztecas". Die indigene Bevölkerung wird gleichsam auf Ebene der Natur in die poetische Szenerie eingeführt.

José María Heredia erweist sich als gelehriger Schüler der spanischsprachigen amerikanischen Literaturtradition. Die lyrischen Kataloge und Listen dieser ersten Strophe entsprechen ganz den neoklassizistischen Formen und Normen, ist in ihnen doch jedwede innere Erregung aufgehoben in einer Sprache, deren marmorne Glätte stets das Gesehene, die Empfindung einbringt in die Konzeptualität, in das Auf-den-Begriff-gebracht-Sein der schöpferischen Energie, die voller Wärme das Leben spendet.

Bemerkenswert ist, wie der junge kubanische Dichter zunächst den großen Kontext entwirft, indem er die Epoche der Azteken und deren Land sowie die Klimazonen dieser Region zeichnet. Seine genaue Position innerhalb der Ruinen des Tempels beziehungsweise der gewaltigen Pyramide von Cholula wurde zwar im Titel bereits eingespielt, ist in dieser ersten Strophe aber noch nicht in den Versen präsent. Dabei reicht sein Blick geographisch zutreffend von den Höhen des Iztaccíhuatl bis hinüber zum Orizaba, der sich am Rande der karibischen Welt erhebt: Dies war der erste jener Schneevulkane, die ein Hernán Cortés bei der Eroberung des Aztekenlandes von der karibischen Area kommend zuerst erblickte und – was Alexander von Humboldt in Staunen versetzte – geographisch erkundete.

Damit wird der Dichter zum einen in eine historische Dimension und zum zweiten in einen räumlichen Kontext eingebaut, der durch Weite und Umfänglichkeit charakterisiert ist: Von Cholula aus kann man hinauf zu den Höhen des Hochtales von Mexiko schauen, aber ebenso zum schroffen Abfall des Hochlandes hin zur Küste der Karibik. Es ist – und verzeihen Sie diese persönliche Reminiszenz! – in der Tat etwas unglaublich Schönes, auf der Spitze der riesigen Pyramide von Cholula zu stehen und zugleich auf den rauchenden Iztaccíhuatl und den fernen, schneebedeckten Orizaba zu blicken. Denn es handelt sich in der Tat um eine ganze Welt („tierra"), die alle Klimastufen in ihrem Raum enthält: Sie ist also bereits konzentrierte, *verdichtete* Welt, noch bevor der Dichter sie besingt.

Alles das, was sich zwischen Pol und Äquator befindet, ist zwischen den engen Grenzen Mexikos angehäuft. Man könnte sagen, dass diese Welt ebenso ein Welt-*Fraktal*[4] der gesamten Erde darstellt, wie dies Ecuador mit seinen schneebedeckten Vulkanriesen Chimborazo und Cotopaxi für Alexander von Humboldt und dessen *Naturgemälde*[5] von der Tropenwelt in derselben Epoche

---

4 Vgl. hierzu Ette, Ottmar: *WeltFraktale. Wege durch die Literaturen der Welt*. Stuttgart: J.B. Metzler Verlag 2017.
5 Vgl. hierzu Ette, Ottmar: Die Listen Alexander von Humboldts. Zur Epistemologie einer Wissenschaftspraxis. In: *HiN – Internationale Zeitschrift für Humboldt-Studien* (Berlin – Potsdam) XXI, 41 (2020), S. 43–61 <http://www.hin-online.de>.

zwischen Aufklärung und Romantik gewesen war. Genau so, wie die Zeit und damit die historische Dimension die Jahrhunderte überspannend in den Ruinen des Tempels sowie in der gesamtem Pyramidenanlage von Cholula eingefangen wurde (Abb. 49 u. 50), ist auch der geographische Raum in deren weitem Umkreis erfasst. Dabei ist es nicht weiter von Interesse, dass der Kubaner Heredia diese Tempelanlage den Azteken fälschlich zuzuschreiben scheint: Die Azteken, die *Mexica*, stehen gleichsam stellvertretend für die amerikanische Welt der Vergangenheit, für das vergangene, das versunkene Amerika insgesamt. Die indigene Bevölkerung ist keineswegs verschwunden, doch Reich und Herrschaft dieser ‚Indios' sind seit langen Jahrhunderten spanischer Kolonialherrschaft aus der Gegenwart geschieden und längst den geschichtlichen Tod gestorben.

Das gesamte Gedicht lässt sich leicht in insgesamt drei Teile zergliedern, wobei der erste Teil die Beschreibung der Natur und deren naturräumliche Ausstattung – die wir gerade kennengelernt haben – darstellt und insgesamt dreiundsiebzig Verse umfasst. Ein zweiter Teil beinhaltet *grosso modo* die Meditation des lyrischen Ich und beinhaltet insgesamt siebzig Verse. Demgegenüber bilden die übrigen elf Verse am Ende von *En el Teocalli de Cholula* einen dritten, rekapitulierenden, zusammenfassenden Teil. Auf diese Weise öffnet sich der klassische Gegensatz zwischen Natur und Kultur, wie er die erste Strophe unseres Gedichts bereits beherrscht, in einem zweiten Schritt auf einen bestimmten Menschen hin, eben den Dichter, der innerhalb des zunächst entfalteten raum-zeitlichen Kontexts Platz nimmt und die Außenwelt in eine Innenwelt verwandelt. Sehen wir uns diese Gesamtstruktur des Langgedichts von Heredia etwas genauer an!

Die metrische Analyse zeigt uns zunächst, dass es sich beim spanischsprachigen Original um eine *Silva* handelt, die insgesamt vorwiegend aus Elfsilblern gebildet wird. Dazu aber kommen insgesamt acht „Heptasílabos" und fünf „Pentasílabos" hinzu. Eine Silva, so lehrt uns ein Blick in den *Diccionario de métrica española*[6] von Domínguez Caparrós, setzt sich in der Tat aus der asymmetrischen Kombination von „Endecasílabos" oder auch von Elfsilblern plus Siebensilblern zusammen, „con rima consonante libremente dispuesta", wie es heißt, und stets auch mit der Möglichkeit, einige Verse offenzulassen. Dabei ist es unmöglich, die Silva in symmetrische Strophen einzuteilen.

Der Vorzug dieser lyrischen Form liegt darin, dass sie sich den verschiedensten Themen und Stoffen gegenüber als poetische Ausdrucksform eignet. Analysieren wir die Gesamtheit des Langgedichts, so zeigt sich rasch, dass in

---

6 Vgl. Domínguez Caparrós, José: *Diccionario de métrica española*. Madrid: Paraninfo ²1992.

ihm mit gut 28 Prozent der sogenannte heroische Elfsilbler dominiert.[7] Wir wollen an dieser Stelle unserer Vorlesung nicht die feinen Unterschiede zwischen dem heroischen und dem gemäßigten „Endecasílabo" untersuchen, sondern festhalten, dass sich Heredia bei Abfassung seines Gedichts insgesamt sehr wohl an klassische Versformen und Reimschemata hielt.

Man darf ohne alle Einschränkungen festhalten, dass der damals siebzehnjährige Heredia die literarischen und spezifisch poetischen Regeln seiner Zeit tadellos beherrschte. Er gab seiner Komposition innerhalb der neoklassizistischen Ordnung auch jene Flexibilität mit, die ihm die Silva erlaubte. Auch sonst scheint sich Heredia im ersten Teil seines Poems an die Formen neoklassizistischer Tradition gehalten zu haben, was auch seine Adjektive einschließt, die oft als typenhaft beschrieben werden können: Denn die Rebe ist belaubt, die Sonne strahlt, der Baum der Minerva majestätisch und die Ebenen sind weit ...

Dabei ist klar, dass diese neoklassizistischen Formen insoweit in eine gewisse Amerikanisierung übergeführt werden, als die Namen und Bezeichnungen indianisch-aztekischer Herkunft die Rhythmik des Náhuatl und dessen Phonetik mit in den Text einblenden. Damit ergeben sich im Spanischen neue poetische Effekte. Dass es möglich wäre, auch die Semantik hierauf zu beziehen – der Iztaccíhuatl als liegende Frau, der Orizaba als Berg des Sterns oder der Popocatépetl als rauchender Berg – kann hier nur erwähnt, aber nicht eigens analysiert werden. Bis zu diesem Punkt des Langgedichts wäre es zweifellos möglich, *En el Teocalli de Cholula* als eine Art ‚amerikanische Silva' im Sinne Andrés Bellos zu verstehen und zu lesen. Doch darin erschöpft sich Heredias Gedicht keineswegs.

Halten wir uns daher nicht allzu lange mit diesen Fragestellungen – bezogen auf eine Analyse der ersten Strophe des Gedichts – auf, sondern betrachten wir, wie der Kontrast zum zweiten Teil von *En el Teocalli de Cholula* künstlerisch hergestellt wird! Denn nun sind es der Dichter und seine Meditation, die der Beschreibung der Natur, der räumlichen und zeitlichen Kontextualisierung, kontrastiv gegenübergestellt werden:

> So fand ich sitzend mich oben auf
> Cholulas vielberufner Pyramide. Vor mir
> dehnte die Ebene sich unermesslich,
> lud meine Augen ein, sich auszuweiten.
> Welch ein Schweigen! Welch ein Friede! Wer wollte
> meinen, dass auf diesen schönen Feldern herrscht
> barbarische Unterdrückung, dass diese Erde
> reiche Ernten bringt, von Blut gedüngt,

---

[7] Vgl. mit Blick auf Heredia Arias, Salvador: Nuestro primer gran poema (Estudio de "En el Teocalli de Cholula" de José María Heredia), S. 51–104.

vom Blut von Menschen ward hier überflutet,
vom Aberglauben und von blinder Kriegeslust … ?

Indessen sank die Nacht. Hoch oben in der Sphäre
ward dunkel und dunkler schon das leichte Blau
gefärbt; der so bewegliche Schatten der
heiteren Wolken, die am Himmel flogen,
durch den Raum, beflügelt von der Brise,
sichtbar ward in der weitgestreckten Ebene.[8]

Hallábame sentado en la famosa
Cholulteca pirámide. Tendido
el llano inmenso que ante mí yacía,
los ojos a espaciarse convidaba.
¡Qué silencio! ¡Qué paz! ¡Oh! ¿Quién diría
que en estos bellos campos reina alzada
la bárbara opresión, y que esta tierra
brota mieses tan ricas, abonada
con sangre de hombres, en que fue inundada
por la superstición y por la guerra … ?

Bajó la noche en tanto. De la esfera
el leve azul, oscuro y más oscuro
se fue tornando; la movible sombra
de las nubes serenas, que volaban
por el espacio en alas de la brisa,
era visible en el tendido llano.

In diesen Versen, mit einem kontemplativen Beobachter in der ersten Person Singular, der von der Spitze aus die zu seinen Füßen weit ausgestreckte Ebene betrachtet, ist das romantische Setting unverkennbar. Wie einst Jean-Jacques Rousseau vom Gipfel der Alpen aus sich einer Transparenz versicherte,[9] die ihm die Seelenlandschaft tief ins Herz zu spiegeln wusste, ist hier das Ich auf der Suche nach alten Bildern, die aus der Zeit der Pyramiden hochsteigen in dessen Gegenwart. Das Ich platziert sich in dieser geschichtlichen Zeit in ihrem Ablauf, aber auch im Raum, der stets bewegliche Bilder malt: wo Wolken rasch an ihm vorbeihuschen und sich der Raum als ebenso veränderlich erweist wie die Zeit. Das Subjekt aber nimmt seine sitzende Stellung ein, situiert sich als ruhender, kontemplativer Pol inmitten aller Bewegungen, die es mit romanti-

---

8 Heredia, José María: En el Teocalli de Cholula, S. 192.
9 Vgl. hierzu Starobinski, Jean: *Jean-Jacques Rousseau. La transparence et l'obstacle. Suivi de Sept Essais sur Rousseau*. Paris: Gallimard 1971.

scher Melancholie[10] an sich vorbeiziehen lässt. Die sich vor ihm ausbreitende Seelenlandschaft ist eine Korrespondenznatur. Und die Geschichte öffnet sich mit Schrecken auf Bilder blinder Unterdrückung und Ermordung.

Abb. 49: Nordansicht der Pyramide von Cholula mit dem Heiligtum der „Virgen de los Remedios".

Abb. 50: Freigelegte Fundamente der Pyramide.

Zum einen ist in diesem Szenario der einsame Dichter der weiten, grausamen Welt gegenübergestellt; zum anderen wird dieser Kontrast zwischen Natur und Kultur, zwischen äußerer Grausamkeit und innerlicher Subjektivität noch ins Kosmische ausgeweitet, indem die Szenerie eines Sonnenuntergangs evoziert wird. Die Sphären werden für das Ich bereits erkennbar; und am Himmel werden bald die Sterne funkeln.

Auf diese kunstvolle Weise wird der zu Beginn des Gedichts eingeführte Gegensatz unverkennbar subjektiviert, in eine Perspektive des einsam sitzenden Dichters überführt, die es Heredia dann erlaubt, den Gegensatz zwischen Natur und Kultur in einen zwischen Individuum und geschichtlichem Kontext, zwischen Ich und Welt umzudeuten; ein Übergang, der sich epochenspezifisch durchaus mit demjenigen vom Neoklassizismus zur Romantik namhaft machen ließe. Das Ich sieht sich in Opposition zur „bárbara opresión", die keineswegs – wie an anderer Stelle im Gedicht – gemeinplatzartig auf die Menschenopfer der Azteken allein verweist, sondern auch auf Aufstände wie denjenigen Hidalgos

---

10 Vgl. zum Komplex der Melancholie den vierten Band der Reihe „Aula" in Ette, Ottmar: *Romantik zwischen zwei Welten*, S. 177 ff.

gegen die kolonialspanische Herrschaft gemünzt ist. Stets ist die Geschichte eine Flut vergossenen Blutes, das auch den historischen Hintergrund von Heredias Heimatinsel Kuba keineswegs ausspart. Denn noch immer – und noch für lange Zeit – wird dort der Kolonialismus Spaniens alles unterdrücken, was nach politischer Unabhängigkeit strebt.

Doch Gedichte sind polyseme Artefakte; daher fiele es nicht allzu schwer, diese Passage – wie es der Dichter später sicherlich getan hätte – vor allem auf die barbarische Unterdrückung gerade durch die spanischen Kolonialherren umzumünzen. Sie waren es, die ihn später, nach der ersten Fassung des Gedichts, ins mexikanische Exil und in die Verbannung trieben. Auch wäre es durchaus möglich, dass bei der ersten Abfassung des Gedichts der junge Heredia – zwei Monate nach dem Tod beziehungsweise der Ermordung seines Vaters, der in kolonialspanischen Diensten arbeitete – den Bruch mit dem Kolonialregime auch als Bruch mit dem Vater empfunden hätte. Doch dies kann man zu diesem Zeitpunkt noch nicht annehmen.

Die zentrale ideologische Achse des Gedichts dreht sich zweifellos um die Verse 95 und 96; sie sind durchaus in eine neoklassizistische Tradition zu stellen: „que fuiste negarán ... / Todo perece / por ley universal." Denn alles geht zu Grunde, alles geht unausweichlich dem Tod entgegen, der das Leben, der alles Lebendige unbarmherzig beendet. Die eigene Welt erscheint als Kadaver des Gestern; das Heute ist in einem Leichnam des Gestrigen beschlossen: Das Weltgesetz verurteilt alles zum Verderben, zur Verderbnis. Hierin ist die tiefe Melancholie beschlossen, mit welcher der Dichter, das melancholische Subjekt, von der Spitze der Pyramide herab auf diese Welt schaut und in ihr immer nur das Gesetz des Sterbens und Vergehens erkennen kann.

Gerade dieser fundamentale Bruch im Vers ist in einem Weltgesetz, einer „ley universal", aufgehoben und damit gleichsam gekittet. Diese Einsicht bildet auch in ihrer Symmetrie das noch als neoklassizistisch zu bezeichnende Element des Gedichts, welches wohlverstanden seine Wirkung freilich aus eben jenem anderen Element in wechselseitiger Spannung bezieht. Heredias Zeitgenossen verstanden diese Spannung zu würdigen, wie dies Reaktionen von Andrés Bello, Antonio Saco oder Antonio Cánovas del Castillo zeigen, die auch später immer wieder *En el Teocalli de Cholula* erwähnen, wenn es um die Wertschätzung des kubanischen Dichters geht. Diese Schöpfung bildet zweifellos den literarischen Durchbruch des kubanischen Lyrikers. Sie beinhaltete als erstes großes Gedicht noch genügend neoklassizistische Elemente, um selbst das Gefallen eines der Romantik – wie wir im ersten Teil unserer Vorlesung sahen – kritisch gegenüberstehenden Andrés Bello zu erregen.

Die in Mexiko stattfindende Wendung des Kubaners José María Heredia zur amerikanischen, zur indigenen Vergangenheit ist in zumindest zweifacher Hinsicht bedeutsam: Es handelt sich zum einen um die bewusste Wahrnehmung dieser vormals ausgeblendeten Vor-Geschichte der spanischen Herrschaft, die aber jetzt, mitten im Kampfe gegen die spanische Kolonialmacht, gerne evoziert wird. Zum anderen scheint gerade in der interkulturellen Beziehung zwischen Kuba und Mexiko eine gesamtamerikanische Dimension auf, welche die Gemeinsamkeit hispanoamerikanischer Geschichte unter Einschluss ihrer ‚Vorgeschichte' erfasst. Die indigenen Hochkulturen Mexikos bilden zwar keine Elemente der Geschichte Kubas, schließen aber auch die indigenen Wurzeln der kubanischen Geschichte mit ein.

Lassen Sie mich an dieser Stelle kurz einen anderen kubanischen Dichter zu Wort kommen, der die Geburt des Amerikanischen in seinem auf einer Reihe von Vorträgen basierenden Essayband *La expresión americana* verdichtet und komplex zum Ausdruck brachte.[11] Denn wir können die hispanoamerikanische Romantik in ihrer schillernden Widersprüchlichkeit nicht verstehen, wenn wir nicht auf die spezifischen Übergänge vom 18. zum 19. Jahrhundert zurückgreifen und dabei auch eine Figur wie Fray Servando Teresa de Mier[12] streifen, bevor wir uns dem „Libertador" Simón Bolívar und wieder José María Heredia zuwenden.

Für José Lezama Lima war Fray Servando eine der Schlüsselfiguren zum Verständnis des Jahrhunderts der Romantik und des Modernismo. In ihm konzentrierten sich auf kreative Weise die zahlreichen Widersprüchlichkeiten Hispanoamerikas. Vergessen wir dabei nicht, dass Fray Servando zeitlebens ein Gehetzter war: zunächst über lange Jahre von der Inquisition als gefährlich denunziert und verfolgt, gegen Ende seines Lebens dann in die politischen Gegensätze der mexikanischen Independencia verstrickt! Ein kurzes Zitat aus *La expresión americana* soll uns genügen, um diese Figur in der gebotenen Kürze einzublenden: „Fray Servando war der erste Entflohene, ausgestattet mit der notwendigen Kraft, um zu einem Ende zu gelangen, welches alles klärt, von der barocken Herrlichkeit an, vom Herren, der den wollüstigen Dialog mit der Landschaft durchquert. Er war der Verfolgte, welcher aus seiner Verfolgung eine Art der Integration macht."[13]

---

11 Vgl. zu José Lezama Lima das dem Dichter gewidmete Kapitel im dritten Band der Reihe „Aula" in Ette, Ottmar: *Von den historischen Avantgarden bis nach der Postmoderne*, S. 741 ff.
12 Vgl. das Fray Servando gewidmete Kapitel im fünften Band der Reihe „Aula" in Ette, Ottmar: *Aufklärung zwischen zwei Welten*, S. 516 ff.
13 Lezama Lima, José: *La expresión americana*. Madrid: Alianza Editorial 1969, S. 97: „Fray Servando fue el primer escapado, con la necesaria fuerza para llegar al final que todo lo aclara, del señorío barroco, del señor que transcurre el voluptuoso diálogo con el paisaje. Fue el perseguido, que hace de la persecución un modo de integrarse."

Wie José María Heredia in seiner Exilierung, aber auch wie Simón Bolívar in seinem Kampf gegen eine spanische Kolonialmacht, die ihn bekämpfte und verfolgte, hatte der neuspanische Dominikanermönch Fray Servando Teresa de Mier aus seiner Verfolgung und Exilierung seine Heimat gemacht. Der verfolgte Mönch hatte in Übersee, insbesondere in Paris und London Kontakte zu einer Vielzahl von Hispanoamerikanern, aber auch Spaniern geknüpft, die aktiv am Prozess der Independencia beteiligt waren und als Vordenker, Kämpfer oder Gestalter den Unabhängigkeitsprozess der spanischen Kolonien in Amerika beförderten.

So hatte Fray Servando nicht nur den Spanier Blanco White, mit dem er manchen intellektuellen Strauß ausfocht, sondern auch Figuren vom Kaliber eines Andrés Bello kennengelernt, mit dem wir uns im Rahmen dieser Vorlesung ausführlich beschäftigten. Doch verkehrte er auch mit einem so wichtigen Intellektuellen wie Simón Rodríguez, den Lehrmeister Bolívars, mit dem ihn eine herzliche Freundschaft verband. Man darf Fray Servando daher trotz mancher Eigenwilligkeiten und immer wieder überraschender Wendungen sehr wohl jener Gruppe zurechnen, welche die Ideen insbesondere der novo-hispanischen Aufklärung in die Tat umzusetzen versuchten. Er gehörte jener intellektuellen Gemeinschaft an, die quer zu den verschiedenen Areas des sich herausbildenden postkolonialen Lateinamerika Vorstellungen der „Ilustración" wie des Neoklassizismus in die neue Epoche der Unabhängigkeit und einer aufblühenden Romantik einbrachte.

Vor dem Hintergrund dieser Gemeinschaft an Ideen und Vorstellungen gelangen wir schon zu jener Figur des großen „Libertador", dessen Gestalt Sie wohl eher in einer Vorlesung über die Geschichte und Politik Lateinamerikas, vielleicht weniger aber in einer Vorlesung über die literarischen Ausdrucksformen von Geburt, Leben, Sterben und Tod erwartet hätten. Und doch ist Simón Bolívar nicht nur für die Bereiche Geschichte und Politik eine der großen herausragenden Figuren der Independencia, sondern auch ein wichtiger Vertreter der entstehenden hispanoamerikanischen Romantik. Als solcher wurde er auch in einem neueren Roman des Kolumbianers Gabriel García Márquez mit dem Titel *El general en su laberinto* porträtiert. Denn gerade im Bereich seiner Reden, aber auch des Essays und vor allem des Briefes ist Bolívar literarisch stilbildend geworden; eine Tatsache, die man nur allzu gerne übersehen hat, wenn man sich mit dem großen Befreier des spanischen Amerika beschäftigte.

Zweifellos war Bolívar einer jener Männer, die sich zu Beginn des 19. Jahrhunderts mit der größten Luzidität die komplexe Frage nicht nur der politischen Zukunft, sondern auch der kulturellen Perspektiven der ehemaligen spanischen Kolonien stellten. Als Kreole dachte er wie Fray Servando Teresa de Mier nicht primär an die indigene Bevölkerung Amerikas und wandte sich in seinen Reden und Schriften in erster Linie an die kreolische Ober- und Trägerschicht der Unabhängigkeitsbewegung. Doch war eine entschlossene Abkehr von Spanien – dies wusste Bolívar sehr genau – nur um den Preis einer partiellen Identifizierung mit dem historischen Widerstand der indigenen Bevölkerung zu haben. Daher ist es ungeheuer aufschlussreich, diese Positionen mit jenen Heredias zu vergleichen und zugleich zu fragen, wie das Verschwinden der historischen *Indios* und ihr ‚geschichtlicher Tod' in eine ‚Wiedergeburt' von Figuren der „pueblos originarios" überführt werden konnte.

Dabei wollen wir nicht so tun, als könnten wir dies von einer souveränen, überlegenen Position aus beurteilen, ist der ‚Tod' indigener Kulturen doch seit jener Epoche der Unabhängigkeit nur sporadisch in Literaturgeschichten Lateinamerikas hinterfragt und auf eine unbedingt notwendige Geschichte der indigenen Literaturen hin geöffnet worden. Denn erst in neuerer und neuester Zeit hat man entschlossen versucht, die Länder Lateinamerikas als plurikulturelle und gerade nicht einsprachige Einheiten zu verstehen, so dass in nicht allzu ferner Zukunft eine Geschichte der indigenen literarischen Ausdrucksformen unbedingt eine der spanischsprachigen Literaturen ergänzen muss.[14] Mit der Einbeziehung einer solchen würden wir freilich den Bereich einer romanistischen Vorlesung verlassen.

Hinsichtlich der Figur Simón Bolívars und des gesellschaftlichen wie kulturellen Wirkens seiner Generation gilt es, sich vor Augen zu halten, dass sich niemals in der Geschichte der Menschheit ein geographisch größerer Raum in kürzerer Zeit von althergebrachten Gesellschaftsstrukturen hat befreien können – in diesem Falle dem kolonialspanischen System. Dies sollte man stets bedenken, auch wenn man der Independencia beispielsweise hinsichtlich ihrer politischen und wirtschaftlichen, aber auch gesellschaftlichen und kulturellen Konsequenzen kritisch oder skeptisch gegenüberstehen mag.

Mit Recht verwies Simón Bolívar mehrfach auf die riesige Ausdehnung der Hemisphäre und beurteilte die Entwicklung des Unabhängigkeitskampfes in den verschiedenen Regionen der hispanoamerikanischen Welt sehr differenziert. Sein Hauptaugenmerk richtete er besonders auf den Río de la Plata, auf das Reino de Chile, das Virreinato del Perú sowie auf Nueva Granada und Nueva España, ohne freilich die Antillen und vor allem „la heroica y desdichada Venezuela" zu vergessen, seine eigene heroische Heimatregion. Das Wissen Bolívars über Amerika war bemerkenswert und seine Weitsicht schlicht

---

14 Vgl. hierzu in neuester Zeit etwa den Beitrag von Quijano Velasco, Mónica: La historia de las literaturas en lenguas indígenas en México. Una revisión. In: Ugalde Quintana, Sergio / Ette, Ottmar (Hg.): *Políticas y estrategias de la crítica II: ideología, historia y actores de los estudios literarios*. Madrid – Frankfurt am Main: Iberoamericana – Vervuert 2021, S. 73–96. Der Beitrag bietet beschränkt auf den mexikanischen Raum einen sehr guten Überblick über alle bisherigen Versuche, zu einer solchen Literaturgeschichte zu gelangen.

bewundernswert. Was aber würde das Schicksal der Neuen Welt sein, sobald sie erst einmal frei wäre? Bolívar versuchte in seiner berühmten, gerade einmal ein Jahrfünft vor Heredias großem Gedicht entstandenen *Carta de jamaica* auf diese Frage eine vorläufige Antwort zu geben:

> Es ist noch schwieriger, das künftige Schicksal der Neuen Welt vorherzusagen, Prinzipien bezüglich seiner Politik zu etablieren und gleichsam die Natur seiner Regierung zu prophezeien, welche es einmal übernehmen wird. Jede auf die Zukunft dieses Landes gerichtete Idee scheint mir gewagt. Konnte man es denn vorhersehen, als das Menschengeschlecht sich noch in seiner Kindheit befand und von so viel Unsicherheit, so viel Ignoranz und so vielen Irrtümern umgeben war, welches die Regierungsform sein könnte, die es für seine Selbstbewahrung einmal wählen würde? Wer hätte es damals gewagt zu sagen, welche Nation eine Republik und welche eine Monarchie, ja dass dieses Land einmal klein und jenes andere groß sein werde? Nach meinem Dafürhalten ist dies aber das Bild unserer Situation. Wir sind ein kleines Menschengeschlecht; wir besitzen eine eigene Welt; wir sind von weiten Meeren umgeben, neu in fast allen Künsten und Wissenschaften, und doch auf eine gewisse Art alt in den Gebräuchen der Zivilgesellschaft. Ich halte den aktuellen Zustand von Amerika für vergleichbar mit jenem Augenblick, als das Römische Reich zusammengebrochen war und jede Abspaltung ein politisches System ergab, in Übereinstimmung mit den jeweiligen Interessen und der Lage, aber auch in Abhängigkeit von den besonderen Ambitionen mancher ihrer jeweiligen politischen Führer, Familien oder Korporationen; mit dem bemerkenswerten Unterschied freilich, dass jene verstreuten Glieder ihre alten Nationen mit jenen Veränderungen wiederherstellten, welche die Dinge oder die Ereignisse erforderlich machten; wir aber, die wir kaum noch die Trümmer dessen bewahren, was in einer anderen Zeit einmal war, und die wir auf der anderen Seite weder Indianer noch Europäer sind, sondern eine mittlere Spezies zwischen den legitimen Eigentümern des Landes und den spanischen Usurpatoren darstellen: Wenn wir alles zusammengenommen folglich Amerikaner durch Geburt und unsere Rechte die von Europa sind, so müssen wir diese mit jenen des Landes konfrontieren und gegen die Invasion der Invasoren aufrecht erhalten; so befinden wir uns in dem außerordentlichsten und kompliziertesten Falle; dessen ungeachtet ist es eine Art Weissagung, wollte man angeben, welches das Ergebnis der politischen Linie sein könnte, welche Amerika einschlagen wird, und doch will ich es wagen, einige Vermutungen zu äußern, welche ich selbstverständlich für arbiträr halte, sind sie doch von einem rationalen Wunsche und nicht von einer Wahrscheinlichkeitsrechnung diktiert.[15]

Wie José María Heredia sitzt Bolívar gleichsam auf den Überresten dessen, was einmal war, nur dass der Kubaner nicht mehr die Ruinen des Römischen Reiches betrachtete, sondern diejenigen des Aztekenreiches und anderer indigener Mächte, die vor der Eroberung durch Hernán Cortés oder Francisco Pizarro die politische Geschichte dieser Weltregion bestimmten. In dieser langen und zugleich rhetorisch sehr verdichteten Passage der 1815 verfassten *Carta de Jamaica* finden sich ent-

---

15 Bolívar, Simón: *Carta de Jamaica, The Jamaica Letter. Lettre à un Habitant de la Jamaïque.* Caracas: Ediciones del Ministerio de Educación 1965, S. 69f.

scheidende Fragestellungen und Lösungsansätze, die das gesamte 19. Jahrhundert des sich herausbildenden Lateinamerika in grundlegender Weise leiten sollten.

Die Verwendung des Begriffs ‚Neue Welt' war hier bewusst gesetzt, denn *neu* war diese Welt im Sinne Bolívars nicht etwa deshalb, weil sie später und von der sogenannten Alten Welt aus entdeckt worden wäre, sondern weil sie keine Modelle und Vorbilder besaß, auf die sie sich hätte berufen können, keine Staatswesen und Einrichtungen, an denen sie sich hätte orientieren sollen. Die Zukunft war folglich radikal offen. Und sie war dies umso mehr, als zu diesem Zeitpunkt die indigenen Reiche, von denen nur noch Trümmer vorhanden seien, als vorbildgebende Strukturen für die lateinamerikanischen ‚Gründerväter' der kreolischen Eliten gänzlich ausschieden.

Die Überzeugung der Zukunftsoffenheit von Geschichte ist ein Attribut der Moderne wie auch ihrer je nach kultureller Area verschiedenen Auslegung.[16] Simón Bolívar übertrug die Einsicht in diese Zukunftsoffenheit auf Amerika, auf die Neue Welt, indem er deren Einwohner als „kleines Menschengeschlecht" umschrieb und damit nicht nur im übertragenen Sinne eine Art eigener Welt konzipierte, die folglich auch ihre eigene Gesetzlichkeit („derechos") und vor allem ihre eigene Zukunft haben müsse.

Wo aber waren dann die indigenen Kulturen einzuordnen? Denn selbst aus der Sicht eines Kreolen waren sie nicht einfach zum Verschwinden zu bringen. Erschien diese indigene Geschichte lediglich als Prähistorie, als Vor-Geschichte, von der den Menschen nur wenig bekannt sei, dann kann diese Welt in der Tat – und so dürfte Bolívar diesen Begriff *auch* gemeint haben – als eine *neue* Welt verstanden werden. Doch wie konnte man die ‚neue' Menschengattung definieren, die in dieser Welt lebte? Ihre Bewohner, das kollektive *Wir*, das der „Libertador" in dieser Passage verwendete, waren für Bolívar weder Indianer noch Europäer, sondern eine Art mittlerer Spezies in der Menschheitsgeschichte.

Dabei erklärte Bolívar die indigene Bevölkerung zu den legitimen Eigentümern dieser Erde, denen er die spanischen Usurpatoren entgegenstellte. Für Bolívar leiteten sich daraus die aktuellen Besitzrechte der Aufständischen ab – und zwar gerade *nicht* zugunsten dieser indigenen Bevölkerungen und Kulturen, sondern zugunsten all jener, die sich im Namen der alten indigenen Reiche gegen die spanischen ‚Invasoren' erhoben. Man könnte in dieser Argumentation den Ausdruck einer Symbolpolitik, einen geschickten diskursiven Trick oder auch den Geburtsfehler der Independencia erkennen. In diesem Zusammenhang wird man gleichwohl zur Kenntnis nehmen müssen, dass mit den Kreolen eine gleichberechtigte Einbeziehung der indigenen Bevölkerungsgrup-

---

16 Vgl. hierzu den Einführungsteil von Ette, Ottmar: *Romantik zwischen zwei Welten*, S. 45 ff.

pen zum damaligen Zeitpunkt – und sicherlich auch heute noch – nicht möglich war. Ideologisch aber setzten sich die neuen Herren, die gegen die Spanier aufbegehrten, an die Stelle der indigenen Bevölkerungen in Amerika und pochten auf ihre Rechte, die sie aus der Zeit *vor* der Eroberung dieser Reiche durch die Spanier ableiteten.

Die Formulierung „especie media" ist freilich recht paradox: Handelt es sich um eine Vermischung, wie der Begriff „media" nahelegen könnte? Oder dominiert vielmehr die Abgrenzung sowohl gegenüber der indigenen Bevölkerung als auch gegenüber den spanischen Eroberern? Klar ist in dieser Passage vor allem, dass Bolívar für die Amerikaner gleichsam einen eigenen Bereich eröffnet, eine eigene Spezies einführt, die in sich wiederum als homogen begriffen wird und an deren Spitze er sich stellt. Diese Amerikaner sind freilich *de facto* Söhne und Töchter der Spanier sowie anderer europäischer Einwanderer und keineswegs Nachfahren der Indianer, die sie über Jahrhunderte unterdrückten. Doch sie erheben Anspruch auf das Erbe der indigenen Bevölkerung und betrachten die Spanier, gleichsam ihre Eltern, als pure Invasoren. Diesen Widerspruch gilt es zu verstehen, will man einen großen Teil jener Probleme begreifen, welche die aus einer solchen Unabhängigkeitsrevolution entstandenen Gesellschaften bis heute mit sich herumschleppen.

Wir können nun besser die ideologischen Hintergründe verstehen, die den Kubaner José María Heredia dazu brachten, sich als Kubaner, als Sohn spanischer Eltern, als Kreole doch in einen unmittelbaren Bezug zu den Erbauern der riesigen Pyramide von Cholula zu setzen. Zugleich begriff er nach dem Tod seines Vaters, der als hoher Beamter des spanischen Kolonialreichs verstarb, die Spanier zunehmend als unrechtmäßige Invasoren, denen gegenüber die alten Rechte der indigenen Bevölkerung geltend gemacht wurden. Simón Bolívar war nichts anderes als das Sprachrohr einer (kreolischen) Trägerschicht, welche sich gegen die kolonialen Vorrechte der Spanier erhoben und gute Gründe dafür benötigten, sich vom verhassten Spanien endgültig unabhängig zu machen.

In diesem Kampf spielten Symbole eine ganz entscheidende ideologische Rolle, die weit in die Zeit *vor* der spanischen Eroberung zurückgriffen. Fray Servando Teresa de Mier beispielsweise war in die Kette seiner Verfolgungen (und seiner Verfolger) eingetreten, als er auf die Erscheinung der Jungfrau von Guadalupe zurückgriff und die Evangelisierung Amerikas in eine Zeit vor der Conquista verlegte. Er sprach den spanischen Eroberern damit jegliche heilsgeschichtliche Bedeutung ab. Bekannt ist, welch ungeheuren Einfluss das Symbol der Jungfrau von Guadalupe im Unabhängigkeitskamp Neuspaniens ausübte und welche volksreligiöse wie politische Bedeutung es im heutigen Mexiko noch immer besitzt. Die Funktionalisierung von Mythen und Legenden für genau umrissene politische Ziele musste daher gerade auch für die Generation der Independencia von großer Wichtigkeit sein, war es doch auf diese Weise möglich, über bestimmte volkskulturelle Elemente die Wirkung politischer Äußerungen und Positionen bei einer breiten Bevölkerung zu vervielfachen.

Zweifellos hat die Funktionalisierung von Mythen für bestimmte politische oder militärische Zwecke eine lange Tradition in Lateinamerika und setzt spätestens mit der Conquista[17] und – im Reich der Azteken – mit dem Auftauchen des Hernán Cortés ein. Aber auch zu Beginn des 19. Jahrhunderts gab es zahlreiche Versuche, bestimmte indigene beziehungsweise volkskulturelle Mythen und Vorstellungen für politische Zwecke einzusetzen und auf diese Weise ideologisch zu funktionalisieren. Hier machte Simón Bolívar keine Ausnahme, erkannte er doch die Chancen, die sich ihm auf diesem Gebiet boten.

In seiner *Carta de Jamaica* etwa diskutierte Bolívar offen die Frage, wie sinnvoll eine politische Funktionalisierung des Quetzalcóatl-Mythos für die Independencia wäre.[18] Dabei wog er kühl ab, dass „Quetzalcóatl, el Hermes o Buda de la América del Sur", eher bei Geschichtsschreibern und Literaten als beim einfachen mexikanischen Volk bekannt sei. Die Diskussion um die wahre Bedeutung des Gottes erschien ihm daher als zweitrangig, da es ein viel zugkräftigeres und erfolgversprechenderes Symbol kreolischer Einheit gebe:

> Glücklicherweise haben die Führer der Unabhängigkeit in Mexiko den Fanatismus höchst zielsicher genutzt, indem sie die berühmte Jungfrau von Guadalupe zur Königin der Patrioten ausriefen; in allen hitzigen Fällen riefen sie sie an und trugen sie auf ihren Fahnen. Dergestalt hat der politische Enthusiasmus eine Mischung mit der Religion erzeugt, was zu einem vehementen Erglühen für die heilige Sache der Freiheit führte. Die Verehrung dieses Bildes in Mexiko ist sogar noch jener überlegen, welche selbst der geschickteste Prophet inspirieren könnte.[19]

Dieses Zitat verdeutlicht eindrucksvoll, wie Bolívar – selbst von keiner eigenen Glaubensbindung an derlei Vorstellungen belastet – bestimmte Mythen und Legenden auf ihre Durchschlagskraft beim gläubigen Volk hin untersuchte und deren gezielte Verwendung empfahl. Ich wollte Ihnen an diesem Beispiel deutlich vor Augen führen, dass der Rückgriff auf Symbole und Baudenkmäler der indigenen Reiche in der ersten Hälfte des 19. Jahrhunderts politischen Mechanismen entsprach, die sich bruchlos in die Vorstellungswelt der kreolischen Eliten, ihrer politischen Führer wie ihrer Dichter und Denker, einfügten.

---

17 Vgl. hierzu Ette, Ottmar: Funktionen von Mythen und Legenden in Texten des 16. und 17. Jahrhunderts über die Neue Welt. In: Kohut, Karl (Hg.): *Der eroberte Kontinent. Historische Realität, Rechtfertigung und literarische Darstellung der Kolonisation Amerikas*. Frankfurt am Main: Vervuert Verlag 1991, S. 161–182.
18 Bolívar, Simón: *Carta de Jamaica*, S. 82f.
19 Ebda., S. 83.

Abb. 51: José Gil de Castro: Portrait von Simón Bolívar (1783–1830), ca. 1923.

Kehren wir mit diesem Hintergrundwissen zu José María Heredias Gedicht *En el Teocalli de Cholula* und damit zu jenem kubanischen Dichter zurück, der sein lyrisches Ich auf die Spitze der berühmten Pyramide setzte und es über die weiten Räume wie über die historischen Zeiten mit einer Melancholie blicken ließ, wie sie für die Epoche der anhebenden Romantik als typisch angesehen werden darf! Als ‚indianistisch' ist diese Hinwendung zur verehrungswürdigen Pyramide der indigenen Bevölkerung nicht zu bezeichnen, entspricht sie doch nicht der romantischen Exotik des Edlen Wilden, wie sie unter dem Einfluss von Chateaubriands *Atala*[20] in Amerika wieder aufkeimte und sich im weiteren Verlauf des 19. Jahrhunderts in unterschiedlichsten Formen literarisch äußerte.

En el Teocalli de Cholula ist eine Lyrik des epochalen Übergangs. Bereits im ersten Teil des Gedichts hatte sich gezeigt, dass Heredia – vor seiner späteren Entwicklung zum klaren Romantiker – aus der amerikanischen Erfahrung Mexikos jene Kräfte bezog, die ihn sich neoklassizistische Positionen in neuer, wegweisender Form anverwandeln ließen. Ob für Heredia das Indianische und Amerikanische zu einer Wurzel wurde, darf mit guten Gründen bezweifelt wer-

---

20 Vgl. zu *Atala* das entsprechende Kapitel in Ette, Ottmar: *Romantik zwischen zwei Welten*, S. 151 ff.

den, betrachtete er doch gerade auch das Spanische als vorrangiges, prägendes Element des Eigenen. Ähnlich wie seine kubanische Landsfrau Gertrudis Gómez de Avellaneda, die sich mit ihrem Roman *Guatimocín* ebenfalls dem Themengebiet indigener Reiche näherte und damit diesen kulturellen Pol ihrem Schreiben einverleibte,[21] war Heredia weder gegenüber den indigenen Kulturen noch gegenüber volkskulturellen Ausdrucksformen besonders empfänglich.

Doch ist die Wahl dieses lyrischen Schauplatzes für sein langes Gedicht überaus aussagekräftig. Denn die indianisch-amerikanische Dimension war ein wesentlicher Aspekt der *Differenzierung* gerade gegenüber dem gemeinsamen spanischen Erbe und wurde vor diesem Hintergrund zum wichtigen Ansatzpunkt für eigene amerikanische Identitätsentwürfe. Dass derlei Identitätskonzepte keineswegs notwendig – zumindest nicht zum damaligen Zeitpunkt – in die Vorstellung einer politischen Unabhängigkeit einmünden *mussten*, scheint das Gedicht von 1820 sehr wohl zu belegen.

Mit dem Ausdruck „ley universal" brach die Fassung des Gedichts von 1825 ab. Dies bedeutet freilich nicht, dass wir an dieser Stelle unsere Interpretation abbrechen müssten. Wir können feststellen, dass die gesamte thematische Entfaltung wie auch die grundlegende Spannung zwischen Ich und Welt innerhalb eines romantischen Settings angelegt ist und zugleich zurückgebogen und aufgehoben wird im Topos einer neoklassizistischen Prägung, wie sie noch deutlich den Orientierungen eines Andrés Bello entsprach. Die Bewegung wird gleichsam topisch fixiert, erstarrt in ihrer Schlusspirouette. Letztlich ist selbst im Schlussteil, welcher der Ausgabe von 1832 hinzugefügt wurde, der Lehrcharakter des Gedichts noch einmal hervorgehoben.

Aufschlussreich scheint mir in *En el Teocalli de Cholula* insbesondere eine Passage zu sein, welche ein bedeutsames Licht auf die amerikanische Vergangenheit wirft und zugleich in vielerlei Hinsicht die weitere Entwicklung der hispanoamerikanischen Lyrik im 19. Jahrhundert andeutet. Mit Hilfe eines Traumes, einem Requisit unzweifelhaft romantischer Prägung, wird die Erkenntnis der „ley universal" fortgeführt in einer Szenerie, welche diese romantische Ausrichtung des kubanischen Barden noch weiter zuspitzt.

Dabei ist es der Traum, der die Entwicklung der Verinnerlichung ins Innere des lyrischen Ich hinein fortsetzt. Er tut dies gleichsam in einer dreistufigen Anlage, welche den Gegensatz zwischen Natur und Kultur auf der ersten in den zwischen Individuum und Gesellschaft auf der zweiten Stufe, schließlich zwischen Realität und Traum innerhalb des Individuellen auf der dritten Stufe mit poetischen Mitteln weiterspinnt:

---

21 Zu Gertrudis Gómez de Avellaneda vgl. ebda., S. 425 ff.

In solch Kontemplation versunken war ich,
als mich tiefer Schlaf überkam. Träumte lange
von verschlungenen, verlorenen Ruhmestagten
in der tiefen, finsteren Nacht der Zeiten,
als der Traum sich auf mich legte. Wilder Pomp
der Könige der Azteken vor meinen Augen,
die sprachlos blieben, sich entrollte. Ich
sah in der schweigsamen Menschenmenge
wie sich unter federgeschmückten Führern
erhob auf hohem Throne der tobende Despot,
geschmückt mit Gold, mit Federn und mit Perlen,
und beim Kriegesklang der Schneckenhörner
schritt hinauf zum Tempel hehr und stolz
die weite Prozession, wo oben sie erwarteten
grausame Hohepriester, deren Köpfe und Ornat
über und über mit Menschenblut bespritzt.
Tief in stumpfem Schrecken das versklavte Volk
senkt den Blick hinab in den niedern Staub,
wagt es nicht, auf seinen Herrn zu blicken,
aus dessen glühenden Augen strahlt, ja tropft
die ungezügelt Wut der Macht.[22]

En tal contemplación embebecido
sorprendióme el sopor. Un largo sueño
de glorias engolfadas y perdidas
en la profunda noche de los tiempos,
descendió sobre mí. La agreste pompa
de los reyes aztecas desplegóse
a mis ojos atónitos. Veía
entre la muchedumbre silenciosa
de emplumados caudillos levantarse
el déspota salvaje en rico trono,
de oro, perlas y plumas recamado;
y al son de caracoles belicosos
ir lentamente caminando al templo
la vasta procesión, do la aguardaban
sacerdotes horribles, salpicados
con sangre humana rostros y vestidos.
Con profundo estupor el pueblo esclavo
las bajas frentes en el polvo hundía,
y ni mirar a su señor osaba,
de cuyos ojos férvidos brotaba
la saña del poder.

---

22 Heredia, José María: En el Teocalli de Cholula, S. 194.

Dieser Teil des Langgedichts sprengt die neoklassizistische Formensprache und wendet sich einem Traumgesicht zu, war der Traum doch eine Domäne der Romantiker, da er einen privilegierten Zugang zu mit Verstandeskräften allein nicht zu erreichenden Einsichten gewährt. Ähnlich wie die Pyramide von Cholula bei unserem kubanischen Dichter tauchten vor den Augen europäischer Romantiker die Silhouetten gotischer Kathedralen oder mittelalterlicher Burgen auf, um sie sogleich mit Leben und zahlreichen bunten Gestalten zu füllen. Die mehrfache Betonung des Sehens zu Beginn dieser Passage bedeutet uns, dass es sich um ein Traumgesicht, um eine Vision handelt, die freilich ihre visionäre Kraft keineswegs nur auf die Azteken richtet. Doch es ist deutlich, dass nicht die zeitgenössische indigene Bevölkerung von Cholula im Fokus dieser Passage steht, sondern Herrscher und Hohepriester einer längst vergangenen Zeit.

Die bereits erwähnte Topik der Grausamkeit und Wildheit („salvaje"), der Unmenschlichkeit und des Aberglaubens werden in diesem Traum so durchbuchstabiert, als wäre der Beobachter auf derselben Zeitebene wie das Beobachtete, als wäre also die Zeitdistanz zwischen dem beginnenden neunzehnten und dem beginnenden sechzehnten Jahrhundert in Anáhuac aufgehoben. Der Traum am Ort des Geschehens selbst gewährt Zugang zu den längst versunkenen Bildern eines Geschehens, das nicht mehr ist und doch nicht aufhören kann zu sein. Dabei ist deutlich, dass die eingenommene Perspektive eine nicht-indigene und christliche ist, welche alle Glaubens- und Opferungsakte der fremden Religion als Aberglaube und wilde Barbarei abtut.

Zugleich zeigt sich, dass dieser Traum auch die Frage nach der Macht und ihren Zeichen stellt. Er stellt damit eine Beziehung auch zur damals, in der Zeit der Unabhängigkeitsbewegung aktuellen Machtproblematik dar, in welcher es ebenfalls nicht an Despoten fehlte. Das Volk erscheint in diesen Versen als versklavt und senkt sein Haupt vor jenem Herrscher, der mit allen Insignien der Macht ausgestattet ist und dabei mit einer Wut sowie Rücksichtslosigkeit vorgeht, welche sich in keiner Weise an den Wünschen oder Bedürfnissen des ihm unterworfenen Volkes orientiert.

Die totalitäre Herrschaft des Azteken auf dem Thron ist in abendländischer Diktion eine Königsherrschaft, deren „reyes" sich den „horribles sacerdotes" verpflichtet wissen, basiert ihre absolute Macht über das Volk doch wesentlich auf deren Künsten. Parallelen zur spanischen Tyrannei sind offensichtlich, auch wenn sie von diesem jungen kreolischen Dichter nicht notwendig bewusst gegen die Spanier eingesetzt werden mussten. Die *Figura* des Despoten verbindet beide Zeitebenen auf unmittelbar einsichtige Weise. Überdeutlich ist die Machtfrage gestellt – und damit die Gestaltbarkeit von menschlicher Geschichte, wie sie in den Revolutionen auf dem europäischen wie dem amerikanischen Kontinent im Übergang zur Zeit der Romantiker ihren Ausdruck fand.

Diese visionäre, von bunten Traumbildern erfüllte Passage zeigt uns also nicht nur eine zweifellos romantische Sensibilität für jene amerikanischen Wilden, die nicht im Kontext überall hervorquellender „bons sauvages", sondern einer über dem versklavten Volk stattfindenden Grausamkeit dargestellt werden. Der Tod zahlloser menschlicher Opfer ist die Konsequenz einer zutiefst ungerechten, despotischen Gesellschaftsordnung, in welcher die Hohepriester stets auf Seiten der Macht stehen – ganz so, wie die Katholische Kirche auf Seiten der „muy católicos Reyes", der Könige von Spanien. Zugleich ist das Interesse des Dichters ausgehend von einem Symbol der Macht, eben jener Pyramide von Cholula als Verbindung von weltlicher und religiöser Macht, auf die Machtproblematik und die Machtfrage gerichtet. Es gilt dies keineswegs allein in Bezug auf eine längst verflossene Zeit in Anáhuac, sondern ebenso in Bezug auf eine von der Kolonialmacht Spanien noch bedrohte Gegenwart in den Amerikas.

So ist die längst vergangene Vergangenheit noch immer nicht wirklich vorüber, noch immer nicht endgültig tot. Wie Sarmiento mit Blick auf den Tod von Facundo Quiroga seinen Erzähler sagen ließ, dass Facundo nicht tot sei, sondern noch immer lebe, so erscheint zwischen den Zeilen dieser Vision von der blutigen und grausamen Herrschaft der Azteken die Einsicht, dass mit dem Tod keineswegs ein völliges Verschwinden einhergeht. Die alten Machtstrukturen pausen sich *figural* immer weiter in den Machtstrukturen der Gegenwart durch und leben weiter. Durch seine Traumvision versucht der Dichter, mit den poetischen Mitteln der Lyrik seinen Leserinnen und Lesern sinnlichen Zugang zu dieser geschichtlichen Einsicht zu gewähren.

Die Konfrontation mit der alles beherrschenden Macht, die Trennung zwischen Ich und Welt, die Ohnmacht des Individuums angesichts der Machtentfaltung des Barbarischen und das Aufbegehren dieses Ich gegen eine ungerechte Gesellschaftsordnung werden bei José María Heredia bald patriotisch-kubanische Züge erhalten und sich in einer Folge später berühmt gewordener Gedichte entladen. Diese werden Heredia für die Kubaner zum Dichter der kommenden Nation und des Heilsversprechens einer künftig selbstverantwortlichen Bestimmung der Insel machen. Gedichte wie *La estrella de Cuba* von 1823, *A Emilia* von 1824 und eine Vielzahl anderer poetischer Schöpfungen wirkten im Verlauf der Geschichte Kubas im 19. Jahrhundert immer wieder als Katalysatoren eines von den Spaniern unterdrückten Nationalbewusstseins, das erst mit dem Ende dieses langen Jahrhunderts zu einer erfolgreichen Nationenbildung führen sollte.

Wie sehr Kuba nun im Gegensatz zur Independencia und ihren erfolgreichen Kämpfen auf dem Subkontinent steht, wie aussichtslos die Situation des Kampfes gegen eine übermächtige Kolonialmacht erscheint, wird bereits an der ersten Strophe von *La estrella de Cuba* deutlich; jenem Gesang an die „estrella solitaria", die sich in der kubanischen Nationalflagge findet und mit allerlei anderen Sternen in Zusammenhang gebracht worden ist:

> Freiheit! Niemals über Kuba werden
> deine göttlichen Strahlen funkeln.
> Nichts mehr bleibt, ihr Schurken,
> von der sublimen Tat der Ehre.
> Unsinniges, todbringendes Mitleid!
> Verderbnis dem, der Mensch und konspiriert,
> Lange Frucht von Blut und Wut
> wird er vom elenden Irrtum ernten.[23]

> ¡Libertad! ya jamás sobre Cuba
> lucirán tus fulgores divinos.
> Ni aun siquiera nos queda ¡mezquinos!
> de la empresa sublime el honor.
> ¡Oh piedad insensata y funesta!
> ¡ay de aquel que es humano y conspira!
> Largo fruto de sangre y de ira
> cogerá de su mísero error.

Auch zu Beginn dieses berühmten Gedichts werden Menschsein und Menschlichkeit wieder ins Feld geführt gegen eine tyrannische Unterdrückungsmaschinerie, die auf Versklavung ihrer Untertanen beruht und jedwede Freiheit ausschließt. Heredia war im Jahr 1821 nach Havanna zurückgekehrt; noch im Juni desselben Jahres gab er seine erste literarische Zeitschrift heraus, die *Biblioteca de Damas*. *La estrella de Cuba* war sein erstes revolutionäres Gedicht, das Gedicht eines Zwanzigjährigen, der im Übrigen zum selben Zeitpunkt zum „Abogado" in Puerto Príncipe, dem späteren Camagüey, bestellt worden war.

Wenig später aber wurde Heredia denunziert, an der Konspiration der *Soles y Rayos de Bolívar* teilgenommen zu haben. Die Anklage wog schwer: Die spanische Kolonialmacht, die ihre Ansprüche selbst auf den Kontinent noch nicht aufgegeben hatte, ließ nicht mit sich spielen und antwortete mit Härte. So drohte dem jungen Heredia Gefängnis, ja sogar die Todesstrafe wegen Landesverrats. Daher tauchte er unter und versteckte sich zunächst im Haus eines Freundes in Matanzas, bevor er im November 1823 auf dem Schiff Galaxy als Matrose verkleidet erfolgreich seinen Häschern entkam und fortan ein langes Leben im Exil führen musste. Im Jahr 1825 kam daher auch sein erster Gedichtband nicht in Havanna

---

[23] Heredia, José María: La Estrella de Cuba. In (ders. / Laurencio, Ángel Aparicio, Hg.): *Poesías completas*. Miami: Ed. Universal 1970, S. 287.

heraus, wo er bereits angekündigt worden war, sondern in New York. Das kubanische Exil hat seinen ersten großen Poeten und konstituiert sich vornehmlich in Florida und New York. Selbst noch ein Reinaldo Arenas wird die Infrastruktur dieses Exils in Miami wie in New York für sich nutzen.

José María Heredia war nun zu ständigem Auslandsaufenthalt verurteilt. An ein Schwächeln der auf die Antillen zurückgeworfenen spanischen Militärmacht war nicht zu denken. Bereits im August 1825 trat er, diesmal nicht von Kuba, sondern von New York aus, eine Reise nach Mexiko an, das er bereits gut kannte. Die Schiffsreise soll literarisch äußerst produktiv gewesen sein, sagt man doch, dass er während dieser Zeit im August 1825 seinen Sonnenhymnus *Himno al Sol*, seine *Vuelta al Sur* sowie den trotzigen *Himno del Desterrado* verfasst habe.

In diesen Gedichten ist die Scheidung von Individuum und Welt in politischer Weise konkretisiert und – das hatten Sie vielleicht schon vermutet bei einem karibischen Dichter – mit der Metaphorik des Schiffes und insbesondere des Meeres gekoppelt. Schauen wir uns daraufhin den *Himno del Desterrado* am Beispiel seiner ersten Strophen in gebotener Kürze etwas genauer an! Denn es handelt sich gleichsam um den Hymnus des kubanischen Exils:

> Die Sonne regieret, und die heitern Wellen
> queret des Schiffes triumphierender Bug,
> des Schaumes Spuren von Siegesglanz trug
> das Schiff auf seinem Weg durchs Meer.
>
> Land!, rufen sie; begierig blicken
> wir an des heiteren Horizontes Werk,
> weit in der Fern' entdeckend einen Berg ...
> Den kenn ich ... Weint, Ihr traurigen Augen!
>
> Es ist der Pan ... An seinem Abhang atmen
> der feinste Freund, treu im Getriebe,
> die besten Freundinnen, ja meine Liebe ...
> Wie lieb ich all die schätze dort!
>
> Und weiter noch die süßen Schwestern
> und meine Mutter, die Mutter lieb,
> an Schweigen und an Schmerz sich rieb,
> verzehrend stöhnend sich für mich!
>
> Kuba, Kuba, welch Leben gabst mir,
> süßes Land voll Licht und Schönheit,

welch schöner Traum von Ruhm und Kühnheit
bindet mich an Deines Bodens Glück![24]

Reina el sol, y las olas serenas
corta en torno la prora triunfante,
y hondo rastro de espuma brillante
va dejando la nave en el mar.

¡Tierra! claman; ansiosos miramos
al confín del sereno horizonte,
y a lo lejos descúbrese un monte ...
Le conozco ... ¡Ojos tristes, llorad!

Es el Pan ... En su falda respiran
el amigo más fino y constante,
mis amigas preciosas, mi amante ...
¡Qué tesoros de amor tengo allí!

Y más lejos, mis dulces hermanas,
y mi madre, mi madre adorada,
de silencio y dolores cercada
se consume gimiendo por mí.

Cuba, Cuba, que vida me diste,
dulce tierra de luz y hermosura,
¡cuánto sueño de gloria y ventura
tengo unido a tu suelo feliz!

Heredias Hymnus ist ein Hymnus aus der Bewegung, aus einer unsteten Mobilität, welcher am Ende des Gedichts der feste Boden Kubas entgegengesetzt wird. Aus diesem Gegensatz zwischen Meer und Land, zwischen freier Beweglichkeit und festem Boden unter den Füßen, lebt das Gedicht, das zunächst mit einer Anrufung der Sonne und des noch heiteren Meeres einsetzt. Noch bricht das Schiff triumphal die Wellen für ein Ich auf großer Fahrt, weit weg von allem, was ihm lieb und teuer ist. Doch das Schiff führt den Verbannten weg von der Heimat, die er am Horizont noch ein letztes Mal erkennt. Es ist der feste Umriss eines Berges, der all das Folgende, all das schmerzlich Vermisste im lyrischen Ich evozieren wird. Denn dieses Ich ist ein *Des-terrado*, ein vom Boden seines Herkunftslandes Verbannter, ein Entwurzelter, der sich dem beweglichen Element des Meeres anvertrauen muss.

---

[24] Heredia, José María Heredia: Himno del Desterrado. In (ders. / Laurencio, Ángel Aparicio, Hg.): *Poesías completas*. Miami: Ed. Universal 1970, S. 310.

Der Hymnus geht von der beweglichen Position des lyrischen Ich inmitten des Meeres aus, doch besitzt diese ‚Kreuzfahrt durch die Karibik' nichts, was Ruhe und Erholung verspricht. Das Meer mit seinen vielen Wellen ist nicht das Element der Verbindung, sondern – wie sich im weiteren Verlauf zeigt – der Trennung, jener Distanz, die das Ich von seinen Lieben, von seinen Schwestern, seiner Geliebten – die er im Versteck in Matanzas kennenlernte – und seiner Mutter unumstößlich fortreißt. Gerade diese Mutter wird er, nach langen Jahren im Exil, in Matanzas noch einmal besuchen und in seine Arme schließen wollen; ein Plan, der gegen Ende seines Lebens gelingen wird, aber nur auf Kosten eines unterwürfigen Briefes an den damaligen spanischen „Capitán General", der dem Verbannten und später in Abwesenheit zum Tode Verurteilten den Zutritt zur Insel erlauben musste. Der exilierte Dichter schrieb diesen Brief, doch trug man Heredia diese Unterwürfigkeit lange Zeit (und sogar bis heute) nach, habe er doch genau mit dieser Geste den Hymnus des Verbannten verraten. Doch davon weiß das auf dem Schiff verfasste Gedicht noch nichts ...

Das alle zwischenmenschlichen Beziehungen Trennende des Meeres wird am Ende ein weiteres, ein letztes Mal umgedeutet, in einer Stelle, die unverkennbar an die berühmte *Carta de Jamaica* Simón Bolívars erinnert. in diesem *Brief aus Jamaika* sprach der „Libertador" davon, dass der Hass der Amerikaner auf die Spanier noch größer sei als das Meer, das sie von jenen trenne: „más grande es el odio que nos ha inspirado la Península, que el mar que nos separa de ella."[25] Dies waren die Worte Bolívars aus dem Jahr 1815, zu einem Zeitpunkt, als gerade auch aus der Perspektive einer Karibikinsel der Kampf gegen Spanien als ungeheuer schwierig erscheinen musste und sich Spanien bereits wieder im Besitz seiner hispanoamerikanischen Kolonien wähnte. Noch waren die Unabhängigkeitskriege weit davon entfernt, zu einem definitiven Ende gelangt zu sein.

Eine ähnliche Formulierung finden wir, nun freilich auf die Situation der Insel Kuba bezogen, zehn Jahre später in der nachfolgenden Kampfansage aus der Feder des kubanischen Kreolen an die Adresse des spanischen Löwen:

> Wenn's wahr ist, dass nicht können Völker
> existieren außer in harten, schweren Ketten,
> und dass ein grausiger Himmel sie will betten
> in Schmach und Schande, ewig niedergedrückt;
>
> von solch finsterer Wahrheit füllt meine Brust
> sich melancholisch mit Abscheu und schwört,
> auf solch sublimen Wahnwitz sie nur hört
> von Washington, von Brutus oder Cato.

---

25 Vgl. Bolívar, Simón: *Carta de Jamaica*, S. 63.

Kuba! Endlich wirst frei Dich sehn und rein
wie die Luft vom Lichte, das Du atmest,
wie warme Wellen Du darin betrachtest,
an Deinen Stränden sanft den Sand zu küssen.

Mögen schurkische Verräter Dir auch dienen,
doch unnütz ist die Wut dieses Tyrannen,
vergebens nicht soll das gewaltge Meer entspannen
zwischen Spanien und Kuba unermesslich seine Wellen.[26]

Si es verdad que los pueblos no pueden
existir sino en dura cadena,
y que el cielo feroz los condena
a ignominia y eterna opresión;

de verdad tan funesta mi pecho
el horror melancólico abjura,
por seguir la sublime locura
de Washington, y Bruto, y Catón.

¡Cuba! al fin te verás libre y pura
como el aire de luz que respiras,
cual las ondas hirvientes que miras
de tus playas la arena besar.

Aunque viles traidores le sirvan,
del tirano es inútil la saña,
que no en vano entre Cuba y España
tiende inmenso sus olas el mar.

Das Ende der spanischen Tyrannei, der iberischen Kolonialherrschaft, wird in diesen Versen – ganz wie bei Simón Bolívar – mit gleichsam geographischem Determinismus durch die weite, unüberbrückbare Distanz beschworen und verkündet. Der eingebaute Verweis auf antike wie moderne Vorbilder – von Cato und dem Tyrannenmörder Brutus bis hin zu Washington, dem Sinnbild für die antikoloniale Revolution der USA – stellt der kolonialspanischen Macht ein Gegenbild just zu jenem Zeitpunkt entgegen, als sie nach der Niederlage von Ayacucho ein für alle Mal ihre Kolonien auf dem Kontinent verloren hat. Denn endlich hat sich der Traum des „Libertador" von einer dauerhaften Unabhängigkeit verwirklicht, so dass nur noch die spanischen Antilleninseln in schweren Ketten liegen.

---

26 Heredia, José María Heredia: Himno del Desterrado. In (ders. / Laurencio, Ángel Aparicio, Hg.): *Poesías completas*. Miami: Ed. Universal 1970 S. 313 f.

Die Anrufung Kubas antwortet mit diesem Ausblick auf die zweifache Evokation der Insel zu Anfang des Gedichts: Der Kreislauf der Wellen- und der Meeresmetaphorik wird geschlossen und öffnet sich auf neue Horizonte. Die unverminderte Hoffnung auf politische Freiheit und Unabhängigkeit wird endlich in eine nahe Zukunft projiziert: Das lyrische Ich ist zum Bannerträger des militanten Widerstands geworden gegen die alte, ererbte Abhängigkeit; und José María Heredia zugleich zu jenem Dichter, der vielleicht am besten und ästhetisch überzeugendsten den Übergang von einer kolonialen Ordnung in eine postkoloniale Unabhängigkeit, von einer neoklassizistischen zu einer romantischen Ästhetik in Hispanoamerika vor Augen führte.

Dass er wie – unter anderen politischen Vorzeichen – die argentinischen „Proscriptos" Echeverría, Mármol oder Sarmiento in die Verbannung musste und erst durch seine Reisen, durch seine Bewegungen im Exil jene Bewegungsfreiheit erfuhr, die er auch literarisch umzusetzen verstand, darf als Konstante hispanoamerikanischer literarischer Schöpfung verstanden werden. Heredia ist auch in diesem Sinne – und nicht nur durch die Anrufung Washingtons – Amerikaner in einem vollen, kontinentalen Wortsinne. Dass die alte koloniale Ordnung zwar besiegt, aber nicht für immer tot ist, gehört zum kolonialen Trauma einer Situation, die gerade auch mit Blick auf die kubanische Geschichte gewiss nicht mehr ist, aber doch nicht aufhören kann zu sein.

José Martís mexikanische Lyrik oder der Lebendig-Tote

Bleiben wir noch in der spannenden Entfaltung der Lyrik innerhalb der kubanischen Literatur und bei einem Dichter, den wir im Zusammenhang mit José María Heredia bereits genannt hatten: José Martí! Dabei verlassen wir keineswegs die Hauptentwicklungslinien der hispanoamerikanischen Literatur. Zwar war Kuba im 19. Jahrhundert noch keineswegs eine Nation oder gar ein unabhängiger Staat, zählte aber auf dem Gebiet der Literatur dennoch zu den treibenden Kräften, welche in den spanischsprachigen Ländern Amerikas Entwicklungen in Lyrik und Prosa vorantrieben und die Romantik nicht nur querten, sondern auf neue Formen des Schreibens in der Dichtkunst wie im Essay, im Roman wie in der Erzählung oder in der Chronik öffneten.

Den Übergang von der romantischen zur modernistischen Ästhetik könnten wir auch im Bereich des Romans untersuchen – ich selbst habe dies zu Beginn meines Weges durch die Romanistik einmal anhand von José Martís *Amistad funesta* beziehungsweise *Lucía Jerez* getan.[1] Doch wollen wir in diesem Teil unserer Vorlesung bei der Lyrik bleiben, die uns in verdichteter Form für diese literarhistorischen Übergänge sensibilisiert.

Dabei wird im weiten Feld der Dichtkunst deutlich, dass sich auf der ästhetischen Entwicklungslinie zum Modernismo insbesondere jener Bereich in den Vordergrund schiebt, der in der regionalistischen „Poesía gauchesca" in den Hintergrund gedrängt wurde oder doch vernachlässigt blieb: die sozioökonomische Modernisierung der lateinamerikanischen Gesellschaften. Wir wollen uns nachfolgend noch kurz mit dieser ‚Gaucho-Lyrik' auseinandersetzen, so dass ich mir an dieser Stelle weitere Erläuterungen diesbezüglich versagen kann.

Sicherlich – so werden Sie mit Recht einwenden – hat auch die Intensivierung der Indianerkriege und das biopolitisch bewusste Ausschalten der Gauchos mit der angestrebten Homogenisierung des argentinischen Nationalstaats und somit der Neugestaltung einer modernisierten, an europäischen Vorbildern ausgerichteten und dennoch eigenständigen Entwicklung zu tun. Ich räume Ihnen dies gerne ein! Doch darf darüber nicht vergessen werden, dass die ei-

---

1 Vgl. hierzu Ette, Ottmar: „Cierto indio que sabe francés": Intertextualität und literarischer Raum in José Martís „Amistad funesta". In: *Iberoamericana* (Frankfurt am Main) IX, 25–26 (1985), S. 42–52; sowie (ders.): „Cecilia Valdés" und „Lucía Jerez": Veränderungen des literarischen Raumes in zwei kubanischen Exilromanen des 19. Jahrhunderts. In: Berger, Günter / Lüsebrink, Hans-Jürgen (Hg.): *Literarische Kanonbildung in der Romania*. Beiträge aus dem deutschen Romanistentag 1985. Rheinfelden: Schäuble Verlag 1987, S. 199–224.

gentlichen, durch etwas Neues – und nicht etwa durch den Verlust des Traditionellen – ausgelösten und hervortretenden Bereiche und Phänomene sozioökonomischer Modernisierung im Hintergrund bleiben. Von der „Poesía gauchesca" führte folglich kein Weg zum hispanoamerikanischen Modernismo, wohl aber von der romantischen Lyrik, die spätestens seit Mitte der siebziger Jahre im spanischsprachigen Amerika einem starken Veränderungsdruck ausgesetzt war.[2] Ich möchte dies gerne am Beispiel der mexikanischen Lyrik von José Martí aufzeigen, um den kubanischen Dichter und politischen Revolutionär zu einem späteren Zeitpunkt im Dialog mit dem Nikaraguaner Rubén Darío als Überwinder der romantischen Lyriktradition in den Amerikas porträtieren zu können.

Vor etwa sieben langen Jahrzehnten schrieb der damals noch junge uruguayische Kritiker und Literaturtheoretiker Angel Rama in einem Artikel mit dem bezeichnenden Titel *Martí, poeta visionario* anlässlich der Hundertjahrfeiern der Geburt José Martís: „Wenn wir heute aus der Perspektive, die uns diese Jahrhundertfeier gewährt, das Werk José Martís betrachten, das seit dem Tode des Helden in Dos Ríos 1895 zu wachsen nicht aufgehört hat, so überrascht uns sein unveränderlicher und tiefer poetischer Akzent, der es von anderen unterscheidet."[3]

Mit sicherem Blick konstatierte der junge Kritiker eine Geschichte der Rezeption des kubanischen Dichters, die in der Tat seit 1895, aber mit erneuerter Kraft gerade auch seit 1953 an Komplexität und überraschender Vielfalt gewann und in Lateinamerika – nehmen wir die Rezeptionsgeschichte von Simón Bolívar einmal aus – wohl nicht ihresgleichen hat.[4] In den Jahrzehnten seit dem zweiten „Centenario" Martís im 20. Jahrhundert im Jahre 1995 ist die Auseinandersetzung mit den Texten des großen kubanischen Lyrikers und Essayisten vielfach durch neuerliche ideologische Inanspruchnahmen und antagonistische Instrumentalisierungen überschattet worden. Doch sein Gesamtwerk in Vers wie in Prosa ist von einer so durchgängigen poetischen Kraft durchzogen, dass es sich auch in Zukunft vor simplen Reduktionismen ideologischer Art schützen wird. Eine heute kaum noch zu überblickende Vielzahl von Arbeiten

---

[2] Vgl. hierzu die literarhistorische Darstellung in Ette, Ottmar: *Romantik zwischen zwei Welten*, S. 923 ff.

[3] Rama, Angel: Martí, poeta visionario. In: *Entregas de la Licorne* (Montevideo) I, 1–2 (1953), S. 157: „Cuando observamos ahora, con la perspectiva que nos concede este centenario, la obra de José Martí, que no ha dejado de crecer desde la muerte del héroe en Dos Ríos el año 1895, nos sorprende el invariable y profundo acento poético que la distingue."

[4] Zur Rezeptionsgeschichte des kubanischen Schriftstellers und Politikers vgl. Ette, Ottmar: *José Martí. Teil I: Apostel – Dichter – Revolutionär. Eine Geschichte seiner Rezeption*. Tübingen: Max Niemeyer Verlag (Reihe *mimesis*, Bd. 10) 1991.

zu Stil, Rhythmik oder Symbolik seines Schreibens konnte zweifelsfrei belegen, dass sich das poetische Schaffen des Kubaners keineswegs auf den Bereich seiner Lyrik im engeren Sinne beschränkt oder beschränken lässt. Dass José Martí überdies als großer, ja visionärer Theoretiker der (von ihm erkannten dritten) Phase beschleunigter Globalisierung eine überragende Rolle spielt, haben wir gegen Ende unserer Vorlesung zum 19. Jahrhundert bereits aufgezeigt.[5] Diese fundamentale Thematik soll im Mittelpunkt einer Studie stehen, die sich als Abschluss meiner damaligen Freiburger Dissertation als deren zweiter Teil in Vorbereitung befindet.

Abb. 52: José Martí (1853–1895).

Wenn das Interesse am Werk dieses großen kubanischen Autors seit 1953 und rund um das Jahr 1995 auch weltweit beeindruckend zugenommen hat, so lässt sich dies gewiss nur sehr eingeschränkt für den Bereich von Martís Lyrik jenseits der beherrschenden Gedichtsammlungen behaupten. Denn innerhalb der poetischen Produktion blieben die Verse des jungen Martí gänzlich im Schatten der Gedichte seines *Ismaelillo*, seiner *Versos libres* oder seiner *Versos sencillos*, welche das Hauptaugenmerk der kubanischen wie der internationalen Kritik beanspruchten. Es erscheint vor dem Hintergrund der Fragestellung unserer Vorlesung als umso verlockender, sich einmal auf die frühe Lyrik seiner mexikanischen Zeit zu konzentrieren; einer Zeit also, für welche die Martí-Forschung immer wieder die sogenannten *Boletines*, die Martí unter dem Pseudonym „Orestes"[6] für die *Revista Universal* verfasste, für repräsentativ hielt und demzufolge noch verhältnismäßig häufig untersuchte. Dabei vernachlässigte sie aber andere literarische Ausdrucks-

---

5 Vgl. hierzu Ette, Ottmar: *Romantik zwischen zwei Welten*, S. 1010 ff.
6 Vgl. hierzu auch die frühe Studie von Ette, Ottmar: Apuntes para una orestiada americana. José Martí y el diálogo intercultural entre Europa y América latina. In: *Revista de crítica literaria latinoamericana* (Lima, Peru) XI, 24 (2° semestre 1986), S. 137–146; sowie (ders.): Orest und Iphigenie in Mexico. Exilsituation und Identitätssuche bei José Martís und Alfonso Reyes' Beschäftigung mit dem Mythos. In: *Komparatistische Hefte* (Bayreuth) 14 (1986), S. 71–90.

formen dieses Zeitraums. Widmen wir uns also der poetischen Produktion Martís während seines Exils in Mexiko!

In der *Revista Universal* veröffentlichte Martí am 26. Januar 1876 seine fünfte und letzte „ojeada" zur Exposición Nacional de México, die ihre Tore dem Publikum der Hauptstadt bereits am 1. Dezember des Vorjahres geöffnet hatte. In diesem kurzen Text schreibt der seit einem knappen Jahr in Mexiko im Exil lebende junge Redakteur nicht ohne Stolz auf sein Exilland:

> Gestern gingen wir zum Palast und fürchteten, dort nur Dürftiges von Neuheitswert vorzufinden, doch empfanden wir zugleich Überraschung, Befriedigung und Stolz, in diesem Lande Mexiko zu leben, angesichts der Vielzahl an Zeugnissen des Reichtums, mit dem sich die Schaubereiche, das Zentrum, alle verschiedenen Orte der Ausstellung geschmückt haben. Hier findet sich reiches Holz; dort Fortschritte bei Maschinen und in der Industrie: zusammen mit dem trügerischen Produkt des Bergbaus, den vielversprechenden Instrumenten der Arbeit: Ein an sich kleiner Staat erscheint als respektabel, reich und groß: Man sieht die aufblühende Industrie sowie eine Vielzahl überquellender Produkte; und insofern man sich allem mit Engagement widmet, werden die Märkte in unserem Lande wie im Ausland überfließen..[7]

Mitte der siebziger Jahre sind in Mexiko zur Überraschung des Redakteurs bereits eine Aufbruchstimmung in der Industrie und ein Beginn sozioökonomischer Modernisierung spürbar. Mit wenigen, aber wohlkalkuliert verdichteten Worten entwirft José Martí für seine Leser das Panorama einer noch in den Anfängen steckenden, zögerlichen industriellen Entwicklung Mexikos, von den nachwachsenden Rohstoffen (den Hölzern) über die noch ausbeutbaren Lagerstätten an Edelmetallen. Dabei warnte Martí stets davor, die künftige Industrialisierung auf den nach seiner Ansicht trügerischen Reichtum der Bodenschätze zu gründen, der darüber hinaus auch noch unliebsam an das extraktive Wirtschaftssystem der Kolonialzeit erinnerte – bis hin zu den Industriegütern, für welche die „adelantos de la maquinaria" oder die „instrumentos prometedores del trabajo" stellvertretend stehen. Auf diese Weise entsteht das Bild eines Modernisierungsprozesses, der auch nach Ansicht Martís das Land in eine leuchtende, prosperierende Zukunft führen werde. Martí versprach sich davon wachsenden Wohlstand nicht allein in Mexiko, sondern auch in vielen anderen freien Ländern der lateinamerikanischen Welt.

Diese auf menschlicher Arbeit und einem modernisierten Maschinenpark aufbauende Zukunft verkörpert sich in diesem wichtigen Text in einer Reihe symbolhafter Objekte, welche zugleich Überraschung und Befriedigung im Besucher hervorrufen, der nicht damit rechnete, so vieler Schätze, so vieler Reich-

---

[7] Martí, José: Una ojeada a la Exposición (V). In (ders.): *Obras Completas. Edición crítica*. Tomo II. La Habana: Casa de las Américas y Centro de Estudios Martianos 1985, S. 245.

tümer gewahr zu werden. Im Folgenden möchte ich wie Martí einen wenig bekannten Bereich aufsuchen und eine noch wenig untersuchte Phase seines Schaffens analysieren. Ich tue dies in der Hoffnung, vielleicht auch hierbei überraschende Entdeckungen im reichen Schaffen des Kubaners zu machen – Entdeckungen, die nicht nur unsere Vorstellungen von Martís Jugendwerk, sondern seines literarischen Schaffens insgesamt bereichern könnten. Denn dass Martí bei seinen frühen Chroniken und Berichten aus der Alltagswelt seines Exillandes noch auf der Suche nach neuen stilistischen und sprachlichen Möglichkeiten war, dürfte die oben angeführte Passage deutlich gezeigt haben.

Dass dieser breite Bereich seines Oeuvre bislang noch so selten analysiert wurde, geht zumindest teilweise auf Martís eigene Haltung zurück. In seinem berühmten Brief vom 1. April 1895 an seinen Vertrauten Gonzalo de Quesada y Aróstegui, der bekanntlich auch als ‚literarisches Testament' des Kubaners gilt, verurteilt er gnadenlos sein gesamtes lyrisches Schaffen vor 1882: „Von meinen Versen veröffentlichen Sie keine vor dem *Ismaelillo*; keiner ist einen Pfifferling wert. Danach sind sie einheitlich und ehrlich."[8] Diese rasche Verdammung *in toto* hatte Folgen!

Allerdings nicht auf Ebene seiner mit Hingabe gesammelten Werke und nachfolgenden Werkausgaben. Wenn keiner der Verse, die Martí vor der Publikation seines ersten Gedichtbandes verfasste, vor diesem überstrengen Urteil Bestand hat, so haben sich zum Glück nicht alle Martí-Forscher, vor allem aber nicht seine Herausgeber, diesem wie ich meine ungerechten Spruch gebeugt. Schon Quesada y Aróstegui missachtete Martís Anweisungen und rettete damit die Mehrzahl dieser Texte vor dem Vergessen. Andere, wie etwa der kubanische Lyriker Eugenio Florit[9] oder der Mexikaner Alfonso Herrera Franyutti, stellten die Kriterien der Selbstbeurteilung Martís in Frage und bezogen die frühe Lyrik in ihre Untersuchungen durchaus mit ein. Für uns ist dies wichtig, wollen wir die Lyrik des Kubaners doch nicht ausschließlich auf die Ästhetik des Modernismo reduziert wissen, sondern in ihrer gesamten Entwicklung überblicken.

So widmete Herrera Franyutti vor Jahrzehnten, anlässlich der wichtigen Martí-Tagung von Bordeaux, sein Augenmerk jenen Texten, die er als „la sencilla poesía de Martí en México" bezeichnete,[10] die einfache Poesie Martís in

---

8 Martí, José: Carta a Gonzalo de Quesada y Aróstegui. In (ders.): *Obras Completas*. Tomo 1. La Habana: Editorial de Ciencias Sociales 1975, S. 26: „Versos míos, no publique ninguno antes del *Ismaelillo*; ninguno vale un ápice. Los de después, al fin, ya son unos y sinceros."
9 Florit, Eugenio: Versos. In: *José Martí (1853–1895). Vida y obra – Bibliografía – Antología*. New York – Río Piedras: Hispanic Institute 1953, pp. 27 f.
10 Herrera Franyutti, Alfonso: La sencilla poesía de Martí en México. In: *En torno a José Martí. Coloquio Internacional*. Bordeaux: Editions Bière 1974, S. 341–363.

Mexiko. Kommt auf diese Weise auch ein bescheidenes, aber wachsendes Interesse an seiner frühen Lyrik zum Ausdruck, so stellt sich doch hinsichtlich der Ausrichtung der bislang zu diesem Thema publizierten Studien ein doppeltes Problem: Zum einen werden die frühen Gedichte häufig auf die späteren poetischen Arbeiten hin perspektiviert und diesen (schon von Martí selbst kanonisierten) Texten hierarchisch zu- und untergeordnet, so dass die Produktion gerade der mexikanischen Zeit ihres eigenen Wertes, ihres eigenen Ortes innerhalb des Gesamtwerks beraubt wird.

Zum anderen wird immer wieder auf verschiedenste, aber nie konkretisierte ‚Mängel' dieser frühen Arbeiten hingewiesen, wobei die eigene Beschäftigung mit diesen Versen immer wieder damit begründet wird, dass sie von vorrangig biographischem Interesse seien: „Sie dienen dem Biographen wie dem Psychologen, der in das Leben des Helden vordringen möchte, insofern sie uns an die Hand nehmen und mit ihren Zeilen durch die biographische wie gefühlsmäßige Chronologie des Martí jener Jahre führen, ihn uns mit seinem gesamten Körper zeigen."[11]

Trotz der nicht gänzlich zu bestreitenden Legitimation und Verdienste derartiger autobiographischer Lektüren soll in der vorliegenden Arbeit weit weniger der Körper des damals zweiundzwanzigjährigen Martí, als vielmehr die Beziehung zwischen jenem Körper und demjenigen der Lyrik herausgearbeitet werden; eine Relation, wie sie die Verse jener Zeit entfalteten. Denn sie erschließt uns die Komplexität der Beziehungen zwischen Geburt und Schreiben, zwischen Leben und Dichten, zwischen Sterben und agonaler lyrischer Schöpfung.

Um dieser Zielsetzung innerhalb eines nur beschränkt zur Verfügung stehenden Raumes in dieser Vorlesung gerecht werden zu können, konzentrieren wir uns im Wesentlichen auf ein Werk aus der Serie mexikanischer Gedichte Martís: *De noche, en la imprenta*. Dabei soll dieser bislang zweifellos unterschätzte Text freilich nicht nur in den Kontext der mexikanischen Lyrik insgesamt, sondern mehr noch der gesamten literarischen beziehungsweise journalistischen Produktion Martís zum damaligen Zeitpunkt gestellt werden. In diesem intratextuellen Verweisungszusammenhang darf nicht übersehen werden, dass dieses wie auch die anderen Gedichte der mexikanischen Zeit – im Gegensatz zu vielen der späteren Verse – von Martí selbst veröffentlicht wurden. Zusammen mit anderen, ebenfalls in der mexikanischen *Revista Universal* abgedruckten Texten bildet sich auf diese Weise ein gut erkennbares und abgrenzbares Textkorpus heraus, dem wir uns nun widmen sollten.

---

11 Ebda., S. 346: „sirven al biógrafo y al psicólogo que quiera penetrar en la vida del héroe, ya que estos nos llevan de la mano a través de cada una de su líneas en la cronología biográfica y sentimental del Martí de esos años, y nos lo muestran de cuerpo entero."

Das ins Zentrum unserer Überlegungen gestellte Gedicht – das gerade aufgrund seiner poetologischen Dimension nach meiner Ansicht eine grundlegende Zugangsmöglichkeit zum poetischen Schaffen des späteren Verfassers von *Nuestra América* bietet – wurde in eben dieser *Revista Universal* am 10. Oktober 1875 erstmals abgedruckt. Es stammt daher mitten aus der Zeit im mexikanischen Exil, aus einer Epoche großer Hoffnungen und mancher Rückschläge für den jungen Kubaner.

In *De noche, en la imprenta* führt uns der Autor, den der junge Angel Rama als Dichter des Lichts, der Transparenz und Klarheit begriff, in die Nacht, zu einer Druckerei und damit an jenen Ort und Augenblick, an dem das Schreiben sich in einen Gegenstand industrieller Produktion verwandelt – bevor der dann gedruckte Text zu einem öffentlichen ‚Ereignis' wird, das sich der Vielfalt der Lektüren und Deutungen öffnen muss und öffnet. In diesem Augenblick fließen Produktion, Distribution und Rezeption bereits zusammen: Der prozesshafte Charakter einer *Produktion* wird zumindest auf technischer und industrieller Ebene in ein abgeschlossenes *Produkt* überführt. Innerhalb einer so im Kommunikationsraum des Kulturellen und damit gerade auch in ihrer sozialen Dimension verankerten Literatur markiert das Gedicht *De noche, en la imprenta* einen für das gesamte literarische Schaffen Martís überaus wichtigen Aspekt, dessen vorrangig poetologische Konsequenzen im Folgenden überdacht und entfaltet werden sollen. Denn anhand dieses Gedichts wird es möglich sein, nicht allein die Übergänge von einer romantischen zu einer binnen weniger Jahre modernistischen Ästhetik zu untersuchen, sondern den jungen Intellektuellen José Martí bei seiner Entwicklung als Schriftsteller und Denker zu begleiten und dabei die Körperlichkeit seines Schreibens näher in Augenschein zu nehmen.

De noche, en la imprenta ist aus intratextueller Perspektive Teil einer Serie in der *Revista Universal* veröffentlichter Gedichte, die mit einer lyrischen Reflexion der Trauer über den Tod von Martís Lieblingsschwester „Ana" einsetzt. Mariana Matilde war am 5. Januar 1875 gestorben, also nur wenige Wochen vor Ankunft des Exilierten in seinem ersten lateinamerikanischen Gastland im Hafen von Veracruz am 8. Februar desselben Jahres. Mit der Publikation dieses Gedichts am 7. März in der Sektion „Variedades" setzen Martís Beiträge für die liberale, an den Positionen des damaligen mexikanischen Präsidenten Lerdo de Tejada orientierte Zeitung ein.

Wenige Monate später, zum Zeitpunkt des Erscheinens von *De noche, en la imprenta*, erfreut sich der kubanische Exilant bereits einer wirtschaftlich recht gesicherten Position: Längst ist er auch offiziell zu einem der fest angestellten Redakteure der *Revista Universal* aufgestiegen. Als am 7. Mai das erste *Boletín* unter dem Pseudonym „Orestes" abgedruckt wurde,[12] erschien zugleich sein Name erstmals auf der Redakteursliste des liberalen mexikanischen Blattes. Schon kurz nach seiner Erstveröffentlichung wird das Gedicht erneut – am 20. Dezember 1875 – abgedruckt, diesmal aber nicht in der mexikanischen, sondern in der venezolanischen Hauptstadt. Dies geschah unter bis heute wenig geklärten Begleitumständen in der dortigen (und für Martís späteres Schaffen so wichtigen) Tageszeitung *La Opinión Nacional*. Die wiederholte Veröffentlichung dieses Gedichts verweist auf die große Bedeutung, die der noch junge Dichter seinem Poem beimaß. Die den „versos del poeta mexicano José Martí" beigefügte „Aclaración" ist bemerkenswert: „Obwohl in ihnen literarische Mängel sichtbar sein mögen und in ihnen das sie unterscheidende romantische Kolorit offenkundig ist, drucken wir diese Verse erneut ab, in denen der Dichter es vermochte, die harte und raue Aufgabe der Arbeiter in der Druckerei zu deuten, sind sie doch wahre Märtyrer, die stets für die Erlangung der erhabensten Ideen kämpfen, sich für den menschlichen Fortschritt aufopfern und dabei am Ende ihrer Laufbahn noch den Dolch des Hasses und das Gift des Elends erhalten. Trotz allem aber liest man diese Verse mit Freude."[13]

Diese Worte, die zweifellos aus der Feder des kubanischen Lyrikers stammen, sprechen bereits mit einer gewissen Einschränkung vom romantischen Charakter und Kolorit der Verse von *De noche, en la imprenta*. Dieses Zeugnis einer frühen Lektüre des Martí'schen Gedichts zumindest teilweise wohl durch den Dichter selbst, die vom künftigen Ruhm des Modernisten noch nichts ahnen kann, kehrt die soziale und politische Dimension dieses Textes hervor. Die bewusste Betonung der thematischen Ebene, die Herausstellung des schweren Loses der Arbeiterschaft und ihres ruhelosen Einsatzes als Märtyrer für den Fortschritt der Menschen, geht einher mit der Kritik an einer in Lateinamerika schon verbrauchten Romantik sowie an einer Reihe nicht näher erläuterter literarischer Mängel, für die Martí gleichwohl keine Abhilfe schuf. Der Kubaner hatte sich in Mexiko wiederholt für die Situation der mexikanischen Arbeiter-

---

12 Zu Funktion und Bedeutung dieses Pseudonyms vgl. nochmals Ette, Ottmar: Apuntes para una orestiada americana.
13 Zitiert nach Ripoll, Carlos: Un poema de Martí proletario. In (ders.): *José Martí. Letras y Huellas Desconocidas*. New York: Eliseo Torres & Sons 1976, S. 31 f: „A pesar de que no carecen de defectos literarios, y del colorido fuertemente romántico que los distingue, reproducimos estos versos en que el poeta ha sabido interpretar el ímprobo y rudo afán de los obreros de la prensa, verdaderos mártires que luchando siempre por las ideas más sublimes y sacrificándose por el progreso humano sólo recogen al fin de su carrera el puñal del odio y el veneno de la miseria. A pesar de todo, esos versos serán leídos con agrado."

schaft in den unterschiedlichsten Bereichen eingesetzt und stand ersten Organisationsformen der Arbeiter in diesem nordamerikanischen Land sehr nahe.

Die Lektüre von Carlos Ripoll, dessen Forschungen die Kenntnis des Textes zu verdanken ist, legt sich gleichsam über diese erste Deutungsschicht und hebt zusätzlich die dem ersten Kommentator offensichtlich noch völlig unbekannte autobiographische Dimension heraus: Das Gedicht wird so als Dokument von Martís „comienzos difíciles como empleado de imprenta", als „testimonio poético, hasta ahora olvidado",[14] präsentiert und erscheint somit mehr als bislang unbekanntes Dokument und Zeugnis einer biographischen Etappe denn als poetisches Kunstwerk. Als solches wollen wir es in unserer Vorlesung aber untersuchen und uns dabei nicht wie bislang mit einer ganzen Serie von Gedichten auseinandersetzen, sondern ein einziges Gedicht eines Dichters beispielhaft herausgreifen.

Spät machte die gleichwohl verdienstvolle Studie von Carlos Ripoll auf die Existenz dieses Martí'schen Gedichts aufmerksam. In der Tat hatten sich die ‚Spuren' des Gedichts nach dem Abdruck in *La Opinión Nacional* verloren: *De noche, en la imprenta* findet sich daher auch in keiner der zahlreichen *Obras Completas* vor der kritischen (und noch zu besprechenden) Werkausgabe von 1985. Auch Herrera Franyutti erwähnte das Gedicht in seinem bereits angeführten Vortrag in Bordeaux nicht. In der sich anschließenden Diskussion aber verwies Ernesto Mejía Sánchez damals auf diese „composición que alude al trabajo personal de Martí como periodista y aún como corrector de pruebas".[15] 1975 schließlich wurde das Gedicht von Herrera Franyutti veröffentlicht, wobei der mexikanische Martí-Forscher darauf verwies, das Gedicht schon während der Vorbereitung seines Buches *Martí en México* gelesen zu haben.

Diese Lektüre hinterließ offensichtlich Spuren, denn die „tristes y potentes imágenes permanecían vagas pero imborrables en mi memoria"; sie hätte sich also durch traurige und starke Bilder unauslöschlich in sein Gedächtnis eingeprägt. Genau ein Jahrhundert nach seiner Erstveröffentlichung wird damit jenes Gedicht gleichsam exhumiert, das auch für Herrera Franyutti vorrangig autobiographisch zu lesen war: „nos habla de horas amargas para el poeta",[16] spreche das Gedicht doch von bitteren Stunden des Poeten. So waren es in gewisser Weise diese „tristes y potentes imágenes", die das Gedicht vor dem endgültigen Vergessen retteten. Wir werden unser Augenmerk daher auf diese starke Bildhaftigkeit richten müssen.

---

14 Ebda, S. 34.
15 Vgl. Discusión. In: *En torno a José Martí*, S. 362.
16 Herrera Franyutti, Alfonso: Una poesía desconocida de José Martí. In: *Casa de las Américas* (La Habana) XVI, 93 (noviembre – diciembre 1975), S. 87.

Diese aber verweist auf eine Qualität, die jenseits des bloß Autobiographischen liegt: auf eine ästhetische Kraft, die unauslöschliche (visuelle) Spuren im Gedächtnis der Leser dieses Gedichts zu hinterlassen vermag. Bereits mit den ersten beiden Versen schafft Martí jenen Spannungsraum, der das gesamte Gedicht beherrschen wird; doch möchte ich es Ihnen im Folgenden gleich in seiner Gänze vorstellen. Es handelt sich um ein Poem, das schon im Titel in der Nacht angesiedelt ist und damit in jenem bevorzugten Projektionsraum der Romantiker, in dem deren Bilderwelt eine besondere Kraft erlangte:

> Im Haus der Arbeit gibt es Lärm,
> der mir wie tödlich Stille scheint.
> Sie arbeiten, sie machen Bücher; es ist,
> als ob sie machten einem Manne seinen Sarg.
> Nacht ist's; ein rötlich leuchtend Licht
> erhellt des Arbeiters Erschöpfung;
> doch scheinen diese schwankend Lichter
> Sankt-Elms-Feuer mir so flüchtig,
> Und tot ist mir das Herz und so
> scheint alles um mich stumm und tot.
>
> Der Drucker Arbeit ist Mysterium:
> ist Ausbreitung der Geister und offen
> für Irrtum, der uns prüft, wie Ruhm
> und alles, was der Seele Himmel gibt,
> wenn Pflicht und Ehrsamkeit sich paaren,
> wenn Liebe sich immens vervielfacht.
> Die Druckerei ist Leben und mir scheint,
> die Werkstatt wie ein weiter Friedhof.
> Der Leichnam setzte sich an meine Seite,
> drückt mir die Hand mit seinen Knochen nieder,
> macht meine Lieb', mir der ich liebte, kalt
> und selbst mein Hirn, mit dem ich denke!
> Denn der Tod in seiner Form des Elends
> aß an meinem Tisch und schlief in meinem Bett.
>
> Um mich her gibt es Menschen; doch die Seele
> weltflüchtig ist, so weit entfernt
> dass in dem Kampf am Platze bleibend
>
> mir die Seel' entfleucht, ohne sie bleib.
> Lichter! In mir Schatten aber; Helle
> in allem, in mir Schmerz und schwere Rätsel.
> Wach bin ich, doch bald schon werd ich schlafen,
> denn schlafen lässt mich des Schmerzes Lied.
> Die Stirn gesenkt über den breiten Tisch;

das Licht zu löschen streck' ich meine Hand,
ich lösch es aus, doch Schatten seh ich nicht,
denn tief in mir ist alles Licht erloschen.

Stehend schlaf' ich; oft ist das Leben
dies erloschene Licht und dieser Traum.
Die Augen falln mir zu, unter der Stirne
besiegt vom Eifer sind sie, vom Gewicht,
weil an der Stirne es mich so sehr quält
von vielen Leben Trübsale ich trage.
Es arbeitet der Drucker, macht ein Buch;
im Leben arbeit ich, mach einen Toten.

Leben heißt Handel treiben; alles belebt
der nützlich Austausch und der Handel:
sie geben Brot, ich gebe Seele: ich gab
soviel zu geben ich hab: Was sterb' ich nicht?
Von einem Leben ohne Brot ich Bilder sehe,
wenn des Verstandes Rest dies sehen kann,
warum versagst, König der Finsternisse
mir was zu träumen Recht ich habe?
Nacht ist's: ein rötlich leuchtend Licht
flieht und schwankt wie töricht Feuer:
Kerzen des Todes bild ich mir ringsum ein;
ich höre das mysteriöse Tuscheln,
das glücklich im Alkoven des Todgeweihten
das erste Leichentuch des Kranken ist,
und alles schwankt im Tanze um mich her
in seltsam stumm berührender Bewegung.
Es scheinen mir die Hände, die sich regen,
wie Hände, die der Trauer Sarg zunageln;
All jene, die hier arbeiten, die seh ich
als trauervoll versammelte Gemeinde,
und auf des Lebens allerhöchstem Gipfel
wohn ich, lebendig Leichnam, eignem Begräbnis bei.

Mein Herz, das legt ich in mein Grab:
Ich trag die Wunde, die die Brust mir quert:
Blut fließt heraus; wer sich mir nähert
wird an den Rändern lesen, was ich lese:
„Vom Elend eines Tages hier zerbissen
ward dieser Lebende zerrissen und lebendig tot,
weil des Elends Zahn hier tödlich zugebissen,
der tödlich Gift an seiner Spitze bot."

Wenn einen gemeinen Mann Du triffst, halt ein
und frag, ob Elend ihm die Brust aufriss,
und ist es wahr, geh weiter und verzeih:
Schuld trägt er nicht: Ihn fraß nur dieses Gift![17]

Hay en la casa del trabajo un ruido
Que me parece fúnebre silencio.
Trabajan; hacen libros: – se diría
Que están haciendo para un hombre un féretro.
Es de noche; la luz enrojecida
Alumbra la fatiga del obrero;
Parecen estas luces vacilantes
Las lámparas fugaces de San Telmo,
Y es que está muerto el corazón, y entonces
Todo parece solitario y muerto.

Es la labor de imprenta misteriosa:
Propaganda de espíritus, abiertos
Al Error que nos prueba, y a la Gloria,
Y a todo lo que brinda al alma un cielo,
Cuando el deber con honradez se cumple,
Cuando el amor se reproduce inmenso.
Es la imprenta la vida, y me parece
Este taller un vasto cementerio.
Es que el Cadáver se sentó a mi lado,
Y la mano me oprime con sus huesos,
Y me hiela el amor con que amaría,
Y hasta el cerebro mismo con que pienso!
Es que la muerte, de miseria en forma,
Comió a mi mesa y se acostó en mi lecho.

Hay hombres en mi torno; pero el alma
Fugitiva del mundo, va tan lejos
Que en esta lucha por asirla al poste,
De mí se escapa y sin el alma quedo.
Hay luces, y en mí sombras; claridades
En todo, en mi dolor graves misterios.
Despierto estoy, mas dormiré muy pronto,
Porque al arrullo del dolor me duermo.
La frente inclino sobre la ancha mesa;
Para extinguir la luz, la mano extiendo,
Y la extingo, y la sombra no apercibo,
Porque apagada en mí toda luz llevo.

---

17 Martí, José: De noche en la imprenta. In (ders.): *Poesía completa*. Edición crítica. La Habana: Letras Cubanas 1993, S. 101–103.

Duermo de pie: la vida es muchas veces
Esta luz apagada y este sueño.
Los ojos se me cierran, de la frente
Vencidos al afán y rudo peso,
Porque en la frente que me agobia tanto
De muchas vidas pesadumbre tengo.
Trabaja el impresor haciendo un libro;
Trabajo yo en la vida haciendo un muerto.

Vivir es comerciar; alienta todo
Por los útiles cambios y el comercio:
Me dan pan, yo doy alma: si ya he dado
Cuanto tengo que dar ¿por qué no muero?
Si de vida sin pan imagen formo,
Si verla aun puede de mi juicio el resto,
¿Por qué negarme, oh rey de la tiniebla,
Lo que para soñar tengo derecho?
Es de noche: la luz enrojecida
Huye y vacila como fatuo fuego:
Cirios de muerte me imagino en torno;
Escucho el misterioso cuchicheo
Que en la alcoba feliz del moribundo
Es el primer sudario del enfermo,
Y todo vaga en mi redor, en danza
Confusa, extraña, y sordo movimiento.
Parécenme esas manos que se mueven
Manos que clavan enlutado féretro;
Esos, los que trabajan, comitiva
Ceremoniosa y funeraria veo,
Y es que en el colmo de la vida asisto,
Vivo Cadáver, a mi propio entierro.

Mi corazón deposité en la tumba:
Llevo una herida que me cruza el pecho:
Sangre me brota; quien a mí se acerque
En los bordes leerá como yo leo:
"Mordido aquí de la miseria un día
Quedó este vivo desgarrado y muerto,
Porque el diente fatal de la miseria
Lleva en la punta matador veneno."

Cuando encuentres un vil, para y pregunta
Si la miseria le mordió en el pecho,
Y si el caso es verdad, sigue y perdona:
Culpa no tiene, -¡le alcanzó el veneno!

In den ersten beiden „endecasílabos" der ersten, aus zehn Versen bestehenden Strophe des spanischsprachigen Originals ist der vermittelte Sinneseindruck akustischer Natur. Die Antithese von Lärm und Stille löst ihrerseits sekundäre Oppositionen aus, etwa zwischen Dichter und akustisch-räumlichem Kontext oder zwischen der Arbeit als Symbol des Lebens und der Ankündigung des nahenden Todes. Alles ist in tiefe Nacht gehüllt, die ebenso wie der Traum das Element einer ‚klassisch' romantischen Szenerie bildet. Denn erst in der Nacht und im Traum erhellen schwankende Lichter und Elmsfeuer eine Seelenlandschaft, in welcher der Lebendige sich als tot und der Tote sich als lebendig erweist. Schnell wird der Tanz zum Totentanz, in welchem eine Trauergemeinde sich um einen lebendig fast schon Begrabenen schart. Es sind Bilder einer schwarzen Romantik, die eindrucksvoll die Nacht erhellen. An deren Ende freilich – und auch dies ist charakteristisch für einen stets um die soziale Dimension bemühten Martí – steht wie so oft eine moralische Sentenz, mit welcher das Gedicht sein Lesepublikum entlässt.

Wir befinden uns unzweifelhaft in einem Arbeitermilieu. Die Schaffung eines spezifischen Raumes, der „casa del trabajo", wird verbal im dritten Vers konkretisiert, im Ausdruck der Tätigkeit: „Trabajan; hacen libros." Wir sind in einer Druckerei. Gleich zu Beginn des Gedichts werden die Seme ‚Raum', ‚Arbeit', ‚Hören', ‚Leben' und ‚Tod' eingeführt und komplex miteinander so verschaltet, dass die Welt der Bücher und diejenige der außersprachlichen Realität ineinander übergehen. Sie beherrschen die semantische Strukturierung des gesamten lyrischen Textes und bilden einen poetischen *Bewegungs-Raum*, welcher ebenso die gesellschaftliche Dimension der Arbeit wie die körperliche Dimension des Ich mit starken Bildwerten umgreift.

Das Schreiben Martís erfolgt während der Zeit im mexikanischen Exil – aber auch in späteren Jahren – häufig inmitten von Getriebe und Lärm, wie uns dies José Martís „Orestes" etwa in seinem *Boletín* vom 15. Juli 1875 mitteilt: „Eine anspruchsvolle Aufgabe ist es, zwischen dem Lärmen der Presse, dem Redefluss des hinausgehenden Abgeordneten, der glänzenden Profanität des gerade Hereinkommenden und dem gravitätischen und sentenzenhaften Sprechen dessen, der hinausgeht, zu schreiben."[18] Der Ort des Schreibens ist kein ruhiger, zurückgezogener Ort, sondern ein Kreuzungspunkt mitten im Getriebe der Welt, an dem sich alle Stimmen überschneiden.

---

18 Martí, José: *Obras Completas Edición Crítica*, Bd. 2, S. 129: „Es afanosa tarea esta, escribir entre el bullicio de las prensas, la conversación del diputado saliente, la brillante facundia del que viene, el habla grave y sentenciosa del que se va."

Der Raum dieses Schreibens am Tage aber verwandelt sich nachts im Gedicht in einen Raum, der von fast übernatürlichen Bildern, Erscheinungen und Visionen beherrscht wird. Diese gehen im Gedicht von *Las lámparas fugaces de San Telmo* aus, dem in der Romantik häufig verwendeten Motiv des Elmsfeuers, das mit der eingeführten Todesthematik verknüpft wird: „Trabajan; hacen libros: –se diría / Que están haciendo para un hombre un féretro." (V. 3–4) Das Irrlichtern des Sankt-Elms-Feuers bildet zusammen mit den Lichtern und Lampen der Maschinen eine visuelle Kulisse, welche die Grenzen zwischen Nacht und Tag, zwischen Traum und Realität, zwischen Tod und Leben durchlässig macht. Es gibt keine klaren Scheidungen, keine eindeutigen Antagonismen mehr.

Die in diesem Verwirrspiel beobachtbaren Veränderungen auf rhythmischer Ebene weisen bereits auf die „luces vacilantes" (V. 7) voraus, welche das Thema des Todes mit dem Übernatürlichen verknüpfen; eine semantische Fusion, die zweifellos eine der Konstanten in der Lyrik Martís darstellt. Die Todesthematik ist Teil seiner Bilderwelt und einer grundlegenden Symbolik, der die einzelnen Symbole zugeordnet sind. Das ‚Haus der Arbeit', wo die Arbeiter im Höllenlärm der Maschinen Bücher herstellen, wird zum ‚Haus des Todes', in dem wir später zur „alcoba feliz del moribundo" (V. 57) gelangen. Schon von Beginn des Gedichts an aber ist das Schweigen, ist die Stille des Todes präsent.

Wie sich auf akustischer Ebene Lärm in Stille verwandelt, so wird auf der wichtigen Ebene optischer Phänomene aus dem Licht, das die Szenerie der Drucker und ihrer Maschinen beleuchtet, die Erscheinung der „lámparas fugaces de San Telmo" beherrschend. Ebenso die akustischen wie die visuellen Sinneseindrucke des Dichters werden in eine Irrealität düsterer und geradezu apokalyptischer Vorahnungen getaucht. Denn sind es Bücher, die hier gedruckt werden – oder beschäftigen sich die Arbeiter mit der Herstellung eines Sarges? Das Ende der ersten Strophe mit der durch Wiederholungen betonten Einführung des toten Herzens projiziert die (prekäre) Trennung zwischen innerer und äußerer Realität und kündigt zugleich die Einheit derer auf, die zusammen im ‚Haus der Arbeit' beschäftigt sind. Aus der Gemeinschaft entsteht die Erfahrung von Einsamkeit (welche sich nach einer neuen Gemeinschaft sehnt); zugleich wird – im Bild des toten Herzens – das semantische Leitthema des zerstückelten Körpers eingeführt, eines Körpers, der sich als Körper-Leib, als Körper-Haben und Leib-Sein, besser verstehen lässt.[19] Wir hatten uns in dieser Vorlesung ja bereits mit dem Ineinander-verwoben-Sein von Körper und Leib beschäftigt, so

---

19 Vgl. hierzu Ette, Ottmar: Mit Haut und Haar? Körperliches und Leibhaftiges bei Ramón Gómez de la Serna, Luisa Futoransky und Juan Manuel de Prada. In: *Romanistische Zeitschrift für Literaturgeschichte / Cahiers d'Histoire des Littératures Romanes* (Heidelberg) XXV, 3–4 (2001), S. 429–465.

dass ich auf diese aus der philosophischen Anthropologie Helmuth Plessners übernommene Begrifflichkeit nicht nochmals eingehen muss.

Die grundlegende Dualität von Leben und Tod, die in der ersten Strophe bereits erscheint, wird in der zweiten aufgenommen und erreicht in deren Zentrum ihren Höhepunkt mit der im selben Vers vorgenommenen prononciert antithetischen Gegenüberstellung von „ser" und „parecer", von Sein und Schein: „Es la imprenta la vida, y me parece / Este taller un vasto cementerio" (V. 17–18). In der kritischen Werkausgabe – die nicht immer nur in einem philologischen Sinne kritisch ist – fehlt der zwanzigste Vers, der sowohl in der von Herrera Franyutti kontrollierten Fassung als auch in der von Ripoll zitierten Version von *La Opinión Nacional* sehr wohl vorhanden ist. Dieser wohl durch ein Versehen verloren gegangene Vers, den ich in der angeführten spanischen Fassung ergänzt und auch ins Deutsche übersetzt habe, lautet: „Y la mano me oprime con sus huesos." Es handelt sich damit um eine Strophe von vierzehn und nicht dreizehn Versen, welche die Strophenform des Gedichts wesentlich beeinträchtigt hätte. Auf diesen gravierenden Fehler ließen sich im Übrigen die Verse eben dieser zweiten Strophe beziehen, wo „la labor de la imprenta" ebenso dem Ruhm wie „Al Error que nos prueba" (V. 13) offensteht. Unnötig zu sagen, dass unsere Verszählung selbstverständlich den in der *Edición crítica* fehlenden Vers berücksichtigt. Bitte ziehen Sie auch im Folgenden ebenso die spanisch- wie die deutschsprachige Fassung von Martís Gedicht hinzu!

Vor dem bedrohlichen Hintergrund dieses ‚Hauses des Todes' erscheint die Gleichsetzung von Druckerei und Druckerpresse mit dem Leben selbst nur dann als gültig „Cuando el deber con honradez se cumple, / Cuando el amor se reproduce inmenso" (V. 15–16). Wird die Pflicht in der mühseligen Arbeit auch erfüllt, so bleibt die Liebe doch unerfüllt – das Herz des Dichters ist bereits tot und mit ihm jene Kraft der Liebe, die in ihm ihren Sitz hatte. In der romantischen Körper-Topik nimmt das Herz eine zentrale Stellung ein, da in ihm der Sitz aller Gefühle verortet wird. Hier bleibt seine Stelle leer und mit ihr die Liebe, die ebenso in der Philosophie Martís wie auch in seiner Lyrik die zentrale Kraft darstellt und überhaupt erst Grundlage und Voraussetzung jeglicher im vollen Sinne menschlichen Tätigkeit bildet. Darf ich Ihnen verraten, dass an meinem Schreibtisch ein kleines Faksimile aus einem Brief José Martís steht, in dem es abschließend heißt: „No se canse de amar—"?

Auf diese Weise entsteht eine (auf den ersten Blick recht konventionell anmutende) Topographie des menschlichen Körpers, wobei der Körper des Dichters von einer klaffenden, blutenden Wunde gekennzeichnet, markiert ist; einer Wunde, die sich nicht mehr zu schließen vermag. Ich darf Sie an die entsprechende Strophe erinnern:

Mein Herz, das legt ich in mein Grab:
Ich trag die Wunde, die die Brust mir quert:
Blut fließt heraus; wer sich mir nähert
wird an den Rändern lesen, was ich lese:
„Vom Elend eines Tages hier zerbissen
ward dieser Lebende zerrissen und lebendig tot,
weil des Elends Zahn hier tödlich zugebissen,
der tödlich Gift an seiner Spitze bot."

Mi corazón deposité en la tumba:
Llevo una herida que me cruza el pecho:
Sangre me brota; quien a mí se acerque
En los bordes leerá como yo leo:
"Mordido aquí de la miseria un día
Quedó este vivo desgarrado y muerto,
Porque el diente fatal de la miseria
Lleva en la punta matador veneno." (V. 67–74)

Auf diese Weise wird die Isotopie des Körpers nicht nur mit dem (auf Liebe beruhenden) Akt des Schreibens verbunden; sie wird zugleich mit einer Art doppelter Lektüre verknüpft, wobei sich an diesem Lesevorgang sowohl der Dichter als auch andere Leserinnen und Leser beteiligen. Denn der zweite Teil dieser zweigeteilten Strophe wird erst an den Rändern der klaffenden Wunde lesbar, die somit zum Ort des Schreibens wie des Lesens wird. Ebenso der Körper-Leib wie dessen Verstümmelung werden lesbar und durch das Gedicht kommunizierbar. Der Körper wird zur Fläche, auf der sich die Schrift einschreibt und lesbar ist, er dient damit als Objekt, als ein Körper-Haben ebenso für das Schreiben wie für die verdoppelte Lektüre der am Rande der klaffenden, blutenden Wunde eingeschriebenen Verse.

Zugleich wird das Gelesene graphisch durch die Anführungszeichen als gleichsam fremder Text markiert, als wäre dort etwas eingeschrieben, das nicht autograph, sondern allograph und damit von fremder Hand verfasst ist. Dieses ‚Fremdsein' akzentuiert noch zusätzlich Grausamkeit und Brutalität des (zum Lesen) dargebotenen Körperbildes, in welchem sich Körper-Haben und Leib-Sein, der Körper als Schreibfläche der Schrift und der Körper als Ort des Schmerzes und Erleidens überschneiden. Der Körper-Leib des Dichters erscheint damit nicht nur als märtyrerhaft gequält und verstümmelt; denn gleichzeitig dient er auch als materieller Träger einer ‚fremden' Schrift, die sich an den Rändern der Wunde zeigt.

Eine zusätzliche, intratextuell verankerte Bedeutung erhält die Folterung des Körpers durch die Tatsache, dass sich gerade in den poetologischen Gedichten Martís mit besonderer Gewalt Bilder von Folter und körperlicher Zerstückelung häufen. An dieser Stelle kann ich leider – doch wir kommen ja nochmals auf Martí zurück – nur auf ein einziges dieser recht zahlreichen poetologischen Gedichte, vielleicht aber auf das der hier behandelten Thematik zugänglichste und nahestehendste Werk aufmerksam machen: das den *Versos libres* angehörende Gedicht *Crin hirsuta*. Der Titel meiner vor langen Jahren vorgelegten deutschen Übersetzung lautet *Borstge Mähne*:

> Dass wie die borstge Mähne vor Schrecken zitternden
> Pferdes, welches auf dürrem Baumstumpf erblickt
> Zähne, Klauen furchterregenden Wolfs
> Sträubend sich mein zerfetzter Vers aufrichtet? ...
> Ja, doch er richtet sich auf! Und in der Art
> Wie, wenn sich das Messer in den Hals des
> Stieres senkt, blutger Strahl gen Himmel aufsteigt.
> Die Liebe allein gebiert die Melodien.[20]

> Que como crin hirsuta de espantado
> Caballo que en los troncos secos mira
> Garras y dientes de tremendo lobo,
> Mi destrozado verso se levanta ... ?
> Sí,: pero se levanta! –a la manera
> Como cuando el puñal se hunde en el cuello
> De la res, sube al cielo hilo de sangre:–
> Sólo el amor, engendra melodías.[21]

In dieser meisterhaften, ungemein vielschichtigen Komposition dominiert einerseits die Liebe in all ihrer Ambiguität den rhythmisch stark abgesetzten Schlussvers des Gedichts und weist damit erneut auf die das Schreiben Martís organisierende, alles zusammenhaltende Kraft hin. Es ist die Liebe, die als Urkraft allen menschlichen Lebens immer wieder die Schöpfung vorantreibt. Fast vier Jahrzehnte nach meiner damaligen Übersetzung für die schöne Edition lateinamerikanischer Lyrik durch den literarisch so begabten Hartmut Köhler will ich freilich mit Blick auf diesen letzten Vers des Gedichts die Geburtsmetapher verändern in eine Zeugungsmetapher, verwendete Martí doch im abschließenden Vers kein spanisches „nacer", sondern ein für seine Bildsprache viel charakteristischeres „engendrar" und betonte damit den männlichen Zeugungsakt, zu dem das gen Himmel aufsteigende Blut auch deutlich besser passt. Die Vorstellung freilich, dass aus dem Tod neues Leben ersteht und eine neue Kunst mit neuen Melodien aus dem gewaltsamen Tod hervorgeht, bleibt beibehalten.

Andererseits wird auch in diesem deutlich später entstandenen Gedicht des sich längst einer modernistischen Ästhetik bedienenden Kubaners die Brutali-

---

[20] Martí, José: Crin hirsuta. In: *Poesie der Welt. Lateinamerika*. Herausgegeben von Hartmut Köhler. Berlin: Edition Stichnote im Propyläen Verlag 1986, S. 49.
[21] Martí, José: Crin hirsuta. In (ders.): *Poesía Completa. Edición Crítica*, Bd. 1, S. 99.

tät und Gewalt der poetologischen Bilder auf Körper projiziert – wenn auch hier auf Körper von Tieren, die einem dichterischen, an der Transzendenz ausgerichteten Opferritual unterzogen werden. Im Gegensatz hierzu erfolgt dieses ‚Opfer' in *De noche, en la imprenta* am Körper des Dichters selbst – wo sich das Herz befindet beziehungsweise einst befand. Von dort fließt in Strömen das Blut, jene lebensspendende Flüssigkeit, die Martí – wie auch in *Crin hirsuta* – stets mit seinem eigenen Schreiben in Verbindung brachte.

Eben dies wird er am Ende seines Lebens auch im bereits erwähnten Brief an seinen späteren Herausgeber und literarischen Erbverwalter Quesada y Aróstegui tun, dem er kurz vor seiner Einschiffung nach Kuba schrieb, kurz vor seinem Aufbruch in die nach ihm benannte „Guerra de Martí" von 1895. Wenige Wochen vor seinem Tod überdenkt Martí vielleicht ein letztes Mal die Vielzahl seiner Texte und formt dabei retrospektiv das *Korpus* seines Werkes, wobei es sich deutlich um eine Konstruktion und keineswegs um eine Rekonstruktion handelt: allzu deutlich sind schon die abgetrennten Teile dieses Textkörpers markiert. Seine von Martí miteinbezogenen Teile sind zweifellos von großer Wichtigkeit, sollten uns aber nicht daran hindern, das Gesamtwerk des kubanischen Literaten zu rekonstruieren und in seinen ästhetischen Wechselbeziehungen wiederherzustellen.

Auch in diesem Brief an seinen Vertrauten stellt José Martí sich die Frage, was er denn geschrieben habe, ohne dabei zu bluten, was er gemalt habe, ohne es zuvor mit eigenen Augen gesehen zu haben: „¿Qué habré escrito sin sangrar, ni pintado sin haberlo visto antes con mis ojos?"[22] Diese enge semantische Beziehung zwischen dem Blut des eigenen Körpers, der Ebene visueller Wahrnehmung und dem Schreiben bei Martí führt uns zum *Herzen* der Martí'schen Poetik und zu seiner Sichtweise vom Körper der Dichtkunst. Nicht allein mit Hilfe bestimmter verstechnischer Verfahren, die nicht auf Reimen sondern auf Rekurrenzen syntaktischer, semantischer oder phonischer Natur (insbesondere der Rekurrenz von Endvokalen) basieren, sondern weit mehr noch aufgrund der poetologischen und damit verbunden körperlichen, ‚leibhaftigen' Dimension steckt *De noche, en la imprenta* ein weites Experimentierfeld ab, in welchem viele Bedeutungsebenen der später entstandenen *Versos libres* bereits angelegt, mitunter aber auch schon deutlich entfaltet sind. Denn Martís Lyrik ist eine Lyrik der Körperlichkeit wie der Leibhaftigkeit: Sie übersetzt künstlerisch ein Schreiben, das sich des Körpers als Erkenntnis- und Schöpfungsinstrument bedient.

---

22 Martí, José: *Obras Completas*, Bd. 1, S. 27.

Eines jener ästhetischen Zentren, in denen sich eine Reihe von Isotopien bündeln, bildet also der menschliche Körper. Zur Fundierung der bereits dargelegten Antithese, die in der Mitte der zweiten Strophe kulminiert, wird vom lyrischen Ich eine Kausalverbindung zu den unmittelbar folgenden Versen hergestellt. Ich rufe Ihnen diese Verse kurz in Erinnerung:

> Der Leichnam setzte sich an meine Seite,
> drückt mir die Hand mit seinen Knochen nieder,
> macht meine Lieb', mir der ich liebte, kalt
> und selbst mein Hirn, mit dem ich denke!
>
> Es que el Cadáver se sentó a mi lado,
> Y la mano me oprime con sus huesos,
> Y me hiela el amor con que amaría,
> Y hasta el cerebro mismo con que pienso! (V. 19–22)

Das Erscheinen beziehungsweise die Erscheinung des „Cadáver", der bei Martí mit dem in der späteren Lyrik so wichtigen Thema des „doble" – des Doppelgängers oder des doppelten Ich – verbunden ist, und die Fusion der wichtigen Bedeutungsebenen von Körperlichkeit, Tod und Übernatürlichem führt eine Entwicklung ein, deren narrative Gestaltung erst in der bereits zitierten vorletzten Strophe endet. Auch die Thematik des Doppelgängers bildet eines jener Motive, die in der Romantik höchst populär wurden, die Martí aber auch noch in seiner modernistischen Poesie weiterhin pflegte. Denn der „doble" gestattete ihm, wie in zwei entgegengesetzten Ansichten Leben und Tod, Sterben und Zeugen oder Gebären je nach Blickwinkel oszillierend darzustellen.

Zu Beginn dieser im Gedicht entfalteten Handlung ergreift der Kadaver, der Leichnam die Hand des Dichters und unterdrückt („oprime") damit genau jenen Teil des Körpers, der dem Schreiben, der Niederschrift dient. Diese Berührung greift aber rasch auf das Herz über („el amor con que amaría") und erfasst schließlich das Gehirn, den Ort des Denkens.. Die Kälte des Kadavers, die dem wallenden Blut des lyrischen Ich entgegenwirkt, setzt einen Prozess in Gang, der den Körper des lyrischen Ich beziehungsweise des Dichters in einen „Vivo cadáver" verwandeln wird, der der Bestattung seines eigenen Herzens beiwohnt; ein Oxymoron, das den Gegensatz zwischen Leben und Tod in Frage stellt und zugleich potenziert. Die von den ersten Strophen des Gedichts an erkennbare Bewegung des Oszillierens zwischen den Gegensätzen kommt auch in diesen Versen deutlich zum Ausdruck.

In diesem Zusammenhang ist von größter Bedeutung, dass dieser Transformationsprozess gerade an jenen drei Stellen des (zerstückelten) Körpers einsetzt, die im gesamten literarischen Werk Martís mit dem Schreiben aufs engste verbunden sind: Hand, Herz und Gehirn. Sie bilden das magische Dreieck, in welchem die

„escritura" zustande kommt. Nur in einer auf die Lyrik Martís oder den hispanoamerikanischen Modernismo spezialisierten Vorlesung wäre es möglich zu zeigen, dass diese drei Teile des Körpers bei Martí mit drei sehr unterschiedlichen *Orten des Schreibens* und – in überaus komplexer und origineller Weise – mit den verschiedenen, von ihm jeweils bevorzugten literarischen Gattungen verbunden sind. Mir ist es an dieser Stelle aber weitaus wichtiger, bei unserem Thema von Geburt und Sterben, Leben und Tod zu bleiben und der Deutung des Gedichts *De noche, en la imprenta* noch weitere und wesentliche Akzente hinzuzufügen.

Für die weitere Interpretation dieses faszinierenden Gedichts mag einstweilen die Feststellung genügen, das der durch die Berührung mit dem „Cadáver" am meisten in Mitleidenschaft gezogene Teil des Körpers die Brust und in ihr das Herz ist, mit dessen Blut gleichsam die Lyrik Martís geschrieben wird. Dieser Ursprung der erkalteten Herzensschrift ist für Martí – in durchaus romantischer Tradition – Ort der Lyrik, Ort der Poesie. So sind es auch Verse, die am Rande der blutenden Wunde in der Brust des Dichters zu lesen sind.

Eine wichtige, aber – soweit ich sehe – gleichwohl nie zitierte Passage eines Textes Martís vom 29. August 1875 zu den *Versos de Pedro Castera* belegt, dass dies der Ort nicht nur der Dichtkunst, sondern auch ihrer Leserschaft ist: „La poesía es una e idéntica, y duerme escondida en el fondo del más miserable corazón"[23] – Die Dichtkunst ist einig und identisch, sie schläft verborgen am Grunde selbst des elendesten Herzens.

Aus dieser Perspektive erklären sich auch Martís häufige Attacken gegen jene Lyrik, die er als „poesía cerebral" abtat:[24] Diese zerebrale Dichtkunst unterbinde einen direkten Kontakt zwischen Dichter und Publikum, jenen Kontakt, den Martí stets anstrebte, ja – denken wir nur an seine gebieterischen, keinen Widerspruch duldenden Einladungen etwa zur ersten (privaten) Lesung seiner *Versos sencillos* in New York – obsessiv und mit sanfter Gewalt suchte. So schrieb er auch in seiner ebenso herzlichen wie programmatischen *Carta-prólogo* zu den *Poesías* von José Joaquín Palma: „Es gibt Verse, die im Hirn gemacht werden:– Doch diese zerbrechen über der Seele: Sie verletzen sie, aber dringen nicht in sie ein. Andere gibt's, die im Herzen entstehen. Von ihm gehen sie aus, ihm fliegen sie zu. Allein das, was in der Seele an Kriegerischem, an Beredtem, an Poetischem sprießt, kommt in der Seele an."[25]

---

23 Martí, José: *Obras Completas*, Bd. 6, S. 372.
24 Vgl. hierzu auch Santí, Enrico Mario: „Ismaelillo", Martí y el modernismo. In: *Revista iberoamericana* (Pittsburgh) 137 (octubre – diciembre 1986), S. 827.
25 Martí, José: *Obras Completas*, Bd. 5, S. 94: „Hay versos que se hacen en el cerebro: –éstos se quiebran sobre el alma: la hieren, pero no la penetran. Hay otros que se hacen en el corazón. De él salen y a él van. Sólo lo que del alma brota en guerra, en elocuencia, en poesía, llega al alma."

Der Wunde des Dichters entspricht diejenige des Lesers und der Leserin. Nur was – in einem ganz körperlichen Sinne – der Dichter aus sich heraushebt, aus der Tiefe seines Herzens an die Oberfläche bringt, dringt auch in die Leserschaft ein: in deren Seele und in deren Herz. Das körperliche Organ dichterischer Schöpfung und das körperliche Organ literarischer Aufnahme entsprechen sich. Im Vordergrund dieser Vorlesung soll freilich der Körper des *Schreibenden* stehen. Doch vergessen wir dabei nicht, dass er sich gemeinsam mit der Figur des Lesers über die Wunde beugt und an der offenen Wunde des Herzens gemeinsam mit diesem Leser die poetischen Verse zu dechiffrieren vermag! Es gibt eine direkte körperliche Wechselbeziehung zwischen Produzenten und Rezipienten von Dichtkunst: Bei Martí sind beide miteinander aufs Engste verbunden.

In der dritten Strophe entflieht die Seele dem Körper des Dichters – auch dies ein Motiv, das Martí der romantischen Tradition entlehnte und mehrfach in seiner mexikanischen Lyrik verwendete. So wird beispielsweise in dem Gedicht *Patria y mujer*, dessen Publikation in der *Revista Universal* unmittelbar jener von *De noche, en la imprenta* folgte, die schon im Titel deutliche Aufspaltung fortgeführt: „Podría encender tu beso mi mejilla, / Pero lejos de aquí mi alma me espera."[26] – Dein Kuss könnte meine Wange wohl entzünden, / doch weit von hier erwartet meine Seele mich. Auf die enge Beziehung zwischen der Seele des Dichters und der weit entfernten Heimat des Exilierten werden wir noch zurückkommen.

All dies verstärkt die bereits erwähnte Aufspaltung zwischen der äußeren Realität und jener inneren Realität des lyrischen Ich. Dem in der vorangehenden Strophe zweifach verwendeten „amor" antwortet in der dritten Strophe, in der Art eines Echos, fast eines Schreis, das ebenfalls wiederholte „dolor", wodurch gleichsam eine Art Binnenreim zwischen den jeweiligen Versen und Strophen entsteht. Diese Echowirkungen sind bewusst und verstärken die Aufspaltungen des dichterischen Ich weiter: Das lebendige Tot-Sein und das tote Lebendig-Sein oszillieren in der Gespaltenheit des Dichter-Ichs.

Gleichzeitig wird in diesen Versen die semantische, thematische und narrative Entwicklung des Gedichtes deutlich: Bereits in seinen vor dem Aufenthalt in Mexiko verfassten Texten hatte Martí den „dolor" zu einem zentralen Konzept seiner noch stark von der spanischen wie kubanischen Romantik bestimmten Ästhetik gemacht. So findet sich etwa in der ersten Fassung seines Dramas *Adúltera* von 1874 eine Definition des Dichters, der den Worten der bezeichnenderweise Güttermann genannten Figur zufolge jener Mensch sei, der an den Schmerzen der anderen leide, an „los dolores ajenos"; und Güttermanns Gegenüber Grössermann antwortet ihm: „A más, que si a mí me preguntan qué es vivir, yo diría el dolor; –

---

[26] Marti, José: *Poesía Completa Edición Crítica*, Bd. 2, S. 104.

el dolor es la vida–."²⁷ Der Schmerz also ist das Leben, das Leben ist Schmerz! Sehr früh in Martís Schreiben erscheint ein agonales Element, das sich durch sein gesamtes Schaffen in Lyrik und Prosa zieht.

Schmerz ist daher für Martí keineswegs eine gänzlich oder auch nur überwiegend subjektive, auf das eigene Ich beschränkte Kategorie, sondern enthält vielmehr eine wesentliche gesellschaftliche Dimension, die etwa auch in Martís Rückgriff auf den Prometheus-Mythos deutlich wird. Denn mit Prometheus identifiziert der junge Kubaner – auch hier in unverkennbarer Anlehnung an die romantische Tradition in Lateinamerika – den schöpferischen Menschen, den Dichter in seiner Rolle unendlichen Wiederbeginnens und unabschließbarer Arbeit.²⁸ Leben steht für Martí nicht im Zeichen der Freude, sondern der unablässigen Anstrengung. Und in einem seiner gelungensten Texte aus der Serie in der *Revista Universal* veröffentlichter Gedichte, dem am 1. Juni 1875 abgedruckten *Haschisch*, heißt es:

> Nicht Statue mit sehnsuchtsvollem Antlitz
> ist die Seele eines Dichters: sondern
> Sonne voll Schmerzen, unheilbare Seele
> in geheimer, weltumspannender Krankheit
> ist er, spürend in sich die Hitze [...]²⁹

> No es estatua de lánguida figura
> El alma de un poeta:
> Es un sol de dolor: alma sin cura
> De universal enfermedad secreta:-
> En sí tiene el hervor [...]

In dieser unverhohlenen Kritik am konventionellen Bild des an seinem eigenen Leiden sich labenden romantischen Poeten stellt Martí dieser Figur – wie in *De noche, en la imprenta* – die Gestalt eines Dichters entgegen, in dem sich das Leiden und die Schmerzen der anderen bündeln. Ich darf Ihnen auch an dieser Stelle nochmals die Verse aus unserem Gedicht in Erinnerung rufen:

> Die Augen falln mir zu, unter der Stirne
> besiegt vom Eifer sind sie, vom Gewicht,
> weil an der Stirne es mich so sehr quält
> von vielen Leben Trübsale ich trage.

---

27 Ebda., Bd. 1, S. 136.
28 Vgl. hierzu auch Rivera-Rodas, Oscar: Martí y su concepto de poesía. In: *Revista iberoamericana* (Pittsburgh) 137 (octubre – diciembre 1986), S. 843–856.
29 Martí, José: Haschisch. In (ders.): *Poesía Completa Edición Crítica*, Bd. 2, S. 77.

> Los ojos se me cierran, de la frente
> Vencidos al afán y rudo peso,
> Porque en la frente que me agobia tanto
> De muchas vidas pesadumbre tengo. (V. 39–42)

Die narrative Entwicklung des Eingangsbildes ist hier deutlich. Denn auf diese die langsamen Bewegungen akzentuierende Weise wird die Bewegung der zweiten Strophe („La frente inclino sobre la ancha mesa") fortgeführt, indem zugleich die aufrechte Körperhaltung in eine zunehmend horizontale Position überführt wird. Es ist eine Überführung aus dem Leben in das Sterben, hin zum Tod. Mit dem Herabsinken der Stirne, des Ortes des Denkens beziehungsweise des Kognitiven (so wie die Brust der Ort des Herzens wie der Seele ist), mit dem stets von den spanischen Mystikern akzentuierten Schließen der Augen setzt eine Bewegung ein, die zunächst den Arbeitstisch unter sich begräbt und dann den Körper des Dichters immer mehr der endgültigen Position des Sterbenden der fünften Strophe und schließlich des (lebendigen) Leichnams annähert. Er wird in der sechsten Strophe sein eigenes Herz zu Grabe tragen. Die agonale Isotopie wird in dieser Bewegung langsamer Selbsttransformation als eine thematische Leitlinie Martí'scher Dichtkunst deutlich.

Parallel hierzu wird die soziale (und gesellschaftspolitische) Dimension ausgeführt, die seit der ersten Strophe von *De noche, en la imprenta* präsent war und in welcher sich frühzeitig eine Trennung zwischen den Arbeitern an der Druckerpresse und dem einsamen Ich am Schreibtisch abzeichnete. Denn dieses Ich ist keineswegs ein Arbeiter in diesem „Haus der Arbeit". In immer komplexerer Weise gelangt dieser deutliche Gegensatz zwischen den Arbeitern in der Druckerei und dem Dichter-Ich zu einem Höhepunkt in den beiden Schlussversen der vierten Strophe: „Trabaja el impresor haciendo un libro; / Trabajo yo en la vida haciendo un muerto" (V. 43–44). Leben und Tod werden in diesen agonalen Versen enggeführt. Das semantische Feld, das die Arbeiter mit dem Dichter verbindet, ist die Armut, das alle um die Druckerpresse Versammelten gleichermaßen bedrohende soziale Elend: die ökonomische „miseria".

In seinen im Exilland Mexiko verfassten journalistischen Texten hatte Martí einen bedeutenden Teil seiner Aufmerksamkeit auf die soziale Frage verwandt. Es sind für die mexikanischen Arbeiter wichtige, wenn auch – denken wir an die kommende porfiristische Diktatur – noch nicht entscheidende Jahre, in denen sie versuchen, ihre gewerkschaftlichen Organisationen zu gründen beziehungsweise dieselben schlagkräftiger auszugestalten. Der erste bundesweite mexikanische Arbeiterkongress fand 1876 statt. Der verdienstvolle französische Martí-Forscher Paul Estrade charakterisierte diese Zeit, während derer Martí in Mexiko lebte, sehr zutreffend: „El bienio 1875–1876 aparece como el auge del movimiento obrero mexicano en el siglo XIX."³⁰ Der Aufenthalt José Martís in Mexiko fällt folglich mit dem Höhepunkt der mexikanischen Arbeiterbewegung zusammen.

José Martí bezieht in diesen heraufziehenden Auseinandersetzungen Position als Delegierter eines Gewerkschaftskongresses wie vor allem auch als Redakteur der *Revista Universal* und nimmt keine Rücksicht auf seinen eigenen prekären Status als kubanischer Exilant. So beginnt er sein *Boletín* vom 10. Juni 1875 über den Streik der Hutmacher mit einem für seine ethische Haltung bezeichnenden Satz: „La fraternidad no es una concesión, es un deber"³¹ – Brüderlichkeit ist folglich keine Konzession, sondern schlicht eine Pflicht.

Er begrüßt die Entwicklung des „artesano que comienza a tener conciencia de su propio valer, se rebela contra el capitalista dominante",³² womit Martí einen Gegensatz zwischen den sich ihrer Funktion immer bewussteren Handwerkern und den herrschenden Kapitalisten konstatiert. Eine gänzlich andere Haltung aber nimmt er ein, als vier Wochen später ein Druckerstreik gleichsam sein eigenes ‚Haus der Arbeit' betrifft: „Nosotros hemos defendido la huelga de los sombrereros, y defenderíamos la de los impresores, si éstos tuvieran igual razón que aquéllos."³³ Denn in Martís Sichtweise hätten die Drucker in diesem Konflikt nicht jenes Recht, das Martí den Hutmachern eingeräumt hatte, sondern verhielten sich schädlich und negativ. Der Direktor der *Revista Universal* hatte fristlos jene Drucker entlassen, die bei der Arbeit fehlten, weil sie gerade an einer gewerkschaftlichen Versammlung teilnahmen, einer „reunión de tipo sindical".³⁴ Und Martí verteidigte diese Position des Direktors seiner Zeitung unzweideutig: „Wir sahen uns gezwungen, sie aus unserer Einrichtung zu entlassen. Sie wussten sehr gut, was sie taten, und aus wohlüberlegtem Vorsatz erfüllten sie nicht ihre Pflicht."³⁵ Sah sich Martí in dieser Frage als einfacher Redakteur und Angestellter gezwungen, *pro domo* zu argumentieren? Oder sah er die Pflicht verletzt, welche die Arbeiter in einer Druckerei auf sich genommen hatten?

Barsch kritisierte er jedenfalls die Undankbaren („no agradecidos operarios") und erklärte jene Streiks für ungerecht, die von einem „odio injusto al capital",³⁶ einem ungerechten Hass auf das Kapital, ausgelöst worden seien. Dieselbe Prob-

---

30 Estrade, Paul: Un 'socialista' mexicano: José Martí. In: *En torno a José Martí*, S. 234.
31 Martí, José: *Obras Completas Edición Crítica*, Bd. 2, S. 68.
32 Ebda., S. 69.
33 Ebda., S. 121.
34 Ebda., S. 237.
35 Ebda., S. 122: „Nos hemos visto obligados a despedirlos de nuestro establecimiento: sabían bien lo que hacían, y con propósito deliberado han faltado a su deber."
36 Ebda., S. 123.

lematik sah „Orestes" auch in seinem bereits zitierten *Boletín* vom 15. Juli 1875: „Das Recht des Arbeiters darf niemals der Hass auf das Kapital sein: Es ist vielmehr die Harmonie, die Versöhnung, die gegenseitige Annäherung beider Seiten."[37] José Martí in diesen Auseinandersetzungen in Mexiko ein klassenkämpferisches Bewusstsein zu unterstellen, wie dies bisweilen versucht wurde, scheint mir letztlich irreführend. Der sozialen Frage aber stand der Kubaner in seinem Exilland höchst aufmerksam gegenüber.

Innerhalb des Kontexts unserer Vorlesung interessiert die sich an solchen Positionen entzündende kurze Polemik mit *El Socialista* nur wenig. Von großer Wichtigkeit für die Interpretation von *De noche, en la imprenta* jedoch ist, dass sich Martí in diesem Artikel, in welchem er vom Lärm berichtete, der ihn beim Schreiben in der Redaktion umgab, mit dem politischen Leben („Como que se siente crecer un hombre con la representación de los demás"), mit dem Streik der Drucker (die seiner Ansicht nach die Erfüllung der „comunes deberes"[38] vernachlässigten) sowie den sozialen Problemen der Arbeiter intensiv auseinandersetzte. Dies gilt insbesondere für die „medios de procurar el adelanto y bienestar de los obreros del ramo", wobei dies stets „en armonía justa con los elementos y estado presente del capital"[39] zu geschehen habe.

Die obigen Zitate zeigen: Martí blieb bei seiner Linie und war sich auch bezüglich seiner einmal eingeschlagenen Argumentation selbst treu: Er betonte Harmonie und Ausgleich, Pflicht und Arbeit. All diese Themen werden wenige Wochen später[40] in der lyrischen Modellierung von *De noche en la imprenta* wiederkehren, so dass man hier geradezu von einem Prätext in Prosa sprechen könnte: Der junge Kubaner verdichtete seine jüngsten Erfahrungen und Auseinandersetzungen nun in poetischer Form, mit den Mitteln einer romantischen Ästhetik, die doch in vielerlei Hinsicht auf die künftige Entwicklung des Poeten vorausweist. Wie sollte man nicht im 15. Vers des Gedichts („Cuando el deber con honradez se cumple") eine intratextuelle Anspielung auf Probleme und Polemiken im Umfeld des nur kurz zurückliegenden Druckerstreiks bei der *Revista Universal* erblicken?

Die soziale Dimension des Gedichtes ist aber – im Gegensatz zu Einschätzungen, wie sie sich schon im frühesten Kommentar in *La Opinión Nacional*

---

37 Ebda., S. 133: „El derecho del obrero no puede ser nunca el odio al capital: es la armonía, la conciliación, el acercamiento común de uno y de otro."
38 Ebda., S. 130.
39 Ebda., S. 131.
40 In Herrera Franyuttis Fassung erscheint am Ende des Gedichts eine Datierung auf den 29. September; in der (wie betont nicht unproblematischen) kritischen Werkausgabe fehlt nicht nur dieses Datum, sondern auch jeglicher Hinweis darauf in einer etwaigen Fußnote.

(Caracas) finden lassen – keineswegs auf Armut und soziales Elend beschränkt, die als drohende Gefahren den Schlussteil dieses Textes beherrschen. Mit Beginn der fünften Strophe wird eine Problematik ausgeführt, die bis zu diesem Zeitpunkt nur unterschwellig, implizit enthalten war. Sie erlangt nun eine entscheidende Bedeutung, die es erst ermöglicht, das Gedicht in seiner ganzen poetologischen Dimension zu erfassen. Ich rufe Ihnen die Verse in Erinnerung:

> Leben heißt Handel treiben; alles belebt
> der nützlich Austausch und der Handel:
> sie geben Brot, ich gebe Seele: ich gab
> soviel zu geben ich hab: Was sterb' ich nicht?

> Vivir es comerciar; alienta todo
> Por los útiles cambios y el comercio:
> Me dan pan, yo doy alma: si ya he dado
> Cuanto tengo que dar ¿por qué no muero? (V. 45–48)

Die semantische und rhythmisch betonte Rekurrenz von „comercio"/„comerciar" zu Beginn der längsten Strophe des Gedichts[41] beharrt auf dem grundlegenden Warencharakter der Literatur, welcher die Aktivitäten professionellen Schreibens in einer kapitalistischen Gesellschaft regelt. Diese mexikanische Gesellschaft befand sich zum damaligen Zeitpunkt – dies machten auch die eingangs zitierten Passagen der journalistischen Texte Martís deutlich – in einem Prozess beginnender sozioökonomischer Modernisierung. Die journalistische beziehungsweise literarische *Produktion* wird unter solchen Umständen zum bloßen *Produkt* degradiert – einem kommerzialisierbaren Gegenstand also, der endgültig vom produzierenden Subjekt, von dessen Körper-Leib, von dessen Seele, von dessen Herz getrennt ist.

Am Ende dieses Prozesses steht der gedruckte Text oder – wie es anschaulicher noch im Gedicht heißt – das fertige Buch, die Inkarnation der käuflichen Ware. Was aber hat dieses abgeschlossene Produkt noch mit dem Leben zu tun? Auch hier stoßen wir auf die Lexemrekurrenz von Leben, die sich mit hoher Intensität quer durch *De noche, en la imprenta* zieht. Dieses fertige Buch aber stellt schon durch seine äußere Form ein abgeschlossenes Produkt dar,

---

[41] In der Fassung des Gedichts, wie es *La Opinión Nacional* in Caracas abdruckte – und die im Übrigen auch die Lesart „oh rey de la tiniebla" (V. 51) (und nicht wie in der wirklich kritischen Ausgabe „hoy rey de la tiniebla") zu bestätigen scheint – erscheint die fünfte Strophe zweigeteilt: eine neue Strophe setzt mit Vers 53 ein. Da dieser, von der Interpunktion einmal abgesehen, den fünften Vers der ersten Strophe wiederaufnimmt, erscheint eine solche Gliederung keineswegs als unwahrscheinlich. Vgl. diese Fassung des Gedichts in Ripoll, Carlos: Un poema de Martí proletario, S. 33.

dessen Bild in der Vision des lyrischen Ich die Konturen eines Sarges annimmt. Das Bild dieses (doppelten) Sarges löst im Dichter einen Schrecken aus, der in den rhythmischen Wechseln jener beiden Verse zum Ausdruck kommt, welche mit dem proparoxytonischen „féretro" enden (V. 4 u. 62). Kann das Leben sich aber in einem solchen Erzeugnis, in einer derartigen Ware vergegenständlichen?

Das technische Medium, das diese zugleich kommunikative und kommerzielle, menschliche Erkenntnis verbreitende und menschliche Arbeit ausbeutende Dimension erst ermöglicht, ist die Druckerpresse, die im Zentrum dieses „Hauses der Arbeit" steht. In einem am 4. Juni 1875 veröffentlichten Artikel unterstreicht Martí die Zunahme an nützlichen Kenntnissen („útiles conocimientos") bei der breiten Bevölkerung, beklagt aber auch eine wachsende Nivellierung: „Escasean o se ocultan aquellas cumbres altas del talento, que antes reunían en un cerebro los destinos y el porvenir de una nación."[42] So wundert er sich darüber, dass sich nicht mehr in einem einzigen Hirn die Gesamtheit aller Fähigkeiten eines Volkes vereinigt, wobei der Kubaner dies in das Landschaftsbild eines hohen Berges übersetzt, in dem gleichsam alle Linien und alle anderen Erhebungen zusammenlaufen. Träumte Martí von einem patriarchalischen System, in welchem ein großer Mann an der Spitze des von ihm geleiteten Staates stehen sollte? Steckte auch in seinem Denken der Keim jener Verehrung für einen großen Caudillo, der in ganz Lateinamerika im Verlauf des Jahrhunderts der Romantik schon so große Schäden verursacht hatte?

Wir sollten dieses Landschaftsbild, in dem ganz gewiss eine *Landschaft der Theorie*[43] auf den Punkt gebracht wird, nicht zu sehr auf eine politische Semantik reduzieren. Denn zweifellos handelt es sich hier um Überlegungen, die bereits auf die brillanten Formulierungen Martís in seinem berühmten *Prólogo al Poema del Niágara* von Pérez Bonalde vorausweisen, auf eine Schrift, die als das große Manifest einer neuen hispanoamerikanischen Lyrik verstanden werden kann. Sie bildete das Manifest einer Dichtkunst, die sich der modernen Zeit und ihrer Herausforderungen, aber auch ihrer eigenen Modernisierungen bewusst sein wollte: einer Modernisierung nicht allein im sozioökonomischen Sinne, sondern vor allem auf künstlerischer, ästhetischer Ebene einer poetischen Ausdrucksweise, die neue Formen, aber auch neue Normen zu schaffen beabsichtigte. Dort wird Martí von jener ‚schon nahen' Epoche sprechen „en que todas las llanuras serán cumbres": einer Zeit, in welcher alle Ebenen Gipfel sein sollten; in dieser nicht mehr weit entfernten Epoche sollte eine Art Dezent-

---

[42] Martí, José: *Obras Completas*, Bd. 6, S. 222.
[43] Vgl. zu diesem Begriff Ette, Ottmar: *Roland Barthes. Landschaften der Theorie*. Konstanz: Konstanz University Press 2013.

ralisierung der Intelligenz („descentralización de la inteligencia") stattfinden, zu welcher sich José Martí bekennen wollte:

> Das Genie geht Stück für Stück vom Individuum auf das Kollektiv über. Der Mensch verliert zugunsten der Menschen. Die Qualitäten der Privilegierten lösen sich auf, weiten sich aus auf die Masse; den Privilegierten von niederer Seele wird dies nicht gefallen, wohl aber jenen von forschem und großzügigem Herzen, welche wissen, dass es, so groß man als Geschöpf auch sein mag, nichts auf der Erde gibt als Sandkörner aus Gold, die zum herrlichen goldenen Brunnen, einem Reflex des Blickes unseres Schöpfers, zurückkehren.[44]

Es ist hier nicht der Ort, sich mit der Ästhetik des Modernismo auseinanderzusetzen: Ich darf Sie auf die baldige Beschäftigung mit den Poetiken von José Martí und Rubén Darío im Rahmen dieser Vorlesung vertrösten. Aber in diesen die modernistische Ästhetik bereits gestaltenden Formulierungen zeigen sich die Nähe wie auch manche Unterschiede zwischen den Texten von 1875 und 1882, dem Jahr der Veröffentlichung des ersten modernistischen Gedichtbandes *Ismaelillo*. Schon in dem zitierten Artikel vom 4. Juni 1875 schloss Martí jedoch auf eine künftig noch größere Verbreitung des Wissens: „Todo va diseminándose en justicia e igualdades; es buena hija de la libertad esta vulgarización y frecuencia del talento."[45] Alles, so Martí, disseminiere sich in Gerechtigkeit und Gleichheit; die Vulgarisierung und Vervielfachung des Talents sei eine gute Tochter der Freiheit. José Martí hielt an seiner Grundidee von 1875 fest und weitete diese im mexikanischen Exil entwickelte Vorstellung lediglich zu einem Leitprinzip des gesellschaftlichen wie des künstlerischen Lebens in der Gegenwart aus.

Die Druckerpresse als Medium dieser Dissemination, Vulgarisierung und Dezentralisierung kann bei dem kubanischen Denker zu jenem Ort werden, an dem – wie es in der zweiten Strophe des Gedichts heißt – „el amor se reproduce inmenso" (V. 16). Aus dieser Perspektive erscheint die Druckerei als privilegierter Ort eines Nachdenkens über Funktion, Rolle und Bedingungen des Schriftstellers innerhalb einer Gesellschaft, die einem freilich gerade erst einsetzenden wirtschaftlichen und gesellschaftlichen Modernisierungsprozess unterworfen ist. Sie ist aber auch der Ort, an dem der Körper-Leib des Dichters eliminiert wird, wo der Schreibprozess gleichsam in einem kalten Produkt gerinnt, das vom Blut von der Kälte des „Cadáver" erfasst wird. So wird die Druckerei, das „Haus der Arbeit", zum Schauplatz eines ungleichen Kampfes zwischen Körper-Leib und Dru-

---

44 Martí, José: Prólogo al Poema del Niágara. In (ders.): *Obras Completas*, Bd. 7, S. 228.
45 Martí, José: *Obras Completas*, Bd. 6, S. 222.

ckerpresse,[46] eines Kampfes, der kulturgeschichtlich wie literarhistorisch von höchstem Interesse ist.

Denn das Haus der Arbeit wird zum Haus des Todes: die Druckerpresse obsiegt und bemächtigt sich des menschlichen Körper-Leibes. Die Hand des Dichters wird vom „Cadáver" ‚unterdrückt' und durch die Hände jener Arbeiter ersetzt, die bereits die Arbeit der Presse („la labor de imprenta") *abschließen*: „Parécenme esas manos que se mueven / Manos que clavan enlutado féretro" (V. 61–62). Unter dem Druck seiner ökonomischen Abhängigkeit scheint der Autor zu einer Arbeit ohne Ende verurteilt, zu einer Arbeitsform, welche dem Bild des romantischen, den Kuss der Musen erwartenden Dichters hart und unvermittelbar entgegengestellt wird. Der Dichter ist in einer sich modernisierenden Gesellschaft an ökonomische Zwänge gebunden, die längst das Bild des frei über den Dingen schwebenden und melancholisch in die Vergangenheit blickenden romantischen Dichters ersetzt haben.

Der Dichter ist nun nichts anderes mehr als ein Produzent kommerzialisierbarer Waren, die anonym an ein Lesepublikum verkauft werden müssen. Er ist nicht mehr als ein Glied in einer Kette, die allein an der Herstellung eines materiell immer identischen, auf dem Markt der Literatur verkäuflichen Produkts ausgerichtet ist. Der Körper-Leib des Dichters aber zeigt die Spuren dieses Kampfes mit der Druckerpresse: In seine Haut, an den Rändern der klaffenden Wunde ist jener Text eingeschrieben, der zum Gegenstand der Lektüre wird: einer doppelten Lektüre. Diese nähert endlich Dichter und Leser einander an, ja vereinigt sie bald schon miteinander im selben Leseprozess: „quien a mí se acerque / En los bordes leerá como yo leo" (V. 69–70).

Gibt es aus dieser neuen kommerziellen Konstellation ein Entrinnen? Wenn der Dichter zuvor nur eine utopische Lösungsmöglichkeit gesehen hatte – außerhalb der ökonomischen Tauschbeziehungen, aber auch außerhalb der gesellschaftlichen Realitäten seiner Zeit („Si de vida sin pan imagen formo", V. 49) –, so wird nun das Entziffern der dem Körper eingeschriebenen Zeichen zu dem so ersehnten direkten Kontakt zwischen Dichter und Publikum führen. Im verdoppelten Lesevorgang verbinden sich Autor und Leser in einer Lesegemeinschaft, die vielleicht doch noch – selbst in einer Gesellschaft, die allein am Brot und damit am Geldverdienen ausgerichtet ist – eine Gesellschaft neuen Typs erzeugen könnte. In den Elfsilblern, welche mit ihren syntaktischen und

---

[46] Vgl. hierzu Gumbrecht, Hans Ulrich: The body versus the printing press: media in the early modern period, mentalities in the reign of Castile and another history of literary forms. In: *Poetics. International Review for the Theory of Literature* XIV, 3–4 (august 1985), S. 209–228.

klanglichen Rekurrenzen die letzte Strophe des Gedichts fast harmonisch beschließen, ist das „quien a mí se acerque" zu einem Du geworden:

> Wenn einen gemeinen Mann Du triffst, halt ein
> und frag, ob Elend ihm die Brust aufriss,
> und ist es wahr, geh weiter und verzeih:
> Schuld trägt er nicht: Ihn fraß nur dieses Gift!
>
> Cuando encuentres un vil, para y pregunta
> Si la miseria le mordió en el pecho,
> Y si el caso es verdad, sigue y perdona:
> Culpa no tiene, -¡le alcanzó el veneno! (V. 75–78)

Damit sollte deutlich geworden sein, dass die im Gedicht entfaltete soziale Dimension keineswegs auf die gesellschaftliche Lage der Arbeiterschaft beschränkt bleibt, wenn eine solche Einschätzung auch durch den didaktischen, etwas belehrenden Ton der letzten Verse erzeugt worden sein mag, der sich so häufig in den Schriften Martís nicht nur der mexikanischen Jahre findet. Das Gedicht kann als poetische und poetologische Meditation über den Ort des Schreibens, ja mehr noch: der Dichtkunst überhaupt in einer Modernisierungsprozessen unterworfenen Gesellschaft gelesen werden. Dabei muss hinsichtlich dieser Prozesse zurecht von einer für Lateinamerika charakteristischen „modernidad periférica"[47] gesprochen werden. Die eingangs angeführten Textbeispiele hatten gezeigt, dass Martí – zu seiner eigenen Überraschung – eine einsetzende Modernisierung auf industriellem beziehungsweise allgemein wirtschaftlichem Gebiet in Mexiko hatte konstatieren können. Diese sozioökonomische Modernisierung aber erzwang literarische und ästhetische Konsequenzen, an denen sich die entstehende neue Poetik Martís in den folgenden Jahren abarbeitete.

Gewiss ist die mexikanische „casa del trabajo", wie sie *De noche, en la imprenta* zeichnet, noch längst nicht auf jenem Entwicklungsstand, der etwa ein Jahrzehnt später ein anderes Periodikum, *La Nación* in Buenos Aires, für das Martí dann als Korrespondent von New York aus arbeiten sollte, in die modernste, alle damaligen technologischen Möglichkeiten ausschöpfende Zeitung Lateinamerikas verwandeln wird.[48] Die in Martís Gedicht evozierte Druckerei trägt noch deutliche Züge eines „taller" geradezu handwerklichen Typs, einer Werkstatt, die noch weit entfernt von industriellen Fertigungsprozessen ist.

---

47 Vgl. hierzu insbesondere Sarlo, Beatriz: *Una modernidad periférica: Buenos Aires 1920 y 1930*. Buenos Aires: Ediciones Nueva Visión 1988, sowie Ramos, Julio: *Desencuentros de la modernidad en América Latina. Literatura y política en el siglo XIX*. México: Fondo de Cultura Económica 1989.
48 Ebda., S. 95 ff.

Gleichwohl erlaubt sie dem Dichter, die Problematik jener Beziehungen zu entwerfen, die sich kurze Zeit später, im letzten Drittel des 19. Jahrhunderts, zwischen Schriftstellern, Literatur und literarischem Markt in Lateinamerika herausbilden sollten. Zusätzlich ist dieses letzte Jahrhundertdrittel dadurch gekennzeichnet, dass in ihm – diese Modernisierungsprozesse verstärkend – sich die dritte Phase beschleunigter Globalisierung entfalten wird, die mit den USA in der Geschichte weltweiter Globalisierung ihren ersten außereuropäischen Player haben sollte. Die sozioökonomischen, aber vor allem auch die politischen und weltpolitischen Folgen dieser dadurch entstehenden Hegemonie der Vereinigten Staaten von Amerika sind bekannt.

Natürlich lässt sich die mexikanische Lyrik Martís noch nicht jener Ästhetik zuordnen, die der Modernist wenige Jahre später in eine prägnante Metaphorik fassen sollte: „Jeder Absatz muss wie eine exzellente Maschine angeordnet sein, und jedes einzelne Teil muss in die anderen Teile mit solcher Vollkommenheit eingepasst sein und eingreifen, dass bei einem Herausbrechen die anderen Teile wie Vögel ohne Flügel scheinen und nicht funktionieren, oder wie ein Gebäude, aus dem man eine tragende Mauer entfernt hätte. Die Komplexität der Maschine steht für die Vollkommenheit der Arbeit."[49]

Im Gegensatz zu derartigen Vorstellungen, die Martí – wie im Falle dieser eindrücklichen Maschinenmetaphorik[50] – mehr als zehn Jahre später während seines Aufenthalts in New York entwickelte, erscheint die Maschinerie im Gedicht von 1875 gerade nicht in ihrer ästhetischen Dimension. Denn vom ersten Vers an produziert sie in erster Linie einen infernalischen Lärm. Zwischen diesem Höllenlärm und der tödlichen Stille versucht die Stimme des Dichters, sich Gehör zu verschaffen und der eigenen Ästhetik Raum und Körper zu geben.

Und es ist diese Stimme, die in der letzten Strophe von *De noche, en la imprenta* die Lektüre des dem Körper-Leib eingeschriebenen, aufgedruckten Textes in einen direkten Kontakt zwischen Dichter und Leser, zwischen Autor und Publikum verwandelt. Das erst in dieser Strophe erscheinende *Du* versucht, das wiederherzustellen, was die Druckpresse ausgeblendet hatte: eine ‚face-to-face communication', eine direkte sprachliche Interaktion zweier einander gegen-

---

49 Marti, José: *Obras Completas*, Bd. 22, S. 156: „Debe ser cada párrafo dispuesto como excelente máquina, y cada una de sus partes ajustar, encajar con tal perfección entre las otras, que si se la saca de entre ellas, éstas quedan como pájaros sin ala, y no funcionan, o como edificio al cual se saca una pared de las paredes. Lo complicado de la máquina indica lo perfecto del trabajo."
50 Es handelt sich um das Fragment No. 258, das Ángel Rama in einem seiner überzeugendsten Essays kommentierte; vgl. Rama, Angel: José Martí en el eje de la modernización poética: Whitman, Lautréamont, Rimbaud. In: *Nueva Revista de Filología Hispánica* (Madrid) XXXII, 1 (1983), S. 102.

wärtiger Körper. Das noch tief in einer romantischen Ästhetik verwurzelte Gedicht endet mit dieser verzweifelt hoffnungsvollen, aber gleichwohl aporetischen Suche nach der Präsenz des Anderen im Gedicht, des „tú" – eine Suche nach dem ethisch fundierten *lebendigen* Wort,[51] so wie das Poem selbst durch die Lexemrekurrenz von „vida" und „vivir" diese lebendige Interaktion immer wieder erstrebt.

Es ist der lyrische Versuch einer Annäherung an eine direkte, unvermittelte Kommunikation, welche José Martí als großer Freund des Theaters vielleicht mit mehr Nachdruck noch in einer anderen literarischen Gattung unternahm, die daher wohl auch nicht zufällig den Höhepunkt seines literarischen Erfolgs in Mexiko markiert. Gemeint ist hier die überaus erfolgreiche Aufführung seines „proverbio en un acto" *Amor con amor se paga* am 19. Dezember 1875 im Teatro Principal der mexikanischen Hauptstadt. Auch hier sind es die letzten Verse, die den dialogischen Bezug zum Publikum herausstellen und mit einer das gesamte Stück zusammenfassenden Sentenz enden: „Nichts Besseres vermag zu geben / Wer ohne Vaterland muss leben, / Ohne Frau, für die zu sterben, / Wen der Hochmut immer reut, / Leidet, schwankt und sich erfreut / Dass ein gutes Publikum spürt, / wie alles zu dem Spruche führt: / Liebe wird mit Lieb beglichen."[52]

Die bereits angedeutete intratextuelle Beziehung zu *Patria y mujer*, das in der Serie der in der *Revista Universal* publizierten Gedichte unmittelbar auf *De noche, en la imprenta* folgte, könnte belegen, dass auch im letztgenannten Gedicht die politisch-autobiographische Dimension des im Exil Leidenden und für die Unabhängigkeit seiner Heimat Kämpfenden nicht fehlt. Die spezifisch politische Isotopie ist in der gesamten „escritura" Martís allgegenwärtig, ebenso in der Lyrik wie in der Prosa oder im Theater.

Darüber hinaus dürfte es keineswegs ein Zufall sein, dass *De noche, en la imprenta* an einem 10. Oktober abgedruckt wurde, einem für Martí geradezu sakrosankten Tag, der an den Beginn des damals noch immer fortdauernden militärischen Kampfes erinnerte, der als „Guerra de los Diez Años", als der Zehnjährige Krieg in die kubanische Geschichte eingehen sollte. Vergessen wir dabei nicht, dass Martí diesem Tag in seiner alles andere als weit zurückliegenden frühen Jugend eines seiner seltenen Sonette gewidmet hatte: *¡10 de Octubre!* Und genauso wenig war es Zufall, dass José Martí in einer Hommage

---

51 Zurecht wies Angel Rama darauf hin, dass Martí es vermocht habe, eine „escritura que refleja, con exactitud, la entonación de su voz" zu schaffen; vgl. Rama, Angel: Martí, poeta visionario, S. 158.
52 Martí, José: Amor con amor se paga. In (ders.): *Obras Completas*, Bd. 18, S. 126 f.: „Nada mejor puede dar / Quien sin patria en que vivir, / Ni mujer por quien morir, / Ni soberbia que tentar, / Sufre, y vacila, y se halaga / Imaginando que al menos / Entre los públicos buenos / *Amor con amor se paga.*"

an den ebenfalls im mexikanischen Exil lebenden Dichter Luis Victoriano Betancourt und dessen kurz zuvor verstorbenen Vater José Victoriano in derselben Ausgabe der *Revista Universal*, in welcher *De noche, en la imprenta* erschien, die folgenden Zeilen schrieb: „Der Respekt vor einer Gastfreundschaft, die wir stören könnten, verschließt uns die Lippen; doch möge es weder mütterliche Segnung noch den Himmel Kubas noch ein ruhiges Gewissen geben für jenen unter uns, der an diesem geheiligten Tage nicht betet, nicht liebt, sich nicht die Stirne mit Asche bedeckt, nicht aufstöhnt und nicht weint!"[53]

Es ist folglich wichtig, die *kotextuelle*, also im selben Medium zum gleichen Zeitpunkt veröffentlichte Kopräsenz unterschiedlichster Texte miteinzubeziehen, welche für unser Verstehen weitere wichtige Indizien liefern können. Aber die in der Serie seiner mexikanischen Gedichte so wichtige Bedeutungsebene von Heimat und Exil ist in dem hier untersuchten Text nur auf intratextuelle und – durch die in derselben Zeitungsnummer abgedruckte Schrift – kotextuelle Weise präsent, so dass sich in *De noche, en la imprenta* der Blick auf die im engeren Sinne poetologische Ebene öffnen kann. Das Patriotische, das Poetologische und das Körperliche schließen sich selbstverständlich keineswegs gegenseitig aus, wie Martí später, in den *Versos libres*, mit seinem Gedicht *Dos patrias* eindrucksvoll aufzeigen sollte. Auch im Herzen dieses Gedichts wird der Ort der Lyrik, der Ort des Dichtens, ein weiteres Mal formuliert und in überaus ähnlicher Weise modelliert: „Und leer / Ist meine Brust, zerfetzt und leer der Ort, / Wo einst das Herz mir schlug. Schon ist es Zeit, / Das Sterben zu beginnen. Gut ist die Nacht, / Um Abschied nun zu nehmen."[54] Ich werde auf dieses wichtige Martí'sche Gedicht noch einmal in einem anderen Zusammenhang zurückkommen.

Das lyrische Ich erscheint in *De noche, en la imprenta* nicht nur mit den Attributen des Märtyrers versehen, sondern gleicht – und wir hatten dies auch schon in der romantischen Prosa des Argentiniers Esteban Echeverría bezüglich *El Matadero* gesehen – vor allem Jesus Christus. Darauf verweisen etwa die sich neigende Stirn, das Schweiß- und Leichentuch oder die Wunde an seiner Brust. Der Profanierung des Sakrosankten wirkt die Sakralisierung gerade des Dich-

---

[53] Martí, José: *Obras Completas*, Bd. 6, S. 376: „¡El respeto a una hospitalidad que pudiéramos turbar, cierra nuestros labios; pero no haya bendición de madre, cielo de Cuba, ni calma de conciencia, aquel de nosotros que en este día sagrado no venere, no ame, no se cubra la frente con ceniza, no gima y no llore!"

[54] Vgl. meine Übersetzung des Gedichts „Zwei Vaterländer" in *Poesie der Welt*, S. 51. Das Original von „Dos patrias" lautet: „Está vacío / Mi pecho, destrozado está y vacío / En donde estaba el corazón. Ya es hora / De empezar a morir. La noche es buena / Para decir adiós." Martí, José: *Poesía Completa Edición Crítica*, Bd. 1, S. 127.

ters im 19. Jahrhundert entgegen:⁵⁵ Martí ging als junger Schriftsteller durchaus konform mit den epochenspezifischen Umbrüchen und Umbesetzungen seiner Zeit.

Wirkt dieses Bildnis des Dichters auch romantisch geprägt, insoweit es – wie wir gerade sahen – in einer Tradition der De- und Resakralisierung christlicher Symbolik steht, so darf darüber nicht vergessen werden, dass die zum damaligen Zeitpunkt in Mexiko als ‚sozialistisch' bezeichneten Vorstellungen eine überaus starke und bestimmende religiöse Ausprägung besaßen, wobei Begrifflichkeit und Ausdrucksweise dieses Diskurses wesentlich von einem Vokabular christlicher Herkunft bestimmt waren,⁵⁶ mit welchem Martí im Übrigen seit seinen frühesten Texten überaus geschickt umzugehen verstand. Weiterhin sollte nicht übersehen werden – wie dies schon so oft geschah –, dass auch im Vorwort zum *Poema del Niágara*, das sich (wie bereits betont) als Manifest des hispanoamerikanischen Modernismus lesen lässt, das Bild Jesu, des „Cristo crucificado, perdonador, cautivador, al de los pies desnudos y los brazos abiertos",⁵⁷ also des Gekreuzigten, der mit seinen offenen Armen alles verzeiht, jenseits aller Sozialromantik ständig präsent ist. Und selbst noch in Martís sogenanntem literarischen Testament finden wir diese Sakralisierung des Profanen als durchgängige Leitlinie Martí'schen Schreibens: „Am Kreuze starb der Mensch an einem Tage: Doch es gilt zu lernen, alle Tage am Kreuze zu sterben."⁵⁸

Die Bewegung der Martí'schen Lyrik folgt gleichsam derjenigen des Publizierens und beschreibt damit einen Weg, der von einem ‚Drinnen' nach einem ‚Draußen' strebt. Martí freilich formuliert diese Bewegung um und radikalisiert sie. Dass er dabei im Anklang an seinen Familiennamen das Märtyrertum hervorkehrt und der Dichter Martí zum Märtyrer wird – in Vorwegnahme einer Linie der Rezeption, die sich über lange Jahrzehnte des 20. Jahrhunderts bis in die Gegenwart hinein verfolgen lässt⁵⁹ – entspricht der in seiner Lyrik eingeschlagenen Linie und Symbolik. Wenn in *De noche, en la imprenta* das Blut aus der Herzenswunde strömt, wenn die Seele in einem (von Rivera-Rodas⁶⁰ analysierten) Fragment mit der Leber des Prometheus verglichen wird, wenn ein Ge-

---

55 Vgl. hierzu auch den vierten Band von Ette, Ottmar: *Romantik zwischen zwei Welten*.
56 Vgl. Estrade, Paul: Un ‚socialista' mexicano, S. 252 ff.
57 Martí, José: *Obras Completas* Bd. 7, S. 226.
58 Martí, José: *Obras Completas* Bd. 1, S. 28: „En la cruz murió el hombre en un día: pero se ha de aprender a morir en la cruz todos los días."
59 Vgl. zur enormen Rezeptions- und Wirkungsgeschichte des kubanischen Nationalhelden Ette, Ottmar: *José Martí. Teil I: Apostel – Dichter – Revolutionär. Eine Geschichte seiner Rezeption*. Tübingen: Max Niemeyer Verlag 1991.
60 Vgl. Rivera-Rodas, Oscar: Martí y su concepto de poesía, S. 843–856.

dicht der *Versos libres* mit dem Vers „Yo sacaré lo que en el pecho tengo" beginnt, und wenn schließlich in den *Versos sencillos* das lyrische Ich seine Verse förmlich aus sich herausschleudern will („echar mis versos del alma"), dann zeigt dies an, dass für Martí die Lyrik immer – wie es an anderer Stelle heißt – „pedazo de nuestras entrañas"[61] ist: ein Stück aus unseren Eingeweiden.

Auch wenn sich die Augen des Dichters in *De noche, en la imprenta* schließen (V. 39), so erhöht dies wie in der Tradition der spanischen Mystik, mit welcher José Martí bestens vertraut war, nur die visuelle, ja *visionäre* Kraft. Ganz wie „Orestes" dies am 21. September 1875, also acht Tage vor der im Gedicht angegebenen Datierung, einem „Freunde" in den Mund legte: „Man fühlt sehr wohl das Unendliche, innerhalb des endlichen Körpers: Wie man seltsame Dinge sieht, wenn man die Augen schließt. Mit geschlossenen Augen sehe ich; und in mir selbst eingeschlossen, empfange und konzipiere ich, was nicht eingeschlossen ist."[62]

Die Lyrik Martís ist stets ein Hervorbrechen, ein oft abrupt wirkendes Herausschleudern, in eben jener Form, in der Martí in einem seiner mexikanischen Essays die kommende lateinamerikanische Literatur erahnte: „la América es el exabrupto, la brotación, las revelaciones, la vehemencia":[63] Lateinamerika als Vehemenz, als Aufbrechen, als plötzliche Enthüllung. Martís mexikanische Lyrik versuchte, die ästhetischen Konzeptionen des Essayisten und Dichters einzulösen und nicht hinter diesen zurückzustehen – selbst wenn ihr dies nicht immer und in allen Gedichten gelungen sein mag.

De noche, en la imprenta ist eine dichte, schmerzhafte Meditation und Reflexion über die vielfältigen Beziehungen zwischen Körper und Schreiben innerhalb des Kontexts einer Gesellschaft, die von einem fremdgesteuerten Modernisierungsprozess bestimmt wird, der seinerseits die Entwicklung eines beschränkten, aber erstmals existenten literarischen Marktes für Texte lateinamerikanischer Autoren in Lateinamerika möglich machte. Er situiert sich an dem zum damaligen Zeitpunkt noch kaum zu erahnenden Beginn einer neuen Phase beschleunigter Globalisierung, die auch den Literaturen Lateinamerikas im 20. Jahrhundert neue und vielversprechende Horizonte eröffnen sollte.

Der erwähnte didaktische Grundton der letzten Strophe des Gedichts mag belegen, dass Martí am Ende dieser Meditation das Ethische mit dem Ästhetischen noch nicht völlig zu verschmelzen vermochte. Dies kann ein Vergleich mit seinen späteren Gedichten, die Martí in seinem ‚literarischen Testament' als

---

61 Martí, José: *Obras Completas*, Bd. 7, S. 417.
62 Martí, José: *Obras Completas Edición Crítica*, Bd. 2, S. 190: „Se siente bien lo ilímite, dentro del cuerpo limitado: como se ven cosas extrañas cerrando los ojos. Con los ojos cerrados veo; y encerrado en mí, concibo lo que no se cierra."
63 Martí, José: *Obras Completas*, Bd. 2, S. 217.

"unos y sinceros" ansah, deutlich machen. Daher werden wir uns mit Martís modernistischer Lyrik schon bald auseinandersetzen. Die für uns spannende Frage aber ist, ob nicht Einheit, Ehrlichkeit und nicht zuletzt der Reiz der mexikanischen Lyrik Martís nicht gerade in der Heterogenität einer Stimme zu suchen wären, die sich ihrer eigenen spannungsgeladenen Körperlichkeit bewusst zu werden begann.

Angesichts der bevorstehenden Machtübernahme und Diktatur von Porfirio Díaz – eines weiteren ‚starken Mannes' in der an autoritären Herrschern reichen Geschichte Lateinamerikas – wird Martí, kurz vor dem Verlassen Mexikos zu einem Zeitpunkt, als die liberale *Revista Universal* ihr Erscheinen bereits eingestellt hatte, in einem letzten Artikel, der am 10. Dezember 1876 in *El Federalista* erschien, das menschliche Denken als etwas stets Kommunikatives kennzeichnen. Es sei an einen spontanen Impuls geknüpft, welcher nach außen dränge: „hacia fuera, fuera de nosotros."[64] Für Martí war das Denken (wie auch das Schreiben) immer eine Form sozialer Praxis, der möglichst direkten Berührung mit seinem Lesepublikum. Für den fast durchweg im Exil lebenden Kubaner, den man zurecht als „poeta de la emigración"[65] bezeichnete, schien das *Denken* nicht von ungefähr als etwas, das dem bindenden Bezug zum Boden, zum Körperlichen entzogen war; es zeigte sich ihm als unkörperlich, als „incorpóreo, porque está hecho para la reflexión hacia la eterna vida, para el esparcimiento, anchura y ascensión"[66] – Denken sei gemacht für eine Reflexion in Richtung auf das ewige Leben, für ein Aufsteigen des Geistes gen Himmel, jenseits des Irdischen und mehr noch Territorialen.

Dies aber galt in der Vorstellungswelt des kubanischen Exilanten niemals für die Lyrik, die für José Martí stets einen Körper-Leib, ja etwas Leibhaftiges besaß. In seinem dichterischen Schaffen ist der Körper der Lyrik stets ein zum Leiden, zum Leben, zum Anderen hin geöffneter: Der Körper ist der Ort der eigenen Märtyrerschaft, in welcher sich der Kubaner stets als Blutzeuge fühlte, wie der eigenen Transzendenz. Doch zugleich ist dieser Ort auch ein Körper, der den Körper des Anderen sucht.

Dies verändert sich auch nicht mit der Schaffung von Grundlagen einer modernistischen Ästhetik. Selbst in Martís Vorwort zu *Ismaelillo* heißt es, an den Sohn gerichtet: „Esos riachuelos han pasado por mi corazón. ¡Lleguen al tuyo!"[67] – Dieses Strömen ging durch mein Herz, möge es zu dem Deinen gelangen. In seinen

---

64 Martí, José: *Obras Completas Edición Crítica*, Bd. 2, S. 291.
65 Armas, Emilio de: José Martí, poeta de la emigración. In: *Unión* (La Habana) XV, 2 (1976), S. 161–173.
66 Martí, José: *Obras Completas Edición Crítica*, Bd. 2, S. 291.
67 Martí, José: Ismaelillo. In (ders.): *Poesías Completas Edición Crítica*, Bd. 1, S. 17.

Briefen suchte die schreibende Hand die Hand des Lesenden – wie etwa in jenem letzten Brief an Gonzalo Quesada y Aróstegui, in dem der Kubaner seine frühen Verse (wie wir sahen) verurteilte. Nachdem er dort das *Korpus* seiner Texte – einen Körper, dem er bestimmte Formen gab, andere Formen oder Glieder aber negierte oder abtrennte – und damit sein literarisches Oeuvre gebildet hatte, das ihn überleben sollte, verabschiedete er sich von seinem Freund und späteren Editor mit den folgenden, in einem auch körperlichen Sinne ergreifenden Worten: „Ich wollte nicht meine Hand von diesem Papier heben, als hätte ich die Ihre in meinen Händen; doch höre ich nun auf, aus Angst davor, der Versuchung zu erliegen, in meine Worte Dinge zu geben, welche nicht in sie gehören."[68] Es ist eine Hand, die sich zum Abschiedsgruße hebt, eine Hand, mit der sich der kubanische Dichter von seinem Vertrauten für immer verabschiedete, eine Hand, die in der Niederschrift einer Lyrik, welche stets von einem agonalen Zug gekennzeichnet blieb, doch immer die Nähe zum Lesepublikum suchte und fand.

---

68 Martí, José: *Obras Completas*, Bd. 1, S. 28: „No quisiera levantar la mano del papel, como si tuviera la de Vd. en las mías; pero acabo, de miedo de caer en la tentación de poner en palabras cosas que no caben en ellas."

José Hernández oder Leben und Tod von Marginalisierten

Volkskulturelle Traditionen und Praktiken in der Lyrik erfreuten sich im entstehenden Lateinamerika während der Epoche der Romantik eines wachsenden Interesses und Zuspruchs, das bald auch dazu führte, dass Elemente aus der „Poesía popular" in die „Poesía culta" migrierten. Wir hatten in einer früheren Vorlesung Gelegenheit, die Entwicklung des Lyrikers Gabriel de la concepción Valdés, der unter dem *nom de plume* Plácido berühmt wurde, näher zu untersuchen und den Rückgriff auf volkskulturelle Reim- und Ausdrucksformen zu beobachten.[1] Wir werden uns zu einem späteren Zeitpunkt in unserer aktuellen Vorlesung mit dem Erbe Plácidos in den historischen Avantgarden des 20. Jahrhunderts auseinandersetzen, wollen im Folgenden aber eine andere poetische Filiation und Ausprägungsform in den Vordergrund rücken, die sich in einer südlicher gelegenen Area des südamerikanischen Subkontinents zwischen Romantik und hispanoamerikanischem *Modernismo* einschob.

Denn während sich die Lyrik im spanischsprachigen Teil der Karibik im Allgemeinen und auf Kuba im Besonderen in Bezug auf die Ausbildung etwa afrokubanischer Muster nicht weiter entwickeln konnte, weil dies unter den Bedingungen kolonialspanischer Herrschaft weder gesamtgesellschaftlich akzeptiert, anthropologisch und wissenschaftlich fundiert noch politisch opportun gewesen wäre, während sich also eine afroamerikanisch inspirierte Lyrik schon wegen der brutalen Unterdrückung der ‚Mittelschichten' freier Mulatten und Schwarzer nicht herauskristallisieren konnte, war die Entfaltung einer regionalen und volkskulturell geprägten Lyrik und ihrer Tradition am Río de la Plata im Kontext politisch unabhängiger Strukturen nicht nur möglich, sondern wurde durch diese gesellschaftspolitischen Verhältnisse gerade aufgrund deren Widersprüchlichkeit und Gegensätzlichkeit sowie der Polarisierung der rioplatensischen Gesellschaften zusätzlich noch gefördert.

Dies zeigt sich insbesondere am Beispiel der „Poesía gauchesca" beiderseits des Río de la Plata, in Uruguay und Argentinien. Denn in dieser Area kam es nicht nur zu einer Herausbildung dieser Poesie, sondern sogar zu ihrer grundlegenden Institutionalisierung, die bis heute in den unterschiedlichsten literarischen wie nichtliterarischen Kulturformen bis hin zum nationalen Selbstbild der Argentinier, ja sogar bis hin zur nationalistischen Propaganda nachlebt. Nun

---

[1] Vgl. hierzu das Plácido gewidmete Kapitel in Ette, Ottmar: *Romantik zwischen zwei Welten*, S. 864 ff.

haben wir in unserer aktuellen Vorlesung ja bereits den Typus des „Rastreador" wie besonders des „Gaucho malo" bei Sarmiento als eine todbringende, für die gesellschaftlichen Verhältnisse am Río de la Plata fatale Gestalt und *Figura* kennengelernt. Im Letztgenannten erblickte der Autor des *Facundo* die geheimen Wurzeln eines autoritären, diktatorialen Herrschaftssystems in Argentinien. Was hat ein solcher Gaucho also mit der Dichtkunst, mit der Poesie rund um den Río de la Plata zu tun?

Zur korrekten Beantwortung dieser Frage muss ich ein wenig ausholen. Während wir Plácido in unserer Romantik-Vorlesung bereits indirekt über den Roman *Sab* von Gertrudis Gómez de Avellaneda kennengelernt hatten, stellte uns Domingo Faustino Sarmiento vor wenigen Sitzungen und fast zum selben historischen Zeitpunkt in seinem romantischen Hauptwerk von 1845 die Existenz jener Literatur und ihrer oralen Performanz und Rezeption vor, der wir uns nun widmen wollen: der „Literatura gauchesca" und genauer noch der „Poesía gauchesca". Die Präsenz beider literarischer Ausdrucksformen im zeitgenössischen Roman oder Essay mag uns auf die gesteigerte Sensibilität hinweisen, die derartigen deutlich regionalen, an volkskulturellen Formen teilhabenden oder an solchen zumindest orientierten Ausdrucksweisen in jener Literatur zuerkannt wurde. Diese hätte sich selbst gemäß des in der Romantik-Vorlesung eingeführten kulturellen Schemas überwiegend dem ersten Pol der hochkulturellen Tradition abendländischer Filiation zugeordnet.

Denn wir haben es bei diesen regionalen Ausdrucksformen hispanoamerikanischer Lyrik zweifellos mit literarischen Phänomenen zu tun, die volkskulturelle Elemente aufnehmen und derartige Aspekte in inhaltlicher, struktureller oder rezeptionsspezifischer Form verwenden und inkorporieren. Dies lässt sich bereits auf Ebene des ursprünglich anvisierten Publikums erkennen. Vielleicht mag hierin ein Grund dafür liegen, warum Plácido in der kulturellen Area der Karibik trotz guter Angebote seine Heimatinsel niemals verließ. Denn es handelt sich um Literaturen, Gattungen und Schreibformen, welche sich zumindest originär oder anfänglich an einen regional begrenzten Leser- oder Zuhörerkreis wandten, der nicht ohne weiteres überschritten werden konnte. Das Exil hätte in der Karibik – anders als bei José Martí und seiner Dichtkunst in Mexiko – die radikale Abtrennung von diesem Lesepublikum bedeutet.

Diese Problematik hinsichtlich eine volkskulturellen Kreativität scheint mir gerade für den Bereich der Lyrik in besonderer Weise zu gelten. Weder ein Plácido noch ein Hilario Ascasubi konnten und durften damit rechnen, eines Tages von Leserinnen und Lesern in ganz Lateinamerika oder gar in Nordamerika oder Europa gelesen zu werden. Eine solche Beobachtung ist keineswegs wertend, wohl aber rezeptionsgeographisch gemeint. Die Zuhörerschaft, das Lesepublikum, war bei diesen volkskulturellen Autoren regional definiert und innerhalb einer regionalen Area begrenzt. Genau hierauf beruhte der Erfolg einschließlich einer identitätsstiftenden oder besser Identifizierungen jeglicher Art erlaubenden Rolle dieser Literaturen und Lyrik.

Wenden wir uns ausgehend von diesen kulturellen Zusammenhängen und literaturtheoretischen Erläuterungsmustern der „Poesía gauchesca" zu, so bemerken wir rasch, dass sie sowohl in einer hochkulturell gebildeten als auch in einer volkskulturell sozialisierten Traditionslinie steht. Sie trachtet danach, diese zwei kulturellen Pole und gesellschaftliche Niveaus miteinander zu verbinden. Rodolfo A. Borello[2] hat in einem lesenswerten Artikel über die „Poesía gauchesca" diese als eigene literarische Gattung bezeichnet und als solche untersucht. Dabei grenzte er sie zum einen von der „Poesía tradicional" und zum anderen von der Dichtung der Gauchos ab. Dies scheint mir in die eben aufgezeigte Richtung zu weisen, da aus einem solchen Blickwinkel die Abgrenzung von eben jenen Bereichen erfolgt, die zugleich auch eine grundlegende Rolle für die ‚eigentliche' Gaucho-Lyrik spielen. Allerdings dürfen wir unter der „Poesía tradicional" jene Dichtung verstehen, die die spanischen Kolonisten des sechzehnten und siebzehnten Jahrhunderts mit in ihre neue amerikanische Heimat brachten. Sie behandelt keineswegs Themen auf dem Lande, sondern gebildete und urbane Gegenstände, wie sie dem abendländischen Pol kultivierter Literaturbetätigung in Europa adäquat sind.

Die Entstehung einer „Poesía de los gauchos" kann bis in die zweite Hälfte des achtzehnten Jahrhunderts zurückverfolgt werden. Ihre Autoren stammen aus dem Litoral oder aus den Weiten des Uruguay, ursprünglich schienen sie jedoch aus der städtischen Kultur zu kommen. Ihre Texte sind von Archaismen und der besonderen Phonetik dieser gesellschaftlichen Gruppe durchsetzt.[3] Greift diese Lyrik auch wie die traditionelle Lyrik auf den populären Achtsilbler der spanischen Verskunst zurück, so sind doch Strophen und Reimanordnung deutlich von jener traditionellen Lyrik unterschieden.

Über diese Unterschiede hinaus ist ein gewichtiges Unterscheidungsmerkmal darin zu sehen, dass die gaucheske Lyrik – und an dieser Stelle ergibt sich eine Vielzahl an Verbindungen zum Begriff des Volkskulturellen bei Michail M. Bachtin – hochgradig narrativ und dialogisch ist.[4] Ihren Texten unterliegt fast immer ein autobiographischer Hintergrund; und manche gehen

---

[2] Vgl. Borello, Rodolfo A.: La poesía gauchesca. In: Iñigo Madrigal, Öios (Hg.): *Historia de la Literatura Hispanoamericana*. Bd. 2: *Del neoclasicismo al modernismo*. Madrid: Ediciones Cátedra 1987, S. 345–358.
[3] Ebda.
[4] Vgl. Bachtin, Michail M.: *Rabelais und seine Welt. Volkskultur als Gegenkultur*. Herausgegeben von Renate Lachmann. Frankfurt am Main: Suhrkamp 1998.

in mündliche Traditionen ein, werden also folklorisiert. Die vorherrschende Distribution dieser Lyrik erfolgte dabei laut Rodolfo Borello in einzelnen Blättern oder gedruckten „Folletos". Ebenso der *Lazarillo de ciegos caminantes* wie ein knappes halbes Jahrhundert später Sarmientos *Facundo* legen Zeugnis ab von der Existenz dieser Dichtung der Gauchos, die folglich noch um die Mitte des 19. Jahrhunderts auf dem Land sehr verbreitet war.

Wie dürfen wir uns die Orte dieser Lyrik vorstellen? Nomadisch umherziehende „Cantores" verbreiteten unterschiedlichste Formen, wobei sie ebenso die traditionelle Lyrik wie eine Art Dichtung als Nachrichten oder Informationen über politische oder gesellschaftliche Vorgänge und Geschehnisse verbreiteten. Als dritter Typ existierte eine noch stärker autobiographisch gefärbte Dichtung der Gauchos, die laut Borello eher narrativen als sentimentalen Charakter besessen habe. Messerstechereien, Mädchenraub, Kämpfe mit der Justiz und ihren Beamten und dergleichen sind beliebte Themen. Wenn Sie an die raffinierte Einführung der Figur des Facundo Quiroga in Sarmientos Hauptwerk zurückdenken und dessen Flucht vor der Justiz sowie seinen Kampf mit dem Tiger betrachten, bemerken Sie leicht, wie nahe der *Facundo* diesen volkskulturellen Traditionen steht. Die von Sarmiento ebenfalls erwähnten „Payadores" zogen über Land und fanden in den „Pulperías" und Dorfschenken ihr Publikum, das nicht alphabetisiert war und sich in diesen vorgetragenen Texten gespiegelt sah (Abb. 53).

All dies bildet die Ausgangsposition und den Auftakt für die sich hieran anschließende und in der Folge ausbildende literarische Tradition. Als Begründer der „Poesía gauchesca" wird dabei in der argentinischen wie internationalen Forschungsliteratur allgemein der am 24. August 1788 in Montevideo geborene und am 28. November 1822 im argentinischen Morón verstorbene Bartolomé Hidalgo angesehen.[5] Seine Dichtung folgte anfänglich noch neoklassizistischen Formen, wie seine ersten gauchesken Texte von 1813 belegen. Dabei ist spannend zu beobachten, dass es sich um eine Dichtkunst handelte, die sich parallel zur politischen Unabhängigkeitsrevolution entwickelte und neue literarische Formen schuf.

Bartolomé Hidalgos berühmt gewordene *Cielitos* – der letzte von Hidalgo verfasste stammt aus dem Jahre 1821 – waren an traditionellen Tanz- und Musikformen ausgerichtet und von ihnen inspiriert. Der keineswegs aus der argentinischen Pampa, sondern aus dem städtischen Montevideo stammende Dichter verwandelte die traditionellen Anrufungen an die Adresse der Liebe in Aufrufe zum Kampf gegen Spanien, so dass seinen lyrischen Werken eine klar patriotische Grundhaltung eignete. Dem Spanier von der Iberischen Halbinsel wird in diesen Texten absichtsvoll ein anderer Typus gegenübergestellt, der nämlich des Gaucho.

---

5 Vgl. hierzu u. a. den Band *Poesía gauchesca*. Caracas: Biblioteca Ayacucho 1977.

Abb. 53: Carlos Morel (1813–1894): Gauchos bei einer Payada. Rote Kleidungsstücke weisen sie als Anhänger der „Federales" aus.

Hidalgo entwickelte bereits eine Vielzahl von Formen und Themen gauchesker Lyrik, so auf der thematischen Ebene etwa die Verwunderung gegenüber dem Treiben in der Stadt, an mündlichen Formen orientierte Ausdrucksweisen, die Thematik der Landarbeit im Großgrundbesitz auf der „Estancia", aber auch Ungerechtigkeit, Armut und Todesverachtung, die zu Grundthemen dieser Literatur beziehungsweise literarischen Gattung avancieren.[6] Das Fehlen des weiblichen Elements ist zugleich gekoppelt mit dem höheren Wert, welcher der männerbündnerischen Freundschaft im Vergleich zur heterosexuellen Liebe zugewiesen wird. Auch noch in Sarmientos *Facundo* war den Frauen – ganz im Gegensatz zur Lyrik eines Esteban Echeverría – eine sekundäre, überwiegend dekorative Rolle zugekommen.

---

6 Vgl. hierzu Borello, Rodolfo A.: La poesía gauchesca, S. 345–358.

So entstand gemeinsam mit anderen Autoren eine politische Lyrik, die zum Zeitpunkt der „Guerra Grande", also zwischen 1838 und 1852, ihren Höhepunkt erreichte. Rafael Pérez, der in den dreißiger Jahren ebenfalls in Montevideo eine sich für Juan Manuel de Rosas einsetzende Gaucho-Zeitung veröffentlichte, kann seinerseits als ein Vorläufer der Lyrik des am 14. Januar 1807 auf dem Weg nach Buenos Aires geborenen, lange Zeit als Bücker in Montevideo arbeitenden und am 17. November 1875 in Buenos Aires verstorbenen Hilario Ascasubi betrachtet werden. Dabei hinterließ Ascasubi mit insgesamt dreißigtausend Versen das innerhalb dieser Gattung umfangreichste Werk.

Es ist aufschlussreich, dass Ascasubi wie Plácido ebenfalls einen Handwerksberuf ausübte, so dass seine Verse gleichsam – bitte entschuldigen Sie den Ausdruck – neben dem Brezelbacken entstanden. Nehmen Sie diese eher didaktisch gemeinte Bemerkung nicht ernst, wohl aber die Lyrik Ascasubis, die sich wie jene eines Plácido auf Kuba lange Zeit gegen die Vorbehalte und Vorurteile gegenüber einem dichtenden Handwerker zur Wehr setzen musste! Die Hälfte dieses gewaltigen Oeuvres besteht aus literarischen Angriffen gegen Juan Manuel de Rosas – mit dem er zunächst gegen die Spanier gekämpft hatte, dann aber nach Montevideo ins Exil geflohen war – sowie später gegen Justo José de Urquiza, den verfassungsmäßigen Präsidenten Argentiniens. Man könnte angesichts dieser Lyrik auch von einer Art des anklagenden, aggressiven Journalismus in Versen sprechen.

An dieser Stelle begegnen wir erneut jenen Textelementen, die wir in der aktuellen wie in der Romantik-Vorlesung schon in Esteban Echeverrías *El Matadero*, in Domingo Faustino Sarmientos *Facundo* oder in José Mármols *Amalia* vorgefunden hatten: so insbesondere der Tötungsart des Halsaufschlitzens, des „Degüello", der bei dem „Proscrito" Ascasubi auch aus der Perspektive einer Rosas-Anhängerin geschildert wird. Gerade der mazorquistisch-federalistischen Rosas-Anhängerin widmete Ascasubi manche Texte, so insbesondere sein Gedicht *Isidora*. In diesem Kontext zeigt sich auch jene geradezu aristokratische Verachtung, welche die Gegner des argentinischen Diktators Rosas gegenüber demonstrierten.

Der Verweis auf die Gemeinschaft der argentinischen „Proscritos" in Montevideo erlaubt uns, ein weiteres Mal kurz auf die Romantik zurückzublicken und noch einmal das Werk Esteban Echeverrías in Hinblick auf die Ausbildung der „Poesía gauchesca" aufzurufen und kurz zu befragen. Wir hatten bereits gesehen, dass dieser ‚Importeur der Romantik zwischen zwei Welten',[7] wie wir

---

7 Vgl. hierzu das Esteban Echeverría und speziell „La Cautiva" gewidmete Kapitel in Ette, Ottmar: *Romantik zwischen zwei Welten*, S. 393 ff.

ihn auch nennen könnten, die Romantik an den Río de la Plata brachte, und zwar – frisch aus Paris mit einem großen Koffer voller Bücher zurückgekehrt – nicht nur im Bereich der Prosa, sondern gerade auch der Lyrik.

Hier ist nicht der Ort, noch einmal auf eine generelle Interpretation seines Langgedichts *La Cautiva* zurückzukommen; ein Gedicht, das eine Reihe romantischer Elemente enthält: so etwa die literarische Repräsentation einer nicht mehr abstrakten, sondern ortsgebundenen Landschaft, die geographische Erkundung des nationalen Binnenraumes, die Verlagerung und das Interesse an den Rändern der Gesellschaft oder auch den Einbau einer idealisierten Liebesgeschichte, um es bei diesen vier Elementen zu belassen. Diese präsentiert es dem Lesepublikum in verdichteter lyrischer Form. *La Cautiva* geht, autobiographisch betrachtet, auf ein Erlebnis des jungen Echeverría in der Pampa zurück: auf eine Begegnung mit einer Frau, einer „Pastora" namens María, deren Geliebter und Bruder in die Indianerkriege gepresst worden waren sowie dort ihr Leben verloren hatten. Für die Kriegszüge gegen die nomadisierenden indigenen Gruppen war die argentinische Regierung gleich welcher Couleur bei der Rekrutierung von Truppen nicht zimperlich und wählte als ‚Kanonenfutter' vor allem die Gauchos der Pampa.

Die poetische Szenerie wie die Diegese sind also grundsätzlich übereinstimmend, auch wenn sich Echeverría sowohl hinsichtlich der Aufnahme oraler Elemente wie auch spezifisch lyrischer Gedichtformen stark von den Beispielen gauchesker Lyrik abhebt. Seine zentral gestellte Liebesgeschichte zwischen María und Brian wie auch besonders die aktive Haltung der Frau signalisieren grundsätzliche Unterschiede. Und doch zeigt sich so manche Gemeinsamkeit, was wir anhand eines kurzen Zitats aufzeigen können. Wir befinden uns im dritten Gesang, „El puñal", und soeben hat die furchtlose María damit begonnen, inmitten der schlafenden Horde betrunkener Indianer sich selbst und ihren Geliebten Brian zu befreien:

> Stille; schon der leichte Schritt
> durch die Gräser eilends tritt,
> als wär's ein Suchen und kein Finden
> furchtsam durch die Fläche winden
> aus der Angst, gesehn zu werden,
> eine Frau; in ihrer Rechten
> zeigt sie blutrot wie vom Fechten
> einen Dolch, die langen Haare
> wirr und wildweisend dem Paare
> ihren Kampfesmut wie Fährten.
>
> Sie schleicht an; in den Gefilden
> hört sie schlafen all die Wilden,

geht und wacht und hört und schaut,
wartet und gibt keinen Laut,

vorsichtig wie zwischen Herden.
Sie marschiert und ihre Blicke
irr'n umher mit kluger Tücke,
als sähe sie, in diesem Finstern
wirre Schatten von Gespenstern
huschend wie auf tausend Pferden.[8]

Silencio; ya el paso leve
por entre la yerba mueve,
como quien busca y no atina,
y temeroso camina
de ser visto o tropezar,
una mujer: en la diestra
un puñal sangriento muestra,
sus largos cabellos flotan
desgreñados, y denotan
de su ánimo el batallar.

Ella va. Toda es oídos;
sobre salvajes dormidos
va pasando, escucha, mira,
se para, apenas respira,
y vuelve de nuevo a andar.
Ella marcha, y sus miradas
vagan en torno, azoradas,
cual si creyesen ilusas
en las tinieblas confusas
mil espectros divisar.

In dieser romantisch finsteren Szenerie sehen wir eine Frau mit langen Haaren, die sich wie eine Indianerin anschleicht, aber doch von den ‚Wilden', den „salvajes", durch eine unüberbrückbare Kluft getrennt ist. Denn diese Frau ist eine Weiße, die sich – und dies ist ein Thema, das bereits im 19. Jahrhundert und nicht erst in den *Western* des 20. Jahrhunderts höchst populär war – aus der Gewalt der ‚Wilden' befreien und zurück zur ‚Zivilisation' will.[9] Es interessiert

---

8 Echeverría, Esteban: La Cautiva. In (ders. / Fleming, Leonor, Hg.): *El Matadero. La Cautiva*. Madrid: Ediciones Catedra 1986, S. 150.
9 Zum historischen Aufbau des Gegensatzes zwischen den ‚Wilden' und den ‚Zivilisierten' vgl. die klassische Studie von Bitterli, Urs: *Die „Wilden" und die „Zivilisierten". Grundzüge einer Geistes- und Kulturgeschichte der europäisch-überseeischen Begegnung*. München: dtv 1982.

uns an dieser Stelle nicht die beeindruckend in Szene gesetzte Körperlichkeit der heldenhaften Frau, die sich in die Körperlichkeit des Gedichts fortsetzt, das ihre Bewegungen gleichsam nachholt. Wir wollen uns auf einen anderen Aspekt dieser romantischen Verse konzentrieren, genauer: auf die Rhythmik, die Zäsuren, die metrischen Einschnitte!

Die in der spanischsprachigen Originalfassung vorgeführte Flexibilität des Achtsilblers ist unverkennbar romantischer Prägung. Denn hier wird versucht, Zäsuren an die Stelle von Atmungen und Bewegungen zu setzen und damit gleichsam den Vers zu ‚verkörperlichen', also in die Atmung der Leserinnen und Leser zu übersetzen oder zu übertragen. Im thematischen Zusammenhang unserer Vorlesung sind zum einen die Szenerie mitten in der Pampa und zum anderen der blutige Protagonist, der Dolch oder das Messer, das die junge Frau mit den langen Haaren in ihrer Rechten hält, von entscheidender Bedeutung. Denn innerhalb der gauchesken Literatur fällt dem Messer in der Tat eine Protagonisten-Rolle zu, und nicht von ungefähr trägt dieser gesamte Teil von *La Cautiva* das Messer im Titel. Vor allem aber ist es der narrative, im weiteren Fortgang des dritten Gesangs durch einen ausführlichen Dialog zwischen María und Brian ergänzte Grundzug des Gedichts, der deutlich die Beziehungen zur „Poesía gauchesca" auch hinsichtlich ihrer späteren Entwicklung andeutet. In Esteban Echeverrías Langgedicht wird folglich die Ausrichtung an den Hauptsträngen abendländischer Literaturtradition mit dem spezifisch Amerikanischen nicht allein auf Ebene der Landschaft oder des Gegenstandes eng verwoben, sondern auch auf jener der verwendeten Versformen, der Rhythmik wie des erzählerischen Gestus. Wir haben es mit einem Gedicht aus einer Romantik zwischen zwei Welten zu tun, die sich an in Lateinamerika entwickelte Gedichtformen anschließt und sehr eigenständige poetische Formen entwickelt.

Der öffentliche Vortrag im Salón Literario und die rasche Veröffentlichung noch im selben Jahr 1837 dokumentierten, dass *La Cautiva* sehr wohl den Zeitgeschmack eines Publikums traf, das die französischen und englischen Romantiker und deren Texte kannte und sich zugleich eine eigene Nationalliteratur ersehnte, deren Begründung und Ausgestaltung das Streben dieser ersten Generation argentinischer Romantiker war. Sollte die auf den ersten Blick erstaunliche Neuauflage des Gedichts im Jahre 1846, als Echeverría längst im Exil in Montevideo war, andeuten, dass es vielleicht sogar die der Diktatur genehmen gauchesken Züge waren, die dem Gedicht erneut das *nihil obstat* des argentinischen Diktators Juan Manuel de Rosas bescherten?

Für den Romantiker Echeverría stellte die Dichtkunst zweifellos den höchsten Punkt innerhalb der Gattungshierarchie dar, insoweit in ihr das Sublime des Menschen zum Ausdruck komme und die Lyrik von geradezu religiöser Transzendenz sei. Für den argentinischen Romantiker charakteristisch ist, dass diese Sakralisierung die politische Schlagkraft gerade nicht unterbindet, dass mithin der Lyrik zugleich politische, ja doktrinäre und propagandistische Ziele und Zwecke anvertraut werden, auch wenn oder gerade weil sie sich im sakrosankten Bereich einer verdichteten Sprache bewegt. Das romantische Werk wächst – und dies ist romantisches Credo[10] – aus seinem physischen und sozialen Kontext heraus und ist mit diesem gleichsam genetisch verbunden: *La Cautiva* ist mit der argentinischen Pampa, der weiten, noch von Indianern durchzogenen Landgebiete, zu Füßen der erhabenen Anden wesensmäßig verwoben.

Allerdings erscheint die Pampa zugleich als feindliches Medium, als eine feindliche Um-Welt: Sie wird dem Liebespaar zum unausweichlichen, unentrinnbaren, unendlichen Gefängnis, ist also keineswegs das angestammte Milieu der beiden Protagonisten, wie dies in der Gaucho-Lyrik oder der „Literatura gauchesca" der Fall ist. Die starken Wirkungen und Kontraste, die bisweilen durch den Wechsel vom „Octosílabo" zum „Hexasílabo" markiert sind, verweisen andererseits aber wieder auf Gemeinsamkeiten mit der „Poesía gauchesca" bis hin zu José Hernández und seinem *Martín Fierro*, mit dem wir uns sogleich beschäftigen werden.

Die Pampa ist in Echeverrías Gedicht freilich nur zu Beginn für die Liebenden ein Medium der Freiheit, verwandelt sie sich doch schnell in eben jenes Element, das todbringend sein wird und die romantische in eine tragisch endende Liebe verwandelt. Es braucht hier nicht eigens betont zu werden, dass Esteban Echeverría als überzeugter Romantiker ganz in der Schule der französischen Romantik keineswegs mehr bereit war, die Gattungstrennung zu respektieren, die klar zwischen „Poesía culta" und „Poesía popular" unterschied. Der Mechanismus des Gedichts beruht doch gerade auf einer behutsamen Gattungsmischung, die es erlaubte, volkstümliche, kostumbristische Züge in die gebildete, in die hohe Literatur zu inkorporieren und zu integrieren.

In *La Cautiva* herrschen daher auch die „Metros de arte menor" vor, insbesondere Acht- und Sechssilbler sowie deren Kombinationen in „Décimas", „Romances" und „Sextinas". Echeverría äußerte sich hierzu auch ganz explizit im Vorwort, habe er doch auf den Achtsilbler zurückgegriffen, weil er ihn für den flexibelsten der spanischen Sprache halte. Er wolle diesen gesunkenen Vers daher auch wieder zu seinem alten Glanz, zu seiner alten Höhe zurückführen, eine Zielsetzung, die eindeutig auf die „Poesía culta" verweist. Auch in diesem Zusammenhang zeigt sich die Gemeinsamkeit, aber auch der

---

10 Vgl. hierzu Fleming, Leonor: Introducción. In: Echeverría, Esteban: *El Matadero. La Cautiva*. Madrid: Ediciones Cátedra 1986, S. 9–88.

Abb. 54: César Hipólito Bacle, Andrea Bacle: Gaucho enlazando. Aus: *Trajes y costumbres de la Provincia de Buenos Aires*, zwischen 1830 and 1835.

Unterschied zur „Poesía gauchesca", die auf denselben Vers, aber mit anderer Intention zurückgriff.

Kehren wir an dieser Stelle wieder unmittelbar zur „Poesía gauchesca" zurück! Unser kurzer Ausflug in die argentinische Romantik und die mit allem Sozialprestige ausgestattete hohe Literatur eines Echeverría hat uns gezeigt, dass es evidente Beziehungen zwischen dieser hohen Literatur und der regionalen, populären und tendenziell volkstümlichen Lyrik gibt, die sich auf die Gauchos bezieht und bei diesen ihr primäres Zielpublikum findet. Ich kann an dieser Stelle nur auf andere Vertreter dieser Dichtkunst neben Hilario Ascasubi verweisen, nämlich etwa auf Estanislao del Campo, der eine Rekontextualisierung des *Faust* vom französischen Komponisten Charles François Gounod in der Pampa gewagt hat; oder auf Antonio Lussich, dessen Hauptwerke zu Beginn der siebziger Jahre erschienen und von José Hernández intensiv analysiert wurden.

Wir müssen unseren Durchgang durch die „Poesía gauchesca" auf das Notwendigste und damit auf jenes unbestrittene Hauptwerk beschränken, das José Hernández zu Beginn und gegen Ende der siebziger Jahre – die Veröffentlichung des ersten Teils erfolgte 1872, jene des zweiten Teils 1879 – schuf: den bis heute vielberufenen *Martín Fierro*. Dabei sei gleich zu Beginn unserer Untersuchung auf einen grundlegenden Unterschied zu Echeverrías *La Cautiva* anhand des Textes selbst verwiesen, einer Passage aus dem neunten Gesang:

Wenn sie nun auch kommen mögen
Gut erfüllend ihre Pflicht.
Anders leben mag ich nicht;
Sonst ist mir's gar kein Vergnügen;
Denn nie ist's des Gaucho Sicht,
Sucht den Streit mit Frauen nicht.

Und auf's Land ging ich allein
Wackrer noch als je ein Hirsch,
Ward verlassner Hund auf Pirsch,
Sucht an einem Ort zu sein,
Wo zu bleiben nicht im Freien
Ich die Nächte blieb mit Kirsch.

Ohne Weg und feste Richtung,
Rasch in Unermesslichkeit,
Und in tiefer Dunkelheit
Geht der Gaucho wie ein Kobold,
Nie überrascht als Trunkenbold,
Wenn auch schläft Behördlichkeit.

Seine Hoffnung ist der Mut,
Unterschlupf ist Vorsicht ihm,
Rettung ist ihm vorzuziehn,
Und hat einer vor ihm Schneid,
So ist kein Schutz im Himmel weit
Und kein Freund zu helfen ihm.[11]

Pues aun cuando vengan ellos
Cumpliendo con sus deberes.
Yo tengo otros pareceres,
Y en esa conducta vivo;
Que no debe un gaucho altivo
Peliar entre las mujeres.

Y al campo me iba solito,
Más matrero que el venao,
Como perro abandonao,
A buscar una tapera,
O en alguna vizcachera
Pasar la noche tirao.

---

11 Hernández, José: *Martín Fierro*. Madrid: Espasa-Calpe [19]1978, S. 45 f.

> Sin punto ni rumbo fijo
> En aquella inmensidá,
> Entre tanta escuridá
> Anda el gaucho como duende;
> Allí jamás lo sorpriende
> Dormido la autoridá.
>
> Su esperanza es el coraje,
> Su guarida es la precaución
> Su pingo es la salvación,
> Y pasa uno en su desvelo
> Sin más amparo que el cielo
> Ni otro amigo que el facón.

In diesen wenigen Strophen des neunten Gesangs des *Martín Fierro* sind auf der inhaltlichen Ebene deutliche Abgrenzungen gegenüber der *Cautiva* zu erkennen, einer Thematik, die freilich auch in der gauchesken Lyrik von José Hernández nicht fehlt. Es handelt sich in der zitierten Passage eindeutig um eine Absage an jeglichen Händel, jegliche Auseinandersetzung mit Frauen: José Hernández konstruiert die Männerwelt des Gaucho, eine patriarchalisch geprägte Welt, in welcher Frauen eine nur dekorative Rolle spielen. Bereits an dieser Stelle wird deutlich, dass dieses große Gedicht der argentinischen Literatur nicht auf der Liebe als treibender Kraft basiert. Bei Esteban Echeverría war es in *La Cautiva* gerade diese Liebe gewesen, welche Brian und María – vor allem letztere – immer wieder vorantrieb, weg aus dem Lager der Barbarei und zurück in die Zivilisation. José Hernández hingegen rückt den einsamen Gaucho in den Vordergrund, seinen Mut, seinen Freiheitswillen, seine Unabhängigkeit.

Die bei Echeverría zu konstatierende Bewegung der Helden von der Barbarei zurück in die Zivilisation ist im *Martín Fierro* – zumindest in dessen erstem Teil, auf den zweiten komme ich noch zu sprechen – nicht ausgeprägt. Es lässt sich vielmehr wie in der hier gezeigten Passage eine Richtung weg von der Siedlung, von der Zivilisation, hinaus in die Weite und Einsamkeit der Natur beobachten, fernab jeglicher behördlicher Überwachung. Damit erscheint ein weiterer wesentlicher Unterschied zur „Poesía culta" eines Echeverría: Im Gegensatz zu *La Cautiva* ist die Pampa im *Martín Fierro* nicht das unendliche Gefängnis, sondern genau jener Bewegungs-Raum, der es dem Gaucho erlaubt, den Behörden zu entgehen und nicht im tatsächlichen Gefängnis der „autoridá" zu landen.

Die Pampa ist sicherlich kein ungefährlicher Raum: Daher wird sie im Gedicht auch nicht ausschließlich positiv semantisiert, birgt sie doch eine Vielzahl an Gefahren. Doch ist sie, in der nur die Sterne den Gaucho auf seinem Weg leiten und begleiten, eben der *Bewegungs*-Raum dieses die Unabhängigkeit allem anderen vorziehenden Menschen, seine weite Wohnstätte, sein

Eigen. Genau daher hat der nomadisierende Gaucho auch keine feste, keine vorgegebene Richtung, sondern zieht umher, ohne Ziel und festen Punkt, allein auf seine Wehrhaftigkeit und seinen Mut vertrauend (Abb. 54). Seit der abendländischen Antike wissen wir, dass der Kultur-Begriff an den Ackerbau und damit an die Sesshaftigkeit gebunden ist; der nomadisierende Gaucho zieht dieser Kultur aber wie die ebenfalls umherziehenden indigenen Gruppen das ungebundene Nomadentum vor. Noch im 20. Jahrhundert stoßen wir in der wunderbaren Prosa des Brasilianers João Guimarães Rosa auf diese der Sesshaftigkeit entgegengestellte Auffassung einer – wie wir formulieren könnten – gauchesken Gegenkultur.[12]

Wir können an dieser Stelle festhalten, dass es eine Vielzahl von Beziehungen einerseits zwischen der „Poesía gauchesca" im Allgemeinen und dem *Martín Fierro* im Besonderen sowie der romantischen Lyrik Esteban Echeverrías andererseits gibt. Die unbezweifelbare Idealisierung des Gaucho verknüpft die Welt des *Martín Fierro* mit beiden Polen ganz so, wie sie die volkskulturellen Traditionen und die abendländisch-gebildeten Filiationen miteinander in Verbindung setzt. Doch zeigt sich auch am verwendeten Wortmaterial dieser Passage sowie anhand bestimmter Endungen und Morphem-Strukturen, dass wir den Bereich der ‚hohen' Lyrik verlassen haben und uns unverkennbar in einer engen Relation mit der „Poesía popular" und volkstümlichen Formen wiederfinden. Genau in dieser Spannung zwischen diesen beiden Polen platziert sich der *Martín Fierro* des José Hernández; und um diese Spannung sowie die Besonderheit dieses zweifellos größten Werkes regionaler Lyrik in der Area des Río de la Plata und im hispanoamerikanischen 19. Jahrhundert zu verstehen, müssen wir uns eingehender mit Gedicht und Autor beschäftigen. Einige wenige Biographeme mögen uns hierbei genügen.

José Rafael Hernández y Pueyrredón wurde am 10. November 1834 in Villa Ballester in der Provinz Buenos Aires geboren und starb am 21. Oktober 1886 in Belgrano, einem damaligen Vorort von Buenos Aires. Er verbrachte einen großen Teil seiner Kindheit und Jugend in den Landgebieten des Südens der Provinz Buenos Aires, wo er mit den Sitten der Gauchos sehr eng und intensiv in Berührung kam. Wie viele Argentinier stammte er aus einer Familie, die aus Spanien, Irland und Frankreich eingewandert war; sein Vater arbeitete als Vorarbeiter auf einer Reihe von Rinder-Estancias, so dass der Jugendliche zeitweise als junger Gaucho leben konnte.

---

[12] Vgl. hierzu Ette, Ottmar: Sagenhafte WeltFraktale. João Guimarães Rosa, „Sagarana" und die Literaturen der Welt. In: Ette, Ottmar / Soethe, Paulo Astor (Hg.): *Guimarães Rosa und Meyer-Clason. Literatur, Demokratie, ZusammenLebenswissen*. Berlin – Boston: Walter de Gruyter 2020, S. 25–52.

Doch beschränkte sich sein Dasein keineswegs auf diesen ländlichen Kreis, führte Hernández doch ein äußerst reges öffentliches Leben, wie es für das 19. Jahrhundert in Hispanoamerika recht charakteristisch war. In den Bürgerkriegen am Río de la Plata stand er auf Seiten der argentinischen Federales; er war Journalist, Militär und Politiker, trat 1856 in den Partido Federal Reformista ein und intervenierte zwischen 1853 und 1886 immer wieder in den das Land nach der Rosas-Diktatur heimsuchenden Auseinandersetzungen und politischen Gefechten. José Hernández gründete die Zeitschrift *El Río de la Plata*, die sich für die Schaffung autonomer Gemeinden in Argentinien und für ein Ende gezielter Immigration einsetzte, gründete politische Parteien, nahm an blutigen Schlachten teil und starb schließlich als Senator der argentinischen Republik. Hernández spielte folglich eine hochaktive Rolle in der Politik und vertrat politisch die Überzeugung einer „Confederación Argentina", welche die Viehzüchter-Oligarchie von Buenos Aires attackierte und das Recht der anderen Provinzen betonte, die Vorrangstellung der Hauptstadt in Frage zu stellen. Dabei entwickelte Hernández in einigen seiner Zeitungen Überzeugungen, wie sie später auf Ebene seines berühmtesten Gedichts sein Martín Fierro vertreten sollte. Auch wenn er Domingo Faustino Sarmiento kritisch bis ablehnend gegenüberstand, ergriff Hernández auch nicht für Juan Manuel de Rosas Partei, den er – obwohl aus der Viehzüchter-Kaste stammend – mit guten Gründen für einen Despoten hielt.

José Hernández war ein aufmerksamer Leser nicht nur seiner Vorgänger im Bereich gauchesker Lyrik, sondern auch der hispanoamerikanischen Romantik insgesamt. Wir haben es nicht mit einem ungebildeten Autor zu tun, sondern mit einem der vielen argentinischen Politiker, die höchst belesen waren und sich als Schriftsteller betätigten. Sitten und Gewohnheiten der Pampas-Indianer kannte er übrigens nicht nur vom Hörensagen oder aus seiner konkreten Erfahrung in Kindheit und Jugend, sondern auch aus ihm zugänglichen Texten über diese nomadisierenden indigenen Gruppen. Daher wurde mehrfach bereits mit Recht darauf verwiesen, dass in *El Gaucho Martín Fierro* eine Vielzahl literarischer Strömungen ihren gauchesken Gipfelpunkt erreichen.

Ich sage Ihnen all dies, um Ihnen wie schon bei Gabriel de la Concepción Valdés alias Plácido vor Augen zu führen, dass diese Lyrik der Regionalität keineswegs eine Lyrik der Provinzialität ist. Denn jene Dichtkunst nimmt sehr wohl eine Vielzahl überregionaler und internationaler literarischer Anstöße auf, bezieht diese aber auf einen bestimmten Raum, für den sie eigene Charakteristika und Identitätszeichen literarisch entwickelt. Wir hatten in unserem ersten Zitat aus dem *Martín Fierro* bereits gesehen, dass dies auch eine Sprache und Lexeme miteinschließt, die regionaler oder arealer Herkunft und im Übrigen nicht immer leicht zu übersetzen sind.

Abb. 55: José Hernández (1834–1886).

Dieser Identifizierung mit einem regionalen Raum dient gerade auch die Figur des Gaucho Martín Fierro, die auf ein Publikum eine ungeheure Wirkung entfaltete, das zuvor mehr oder minder außerhalb der von den Romantikern anvisierten Leserschaft geblieben war: die ländliche Bevölkerung und vielleicht sogar ganz allgemein einfachere Schichten des Volkes. Mit dem *Martín Fierro* lässt sich daher eine Ausweitung des Lesepublikums verbinden, wobei die mündliche Übermittlung etwa durch Vorleser nicht aus den Augen verloren werden darf. Dies verhält sich auch in anderen Areas des vormals spanischen Amerika nicht anders. So spielten etwa Vorleser unter den kubanischen Tabakarbeitern eine ebenso literarisch wie politisch wichtige Rolle, insofern sie den während des Lektüreaktes mit ihrer Arbeit beschäftigten Arbeiterinnen und Arbeitern ebenso politische Nachrichten wie Zeitungsmeldungen oder Romane und Gedichte vorlasen. Sie waren damit an der ebenso ästhetischen wie politischen Bewusstseinsbildung breiter ArbeiterInnenkreise wesentlich beteiligt.

Doch zurück zum Río de la Plata und zu unserem Gedichtband! Der Gaucho Martín Fierro steht für eine bestimmte soziale Gruppe, repräsentiert diese aber nicht nur, sondern verteidigt sie zugleich. José Hernández bezeichnete diese Gruppe als die „clase desheredada de nuestro país", als die Enterbten und Unterprivilegierten Argentiniens. Vor diesem Hintergrund darf der Versuch von Hernández, mit seinem *Martín Fierro* Sprachrohr und Zielpublikum in der Figur seines Gaucho zusammenzubinden, in der Tat als wertvollstes Experiment der „Literatura popular" seiner Zeit verstanden werden, auch wenn man den *Martín Fierro* selbst vielleicht nicht allzu einfach dieser populären, volkstümlichen Literaturtradition zuschlagen sollte. Aber Sprache, Bilder und Weltsicht dieser sozialen Gruppe werden im *Martín Fierro* – darüber ist sich die einschlägige Forschung wohl einig – auf komplexe Weise reflektiert.

Der erste Teil des Textes, der auch als die „Ida" bekannt wurde, wurde im Jahre 1872 veröffentlicht, während der zweite Teil, die „Vuelta", erst 1879 erschien. Es gibt folglich einen ‚Aufbruch' und eine ‚Rückkehr' des Gaucho Martín Fierro. Und noch ein wenig Zahlenmaterial: Die auf insgesamt dreizehn Gesänge verteilten gut zweitausenddreihundert Verse werden zunächst von den ersten neun Gesängen eröffnet, die autobiographischen Charakter aus der Sicht Martín

Fierros tragen. Ich möchte Ihnen zunächst die ersten Strophen des ersten Gesanges darbieten. Die Graphie ist hier, in Anschluss an meine spanische Ausgabe, zur besseren Lesbarkeit leicht modernisiert:

> Hier fang ich mit dem Singen an,
> Schlag mit der Klampfe all' in Bann,
> Denn der es verraten kann
> Großen Schmerz hat ohne Mogel
> Ganz in Einsamkeit der Vogel,
> Trost im Singen finden kann.
>
> Von Himmels heiligen erfleh ich,
> Dass sie helfen meinem Denken
> Bitte sie, dass sie's mir schenken,
> Will erzählen meine Geschichte,
> Mach'. Memoria, dies Gedichte,
> Tu mir mein Verstehen lenken.
>
> Kommt, Ihr Heilige wundersam,
> Kommt alle mir zu helfen an,
> Nicht die Zung' sich knoten kann,
> Nicht mein Sehen sich verdunkle;
> Gott, so fleh' ich, nicht verdunkle
> Meinen Geist, ich muss jetzt ran.
>
> Viele Sänger hab gesehen
> Voll des Ruhmes, wohlverdient,
> Erst den Ruhm einmal verdient,
> Wolln sie ihn bewahren nicht:
> Scheint, dass sie ein klein Gedicht
> Müde macht, und sind bedient.
>
> Wo nicht ein Kreole durchkommt,
> Muss ein Martín Fierro stehen;
> Nichts lässt ihn je rückwärts gehen,
> Selbst die Geister fürcht er nicht;
> Alle singen das Gedicht,
> Nein, das Singen ist mir Pflicht.[13]
>
> Aquí me pongo a cantar
> Al compás de la vigüela,
> Que el hombre que lo desvela
> Una pena extraordinaria,

---

13 Hernández, José: *Martín Fierro*, S. 13.

> Como el ave solitaria,
> Con el cantar se consuela.
>
> Pido a los santos del cielo
> Que ayuden mi pensamiento;
> Les pido en este momento
> Que voy a contar mi historia
> Me refresquen la memoria
> Y aclaren mi entendimiento.
>
> Vengan, santos milagrosos,
> vengan todos en mi ayuda,
> Que la lengua se me añuda
> Y se me turba la vista;
> Pido a mi Dios que me asista
> En una ocasión tan ruda.
>
> Yo he visto muchos cantores,
> Con famas bien obtenidas,
> Y que después de alquiridas
> No las quieren sustentar:
> Parece que sin largar
> Se cansaron en partidas.
>
> Mas ande otro criollo pasa
> Martín Fierro ha de pasar;
> Nada lo hace recular
> Ni los fantasmas lo espantan;
> Y dende que todos cantan
> Yo también quiero cantar.

So also beginnt der berühmte erste Gesang des *Martín Fierro*; und lassen Sie mich zunächst darauf hinweisen, dass bereits in der ersten Strophe das lyrische Ich, der Dichter oder „Cantor", mit einem einsamen Vogel verglichen wird! Das ist übrigens auch bei Plácido der Fall, sei aber nur nebenbei bemerkt. Was daneben jedoch literarisch deutlich evoziert wird, ist eine Kopräsenz von Sänger und Publikum, eine direkte, nicht durch verschriftlichte Literatur vermittelte Beziehung also, bei der sich der Sänger selbst auf seinem Instrument begleitet. Für die sprachliche Nähe zwischen dem „Cantor" und seinem Publikum sorgt die Sprache des Ich, sorgen dessen Worte, die oftmals der Alltagssprache mit ihren Regionalismen entlehnt sind. Dieser Sänger also beginnt mit seinem Gesang und führt seine Stimme, aber auch seine Geschichte und deren Gegenstand ein – und dies in einem Hier und Jetzt, in einem Raum und zu einer Zeit, welche er mit seinem Publikum teilt.

Damit wird eine Kommunikationssituation der Unmittelbarkeit geschaffen, die radikal anders ist als jene des großen romantischen Dichters, der seine zu Papier gebrachten Verse entweder einem kleinen Publikum in Salons (so etwa die Dichter der *Joven Argentina* von 1837) vorlegt, oder aber einem größeren, anonymen und gebildeten Publikum die längst verfassten Verse – wie etwa José Martí – im Theater, vor allem aber in gedruckten Büchern vorstellt, die eine stets identische Handelsware darstellen. Die Evozierung dieser Kommunikationssituation freilich gehorcht ihrerseits literarischen Filiationen, die uns innerhalb der eingeblendeten abendländischen Traditionsstränge nicht nur ins Mittelalter, sondern in die Antike der Alten Welt zurückführen. Zugleich werden diese Traditionen auch in der „cultura popular" fortgeführt; eine Tatsache, für welche die argentinischen Romantiker – Sarmiento war hier unser Beispiel gewesen – recht sensibel gewesen waren, wenn sie diese Kultur auch als eine dem Untergang geweihte begriffen. Auf den Seiten des *Facundo* war, wie ich Ihnen ja sagte, noch die ganze Faszination und Bewunderung des Argentiniers für jene *noch* lebendige Literaturtradition spürbar gewesen: eine Tradition, die auch nach Auffassung dieses Schriftstellers dem Tode geweiht war.

Bei José Hernández war nichts von der Faszination eines Sarmiento für diese untergehenden kulturellen und literarischen Ausdrucksformen zu spüren. Er glaubte offenkundig an das Leben und Überleben dieser Gegen-Kulturen. Bereits in der ersten Strophe, der ersten Sextine von Achtsilblern, werden für das Gedicht zentrale Seme und Isotopien eingeführt, so etwa der Schmerz oder Kummer („pena"), die Einsamkeit, aber auch die Tröstung durch den Gesang, die Kunst und den eigenen Vortrag. Unverkennbar ist die Tatsache, dass sich der Titelheld des Gedichts selbst als Sänger einführt und über das Ich sozusagen mit den vorgängigen Sängern, mit anderen ‚kreolischen' „Cantores" in einen Wettbewerb eintritt, dessen Ausgang für dieses lyrische Ich gleichwohl bereits feststeht.

Die Anrufung der zweifellos christlichen Heiligen und insbesondere Gottes um Beistand tritt gleichsam an die Stelle einer Anrufung der Musen oder auch – wie bei Andrés Bello – der „Divina poesía". So erschließen sich auch in dieser Gedichteröffnung selbstverständlich Beziehungen, die so grundverschiedene lyrische Schöpfungen wie die *Alocución a la poesía* und den *Martín Fierro* miteinander verbinden. Man könnte es noch radikaler ausdrücken: Der *Martín Fierro* setzt gerade Bellos Forderung nach amerikanischen Stoffen in die Tat um, wenn auch in einer für den großen chilenischen Intellektuellen, der sieben Jahre vor der Veröffentlichung des ersten Teiles verstorben war, nicht vorhersehbaren Sprache und lyrischen Form. Das Buch schuf seine eigene poetische Welt in der kulturellen Area des Río de la Plata.

Wie auch immer man gegenüber dieser zweifellos idealisierten Welt der argentinischen Gauchos eingestellt sein mag: Jenen Mut, den Martín Fierro auf inhaltlicher Ebene, in den verschiedenen Episoden seiner Abenteuer, von denen er berichten wird, unter Beweis stellt, will und wird er auch als Sänger, als „Cantor" beweisen. Denn ein Martín Fierro wird, wie die Verse es gleich zu Beginn erläutern, in der Folge vor nichts und niemandem zurückschrecken. In dieser patriarchalischen Welt ist er ein ganzer Mann!

Lassen Sie mich hierzu gleich noch auf den ersten Gesang sowie die beiden letzten Strophen aus dem zweiten Gesang eingehen, die uns über die eigene Standortbestimmung Martín Fierros, der in diesen Versen spricht, aufklären sollen:

> Kein gebildeter Sänger bin ich,
> Doch wenn ich zu singen beginne,
> Weiß nicht, wohin ich Euch bringe,
> Und werde beim Singen alt;
> Die Strophen quelln aus mir bald
> Wie Wasser sprudelt aus Brunnen.
>
> Die Gitarre in meiner Hand
> Lässt Fliegen selbst nicht in Ruhe;
> Denn niemandes Stiefel auf mir ruhe,
> Und wenn meine Brust so schwingt,
> Dann seufzt jedes schöne Kind,
> Und weint nur allzu geschwind.
> [...]
> Geborn ward ich wie ein Fisch,
> Geborn in den Tiefen des Meeres;
> Stehlen kann mir niemand Hehres,
> Was Gott Vater mir einstens gab:
> Was der Welt ich einst geben tat,
> Nimm von der Welt ich ins Grab.
> [...]
> Und mögen es alle wissen,
> Die von meinen Schmerzen hören,
> Selbst Totschlag soll sie nicht verstören,
> Denn ich tu's nur, wenn's notwendig ist,
> Und dass es hier keiner vergisst:
> Schlecht Behandlung tat mich empören.
>
> Und höret hier den Bericht,
> Ein verfolgter Gaucho zu Euch spricht,
> Einst aus Vaters und Ehemanns Sicht,
> Der beflissen und vorsichtig war.
> Doch werde ich schnell gewahr,
> Die Leut für 'nen Bandit mich halten.
> [...]

So fangen seine Unglücke an,
So beginnt die Mähr dieser Taten;
Rettung ist nicht zu erwarten,
Und mag man's oder mag man's auch nicht,
Zur Grenze schickt mich das Gericht,
Bataillone gepresster Soldaten.

Also fingen an meine Übel,
Die Übel von ach! so vielen.
Wenn's gefällt ... Singend einfielen
Mir die Leiden, die ich euch sage.
Und ist man verloren, so klage
Ich's an, s'ist göttlicher Wille.[14]

Yo no soy cantor letrado;
Mas si me pongo a cantar
No tengo cuándo acabar
Y me envejezgo cantando;
Las coplas me van brotando
Como agua de manantial.

Con la guitarra en la mano
Ni las moscas se me arriman;
Naides me pone el pie encima,
Y cuando el pecho se entona,
Hago gemir a la prima
Y llorar a la bordona.
[...]
Nací como nace el peje,
En el fondo de la mar;
Naides me puede quitar
Aquello que Dios me dio:
Lo que al mundo truje yo
Del mundo lo he de llevar.
[...]
Y sepan cuantos escuchan
De mis penas el relato,
Que nunca peleo ni mato
Sino por necesidá,
Y a que tanta alversidá
Sólo me arrojó el mal trato.

---

14 Ebda., S. 14 ff.

> Y atiendan la relación
> Que hace un gaucho perseguido,
> Que padre y marido ha sido
> Empeñoso y diligente.
> Y sin embargo la gente
> Lo tiene por un bandido.
> [...]
> Ay comienzan sus desgracias,
> Ay principia el pericón;
> Porque ya no hay salvación
> Y que uesté quiera o no quiera,
> Lo mandan a la frontera
> O lo echan a un batallón.
>
> Ansí empezaron mis males,
> Lo mesmo que los de tantos.
> Si gustan ... , en otros cantos
> Les diré lo que he sufrido.
> Después que uno está ... perdido
> No lo salvan ni los santos.

Bereits im ersten Vers führt uns das lyrische Ich vor Augen, dass es sich um keinen „letrado", keinen Gebildeten handelt, der in den gelehrten Dichtkünsten belesen wäre und im Folgenden zu uns spricht. Man könnte in gewisser Weise sagen, dass dieser Sänger nicht zur *Ciudad letrada*[15] gehört, nicht zur Stadt der Gebildeten, die in der Kolonialzeit entstand und auch in postkolonialen Zeiten noch immer alle Macht konzentriert. Dieser „Cantor" entstammt vielmehr dem weiten Binnenbereich Argentiniens.

Die erste Strophe suggeriert uns im Gegensatz zu einer kunstvollen Ästhetik die *Natürlichkeit* dieser Lyrik, die aus dem Dichter, dem Sänger geradezu wie ein Quell hervorbricht. Es ist eine Dichtkunst in der Maske des Natürlichen: der romantische Entwurf einer natürlichen Dichtung, die sich freilich einer Vielzahl poetischer Regelungen unterwirft. In dieser ersten Vorstellung wird deutlich die Zugehörigkeit des Sängers zu der erwähnten sozialen Gruppe unterstrichen, wobei der „Cantor" die Position von „uno de tantos" einnimmt: Denn ihm ist dasselbe ungerechte Schicksal, in die Armee gepresst und an die Grenze geschickt zu werden, widerfahren wie so vielen seiner argentinischen Genossen. Die Gauchos dienten der herrschenden Großgrundbesitzer- und Viehzüchterelite nur dazu, die indigenen Gruppen, die zu Beginn des 19. Jahrhunderts noch gefährli-

---

15 Vgl. hierzu Rama, Ángel: *La ciudad letrada*. Hannover (N.H.): Ediciones del Norte 1984.

che Vorstöße wagten, die sogenannten „Malones",¹⁶ kleinzuhalten und sich in diesen langwierigen Kämpfen selbst militärisch wie personell aufzureiben.

Der historische Hintergrund des *Martín Fierro* ist unschwer erkennbar Die Gauchos werden dazu gezwungen, an der „Frontera" Kriegsdienst zu leisten, sie werden – kurz gesagt – in den jahrzehntelangen blutigen Indianerkriegen eingesetzt und verheizt. Dies sind kriegerische Auseinandersetzungen, welche die argentinische Republik schon unter Rosas führte, dann aber vehementer und einem geplanten Genozid ähnlicher unter den Präsidenten Mitre, Sarmiento und vielen anderen. Domingo Faustino Sarmiento brachte diese Strategie unverblümt auf den Punkt: Der Einsatz der Gauchos sollte zum einen die Indianer für immer vom argentinischen Territorium verdrängen und hinwegfegen; zum anderen konnten bei dieser Aktion auch gleich die Gauchos selbst als Vertreter des Barbarischen in der Zivilisation dezimiert werden.

Auf diese höchst berechnende und gegenüber der eigenen Bevölkerung zweifellos hinterhältige, unmenschliche Weise sollte ein modernes Argentinien geschaffen werden, das im Zeichen von Industrialisierung, Modernisierung der Infrastruktur, der Einwanderung aus Nord- und Mitteleuropa und damit einer forcierten ‚Europäisierung' zu errichten war. Der *Martín Fierro* zeigt einige der sogenannten ‚sozialen Kosten' dieser sozioökonomischen Modernisierung¹⁷ Argentiniens auf.

Diese Politik wurde – koste es, was es wolle – durchgesetzt und zielte auf eben jenen Gaucho ab, der schon für Sarmiento vielbewunderter und zugleich vielgehasster Vertreter des Amerikanisch-Barbarischen war. Man läge nicht falsch, würde man diese Biopolitik im Zeichen der sogenannten ‚Zivilisation' als zutiefst barbarisch bezeichnen: Sie diente ausschließlich den Interessen der herrschenden Klasse und versuchte, einen Teil der vorhandenen Bevölkerung durch eine gezielt importierte zu ersetzen.

Für diese marginalisierte Gruppe der Gauchos erhebt Martín Fierro seine Stimme. Man könnte mit Josefina Ludmer sagen, dass es diese Stimme, dieser Körper des Gaucho ist, der nun für José Hernández zum Inbegriff des Körpers des Vaterlands gemacht wird.¹⁸ Der Gaucho gerät zu einer identifikatorischen Figur, die im Übrigen im Verlauf der argentinischen Rezeption zunehmend an Bedeutung gewann. Nicht von ungefähr verkörpert er bis heute einen wesentlichen Aspekt argentinischen Nationalgefühls und -bewusstseins; und sowohl die Auto- als auch die Heterostereotype sind in Bezug auf Argentinien ohne den

---

16 Vgl. hierzu die Anmerkungen in Ette, Ottmar: *Romantik zwischen zwei Welten*, S. 638f.
17 Vgl. Rodríguez Pérsico, Adriana: *Un huracán llamado progreso. Utopía y autobiografía en Sarmiento y Alberdi*. Washington, D.C.: OEA 1996.
18 Vgl. die wichtige Studie von Ludmer, Josefina: *El género gauchesco. Un tratado sobre la patria*. Buenos Aires: Sudamericana 1988.

Gaucho nicht auskömmlich. Ein derartiges Bild als Selbst- und Fremdbild hätte ohne die „Poesía gauchesca" und insbesondere den großen Erfolg des *Martín Fierro* jedoch nicht entstehen können. Die gesellschaftliche Wirkkraft dieser Dichtkunst war ebenso überraschend wie ungeheuer.

Martín Fierro sagt von sich selbst, dass seine Geburt gleichsam in den Tiefen des Meeres stattfand: Diese Tiefen des Meeres sind fraglos die des Volkes. Wie ein *Lazarillo de Tormes*, der als Urvater der langen Tradition des Schelmenromans, der „novela picaresca", angesehen werden kann, ist er keineswegs von hoher Abkunft, sondern wurde ebenso wie der „Pícaro" gleichsam im Wasser des Flusses Tormes geboren. Anders als die Mächtigen seines Landes entstammt er nicht den großen Viehzüchterdynastien, verfügt damit über keine ihn qualifizierende und sein weiteres Leben erleichternde Geburt, sondern weiß sich ‚geburtlich' ein wenig so wie ein Hilario Ascasubi gleichsam auf einem Fuhrwerk in Bewegung geboren. Es ist kein Zufall, dass José Hernández dieser Geburt und Abkunft seines Martín Fierro gleich zu Anfang eine Strophe widmet.

Die zuletzt angeführten Strophen des Gedichts machen deutlich, dass die Klage des Gaucho Martín Fierro zugleich in eine Anklage einmündet, dass der Gaucho also seine Unterdrücker in der Folge namhaft machen und die von ihnen ausgelöste Ungerechtigkeit, den „mal trato", anklagen wird. Der Gaucho erscheint – ein wenig so wie der Philosoph in der Aufklärungsliteratur des 18. Jahrhunderts[19] – im *Martín Fierro* als unschuldiges Opfer, das aufgrund von Missetaten verfolgt wird, die allein aus gesellschaftlichem Zwang entstanden und eigentlich von der Gesellschaft zu verantworten wären.

So ist er jener gesellschaftliche Außenseiter, der von der Justiz gehetzt wird und gerade aus dieser Rolle heraus zur Identifikationsfigur einer ganzen Nation avancieren kann. Wir sollten uns in diesem Zusammenhang die paradoxe Situation vor Augen halten, dass es gerade dieser Außenseiter ist, der sich in der Folge *als Außenseiter* in eine nationale Identifikationsfigur transformiert. Es ist sozusagen das ‚Amerikanische', das sich gegen eben jene ‚Zivilisation' zur Wehr setzt, welche die Sarmientos gegen die Barbarei der Rosas-Diktatur ins Feld geführt hatten. Die Geschichte der argentinischen Nation ist nicht nur mit Blick auf das Schicksal der verfolgten indigenen Bevölkerung keine Geschichte, deren Parteien sich fein säuberlich in Weiß und Schwarz aufteilen lassen. die argentinischen Gauchos hatten das Pech, zwischen die Fronten geraten zu sein. Anders als die indigene Bevölkerung aber eigneten sie sich trotz oder wegen ihres tendenziellen Untergangs hervorragend als Identifikationsfiguren der entstehenden Nation.

---

19 Vgl. hierzu Ette, Ottmar: *Aufklärung zwischen zwei Welten*, S. 86 ff. u. S. 528 ff.

Der Nationenbildungsprozess schlägt nicht nur während der Herrschaft von Juan Manuel de Rosas, sondern während des gesamten 19. Jahrhunderts tiefe Wunden in die argentinische Gesellschaft, die gegen Ende des Jahrhunderts kurz davor steht, durch einen enormen Einwanderungsprozess biopolitisch grundsätzlich verändert zu werden. Dieser Prozess ist auf dem Territorium Argentiniens mit Schwert und Feuer geführt worden, und seine Opfer sind in erster Linie der nomadisierende Indianer und in zweiter Linie der nomadisierende Gaucho – Davon singt und berichtet unser Cantor!

Nach der anfänglich positiven Beschreibung des Gaucho-Lebens gerät der Protagonist dieses Gedichts, in welchem sich deutlich das Lyrische mit dem Epischen verbindet, in immer schwierigere Situationen, die ihn ständig in Konflikt mit dem Gesetz bringen und sogar zum Mörder werden lassen. Wie es im obigen Zitat schon angekündigt wurde: Martín Fierro zögert im Notfall nicht, wenn nötig allem, was sich ihm entgegenstellt, den Tod zu geben. Der ‚unnatürliche', gewaltsame Tod ist für den rechten Gaucho das Natürlichste von der Welt.

Doch stets ist dabei die Ausweglosigkeit des immer auf der Flucht befindlichen und nomadisierenden Gaucho Hintergrund aller im Gedicht berichteten Ereignisse: Letztlich bleibt er das unschuldige Opfer der gesellschaftlichen Verhältnisse. Der Gaucho weiß, dass die Leute, „la gente", ihn für einen Banditen halten. Auch im achten Gesang muss Martín Fierro möglichst rasch den Schauplatz einer Bluttat verlassen und im wahrsten Sinne des Wortes das Weite suchen:

> Ich stieg auf, behüt' mich Gott,
> Wollt nach einem andern Ort;
> Ist der Gaucho nicht schnell fort,
> Könnt es sein, dass man ihn plagt
> Und verwünscht von dannen jagt,
> Weinend lebt er unverzagt.
>
> Denn er ist stets auf der Flucht.
> Stets verfolgt, ein Armer ist er;
> Weder Nest noch Höhle nützt er,
> So, als wär er ein Verfluchter;
> Weil Gaucho sein, ja ... Verdammt!
> Gaucho stets Verbrecher, ruft er.
> [...]
> „Dreckiger Gaucho", schimpfen sie ihn,
> Wenn sie ihn vergnügt erwischen
> Ihn schlecht angezogen fischen,
> Wenn beim Tanz ihn überraschen;
> Verteidigt er sich, wolln ihn kaschen,

Und wenn nicht ... sie sehn ihn zischen.

Nicht Kinder hat er und nicht Frau,
Hat weder Freunde noch Beschützer;
All' sind seine Herren, wüsst er
Einen, der ihm hülfe, würd er
Glücklich schätzen sich als Ochs.
Doch wie würd' ein Ochs nicht mürber?

Sein Haus, das ist der Vögel Äste,
Und sein Nest, das ist die Wüste;
Wenn halbtot ihn der Hunger küsste,
Dann muss sein Lasso Mammon fangen,
Doch sie verfolgen ihn mit Bangen,
Wolln als „Gaucho-Dieb" ihn hangen.
[...]
Steht er's, ist's ein „Gaucho-Vieh",
Und wenn nicht, ein schlechter Gaucho.
Peitscht ihn, schlagt ihn, ohne Caucho
Denn das ist es, was er braucht!
Jeder, der geboren als Gaucho
Hat dies Glück, das ihn so schlaucht.

Komm, mein Glück, wir gehn zusammen,
Wo wir einst wurden geboren;
Zusammen leben wir, gib die Sporen,
Ohne uns noch je zu trennen,
Mit dem Messer werd ich öffnen
Unsern Weg, den wir nun rennen.[20]

Monté y me encomendié a Dios
Rumbiando para otro pago;
Que el gaucho que llaman vago
No puede tener querencia
Y ansí, de estrago en estrago,
Vive llorando la ausencia.

El anda siempre juyendo.
Siempre pobre y perseguido;
No tiene cueva ni nido,
Como si juera maldito;
Porque el ser gaucho ... , ¡barajo!,
El ser gaucho es un delito.

---

20 Hernández, José: *Martín Fierro*, S. 43 ff.

[...]
Le llaman "gaucho mamao"
Si lo pillan divertido
Y que es mal entretenido
Si en un baile lo sorprienden;
Hace mal si se defiende
Y si no, se ve ... fundido.

No tiene hijos, ni mujer,
Ni amigos, ni protetores;
Pues todos son sus señores,
Sin que ninguno lo ampare,
Tiene la suerte del güey.
¿Y dónde irá el güey que no are?

Su casa es el pajonal,
Su guarida es el desierto;
Y si de hambre medio muerto
Le echa el lazo a algún mamón,
Lo persiguen como a pleito
Porque es un "gaucho ladrón".
[...]
Si uno aguanta, es gaucho bruto;
Si no aguanta, es gaucho malo.
¡Déle azote, déle palo,
Porque es lo que él necesita!
De todo el que nació gaucho
Ésta es la suerte maldita.

Vamos, suerte, vamos juntos,
Dende que juntos nacimos;
Y ya que juntos vivimos
Sin podernos dividir,
Yo abriré con mi cuchillo
El camino pa seguir.

Dieser Weg wird den Gaucho im ersten Teil aus der zivilisierten Gesellschaft herausführen und zu den umherstreifenden Indianern leiten. Das Gedicht macht uns unmissverständlich klar, dass der Gaucho ein Vogelfreier,[21] ein Outlaw, ein außerhalb des Gesetzes Stehender ist, der geschlagen, gepeitscht, wohl auch getötet werden kann, ohne dass das Gesetz einschritte. Denn letzteres und die

---

21 Vgl. zu diesem Status Agamben, Giorgio: *Homo sacer. Die souveräne Macht und das nackte Leben*. Aus dem Italienischen von Hubert Thüring. Frankfurt am Main: Suhrkamp 2002.

souveräne Macht existieren für den Gaucho nicht. Er ist ein Vogelfreier, der seinen Unterschlupf, der sein Nest mit den Vögeln teilt.

Doch diese Freiheit ergreift er und versucht, sie zu seinen Gunsten zu wenden, gleichsam sein Lebensglück zu ergreifen. Es ist in der Tat das Leben, das aus diesen Versen in aller Unmittelbarkeit spricht. Die Frequenz des Lebens-Lexems ist in den Versen des *Martín Fierro* beachtlich und macht uns darauf aufmerksam, dass es im Grunde um den *Lebens*entwurf des Gaucho als Gegenentwurf zum bürgerlichen Leben geht. Wieder wird in diesen Versen auf seine Geburt angespielt, eine Geburt, der er nicht entfliehen kann, die sein Leben determiniert und zu der er sich letztlich bekennt.

Klar ist, dass all dies vor dem Hintergrund der Kriminalisierung des Gaucho durch die ansässige und sesshafte kreolische Bevölkerung geschieht. Die Schimpfnamen, mit denen man ihn benennt, sind in den Text als Zitate eingeblendet: Er ist und bleibt ein „Gaucho malo", ganz in dem Sinne, in dem ihn Sarmiento in seinem *Facundo* in Szene setzte. Doch er ist keinesfalls der Urheber kollektiven Unglücks. An dieser Stelle wendet sich der Gaucho des José Hernández gegen sein Zerrbild im vielleicht wichtigsten und einflussreichsten Werk der argentinischen Literatur des 19. Jahrhunderts. Mag sein, dass der Gaucho den Sesshaften als Bandit erscheint; mag sein, dass er bereit ist, jedem, der sich ihm in den Weg stellt und seinem Messer nicht ausweicht, den Tod zu geben. Aber er muss selbst in jedem Augenblick damit rechnen, aus dem Leben in den Tod befördert und damit getötet zu werden.

Die ständige Verfolgung, die in diesen Versen in klaren Worten dargestellt wird und dem Gaucho keine Auswege mehr offen lässt, zeigt die Bedingungen eines Lebens am Rande der Gesellschaft auf, ohne dieses Leben doch zu sehr zu romantisieren. Dieselben textuellen Elemente und Lexeme wie in Esteban Echeverrías *La Cautiva* tauchen auf, so etwa der „pajonal", das menschenleere „desierto", das „cuchillo"; und doch erscheinen sie hier nur mehr als Ausdruck eines Lebens, das diese Elemente notwendig zu den seinen gemacht hat: Weil dem Gaucho als Vogelfreiem, als aus der Gesellschaft Ausgestoßenem keine andere Wahl blieb.

Alldem stellt sich die sesshafte Gesellschaft entgegen, verurteilt den Gaucho, für den – wie es in den ausgelassenen Strophen heißt – weder Frieden noch Krieg bessere Lebensumstände schaffen. Schon sein Vater wurde in die Armee gepresst und war schutzlos allem und allen ausgeliefert. So muss der Gaucho dieser ‚Zivilisation' geradezu notwendig den Rücken kehren, gibt es in ihr doch keinen Platz, an welchem er in Frieden leben könnte.

Folgerichtig bleibt Martín Fierro und seinem Kumpanen Cruz nur der Weg in die ‚Barbarei', von einem sesshaften in ein nomadisches Leben. Ein gut sichtbares Abbrechen aller Brücken zur ‚Zivilisation' ist die Tatsache, dass Martín Fierro seine geliebte Gitarre in tausend Stücke schlägt; und dies nicht nur, weil er sie bei den

Indios nicht mehr benötigt (er hat aufgehört, „Cantor" zu sein), sondern auch, weil er nicht möchte, dass sie von einem anderen gespielt oder gleichsam berührt („tocar") werde. Das Zerschlagen der Gitarre steht hier für das Verlassen des zivilisierten Kulturraums und damit auch aller Formen abendländisch-tradierter Kunstformen. Der Bereich einer *Gegen-Kultur* wird erkennbar und wird sich in der Folge herauskristallisieren.

Kein Wunder also, dass wenig später das Gedicht zunächst einmal abbricht. Sicherlich könnte man hinzufügen, dass der Körper der Gitarre zugleich auch derjenige der eigenen Stimme wie auch der semantisch, vielleicht auch erotisch aufgeladene Körper des Anderen überhaupt ist. Zweifellos verhandelte José Hernández den Gaucho in Begrifflichkeiten einer sich abzeichnenden (barbarischen) Alterität. Doch vielleicht sollten wir aus heutiger Perspektive lernen, Martín Fierros Weg in die Weite als einen Weg zu nicht notwendig *anderen*, sondern *weiteren* zivilisatorisch-kulturellen Möglichkeiten zu sehen.[22] Er bildet eine literarische Versuchsperson, mit deren Hilfe José Hernández die gesellschaftlichen Möglichkeiten weiterer, zusätzlicher kultureller Ausdrucksformen erprobte und dafür die literarischen Normen gauchesker Lyrik erweiterte.

Nachdem Martín Fierro im dreizehnten Gesang – nach einem Intermezzo von Cruz – seinen Gesang wieder aufgenommen hat, endet der erste Teil des Gedichts mit den Versen eines unbekannten Erzählers (und nicht etwa schlicht des Autors, wie uns die spanische Ausgabe in einer kritischen Fußnote glauben machen will): Denn in diesen Versen wird dargestellt, wie Cruz und Fierro die letzten „Poblaciones" verlassen und so zu den Indianern überwechseln. Damit ist der entscheidende Schritt von den festen, unbeweglichen Ansiedlungen – nicht umsonst spricht man mit Blick auf Gebäude von Immobilien – zu den unsteten, nomadisierenden Lebensformen getan.

Die *Vuelta de Martín Fierro*, mithin der später veröffentlichte zweite und längere Teil von José Hernández' Gedicht, stellt eine aus dem Gefühl des großen Erfolgs des ersten Teils verfasste, wahrhaftige „continuation" (im klassischen Sinne Gérard Genettes)[23] dar. Dies machen bereits die ersten beiden Strophen des ersten Gesangs von *La vuelta de Martín Fierro* deutlich:

Aufmerksamkeit will ich und Stille
Und Stille für Aufmerksamkeit,
Ich zeig' es Euch bei Gelegenheit.

---

22 Vgl. hierzu Ette, Ottmar: Weiter denken. Viellogisches denken / viellogisches Denken und die Wege zu einer Epistemologie der Erweiterung. In: *Romanistische Zeitschrift für Literaturgeschichte / Cahiers d'Histoire des Littératures Romanes* (Heidelberg) XL, 1–4 (2016), S. 331–355.
23 Vgl. hierzu Genette, Gérard: *Palimpsestes. La littérature au second degré*. Paris: Seuil 1982.

So hülfe mir meine Memoria,
Dass im Verlaufe meiner Historia
Das Beste noch immer fehlt.

Wie schlafend kommt einer zurück
Aus diesen Tiefen der Wüste;
Lasst sehen, ob's zu erklären ich wüsste
Bei Leuten, die schauen so bizarr
Wenn sie hören den Klang der Gitarr,
So erwachen vom Traume ich müsste.[24]

Atención pido al silencio
Y silencio a la atención,
Que voy en esta ocasión
Si me ayuda la memoria,
A mostrarles que a mi historia
Lo faltaba lo mejor.

Viene uno como dormido
Cuando vuelve del disierto;
Veré si a esplicarme acierto
Entre gente tan bizarra
Y si al sentir la guitarra
De mi sueño me dispierto.

Beachten Sie auch hier, wie zu Beginn des ersten Teiles des *Martín Fierro*, gleich eingangs die Anrufung der „Memoria"! Sie ist nicht weiter verwunderlich innerhalb der Praxis einer Kunst, die auf das Gedächtnis angewiesen ist. Auch die Gitarre taucht wieder auf: Martín Fierro geriert sich wieder als unser „Cantor"; und klar ist, dass er noch bevor es losgehen kann einen kräftigen Schluck aus der mitgebrachten Flasche nehmen muss. Denn es folgt nun das, was von Beginn an als das beste dieser Geschichte bezeichnet wird. Und das Beste ist immer das, was noch kommt, so wie nach dem ersten nun endlich der zweite, 1879 veröffentlichte Teil angegangen wird. Die „continuation" kann beginnen!

Der „Cantor" muss als einen kräftigen Schluck aus der Pulle nehmen, denn es folgen nun dreiunddreißig Gesänge mit insgesamt (glücklicherweise von mir nicht gezählten) viertausendachthundertvierundneunzig Versen, also knapp fünftausend Versen insgesamt. Man könnte diesen zweiten Teil griffig und knapp auf den Punkt bringen: Denn Martín Fierro wird in seiner „Vuelta" zum Vertreter der Zivilisation gegenüber der indigenen Barbarei. Damit aber bekräf-

---

24 Hernández, José: *Martín Fierro (Vuelta)*, S. 69.

tigt er in gewisser Weise den Sieg der Stadt in Argentinien über das weite Land, über die Pampa.

Eine derartige Sichtweise, die den Handlungsbogen dieses episch-narrativen Gedichts im Spannungsfeld von Zivilisation und Barbarei als Rückkehr in die Zivilisation zu beschreiben versuchte, ließe sich bekräftigen, wenn es uns gelänge, eine Darstellung der Indianer als negatives Gegenbild einer zivilisierten Menschheit und Menschlichkeit zu finden. Nun, um es kurz zu machen: Dies fällt nicht schwer! Denn der argentinische Gaucho grenzt sich scharf vom Leben der Indianer ab. So findet sich etwa am Ende des vierten Gesangs, als unser Martín Fierro gerade mit der Darstellung des Lebens bei den Indianern beschäftigt ist, die folgende Skizzierung der nomadisierenden Pampa-Indianer – und wir können hinter dieser interessegeleiteten und einseitigen Darstellung letztlich noch immer Verse aus *La Cautiva* von Esteban Echeverría erahnen, die wir in unserer Vorlesung über die Romantik zwischen zwei Welten untersuchten:

> Er hasst auf den Tod den Christen,
> Bekriegt ihn auch ohne Kaserne;
> Und töten tut er sehr gerne,
> Denn stolz ist er, und voller Lust.
> Mitleid schlägt nicht in der Brust
> Des Ungläubigen, glaubt es mir gerne.
>
> Er besitzt den Blick eines Adlers,
> Ist furchtlos wie ein Löwe gestimmt.
> In der Wüste gibt es bestimmt
> Kein Tier, das er nicht versteht,
> Kein Wild gibt's, mit dem er nicht geht,
> Die Grausamkeit ist's, die ihm kimmt.
>
> Und hartnäckig ist der Barbar,
> Glaubt nicht, dass ihn umstimmen ihr könnt:
> Ein Wunsch zur Verbesserung kömmt
> In seiner Derbheit nicht vor:
> Der Barbar ganz allein sich erkor
> Zu Saufen und Kämpfen, wenn's frömmt.
> Die Indianer lachen niemals,
> Es zu hoffen, ist nur vergeblich,
> Wenn feiert er, ist es erheblich,
> Falls in seinen Läufen er siegt.
> Ein Lachen über's Antlitz nie fliegt,
> Zum Christen gehört es, buchstäblich.
>
> Die Wüste durchqueren sie stets
> Wie Tiere, die immer ganz wild;

Ihr Gejohle ist niemals so mild,
Die Nackenhaar stellen sich auf.
Es scheint, dass sie alle zuhauf
Verflucht hat Gott Vaters Urbild.

Das ganze Gewicht aller Arbeit
Überlassen sie getrost ihren Fraun:
Indio ist Indio, will nicht schaun,
Hat nie seine Sitten verloren,
Als Dieb ward der Indio geboren
Und als Dieb stirbt der Indio: welch Grauen.
[...]
Indios sind, beim christlichen Gotte,
Die schmutzigsten auf dieser Welt.
Als Vagabund sich der Indio gefällt
Voll Abscheu ich heut daran denk,
Wie Schweine leben sie im Gestänk,
Sie ferkeln unsauber im Zelt.

Nie einer sich vorstellen kann
Ein Elend, das größer noch wär;
Ihre Armut ist schlimm, keine Mähr.
Der viehische Indio weiß nicht,
Dass die Erde nie gibt ihre Frücht,
Wenn der Schweiß sie nicht düngt alle Jähr.[25]

Odia de muerte al cristiano,
Hace guerra sin cuartel;
Para matar es sin vel,
Es fiero de condición.
No golpea la compasión
En el pecho del infiel.

Tiene la vista del águila,
Del lión la temeridá.
En el disierto no habrá
Animal que él no lo entienda,
Ni fiera de que no aprienda
Un istinto de cruelda.

Es tenaz en su barbarie,
No esperen verlo cambiar:
El deseo de mejorar

---

[25] Ebda., S. 82.

En su rudeza no cabe:
El bárbaro sólo sabe
Emborracharse y pelear.

El indio nunca se ríe,
Y el pretenderlo es en vano,
Ni cuando festeja ufano
El triunfo en sus correrías.
La risa en sus alegrías
Le pertenece al cristiano.

Se cruzan por el disierto
Como un animal feroz;
Dan cada alarido atroz
Que hace erizar los cabellos.
Parece que a todos ellos
los ha maldecido Dios.

Todo el peso del trabajo
Lo dejan a las mujeres:
El indio es indio y no quiere
Apiar de su condición:
Ha nacido indio ladrón
Y como indio ladrón muere.
[...]
Y son, ¡por Cristo bendito!,
Los más desasiaos del mundo.
Esos indios vagabundos,
Con repugnancia me acuerdo,
Viven lo mesmo que el cerdo
En esos toldos inmundos.

Naides puede imaginar
Una miseria mayor;
Su pobreza causa horror.
No sabe aquel indio bruto
Que la tierra no da fruto
Si no la riega el sudor.

Wenn wir uns diese ‚Beschreibung' des Indianers in Anführungszeichen näher anschauen, so bemerken wir rasch, dass die den Text grundlegenden Dichotomien und Oppositionen Mensch und Tier, Christentum und Barbarei, Arbeit und Vagabundieren klar voneinander trennen. Der *Indio* ist all das, was der *Gaucho* nicht ist und umgekehrt. Der Gaucho erscheint aus dieser Perspektive als Christenmensch, der denen zugehört, die ihn doch ausgestoßen haben. Diese Strophen charakterisieren nicht nur die Fähigkeiten und das Verhalten des Indianers, sondern auch seine Charaktereigenschaften, die – so heißt es mehrfach – unveränderlich seien. Mit dem Fehlen jeglichen Lachens bei der indigenen Bevölkerung wird auch darauf hingewiesen, dass – zumindest zum damaligen Zeitpunkt, aber bis weit ins 20. Jahrhundert hinein – Lachen und Weinen den Menschen vom Tier abzugrenzen schienen. Anders als der Gaucho wird der Indio also stärker der Seite des Tieres zugeordnet, jenes wilden Tieres, das er so gut verstehe.

In dieses binäre Schema wird in der *Vuelta de Martín Fierro* der Indianer also ein- und dabei den entsprechenden negativen Polen zugeordnet. Seine positiven Qualitäten sind jene des Tieres; seine negativen Eigenschaften grenzen ihn vom wahren Menschen ab, dem Christenmenschen. Von seiner Geburt an sei der Indianer ein Dieb: Und es ist auffällig, dass all jene Vorurteile, die im ersten Teil des *Martín Fierro* eine sesshafte Bevölkerung gegen den Gaucho äußerte, nun auf die Sichtweise des Indianers übertragen werden. Der Indianer als geborener Dieb – das kennen wir schon als Schimpfwort für den Gaucho aus der *Ida de Martín Fierro*. Die (kollektive) Geburt bestimmt auch hier in Unabänderlichkeit das individuelle Schicksal des einzelnen Menschen.

Die Tatsache, dass der Indio nicht lachen könne, wird als (selbstverständlich unhaltbare) Behauptung in den Raum gestellt, um die indigene Bevölkerung aus der Gruppe der ‚wirklichen‘, der ‚eigentlichen‘ Menschen auszuschließen. Es ist erschütternd zu beobachten, wie wenig sich an der Sichtweise der Weißen gegenüber der indigenen Bevölkerung in all den Jahrhunderten seit der Conquista verändert hat. Noch immer stellen die Indigenen eine absolute Alterität für die ‚christliche‘ Bevölkerung dar; und um diese Alterität dauerhaft aufrechtzuerhalten, wird die These von der Unveränderbarkeit der Sitten indigener Bevölkerungen aufgestellt.

Sauberkeit ist stets ein wichtiges Merkmal, welches die eigene Gruppe von der Gruppe der Anderen abgrenzt. Wussten Sie, dass Deutsche Franzosen oder Spanier für dreckig halten, dass Schweizer und Skandinavier aber umgekehrt denken, die Deutschen seien ein dreckiges Volk? Ich möchte diese Überlegungen zu Auto- und Heterostereotypen an dieser Stelle nicht vertiefen – zu absurd sind die Vorwürfe an die Adresse der indigenen Bevölkerung, ständig in Schmutz und Dreck zu leben. Ich möchte bei Ihnen nur die Einsicht erzeugen, dass es oft vorgebliche, zumeist frei erfundene Unterschiede sind, welche dazu dienen, dass sich Menschen von Menschen abgrenzen.

Darüber hinaus besitzt der Indianer gemäß dieser Strophen aus dem zweiten Teil des *Martín Fierro* auch nicht jene grundlegend menschliche Eigenschaft, die der Genfer Philosoph Jean-Jacques Rousseau[26] mit einem wichtigen und folgenreichen Neologismus als *Perfektibilität* beschrieb: die Fähigkeit nämlich, sich weiter und höher zu entwickeln und beständig weiter zu vervollkommnen. Schon allein diese beiden Distinktiva grenzen den Indianer nicht nur aus der Zivilisation, sondern auch – und eben dies ist die perfide Strategie letztlich auch des Verfassers – aus dem Humanen aus. In Bevölkerungskarten Argentiniens gab es weite Landstriche, die als weiß und damit als vom Menschen unbesiedelt erschienen. Denn man rechnete die indigene Bevölkerung ganz einfach nicht der Menschheit zu und versuchte, Indios wie Tiere aus diesen ‚Wüsten' – also offiziell menschenleeren Gebieten im Norden und vor allem im Süden des Landes – zu vertreiben und wie Tiere zu jagen.

Demgegenüber wirkt es fast schon wie ein milderer Vorwurf, wenn die Indianer wie bereits erwähnt als geborene Diebe und Räuber bezeichnet werden, die diese *conditio* von der Wiege bis zur Bahre mit sich durch ihr ganzes Leben schleppen. Dass derartige Vorwürfe und die damit verbundene Kriminalisierung anderskultureller Phänomene vom vermeintlich sicheren Boden der abendländischen Zivilisation aus wortwörtlich gegen ‚die Anderen', die einer anderen Kultur Angehörigen, ins Feld geführt werden, brauche ich Ihnen an dieser Stelle nicht nochmals zu erläutern.

Der Indigene, so heißt es in dieser ‚Charakterisierung' *der* Indianer, ist auch nicht fähig zum Mitleid als einer weiteren Grundbedingung des zivilisierten Menschen, die laut Jean-Jacques Rousseau aber auch eine Grundbedingung des Menschen unter Einschluss des „homme naturel" überhaupt ist. Wenn wir diese auf den ersten Blick vielleicht spontan wirkenden Qualifizierungen und Abqualifizierungen der indigenen Bevölkerung zu einem komplexen Tableau zusammenfügen, dann bemerken wir rasch, dass sich in dieser angeführten Passage ein ganzes theoretisches Framework verbirgt und in sie eingearbeitet ist. Dieses theoretische Konstrukt bildet den Hintergrund dafür, den Indianer vom Pol des Menschen und des Menschlichen auszuschließen, ja es bildete die Rechtfertigung dafür, ihn wie andere Tiere auch zu jagen: Der Indianer erscheint letztlich als Variante des Tieres, das im Gegensatz zum Christenmenschen nicht gewohnt und bereit ist, die Arbeit (und den Schweiß der Arbeit) als christlich sanktioniertes, seit dem biblischen Sündenfall für alle Menschen festgelegtes Dogma menschlichen Lebens anzuerkennen und zur Grundlage seiner eigenen *conditio humana* zu machen.

---

[26] Zu diesem für die Aufklärungsepoche und weit darüber hinaus grundlegenden Denker vgl. das entsprechende Kapitel im fünften Band der Reihe „Aula" in Ette, Ottmar: *Aufklärung zwischen zwei Welten* (2021), S. 318 ff.

Es kann kein Zweifel bestehen: Dieses Gedicht, das sich zunächst an einfache Hörerkreise wendet, wo komplexe Theoriebildungen nicht erwartet werden können, bezieht sich doch implizit auf den zeitgenössischen Wissensstand und jene anthropologischen Theoriebildungen als Intertexte, welche den gebildeten, städtischen Zeitgenossen und „Letrados" damals zur Verfügung standen. Auch hieran wird die Verfahrensweise des *Martín Fierro* deutlich: Es handelt sich um recht komplexe Hintergründe, die aber auf solche Weise in den literarischen Text eingearbeitet wurden, dass sie beim Lesepublikum nicht vorausgesetzt werden müssen.

Dieses Verfahren, diese Vorgehensweise scheint mir eine der wesentlichen Voraussetzungen und Grundlagen für den immensen Erfolg des *Martín Fierro* in Argentinien zu sein. Doch bleiben wir bei der aufgespannten Problematik der indigenen Bevölkerung! Denn wir finden hier den vielleicht überhaupt schärfsten Ausdruck ihrer pauschalen Verurteilung – und zwar aus dem Munde gerade eines Gaucho, einer sozialen Gruppe also, die von der weißen kreolischen Oberschicht dazu benutzt wurde, die indianische Bevölkerung in langen, zähen und blutreichen Kriegen aus der Pampa zu vertreiben und auszurotten.

Ich würde sogar so weit gehen, in der soeben angeführten Passage mit all ihren Erläuterungen eine Rechtfertigung des Genozids an der indigenen Bevölkerung zu erblicken. Denn wozu sonst bemüht sich hier die literarische Figur des Martín Fierro, die indigene Bevölkerung nicht als Teil der Menschheit darzustellen? In diesem Zusammenhang sei aber nicht vergessen, dass es nicht der reale Autor José Hernández ist, der hier mit uns und zu uns spricht, sondern der Titelheld des epischen Gedichts, der *Gaucho* Martín Fierro. Ihm müssen wir in erster Linie diese Charakterisierungen zurechnen, ohne darüber freilich zu verschweigen, dass derartige Ansichten die Leitlinien bildeten für eine Politik des Genozids an der indianischen Bevölkerung, die im Verlauf des 19. Jahrhunderts in Argentinien biopolitisch brutal in die Tat umgesetzt wurden.

Wir können uns im Rahmen unserer Analyse des *Martín Fierro* nicht mit so vielen anderen wichtigen, teilweise ‚eingebauten' Erzählungen beschäftigen, etwa jener von der „Cautiva", die an die Stelle des Erzählers oder „Cantor" aufrückt und selbst ihre Geschichte im achten Gesang erzählt. Dass ein solches Thema auch im *Martín Fierro* nicht fehlen durfte, ist offenkundig, gehört die Erzählung von der schönen weißen Gefangenen in der Hand schrecklicher Indianer doch zu den zentralen Topoi argentinischer Literatur im 19. Jahrhundert. Es ist – nebenbei bemerkt – auch ein wichtiger Stoff im US-amerikanischen Western, wo Sie das Thema der weißen Gefangenen beispielsweise von John Ford in einem berühmten Film von 1956 – übrigens ein guter Jahrgang – mit dem Titel *The Searchers* finden können.

Für unsere Fragestellung entscheidend ist zweifellos die Rückkehr des Gaucho in die Zivilisation in ihrer Verbindung mit der Zurechnung des Indio zur (tierischen) Barbarei. Aufschlussreich ist zweifellos auch die „Payada" zwischen Martín Fierro und Moreno im dreißigsten Gesang. Während der erste Teil des *Martín Fierro*, die *Ida*, unverkennbar eine literarische Form sozialen Protests und der Denunzierung gesellschaftlicher Ungerechtigkeiten darstellt, ist der zweite Teil, die *Vuelta*, in diesem Zusammenhang weitaus zurückhaltender, man könnte auch sagen konformistischer. Immerhin wird dem ersten Teil, der im Selbst-Exil des Protagonisten endet, eine Lösung gegenübergestellt, die dem Helden die Wiedereingliederung in die Gesellschaft und ihre Zivilisation erlaubt.

Es waren nicht zuletzt wirtschaftliche Überlegungen, welche den Genozid an den Indianern bis in die ersten Jahrzehnte des 20. Jahrhunderts hinein andauern ließen. José Hernández passte seinen Helden, wenn man so will, an die veränderte soziale und historische Situation Argentiniens an. Die einzige Alternative hierzu wäre literarisch eine *Continuatio* gewesen, welche bedeutet hätte, den Helden und damit die soziale Gruppe der Gauchos kollektiv untergehen zu lassen. Das aber konnte nicht im Sinne des Verfassers sein. Es war Hernández wohl zwischenzeitlich klar geworden, dass sein Held etwas anderes als eine Rebellion ohne Zukunft zu vertreten habe. Während sich die „Ida" in gewisser Weise als eine Art Gegenpart zu Sarmientos *Facundo* lesen lässt, ist der zweite Teil des *Martín Fierro* der Versuch, darauf hinzuweisen, dass man den Gaucho nicht eliminieren dürfe, sondern erziehen müsse. Denn er sah ihn als einen Menschen, der als solcher perfektibel ist.

Verzichten wir an dieser Stelle auf eine detaillierte Untersuchung des literarisch fraglos sorgfältiger gearbeiteten zweiten Teils des Gedichts, das – wie erwähnt – im dreißigsten Gesang die traditionelle Gattung der „Payada" aufnimmt! Dieser Teil dürfte auf der mimetischen Darstellungsebene die Jahre 1874 bis 1879 in den südlichen, von Indianern durchzogenen Teilen der Provinz von Buenos Aires erfassen. Dabei lässt sich ein durchaus absichtsvoller Mangel an historischer Präzision feststellen.[27] Vehement möchte ich mich aber gegen Borellos Einschätzung aussprechen, dass die Darstellungen von Gaucho und Indianer wahre Sittenbilder seien, denen sogar dokumentarische Qualität zukomme. Dass man angesichts der oben angeführten Passage zu einer derartigen Einschätzung nicht im 19. Jahrhundert, sondern beinahe in der Gegenwart kommen kann, ist denn doch mehr als verwunderlich! Ich halte dies für eine fundamentale Fehleinschätzung, die zugleich empörend ist.

---

27 Vgl. hierzu Borello, Rodolfo A.: La poesía gauchesca, S. 352.

Wir haben es vielmehr mit einer absichtsvoll gefärbten und durchweg rassistischen Auseinandersetzung mit dem kulturellen Pol indigener Kulturen zu tun, die man offen ansprechen muss. Es ist eine interessegeleitete Darstellung, die dem Bereich indigener Kulturen nicht nur die Zuordnung zu den Bereichen Kultur und Zivilisation verwehrt, sondern überhaupt jegliche Zugehörigkeit der Indios zum Bereich des Menschlichen leugnet. Sie leistet damit genau einer Genozid-Politik Vorschub, welche in jenen Jahren in Argentinien in die Tat umgesetzt wurde. Der Gaucho – wenn auch nicht José Hernández – wird zum Totengräber der Kulturen der Pampas-Indianer und keineswegs zum Dokumentaristen und objektiven Berichterstatter über die Charakteristika indigener Kultur.

Martín Fierro, der Gaucho, verkörpert zweifellos nicht allein eine Figur, sondern – wie betont – eine ganze soziale Gruppe. Es verwundert daher nicht, dass eine Beschreibung seiner eigenen Person kaum ins Blickfeld rückt. Es fehlen ihm Gesicht und physische Gestalt; sein Leben sei das, was die Umstände über seinen individuellen Willen hinweg beschließen.[28] So ist es angesichts einer Figur, die eher unscharfe Konturen aufweist, mehr als verständlich, dass die Darstellung der Ungerechtigkeiten identifikatorisch auf ein bestimmtes Publikum wirken und eine derart breite und langanhaltende Wirkung erzielen konnte.

Man könnte in diesem Zusammenhang formulieren, dass es vielleicht weniger die deutliche Identifikation mit dem Gaucho war als mit dessen Zustand als Marginalisiertem und Ausgestoßenem. Er erschien als solcher innerhalb einer gerade erst aus der Kolonialepoche entlassenen postkolonialen Gesellschaft, die kaum Zugänge zur Macht oder auch nur zur Selbstbestimmung eröffnete, ganz zu schweigen von wirklicher politischer Partizipation. Offenkundig sagten sich viele Argentinier im letzten Drittel des 19. und zu Beginn des 20. Jahrhunderts (wenn man eine berühmte Formel des französischen Mai '68 übernimmt): ‚Wir sind alle irgendwie Martín Fierros.' Dies mag uns nochmals erklären, warum der in Argentinien gesellschaftlich geächtete Gaucho zur nationalen Identifikationsfigur allererster Ordnung aufsteigen konnte.

Diese soziale Relation könnte gleichzeitig die spätere Folklorisierung bestimmter Passagen des *Martín Fierro* erklären helfen. Jedenfalls dürfen wir bei der Einschätzung dieses prominenten Beispiels gauchesker Dichtung nicht vergessen, dass sich jene Lyrik grundsätzlich von einem zentralen Aspekt der ro-

---

28 Ebda., S. 352.

mantischen Lyrik in Lateinamerika unterschied: Sie zielte anders als die „Poesía culta" ab auf eine direkte orale Aufnahme, war an der mündlichen Rezitation ihrer Strophen orientiert.

Dieser Aspekt unterscheidet José Hernández' *Martín Fierro* andererseits auch von der Tradition des Schelmenromans, der „Novela picaresca", mit der ihn die in die Vergangenheit mitunter melancholisch zurückblickende Erzählweise sowie die episodenhaft vorgehende Erzählstruktur durchaus verbindet. Wie Periquillo Sarniento, die Titelfigur von José Joaquín Fernández de Lizardis sicherlich berühmtesten Roman,[29] ist der Gaucho Martín Fierro zweifellos ein Ausgestoßener, der in gewisser Weise heimkehrt in den Schoß der Gesellschaft und mit dieser seinen Frieden macht. Doch wollen wir die Parallelen zum neuspanischen beziehungsweise mexikanischen Schelmenroman aus dem Anfang des 19. Jahrhunderts nicht zu stark betonen!

Denn der argentinische Gaucho verkörpert nicht nur eine individuelle „trayectoria", wie repräsentativ diese auch immer sein mag im Roman von Fernández de Lizardi, sondern steht stellvertretend für eine ganze soziale Gruppe, die systematisch marginalisiert, verunglimpft und ausgeschlossen wurde – ja dezimiert und beseitigt werden sollte. Der Gaucho Martín Fierro steht damit für eine wichtige Phase innerhalb der argentinischen Geschichte, welche er wie keine andere literarische Gestalt sinnlich vor Augen führt und markiert.

So erweist sich die „Poesía gauchesca" im Allgemeinen und José Hernández' *Martín Fierro* im Besonderen innerhalb der kulturellen Area des Río de la Plata als eine Variante regionaler Lyrik, die überaus erfolgreich gerade vor dem Hintergrund einer spezifischen historischen Epoche und Übergangszeit war. Man muss dabei sicherlich betonen, dass der ungeheure Erfolg des Gaucho eben jene Kräfte entband und freisetzte, die dem *Martín Fierro* für den Verlauf seiner nachfolgenden Rezeptionsgeschichte jene Deutungsmuster mitgaben – man könnte zeitweise sogar von einer Deutungshoheit sprechen –, die das Werk auch über diese Übergangsepoche hinaus als kollektiven Sinnstiftungsprozessen gegenüber offenen literarischen Text ausweisen.

An diesem Punkt verbindet sich eine regional und bestenfalls areal entstandene Lyrik mit dem Bedürfnis einer regional bestimmten und sozial eingrenzbaren, marginalisierten Bevölkerung. Diese ließ gerade im Zusammenklang von regionaler Verortung und gesellschaftlicher Marginalisierung jene sinnstiften-

---

29 Vgl. zu *El Periquillo Sarniento* den vierten Band der Reihe „Aula" in Ette, Ottmar: *Romantik zwischen zwei Welten* (2021), S. 285 ff.

den und identifikatorischen Elemente erkennen, die auf Ebene des literarischen Artefakts von einer der „Poesía popular" und ihren Formen recht nahestehenden Formgebung angeboten wurde. Hier zahlte sich das von José Hernández gewählte literarische Verfahren aus, der sich spürbar bemühte, die Weltsicht eines analphabetischen Publikums in seinen nicht nur lyrisch verdichteten Text miteinzuarbeiten.

José Hernandez gelang es damit, aus einer bestimmten regionalen und sozialen Perspektive heraus einen Blick und eine literarische Form weiterzuentwickeln, ohne dabei auf andere literarische Traditionen gerade auch innerhalb der hispanoamerikanischen Literatur und Lyrik der Romantik zu verzichten. Es glückte ihm dabei, sowohl aus der Perspektive des *Gaucho* wie aus der des *Indio* den gewaltsamen Tod nicht als etwas völlig Außerordentliches, sondern als einen ebenso bestimmenden und ‚natürlichen' Teil des Lebens zu porträtieren wie die Geburt, die über alle weiteren Entwicklungsbahnen des Individuums wie der kulturellen oder sozialen Gruppe entscheidet.

Kein anderer Autor populärer Literatur vermochte in Argentinien den Erfolg des José Hernández zu überbieten. Es wäre hier sicherlich sinnvoll, eine Verbindung zur Figur des Gaucho im rioplatensischen Theater zu Beginn des 20. Jahrhunderts zu ziehen und die konfliktreiche Beziehung zwischen der sozialen Gruppe der Gauchos und jener der eingewanderten Bevölkerung am Río de la Plata nachzuzeichnen. Zwischen dem *Martín Fierro* und Juan Moreira etwa ließe sich ohne Frage eine Vielzahl von Verbindungen herstellen, die uns tief in die Sozialgeschichte Argentiniens im 20. Jahrhundert hineinführen würden. Doch entfernt uns dies vom Thema unserer Vorlesung ...

Halten wir fest, dass die soziale Gefahr, die von den Gauchos ausging, im letzten Drittel des 19. Jahrhunderts zum größten Teil gebannt war, so dass diese Gruppe nun auch gefahrlos idealisiert und semantisch positiv aufgeladen werden konnte! Erst einmal gesellschaftlich unschädlich gemacht, konnte also diese Gruppe als ideale Projektionsfläche dienen: Ihr gesellschaftlicher Tod bedeutete ihren definitiven symbolischen Aufstieg.

In diesem Sinne kann man hinsichtlich der weiteren Rezeptionsgeschichte des *Martín Fierro* mit einigem Recht davon sprechen, dass der Gaucho bald schon zu einem ahistorischen Mythos oder – mit anderen Worten – zu einem nationalen Archetyp werden konnte, der innerhalb des kollektiven Imaginären Argentiniens, aber auch als heterostereotypes Element bei Argentiniens näheren und ferneren Nachbarn bis heute eine ungehemmte Bedeutung entfalten konnte. Vergessen wir dabei nicht, dass es genau vor diesem Hintergrund archetypischer und zugleich regional begrenzter Elemente ist, dass Jorge Luis Borges seine Erzählliteratur, aber auch einen Teil seiner Lyrik in eine Tradition der „Argentinidad" einbettete, die keineswegs volkskulturell ist, aber meisterhaft mit volkskulturellen Elementen zu spielen versteht! Dem gesellschaftlichen Tod des *Gaucho* entsprach die symbolische, aber auch die literarische Geburt eines Mythos, an dem bis heute weiter gearbeitet wird.[30]

---

30 Vgl. zu dieser Arbeit Blumenberg, Hans: *Arbeit am Mythos*. Frankfurt am Main: Suhrkamp ⁴1986.

José Martí oder der poetische Kampf gegen eine Übermacht

Wir hatten uns mit dem José Martí der siebziger Jahre vorwiegend in Mexiko beschäftigt und die Suche des kubanischen Dichters nach neuen ästhetischen Ausdrucksformen, aber auch nach Möglichkeiten gesehen, die politischen Verhältnisse nicht allein auf seiner Heimatinsel Kuba, sondern auch in seinem mexikanischen Gastland wie in ganz Lateinamerika zu verändern. War all dies in den siebziger Jahren für den kubanischen Migranten noch ein ferner Traum, so stoßen wir Ende der achtziger Jahre auf einen José Martí, der während des zurückliegenden Jahrzehnts auf allen Ebenen gereift war. Im Bereich der Ästhetik verfügte er über die Ausdrucksformen des von ihm begründeten hispanoamerikanischen Modernismo, auf dem Feld der Politik komplettierte er seinen Kampf gegen Spanien, der mit der sogenannten „Guerra de Martí" seinen Höhepunkt erreichen sollte, durch einen Fokus auf alle Länder Lateinamerikas. In der Martí'schen Prosa findet sich die Dichte der Lyrik und in der Organisation seines kubanischen Unabhängigkeitskampfes gegen Spanien die Überzeugung von einem notwendigen Strategiewechsel mit Blick auf die große (Über-)Macht der Vereinigten Staaten von Amerika im Norden. Martí hatte im Exil in anderen lateinamerikanischen Ländern, vor allem aber in den USA auf eine erstaunlich eigenständige und originelle Weise gelernt, die politischen Veränderungen in einem weltweiten Maßstab zu analysieren.

Kein anderer Schriftsteller und Philosoph hat den Zusammenbruch jedweden selbstbezogenen, provinziellen Denkens angesichts einer sich beschleunigenden, alles mit sich fortreißenden Globalisierung eindrucksvoller formuliert als José Martí im Incipit seines sicherlich berühmtesten Essays *Nuestra América*. Wir haben uns in einer anderen Vorlesung über die *Romantik zwischen zwei Welten* ausführlich mit diesem für Martís Schreiben so charakteristischen Essay beschäftigt.[1] Ich möchte auf unsere Analyse nicht zurückkommen, Sie gleichwohl aber auf den Stand der Einschätzung dieses herausragenden kubanischen Globalisierungstheoretikers bringen:

> Es glaubt der selbstgefällige Dörfler, dass die ganze Welt sein Dorf sei, und schon billigt er die Weltordnung, wenn er Bürgermeister wird, seinen Rivalen demütigt, der ihm die Braut stahl, oder wenn die Ersparnisse in seinem Sparstrumpf anwachsen; doch er weiß weder von den Riesen, die Siebenmeilenstiefel tragen, mit denen sie ihm den Stiefel aufdrücken können, noch vom Kampf der Kometen im Himmel, die durch die schläfrige Luft

---

1 Vgl. das entsprechende Kapitel in Ette, Ottmar: *Romantik zwischen zwei Welten*, S. 1010 ff.

ziehen und Welten verschlingen. Was von solchem Dörflergeist noch in Amerika geblieben ist, muß erwachen. Dies sind nicht die Zeiten, sich mit einem Tuch auf dem Kopf hinzulegen; es gilt vielmehr, wie die Männer von Juan de Castellanos zu handeln, deren Kopf nur auf Waffen ruhte – auf den Waffen der Vernunft, die andere Waffen besiegen. Schützengräben aus Ideen sind denen aus Stein überlegen.[2]

Die alten Bewegungsräume des ‚Dörflerischen' und der Selbstbezogenheit des Lokalen sind – so zeigen es die Worte Martís zu Beginn seines erstmals am 1. Januar 1891 in New York erschienenen Essays auf – fortan einer ungeheuren Beschleunigung ausgesetzt, der sich nichts und niemand mehr entziehen können wird. José Martí entfaltet in *Nuestra América* nicht allein eine großangelegte und geschichtsphilosophisch eingefärbte Deutung der unterschiedlichen historischen und kulturellen Entwicklungen in den Amerikas, sondern legt zugleich auch eine konzise, in poetisch verdichteter Form ausgedrückte Theorie der zu seiner Zeit aktuellen Phase beschleunigter Globalisierung vor, die ihn als den großen Denker Lateinamerikas am Ausgang des 19. Jahrhunderts ausweist.

Dabei blendet sein gekonnter intertextueller Rückgriff auf Adelbert von Chamissos Antwort auf die zweite Phase beschleunigter Globalisierung, auf *Peter Schlemihl's wundersame Geschichte* und die dortige Rede von den Siebenmeilenstiefeln nicht nur die historische Entwicklung in bis zu seiner Zeit drei verschiedenen Phasen beschleunigter Globalisierung ein.[3] Er vermag es vielmehr, die Zeichen der sich ausdehnenden Vereinigten Staaten und deren Politik der Steel Navy richtig zu deuten und dringliche Reaktionen von Seiten der Länder Lateinamerikas zu fordern. War Alexander von Humboldt der vielleicht erste Theoretiker der Globalisierung und selbst ein Teil der zweiten Phase dieser – um mit Goethe zu sprechen – *veloziferischen* Akzeleration, so war José Martí zweifellos der früheste Denker der dritten Phase einer Globalisierung, die mit den USA zum ersten Male einen nicht-europäischen Global Player die weltpolitische Bühne betreten sehen sollte. Martí wusste, dass seinem Amerika, „Unserem Amerika" keine lange Reaktionszeit mehr blieb.

Im Zeichen einer auch lebensweltlich spürbaren Akzeleration, die Martí von seinem New Yorker Exil weitaus besser als von anderswo aus beobachten und begreifen konnte, wird erkennbar, in welchem Maße sich aus Insel-Welten trans-

---

[2] Vgl. Martí, José: Unser Amerika. In: Rama, Angel (Hg.): *Der lange Kampf Lateinamerikas. Texte und Dokumente von José Martí bis Salvador Allende.* Frankfurt am Main: Suhrkamp Verlag 1982, S. 56 (Übers. O.E.).
[3] Vgl. zur Theorie der verschiedenen Phasen beschleunigter Globalisierung Ette, Ottmar: *TransArea. Eine literarische Globalisierungsgeschichte.* Berlin – Boston: Walter de Gruyter 2012.

areale *Inselwelten*[4] bilden mussten, wollten etwa Kubaner im US-amerikanischen Vorhof der Karibik oder beispielsweise die „Filipinos" in einem bald schon von den USA übernommenen Teil des Pazifik Richtung und Geschwindigkeit innerhalb dieses Bewegungsraumes eigenständig mitbestimmen. Doch die Beschleunigung kam allzu rasch, so dass der Organisator und Denker hinter dem kubanischen Unabhängigkeitskrieg noch der alten Kolonialmacht zum Opfer fiel.

Im Rücken Spaniens aber zeichneten sich längst ein neues Kräfteverhältnis und eine neue weltpolitische Situation ab. Freilich hat Martís Schreiben vieles von dem einer ästhetischen Erfahrung zugänglich gemacht, was der mit der Befreiung von den kolonialspanischen Ketten beschäftigte Essayist auf politischer Ebene noch nicht in Gang zu setzen vermochte. Auf diese Weise können Martís Leserinnen und Leser auch heute noch sehr gut nachvollziehen, welches die damals entscheidenden weltpolitischen Veränderungen waren und welche lebensweltlichen Umstellungen sie am Ausgang des 19. Jahrhunderts auslösen mussten. Das literarische und essayistisch-politische Schaffen José Martís (wie auch das eines José Rizal)[5] lässt eine Umwandlung von multi- in transarchipelische Strukturen erkennen, wie sie im Grunde erst im 20. Jahrhundert entfaltet werden konnte. Die Zeit für die Verwirklichung eines solchen Denkens war zu Lebzeiten Martís noch nicht gekommen. José Martí starb (wie José Rizal) an einer spanischen Kugel; doch beider Literatur entfaltete vor allem im Bereich des Kubaners ein Denken und Umdenken, das eine Vielzahl von Konsequenzen im weiteren Verlauf des 20. Jahrhunderts heraufführen sollte. Beider Tod bedeutete keineswegs das Ende ihres gesellschaftlichen und politischen wie ihres literarischen und ästhetischen Wirkens.

Ich möchte dies im Folgenden gerne auf den Bereich der Literatur und insbesondere der Fiktion ausweiten. Denn selbstverständlich lebt ein literarisches Werk auch nach dem Tod seiner Autorin oder seines Autors weiter, ja kann im Verlauf einer komplexen Rezeptionsgeschichte die unterschiedlichsten Bedeutungen annehmen und weitaus größer und bedeutsamer werden, als dies zum Zeitpunkt des Lebens seines Verfassers oder seiner Verfasserin der Fall war. Ich muss dazu ein wenig ausholen, um diese für mich so zentrale Bedeutung von Literatur im Allgemeinen und von Fiktion im Besonderen ein wenig zu erläu-

---

4 Vgl. zur Unterscheidung zwischen Insel-Welt und Inselwelt Ette, Ottmar: Von Inseln, Grenzen und Vektoren. Versuch über die fraktale Inselwelt der Karibik. In: Braig, Marianne / Ette, Ottmar / Ingenschay, Dieter / Maihold, Günther (Hg.): *Grenzen der Macht – Macht der Grenzen. Lateinamerika im globalen Kontext*. Frankfurt am Main: Vervuert Verlag 2005, S. 135–180.
5 Vgl. zur Bedeutung des ‚philippinischen Martí' und Nationalhelden Ette, Ottmar: *Romantik zwischen zwei Welten*, S. 1037 ff.

tern. Und ich möchte dies am Beispiel eines Romans tun, der als der erste Roman der Moderne gilt: Miguel de Cervantes' *Don Quijote de la Mancha*.

Bisweilen ist José Martís Schaffen mit dem eines kubanischen Don Quijote verglichen worden, womit nicht selten der Vorwurf gepaart war, dass sich Martí in imaginären, von ihm bloß vorgestellten Szenarien allseits drohender Gefahren verrannt hätte.[6] Aber der Schöpfer von *Nuestra América* lässt sich aus heutiger Perspektive nicht nur denkbar schlecht mit Miguel de Cervantes' Romanfigur vergleichen, er beschäftigte sich vielmehr selbst und höchst kreativ mit dieser literarischen Gestalt. Seine literarischen Auseinandersetzungen mit dem *Quijote* mögen uns weit über seine politischen Zielsetzungen und Einsichten hinaus sehr viel von jenen kulturellen Relationen verraten, welche den Kubaner trotz oder vielleicht auch wegen seines Unabhängigkeitskampfes gegen die alte Kolonialmacht mit Spanien und dessen Kultur verbanden.

Auf jenen Listen, die hispanoamerikanische Autoren verzeichnen, welche sich mit dem *Quijote* beschäftigten, finden sich stets die Namen von Juan Montalvo oder Rubén Darío, von Jorge Luis Borges oder Gabriel García Márquez, von Carlos Fuentes oder Mario Vargas Llosa[7] – Martí jedoch figuriert auf ihnen nicht. Und doch findet sich über das Martí'sche Gesamtwerk verstreut eine Vielzahl von (Lese-)Spuren, die sich ebenso auf Cervantes wie auf dessen *Don Quijote* beziehen. Diese Zeugnisse der Präsenz des *Quijote* tauchen beim Autor von *Nuestra América* freilich nicht selten gerade dort auf, wo man sie am wenigsten erwarten würde.

Dies zeigt schon unser erstes Beispiel aus dem reichen Schaffenskreis Martís. So ging der kubanische Autor in seiner im Juni 1891 in der Sociedad Literaria Hispanoamericana von New York gehaltenen Rede zunächst aus der Perspektive eines Pilgers und schmerzerfüllten Passagiers, eines „pasajero doloroso" und „peregrino",[8] in höchst lyrischer Weise auf die Landschaften und Länder Zentralamerikas ein, um dann aus einer nur kurz skizzierten Kosmologie die Geschichte der Unterwerfung der indianischen Völker Mittelamerikas und den langen Weg dieser so oft vergessenen Region zur politischen Unabhängigkeit zu entwickeln. In Formulierungen, die an Martís eigenen Aufenthalt in Guatemala und speziell

---

6 Vgl. hierzu seine Rezeptions- und Wirkungsgeschichte in Ette, Ottmar: *José Martí. Teil I: Apostel – Dichter – Revolutionär. Eine Geschichte seiner Rezeption*. Tübingen: Max Niemeyer Verlag 1991.
7 Vgl. etwa Correa-Díaz, Luis: América como Dulcinea: la 'salida' transatlántica de Cervantes. In: *Hispanic Journal* (Bloomington, Indiana) XXI, 2 (fall 2000), S. 460.
8 Martí, José: Discurso pronunciado en la velada en honor de Centroamérica de la Sociedad Literaria Hispanoamericana. In (ders.): *Obras Completas*. 28 Bde. La Habana: Editorial de Ciencias Sociales 1975, Bd. 8, S. 113.

in La Antigua, erinnert der so bezaubernden alten Haupt- und Universitätsstadt Guatemalas, entwarf Martí ein ebenso buntes wie spannungsvolles Bild der sich auflösenden Kolonialgesellschaft, die sich auf die Ära der Unabhängigkeit hin öffnete:

> Und das Leben ward Leuchte und Prozessionen, wie in jener des Wettbewerbs der Universität, in welchem es um den ‚Liebeshändel zwischen Italien, Frankreich und Spanien' ging, als die Trommler vorausgingen und ihnen auf Maultieren die Studenten und die Hidalgos folgten, danach die Doctores und die Kleriker, danach ein gewichtiger Standartenträger mit dem von Gemälden gezierten und blumengeschmückten Thema, danach die livrierten Diener, danach Soldaten – und sodann betrat die Stadt zur rechten Zeit die lange Abfolge der Indios, mit ihrer Stirne schon im Tragegurt des Lasttieres, und der Minnesänger nahm einen Kreolen gefangen, weil dieser den Quijote las.
> Es bewegte sich die Welt; es lebte Carlos III; in die Führung drang die Enzyklopädie ein, noch unter dem spanischen Mantel; und vom Tische eines andalusischen Canonicus sprang die Jugend der Herrschaft, um den Willen des spanischen Generals für die Unabhängigkeit zu gewinnen; und so ist in Zentralamerika heute noch immer jener Tag im September ein Gala-Tag, ein Tag des reinsten und erhabensten Vergnügens![9]

Ich habe Ihnen bewusst diese hochpoetische und nicht ganz einfach zu verstehende Passage ausgewählt, um Ihnen zu zeigen, in welchem Maße Martí an der Wende zu den neunziger Jahren längst auch in der Prosa die dichterische Sprache gefunden hatte, in deren komplexen Bildern er selbst große Teile eines geschichtlichen Fresko auf kleinstem Raum entfalten konnte. Schwer zu verstehen? Gewiss! Niemand verfügte zu diesem Zeitpunkt in der spanischsprachigen Welt über eine derartige sprachliche Ausdruckskraft, die mit jener des kubanischen Modernisten zu vergleichen gewesen wäre. Und bedenken Sie: Dies war die Sprache, die Martí bei seinen Reden und Ansprachen benutzte, eine Sprache, von der die Zuhörerschaft sicherlich nicht immer alles verstand, deren Metaphorik und Bilderreichtum aber alle Anwesenden nach einer Vielzahl von Rezeptionszeugnissen förmlich zu fesseln verstand!

In dieser Prozession einer poetisch verdichteten Geschichte zieht wie im Zeitraffer eine Zeitenwende vorbei, deren Scharnier – zwischen beiden Zeiten wie beiden Absätzen – die Lektüre des *Quijote* bildet. Es ist ein Detail, das von Martí ganz bewusst an diese Stelle gesetzt wurde. Was wollte uns der Dichter damit sagen? Wegen seiner Lektüre von Cervantes' *Don Quijote de la Mancha* wird ein Kreole ins Gefängnis der Kolonialmacht geworfen, ein Akt der Unterdrückung, der im Umkehrschluss den *Quijote* als Botschaft der Freiheit zu identifizieren erlaubt. Denn dieser Leseakt öffnet sich im neuen Abschnitt auf

---

[9] Martí, José: Discurso pronunciado en la velada en honor de Centroamérica de la Sociedad Literaria Hispanoamericana, S. 114 f.

weitere Leseakte (etwa der *Encyclopédie* Diderots und d'Alemberts), aber auch auf den Befreiungsakt einer Independencia, die das Jahrhundert eröffnet hatte, an dessen Ende Martí stand – wie stets im schmerzhaften Bewusstsein der kolonialen Abhängigkeit seines Kuba. Am Anfang einer Abfolge von Lektüren, welche in diese Ehrung Zentralamerikas eingefügt wurden, steht für Martí der *Quijote*; ein Roman der spanischen Literatur, der den Freiheitswillen des Menschen, ungeachtet aller Unterdrückung durch die Spanier, zum Ausdruck bringt.

Im Zentrum dieser Passage situiert sich folglich der koloniale Leser des *Quijote* und seine Lektüre: ein Leseakt, der den amerikanischen Kreolen – als erübrigte sich jegliche Begründung – direkt in den kolonialspanischen Kerker führt. Angemerkt sei, dass eine erstaunlich hohe Zahl an Exemplaren des *Don Quijote de la Mancha* den transatlantischen Weg in die spanischen Kolonien und zu einer kreolischen Leserschaft fand: An Lesern, dies wusste Martí, hatte das Buch in den spanischen Kolonien Amerikas von Beginn an keinerlei Mangel. Zumal der Schmuggel mit Büchern während der gesamten Kolonialzeit ein einträgliches Geschäft war.

Abb. 56: Rotonda Don Quijote, Aguascalientes, México.

Gestatten Sie mir hierzu einen winzigen Exkurs! Schon 1531 hatte eine „Real Cédula" unter Androhung von Strafe verboten, „libros de romances, de historias vanas o de profanidad" in die Kolonien auszuführen:[10] Fiktionen waren, wie Sie sehen, gefährlich! Und ein weiteres Dekret von 1543 präzisierte, man müsse besonders darauf achten, dass dergleichen Bücher nicht in die Hände von lesekundigen Indianern fielen, würden sie diese doch von der Heiligen Schrift entfremden und zu schlechten Gewohnheiten und Lastern verleiten.[11] Freilich verhinderten diese Dekrete nicht, dass sich gerade auch die Ritterromane in Neuspanien und anderen Vizekönigreichen größter Beliebtheit erfreuten. Dies mag auch erklären, warum der *Quijote* auf das Interesse gerade einer überseei-

---

10 Albistur, Jorge: Cervantes y América. In: *Cuadernos hispanoamericanos* (Madrid) 463 (enero 1989), S. 72.
11 Ebda.

schen Leserschaft stieß, die mit dem dort parodierten Genre bereits bestens vertraut war. Gleichviel, ob man in der Figur des Quijote auch die Gestalten der spanischen Konquistadoren erkennen und gleichfalls parodiert sehen will (Abb. 56):[12] Cervantes' Roman hatte aller Verbote zum Trotz von Beginn an den Sprung über den Atlantik geschafft und begeisterte Leserschichten gefunden. Und Martí erblickte – im Übrigen wie die spanische Zensur – in dieser romanesken Fiktion alle Dimensionen einer Freiheit des Denkens, dessen antikoloniales Unabhängigkeitsstreben er ebenso hoch veranschlagte wie die Wirkungen der französischen *Encyclopédie*.

Glücklicherweise fand sich nicht jeder dieser Leser später im Gefängnis wieder. In Martís Rede wird der Lektüre des *Quijote* eine staatsgefährdende, subversive Funktion zugeschrieben. Die Gründe, die der Kubaner hierfür ins Feld führen konnte, werden in seinem Diskurs nicht thematisiert. Bekannt ist immerhin, dass die zeitgenössischen Leser noch zumindest bis weit ins 18. Jahrhundert Cervantes' Roman vor allem als ein die Lachmuskeln strapazierendes Buch verstanden und sich einer derartigen Lektüre auch gerne in der Öffentlichkeit hingaben. Verwiesen sei hier auf die häufiger angeführte Anekdote des spanischen Königs Felipe III, der einen Studenten ein Buch lesen und so hemmungslos lachen sah, dass er sich sicher war, dieser sei entweder verrückt oder lese den *Don Quijote de la Mancha*.[13] Martí jedoch war Erbe eines historisch längst gewandelten Verständnisses dieses cervantinischen Romans und unterstellte der Lektüre des *Quijote* eine nicht nur die Lachmuskeln, sondern vor allem den Geist anregende und in jeglicher Hinsicht befreiende Wirkung.

Eine solche Auffassung von der befreienden Wirkungsweise der *Fiktion* lässt sich gerade in Lateinamerika bis heute sehr kontinuierlich nachweisen. So formulierte etwa der peruanische Schriftsteller Mario Vargas Llosa in seiner Beschäftigung mit jenem Roman, der für ihn im Bereich dieser Gattung noch immer das Maß aller Dinge darstellte, die Fiktion in der direkten Nachfolge des *Quijote* übe eine zutiefst befreiende Wirkung aus: „Dank der Fiktion sind wir mehr und sind wir andere, ohne doch aufzuhören, dieselben zu sein. In ihr lösen wir uns auf, vervielfachen wir uns und leben viele Leben mehr als die, die wir haben oder die wir leben könnten, wenn wir auf das Wahrhaftige beschränkt blieben und aus dem Gefängnis der Geschichte nicht ausbrechen

---

12 Auf die enge Verflechtung des Romans mit der spanischen Expansion macht aufmerksam u. a. Armas Wilson, Diana de: *Cervantes and the New World*. Oxford: Oxford University Press 2000, S. 221.
13 Vgl. Albistur, Jorge: Cervantes y América, S. 72 sowie Elizalde, Ignacio: El Quijote y la novela moderna. In: Criado de Val, Manuel (Hg.): *Cervantes. Su mundo y su obra. Actas del I Congreso internacional sobre Cervantes*. Madrid: EDI [6]1981, S. 949.

könnten."¹⁴ So hilft der *Quijote*, so hilft die Fiktion dem Menschen dabei, aus dem auszubrechen, wozu ihn die Geschichte, wozu ihn die Realität verurteilt hatten.

Führt bei José Martí die in die Kolonialzeit projizierte Lektüre des *Quijote* ins historische Gefängnis hinein, so führt die Lektüre fiktionaler Literatur in der Nachfolge von Cervantes laut Mario Vargas Llosa aus dem Gefängnis der Geschichte heraus. Die vom Autor von *La casa verde* betonte lebenswichtige Funktion der Fiktion eröffnet einen Raum der Freiheit, den Diktaturen und Totalitarismen jeglicher Couleur stets zu unterdrücken versuchen. Wir hatten diese Tatsache bereits bei unserer Beschäftigung mit autoritären gesellschaftlichen Systemen gesehen und verstanden, inwieweit selbst für einen Werner Krauss das Abfassen seines Romans *PLN* in der Todeszelle die einzige ihm verbliebene Möglichkeit bildete, aus dem Gefängnis der Nationalsozialisten auszubrechen und sich vermittels der Fiktion eine eigene Welt einzurichten. Auch ein Werner Krauß schätzte übrigens Cervantes' *Don Quijote* sehr hoch ein und beschäftigte sich wiederholt mit diesem ersten Roman der abendländischen Moderne.¹⁵

Halten wir fest: Literatur – und vor allem der Roman – als Ort der Freiheit, an dem der Mensch ein anderes Leben zu führen vermag als das, was ihm in der ihn umgebenden Wirklichkeit aufgezwungen ist, entspricht folglich nicht allein der Auffassung eines Vargas Llosa! Es handelt sich vielmehr um eines der Grundthemen von Cervantes' ,Lektüreroman' *Don Quijote de la Mancha*, jenes Romans über einen „caballero andante", der dieses Reich der Fiktion im wahrsten Sinne in sein eigentlichstes Leben verwandelt. Dies machte auch für den Modernisten José Martí den Kern des *Quijote* aus.

Es ist faszinierend, dass sich diese Thematik einer vom Gefängnis der Geschichte befreienden Lektüre im historischen, geschichtsphilosophischen Rückblick bei Martí findet. Und nicht zufällig geht es dabei just um ein Lesen, das sich dem *Quijote* im Gefängnis zuwendet. Denn in einer anderen Rede vor der Sociedad Literaria Hispanoamericana in New York, die uns nur in Bruchstücken erhalten blieb, machte Martí ohne Namensnennung auf einen Freund aufmerksam, der von „los dueños de un país vecino, de *cuyo nombre no quiero acordarme*" ins Gefängnis geworfen worden war und dem ein Soldat mit spitzen Fingern – „en

---

14 Vargas Llosa, Mario: Cervantes y la ficción, en: Mejías López, William (ed.): *Morada de la palabra. Homenaje a Luce y Mercedes López-Baralt. Encuentro Hispánico Internacional*, vol. II, Areciba, Puerto Rico: Universidad de Puerto Rico 2002, S. 1668. „Gracias a ella somos más y somos otros sin dejar de ser los mismos. En ella nos disolvemos y multiplicamos, viviendo muchas más vidas de la que tenemos y de las que podríamos vivir si permaneciéramos confinados en lo verídico, sin salir de la cárcel de la historia."
15 Vgl. beispielsweise Krauss, Werner: *Cervantes und seine Zeit*. Herausgegeben von Werner Bahner. Berlin: Akademie-Verlag 1990.

las puntas de los dedos" – auf mehrfache Bitte hin ein Buch gereicht habe: eben das Buch über den Ritter von der traurigen Gestalt.[16] Die autobiographischen Anspielungen dieser Formulierungen sind offenkundig.

Auch in diesem Falle bildet die politisch motivierte Kerkerhaft – die in Martís Leben, aber auch in seinem Schreiben schon früh eine so zentrale Bedeutung erhielt – den Rahmen für eine Lektüreerfahrung, die ein bezeichnendes Licht auf jenes Land wirft, an dessen Namen sich Martí – wie vor ihm der mehrfach ins Gefängnis geworfene Cervantes – ebenso wenig erinnern will wie der Erzähler des *Don Quijote*. Einmal mehr steht der *Quijote* für einen unbändigen Freiheitswillen und die Gewissheit, gerade auch im Gefängnis für jene Unabhängigkeit und Freiheit des Geistes einzustehen, die Cervantes' Jahrhunderte zuvor zu Grabe getragener „caballero andante" emblematisch verkörpert. Die beiden ersten Beispiele zeigen unverkennbar: Der *Quijote* ist für Martí ein Buch der Sehnsucht des Menschen nach Freiheit. Und die Figur des Ritters von der traurigen Gestalt ist weit jenseits ihres fiktionalen Sterbens wie des realen Todes ihres spanischen Verfassers eine Gestalt, die im realen Leben verlebendigend wirkt.

Bei diesen Beispielen für den Rückgriff Martís auf Cervantes und seinen berühmtesten Roman fällt auf, dass *Don Quijote de la Mancha* für den kubanischen Modernisten nicht – wie dies vielleicht zu erwarten gewesen wäre – in erster Linie eine Inkarnation des Spanischen, der vom kubanischen Unabhängigkeitskämpfer vielleicht eher negativ beleuchteten „Hispanidad" darstellt. War die noch immer in Kuba herrschende Kolonialmacht Spanien einfach ein Land, an dessen Namen sich Martí nicht erinnern wollte? Die Gründe für Martís Deutung und Situierung des *Quijote* reichen wesentlich tiefer. Um dies zu präzisieren, ist eine Analyse weiterer Beispiele unumgänglich. Wir werden dabei verstehen, dass José Martí sehr trennscharf zwischen der alten Kolonialmacht Spanien und der spanischen Kultur unterschied, welche für den Schöpfer des *Ismaelillo* von ungeheurer Bedeutung war.

Die Komplexität der Martí'schen Vorstellungen zeigt sich deutlich in einem auf den 13. Januar 1890 in New York datierten und am 12. März desselben Jahres in *La Nación* in Buenos Aires veröffentlichten Korrespondentenbericht, in dem Martí seinen hispanoamerikanischen Leserinnen und Lesern vorwiegend von neuen literarischen und gesellschaftlichen Ereignissen in seinem Exilland berichtet – den USA. In diesem Artikel hielt er zunächst ein flammendes Plädoyer für das Studium nicht der toten, sondern der modernen, ‚lebenden' Fremdsprachen: „Pero para vivir, aprándase lo vivo en las lenguas vivas, donde se conti-

---

16 Martí, José: Fragmentos de un discurso. In (ders.): *Obras Completas*, Bd. 19, S. 455.

ene hoy lo nuevo y lo viejo"[17] – denn um heute leben zu können, sei das Neue wie das Alte nicht länger in den toten Sprachen zu suchen, sondern sei lebendig vorhanden in lebendigen Fremdsprachen. Die von Martí bewusst herbeigeführte Rekurrenz des Lebens-Lexems verdeutlicht, dass es dem Kubaner um eine Bildungsreform in den hispanoamerikanischen Ländern ging, die sich nicht länger an den toten Fremdsprachen des europäischen Abendlandes orientieren sollte.

Danach aber ging Martí auf die Notwendigkeit ein, sich nicht auf eine einzige (National-)Literatur samt ihrer „ramajes y renacimientos"[18] zu beschränken, sondern „ponerse fuera de ellas, y estudiarlas con mente judicial a todas".[19] Das Studium möglichst vieler verschiedener Literaturen war das Ziel des kubanischen Modernisten; eine Einstellung, die zeigt, dass es durchaus Bezüge zwischen dem hispanoamerikanischen Modernismo und der Position eines Jorge Luis Borges gibt, der in El escritor argentino y la tradición bekanntermaßen betonen sollte, dass allein die Argentinier (und vielleicht auch die Lateinamerikaner insgesamt) eine Vorstellung davon hätten, was die europäische Literatur sei, da ihre Kenntnisse sich nicht – wie die der Europäer – auf eine oder zwei Nationalliteraturen beschränkten.[20] Doch bleiben wir bei José Martí:

> Die von literarischer Berufung mögen alles lernen, weil es kein vergleichbares Vergnügen gibt, als Homer im Original zu lesen, was so ist, als ob man die Augen auf den Morgen der Welt öffnete, und keine Lektüre, welche einem mehr nutzt als die des eleganten Catull, bei dem alles geordnet und genau ist, oder die eines Horaz, des Meisters der Ruhepause. Um aber zu leben, lerne man das Lebendige in den lebendigen Sprachen, in denen heute das Neue wie das Alte enthalten ist, anders als in den toten Sprachen, in denen man nur auf das Alte stößt, was weniger ist von dem, was man lernen muss und daher weniger wichtig ist, insofern außerhalb der Kuriositäten jener Zeiten von Lesbias und Phalamos und jener Gewissheit, dass der Mensch sich immer gleich war und heute nicht weniger ist und sicher auch nicht viel mehr als die Römer, zu fragen bleibt: Was lernt man, wenn man den ganzen Plinius und den ganzen Quintus Ennius lernt? Vergleicht man es unparteiisch, beobachtet man für sich selbst und spricht man mit Ordnung, Strenge und Musik, so ist es dies, was es zu lernen gilt; und dies kommt nicht von einer Literatur allein oder von ihr und ihren Verzweigungen und Wiedergeburten, sondern von der Notwendigkeit, sich aus ihnen heraus zu begeben und sie alle mit klugem Kopfe zu

---

17 Martí, José: En los Estados Unidos. In (ders.): *Obras Completas*, Bd. 13, S. 458.
18 Ebda.
19 Ebda.
20 Vgl. hierzu Ette, Ottmar: Die Literaturen der Welt. Transkulturelle Bedingungen und polylogische Herausforderungen eines prospektiven Konzepts. In: Lamping, Dieter / Tihanov, Galin (Hg.): *Vergleichende Weltliteraturen / Comparative World Literatures. DFG-Symposion 2018*. Unter Mitwirkung von Mathias Bormuth. Stuttgart: J.B. Metzler – Springer 2019, S. 115–130.

studieren. Präzision: Wo lernte man sie besser als im Englischen? Die Grazie und Sauberkeit des Französischen, finden sie sich hier nicht am besten? Und wenn man, ohne Verkünstelungen und allen Blumenschmuck, ohne Schellengeläut und ohne alle hübschen Zutaten, mit Wahrheit das sagt, was man denkt: Welche Sprache lehrt da mehr und diszipliniert besser als die eigene?[21]

José Martí fordert in dieser Passage, die uns einen charakteristischen Eindruck seiner modernistischen Sprachgewalt verschaffen kann, eine zwischen verschiedenen Literaturen und Sprachen vergleichende und die jeweiligen Qualitäten nutzende Position ein, ohne die vertiefte Beschäftigung mit der eigenen Sprache und Literatur zu vernachlässigen. Wie sehr man auch immer die inhaltlichen Zuordnungen Martís als Stereotypen ansehen mag: Ein vielsprachiges, freilich an den europäischen Weltsprachen orientiertes literarisches System wird skizziert, innerhalb dessen sich die einzelnen Literaturen wechselseitig als Korrektiv benutzen lassen und erst in ihrer Gesamtheit das Denken und Schreiben der Menschheit vor Augen führen. Keine dieser unterschiedlichen Sprachen, keine dieser Literaturen hat für sich allein Ästhetik und Wahrheit gepachtet: Das Bild einer Vielzahl von Literaturen und Logiken entsteht, in welchem sich José Martí nicht für eine einzige, sondern für viele Logiken gleichzeitig auszusprechen scheint.

Damit bezieht Martí einen Standpunkt, den er bereits 1882 in einem für die Entwicklung des hispanoamerikanischen Modernismo wegweisenden Essay über Oscar Wilde eingenommen hatte. Dort versuchte er von der ersten Zeile an, sich aus einer monolingualen, gleichsam monologischen Literaturwelt zu befreien: Der kubanische Dichter forderte daher in diesem im Januar 1882 in *El Almendares* in Havanna und im Dezember desselben Jahres in *La Nación* in Buenos Aires veröffentlichten Artikel eine dezidiert komparatistische Position ein. Es geht – wie sie bemerkt haben – um die spezifische Verknüpfung der Romanischen Literaturen der Welt in ihrer internen wie in ihrer externen Relationalität mit anderen Literaturen wie beispielsweise der englischsprachigen Literatur.

Im obigen Zitat ist das Plädoyer für insgesamt zumindest drei Sprachen auffällig. Dies ist eine Reaktion auf die dritte Phase beschleunigter Globalisierung, insofern Martí die zeitgenössische Dominanz des Englischen, aber auch das Französische wie das Spanische als vorherige Sprachen früherer Globalisierungsphasen präsent halten will. Martí hatte spätestens Ende der achtziger Jahre verstanden, dass sich eine neue Phase der Beschleunigung konstatieren ließ, war stets aber darum bemüht, die aktuellen Phänomene im Kontext ihrer geschichtlichen Entwicklung darzustellen und zu begreifen. Aus diesem Grunde dürfte er wohl diese drei Sprachen ausgewählt haben.

---

21 Martí, José: En los Estados Unidos, S. 458.

Ich kann an dieser Stelle der Versuchung nicht widerstehen, all dies direkt mit einer frühen Reaktion auf die vierte Phase beschleunigter Globalisierung in Verbindung zu bringen, die im Auftrag der Europäischen Union von Amin Maalouf und anderen in ihrem Text *Un défi salutaire* ausgearbeitet wurde. Dies war ein sprachenpolitischer Vorschlag, der zu Beginn der vierten Phase beschleunigter Globalisierung davon ausging, dass jede Bürgerin und jeder Bürger in der Europäischen Union zusätzlich zur ersten Sprache, also der Muttersprache, eine internationale Kommunikationssprache (also etwa das Englische) und zusätzlich als dritte Sprache eine „langue personnelle adoptive" lernen solle, wobei diese Adoptivsprache jede mögliche kleine oder große Sprache sein könne – selbstverständlich auch von außerhalb Europas. Die großen europäischen Länder haben allesamt diese Sprachenpolitik ratifiziert. Doch nach dem Ende der vierten Phase beschleunigter Globalisierung können wir ernüchtert feststellen: Nichts davon wurde umgesetzt. Das Erlernen von Fremdsprachen geht in der Europäischen Union *grosso modo* stetig zurück. Großbritannien hat dieser Vereinbarung schon lange Zeit den Rücken gekehrt und rückt an den Schulen vom Fremdsprachenlernen gänzlich ab; und zwar schon lange vor dem Brexit. Die jungen Britinnen und Briten, die einsprachig aufwachsen, tun mir leid!

Man kann an diesem Beispiel sehr gut erkennen, dass Phasen beschleunigter Globalisierung immer wieder Vorgehensweisen herausfordern, die sich doch über Jahrhunderte auch recht stark ähneln. Denn im Text von Martí werden im Grunde ähnliche Vorschläge gemacht – allerdings nur auf Ebene globalisierter europäischer Sprachen. Ziehen wir dazu noch einen weiteren Martí'schen Textauszug heran:

> All diejenigen, die wir Kastilisch sprechen, leben voll von Horaz und Vergil, und es scheint, dass die Grenzen unseres Geistes die Grenzen unserer Sprache sind. Warum sollten für uns die ausländischen Literaturen, die heute aus dieser natürlichen Umgebung herausfallen, eine geradezu verbotene Frucht sein, sind sie doch aufrichtige Kraft und aktueller Geist, die in der modernen spanischen Literatur fehlen?
> [...]
> Die Kenntnis verschiedener Literaturen ist das beste Mittel, um sich von der Tyrannei einiger weniger zu befreien; so wie es keine andere Art gibt, sich vor dem Risiko zu schützen, blind einem bestimmten philosophischen System zu gehorchen, als die, sich von allen zu nähren [...].[22]

José Martí macht in diesen Überlegungen, die eigentlich dem englischen Schriftsteller Oscar Wilde gewidmet sind, unmissverständlich klar, dass es nicht angehe, sich einer einzigen Sprache und Literatur anzuvertrauen und sich damit

---

22 Martí, José: Oscar Wilde. In (ders.): *Obras Completas*, Bd. 15, S. 361.

der Tyrannei dieser einzigen Sprache auszusetzen. Dies war eine klare Absage an jegliche nationalliterarische Betrachtung und nationalphilologische Sichtweise, sei es doch vielmehr notwendig, möglichst viele verschiedene Literaturen (und Sprachen) zu kennen, um sich nicht einer einzigen Logik zu überlassen. Da es der damaligen spanischen Literatur an bestimmten ästhetischen Merkmalen mangele und Martí nicht bereit war, die Grenzen seines Geistes mit den Grenzen seiner Sprache und damit des Spanischen gleichzusetzen, war es ihm ein grundlegendes Anliegen, sich ebenso zugunsten einer Literaturen- wie einer Sprachenvielfalt auszusprechen. Und dies tat er in seinem Essay über Oscar Wilde und die Literatur der Moderne.

Denn der kubanische Schriftsteller zweifelte nicht daran, in seinen Sätzen noch immer Horaz und Vergil zu spüren und damit einen antiken Geist in sich zu transportieren, der ihm mit und durch seine eigene Sprache geradezu natürlich gegeben sei. Doch es gelte, diese Einsprachigkeit der Ausrichtung und die damit verbundenen Grenzen des Geistes hinter sich zu lassen und einer möglichst weltumspannenden, sicherlich aber transarealen Literaturenvielfalt das Wort zu reden. Darin bestand für Martí im Kern die Entwicklung einer eigenen lateinamerikanischen Modernität: nicht auf das abendländische Erbe zu verzichten, aber sich zugleich die neuesten Entwicklungen durch die Kenntnis der unterschiedlichsten Literaturen auch aus nicht-europäischen Ländern einzuverleiben. Nicht umsonst wurden in seinem Roman *Amistad funesta* beziehungsweise *Lucía Jerez* erstmals nicht nur europäische, sondern auch lateinamerikanische Romane angeführt und in Szene gesetzt.[23]

Von diesem selbst- und zugleich weltbewussten Standpunkt einer spanischsprachigen Literatur aus, die sich ihrer Herkunft und Traditionen, aber auch ihrer eigenen transatlantischen Vielfalt bewusst ist, ordnete Martí in seinem Korrespondentenbericht *En los Estados Unidos* von Januar 1890 auch den *Quijote* in ein multilinguales und einzelne Nationalliteraturen übergreifendes Literatursystem ein, indem er Cervantes' Roman mit einem damals vielbesprochenen, erstmals 1889 erschienenen Roman von Mark Twain in Beziehung setzte: *A Connecticut Yankee in King Arthur's Court*. Seiner Begeisterung für den Roman des US-amerikanischen Autors gab er dabei wie folgt Ausdruck: „In den Bibliotheken ist der ‚Quijote' gut und der ‚Yankee' gleich daneben. In beiden gibt es allerlei Schilde und Visiere, und sie ähneln sich in ihrer großartigen Parodie; aber der ‚Quijote' bleibt, was er ist: ein weises und schmerzhaftes Gemälde vom Leben des Menschen, und der

---

23 Vgl. hierzu Ette, Ottmar: „Cierto indio que sabe francés": Intertextualität und literarischer Raum in José Martís „Amistad funesta". In: *Iberoamericana* (Frankfurt am Main) IX, 25–26 (1985), S. 42–52.

,Yankee' eine Schlacht auf Cowboy-Art, von der Indignation diktiert [...].“[24] Martí war es darum zu tun, intertextuelle Beziehungen zwischen Romanen unterschiedlicher Sprachen und Zeiten herzustellen und fruchtbar zu machen.

Es ist gerade nicht die Hispanität – und auch nicht die Großartigkeit der Parodie, der „burla" –, sondern das überragende Vermögen des *Quijote*, das Leben des Menschen, die *conditio humana* zu porträtieren, welche Cervantes' Roman für Martí zu einem kanonischen Text macht, der in keiner Bibliothek[25] fehlen dürfe. In diesem Sinne äußerte er sich schon in seinen Grüßen zum Neuen Jahr 1890 an seinen Vertrauten im Kampf gegen Spanien, den schon erwähnten Gonzalo de Quesada, dem er Mark Twains *Yankee* ans Herz legte, weil er so wie der *Quijote* das Menschliche befördere. Neben der Freiheit steht Cervantes' Roman in den Augen des Kubaners für den literarischen Ausdruck einer fundamentalen Humanität auf höchstem ästhetischen Niveau; eine Quelle, aus der man immer und jederzeit schöpfen könne.

Im Licht dieser zweifellos weltliterarischen, freilich auf dem Weg zu den Literaturen der Welt befindlichen[26] Dimension zeichnet sich eine doppelte Perspektivik des kubanischen Autors ab. José Martí sah den *Quijote* zugleich von innen und von außen: aus der Perspektive der Zugehörigkeit zum gleichen Haus – oder Gefängnis – der Sprache wie von jener gleichzeitigen Außerhalbbefindlichkeit aus, die schon für den kubanischen Intellektuellen und Politiker Juan Marinello[27] jene Situation charakterisiert, die wir als postkolonial bezeichnen können. Für Martí bliebe daher eine simple Zurechnung des wohl berühmtesten Romans der Weltliteratur zu Spanien gänzlich unbefriedigend, reicht der *Don Quijote* doch weit über die Grenzen dieses Landes und der spanischen Nationalliteratur hinaus.

Denn für den kubanischen Modernisten ist der Text ein spanisches Werk von zugleich weltliterarischer und allgemein menschlicher Dimension, ein absoluter Vergleichspunkt, an dem sich letztlich jeder Roman messen lassen müsse. Nicht umsonst hielt Martí – wie er im Januar 1888 in einem Beitrag für *El Economista Americano* in New York schrieb – Miguel de Cervantes für einen „temprano amigo

---

24 Martí, José: En los Estados Unidos, Bd. 13, S. 460: „En las bibliotecas, el 'Quijote' estará bien, y el 'Yanqui' junto. Hay adargas y viseras en los dos, y se parecen en la burla magnífica; pero el 'Quijote' es lo que es, pintura sabia y dolorosa de la vida del hombre, y el 'Yanqui', esforzado por la indignación, es una batalla a lo vaquero [...].“
25 Ähnlich auch in einem Fragment von Martí, José: *Obras Completas*, Bd. 22, S. 147.
26 Vgl. hierzu Ette, Ottmar: *WeltFraktale. Wege durch die Literaturen der Welt*. Stuttgart: J.B. Metzler Verlag 2017.
27 Vgl. Marinello, Juan: Españolidad literaria de José Martí. In (ders.): *Ensayos*. La Habana: Editorial Arte y Literatura 1977, S. 101–127.

del hombre que vivió en tiempos aciagos para la libertad y el decoro",[28] also für einen frühen Freund des Menschen, der in für die Freiheit schwierigen Zeiten gelebt habe. Cervantes und sein *Quijote* seien die Zierde der Literatur und zugleich zu den schönsten Charakteren in der Geschichte zu zählen: „a la vez deleite de las letras y uno de los caracteres más bellos de la historia."[29] Neben Freiheit und Humanität tritt eine künstlerische Perfektion, bei der sich ästhetische und moralisch-ethische Schönheit miteinander verbinden. Diese Verbindung von Ethik und Ästhetik zählte zweifellos zu José Martís Idealvorstellung eines menschlich verantwortlichen Schreibens auf höchstem Niveau.

Ethik und Ästhetik, Literatur und Freiheitsdrang, die Martí in Cervantes' Oeuvre als verbundene Ideale erkennt, sind daher wichtige Bestandteile seiner eigenen Vorstellung bezüglich der Rolle der Literatur wie des Literaten in der heraufziehenden modernen Gesellschaft. Für José Martí wie für den uruguayischen Modernisten José Enrique Rodó[30] machte diese Verbindung den Kern einer Kunst und Literatur der Moderne aus. Miguel de Cervantes erscheint in diesem Zusammenhang trotz aller zeitlichen Distanz als Modellcharakter, als Vorbild eines Schriftstellers, dem auch die Widerwärtigkeiten des Lebens (und so mancher Gefängnisaufenthalt) nicht jenen Freiheitswillen nehmen konnten, den sein Roman als Lebenswissen enthält und an seine Leser – und säßen sie im Gefängnis – weitergibt. Cervantes ist für Martí daher nicht tot, nicht unter der Erde: Er war für den Kubaner auch als Spanier ein lebendiges Vorbild. Die große Literatur wie die große Philosophie müssen für Martí –wie er in seinem Essay über Oscar Wilde formulierte – jene „noble inconformidad con ser lo que es"[31] repräsentieren, die für den Kubaner den Kern menschlicher Freiheit und sein Streben nach ständiger Verbesserung ausmachten: sich niemals mit der gegebenen Situation abzufinden, sondern stets für klare Verbesserungen zu kämpfen.

Literatur wird folglich zur ästhetisch gelingenden und ethisch verpflichtenden Ausdrucksform dieses Sich-nicht-zufrieden-Gebens mit dem Bestehenden. Denn eben diese „inconformidad" sieht Martí in Cervantes' Meisterwerk verwirklicht. Der *Quijote* und sein Autor stehen bei Martí für ein Lebenswissen, das in der Literatur seinen verdichteten und zugleich höchsten Ausdruck findet sowie ein Wissen vom Leben – aber auch ein Wissen des Lebens von sich selbst – transportiert, wie es keinem philosophischen System(denken) gelingt.

---

[28] Martí, José: Seis conferencias. In (ders.): *Obras Completas*, Bd. 5, S. 120.
[29] Ebda.
[30] Vgl. hierzu Ette, Ottmar: «Motivos de Proteo»: José Enrique Rodó o la escritura como visión y como convivencia. In: Podetti, José Ramiro (Hg.): *Lecturas contemporáneas de José Enrique Rodó*. Montevideo: Sociedad Rodoniana 2018, S. 117–143.
[31] Martí, José: Oscar Wilde, Bd. 15, S. 361.

Auch wenn Martí nicht ständig auf Cervantes' Oeuvre rekurriert: *Don Quijote de la Mancha* ist in diesen Bereichen für den kubanischen Revolutionär ein absoluter Maßstab, an dem er sich orientierte.

Es ist aufschlussreich, wie früh Martí die Kraft des *Quijote* hervorhebt, nicht *die* Menschen, sondern *den* Menschen schlechthin zu repräsentieren, und sie für seine eigenen Literaturinterpretationen nutzt. So zieht er in einem seiner ersten englischsprachigen Beiträge für die New Yorker Zeitung *The Sun* eine Verbindung zwischen Flauberts *Bouvard et Pécuchet* und Cervantes' *Don Quijote*. Martí bemerkt zu den Protagonisten von Flauberts letztem großen Roman:

> They do not represent men, they represent man – possibly the bourgeois Don Quixote. The hero of La Mancha crossed the desolate plains with lance under his arm, helmet on his head, and a hand gloved in iron, seeking wrongs to right, widows to defend, and the unfortunate to aid. Bouvard and Pécuchet pass through the life of the nineteenth century, by no means a plain, seeking that repose of soul, and that happiness which cannot exist in great cities. Alas! happiness is not the fruit of time! They return, bruised and torn, and die like Quixote.[32]

Schon der kubanische Romancier Alejo Carpentier, den wir in unserer Vorlesung bereits kennengelernt haben und der sehr wohl von Martís Begeisterung für den *Quijote* wusste, wunderte sich über die Tatsache, dass Martís Artikel am 8. Juli 1880 zu einem Zeitpunkt in *The Sun* abgedruckt wurde, als der unvollendet gebliebene Roman des am 8. Mai 1880 verstorbenen Gustave Flaubert noch gar nicht erschienen war. Und doch habe Martí, so Carpentier voller Bewunderung, den nachgelassenen Text „con asombrosa sagacidad"[33] analysiert und seine Protagonisten auf ihrem mühevollen Weg „a través del vasto laberinto de los Conocimientos" klug mit Don Quijote und Sancho Panza verglichen. José Martí zog damit nicht den allenthalben betonten Vergleich von Gustave Flauberts *Madame Bovary* mit dem cervantinischen *Don Quijote*, sondern sah eine Beziehungen vor allem mit dem nachgelassenen Roman *Bouvard et Pécuchet*; eine Sichtweise, die bis zum heutigen Tag nichts von ihrer überraschenden Originalität verloren hat.

Umgekehrt ist es aber nicht weniger überraschend, dass Martí gerade Bouvard und Pécuchet, nicht aber Emma Bovary, diesen zugleich weltlichen und weiblichen Quijote, mit den Helden des cervantinischen Romans verglich.[34]

---

32 Martí, José: Flaubert's Last Work. In (ders.): *Obras Completas*, Bd. 15, S. 207.
33 Carpentier, Alejo: Martí y Francia. In (ders.): *La novela latinoamericana en vísperas de un nuevo siglo y otros ensayos*. México: Siglo XXI 1981, S. 241.
34 Vgl. hierzu Schulz-Buschhaus, Ulrich: Stendhal, Balzac, Flaubert. In: Brockmeier, Peter / Wetzel, Hermann H. (Hg.): *Französische Literatur in Einzeldarstellungen*. Bd. 2: *Von Stendhal bis Zola*. Stuttgart: Metzler 1982, S. 7 ff.; sowie Fox, Soledad Carmen: *Cervantes, Flaubert, and the Quixotic counter-genre*. Ph.D. City University of New York 2001.

Man könnte mit guten Gründen die These wagen, dass der Autor von *Nuestra América* den Kern von Cervantes' Meisterwerk weniger in der „burla magnífica" des Verwirrspiels mit der Literatur als in der bedingungslosen Suche nach einer Wahrheit sah, die ihr Freiheitsversprechen nicht aufzugeben gewillt war.

Die für Martís Schreiben sehr charakteristische und über sein Gesamtwerk verstreute diskrete Präsenz des *Quijote* mag ein wenig mit dazu beigetragen haben, dass der Gründer des Partido Revolucionario Cubano nach seinem Tode selbst für viele zum Quijote wurde. So bezeichnete ihn – und es seien hier nur wenige Beispiele genannt – kein Geringerer als Juan Ramón Jiménez in seinem aus dem Jahre 1940 stammenden Prosatext *José Martí (1895)* als „un caballero andante enamorado, de todos los tiempos y países, presentes y futuros",[35] also als verliebten fahrenden Ritter, der in allen Ländern und allen Zeiten zuhause gewesen sei. Und der spanische definierte den kubanischen Schriftsteller bündig: „Quijote cubano, compendia lo espiritual eterno, y lo ideal español."[36] Martí erschien damit in Juan Ramón Jiménez' Augen als ein kubanischer Quijote, der – auch wenn er den Krieg gegen die Kolonialmacht Spanien entzündet und geleitet habe – doch das spanische Ideal verkörperte. So erscheint aus spanischer Sicht im kubanischen Quijote doch immer noch das Spanische; ein von uns bereits signalisiertes Ineinandergreifen von Zugehörigkeit und Außerhalbbefindlichkeit, das mit Blick auf Martí in der Feder des Autors von *Españoles de tres mundos*[37] wie selbstverständlich auftaucht. José Julián Martí y Pérez, ein spanischer Quijote in einer zweiten oder dritten Welt?

Aus gänzlich anderer Perspektive hatte bereits 1938 Alfonso Bernal del Riesgo während einer Ansprache anlässlich einer der berühmten und bisweilen berüchtigten „Cenas Martianas" in Guanabacoa den Freiheitskämpfer in die Nähe von Don Quijote gerückt und versucht, vom Körperbau Martís auf dessen Psyche zurückzuschließen, die er dem „tipo suprahormónico de marcado acento tiroideo" zuordnete.[38] Lassen wir diese hormonale Sichtweise einmal unübersetzt! Martí erscheint hier in teilweise quijotesker Pathologie; ein ‚Befund', auf den man vor der

---

[35] Jiménez, Juan Ramón: José Martí (1895). In (ders.): *Juan Ramón Jiménez en Cuba*. Compilación, prólogo y notas de Cintio Vitier. La Habana: Editorial Arte y Literatura 1981, S. 33; der Text des großen Autors erschien erstmals in *Repertorio americano* (San José, Costa Rica) am 6.4.1940 und wurde verschiedentlich wieder abgedruckt.
[36] Ebda.
[37] In diese einflussreiche Sammlung nahm Jiménez sein Portrait Martís kurze Zeit später (Buenos Aires: Losada 1942) auch auf.
[38] Bernal del Riesgo, Alfonso: Estampa psíquica de Martí. In: *Revista bimestre cubana* (La Habana) XLI (1er semestre 1938), S. 235. Vgl. zum zeitgeschichtlichen Kontext derartiger biographischer Versuche das Kapitel 5.6 in Ette, Ottmar: *José Martí. Teil I: Apostel – Dichter – Revolutionär. Eine Geschichte seiner Rezeption*. Tübingen: Max Niemeyer Verlag 1991.

kubanischen Revolution auf der Insel immer wieder stoßen konnte. Und bis heute ist dieses Bild nicht gänzlich verschwunden.

Gerade im Bereich der Literaturwissenschaft finden sich nicht selten Vergleiche Martís mit Don Quijote. So zögerte beispielsweise der innerhalb der Rezeptionsgeschichte Martís einflussreiche Manuel Pedro González in einem 1967 verfassten Aufsatz nicht, den kubanischen Schriftsteller und Revolutionär mit dem Ritter von der traurigen Gestalt zu vergleichen.[39] In Rückgriff auf Ezequiel Martínez Estradas monumentale Studie *Martí revolucionario*, in der mit essayistischen und philologischen, aber auch charakterologischen und selbst graphologischen Mitteln die Psyche Martís untersucht und seine Einsamkeit kommentiert wurde, sprach González von jenem „otro Quijote americano",[40] von jenem anderen amerikanischen Quijote, der – von den ‚Sancho Panzas' der kubanischen Tabakarbeiter einmal abgesehen – von seinen Zeitgenossen nicht wirklich verstanden worden sei.

So wurde José Martí zu einem Don Quijote stilisiert, der für die einen das spanische Erbe, für die anderen eine höchst unterschiedlich bestimmbare Pathologie und für dritte schließlich die Einsamkeit eines illusionären revolutionären Denkers verkörperte. José Martí, der amerikanische Leser des *Quijote*, wurde im 20. Jahrhundert selbst in einen amerikanischen und kubanischen Don Quijote transfiguriert; eine Transfiguration, von der sich selbst in unserem Jahrhundert der illustre Kubaner unter den Fittichen der Kubanischen Revolution nie gänzlich erholt hat.

Dies ist beileibe kein Zufall: Martí verstand sich selbst nicht zuletzt als ‚poeta en actos', als Dichter, der durch seine Handlungen die Welt ebenso poetisch wie revolutionär verändern und zum Besseren wandeln wollte.[41] Sein literarisches Schreiben zielte stets auf das Leben, suchte den „calor de la vida",[42] eine zugleich lebensgesättigte und lebensverändernde literarische Form. Vor diesem Hintergrund sollten wir nicht vergessen, dass der von Cervantes erfundene Mann aus der Mancha nicht umsonst zu einem Schutzpatron der Revolutionäre werden konnte.

Denn seit den Unabhängigkeitskriegen gegen Spanien – und wir hatten gesehen, dass Martí selbst auf diese Tatsache im ersten der hier zitierten Beispieltexte zurückgriff – war der *Quijote* zum Sinnbild eines Aufbegehrens und Freiheitswil-

---

39 González, Manuel Pedro: Radiografía espiritual de José Martí. In: *Anuario Martiano* (La Habana) 2 (1970), S. 501.
40 Ebda.
41 Vgl. hierzu Ramos, Julio: *Desencuentros de la modernidad en América Latina. Literatura y política en el siglo XIX*. México: Fondo de Cultura Económica 1989, S. 77.
42 Vitier, Cintio: Prólogo. In (ders., Hg.): *La crítica literaria y estética en el siglo XIX cubano. Prólogo y selección de Cintio Vitier*. Bd. 2. La Habana: Biblioteca Nacional José Martí 1970, S. 47.

lens geworden, mit dem sich seither in Hispanoamerika viele Revolutionäre verbunden fühlten. Nicht nur Che Guevara, Fidel Castro oder der Subcomandante Marcos,[43] sondern schon Simón Bolívar und manche seiner Weggefährten hatten ‚ihren' *Don Quijote* intensiv gelesen und wiedergelesen. Der „Libertador" freilich – so wird erzählt – identifizierte sich am Ende seiner Wege auf eher bittere Weise mit dem „caballero andante", habe er doch – wie der Peruaner Ricardo Palma später schrieb – auf seinem Totenbett gesagt: „Los tres grandísimos majaderos hemos sido Jesucristo, Don Quijote y ... yo."[44] Die total Bekloppten seien also Jesus Christus, der Don Quijote und Simón Bolívar höchstselbst gewesen.

Sah sich Martí selbst als Quijote? Auf diese Frage wird noch zurückzukommen sein! Entscheidend aber ist, dass sein ganzes Streben darauf gerichtet war, das Gefängnis der Sprache in ein Haus der Sprache im Heidegger'schen Sinne – in der Wahrheit des Seins – zu verwandeln; eine Transformation, die nur mit den Mitteln einer Kunst gelingen kann, die sich der Freiheit verpflichtet weiß. Cervantes' *Don Quijote de la Mancha*, in „dunklen Zeiten" (und dies hieß für Martí nicht zuletzt: in Zeiten kolonialer Unterdrückung) entstanden, verkörperte für den Autor von *Ismaelillo* eine derartige auf das Leben bezogene und das Leben verändernde Kunst. José Martí bezog damit eine gegenüber der *Quijote*-Sicht der spanischen „Noventaiochistas" und der hispanoamerikanischen „Modernistas" – die den Idealismus, den humanitären Geist, die religiöse Sensibilität und das Künstlertum[45] ins Zentrum rückten – sehr eigenständige Position. Seinem Bild des *Don Quijote* kommt sehr wohl etwas Revolutionäres zu!

Zweifellos verfügte kein anderer der hispanoamerikanischen Modernisten über eine mit José Martí vergleichbar ausgeprägte und kenntnisreiche Verwurzelung des eigenen Schreibens in der spanischen Literatur.[46] Er verkörpert den spanischen Pol innerhalb der breiten Palette eines Modernismo, der als komplexe und spannungsvolle, bisweilen auseinanderstrebende Ästhetik, die auf enorme sozioökonomische Modernisierungsprozesse reagiert, nicht ohne eine

---

43 Vgl. Correa-Díaz, Luis: América como Dulcinea: la 'salida' transatlántica de Cervantes, S. 460 u. 472f. Vgl. hierzu auch Ette, Ottmar: Esperando a Godot. Las citas de Manuel Vázquez Montalbán en La Habana. In: *Encuentro* (Madrid) 14 (otoño 1999), S. 69–89.
44 Zit. nach Parkinson de Saz, Sara M.: Cervantes en Hispanoamérica: Fernández de Lizardi y Juan Montalvo, S. 1061; vgl. hierzu auch Benedetti, Giovanna: "El camino de los andantes": Bolívar y Don Quijote. In: *Revista cultural Lotería* (Panamá) 414 (septiembre – octubre 1997), S. 9.
45 Vgl. hierzu Suárez, Ana: Cervantes ante modernistas y noventayochistas. In: Criado de Val, Manuel (Hg.): *Cervantes. Su mundo y su obra*, S. 1049.
46 Vgl. hierzu u. a. Schulman, Ivan A.: Poesía modernista. Modernismo / modernidad: Teoría y poiesis. In: Iñigo Madrigal, Luis (Hg.): *Historia de la literatura hispanoamericana*. Bd. 2: *Del neoclasicismo al modernismo*. Madrid: Cátedra 1987, S. 526; sowie García Espinosa, Juan M.: En torno a la novela del apóstol. In: *Universidad de La Habana* (La Habana) 29 (1965), S. 92–99.

Einbeziehung der dritten Phase beschleunigter Globalisierung im letzten Drittel des 19. Jahrhunderts verstanden werden kann. Es ist diese frühe und tiefe Einsicht in Prozesse, wie sie in *Nuestra América* in verdichteter modernistischer Prosa präsentiert werden, die José Martí zu einem der frühen Theoretiker der damals aktuellen Phase beschleunigter Globalisierung macht.

Zugleich aber war seine modernistische Konzeption einer in *Nuestra América* verankerten Literatur und Kultur der Zukunft gerade an der Vorstellung ausgerichtet, den literarischen Horizont – wie wir sahen – auf möglichst viele und verschiedensprachige Literaturen hin zu öffnen, damit die Literaturen Hispanoamerikas hier ihren eigenen Platz, ihre eigene Entwicklungsmöglichkeit finden könnten. Martí lässt sich so auch als Vorreiter eines polyphonen und polylogischen Literatursystems begreifen, der sich nicht vorrangig an der Existenz von Nationalliteraturen orientierte, sondern die unterschiedlichen Areas und ihre Literaturen transversal zusammendachte. Der spanische Roman des Miguel de Cervantes besaß in dieser Polyphonie eine zentrale Wichtigkeit.

José Martí hat diese literatur- und vor allem kulturtheoretisch fundierten Überzeugungen romantechnisch in seinen erstmals 1885 unter dem Titel *Amistad funesta* veröffentlichten einzigen Roman sehr subtil eingeschmuggelt und einen innerhalb der hispanoamerikanischen Romangeschichte neuartigen innerliterarischen Raum modernistischer Prägung entfaltet.[47] Die dort explizit eingeblendeten intertextuellen Bezugstexte stammen aus verschiedenen Literaturen Europas, beziehen aber auch die Literatur der USA sowie weitere außereuropäische Texte mit ein. Entscheidend jedoch ist, dass in diesen gleichsam weltumspannenden Horizont – wie bereits angedeutet – erstmals sehr bewusst hispanoamerikanische Romane integriert werden, ohne dass diese in den Kontext einer epigonalen Nachahmung europäischer Vorbilder gestellt würden. Am Ausgang des 19. Jahrhunderts beginnt Hispanoamerika, das *Mapping* der Literaturen der Welt definitiv zu verändern.

Vor diesem Hintergrund ist für unsere Fragestellung nicht uninteressant, dass José Martí auch in diesem Text – und zwar im mittleren, an Spanien ausgerichteten Teil dieses dreiteiligen Romans – auf einen augenzwinkernden Verweis auf *Don Quijote* nicht verzichten wollte. Die Erzählerstimme nuanciert den erneut mit einem unbändigen Freiheitswillen konnotierten Verweis jedoch in einer Weise, die durchaus auf eine autobiographische Dimension sowie die spätere Rezeption Martís als ‚Quijote cubano' vorausweist. Denn eine der Romanfi-

---

47 Vgl. hierzu Ette, Ottmar: "Cecilia Valdés" y "Lucía Jerez": cambios del espacio literario en dos novelas cubanas del siglo XIX. In: Balderston, Daniel (ed.): *The Historical Novel in Latin America. A Symposium.* Gaithersburgh: Hispamérica 1986, S. 85–96.

guren, der unglückliche Manuelillo, ist nicht umsonst „comido de aquellas ansias de redención y evangélica quijotería que le habían enfermado el corazón al padre, y acelerado su muerte".[48] Er ist also von jenem quijotesken Begehren nach quasi-religiöser Erlösung zerfressen, das auch José Martí, den ‚Apostel' Kubas, heimsuchte.

Damit erscheint auch bei José Martí jene „quijotería" oder „quijotez", auf die in der soeben zitierten Anekdote um Simón Bolívar angespielt wurde, und die in Hispanoamerika wohl erstmals mit Fernández de Lizardis *La Educación de las Mujeres o La Quijotita y su prima* 1818/1819 ganz im Zentrum eines hispanoamerikanischen (Erziehungs-)Romans stand. Auch der mit der neuspanisch-mexikanischen Literatur gut vertraute Martí war sich folglich dieser Dimension des Quijote-Bildes nicht nur in Hispanoamerika bewusst; mehr noch: Er legte in der Gestaltung ‚seines' Manuelillo eine Spur, die diskret zumindest zu einem Teil seines eigenen idealistischen Selbstverständnisses führte. Wie bei Bolívar findet sich zumindest in dieser Passage seines Romans jene Sakralisierung eines revolutionären Quijotismus, den wir von der Independencia bis zu Che Guevara in Hispanoamerika als literarisch-politische Spur revolutionären Tuns verfolgen können.[49] Dies bedeutet gleichwohl nicht, dass sich Martí zum Quijote stilisiert hätte; zumal dies für den späteren Gründer des Partido Revolucionario Cubano auch einem Selbstmord innerhalb des politischen Feldes Kubas – auf der Insel wie im Exil – gleichgekommen wäre.

Wir hatten gesehen, in welch auffallend starkem Maße José Martí bei seiner wiederholten Beschäftigung mit Don Quijote versuchte, sich trotz seiner Ausrichtung gerade an der spanischen Literatur des Siglo de Oro von der spezifisch spanischen, emblematisch für die „Hispanidad" stehenden Bedeutungsebene des ‚fahrenden Ritters' zu lösen. Wir sollten jedoch an dieser Stelle möglichst klar zwischen der Auseinandersetzung mit dem *Quijote*, dem Roman Miguel de Cervantes', und einem „Quijotismo" unterscheiden, welche historisch und rezeptionsgeschichtlich sicherlich eng miteinander verbunden, ja verflochten sind, gleichwohl aber eine unterschiedliche Diskursivität entfaltet haben. Denn anders als die Beschäftigung mit dem *Quijote* ist der Quijotismo in Hispanoamerika in einer Diskurstradition verwurzelt, die (oft diffus) kulturgeschichtlich argumentierend eine Rückbindung des hispanoamerikanischen *Seins* an die Hispanität betont. Martí aber war es vorrangig darum zu tun, die Freiheitspotentiale der cervantinischen Figur am Leben zu erhalten beziehungsweise neu zu beleben.

---

48 Martí, José: Amistad funesta. In (ders.): *Obras Completas*, Bd. 18, S. 220.
49 Zu den semantischen Wandlungen des ‚Quijotesken' vgl. u. a. Armas Wilson, Diana de: Cervantes and the New World, S. 218.

Insofern ist der Quijotismo im Zeichen ‚ererbter' Hispanität zu einem nicht unwichtigen Bestandteil von Identitätsdiskursen speziell in Hispanoamerika geworden. Er findet sich im 19. und 20. Jahrhundert hierbei ebenso in positiver, den ‚Idealismus' der hispanischen „raza" betonender wie in pejorativer, einen fehlenden ‚Realitätsbezug' beklagender Weise. In seinem 1950 vorgelegten *Examen del quijotismo* bestätigte der kubanische Kulturtheoretiker und Essayist Jorge Mañach eine doppelte diskursive Tradition des Quijotismo insofern, als auch er eine essentialistische, gleichsam genetische Verbindung der Hispanoamerikaner mit dem aus Spanien ererbten Geist des Quijote sah: „Con la sangre heredamos los hispanoamericanos todo lo que en el quijotismo hay de naturaleza, y no poco de lo que tuvo de historia."[50] Die Hispanoamerikaner, so war sich der Essayist Jorge Mañach sicher, hätten allesamt den *Quijote* im Blut. Und er fügte hinzu: „All dies ererbten wir Hispanoamerikaner als natürliche Anregung wie als historische Prägung. Wir haben dies genossen und erlitten in dem Grade, wie dies unser spanisches Blut, aber auch eine neue physische und kulturelle Umgebung erlaubte."[51]

Aus dieser Perspektive ist es nicht verwunderlich, wenn Mañach seinen heute nur noch wenig beachteten Band im Doppelklang von Don Quijote und Sancho Panza enden lässt – habe Cervantes doch gewollt, dass beide Figuren gemeinsam und nicht getrennt voneinander lebten.[52] Hier, so der kubanische Kulturtheoretiker, liege die Zukunft von *Nuestra América*.

Dass die kulturphilosophischen Spekulationen eines Jorge Mañach gegenüber den klugen und klaren Einsichten eines José Martí, der die Gegenwart wie die Zukunft Kubas wie Hispanoamerikas geradezu visionär beleuchtete, einen erheblichen Rückschritt bedeuteten, braucht an dieser Stelle nicht betont zu werden. Doch zugleich sollte mit diesem Zitat auch vor Augen geführt werden, in welch profundem Maße José Martí den kubanischen Diskurs über Hispanität, lateinamerikanische Identität und kubanische Originalität bis in die Wahl der Begriffe hinein geprägt hatte.

Dass José Martís Vorstellungen angesichts des Vorrückens einer gewaltigen militärischen und ökonomischen Übermacht, die schon bald ihren Siebenmeilenstiefel in Form eines Soldatenstiefels auf die Unabhängigkeitsbestrebungen seiner Heimatinsel drücken sollte, nicht zur direkten Befreiung seiner Insel von kolonialer wie neokolonialer Abhängigkeit führte, ist dem kubanischen Globalisierungstheoretiker nicht anzulasten. Bereits zu kolonialspanischen Zeiten war

---

50 Mañach, Jorge: *Examen del quijotismo*. Buenos Aires: Editorial Sudamericana 1950, S. 152.
51 Ebda., S. 155: „Todo eso, pues, incitación natural e impronta histórica, lo heredamos los hispanoamericanos. Y lo hemos gozado y padecido en la proporción de nuestra sangre española, pero también hasta donde un nuevo ámbito físico y cultural lo permitía."
52 Ebda., S. 162.

Kuba längst in den Sog der Vereinigten Staaten von Amerika geraten. Dass der kubanische Dichter und Revolutionär selbst in einem der ersten Scharmützel des nach ihm benannten Krieges den Tod fand, behinderte aber – wie er selbst vorausgesehen hatte – nicht seine Absicht, einem Quijote gleich weit über seinen eigenen physischen Tod hinaus zu wirken. Denn er schrieb mit einer noch heute erstaunlichen Treffsicherheit, dass er noch unter dem Grase wachsen würde: „Mi verso crecerá: bajo la yerba / Yo también creceré."[53] Die Geschichte sollte ihn freisprechen und ihm Recht geben.

---

53 Martí, José: Antes de trabajar. In (ders.): *Poesía completa. Edición crítica.* Edición Centro de Estudios Martianos. La Habana: Ed. Letras Cubanas 1985, Bd. 1, S. 126.

Rubén Darío oder das drohende Sterben des Spanischen

Mit einigem Recht könnte man die These wagen, dass Rubén Daríos lange Zeit unbekannt gebliebene poetische Erzählung *D.Q.* den während des 19. Jahrhunderts latent vorhandenen Identitätsdiskurs des Quijotismo zu einem Zeitpunkt literarisch in Szene setzt, als die dramatischen militärischen und politischen Ereignisse und Veränderungen im „Fin de siglo" ein Überdenken der kulturellen Beziehungen zwischen den politisch unabhängigen Nationen Hispanoamerikas und der scheidenden Kolonialmacht Spanien als dringend geboten erscheinen ließen. Denn das Absterben dieser Macht und die Übernahme einer imperialen und neokolonialen Rolle durch die Vereinigten Staaten stellten mit aller Dringlichkeit die Frage nach dem Spanischen in ihrer Doppelheit: nach der Zukunft der Hispanität wie nach der künftigen Rolle der spanischen Sprache.

Ohne eine Einbeziehung der historischen Hintergründe und Ereignisse im letzten Jahrzehnt des 19. Jahrhunderts wäre es nicht möglich zu erklären, warum der große nikaraguanische Dichter Rubén Darío, der in weit stärkerem Maße als Martí gerade die französischen Traditionslinien in seiner Auffassung des Modernismo hervorhob, auf ein längst obsolet geglaubtes identitäres Diskurselement der Hispanität zurückgriff. Doch gilt es anhand dieser Erzählung ebenfalls zu klären, in welchem Verhältnis die Beschäftigung mit dem Quijote und der Rückgriff auf den Quijotismo bei Rubén Darío stehen. Denn der am 18. Januar 1867 in einer heute nach ihm benannten Kleinstadt in Nikaragua geborene und am 6. Februar 1916 im nikaraguanischen León verstorbene Dichter hatte in seiner großen literarischen Karriere bis zu diesem Zeitpunkt deutlich die französische Tradition bevorzugt und im Gegensatz zu José Martí der spanischen Literatur trotz seiner zahlreichen Freundschaften mit spanischen Literaten einen unverkennbar nachgeordneten Rang zugewiesen.

Der aus dem Kleinbürgertum stammende Dichter und Erzähler, der bereits ab 1880 erste Gedichte veröffentlichte, lernte in El Salvador den Dichter Francisco Antonio Gavidia Guandique kennen, der ihn früh schon in Sprache und Literatur Frankreichs einführte. Wie Martí war er weitgereist, kam über Mittelamerika nach Chile, schrieb dort wie Martí für die große argentinische Zeitung *La Nación* und kam 1892 erstmals nach Spanien. Das Land beeindruckte ihn weit weniger als Frankreich oder auch die USA, wo er 1893 den etwas älteren José Martí kennenlernte, der in einer oft gedeuteten Wendung „hijo", mein Sohn, zu ihm gesagt haben soll.

An der Jahrhundertwende, in für Spanien entscheidenden Jahren, schickte ihn *La Nación* in die „Madre Patria", wo er kurz nach dem für Spanien erniedrigenden Frieden von Paris mit den USA eintraf: Ein Aufenthalt im nicht länger kolonialen Mutterland Spanien mit intensiven Freundschaften im literarischen Milieu begann, den Darío freilich auch zu ausgedehnten Reisen durch Europa nutzte. Rubén Darío, der die politischen und geokulturellen Veränderungen in Spanien hautnah miterlebte, wurde später auch Botschafter seines Landes in Madrid. In seiner Lyrik blieb er freilich seinen Bezugspunkten innerhalb der französischen Literaturtradition treu.

Auch wenn Rubén Darío in heutigen Literaturgeschichten mit Verweis auf seinen Band *Azul* ... aus dem Jahr 1888 oft als Begründer des hispanoamerikanischen Modernismo gefeiert wird, sollten wir doch eine Dreipoligkeit dieser fundamentalen literarischen Bewegung in Dichtkunst und Prosa konstatieren, die neben dem nikaraguanischen Dichter vom Kubaner José Martí und dem Uruguayer José Enrique Rodó gebildet wurde. Mit seinem Band *Los Raros* von 1896 setzte Rubén Darío vielen seiner französischen Vorbilder ein literarisches Denkmal, vergaß aber auch José Martí nicht, der ein Jahr zuvor im Krieg gegen Spanien gefallen war und mit seinem Gedichtband *Ismaelillo* bereits 1882 die modernistische Lyrik inauguriert hatte. Sie sollte drei Jahrzehnte lang in der spanischsprachigen Literatur und Dichtkunst dominieren.

Abb. 57: Rubén Darío (1867–1916).

Wir beschäftigen uns folglich mit einer Kernzeit modernistischen Schreibens in spanischer Sprache. Die kurze Erzählung des nikaraguanischen Autors erschien bereits 1899 unter ihrem etwas enigmatischen Titel *D.Q.* in Buenos Aires in dem nicht gerade verbreiteten und heute schwer zugänglichen *Almanaque Peuser*[1] und wurde innerhalb der Darío-Forschung erst spät und nur sehr zurückhaltend zur Kenntnis genommen. Selbst in den wenigen Studien, die sich dieses „Cuento" annehmen, wird nicht selten der geringe literarische Wert beklagt,

---

1 Noch im selben Jahr erschien der Text ebenfalls in Buenos Aires in der Zeitschrift *Fray Mocho*; vgl. hierzu die textkritischen Fußnoten der Ausgabe von Darío, Rubén: D.Q. In (ders.): *Don Quijote no debe ni puede morir (Páginas cervantinas)*. Prólogo de Jorge Eduardo Arellano. Anotaciones de Günther Schmigalle. Managua: Academia Nicaragüense de la Lengua 2002, S. 21.

der „escaso valor literario",[2] Immerhin aber könne von einem „incuestionable interés como obra social" gesprochen werden: Der Text erlaube „una clara visión del autor como ente histórico".[3] So gebe es folglich eine autobiographische, aber auch eine gesellschaftliche Dimension in diesem Erzähltext. Eine solch reduzierte Lesart soll im Folgenden in Frage gestellt und die Aufmerksamkeit auf die literarischen Qualitäten dieses Cuento des sicherlich weltläufigsten der hispanoamerikanischen Modernisten gerichtet werden. Denn Rubén Darío, soviel sei bereits vorausgeschickt, reagierte mit seiner Erzählung auf geradezu seismographische Weise auf die grundlegenden geokulturellen Veränderungen, die sich mit dem Eingreifen der Vereinigten Staaten von Amerika in den kubanisch-spanischen Krieg und dem Ende der langen Kolonialherrschaft Spaniens ergaben.

Die vorherrschende Geringschätzung des literarischen Wertes bei gleichzeitiger Konzentration auf den historischen, ja dokumentarischen Charakter der Erzählung ging in der Regel einher mit einer eher sorglosen Gleichsetzung der textinternen Erzählerfigur mit dem textexternen realen Autor namens Rubén Darío. Doch nichts wäre irreführender; und vor derlei literaturwissenschaftlichen und interpretatorischen Kurzschlüssen sollten wir uns hüten, wenn wir uns mit diesem erst seit 1966 durch einen Artikel von Ernesto Mejía Sánchez[4] und vor allem 1970 durch die Ausgabe der *Páginas desconocidas de Rubén Darío*[5] wieder leichter zugänglichen Text beschäftigen!

Daríos Cuento ist in der Tat mitten in den historischen Ereignissen des Eingreifens der USA in den kubanisch-spanischen Krieg situiert, die „Guerra de Martí". Die in vier römisch durchnummerierte Teile zerfallende Erzählung setzt mit dem Bericht eines spanischen Soldaten ein, der mit seiner Garnison in der Nähe von Santiago de Cuba auf dringend benötigten Nachschub wartet. Von Beginn an wird so das historische Setting jenes Krieges entfaltet, den José Martí entfesselt und in dem er gleich zu Beginn im Mai 1895 sein Leben verloren hatte. Ob es sich dabei um einen tragischen Unglücksfall oder um einen selbstmordähnlichen Zwischenfall handelte, wollen wir an dieser Stelle offenlassen.

Nichts in diesem Cuento weist freilich auf die Spuren des kubanischen Modernisten, der – wie bereits erwähnt – Darío in einer denkwürdigen Formulierung ein-

---

2 Palau de Nemes, Graciela: «D.Q.»: un cuento fantástico de Rubén Darío. In: Criado de Val, Manuel (Hg.): *Cervantes. Su mundo y su obra*, S. 943.
3 Ebda.
4 Mejía Sánchez, Ernesto: Un cuento desconocido de Rubén Darío. In: *Gaceta del Fondo de Cultura Económica* (México) XIII, 140 (abril de 1966), S. 8–9 (einschließlich Abdruck der Erzählung „D.Q.").
5 Darío, Rubén: *Páginas desconocidas de Rubén Darío*. Edición Roberto Ibáñez. Montevideo: Marcha 1970, S. 142–146.

mal als seinen literarischen ‚Sohn' bezeichnet hatte.[6] Im Mittelpunkt situieren sich vielmehr jene Ereignisse, die in Zusammenhang mit der lange geplanten militärischen Intervention der Vereinigten Staaten im Spanisch-Kubanischen Krieg stehen, in den die USA 1898 unter einem wie stets bei vergleichbaren Anlässen selbst geschaffenen Vorwand eingriffen. Sehen wir uns einmal das Incipit dieser Erzählung an:

> Wir sind in einer Garnison in der Nähe von Santiago de Cuba. In jener Nacht hatte es geregnet; gleichwohl war die Hitze unerträglich. Wir warteten auf die Ankunft einer Kompagnie neuer Kräfte aus Spanien, um endlich jene Landschaft verlassen zu können, in welcher wir an Hunger starben, wo wir voller Verzweiflung und voller Wut nicht kämpfen konnten. Die Kompagnie sollte, wie uns mitgeteilt wurde, noch in dieser Nacht eintreffen. Da die Hitze noch zunahm und der Schlaf mir keine Ruhe gönnen wollte, ging ich aus dem Lager, um etwas frische Luft zu schnappen. Nach dem Regen hatte sich der Himmel etwas aufgeklärt und im Dunklen funkelten einige Sterne. Ich ließ die Wolke von traurigen Ideen los, die sich in meinem Hirn angesammelt hatten. Ich dachte an so viele Dinge, die weit von hier entfernt waren; an das Hundeelend, das uns verfolgte; daran, dass Gott seiner Peitsche vielleicht eine neue Richtung gäbe und wir in rascher Revanche einen neuen Weg beschreiten könnten. An so vieles dachte ich...[7]

Rubén Daríos Erzählung konfrontiert uns bewusst mit einer Zeitenwende: Die spanische Herrschaft über Kuba und Puerto Rico geht zu Ende; und der Untergang der Kolonialmacht Spanien fällt mit dem imperialen Aufstieg der strategisch auf ihre Seestreitkräfte vertrauenden künftigen Weltmacht USA zusammen. Der von José Martí vorbereitete und geprägte Unabhängigkeitskampf Kubas endet in einer politischen Ambivalenz, insoweit die Insel zwar 1902 ihre politische Unabhängigkeit erreichen, zugleich aber in völliger Abhängigkeit von der neuen Hegemonialmacht, den Vereinigten Staaten, verbleiben wird. Rubén Darío lässt sich vom Vorwand für das Eingreifen der USA nicht blenden und beirren: Er reflektiert in seiner Erzählung aus der Position eines spanischen Ich-Erzählers, der die Niederlage Spaniens, das sogenannte „Desastre", hautnah miterlebt.

Die historischen Ereignisse von 1898 sind wegweisend. Denn mit ihnen hat das spätestens seit Mitte des 19. Jahrhunderts bestehende Dreiecksverhältnis zwischen Kuba, seinem politischen Zentrum Spanien und seinem wirtschaftlichen Absatzmarkt USA neue, auf die künftige Entwicklung vorausweisende weltpolitische Vorzeichen erhalten. Am Ausgang jenes Jahrhunderts, das mit der Independencia im spanischsprachigen Raum Amerikas begann, steht nun

---

6 Zu dieser vieldiskutierten Bezeichnung im Kontext der Rezeption José Martís vgl. u. a. González, Manuel Pedro: Evolución de la estimativa martiana. In: Schulman, Iván A. / González, Manuel Pedro: *Martí, Darío y el Modernismo*. Madrid: Editorial Gredos 1969, S. 82.
7 Darío, Rubén: D.Q., S. 21.

die globalgeschichtlich entscheidende Wandlung, die den Aufstieg der USA und die Prägung dessen verkündet, was als das ‚US-amerikanische Jahrhundert' bezeichnet wurde. Vom Ausgang der vierten Phase beschleunigter Globalisierung können wir heute sehen, wie und auf welche Weise diese alleinige Vormachtstellung der Vereinigten Staaten von Amerika zu Ende geht. Denn wir leben in einer Übergangsphase, in welcher sich eine monozentrische Weltordnung hin auf eine polyzentrische Struktur öffnet, deren Chancen und Risiken noch nicht abschätzbar sind.

Das Jahrhundertende und die Jahrhundertwende zum 20. Jahrhundert bildeten eine vergleichbare weltpolitische Übergangsphase. D.Q. schildert diese sich 1899 bereits abzeichnende Zeitenwende gleichsam aus größter Nähe, ist doch der Cuento nicht nur zeitnah zu den historischen Ereignissen entstanden, sondern nimmt auch eine Perspektivik ein, die jene der materiell unterlegenen spanischen Soldaten ist. Ihre Lage ist angesichts der materiellen Übermacht der USA hoffnungslos. Schon die eingangs geschilderten klimatischen Bedingungen mit dem sich verziehenden nächtlichen Regen und den nun beim Aufklaren sichtbar werdenden Sternen deuten den Siegerglanz der *Stars and Stripes* frühzeitig an: „y en el fondo oscuro brillaban algunas estrellas."[8] Sie lassen erahnen, dass die Hoffnungen des Ich auf Gott und eine rasche Wendung des Kriegsglücks, „una rápida revancha",[9] von Anfang an zum Scheitern verurteilt sind: Der Klang einer tristen „diana"[10] verrät, dass die Tage spanischer Herrschaft über Kuba gezählt sind. Die optischen wie die akustischen Zeichen stimmen überein und sprechen eine deutliche und zugleich die historischen Ereignisse rund um 1898, rund um das „Noventayocho" verdichtende Sprache.

Aus der Gruppe junger Soldaten aber ragt – wie die doppelt verwendete Formel „menos uno"[11] unmissverständlich anzeigt – ein mit dem Nachschub eingetroffener Mann heraus, der wie ein Fünfzigjähriger wirkt, vielleicht aber auch dreihundert Jahre alt sein könnte: „Tendría como cincuenta años, más también podía haber tenido trescientos."[12] Der somit um die Mitte des 19. Jahrhunderts geborene namenlose Fahnenträger könnte folglich auch ein Zeitgenosse Cervantes' sein – und nicht umsonst spricht der Blick dieses Mannes von Jahrhunderten, von „cosas de siglos".[13] Wer also ist dieser Fahnenträger?

---

8 Darío, Rubén: D.Q., S. 21.
9 Ebda.
10 Ebda., S. 22.
11 Ebda.
12 Ebda.
13 Ebda.

Die Rätselstruktur ist im Cuento angelegt, zugleich aber nicht allzu schwierig zu enthüllen. Sehen wir uns auch diese Passage an, denn der angekündigte Nachschub ist nunmehr eingetroffen:

> Sie brachten uns Nachrichten aus dem Vaterlande. Sie kannten die schlimmen Ausgänge der letzten Schlachten. Wie wir waren sie verzweifelt, aber von dem brennenden Wunsche beseelt, zu kämpfen, sich wütend in Rache zu ereifern, dem Feinde allen möglichen Schaden beizubringen. Alle waren wir jung und bizarr, außer einem; alle suchten uns auf, um mit uns zu kommunizieren oder mit uns zu sprechen; außer einem. Sie brachten uns Vorräte mit, die verteilt wurden. Zur Vesperzeit fingen wir alle an, unsere kärgliche Armenspeisung zu verschlingen, außer einem. Er dürfte wohl fünfzig Jahre alt sein, konnte aber auch dreihundert auf dem Buckel haben. Sein trauriger Blick schien selbst die Tiefen unserer Seelen zu durchdringen, und wir sagten Dinge von Jahrhunderten. Wurde bisweilen das Wort an ihn gerichtet, so antwortete er fast nicht, lächelte melancholisch; er isolierte sich, suchte die Einsamkeit; er blickte in die Tiefe des Horizonts, auf der Seite des Meeres. Er war der Standartenträger. Welchen Namen er trug? Seinen Namen hörte ich nie.[14]

Die spanischen Truppen leben in großer Ungewissheit, die durch den katastrophalen Ausgang bisheriger Gefechte mit den US-amerikanischen Soldaten noch verstärkt wird. Die im Zentrum des zweiten Teils stehende Ansprache des Feldgeistlichen an die Soldaten lässt zwei Tage später Zweifel daran aufkommen, ob sich die Fahne Spaniens, die Fahne des Fahnenträgers, „nuestra pobre y santa bandera"[15] je wieder mit Ruhm bedecken werde. Was würde das Schicksal Spaniens sein? Würde es sich als Kolonialmacht behaupten? Oder würde es als Nation untergehen und sich auflösen?

Im Diskurs des Geistlichen erscheint der „abanderado", der Standartenträger, als wundertätig und edel von Herzen, als „milagroso y extraño" und „nobilísimo de corazón", verfolgt von nicht zu verwirklichenden Träumen, stünden nach seiner Ansicht die Truppen Spaniens doch bald – ganz wie er es von einem spanischen Bischof gehört hatte – schon in Washington und würden ihre Fahne auf dem Kapitol hissen.[16] Der wie zufällig aus der Mancha stammende, tiefgläubige und des Nachts dichtende Fahnenträger glaubt – vor den Toren Santiago de Cubas – an Santiago, an Jakobus, also den Schutzheiligen der Reconquista, und an die Gerechtigkeit der spanischen Sache. Doch längst ist er zum Gegenstand der Scherze und „burlas" anderer geworden, die sich über ihn lustig machen, trägt er doch – wie behauptet wird – eine alte Rüstung unter der Uniform; und auf all sei-

---

14 Ebda.
15 Ebda.
16 Ebda., S. 23.

nen Habseligkeiten die Initialen D.Q.[17] Hier kämpft das überalterte Spanien des 16. Jahrhunderts gegen eine hochgerüstete moderne Armee.

Der dritte Teil setzt mit dem Marschbefehl und der Hoffnung der Spanier auf eine siegreiche Schlacht gegen die „tropas yanquis"[18] ein: An die Stelle des traurigen Morgenweckens ist das güldene Zeichen getreten, das „signo de oro" der Fanfarenstöße des Aufbruchs.[19] Es weckt alle Hoffnungen auf einen großartigen Sieg. Doch diese Hoffnungen täuschen, erweisen sich als Truggebilde, als interessegeleitete Fiktionen. Plötzlich bricht für das Ich eine Welt zusammen, als hätte man vor den Augen des Soldaten die eigene Mutter ermordet: Die Nachricht vom Untergang der spanischen Flotte ist eingetroffen, die Kapitulation der Truppen beschlossene Sache: „Cervera estaba en poder del yanqui."[20] Die Yankees hatten sich des Oberbefehlshabers der spanischen Truppen bemächtigt.

Die namentliche Nennung des Admirals Pascual Cervera y Topete, der jene Flotte befehligte, die am 3. Juli 1898 von der weit überlegenen Feuerkraft einer hochgerüsteten US-Flotte buchstäblich zerfetzt und versenkt wurde, verleiht dem Text eine historische, ja dokumentarisch-referentielle Bedeutungsebene. Denn die Formulierungen des Cuento entsprechen buchstäblich den zeitgenössischen Berichten, die Rubén Darío als Korrespondent der argentinischen *Nación* sehr wohl kannte: Die spanischen Schiffe wurden von den Kanonen der USA zerfetzt, „la habían despedazado los cañones de Norte América".[21]

Es ist wichtig, an dieser Stelle auf die Tatsache zu verweisen, dass es sich bei diesem Krieg um den ersten ‚transatlantischen Medienkrieg' im modernen Sinne handelte, der in nicht geringem Maße von den damaligen Medien und den Reaktionen des Publikums in Spanien und in den USA mitentschieden wurde.[22] Die „neueste Technologie des Seekrieges"[23] hatte über Cerveras tollkühne Manöver gesiegt und alles entschieden: Schon am 17. Juli 1898 ergaben sich die spanischen Truppen in Santiago de Cuba; eine Kapitulation, die Rubén Darío in einer Art „téléscopage historique" in seine Erzählung einblendet. Es ist unschwer zu bemerken, dass sich der nikaraguanische Dichter und Erzähler in diesem Zusammenhang als getreuer lateinamerikanischer Zeitungskorrespondent erweist.

---

17 Ebda.
18 Ebda.
19 Ebda., S. 24.
20 Ebda.
21 Ebda.
22 Zu den Konsequenzen dieser massenmedialen Dimension des *Desastre* vgl. u. a. Ette, Ottmar: Visiones de la guerra / guerra de las visiones. El desastre, la función de los intelectuales y la Generación del 98. In: *Iberoamericana* (Frankfurt am Main) XXII, 71–72 (1998), S. 44–76.
23 Zeuske, Michael: *Insel der Extreme. Kuba im 20. Jahrhundert.* Zürich: Rotpunktverlag 2000, S. 34.

Im Erzählerdiskurs des jungen spanischen Soldaten bleiben keine Zweifel an der zeitgeschichtlichen Bedeutung: „No quedaba ya nada de España en el mundo que ella descubriera."[24] Spanien habe diese Neue Welt zwar entdeckt, doch nichts – so die pessimistische Einschätzung des spanischen Soldaten – werde von alledem bleiben. Im unmittelbaren Anschluss an diese historisch adäquat geschilderte Entwicklung wird eine Szenerie der Waffenübergabe an einen „gran diablo rubio, de cabellos lacios, barba de chivo, oficial de los Estados Unidos" imaginiert,[25] also an einen Offizier der US-Armee, der wie ein großer blonder Teufel mit Ziegenbart wirkt. Diese Szenerie macht einen unüberbrückbaren Gegensatz zwischen den Spaniern und ihren blauäugigen Feinden auf.[26] Mit diesen Worten wird der Gegenpol zur „raza latina", also der blonde Teufel, an die Wand gemalt.

Als in einer unwürdigen Szene die Waffen übergeben sind und nun auch die Fahne Spaniens den US-Truppen ausgehändigt werden soll, wirft sich der Fahnenträger mit ihr in den Abgrund – und nur noch ein Geräusch wie von einer scheppernd aufschlagenden Rüstung sei zu hören gewesen. Es ist nun an der Zeit, das Rätsel der Identität dieses Fahnen- oder Standartenträgers zu lösen:

> Plötzlich glaubte ich das Rätsel zu enthüllen. Denn jene Physiognomie war mir sicherlich nicht unbekannt.
> D. Q., sagte ich ihm, ist in diesem alten Buch porträtiert: Hört zu. „Das Alter unseres Hidalgo mag bei fünfzig Jahren gelegen haben; er war von steifer Figur, ausgetrockneten Gliedern, knochigem Antlitz, ein Frühaufsteher und Freund der Jagd. Sie sagen, dass er den Spitznamen Quijada oder Quesada trug – darin bestehen einige Differenzen unter den Autoren, die über diesen Fall schrieben –, obwohl man durch wahrscheinliche Konjekturen vermuten darf, dass er Quijano hieß."[27]

So löst sich mithin ein Rätsel, das wohl für einige Leserinnen und Leser von Beginn an keines war – und hierin könnte der Grund dafür liegen, dass Rubén Darío seine Erzählung nicht noch stärker in das Licht der Öffentlichkeit rückte. Denn im vierten und letzten Teil glaubt das Ich, das Rätsel um die Initialen ‚D.Q.' gelöst zu haben, sei ihm doch auch die Physiognomie des Unbekannten nicht wirklich unbekannt.[28]

---

24 Darío, Rubén: D.Q., S. 24.
25 Ebda.
26 Zweifellos dienen die blonden Haare des US-Offiziers in Daríos Erzählung jener Art von Abgrenzung zwischen den ‚beiden Amerikas', die noch Jorge Mañach ganz selbstverständlich bedient, wenn er an seine spanischsprachigen Leser gerichtet behauptet: „somos más idealistas que los rubios pragmáticos", denen er vor allem eine große „voracidad material" bescheinigt (vgl. Mañach, Jorge: *Examen del quijotismo*, S. 162).
27 Darío, Rubén: D.Q., S. 25.
28 Ebda.

Rubén Daríos Erzählung endet abrupt mit dem obigen Zitat aus einem „viejo libro",[29] in dem die Physiognomie des Ritters von der traurigen Gestalt beschrieben wird. Don Quijote, so gibt uns dieses Ende des Cuento zu verstehen, war beim Verlust der letzten spanischen Kolonie in Amerika höchstpersönlich zugegen. Der historische Diskurs hat die Züge einer phantastischen Erzählung[30] ‚freigegeben'.

Der Freitod des „abanderado" mit seinem Jahrhundertblick, seiner „mirada de siglos",[31] öffnet sich auf unterschiedlichste Möglichkeiten der Deutung. Zum einen steht das Verschwinden des Fahnenträgers sicherlich für das Verschwinden der spanischen Flagge von der Landkarte Amerikas, eine sich abzeichnende *geopolitische* Situation, auf die Rubén Darío – noch vor Rodós mit dem neuen Jahrhundert erschienenen *Ariel* (1900) – in seinem am 20. Mai 1898 in *El Tiempo* (Buenos Aires) veröffentlichten Essay *El triunfo de Calibán* mit dem Rückgriff auf Shakespeares *The Tempest* reagiert hatte.[32] Diese historische Isotopie stellt das Ende der spanischen Kolonialherrschaft in den Zusammenhang einer suizidalen Haltung, einer (oft als ‚quijotesk' bezeichneten) Politik,[33] in der noch immer die scheppernden Rüstungen der spanischen Conquista aus der ersten Phase beschleunigter Globalisierung hörbar waren. Denn Miguel de Cervantes' *Don Quijote* ist nicht nur über die biographischen Irrwege seines Schöpfers, der sich Hoffnungen auf eine führende Stellung in den expandierenden spanischen Kolonien machte, mit der Neuen Welt verbunden.

Auf einer zweiten, *geokulturellen* Bedeutungsebene steht das Verschwinden des spanischen Fahnenträgers für die Ohnmacht einer spanisch geprägten Welt gegenüber dem Vordringen der Vereinigten Staaten von Amerika, die nicht nur mit der Herrschaft Spaniens, sondern auch mit den spanisch geprägten Werten, für die der Fahnenträger steht, kurzen Prozess machen wollten. Selbst die spanische Sprache schien auf dem amerikanischen Kontinent in Gefahr, wie Darío in seinem berühmten, den *Cantos de vida y esperanza* zugerechneten Gedicht *A Roo-*

---

29 Ebda.
30 Die von Tzvetan Todorov gesetzten Kernbedingungen sind im Wesentlichen erfüllt; vgl. Todorov, Tzvetan: *Introduction à la littérature fantastique*. Paris: Seuil 1970, S. 37 f. Mejía Sánchez sprach 1966 von einem „tema realista tocado de misterio (¿antecedentes del realismo mágico de hoy?)" sowie vom „efecto críptico del relato"; vgl. Mejía Sánchez, Ernesto: Un cuento desconocido de Rubén Darío, S. 8.
31 Darío, Rubén: D.Q., S. 24.
32 Vgl. hierzu u. a. Gullón, Ricardo: Introducción. In: Darío, Rubén: *Páginas escogidas*. Madrid: Cátedra 1979, S. 25 f.
33 Vgl. hierzu u. a. Litvak, Lily: Latinos y anglosajones. Una polémica de la España de fin de siglo. In (dies.): *España 1900. Modernismo, anarquismo y fin de siglo*. Barcelona: Anthropos 1990, S. 169.

sevelt (der spätere Präsident der Vereinigten Staaten hatte mit seinen „Rough Riders" am Krieg von 1898 teilgenommen) formulierte. Sehen wir uns dieses berühmte Gedicht, von dem der nikaraguanische Dichter sich später aus eher opportunen Gründen distanzierte, einmal näher an:

> Mit der Stimme der Bibel, mit den Versen Walt Whitmans
> sollte ich kommen zu Dir, oh Jäger,
> primitiv und modern, einfach und komplex,
> mit 'nem bisschen Washington und vier Teilen Nemrod.
> Du bist die Vereinigten Staaten,
> Du stehst für die künftigen Invasoren
> des naiven Amerika, das indigenes Blut besitzt,
> das noch immer Jesuschristus anbetet, noch immer Spanisch spricht.er
>
> Ein stolzes und starkes Exemplar Deiner Rasse bist Du;
> bist kultiviert und geschickt; stellst Dich Tolstoi entgegen.
> Und Pferde zähmend oder Tiger ermordend
> bist Du ein Alexander-Nebukadnezar.
> (Du bist ein Professor der Energie,
> wie die Verrückten von heute es sagen.)
>
> Du glaubst, das Leben sei Brand,
> dass der Fortschritt ein Ausbruch ist,
> wohin Du Deine Kugel richtest,
> dort wächst die Zukunft.
>   Nein.
>
> Die Vereinigten Staaten sind mächtig und groß.
> Erzittern sie, entsteht ein tiefes Beben,
> das durch den riesigen Rücken der Anden läuft.
> Ruft Ihr, wird's gehört wie das Brüllen des Löwen.
> Schon Hugo sagte Grant: Die Sterne gehören Euch.
> (Kaum schon erstrahlt Argentiniens aufgehende Sonne,
> es erhebt sich der chilenische Stern...) Reich seid Ihr.
> Mit Herkules' Kult vereint Ihr den Kult des Mammon,
> und den Weg so leichter Eroberung erleuchtet
> der Freiheitsstatue Fackel droben in New York.
>
> Doch unser Amerika, das seit Nezahualcóyotls
> längst vergangenen Zeiten Dichter besitzt,
> das die Spuren bewahrt von des großen Bacchus Füßen,
> das Pans Alphabet vor langer Zeit erlernte;
> das die Sterne befragte, das Atlantis kannte,
> dessen Name uns aus Platons Schriften schallt,
> das seit seines Lebens fernsten Augenblicken
> lebet vom Licht, vom Feuer, vom Duft, von Liebe,

das Amerika des großen Montezuma, des Inka,
das duftende Amerika des Christoph Columbus,
das katholische Amerika, das spanische Amerika,
das Amerika, wo der edle Guatemoc einst sprach:
„Nicht auf Rosen bin ich gebettet"; dies Amerika,
das vor Hurricanes zittert und von Liebe lebt,
Männer mit sächsischen Augen, barbarischer Seele: Es lebt.
Und es träumt. Und liebt und bebt, ist Tochter der Sonne.
Gebet acht. Das spanische Amerika lebt!
Tausend Junge hat der Spanische Löwe um sich.
Ihr müsstet, oh Roosevelt, beim Gotte selbst sein
der furchtbare schütze, der machtvolle Jäger,
uns zu halten mit eisernen Krallen Ihr.

Mit allem Ihr rechnet, doch eines fehlt: Gott![34]

¡Es con voz de la Biblia, o verso de Walt Whitman,
que habría que llegar hasta tí, Cazador!
Primitivo y moderno, sencillo y complicado,
con un algo de Washington y cuatro de Nemrod.
Eres los Estados Unidos,
eres el futuro invasor
de la América ingenua que tiene sangre indígena,
que aún reza a Jesucristo y aún habla en español.

Eres soberbio y fuerte ejemplar de tu raza;
eres culto, eres hábil; te opones a Tolstoy.
Y domando caballos, o asesinando tigres,
eres un Alejandro-Nabucodonosor.
(Eres un profesor de Energía,
como dicen los locos de hoy.)

Crees que la vida es incendio,
que el progreso es erupción;
en donde pones la bala
el porvenir pones.
              No.

Los Estados Unidos son potentes y grandes.
Cuando ellos se estremecen hay un hondo temblor
que pasa por las vértebras enormes de los Andes.
Si clamáis, se oye como el rugir del león.

---

34 Darío, Rubén: A Roosevelt. In (ders.): *Obras Completas.* Madrid: Afrodisio Aguado 1953, Bd. 5, S. 878.

> Ya Hugo a Grant le dijo: „Las estrellas son vuestras."
> (Apenas brilla, alzándose, el argentino sol
> y la estrella chilena se levanta...) Sois ricos.
> Juntáis al culto de Hércules el culto de Mammón;
> y alumbrando el camino de la fácil conquista,
> la Libertad levanta su antorcha en Nueva York.
>
> Mas la América nuestra, que tenía poetas
> desde los viejos tiempos de Netzahualcoyotl,
> que ha guardado las huellas de los pies del gran Baco,
> que el alfabeto pánico en un tiempo aprendió;
> que consultó los astros, que conoció la Atlántida,
> cuyo nombre nos llega resonando en Platón,
> que desde los remotos momentos de su vida
> vive de luz, de fuego, de perfume, de amor,
> la América del gran Moctezuma, del Inca,
> la América fragante de Cristóbal Colón,
> la América católica, la América española,
> la América en que dijo el noble Guatemoc:
> „Yo no estoy en un lecho de rosas"; esa América
> que tiembla de huracanes y que vive de amor,
> hombres de ojos sajones y alma bárbara, vive.
> Y sueña. Y ama, y vibra; y es la hija del Sol.
> Tened cuidado. ¡Vive la América española!
> Hay mil cachorros sueltos del León Español.
> Se necesitaría, Roosevelt, ser Dios mismo,
> el Riflero terrible y el fuerte Cazador,
> para poder tenernos en vuestras férreas garras.
>
> Y, pues contáis con todo, falta una cosa: ¡Dios!

Dieses an die Adresse des US-amerikanischen Präsidenten, des ‚Rough Rider' geschleuderte Ode teilt den Kontinent bewusst in zwei Teile: Auf der einen Seite das spanischsprachige Amerika, das in seinen indigenen und spanischen Traditionen lebt und Spanisch spricht; auf der anderen Seite die Vereinigten Staaten, die an den Mammon glauben und für den Fortschritt stehen. Dabei tauchen dieselben angelsächsischen Züge wieder auf, die wir bereits in *D.Q.* kennengelernt hatten. Dem blonden und großen Amerika steht ein dunkles, schwarzhaariges Amerika gegenüber, das indigene Züge besitzt, wie sie auch das Antlitz des nikaraguanischen Dichters selbst zieren. Doch die Stunde des ‚Besuches', vor der José Martí in *Nuestra América* gewarnt hatte, die Stunde der Invasion durch Truppen der USA ist nahe: Sie ist in Kuba schon gekommen! Rubén Darío war sich der Tatsache bewusst, an einer Zeitenwende zu stehen, in der sich das Schicksal seines Amerika entscheiden würde.

Er greift in dieser Ode implizit auf Vorstellungen des Panlatinismus zurück, wie wir sie in unserer Vorlesung über die *Romantik zwischen zwei Welten* behandelt haben.[35] Der Panlatinismus war eine sich Mitte des 19. Jahrhunderts ausdifferenzierende politisch-kulturelle Bewegung, die unter hegemonialer Führung durch Frankreich in Opposition zu Bewegungen wie dem Panslawismus oder dem Pangermanismus Länder weltweit vereinigte, die im Zeichen des Lateinischen wie des katholischen Christentums standen. Daher also die mehrfache Berufung auf die christlich-katholische Religion der Indios wie der Spanier in diesem Gedicht, aber auch die Betonung des Spanischen. Rubén Darío fürchtete – und diese Angst hatte durchaus einen konkreten kulturhistorischen Hintergrund –, dass durch eine Invasion von US-amerikanischen Truppen die Länder Lateinamerikas das Spanische aufgeben und zum Englischen überwechseln könnten. Eine absurde Vorstellung, finden Sie?

Vergessen wir nicht, dass just zum gleichen Zeitpunkt die USA mit ihrer Ausbreitung über die Philippinen nicht nur die Herrschaft Spaniens, sondern auch des Spanischen beseitigten und das Englische an die Stelle des Kastilischen trat. José Rizal,[36] der José Martí der Philippinen, schrieb Ende des 19. Jahrhunderts in einer Sprache, die im 20. Jahrhundert bald schon keinerlei offiziellen Status mehr besaß: Die philippinische Nationalliteratur hatte ihr Idiom gewechselt. Die Philippinen gehörten ab dem frühen 20. Jahrhundert nicht mehr zu den lateinischen Ländern des Panlatinismus.

Die Sterne, die Stars and Stripes der USA, kündigen die Hegemonie der Vereinigten Staaten von Amerika auf dem amerikanischen Kontinent an; die Sonne auf der Flagge Argentiniens oder der einsame Stern auf jener Chiles waren noch nicht mächtig genug geworden, was der Dichter nicht zu erwähnen vergisst. Wie José Martí betont auch Rubén Darío, dass der ‚Besuch' durch US-amerikanische Truppen die Länder Lateinamerikas zu früh betrifft: Sie sind auf die bald der US-Intervention in Kuba folgenden, weit mehr als einhundert militärischen Interventionen nicht im ausreichenden Maße vorbereitet.

In der *Ode an Roosevelt* konnte der nikaraguanische Dichter noch nicht ahnen, was wir heute ganz selbstverständlich wissen: Dass sich das Spanische auch gegen alle Hegemonialvorstellungen der USA als standfest erwies, ja mehr noch, dass es sich auf dem Territorium der Vereinigten Staaten nicht nur hielt, sondern immer mehr verbreitete und zur wichtigsten Sprache neben dem Englischen werden konnte. Und hält die Bevölkerungsentwicklung in den USA

---

[35] Vgl. die entsprechenden Ausführungen in Ette, Ottmar: *Romantik zwischen zwei Welten*, S. 942 ff.
[36] Vgl. das José Rizal gewidmete Kapitel im vierten Band der Reihe „Aula" in Ette, Ottmar: *Romantik zwischen zwei Welten*, S. 1038 ff.

mit dem derzeitigen Tempo an, dann wird die dortige Spanisch sprechende Bevölkerung schon in wenigen Jahrzehnten die Englisch sprechende ein- und überholt haben. Die Ängste also, die einen Rubén Darío an der Wende zum 20. Jahrhundert heimsuchten, sind im 21. Jahrhundert jenen gewichen, welche eine englischsprachige Bevölkerung vor dem weiteren Vordringen des Spanischen hat: Das Empire schlägt zurück.

Sicherlich enthält diese Ode auch mancherlei Autostereotype wie Heterostereotype, die sich auf die ‚beiden Amerikas' beziehen. Doch wollen wir diese zweifellos interessanten Aspekte wie auch die Tatsache, dass der Dichter eine Kontinuität zwischen den indigenen Kulturen und der spanischen Kolonialherrschaft sah, an dieser Stelle unserer Vorlesung nicht weiter untersuchen. Vielmehr sollten wir festhalten, dass Rubén Darío am Ausgang des 19. Jahrhunderts mit dem Untergang, mit dem Tod der spanischen Sprache auf dem amerikanischen Kontinent vielleicht nicht rechnete, eine solche sprachliche Katastrophe aber doch ernsthaft befürchtete. In gewisser Weise hätte der Tod des Spanischen, der kastilischen Sprache, auch den Untergang seiner eigenen Lyrik bedeutet – vergleichbar mit dem Schicksal der Lyrik eines Nezahualcóyotl, dessen Poesie im Náhuatl von Mexiko freilich eine (wenn auch noch minoritäre) Wiedergeburt erfahren hat.

Rubén Darío gab auch in anderen seiner Gedichte seiner tiefen Sorge Ausdruck, dass es zu einem Tod des Spanischen in Amerika kommen könnte. In seinem *Que signo haces, oh Cisne* (*Welches Zeichen machst Du, oh Schwan*) wendet er sich direkt an das von ihm spätestens seit *Azul* ... gestaltete emblematische ‚Wappentier' des hispanoamerikanischen Modernismo, den Schwan, um ihm eben diese Sorge kundzutun. Das bange Fragezeichen war dem modernistischen Schwan buchstäblich auf den weißen Leib geschrieben: „¿Seremos entregados a los bárbaros fieros? / ¿Tantos millones de hombres hablaremos inglés?"[37] „Werden wir den wilden Barbaren übergeben? / Millionen von Menschen, werden wir Englisch sprechen?"

In letzten Abschnitt seines mit den Initialen ‚R.D.' unterzeichneten Vorworts zu seinen für die Geschichte des hispanoamerikanischen Modernismo so wichtigen *Cantos de vida y esperanza* hatte der nikaraguanische Lyriker unmissverständlich festgehalten: „Wenn es in diesen Gesängen Politik gibt, dann weil sie universell ist. Und wenn Ihr hier Verse an einen Präsidenten findet, dann weil der Aufschrei kontinental ist. Morgen schon könnten wir Yankees sein (und dies ist das wahrscheinlichste); auf jeden Fall ist mein Protest auf

---

37 Darío, Rubén: Qué signo haces, oh Cisne. In (ders.): *Obras Completas*, S. 890.

die Flügel der unbefleckten Schwäne geschrieben, die so berühmt sind wie Jupiter."[38]

Auf einer dritten, *transtemporal-symbolischen* Bedeutungsebene schließlich steht jener Fahnenträger, der mit den Initialen ‚D.Q.' bezeichnet wird, für eine die Geschichte querende Präsenz, die in seinem Jahrhunderte spiegelnden Blick aufscheint und mit dem Selbstmord in Santiago de Cuba nur vordergründig ein Ende findet. Dachte Darío dabei auch an den möglichen Selbstmord von José Martí – ebenfalls im Oriente Kubas? Wohl eher nicht, auch wenn es schon früh Gerüchte um diesen Tod in einem eher beiläufigen Scharmützel gab. Denn am Ausgang des Cuento steht nicht der Freitod eines Fahnenträgers, der vor den Truppen der Vereinigten Staaten zu kapitulieren nicht bereit ist: *D.Q.* schließt vielmehr mit den Worten jenes alten Buches, in denen Kraft der Lektüre die Gestalt des Don Quijote von Neuem ersteht und in ihrer Überzeitlichkeit erstrahlt. Daher hat auch kein anderer als *Don Quijote de la Mancha* das letzte Wort in dieser Erzählung.

Dieses Verfahren des abschließenden Zitats aus Cervantes' großem Roman hat Darío auch am Ende seiner Prosatexte *En tierra de D. Quijote* und *La cuna del manco* praktiziert. Mit guten Gründen protestierte der modernistische Erzähler und Korrespondent der größten argentinischen Tageszeitung in einem erstmals am 2. Februar 1899 in *La Nación* von Buenos Aires veröffentlichten Artikel vehement gegen den spanischen Essayisten und Romancier Miguel de Unamuno, mit dem wir uns in der Folge ebenfalls noch beschäftigen werden. Letzterer hatte unter dem Eindruck der spanischen Niederlage bereits am 26. Juli 1898 den Tod des Don Quijote gefordert und sein „¡Muera Don Quijote!" in der madrilenischen Zeitschrift *Vida nueva* publikumswirksam veröffentlicht. Rubén Darío bezog hiergegen unmissverständlich Position:

> Ich glaube, dass der starke Baske Unamuno mit Blick auf die Katastrophe in einer madrilenischen Zeitung so feste schrie, damit sein Schrei auch gehört würde: *Tod dem Don Quijote!* Das ist nach meinem Dafürhalten ungerecht. Don Quijote kann und sollte nicht sterben; in seinem Tun verändert er sein Aussehen, doch er ist's, der das Salz zum Ruhm, das Gold des Ideals, die Seele der Welt ist. Zu einer bestimmten Zeit nannte er sich El Cid, und war er auch schon tot, so gewann er noch Schlachten. Dann wieder war er Christoph Columbus und seine Dulcinea Amerika [...].[39]

---

38 Ebda., S. 860: „Si en estos cantos hay política, es porque aparece universal. Y si encontráis versos a un presidente, es porque son un clamor continental. Mañana podremos ser yanquis (y es lo más probable); de todas maneras, mi protesta queda escrita sobre las alas de los inmaculados cisnes, tan ilustres como Júpiter."

39 Darío, Rubén: Cyrano en casa de Lope (en España Contemporánea). In (ders.): *Obras completas*. Bd. 3.: *Viajes y crónicas*. Madrid: Afrodisio Aguado 1950, S. 73.

Aus dieser Perspektive und in Kenntnis anderer Schriften Rubén Daríos wird deutlich, dass der Suizid, dass der Tod des Fahnenträgers auf der symbolischen Ebene des Cuento nur ein temporäres Verschwinden meint, das an der überzeitlichen, transhistorischen Präsenz eines letztlich unsterblichen Quijote nichts zu ändern vermag. Entscheidend für diese sterbliche Unsterblichkeit, für dieses Weiterleben nach dem Tod ist – wie das Zitat am Ende dieser Erzählung verdeutlicht – die Präsenz des Buches und damit die Kraft einer Literatur, die in der Lage ist, Gestalten und Figuren zu schaffen, die über ein längeres Leben verfügen als jene historischen Heroen, die – wie der Cid oder Kolumbus – letztlich nur ankündigen, was in Miguel de Cervantes' Romanfigur überzeitlich festgehalten wurde. Dies ist das Leben der Literatur! Und aus heutiger Sicht ließe sich hinzufügen: Dies ist das Leben, aber auch das Lebenswissen der Literaturen der Welt.

Entscheidend für die Analyse und Interpretation von *D.Q.* scheint mir aber auch ein in bisherigen Deutungen übersehenes Detail zu sein: das vollständige Fehlen von Kubanern beziehungsweise Hispanoamerikanern in einer Szenerie, die doch auf der Insel Kuba, in Hispanoamerika angesiedelt ist. Sollte es sich hier um ein Versehen, um eine bloße Unterlassung Daríos handeln? Ja vielleicht, aber um eine höchst absichtsreiche! Denn die Erzählerperspektive des spanischen Soldaten schließt – so ließe sich der historischen Situation zum Trotz sagen – den hispanoamerikanischen Blickwinkel mit ein. Ganz so, wie José Martí in seinem berühmten *Manifiesto de Montecristi* zum Kampf gegen Spanien, aber nicht zum Kampf gegen die Spanier aufrief.[40] Nirgendwo ist vom kubanischen Freiheitskampf gegen die Spanier die Rede.

Dabei befindet sich Kuba seit nahezu dreißig Jahren im Krieg gegen die Kolonialmacht. Denn die 1868 entbrannte „Guerra de los Diez Años", der Zehnjährige Krieg der „Mambises" gegen die spanischen Besatzungstruppen, ist noch längst nicht vergessen. Dieser letztlich dreißigjährige Krieg findet – und in diesem Kontext zeigt sich das Ideologem der Hispanität bei Darío in aller Deutlichkeit – in der spanischen Niederlage gegen die USA seine Aufhebung insofern, als unter dem Eindruck des „Desastre" eine Identifikation nicht mit der (kolonialistischen) spanischen Sache, wohl aber mit der spanischen Kultur stattfindet. Denn aus panlateinischer Sicht stehen die Völker im Zeichen der lateinischen

---

40 Vgl. hierzu Ette, Ottmar: Worldwide: Living in Transarchipelagic Worlds. In: Ette, Ottmar / Müller, Gesine (Hg.): *Worldwide. Archipels de la mondialisation. Archipiélagos de la globalización. A TransArea Symposium.* Madrid – Frankfurt am Main: Iberoamericana – Vervuert 2012, S. 21–59.

Herkunft und des katholischen Glaubens zusammen gegen die Barbaren des Nordens, gegen die materialistisch ausgerichteten Angelsachsen. Dies sind Positionen, wie sie auch der uruguayische Modernist José Enrique Rodó in seinem *Ariel* mit dem neuen Jahrhundert vertrat.

In gewisser Weise deutete sich diese Verbindung selbst in jener bis heute beeindruckenden und kurz erwähnten Kriegserklärung an, die der eigentliche Kopf des später auch als „Guerra de Martí" bezeichneten Unabhängigkeitskrieges wenige Wochen vor seinem eigenen Tod verfasst hatte. So heißt es in dem von José Martí und Máximo Gómez auf das dominikanische „Montecristi, 25 de Marzo de 1895"[41] datierten *Manifiesto de Montecristi*:

> Der Krieg richtet sich nicht gegen den Spanier, der in der Sicherheit seiner Kinder und im Bekenntnis zum von ihnen gewonnenen Vaterlande den Respekt und sogar die Liebe der Freiheit genießen kann, welche nur jene überwältigt, die ihr ohne jede Voraussicht in den Weg treten. [...] Bei den spanischen Bewohnern von Kuba hofft die Revolution, die weder schmeichelt noch fürchtet, anstelle des unehrenhaften Zornes des ersten Krieges eine so zugeneigte Neutralität oder so wahrhaftige Hilfe zu finden, dass der Krieg dadurch kürzer und seine Zerstörung geringer und der Frieden umso leichter und freundschaftlicher ist, in welchem Väter und Söhne zusammenleben werden.[42]

In diesem einzigartigen Dokument einer entschlossenen, aber durchaus freundlichen, ja streckenweise liebevollen Kriegserklärung lässt sich die modernistische Handschrift José Martís unschwer erkennen. Kein anderer hätte solche Sätze schreiben können. Diese nicht nur aus kriegsstrategischen Gründen beschworene Einheit der hispanischen Familie, die Martí, der Sohn valencianisch-kanarischer Eltern, zu Beginn eines „Krieges ohne jeden Hass"[43] gegen die spanische Kolonialmacht proklamierte, schlägt angesichts der desaströsen Niederlage der „Madre Patria" – auf die in *D.Q.* mit Verweis auf den Muttermord angespielt worden war[44] – gegen die angelsächsisch bestimmten Vereinigten Staaten von Amerika in eine weitgehende Identifikation um. So unterscheidet der Kreole, also in Amerika geborene Spanier José Martí – durchaus mit einem gewissen Erfolg bei der spanischen Bevölkerung in Kuba – scharf zwischen einem Krieg gegen Spanien und einem gegen die Spanier. Aus demselben Grund erwähnt Martí ebenso die Väter und Eltern wie die Söhne und Kinder, die jetzt mit der Tatsache der kubanischen Unabhängigkeitsrevolution konfrontiert werden.

---

41 Ich zitiere nach der eindrucksvollen Faksimile-Ausgabe von Martí, José: *Manifiesto de Montecristi. El Partido Revolucionario Cubano a Cuba*. La Habana: Editorial de Ciencias Sociales 1985, S. 30.
42 Ebda., S. 6 u. 16.
43 Ebda.: „sin odio."
44 Darío, Rubén: D.Q., S. 24.

Doch zurück zu Rubén Daríos *D.Q.* und dem signifikanten Fehlen einer Unterscheidung zwischen Spaniern und Kubanern. Wie weit diese hispanische Identifikation reicht, mag das Fehlen einer textintern markierten hispanoamerikanischen Stimme in dieser Erzählung eines Hispanoamerikaners ebenso stillschweigend wie eindrucksvoll zeigen. Ob dies einen Punkt markiert, an dem sich die Initialen von R.D. mit jenen von D.Q. überkreuzen, mag hierbei eine offene Frage bleiben; doch die großen Sympathien von Rubén Darío für die Figur des Quijote dürften deutlich geworden sein.

Kein anderer hispanoamerikanischer Modernist hat sich wohl so häufig und intensiv wie Rubén Darío mit Miguel de Cervantes und seinem *Don Quijote de la Mancha* beschäftigt, einer literarischen Figur, die er als *Figura* immer wieder unter anderen Namen in der Geschichte Spaniens erscheinen sah. Nicht von ungefähr nennt der Autor von *Azul ...* im vierten Kapitel seiner *Autobiografía* von 1912 den Roman von Cervantes an erster Stelle unter jenen Büchern, die dem kleinen Jungen in einem alten Schrank, einem „viejo armario" seines Elternhauses, als früheste Lesebücher in die Hände gefallen seien.[45] Cervantes' *Don Quijote* begleitete den nikaraguanischen Erzähler und Dichter ein Leben lang.

Denn seit dieser frühen Entdeckung habe er ihn nach eigenem Geständnis nicht mehr verlassen und wurde neben einem Nachschlagewerk zur griechisch-römischen Mythologie und der Bibel zu einem der drei zeitlebens konsultierten und mitgeführten Bücher des nikaraguanischen Dichters.[46] So begleitete ihn Quijote sicherlich auch nach Spanien, wo *D.Q.* vermutlich entstand. Zahlreiche Texte – Gedichte, Essays, Erzählungen, Chroniken, Reiseberichte und verschiedenste Anmerkungen – zeugen von dieser lebenslangen (und in unserer Vorlesung nur ausschnitthaft darstellbaren) Wertschätzung und ‚Begleitung durch Miguel de Cervantes' Ritter von der traurigen Gestalt. So heißt es in seinem 1903 entstandenen und 1905 in seine Ausgabe der *Cantos de vida y esperanza* aufgenommenen Gedicht *Un soneto a Cervantes* dankbar: „Horas de pesadumbre y tristeza / paso en mi soledad. Pero Cervantes / es buen amigo. Endulza mis instantes / ásperos, y reposa mi cabeza. // El es la vida y la naturaleza [...]."[47] Mit anderen Worten: „Stunden von Unglück und Trauer / Verbringe ich einsam. Aber Cervantes / Ist guter Freund. Er versüßt mir / Selbst schwerste Momente, erholt mein Hirn. // Er ist das Leben, die Natur [...]."

---

45 Darío, Rubén: Autobiografía. In (ders.): *Obras Completas.* Bd. 1: *Crítica y ensayo.* Madrid: Afrodisio Aguado 1950, S. 24.
46 Vgl. Arellano, Jorge Eduardo: Prólogo. In: Darío, Rubén: *Don Quijote no debe ni puede morir,* S. 11.
47 Darío, Rubén: Un soneto a Cervantes. In (ders.): *Obras Completas,* S. 917.

Rubén Darío, der sich 1905 – aus Anlass der Dreihundertjahrfeier von Cervantes' *Quijote* – in seiner *Letanía de nuestro señor Don Quijote* humorvoll und kritisch mit manch oberflächlicher Verehrung des „Caballero andante" auseinandersetzte, entfaltete eine höchst komplexe Sichtweise seines Lieblingsbuches. Sie zeugt von einer gleichzeitigen Zugehörigkeit und Außerhalbbefindlichkeit, jener Doppelperspektive, die das hispanoamerikanische Lesepublikum – folgen wir den zuvor zitierten Überzeugungen Juan Marinellos – gegenüber der spanischen Leserschaft auszeichnen sollte.

Fraglos steht Cervantes' *Figura* – wie es in der *Letanía* heißt – für „das Wesen der Mancha, / für Großzügigkeit und das spanische Wesen", also für „el ser de la Mancha, / el ser generoso y el ser español".[48] Dieses „spanische Wesen" aber erscheint in einem doppelten Licht. Denn als der Ich-Erzähler in Daríos Reisebericht *En tierra de D. Quijote* aus Madrid mit dem Zug kommend in Ciudad Real eintrifft, vermerkt er überrascht: „Mein erster Eindruck war der, mich in einer dieser alten Städte wiederzufinden, die uns die Kolonialzeit hinterließ und die noch immer ihre verehrungswürdige Altertümlichkeit im Zentrum unserer Republiken zur Schau stellen."[49]

Beim Anblick von Ciudad Real fühlt sich der Nikaraguaner folglich zurückversetzt in eine kolonialspanische Welt, wie er sie an vielen Orten auf seinen Reisen durch Zentral- oder Südamerika erlebte. Geschickt wird in diesem ebenfalls aus Anlass der Dreihundertjahrfeiern verfassten und auf Argamasilla de Alba im Februar 1905 datierten Text die europäische beziehungsweise spanische Beobachterperspektive insoweit umgekehrt, als nicht die kolonialspanischen Städte Amerikas – wie etwa León, die Stadt, in der Darío sein Leben beschließen sollte – der Stadt in der Mancha gleichen, sondern diese den Reisenden auf alte koloniale Zentren zurückverweist, die in „unseren Republiken" von der Kolonialzeit zeugen. So ergibt sich eine transareale, transkontinentale Bewegung, die Amerika nach Spanien projiziert und in der europäischen wundersamerweise die hispanoamerikanische Stadt zum Vorschein bringt. Spanien gleicht den Kolonien, die es schuf.

Diese zunächst unscheinbare und doch so bedeutungsvolle transareale Bewegung verstärkt sich im weiteren Fortgang des Reiseberichts, wird die Mancha doch nicht nur mit den weiten afrikanischen Wüsten, den „vastos desiertos africanos",[50] verglichen, sondern zugleich auch – „un tanto nostálgico",[51] etwas

---

48 Darío, Rubén: Letanía a nuestro señor Don Quijote. In (ders.): *Obras Completas*, S. 938.
49 Darío, Rubén: En tierra de D. Quijote. In (ders.): *Don Quijote no debe ni puede morir*, S. 36: „Mi primera impresión fué la de encontrarme en una de esas viejas ciudades que nos dejó la colonia y que aun ostentan su vetustez venerable en el centro de nuestras repúblicas."
50 Ebda., S. 40.
51 Ebda.

nostalgisch also – mit den „fragantes pampas argentinas"[52] in Beziehung gesetzt und kontrastiert. Weitere transareale Überlappungen ließen sich in diesem Text leicht identifizieren, stellt die Bewegung der Transarealität doch das Konstruktionsprinzip dieser Prosa dar.

Verbindungen und Parallelen zwischen den beiden in unserer Vorlesung in den Mittelpunkt gestellten hispanoamerikanischen Modernisten sind aufschlussreich. Stellt José Martí den *Quijote* in einen hispanoamerikanisch verorteten, weltumspannenden Zusammenhang, so bindet Rubén Darío wiederholt die Landschaften des *Quijote* transareal in einen planetarischen Kontext ein. Auch diese Indizien verweisen deutlich auf die Bedingungen eines transareal angelegten ZwischenWeltenSchreibens,[53] innerhalb dessen sich die Rezeption von Cervantes durch die hispanoamerikanischen Modernisten situiert. Dies bedeutet nicht, dass Martí oder Darío als Schriftsteller den Literaturen ohne festen Wohnsitz zuzuordnen wären, wohl aber, dass sie ganz bewusst transareale Beziehungsgeflechte ins Zentrum ihres Schreibens und ihrer literarischen Praxis stellten.

Der von außen kommende nikaraguanische Reisende übersieht dabei nicht, dass die Straßen von Ciudad Real – wie die anderer Städte Spaniens – von elektrischem Licht beleuchtet werden, das innerhalb eines Ambiente mit bewusst gewählten Zügen des Fin de siècle bei aller Rückständigkeit für eine sozioökonomische Modernisierung einsteht. Überall aber ist die Erinnerung an das Siglo de Oro präsent, spüre man die Anwesenheit des größten spanischen Schriftstellers, des „más grande de cuantos escritores ha producido esta nación fecunda".[54]

Der damit angelegte, erwartbare und ins konkrete Erlebenswissen geholte Zeitsprung zwischen dem Anfang des 20. und dem Beginn des 17. Jahrhunderts wird durch die Fahrt auf einem Eselskarren nach Argamasilla del Alba vollzogen: Der Reisende ist nicht nur in der „tierra", sondern auch im „tiempo" des *Quijote* angekommen[55] und wohnt in einem Haus, in dem das Leben nicht anders ablaufe als drei- oder vierhundert Jahre zuvor.[56]

---

52 Ebda.
53 Vgl. hierzu Ette, Ottmar: *ZwischenWeltenSchreiben. Literaturen ohne festen Wohnsitz (ÜberLebenswissen II)*. Berlin: Kulturverlag Kadmos 2005.
54 Darío, Rubén: En tierra de D. Quijote, S. 38.
55 Günther Schmigalle wies darauf hin, dass sich Darío hier von einem vier Jahre zuvor in Frankreich publizierten Band inspirieren ließ: *Au Pays de Don Quichotte. Souvenirs rapportés par Auguste-F. Jaccaci, préface d'Arsène Alexandre, illustrés par Daniel Vierge*. Paris: Hachette 1901; Vgl. hierzu die Anmerkungen in Darío, Rubén: *Don Quijote no debe ni puede morir*, S. 35 u. 40f.
56 Darío, Rubén: En tierra de D. Quijote, S. 41.

> In Argamasilla de Alba existiert kein Hotel oder etwas Vergleichbares. Man muss mit den Maultiertreibern zur Posada gehen oder von einer Privatperson untergebracht werden. Mir empfahl man die Mutter des ansässigen Schneiders, die wie die Frau von Sokrates Jantipa und wie halb Spanien Parera heißt. Wie soll ich Euch die Kargheit ihrer Mittel und die Revolution beschreiben, die von meiner Anwesenheit in jenem Hause ausgelöst wurde, welches so unterhalten wird, wie man vor drei oder vier Jahrhunderten Häuser unterhielt?[57]

Das historische und alltagskulturelle Ambiente des *Quijote* ist damit geschaffen. Doch damit nicht genug. Ab diesem ‚Zeit-Punkt' gelangen eingeschmuggelte Bruchstücke sowie kürzere oder längere ‚Anleihen' aus Cervantes' *Quijote* in Daríos literarischen Reisebericht. So ergibt sich eine doppelte Räumlichkeit und Zeitlichkeit, die Amerika mit Europa, den Modernismo mit dem Siglo de Oro, und damit den Ich-Erzähler mit Don Quijote in eine oszillierende Beziehung setzt: Nicht zufällig bittet der Ich-Erzähler die Hausherrin um ein Essen, wie es einst Cervantes' Romanheld zu sich genommen hatte.[58] Rubén Darío taucht ganz und gar vermittels seiner Reise in die Zeit von Miguel de Cervantes' Ritter von der traurigen Gestalt ein.

Einmal mehr avanciert der literarische Reisebericht zu einer Maschine des Reisens in Raum *und* Zeit, aber auch in den anderen Dimensionen reiseliterarischer Schöpfung.[59] Auf Cervantes' Spuren im Land des *Quijote* deutet sich auf sehr diskrete Weise eine Identifikation an, die jedoch gegen Ende der Chronik dezidiert wieder durchkreuzt wird. Denn das durch vielfache intertextuelle Beziehungen literarisch aufgeladene Ich wird – anders als Jorge Luis Borges' Pierre Menard – nicht zum Verfasser des *Quijote*; es sucht vielmehr nach jenem Gefängnis, in dem – glaubt man den Bewohnern von Argamasilla – der *Don Quijote de la Mancha* niedergeschrieben worden sei.

So wird die Trennung zwischen Autor und Leser des *Quijote* am Ende des Textes wieder zementiert. Denn auf den letzten Zeilen dieses Reiseberichts, der immer mehr zur Chronik gerät, vertieft sich das Ich beim Klang einer alten Glocke, deren „voz antigua" wie aus einer anderen Zeit herüberklingt, in die Lektüre des berühmten Romans, „releyendo las famosas aventuras del Caballero".[60] Darío liest Cervantes gleichsam an Ort und Stelle. Am Ende dieses Textes steht zwar kein Zitat, wohl aber die wiederholte Lektüre des *Don Quijote*, der ‚seinen' Text und den Tag so beschließt, als wären dies *Les Plaisirs et les Jours* von Marcel Proust.

---

57 Ebda., S. 40.
58 Ebda., S. 41.
59 Vgl. hierzu den ersten Band der Reihe „Aula" in Ette, Ottmar: *ReiseSchreiben* (2020).
60 Darío, Rubén: En tierra de D. Quijote, S. 47.

Der Nikaraguaner Rubén Darío, der nicht nur die unterschiedlichen Strömungen und Entwicklungen,[61] sondern auch die amerikanische und die europäische Seite des Modernismo wie kein anderer miteinander verband, entfaltet in seiner Beschäftigung mit Cervantes' berühmtestem Roman ein komplexes, schillerndes Bild, in dem Don Quijote de la Mancha als ein Zeichen der „Hispanidad" zugleich von innen – aus der Perspektive der spanischsprachigen Welt – und von außen – aus einem amerikanischen, der Kolonialgeschichte sehr wohl bewussten Blickwinkel – erscheint. Der in diesem Sinne eines ZwischenWelten-Schreibens *spanisch-amerikanische* Schriftsteller oszilliert im Dreieck zwischen Europa, Hispanoamerika und den USA zwischen verschiedenen Positionen. Sie setzen im Zeichen des spanischen „Desastre" von 1898 die Gemeinsamkeit mit Spanien und – wenige Jahre später im Kontext des „III Centenario" – eine *geteilte* Perspektivik gekonnt in Szene. Nicht ohne Grund bezeichnete sich Rubén Darío als „español de América y americano de España",[62] als Spanier aus Amerika und Amerikaner aus Spanien. Und bitte verwechseln Sie dabei niemals den Begriff ‚Amerikaner' mit ‚US-Amerikaner', was auch immer die Sprache unserer Massenmedien dazu sagen mag!

Weit mehr als für den Kubaner José Martí, für den Cervantes' Meisterwerk ein wesentlicher Orientierungspunkt innerhalb einer weltliterarischen Landkarte und einer fundamentalen Beziehung zwischen Literatur und Leben war, steht der *Quijote* für Darío in einem essentiellen Zusammenhang mit Spanien und der spanischen Literatur. An der Hispanität des *Quijote* hat auch der nikaraguanische Dichter noch immer teil. Ganz so, wie er als Zentralamerikaner in einen Raum und in eine Zeit einzutauchen vermag, die jene des spanischen „Caballero andante" sind.

Für Rubén Darío ist der *Don Quijote* ein weitaus stärkerer Bezugspunkt seines eigenen Schreibens, das sich seiner (kolonialen) Ursprünge versichert und zugleich doch weiß, dass die spanische Literatur – gerade auch mit Blick auf die französische – ihre Vormachtstellung innerhalb der spanischsprachigen Welt lange schon eingebüßt hat. Zugleich aber war die spanisch-amerikanische Literatur, dies wusste Darío ebenso wie Martí, auf dem Sprung, im internationalen Maßstab im Sinne Baudelaires ‚absolut modern' zu werden. Denn im Modernismo wurden die Grundlagen dafür gelegt, dass sich die Literaturen des spanischsprachigen Amerika im 20. Jahrhundert international durchsetzen konnten. Vielleicht hat ihn deshalb jener verbissen geführte Streit um die

---

61 Vgl. Suárez, Ana: Cervantes ante modernistas y noventayochistas, S. 1049.
62 Vgl. hierzu Arellano, Jorge Eduardo: Prólogo, S. 5.

Frage so belustigt, in welcher spanischen Stadt denn die Wiege von Miguel de Cervantes y Saavedra stand.[63]

Mit dem hispanoamerikanischen Modernismo beginnt definitiv eine neue Phase der literarischen Beziehungen zwischen Hispanoamerika, ja Lateinamerika und Europa. Im letzten Drittel des 19. Jahrhunderts, also parallel zur dritten Phase beschleunigter Globalisierung, lassen sich die Anfänge dessen beobachten, was man einen wechselseitigen, mithin einen im vollen Wortsinne verstandenen Polylog zwischen den Literaturen beiderseits des Atlantik nennen könnte. Erst seit diesem Zeitpunkt zeichnet sich eine literarische Entwicklung im transarealen Maßstab ab, die ein Einwirken der lateinamerikanischen auf die europäischen Literaturen ermöglicht, welches schon bald über rein punktuelle Kulturberührungen hinausging.

Auf Grund der deutlich beobachtbaren wachsenden Präsenz Lateinamerikas im Bewusstsein des spanisch- und portugiesischsprachigen Europa zeigt sich dies zunächst im Verhältnis zwischen den lateinamerikanischen Literaturen einerseits, der spanischen und bald auch portugiesischen Literatur andererseits. Sicherlich war es der reisefreudige Nikaraguaner Rubén Darío, der unter allen literarischen Vertretern des Modernismo in Spanien die größte Aufmerksamkeit erregte: José Martí war zu sehr in den militärischen Kampf gegen Spanien verwickelt und starb zu früh, um sogleich in der Madre Patria wirken zu können. Doch auch José Enrique Rodó fand seit der Veröffentlichung seines *Ariel* im Jahre 1900 ein großes Interesse bei den profiliertesten spanischen Schriftstellern seiner Zeit – genannt seien hier nur Miguel de Unamuno, Leopoldo Alas („Clarín") oder Juan Valera – und trat mit vielen von ihnen in einen für uns heute aufschlussreichen brieflichen Dialog. Mit José Enrique Rodó haben wir uns bereits im Rahmen unserer Vorlesung zum 19. Jahrhundert beschäftigt;[64] und ich verspreche Ihnen, nochmals auf ihn aus einem anderen Blickwinkel in einer weiteren Vorlesung zurückzukommen!

Den zeitgeschichtlichen Hintergrund für das ansteigende Interesse bestimmter spanischer Intellektueller und Künstler an den Werken ihrer lateinamerikanischen Kollegen bildete die diesen Intellektuellen gemeinsame ohnmächtige Erfahrung des Eingreifens der USA in den Spanisch-Kubanischen Krieg im Jahr 1898. Das sogenannte „Desastre" zeitigte sehr wohl veränderte kulturelle und literarische Beziehungsgeflechte zwischen den iberischen Ländern und ihren ehemaligen

---

63 Vgl. hierzu seine auf März 1905 datierte Chronik „La cuna del manco" in Darío, Rubén: *Don Quijote no debe ni puede morir*, S. 49–60. Auch diesen Text beendete Darío mit einem Zitat aus dem *Quijote*.
64 Vgl. hierzu das Rodó gewidmete Kapitel in Ette, Ottmar: *Romantik zwischen zwei Welten*, S. 1053 ff.

Kolonien in Amerika. Der Verlust der letzten spanischen Kolonien in der Karibik wie im Pazifik löste nicht nur in Spanien eine tiefe Bewusstseinskrise aus, sondern führte auch in den längst politisch unabhängig gewordenen lateinamerikanischen Staaten zu einem Sturm der Entrüstung gegenüber dem expansiven Vordringen der USA und letztlich zu einem kulturellen Umdenken. Eine der berühmtesten literarischen Reaktionen auf die nordamerikanischen Interventionen um die Jahrhundertwende war Rubén Daríos 1903 entstandenes Gedicht *An Theodore Roosevelt*, in dem sich die Stimme des modernistischen Dichters – wie wir sahen – pathetisch an den Präsidenten der mächtigen Nation im Norden wandte.

Diese unverblümte poetische ,Anrufung' Roosevelts, darf sie auch nicht einseitig ideologisch ausgelegt werden, gab sehr wohl die Vehemenz des Echos auf zeitgeschichtliche Entwicklungen am Fin de siècle in den Zirkeln der sich nun langsam stärker an Spanien und Portugal orientierenden lateinamerikanischen Intellektuellen wieder. Das zitierte und bereits analysierte Gedicht markierte eine Entwicklung von großer kultureller wie literarischer Bedeutung, die vor dem Hintergrund panlatinistischer Überzeugungen zu einem wachsenden gegenseitigen Interesse iberischer und lateinamerikanischer Schriftsteller, zur Überwindung dessen führte, was der mexikanische Essayist Alfonso Reyes zu Beginn der zwanziger Jahre des 20. Jahrhunderts treffend als ein hundertjähriges gegenseitiges Vergessen umschrieb.[65] Dieses Interesse stand nun deutlich im Zeichen des Postkolonialen.

Es war gepaart mit dem Gefühl, einer gemeinsamen kulturellen Tradition im Zeichen einer panlateinischen Verbundenheit anzugehören und ließe sich mit einer These des kubanischen Literaturtheoretikers Fernández Retamar verknüpfen. Letzterer sah diese Entwicklung in Zusammenhang mit dem Bewusstsein der hispanischen Welt beiderseits des Atlantik, gegenüber den führenden Mächten und den von ihnen gelenkten gesellschaftspolitischen wie ökonomischen Entwicklungen in eine marginale und abhängige Rolle geraten zu sein.[66]

Zum geokulturellen Kontext dieser literarischen Entwicklungen zählen zweifellos zwei langfristig ablaufende historische Prozesse, die miteinander in enger

---

65 Vgl. Reyes, Alfonso: *Obras Completas*. México: Fondo de Cultura Económica 1956, Bd. 4, S. 572f. sowie S. 566–571.
66 Vgl. Fernández Retamar, Roberto: Modernismo, Noventiocho, Subdesarrollo. In (ders.): *Para una teoría de la literatura hispanoamericana y otras aproximaciones*. La Habana: Casa de las Américas 1975, S. 97–106. Zur historischen Einbettung von Fernández Retamar vgl. den Aufsatz zu ihm in Ugalde Quintana, Sergio / Ette, Ottmar (Hg.): *Políticas y estrategias de la crítica II: ideología, historia y actores de los estudios literarios*. Madrid – Frankfurt am Main: Iberoamericana – Vervuert 2021.

Verbindung stehen. An erster Stelle wäre hier die wachsende kapitalistische Durchdringung der lateinamerikanischen Nationen seit den siebziger Jahren durch die USA zu nennen; eine Durchdringung, welche zunächst im karibischen Raum einsetzte und in den folgenden Jahrzehnten auf ganz Lateinamerika übergriff. So lag – um ein besonders aussagekräftiges Beispiel anzuführen – bereits im Jahr 1894 der Export der damals noch spanischen Zuckerinsel Kuba in die USA zehnmal höher als die Ausfuhren in das Mutterland Spanien: ein deutliches Zeichen jener veränderten ökonomischen Orientierungen, welche längst vor dem Eingreifen der USA in den kubanisch-spanischen Unabhängigkeitskrieg eingesetzt hatten. Auch die Zuckerproduktion selbst beruhte in hohem Maße auf dem Einsatz US-amerikanischen Kapitals. Dass der zweite Prozess hierzu komplementär verlief, wird gerade am kubanischen Beispiel deutlich: gemeint ist das immer unverhüllter sich äußernde imperialistische Ausgreifen der Vereinigten Staaten, das mit den Ereignissen von 1898, dem Eingreifen in Kuba und der Annexion Puerto Ricos, endgültig ins lateinamerikanische (und europäische) Bewusstsein drang. Dass diese Entwicklungen zugleich im globalgeschichtlichen Rahmen der dritten Phase beschleunigter Globalisierung gesehen werden müssen, eine – wie unsere vor wenigen Jahren zu Ende gegangene – Phase von drei Jahrzehnten Dauer, welche die Vereinigten Staaten von Amerika in eine atlantische wie pazifische See- und Handelsmacht verwandelten, ist evident.

Die sozioökonomische Modernisierung unterschiedlicher Areas in Amerika ist ohne eine Einbeziehung der damaligen Beschleunigungsphase der weltgeschichtlich so folgenreichen Globalisierung nicht adäquat zu verstehen. Die regional höchst unterschiedliche ökonomische, soziale und infrastrukturelle Modernisierung der lateinamerikanischen Nationen, die nun stetig steigende Alphabetisierungsrate der Bevölkerung und die bewusst geförderte massive Immigration insbesondere südeuropäischer Bevölkerungsgruppen zählen fraglos zu den wichtigsten Faktoren, welche ebenso Institutionalisierung wie soziale Funktion der lateinamerikanischen Literaturen prägten.

Der Aufbau eigener Verlagsstrukturen, der lateinamerikanischen Autorinnen und Autoren erstmals die Möglichkeit bot, ein gewachsenes Leserpotential zu erreichen, darf zwar nicht darüber hinwegtäuschen, dass die lateinamerikanische Leserschaft allen bisherigen Untersuchungen zufolge noch immer ein erheblich größeres Interesse an europäischer Literatur als an den Werken einheimischer Schriftstellerinnen und Schriftsteller zeigte. Doch hatten sich die Dinge aller Asymmetrie der Beziehungen zum Trotz[67] entscheidend verändert. Es entstand

---

67 Vgl. hierzu Ette, Ottmar: Asymmetrie der Beziehungen. Zehn Thesen zum Dialog der Literaturen Lateinamerikas und Europas. In: Scharlau, Birgit (Hg.): *Lateinamerika denken. Kultur-*

im letzten Drittel des 19. Jahrhunderts erstmals ein noch kleiner eigener Markt für Texte lateinamerikanischer Romanciers, Essayisten und Lyriker beiderlei Geschlechts in den spanisch- und portugiesischsprachigen Ländern Amerikas, die im Jahrhundert der Romantik in ihre postkoloniale Phase eingetreten waren.

Aus der Erfahrung der in unserer Vorlesung nur kurz zu skizzierenden historischen Prozesse wird die Frage nach der Identität zu einem zentralen Charakteristikum eines wichtigen Bereichs der lateinamerikanischen Literaturen der Jahrhundertwende.[68] Bei aller Problematik des politisch so oft missbrauchten Identitätsbegriffs[69] gilt es doch festzuhalten, dass diese Identitätsentwürfe und -konstruktionen über lange Jahrzehnte nicht nur die lateinamerikanische Essayistik stark beschäftigten und prägten. Der Kubaner José Martí, der Nikaraguaner Rubén Darío und der Uruguayer José Enrique Rodó stellten mit ihren Werken ein neues Reflexionsniveau lateinamerikanischer Identitätskonstruktionen her, das weit über den Bereich Lateinamerikas hinaus strahlte.

Nicht zuletzt vor dem Hintergrund der unzweifelhaften Problematik des Identitätsbegriffs ist nicht die *Beantwortung* der Identitätsfrage, sondern *die Frage als solche* von zentraler Bedeutung, stellt sie doch ein selbstreflexives Moment dar, das sowohl im Selbst- als auch im Fremdbild Lateinamerika als geistig-kulturelle Entität neu erstehen lässt. In einer kritischen Literaturwissenschaft scheint es mir wichtig, die Verwendung des Identitätsbegriffs durch Schriftstellerinnen und Schriftsteller zu analysieren, *ohne* dabei selbst den Term als Begriff zu benutzen und damit in eine ebenso tautologische wie politische Falle zu tappen. Es gilt, Diskurse über Identität zu untersuchen, ohne dabei den wissenschaftlich nicht haltbaren, da statischen, unbeweglichen und einstimmig festlegenden Begriff auch nur anzurühren. Dieser Leitlinie bin ich auch in unserer aktuellen Vorlesung gefolgt.

Mit den durchaus differierenden Identitätsdiskursen des hispanoamerikanischen *Modernismo* wird nicht zuletzt nach außen nicht die Heterogenität meh-

---

theoretische Grenzgänge zwischen Moderne und Postmoderne. Tübingen: Gunter Narr Verlag 1994, S. 297–326.

68 Zur Problematik der Jahrhundertwenden vgl. Ette, Ottmar: „Tres fines de siglo" (Teil I). Kulturelle Räume Hispanoamerikas zwischen Homogenität und Heterogenität. In: *Iberoromania* (Tübingen) 49 (1999), S. 97–122; sowie ders.: „Tres fines de siglo" (Teil II). Der Modernismo und die Heterogenität von Moderne und Postmoderne. In: *Iberoromania* (Tübingen) 50 (1999), S. 122–151.

69 Ich habe mich seit nunmehr zwei Jahrzehnten gegen eine wissenschaftliche Verwendung dieses Identitätsbegriffes ausgesprochen; vgl. hierzu das Kapitel Die Logik des Weder-Noch und die Zeit der „Täten". In: Ette, Ottmar: *Literatur in Bewegung. Raum und Dynamik grenzüberschreitenden Schreibens in Europa und Amerika*. Weilerswist: Velbrück Wissenschaft 2001, S. 467–475.

rerer lateinamerikanischer Literaturen, sondern homogenisierend die Existenz einer einzigen, gemeinsamen lateinamerikanischen Literatur signalisiert. Dies bedeutet keineswegs, dass wir nun auch auf der kritischen literaturwissenschaftlichen Ebene von *einer* einzigen lateinamerikanischen Literatur sprechen müssten. Die nach innen wie nach außen projizierte lateinamerikanische Identität in der gemeinsamen Identitätssuche wird im 20. Jahrhundert zu einem der wichtigsten Rezeptionsraster lateinamerikanischen Schreibens werden und zu einer Voraussetzung für den sogenannten ‚Boom' *der* lateinamerikanischen Literatur innerhalb eines (noch) weltliterarischen Systems.[70] Auf diese Entwicklung der Rezeption haben die international bekanntesten Autoren des hispanoamerikanischen Modernismo einen nicht unwesentlichen Einfluss ausgeübt und Grundlagen gelegt, welche für die folgenden Jahrzehnte wegweisend wirkten.

Versuchen wir, einige der wichtigsten Aspekte in der gebotenen Kürze festzuhalten! Die entscheidenden Faktoren für diese neue Epoche innerhalb der literaturgeschichtlichen Entwicklung sind: die Ausdifferenzierung eines eigenen literarischen Feldes, verbunden mit einer gewissen Autonomisierung der lateinamerikanischen Literaturen; die intensiver gewordenen Verbindungen zwischen den lateinamerikanischen SchriftstellerInnen; und die Chance, aufgrund neuer Kommunikationsmöglichkeiten, überregionaler Periodika oder der Vielzahl neu gegründeter Zeitschriften ein nun wesentlich größeres Publikum zu erreichen, das nicht mehr auf eine Nation beziehungsweise eine einzige Hauptstadt begrenzt ist. Wir müssen diese verschiedenen Aspekte miteinbeziehen, wollen wir die Literaturen Lateinamerikas auf ihrem weiteren Weg durch das 20. Jahrhundert adäquat verstehen.

Die langsame, aber stetige Herausbildung eines eigenen Feldes, eines eigenen Bezirks der Literatur mag daran deutlich werden, dass etwa in Argentinien noch in den sechziger Jahren nahezu achtzig Prozent der Schriftsteller – wie etwa auch der von uns analysierte Sarmiento – Abgeordnete im Parlament waren. Dieser Anteil verringerte sich zum Jahrhundertende hin deutlich, wobei die Ausdifferenzierung eines eigenen literarischen Feldes freilich nicht mit dem verhältnismäßig hohen Grad an Eigenständigkeit gleichzusetzen ist, der sich in westeuropäischen Ländern im gleichen Zeitraum beobachten lässt. Trotz aller Unterschiede hinsichtlich ihrer Lebensbedingungen verkörpern hispanoamerikanische Modernisten wie José Martí oder José Enrique Rodó noch die zunehmend spannungsvolle, ja oft widerstrebende Vereinigung der literarischen mit

---

70 Vgl. hierzu auch Müller, Gesine (Hg.): *Verlag Macht Weltliteratur. Lateinamerikanisch-deutsche Kulturtransfers zwischen internationalem Literaturbetrieb und Übersetzungspolitik.* Berlin: Verlag Walter Frey – edition tranvía 2014.

der politischen Arbeit in ihren Biographien wie in ihren literarischen Werken. Die Zerrissenheit zwischen Broterwerb, politischer Arbeit und literarischem Tun erscheint, um erneut ein Beispiel aus dem Bereich der Lyrik anzuführen, in einem berühmten Gedicht Martís, das wir bereits erwähnten und das wir nun in seiner Gänze zitieren wollen:

> Zwei Vaterländer hab' ich: Kuba und die Nacht.
> Oder sind eins die beiden? Kaum zieht zurück
> Die Sonne ihre Macht, erscheint, verhüllt, verschleiert,
> Und in der Hand die Nelke, schweigend mir
> Kuba, trauernder Witwe gleich.
> Ich weiß, welch blutige Nelke es ist,
> Die in der Hand ihr zittert! Und leer
> Ist meine Brust, zerfetzt und leer der Ort,
> Wo einst das Herz mir schlug. Schon ist es Zeit,
> Das Sterben zu beginnen. Gut ist die Nacht,
> Um Abschied nun zu nehmen. Des Lichtes Strahl,
> Wie menschlich Wort, stört hierbei nur. Das Universum
> Spricht klarer als der Mensch.
>   Dem Banner gleich,
> Das mich zum Kampfe ruft, flackert der Flamme
> Rot in meiner Kerze. Die Fenster weit auf
> Stoß ich: wie ist es eng in mir. Stumm bricht der Nelke
> Blätter und zieht, wie eine Wolke
> Den Himmel dumpf umdunkelnd, Witwe Kuba vorbei...[71]

> Dos patrias tengo yo; Cuba y la noche.
> ¿O son una las dos? No bien retira
> Su majestad el sol, con largos velos
> Y un clavel en la mano, silenciosa
> Cuba cual viuda triste me aparece.
> ¡Yo sé cuál es ese clavel sangriento
> Que en la mano le tiembla! Está vacío
> Mi pecho, destrozado está y vacío
> En donde estaba el corazón. Ya es hora
> De Empezar a morir. La noche es buena
> Para decir adiós. La luz estorba
> Y la palabra humana. El universo
> Habla mejor que el hombre.
>   Cual bandera
> Que invita a batallar, la llama roja
> De la vela flamea. Las ventanas

---

71 Martí, José: Dos patrias / Zwei Vaterländer (Übers. O.E.). In: *Poesie der Welt. Lateinamerika.* Herausgegeben von Hartmut Köhler. Berlin: Edition Stichnote im Propyläen Verlag 1986, S. 51.

> Abro, ya estrecho en mí. Muda, rompiendo
> Las jojas del clavel, como una nube
> Que enturbia el cielo. Cuba, viuda, pasa...

Das Gedicht *Zwei Vaterländer* von José Martí stellt ein herausragendes Beispiel der agonalen Lyrik des kubanischen Dichters dar, die wir bereits in unserer Auseinandersetzung mit *De noche, en la imprenta* in ihrer früheren, romantischen Variante in Mexiko kennengelernt hatten. Durch das gesamte Gedicht zieht sich der dunkle Faden des Todes, der sich von einem redundant betonten verwitweten Kuba bis hinein in das eigene Sterben des lyrischen Ich erstreckt, das sich nun auf den Abschied und damit auf den eigenen Tod vorbereitet.

Zugleich weist die doppelte Verortung des dichterischen Vaterlandes als das Terrain einer territorialisierbaren Insel und als einer nicht-territorialisierbaren Nacht auf eine doppelte Zugehörigkeit des Ich zu einer Literatur, die sich nicht mehr nur im nationalliterarischen Bereich ansiedelt – denn die kubanische Nationalliteratur ist wie die deutsche eine Literatur, die sich einer Kulturnation noch vor Schaffung eines Nationalstaates zurechnet –, sondern deutlich einer Situierung innerhalb der Literaturen ohne festen Wohnsitz zugehört.[72] José Martí verbrachte nach seiner Kindheit und Jugend nur äußerst kurze Zeitspannen auf seiner Heimatinsel, bevor er in den letzten wenigen Wochen vor seinem Tod nach Kuba zurückkehrte, wo er – wie bereits erwähnt – in einem eher belanglosen Scharmützel mit spanischen Truppen fiel.

Martís Dichtkunst siedelt sich daher ebenso im Raum der entstehenden kubanischen Nationalliteratur, aber auch im Raum einer hispanoamerikanischen Literatur und darüber hinaus in einer Literatur ohne festen Wohnsitz an, die seinem Schreiben den spezifischen Hintergrund bot. Die agonalen Züge seiner Lyrik stehen im Verbund mit einem Schreiben, das den eigenen Tod als Element einer erhöhten Wirkkraft der eigenen Literatur einkalkuliert und zugleich die Gestalt des mit dem Tode vertrauten Poeten der Romantik in eine Ästhetik übersetzt, welche nicht mehr die der hispanoamerikanischen Romantik, sondern einer *modernistischen* Arbeit am eigenen Leben, an der eigenen Biographie, an der eigenen *Figura* zum Ziel hat. Martí arbeitete nicht nur pausenlos an seinem Schreiben, sondern auch an seinem eigenen Bild – im Übrigen auch in einem wortwörtlichen Sinne, war er sich doch der Macht der Bilder in einer sich sozioökonomisch modernisierenden und in Entstehung begriffenen Medi-

---

[72] Vgl. hierzu Ette, Ottmar: „Partidos en dos": zum Verhältnis zwischen insel- und exilkubanischer Literatur. In: *Romanistische Zeitschrift für Literaturgeschichte / Cahiers d'Histoire des Littératures Romanes* (Heidelberg) 13 (1989), S. 440–453.

engesellschaft höchst bewusst.⁷³ Bei der Betrachtung dieses Gedichts ist es aus diesen Gründen wichtig, sich vor Augen zu halten, dass es José Martí gelang, in einer komplexen und wirkungsvollen Rezeptionsgeschichte die eigene Person in der Tat in eine *Figura*⁷⁴ zu verwandeln, deren figurale geschichtliche Bedeutung die kubanische Geschichte bis heute prägt. Nicht umsonst hat sich etwa ein Fidel Castro ganz in der Nähe der monumentalen Grabstätte José Martís beisetzen lassen.

Doch kehren wir von diesen politisch durchdachten Spielarten des Todes im kubanischen Kontext zur Entwicklung der Literaturen im kontinentalen Maßstab zurück! Für ein Verständnis der selbstreflexiven Funktion der Literatur im letzten Drittel des 19. Jahrhunderts ist aufschlussreich, dass die Schriftsteller nun nicht mehr ‚nur' nach Europa und insbesondere in die „Ville-lumière" Paris reisen, sondern die Vereinigten Staaten von Amerika zu einem wichtigen Bezugspunkt machen. Gewiss gibt es noch immer die kulturelle Weihe der Parisreise; und gewiss sehnte sich gerade ein José Enrique Rodó danach, den Boden Europas zu betreten und von dort nach Lateinamerika berichten zu können. Diese ersehnte Reise, von der Rodó nicht mehr lebend in seine Heimat zurückkehren sollte – starb er doch in einem Hotelzimmer in Palermo –, wirft auch dank der Korrespondententätigkeit des Uruguayers ein Licht auf die veränderten Kommunikationsströme zwischen Europa und Lateinamerika.

Viele der Autorinnen und Autoren des Fin de siècle lernten durch ausgedehnte Aufenthalte andere Regionen des amerikanischen Kontinents kennen: Denken wir nur an Rubén Daríos Zeit in Santiago de Chile beziehungsweise Buenos Aires oder an die strapaziösen und für die Zeit bemerkenswert weitläufigen Reisen Martís durch den gesamten karibischen Raum sowie seine Aufenthalte in Mexiko, Guatemala oder Venezuela! Eine Clorinda Matto de Turner etwa floh aus ihrem Heimatland Peru in ein argentinisches Exil, so wie im 20. Jahrhundert während der Zeit der Militärdiktaturen im Süden des Kontinents viele Intellektuelle aus Argentinien, Chile oder Uruguay eine neue Heimat in Mexiko oder Venezuela fanden. Doch mit dieser resoluten peruanischen Schriftstellerin, die in ihrem argentinischen Exil vehement für die Rechte der

---

73 Vgl. hierzu auch Ette, Ottmar: Imagen y poder – poder de la imagen: acerca de la iconografía martiana. In: Ette, Ottmar / Heydenreich, Titus (Hg.): *José Martí 1895 / 1995. Literatura – Política – Filosofía – Estética*. 10° Coloquio interdisciplinario de la Sección Latinoamérica del Instituto Central de la Universidad de Erlangen-Nürnberg. Frankfurt am Main: Vervuert Verlag 1994, S. 225–297.

74 Vgl. zum Begriff der *Figura* ausgehend von Erich Auerbach Gwozdz, Patricia: *Ecce figura. Anatomie eines Konzepts in Konstellationen (1500–1900)*. Habilitationsschrift an der Universität Potsdam 2021.

Frauen eintrat und als erste Frau 1895 in das Ateneo de Buenos Aires aufgenommen wurde, wollen wir uns in einer nachfolgenden Vorlesung beschäftigen.

Die Schriftstellerinnen und Schriftsteller begannen, sich mit ihrem eigenen kontinentalen Raum zu konfrontieren. Zeitungen wie *La Nación* in Buenos Aires oder *El Partido Liberal* in Mexiko öffneten ihre Seiten für Korrespondentenberichte und Chroniken, durch die der modernistische Chronist und Literat noch immer vorwiegend männlichen Geschlechts als Konkurrent des aufkommenden Reporters ein breites Publikum zu erreichen vermochte. Auch dies waren Entwicklungen und Aspekte einer raschen Internationalisierung in vielen Bereichen von Gesellschaft und Literatur, welche ohne den globalgeschichtlichen Rahmen der dritten Phase beschleunigter Globalisierung nicht befriedigend beschrieben und erklärt werden können. Die verschärfte Konkurrenzsituation in den Periodika prägte im Übrigen die stilistische Entwicklung der modernistischen Autoren, wurde doch nun eine neue Abgrenzung des literarischen Feldes innerhalb schriftlicher Kommunikationsformen, die ein Massenpublikum bedienen konnten, dringlich notwendig.[75]

Auf diese Weise entstand zum ersten Male in Lateinamerika ein gemeinsamer Kulturraum, der sich über regionale Prozesse hinaus oftmals vergleichbaren Fragen und Herausforderungen zuwandte. Insbesondere den unterschiedlichen Antworten auf verschiedenste Identitätskonstruktionen von Seiten der großen lateinamerikanischen Intellektuellen kam dabei eine übergeordnete, die gesamte iberisch geprägte Welt der Amerikas erfassende Bedeutung zu. Im Laufe dieser Entwicklung waren nun die jeweiligen Areas und Regionen und ihre städtischen Zentren nicht mehr einzeln an die (ehemalige) Metropole angeschlossen, sondern kommunizierten in zunehmendem Maße direkt miteinander. Erst vor dem Hintergrund dieser neuen Gegebenheiten, dieser neuen Chancen wird verständlich, was bei aller Kontinuität, bei allem bewussten Traditionswillen den Amerikanismus eines Martí oder Rodó vom Amerikanismus eines Bolívar unterschied und was die neuen kontinentalen Zusammenhänge des Schreibens in Lateinamerika am Ende des 19. Jahrhunderts ausmachte.

Greifen wir ein besonders markantes Beispiel heraus, dem wir uns in dieser Vorlesung nicht gesondert zuwenden wollen! In José Enrique Rodós *Ariel* aus dem Epochenjahr 1900 ist Prósperos Rede von der zu schaffenden geistigen Einheit Lateinamerikas (als Vorstufe einer von Rodó auch konzipierten politischen Einheit) für diese ideen- und literaturgeschichtliche Entwicklung reprä-

---

[75] Überzeugend belegte dies Julio Ramos in seinem Band *Desencuentros de la modernidad en América Latina. Literatura y política en el siglo XIX*. México: Fondo de Cultura Económica 1989, S. 167 ff.

sentativ. Ein gewandeltes Selbstbewusstsein von Literaten, die sich einen eigenen Bereich geschaffen hatten, von dem aus sie die geistige (und nicht selten auch politische) Führerschaft beanspruchten, machte es erst möglich, dass die veränderten Bedingungen des Buchwesens und der (literarischen) Kommunikation zum Tragen kamen und nach ‚außen', nach Europa abstrahlen konnten. Mit großer Schnelligkeit konstituierte sich feldsoziologisch gesehen ein literarisches Feld in den einzelnen Ländern Lateinamerikas, zugleich aber auch in einem subkontinentalen Zusammenhang: Das uns noch heute vertraute Lateinamerika bildete sich heraus.

Auch in dieser Phase des Literaturbetriebes waren Produktion, Rezeption und Distribution an die großen Städte Lateinamerikas gebunden. Nur über jene Städte als kulturelle Vermittlungszentren zwischen Europa und Lateinamerika wurde lateinamerikanisches Schreiben als urbanes Phänomen transatlantisch und transareal vermittelbar. Ein Alfonso Reyes wie ein Leopoldo Lugones konnten als Mexikaner und Argentinier in Europa als Lateinamerikaner verstanden werden. Auch dies wirft ein bezeichnendes Licht auf die mobile Strukturierung des Raumes, wie sie sich in Rodós *Ariel* darbietet: Im achten und letzten Kapitel des Werkes treten die Schüler Prosperos aus dem Studiersaal heraus und werden mit der modernen Großstadt und der ‚großen Zahl' an Menschen, der Menge und Masse ihrer Bewohner, konfrontiert. Allein in der Stadt, und sei sie auch eingebettet in kosmische Dimensionen, kann das Neue, können die Hoffnungen Lateinamerikas auf den Weg gebracht werden. Der alte Gegensatz zwischen Stadt und Land findet sich so in der lateinamerikanischen Moderne in verändertem Kontext wieder.

Die traditionelle Asymmetrie der europäisch-lateinamerikanischen Literaturbeziehungen wurde dabei erstmals im Kontext eines modernisierten Literaturbetriebs, der durch einen engen Austausch zwischen den lateinamerikanischen Zentren untereinander gekennzeichnet war, zumindest tendenziell in Frage gestellt. Der gleichzeitig stattfindende Aufbau neuer transatlantischer Kommunikationsmöglichkeiten betraf in einem ersten Moment gewiss nur deren technologische Dimension. Die Schaffung direkter Telegraphenverbindungen zwischen Lateinamerika und Europa machte es immerhin möglich, dass eine chilenische Zeitung 1874 erstmals per Telegraph direkt aus Europa übermittelte Korrespondentenberichte einrücken konnte. Darüber hinaus aber markierten derartige Verbindungen im literarischen Bereich auch den Beginn einer neuen Qualität internationaler und interkultureller Kommunikationsmöglichkeiten.

Die frühen Zeitschriftenprojekte Martís belegten den noch immer vorherrschenden Informationsfluss von Ost nach West, also von Europa nach Lateinamerika; doch demonstrierten gerade Martís Schriften auch, wie sich dieser Informationsfluss dank neuer Kommunikationsnetze und Informationsbedürfnisse nun auch in nord-südlicher Richtung innerhalb Amerikas einpendelte.

Martís Tätigkeit für *La Opinión Nacional* in Caracas, *El Partido Liberal* in Mexiko oder *La Nación* in Buenos Aires, seine Berichterstattungen über Europa oder seine Chroniken aus den Vereinigten Staaten zeigten diese dynamischen Richtungen und neuen Vektorisierungen deutlich an. Doch drängte der große kubanische Revolutionär und Essayist zugleich darauf, möglichst rasch die Asymmetrie des Informationsflusses aufzuheben und dessen Richtung umzukehren. Seine Chroniken und Essays dokumentieren in herausragender Weise einen erstmals selbstgesteuerten Wissenstransfer, der an den Bedürfnissen der lateinamerikanischen Länder orientiert war.

An der Schwelle zum 20. Jahrhundert hatten die gestärkten und diversifizierten transatlantischen Literaturbeziehungen damit begonnen, das traditionell eurozentrische Literatursystem grundlegend zu verändern. Dies gilt es nicht zu vergessen, wenn wir uns mit modernistischer Lyrik auseinandersetzen – und wir werden dazu gleich anhand eines Gedichts von Rubén Darío ausführlich Gelegenheit haben. Die hier nur kurz skizzierten Veränderungen wären freilich ohne die grundlegend modifizierten Datenflüsse im Kontext der dritten Phase beschleunigter Globalisierung nicht denkbar gewesen.

Vordringlich schien dem im New Yorker Exil lebenden Kubaner ein solcher Datenfluss und Wissenstransfer in Bezug auf die USA zu sein; denn er sah in einer umfassenden (Selbst-)Darstellung Lateinamerikas in nordamerikanischen Medien ein geeignetes Mittel, dem imperialistischen Vordringen der Vereinigten Staaten entgegenzuwirken. Die Umkehr und Selbstgestaltung des Informationsflusses zwischen Europa und Lateinamerika erschien Martí demgegenüber als weniger dringlich. Doch auch sie rückte bereits ins Blickfeld des Kubaners, der sich in New York im literarischen wie politischen Sinne modernster Kommunikationsmittel und Veröffentlichungsmöglichkeiten bedienen konnte. Charakteristisch für den Modernisten Martí – zu dessen Lesern selbstverständlich auch Darío und Rodó zählten – war, dass die Selbstdarstellung der lateinamerikanischen Länder nach außen eine Einheit Lateinamerikas projizieren sollte, die es im Innern erst noch zu schaffen galt, wie Martí sehr wohl wusste. Auch in diesem Bereich stoßen wir auf einen verbindenden Grundgedanken vieler Modernisten: Wie in Rodós *Ariel* findet sich in den Schriften Martís die totalisierende Zielvorstellung einer harmonischen Homogenität, einer in die Zukunft projizierten Einheit Lateinamerikas.

Eine solche die Vielfalt und Differenz lateinamerikanischer Nationen vereinheitlichende Projektion trug sicherlich stark utopische Züge, die jedoch als Leitvorstellungen konkrete politische und moralische Wirksamkeit entfalten sollten und vielfach auch entfalteten. Dass sich der gezielte *Entwurf* einer eigenen und einheitlichen ‚Identität' Lateinamerikas dabei gerade von den Vereinigten Staaten im Norden absetzte und sich kulturell stärker an Iberien beziehungsweise Europa insgesamt orientierte, hatte – wie wir sahen – durchaus konkrete historische und politische Hintergründe. José Martí hatte die Zeichen der Zeit und den drohenden Ausgriff der Vereinigten Staaten auf Länder von Martís *Nuestra América* frühzeitig erkannt.

Der bisweilen erhobene Vorwurf, eine derartige Selbstbestimmung über die Projektion einer positiven Entwicklung in die Zukunft erfülle eine ‚kompensatorische Funktion', diene dazu, das eigene Scheitern im Vergleich zu den erfolgreicheren USA nicht anerkennen zu müssen, und sei letztlich einer auf spanische Wurzeln zurückgehenden „lateinamerikanischen Tradition der Selbstüberhöhung" verpflichtet,[76] übersieht nicht nur in sträflich irreführender Weise, welche soziale Funktion die Texte der hispanoamerikanischen Modernisten in ihren Gesellschaften übernahmen. Wer solches behauptet, verkennt darüber hinaus in eurozentrischer Befangenheit, dass diese Entwürfe gerade aus der geschichtlichen Erfahrung des vehementen und ungleichmäßig verlaufenden Modernisierungsprozesses, in den die lateinamerikanischen Staaten eingetreten waren, entsprangen und im Sinne einer konkreten Utopie Entwicklungslinien vorzeichnen wollten, die jenseits der Abhängigkeit von fremden Modellbildungen eigene Wege für Lateinamerika aufzeigen sollten. Ziel war es dabei, kulturelle ebenso wie politische oder wirtschaftliche Asymmetrien abzubauen und Lateinamerika aus der Außenabhängigkeit herauszuführen, ohne die historischen Wurzeln der eigenen Geschichte und Kultur zu verleugnen. Dass José Martí mehr als andere Modernisten dabei die indigenen Traditionen der amerikanischen Welt miteinbezog und berücksichtigte, kann an dieser Stelle nicht weiter verfolgt werden.

Doch kehren wir zur zentralen Frage der literarischen Beziehungen im Spannungsfeld zwischen Europa und Lateinamerika zurück und fragen wir auf diese Weise nach den Herkünften und Kontexten der agonalen Haltung des Lyrikers wie des Menschen Martí! Denn zweifellos hatte er ja immerhin als erster lateinamerikanischer Intellektueller diese historischen Entwicklungen und Bedrohungen im Kontext der dritten Phase beschleunigter Globalisierung erkannt. Warum also sorgte sich der kubanische Dichter und Revolutionär um die Zukunft der von ihm unter dem Begriff *Nuestra América* zusammengefassten Länder?

Die einfachste Antwort auf diese Frage wäre wohl der Verweis darauf, dass Martí die Situation Lateinamerikas angesichts der Expansion der USA höchst realistisch einschätzte. Dabei sollte man nicht vergessen, dass die Überlegungen der führenden Modernisten dialektisch durchdacht und wesentlich differenzierter waren als die Jubelrufe jener anderen Kritiker, die im Nachhinein

---

[76] So Volger, Gernot: Mestizenkultur. Lateinamerikas Identität im Spiegel seines zeitgenössischen Denkens. In: *Merkur* (München) XLVII, 3 (März 1993), S. 225, 227 und 226.

von einer ‚literarischen Unabhängigkeit' sprachen. Um eine solche ging es Darío, Martí oder Rodó (um bei den heute bekanntesten der modernistischen Autoren zu bleiben) zu keinem Zeitpunkt.

So stellte José Enrique Rodó am Ende seines *Ariel* der europäischen Moderne und dem zuvor zweimal erwähnten Friedrich Nietzsche sein „Así habló Próspero", sein „Also sprach Próspero" entgegen: ein Satz, in dem sich die vielschichtigen Bewegungen von Anverwandlung und Umwandlung fremder Textmodelle bündeln.[77] Schon im Titel des 1900 erschienenen Bändchens wurde der Bezug zu den europäischen Literaturen angekündigt, musste doch jeder zeitgenössischen Leserin und jedem zeitgenössischen Leser klar vor Augen stehen, dass Ariel die Figur von William Shakespeare meinte. Damit war die kreative Aneignung europäischer Denkvorstellungen, die Entwicklung einer spezifisch amerikanischen Kultur und Literatur, keineswegs aber eine Abkehr von den europäischen Traditionen gemeint, die es vielmehr aus eigener Sicht anzuverwandeln galt.

Erstmals wurde aber nun auf eigene literarische Traditionen explizit zurückgegriffen. In José Martís *Lucía Jerez* etwa werden – wie bereits erwähnt – auch lateinamerikanische Romane gelesen, finden also Eingang in den expliziten literarischen Raum eines lateinamerikanischen Romans.[78] Und José Enrique Rodó beschäftigte sich unter anderem mit den literarischen Traditionen des Río de la Plata, um daraus abzuleiten, was an Positivem in die modernistische Gegenwart – der junge Rodó bekannte sich ja öffentlich zum Modernismus – aufzunehmen sei. So schrieb er 1899, ein Jahr vor der Veröffentlichung seines *Ariel*:

> Auch ich bin ein *Modernist*; ich gehöre mit ganzer Seele der großen Reaktion an, die der Evolution des Denkens am Ende dieses Jahrhunderts Charakter und Sinn verleiht; jener Reaktion, die vom literarischen Naturalismus und vom philosophischen Positivismus ausgehend beide in höhere Vorstellungen überführt, ohne das Fruchtbare in ihnen zu schwächen. Und es gibt keinen Zweifel daran, dass das Werk Rubén Daríos, wie viele andere Manifestationen auch, diesem höheren Sinne entspricht; es ist in der Kunst eine der persönlichen Formen unseres zeitgenössischen anarchischen Idealismus; auch wenn dies – weil es keine Intensität zu etwas Ernsthaftem besitzt – nicht gelten mag für das frivole

---

[77] Vgl. hierzu Ette, Ottmar: „Así habló Próspero". Nietzsche, Rodó y la modernidad filosófica de „Ariel". In: *Cuadernos Hispanoamericanos* (Madrid) 528 (junio 1994), S. 48–62.
[78] Vgl. hierzu Ette, Ottmar: „Cecilia Valdés" und „Lucía Jerez": Veränderungen des literarischen Raumes in zwei kubanischen Exilromanen des 19. Jahrhunderts. In: Berger, Günter / Lüsebrink, Hans-Jürgen (Hg.): *Literarische Kanonbildung in der Romania*. Beiträge aus dem deutschen Romanistentag 1985. Rheinfelden: Schäuble Verlag 1987, S. 199–224.

und flüchtige Werk derer, die ihn imitieren im eitlen Produzieren des größten Teiles der Jugend, die heute in Amerika kindisch das literarische Spiel mit den Farben spielt.[79]

Naturalismus und Positivismus, von denen man vielleicht erwartet hätte, dass ein Modernist sie nicht nur ablehnen, sondern auch bekämpfen würde, werden in diesem modernistischen Credo Rodós in die Kontinuität des Denkens und Schreibens bewusst miteinbezogen. Dies ist ein für die lateinamerikanischen Literaturen seit dem Ausgang des 18. Jahrhunderts charakteristischer Vorgang, wie wir ihn literarhistorisch in seinen transatlantischen Verästelungen sehr gut nachweisen können,[80] hat er doch mit der Re-Funktionalisierung literarischer und philosophischer Strömungen aus Europa in Lateinamerika zu tun. Der hispanoamerikanische Modernismus bedeutet zumindest im Verständnis eines Rodó keinen scharfen Bruch, keine Abkehr von der literarischen Tradition, sondern deren Weiter- oder (wie Rodó es ausdrückt) Höherentwicklung. Diese Vermeidung eines scharfen Bruches gilt selbst wenige Jahrzehnte später für die Auseinandersetzung lateinamerikanischer Autorinnen und Autoren mit den historischen Avantgarden und dem, was in Europa als eine ‚Ästhetik des Bruches' bezeichnet worden ist.[81]

In den Äußerungen des uruguayischen Modernisten José Enrique Rodó klingt dies deutlich an: Was in Europa oftmals konträr als sich wechselseitig bekämpfende Bewegungen positioniert ist, wird in Lateinamerika zu einem kreativen Verweisungszusammenhang refunktionalisiert und mit spezifisch amerikanischen Aspekten schöpferisch ausgestaltet. Also: keine Ästhetik des Bruchs! Denken wir zurück an die neuspanischen Geschichtsschreiber der ersten Phase beschleunigter Globalisierung im 16. Jahrhundert oder voraus an die literarischen Avantgarden in Lateinamerika in der ersten Hälfte des 20. Jahrhunderts, dann drängt sich die Vermutung auf, dass den oft radikalen Brüchen in der Geschichte des Subkontinents ein Kontinuum im Bereich des Schreibens gegenübersteht, das sich in einem umfassenderen Sinne als eigenständige literarische und ästhetische Entwicklungsgeschichte seit dem hispanoamerikanischen Modernismo wie etwas später dem avantgardistischen brasilianischen Modernismo lesen lässt. Wir werden in diesem Teil unserer Vorlesung noch Beispiele für diese Eigenständigkeit und Kreativität lateinamerikanischer Lyrik kennenlernen.

---

[79] Rodó, José Enrique: Rubén Darío. Su personalidad literaria, su última obra. En (*id.*): *Obras Completas*. Editadas con introducción por Emir Rodríguez Monegal. Madrid: Aguilar 1957, S. 187.
[80] Vgl. hierzu die Bände vier und fünf der Reihe „Aula" in Ette, Ottmar: *Aufklärung zwischen zwei Welten* (2021) sowie *Romantik zwischen zwei Welten* (2021).
[81] Vgl. hierzu den dritten Band der Reihe „Aula" in Ette, Ottmar: *Von den historischen Avantgarden bis nach der Postmoderne* (2021).

Wie auch immer wir die komplexen literarhistorischen Entwicklungen im transatlantischen Bereich im Verlauf des 20. wie des beginnenden 21. Jahrhunderts deuten mögen: Es bleibt festzuhalten, dass allein mit Hilfe literarischer Kategorien das Spezifische der literarischen Bewegung des hispanoamerikanischen Modernismo nicht erkennbar zu machen ist und erklärt werden kann. Wir müssen ihn einbauen in die transareale Entwicklungsgeschichte der Literaturen der Welt, die ich im Rahmen der Entfaltung der *TransArea Studies*[82] zu forcieren versucht habe.

Nur vor diesem hier in aller Kürze dargestellten Hintergrund ist das um die Wende zum 20. Jahrhundert erstmals erwachte breitere Interesse an ‚der' lateinamerikanischen Literatur beziehungsweise den lateinamerikanischen Literaturen in Europa zu verstehen. Dabei blieb die Rezeption in einer ersten Phase im Wesentlichen noch auf Spanien beschränkt. Dieses Interesse spanischer Intellektueller lässt sich nicht allein mit dem Hinweis auf die Identitätsfrage begründen, die sich nach der Niederlage im Spanisch-Kubanisch-Nordamerikanischen Krieg von 1898 mit größerer Dringlichkeit stellte. Was war nach dem Verlust der letzten amerikanischen Kolonien aus dem ehedem so stolzen Spanien geworden? Und in welche Richtung sollte sich ein regeneriertes Spanien weiterentwickeln?

Wir werden die Dringlichkeit dieser Fragestellung in einem verunsicherten Spanien der Jahrhundertwende im Anschluss noch deutlicher skizzieren. Der internationale und teilweise globalisierte Kulturhorizont, der sich im literarischen Bewegungs-Raum gerade der modernistischen Werke ausdrückte, entsprach in weiten Zügen dem Kulturhorizont, der den spanischen Intellektuellen zugänglich war. Die literarischen sowie kulturellen Prozesse und Entwicklungen, welche im letzten Drittel des 19. Jahrhunderts einsetzten und sich im 20. Jahrhundert fortsetzen sollten, bewirkten eine Verstärkung der transarealen Verbreitung und Expansion, welche die lateinamerikanischen Literaturen – in Europa zumindest tendenziell als Einheit rezipiert – erstmals zum Gegenstand europäischer Leseerfahrungen werden ließen.

Mit diesen globalgeschichtlich verankerten Veränderungen begann nun eine Rezeption, die nationalliterarisch betrachtet weniger punktuell war als die Aufnahme Edgar Allen Poes in Frankreich und die direkte Wirkung seiner ästhetischen Schriften und Erzählungen auf Charles Baudelaire. Bemerkenswert ist in diesem Zusammenhang die Tatsache, dass es die lateinamerikanischen Modernisten waren, welche bedeutende Exponenten der US-amerikanischen Literatur

---

82 Vgl. hierzu die beiden Bände von Ette, Ottmar: *TransArea. Eine literarische Globalisierungsgeschichte*. Berlin – Boston: Walter de Gruyter 2012; sowie *WeltFraktale. Wege durch die Literaturen der Welt*. Stuttgart: J.B. Metzler Verlag 2017.

in Europa überhaupt erst bekannt machten.[83] Das einsetzende Interesse am Schreiben in Lateinamerika hatte zweifellos Rückwirkungen auf dieses Schreiben selbst: Nun durften auch die lateinamerikanischen Schriftstellerinnen und Schriftsteller hoffen, ein beträchtlich erweitertes gesamtlateinamerikanisches Publikum *und* zumindest potentiell einen europäischen Leserkreis zu erreichen.

Zum ersten Mal wurde dies weltweit deutlich in der Rezeption lateinamerikanischer Lyrikerinnen wie Juana de Ibarbourou (alias ‚Juana de América') oder Gabriela Mistral,[84] die sich ein großes und längst nicht mehr auf Lateinamerika begrenztes Publikum schufen; eine klare literaturgeschichtliche und zum damaligen Zeitpunkt noch weltliterarische Entwicklung, die 1945 mit dem erstmals nach Lateinamerika vergebenen Literaturnobelpreis für die Chilenin Gabriela Mistral ihren Höhepunkt erreichte. Lateinamerika war im Bewusstsein der Leserinnen und Leser in Europa wie in den USA nunmehr *on the Map*.

Der für diese Entwicklung zu zollende Tribut für die nunmehr einsetzende Rezeption bestand wohl darin, dass die Werke lateinamerikanischer Autoren außerhalb ihres lateinamerikanischen Kontexts verstanden wurden und dass nur bestimmte (eher abstrakte) Elemente oder stilistische Charakteristika, die in europäische Zusammenhänge leicht integrierbar waren, in kreativer Weise aufgegriffen wurden. Bevor wir uns in den nachfolgenden Überlegungen zunächst kurz mit der Situation in Spanien und danach mit einigen literarästhetisch spannenden Entwicklungen in der lateinamerikanischen Lyrik auseinandersetzen wollen, möchte ich Ihnen aber gerne zum Abschluss unserer Überlegungen zum hispanoamerikanischen Modernismo das Gedicht eines der großen Vertreter dieser so wichtigen Bewegung präsentieren.

Dazu wenden wir uns nochmals Rubén Darío zu! Sein Gedicht *Leda* stellt sicherlich eines der harmonischsten, rhythmisch und metrisch symmetrisch durchgeformtesten und in gewisser Weise ‚geglättetsten' poetischen Schöpfungen des nikaraguanischen Dichters selbst, aber auch des hispanoamerikanischen Modernismo dar. *Leda* dürfte gerade wegen dieser künstlerischen und technischen Meisterhaftigkeit, in welche die Erfahrungen der französischen Parnassiens wie auch der französischen Symbolisten eingingen, zurecht zu den berühmtesten und für den Modernismo repräsentativsten Gedichten Daríos zählen.

Eine frühe Fassung dieses Poems, das wir uns zuerst einmal in seiner vollen Länge ansehen wollen, erschien bereits 1896 in der von Manuel Gutiérrez Nájera geleiteten mexikanischen Zeitschrift (mit dem programmatischen Titel)

---

83 Vgl. hierzu Mejía Sánchez, Ernesto: Las relaciones literarias interamericanas. El Caso Martí – Whitman – Darío. In: *Casa de las Américas* (La Habana) 42 (1967), S. 52–57.
84 Vgl. hierzu die entsprechenden Kapitel in Ette, Ottmar: *Von den historischen Avantgarden bis nach der Postmoderne*, S. 440 ff. u. 423 ff.

Azul; doch zitieren wir diese Kreation Daríos aus der in Madrid im Jahre 1905 erschienenen Ausgabe der *Cantos de vida y esperanza*, die sicherlich einen der Höhepunkte modernistischen Schreibens im Bereich Lyrik darstellen. Hier also Rubén Daríos Gedicht *Leda* in der deutschen Übersetzung von Wenzel Goldbaum:

> Im Schattendunkel blinkt der Schwan wie Eis,
> Bernstein sein Schnabel bis der Morgen steigt.
> Der junge Dämmer, der so schnell verfliegt,
> taucht sanft in Blaßrot seiner Flügel Weiß.
>
> Doch dann im tiefen Blau des Wellentals,
> wenn Morgenrot verliert des Blutes Gnade,
> mit ausgespannten Schwingen und gestrecktem Hals
> aus Silber ist der Schwan im Sonnenbade.
>
> Er stäubt das seidige Gefieder,
> Olympiervogel, durch den Pfeil verletzt
> der Liebe, drückt gewaltsam Leda nieder,
> dieweil sein Schnabel ihren Mund benetzt.
>
> Aufstöhnt die Schöne, nackt, das Knie gebeugt,
> kann ihrer Seufzer süße Lust nicht stillen...
> Aus grünem Laubesdunkel äugt
> verwirrter Pan mit funkelnden Pupillen.[85]
>
> El cisne en la sombra parece de nieve:
> su pico es de ámbar, del alba al trasluz:
> el suave crepúsculo que pasa tan breve
> las cándidas alas son rosa de luz.
>
> Y luego, en las ondas del lago azulado,
> después que la aurora perdió su arrebol,
> las alas tendidas y el cuello enarcado,
> el cisne es de plata, bañado de sol.
>
> Tal es, cuando esponja las plumas de seda,
> olímpico pájaro herido de amor,
> y viola en las linfas sonoras a Leda,
> buscando su pico los labios en flor.
>
> Suspira la bella desnuda y vencida,
> y en tanto que al aire sus quejas se van,

---

85 Rubén Darío: Leda (Übers. Wenzel Goldbaum). In: *Poesie der Welt. Lateinamerika*. Herausgegeben von Hartmut Köhler. Berlin: Edition Stichnote im Propyläen Verlag 1986, S. 67.

del fondo verdoso de fronda tupida
chispean turbados los ojos de Pan.

Dies ist in der Tat ein Gedicht, das pausenlos in den stärksten Farben schwelgt. Wir verstehen jetzt besser, warum José Enrique Rodó nicht Rubén Darío, wohl aber dessen Nachahmer dafür schalt, in ihren poetischen Werken ein pures literarisches Farbenspiel in Szene gesetzt zu haben. Denn Silber, Weiß und Blau, die charakteristischen modernistischen Farben, aber auch Bernstein, Blassrot oder Grün folgen einander in dichter Frequenz und färben ein Poem, das in seiner kühlen, skulpturalen Plastizität an die Parnassiens denken lässt.

Das erste Element des Gedichts, das seinem Betrachter ins Auge springt, ist zweifellos der Titel. Dies klingt banal, erweist sich aber vor dem Hintergrund der Entwicklung dieser lyrischen Konstruktion als aufschlussreich. Denn das paratextuelle Element der Titelgebung gibt dem Lesepublikum zunächst einmal zu verstehen, dass die nachfolgenden Verse in irgendeiner Weise an den Leda-Mythos anschließen und sozusagen im Sinne von Hans Blumenberg *Arbeit am Mythos* verrichten.[86] Rubén Darío wird in der Tat diese kreative Arbeit am Mythos leisten, verknüpft er doch mit den uns allen bekannten Varianten des antiken Mythos seinen eigenen „mythe personnel", seine eigenen, auch in vorgängigen Gedichten gewachsenen Vorstellungen und Bilder, die vor allem in den Schlussteil des Gedichts Eingang fanden. Denn mit dessen letzter Silbe in spanischer Sprache, in der Figur des Pan, wird noch einmal die gesamte erotische Aufladung signiert.

Abb. 58: Henri-Paul Motte: Leda und der Schwan, Öl auf Leinwand, um 1900.

---

86 Vgl. Blumenberg, Hans: *Arbeit am Mythos*. Frankfurt am Main: Suhrkamp ⁴1986.

Das Grundgerüst des Mythos, auf das auch Rubén Darío zurückgriff, besteht in der übergroßen Liebe des Göttervaters Zeus zur schönen Leda, Tochter des Königs Thestios von Aitolien und der Eurythemis. Nun, die schöne Leda gebar mehrere Kinder, die zum Teil von ihrem Gatten Tyndareos, zum Teil aber auch von Zeus stammten, der sich ihr – wie es so schön heißt – in Gestalt eines Schwanes näherte (Abb. 58). Sie kennen ja die Liebesverliebtheit des Zeus, die ihrerseits das Wasserzeichen einer zutiefst patriarchalischen Gesellschaft darstellt. Der griechischen Sage nach gebar Leda zwei Eier, aus denen die schöne Helena sowie die Dioskuroi schlüpften, die Dioskuren.

Auf Helenas Geschichte, die ja so manche nicht unbekannte kriegerische Auseinandersetzung ausgelöst haben soll, darf ich an dieser Stelle verzichten, und auch die Dioskuren brauchen uns hier nicht zu interessieren. Sehr wohl aber interessiert uns die im Zentrum stehende Liebesgeschichte Ledas, deren Objekt – und weniger Subjekt – die schöne junge Frau ist. Denn Zeus nähert sich ihr zwar in der Gestalt eines Tieres, zugleich aber als ein Gott, dem sie keinen Widerstand entgegenzusetzen vermag. Anders als die deutsche Übersetzung lässt Daríos Gedicht über den Charakter der Gewalt keine Zweifel aufkommen: Das von ihm verwendete Verb ist „violar".

Wir haben es im Grunde mit einer handfesten Vergewaltigungsszene zu tun! Erinnern Sie sich noch an unsere Auseinandersetzung mit Eugenio Cambaceres' Roman *Sin rumbo* in unserer Vorlesung über die Romantik zwischen zwei Welten?[87] Im Zentrum seines sorgsam ausgestatteten finisekulären Innenraums, in seinem Verführungskabinett oder auch ‚Garçonnière', wo der junge Andrés junge Frauen mit seinen Verführungskünsten traktierte, steht nicht von ungefähr eine Skulptur, welche sich bildhauerisch der schönen Leda mit ihrem Schwan annimmt. Auch bei Eugenio Cambaceres hatte die männliche Gewalt am weiblichen Objekt der Liebe, sorgsam kaschiert unter der Verkleidung des ästhetisch Schönen, die eigentliche Hauptrolle gespielt. Leda und der Schwan stehen so in ihren unendlich zahlreichen Gestaltungen für eine männlich bestimmte Erotik, die sich rücksichtslos Bahn bricht.

Nicht nur im Fin de siècle der verschiedenen europäischen Länder, sondern auch in Lateinamerika ist der Leda-Mythos im Fin de siglo überaus beliebt und stellt hier nicht zufällig gerade in seiner Mischung aus Sinnlichkeit, Gewalt, Körperlichkeit und künstlerischer wie künstlicher Metamorphose eine interessante Verbindung zwischen Naturalismo und Modernismo im Zeichen des Jahrhundertendes dar. Rubén Darío konnte auf diesem Gebiet auf literarische Entwicklun-

---

87 Vgl. das entsprechende Kapitel in Ette, Ottmar: *Romantik zwischen zwei Welten*, S. 984 ff.

gen zurückgreifen, die in ganz Lateinamerika sichtbar waren, gab diesen künstlerischen Ausarbeitungen zugleich aber neue Anstöße.

Wenn wir uns diesem modernistischen Gedicht nähern, dann müssen wir bis zur dritten Strophe warten, bis endlich die schöne Leda in den Versen erscheint. Und sie erscheint gerade nicht als selbstbestimmtes und selbstbewusstes Subjekt, sondern als missbrauchtes, geschändetes Objekt des göttlichen und männlichen Begehrens. Darüber hinaus dürfen wir festhalten, dass der Name des Gottes selbst nicht auftaucht, also nur durch die Erwähnung der mythologischen Figur Leda im Leser evoziert wird. Die einzige direkte Anspielung auf die göttliche Herkunft des Schwans bleibt die Rede vom ‚olympischen Vogel' in eben jener dritten Strophe, in welcher sich offenkundig die Handlungselemente des Mythos konkretisieren und bündeln. Nur durch die Erwähnung des Namens Leda und das Auftauchen eines Schwans wird der Gott Zeus evoziert, auch wenn der „Olympiervogel" dem gebildeten zeitgenössischen Lesepublikum die Präsenz des griechischen Götterchefs signalisierte.

Umgekehrt ist es zumindest auf den ersten Blick überraschend, dass der Name einer anderen Gottheit, des Hirtengottes Pan, ganz am Ende des Gedichts erscheint, in der Vers- und Strophen-Endstellung, obwohl in keiner der antiken Fassungen des Leda-Mythos irgendwo auch nur andeutungsweise von Pan die Rede war. Dies allein ist schon ein Indiz dafür, dass in diesem Gedicht ein Dichter den Leda-Mythos nicht nur als Grundmuster, sondern zugleich als dialogisches oder polylogisches Spiel, ja vielleicht sogar als Ausgangspunkt für eine Mythen-Bricolage im Sinne von Lévi-Strauss verwendet.

Im Rahmen dieser Vorlesung können wir keine detaillierte und ausführliche Analyse des Gedichts auf der syntaktischen, rhythmischen, metrischen, verstechnischen, semantischen, mythologischen, klanglichen, literarhistorischen oder mythen- und ideologiekritischen Ebene vornehmen, würden wir damit doch bei einem so dichten Poem wie Daríos *Leda* mehrere Sitzungen damit zubringen. Doch sollten wir uns bei diesem Gedicht des nikaraguanischen Modernisten anders als in seiner Ode *A Roosevelt* nicht zuletzt auch mit den spezifisch literarischen und verstechnischen, metrischen und rhythmischen Verfahren beschäftigen, da sie uns einen großen Einblick in die Schaffenskraft Daríos, vor allem aber auch in die Ästhetik modernistischer Lyrik gewähren. Denn eine literaturwissenschaftliche Analyse der lyrischen Beschreibung der erotischen Potenz des Olympiers kann nur gelingen, wenn wir das *Gemacht-Sein* dieses modernistischen Gedichts verstanden haben.

Wir haben es also zunächst mit vier Strophen a jeweils vier Versen, also Quartetten zu tun,[88] die nicht nur rhythmisch und verstechnisch, sondern auch syntaktisch abgeschlossen sind, findet sich doch am Ende jeder Strophe ein Punkt, so dass wir syntaktisch motivierte Formen des Übergreifens – *Enjambement* – ausschließen können. Das ist in der deutschen Übersetzung nicht immer der Fall, aber auf diese Problematik brauche ich nicht einzugehen: Sie sollten sich am spanischsprachigen Original orientieren!

Versuchen wir, in unserer verstechnischen Analyse einen Schritt weiter zu gehen: Die vier harmonischen Quartette werden gebildet von jeweils vier fast durchweg regelmäßigen symmetrischen daktylischen Zwölfsilbern, die – wie Darío sehr wohl wusste – in der hohen Tradition des mittelalterlichen *verso de arte mayor* stehen. Symmetrisch meint in der Terminologie Baehrs, dass jeder Alexandriner von zwei metrisch selbständigen Sechsilbern gebildet wird, die jeweils mit einem einsilbigen Auftakt beginnen, dem dann – und deshalb die Rede von Daktylus – Betonungen auf der zweiten und fünften Silbe folgen, so dass sich von der zweiten Silbe an zusammen mit den beiden unbetonten Silben ein Daktylos herausbildet. Das Gedicht ist rhythmisch durchkomponiert und die einzelnen Verse weisen durchgängig diese Struktur auf.

Mit anderen Worten: Die Alexandriner oder Zwölfsilber sind durchgängig als Zusammensetzung zweier symmetrischer Halbverse ausgebildet, die durch eine mehr oder minder stark ausgeprägte Zäsur akzentuiert sind. Das verwendete Reimschema ist das des Kreuzreims, wie Sie leicht schon anhand der ersten Strophe feststellen können: „nieve" – „breve", „trasluz" – „luz", also a b a b. Zugleich bemerken Sie einen Wechsel zwischen in der Vers-End-Position stehenden Wörtern oder besser Lexemen, die auf einer betonten Silbe enden (wie etwa „luz") und solchen, die auf einer unbetonten Silbe enden (wie etwa „nieve"). Die ersteren bezeichnet man als *rima aguda*, die zweite als *rima llana*. Auch dies ist innerhalb des Gedichts durchgängig und harmonisch durchgeführt, so ausgeglichen harmonisch, dass diese Verfahren uns fast ‚natürlich' scheinen können. Und doch sind sie ‚gemacht', sind Teile eines poetischen Verfahrens.

In der Zäsur-Stellung der Halbverse stehen Lexeme mit der Betonung auf der vorletzten Silbe, mit Ausnahme der Verse 3 und 10, wo mit „crepúsculo" und „pájaro" zweimal eine *palabra esdrújula*, folglich Proparoxytona verwendet werden. Sie geben eine leichte rhythmische und rhythmisierende Abweichung für ihre jeweiligen Verse vor, rhythmisieren unser Gedicht also zusätzlich. Ebenso

---

[88] Vgl. zu diesem Gedicht auch die schöne Analyse von Wentzlaff-Eggebert, Harald: Rubén Darío, „Leda". In: Tietz, Manfred (Hg.): *Die Spanische Lyrik der Moderne*. Frankfurt am Main: Vervuert 1990, S. 80–96.

wie bei den zahlreichen Synaloephen stellt dies gemäß der spanischen Verslehre jedoch keinen Regelverstoß dar, sondern ist ein erlaubtes künstlerisches Ausdrucksmittel zur Gestaltung und Rhythmisierung der Verse. Rubén Darío bewegt sich hier voll und ganz innerhalb der zeitgenössischen poetischen Strukturen.

Betrachten wir die Strophen nun als Ganzes und in ihrem wechselseitigen Zusammenspiel, so bemerken wir rasch, dass sich Vers 1 und 8, also der erste Vers der ersten Strophe und der letzte Vers der zweiten Strophe, gegenseitig entsprechen, ja eine bewusste Parallelstellung aufweisen. Dies stellt eine gewisse abgeschlossene Einheit dar, die von den ersten beiden Strophen gebildet wird; eine Tatsache, die zweifellos inhaltlich motiviert ist: Es geht hier um die poetische Darstellung des göttlichen Schwans. Dass dies zwar eine Einheit, aber keine Isolierung bedeutet, legt das in Vers 9 folgende „Tal es" nahe, das ja gerade die beiden vorangehenden Strophen in die dritte Strophe projiziert, also in eben jene Strophe, von der wir bereits vermuten dürfen, dass sie die mythologischen Handlungselemente am besten repräsentiert und kondensiert. Denn diese mythologischen Elemente sind in den beiden ersten Strophen nur latent vorhanden, werden aber noch nicht wirklich manifest. Schon diese erste formale Untersuchung erweist das Gedicht als klar strukturierte und zugleich durchgängig konzipierte Einheit, welche Darío zweifellos als großen Künstler ausweist. Sehen wir uns nun die einzelnen Strophen etwas genauer an und beginnen wir mit dem ersten Teil, also den beiden ersten Strophen, die – wie wir sahen – eine Einheit bilden!

Diese beiden ersten Strophen gelten nicht etwa der Titelfigur des Gedichts, also Leda; im Mittelpunkt ihrer poetischen Darstellungen steht vielmehr der Schwan, der gleichsam in zwei verschiedenen Augenblicksaufnahmen gezeigt wird, welche durch ein „Y luego" in eine klare zeitliche Abfolge gebracht werden. Wir erblicken zum einen den Schwan zuerst im noch morgendlichen Schatten der aufgehenden Sonne, um ihn danach im starken Licht der Sonne („sol") zu sehen, deren männliche Kraft – *die* Sonne ist im Spanischen ja männlich – den Abschluss des achten Verses bildet und damit gleichsam natürlich den Übergang zur männlichen Kraft des Schwans in der mythologischen Aktion der dritten Strophe leistet. Hier wird folglich an der männlichen Potenz des Olympiers gefeilt.

Im ersten Vers erscheint der göttliche Schwan aus Schnee: Und dass der exotisch wirkende Schnee gerade bei den tropischen Modernisten eine große Rolle spielt wie etwa in einem so großartigen Gedicht wie *Nieve* von dem oft in zweiter Reihe stehenden Modernisten Julián del Casal, ließe sich leicht zeigen. Der (im Gedicht eine so große Rolle spielende) Farbwert verändert sich leicht in der Mittagssonne, denn dann ist unser Schwan aus Silber. In gewisser Weise ist hier der Schnee in Silber umgeschmolzen worden und hat eine feste, stabile, harte Form gewonnen.

Schon der Schnabel des Schwans aber ist im zweiten Vers relativ hart, aus Bernstein – auch wenn dies nicht gerade der härteste Stein ist –, wiederholt sich aber in dem fordernden Schnabel des dritten Verses (wiederum „pico") und spiegelt sich akustisch ebenfalls in der auf Zeus bezogenen Charakterisierung des Vogels als „olímpico". Noch sind die Flügel dieses Schwans ruhig im Morgenlicht gerötet, bevor sie – mit anderer mythologischer Reminiszenz – dann in der dritten Strophe zu schäumen beginnen („esponja"). Wir müssen sogleich an die *schaum*geborene Aphrodite denken und wissen, dass wir einer Zeugungs- und vielleicht auch Geburtsszene beiwohnen.

Innerhalb der Farbkonstellation erscheinen neben dem Weiß und dem bereits erwähnten Silber und Bernstein insbesondere die Bläue des Sees sowie die rötlich färbende Morgensonne, deren anfänglich zartes Licht sich freilich bald schon verändert. Denn der rote Schein der Aurora geht bald verloren: die Flügel werden nun straff („tendidas") und der lange Hals versteift sich, kurz: die männlichen, beherrschenden, harten Elemente gewinnen im Schwan die Oberhand, so dass sich in diesem doppelten Bild des Schwans bereits eine Entwicklung abzeichnet, die klar auf den Liebesakt der dritten Strophe zielt. Doch dies bleibt bei einer ersten Lektüre des Gedichts noch in der Latenz.

Die Stärke des olympischen Vogels beruht nicht allein auf dem göttlichen Ursprung, sondern auf der aus der mystischen Literatur sattsam bekannten Liebeswunde („herido de amor"), eine Verletzung des Subjekts Schwan, welche bereits die Verletzung des Liebesobjekts Leda andeutet. Dies geschieht dann im elften Vers, in dem das mythologische Geschehen nach der bisher verwendeten Verrätselungs-Struktur in das Gegenteil umschlägt, erscheint doch der schöne Schwan, in dem sich Zeus der Leda annähert, als Vergewaltiger des unschuldigen Mädchens: „y viola en las linfas sonoras a Leda." Der Dichter wird hier explizit und spricht von den anderen Lippen („labios") der jungen Frau, denen sich das Geschlechtsteil des Gottes annähert und die nackte Leda niederdrückt. Die deutschsprachige Übersetzung ist diese Offenheit des nikaraguanischen Dichters nicht mitgegangen und spricht deutlich verschämter und verklausulierter von der Vergewaltigungsszene.

Erotik und Gewalt, männliche Aktivität und weibliche Passivität werden hier in der von antiker, aber auch ikonischer Bildtradition verbürgter Geschlechteraufteilung zu jenem Liebesakt geführt, der später zur Geburt der schönen Helena führt. Diese wird, wie Sie wissen, dank ihrer strahlenden Schönheit zur Auslöserin des Trojanischen Krieges, insofern die Frage des Besitzes einer Frau in einer patriarchalischen Gesellschaft gewaltauslösend und als Kriegsgrund wirken kann. Sie sehen: Diese Vergewaltigung hat Folgen! Der Bildtradition der Leda-Darstellungen entspricht der zwölfte Vers, der freilich auf der Ambivalenz aufbaut und die Vereinigung von Tier und Mensch ausspielt, sucht doch ein männlicher „pico" die weiblichen „labios en flor". Die sinnliche, erotisch aufgeladene Atmosphäre des Fin de siècle bricht sich hier Bahn und findet fernab aller romantischen Ästhetik in diesem modernistischen Gedicht ihren künstlerischen Ausdruck.

Erst in der vierten und letzten Strophe verwandelt sich Leda, immerhin die Titelfigur des Gedichts, in eine Protagonistin, wenn auch nur für die erste Hälfte dieser letzten Strophe. Sie ist die Inkarnation der Schönheit, ist die ästhetisch Schöne („la bella"), deren Handeln freilich ebenso sinnlich wie ambivalent ist: Ihre Nacktheit (sie ist „desnuda") wird mit dem „suspirar" gekoppelt, das ein Seufzen aufgrund eines Schmerzes wie auch ein Stöhnen während des Liebesaktes sein kann. Dieses Stöhnen der jungen Frau wird mit der Metapher des Besiegt-Seins verbunden; eine Sprache der Liebe,[89] die ihrerseits ebenso die physische Besiegtheit wie auch das Besiegt-Sein von der Liebe des Zeus signalisieren kann. Die körperliche Liebe wird in diesem verdichteten Liebesdiskurs zweifellos geschlechterspezifisch durchbuchstabiert.

Das Klagen und Stöhnen, die „quejas" der jungen Frau, sind ebenso Klagen wie Liebesklagen, so dass Leda letztlich noch immer im Banne des göttlichen Beischlafs und des Ereignisses steht, das sie freilich nicht begreifen kann. Doch eine weitere mythologische Figur steht ebenfalls im Banne des Geschehenen wie auch des Gesehenen: der sinnliche Hirtengott Pan, der Zeus' Handeln an Leda mit funkelnden Augen mitverfolgt hat. Der fünfzehnte Vers ist klanglich ganz anders strukturiert und betont die o-Laute sowie die dunklen u-Vokale, wobei auch noch die Farbe Grün erstmals die modernistische Farbenpalette erweitert. Hier funkeln also verwirrt angesichts des Gesehenen die Augen des Pan, womit einmal mehr die optische, visuelle Vorherrschaft innerhalb des Gedichts herausgestellt wird.

Mit Pan aber tritt ein Gott der Sinnlichkeit und physischen Inbesitznahme auf den Plan, wobei er in diesem Zusammenhang keineswegs in Opposition zum Göttervater Zeus steht, dem es bei aller Liebe ebenfalls um den Vollzug des Geschlechtsaktes geht. Gewiss ist Pan Sinnbild für eine derbe Erotik; doch die Handlungsweise von Zeus im Gedicht wird explizit als Vergewaltigung der Leda bezeichnet, so dass die Liebe des Olympiers keineswegs im harmonischen Einklang mit der Natur steht[90] und auch nicht von ästhetischen Reizen allein getragen ist.

Denn immerhin vergewaltigt der Olympier wortlos die schöne Jungfrau, immerhin wird aus seinem sanften rosarot getönten Bild das Bild eines sich aufrichtenden fordernden rücksichtslosen Gottes, der sich die junge Schöne holt. Pans Welt ist sicherlich das Grüne, das Laubwerk, der Erdboden seiner Schaf-

---

89 Vgl. hierzu ausführlich den zweiten Band der Reihe „Aula" in Ette, Ottmar: *LiebeLesen* (2020).
90 Vgl. hingegen die Deutung von Harald Wentzlaff-Eggebert.

herden, während die Welt des Zeus die Bläue des Sees ist, die an die Bläue des Himmlischen und Ätherischen gemahnt. Insofern lässt sich zwischen dem erdverbundenen Pan und dem ätherischen Zeus sehr wohl ein klarer Gegensatz erkennen. Doch ist gerade auch dies eine Opposition, in deren Zentrum das Weibliche als objekthaft auslösender Reiz steht.

Der mächtige Zeus, dessen Schwanenflügel die Wasseroberfläche zum Schäumen bringen, sorgt seinerseits dafür, dass Helena – die nicht hier, aber in anderen Gedichten Rubén Daríos auftaucht – wohl keine Schaumgeborene, wohl aber eine Schaumgezeugte sein wird. Ihrer Zeugung wohnen gleichsam zwei Götter als Vertreter diametral entgegengesetzter Zugehörigkeiten innerhalb der griechischen Götterwelt bei, ganz so, wie Helena eine überaus komplexe und ambivalent sinnliche Rolle innerhalb der sich anbahnenden Geschichte der griechischen Expansion spielen wird. Sie ist als Mensch das Produkt eines mächtigen Übergriffs durch einen Gott. Halten wir an dieser Stelle aber fest: Die ästhetischen Linien und Farben wie auch die verschiedenen Bestandteile des schönen Schwans beschränken sich nicht auf eine Schönheit und Ästhetik der Vision, sondern dringen jenseits aller Farbenspiele mit aller Gewalt in die Sphäre des eigentlich Verbotenen ein! Die Metamorphosen des Gottes führen nur bedingt zu einer *Ars amatoria*: Denn eigentlich übt sich der in einen Schwan verwandelte Gott in brutaler männlicher Gewalt.

Es gibt daher durchaus eine Reihe von Gemeinsamkeiten zwischen der schwül-sinnlichen Szenerie des erotisch aufgeladenen Innenraums, wie wir sie in den Werken des europäischen wie des amerikanischen Fin de siècle so häufig vorfinden,[91] und der Atmosphäre des am antiken Mythos arbeitenden modernistischen Gedichts *Leda* des allem Sinnlichen zugewandten Rubén Darío. Seine Leda ist zweifellos keine Femme fatale, die durch die Romane vor allem des späten 19. Jahrhunderts allenthalben geistert. Doch hat auch die jungfräuliche Schönheit der Leda ihre Wunden im männlichen Herzen geschlagen, auch wenn dieses das Herz eines olympischen Vogels sein mag. Daríos Leda ist zweifellos eine antik geheiligte und jungfräulich unschuldige, aber dennoch eine im Zeichen des Fin de siglo wahrgenommene Schöne, die den Trieb der Männer auf sich lenkt.

Rubén Daríos Lyrik aber – dies hören wir unverkennbar – ist eine von den Erfahrungen der Plastizität der französischen Parnassiens geprägte Dichtkunst, die in den ersten beiden Strophen dominiert, es dann aber auch versteht, die Sinnlichkeit anschaulich werden und verschiedene Gegensätze (wie männlich

---

91 Vgl. hierzu die entsprechenden Kapitel in Ette, Ottmar: *Romantik zwischen zwei Welten*, S. 963 ff., S. 984 ff.

vs. weiblich, unschuldig vs. lustvoll, gewalttätig vs. passiv und vieles mehr) aufeinanderprallen zu lassen, ohne dabei doch die geordnete Schönheit des Gedichts preiszugeben. Sinnlichkeit wie erotische Gewalt sind damit in einer höheren Formgebung aufgehoben, die sich innerhalb einer jahrtausendelangen literarischen und philosophischen Tradition weiß, aber auch nicht davor zurückschreckt, dieser abendländischen Tradition aus lateinamerikanischer Sicht neue Elemente hinzuzufügen. Daríos Lyrik schreibt sich damit in die abendländischen Traditionsstränge ein, bewahrt zugleich aber schon auf Ebene der Chromatik ihren eigenen modernistischen Standpunkt hispanoamerikanischer Ästhetik.

Wir verstehen nun besser, warum eine solche Lyrik den zunächst spanischen, später aber auch europäischen Intellektuellen in deren Arbeit am Mythos als ungeheuer anziehend und attraktiv erscheinen musste, gelang doch Darío eben jene Versöhnung zwischen Antike und Modernität, welche die Literaturen der Jahrhundertwende wie auch der ersten Jahrzehnte des zwanzigsten Jahrhunderts besonders prägt. Rubén Daríos Arbeit am Mythos sollte sich schon bald in Werken wie Alfonso Reyes' Theaterstück *Ifigenia cruel* fortsetzen, indem das griechische Ambiente durch einen amerikanischen, ja eigentlich mexikanischen Kontext ersetzt wird, der Iphigenie nicht mehr nach Tauris und ins Taurerland, sondern in die Welt der Azteken transportierte.[92] Dies wäre ohne die modernistische Vorarbeit am griechischen Mythos wohl kaum möglich gewesen.

Zwischen 1896, dem erstmaligen Erscheinen des Gedichts, und 1905, mithin seiner Aufnahme in die Gedichtsammlung *Cantos de vida y esperanza*, befand sich Rubén Darío nicht nur auf dem Höhepunkt seines künstlerischen Schaffens, sondern auch seiner Bedeutung und seiner Strahlkraft innerhalb des literarischen Feldes, das – zusammengesetzt aus verschiedenen Teilbereichen – das Feld der spanischsprachigen Literaturen bildete. Dieses Feld war ohne jeden Zweifel transareal und transatlantisch und sicherlich längst nicht mehr nationalliterarisch erfassbar. Dies gilt es nicht zu vergessen, wenn wir uns mit dem Modernismo im Kontext der damaligen Epoche von Jahrhundertende und Jahrhundertwende beschäftigen.

Noch ein Wort zu dieser modernistischen Epoche, die sich nach den Amerikas bald auch auf den europäischen Kontext ausdehnte. Die zeitliche Begrenzung des Modernismo ist ebenso umstritten wie seine eigentliche Definition, welche zu den bis heute am kontroversesten diskutierten literarischen Bewegungen zählt. Dies hat nicht zuletzt damit zu tun, dass wir innerhalb des Fin de

---

92 Vgl. das Alfonos Reyes gewidmete Kapitel in Ette, Ottmar: *Von den historischen Avantgarden bis nach der Postmoderne*, S. 196 ff.

siglo je nach den verschiedenen literarischen Areas sehr unterschiedliche soziohistorische und spezifisch literarische Ausgangspositionen konstatieren können, die etwa das Verhältnis zum Naturalismo (entweder gleichzeitig oder als zu überwindende Schule), aber auch die sehr gegensätzliche Position gegenüber den politischen Verhältnissen betreffen. Dies verdeutlichen die zitierten Aussagen Rodós zum hispanoamerikanischen Naturalismus, aber auch die im damals noch kolonialspanischen Kuba vorgetragenen und gegenüber anderen Areas Hispanoamerikas so unterschiedlichen Positionen von Modernisten wie Julián del Casal oder Juana Borrero (mit der ich mich in früheren Vorlesungen bereits ausführlich auseinandergesetzt habe).[93]

Denn was verbindet einen in der kolonialspanischen Herrschaft auf Kuba lebenden Julián del Casal oder Carlos Pío Uhrbach mit dem uruguayischen Lyriker Julio Herrera y Reissig? Und was trennt zeitlich nachfolgend den Uruguayer José Enrique Rodó von späteren Autorinnen und Autoren, die sich als seine Schüler bezeichneten, teilweise aber sehr wohl bereits den historischen Avantgarden in Hispanoamerika zuzurechnen waren? Die verschiedensten literarischen Bewegungen und Schulen sind in den Amerikas nicht fein säuberlich voneinander getrennt.

Gestatten Sie mir nur kurz eine Anmerkung hierzu: Es gibt verschiedene Formen der Abgrenzung, von denen ich Ihnen nur einige wenige nennen möchte, um Ihnen auch in dieser Vorlesung noch einige literarhistorische Leitlinien mitzugeben. Der Spanier Federico de Onís hat in einer überaus einflussreichen und bis heute vieldiskutierten Gliederung eine dreistufige Einteilung des Modernismo vorgelegt, die eine erste Phase, eben die des ‚eigentlichen' Modernismo (von 1896 bis 1905: also eben den Eckdaten unseres Gedichts), von einer zweiten Phase abgrenzt, die er interessanterweise als „Postmodernismo" bezeichnete und die von 1905 bis 1914 reichen sollte; daran wiederum schloss sich laut Onís eine letzte Phase des Modernismus an, die er als „Ultramodernismo" bezeichnete und zeitlich auf die Jahre zwischen 1914 und immerhin 1933 bezogen wissen wollte. Auf diese Weise zählen die großen Lyrikerinnen der spanischsprachigen Welt Amerikas, von Juana Borrero über Delmira Agustini und Alfonsina Storni bis hin zu Juana de Ibarbourou oder Gabriela Mistral, allesamt zum Modernismo.

Vor dem Hintergrund meiner eigenen Arbeiten zum Modernismus scheint es mir sinnvoll, den hispanoamerikanischen Modernismo nicht erst 1896, sondern zweifellos bereits 1882 mit José Martís *Ismaelillo*, spätestens aber 1888 mit Rubén Daríos *Azul* ... beginnen zu lassen. Sicherlich lassen sich Nachklänge des

---

[93] Vgl. hierzu die Bände zwei und vier der Reihe „Aula" in Ette, Ottmar: *LiebeLesen*, S. 552 ff.; sowie *Romantik zwischen zwei Welten*, S. 1038 ff.

Modernismo bis in die Lyrik der dreißiger Jahre vernehmen, doch scheint es mir auch hier zutreffender, den Modernismo in der Mitte des zweiten Jahrzehnts des 20. Jahrhunderts abebben und in andere literarische und ästhetische Bewegungen und Positionen eingehen zu lassen. Denn es handelt sich um die bewegte Zeit der bereits vor sich gehenden Mexikanischen Revolution wie auch des Ersten Weltkriegs, der Lateinamerika militärisch nicht, wirtschaftlich aber teilweise sehr stark berührte. Dies also wäre mein literaturgeschichtlicher Vorschlag, um Ihnen eine zeitliche Periodisierung und Eingrenzung des Modernismo leichter zu machen.

In der Tradition von Federico de Onís taucht der Begriff des Postmodernismus erstmals in der hispanoamerikanischen Theoriebildung im Zusammenhang mit dem Modernismo auf. Er meint einen Zwischenraum zwischen einem ersten, noch moderaten Modernismo, und einem späten, gesteigerten und vielleicht gar übersteigerten Modernismus. In jedem Falle ist zum einen interessant, dass noch Jahrzehnte vor der Postmoderne-Diskussion[94] ein terminologischer Vorläufer, vielleicht auch nur Querschläger die Frage des Postmodernismus an die des Modernismus in Hispanoamerika anknüpfte, und dass zum anderen die Frage der nachfolgenden Abgrenzung überaus weit von Onís ausgelegt wurde, was darauf hindeuten mag, wie unklar die Grenzen zwischen Modernismo und den historischen Avantgarden in Hispanoamerika verlaufen. Wieder stoßen wir auf das Phänomen, dass wir auch im Umfeld der historischen Avantgarden in Lateinamerika auf keine Ästhetik des Bruches treffen.

Gerade am Beispiel von Alfonso Reyes ließen sich ohne Zweifel sehr schön die Kontinuitäten benennen, welche eine vom Modernismus geprägte Sprache mit den rebellischen Positionen avantgardistischen Schreibens verbinden. Es ist in diesem Zusammenhang höchst aufschlussreich, wie zuvor schon ein Dichter wie Rubén Darío praktisch zeitgleich und synkretistisch die verschiedensten Elemente aus Parnasse, Symbolismus, aber auch aus den vorangehenden frühen hispanoamerikanischen Modernisten beziehungsweise modernistischen Vorläufern bezog und rezipierte, während ein José Enrique Rodó nicht allein auf William Shakespeare, sondern auf viele französische Literaten unterschiedlichster ästhetischer Ausrichtung, aber auch auf Philosophen wie Ernest Renan und gleichzeitig Friedrich Nietzsche zurückgreifen konnte. Er suchte damit seinen Traum von einer Literatur zu verwirklichen, der vielleicht in seinen *Motivos*

---

94 An dieser Stelle verweise ich auf die ausführliche Diskussion dieser Thematik in Ette, Ottmar: *Von den historischen Avantgarden bis nach der Postmoderne*, S. 399 ff.

de Proteo seinen höchsten künstlerischen Ausdruck fand.[95] Dabei ging es ihm stets um die Frage, wie sich ein Schreiben in Lateinamerika eigenständig entwickeln konnte, ohne mit Europa und dessen literarischen wie philosophischen Traditionen zu brechen.

Mit einem hohen Maß an geistiger Souveränität bedienten sich diese Autoren aus allen Areas Lateinamerikas sehr schöpferisch an Elementen, die in Europa diachronisch nacheinander ablaufenden Stilrichtungen und literarischen Bewegungen entstammten, die aber in den Amerikas in Form einer Gleichzeitigkeit des Ungleichzeitigen zum kreativen Ausdruck drängten. Ganz anders als die selbstbewussten Autorinnen und Autoren aus den Amerikas suchten die spanischen Schriftsteller schon vor dem „Desastre" nach neuen Wegen für ihr Land, das während des Zehnjährigen Krieges ab 1868 auf Kuba jegliche Legitimität als Kolonialmacht eingebüßt hatte und das sich in seiner eigenen politischen Entwicklung in einer klar erkennbaren Sackgasse befand. In einem kurzen transatlantischen Blickwechsel möchte ich daher im Folgenden die geistige, kulturelle und intellektuelle Entwicklung beleuchten, die sich zeitgleich zum Modernismo in Spanien entfaltete.

---

[95] Vgl. hierzu Ette, Ottmar: Archipelisches Schreiben und Konvivenz. José Enrique Rodó und seine „Motivos de Proteo". In: *Romanistische Zeitschrift für Literaturgeschichte / Cahiers d'Histoire des Littératures Romanes* (Heidelberg) XLII, 1–2 (2018), S. 173–201.

Ángel Ganivet, Miguel de Unamuno oder ein Ideenreservoir für Tod und Wiedergeburt Spaniens

Will man die geistige Entwicklung Spaniens im ausgehenden 19. Jahrhundert erfassen und die Möglichkeiten beleuchten, die dort mit Blick auf neue Orientierungen diskutiert wurden, so ist der Weg zu Ángel Ganivet unverzichtbar. Bevor wir uns mit einem Ausschnitt des für das spanische Denken der Jahrhundertwende wichtigen, ja prägenden Schreibens von Ángel Ganivet beschäftigen, möchte ich Ihnen als Einstimmung einen freilich kurz gehaltenen Überblick über einige Biographeme und Werke dieses Essayisten, Romanciers, Diplomaten und Kulturkritikers geben, der mit seinem *Ideárium español* so etwas wie die kulturkritische Bibel nicht wie Joris-Karl Huysmans der Dekadenten, wohl aber der sogenannten spanischen Generation von 1898 und der Erneuerer Spaniens verfasste.

Der für die ‚98er' also so wichtige Ángel Ganivet wurde am 13. Dezember 1865 im spanischen Granada geboren und schied am 29. November 1898 im lettischen Riga durch Freitod aus dem Leben. Was es an Biographemen aus dem Leben des Granadiners zu berichten gibt, steht unter keinem glücklichen Stern, was schon mit dem frühen Krebstod seines Vaters begann, als der kleine Junge gerade einmal neun Jahre alt war. Fast hätte er nach einem Beinbruch im Folgejahr ein Bein durch Amputation verloren, doch konnte er durch aufwendige Pflege und fleißiges Training diesem Schicksal entgehen. Er studierte Recht, Philosophie und Literaturwissenschaften an der Universität von Granada und begann 1888 ein Promotionsstudium in Madrid. Nachdem sein ursprüngliches Thema *España filosófica contemporánea* – das bereits seine Denkrichtung anzeigte – abgelehnt worden war, promovierte er 1890 mit einer Arbeit über die Bedeutung des Sanskrit; eine Dissertation, die mit einer Auszeichnung versehen wurde.

Abb. 59: Ángel Ganivet (1865–1898).

Er fand in einem Ministerium eine Stelle bei den *Archiveros*. Seine Hoffnung, einen Lehrstuhl für Griechisch an der Universität von Granada zu bekleiden, erfüllte sich jedoch nicht. Ganivet widmete sich hierauf einer diplomatischen Karriere, die er beherzt antrat. Noch in Madrid lernte er eine Reihe wichtiger spanischer Schriftsteller kennen, darunter Miguel de Unamuno, mit dem ihn bald eine intensive Freundschaft verband. Seine beiden Kinder wurden in Paris geboren, wo seine älteste Tochter verstarb. Der Tod blieb Ganivets Begleiter.

Bereits 1892 wurde er zum Vize-Konsul in Antwerpen ernannt, wo er vier Jahre lang lebte und im diplomatischen Dienst arbeitete. 1895 wurde er spanischer Konsul in Helsinki, wo er im Verlauf zweier Jahre in seiner produktivsten Periode seine wichtigsten literarischen und philosophischen Werke verfasste. Doch da die Wirtschaftsbeziehungen zwischen beiden Ländern stagnierten, schloss Spanien das finnische Konsulat und versetzte Ganivet 1898 nach Riga, wo der Intellektuelle in eine tiefe Depression verfiel. Nach einem gescheiterten Selbstmordversuch stürzte er sich am 29. November 1898 von einem Schiff in die Düna, wurde gerettet, riss sich danach aber wieder los und stürzte sich erneut in den Fluss, womit sein tragisches Leben endete.

Fand sein physisches Leben damit auch ein Ende, so begann mit seinem Tod ein intensives Nachleben oder Weiterleben, das den spanischen Denker in eine nationale Symbolfigur verwandelte. Zu Lebzeiten arbeitete Ganivet unter anderem für *El defensor de Granada*, wo einige seiner Werke veröffentlicht wurden. Sein ursprüngliches Dissertationsthema war zuvor schon unter dem Titel *España filosófica contemporánea* in Essayform erschienen. Ganivet blieb sich zeit seines Lebens treu. Diese politische Ausrichtung an Spaniens Gegenwart und Zukunft wurde durch seine stark moralischen, aber auch ästhetischen Interessen angereichert und komplettiert. Ángel Ganivet besaß eine solide literarische und philosophische Bildung, kannte die griechische Philosophie sowie die nordischen Literaturen sehr gut. Es ist sicherlich nicht übertrieben, wenn man ihn zusammen mit Miguel de Unamuno als den umfassend gebildetsten Autor seiner Epoche in Spanien bezeichnet.

Sein *Granada la bella* von 1896 war idealisierende Liebeserklärung an seine Heimatstadt und zugleich eine literarisch nicht ungeschickte Vermischung nostalgischer Rückschau mit Philosophemen aus der griechischen Philosophie. Sein Hauptwerk aber bildet das *Ideárium español*, das 1898 erschien und frontal die Gründe für die damalige Dekadenz Spaniens anging. Der Titel der deutschen Übersetzung *Spaniens Weltanschauung und Weltstellung*[1] mag Ihnen be-

---

[1] Ganivet, Angel: *Spaniens Weltanschauung und Weltstellung*. Einzig berechtigte Übersetzung von Albert Haas. Geleitwort von August L. Mayer. München: Georg Müller 1921.

reits einen ersten Eindruck von der Zielstellung Ganivets geben, der mit der spanischen Gegenwart schonungslos umging und Kräfte dafür sammelte, um Spanien zu erneuern.

Die scharfe Kritik an den spanischen Sitten gegen Ende des 19. Jahrhunderts formulierte Ángel Ganivet auch in anderen seiner Werke; doch keines kann sich mit der umfassenden gesellschaftlichen Wirkung seines *Ideárium español* vergleichen. In seinen *Cartas finlandesas* etwa versuchte er, die Sitten Finnlands darzustellen und durch treffsichere Vergleiche mit Spanien seinem spanischen Lesepublikum neue Denkanstöße zu geben. Auch seine literarischen Porträts nordischer Schriftsteller stellen eine Besonderheit innerhalb der spanischen Literatur dar und zeigen die große Belesenheit und Aufgeschlossenheit des iberischen Autors. Erst 1912 erschien sein Briefwechsel mit Miguel de Unamuno unter dem Titel *El Porvenir de España* und dokumentiert, wofür Ángel Ganivet in seinem Vaterland längst stand. Denn bereits unmittelbar nach seinem Tod war ein wahrer Ganivet-Kult entstanden, der in einem depressiven Spanien jenen Autor, der für Spanien Wege in die Zukunft wies, zum politisch-literarischen Vorbild machte, das zu seiner Zeit – so die gängige Meinung – zu einem Opfer der nationalen Depression geworden war. Ángel Ganivet war zum spanischen Märtyrer geworden. Kein Wunder also, dass man später den Leichnam dieses Blutzeugen – übrigens während der Diktatur Primo de Riveras – nach Granada überführte.

Wir wollen uns bei Ángel Ganivet vor allem auf sein Hauptwerk und damit auf die Bibel der 98er Generation konzentrieren, also Ganivets *Ideárium español*. Im bürgerlich-katholischen Ambiente der Provinzstadt Granada aufgewachsen, war Ganivet mit den Problemen Spaniens aus eigener Anschauung wohlvertraut. Durch seine Auslandsposten in Antwerpen, später in Helsinki und zuletzt in Riga war er gerade auch durch die Außenperspektive und die Repräsentation seines Landes mit einer Vielzahl von Problemen vertraut, die ihm auch bei der Abfassung seiner kulturkritischen Essays wesentlich halfen. Martin Franzbach betonte in seiner umfassenden Darstellung des spanischen „Noventayocho",[2] Ganivets zentrale Frage sei es gewesen, wie sich Spanien durch eine Neubesinnung auf die eigene Tradition erneuern könne. Dies scheint mir eine nach wie vor zutreffende generelle Beschreibung seines Denkens zu sein. Tagsüber ging Ganivet beruflichen Verpflichtungen nach, hielt sich möglichst die Abende frei und schrieb dann nachts wie besessen an seinem umfangreichen Werk.

---

2 Vgl. hierzu Franzbach, Martin: *Die Hinwendung Spaniens nach Europa. Die Generación del 98*. Darmstadt: Wissenschaftliche Buchgesellschaft 1988.

Sein *Ideárium español* ist ein binnen weniger Monate abgefasster und im Oktober 1896 abgeschlossener kulturkritischer Essay, in dem das Verhältnis zwischen Tradition und Fortschritt von besonderer Bedeutung ist. Zentral ist dabei seine Äußerung des „noli foras ire", weil im Innern Spaniens die Wahrheit liege. Ganivet knüpft dabei an die lange Tradition kulturkritischer und politischer Versuche über den problematischen Zustands Spaniens an, die im letzten Drittel des Jahrhunderts zu einer Reihe von Arbeiten führten, die sich als „Regeneracionismo" verstehen lassen. Diese Widerbelebung Spaniens fand zweifellos in Joaquín Costa ihren wichtigsten Vertreter. Vorrangiges Ziel Ganivets ist es dabei, zur Genesung des kranken spanischen Volkskörpers beizutragen.

Kurz zum Gesamtaufbau von Ganivets *Ideárium español*! Das Werk besteht aus insgesamt drei Teilen: Im ersten Teil wird der Stoizismus Senecas für das Temperament herangezogen, eine Rückbesinnung auf die Stoa, die sich für Ganivet reduzieren könnte auf ein ‚Lass' Dich durch nichts besiegen, was Deinem Geiste fremd ist', ‚Was auch immer Dir geschieht, halte dich stets aufrecht, so dass man in allen Lebensfällen von Dir sagen kann, dass Du ein Mann bist'. Zu diesen philosophischen Maßregeln des Seneca kam die christliche Lehre hinzu, welche für Ganivet – ganz der Tradition des Panlatinismus folgend – zu den unverzichtbaren Grundlagen Spaniens gehörte. Sie wissen vielleicht, dass dies noch unter der Diktatur des *Generalísimo* Franco zur festgefügten ‚spanischen Identität' als Bollwerk des Christentums gehörte.

Im zweiten Teil des *Ideárium* wird schonungslos die Politik Spaniens analysiert; ihre Dekadenz und ihr letztlicher Zusammenbruch liegen für Ganivet darin begründet, dass man sich zu sehr den außenbezogenen Unternehmungen gewidmet und sich nicht auf die Entfaltung des Eigenen besonnen habe. Es sei daher unumgänglich, dass sich Spanien auf sich selbst konzentrieren und auf den Grundlagen der eigenen Tradition eine innere Rekonstruktion spanischen Seins in die Wege leiten müsse. Als schlimmste Beeinträchtigung des gesunden spanischen Körpers wird im dritten Teil des Werkes die Schwächung des Willens angesehen, die charakteristische Willensschwäche Spaniens. Das Land müsse baldmöglichst wieder zu seinen ureigenen Traditionen und zu seinem individualistischen Geist zurückfinden, welcher es stets ausgezeichnet habe. Sie bemerken leicht, wie sehr – um mit Rubén Darío zu sprechen – der Geist von *D.Q.*, wie sehr die Figura des *Don Quijote* hier in den Lüften spukt.

Im ersten Teil seines umfangreichen Essays ging Ganivet folglich vom Stoizismus Senecas aus, der zwar kein Spanier gewesen, wohl aber „español por esencia" gewesen sei. Als zweites Element komme dann die christliche Moral hinzu, die allerdings das Terrain schon durch den Stoizismus gut vorbereitet vorgefunden habe. Ganivet betont dabei die entscheidende Bedeutung des Christentums, das den tiefsten Eindruck in Spanien hinterlassen habe, sei es doch von ganz oben herab, vom Himmel, auf das iberische Land gefallen. Die christlichen Philosophen, so Ganivet weiter, hätten später auf die antiken Philosophen zurückgegriffen, so dass sich auf diesem Gebiet gerade in Spanien eine gewisse geistig-weltanschauliche Kontinuität herausgebildet habe.

Dies habe letztlich zur Schöpfung und Herausbildung eines originelleren Christentums in Spanien geführt. Ganivet stellt fest, dass in der Geschichte Spaniens die Philosophie gegenüber anderen Äußerungsformen des Geistes zurückgetreten sei und dass die auch aus seiner Sicht so wichtige spanische Mystik, bei der er sich etwa auf Santa Teresa de Jesús bezieht, durchaus starke Wurzeln im arabischen Fanatismus besitze. Wie auch bei anderen Angehörigen der nachfolgenden „Generación del 98" fundiert Ganivet seine Spaniensicht nicht zuletzt in der spanischen Mystik einer Santa Teresa de Jesús.

All dies verbindet Ganivet durchaus mit einer Kritik an der Moderne, würden doch Telegraph und Telefon nicht dazu führen, dass sich Ideen schneller bilden, sondern nur, dass sie schneller zirkulieren.[3] Dadurch ergibt sich bei ihm ein deutlich antimodernistischer, gegen die Modernisierung gerichteter Grundzug, der sein gesamtes Denken prägt. Durchaus problematisch sieht er die gesellschaftliche Rolle der Erfinder, die er einer ironischen Spiegelung unterzieht:

> Ihre Arbeiten, wenn sie denn einen wirklichen Einfluss auf die Erfindungen ausübten, auf die unser Jahrhundert so stolz ist, waren nützlich gewesen; sie haben dem Menschen nicht gänzlich unangenehme Annehmlichkeiten verschafft wie etwa das schnelle Reisen, auch wenn man unglücklicherweise eben dort ankommt, wohin man auch durch langsames Reisen gekommen wäre. Aber ihr ideeller Wert ist gleich null, und anstatt die Metaphysik zu entthronen, haben sie ihr letztlich gedient und sie vielleicht gar begünstigt; sie wollten Herren sein und sind doch kaum Knechte. Wer sich unter Verachtung von Glaube und Vernunft den Experimenten widmet und den Telegraphen oder das Telefon entdeckt, möge nicht glauben, dass er die *alten Ideen* zerstört habe; was er getan hat, war daran zu arbeiten, dass sie mit größerer Schnelligkeit zirkulieren, um sich in einem weiteren Kreis zu verteilen.
> [...]
> Ich applaudiere den gelehrten und vorausschauenden Männern, die uns das Teleskop und das Mikroskop, die Eisenbahn und die Dampfschifffahrt, den Telegraphen und das Telefon, den Phonographen, den Blitzableiter, das elektrische Licht und die Röntgenstrahlen herbeischafften; allen muss man für die schlechten Momente, die sie einem bescherten, danken, so wie ich meinem Hausmädchen für die gute Absicht danke, mir einen Regenschirm zu bringen; doch ich sage auch, dass wenn es mir gelingt, mich zwei Handbreit hoch über die mich umgebenden routinemäßigen Vulgaritäten zu erheben, und so die Wärme wie das Licht irgendeiner großen und reinen Idee verspüre, dann dienen mir all diese schönen Erfindungen zu rein gar nichts.[4]

---

[3] Ganivet, Ángel: Ideárium español. In (ders.): *Obras Completas*. Prólogo de Melchor Fernández Almagro. Madrid: Aguilar 1961, Bd. 1, S. 147–305, hier S. 165.
[4] Ganivet, Ángel: Ideárium español, S. 165f.

Angel Ganivet lässt seinem Spott in dieser Passage freien Lauf. Es ist im Grunde ein Lächerlich-Machen aller Modernisierung und damit der Moderne insgesamt – und dies aus einer Sicht, die sich uneingeschränkt zu Spanien bekennt. Dieser Verhohnepiepelung des technischen Fortschritts und der Weiterentwicklung der materiellen Welt liegt der Glaube zugrunde, dass die Dinge des Geistes und die Spiritualität hiervon letztlich nicht in grundlegender Weise berührt werden. Aus dem materiellen und technologischen Rückstand Spaniens macht der Intellektuelle aus Granada sogar noch einen Vorteil für sein Heimatland. *Seine* Regenerierung Spaniens findet folglich nicht auf dem Terrain des materiellen Fortschritts statt.

Vergessen wir nicht, dass Spanien zum Zeitpunkt der Abfassung und des Erscheinens dieses Essays noch nicht in die Katastrophe von 1898 geschlittert war; Ganivet konnte also die Vorführung einer auch in kriegstechnischen Dingen nicht ganz unwesentlichen Unterlegenheit und deren Folgen sicherlich noch nicht in aller Schärfe erkennen. Gleichwohl zeigen diese Seiten über die Meisterschaft eines literarischen Diskurses hinaus, dass der Schwerpunkt – wie der Titel auch schon vermuten lassen konnte – auf den Ideen liegen werde, die zur Behandlung des spanischen Problems notwendig und sinnvoll waren. Ángel Ganivet stimmte mit einem José Enrique Rodó überein, der einen rein materiellen Fortschritt ebenfalls stark relativierte und sich an einer „moderna literatura de ideas" ausrichtete: Der spanischsprachige Kosmos reagierte mit der Betonung geistiger und ideeller Werte auf die Herausforderung durch eine stark angelsächsisch geprägte Welt. Dies war, das sei hier angemerkt, mit Sicherheit nicht die Reaktion, die sich José Martí auf den nach seiner Befürchtung schon bald bevorstehenden ‚Besuch' durch die USA vorstellte.

Die Wiedergenesung Spaniens bleibt damit von Beginn an einer Art Ideenbehandlung überantwortet; ein gewisser idealistischer Grundzug, der durchaus mit der idealistischen Grundlinie der Philosophie in Spanien in Verbindung zu bringen ist. Denn diese stand seit Mitte des 19. Jahrhunderts durch die Vermittlung von Julián Sanz del Río und anderer unter dem Einfluss einer nach Spanien übersetzten deutschen Philosophie, die als „Krausismo" – benannt nach dem deutschen Philosophen Karl Christian Friedrich Krause – bezeichnet worden ist und in ihrer Wirkung nicht nur in Spanien, sondern auch in anderen spanischsprachigen Ländern sowohl philosophiegeschichtlich als auch bildungspolitisch kaum überschätzt werden kann. Der spanische Krausismo bot die Möglichkeit, die christlich-katholische Lehre mit den Überzeugungen einer idealistischen Philosophie zu vereinigen und daraus auch ein idealistisches Politikverständnis abzuleiten.

Auch bei Ángel Ganivet gibt es wie bei dem Uruguayer José Enrique Rodó den festen Glauben an die höheren Menschen, freilich anders als bei Friedrich

Nietzsche in einer kollektiven Weise, die auf die Basis eines ganz bestimmten Verständnisses von Christentum rekurriert. Im Mittelpunkt steht bei Ganivet wie bei Rodó nicht das Materielle, sondern das Geistige. Gerne möchte ich Ihnen eine entsprechende Passage aus dem *Ideárium español* exemplarisch zeigen, weil sie uns nicht nur Einblick gibt in ein humanistisch überformtes und rassistisch fundiertes kulturelles Überlegenheitsgefühl, das sich mit einer Missionierungslegitimation umgibt, sondern auch, weil uns diese Fragestellung – unmittelbar vor dem Zusammenbruch des spanischen Kolonialreiches in Übersee – den Blick öffnet für die inter- und transkulturelle Dimension, die insbesondere die spanischsprachige Welt fruchtbar machen könne. Ganivets Diktion ist in diesem kurzen Auszug bemerkenswert:

> Das wahre Christentum ist, nicht als ein philanthropisches Streben zugunsten niederer Rassen, sondern als ein bewusstes Bekenntnis zum Glauben, völlig ungeeignet für primitive Völker und bildet bei diesen nur Wurzeln, wenn es vom beständigen tätigen Handeln einer höheren Rasse begleitet wird; dies heißt, wenn sich dieses primitive Volk mit dem Alltagsleben oder durch die Kreuzung mit einem zivilisierten Volk vermischt, das es beherrscht und erzieht, wie dies bei den von Spanien entdeckten und unterworfenen Völkern der Fall war. die Universalität oder Katholizität des Christentums stellt sich dieser Idee nicht entgegen.[5]

Es ist spannend zu beobachten, dass noch im Augenblick des Untergangs Spaniens als Kolonialmacht auf die sogenannte ‚rassische Überlegenheit' gepocht und zugleich im Zeichen eines Universalanspruchs der christlich-katholischen Lehre durch die Hintertür eine Hierarchie zwischen ‚niederen' und ‚höheren' ‚Rassen' eingeführt wird, welche das ‚zivilisierte' und ‚zivilisierende' Volk Spaniens in seiner überlegenen Herrschaftsrolle bestärkt und bekräftigt. Was aber hat Spanien in seiner historischen Entwicklung dann falsch gemacht?

Genau an diesem Punkt setzt der andalusische Denker an: Spanien – so ließe sich Ganivets nachfolgend entwickelte Position zusammenfassen – hat diese klare ‚rassische' Überlegenheit in eine falsche Geschichte geführt, insoweit sich Elemente, die eigentlich auf das Land selbst hätten konzentriert werden müssen, nach außen wandten und sich weltweit verausgabten. Denn Spanien verfolgte laut Ganivet insoweit fälschlich eine exterritoriale, nach außen gerichtete Geschichte, als es sich wie eine Insel verhielt, die ihre geistigen wie militärischen Kräfte – so Ganivet mit einem gewissen Geodeterminismus – nach außen richten muss.

Ángel Ganivet aber verstand diese historische Entwicklung der Conquista als Fehldeutung des eigenen geschichtlichen Auftrages oder der eigentlichen

---

5 Ganivet, Ángel: Ideárium español, S. 169.

Bestimmung Spaniens, als es seine essentielle historische Mission fehlinterpretierte und sich wie das Inselreich England verhielt, das seine inhärenten Aggressionen stets nach außen tragen zu müssen glaubt. Spanien aber sei keine Insel, sondern der größere Teil einer Halbinsel – und darin sah Ganivet einen fundamentalen *historischen* (und nicht bloß natürlichen oder geographischen) Unterschied.

Gleichwohl war auch Ángel Ganivet keinesfalls bereit, den Überlegenheitsanspruch der Spanier neu zu überdenken, deren Expansionspolitik seit dem 15. Jahrhundert nun schon so lange anhielt. So wurde die Aggression Spaniens in der Umleitung durch Christoph Kolumbus nach Amerika zur Metamorphose eines territorialen Geistes, der besser seinen Gegenstand in sich selbst gesucht hätte. Mit dem Jahre 1492 aber sei die *Reconquista* des eigenen Landes in die *Conquista* fremder Länder und fremder Völker umgeschlagen: Spanien habe sich in dieser Exterritorialität verausgabt, so Ganivets makrohistorische Deutung.

Verbunden war mit dieser globalgeschichtlichen Einschätzung die Überzeugung, dass andere, insbesondere nördlichere Länder Europas die spanischen Konquistadoren niemals verstehen könnten, weil sie deren Geist ebenso wie den spanischen Geist in seiner Essenz nicht fassen könnten. Vor dem Hintergrund dieser höchst spekulativen Prämissen entfaltet sich die Geschichte Spaniens, welche Ganivet in seinem *Ideárium español* aus einer dezidiert idealistisch gedachten geschichtsphilosophischen Perspektive betrachtet. Ich kann leider im Kontext unserer Vorlesung die unterschiedlichen Dimensionen dieser territorialen und zugleich an der Kontinuität von Traditionen ausgerichteten Denkweise nicht näher beleuchten.

Doch soviel sei an dieser Stelle festgehalten: Das geschichtliche *Leben* Spaniens beruhte laut Ganivet auf einem grundlegenden Irrtum, der nun zum Verfall der spanischen Macht und zu einer Degenerierung geführt habe, welche sich insbesondere in den romanischen Völkern nahtlos in die finisekuläre Stimmung in Europa, aber auch in Übersee einfügte.[6] Das Schlimmste an unserer Dekadenz, so Ganivet, sei nicht die Dekadenz als solche, sondern die Unfähigkeit der spanischen Politiker, darauf mit weitausgreifenden Visionen und „ideas elevadas"[7] zu reagieren. Ganivet sprang hier in die Bresche: Stets sei die spanische Politik der irrigen Vorstellung anheimgefallen, dass die Verbesserung Spaniens von außen kommen müsse, was zu einer Suche nach Vergrößerung durch neue Kolonien ge-

---

6 Auf diese finisekuläre Stimmung bin ich im letzten Teil der vorausgehenden Vorlesung im Rahmen einer Annäherung an die Jahrhundertenden eingegangen in Ette, Ottmar: *Romantik zwischen zwei Welten*, S. 899 ff.
7 Ganivet, Angel: Ideárium español, S. 231.

führt habe. Damit aber sei man einem fatalen Irrtum aufgesessen, den es schleunigst aus der Welt zu schaffen gelte.

Ángel Ganivet sah in all diesen Faktoren in erster Linie den Ansatzpunkt für eine grundlegende Regenerierung seines Landes. Denn die genannten Faktoren hatten zuvor die Ausgangspunkte eines unbestreitbaren Niedergangs gebildet, der in Spanien bereits seit Jahrhunderten anhalte, ungeachtet der enormen Möglichkeiten, die in der spanischen Nation verborgen lägen. Der Dekadenzgedanke wird hier also mit dem Gedanken eines künftigen Wiederaufstiegs und der Forderung verbunden, in die alten Rechte einer bestimmenden Weltmacht wieder eingesetzt zu werden. Dies hört sich aus heutiger Sicht geradezu absurd an; doch ist der Gedanke an ein ehemaliges Kolonialreich – wie speziell die englischen Debatten um den Brexit und ein ‚Rule Britannia' zeigen – jederzeit leicht zu entfachen, sind derartige residuale Vorstellungen doch in allen ehemaligen Kolonialmächten latent vorhanden. Nichts ist auf dieser Ebene wirklich tot!

Ganivet situiert Spanien im Kontext der europäischen Mächte. Dabei sei die Vereinigung der deutschen Länder zu einem einzigen starken Land ein Kinderspiel im Vergleich zu den tiefgreifenden Schwierigkeiten, die sich für die Herausbildung einer starken Einheit auf der iberischen Halbinsel ausmachen lassen.[8] In diesem Zusammenhang ist für Ganivet die Frage der Nationenbildung ein längst nicht abgeschlossener Prozess, wobei im Übrigen seine eigene Vision durchaus die ‚große spanische Familie' – und damit die ehemaligen Überseekolonien – ganz selbstverständlich im Blick hatte:

> Eine Nation ist nicht wie ein Mensch; sie braucht mehrere Jahrhunderte, um sich zu entwickeln. Die hispanoamerikanischen Nationen sind nicht über die Kindheit hinausgekommen, während die Vereinigten Staaten in das Männeralter eingetreten sind. Warum? Weil die einen, als sie den Einfluss ihrer Territorien empfingen, zurückgewichen sind und ihre Evolution als junge Völker begonnen haben, und dies Schritt für Schritt, strauchelnd an jenen Stolpersteinen, an denen die neuen Gesellschaften hängenbleiben, denen es an einer genauen Kenntnis des Weges, den sie einschlagen müssen, gebricht; und weil die anderen mit einem künstlichen, aus Europa importierten Leben so weitergelebt haben, wie sie auch auf jedem anderen Territorium, etwa in Australien, hätten leben können. [...] Also stand der Verteidiger der Vereinigten Staaten, auf den ich zuvor anspielte und der sehr stark der Musik zugeneigt ist, im Begriff, mit mir darin übereinzustimmen, dass die *Habanera* ganz allein die gesamte Produktion der Vereinigten Staaten wert ist, und zwar ohne davon die Nähmaschinen und die Telefonapparate auszunehmen; und die *Habanera* ist eine Schöpfung des territorialen Geistes der Insel Kuba, welche bei unserer Rasse diese tiefen Gefühle unendlicher Melancholie und einer Lust zeugt, welche sich in den

---

8 Ebda., S. 243.

Stromschnellen der Bitterkeit löst und die in jener Rasse, zu der die Untertanen der Union gehören, nicht die kleinste Delle erzeugt.

Dieser Charakter, den wir unseren politischen Schöpfungen einzuflößen wissen und in den wir die Waffe der Rebellion hineingeben und die Kraft, mit der wir später bekämpft werden, ist ein Juwel von unschätzbarem Wert im Leben der Nationalitäten, doch ist er auch ein schweres Hindernis für die Ausübung unseres Einflusses.[9]

Hier haben wir ihn wieder, den stabilen Gegensatz zwischen den Ländern des Nordens – insbesondere denen der Angelsachsen – und den Ländern des Südens! Für letztere steht stellvertretend nun Spanien mit seiner ‚allzeit treuen' Insel Kuba. Vom Materialismus und Fortschritt des Nordens – und präziser der USA – zeugen die zahlreichen Erfolge im politischen und wirtschaftlichen Bereich, aber auch die gesellschaftliche und materielle Entwicklung überhaupt, wobei Nähmaschinen – wie etwa zeitgleich auch bei einem Franzosen wie Anatole France[10] – gleichsam zum Sinnbild der technischen und technologischen Entwicklung und deren Vermarktung werden. Denn längst waren die panlateinischen Länder Amerikas einschließlich Spaniens hinter den wirtschaftlichen, wissenschaftlichen und technologischen Erfolgen der Vereinigten Staaten von Amerika zurückgeblieben.

All dies wird in der angeführten Passage jedoch aufgewogen durch die kulturellen Schöpfungen der romanischen und hier insbesondere der spanischen Völker, wobei Ganivet interessanterweise das Beispiel Kubas und der *Habaneras* sowie der Havanna-Zigarre auswählt. Es bekräftigt die Verbundenheit der Spanier mit der „siempre fiel isla de Cuba". Doch nur wenige Monate später – der Spanisch-kubanische Unabhängigkeitskrieg lief ja bereits – sollte die größte Insel der Karibik nicht mehr zum Territorium Spaniens zählen. Das Beispiel war folglich denkbar schlecht gewählt, auch wenn Ganivet laut obigem Zitat selbst noch die Kraft der Rebellion dem Erfolg des spanischen Kolonialmodells zurechnen wollte.

An dieser Stelle mögen einige Habaneras in unserer Vorlesung erklingen – Sie könnten zuhause bei Ihrer Lektüre vielleicht im Internet auf diese wunderbar melancholische Musik zugreifen. Übrigens können Sie dort auch auf einige nicht weniger melancholische katalanische Habaneres stoßen, die den kastilischen in nichts nachstehen. Allerdings würde auch die Schönheit dieser Musik uns nicht davon überzeugen können, dass diese spanischen Habaneras die ganze tatsächliche materielle Produktion der USA einfach aufwiegen könnten. Erneut reduziert Ángel Ganivet ganz bewusst die Güter des technologischen Fortschritts und stellt das Immaterielle, das Geistige in den Mittelpunkt seiner Betrachtung.

---

9 Ebda., S. 247.
10 Vgl. das entsprechende Zitat von Anatole France zu den Nähmaschinen der USA in Ette, Ottmar: *Romantik zwischen zwei Welten*, S. 952.

Wir haben es in diesen Passagen sicherlich zum nicht geringsten Teil mit einem Kompensationsdenken zu tun, indem vorgegebene kulturelle Güter Spaniens einfach in eine Gleichung mit materiellen Gütern der angelsächsischen Völker gebracht werden. Das ist sicherlich eine etwas abwegige Gleichung, die dem Verfasser aber rhetorische Spielfelder eröffnet. Gleichzeitig wird bei aller rhetorischen *Verve* unübersehbar, dass auf der Seite Spaniens auf ökonomischem, technologischem und politischem Gebiet eine deutliche Lücke gegenüber den USA klafft, zumal Ganivet kaum einmal konkrete Vorschläge zur Verbesserung der politischen oder sozialen Situation Spaniens beziehungsweise der hispanoamerikanischen Länder vorzulegen vermag.

Darüber hinaus geht sein Denken – ausgehend von einer bereits angeklungenen Theorie des Territoriums, die ich hier aus Zeitgründen nicht erläutern kann – davon aus, dass der Geist Spaniens durch seine geographische Situation als Halbinsel geprägt ist und nach einer Independencia strebt, die nicht durch Eroberungen im Äußeren erreicht werden kann. Diese Unabhängigkeit müsse vielmehr dem Geiste einer Halbinsel entsprechend durch Veränderungen im Inneren bewerkstelligt werden. Das tellurische Element ist bei Ganivet äußerst stark ausgeprägt und hat sicherlich mit dem Denken der „integridad territorial" zu tun, welches von der Einheit der iberischen Halbinsel und darüber hinaus der Verbundenheit mit den Überseekolonien ausgeht.

Die Vorstellung der peninsulären Einheit findet sich bei Ganivet verschiedentlich, nicht zuletzt im *Ideárium español*, wo er darauf verweist, wie störend es doch sei, dass Portugal nicht zu Spanien gehöre und mit diesem eine Einheit bilde. Derlei Vorstellungen sind zweifellos sehr schematisch und nehmen auf historische und kulturelle Entwicklungen nur dann Bezug, wenn sie ins Bild passen. Umso weniger kann sich Ganivet vorstellen, von der Idee einer Einheit der spanischen Nation abzugehen, welche trotz aller Autonomiebestrebungen Kataloniens, Galiziens oder des Baskenlandes ganz im Sinne des späteren Mottos Francisco Francos als „una e indivisible" gedacht wird. Nichts dürfe diese Einheit, die auch in unseren Tagen wieder zur Disposition steht, erschüttern.

Derlei Einheitsvorstellungen bilden sich bei Ganivet freilich aus dem Gefühl einer über die Jahrhunderte zunehmenden und in den letzten Jahren sich verschärfenden Dekadenz, gegen die er verzweifelt versucht, Dämme einer neu zu belebenden Tradition zu errichten. Daher rührt auch seine Forderung, Spanien müsse sich auf seine ursprünglichen Werte, insbesondere auf den Stoizismus und das Christentum, zurückbesinnen und diese Werte in konkrete, handfeste Politik übersetzen. Von dieser hohen Warte aus begründete er auch seine Vorstellung von der geistigen Überlegenheit Spaniens gegenüber anderen Völkern, die Ganivet – wie wir sahen – rassistisch als minderwertig diffamiert. Dies war der geistige Wall, der gegen die Dekadenz

Spaniens zu errichten war, und nicht etwa die Orientierung an anderen Völkern, insbesondere an den erfolgreichen angelsächsischen Nationen. Ángel Ganivet stand allen Moderne-Projekten ablehnend gegenüber.

Die Kritik an Ganivet insbesondere aus linksliberaler oder sozialistischer Perspektive zeigte sich stellvertretend – wie schon Martin Franzbach betonte – in den Äußerungen von Manuel Azaña, des späteren Präsidenten der Zweiten Spanischen Republik, der davon sprach, dass Ganivet häufig ein Gefühl mit einem Urteil verwechselt habe. Er beklagte Ganivets Mystizismus und Irrationalismus, die sich jedweder historisch stringenten und vernunftbetonten Argumentation entzögen. Daher ist es auch nicht verwunderlich, dass Ángel Ganivet ebenso Spuren bei José Antonio Primo de Rivera wie auch bei Giménez Caballero hinterließ, der dereinst der erste Kultusminister des „Caudillo de España", des Diktators General Franco werden sollte. So wurde der Leichnam des granadinischen Denkers keineswegs zufällig während der Diktatur Primo de Riveras nach Spanien repatriiert.

Es gibt im Denken Angel Ganivets zweifellos eine ganze Reihe von Ideologemen, die sich leicht in die faschistische Ideologie Spaniens einbinden lassen. Gleichwohl konnte Ganivet nicht ahnen, dass man ihn dereinst aus dieser Perspektive vereinnahmen würde. Zu diesen sehr einfach von der „Falange" zu integrierenden Elementen zählt letztlich ebenso die Vision der Geschichte Spaniens wie das prophetische Wunschdenken einer raschen Wiedergeburt des Landes; Vorstellungen und Elemente, die sich später in die herrschende Ideologie typisch spanischer Provenienz einbauen ließen.

Gleichwohl gab es später auch Kritik von einem Vordenker faschistischer Umsetzungen wie Giménez Caballero an manchen Überlegungen und Vorstellungen in den Schriften Ganivets. Dessen nationalistische Position mag das Urteil des britischen Historikers Ramsden verständlich machen, Ganivets Schriften seien ein Schlafmittel gewesen für die sich anbahnende nationale Katastrophe Spaniens in Form des Zusammenbruchs in der kriegerischen Auseinandersetzung mit den USA. Ganivet freilich, so scheint mir, kann man hierfür nicht verantwortlich machen. Er war vor allem bestrebt, dem spanischen Geist – den er aus der Geschichte herauszudestillieren versuchte – neue Kräfte einzuhauchen. Dass dies ein Denken darstellte, das keineswegs zielführend war, lässt sich aus einer distanten historischen Perspektive wie der unsrigen leicht konstatieren. Wir sollten uns jedoch stets darum bemühen, die geschichtliche Offenheit vergangener Zeiten und vergangener Zukünfte[11] in der Beurteilung damaligen Schrifttums zu rekonstruieren!

---

11 Vgl. hierzu Koselleck, Reinhart: *Vergangene Zukunft. Zur Semantik geschichtlicher Zeiten.* Frankfurt am Main: Suhrkamp ²1984.

Interessant und bemerkenswert ist, dass Ganivet auch in der Frage des geistigen Eigentums – das in unserem digitalen Universum ja wieder ein großes Thema ist – eher ein wenig rückschrittlich dachte. Die Ideen, so argumentiert der Denker aus Granada, gehören nicht dem einzelnen Menschen, sondern der Spezies Mensch. Daher verurteilte er auch die Vorstellung vom geistigen Eigentum. Abgewertet wurden von Ganivet aber auch für die Moderne so wichtige Elemente wie die fortschreitende Arbeitsteilung oder die industrielle Serienfertigung,[12] was einmal mehr belegt, dass er als Antwort auf die Dekadenz Spaniens nicht etwa für eine sozioökonomische Modernisierung eintrat, sondern eher für eine klare Rückbesinnung auf den Bereich des Geistigen und der Ideen plädierte.

Spanien müsse heute, so Ganivet weiter, sein eigenes „prestigio intelectual" wiederherstellen, sich von jenen Ansteckungen und Kinderkrankheiten fernhalten sowie befreien, die es vor allem von Frankreich her bedrohen. Aufschlussreich ist aber wiederum, dass Ganivet Spanien ohne Portugal als Mittelmeernation begriff und sich daher dafür aussprach, dass die spanische Mittelmeerflotte ausgebaut werden müsste; Vorstellungen, wie sie wenig später D'Annunzio auch für die italienische Flotte in seinen Prosatexten wie in den *Odi Navali* einfordern sollte. Auf Gabriele D'Annunzio werden wir im abschließenden Teil unserer Vorlesung zurückkommen.

Ganivet plädierte vor allem für eine Bündelung der inneren materiellen und eine Stärkung der ideellen Kräfte in Spanien, der „fuerza ideal"; denn davon versprach er sich eine Stärkung des Prestiges bei den Völkern von spanischer Herkunft.[13] Er unterstützte weiterhin den Kolonialismus Spaniens, betonte aber zugleich, dass Spanien die „colonización utilitaria" anderen Völkern überlassen solle. Spaniens eigentliche Größe liege in seiner Mission, in seiner kulturellen Aufgabe und nicht etwa in der wirtschaftlichen Gewinnschöpfung aus abhängigen Kolonien, wie dies die Angelsachsen taten.

Aus all diesen Gründen könne Spanien sehr wohl mit seinem Kolonialsystem fortfahren; eine Einschätzung, die gerade auch während des Krieges in den verbliebenen Kolonien – in Kuba, Puerto Rico und auf den Philippinen war ein rücksichtsloser Krieg schon seit mehr als einem Jahr entbrannt – doch etwas verwundert und die schon bald von den sich überstürzenden historischen Ereignissen ad absurdum geführt werden sollte. Spanien habe – und in diesem Punkt lag Ganivet nicht falsch – niemals einen rechten Begriff davon entwickeln können, was moderne Kolonisierung bedeutet. Beeindruckend aber war

---

12 Ganivet, Angel: Ideárium español, S. 250.
13 Ebda., S. 266.

schon, dass Ganivet nach allem Kolonialismus-Schimpf die Stirn hatte und die zivilisatorische Mission und Aufgabe Spaniens bei der Kolonisierung anderer Regionen der Erde als oberstes Ziel einer Regenerierung aufrecht erhielt.

Die nach dem Dafürhalten Ganivets größte Sorge Spaniens bestand darin, dass sich der spanische Geist in alle vier Himmelsrichtungen verflüchtigen könnte, ohne Dauerhaftes geschaffen zu haben. Mit den Worten Rubén Daríos würde so ein Don Quijote wie in der Schlussszene seines *D.Q.* mitsamt seiner Rüstung einfach in den Abgrund gleiten und klangvoll zerscheppern. Daher plädierte Ganivet dafür, sich auf das Innere Spaniens, auf das eigene Territorium, zu konzentrieren und dieses ideell zu durchdringen.

Wenige Jahre später schon sollte Spanien nach dem verlorenen Kolonialkrieg zu einer solchen Haltung gezwungen sein, auch wenn man zeitweilig versuchte, durch eine militärische Ausweitung nach Süden, zur nordafrikanischen Gegenküste hin Ausgleich für die in Amerika und im Pazifik verlorenen Kolonialgebiete zu schaffen – ein unverantwortliches militärisches Abenteuer freilich, das eine Vielzahl noch heute ungelöster politischer Probleme auslöste. Angel Ganivet hätte dieses Abenteuer wohl kaum befürwortet; sein großes Motto lautete ganz logisch: *Noli foras ire, in interiore Hispaniae habitat veritas* – Spanien dürfe sich nicht nach außen wenden, sondern müsse die Wahrheit in seinem Inneren suchen.

Das für Ganivet herausragende Symptom der Dekadenz Spaniens war die anhaltende Willensschwäche, jene berüchtigte „abulia",[14] von der auch sein Freund Miguel de Unamuno des Öfteren sprach. Die spanische Nation, so Ganivet, interessiere sich heute für rein gar nichts mehr: Nichts bewege sie heute noch! Ganivet stellte bei seinen spanischen Zeitgenossen einen fehlenden intellektuellen Appetit fest, wofür der andalusische Denker vor allem die Schwächung des „sentido sintético" in Spanien verantwortlich machte.[15] Es ging ihm dabei um die geistige Fähigkeit, die verschiedensten Bereiche miteinander zu verknüpfen, mithin um eine intellektuelle Kombinatorik, die er in Spanien nicht zu finden vermochte. Es sei aber völlig falsch zu denken, so Ganivet weiter, dass Spanien seine Gesundheit durch eine Form des äußeren Handelns wiedererlangen könne. Es gelte daher, so rasch als möglich das geistige Leben in Spanien wiederherzustellen.

Auch Ganivet nimmt in seinen Schriften und besonders im *Ideárium español* – und auf dieser Ebene ergibt sich erneut eine klare Parallele zum Uruguayer José Enrique Rodó in seinem *Ariel* – die Position eines „Maestro" ein, die

---

14 Ebda., S. 287.
15 Ebda., S. 291.

Position eines Lehrers und Meisters, der seinen Schülern sagt, wo es lang geht. Daher nahm er in der Tradition der krausistischen Ausrichtung besonders die Bildungsinstitutionen aufs Korn, die für ihn natürlich bei der Formung des künftigen Spanien eine ganz gewichtige Rolle spielen sollten. Ganivet unterschied zwischen den Ideen, die zum Kampfe beflügeln und die als Instrumente des Kampfes benutzt werden sollen, Vorstellungen, die er als „ideas picudas" bezeichnete, und jenen anderen Ideen, die Liebe zum Frieden bereiten sollten. Diese „ideas redondas" allein enthalte sein Buch, so dass sein Essay dazu führen könne, dass es weniger „combatientes", aber mehr „trabajadores" geben werde:[16] weniger Kämpfer und mehr Arbeiter für das spanische Vaterland.

Wer seine Ideen mit Gewalt durchsetzen wolle, zeige damit nur, dass er kein Vertrauen in die geistige Durchsetzung seiner Ideen habe – eine Vorstellung, die kaum in ein faschistisches oder totalitäres Denken passen dürfte und die für uns ein Beleg dafür ist, dass man Ganivet an vielen Stellen zusammenzwängen musste, um ihn für faschistische Ideologien passfähig zu machen. Ausgehend von seiner Grundüberzeugung, dass die Kraft der Ideen die Dinge zum Guten bewegen könne und werde, entwickelte Ángel Ganivet am Ende seines Werkes auch eine trotz aller Skepsis und Kritik optimistische Sichtweise auf Spaniens weiteren Weg in die Zukunft. Doch lassen wir ihn selbst zu Wort kommen:

> Ich glaube fest an die spirituelle Zukunft Spaniens; darin bin ich vielleicht übertrieben optimistisch. Unsere materielle Vergrößerung wird uns nie dazu führen, die Vergangenheit zu verdunkeln; unser intellektuelles Aufblühen wird das Goldene Zeitalter unserer Künste in eine einfache Äußerung dieses Goldenen Zeitalters verwandeln, von dessen Heraufkunft ich überzeugt bin. Weil wir in unseren Arbeiten unsererseits eine unbekannte Kraft erhalten werden, welche in unserer Nation in latentem Zustande lebt [...].[17]

Es war nicht zuletzt diese optimistische Seite im Denken Ganivets, welche diesen Essay zu einem Kultbuch und zu einer Orientierung für alle an der Zukunft Spaniens interessierten Spanier und Hispanoamerikaner machte: Der Band wurde zu einer wahren Bibel. Am Ende seines *Ideárium español* kommt Ganivet auf bestimmte Beziehungen zwischen dem, was er die ‚Rassen' nannte und deren intellektuellem Leben zu sprechen, wobei er für die Arier als Typus Odysseus wählt, während die Semiten – wie etwa die arabischen Völker – zwar keine Ideen vermittelten, gleichwohl aber für die kulturelle Entwicklung Spaniens wichtig geworden seien. Wenn wir Odysseus mit einem germanischen Führer vergleichen, so sehen wir deutlich – meint Ganivet –, welches Gewicht der semitischen Seite zu-

---

16 Ebda., S. 297.
17 Ebda., S. 300.

komme. Unser spanischer Odysseus aber sei der Don Quijote, womit Ganivet die spanische Kultfigur nicht zuletzt der Jahrhundertwende aufgriff, die sicherlich lange zuvor schon zu einem Inbegriff Spaniens stilisiert worden war. Es ist faszinierend zu beobachten, dass sich in der Hervorhebung der Bedeutung eines *figuralen* Don Quijote die Spanierinnen und Spanier, aber auch die Intellektuellen der ehemals spanischen Kolonien überschneiden. Für die Bewohner beider Seiten des Atlantik repräsentiert die *Figura* des Ritters von der traurigen Gestalt das tiefe, das ‚eigentliche' Spanien: jenes Spanien, das niemals untergehen werde.

Die spanischen Quijote-Deutungen gerade in der Epoche von Jahrhundertende und Jahrhundertwende gewannen mit Ganivet und Unamuno, aber auch mit Ramiro de Maeztu und vor allem José Ortega y Gasset der Figur des Miguel de Cervantes völlig neue Züge ab, welche sich beim Verfasser des *Ideárium español* gleichsam ontologisch auf die Verkörperung des Typus und Wesens Spaniens richteten. Ohne die Araber, so Ganivet, wären Don Quijote und Sancho Panza immer nur ein einziger Mensch gewesen.[18] Der angelsächsische Odysseus sei Robinson Crusoe, der italienische Odysseus hingegen ein Theologe: kein anderer als Dante Alighieri. Der deutsche Odysseus sei ein philosophischer Odysseus, der Doktor Faustus. Doch keine all dieser Figuren des Odysseus sei ein Odysseus aus Fleisch und Blut, womit er das Thema des „hombre de carne y hueso" einführte, welches der ihm freundschaftlich verbundene Baske Miguel de Unamuno weiterdenken sollte.

Wieder gibt es eine Vielzahl von Parallelen zu José Enrique Rodós *Ariel* und den Rückgriff des uruguayischen Essayisten auf die Figurenwelt William Shakespeares. Ángel Ganivets *Ideárium español* war ein wahres Ideenreservoir für die spanischsprachige Welt. Der angelsächsische Robinson Crusoe sei – ähnlich wie ein Caliban – im Gegensatz zum spanischen Don Quijote nur fähig, eine materielle Zivilisation aufzubauen beziehungsweise zu rekonstruieren. Am Ende des auf Helsingfors im Oktober 1896 datierten Essays gibt Ganivet noch einmal einen letzten Ausblick auf eine künftige Entwicklung, in der diesmal der spanische Geist – und nicht die spanischen Waffen – die Macht und den Geist Spaniens in die Welt tragen würden:

> Wir müssen einen kollektiven Reue-Akt ablegen, müssen uns verdoppeln, selbst wenn viele von uns einer so riskanten Operation anheimfielen; denn so werden wir spirituelles Brot für uns gewinnen und für unsere Familie, die es überall in der Welt erbettelt, und unsere materiellen Eroberungen werden noch immer fruchtbar sein, weil wir bei unserer Wiedergeburt eine Unermesslichkeit an Brudervölkern vorfinden werden, um sie mit dem Stempel unseres Geistes zu prägen.[19]

---

18 Ebda., S. 304.
19 Ebda., S. 306.

Es geht um nicht mehr und nicht weniger als um eine Wiedergeburt, um ein „renacer" der spanischen Nation und mehr noch des spanischen Geistes, das sich Ángel Ganivet in seinem *Ideárium español* so wortreich erträumte. So endet dieses Buch, dieser kulturkritische Essay, mit einer expansiven Geste, die erfüllt ist von einem auf die eigene Wiedergeburt setzenden Sendungsbewusstsein, das trotz des Konstatierens einer starken Dekadenz nicht von der Grundüberzeugung einer geistigen Überlegenheit Spaniens ablassen will.

Das Bild der Familie und das Bild des Stempelaufdrückens aber zeigen uns an, dass hier nicht nur die Metaphorik, sondern auch der dahinterstehende Geist durchaus Züge aufweisen, die wir als patriarchalisch und als autoritär beziehungsweise autoritätsgläubig einstufen müssen. So wurde Ángel Ganivet auch folgerichtig nicht für die spanische Linke, sondern für die kommende Rechte zur einer nationalen Identifikationsfigur, wie sie später in Spanien nur noch Ramiro de Maeztu als Intellektueller – sehen wir einmal von Primo de Rivera ab – sein konnte. Ganivets Freund Miguel de Unamuno war für eine derartige Rolle nicht geeignet.

Wenn wir in einem zweiten Schritt nicht länger im Vorfeld der Katastrophe von 1898 auf die spanischen Antworten der Literatur auf ein historisches Geschehen eingehen wollen, das die lateinamerikanischen Modernisten Rubén Darío und José Enrique Rodó im Anschluss an José Martí so eindrucksvoll begleiteten, dann müssen wir uns der spanischen Generación del 98 zuwenden, die in der Tat in ihren Reaktionen auf den Untergang der spanischen Flotte vor Santiago de Cuba und vor Manila, in Folge des Untergangs Spaniens als Kolonialmacht zwar kein neues Goldenes Zeitalter, wohl aber ein sogenanntes ‚Silbernes Zeitalter' der spanischen Literatur heraufführte. Ich möchte dies in unserer Vorlesung nur am Beispiel einer einzigen literarischen Gestalt tun, die mit Ángel Ganivet überdies befreundet war. Andere, auch mediengeschichtlich wichtige Aspekte sollen in der Folge mit Blick auf das Thema unserer Vorlesung nicht berücksichtigt werden.[20]

Zu den wichtigsten, zugleich vielschichtigsten und schillerndsten Figuren der Generación del 98 zählt zweifellos der Baske Miguel de Unamuno, der in seiner politischen Entwicklung alle möglichen Positionen zwischen Sozialismus, Anarchismus, bürgerlichem Individualismus und autoritärem Faschismus ausmaß. Anders als Ángel Ganivet eignete er sich daher für keine dieser politischen Ideologien als Identifikationsfigur. Mir kommt es an dieser Stelle weniger

---

20 Vgl. hierzu Ette, Ottmar: Visiones de la guerra / guerra de las visiones. El desastre, la función de los intelectuales y la Generación del 98. In: *Iberoamericana* (Frankfurt am Main) XXII, 71–72 (1998), S. 44–76.

auf den politischen Werdegang, der uns auf eine weitere Verbindung zwischen Fin de siglo und Faschismus aufmerksam machen würde, und auch weniger auf die Erfahrung der spanischen Niederlage im Kubanisch-Spanisch-US-Amerikanischen Krieg von 1898 an als vielmehr auf jene spezifische Gedankenwelt, die als Grundströmung in der Folge auch die Aufnahme des Desastre von 1898 in Spanien vorbereitete. Zum besseren Verständnis des baskischen Philosophen, Philologen und Schriftstellers darf ich Ihnen einige wenige Biographeme mit auf den Weg geben, die zugleich den weiteren Weg Spaniens ins 20. Jahrhundert skizzieren.

Abb. 60: Miguel de Unamuno (1864–1936), im Jahr 1921.

Miguel de Unamuno y Jugo wurde am 29. September 1864 im baskischen Bilbao geboren und starb am 31. Dezember 1936 in Salamanca. Er ist die wohl repräsentativste Figur des damaligen Spanien und seiner Literatur. In keinem anderen spanischen Intellektuellen verkörperte sich auf eine so vehemente Weise der „espíritu inconformista", der unkonformistische Geist des spanischen Modernismus wie in diesem streitbaren Basken, der ‚gegen dies und jenes' (so ein Buchtitel) vorging, aber immer wieder auch die eigenen Positionen kritisierte und revidierte.

Man könnte es vielleicht so formulieren: Miguel de Unamuno ist baskischen Ursprungs und von kastilischer Berufung, ein höchst eigenständiger Intellektueller, dessen Denken sich bei aller Weltoffenheit vor allem um Spanien drehte. Es gelang ihm, das Angeborene mit dem Vitalen zu einer beispiellosen kämpferischen Einheit zu verschmelzen, die selbst noch aus der historischen Distanz erstaunen lässt. Sein Leben lässt sich begreifen als eine Kette von Krisen, die weitgehend durch seinen widerspruchsvollen Geist ausgelöst wurden, der sich gegen alles wandte, was ihm auf irgendeine Weise suspekt schien. Er war überzeugter Katholik, verlor den Glauben, kämpfte dann verbissen, um den Glauben wiederzugewinnen. Er galt gleichwohl als Häretiker, wobei er eine von der religiösen Leidenschaft entzündete Seele besaß, angesichts seiner Unmöglichkeit, Vernunft und Glaube miteinander zu versöhnen. Wie war eine derart eruptive Persönlichkeit entstanden, die mir in manchen Formulierungen bisweilen wie eine Naturgewalt vorkommt?

Miguel de Unamuno kam in Bilbao am selben Tag wie Miguel de Cervantes zur Welt, mit dessen *Don Quijote de la Mancha* er sich mehrfach und durchaus widersprüchlich auseinandersetzte. Er war zeitlebens stolz auf dieses Biographem. Unamuno selbst verwies oft auf diesen Umstand, der vielleicht aber weniger wichtig war als die Tatsache, dass er seinen Vater ähnlich wie Ganivet schon im Alter von sechs Jahren verlor. Die Bibliothek seines Vaters, der lange Zeit in Mexiko gelebt hatte, umfasste zahlreiche lateinamerikanische Werke, die der kleine Junge zuhause verschlang. In seiner Jugend soll er den Wunsch geäußert haben, das aztekische Náhuatl zu erlernen; ein besonderes Interesse an der spanischsprachigen Literatur der Amerikas bewahrte er sich stets.

Der Jugendliche und junge Mann, der am Instituto Vizcaíno lernte und studierte sowie durch zahlreiche (zeichnerische) Karikaturen seiner Lehrer bekannt wurde, war früh mit dem Baskenland verbunden und engagierte sich in seinen frühen Schriften einschließlich seiner Dissertation von 1884 mit dem Titel *Crítica del problema sobre el origen y prehistoria de la raza vasca* für sein baskisches Heimatland. Politisch distanzierte er sich jedoch bereits 1887 von der baskisch-nationalistischen Bewegung, blieb dem Baskenland aber sein Leben lang verbunden. Ich bin auf den Spuren der Reisebilder und Schriften Miguel de Unamunos einmal durch das Baskenland und die baskischen Pyrenäen gewandert und muss Ihnen gestehen, dass dies sehr erfüllende Wochen waren, da sich in Unamunos Schreiben die Kräfte der Landschaft mit denen der Literatur wunderbar vereinten.

Die katholische Glaubenslehre spielte bei ihm schon früh eine große Rolle, doch zu einer Laufbahn als Priester kam es nicht. Sein Studium ab 1880 der „Filosofía y Letras" an der Universidad Complutense zu Madrid brachte ihn vielmehr mit der modernen Philosophie in Berührung, nicht zuletzt auch mit dem Krausismo, der im damaligen Spanien eine überragende Rolle spielte. er lernte Deutsch, um Schopenhauer im Original lesen zu können. Die Freundschaft mit Ángel Ganivet, die ich schon erwähnte, entstand in jenen Jahren; sie sollte bis zum tragischen Selbstmord des granadinischen Denkers und Diplomaten andauern. Nach der Heirat mit seiner ihm schon seit dem Alter von vierzehn Jahren nahen Concha Lizárraga ging er 1891 nach Salamanca, wo er als Altphilologe an der dortigen Universität einen Lehrstuhl für Altgriechisch bekleidete.

Der ursprünglich liberal ausgerichtete Unamuno schloss sich in Salamanca den Sozialisten und der PSOE an, der heute wieder in Spanien an der Macht befindlichen Partei, geriet aber in eine tiefe Glaubenskrise, die ihn weg von den Herausforderungen des Klassenkampfes und von den Problemen der verarmten Landbevölkerung führte. Seine Lehrtätigkeit brachte ihn zum Unterrichten des Lateinischen und der vergleichenden Betrachtung des Spanischen. Bald schon wurde er ein erstes Mal Rektor der Universität von Salamanca; es begann eine

Zeit, in der wohl niemand sein Leben damals so sehr auf der nationalen Bühne lebte und ausbreitete wie der zugleich unterschiedlichste literarische Projekte ansteuernde Unamuno. Man nannte ihn bald schon „donquijotesco", was durchaus zutrifft angesichts seines festen Willens und der geradezu Ganivet'schen Absicht, Spanien zu transformieren und zu sich selbst kommen zu lassen. „Excitator Hispaniae" nannte ihn hintergründig der elsässische Romanist Ernst Robert Curtius; denn im Anregen und Stimulieren in Spanien verging sein Leben, in dem beständigen Bestreben, seine Zeitgenossen aufzurütteln und in Bewegung zu setzen. Der Moderne und deren technologischen Erneuerungen und Erfindungen allerdings stand Unamuno mit ähnlicher Reserviertheit gegenüber wie sein lang schon aus dem Leben geschiedener Freund Ángel Ganivet.

Da er Rektor der Universität von Salamanca ohne die Entscheidung seines zuständigen Ministers Bergamín geworden war, setzte dieser ihn nach seinem vehementen Einsatz für die Landbevölkerung und gegen den ultrakonservativen Latifundismus kurzerhand ab. In verschiedenen politischen Ämtern und Funktionen hörte Unamuno jedoch nicht auf, gegen die spanische Monarchie zu agitieren und zu schreiben, was ihm wiederholte Verfolgungen, aber auch hilfreiche Initiativen gleichgesinnter spanischer Intellektueller eintrug. Längst war Unamuno zu einer öffentlichen Figur in Spanien geworden.

Während der faschistischen Diktatur des Generals Primo de Rivera, der sich am 23. September 1923 an die Macht geputscht hatte, wurde er als Parteigänger sozialistischer Ideen und seiner öffentlichen Forderung nach Wiedereinsetzung der verfassungsmäßigen Ordnung 1924 nach Fuerteventura und damit auf die Kanaren verbannt, die noch keine touristische Destination, sondern vielmehr das abgelegenste und zugleich konservativste Eckchen des spanischen Mutterlandes darstellten. Noch heute erinnern einige Bildungseinrichtungen und Hörsäle auf der Insel an diese Zeit Unamunos im ‚kanarischen Exil'.

Trotz Zensur und Verbannung hörte Miguel de Unamuno nicht auf, wie ein anderer Don Quijote gegen die herrschende Ordnung in Spanien zu kämpfen. Angebote, ihn nach Argentinien ins Exil ausreisen zu lassen, lehnte er ebenso ab wie Begnadigungen; und wie einst Victor Hugo auf seiner Verbannungsinsel im Ärmelkanal sorgte er geschickt dafür, für die Spanier als unbeirrbarer Intellektueller sichtbar zu bleiben. Zwei wie ich finde ergreifende Gedichtbände, *De Fuerteventura a París* von 1925 und *Romancero del destierro* von 1928 erschienen jeweils in Paris und Buenos Aires; die Meta-Erzählung *Como se hace una novela* erschien 1926 im angesehenen *Mercure de France* in der Übersetzung von Jean Cassou: All diese Schriften legten Zeugnis davon ab, dass seine Schöpferkraft durch die Verbannung nicht in Mitleidenschaft gezogen worden war. 1925 zog Unamuno ins schöne Hendaye, ins französische Baskenland unmittelbar an der Grenze zu Spanien, von wo ihn die Diktatur vergeblich zu verdrängen suchte. Dort schrieb er unter anderem eine lange Artikelserie gegen den spanischen König und die Diktatur, die deren Verbreitung in Spanien nicht zu verhindern vermochte.

Nachdem Primo de Rivera unter öffentlichem Druck im Januar 1930 alle Ämter niedergelegt und Unamuno triumphal in seine Heimat zurückgekehrt war, verkündete er offiziell die Zweite Spanische Republik auf der wunderschönen *Plaza Mayor* von Salamanca und setzte sich zunächst in verschiedenen Funktionen für die spanische Republik ein. Unamuno wurde zum Rektor der Universität von Salamanca auf Lebenszeit ernannt.

Doch schon bald begann Unamuno, sich auch mit den neuen Regierenden anzulegen, die ihn lieber ehren als ihm zuhören wollten. Er setzte sich als Abgeordneter in den Cortes für eine Reform des Heeres, für eine grundlegende Agrarreform sowie eine nicht weniger grundsätzliche Bildungsreform ein, und dies mit aller Kraft. Weder seine Ratschläge noch die von José Ortega y Gasset wurden gehört; doch Unamuno erwies sich als ebenso hartnäckiger Kämpfer wie in früheren Jahren und distanzierte sich ab 1932 deutlich vom damaligen Regierungschef Manuel Azaña und dessen Religionspolitik, die ihm deutlich zu weit ging und zu radikal war.

Für die Tatsache, dass sich Miguel de Unamuno beim Ausbruch des Spanischen Bürgerkriegs am 18. Juli 1936 zugunsten der Putschisten unter General Francisco Franco entschied, kann man zumindest vier Gründe anführen: erstens die starke persönliche Antipathie, mit der er Manuel Azaña und dessen radikalen Reformen gegenüberstand; zweitens die wachsende Ablehnung des herrschenden Sektors der Sozialistischen Partei; drittens die Furcht vor den Konsequenzen einer gegen die Einheit Spaniens und gegen die Einheit des christlichen Glaubens gerichteten Politik; und viertens sein Irrglaube, dass General Franco das Land lediglich befrieden wolle. Dies waren wesentliche Motive, die Unamuno ins Lager der Gegner der legitimen Spanischen Republik trieben, die er wenige Jahre zuvor selbst mit in den Sattel gehoben hatte.

Doch schon am Tage der Eröffnung des Studienjahres 1936–1937 im Oktober 1936 kam es zum öffentlichen Bruch mit dem Franquismus und der heraufziehenden Diktatur. Der Zeitpunkt hierfür war ebenso geschickt gewählt wie lebensgefährlich. Beim Festakt hatte Unamuno neben Francos Frau gesessen, Salamanca war bereits zum Hauptquartier der Putschisten geworden. Nachdem Unamuno in seiner Ansprache seinen berühmten Satz „Vencer no es convencer" gesprochen hatte, kam es zum Eklat und zu Tumulten, in deren Verlauf General José Millán „¡Muera la inteligencia! ¡Viva la muerte!" rief und das Leben des Rektors unmittelbar bedroht war. Es dürfte die Anwesenheit von Francos Frau Carmen Polo gewesen sein, die das Leben des allzu wagemutigen Rektors rettete: Viele Intellektuelle, darunter auch Freunde Unamunos, waren zuvor schon Opfer der rücksichtslosen

Putschisten oder der von ihnen gedungenen Mörderbanden geworden. Bis zu seinem Tod lebte der Rektor auf Lebenszeit daraufhin in relativer Einsamkeit. Der Tod kam plötzlich an einem späten Dezembernachmittag zuhause im Gespräch mit einem Freund, wobei Unamuno zu schlafen schien: So schied einer friedlich aus dem Leben, der gegen dies und gegen das gekämpft und stets seinen eigenen Überzeugungen rücksichtslos gefolgt war.

So breit das politische Spektrum war, für das Unamuno zu Lebzeiten eintrat, so stark gefächert war auch das literarische Werk dieses Philologen, Romanciers, Essayisten, Dichters und Philosophen, mit dessen philosophischem Hauptwerk *Del sentimiento trágico de la vida* ich mich in einer anderen Vorlesung bereits auseinandergesetzt habe.[21] Wie man die literarische Varianzbreite auch immer drehen und wenden mag: Die poetische Dimension des Miguel de Unamuno schlägt in allen seinen Prosaschriften durch; und es ist mir unmöglich, Ihnen an dieser Stelle einen Gesamtüberblick zu bieten.

Dass er jedoch in der ersten *Promoción*, der ersten Gruppe der Intellektuellen der Generación del 98, ähnlich wie José Ortega y Gasset in deren letzter *Promoción* die herausragende Figur war, ist unbestreitbar. Als junger Student an der madrilenischen Universidad Complutense war der erste spanische Text, den ich damals abgeschottet in meinem Studentenzimmer im Colegio Mayor Pío XII las, an dem ich nur wenige Tage und Nächte verbrachte, mit guten Gründen Miguel de Unamunos Roman *Nívola*: So nannte der Baske einen komplexen, verdichteten, handlungsarmen Roman, der sich der Gattungsbezeichnung „Novela" bewusst entzog. Es handelt sich um einen wunderbar selbstreflexiven Erzähltext, der mich herzerfrischend weit von der nur wenige Tage andauernden Situation im Colegio Mayor einer katholischen Organisation wegführte, die ich bis zu diesem Zeitpunkt noch nicht kannte, und die mir eine wichtige intellektuelle Pause gewährte, bevor mich eine studentische Wohngemeinschaft in die verborgenen Künste der hispanischen Männerküche einführte. Unamunos Roman, Sie werden das verstehen, habe ich nie mehr vergessen ...

Ich möchte mich jedoch im Folgenden mit einer Sammlung von Essays beschäftigen, die Miguel de Unamuno seit Mitte der neunziger Jahre separat verfasst und später unter dem Titel *En torno al casticismo* veröffentlicht hat. Schon der Titel des ersten in die Sammlung aufgenommenen Essays, *Die ewige Tradition* oder *La tradición eterna* (datiert auf Februar 1895), macht auf das aufmerksam, was für Unamuno die Grundlage jedweden geschichtlichen Handelns, aber auch der Geschichte der Völker zu sein hat: eine Kontinuität kultureller

---

[21] Vgl. hierzu das Jorge Luis Borges gewidmete Kapitel in Ette, Ottmar: *Von den historischen Avantgarden bis nach der Postmoderne*, S. 494 ff.

Prozesses, welche in diesem Falle das spanische Volk jenseits einer evenementiellen, an Ereignissen orientierten Geschichte geprägt hat und weiter prägt. Wie das *Ideárium español* Ganivets ist auch dieser Essay noch deutlich vor den für Spanien einschneidenden Ereignissen von 1898 geschrieben und steht noch nicht im Sog von dessen Untergang als Kolonialmacht.

In diesem Essay geht Miguel de Unamuno unter anderem von der allgemeinen Klage aus, dass die internationale Kultur das eigentlich Spanische, den „Casticismo", hinwegspülen und die ‚eigentliche' spanische Kultur vernichten werde. Aus diesen Gründen habe man schon seit geraumer Zeit damit begonnen, von einer wahren europäischen Invasion in Spanien zu sprechen in dem Sinne, dass Europa immer mehr Spanien besetze und die ursprünglichen Traditionen des Landes auslösche. Die Europäisierung Spaniens, so Unamuno, habe sich in der Tat im Verlaufe der letzten Jahre erheblich beschleunigt und geradezu überschlagen.

Daher setzt sich Unamuno mit den möglichen Reaktionsweisen auf einen interkulturellen „Desafío" auseinander; eine Herausforderung, die uns auch in Deutschland im Verlauf der vierten Phase beschleunigter Globalisierung und an deren Ende vor allem mit der sogenannten Flüchtlingskrise von 2015 im Zeichen inter- und transkultureller Entwicklungen in den öffentlichen Diskussionen und zum Teil scharf geführter Debatten nicht ganz fremd ist. Doch hören wir den spanischen Intellektuellen vor mehr als einem guten Jahrhundert angesichts der für ihn bedrohlichen Europäisierung seines Landes:

> Ebenso diejenigen, die fordern, wir müssten unsere Grenzen schließen oder Ähnliches, wir müssten folglich für unsere offenen Felder Türen schaffen, als jene anderen, die mehr oder minder explizit fordern, dass man uns endlich erobern möge, weichen in Wahrheit weit von der Realität der Dinge ab, wobei sie vom Geist der Anarchie fortgerissen werden, den wir alle im Rückenmark unserer Seele mit uns führen, was die Erbsünde der menschlichen Gesellschaft ist, eine Sünde, die nicht von der langen Blutstaufe so vieler Kriege weggewaschen wurde. Diejenigen, die vor den Bomben des Anarchismus zittern und den bewaffneten Frieden aufrecht erhalten, fordern einen neuen Napoleon, einen großen Anarchisten, als dessen Quell.[22]

Wie bekannt uns diese Situationen und diese Forderungen vorkommen! Ebenso in der Flüchtlingskrise wie während der Corona-Pandemie haben wir die Forderungen nach einer sofortigen Schließung der Grenzen noch im Ohr! Miguel de Unamuno spielt hier mit der spanischen Redewendung „poner puertas al campo", also Eingangstüren für offene Felder auf dem Lande zu bauen – für jeden Spanier

---

22 Unamuno, Miguel de: *En torno al casticismo*. Madrid: Espasa-Calpe ⁹1979, S. 17f.

und jede Spanierin der Inbegriff des Absurden schlechthin. Doch sehen wir uns seine Überlegungen eingangs etwas genauer an!

Der gebürtige Baske Unamuno zeigt in dieser Passage deutlich auf, dass es weder möglich ist, die Türen gegenüber anderen Kulturen völlig zu verschließen, sich also monokulturell abzuschotten, noch dass die Vorstellung denkbar sein könnte, dass sich ein Volk wie das spanische einfach kulturell erobern lassen würde. Zugleich wird in verdichteter Form von Unamuno ein grundlegendes Thema angesprochen, das einer anarchistischen Grundströmung, das er in diesem Auszug auf die ganze Menschheit als Erbsünde auszuweiten scheint, im Grunde aber wie in anderen Passagen vor allem auf das spanische Volk angewandt wissen will. Unamuno hat seinerseits nicht zu Unrecht bei sich selbst immer wieder anarchistische Tendenzen konstatiert, die er mit seinem spanischen Wesen in Verbindung brachte, radikal individualistisch und ohne jede Absprache mit anderen vorzugehen. Wir haben diese Tendenzen bereits in einigen Biographemen bei ihm aufleuchten sehen.

Aus derlei radikalen Positionen ergibt sich für ihn die Forderung nach der Figur eines zweiten Napoleon, eines absoluten Gewaltherrschers, der auf Grundlage der skizzierten radikalen Positionen einmal mit allem aufräumen sollte, eine Vorstellung, die dem jungen Miguel de Unamuno nicht als gangbarer Weg, sondern als Versuchung eines in die Irre geleiteten Denkens erscheint. Wenn wir uns vergegenwärtigen, dass sich im nachfolgenden Jahrhundert über lange Strecken Gewaltherrscher an die Spitze des spanischen Staates setzten, dann wird deutlich, dass derartige Vorstellungen bei dem baskischen Intellektuellen nicht aus der Luft gegriffen waren, sondern einer realen Gefahr für das spanische Staatswesen entsprachen.

Der ungezügelte Individualismus, so Unamuno weiter, werde letztlich nur zum Ruin des Individualismus führen. Zugleich stellt er die Vorstellung einer rein spanischen Wissenschaft oder Literatur in Frage. Als absurd kommt es ihm auch vor, dass Wissenschaft als solche ‚rein' sein sollte, trage sie doch stets – selbst im Falle der Naturwissenschaften – etwas Präwissenschaftliches und Subwissenschaftliches in sich und mit sich. Der klassische Philologe Unamuno geht in seinen Überlegungen immer wieder von der Sprache aus, zeigt aber zugleich, dass die damals überhand nehmenden Gallizismen und Germanismen im Spanien des ausgehenden 19. Jahrhunderts letztlich auf das zurück verweisen, was die spanische Sprache an Hebraismen, Italianismen oder Latinismen etwa in der Literatur des Siglo de Oro in früheren Jahrhunderten aufgenommen habe. Er erblickte darin folglich keinen Grund zur Aufregung wegen einer befürchteten Überfremdung.

Es sollte uns an dieser Stelle nicht beschäftigen, dass sich Unamuno in diesem frühen Essay auf der Suche nach der „Regeneración" Spaniens nicht auf die Seite von Don Quijote, sondern auf jene von Alonso Quijano el Buenos schlug. Wichtig sind für uns vielleicht weniger die Lösungen, welche Unamuno für das „Problema de España" vorschlägt, als dessen durchdachte literarische Konstituierung an sich. Immerhin ist es bezeichnend, dass Unamuno in diesem Essay nur das letzte Kapitel des *Don Quijote* als „göttlich" bezeichnet und zum „Evangelium unserer nationalen Regeneration" erhebt.[23]

Dann aber stößt Miguel de Unamuno zu seiner zentralen Idee und Vorstellung der „tradición eterna", der ewigen, unverbrüchlichen Tradition vor, die grundlegend für seine geschichtliche Konzeption ist und letztlich Unamunos Antwort auf die Frage darstellt, was denn innerhalb einer von negativen Entwicklungen gekennzeichneten Welt die ‚Identität' Spaniens und der spanischsprachigen Völker ausmache oder sein könne. Denn gerade im spanischsprachigen Raum – aus durchaus unterschiedlichen, aber nicht voneinander unabhängigen Gründen – stehe das Fin de siglo im Zeichen einer grundlegenden Frage nach der eigenen Identität, so der baskische Intellektuelle.

Erneut könnten wir geltend machen, dass es weniger die Antwort oder die Lösung als konstruktive Reaktion auf diese Frage, als vielmehr die Frage selbst ist, die ungeheuer produktiv und kreativ wirkte. Sehen wir uns dazu eine wichtige Passage aus Unamunos Essay von 1895 an:

> Die Wellen der Geschichte bewegen sich mit ihrem Rauschen und ihrem Schaum, der in der Sonne glitzert, auf einem kontinuierlichen Meere, das tief, unendlich tiefer ist als eine Schicht, die sich in Wellen fortpflanzt, auf einem stillen Meer, zu dessen letzten Grunde die Sonne niemals vordringt. All das, was die Zeitungen Tag für Tag erzählen, die ganze Geschichte vom „gegenwärtigen historischen Zeitpunkt", ist nichts anderes als die Oberfläche des Meeres, eine Oberfläche, die gefriert und in den Büchern und Registern kristallisiert, und wenn sie so erst einmal auskristallisiert ist und eine harte Schicht bildet, die nicht dicker als das intrahistorische Leben ist, zu dieser armen Rinde wird, in der wir im Verhältnis zum darin befindlichen unermesslichen Brennpunkt leben. Die Zeitungen sagen nichts über das stille Leben von Millionen von Menschen ohne Geschichte, die zu allen Stunden des Tages und in allen Ländern des Globus auf den Befehl der Sonne hin aufstehen und zu ihren Feldern gehen, um die dunkle und stille, tägliche und ewige Arbeit fortzuführen, eine Arbeit, welche wie die der untermeerischen Madreporen oder Korallen die Grundlagen legt, auf denen sich die Inselchen der Geschichte erheben. Auf der erhabenen Stille, sagte ich, stützt sich ab und lebt der Klang; auf der immensen stillen Menschheit erheben sich diejenigen, die Lärm in die Geschichte geben. Dieses intrahistorische Leben, still und kontinuierlich wie der Urgrund des Meeres, ist die Substanz des Fortschritts, die wahre Tradition, die ewige Tradition, nicht die lügnerische Tradition, die man in der in Büchern und Papieren und Denkmälern und Steinen bestatteten Vergangenheit zu suchen pflegt.[24]

---

23 Ebda., S. 26.
24 Ebda., S. 27 f.

In dieser Passage entfaltet Unamuno, interessanterweise anhand einer Meeresmetaphorik, die durchaus geeignet wäre, die spätere Niederlage der spanischen Flotte gleich mit zu begründen, insoweit diese in der Tiefe des Meeres verschwindet, seine Vorstellung von einer „Intrahistoria", gleichsam einer Binnengeschichte oder besser noch Tiefengeschichte, die sich jenseits der aktuellen, nur an der Oberfläche spielenden Geschichte in der Lautlosigkeit der eigentlichen Tiefe abspielt. Dabei zeigt sich, wie stark und präsent in diesem Auszug der Lebensbegriff ist, der bei Unamuno nicht nur durch den nietzscheanischen Einfluss die Geschichtsauffassung des Intellektuellen zu einer zentralen Dimension des Lebens führt, welche nicht in den Geschichtsbüchern vermerkt ist und ein Leben meint, das still und geschichtslos vor sich hin lebt, aber dabei die eigentliche, die ewige Tradition im Sinne Unamunos bildet. Es ist ein Leben, das namenlos ist, das intransitiv bleibt, das vor sich hinlebt und doch das Leben in seiner gesamten Fülle und Diversität präsentiert – jenseits eines Geschichtsbegriffs, wie er für die Moderne charakteristisch ist. Der Geschichtsbegriff der Intrahistoria meint ein Leben, ja das Leben im Reinzustand.

Mit Hilfe dieser Argumentation wird alles, was die Dinge in ihrer Aktualität bewegt, alles, was die tägliche Berichterstattung in den Massenmedien bestimmt, letztlich auf den Status eines reinen Oberflächenphänomens reduziert, das zwar viel Lärm mache, in seinem Endeffekt aber in keiner Weise die Grundlagen und Fundamente der eigenen Geschichte tangiere oder in Frage stelle. Man darf durchaus darüber rätseln, auf welche Weise dann der Historiker oder Literat, die Schriftstellerin oder Geschichtsforscherin Zugang zu dieser Tiefengeschichte, zu dieser Intrahistoria haben kann, weisen ihm doch gerade *nicht* die Zeugnisse aus Papier oder Stein den richtigen Weg.

In der Tat ist es in diesem fundamentalen Zusammenhang wiederum die Tiefe, die Unamuno selbst in sich spürt und die ihm eine Antwort auf diese Frage ermöglicht. Doch scheint es mir vor allem bemerkenswert und aufschlussreich, wie sehr Unamuno hier inmitten einer in starken Schlägen sich bewegenden, beschleunigten Geschichte das Meer in seiner Tiefe als symbolisches Bild bemüht, um daran das Unveränderliche, das Ewige aufzuzeigen, gleichsam um dem ständigen und ständig sich schneller bewegenden Fluss der Geschichte zu entgehen und ihm etwas entgegenzusetzen.

Ideologiekritisch ließe sich zweifellos einwenden, dass Unamuno im obigen Auszug ein essentialistisches, antimodernes, gleichsam ontologisches Bild der Geschichte zeichnet, auf das der einzelne Mensch keinerlei Einfluss nehmen kann. Daher auch der biologische, organische Vergleich mit den „madréporas", mit den Korallen, die in der Tiefe schweigsam die Grundlagen dafür bauen, was bisweilen als Inselchen der Geschichte über die Meeresoberfläche ragt. José Enrique Rodó hat in seinem *Ariel* später dieses Bild, diese Metaphorik aufgenommen und literarisch weiterentwickelt, wobei auch in seinem großangelegten hybriden Essay das Anonyme und Stille der beständigen, unermüdlichen Arbeiter letztlich nur zur Voraussetzung für die tatsächliche Deutung dieser Geschichte wird. Wir werden noch eine weitere historische und ideologische Deutung dieser Arbeiter in der lateinamerikanischen Lyrik kennenlernen und analysieren. Im *Ariel* und in *En torno al casticismo* aber herrscht eine andere Auffassung vor: Die Interpretation einer derartigen intrahistorischen Geschichte obliegt ohne jeden Zweifel allein einem großen Intellektuellen, wie ihn ein Miguel de Unamuno oder ein José Enrique Rodó verkörpern konnten.

Denn bei Unamuno wird der Literat und Philosoph zum Deuter jener Entwicklungen, zu deren Sprachrohr er letztlich werden muss, vertritt er doch nicht Oberfläche und Oberflächlichkeit bestimmter tagespolitischer Ereignisse, sondern die wahre tiefgründige Essenz eines Volkes, einer Kultur, einer Nation. Die Geschichte, nur kurzzeitig durch die Erste spanische Republik unterbrochen, ging nicht an der Oberfläche, wohl aber in der Tiefe unverändert weiter: Nichts war gebrochen, nichts war grundlegend verändert. Die „ewige Tradition" des spanischen Volkes setzte sich fort, denn dieselben Lieder begleiteten die Bauern bei denselben Arbeiten auf dem Feld, das sie wie eh und je bestellten.

An diesen zentralen Stellen sehen wir deutlich das tellurische Element, das uns schon bei Ángel Ganivet ins Auge gesprungen war, mit der Figur des kollektiven Schicksals eines Volkes verknüpft. Die Tatsache, dass man den Lärm der Geschichte hört, beruht laut Unamuno darauf, dass Millionen von Spaniern schweigen und stille sind. Daraus ließe sich der naheliegende Schluss ziehen, dass man diesen Spaniern nun Stimme geben müsse. Und Unamuno setzte sich wiederholt für die Rechte der einfachen Landarbeiter und Bauern ein, forderte eine Veränderung des Großgrundbesitzes.

Doch scheint es mir bei einer Einbeziehung aller Faktoren eher so, als ob Unamuno ausgehend von einer solchen Konstruktion seine eigene Rolle als Intellektueller eher dahingehend verstand, als Stimme dieser schweigenden Mehrheit aufzutreten und nicht notwendigerweise eine Demokratisierung und einflussreichere Partizipation für die Bauern in der Gesellschaft einzufordern. Daher betont er auch die Rolle und Funktion der Seher, der „videntes" eines jeden Volkes, die diesem erlauben, zum Lichte aufzusteigen, um eben bewusst zu machen, was im Volk selbst unbewusst ist, um auf diese Weise das Volk – so Unamuno – besser lenken und leiten zu können. Dass es in Spaniens Geschichte im Verlauf des 20. Jahrhunderts mehrere Politiker gab, die sich als derartige ‚Seher' berufen fühlten, ist auf tragische Weise sicherlich unbestreitbar.

Auf die leere Projektionsfläche der schweigenden Mehrheit, so ließe sich sagen, projizieren die „videntes" ihre eigenen Bilder und Traumbilder. Damit verbindet sich eine gewisse Kunstkritik:²⁵ Denn wir ziehen, so Unamuno, dem Leben die Kunst vor, wo doch das Leben selbst unendlich viel mehr wert sei als jede Kunst.²⁶ Paradoxerweise ist für Unamuno die Tradition nicht in der Vergangenheit, sondern eben in der Gegenwart aufzusuchen, sei die ewige Tradition doch eher intrahistorisch in der Gegenwart als historisch in der Vergangenheit präsent. Daraus können wir die weitreichende Schlussfolgerung ziehen, dass Vergangenheit in der Gegenwart gegenwärtig ist und an Phänomenen kristallisiert, die nicht mehr sind und doch nicht aufhören können zu sein. Für Miguel de Unamuno entscheidend ist dabei aber das Zurückgehen zur „ewigen Tradition" als Mutter und Matrix der Oberflächengeschichte.

Innerhalb dieser Geschichte Spaniens, so der Baske Unamuno in dem auf März 1895 datierten zweiten Essay *La casta histórica Castilla* aus demselben Essayband *En torno al casticismo*, komme der Rolle Kastiliens die entscheidende Bedeutung zu. Unamuno hebt dabei die Funktion einer Zentralisierung der Macht hervor, welche diesem ,universalsten' aller Völker der iberischen Halbinsel zugekommen sei. Von Kastilien aus sei die Einheit desselben und Spaniens ausgegangen und zugleich die Eroberung der Kolonien in Amerika bewerkstelligt worden, so dass die Reconquista geschichtlich in die Conquista übergegangen sei; ein Prozess, den Ángel Ganivet seinerseits stark kritisiert und als ein Abweichen aus der eigentlich vorgegebenen Linie der spanischen Geschichte begriffen hatte ... nicht aber Unamuno!

Abb. 61: Kastilisches Hochland der Meseta, 2005.

Denn genau diese geschichtliche Auffassung von der zentralisierenden Rolle Kastiliens bildet den Hintergrund für die nicht nur mit Unamuno einsetzende Annäherung an die Landschaften Kastiliens, eine Annäherung an die Meseta,

---

25 Daraus ergibt sich eine medientechnische Fragestellung, die bereits im Umfeld des Kubanisch-Spanisch-US-amerikanischen Krieges voll zur Geltung kam; vgl. hierzu den bereits erwähnten Artikel des Verfs. Visiones de la guerra / guerra de las visiones. El desastre, la función de los intelectuales y la Generación del 98, S. 44–76.
26 Unamuno, Miguel de: *En torno al casticismo*, S. 30.

die vom Rande aus im zweiten Teil dieses Essays durchgeführt und als Aufstieg zur zentralen Hochfläche in Szene gesetzt wird. Es mutet eigenartig an, an dieser Stelle einzuräumen, dass erst der barometrische Mess-Zug eines Alexander von Humboldt, der Spanien 1799 auf seinem Weg in die Kolonien nur kurze Zeit durchquerte, die tatsächliche Höhe dieser durchgängigen Hochfläche wissenschaftlich ins Bewusstsein der Spanier gerufen hatte.

Bei Unamuno sorgt diese Hochfläche für den Charakter der Kastilier. Die Intrahistoria wird – so zeigt sich deutlich – vom ‚Seher' und Intellektuellen, aber auch vom Literaten Unamuno über die Landschaft erschlossen, die ebenfalls in der Metaphorik des Meeres erscheint. Unamuno entwickelt am Beispiel der kastilischen Meseta eine wahre Landschaft der Theorie.[27]

Ich möchte daher abschließend auf diese historisch semantisierte und mehrfach kodierte Darstellung der kastilischen Landschaft eingehen, die in der Tat den Zugang zur Intrahistoria und zugleich zum tiefen Spanien, zur eigentlichen ‚Identität' des Landes, zu geben versucht; eine wahre Suche nach Identität, die eigentlich mehr Identitäts-Sehnsucht und nicht weniger Sehnsucht nach einer festen, immobilen, unverrückbaren Zugehörigkeit ist. Für eine solche visionäre, aber notwendig illusorische Auffassung steht die Landschaft Kastiliens:

> Weit ist Kastilien! Und wie schön ist die gesetzte Traurigkeit dieses versteinerten Meeres voller Himmel! Es ist eine gleichförmige und monotone Landschaft in ihren Kontrasten von Licht und Schatten, in ihren auseinandergezogenen und an Schattierungen armen Farbgebungen. Die Landstriche präsentieren sich wie unermessliche Mosaikflächen von ärmlichster Variation, über denen sich das intensivste Blau des Himmels ausbreitet. Es fehlt an sanften Übergängen, und es gibt keine andere harmonische Kontinuität als die der unermesslichen Ebene und des kompakten Blau, welches sie bedeckt und beleuchtet.
>
> Diese Landschaft erweckt keine wollüstigen Gefühle einer Freude am Leben, sie suggeriert keine Empfindungen von Bequemlichkeit und freiem Umgang mit ihren Begehrlichkeiten: Es ist kein grünes und sattes Feld, in dem es einem Lust machte, sich wälzen zu können, noch gibt es darin Bereiche, die einen wie ins Nest locken. [...]
>
> Sie löst uns eher vom kargen Boden, indem sie uns in einen reinen, nackten und gleichförmigen Himmel bettet. Hier gibt es keine Verbindung mit der Natur, wenn diese uns in ihren exuberanten Schönheiten absorbiert; sie ist, wenn man dies so sagen kann, mehr als pantheistisch, eine monotheistische Landschaft in diesem unendlichen Feld, in welchem der Mensch, ohne sich zu verlieren, klein wird, und in der er inmitten der Aridität der Felder Trockenheiten der Seele fühlt. Derselbe tiefe Geisteszustand wie diese Landschaft ruft in mir jener Gesang hervor, in welchem die getriebene Seele von Leopardi uns dem umherirrenden Hirten vorstellt, der in den asiatischen Steppen den Mond nach seinem Schicksal befragt.[28]

---

27 Vgl. zu diesem Begriff Ette, Ottmar: *Roland Barthes. Landschaften der Theorie.* Konstanz: Konstanz University Press 2013.
28 Unamuno, Miguel de: *En torno al casticismo*, S. 54.

Es ist kein Zufall, dass Miguel de Unamuno am Ende seiner Evokation der Landschaften Kastiliens auf den romantischen Dichter Giacomo Leopardi verweist,[29] der in seiner Lyrik häufig die Meeresmetaphorik und die Landschaften des Meeres verdichtete und eine Welt der Kontraste schuf, welche den schroffen Gegensätzen in Unamunos Kastilien in nichts nachstehen. Der poetisch aufgeladene Verweis auf die Kunst verhindert zudem jede Möglichkeit, dass das Lesepublikum diese Darstellung der Weite Kastiliens als einen Ausdruck der Naturverbundenheit (miss-)verstehen könnte. Denn es geht hier nicht um Natur: Diese Landschaft der Theorie entfaltet eine Landschaft der Philosophie, welche die Grundlage für Unamunos gesamtes literarisches und philosophisches Lebenswerk bildet.

In dieser semantisch hochverdichteten Passage springt die Landschaftsdarstellung – von einer Landschaftsbeschreibung mag ich gar nicht sprechen – um in eine Sicht des tiefen Kastilien, des tiefen Spanien, verwandelt sich folglich in eine Seelenlandschaft, die sich ins Innere des Schriftstellers, ins Innere des Dichters hinein verlagert. Ein wenig wie Jean-Jacques Rousseaus „Je sens mon coeur et je connais les hommes", dem wir uns in unserer Vorlesung über die Romantik ausführlich gewidmet haben,[30] braucht Miguel de Unamuno nur in die Landschaften Kastiliens zu blicken, um die Seele seiner spanischen Heimat glasklar in sich zu erspüren. Der „vidente" kann in sich selbst die Tiefe der Seele einer Nation fühlen.

Aus der wechselseitigen Beziehung zwischen Mensch und Landschaft, zwischen Monotonie und Uniformität des Landes, zwischen Monotheismus und Zielgerichtetheit des kastilischen Menschen ergeben sich jene Verbindungen, welche für die Leserinnen und Leser den tiefen Charakter Spaniens aufschließen. Mit der bewussten Einführung der ersten Person Singular und der damit verbundenen Konzentration auf die innere Gefühlswelt wird eine der zentralen Linien des Fin de siglo in Spanien erkennbar: die Rückbesinnung auf eine individuelle und kollektive Identitätskonstruktion, welche sich im eigenen landschaftlichen Raum des zentralen Iberien ihre Selbstvergewisserung und Selbstbestätigung holt inmitten einer sozioökonomischen Modernisierung, deren gesellschaftliche und politische Konsequenzen sie möglichst stark auszublenden versucht. Das zu Stein gewordene Meer Kastiliens steht sinnbildlich für jene Intrahistoria, welche nicht die laut schreiende Geschichte verkörpert, sondern einen ruhigen, stillen, von äußeren Geschehnissen unberührten Rhythmus, in welchem sich eine nationale Geschichte

---

29 Zu Leopardi vgl. das entsprechende auch die Landschaftsdeutungen berücksichtigende Kapitel im vierten Band der Reihe „Aula" in Ette, Ottmar: *Romantik zwischen zwei Welten*, S. 547 ff.
30 Vgl. ebda., S. 47 u. S. 96.

konfiguriert (Abb. 61). Dass dies nur bruchstückhaft über die rasant beschleunigte Globalgeschichte der dritten Phase hinwegtäuschen und hinwegtrösten konnte, in welcher mit allen auch literarischen Konsequenzen[31] der Untergang Spaniens als Kolonialmacht besiegelt wurde, steht außerhalb dieses Wunschbildes einer zur endgültigen Stille und Ruhe gekommenen Geschichtsvorstellung, die sich in den Landschaften Kastiliens verkörpert.

So entfaltet das Fin de siécle in Spanien in der Tat eine Literatur, die an ihr eigenes Ende gekommen zu sein scheint, die ihren eigenen kollektiven Tod besingt und dabei die unsterbliche Größe Spaniens mit ihrer zu Stein gewordenen Macht landschaftstheoretisch feiert. Und zugleich begründet diese Literatur aus der Rückbeziehung auf das Innere im Kollektiven und Nationalen, aber auch im Singulären und Individuellen paradoxerweise einen Neuanfang, ja eine Wiedergeburt, wodurch sich die spanische Literatur ihr sogenanntes „Siglo de Plata" erschreiben sollte, ihr zweites Goldenes Zeitalter. Spanien war tot und dadurch bald schon wiedergeboren: Unamunos Konzept der Intrahistoria vermag uns den Schlüssel zu dieser paradoxen Vorstellung an die Hand zu geben.

Damit war freilich nicht die „histoire événémentielle", die im Sinne Unamunos laut plärrende Ereignisgeschichte außer Kraft und außer Vollzug gesetzt. Denn es gab eine Vielzahl historischer Subjekte, die sich nicht damit zufriedengaben, die stille, schweigsame Arbeit der Tiefengeschichte weiterhin anonym und (größtenteils zu Arbeitsinstrumenten) objektiviert auszuführen. Gerade in der bis zuletzt, bis zum „desastre" von 1898 getreuen spanischen Kolonie Kuba sollten sich die Stimmen dieser Arbeiter, dieser Sklaven der Intrahistoria, zu Gehör bringen und ihre Rolle als Subjekte der Geschichte einnehmen.

---

31 Vgl. hierzu Ette, Ottmar: *TransArea. Eine literarische Globalisierungsgeschichte.* Berlin – Boston: Walter de Gruyter 2012.

TEIL 6: **Von der Geburt und vom Lebenswissen der Avantgarden – Vom kubanischen Son bis zu Ophelias Tod und Wiedergeburt**

Nicolás Guillén oder die Geburt des Son und der Intrahistoria

Bevor wir uns in dieser Vorlesung mit der Stimme der zuvor Ungehörten beschäftigen können, müssen wir zunächst nach der Natur der Stimme und ihrer Bedeutung für die Dichtkunst in der Moderne fragen. Als hochgradig intermediales Phänomen müsste die Lyrik in einer Welt, die von der komplexen wechselseitigen Verschränkung und Durchdringung unterschiedlichster Medien geprägt ist, innerhalb des Gattungssystems eigentlich eine wichtige wenn nicht beherrschende Stellung einnehmen. Denn in ihrer etymologischen Abkunft vom griech. „lyra", aber auch in ihrer gesamten Gattungsgeschichte im Abendland erweist sie sich als jenes literarische Genre, in dem wohl am stärksten verdichtet und selbstbezüglich semantisiert unterschiedlichste Sinne des Menschen einerseits ihren ästhetischen Ausdruck finden und andererseits unmittelbar angesprochen werden. In diesem Teil unserer Vorlesung beschäftigen wir uns vorrangig mit Lyrik und poetischen Ausdrucksformen, die sich mit Leben und Sterben, mit Geburt und Tod auseinandersetzen. Die Frage wird also dringlich: Was leistet die Dichtkunst?

Als synästhetische Kunstform *par excellence* unterhält Lyrik eine privilegierte Beziehung zum Klang im Allgemeinen und zur Musik im Besonderen, verfügt dadurch aber zugleich über deren akustomotorische Dimension, wie diese in Rhythmus und Atmung, in Tanz und Bewegung den Dichter oder die Dichterin mit ihrem Publikum verbinden. In der Kopräsenz von Produzenten und Rezipienten kann gerade in der Performanz von Dichtung durch die Autor*in selbst ein Höchstmaß an Intensität und Intermedialität erreicht werden, wie dies in anderen traditionellen literarischen Gattungen in solch verdichteter Form nur selten erreichbar ist und die Ausnahme bleibt. Man kann folglich von einer Sonderstellung der Dichtkunst im literarischen Gattungsgefüge sprechen.

Die potentielle Intensität ästhetischer Erfahrung im Horizont synästhetisch-intermedialer Hervorbringungs- und Wahrnehmungsstrukturen hat freilich keineswegs dazu geführt, der Lyrik auf ihren angestammten hohen Platz innerhalb der Gattungshierarchie zurück zu verhelfen. Dies zeigt ein Blick auf die je nach Sprachen zwar unterschiedliche, aber insgesamt doch unverkennbar schwindende Auflagenhöhe von Lyrik nicht nur in westeuropäischen Gesellschaften. Wenn sich auch die Dichtkunst zumindest teilweise in anderen Areas der Literaturen der Welt – und darunter nicht zuletzt in Lateinamerika und gerade auch in Kuba – ihre angesehene Stellung bewahren konnte, so zeigt sich doch, dass sich die Dominanz des Romans und mit ihm korrespondierender Prosaformen im Verlauf der letzten Jahrzehnte eher verstärkt als abgeschwächt hat. Der

Roman, die bürgerliche Epopöe, scheint alles andere zu erdrücken; ein wenig so, wie es der Krimi und die unendlichen Serien von *Tatort*, *Polizeiruf* – und wie diese Publikumsschlager sonst noch heißen mögen – mit anderen Programmen im öffentlichen Fernsehen tun.

Dafür mögen verschiedenste Motive ausschlaggebend sein, deren genauere Erforschung freilich nicht im Mittelpunkt der sich anschließenden Überlegungen zur Lyrik von Nicolás Guillén stehen soll. Die Komplexität der Beziehungen zwischen Gattungssystem und Gesellschaftssystem legt nahe, dass sich auch jenseits der Rahmenbedingungen eines zunehmend globalisierten literarischen Marktes – innerhalb dessen der literarischen Translation eine aller automatisierten digitalen Übersetzungsprogramme zum Trotz große Bedeutung zukommt – für die Übersetzungen gegenüber eher sperrige Lyrik ein Umfeld herausgebildet hat, das die Gattungswahl nicht positiv beeinflusst haben dürfte.[1]

Aus Gründen, die möglicherweise viel mit der veränderten Stellung des Subjekts in den hochentwickelten westlichen Gesellschaften des ausgehenden 20. und beginnenden 21.Jahrhunderts zu tun haben, wirkte sich die Dialektik zwischen Gattungs- und Gesellschaftssystem sicherlich nachteilig für den Ort der Lyrik innerhalb beider Systeme aus. Doch wäre gewiss eine nicht weniger langfristige Entwicklung in unsere Überlegungen miteinzubeziehen, welche die unmittelbare und für die Lyrik konstitutive Beziehung zwischen Text und Klang betrifft. Denn die in der abendländischen Moderne zunehmende Ausblendung der Stimme von Autor*innen und Leser*innen aus dem Text sowie die in der schulischen Unterweisung konsequent angestrebte Praxis des leisen Lesens raubten der Lyrik jene tiefe und privilegierte Beziehung, die sie zu Stimme und Klang, zu Atmung und Körperlichkeit seit der Antike unterhielt und im Kern noch heute unterhält.

Die Praxis der stillen Lektüre aber kappte und kappt jene Relation zwischen Lyrik und Körper, die den Körper in das Klanginstrument von Lyrik verwandelt[2] – oder sie beeinträchtigt diese Beziehung zumindest nachhaltig. Müßig zu fragen, ob sich jemals die Lippen von Paolo und Francesca in Dantes Göttlicher *Commedia* gefunden hätten, wären ihre Körper nicht – wie in der damaligen Lektürepraxis üblich – durch das gemeinsame laute Lesen bereits in Schwingung versetzt und damit zum Klingen gebracht worden. Doch lassen wir Paolo

---

1 Vgl. die aus literatursoziologischer Sicht noch immer grundlegende Studie von Köhler, Erich: Gattungssystem und Gesellschaftssystem. In: *Romanistische Zeitschrift für Literaturgeschichte* (Heidelberg) 1 (1977), S. 7–22.

2 Vgl. hierzu u. a. Kittler, Friedrich A.: Autorschaft und Liebe. In (ders., Hg.): *Austreibung des Geistes aus den Geisteswissenschaften. Programme des Poststrukturalismus*. Paderborn – München – Wien – Zürich: Schöningh 1980, S. 142–173.

und Francesca in der *Commedia*, wo sie als Inspirationsquelle keineswegs nur für die romantische Lyrik ungeheuer produktiv wurden.[3]

Auch wenn sich selbst im gegenwärtigen Schulalltag häufiger als an den *Hör*sälen unserer Universitäten noch Restbestände der klangtextlichen Dimension von Lyrik in der ‚deklamatorischen' Praxis des ‚Aufsagens' auswendig gelernter Gedichte finden lassen, so ist die Lyrik doch weitgehend verstummt und zu einer vornehmlich visualisierten und visualisierbaren Gattung geworden. Die Digitalisierung tut darüber hinaus ein Übriges, um diesen Prozess zu beschleunigen, auch wenn die Poesie als Klangphänomen eines Tages sogar von den digitalisierten Publikations- und Performanz-Möglichkeiten verstärkt profitieren könnte. Sie wurde gleichsam zweifach vom Körperlichen abgetrennt: vom Klang des Körpers in der Stimme und von den Bewegungen des Körpers in der Handschrift, die längst der Gutenberg-Galaxis, den Druckereien und ihren computergestützten Weiterentwicklungen zum Opfer gefallen ist. Gerade in der kubanischen Lyrik wurde dieser Prozess der Abtrennung des Schreibens vom Handschriftlichen und damit Körperlich-Leibhaftigen eindrucksvoll reflektiert, wie wir am Beispiel von José Martís Gedicht *De noche, en la imprenta* nacvollziehen konnten.[4] Wir werden in der Folge sehen, wie sich diese intermedialen Entwicklungen in der Dichtkunst weiter historisch vollzogen.

Wie lassen sich solcherlei Entwicklungen prognostizieren? Die Lyrik gibt sich in der heutigen Mediengesellschaft bevorzugt als sichtbare ‚Gestalt' zu erkennen und kann als solche noch in Form der Kurzbotschaft, als SMS-Lyrik, auf die *Screens*, aber nur selten in die Hörmuscheln unserer Mobiltelefone gebracht werden. So sind es allen anderen voran die kurzen Formen der Lyrik, die innerhalb einer hochgradig visualisierten Mediengesellschaft noch auf die *Windows* zur Welt projiziert werden können, weitaus seltener aber all jene Dimensionen von Lyrik, die sich nicht auf das leicht abgrenzbar Visualisierbare reduzieren lassen und die Stimme der Lyrik wie die Lyrik der Stimme zu Gehör bringen.

Diese hier in aller gebotenen Kürze angedeuteten Entwicklungen, die den Hintergrund unserer Überlegungen zur Stimme der Lyrik wie zur Lyrik der Stimme und darüber hinaus zu einer Neubestimmung von Lyrik im Kontext auditiver beziehungsweise klangtextlicher Beziehungen in diesem Teil der Vorle-

---

[3] Vgl. hierzu den vierten Band der Reihe „Aula" in Ette, Ottmar: *Romantik zwischen zwei Welten*, S. 680, 733, 798, 1047.

[4] Weitere Überlegungen hierzu in Ette, Ottmar: El cuerpo de la poesía. La búsqueda del otro y el lugar de la escritura en el poema „De noche, en la imprenta" de José Martí. In: Val Julián, Carmen (Hg.): *Soy el amor: soy el verso! José Martí créateur*. Paris: Ecole Normale Supérieure de Fontenay / St-Cloud 1995, S. 97–111.

sung bilden, haben zweifellos zum Niedergang der Dichtung innerhalb des Gattungssystems in den abendländischen Gesellschaften beigetragen. Sie ließen aus der faszinierenden Intermedialität der Dichtkunst einen Nachteil, ein Handicap werden, das eine paradoxerweise gerade in der Mediengesellschaft doppelt amputierte, vom Körper getrennte intermediale Lyrik mit sich herumschleppt. dies war lange Zeit ein unbestreitbarer Nachteil, könnte sich eines Tages, unter veränderten medientechnischen Bedingungen, aber als unschätzbarer Vorteil des verdichteten Wortes erweisen.

Doch bleiben wir in der Gegenwart! Die Ausblendung von Körper und Leib sowie hierbei vor allem von Klang und Stimme hat die Perzeption von Lyrik in den westlichen Gesellschaften, aber auch in der Wissenschaft folgenreich behindert und eingeschränkt. Dies betrifft gerade die Performanz von Lyrik und insbesondere deren laute Lektüre im öffentlichen Raum. Nicht bloß im Kontext der Rezeptionsästhetik wurde dem Phänomen des Lesens in seinen unterschiedlichsten Zusammenhängen größte Aufmerksamkeit zuteil, doch blieb und bleibt bisher die Praxis des Vorlesens „merkwürdig marginal, als handelte es sich um ein Epiphänomen, das zwar auch irgendwie existiert, aber den genaueren Blick nicht wert ist".[5]

Dieser auffälligen Wahrnehmungslücke, die bislang nur wenigen Kritikerinnen und Kritikern aufgefallen zu sein scheint und – wenn wir hier von ‚Blick' sprechen wollen – gleichsam den blinden Fleck gerade der wissenschaftlichen Perzeption von Lyrik bildet, gilt es folglich entgegenzuwirken. Denn Wissenschaft benutzt das Medium der Schrift und weist bisweilen Schwierigkeiten auf, wenn es um die Einbeziehung und Interaktion unterschiedlicher anderer Medien und Kommunikationskanäle geht.

Dabei war – wie bereits anklang – die Praxis des lauten Vorlesens bis weit in die Moderne hinein von größter Bedeutung, bildete sie doch einen gewichtigen Teil sozialer, politischer wie kultureller und literarischer Kommunikation ab, wofür das Vorlesen in den literarischen Salons des 18. Jahrhunderts oder bei Hofe noch im 19. Jahrhundert repräsentativ stehen mag: Das Vorlesen von Texten gehörte zu den nicht unbedingt geliebten, aber doch stets ausgeführten Aufgaben des Kammerherrn Alexander von Humboldt am preußischen Königshofe. Zur Praxis des lauten Rezitierens zählen auch die unserem Gegenstand näherliegenden und bis heute fortbestehenden Formen des (von den Arbeiterinnen und Arbeitern bezahlten) lauten Vorlesens in kubanischen Tabakfabriken. Nicht zuletzt zirkulierten auf diese Weise viele Essays, politische Artikel und Gedichte eines José Martí unter jenen Arbeitern, welche die von ihm ge-

---

5 Scheerer, Monika M. / Scheerer, Thomas M.: Vorlesen. In: *Konkret* 12 (1992), S. 48.

plante Unabhängigkeitsrevolution finanzierten und zum Rückgrat des von ihm gegründeten Partido Revolucionario Cubano wurden.

Mit guten Gründen haben Monika und Thomas M. Scheerer darauf aufmerksam gemacht, dass auch heute noch vielfältige Praktiken des Vorlesens[6] bestehen, die sich des Interesses einer wachsenden Zuhörerschaft erfreuen – wenn auch kaum der Philologien. Die Trümpfe dieser Praktiken liegen auf der Hand: „Vorlesen bedeutet (zurück)gewonnene Unmittelbarkeit und Sinnlichkeit."[7] Dies gilt sicherlich für alle Gattungen, scheint mir aber in besonderem Maße für die Lyrik zuzutreffen. Denn gemäß einer einschlägigen Definition zielt die Lyrik aus ihrer eigenen Tradition heraus auf „unmittelbare Gestaltung innerseelischer Vorgänge im Dichter, die durch gemüthafte Weltbegegnung (Erlebnis) entstehen, in der Sprachwerdung aus dem Einzelfall ins Allgemeingültige, Symbolische erhoben werden und sich dem Aufnehmenden durch einfühlendes Mitschwingen erschließen".[8] Dieses Mitschwingen von Produzent*innen wie Rezipient*innen der Dichtkunst sollten wir unbedingt auf alle in diesem Teil unserer Vorlesung behandelten Gedichte beziehen.

Vor dem Hintergrund dieser gattungsgeschichtlichen Traditionen, die eine unmittelbare Beziehung zum Dichter oder der Dichterin mit einem geradezu körperlichen Mitschwingen der Zuhörerschaft verknüpfen, soll im Folgenden unter den so unterschiedlichen Varietäten und Sonderfällen des Vorlesens eine sehr spezifische ausgewählt werden: die Selbstaufsprache lyrischer Texte durch deren Autor*innen. Wir waren auf dieses Thema bereits im Zuge der akustischen Inszenierung von Gedichten durch den chilenischen Poeten Pablo Neruda gestoßen.

Ich möchte mich in diesem spezifischen Zusammenhang nicht auf die unmittelbare, aber transitorische Inszenierung eines Textes durch seine Autorin oder seinen Autor im Angesicht und in Kopräsenz des Publikums, sondern auf die vermitteltere Form der Selbstaufsprache auf Tonträger konzentrieren und Ihnen hierzu Beispiele vorführen. Dies bedeutet wohlgemerkt, bei der Aufführung von Gedichten auf intermedial so wichtige Elemente wie Gestik oder Mimik, aber auch auf die Visualisierung des eigenen Körpers zu verzichten. Angestrebt wird mithin eine Konzentration auf das gesprochene Wort unter Ausblendung des optisch Wahrnehmbaren, ohne dass dabei die körper-leibliche Dimension wegfiele. Wohl ‚verschwindet' im Sinne Helmuth Plessners[9] der Kör-

---

6 Ebda.
7 Ebda., S. 49.
8 Wilpert, Gero von: *Sachwörterbuch der Literatur*. 5., verbesserte und erweiterte Auflage. Stuttgart: Kröner ⁵1969, S. 457.
9 Vgl. Plessner, Helmuth: Die Einheit der Sinne. Grundlinien einer Ästhesiologie des Geistes. In (ders.): *Gesammelte Schriften*. Bd. 3: *Anthropologie der Sinne*. Frankfurt am Main: Suhrkamp 1980, S. 7–315.

per als Körper-Haben, folglich der Körper als ein Objekt, das ich unterschiedlich bekleiden, bemalen und objektivieren kann, nicht aber das Leib-Sein, die Dimension des Leibhaftigen, die gerade in der gesprochenen Sprache, in Atmung und Rhythmus, im Mitschwingen des Körpers, zum hörbaren Ausdruck kommt. Auch auf dieser Ebene kann uns die Plessner'sche Philosophie also wichtige Hinweise geben.

In seinem Versuch einer Ästhesiologie des Hörens[10] hat Plessner den Menschen als „lautproduzierende[s] Lebewesen" gekennzeichnet und die akustomotorische Basis der menschlichen Sprache hervorgehoben.[11] Unter Betonung des Zusammenspiels akustomotorischer und propriozeptiver Elemente[12] versuchte Plessner seine Überlegungen zum Ohr als vom Auge sehr verschiedenem Fernsinn durch Rückgriff auf Johann Gottfried Herder zusätzlich zu fundieren, wobei er vor allem auf dessen *Abhandlung über den Ursprung der Sprache* zurückgriff, in der Herder das Gehör als den mittleren der menschlichen Sinne und zugleich als das „Verbindungsband der übrigen Sinne"[13] bezeichnete. Wenden wir uns dem auch schon in unserer Vorlesung zur Aufklärung zwischen zwei Welten herangezogenen Herder zu:

> Das Gehör ist der Mittlere der Menschlichen Sinne, an Sphäre der Empfindbarkeit von außen. Gefühl empfindet Alles nur in sich, und in seinem Organ; das Gesicht wirft uns große Strecken weit aus uns hinaus: das Gehör steht an Grad der Mittheilbarkeit in der Mitte. Was das für die Sprache thut? Setzet ein Geschöpf, selbst ein vernünftiges Geschöpf, dem das Gefühl Hauptsinn wäre (im Fall dies möglich ist!) wie klein ist seine Welt! und da es diese nicht durchs Gehör empfindet, so wird es sich wohl vielleicht, wie das Insekt ein Gewebe, aber nicht durch Töne eine Sprache bauen! Wiederum ein Geschöpf, ganz Auge – wie unerschöpflich ist die Welt seiner Beschauungen! wie unermeßlich weit wird es aus sich geworfen! in welche unendliche Mannichfaltigkeit zerstreuet! Seine Sprache, (wir haben davon keinen Begriff!) würde eine Art unendlich feiner Pantomime; seine Schrift eine Algebra durch Farben und Striche werden – aber tönende Sprache nie! Wir hörende Geschöpfe stehn in der Mitte: wir sehen, wir fühlen; aber die gesehene, gefühlte Natur tönet! Sie wird Lehrmeisterin zur Sprache durch Töne! Wir werden gleichsam Gehör durch alle Sinne![14]

---

10 Vgl. Plessner, Helmuth: Anthropologie der Sinne. In (ders.): *Gesammelte Schriften*, Bd. 3, S. 317–393.
11 Ebda., S. 344.
12 Ebda., S. 346.
13 Herder, Johann Gottfried: Abhandlung über den Ursprung der Sprache. In (ders.): *Sämtliche Werke*. Herausgegeben von Bernhard Suphan. Bd. 5. Berlin 1891, S. 64.
14 Ebda., S. 64 f.

Das Hören wird für Herder damit zwischen absoluter Nähe und absoluter Ferne zum vermittelnden Sinn *par excellence* und zum selbstverständlichen Bezugspunkt menschlicher Sprache überhaupt. Im Umfeld unserer Überlegungen ist nicht nur bemerkenswert, dass für Herder die Poesie im Zentrum aller künstlerischen Aktivitäten und Hervorbringungen stand, sondern dass Plessner in diesem Zusammenhang die Herauslösung der Frage nach Ursprung und Wesen der Sprache aus dem Bannkreis des rationalen Erkennens als bleibendes Verdienst des Autors und Übersetzers der *Stimmen der Völker in Liedern* bezeichnete.[15] Dem Ohr, das wir anders als das Auge nicht schließen können, kommt damit eine entscheidende Verbindungsfunktion zum menschlichen Körper und zur Körperlichkeit zu – auch im Barthes'schen Sinne der „corporéité", die in engster Verbindung zur „théâtralité" steht.[16] Lassen Sie uns diese Spur in Kürze weiterverfolgen!

Diese Reflexion über die Präsenz des Körper-Leibes in der von Helmuth Plessner angestrebten Ästhesiologie des Hörens ließe sich durchaus mit einer auf den ersten Blick ganz anderen Überlegung verbinden, die Hans-Georg Gadamer in seinem Versuch anstellte, Grundzüge einer möglichen „Philosophie des Hörens"[17] zu entwerfen. Denn Gadamer betonte aus einer hermeneutischen Perspektive wohl die „Einheit und Untrennbarkeit von Hören und Verstehen",[18] wies aber zugleich darauf hin, dass Verstehen letztlich „Mitgehen mit dem Anderen" ist und somit „immer Mitgehen mit dem, was gesagt wird, auch wenn es keineswegs notwendig Zustimmung bedeutet".[19] Dabei rückte er das Hören der Worte des Anderen in die Nähe des „Mitgehen[s] mit der Musik, das wohl überhaupt im Grunde ein Mitsingen"[20] sei. Diese Hermeneutik des Hör-Verstehens wird uns noch beschäftigen.

Mitgehen – Mitsingen – Mitschwingen: Die Verbindung zur Klang- und Hörkunst der Lyrik liegt folglich nahe. Hören schließt eine Ankoppelung der gesprochenen Sprache an nicht-sprachliche (oder auch vor-sprachliche) Ausdrucksformen und Bewegungen mit ein, die den Kontakt zwischen den Sprechenden oder Singenden und den Hörenden prägen. Dies unterscheidet ein akustisches von einem rein optisch gesteuerten Lesen, in dem als Schwund-

---

15 Plessner, Helmuth: Anthropologie der Sinne, S. 347.
16 Vgl. hierzu Barthes, Roland: Le théâtre de Baudelaire. In (ders.): *Œuvres complètes*, Bd. 1, S. 1195.
17 Gadamer, Hans-Georg: Über das Hören. In: Vogel, Thomas (Hg.): *Über das Hören. Einem Phänomen auf der Spur*. Tübingen: Attempto Verlag 1996, S. 197.
18 Ebda., S. 199.
19 Ebda., S. 203.
20 Ebda.

stufe des in der schulischen Erziehung zum Verstummen gebrachten lauten Mitlesens bestenfalls noch eine innere Stimme ertönt, die aber nicht jene des Anderen, sondern die eigene ist. Das Verstehen des Hörens enthält ein dialogisch-körperliches, in Bewegung versetzendes Element. Ich gebe es gerne zu: Es hat mich schon immer in den Fingern gejuckt, so etwas wie eine Ästhetik oder auch Betriebsanleitung des akustischen Lesens zu schreiben, war und ist diese Form der hermeneutischen Einverleibung, der semantischen Inkorporierung doch von grundlegender Bedeutung für meine Herangehensweise an die Literaturen der Welt.

Das Hör-Verstehen von Literatur? Für viele Philologinnen und Philologen sicherlich eine Herausforderung. Doch diese Konfiguration zählt zum *Leben* der Literatur seit Jahrtausenden, nicht nur in der abendländischen Tradition, sondern etwa auch in der chinesischen Philologie[21] und insbesondere im *Shi Jing*, dem sogenannten Buch der Lieder, das bis zum heutigen Tag nichts von seiner Faszinationskraft verloren hat. Gerade dem Hören von Lyrik, der akustischen Perzeption jener Gattung also, die über eine privilegierte Beziehung zu Klang und Musik verfügt, kommt bezüglich intermedialer und die verschiedenen Sinne und Dimensionen menschlichen Verstehens miteinschließender Prozesse eine herausragende Bedeutung zu. Dies betrifft zum einen das gemeinschaftsstiftende Element des Hörens als Mitgehen, dem stets auch eine leib-körperliche Dimension und damit jenes Mitschwingen anhaftet, das ebenso in die Praxis wie in die ‚klassischen' Definitionen von Lyrik miteingegangen ist. Zum anderen verbindet sich damit aber auch die Einsicht Hans-Georg Gadamers, dass es „im Hören immer noch etwas zu lernen",[22] eine auf das optisch Wahrnehmbare nicht zu reduzierende Dimension gebe, um „die leiseren Töne des Wissenswerten nicht zu überhören".[23] Und einen Teil dieses Wissens – gerade auch *vom Leben der Literatur* – wollen wir uns im Folgenden erschließen.

Es soll im skizzierten Zusammenhang nicht darum gehen, den Gründen für den in den letzten Jahrzehnten beobachtbaren Erfolg, ja ‚Boom' sogenannter Hörbücher[24] nachzuspüren, der in einem sicherlich nicht unbeträchtlichen Maße darin zu suchen ist, dass die überwiegend von professionellen Sprecherinnen und Sprechern aufgenommenen Texte auch bei anderen Tätigkeiten, im

---

21 Vgl. hierzu besonders die Auftaktkapitel in Pohl, Karl-Heinz: *Ästhetik und Literaturtheorie in China. Von der Tradition bis zur Moderne.* München: K.G. Saur 2007 [= Band 5 von Kubin, Wolfgang: *Geschichte der chinesischen Literatur*].
22 Gadamer, Hans-Georg: Über das Hören, S. 205.
23 Ebda.
24 Dieser Thematik war beispielsweise die Leipziger Buchmesse 2001 gewidmet, die einen guten Überblick über die aktuellen Entwicklungen in diesem Bereich bot.

Haushalt oder auf der Reise, gleichsam ‚im Hintergrund' mitgehört werden können. Hier soll vielmehr der Versuch unternommen werden, am Beispiel akustischer Aufführung lyrischer Texte durch den Dichter selbst buchstäblich das Hören zu lernen, vorbereitende Überlegungen zu einer Ästhetik des Hörens anzustellen und die Philologie als Freundin des Wortes dort zu einem genaueren Hinhören zu bewegen, wo sie zwar von der musikalischen, rhythmischen oder lautmalerischen Dimension von Lyrik spricht, nicht aber danach fragt, wie diese akustische Dimension tatsächlich vom Dichter oder der Dichterin selbst realisiert wurde.

Es soll mithin um spezifisch *phonotextuelle* Fragestellungen[25] gehen, welche die oftmals ausgeblendeten klang-textlichen Beziehungen als fundamentale Bestandteile eines poetischen Textes ins Zentrum der Untersuchung rücken. Dies bedeutet zugleich, einer fast ausschließlichen Ausrichtung am geschriebenen Wort, am Schrifttext und damit auch jenem Textualitätsdogma entgegenzuwirken, wie es sich – in hohem Maße von den Überlegungen Jacques Derridas und seiner Kritik am Phonozentrismus geprägt[26] – seit der zweiten Hälfte der sechziger Jahre zunächst in Frankreich im Kontext neoavantgardistischer Gruppen wie *Tel Quel* ausgebildet und die Theorien des ausgehenden 20. Jahrhunderts weit über Frankreichs Grenzen hinaus imprägniert und gegen die Präsenz des Akustischen immunisiert hat. In Deutschland konnte ein Jürgen Wertheimer zu Recht davon sprechen, dass die Literaturwissenschaft der Frage des Hörens in der Nachfolge Derridas „eher skeptisch-problematisierend gegenüber" stehe.[27]

Dies kommt – wie man von Seiten des Antiphonozentrismus Derrida'scher Prägung etwa einwenden könnte – keiner Rückkehr zur ‚Hörigkeit' gegenüber der Autorität des gesprochenen Wortes gleich, die sich vielleicht doch nicht zufällig am Ende von Hans-Georg Gadamers Überlegungen andeutete.[28] Zwischen Horchen und Gehorchen gibt es keine Einbahnstraße – und schon gar nicht in der Poesie. Vielmehr lässt sich eine Verbindung zu jener Reflexion über die

---

25 Vgl. zu diesem in Anlehnung an das Konzept der Ikonotextualität entworfenen Begriff Ette, Ottmar: Dimensiones de la obra: iconotextualidad, fonotextualidad, intermedialidad. In: Spiller, Roland (Hg.): *Culturas del Río de la Plata (1973–1995). Transgresión e intercambio*. Frankfurt am Main: Vervuert Verlag 1995, S. 13–35.
26 Vgl. u. a. Derrida, Jacques: *L'écriture et la différence*. Paris: Seuil 1967, bis hin zu (ders.): *Politique de l'amitié, suivi de L'Oreille de Heidegger*. Paris: Seuil 1994.
27 Wertheimer, Jürgen: Hörstürze und Klangbilder. Akustische Wahrnehmung in der Poetik der Moderne. In: Vogel, Thomas (Hg.): *Über das Hören*, S. 133.
28 Gadamer, Hans-Georg: Über das Hören, S. 205: „Wir müssen sogar horchen lernen, um die leiseren Töne des Wissenswerten nicht zu überhören – und vielleicht gehört auch gehorchen dazu. Aber darüber sollte ein jeder allein weiter nachdenken."

„écriture à haute voix" herstellen, die den Schriftbegriff am Ende von *Le Plaisir du texte* gerade für das laute Lesen öffnete und damit versuchte, die Dimension des Körperlichen und (im Plessner'schen Sinne) des Leiblichen im Zeichen der Lust in die Schrift einzuführen:

> Wäre es möglich, sich eine Ästhetik der textuellen Lust vorzustellen, dann müsste in sie eingehen: *das Schreiben mit lauter Stimme*. Dieses vokale Schreiben (das keinesfalls das Sprechen meint) wird nicht geübt, doch ist es sicher das, was Artaud empfahl und Sollers fordert. Sprechen wir davon, als ob sie existierte!
> In der Antike umfasste die Rhetorik einen heute vergessenen, von den klassischen Kommentatoren zensierten Teil: die *actio*, eine Gesamtheit von Leitlinien zur körperlichen Veräußerlichung des Diskurses: Es handelte sich um ein Theater des Ausdrucks, in dem der Redner-Schauspieler seine Entrüstung, sein Mitleid usw. ‚ausdrückte'. *Das Schreiben mit lauter Stimme* ist hingegen nicht expressiv; es überlässt die Expression dem Phäno-Text, dem regulären Code der Kommunikation; es selbst gehört jedoch zum Geno-Text, zur Signifianz; es wird nicht von den dramatischen Modulationen, den boshaften Intonationen, den gefälligen Akzenten getragen, sondern vom *Korn* der Stimme, das eine erotische Mischung von Timbre und Sprache darstellt und daher seinerseits, der Diktion gleich, das Material einer Kunst sein kann: der Kunst, seinen Körper zu führen (daher seine Wichtigkeit für die fernöstlichen Theater). Bezüglich der Klänge der Sprache ist *das Schreiben mit lauter Stimme* nicht phonologisch, sondern phonetisch; sein Ziel ist nicht die Klarheit der Botschaften, das Theater der Emotionen; es sucht vielmehr (aus einer Perspektive der Wollust) nach triebbedingten Zwischenfällen, nach von Haut überzogener Sprache, nach einem Text, in dem man das Korn der Kehle, die Patina der Konsonanten, die Lüsternheit der Vokale, eine ganze Stereophonie, die tief ins Fleisch reicht, hören kann: das Artikulieren von Körper und Sprache, nicht von Sinn, von Sprachweise. Eine bestimmte Kunst der Melodie kann eine Vorstellung von diesem vokalen Schreiben geben; da aber die Melodie tot ist, findet man sie heute wohl am ehesten noch im Kino. In der Tat genügt es schon, wenn das Kino den Klang des Sprechens *aus größter Nähe* aufnimmt (dies ist im Grunde die generelle Definition des ‚Korns' des Schreibens) und in ihrer ganzen Materialität, in ihrer Sinnlichkeit, den Atem, die Rauheit, die Fleischlichkeit der Lippen, die ganze Präsenz der menschlichen Schnauze hören lässt (die Stimme, das Schreiben, sie müssen nur frisch, schmiegsam, eingefettet, fein gekörnt und vibrierend sein wie die Schnauze eines Tieres), und schon gelingt es ihm, das Signifikat in weite Ferne zu rücken und den anonymen Körper des Schauspielers sozusagen in mein Ohr zu werfen: Das körnt, das knistert, das streichelt, das schabt, das schneidet: das lüstet.[29]

Anders als Roland Barthes sollten wir die Existenz eines derartigen klanglichen Schreibens nicht aus taktischen Überlegungen in Form eines Als-Ob annehmen, sondern die tatsächliche Existenz dieser „écriture à haute voix", dieser

---

[29] Barthes, Roland: *Die Lust am Text*. Aus dem Französischen von Ottmar Ette. Kommentar von Ottmar Ette. Berlin: Suhrkamp Verlag 2010, S. 82–84. Dort findet sich auch ein ausführlicher Kommentar des Herausgebers ebenso von dieser Figur 46, die den Band beschließt, wie von den anderen Figuren von Barthes' *Le Plaisir du texte*.

Laut-Schrift, unterstreichen und in der Selbstaufsprache literarischer Texte durch ihre Autorinnen und Autoren erkennen. Eine ausführliche Deutung dieser Textpassage kann ich an dieser Stelle unserer Vorlesung nicht vornehmen, verweise aber auf die Übersetzung und kritische Kommentierung von Barthes' Figur 46 in meiner Suhrkamp-Ausgabe von *Die Lust am Text*.

Aber anders als der französische Zeichentheoretiker sollten wir bei der Untersuchung nicht die Sinnbildungsprozesse zugunsten der klanglichen Präsenz einer „stéréophonie de la chair profonde"[30] gezielt vernachlässigen, sondern die Analyse beider Bereiche unter Einschluss ebenso der „articulation du corps, de la langue" wie auch jener „du sens, du langage"[31] vorantreiben. Im akustischen Vordergrund einer solchen Untersuchung des Schreibens mit lauter Stimme steht dann die Stimme der Dichterin oder des Dichters; jene Stimme, die sich analog zum linear angeordneten Medium der Schrift einer nicht weniger linear und sequentiell anordnenden Speichertechnik bedient: der Aufnahme auf wie auch immer geartete analoge oder digitale Tonträger. Denn gerade hier, beim zeitgenössischen Rückgriff auf ein analoges (und gewiss ebenso digitalisierbares) Speichermedium ist die Barthes'sche Metapher vom lauten Schreiben, vom Schreiben mit lauter Stimme am Platze, schärft sie doch das Gehör für jene Dinge, die der Untersuchung allein der ‚leisen' Schrift entgehen. Und sie öffnet auch einen Weg zu einer Ästhetik des akustischen Lesens, die mit der Lust des akustischen Lesens gepaart ist.

Ich möchte Ihnen im Folgenden gerne den kubanischen Lyriker Nicolás Guillén vorstellen, der in Kuba bis heute als Nationaldichter verehrt wird. Mit ihm kehren wir in den Bereich der spanischsprachigen Karibik, der kubanischen Dichtkunst und damit in eine literarische Area zurück, in welcher der indigene Bevölkerungsanteil bereits während der ersten hundert Jahre nach der Conquista insgesamt gegen Null tendierte und wo sich zwar im Bereich der Lexik Spuren des *Taíno* beziehungsweise des *Arawak* erhalten haben, aber eine nennenswerte indigene Bevölkerungsminderheit nicht mehr vorhanden ist.

Wie wir am Beispiel des Nationalromans *Enriquillo* des Dominikaners Manuel de Jesús Galván sehen können[32] hat dies keineswegs verhindert, Figuren der indianischen Vergangenheit zu nationalen Identitätsfiguren hochzustilisieren und damit Positionen zu vertreten, die ohne weiteres als indianistisch zu bezeichnen wären. Gleichwohl war es nicht möglich – und dies macht sehr

---
30 Barthes, Roland: Le Plaisir du texte. In (ders.): *Œuvres complètes*. Edition établie et présentée par Eric Marty. 3 Bde. Paris: Seuil 1993–1995, Bd. 2, S. 1529.
31 Ebda.
32 Vgl. das Manuel de Jesús Galván gewidmete Kapitel in Ette, Ottmar: *Romantik zwischen zwei Welten*, S. 733 ff.

wohl den Unterschied zwischen „indianismo" und „indigenismo" aus –, diese indianistischen Positionen von außerhalb in indigenistische Positionen umzuwandeln und zu radikalisieren, weil damit die gesellschaftliche und demographische Realität der Insel-Welt – ungeachtet der kleinen Kariben-Minderheiten – nicht mehr zu einer Ganzheit zu verschmelzen war.

Doch verfügt die gesamte Karibik einschließlich des zirkumkaribischen Raumes über eine große, vielfältige, kulturell stark differenzierte und überaus große Teile der Bevölkerung umfassende Ethnie, die – wenn Sie so wollen – an die Stelle der als Arbeitskräfte ausgefallenen indigenen Bevölkerungsgruppen innerhalb dieser neuen Beziehung zum Autochthonen oder sekundär Autochthonen trat: die verschiedenen kulturellen Gruppen der schwarzen Bevölkerungsmehr-, in manchen Ländern auch -minderheiten. Und so halte ich es für besonders spannend und aufschlussreich, indigenistischen Positionen, wie sie etwa ein José Carlos Mariátegui vertrat, die afrokubanische Position von Nicolás Guillén entgegenzuhalten.

Denn wir können auf diese Weise der Verbindung von politischer und ästhetischer Avantgarde im andinen Raum, mit der wir uns in einer künftigen Vorlesung zur Geschichte Amerikas noch ausführlich beschäftigen werden, diese Verbindung im karibischen Bereich mit guten Argumenten gegenüberstellen. Denn unsere Vorgehensweise rechtfertigt nicht zuletzt die Tatsache, dass Nicolás Guillén derlei Positionen mit dem Theorem des bereits bei José Martí präsenten und populären „Mestizaje" versah; ein Konzept, das nach Martís Ausführungen von Intellektuellen vom Schlage eines José Vasconcelos oder Pedro Henríquez Ureña weiterentwickelt wurde. Gerade in den dreißiger Jahren spielte dieses Theorem für Nicolás Guillén eine wichtige Rolle, bevor er sich der erstmals 1940 von seinem kubanischen Landsmann Fernando Ortiz vorgetragenen Terminologie anschließen sollte, der in seinem wegweisenden *Contrapunteo cubano del tabaco y el azúcar* vom grundlegenden Vorgang der *Transkulturation* als Gegenbegriff zur Malinowski'schen Akkulturation sprach.

Leider werden wir im Rahmen dieser Vorlesung nicht die Möglichkeit haben, uns wie in unserer Vorlesung über das 20. und 21. Jahrhundert[33] mit dem Denken und den Forschungen von Fernando Ortiz zu beschäftigen. Er hat als Anthropologe eine wichtige, ja entscheidende Rolle ebenso auf seinem Spezialgebiet der schwarzen Kulturen auf Kuba wie für die Entwicklung von Kulturtheorien und nationalen Identitätskonstruktionen gespielt; eine Rolle, die wir schwerlich über-

---

33 Vgl. den dritten Band der Reihe „Aula" in Ette, Ottmar: *Von den historischen Avantgarden bis nach der Postmoderne*, S. 741 ff.

schätzen könnten und die ihn im öffentlichen Leben nach Christoph Kolumbus und Alexander von Humboldt zum ‚dritten Entdecker Kubas' machte.

Seine eigentliche Entdeckung der Insel ist – wenn Sie dies auch zunächst überraschen mag – die Entdeckung der Welt der Schwarzen und ihrer Kultur, die zuvor über lange Jahrhunderte verachtet und geleugnet worden war. Fernando Ortiz ging zu Beginn im Anschluss an Cesare Lombroso mit durchaus rassistischen Untertönen[34] zunächst von einem kriminologischen Standpunkt aus, doch war dies eine Blickrichtung, die er bald überwinden und revidieren sollte. Seine Untersuchungen der Alltagskultur der städtischen suburbanen schwarzen Bevölkerung, der ehemaligen Plantagensklaven auf dem Land, der Riten der „Brujería" oder der Soziologie der „Hampa cubana" haben so stark auf die kubanischen Intellektuellen der ersten Jahrzehnte, eben jene Generationen der historischen Avantgarden gewirkt,[35] dass man von ihm in der Tat als einem der Väter nicht nur der Anthropologie, sondern auch der literarisch-ästhetischen Avantgarden sprechen könnte.

Fernando Ortiz hat ohne jeden Zweifel beide Seiten in dem bereits genannten *Contrapunteo de la cultura cubana* von 1940 zusammengeführt, doch gilt es für uns mehr noch zu bedenken, dass die Gesamtheit seiner Veröffentlichungen eine Langzeitwirkung entfaltete. Denn Ortiz hatte durch mehrere Zeitschriftengründungen, seine ständige publizistische Präsenz und die wichtige Rolle als Essayist zwei Generationen kubanischer Künstlerinnen und Künstler zu den bislang vernachlässigten schwarzen Kulturen, zum afrikanischen und transkulturierten Erbe der Insel geführt. Zu den großen Figuren, die sich von ihm inspirieren ließen, zählen im Bereich der Literatur Alejo Carpentier oder Nicolás Guillén, im Bereich der Anthropologie und anthropologischen Literatur Lydia Cabrera, aber auch im Bereich der Musik Komponisten wie Amadeo Roldán oder Alejandro García Caturla.

Dass in den zwanziger Jahren im Bereich der Lyrik Kubas eine „poesía negra" im Rahmen einer „literatura negrista" entstehen konnte, eine Dichtkunst, die ihren Höhepunkt zwischen dem Ende der 20er Jahre und in etwa dem Jahr 1937 erlebte, hat mit einer Reihe von Faktoren zu tun, die wir kurz auflisten wollen. Erstens waren dies die Forschungen und Publikationen von Fernando Ortiz und einer von ihm geprägten entstehenden kubanischen Anthropologie selbst, zu der wir bereits einiges angemerkt haben. Zweitens bildete einen wichtigen Faktor der Kontext indigenistischer Überlegungen, die in sehr unterschiedlichen, zum Teil sogar gegenläufigen Varianten das Denken und die

---

34 Zu Lombroso vgl. hierzu Lenz, Markus Alexander: *Genie und Blut. Rassedenken in der italienischen Philologie des neunzehnten Jahrhunderts.* Paderborn: Wilhelm Fink Verlag 2014, S. 297–302.
35 Zur Entstehung der historischen Avantgarden in Lateinamerika vgl. Ette, Ottmar: *Von den historischen Avantgarden bis nach der Postmoderne*, insb. S. 188 ff.

Identitätsentwürfe der ersten Jahrzehnte des neuen Jahrhunderts prägten und damit eine Sensibilität gegenüber nicht-okzidentalen Bevölkerungsgruppen und Kulturen schufen. Drittens zählt hierzu die verstärkt diskutierte Frage der Identität Lateinamerikas im Gefolge der „Mestizaje"-Theorien, die innerhalb der kubanischen Literatur und Philosophie seit dem in den zwanziger Jahren auf Kuba verstärkt wiederentdeckten José Martí einen wesentlichen Traditionsstrang besaßen. Viertens bildete einen wichtigen Impuls die weltweit beobachtbare und sich besonders in den historischen Avantgarden Europas manifestierende Sensibilität für sogenannte ‚primitive' Kulturen vornehmlich Afrikas; eine Aufnahmebereitschaft, die in den verschiedensten künstlerischen Ausdrucksformen Gestalt annahm. Und schließlich fünftens und letztens der stetig wachsende Bereich afrokubanisch inspirierter Alltagskultur und Alltagskunst, insbesondere auch der Musik, welche durch die Entwicklung der modernen Schallplattenindustrie eine wesentlich höhere kulturelle Durchschlagskraft gerade auch beim internationalen städtischen Publikum entwickeln konnte.

Überdenken wir die hier nur kurz aufgeführten Faktoren, so wirkt es *ex post* so, als ob eine Entwicklung hin zur afrokubanischen Literatur und Lyrik auf Kuba geradezu zwangsläufig gewesen wäre. Dies aber ist keineswegs der Fall, denn die Geschichte hätte auch ganz anders verlaufen und andere Wege finden können, welche die kubanische Literatur zum weit überwiegenden Teil innerhalb ihrer abendländisch zentrierten Denkstrukturen und Ausdrucksmuster gehalten hätten. Doch dem war nicht so! Und schuld daran ist in gewisser Weise der kubanische „Son". Was aber ist der Son?

Um diese einfache Frage beantworten zu können, müsste man im Grunde eine umfangreichere geschichtliche beziehungsweise musikgeschichtliche Studie[36] der kulturellen Ausdrucksformen verschiedener afrikanischer Ethnien in der Karibik betreiben. Natürlich können wir dies im Rahmen unserer Vorlesung nicht leisten. Doch einen kleinen Einblick in die Geschichte des Son möchte ich geben. Denn mit ihr haben sich mittlerweile eine Reihe von Musikologen, Anthropologen und Literaten beschäftigt, deren Ergebnisse – die etwa Alejo Carpentier zusammengefasst und diskutiert hat – ich wie folgt raffen möchte.

Der Son ist eine wohl gegen Ende des 18. Jahrhunderts auf dem Land im „Oriente" bei den schwarzen Sklaven im Bereich von Baracoa, Manzanillo, Guantánamo und Santiago de Cuba langsam entwickelte musikalische Form, die unverkennbar afrikanische Elemente – wie etwa den Wechsel zwischen Chor und Solostimme, rhythmisierte Wiederholungen und eine schier unendliche

---

36 Vgl. Eßer, Torsten / Fröhlich, Patrick (Hg.): *Alles in meinem Dasein ist Musik. Kubanische Musik von Rumba bis Techno.* Frankfurt am Main: Vervuert 2004.

Strukturanlage – enthält und aufweist. Für die Weiterentwicklung dieses ‚Ur-Son' – wie wir ihn einmal nennen wollen – scheint die Ankunft der aus der Nachbarinsel Saint-Domingue um die Jahrhundertwende zum 19. Jahrhundert geflohenen beziehungsweise von ihren Herren mitgebrachten ‚französischen' Sklaven von großer Bedeutung gewesen zu sein. Auf die Geschichte der Haitianischen Revolution möchte ich an dieser Stelle nicht eingehen: Mit ihrem Ablauf und ihren literarischen wie kulturellen Konsequenzen haben wir uns ausführlich in unserer Vorlesung über die *Romantik zwischen zwei Welten* beschäftigt.[37]

Diese in den kubanischen Osten verbrachten Sklaven scheinen die vorhandenen Grundelemente des Son in einer Art erster Transkulturation mit den ihnen bekannten Rhythmen und Inhalten überprägt zu haben, so dass man bald schon nicht nur auf dem Land, sondern auch in den Städten des Oriente mit dieser musikalischen Form – und zahlreiche Reiseberichte zeugen davon – Bekanntschaft machen konnte. Selbst noch Nicolás Guillén machte auf dem Land, eben in Camagüey, seine ersten Erfahrungen mit dieser populären volkskulturellen Form und Gattung, die er bei Nachbarn und bei bestimmten Gelegenheiten singen gehört hatte: So weit, so gut. Kehren wir zurück zur Geschichte des Son und fragen wir uns, wie aus dieser Form aus dem kubanischen Oriente eine wirklich *gesamtkubanische* Musik- und Tanzform werden konnte!

Kurz nach Gründung der Republik Kuba im Jahr 1902, das auch das Geburtsjahr von Nicolás Guillén und damit des späteren „Poeta Nacional" war, wurden zur Aufstellung eines nationalen Heeres auch Soldaten aus dem Oriente – das unendlich weit von Havanna entfernt schien – in die kubanische Hauptstadt geholt. Sie brachten natürlich ihre Instrumente und ihre Musik mit, eben auch den Son. Der Erfolg bei der Stadtbevölkerung war offenkundig groß. Zwar galten die Bewegungen des Tanzes bei der städtischen Bourgeoisie als ebenso anstößig wie die Texte bisweilen als obszön und die Instrumente als seltsam empfunden wurden – doch dies gab sich rasch. Der Aufstieg des Son von einer marginalen ruralen, volkskulturellen Form zu einer zentralen und national konsumierten urbanen sowie populären Musikform war nicht mehr aufzuhalten.

Überall in Havanna wurden schon bald *Sones* gespielt und getanzt, gesungen und getrommelt. Die entstehende Schallplattenindustrie trug das Ihrige dazu bei, für eine rasche nationale wie internationale Verbreitung des Son zu sorgen und zugleich jene Musikgruppen Havannas berühmt zu machen, welche die Straßen, die Bars, die Kabaretts und die Spielhöllen der an den Vereinigten Staaten orientierten kubanischen Hauptstadt unsicher machten (Abb. 62 u. 63).

---

37 Vgl. Ette, Ottmar: *Romantik zwischen zwei Welten*, S. 151 ff. und 191 ff.

Bald schon war der Son nicht mehr nur eine Touristenattraktion, sondern auch ein Exportschlager.

Abb. 62: Die Son-Gruppe „Sexteto Habanero", 1925.

Abb. 63: Die Son-Gruppe „Sexteto Habanero", 1920 (Gründungsjahr der Band).

Diese rasante Entwicklung fällt mit der Entwicklung der historischen Avantgarden auf Kuba zusammen, und Berührungspunkte gab es – wie wir sahen – viele. Als Nicolás Gulléns *Motivos de son* 1930 erschienen, war der Son auf dem ersten Höhepunkt seiner Karriere. Gulléns *Motivos* sind also aus unterschiedlichster Sicht überaus interessante literarische Kleinformen, die nicht nur intertextuell, sondern gerade auch phonotextuell von größter Bedeutung sind. Lassen Sie uns nun aber einen kühnen Sprung in die Rhythmen der Karibik machen! Ich darf Ihnen an dieser Stelle eine in Kuba recht bekannte Aufnahme der Gruppe *Los Papines* mit dem Titel „Tasca Tasca" des Komponisten Luis Abréu zu Gehör bringen, die Sie auch übers Internet anhören können.

Diese Aufnahme wird uns zusätzlich zu Rhythmik und Percussion vor allem mit zwei Dingen bekanntmachen, die wesentliche Aspekte auch der „Poesía negra" eines Nicolás Guillén darstellen. Zum einen handelt es sich dabei um das Wechselspiel zwischen Chor und Vorsänger oder Solostimme (beziehungsweise auch abwechselnden Solostimmen), welche ein Grundelement vieler afrikanischer Gesänge und Musikformen bilden. Und zum anderen zeigt diese Aufnahme jenes Phänomen, das im Bereich der Lyrik mit dem Begriff „Jitanjáfora" bezeichnet wird; ein Terminus, der wohl auf den kubanischen Avantgardisten Mariano Brull zurückgeht, dann aber von dem Mexikaner Alfonso Reyes theoretisch weiterentwickelt wurde. Bei der Jitanjáfora handelt es sich – vereinfacht gesagt – um die Lust am reinen Klang, um das Vergnügen an Wörtern, die keine klar umrissenen semantischen Bedeutungen tragen und als onomatopoetische Elemente nicht hinlänglich erklärt werden können. Es sind, wenn Sie so wollen, Lexeme mit entbundener Semantik, die bisweilen ein Eigenleben und damit auch wieder eine sekundäre Semantik – entwickeln können, keinesfalls aber mit festgelegten Klangbildern und Lautmalereien wie beispielsweise „Peng", „Uff", „Zack" oder „Kuckuck" verwechselt werden dürfen. Hören Sie sich dieses Klangbild also bitte einmal mit gespitzten Ohren an!

So, jetzt sind sie sicherlich genügend aufgewärmt für die nachfolgende Beschäftigung mit der afrokubanischen Lyrik, ja geradezu heiß auf die ersten Gedichte, die ich Ihnen in der Folge vorstellen darf! Aber wie kam der am 10. Juli 1902 in Camagüey geborene Kubaner Nicolás Guillén, der Sohn eines in dieser Provinzhauptstadt recht berühmten Zeitungsverlegers, der später aus politischen Motiven erschossen wurde, überhaupt zu dieser Art von Lyrik? Und wie konnte der am 16. Juli 1989 in Havanna verstorbene „Poeta Nacional" eine so ganz andere Dichtung schaffen?

Kaum etwas ließ nur wenige Jahre zuvor vermuten, dass Nicolás Guillén während seines zweiten Aufenthalts in Havanna jene *Motivos de son* im Jahr 1930 veröffentlichen sollte, welche die kubanische und hispanische Literatur-

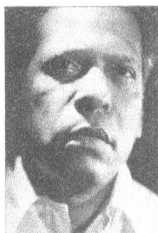

Abb. 64: Nicolás Guillén (1902–1989).

welt in ungläubiges Staunen und – ich übertreibe nicht – Erregung versetzten. Wie also kam der Mulatte Guillén zu dieser poetischen Ausdrucksform, derer er sich im *Diario de la Marina* bediente, wo er zuvor schon auf derselben Seite innerhalb der Kolumne „Ideales de una raza" gegen die Rassendiskriminierung auf Kuba angeschrieben hatte? Wie also kam er zu dieser neuartigen Form, die bei den *Motivos de son* den Namen einer kubanischen Musikgattung trägt? Lassen wir den Dichter zunächst einmal selbst eine Antwort auf diese Frage geben!

In einer häufig angeführten, später in die Sammlung *Prosa de prisa* aufgenommenen Passage seines Vortrags an der Sociedad femenina Lyceum-Lawn Tennis Club del Vedado hat Nicolás Guillén im November 1945 die Genese seiner *Motivos*, die ihm national wie auch bald schon international den Durchbruch als Dichter bescheren sollten, mit folgenden Worten aufmerksam umschrieben:

> Es ist kurios. Denn ich muss sagen, dass die Geburt dieser Gedichte mit einer Traumerfahrung verbunden ist, von der ich niemals in der Öffentlichkeit gesprochen habe, aber die in mir den lebhaftesten Eindruck hinterließ. Eines Nachts – es war im Monat April 1930 – hatte ich mich schon hingelegt und befand mich an dieser unentscheidbaren Linie zwischen Schlafen und Wachen, die das Schlafwachen ist, wo einen Kobolde und andere Erscheinungen gerne heimsuchen, als eine Stimme, ich weiß nicht woher, deutlich und präzise an meinem Ohr diese beiden Worte, *negro bembón*, aussprach.
>
> Was war das gewesen? Natürlich konnte ich mir keine befriedigende Antwort darauf geben, aber ich konnte nicht mehr schlafen. Der Satz, mit einem speziellen Rhythmus unterlegt, war neu in mir und hielt mich den Rest der Nacht in Atem, war er doch jedes Mal tiefer und beherrschender:
>
> > *Negro bembón,*
> > *Negro bembón,*
> > *Negro bembón...*
>
> Ich stand früh auf und begann zu schreiben. Als ob ich mich an etwas früher schon Gewusstes erinnert hätte, verfasste ich mit einem Rutsch ein Gedicht, in welchem jene Worte als Hilfe und Stütze für den Rest der Verse erschienen [...].
>
> Ich schrieb, ich schrieb den ganzen Tag und war mir dieses Fundes bewusst. Nachmittags hatte ich schon eine Handvoll Gedichte – acht oder zehn –, denen ich auf eher generelle Weise den Titel *Motivos de son* gab. [...] Ich gab sie Urrutia für seine Seite, und

dort erschienen sie eines Sonntags, ich glaube am 20. April 1930, nur wenige Tage nach ihrer Niederschrift.[38]

Sollen wir das glauben, was Guillén da anderthalb Jahrzehnte später – im Jahre 1945 – bei einem öffentlichen Vortrag erzählte? *Se non è vero, è ben trovato.* Wie dem auch sei: Dies also ist die schillernde Geburtsszene der *Motivos de son*, der inspirierte Augenblick, in dem diese Gedichte auf die Welt kamen und rasch, als würde ihre Geburt juristisch beglaubigt, das Licht der Welt in Form ihres Erscheinens im Druck erblickten. Aus einem Abstand von immerhin fünfzehn Jahren schilderte und inszenierte Nicolás Guillén jene Initialzündung, die ihm zwischen Traum und Tagtraum gleichsam zufiel und – wie bei einem Fund („hallazgo") – den Schlüssel für jene spezifische Schreibform in die Hand gab, die später als „poema-son" eine lange und wirkungsvolle Entwicklung in seinem Gesamtwerk nehmen sollte.[39]

Es war ganz offensichtlich keine schwere Geburt: Denn es gab eine Stimme, die von irgendwoher Metrik und Rhythmik und Lexik klar vorgab. Gleichviel, ob wir diese Erzählung als Bekenntnis oder als Selbstinszenierung verstehen wollen: Sie zielt nicht nur auf Bedeutungsebenen des Unbewussten und des Zufallsfundes, die beide in die bewusste Schöpfung eingehen; Elemente also, die wenige Jahre zuvor in den historischen Avantgarden und insbesondere im französischen Surrealismus zu Zentralbegriffen künstlerischer Schöpfung avanciert waren.[40] Sie führen gleichzeitig den Schreibakt selbst auf die Präsenz einer Stimme zurück, die fremd und nah zugleich unmittelbar am Ohr des Dichters erklang und in ihren Worten einen Rhythmus enthielt, der dem Erzähler als völlig neu und doch seit langer Zeit seltsam vertraut erschien.[41]

Diese Stimme, über deren Herkunft Guillén im Zweifel ist, erschallt einerseits aus immer größerer Tiefe („cada vez más profunda"), wird andererseits aber immer beherrschender und machtvoller („imperiosa"). Es ist eine geradezu biblische Stimme, die Stimme eines Gottes, die in der Heiligen Schrift keinen

---

38 Guillén, Nicolás: Charla en el Lyceum. In (ders.): *Prosa de prisa 1929–1972*. 2 Bde. La Habana: Editorial Arte y Literatura 1975, Bd. 1, S. 294 f.
39 Vgl. zu dieser Entwicklung Augier, Angel: Hallazgo y apoteosis del poema-son de Nicolás Guillén. In: *Casa de las Américas* (La Habana) XXII, 132 (mayo – junio 1982), S. 35–53.
40 Vgl. hierzu das Kapitel über den Surrealismus in Ette, Ottmar: *Von den historischen Avantgarden bis nach der Postmoderne*, S. 336 ff.
41 Zur Bedeutung nicht nur bildhafter, sondern auch klanglicher Elemente in der Lyrik der historischen Avantgarden vgl. Wentzlaff-Eggebert, Harald: Textbilder und Klangtexte. Vicente Huidobro als Initiator der visuellen / phonetischen Poesie in Lateinamerika. In: Heydenreich, Titus (Hg.): *Der Umgang mit dem Fremden. Beiträge zur Literatur aus und über Lateinamerika*. München: Fink 1986, S. 91–122.

Widerspruch duldet. Der Erzähler hört und gehorcht dieser Stimme (des Herrn) und wandelt sich durch dieses Erlebnis akustischer *Illumination* endgültig zu jenem Dichter, als der er in die Literaturgeschichten eingehen sollte. So war diese Szene, vom kubanischen Dichter sorgsam inszeniert, mehr als die Geburtsszene eines einzigen Gedichts.

Die auch bei vielen anderen avantgardistischen Lyrikerinnen und Lyrikern nachweisbare Wendung weg von den Wurzeln im Postmodernismo und hin zu Verfahren und Schreibweisen einer für Lateinamerika spezifischen historischen Avantgarde war geglückt – dies wusste Guillén 1945, zum Zeitpunkt dieser ‚Erzählung'. Was für eine Bewandtnis aber hatte es mit der fremden Stimme? Wäre dieses Gehorchen nicht ein Fall von Hörigkeit, ganz im Sinne Jacques Derridas, der hinter der so nahen Stimme stets jene Autorität fürchtete, die Macht über das Ich ergreift? Wäre der Dichter – wie der poststrukturalistische französische Philosoph der *Grammatologie* im Zeichen seines Antiphonozentrismus befürchtete[42] – am Ende nicht jenem Hündchen gleich, das vor dem Trichter des Grammophons die Ohren spitzt und die Stimme seines Herrn erkennt: *His Master's Voice*?

Dieses Hündchen durfte auch in den Memoiren Nicolás Guilléns nicht fehlen, bezog sich aber selbstverständlich nicht auf die eigene künstlerische Produktion. Es stand vielmehr mit jener Musik in Zusammenhang, die von der in Entstehung begriffenen Musikindustrie mit Hilfe von Grammophon und Schallplatte verbreitet wurde und während der Jugendjahre des Dichters auch in Camagüey, der Heimat Guilléns, längst zirkulierte und sich von einem volks- in ein massenkulturelles Phänomen im Zeichen des Grammophontrichters verwandelt hatte. In seinen Memoiren erzählte Guillén von „uno de los primeros fonógrafos que llegaron a Camagüey, de enorme bocina y voz gangosa, sin que faltara el perrito simbólico 'oyendo la voz del amo'." Guillén schilderte so die Ankunft eines der ersten Phonographen oder Vorläufer der für uns längst historischen Grammophone in seiner Geburtsstadt Camagüey und sprach explizit von *His Master's Voice*. Und weiter: „Todas las noches, grandes y pequeños del barrio se juntaban en el comercio de Don Manuel, que les brindaba un concierto gratis: discos de Regino López, la Chelito, Hortensia Valerón, Floro y Cruz ... "[43] Die ganzen Stars der damaligen Tonaufführungen versammelten sich, um in einem der Geschäfte von Camagüey für Jung und Alt jene Melodien

---

42 Vgl. hierzu Wertheimer, Jürgen: Hörstürze und Klangbilder, S. 133.
43 Guillén, Nicolás: *Páginas vueltas. Memorias*. Edición homenaje al 80 aniversario de su nacimiento. La Habana: Ediciones Unión 1982, S. 22.

und Rhythmen zu singen sowie darzubieten, welche zum damaligen Zeitpunkt um die Welt gingen und einen internationalisierten Musikmarkt bedienten.

Mag man in der Darstellung der Geburt und des Initialakts Guillén'scher Son-Praxis auch manches Element aus wohlvertrauter romantischer Tradition – von der Einflüsterung ins Ohr des Dichters bis hin zur raschen, wie unter einem Diktat stehenden Niederschrift der *Motivos de son* am folgenden Tag – erkennen, so unterscheidet sich die Stimme der ,Eingebung' doch deutlich von jener einer Inspiration romantischer Prägung. Denn es handelt sich bei dieser zweifellos geschickten Darstellung um wenig musenhafte Worte, die mit ihrem Rhythmus auf eine volkskulturelle Herkunft von *Negro bembón* – womit ein dicklippiger Schwarzer gemeint ist – verweisen. Doch es geht weniger um eine volkskulturelle Prägung, sondern vielmehr um eine kulturelle Praxis, die sich auf den kulturellen Pol der schwarzen Kulturen auf Kuba bezieht[44] und daraus ihren künstlerischen Anspruch ableitet.

Kraft dieser Stimme wird der ursprünglich im Osten Kubas, im Oriente entstandene Son, der zu Beginn des 20. Jahrhunderts nach Gründung der Republik mit der nationalen Rekrutierung von Soldaten im Zuge der Schaffung des sogenannten „Ejército Permanente" in den Westteil der Insel nach Havanna gelangte,[45] zum Leitmotiv von Guilléns Gedichten. Diese wurden in der einflussreichen bürgerlichen Tageszeitung *Diario de la Marina* – auf der Seite „Ideales de una Raza" – öffentlichkeitswirksam und an prominenter Stelle publiziert.[46] Was im konservativen *Diario de la Marina* – der sich zu Ihrem besseren Verständnis wie die konservative *Frankfurter Allgemeine Zeitung* ein offenes Feuilleton erlaubte – erschien, konnte auf Kuba nicht länger ignoriert werden.

Weniger bekannt als das obenstehende Zitat der Geburtsszene oder auch ,Urszene' Guillén'scher Lyrik ist die Tatsache, dass Nicolás Guillén der leicht veränderten Aufnahme des Textes von 1945 in den Memoiren seiner *Páginas vueltas* eine Reflexion folgen ließ, die für unsere Fragestellung höchst aufschlussreich scheint:

---

44 Vgl. hierzu das Schema unterschiedlicher kultureller Pole in Lateinamerika im vierten Band der Reihe „Aula" in Ette, Ottmar: *Romantik zwischen zwei Welten*, S. 278.
45 Vgl. Augier, Angel: Los "Sones" de Nicolás Guillén. In: Guillén, Nicolás: *El libro de los sones*. La Habana: Editorial Letras Cubanas 1982, S. 13; sowie im Kontext der Entwicklung der unterschiedlichen musikalischen Formen auf Kuba Eßer, Torsten / Frölicher, Patrick: Von der Schlitztrommel zum Synthesizer: 500 Jahre Musik auf Kuba. In: Ette, Ottmar / Franzbach, Martin (Hg.): *Kuba heute. Politik – Wirtschaft – Kultur*. Frankfurt am Main: Vervuert 2001, S. 683–731.
46 Ein Faksimile dieser Seite des *Diario de la Marina* findet sich u. a. in Guillén, Nicolás: *Motivos de son*. Edición Especial 50 Aniversario. Música de Amadeo Roldán, Alejandro García Caturla, Eliseo Grenet, Emilio Grenet. La Habana: Editorial Letras Cubanas 1980, S. 23.

> Ich gestehe, dass ich mich ein bisschen besorgt fühlte, als ich die *Motivos* gedruckt sah. Ich hatte sie zwei oder drei Wochen zuvor an Urrutia übergeben, hatte ihn jedoch darum gebeten, dass er sie nicht ohne meine Zustimmung veröffentlichen solle. Im Vorübergehen merke ich an, dass eine solche Vorgehensweise mir von der in der Tat recht kindischen Angst eingeflößt wurde, dass diese Verse nicht mir gehörten und ich nur derjenige wäre, der sie aus dem Mysterium des Unterbewusstseins erinnert hatte. Klar war dies ein Unsinn, doch war ich stets bis zur Erschöpfung pingelig und bisweilen bis zur Absurdität kapriziös, und die besagte Angst hatte mich gepackt. In Wirklichkeit hatte ich allein, bis zum damaligen Zeitpunkt, das heißt bis zum Erscheinen der *Sones*, von dem, was man später als „poesía negra" bezeichnete, nur ein Gedicht mit dem Titel „Ode an Kid Chocolate" (1929), dessen Titel ich später in „Ode an einen schwarzen kubanischen Boxer" abwandelte, geschrieben. Als ich Urrutia meine Bedenken mitteilte, musste er laut lachen und sagte mir: „Aber Du spinnst, was für eine Dummheit; sie sind und bleiben Deine; und jetzt halte aus, was da kommen wird."[47]

Nun, der Geburtsprozess der *Motivos de son* war doch nicht so einfach, wie der Dichter zunächst schilderte: Es war eine Geburt, in welcher sich die männliche Gebärende ihrer Vaterschaft nicht sicher war. Die angeführte Passage umschreibt den schwierigen Prozess der Einverleibung jener Stimme, die fremd und nahe zugleich jenen Schaffensprozess ausgelöst hatte, der es Guillén später erlaubte, ohne Zögern von einer klaren Trennung zwischen einem ‚Vorher' und einem ‚Nachher' in seiner poetischen Produktion zu sprechen: „una profunda zanja divisoria entre mis primeros tanteos poéticos y el camino que iba a seguir después."[48] Waren beim poetischen Geburtsprozess vielleicht doch zwei Seiten und nicht nur eine beteiligt? Dabei ist aufschlussreich, dass die fremde Stimme der Eingebung erst dann zur eigenen wird, als eine andere fremde Stimme, die seines Ratgebers und Freundes Gustavo E. Urrutia, ihm versichert, bei den Gedichten handele es sich sehr wohl um Texte, die unter dem Namen Nicolás Guilléns erscheinen dürften, seien sie doch „tuyos y bien tuyos". Die poetische Vaterschaft wird damit von dritter Seite authentifiziert.

Für Urrutia, der die acht Gedichte auf seiner immer wieder Fragen der Rassendiskriminierung thematisierenden Seite im konservativen *Diario de la Marina* unterbrachte, hatte Nicolás Guillén bereits seit mehr als einem Jahr Beiträge geschrieben – ein Vertrauensverhältnis war entstanden. Doch zeigte sich der kubanische Poet nun verunsichert, ob es sich denn bei diesen kurzen lyrischen Texten, die fundamental mit seinen bisher wesentlich vom hispanoamerikanischen Postmodernismo geprägten Schreibformen brachen, tatsächlich um seine ‚eigene' dichterische Stimme handelte. Denn in den Augen des Dichters war die Autorschaft, die Vaterschaft durchaus fragwürdig, was freilich mit

---

47 Guillén, Nicolás: *Páginas vueltas*, S. 79.
48 Ebda., S. 78.

jener Infragestellung des schreibenden Subjekts und somit der *Autor*ität übereinstimmt, wie sie im französisch geprägten Surrealismus vorgenommen wurde und später in den Neoavantgarden wieder aufblitzte.[49] Die Frage Friedrich Nietzsches war buchstäblich gegenwärtig: Wer spricht?

Folgen wir den Erläuterungen der Memoiren, dann führte nicht die – angeblich ohne die vereinbarte letzte Billigung Guilléns erfolgte – Veröffentlichung der *Motivos de son*, sondern erst die beruhigende Versicherung Urrutias dazu, dass der kubanische Poet die an einem einzigen Tag verfassten Texte als die Seinen anerkannte. Erst die Autorität einer anderen fremden Stimme schaffte es folglich, dass Guillén seine ihm nachträglich als ‚kindisch' erscheinenden Bedenken bezüglich der eigenen Autorschaft fallenließ. Er war sich nun seiner Vaterschaft sicher oder behauptete dies zumindest. Hätte nicht alles auch ein Spiel, ein Trick einer „écriture automatique" sein können? Doch von einer fremden Stimme initiiert, wurden die *Motivos de son* auch erst von einer anderen fremden Stimme *autor*isiert. Mit anderen Worten: Der Dichter hört nicht nur Stimmen, er horcht auch auf diese Stimmen und gehorcht ihnen. Fremde Stimmen queren Genese wie Publikation der *Motivos de son*. Lassen sie sich aber auch in den Gedichten selbst finden?

Die Infragestellung der eigenen Autorschaft verweist uns auf die Problematik der Präsenz des ‚Fremden' im ‚Eigenen'.[50] Die bewusste dichterische Arbeit, die sich an den Zufallsfund – ganz im Sinne von André Bretons „hasard objectif" – anschloss, löste das ‚Fremde' im ‚Eigenen' keineswegs auf: Die Koexistenz verschiedener Stimmen und Rhythmen bestand und besteht – wie noch zu zeigen sein wird – fort. Herkunft und Identität der Stimme(n) in diesen Gedichten bleiben in ihrer Hybridität erhalten und scheinen sich der Zuordnung zu einer einzigen personalen ‚Identität' des Dichters Nicolás Guillén, dessen Autorname seit dem Erstabdruck dieser ‚Motive' im *Diario de la Marina* für die Autorschaft steht, nur widerstrebend fügen zu wollen. Wie aber lassen sich die Stimmen bestimmen, welche die *Motivos de son* durchziehen?

Diese erste Serie von Gedichten sollte Guillén ein Jahr später in veränderter Zusammenstellung und kotextueller Anordnung in seinen Gedichtband *Sóngoro cosongo* aufnehmen. Versucht man, sie in systematischer Weise auf jene sechs Pole zu beziehen, die das kulturelle Spannungsfeld der lateinamerikanischen Literaturen bilden,[51] so zeigt sich, dass sich bereits Guilléns frühe Gedichte

---

49 Vgl. hierzu den dritten Band der Reihe „Aula" in Ette, Ottmar: *Von den historischen Avantgarden bis nach der Postmoderne*, passim.
50 Vgl. hierzu Kristeva, Julia: *Etrangers à nous-mêmes*, Paris: Gallimard 1991.
51 Vgl. Ette, Ottmar: Asymmetrie der Beziehungen. Zehn Thesen zum Dialog der Literaturen Lateinamerikas und Europas. In: Scharlau, Birgit (Hg.): *Lateinamerika denken. Kulturtheoreti-*

ebenso in die iberische Kultur (die Geschichte der spanischen Lyrik) im Kontext ihrer abendländischen Traditionsstränge einschreiben wie in Formen und Traditionen der verschiedenen schwarzen Kulturen, die auf Kuba heimisch wurden und sich dort weiterentwickelten. Aber auch die iberischen Volkskulturen klingen mit ihren Sprichwörtern und ihrem Sprachwitz immer wieder an. Ebenso erscheinen aus einem langen Prozess der Vermischung, der Hybridisierung und der Transkulturation hervorgegangene kulturelle Ausdrucksformen sowie jener Pol, dem seit Ende des 19. Jahrhunderts (etwa in den Chroniken Martís) gerade auch in der kubanischen Literatur eine wachsende Bedeutung zukam: der Pol symbolischer Güter der Massenkultur und Massenkommunikation. Dieser Pol kam beispielsweise im kubanischen Son zum Ausdruck, dessen große Erfolge in jenen wie auch in späteren Jahren ohne die internationalisierte Schallplattenindustrie nicht denkbar gewesen wären.

Bedenkt man die Zugehörigkeit dieser Gedichte Nicolás Guilléns zu äußerst verschiedenen kulturellen Polen in Lateinamerika, so wird die zentrale Bedeutung seiner lyrischen Schöpfungen innerhalb des gegebenen kulturellen Spannungsfelds schnell deutlich. Die Kopräsenz dieser verschiedenen Pole in Gedichten, die Guillén bald als „poesía negra", als „poemas mulatos" oder als „versos mulatos" bezeichnen sollte,[52] verdeutlicht die Komplexität von lyrischen Formen, in denen sich nicht allein auf der orthographischen, lexikalischen, morphosyntaktischen oder semantischen, sondern auch auf der phonischen, metrischen beziehungsweise ‚rhythmischen' Ebene unterschiedlichste Traditionslinien überlagern und aufeinander stoßen. Auf einen einzigen dieser Pole sind diese Gedichte nicht

---

sche Grenzgänge zwischen Moderne und Postmoderne. Tübingen: Gunter Narr Verlag 1994, S. 297–326; sowie in leicht veränderter Form in ders.: *Von den historischen Avantgarden bis nach der Postmoderne*, S. 188 ff.

52 So schrieb er in der Einleitung zu seinem im Oktober 1931 erschienenen Gedichtband *Sóngoro cosongo* nachdrücklich: „Diré finalmente que éstos son unos versos mulatos. Participan acaso de los mismos elementos que entran en la composición étnica de Cuba, donde todos somos un poco níspero. ¿Duele? No lo creo. En todo caso, precisa decirlo antes de que lo vayamos a olvidar." Guillén, Nicolás: Sóngoro Cosongo. In (ders.): *Las grandes elegías y otros poemas*. Selección, prólogo, notas y cronología Ángel Augier. Caracas: Biblioteca Ayacucho 1984, S. 52; vgl. hierzu auch Iñigo Madrigal, Luis: Introducción. In: Guillén, Nicolás: *Summa poética*. Edición de Luis Iñigo Madrigal. Madrid: Cátedra [4]1980, S. 39 f. Zum Problem der von Guillén selbst nicht unkritisch behandelten Frage der „poesía negra" vgl. auch Armbruster, Claudius: Poesía Negra? Zur Lyrik von Jorge de Lima aus Brasilien und Nicolás Guillén aus Kuba. In: Armbruster, Claudius / Hopfe, Karin (Hg.): *Horizont-Verschiebungen. Interkulturelles Verstehen und Heterogenität in der Romania*. Festschrift für Karsten Garscha zum 60. Geburtstag. Tübingen: Gunter Narr Verlag 1998, S. 519–536.

zu reduzieren und aus dem Blickwinkel eines einzigen kulturellen Pols auch nicht adäquat zu verstehen.

Dies wird bereits in der ersten Strophe jenes Gedichts deutlich, das wohl als erstes entstand und den Zyklus der *Motivos de son* eröffnete:

¿Por qué te pone tan brabo,
cuando te disen negro bembón,
si tiene la boca santa,
negro bembón?

Bembón así como ere
tiene de to;
Caridá te mantiene,
te lo da to.

Te queja todabía,
negro bembón;
sin pega y con harina,
negro bembón,

majagua de dri blanco,
negro bembón;
sapato de do tono,
negro bembón...

Bembón así como ere,
tiene de to;
Caridá te mantiene,
te lo da to.[53]

Die Musikalität dieses ersten, dieses Ur-Typs der Sones von Nicolás Guillén steht außer Zweifel. Ganz ohne Vorgänger war dies in der Literaturgeschichte kubanischer Dichtkunst freilich nicht, denken wir dabei vor allem an Plácido

---

[53] Guillén, Nicolás: Negro bembón. In (ders.): *El libro de los sones*, S. 53. Ein von Gabriele Batinic unternommener Übersetzungsversuch dieses nicht einfach ins Deutsche zu übersetzenden Gedichts findet sich in Köhler, Hartmut (Hg.): *Poesie der Welt. Lateinamerika*. Berlin: Propyläen Verlag – Edition Stichnote 1986, S. 275: „Warum wirst du so wütend, / wenn sie dich Negro Bembón nennen, / wo du doch mit heiligem Mund redest, / Negro Bermbón? // Bemon so wie Du bist, / hast du von allem; / die Nächstenliebe hält dich aufrecht, / sie gibt dir alles. // Du beklagst dich immer noch, / Neger Bembón; / ohe Prügel und mit Mehl, / Negro Bembón, / Hanfbau für den weißen Drillich, / Negro Bembón; / Schuhe zweifarbig, / Negro Bermbón. // Bembón, so wie du bist, / hast du von allem; / die Nächstenliebe hält dich aufrecht, / sie gibt dir alles!"

alias Gabriel de la Concepción Valdés, dessen romantische Gedichte verstärkt neue Formen der Rhythmisierung berücksichtigten.[54] Der kubanische Avantgarde-Komponist Amadeo Roldán hat versucht, diese Verse in Musik zu übertragen, so wie auch eine ganze Reihe anderer kubanischer Komponisten und Musiker von Gulléns Gedichten zu musikalischen Interpretationen angeregt wurden. Gerne verweise ich Sie an dieser Stelle auf eine Ausgabe mit verschiedenen Vertonungen der *Motivos de son*, die aus Anlass des fünfzigjährigen Erscheinens dieser kurzen, aber Epoche machenden Gedichte publiziert wurde.[55] Musik, Klang und Rhythmus standen am Beginn der dichterischen Arbeit Gulléns, und diese selbst provozierten wiederum musikalische Kreativität: ein künstlerischer Kreislauf, den genauer zu untersuchen sich sicher lohnen würde. Zu einer solchen phonotextuellen Analyse fehlen uns derzeit aber noch die Mittel.

Das sicherlich auffallendste rhythmische und semantische Element ist die viersilbige Titelsequenz „Negro bembón". Eingeführt wird sie im zweiten Vers der ersten Strophe als etwas von außen an den Protagonisten des Gedichts Herangetragenes, als eine auf diesen verletzend wirkende Bezeichnung: eben ein Schwarzer mit dickwulstigen Lippen zu sein. Dieses zentrale semantische und rhythmische Motiv taucht hier als zweiter Halbvers des zweiten Achtsilbers auf, wobei – wie Sie wissen – der *Octosílabo* traditionell in der spanischen Lyrik den eher volkstümlichen, populären Formen vorbehalten ist und im Verlauf seiner Geschichte immer wieder von der ‚hohen' Kultur eingebürgert wurde.

Dies ist durchaus auch im Kontext des hispanoamerikanischen Modernismo der Fall gewesen. Ihre Autonomie erhält die Sequenz „Negro bembón" am Ende der ersten Strophe, wo sie als Viersilber alleine stehend auftaucht. Beachten Sie hierbei auch den Wechsel zwischen *rima aguda* und *rima llana*, wobei die *aguda* (wie Sie sich erinnern) ein Versende mit betonter Silbe, die *rima llana* ein Versende auf unbetonter Silbe meint, in diesem Falle also „Bembón" einerseits und „Brabo" andererseits. Dieser Wechsel zwischen unbetonter und betonter Endsilbe durchzieht das gesamte Initial-Gedicht der *Motivos de son* und rhythmisiert es zusätzlich.

Die zweite Strophe wird von einem Quartett gebildet, das zunächst das letzte Lexem der ersten Strophe wiederaufnimmt: „bembón". Damit wird die Dickwülstigkeit und zugleich der rassistisch evozierte Phänotyp des Schwarzen bestätigt, zugleich aber ein neues, gleichsam soziales Element eingeführt:

---

54 Vgl. zu Plácido Ette, Ottmar: *Romantik zwischen zwei Welten*, S. 880 ff.
55 Vgl. diese Ausgabe und das aufschlussreiche Vorwort in Aguirre, Mirta: El cincuentenario de Motivos de son. In: Guillén, Nicolás: *Motivos de son*. La Habana: Editorial Letras Cubanas 1980, S. 5–24.

„tiene de to." Dieses Alles-Besitzen erweist sich als ein Alles-Erhalten im letzten Vers dieses Quartetts („te lo da to"), wobei zugleich eine weibliche Protagonistin eingeführt wird, die nicht zufällig den Namen „Caridá" trägt. Sie sehen, dass ich an dieser Stelle einer anderen Deutung als der deutsche Übersetzer den Vorzug gebe. Denn „Caridad" kann selbstverständlich die Barmherzigkeit sein, aber auch ein Frauenname.

In jedem Falle hält diese „Caridad" den Schwarzen aus und versorgt ihn mit allem, was kontrapunktisch in der abschließenden vierten Strophe nochmals aufgezählt und bestätigt wird: Diese vierte Strophe ist mit der zweiten identisch und lässt sich somit verstehen – auch musikalisch-vokalisch gewendet – als ein *Estribillo*, als Refrain dieses Son. Dabei besteht dieser Refrain aus einem Wechsel von Acht- beziehungsweise Sechssilbern mit zwischengeschalteten Viersilbern, die echoartig untereinander, aber auch zum Viersilber „Negro bembón" gestellt sind.

Die dritte Strophe unseres Gedichts kontrastiert nun den sich beklagenden Schwarzen mit all den Elementen und Gegenständen, mit denen er ausgestattet ist; Elemente, die bis hin zu Kleidungsstücken aus weißem Drill und zweifarbigen Schuhen, „sapato de do tono", reichen. Der Begriff „majagua" übrigens ist indianischer Herkunft und meint nach Auskunft eines Wörterbuchs der Kubanismen, das aus derselben Zeit wie unser Gedicht stammt, zunächst einen bestimmten Baum, der auf Kuba an Flussläufen sehr verbreitet sei. Ein kleines Rätsel bleibt hier bestehen. Oder sollte gar die aus Majagua gefertigte „soga", also ein Strick gemeint sein?

Wohl kaum. Ich denke mehr an eine Art weißen Anzug, den der „Negro bembón" zusammen mit seinen auffälligen, zweifarbigen Schuhen trägt: zweifellos ein Element des „Estridentismo". Diese Kontrastierung wird durchgeführt ebenso auf der inhaltlichen wie der strukturellen und klanglich-rhythmischen Ebene, wird der kurze sich anschließende Katalog von Gegenständen – in Sechssilbern gehalten – mit unserem leitmotivischen Viersilber „Negro bembón" doch durchgängig konfrontiert.

Besondere Beachtung verdient natürlich – und dies ist das erste Element, das dem Lesepublikum förmlich ins Auge oder besser ins Ohr springt – die Sprache, die deutlich der Sprache der Schwarzen auf Kuba nachempfunden ist. Wir könnten dies als literarisches Verfahren mit einem Begriff der russischen Formalisten als „skaz" bezeichnen. Dabei handelt es sich zweifellos um eine zunächst einmal diatopische Varietät des Spanischen, die durch ihre semantischen, vor allem aber Lexik und Morphologie betreffenden Charakteristika auffällt.

Die lautliche Realisierung dieser diatopischen Variante wird im Gedicht verschriftlicht und betrifft sowohl die Indifferenz von Spanisch „z" und „s" (wie in „sapato") als auch das Wegfallen von Endungen und Schlusskonsonanten sowie von intervokalischen Konsonanten (etwa bei „todo", das zu „to" wird. Zugleich handelt es sich – am schwarzen Protagonisten orientiert, den das Gedicht anspricht – natürlich auch um eine diastratische Varietät des Spanischen, in welcher bestimmte Elemente, die bereits genannt wurden, charakteristisch sind. Zum Diastratischen kommt zweifellos auch noch eine ethnische Komponente, wird doch vom Sujet her deutlich gemacht, dass es sich bei diesem *Motivo de Son* um eine Phonetik des Kubanischen schwarzer Sprecher handelt. Zweifellos sind die Protagonisten dieses Gedichts Schwarze; und zu ihnen gehört auch der Sprecher selbst, denn er ist es ja, der die konkrete Realisierung dieser Varietät des kubanischen Spanisch vorträgt und verschriftlicht. Damit kommen wir zugleich zu einem Spiel zwischen Mündlichkeit und Schriftlichkeit, die sich als verschriftlichte Mündlichkeit zugleich auch wieder zur Musik im Sinne eines Liedtextes mit Refrain öffnet. *Negro bembón* kann zweifellos gesungen und musikalisch aufgeführt werden.

Das Motiv dieses Son in musikalischer Hinsicht ist also klar, das *Motiv* in semantisch-poetologischer Hinsicht noch nicht. Zweifellos ist auf inhaltlicher Ebene eine spezifische Situation des schwarzen Protagonisten angesprochen, die von einer Geschlechterbeziehung dominiert wird. Sie betrifft die Beziehung zwischen dem sich beklagenden Mann und einer Frau, von der wir nur erfahren, dass sie Caridad heißt und ihn mit allem versorgt, was er braucht und will. Unser „Negro bembón" lebt also auf ihre Kosten, eine geschlechterspezifisch keineswegs seltene Konstellation. Wie diese Beziehung zwischen dem Mann und der ihn aushaltenden Frau genau aussieht, wird aber bewusst offengehalten.

Denn Caridad kann seine Mutter sein, sie könnte aber auch seine junge Geliebte und/oder auch eine junge Prostituierte sein, die für ihn anschafft. Die letztgenannte Möglichkeit wird noch dadurch wahrscheinlicher, dass zu den von ihr angeschafften Gegenständen seines Gebrauchs feine weiße Kleidung gehört sowie dazu passende zweifarbige Schuhe: die typische Kleidung des weißgekleideten schwarzen Dandys und Zuhälters im vorrevolutionären Kuba. Er stellt einen Typus dar, der im Übrigen auch nach der Kubanischen Revolution nicht ausgestorben ist. Es gibt also gute Gründe dafür, hinter dem sich beklagenden Schwarzen, der wütend wird, wenn man ihn als „Negro bembón" bezeichnet und damit an seine Rassenzugehörigkeit erinnert, einen schwarzen Zuhälter zu vermuten, der in Guilléns Son porträtiert wird. Damit werden aber unverkennbar die sozialen Probleme der damals noch sehr jungen, gerade erst einmal knapp dreißig Jahre unabhängigen kubanischen Republik dargestellt oder rücken doch zumindest hintergründig ins Blickfeld.

Diese soziale Isotopie wird sich in der künftigen poetischen Produktion des kubanischen Dichters verstärken. Es ist hier nicht der Ort, um das lyrische Gesamtwerk des kubanischen Dichters zu würdigen, der über mehr als ein halbes Jahrhundert lang Verse schrieb und von der Kubanischen Revolution zum „Poeta Nacional" ausgerufen sowie mit hohen Würden und Auszeichnungen bedacht wurde. Als diplomatischer Vertreter des revolutionären Kuba, aber auch als erster Präsident der neugegründeten UNEAC, des mächtigen kubanischen Schriftsteller- und Künstlerverbandes, besaß Guillén Macht und Einfluss; eine Macht, die massiv einzusetzen der überzeugte Kommunist sich auch nie scheute. In der berühmten Padilla-Affäre, einer Art ideologischer Wasserscheide der Kubanischen Revolution in den späten sechziger und frühen siebziger Jahren, verstand es Guillén allerdings, sich einigermaßen geschickt aus der Affäre zu ziehen. Dies gelang ihm, indem er sich als Präsident der UNEAC rechtzeitig krankmeldete, die gesamte Zeit im Krankenhaus verbrachte und erst dann wieder ins Rampenlicht trat, als in seinem Haus die unliebsame Dreckarbeit der Bezichtigung und Anklage von Kollegen bereits von anderen gemacht worden war.

Von dieser politisch nur schwer anzugreifenden Stellung eines „Poeta Nacional" aber ist Nicolás Guillén 1930 noch meilenweit entfernt. Seine politische Radikalisierung allerdings folgt der politischen Entwicklung der kubanischen Republik vor und nach der Diktatur Gerardo Machados und dessen Sturz 1933 durch eine Art Volksbewegung, die freilich nicht definitiv in ein demokratisches System überleiten sollte. Dadurch war eine Verschärfung der innenpolitischen Situation eingetreten, welche nicht zuletzt zu einer Polarisierung der politisch-ideologischen Positionen innerhalb der kubanischen Gesellschaft führte. Nicolás Guillén wurde als überzeugter Kommunist zu einem militanten Wortführer nicht nur der gesellschaftlich diskriminierten Schwarzen und Kubaner „de color", sondern der sozial und ökonomisch Marginalisierten überhaupt. Damit ist – ähnlich wie in Peru für José Carlos Mariátegui das ‚Indioproblem' – das Problem der Schwarzen auf Kuba letztlich ein politisches und soziales Problem, das für Guillén nur durch eine fundamentale Umwälzung der politischen Verhältnisse gelöst werden konnte. Dies schlug sich auch in seinen Gedichten nieder.

Zur Problematik von Son und Politisierung sollten Sie sich einmal das Musikbeispiel von Carlos Puebla anhören, den *Son de la alfabetización*! Auch anhand dieses Beispiels ließe sich die Verknüpfung verschiedener kultureller Pole untersuchen, wobei der Pol internationaler Massenkommunikation in diesem Falle insoweit umgepolt wurde, als nun an die Stelle des Konsums symbolischer Güter jetzt der revolutionäre Konsum und Export symbolischer Güter trat. Dies weist auf die weitere Entwicklung der Lyrik von Nicolás Guillén voraus.

Doch nochmals zurück zu unserem ‚Geburts-Gedicht' von Guilléns *Motivos de son*! Die für diesen Zyklus insgesamt charakteristische Sprecherposition eines lyrischen Ich im Dialog mit einem Du, das als „Schwarzer mit wulstigen Lippen" erscheint, wird erweitert durch eine Gemeinschaft nicht näher bezeichneter Sprecher, die im Gedicht die titelgebende Wendung erstmals auf das Du des lyrischen Ich projizieren. Für unsere Fragestellung ist folglich bedeutungsvoll, dass jene Worte, welche die fremde Stimme dem Dichter eingab, nun zunächst einer dritten Person Plural zugeordnet werden.

Ihr Zuruf „Negro bembón" wird vom „Du", vom Dialogpartner des Dichters, als abwertende, disqualifizierende und diskriminierende Äußerung wahrgenommen: Es handelt sich zweifellos um einen Rassismus, einen rassistischen Anwurf, wie ihn der Verfasser dieses Gedichts selbst auch des Öfteren gehört haben könnte. Doch hinterfragt das lyrische Ich – das wir nicht mit Nicolás Guillén identifizieren sollten – die daraus resultierende Erregung, das ‚Wütend-Werden' des so Angesprochenen, gerade dadurch, dass es diese einer fremden kollektiven Stimme entnommene Wendung übernimmt und zur eigenen macht. Wir haben es mit Formen und Normen des Umgangs mit rassistischen Interjektionen zu tun, wie sie auch in der deutschen Sprache und besonders in unserer Gegenwart und ihrem spezifischen Sprachbewusstsein vorkommen.

Der Kubaner Nicolás Guillén unterdrückt in seiner Lyrik diese Rassismen jedoch nicht, erteilt ihnen keinen Platzverweis und schließt sie nicht sprachpolizeilich aus. Die fremde Stimme wird allerdings nur insoweit zur eigenen, als diese Aneignung zugleich eine semantische Appropriation beinhaltet, wird das diskriminierende Element nun doch (selbst-)affirmativ gebraucht und im ersten Vers der zweiten Strophe sogleich wieder aufgenommen: „Bembón así como ere, / tiene de to."[56] Die Mehrstimmigkeit wird damit aber keineswegs in eine lyrische Einstimmigkeit überführt: Die Polylogik wird nicht auf eine Monologik reduziert. Denn die Stimmen der ‚Anderen' sind nicht verschwunden, was auch auf der Ebene der literarischen Gattungsmerkmale Guillén'scher Dichtkunst deutlich wird.

Zweifellos steht die Aneignung des fremden Wortes und der fremden Stimme im Vordergrund dieses Gedichts, das sich seinerseits die sich aus afrikanischen Quellen und Traditionen speisende Form des Wechselgesangs angeeignet und in eine originelle poetische Form gebracht hat. Dieser Wechsel zwischen *Copla* und *Estribillo* würde freilich beinhalten, dass im Wechselspiel zwischen dem Einzelsänger und dem Chor, welchem der Refrain zufällt, die zweite Strophe, die identisch als vierte und abschließende Strophe wiederkehrt, von einer kollektiven Stimme gesungen werden müsste, die nicht mit jener des lyrischen Ich überein*stimmt*.

Als rhythmisierendes Element würde die Wendung „Negro bembón" in diesem Klanggedicht dann aber sowohl der Einzelstimme als auch jener des Chores zuzuordnen sein, was Rückwirkungen auf die Deutung haben müsste, bestünden

---

56 Guillén, Nicolás: Negro bembón, S. 53.

so doch eine diskriminatorische und eine selbstaffirmative Verwendung des rassismusverdächtigen Begriffs „bembón" fort. Denn in diesem Falle bestünde neben der *angeeigneten* und resemantisierten Verwendung die alte, pejorativ und diskriminierend auf den Phänotyp des Schwarzen gemünzte Ausdrucksform weiter und behielte sogar noch das letzte Wort im Gedicht. Dieses Gegen- und Miteinander der Stimmen wäre dann verantwortlich für die große semantische (und nur schwer übersetzbare) Offenheit, die das gesamte Gedicht – wie auch die anderen Gedichte des poetischen Zyklus – prägt.

Aus dieser Sicht aber wäre durchaus verständlich, warum gerade von Gesellschaften und Vereinigungen schwarzer Kubaner zum Teil erbitterte Kritik an Guilléns *Motivos de son* vorgetragen wurde. Denn es gab in der damaligen kubanischen Community – wie auch in der aktuellen bundesdeutschen Gesellschaft – sehr unterschiedliche Umgangsformen mit Rassismen im Alltag, sehr gegenläufige Formen der Anverwandlung oder radikalen Ausschließung. Denn diese Gedichte beinhalten nicht nur diskriminatorische Gemeinplätze gegenüber bestimmten ‚Typen' der kubanischen Gesellschaft – wie etwa dem von seiner Lebensgefährtin Caridad (!) ausgehaltenen und stets auffällig gekleideten schwarzen Lebemann im Eröffnungsgedicht der *Motivos* –, sondern blenden (wenn auch in gesellschaftskritischer Absicht) die Sprache einer rassistisch denkenden und handelnden Mehrheitsgesellschaft ein.

Doch soviel Polysemie muss sein: Die Vieldeutigkeit der *Motivos de son* beruht auf ihrer Vielstimmigkeit, auf der Vielzahl unterschiedlicher Stimmen, welche in diesem Gedicht präsent und hörbar werden. Diese Vielstimmigkeit aber sollte – wie die Kritik von Seiten nicht der Weißen, sondern vieler Schwarzer auf Kuba zeigte – für den kubanischen Dichter rasch zu einem Problem werden und Einfluss auf die künftige Entwicklung seiner Lyrik nehmen. Denn Nicolás Guillén hatte stets im mehrfachen Sinne ein offenes Ohr für seine Leserinnen und Leser.

Angesichts der Kopräsenz der ‚fremden' Stimme(n) wäre es überaus aufschlussreich, die Stimme Nicolás Guilléns bei der Selbstaufsprache dieses Gedichts zu befragen. Soweit ich sehe (und höre), gehört zu den zahlreichen und zum Teil wiederholten Aufsprachen eigener Gedichte keine, die das Gedicht *Negro bembón* – oder ein anderes der *Motivos de son* – vertont und auf Tonträger für Zeitgenossen wie Nachwelt gespeichert hätte. Gründe für dieses ‚Schweigen' des Dichters (soweit sich nicht doch noch Tondokumente finden ließen) könnten in der vielstimmigen Präsenz der erwähnten Fragmente eines rassistischen Diskurses, aber auch in Guilléns nachträglicher Selbstkritik an seinen frühen Gedichten gesehen werden, von denen die meisten poetischen Texte aus *Sóngoro cosongo* nicht ausgenommen blieben. Der kubanische Dichter hatte in der Auseinandersetzung mit den Alltagsrassismen seiner Zeit gelernt und seine Strategien fraglos verändert.

Aus all diesen Gründen hieß es aus der Perspektive eines wesentlich pronóncierteren politischen Engagements, wie es spätestens seit 1934 mit der Gedichtsammlung *West Indies, Ltd.* auch ästhetisch zum Ausdruck kam, in der bereits erwähnten „Charla" von 1945 selbstkritisch:

> Abgesehen von dem einen oder anderen Gedicht („Llegada", „La canción del bongó") fehlt ihnen eine transzendente menschliche Besorgnis. Da der Dichter noch ganz betrunken vom kürzlich entdeckten Rhythmus war, wirft er seine Gedichte wie Münzen in die Luft aus der Lust daran, sie sonnenverwundet glänzen zu sehen. Erst als er an innerer Größe wuchs, erst als sein Körper hart mit dem Leben zusammenstieß, erst als er litt und weinte und um sich herum leiden und weinen sah, konnte er in seinem Schiffchen Kurs auf die hohe See nehmen, schwang sich leicht und unschuldig in den Mantel des Windes unter dem blauen Himmel.[57]

In geradezu unschuldigen lyrischen Bildern beschreibt Guillén hier seinen tiefgreifenden politischen Wandel und die Tatsache, dass er Kurs aufs offene Meer genommen hatte. Diese poetische Distanzierung von den frühen, gleichsam unter Ästhetizismus-Verdacht gestellten „poemas-son" vollzog sich vor dem Hintergrund des nachfolgend auch in der Lyrik sich manifestierenden Engagements Guilléns zugunsten gesellschaftsverändernder sozialistischer beziehungsweise kommunistischer Kräfte in seinem Land wie weltweit. Sie dürfte wohl einen Hauptgrund dafür bilden, dass die *Motivos de son*, die zweifellos zu den berühmtesten Schöpfungen in Nicolás Guilléns Gesamtwerk zählen, auf den verschiedenen mir zugänglichen Schallplatten- und Kassettenaufnahmen des Dichters selbst fehlen.[58]

Zufrieden wies der kubanische Lyriker zwar auf die Vertonungen einzelner Gedichte oder des gesamten Zyklus der *Motivos de son* durch Amadeo Roldán, Alejandro García Caturla oder Eliseo und Emilio Grenet[59] – denen viele weitere Vertonungen unterschiedlichster Stilarten folgen sollten –, enthielt sich aber einer eigenen Aufsprache, einer eigenen Laut-Schrift dieser Gedichte. War die fremde und zugleich so nahe Stimme im Ohr des Dichters noch zu präsent, zu

---

57 Guillén, Nicolás: Charla en el Lyceum, S. 295.
58 Zugänglich waren mir die folgenden Sammlungen von Tondokumenten: Guillén, Nicolás: *Los poemas del gran zoo*. Schallplatte. Buenos Aires: Sudamericana 1967; *La voix de Nicolás Guillén*. Schallplatte. Paris: Le Chant du Monde o.J.; *Nuevos poemas*. Schallplatte. o.O.: Lince o.J.; *Tengo*. Schallplatte. La Habana: EGREM o.J.; *El son entero*. Schallplatte. Montevideo: Antar o.J.; *Poesía en la voz del autor)*. Schallplatte. La Habana: Casa de las Américas – EGREM o.J.; *Nicolás Guillén dice sus poemas*. Audiokassette. La Habana: EGREM 1994.
59 Vgl. Guillén, Nicolás: *Motivos de son*, S. 33–118.

beherrschend, als dass er ihr eine andere, seine eigene Stimme an die Seite hätte stellen können? Oder war die aus seiner Sicht fehlende menschliche Transzendenz, unter der in erster Linie eine politisch-ideologische Standortbestimmung zu verstehen sein dürfte, ein wesentlicher Grund dafür, dieses Spiel mit der fremden (und zum Teil rassistischen) Rede sich selbst nicht einzuverleiben und in einem akustischen Speichermedium festzuhalten? Und was hätte eine Laut-Schrift des Dichters verändert?

Zweifellos ist das gesprochene Wort – und mehr noch, wenn es um ein für alle Zeiten gespeichertes gesprochenes Wort geht – ganz im Sinne Hans-Georg Gadamers – „nicht mehr meines, sondern dem Hören preisgegeben".[60] Anders als das „innere Wort", das „nicht in die jeweilige Sprache eingekörpert ist",[61] kann „ein gesprochenes Wort sozusagen nicht zurückgerufen werden",[62] denn: „Das gesprochene Wort gehört jedem, der es hört."[63] Eben hieraus ergibt sich die Problematik dessen, der nicht nur die ‚eigene', sondern auch die ‚fremde' Stimme – einem Bauchredner gleich – zu Gehör bringt und verkörpert.

Die Verkörperung des eigenen oder fremden Wortes durch die eigene Stimme, durch den Klang-Körper des eigenen Körpers, aber hat Folgen: Sie ist als eine auf Dauer, auf Speicherung und Wiederholbarkeit gestellte Selbstdeutung und *Performance* des eigenen Textes den Hörern, den Rezipient*innen und deren Deutungen ‚ausgeliefert'. Dies könnte der vielleicht entscheidende Grund dafür sein, warum der kubanische Dichter, der Stimmen hörte, es bei diesen hochgradig polysemen Gedichtformen, in denen Fragmente eines Diskurses der Rassendiskriminierung hörbar wurden, beließ und ihnen keine eigene Laut-Schrift, keine eigene Verkörperung an die Seite stellen wollte. Er tat dies erst mit jenen Gedichten und poetischen Schöpfungen, deren Deutung ihm zu festgefügt schien, als dass sie den sozialrevolutionären Intentionen ihres Sprechers noch hätte entgleiten können. Der Avantgardist in der Poesie war politisch bewusster, entschiedener und vielleicht auch vorsichtiger geworden.

Dass es „ein leichtes wäre", unter Autorinnen und Autoren „die guten Vorleser von jenen zu trennen, die es besser anderen überließen",[64] darf man getrost bezweifeln: Zu unterschiedlich sind die jeweils kultur- und sprachabhängigen Traditionen des Vorlesens, zu vielfältig die Formen der Performanz, als dass man einfache Werturteile treffen könnte. Selbst vermeintlich klare Wertungen fallen – wie ich am Beispiel vieler eigener Vorlesungen, in die ich Selbstaufsprachen von

---

60 Gadamer, Hans-Georg: Über das Hören, S. 200.
61 Ebda.
62 Ebda.
63 Ebda.
64 Scheerer, Monika M. / Scheerer, Thomas M.: Vorlesen, S. 49.

Schriftsteller*innen integrierte, anhand der durchaus unterschiedlichen Reaktionen der Studierenden oft feststellen konnte – äußerst unterschiedlich und nicht selten gegensätzlich aus, bevor Kriterien für eine distanziertere und nachprüfbarere Einschätzung die ersten Höreindrücke vertiefen. Wir sollten folglich auch in unserer aktuellen Vorlesung mit Vorsicht an dieses Thema der Selbstaufsprachen herangehen und uns aller simplen Wertschätzungen enthalten. Wie aber könnten Kriterien für die Einschätzung von Selbstaufsprachen durch Dichterinnen und Dichter aussehen?

Stimmen sind kulturell wie historisch tiefgreifend geprägt, gehorchen dem klanglichen Umfeld bestimmter Zeiten und Räume, auch wenn wir uns längst daran gewöhnt haben, dass in Historienfilmen Architektur und Infrastruktur, Kleidung, Schminke und Frisur, nicht aber die Stimmen der Schauspielerinnen und Schauspieler auf die jeweilige Zeit zurückverweisen. Historische Stimmen und Stimmlagen sind uns über die frühesten Tonaufzeichnungen hinaus nicht mehr zugänglich und könnten auch nur höchst eingeschränkt nachgeahmt werden. Es gilt daher, vorschnellen anachronistischen Wertungen subjektiven Zuschnitts vorzubeugen und gerade Zeugnisse von Zeitgenossen zu berücksichtigen, die sich zur Stimme einer Dichterin oder eines Dichters geäußert haben.

Im Fall von Nicolás Guillén scheint es bei den Zeitgenossen kein Schwanken und Zögern gegeben zu haben: Zahlreich sind die Zeugnisse, die von seinen Fähigkeiten als Vorleser seiner eigenen Gedichte, als „Sonero Mayor" und als „Actor" berichten.[65] Selbst der dem Menschen – wenn auch nicht dem Dichter – Nicolás Guillén äußerst kritisch bis ablehnend gegenüberstehende haitianische Schriftsteller René Depestre hob neidlos die großen performativen Fähigkeiten des Autors der *Motivos de son* hervor, die er erstmals bei einer öffentlichen Lesung in Haiti hatte bewundern dürfen: „Es war ein Fest, ihn kennenzulernen und ihn einige seiner Gedicht rezitieren zu hören. Vielleicht hat niemand in diesem Jahrhundert eigene oder fremde Gedichte mit so viel Grazie und männlicher Stärke interpretiert."[66]

Zu den Gedichten, die Guillén 1945 von seiner Kritik an *Motivos de son* (1930) und *Sóngoro cosongo* (1931) ausnahm, zählte – wie wir bereits bemerkten – *La canción del bongó*. Es verwundert daher nicht, dass der Dichter später

---

[65] Vgl. neben vielen anderen Einschätzungen das Zeugnis eines kubanischen Regisseurs, der gleichsam als Fachmann die schauspielerischen Qualitäten Guilléns beurteilte: Bernaza, Luis Felipe: Sonó mejor que nunca. In: *Unión* (La Habana) 2 (1982), S. 174.

[66] Depestre, René: Palabra de noche sobre Nicolás Guillén. In: *Encuentro* (Madrid) 3 (invierno 1996–1997), S. 66: „Fue una fiesta conocerlo y oírlo recitar algunos de sus poemas. Tal vez nadie en este siglo ha interpretado poemas – los suyos y los de otros poetas – con tanta gracia y vigor viril."

gerade dieses Gedicht in die Reihe nicht nur der von ihm selbst vorgetragenen, sondern auch zur Veröffentlichung auf Tonträgern freigegebenen lyrischen Texte aufnahm. Dabei gilt es zu berücksichtigen, dass die Tonaufnahme wesentlich später erfolgte und das Gedicht aus seiner ursprünglichen Kotextualität – an zweiter Stelle hinter dem Gedicht *Llegada* innerhalb des Zyklus von *Sóngoro cosongo* – herausgerissen und in eine neue Kotextualität eingestellt wurde.

Denn es findet sich als erstes aufgesprochenes Gedicht auf einer Schallplatte, die in der renommierten Reihe *Palabra de esta América* von der Casa de las Américas in technischer Zusammenarbeit mit der kubanischen EGREM (Empresa de Grabaciones y Ediciones Musicales) veröffentlicht wurde.[67] Die Begleittexte von Schallplatten, Kassetten und anderen Tonträgern verzeichnen in der überwiegenden Mehrzahl leider weder den Zeitpunkt der jeweiligen Aufnahme noch jenen der Veröffentlichung des Tonträgers. Dies erschwert eine kritische philologische Auseinandersetzung mit diesen Hörtexten ungemein und erfordert zwingend für künftige spezialisierte Untersuchungen umfangreiche Archivarbeiten. Die sorglose Edition von Hörtexten macht im Übrigen auf den Umstand aufmerksam, dass dieses Medium weder für wissenschaftliche Arbeiten vorgesehen war noch bisher in größerem Umfang wissenschaftlich erforscht wurde. Es wäre zweifellos ein wichtiges Desideratum aktueller philologischer Forschung, auf diesem Gebiet der *Phonotextualität* oder akustischen Philologie neue Wege zu beschreiten.

Doch zurück zu unserem Gedicht, das als solches gleichsam das Incipit der Schallplattenaufnahme darstellt! Auf diese Weise verwandelte sich der erste Vers des Gedichts gleichsam in den Eröffnungsvers der gesamten Hörtextsammlung – „Dies ist das Lied des Bongó":

> Dies ist das Lied des Bongó:
> – Ma gmir der Feinsinnigste hier
> antwortenwenn ich rufe: Yo.
> Einige sagen: Jetzo, sofort,
> andere sagen: S'ist Zeit und Ort.
> Doch meine Antwort so dunkel,
> doch meiner Stimme Gefunkel
> rufet den Schwarzen wie den Weißen,
> Denn die tanzen auf denselben Son,
> Karossenglanz und Seelenton,
> mehr im Blut als in der Sonne,

---

67 Guillén, Nicolás: *Poesía (en la voz del autor)*. La Habana: Grabaciones Egrem, Casa de las Américas – Palabra de esta América 1994.

denn wer von außen nicht Nacht ist,
ward von innen schon dunkel geküsst.
Ma gmir der Feinsinnigste hier
antwortenwenn ich rufe: Yo.

In diesem Land, meine Mulattin,
von Afrikanern wie Spaniern gemacht
(Mit der Heiligen Barbara zur einen
zur anderen, klar, mit Changó),
fehlt's stets an irgend'nem Opa,
falls zuviel nicht irgendein Don,
und Titel aus Kastilien genügend,
in bondó mit manchen Verwandten:
doch Ruhe jetzt, liebe Freunde,
und nicht mit der Frage gewedelt,
von weither sind wir nämlich gekommen
und laufen hier Paar für Paar.
Ma gmir der Feinsinnigste hier
antwortenwenn ich rufe: Yo.

Mag's geben, der mich beschimpft,
doch von Herzen wird es nicht sein;
mag's geben, der mich offen bespuckt,
der mich alleine viel lieber küsst...
Dem aber sag ich:
– Mein Lieber,
um Vergebung wirst Du mich bitten,
denn von meinem Eintopf wirste essen
und Recht geben wirste mir schon,
Du wirst mir ans Leder schon gehen
und wirst tanzen zu meiner Stimme,
an meinem Arm wirst Du hangen
und wirst, wo ich bin, auch sein:
von oben nach unten gedreht,
denn der Größte bin hier allein ich![68]

Esta es la canción del bongó:
– Aquí el que más fino sea,
responde, si llamo yo.
Unos dicen: Ahora mismo,
otros dicen: allá voy.
Pero mi repique bronco,

---

[68] Guillén, Nicolás: La canción del bongó. In (ders.): *Las grandes elegías y otros poemas*, S. 54f.

pero mi profunda voz,
convoca al negro y al blanco,
que bailan el mismo son,
cueripardos y almiprietos
más de sangre que de sol,
pues quien por fuera no es noche,
por dentro ya oscureció.
Aquí el que más fino sea,
responde, si llamo yo.

En esta tierra, mulata
de africano y español
(Santa Bárbara de un lado,
del otro lado, Changó),
siempre falta algún abuelo,
cuando no sobra algún Don,
y hay títulos de Castilla
con parientes en Bondó:
vale más callarse, amigos,
y no menear la cuestión,
porque venimos de lejos,
y andamos de dos en dos.
Aquí el que más fino sea,
responde, si llamo yo.

Habrá quien llegue a insultarme,
pero no de corazón;
habrá quien me escupa en público,
cuando a solas me besó...
A ése, le digo:
– Compadre,
ya me pedirás perdón,
ya comerás de mi ajiaco,
ya me darás la razón,
ya me golpearás el cuero,
ya bailarás a mi voz,
ya pasearemos del brazo,
ya estarás donde yo estoy:
ya vendrás de abajo arriba,
¡que aquí el más alto soy yo!

Dieses programmatische Gedicht, das von fundamentalen Gegensatzpaaren – etwa „negro" versus „blanco", „fuera" versus „dentro", „sol" versus „noche", „africano" versus „español", „Santa Bárbara" versus „Changó", „Castilla" versus „Bondó", „en público" versus „a solas", „abajo" versus „arriba" etc. – geprägt ist, versucht eine Antwort auf die große Herausforderung der drei Jahrzehnte zuvor gegründeten jungen kubanischen Republik zu geben. Dies ist die Frage nach einer *integrativen* kubanischen Identität oder besser einem Identitätsentwurf, in welchem all diese Gegensätze aufeinander bezogen sein sollen.

Das Gedicht wurde im historischen Kontext des „Machadato", der „semiparlamentarisch-caudillistische[n] Diktatur"[69] Gerardo Machados verfasst; eines verschärften politischen Kampfes, für den die Ermordung des führenden Kommunisten Julio Antonio Mella am 10. Januar 1929, der Generalstreik und die Schließung der Universität im Jahre 1930 sowie die revolutionäre Bewegung, die am 12. August 1933 zum endgültigen Sturz des Diktators führte, als Orientierungsdaten dienen mögen. Innerhalb einer noch immer ungelösten Problematik sozialer, kultureller und rassistischer Diskriminierung unternahm es dieses Poem, in Fortführung und Weiterentwicklung wichtiger Ansätze afroamerikanischer Lyriker wie derjenigen des US-Amerikaners Langston Hughes,[70] des Puertorikaners Luis Palés Matos oder der Kubaner Ramón Guirao, José Z. Tallet oder Emilio Ballagas, auf verschiedensten Ebenen die These der „Mulatez" vorzuführen: einer mulattischen Identität Kubas. Daher auch die Anrede an die Mulattin zu Beginn der zweiten Strophe des Gedichts.

Auf eine kontrapunktische, an Fernando Ortiz gemahnende Weise wird den strukturierenden Gegensatzpaaren eine Reihe von Vereinigungsmetaphern entgegengestellt: Schwarze und Weiße tanzen denselben Son, besitzen ‚weiße' und ‚schwarze' Anteile und Charakteristika, bewohnen ein mulattisches Land, sind mit synkretistischen Religionen vertraut und essen denselben „Ajiaco" – nicht umsonst die Lieblingsmetapher des kubanischen Anthropologen Fernando Ortiz, der in dieser spezifisch kubanischen Form eines Eintopfgerichts die gastronomische Entsprechung seiner Transkulturationsthese erblickte.[71]

Wie Ortiz ein knappes Jahrzehnt später in seinem *Contrapunteo cubano del Tabaco y el Azúcar* (1940) das Gegensatzpaar Tabak und Zucker sich wechselseitig durchdringen ließ und in die „Trinidad cubana: tabaco, azúcar y alcohol"[72] überführte, um seinen Kontrapunkt mit Alkohol im Kopf zu beenden,[73]

---

[69] Zeuske, Michael: *Insel der Extreme. Kuba im 20. Jahrhundert*. Zürich: Rotpunktverlag 2000, S. 49.

[70] Vgl. hierzu Kutzinski, Vera M.: *The world of Langston Hughes. Modernism and Translation in the Americas*. Ithaca – London: Cornell University Press 2012.

[71] Vgl. hierzu u. a. Ortiz, Fernando: América es un ajiaco. In: *La Nueva Democracia* (La Habana) XXI, 11 (1940), S. 20–24.

[72] Ortiz, Fernando: *Contrapunteo cubano del Tabaco y el Azúcar*. Prólogo y Cronología Julio Le Riverend. Caracas: Biblioteca Ayacucho 1978, S. 88.

[73] Ebda.: „Y con el alcohol en las mentes terminará el contrapunteo." Anders als bei Nicolás Guillén geht freilich Ortiz' *Contrapunteo* und seine Transkulturationsthese nicht in einer simplen Verschmelzung und Fusion auf.

so griff auch Nicolás Guillén 1931 auf ein musikalisches Element zurück, um die aufgestellten Gegensätze letztlich in einer Fusions-Rhetorik der „Mulatez" kollabieren zu lassen. An einer derartigen Fusion war der Mulatte Nicolás Guillén als Dichter wie als Politiker interessiert.

In seinem Gedicht *La canción del bongó* entwickelte Guillén erstmals ein später von ihm noch häufig angewandtes poetisches Verfahren,[74] indem er einem Musikinstrument eine Stimme verlieh und es zum Sprecher eines umfassenden kulturellen, sozialen und politischen Prozesses machte. Bildete der Eröffnungsvers hierfür die semantische Schwelle, so führen die beiden sich anschließenden Verse den *Estribillo* ein, der das Gedicht – oder ‚Lied' – in drei Teile teilt. Die im Titel bereits angelegte semantische Überkreuzstellung von Rhythmusinstrument und Gesang schafft eine Isotopie, die den Verlauf des gesamten Gedichts durchzieht und in der Lexemrekurrenz von „voz" zum Ausdruck kommt: Die Trommel besitzt eine Stimme, sie singt ein Lied, und dieses Lied ist ein kubanischer Gesang.

Aber umgekehrt kann auch die Stimme zur Trommel werden. So akzentuiert die Selbstaufsprache Guilléns den zugrundeliegenden Rhythmus, wobei – parallel zum Titel und zum ersten Vers – eine Vorliebe für Oxytona, für Betonungen auf der letzten Silbe, beobachtbar wird. Zugleich variieren synkopische Akzentuierungen von Beginn an die Stimme der Trommel als Trommel der Stimme, der „profunda voz" (V. 7). In der Aufsprache Guilléns dominieren neben den dynamischen Ausdrucksmitteln, die vor allem Betonung und Betonungsart betreffen, die temporalen Ausdrucksmittel, wobei Tempi-Wechseln eine besondere Bedeutung zukommt. Das Gedicht imitiert oder emuliert auf diese Weise das Erklingen der Trommel im synkopischen Rhythmus.

Dabei lässt sich als Grundmuster und gestalterisches Verfahren ein *Accelerando* gegen Versende und ein mit starker Betonung gekoppeltes *Ritardando* zu Beginn vieler Verse ausmachen. Die eingefügten Pausen trennen – analog zum Schriftbild – den Titel sowie den Eingangsvers, aber auch die einzelnen Strophen einschließlich des Refrains voneinander ab: Die Grundopposition Stille / Stimme signalisiert Syntax und Strophengrenzen, aber auch die Semantik dieses stark rhythmisierten ‚Liedes'. Semantik und Rhythmik sind nicht voneinander zu trennen.

Es ergibt sich auf diese Weise strukturell eine hohe Übereinstimmung von Schrift- und Klangbild, innerhalb derer den dynamischen und temporalen Aus-

---

74 Vgl. Martínez Andrade, Marina: „Tengo". Una cala en la poesía social de Nicolás Guillén. In: *Signos. Anuario de Humanidades* (México) VII, 2 (1993), S. 205.

drucksmitteln eine stark gestaltende Funktion zukommt. Demgegenüber werden die melodischen Ausdrucksmittel, die in den beiden ersten Strophen noch eine gewisse Bedeutung besaßen, auf ein eher geringes Maß reduziert: Die Satzmelodie weist eine zunehmende (und zweifellos intendierte) Tendenz zur Gleichförmigkeit auf. Dieser Effekt verstärkt noch – gerade in der dritten und letzten Strophe – die Dominanz des Rhythmus, die sich kraft einer nun überhand nehmenden Betonungshäufigkeit über den Wechsel der Silbenzahl legt und die metrischen Wechsel in den Hintergrund drängt. Dergestalt erhält dieses Gedicht als Klangtext eine fast Litanei-artige Charakteristik, die den ‚Ausklang' dieses ‚Bongoliedes' beherrscht.

La canción del bongó signalisiert schon durch seinen Titel die phonotextuelle Verfertigung des gesamten Gedichts, das von Beziehungen zwischen dem Klang (der Trommel) und dem Text (des Gedichts) gespeist wird. Diese phonotextuelle Relation, die im Gedicht auf der Inhalts- wie auf der Ausdrucksebene gleichsam musikalisch durchgeführt wird, erfährt durch Guilléns Selbstaufsprache noch insoweit eine Steigerung, als nun ein Phonotext im engeren Sinne, bei dem Text und Klang nicht mehr voneinander trennbar sind, in der Performanz entsteht. Schrift und Laut-Schrift werden aufs Engste miteinander verwoben und als zusammengehöriges Kunstwerk aufgeführt.

Dies wird nicht zuletzt an einer doppelten Klangspur deutlich, die von den Oxytona der beiden Titelsubstantive ausgeht und dem Gedicht die eigentliche vokalische Klangfarbe verleiht. So durchzieht ein zum Teil prononciert kubanisch nasaliertes „ón" ausgehend von „canción" alle Strophen, wobei diesem Klangelement mehrfach eine besonders starke Betonung widerfährt: „res*p*o*n*de", „son", „br*on*co", „Don", „cuestión", „corazón", „perdón" sowie „razón". Daneben lässt sich eine zweite Klangspur ausmachen, die von „*bongó*" im Titel ausgehend sich über „bongó", „yo", „voz", „sol", „oscureció", „español", „Changó", „Bondó", „besó" sowie erneut „voz" und „yo" (in der rhythmischen Einheit mit „voz" und „soy yo") erstreckt. Nicolás Guilléns Selbstaufsprache präpariert diese Klangspuren heraus und lässt sie in aller Deutlichkeit als gleichsam vokalische Schrift – verstärkt durch dynamische und vor allem temporale Ausdrucksmittel und Rhythmisierungen – akustisch hervortreten. So wird die Stimme der Trommel zur Trommel der Stimme und die Stimme des Dichters zum Mittel einer Klangästhetik, die nach einer Untersuchung von Text-Klang-Beziehungen, aber auch einer Ästhetik des Hörens ruft.

Dies zeigt sich nicht nur in Guilléns Gedichtband *Sóngoro Cosongo. Poemas mulatos*, der – wie erwähnt – im Jahr 1931 in Havanna erschien und noch wesentlich stärker in der Tradition der ersten *Motivos de son* steht, sondern vor allem in der darauf folgenden Sammlung *West Indies, Ltd.*, der 1934 ebenfalls in der kubanischen Hauptstadt veröffentlicht wurde. Schon im Titel dieses Gedichtbandes ist die Anklage gegen die Ausbeutung der Westindischen Inseln durch das vorherrschende Wirtschaftssystem, sprich durch den Imperialismus der Vereinigten Staaten von Amerika, tonangebend. Ich möchte Ihnen aus diesem Zyklus nur ein einziges Gedicht vorstellen, das wiederum ein Son ist und damit die inhaltlich-ideologische Entwicklung wie auch jene der poetischen Formen aufzeigen kann. Hören wir zunächst das Gedicht in der Aufsprache des Autors selbst und analysieren wir es in der Folge:

> Ich laufe, ich laufe,
>   ich laufe!
> Ich laufe ohne Ziel,
> ich laufe;
> ich laufe ohne 'nen Groschen,
> ich laufe;
> ich laufe so traurig in mir,
> ich laufe.
>
> Weit weg ist, wer mich sucht,
> ich laufe;
> weiter weg noch, wer mich erwartet,
> ich laufe;
> meine Gitarre hab' ich verpfändet,
> ich laufe.
>
> Ach,
> meine Beine werden so schwer,
> ich laufe;
> die Augen sehn bloß noch von weitem,
> ich laufe;
> die Hand ergreift, lässt nicht los,
> ich laufe.
>
> Wen ich erwische und drücke,
> ich laufe;
> der soll für alle bezahlen,
> ich laufe;
> dem breche ich das Genick,
> ich laufe;
> doch fleht er mich um Vergebung an,
> den verschling' ich und nimm' ihn zur Brust,
> den nehm' ich zur Brust und verschling' ihn,
> ich laufe,

ich laufe,
ich laufe...[75]

Caminando, caminando,
    ¡caminando!
Voy sin rumbo caminando,
caminando;
voy sin plata caminando,
caminando;
voy muy triste caminando,
caminando.

Está lejos quien me busca,
caminando;
quien me espera está más lejos,
caminando;
y ya empeñé mi guitarra,
caminando.

Ay,
las piernas se ponen duras,
caminando;
los ojos ven desde lejos,
Caminando;
la mano agarra y no suelta,
caminando.

Al que yo coja y lo apriete,
caminando;
ése la paga por todos,
caminando;
a ése le parto el pescuezo,
caminando;
y aunque me pida perdón,
me lo como y me lo bebo,
me lo bebo y me lo como,
caminando,
caminando,
caminando...

Mit dieser Art lyrischer Dichtung schafft Nicolás Guillén Raum für die Stimmen derer, die bislang ungehört blieben oder nur wenig zur Kenntnis der Allgemeinheit vorstießen. Mit Miguel de Unamuno könnte man in diesen Versen den Ver-

---

75 Guillén, Nicolás: Caminando. In (ders.): *Las grandes elegías y otros poemas*, S. 73 f.

lauf der Tiefengeschichte heraushören, der Intrahistoria, die sich in diesem Beispiel der Figur eines namen- und arbeitslosen Tagelöhners annimmt und diese Gestalt, gleichviel ob Weißer oder Schwarzer, zum Subjekt der Rede macht. Denn es ist dieses Subjekt, das in seinem rationalen Verhalten beim Laufen auf der Suche nach Arbeit wie in seinem irrationalen Verhalten mit der Tötung irgend eines ‚Herrn' das dichterische Wort ergreift und die Grenzen zwischen Rationalität und Irrationalität in einem Kontinuum der Bewegung verschwimmen lässt. Die Gewalt dieses Subjekts im Zeichen geradezu anthropophager Handlungen macht deutlich, wie sehr sich angestaute Wut in eine Rachehaltung verwandeln kann und in eine Kontinuität an intrahistorischen Bewegungen umgesetzt wird.

Der Titel dieses Gedichts gibt bereits die durchlaufende Struktur einer im wirklichen Sinne Verlaufsform vor, die man sich übrigens gesungen sehr wohl vorstellen könnte als ein chorisch vorgetragenes Gestaltungs- und Dichtungselement, dem sich die Einzelstimme des Ich entgegenstellt. In diesem Zusammenhang wird die Protagonisten-Rolle dieses namenlosen Ich insoweit gestärkt, als dieses paradoxerweise in der gleichbleibenden Entwicklung des „caminando" eine Entwicklung zunehmender Radikalisierung durchlebt, die von der ersten Strophe, dem „Voy sin rumbo caminando", hin zur Radikalität eines Rachegedankens und – zumindest prospektiv – dessen Verwirklichung führt. Dabei ist es gleichgültig, an wem diese Rache verübt wird: Denn dieser Andere soll für alles und für alle bezahlen!

Die so beschreibbare Entwicklung führt über bestimmte Stadien, beginnend mit der noch wegrückenden Abhängigkeit von anderen – das Ich wird von niemandem mehr vermisst, schon lange wartet niemand auf den Protagonisten – hin zu einer Zerstückelung des eigenen Körpers, der aufgelöst erscheint in die Wahrnehmung der Beine, der Augen und der Hand. Dabei handelt es sich um Körperteile, die sehr wohl nach außen gerichtet sind beziehungsweise Extremitäten des Menschen markieren, die zu dessen Kontaktpunkten mit seiner Umwelt wie mit anderen Menschen avancieren. Eben hierdurch ergeben sich in der Folge die Äußerungsformen direkter Gewalt.

Denn die Abhängigkeit von den Anderen schlägt um in die Abhängigkeit der Anderen vom Ich, das zufällig ein ebenso zufälliges Opfer sucht, welches für alle anderen bezahlen muss und von der Gnade des Protagonisten abhängig ist; einer Gnade, die in der Machtphantasie des Ichs freilich nicht mehr als gegeben erscheint, sondern sadistischen Gewaltvorstellungen weicht. Diese schließlich führen hin zur doppelt betonten abschließenden kannibalistischen Vorstellung der Einverleibung des Anderen, des Auffressens und Auftrinkens dieses Anderen, welche die wohl einzigen Indizien für eine mögliche schwarze Herkunft des Protagonisten innerhalb eines rassistischen Diskurses abgeben. Aber deutlich wird nicht diese Zugehörigkeit zur Gruppe der Schwarzen, sondern zu einer sozial marginalisierten, an den Rändern der Gesellschaft sich ziellos bewegenden und ausgebeuteten Klasse betont. Eben jener Marginalisierten und Namenlosen, welche laut Unamuno die Geschichte der Intrahistoria in den Tiefen der Gesellschaft vorantreiben.

Als sozial und ökonomisch Marginalisierter, Umhergetriebener und Umherirrender sucht der Protagonist nicht länger nach einer möglichen Integration in die ihn ausplündernde und wegwerfende Gesellschaft, sondern nur nach deren symbolischer Zerstörung in Gestalt eines Sündenbocks. Eine völlige, gar revolutionäre Umgestaltung der verhassten Gesellschaft kommt dabei nicht einmal utopisch in Betracht: Es geht vielmehr um eine individuelle Rache, die zufällig zuschlägt und zufällig trifft.

Und doch scheint in der stetig fortgeführten Bewegung auch ein Prozess auf, der die Bewegung als solche kontinuierlich weiterführt und damit auch zu bislang unbekannten Ufern hin öffnet. Dies wird nicht zuletzt durch die fortgesetzte und durchgehaltene, fast mechanisch erscheinende Rhythmik betont, die den Wechsel zwischen zumeist zweigeteilten Achtsilbern und Viersilbern durchhält, wobei sich durch die Trennung der Achtsilber in *Hemistiquios*, also Halbverse, letztlich eine Abfolge von Viersilbern herauspräpariert, die in den Dreiergruppen des „caminando" bereits zu Anfang wie am Ende des Gedichts erscheinen. Damit aber werden – wenn Sie so wollen – Solostimme und Chor wieder innig miteinander verbunden und nicht etwa, wie es zuerst scheinen mochte, gegeneinander abgesetzt oder gar ausgespielt. Individuum und Kollektiv sind keineswegs voneinander getrennt, auch wenn ein gemeinsames Handeln in diesem Gedicht nicht erscheint.

Mit den Gedichten des 1934 erschienenen Bandes *West Indies, Ltd.* war die Magie des kubanischen Son in den Gedichten von Nicolás Guillén noch nicht ausgeschöpft oder gar erschöpft. Vielmehr erschien mit *El son entero* 1947 jener Gedichtband, den wir als den kreativen Höhepunkt des dichterischen Schaffens von Nicolás Guillén auf diesem Gebiet bezeichnen können. Dieser Band wurde lange nach der endgültigen politischen Positionierung des Dichters und seinem Eintritt in die Kommunistische Partei Kubas sowie weltweiten Reisen als Botschafter dieser Partei veröffentlicht; zu einem Zeitpunkt, als Guillén zum politischen Dichter schlechthin avanciert war. Ich möchte Ihnen daraus nur ein einziges Gedicht, nur einen besonders aufschlussreichen Son wieder in der Selbstaufsprache des Kubaners präsentieren. Guillén verdichtete in diesen Versen poetologisch seine Position zu einer Schöpfung, welche gleichsam den Schlüssel für die anderen Gedichte des Bandes enthält. Denn bei dem Poem *Guitarra* handelt es sich um ein zutiefst poetologisches Gedicht.

Vom Morgenlichte geschmeichelt,
wartet die Gitarre die stolze:
Ihre Stimme aus tiefem Holze
fleht verzweifelt.

Wehklagend ist ihre Taille,
an welcher das Volk so sehr weint,
schwanger vom Son, ihr Fleisch scheint
hart wie eine Medaille.

Es brennt die Gitarre so breit,
während das Mondlicht vergeht,
sie brennt, sie befreit sich und wendet
das sklavische Schleppenkleid.

Den Besoffnen ließ im Wagen sie sacht,
verließ das finstere Kabarett,
sterbendkalt wie ein Brett,
Nacht für Nacht,

und hob ihren Kopf ganz fein hin,
weltumspannend, so kubanisch,
ohne Drogen und Hasch schon ganz panisch,
und ohne Kokain.

Komm, Du Gitarre, du alte,
bist in der Strafe ganz neu,
sie erwartet ein Freund ohne Scheu,
treu sie behalte!

Allzeit hoch, niemals vergebens,
bringt sie ihr Lachen, ihr Weinen mit,
Tief gräbt sie ihre Nägel in den Schritt
dieses Lebens.

Gitarrenspieler, nimm ihren Ton,
mach' sie vom Alkohol frei,
berühre sie tief, denn sie sei
Dein ganzer Son.

Der Son vom reifen Lieben
Dein ganzer Son,
von offener Zukunft und Frieden,
Dein ganzer Son,
den Fuß auf die Mauer getrieben,
Dein ganzer Son...

Gitarrenspieler, nimm ihren Ton,
mach' sie vom Alkohol frei,
berühre sie tief, denn sie sei
Dein ganzer Son.[76]

Tendida en la madrugada,
la firme guitarra espera:
voz de profunda madera
desesperada.

Su clamorosa cintura,
en la que el pueblo suspira,
preñada de son, estira
la carne dura.

Arde la guitarra sola,
mientras la luna se acaba;
arde libre de su esclava
bata de cola.

Dejó al borracho en su coche,
dejó el cabaret sombrío,
donde se muere de frío,
noche tras noche,

y alzó la cabeza fina,
universal y cubana,
sin opio, ni mariguana,
ni cocaína.

¡Venga la guitarra vieja,
nueva otra vez al castigo
con que la espera el amigo
que no la deja!

Alta siempre, no caída,
traiga su risa y su llanto,
clave las uñas de amianto
sobre la vida.

Cógela tú, guitarrero,
límpiale de alcol la boca,

---

[76] Guillén, Nicolás: Guitarra. In (ders.): *Las grandes elegías y otros poemas*, S. 107f.

y en esa guitarra, toca
tu son entero.

El son del querer maduro,
tu son entero;
el del abierto futuro,
tu son entero
el del pie por sobre el muro,
tu son entero...

Cógela tú, guitarrero,
límpiale de alcol la boca,
y en esa guitarra, toca
tu son entero.

Dieses Gedicht ist in gewisser Weise eine Antwort auf *La canción del bongó*, nur dass diesmal das Poem nicht aus Perspektive des Musikinstruments entfaltet wird. In *La guitarra* findet die Strophenform der Quartette, die durchgängig aus *Rimas llanas* gebildet sind, erst am Ende zum – wie es heißt – ‚reifen' Gesang, in welchem der Refrain in die Wiederholungsstruktur eingeht und zugleich seinen letzten Vers als kontrapunktisch aufgebautes Element in die zweitletzte Strophe einbringt. In diesem Ergreifen und Berühren, Spielen der Gitarre erst kommt Musik in das Gedicht, das vorher eine unverkennbare Statik besaß.

Dies zeigt sich auch am Reimschema der ersten drei Strophen, die stets a-a-a-a lautet. Dann erst gerät das Gedicht in Bewegung mit dem Reimschema b-c-c-b, das – mit Ausnahme der fünften Strophe – schließlich vorherrscht. Die vierte Strophe ist die Strophe der Entfernung vom bisherigen Tun, bei dem der „Guitarrero" – im Gegensatz zum spanischen „Guitarrista" ein auch in Kuba gebräuchlicher Ausdruck – das Instrument erst noch mit Alkohol vom Alkohol reinigen muss.

Die Gitarre verlässt in dieser Strophe die dunkle, finstere Welt der Kabaretts, des Alkohols der Betrunkenen, der Drogen und Drogenabhängigen, der ständigen nächtlichen Monotonie einer käuflichen Preisgabe. Die vierte Strophe ist syntaktisch nicht von der fünften Strophe abgetrennt, mit der sie derselbe Satz, nicht aber das Reimschema verbindet, das hier wieder zur alten Form der *rima continua* zurückkehrt. Es scheint sich hierbei aber nicht um einen Rückfall, sondern eher um eine Rückkehr zu einer Zugehörigkeit zu handeln, die – wie uns der zweite Vers der fünften Strophe sagt – „universal y cubana" ist und auf alle Rauschmittel verzichtet.

Das Brennen der Gitarre in der Einsamkeit hat damit ein Ende, Die Gitarre findet – stellvertretend für die Poesie, aber sicherlich auch für die Liebe und die Frau, worauf die Anthropomorphisierungen der Gitarre deutlich hindeuten –

in die Erfüllung der Gemeinschaft zurück, in das Seufzen des Volkes. Die alte Gitarre wird so unvermittelt zur neuen, getragen von einer neuen Freundschaft, die ihr die Treue hält. Der Wandel der Gitarre vom Instrument des nächtlichen Kabaretts zum Instrument einer anhaltenden Freundschaft ist vollzogen. Jetzt erst kann sie das Leben angehen, sich direkt im Weinen und Lachen mit diesem Leben auseinandersetzen und es zum Klingen bringen. Es beginnt gleichsam das wahre Leben, ein Leben, das nicht in Alkohol und Drogen oder Prostitution enden muss, sondern in seiner Fülle erlebt und durcherlebt werden kann. Das Gedicht gerät hier zur direkten, unmittelbaren Verkörperung von Lebenswissen.

Damit ist der Weg zur Fülle, zur Ganzheit geebnet. Das Ergreifen der Gitarre, ihre Reinigung, leitet über zum „Son entero", der freilich personalisiert ist, handelt es sich doch um eine individualisierte Stimme, die in der Vervielfachung kulminiert: „*tu* son entero." Gleichwohl ist es, wie die zweite Strophe unterstrich, noch immer die Gitarre, in welcher das Volk seufzt, „donde el pueblo suspira". Damit ist die ständige Wiederholung einer lasterhaften, ewig sich wiederholenden Gegenwart, die Gefangenschaft der Monotonie „noche tras noche" gebrochen und eine neue Zeitdimension erreicht: die einer offenen Zukunft. Der Fuß auf der Mauer spielt zugleich die Überwindung der Grenzen, der Mauern ein, die hier zu einer ursprünglichen Einheit hin überwunden werden und eben jenen „Son entero", also den ganzen, den vollständigen Son erklingen lassen. Erst jetzt ist die Gitarre im vollsten Wortsinne weltumspannend und kubanisch, lokal verortet und doch global bedeutsam.

Mit diesem programmatischen Gedicht aus *El son entero* ist freilich die Grenze der afrokubanischen Lyrik überschritten und eine Dichtkunst erreicht, die Sache des gesamten, des ganzen Volkes und des ganzen Son geworden ist. Dass diese Einheit in Kuba situiert wird, zeigt schon die Formel des „Guitarrero", der ebenso wie die Kunst universal und zugleich kubanisch beziehungsweise Kubaner ist. Diese Engführung beider Begriffe situiert sich in einer langen Tradition, die nicht zuletzt auf den Dichter und Revolutionär José Martí zurückgeht.

Mit der Freiheit der Gitarre ist die Freiheit der Dichtkunst anvisiert, die letztlich Freiheit eines ganzen Volkes ist, das vor allem – das „suspirar" deutete es an – litt. Die Lyrik ist weder käuflich noch rauschhaft, sie ist klares Bewusstsein des Volkes in Freiheit. Damit knüpft die Gitarre nicht etwa an die dichterische Hochkultur, sondern an die Volkstradition an, deren Instrument die Gitarre und deren Ausdrucksform die entsprechende Musik ist: der Son. Wir haben es in diesem Gedicht mit einem Rückgriff auf den volkskulturellen Pol zu tun, wobei der Pol einer industriellen, internationalisierten Massenkultur ganz offensichtlich abgewiesen wird – mit allen Begleiterscheinungen der Drogen, die in der fünften Strophe aufgezählt werden.

Genau an diesem Punkt liegt die Schnittstelle des Gedichts, das Umklappen in den Aufruf, der befolgt wird und in die neue Form des Refrains und der kontrapunktischen Wiederholungen überleitet, welche erneut eine Art Wechselspiel zwischen der Stimme des Einzelnen und jener der Kollektivität darstellen. Der Gitarrist ist in *La guitarra* jener, der eine Lyra zum Klingen bringt, die sich als Gitarre der Volkskultur verpflichtet weiß, am Leiden des Volkes Anteil hat und es zum künstlerischen Ausdruck bringt. Darum kann dieses Gedicht Anspruch darauf erheben, das ganze Leben, das Leben in seiner Fülle, also den ganzen Son zu präsentieren und zu repräsentieren.

Innerhalb der traditionsreichen kubanischen Musikgeschichte verbindet sich mit dem Son – wie schon der uns wohlvertraute Alejo Carpentier wusste – nicht nur seit dessen Anfängen die Vorstellung von einer der „música popular" entspringenden Musikform, die man tanzen kann, sondern dank seiner Begrifflichkeit auch die Überzeugung, es gehe um „un *sonar* de voces e instrumentos",[77] um einen Zusammenklang von Stimmen und Instrumenten. Die inter- und transmediale Vieldimensionalität des Son – Hören, Singen, Sehen, Tanzen, Berühren – entfaltet eine sinnliche Qualität, deren Verführungskraft ebenso im Son wie im „poema-son" Guilléns anschaulich, aber auch thematisiert wird.

Es wäre an dieser Stelle verlockend, gerade den Einsatz von Onomatopoetika und Jitanjáforas – also das Spiel mit Klangmustern in nachahmender oder semantisch wie logisch entbundener Form – in Guilléns Gedichten anhand seiner Selbstaufsprachen zu untersuchen. Doch verlangt die Komplexität dieser Fragestellung nach einer so detaillierten Analyse, dass diese aus den hier vorzustellenden Überlegungen ausgegliedert und einer eigenen Untersuchung vorbehalten bleiben soll. Schon *La canción del bongó* zeigte jedoch eindrucksvoll, wie auch jenseits eines semantisch gebundenen oder provokativ freien Spiels mit Klangmustern das Klingen von Stimmen und Instrumenten in einer spezifisch phonotextuellen Dimension in der schrifttextlichen Fassung präsent ist und in deren Inszenierung und Aufführung als Phonotext im eigentlichen Sinne Gestalt annimmt. In der Nachfolge des unvergessenen Plácido entdeckte und entband Nicolás Guillén die ganze Klang-Welt lyrischer Rhythmen Kubas für die Poesie.

Die akustische Präsenz von Stimmen und Instrumenten sowie die Verwandlung der Stimme in ein Klanginstrument mit ganz bestimmten Klangeigenschaften und Resonanzen lenkt die Aufmerksamkeit auf den Körper-Leib des Vorlesenden, wie dies in vergleichbarem Maße wohl nur bei Schauspielern oder Sängern der Fall ist. In einem erstmals im November 1972 erschienenen Essay über den

---

77 Carpentier, Alejo: *La música en Cuba*. La Habana: Ed. Luz-Hilo 1961, S. 138.

während der Zwischenkriegszeit in Frankreich berühmten Sänger Charles Panzéra entwickelte Roland Barthes, der zeitweise bei Panzéra Gesangsunterricht genommen hatte, ausgehend von Julia Kristevas Unterscheidung zwischen *Phänotext* und *Genotext*[78] eine folgenreiche Differenzierung, die für unsere Fragestellung bedeutsam ist.

Gestatten Sie deshalb einen kurzen Ausflug zur Theorie von Roland Barthes. Beim Phäno-Gesang, für den Barthes als Beispiel Dietrich Fischer-Dieskau anführte, gehe es um Expressivität, um das hörbare Bemühen, das Dramatische gesanglich durch Phrasierungen möglichst klar und verständlich zu präsentieren und die vermeintlich wichtigsten bedeutungstragenden Einheiten herauszuarbeiten.[79] Im Geno-Gesang, wie er in der Kunst Panzéras zum Ausdruck komme, gehe es jedoch um etwas anderes: um die Materialität und die – wie wir mit Helmuth Plessner sagen könnten – körper-leibliche Dimension des Gesangs, wie er im „grain de la voix", im ‚Knirschen' der Stimme, erkennbar wird.

Wie stets arbeitet der langjährige Strukturalist Roland Barthes mit Oppositionen, die in einem ersten Schritt gegeneinander gestellt werden. Ziele der Phäno-Gesang auf die Diktion der Sprache, so werde im Geno-Gesang eine Friktion zwischen Gesang und Körper hörbar, die materielle Präsenz von Zunge, Glottis, Zähnen und Nase. Wir hatten dies bereits am Beispiel der berühmten Schlusspassage von *Die Lust am Text* genauer gesehen. Jenseits einer Botschaft, die mit den Mitteln sprachlicher Expressivität vermittelt werden soll, entfalte sich auf der Ebene des Geno-Gesangs eine „écriture", ein Schreiben und eine Schreibweise, in die der Körper-Leib in seiner Materialität, aber auch in seiner Erotik eingeschrieben wird.[80]

Versuchen wir, diese Unterscheidung zwischen zwei Ebenen des Gesangs auf die Selbstaufsprache lyrischer Texte zu übertragen, so zeigt sich rasch, dass Guilléns Aufsprache von *La canción del bongó* mit ihrer wohlkalkulierten Verwendung sprachlicher Ausdrucksmittel und ihrer stark akzentuierten Expressivität auf die Kommunikation einer Botschaft abzielt und in diesem Sinne vorwiegend als ein Phäno-Klangtext aufgefasst werden kann. Denn alles ist wie bei Fischer-Dieskau präzise indiziert. Die Botschaft des Schrifttextes soll mit den Mitteln schauspielerischer Diktion möglichst klar und anschaulich gemacht werden. Doch verfügte Nicolás Guillén jenseits dieser phänoklanglichen Diktion sehr wohl auch über die Fähigkeit, die Materialität

---

78 Vgl. hierzu Ette, Ottmar: *Roland Barthes. Eine intellektuelle Biographie*. Frankfurt am Main: Suhrkamp 1998, S. 368–371.
79 Vgl. Barthes, Roland: Le grain de la voix. In (ders.): Œuvres complètes, Bd. 2, S. 1438 f.
80 Ebda., S. 1440.

seines eigenen Körper-Leibs hörbar zu machen und damit jene zweite Ebene zum Klingen zu bringen, in der Barthes die eigentliche ‚Wahrheit' eines Gesangs vermutete.

Ein besonders schönes Beispiel für diese ‚Körper-Sprache' in den Selbstaufsprachen Nicolás Guilléns stellt die Vertonung des Gedichts *Una canción en el Magdalena (Colombia)* dar – nochmals aus dem Gedichtband *El son entero* von 1947. In diesem autobiographisch auf eine Reise Guilléns auf dem Río Magdalena zurückgehenden „poema-son" kommt dem äußerst verknappten *Estribillo* – einem in Guilléns Lyrik keineswegs seltenen Verfahren – eine entscheidende Funktion insoweit zu, als das Hintergrundgeräusch des rudernden Ruderers („Y el boga, boga") in den letzten Strophen immer stärker in den Vordergrund tritt. Dieses Phänomen wollen wir uns etwas genauer vornehmen!

Dieses akustische Phänomen löst zunehmend die in den ersten Strophen vorherrschenden melodischen Ausdrucksmittel – insbesondere die Variationen von Tonhöhe und Satzmelodie – ab. Das In-Eins-Fallen des Subjekts („el boga") mit seiner Tätigkeit und Funktion („bogar"), hinter der das Individuum zu verschwinden und sich gleichsam in Natur aufzulösen scheint, wird in der Selbstaufsprache Guilléns[81] auf beeindruckende Weise verkörpert und zugleich verkörperlicht, vorgeführt und zugleich unterlaufen. Dies insofern, als dass der gleichförmige Rhythmus des rudernden Körpers im Sprechen die körper-leibliche und damit die genoklangliche Dimension freisetzt. Die in der körperlichen Erschöpfung fast desemantisierte, aber gerade dadurch individualisierte Stimme bedient sich vorwiegend temporaler, vor allem aber artikulatorischer Ausdrucksmittel, die dem Ausgang des Gedichts ihr klangliches Gepräge geben.

In diesen phonotextuellen Klang-Text-Beziehungen steht nicht die Diktion, sondern die Friktion im Vordergrund. Die wachsende Undeutlichkeit der Artikulation und die zunehmend vokalische Lautungsart lassen die physische Grundlage aller gesprochenen Sprache, das Ein- und Ausatmen des Klangträgers Luft, fast überdeutlich hörbar werden. Wir hören den Körper-Leib des Vortragenden sprechen und knirschen. Das Gedicht löst sich gegen Ende fast in ein rhythmisches, gepresstes, dem Herzschlag folgendes Atmen und damit in einen fast ‚reinen' Geno-Klangtext auf, bevor in der Echowirkung des Übergangs von „El boga, boga" zu „el remo, rema" (welche an die hier nicht abgedruckte zweite Strophe des Gedichts anknüpft) die Distanz zwischen Natur und Kultur, Artikulation und Sinnproduktion wiederhergestellt und mit einer vorläufig ohne Antwort bleibenden Frage abgeschlossen wird:

---

81 Sie findet sich in Guillén, Nicolás: *El son entero*.

Der Ruderer rudert,
sitzend
rudert er.

Der Ruderer rudert,
schweigend
rudert er.

Der Ruderer rudert,
ermüdet
rudert er.

Der Ruderer rudert,
gefangen in seiner spitzen Piroge
paddelt der Paddler: mustert
das Wasser.[82]

El boga, boga,
sentado,
boga.

El boga, boga,
callado,
boga.

El boga, boga,
cansado,
boga.

El boga, boga,
preso en su aguda piragua,
y el remo, rema: interroga
el agua.

Das Gedicht beeindruckt durch seine Schlichtheit: Keine Silbe ist zu viel. In der abschließenden Beschleunigung dichterischen Sprechens gewinnen am Ende des Gedichts die temporalen über die artikulatorischen Ausdrucksmittel wieder die Oberhand, ohne dass dadurch der tiefe Eindruck eines Geno-Klangtexts verschwände, der die Präsenz des Körper-Leibs des Ruderers in die Stimme des Dichters übersetzt und körper-leiblich hörbar werden lässt. Die phonotextuellen Beziehungen, die in der schrifttextlichen Fassung sichtbar sind, werden in

---

[82] Guillén, Nicolás: Una canción en el Magdalena (Colombia). In (ders.): *Las grandes elegías y otros poemas*, S. 117.

ihrem intermedialen Zusammenspiel durch die Aufsprache so sehr verdichtet, dass sich das Gedicht in einen Phonotext verwandelt, in welchem Text und Klang, aber auch Phäno- und Geno-Ebene nicht mehr voneinander getrennt und abgelöst werden können. In dieser Selbstaufsprache wird die Stimme des Dichters zum Medium, in dem die morphosyntaktischen und metrischen, phonischen und semantischen Ebenen mit der Präsenz des Körpers als Objekt (das im doppelten Wortsinne *instrumentalisiert* werden kann) und des Körpers als Leib-Sein (im Sinne unmittelbarer Selbsterfahrung) in eins fallen.

Es wäre sicherlich aufschlussreich zu untersuchen, ob sich auf Grund der starken rhythmischen Präsenz des Körper-Leibs in der Aufsprache auf Seiten der Zuhörerschaft nicht nur Aufmerksamkeit und Erinnerungsfähigkeit, sondern auch Frequenz und Tiefe der Atmung verändern. Doch ist aus dem in unserer Vorlesung gewählten Blickwinkel vor allem die Verschränkung phäno- und genoklanglicher Elemente bemerkenswert, ist sie es doch, welche den Schrifttext zu einem ästhetisch gelungenen Klangtext im vollen Wortsinne werden lässt, der weit mehr ist als die akustische Übersetzung eines schriftlich fixierten Gedichts. Der Körper des Gedichts, der Körper-Leib des Poems atmet und lebt.

Einen für Nicolás Guilléns Lyrik insgesamt charakteristischen Gegensatz zur Aufsprache von *Una canción en el Magdalena (Colombia)* stellt auf derselben Schallplatte jene des Gedichts *No sé por qué piensas tú* dar. Es entstammt nicht – wie der Titel dieser Aufnahmen-Sammlung suggerieren könnte – dem Gedichtband *El son entero*, sondern den *Cantos para soldados y sones para turistas* aus dem Jahr 1937; auch dies ein Beispiel für die neue Kotextualität, in welche die verschiedenen Gedichte bisweilen absichtsvoll, bisweilen aber wohl auch unbeabsichtigt auf Tonträgern gestellt werden.

Das Gedicht enthält die klare Botschaft an einen Soldaten, zur Sache des Volkes überzulaufen – für Guillén gleichbedeutend mit dem Engagement für eine künftige kommunistische Gesellschaft. Dies ist eine Botschaft, die Nicolás Guillén in seinen politisch sehr korrekten Memoiren unter Rückgriff auf dieses Gedicht auf sein eigenes politisches Handeln bezog.[83] Das gesamte Gedicht beruht auf der kontrapunktischen Verwendung der Einsilber „yo" und „tú", deren scheinbare Gegensätzlichkeit in der Identität derselben Herkunft und Klassenzugehörigkeit und mehr noch in jener des gemeinsamen politischen Kampfes für eine bessere Zukunft aufgelöst wird.

Nicolás Guilléns Selbstaufsprache hebt mit Hilfe einer möglichst klaren Diktion, deren Wirkung auf dem verstärkten Einsatz dynamischer Ausdrucksmittel und insbesondere der akzentuierten Hervorhebung von „tú" und „yo"

---

83 Vgl. u. a. die Inszenierung in Dialogform in Guillén, Nicolás: *Páginas vueltas*, S. 179 f.

beruht, die angestrebte und im Gedicht ‚geprobte' Verschränkung von Du und Ich hervor. Der Vermittlung dieser zentralen Botschaft sind alle Klangelemente in ihrer Expressivität untergeordnet; eine Tatsache, die sich bei der Aufsprache gerade jener Gedichte, die eine möglichst klare und unmissverständliche politische Botschaft mitzuteilen versuchen, nach dem Sieg der kubanischen Revolutionäre um Fidel Castro, Che Guevara und Camilo Cienfuegos ein ums andere Mal feststellen lässt. Wir sollten uns abschließend mit dieser Dimension und Wendung der Guillén'schen Lyrik auseinandersetzen.

Beispiele für die nicht selten kunstvoll in Szene gesetzte Dominanz der Expressivität und damit des ‚Phäno-Gesangs' im Sinne Roland Barthes' sind zahlreich. So dominiert die phänoklangliche Dimension etwa in der Aufsprache des Gedichts *Se acabó*, das Nicolás Guillén nach der in einem Sportstadion am 7. August 1960 gehaltenen Rede Fidel Castros zum Abschluss des Primer Congreso Latinoamericano de Juventudes niedergeschrieben haben soll und das bereits am 9. August in der kommunistischen Zeitung *Hoy* erschien.[84] Die Aufsprache dieses Gedichts, das später den Abschluss der Sammlung *Romancero* bildete, wurde in der Schallplattenaufnahme dem 1964 erschienenen Gedichtband *Tengo* neu zugeordnet und ertönte unmittelbar hinter dem gleichnamigen Eröffnungsgedicht an zweiter Stelle.[85] Diese veränderte Kotextualität, das Einrücken in einen neuen semantischen und klanglichen Zusammenhang, wäre sehr wohl einer eigenen Untersuchung wert; für unsere Fragestellung aber ist die Tatsache gewiss nicht weniger wichtig, dass die Stimme des Dichters in diesem Gedicht, das die Gattungsbezeichnung ‚Son' trägt,[86] in ihrer Expressivität und Klarheit auf eine Gesamtinterpretation der kubanischen Geschichte gerichtet ist.

Die sozial engagierte Lyrik des Nicolás Guillén versteht sich zugleich als politische Avantgarde und damit als Teil eines Kampfes gegen die etablierte Ordnung. Doch als diese herrschende Ordnung – verkörpert in der Diktatur Fulgencio Batistas – in jener Silvesternacht des Jahres 1958 zusammenbrach und der sogenannte ‚Triumph der Kubanischen Revolution' feststand, war sich diese Lyra oder besser Gitarre auch nicht zu schade, den Sieg dieser Revolution zu besingen und Texte zu schaffen, die sehr wohl ihrerseits in die Volkskultur Kubas Eingang fanden. Hierin – und nicht in der propagandistischen Tätigkeit von Nicolás Guillén – darf wohl der Grund dafür gesucht werden, dass man den Kubaner als den Nationaldichter seiner karibischen Heimatinsel feierte.

---

84 Vgl. hierzu Augier, Angel: Los „sones" de Nicolás Guillén, S. 48.
85 Guillén, Nicolás: *Tengo*.
86 Guillén, Nicolás: Se acabó. In (ders.): *Las grandes elegías y otros poemas*, S. 249 f.

Doch etwas Grundlegendes hatte sich verändert: Fortan stand Guilléns Lyrik auch unter dem Gebot eines politischen Kampfes, an dem er nicht mehr auf Seiten der Unterdrückten, sondern der Herrschenden teilnahm. Nicolás Guillén wurde nun von der kubanischen Staatsmacht gehuldigt. Dies mag etwa sein Gedicht *Tengo*, mit dem wir uns noch kurz beschäftigen werden, weit mehr aber noch die Gedichte und „Sones" über bestimmte Phasen und Ereignisse der Kubanischen Revolution aufzeigen. Für diese Phase von Guilléns Lyrik müssen wir festhalten: Oftmals verkommt seine Gitarre zum Propagandainstrument, das nicht mehr den „Son entero", sondern das Hohelied des neuen Herrschers, das Hohelied Fidel Castros singt. Nicolás Guilléns Lyrik ist nicht mehr *akratisch*, sie steht nicht mehr außerhalb der Macht und bekämpft die herrschende Ordnung, sondern ist *enkratisch*: Sie ist selbst in einem autoritären System an der Macht befindlich.

Ich möchte Ihnen im Folgenden jedoch nicht etwa eine solche Propaganda zumuten, sondern sich auf der Grenze bewegende Gedichte vorführen – einmal mehr in Form des Son. Ich beginne eben mit *Se acabó*, einem Gedicht, das zweifellos populär geworden ist. Es stellt in mehrfacher Hinsicht die gegebene Linientreue seines Autors ebenso unter Beweis wie die Unilinearität und Geradlinigkeit seiner dichterischen Vision des kubanischen Geschichtsverlaufes:

> Martí hat's Dir versprochen,
> und Fidel hat's eingelöst;
> ach Kuba, jetzt ist Schluss
> Schluss ist's, alles verloffen,
> s'ist Schluss,
> ach Kuba, recht so, recht so,
> s'ist Schluss,
> das Leder von der Seekuh,
> mit dem der Yankee Dich schlug.
> S'ist Schluss.
> Martí hat's Dir versprochen,
> und Fidel hat's eingelöst.
> S'ist Schluss.
>
> Klauen von den Klauenhauern,
> Nägel von den Yankee-Dieben
> der Zuckermühlen:
> Her mit den Millionen,
> denn die gehör'n den Arbeitern!
> Die Wolke kam im Blitz hernieder,
> ach Kuba, ich hab's gesehen;
> der Adler kriegte 'nen Schrecken,
> ich hab's gesehen;

mit dem Schachern ist es aus,
ich hab's gesehen;
das Volk singt, sang,
das Volk singt so noch immer:
– Fidel kam und hat's eingelöst,
was von Martí einst versprochen.
S'ist Schluss.

Ach, so schön Du meine Fahne,
meine Fahne so kubanisch,
nichts von außen sie Dir befehlen,
oder dass so'n Rüpel komme,
auf ihr trample in Havanna!
S'ist Schluss.

Ich hab's gesehen.
Martí hat's Dir versprochen,
und Fidel hat's eingelöst;
S'ist Schluss.[87]

Te lo prometió Martí
y Fidel te lo cumplió;
ay, Cuba, ya se acabó,
se acabó por siempre aquí,
se acabó,
ay, Cuba, que sí, que sí,
se acabó
el cuero de manatí
con que el yanqui te pegó.
Se acabó.
Te lo prometió Martí
y Fidel te lo cumplió.
Se acabó.

Garra de los garroteros,
uñas de yanquis ladrones
de ingenios azucareros:
¡a devolver los millones,
que son para los obreros!
La nube en rayo bajó,
ay, Cuba, que yo lo vi;
el águila se espantó,
yo lo vi;
la coyunda se rompió,

---

[87] Ebda.

> yo lo vi;
> el pueblo canta, cantó,
> cantando está el pueblo así:
> – vino Fidel y cumplió
> lo que prometió Martí.
> Se acabó.
>
> ¡Ay, qué linda mi bandera,
> mi banderita cubana,
> sin que la manden de afuera,
> ni venga un rufián cualquiera
> a pisotearla en La Habana!
> Se acabó.
>
> Yo lo vi.
> Te lo prometió Martí
> y Fidel te lo cumplió.
> Se acabó.

Das Gedicht soll, wie bereits erwähnt, nach einer öffentlichen Rede Fidel Castros im Stadion von Havanna entstanden sein und dokumentiert sehr gut die Aufbruchstimmung nach dem Sieg der Kubanischen Revolution, die sich als radikaler Bruch ebenso mit dem System der sklavischen Abhängigkeit wie mit dem neokolonialen beziehungsweise imperialistischen System der USA verstand. Bemerkenswert ist in diesem Gedicht nicht nur, dass wie in allen kubanischen Diktaturen zuvor[88] die Herleitung des Machtsystem von José Martí und somit unmittelbar die Linie Martí-Castro beansprucht wird, welche vom Revolutionsführer bereits in den ersten öffentlichen Reden und Auftritten stets hervorgehoben und propagandistisch genutzt worden war. Denn aufschlussreich ist vor allem, dass das Gedicht, das zur Legitimation stets die Augenzeugenschaft („yo lo vi") betont, als ideologische Grundlage den kubanischen Nationalismus unterstreicht und hervorkehrt. Nicolás Guillén nutzt daher von Beginn an eine der ideologischen Hauptstützen der erfolgreichen Kubanischen Revolution und besingt liebevoll die kubanische Flagge, die zuvor in der Tat in La Habana von US-Marines beschmutzt worden war.

Guillén macht damit ein Hauptargument der neuen Regierung legitimatorisch stark: So wird der Yankee zum Usurpator, der sich am Nationalen vergreift; so wird die kubanische Flagge verehrenswert, vor der selbst der nordamerikanische Adler sich verkriecht. Zugleich ist dies ein polemischer Blick zurück, der

---

[88] Vgl. hierzu Ette, Ottmar: *José Martí. Teil I: Apostel – Dichter – Revolutionär. Eine Geschichte seiner Rezeption*. Tübingen: Max Niemeyer Verlag 1991.

schon im Titel des Gedichts deutlich wird: Es ist der radikale Bruch mit einer ausschließlich als negativ und nun überwunden geglaubten Vergangenheit im Schatten der allmächtigen USA.

Dass diese Vergangenheit jedoch nicht einfach verschwunden war, sollten schon die unmittelbar nachfolgenden Jahre der Revolution zeigen. Das stets seufzend („ay") apostrophierte Kuba, demgegenüber das Ich in der Haltung des Augenzeugen berichtet, ist freilich nicht das Kuba Martís, sondern vor allem dasjenige Castros geworden, der den Revolutionär und Modernisten kurzerhand zum „Autor intelectual" seiner Revolution erklärte und damit vor seinen machtbewussten Karren spannte.

Nicolás Guillén aber sollte fortan dieser Kubanischen Revolution in allen seinen Handlungen, Äußerungen und Werken dienen, wobei sich seine Lyrik durch ihre Nähe zu populären Formen der Kultur und Musik als propagandistischer Werbeträger der Revolution besonders gut eignete. Die Kubanische Revolution wusste es dem Poeten zu danken. Kein Zweifel aber: Guillén war nicht nur Werbeträger, er war auch von den Zielen, den Maßnahmen und den Wegen dieser Revolution überzeugt. In ihren Dienst stellte er fortan sein poetisches Schaffen.

Guillén mag damit zumindest in den frühen sechziger Jahren die Positionen einer politischen Avantgarde auf Kuba bezogen haben. In einem künstlerischen Sinne avantgardistisch freilich war seine Lyrik bereits seit den vierziger Jahren nicht mehr, wurde doch in *El son entero* bereits jene ‚Reife' erreicht, in welcher nicht länger der Impuls einer literarischen Vorhut, sondern der sichere Besitz einer Hauptstreitmacht deutlich zu erkennen war. Dem Erfolg seiner Dichtung folgte der Erfolg seiner politischen Überzeugungen. Diese gingen einher mit Guilléns Kanonisierung, zu der er selbst viel beitrug – gerade auch durch seine innerkubanische Machtstellung etwa in der UNEAC. Der avantgardistische Impetus seiner Neuerungen auf ästhetischem Gebiet erlahmte spätestens in den vierziger Jahren deutlich und machte einer kompromittierten, politisch und ideologisch klar und eindeutig engagierten Literatur und Dichtung Platz. Der Geburt des Dichters war damit ein langsames Absterben gefolgt, das den politischen Machterhalt in all seinen Windungen und Wendungen begleitete.

Durch José Martís Einbau in eine Figuraldeutung der kubanischen Geschichte[89] wurde der längst zum Nationalhelden erhobene Lyriker und Revolu-

---

89 Zum Begriff der Figuraldeutung vgl. Auerbach, Erich: Figura. In (ders.): *Gesammelte Aufsätze zur romanischen Philologie*. Bern – München: Francke Verlag 1967, S. 55–92; vgl. zur Figura allgemeine die Potsdamer Habilitationsschrift von Gwozdz, Patricia: *Ecce figura. Anatomie eines Konzepts in Konstellationen (1500–1900)*. Habilitationsschrift an der Universität Potsdam 2021.

tionär, dessen Geschichte und Gedichte das vergangene Jahrhundert in Kuba zweifellos entscheidend mitgeprägt hatten, zu einem (bloßen) Vorläufer Fidel Castros und letzterer zum (getreuen) Vollstrecker der Ideen Martís. Dies verwandelte die Stimme des Dichters in die eines Sehers und zugleich eines Propagandisten der Revolution. Denn das lyrische Ich betrachtet es nunmehr als seine vordringlichste Aufgabe, das kubanische Volk über seine ‚wahre' Geschichte ideologisch aufzuklären. Aus dem Dichter war ein poetischer Ideologe geworden, der andere weltanschauliche oder künstlerische Positionen nicht gelten ließ.

An dieser Stelle sollten wir uns nun einer dritten Ebene dichterischen Sprechens widmen, die bis zu diesem Zeitpunkt ausgespart blieb, aber neben der Phäno- und der Geno-Ebene doch ein wichtiges Charakteristikum der bislang behandelten Selbstaufsprachen darstellt. Diese dritte Ebene betrifft die Selbstreflexivität der dichterischen Sprache, im Sinne Roman Jakobsons gleichsam ihre *poetische Funktion*, in der sich das Sprechen als Sprechen selbst thematisiert und in den Mittelpunkt rückt.[90] Wir könnten in diesem Zusammenhang von einer *phonopoetischen* Ebene sprechen, die selbstverständlich auch Gulléns Selbstdeutungen als Dichter betrifft.

In grundlegender Weise beinhaltet die phonopoetische Ebene die Geschichte dichterischen Sprechens in der Öffentlichkeit, deren Traditionen in die griechisch-römische Antike wie in den mündlichen Vortrag mittelalterlicher Versepen zurückreichen, aber auch auf den sakralen Kontext der Glossolalie verweisen, jenes ekstatische ‚Zungenreden', das sich in den Gemeinden des frühen Christentums den gewöhnlichen, alltäglichen Redeformen entgegenstellte. Diese spezifische Art der Aufführung dichterischer Sprache setzte sich auch in Lateinamerika noch im 20. Jahrhundert bewusst von der Diktion alltagssprachlicher Sprachverwendung ab.

Ein besonders ausdrucksstarkes und auch bekanntes Beispiel ist Pablo Nerudas Aufsprache des *Canto general* und darin insbesondere der *Alturas de Macchu Picchu*; eine Thematik, auf die wir schon zu Beginn unserer Vorlesung gestoßen waren. Gleich zu Beginn dieses Gedichtzyklus, aber auch in dessen weiterem Verlauf erscheint das lyrische Ich als Sprecher einer Kollektivität, des ganzen chilenischen Volkes, ja des gesamten Kontinents; eine Position, die zweifellos nach sprachlichen wie stimmlichen Äquivalenten und ‚Übersetzungen' verlangte. Dies kommt im Falle Pablo Nerudas etwa in einer ungewöhnlichen Satzmelodie und einer tendenziell nach oben strebenden Tonhöhe, einer starken Dynamik mit häu-

---

[90] Vgl. hierzu Jakobson, Roman: Linguistik und Poetik. In (ders.): *Poetik. Ausgewählte Aufsätze 1921–1971*. Herausgegeben von Elmar Holenstein und Tarcinius Schelbert. Frankfurt am Main: Suhrkamp 1979, S. 92–97.

figen Betonungen und Lautstärkewechseln zum Ausdruck, die ständig zwischen Crescendo und Decrescendo pendeln, aber auch in einer starken Lautbindung bei Bevorzugung des Legato gegenüber dem Staccato. Der Gesang des Dichters im *Canto general* macht auf die Formen dichterischen Sprechens (,Singens') und damit auf die Position des dadurch verkörperten lyrischen Ich aufmerksam.

Hierbei ist der Poet als Sprecher, als Stimme eines ganzen Volkes zugleich in der ‚Pflicht', die Sprache des Volkes in seinem Sprechen zu reflektieren. Nicolás Guillén stand hier vor einem vergleichbaren Problem wie der Dichter des *Canto general* – und die Schwierigkeiten und Polemiken zwischen beiden Lyrikern mögen nicht zuletzt aus ihrem beiderseitigen Anspruch darauf resultieren, für ihr jeweiliges Volk, aber auch für Lateinamerika insgesamt die Stimme erheben zu dürfen. Neruda und Guillén gingen parallel eine Reihe gemeinsamer Wegstrecken, doch ihr Verhältnis zur Macht war unter den gegebenen zeitgeschichtlichen und politischen Bedingungen ein anderes. Nicolás Guilléns Position war eine *enkratische*, er hatte alle Kritik am bestehenden autoritären System längst aufgegeben. Dies war sicherlich der Hauptgrund für das Zerwürfnis zwischen beiden Dichtern, wie es auch in Nerudas Autobiographie zum Ausdruck kam.

Der kubanische Dichter ging in seinem populären Streben wie in seinem Anspruch auf die Repräsentation von Kollektivität seit der Machtergreifung Fidel Castros größtenteils andere Wege als der Chilene. Dies betrifft die ästhetische Dimension der Lyrik und wird selbst in den beiderseitigen Selbstaufsprachen der Dichter deutlich. Das Zusammenspiel der verschiedenen Ebenen, vor allem aber zwischen der insgesamt vorherrschenden Phäno-Ebene und jener der Selbstbezüglichkeit, in der die gesprochene Sprache auf sich selbst als Dichtung *und* auf die Funktion des Dichters aufmerksam macht, lässt sich gut an einem der sicherlich bekanntesten Gedichte Guilléns überprüfen: dem Gedicht *Tengo*, das vom kubanischen Lyriker gleich mehrfach auf Tonträger aufgesprochen[91] und häufig auch bei offiziellen Anlässen von ihm vorgetragen wurde. Bereits die beiden ersten Strophen dieses Titelgedichts des 1964 erschienenen Bandes machen die Grundzüge der Guillén'schen Selbstdeutung und seiner „écriture à haute voix", seiner poetischen Laut-Schrift deutlich:

> Wenn ich mich so anseh' und berühre,
> ich, der ich erst gestern HansHabenichts war,
> und heute schon HansHaballes,

---

91 Vgl. Guillén, Nicolás: Tengo. In (ders.): *La voix de Nicolás Guillén*; Tengo. In (ders.): *Nuevos poemas*, a.a.O.; sowie Tengo. In (ders.): *Tengo*, Edición de Samuel Feijo. Caricaturas de Juan David, textos musicales de Ignacio Villa "Bola de nieve", J. González Allué y Juan Blanco. La Habana: Editora del Consejo Nacional de Universidades – Universidad Central de las Villas 1964.

und heute mit allem,
dreh ich die Augen und schau,
seh' mich und berühre
und frag' mich, wie alles kam.

Ich habe, also schauen wir mal,
ich habe Lust, durch mein Land zu gehen
als Herr über alles, was dort ist,
schau' mir genau an, was ich zuvor
weder hatte noch haben konnte.
Zuckerrohrernte kann ich sagen,
Gebirge kann ich sagen,
Stadt kann ich sagen,
Armee sagen,
denn auf immer sind sie mir, sind sie dein, sind sie unser,
und ein weiter Widerschein
vom Blitz, Stern, Blumenblüte.[92]

Cuando me veo y toco
yo, Juan sin Nada no más ayer,
y hoy Juan con Todo,
y hoy con todo,
vuelvo los ojos, miro,
me veo y toco
y me pregunto cómo ha podido ser.

Tengo, vamos a ver,
tengo el gusto de andar por mi país,
dueño de cuanto hay en él,
mirando bien de cerca lo que antes
no tuve ni podía tener.
Zafra puedo decir,
monte puedo decir,
ciudad puedo decir,
ejército decir,
ya míos para siempre y tuyos, nuestros,
y un ancho resplandor
de rayo, estrella, flor.

Das zu den bekanntesten Schöpfungen Guilléns zählende Gedicht ist – wie häufig bei diesem kubanischen Poeten – von fundamentalen Gegensatzpaaren durchzogen, die hier jedoch in ihrer scharfen Abgrenzung eines gegenwärtigen Zustands von einem vergangenen nicht in eine dialektische oder fusionelle Re-

---

92 Guillén, Nicolás: Tengo. In (ders.): *Las grandes elegías y otros poemas*, S. 195.

lation überführt, sondern in ihrer abrupten Antinomie einer weiteren Zuspitzung zugeführt werden. Die Botschaft des Gedichts ist überdeutlich und trennt die glückliche Gegenwart von einer schrecklichen Vergangenheit ab, die für Unterdrückung, Fremdherrschaft der USA, Rassendiskriminierung, Drangsalierung der Landbevölkerung, ostentativen Reichtum und Luxus einiger weniger auf Kosten des Volkes steht. Dem Habenichts von gestern gehört nun ebenso die Zuckerrohrernte wie der „Monte", wie das Gebirge, in das der frühere Sklave vor seinen Peinigern einst floh.

Die Überwindung dieses „ayer", das noch sehr nahe, ein „no más *ayer*" ist, wird dem „hoy" der Revolution zugeschrieben, die endgültig („*no más* ayer") die Ungerechtigkeiten und Diskriminierungen der Vergangenheit wie in einem einzigen Blitz („rayo") hinweggefegt habe. Die Verdienste des neuen Systems werden – von der Landreform bis zur Alphabetisierungskampagne – durchgängig im Gedicht auf der Habenseite der Revolution verbucht. Alles gehört nun allen, dem Wir, dem Dein, dem Ich. Wer aber ist dieses Ich, wer spricht in diesem Gedicht?

Die Aufsprache der ersten Strophe,[93] in der das Ich mit einem Habenichts von gestern, einem Menschen aus dem einfachen Volk, später mit einem Bauern, einem Arbeiter und einem Schwarzen – folglich „gente simple" – identifiziert wird, entspricht einer der Alltagssprache recht angenäherten Diktion. Diese aber verändert sich im weiteren Fortgang des Gedichts bereits in der zweiten Strophe durch die angehobene Tonhöhe, die erhöhte Lautstärke, die durch viele Betonungen rhythmisierte und daher niemals langweilig wirkende gleichförmige Satzmelodie hin zu einer Sprechweise, die sich teilweise deutlich von der Alltagssprache abgrenzt, ohne sich definitiv von ihr zu trennen.

Dabei ermöglicht die Reiteration parallel gestellter Satzteile – wie das vierfach in Versendstellung wiederholte Lexem „decir" – das akustische Auftauchen körper-leiblicher Charakteristika einer Sprechweise, in der neben der phänoklanglichen auch die genoklangliche Ebene hörbar wird. Lexem-Redundanzen rund um die Verben „tener" und „decir" eröffnen immer neue Isotopien, die unter anderem auch das Volkseigentum betonen. Die Ebene der Selbstbezüglichkeit des Gedichts auf Dichtung und Dichter wird ihrerseits von einem ständigen Pendeln zwischen ‚einfacher' und ‚gehobener' Diktion bestimmt, aus der die Friktion zwischen Satzmelodie und Körper-Leib nicht ausgeblendet wird.

---

[93] Ich beziehe mich hier auf Guillén, Nicolás: Tengo. In (ders.): *Tengo*. Eine vergleichende Analyse der Aufsprache-Varianten der verschiedenen Fassungen auf Tonträgern (die auch leichte Textvarianten miteinschließen) würde den Rahmen unserer Vorlesung sprengen und muss hier unterbleiben.

Nicolás Guillén gelingt es in diesem Oszillieren zwischen der Stimme des Volkes und der Stimme der Dichtung beziehungsweise des geschichtsmächtigen Dichters einen gewiss nicht erst mit *Tengo* geschaffenen Effekt zu erzielen, wie er sich unschwer auch in der Entwicklung Pablo Nerudas in vergleichbarer Weise finden lässt: Die Identifikation der Stimme der Dichtung und mehr noch des Dichters mit der Stimme des Volkes selbst wird vorherrschend, fast obsessiv. Wenn wir an unsere Beschäftigung mit Pablo Neruda im ersten Teil dieser Vorlesung zurückdenken, dann schaffen beide Dichter gleichermaßen die Figur eines beliebigen Habenichts, für den zu sprechen diese Dichter des Volkes Anspruch erheben. Der Lyriker wird auch stimmlich zum Sprachrohr einer Kollektivität, ohne doch in seiner individuellen körper-leiblichen Präsenz zu verschwinden.

Dass diese Identifikation in den sozialen, politischen und kulturellen Bestimmungen des lyrischen Ich, im Aufgreifen und der Durchführung antidiskriminatorischer Themen, in noch fundamentalerer Weise jedoch in der Vita des Dichters selbst fundiert ist, steht außer Frage. Diese Aspekte vereinigen sich aber in jener Stimme des Dichters, die als „écriture à haute voix" neben den optisch wahrnehmbaren Schrifttext tritt und die doppelte Identifikation der Lyrik mit einer Stimme und dieser Stimme mit einem ganzen Volk ins Werk setzt. Die Lautschrift wirkt hier wie die Signatur eines Autors, der für ein ganzes Volk spricht und (unter-)schreibt.

Es verwundert daher nicht, dass sich in den Schriften Guilléns, in seiner Rezeptionsgeschichte und bis heute gerade auch in der Forschungsliteratur eine Unzahl von Hinweisen finden lässt, in denen der als „Poeta Nacional" gefeierte Dichter kurzerhand zur Stimme Kubas und des kubanischen Volkes erklärt wird. So schrieb der Biograph und langjährige politische und literarische Weggefährte Nicolás Guilléns, Ángel Augier, zu diesem Aspekt: „Der Dichter überzeugt, wenn er betont, dass seine ganze Stimme ‚die ganze Stimme des Son' ist, weil es ihm gelang, diese Stimme zu einer maximal von ihm erreichbaren Höhe des Gesangsvortrages, der Stilisierung zu führen, so dass er in ihren verschiedenen rhythmischen und plastischen Formen die feinsten Ausdrucksweisen des Geistes schuf, ohne den Son seiner tiefen Wurzel zu berauben, insofern er ihren höchst kubanischen Fruchtgeschmack und ihren klanglichen und leuchtenden Tropenhauch beibehielt."[94]

---

[94] Augier, Ángel: Hallazgo y apoteosis del poema-son de Nicolás Guillén, S. 51: „El poeta convence cuando afirma que su voz entera es 'la voz entera del son', porque ha logrado llevar esa voz a un grado máximo de decantación, de estilización, haciéndole capaz de alcanzar, en sus diversas formas de ritmo y de plasticidad, las más finas expresiones del espíritu, sin despojar al son de su raíz profunda, conservándolo todo su cubanísimo sabor frutal y su cálido soplo de trópico sonoro y luminoso."

Die identifikatorische Beziehung zwischen dieser Stimme des Son des zum „Sonero Mayor" Ausgerufenen mit Kuba und die damit oftmals einhergehende Identifikation der Insel mit der Kubanischen Revolution findet sich – neben unzähligen anderen Beispielen – etwa bei José Antonio Portuondo. Letzterer übernahm wenige Jahre später in einer der dunkelsten Stunden der kubanischen Literaturgeschichte als Vizepräsident der UNEAC für den absichtsvoll ‚diplomatisch' erkrankten und abwesenden Präsidenten Nicolás Guillén die Leitung jenes Schauprozesses gegen eine andere Stimme der Lyrik. Dabei handelt es sich um Heberto Padilla und all jene kubanischen Schriftstellerinnen und Schriftsteller, die man als konterrevolutionär und dem ideologischen Diversionismus verfallen stigmatisieren wollte. Portuondo schrieb: „in Nicolás Guillén singt die Kubanische Revolution mit der ganzen ihr zur Verfügung stehenden Stimme, mit ihrer reichen, nach dem grandiosen Epos der Sierra Maestra wiedererlangten Stimme, welche der Dichter eifersüchtig auf dem langen und harten Weg bewahrte, welcher den endgültigen Triumph der sozialistischen Revolution vorbereitete."[95] Diese Passage beschließt das auf den 26.1.1964 datierte Vorwort Augiers; dies soll uns – seien Sie unbesorgt – als weiteres Beispiel des kubanischen Triumphalismus und der pathetischen Lobpreisungen des kubanischen Dichters an dieser Stelle genügen.

Nein, gestatten Sie mir noch zwei letzte Beispiele! Die Stimme des Dichters war, wie es im offiziellen Diskurs der Revolution ein ums andere Mal hieß, „„zum Herzen des kubanischen Volkes vorgedrungen, um auf immer in ihm zu bleiben".[96] Was aber, wenn dem Dichter die(se) Stimme versagt? Auch für diesen Fall war vorgesorgt, wie Luis Felipe Bernaza am Beispiel einer erbaulichen Anekdote zu berichten wusste, die den Zuschauern der Wochenschau des ICAIC, des kubanischen Filminstituts, nicht verborgen bleiben sollte: „Ein einziges Mal stieß ich letztlich auf Probleme beim Filmen von Nicolás. Es war der Tag, an dem der *Comandante en Jefe* [i. e. Fidel Castro] an seine weite Brust den Nationalorden José Martí heftete. In jener denkwürdigen Nacht versagte Nicolás die Stimme,

---

95 Portuondo, José Antonio: Prólogo. In: Guillén, Nicolás: *Tengo*, S. 17: „En Nicolás Guillén la revolución cubana canta con toda la voz que tiene, su rica voz recobrada tras la grandiosa epopeya de la Sierra Maestra y que el poeta guardó celosamente en la larga y dura trayectoria que preparó el triunfo definitivo de la revolución socialista."
96 Pavón Tamayo, Luis: Recuerdo personal de todo el mundo. In: *Unión* (La Habana) 2 (1982), S. 119: „El aviso de aquel mañana que es hoy estaba en la voz del poeta, que había llegado al corazón del pueblo para quedarse en él."

gleichwohl sagte er wie er konnte sein unvergessliches Gedicht ,Tengo' auf. / Für die kommenden Generationen werden die Lateinamerikanischen Nachrichten des Icaic [i. e. Kubanisches Filminstitut], der das lebendige Bild von Nicolás in jenem Augenblick einfing, in dem seine unvergleichliche Stimme einer *Ceiba* ihren Ritt verweigerte. Dennoch klang ,Tengo' besser als jemals zuvor, denn Millionen von Stimmen sagten für Nicolás das Gedicht auf."[97]

Dem Dichter versagte die Stimme just in einem Augenblick, wie er besser von keinem Hollywood-Drehbuch hätte entworfen werden können: In jenem Augenblick, als sich die von ihm selbst beschworene *figurale Geschichtsdeutung* in Gestalt Fidel Castros näherte. Letzterer hielt den so oft von ihm als „autor intelectual" der castristischen Revolution bezeichneten José Martí – in der Form des Nationalordens – in der Hand und stand im Begriff, Guillén selbst zumindest symbolisch in diese Figuraldeutung der kubanischen Nation mitaufzunehmen.

Wie hätte jenem Dichter, der im symbolträchtigen Jahr der Geburt der kubanischen Nation auf die Welt kam, nicht die Stimme gerade bei jenem Gedicht des Dankes an die Revolution versagen sollen, das er zuvor so oft bei öffentlichen Veranstaltungen vorgetragen hatte? Anstelle jenes Poeten, der als ,Nationaldichter' für viele auf der Insel die Stimme des Volkes und die Stimme der Revolution verkörperte, soll *Tengo* nun von Millionen von Stimmen aufgesagt worden sein; eine Anekdote, die – *se non è vera è ben trovata* – tiefen Einblick in die Macht einer Stimme der Lyrik gibt, die stets die Lyrik der Stimme in der Performanz der eigenen Gedichte zu entfalten wusste. Könnte nicht die Initiationsszene Guillén'scher Dichtung, jene rhythmische Wiederholung der Worte *Negro bembón* durch eine fremde und nahe Stimme, auch als eine Szene verstanden werden, mit Hilfe derer der Autor der *Motivos de son* nachträglich auf den kollektiven Ursprung seiner Dichtung hinweisen wollte? Würde in dieser ,Urszene' das kubanische Volk nicht gar zum Mitautor avancieren?

Nicolás Guillén verstand es meisterhaft, in der Stimme seiner Lyrik viele andere Stimmen, Klänge und Rhythmen zu bündeln, die damals im kulturellen Spannungsfeld, dem die Insel angehörte, gleichsam in der Luft lagen. Wie immer man die Lyrik Guilléns bald schon ein ganzes Jahrhundert nach dem Erstabdruck der *Motivos de son* beurteilen mag: Die Stimme (in) seiner Lyrik

---

[97] Bernaza, Luis Felipe: Sonó mejor que nunca, S. 174: „Finalmente, una sola vez confronté serios problemas al filmar a Nicolás. Fue el día en que el Comandante en Jefe le colocó en su amplio pecho la Orden Nacional José Martí. Aquella memorable noche a Nicolás le falló la voz y, no obstante, dijo como pudo su inolvidable poema 'Tengo'. / Para las generaciones venideras quedará el Noticiero Icaic Latinoamericano que recoge la imagen viva de Nicolás en el momento en que, por vez primera, su inigualable voz de *Ceiba* se negó a cabalgar. No obstante, 'Tengo' sonó mejor que nunca, millones de voces dijeron el poema por Nicolás."

sollte nicht länger überhört oder nur als Randphänomen behandelt werden. Mehr denn je sollte sich eine Würdigung seines dichterischen Sprechens der Tatsache bewusst werden, dass seine Stimme nicht *die* Stimme *des* kubanischen Volkes, wohl aber eine bewusst gestaltete und zu Recht herausragende Stimme neben vielen anderen ist, die für die Insel der Inseln[98] diesseits wie jenseits des Territorialstaats sprechen. Ob der Geburt der Stimme im Halbschlaf und dem Erklingen von *Negro Bembón* am Ende ein Ersterben der Stimme mit der Einverleibung des Dichters in die staatliche Macht auf Kuba gegenübergestellt werden sollte, muss jede Leserin und muss jeder Leser letztlich für sich selbst entscheiden: Dies ist eine Frage, die an dieser Stelle unserer Vorlesung bewusst offen gelassen werden soll.

---

98 Vgl. hierzu Ette, Ottmar: Kuba – Insel der Inseln. In: Ette, Ottmar / Franzbach, Martin (Hg.): *Kuba heute. Politik, Wirtschaft, Kultur.* Frankfurt am Main: Vervuert Verlag 2001, S. 9–25.

Oliverio Girondo, Jorge Luis Borges oder die Avantgarden und die Straßenbahn

Kehren wir zurück zum Beginn der zwanziger Jahre und versuchen wir, die Spezifik der historischen Avantgarden nun nicht mehr in der literarischen Area der Karibik, sondern in einer anderen Area nahezukommen, die innerhalb der Avantgarden in den Literaturen der Welt eine besonders herausgehobene Rolle spielen sollte! Ich spreche von den Literaturen im Cono Sur und in erster Linie von Argentinien.

Die Galionsfigur der argentinischen Avantgarde war ohne Zweifel Jorge Luis Borges,[1] der spätestens seit 1919 Entscheidendes dazu beigetragen hatte, dass sich die argentinische Literaturszene mit den Avantgarden Europas, insbesondere mit den italienischen, französischen und vor allem spanischen Avantgardisten und hierbei wiederum besonders mit dem „Ultraísmo" kreativ auseinandersetzte. Wir werden uns sogleich mit Jorge Luis Borges beschäftigen, wollen zuvor aber versuchen, ein kurzes Porträt der Lyrik in Argentinien anhand des sicherlich herausragenden Lyrikers Oliverio Girondo in aller Kürze zu skizzieren.

Im Gegensatz zu den literarischen Areas Mexikos und des andinen Raumes gibt es innerhalb des argentinischen Nationalstaats einen weitaus geringeren Anteil indigener Bevölkerung und gegenüber der Karibik einen deutlich geringeren Anteil der schwarzen Bevölkerung. Wir haben es also mit einer literarischen Area zu tun, in welcher den kulturellen Polen der indigenen wie der schwarzen Kulturen ein weitaus geringeres Gewicht innerhalb der Demographie, vor allem aber auch innerhalb des Spektrums der kulturellen Traditionen Argentiniens zukommt. Dies gilt im Übrigen auch für Uruguay, keinesfalls aber für den dritten Nationalstaat des Cono Sur, Paraguay, so dass wir uns mit Blick auf die Gesamtheit der Area vor Verallgemeinerungen hüten sollten. Konzentrieren wir uns in der Folge also auf Argentinien, dessen sozioökonomische Modernisierung in jenen Jahren vereint mit einer starken Einwanderung gewaltige Kräfte entfesselte!

Bereits während der gesamten dritten Phase beschleunigter Globalisierung war die argentinische Gesellschaft eine Einwanderungsgesellschaft, welche insbesondere europäische Einwanderergruppen aus Italien, dem Balkan, Deutschland und Polen aufnahm und eine gesellschaftliche Entwicklung erfuhr, die in ihrer Rasanz innerhalb Lateinamerikas wohl kaum Vergleichbares findet. Die

---

1 Vgl. auch das Kapitel zu Jorge Luis Borges im dritten Band der Reihe „Aula" in Ette, Ottmar: *Von den historischen Avantgarden bis nach der Postmoderne*, S. 494 ff.

Open Access. © 2022 Ottmar Ette, publiziert von De Gruyter. [CC BY-NC-ND] Dieses Werk ist lizenziert unter einer Creative Commons Namensnennung - Nicht-kommerziell - Keine Bearbeitung 4.0 International Lizenz.
https://doi.org/10.1515/9783110751321-026

kulturelle Problematik der historischen Avantgarden, wie wir sie auf Kuba mit Nicolás Guillén kennengelernt haben, musste daher in Argentinien eine gründlich andere sein – und sie war es in der Tat.

In Argentinien spielen nicht die engen sozioökonomischen Verbindungen zu den Vereinigten Staaten von Amerika, sondern die kulturellen Beziehungen zu Europa, insbesondere zu Italien, Spanien und allen anderen voran Frankreich eine entscheidende Rolle. Denn seit Esteban Echeverría die Argentinier mit der französischen Romantik vertraut machte und in der „Generación del 37" die Grundlagen dafür schuf, dass sich Argentiniens Literatur im 19. Jahrhundert ohne den sehnsüchtigen Seitenblick auf Paris niemals zu finden glaubte, gibt es die besonders privilegierte Relation zur französischen Hauptstadt; eine Beziehung, die sich selbst noch bis in den Beginn des 21. Jahrhunderts erhielt. Denn Paris blieb für die argentinischen Literatinnen und Literaten ebenso der Orientierungspunkt wie es auf Ebene der Theorie die französischen Theoretikerinnen und Theoretiker blieben. Als Romanist und Komparatist habe ich dies immer wieder gespürt, wenn mir argentinische Projekte ins Haus flatterten: Bisweilen konnte man sie mit verbundenen Augen dank massiver frankophiler Theoriebausteine als argentinische Vorhaben identifizieren.

Wenn wir uns mit dem am 17. August 1891 in Buenos Aires geborenen und am 24. Januar 1967 ebendort verstorbenen Oliverio Girondo beschäftigen, dann ist es ein Leichtes, diesen Dichter als Bestätigung der soeben genannten These einer Ausrichtung an Frankreich zu präsentieren. Denn Oliverio Girondo, der aus einer argentinischen Patrizierfamilie stammend zeit seines Lebens keine finanziellen Probleme kannte, sich seit seiner Kindheit und Jugend Weltreisen leisten konnte und die französische Hauptstadt wie kaum ein anderer Argentinier kannte, darf als einer jener Dichter gelten, welche das Paris-Bild in der argentinischen Literatur weiter überhöhten und mit neuen Akzenten bereicherten.

Abb. 65: Oliverio Girondo (1891–1967).

Dass Girondo keineswegs der einzige lateinamerikanische Avantgardist war, der wesentliche Impulse für sein Schaffen aus Paris erhielt, und dass man keineswegs reich zu sein brauchte, um sich als lateinamerikanischer Lyriker in Paris wiederzufinden, mögen die Beispiele von Vicente Huidobro und César

Vallejo zeigen, mit denen wir uns in einer anderen Vorlesung ausführlich beschäftigt haben.[2] Denn auch auf deren Schaffen haben die großen französischen Avantgardisten der ersten Stunde und jene Autoren, welche wie Alfred Jarry und Guillaume Apollinaire diese frühe Generation geprägt hatten, wesentlichen Einfluss genommen. Die französische Hauptstadt war zum damaligen Zeitpunkt die unbestrittene Literaturhauptstadt der Welt.

Oliverio Girondo wusste sehr wohl um das Bemühen dieser historischen Avantgarde in Europa, um den radikalen Bruch mit den Institutionen des Literatur- und Kulturbetriebs; und er gehörte zu jenen Autorinnen und Autoren, die diesen radikalen Bruch möglichst ebenso unversöhnlich auch in seiner argentinischen Heimat vollzogen wissen wollten. Schon aus dieser Perspektive ist Oliverio Girondo also ein lateinamerikanischer Avantgardist, der sich nicht nur bestens bei seinen europäischen Bezugsautoren auskennt, sondern der mehr als andere Lateinamerikaner seiner Zeit die grundlegenden Vorstellungen hinsichtlich eines Bruchs mit der Institution Literatur zu verwirklichen trachtete. Diesbezüglich war Girondo eher atypisch: Er war in diesem Sinne – aber nur in diesem! – sicherlich ein Schriftsteller, zu dem der Zugang von Europa her deutlich leichter fällt als etwa bei Autoren wie Alfonso Reyes, Nicolás Guillén oder José Vasconcelos. Doch sehen wir uns seine Dichtkunst einmal etwas näher an!

Oliverio Girondo zählte 1924 zu den Mitbegründern der damals so einflussreichen Zeitschrift *Martín Fierro*, dessen literarischen Namensgeber wir in dieser Vorlesung ausführlich kennengelernt haben, und war einer der frühen Weggefährten des damals ultraistischen Jorge Luis Borges. Er blieb zeit seines Lebens den Erfahrungen der französischen Avantgarde treu. Das war angesichts seiner Biographie keineswegs erstaunlich. Denn als ehemaliger Schüler eines Pariser Lycée, wo er – wie auch später in England – sich auf das Abitur vorbereitet hatte, wusste er sich den französischen Avantgardisten, von denen er viele persönlich kannte, sehr nahe. Dies mag nicht zuletzt seine lange Freundschaft mit Jules Supervielle belegen.

Während seines Jurastudiums in Buenos Aires, zu dem er sich unter der Bedingung verpflichtete, dass ihm seine wohlhabenden Eltern jedes Jahr längere Europaaufenthalte finanzierten, und noch bis zu Beginn der dreißiger Jahre war Girondo ein Weltenbummler, der erst im Alter von vierzig Jahren in Buenos Aires etwas sesshafter wurde. Seine vielfachen Reisen verarbeitete er in einem ersten Gedichtband, den *Veinte poemas para ser leídos en el tranvía*, die 1922

---

2 Vgl. ebda., S. 235 ff., 261 ff. u. S. 281 ff.

erschienen und in Form von *Zwanzig Gedichte[n], in der Straßenbahn zu lesen*[3] Bewegungsfragmente darstellten, die spezifisch avantgardistische Charakteristika aufweisen.

Diese Tatsache lässt sich an diesen europäischen, aber auch argentinischen Reiseskizzen sehr gut beobachten. Ich habe Ihnen aus den *Veinte poemas para ser leídos en el tranvía* zwei Gedichte ausgewählt, die einmal die Stadt (Buenos Aires) und ein andermal den Strand (Mar del Plata) porträtieren, ein Gegensatz, den Girondo auch anhand anderer europäischer Orte wie Paris und Biarritz, Venedig und Chioggia wiederaufnahm. Hier also seine Studie von Buenos Aires, mit deren Hilfe er uns in *Apunte callejero* eine mobile Perspektive zugleich *aus der Bewegung* und *für die Bewegung* liefert:

> Auf der Terrasse eines Cafés ist eine graue Familie. Einige Brüste gehen schielend vorbei auf der Suche nach einem Lächeln über den Tischen. Der Lärm der Automobile entfärbt die Blätter der Bäume. In einem fünften Stock kreuzigt sich jemand, indem er die Fensterflügel weit aufstößt.
>
> Ich denke daran, wo ich die Kioske, die Straßenlaternen, die Passanten aufheben werde, die mir durch die Pupillen hereinkommen. Ich fühle mich so voll, dass ich Angst bekomme, zu platzen... Ich müsste etwas Ballast auf dem Bürgersteig abwerfen...
>
> Als ich an eine Ecke komme, trennt sich mein Schatten von mir und wirft sich plötzlich zwischen die Räder einer Straßenbahn.[4]

Wir haben es in diesem Prosagedicht mit hochmodernen Straßenszenen zu tun, wie sie auf ähnliche Weise für den Innenraum von Bars – und mit ähnlich frauenfeindlichen Anklängen – ein Albert Cohen zeitgleich in Genf entwarf.[5] Zu den urbanen Emblemen der Moderne zählen lautstarke Automobile, (elektrifizierte) Straßenlaternen oder auch die ubiquitären Trams, die den Massentransport in den großen Metropolen bewältigen. Diese Straßennotiz endet mit eben jenem Element, das bereits im Titel der Prosagedichtsammlung auftaucht: eben der Straßenbahn, in welcher diese Gedichte gelesen werden sollen.

Ihren Titel erhielt die Sammlung zum einen aufgrund der Bemühungen Oliverio Girondos, das Buch so billig zu machen, dass es seine Leserschaft nicht teurer zu stehen kommt als eine Straßenbahnfahrkarte, was auch gelang. Dass das Lesepublikum als Dank hierfür die Gedichte auch gleich in der Straßenbahn lesen soll, ist da nur natürlich und wird im Titel angedeutet. Dabei ist be-

---

3 Zu einer existierenden Übertragung ins Deutsche vgl. Wentzlaff-Eggebert, Harald: Nachwort. In: Girondo, Oliverio: *Milonga. Zwanzig Gedichte im Tangoschritt*. Göttingen. Verlag Bert Schlender 1984, S. 66–77.
4 Girondo. Oliverio: Apunte callejero. In (ders.): *Veinte poemas para ser leídos en el tranvía. Calcomanías. Espantapájaros*. Buenos Aires: Centro Editor de América Latina 1981, S. 16.
5 Vgl. Ette, Ottmar: *Von den historischen Avantgarden bis nach der Postmoderne*, S. 321 ff.

merkenswert, dass der Ort der Lektüre ein Ort in Bewegung ist, so wie sich die Gedichte selbst auch einer ständigen Bewegung (in) der modernen Großstadt verdanken.

Die Tram oder Straßenbahn ist zum damaligen Zeitpunkt noch ein recht neues Phänomen der Großstadt und verweist auf deren sozioökonomischen Modernisierungsschub (Abb. 66 u. 67). Buenos Aires ist in den zwanziger Jahren des 20. Jahrhunderts längst nicht mehr die „gran aldea", das große Dorf, sondern zu jener großen Metropole geworden, die auch europäische Besucher stark beeindrucken sollte. Die Lektüre in der Straßenbahn macht ein rasches Aufnehmen der Gedichte erforderlich; mindestens ebenso rasch, wie die Notizen auf der Straße aufgenommen zu sein vorgeben: Alles ist von einer großen Geschwindigkeit durchzogen, welche sich ebenso dem Schreiben wie dem Lesen aufprägt. Hat der Dichter überhaupt Zeit, die sich in ihm aufgestauten, durch seine Pupillen eingedrungenen Bilder seiner inneren *Camera obscura* zu verarbeiten?

Abb. 66: Fahrgäste im Inneren einer elektrischen Straßenbahn in Buenos Aires, ca. 1897.

Abb. 67: Straßenbahn in Buenos Aires mit Feiernden des 17. Oktobers 1945 (Geburt des Peronismus).

Fast will es so scheinen, als wäre dies nicht der Fall. Denn diese scheinbar spontan hingeworfenen „Apuntes" werden durchaus nur auf den ersten Blick in logisch-kausale Zusammenhänge eingebaut. Die ersten Sätze scheinen sich noch einer solchen mehr oder minder logischen Abfolge zu verdanken; doch bald bemerken die Leserinnen und Leser, dass sich zwischen der grauen sitzenden Familie und den vorbeispazierenden Brüsten keine weitere Entwicklung anbahnt, die vom Prosagedicht oder Text weiterverfolgt worden wäre. Es sind kurze rasche Blicke, wie aus einer vorbeifahrenden Straßenbahn. Und erst durch die Lese-Akte selbst entsteht eine Verbindung zwischen diesen Text-Inseln, welche durch ihre klare Diskontinuität geradezu isoliert in diesem Großstadtgedicht hervorstechen.

Lassen sich also durch die Lektüre geheime Verbindungen herstellen? Vielleicht bekreuzigt sich jemand ganz oben im fünften Stock wegen eben dieser Brüste, die ohnehin literarisches Lust-Objekt einer männlichen historischen Avantgarde wie Neoavantgarde waren?[6] Und hören wir keine Reaktionen, weil der Lärm

---

6 Vgl. hierzu Ette, Ottmar: Mit Haut und Haar? Körperliches und Leibhaftiges bei Ramón Gómez de la Serna, Luisa Futoransky und Juan Manuel de Prada. In: *Romanistische Zeitschrift*

der Automobile – ein weiteres Emblem der modernisierten Großstadt – etwa so laut ist? Vielleicht also gibt es doch Beziehungen zwischen den kurzen Beobachtungen oder Vorfällen, die ein wenig an das erinnern, was Roland Barthes in seinem Reisetagebuch aus Marokko *Incidents* genannt hat, also Vorfälle oder Einschnitte.[7] Doch dies führt uns schon auf Wege von den historischen Avantgarden zu den Neoavantgarden: Bleiben wir erst einmal bei den historischen!

Das Gemeinsame enthüllt sich in der zweiten Strophe des Prosagedichts. Es ist das Eindringen durch die Pupillen, also die Dominanz des Optischen, die nach Platz und Aufschreibe-Möglichkeit im Innern sucht; in einem Innern, das laut Aussage des lyrischen Ich zu platzen droht. Es ist so – und auch an dieser Stelle ergibt sich eine klare Parallele zu Albert Cohen –, als ob die gesehenen Gegenstände sich im Inneren des Dichters, im Kopf des Schreibenden anhäufen würden und gewaltigen Platz einnähmen. Das Ich, so scheint es, müsste auf dem Gehsteig etwas Ballast abwerfen; ein Gedanke, der an den *Flaneur* der Großstadt und an dessen Großvater Charles Baudelaire – die Urgroßväter lassen wir einmal außer Betracht – erinnert. Im Übrigen ist die Überfülle der Innenwelt, die die Außenwelt in sich aufnimmt, ein altes Motiv, das in der abendländischen Literatur spätestens seit Augustinus gegenwärtig ist.

Selbst die letzte Strophe scheint sich durch unsere Lektüre noch in einen wie auch immer gearteten losen kausalen Zusammenhang bringen zu lassen. Denn das Ich wirft zwar keinen Ballast ab, wohl aber seinen Schatten, der sich zwischen die Räder der vorbeifahrenden Tram wirft. Dadurch bleibt ein Mann ohne Schatten zurück – ebenfalls ein altes literarisches Motiv, das das Ich in eine lange Traditionsreihe unheimlicher Gestalten stellt, die spätestens mit *Peter Schlemihls wundersame Geschichte* von Adelbert von Chamisso ein breites Publikum erreicht haben. Denn diese Gestalten haben ihren Schatten verloren, weil sie mit dem Teufel im Bunde stehen. Sie sehen, dass bei Oliverio Girondo – ähnlich wie bei anderen lateinamerikanischen Avantgardisten – der Bruch mit der literarischen Tradition keineswegs hart vollzogen wird.

Mit welchem Teufel aber ist dieser lyrische Berichterstatter, dieser ‚Straßennotizenautor' im Bunde? Vielleicht ist es der Teufel der Modernisierung und der Großstadt, der letztlich doch alle fragmentierten Eindrücke wie auch immer miteinander in Beziehung bringt ungeachtet der Tatsache, dass die einzelnen Elemente, Personen, Gegenstände nur einen winzigen Zeitpunkt, einen winzigen *Augenblick* lang miteinander in Kontakt treten? Zumindest ist dies in der

---

für Literaturgeschichte / Cahiers d'Histoire des Littératures Romanes (Heidelberg) XXV, 3–4 (2001), S. 429–465.
7 Vgl. hierzu das entsprechende Kapitel in Ette, Ottmar: *LebensZeichen. Roland Barthes zur Einführung*. Zweite, unveränderte Auflage. Hamburg: Junius Verlag 2013.

Pupille des Beobachters der Fall, der etwas länger belichtete, nur an den Rändern freilich unscharf werdende Bilder von ihnen macht. Denn es handelt sich um literarische Momentaufnahmen, die auf ein anderes technisches Medium verweisen, das der sich rasch entwickelnden Photographie, das zusammen mit dem Film das Leben in der Großstadt zu porträtieren begann.

Die Szenerie der Metropole ist im Übrigen keineswegs nur positiv eingefärbt. Dies zeigen schon die Blätter, die von den Automobilen entfärbt werden, ebenso wie die Straßenbahn, die den Schatten des Ich überfährt. Auch das Ich selbst droht wegen Reizüberflutung zu platzen, sucht eine Möglichkeit, die Vielfalt der aufgenommenen Szenen und Gegenstände in sich zu behalten, ohne zugleich seine Existenz aufgeben zu müssen. Das Ich ist in Oliverio Girondos Gedicht weit mehr als eine photographische Linse: Es ist ein scharfes Bewusstsein, das sich der Vergänglichkeit und Unwiederbringlichkeit all dieser „Apuntes", dieser Augenblicke, dieser skizzenhaften Momentaufnahmen bewusst ist.

Die Ausschnitthaftigkeit der in Girondos Prosagedicht ins Auge gefassten Gegenstände erinnert an die zeitgenössischen Experimente und Ausdrucksformen des Kubismus.[8] Aus eben diesem Grunde sind die beobachteten Objekte auch nicht unverbunden und nur heterogen, sondern *zugleich* aus unterschiedlichen Perspektiven aufgenommen – gleichsam wie auf der Fahrt mit einer rollenden Kamera oder eben einer ratternden Straßenbahn. Die kubistische Multiperspektivität überlagert gegensätzliche und sich überlappende Blickpunkte in einem einzigen künstlerischen Objekt.

Dabei müssen wir innerhalb dieser multiperspektivischen Konstruktion noch das Lesepublikum hinzusetzen, insofern es zu den literarisch registrierten Bildern und Eindrücken nun noch die selbst in der Straßenbahn aufgenommenen Lese-Impressionen hinzufügt, eigene Relationen herstellt und Verbindungen kreiert, welche dem Gedichttext neue und bislang ungesehene Aspekte einverleiben. Damit wird klar, dass in diesem Vergänglichen und Augenblickshaften wiederum etwas Dauerhaftes, ja Repräsentatives und Durchgängiges aufscheint; eine semantische Doppelung, die wir seit Charles Baudelaire als Kennzeichen der Moderne wie auch des Modernebegriffs kennen.

Es dominiert nicht allein die Multiperspektivität, sondern auch die Multirelationalität: Letztlich ist alles mit allem verbunden, ist die Stadt ein giganti-

---

[8] Vgl. zu diesem Aspekt auch Wentzlaff-Eggebert, Harald: Lust und Frust bei der Eindeutschung der Provokation. Der argentinische Bürgerschreck Oliverio Girondo in deutscher Übersetzung. In: Schrader, Ludwig (Hg): *Von Góngora bis Nicolás Guillén. Spanische und lateinamerikanische Literatur in deutscher Übersetzung – Erfahrungen und Perspektiven.* Tübingen: Narr Verlag 1993, S. 85–94.

scher Organismus, der ständig neue Begegnungen schafft, die freilich nach jenem Organisationsprinzip verlaufen, das André Breton wenige Jahre später als „hasard objectif", als „objektiven Zufall" bezeichnen sollte.[9] Das Ich dieses Prosagedichts ist zuvörderst damit beschäftigt, solche objektiven Zufälle zu provozieren und vielfältigste, vieldeutige Verbindungen herzustellen. „Pasan unos senos bizcos": die vorbeilaufenden schielenden Brüste haben vielleicht letztlich auf unseren Beobachter geschielt, wobei zugleich das seit Baudelaire eingeführte Motiv der Zufallsbekanntschaft in der Großstadt, materialisiert in seinem Gedicht *À une passante*, eingespielt wird.[10] Die Körperlichkeit ist in diesem Gedicht, wenn auch nur im Sinne eines fragmentierten Körpers als Körper-Objekt, durchaus vorhanden.

Diese Besonderheit zeigt sich auch in einem weiteren Gedicht, zu dessen Analyse wir nun kommen: *Croquis en la arena*. Es ist die versprochene poetische Auseinandersetzung mit einer Strandlandschaft in der künstlerischen Form eines „croquis", einer Skizze also. Der Maler Oliverio Girondo wusste sehr wohl, wovon er sprach:

Der Morgen spaziert am von der Sonne staubigen Strand.

Arme.
Amputierte Beine.
Körper, die sich verkörpern.
Schwimmende Köpfe aus Kautschuk.

Indem sie den badenden Frauen ihre Körper nehmen, verlängern die Wellen ihre Rasuren auf dem Sägebock des Strandes.

Alles ist golden und blau!

Der Schatten der Windschutzbahnen. Die Augen der Mädchen, die sich Romane und Horizonte spritzen. Meine Freude, Schuhe aus Gummi, lässt mich aufhüpfen auf dem Sand.

Für achtzig Centavos verkaufen die Photographen die Körper badender Frauen.

Es gibt Kioske, welche die Dramatik der Brecher ausbeuten. Grüblerische Dienstboten. jähzornige Siphons, mit Meeresextrakt. Felsen mit algenbedeckter Seemannsbrust und gemalte Herzen von Fechtern. Pulks von Möwen, die den Flug fingieren, zerstört von einem Fetzchen
weißen Papiers.

---

9 Vgl. zu André Breton das Kapitel über den Surrealismus in Ette, Ottmar: *Von den historischen Avantgarden bis nach der Postmoderne*, S. 336 ff.
10 Vgl. zu diesem Gedicht den vierten Band der Reihe „Aula" in Ette, Ottmar: *Romantik zwischen zwei Welten*, S. 905 ff.

> Und vor allem ist da das Meer!
>
> Das Meer!... Rhythmisch abschweifend. Das Meer! mit seinem Schleim und seiner Epil-epsie.
> Das Meer!... schreien könnt' man's...
> ES REICHT!
> wie im Zirkus.
>
> Mar del Plata, Oktober 1920.[11]

In diesem Gedicht sind es zunächst die zerstückelten Körper, welche als erste die Aufmerksamkeit von Ich und Lesepublikum auf sich ziehen. Wieder erfolgt die Aufnahme aus der Bewegung, diesmal aber nicht innerhalb einer urbanen, sondern einer maritimen Erholungslandschaft. Unverbundene Arme, amputierte Beine, Körper und Köpfe tauchen hier im wahrsten Sinne auf, wobei die Amputation der Beine wohl weniger auf die Körper selbst als auf deren Beobachtung zurückgeht. Die wie Kautschuk auf den Wellen schwimmenden Köpfe zeigen an, wie diese avantgardistische Observation funktioniert: alles Zusammengehörige voneinander trennend und als Teile eines „corps morcelé" herausgreifend.

Die spezifisch avantgardistische Beobachterposition schreibt sich dem Fragmentierten ein und lässt sich nicht von der Zertrennung alles normalerweise Zusammengehörigen ablösen – auch wenn die Farbgebung des Prosagedichts doch noch sehr dem Modernismo zuneigt. Im Spiel der Wellen mit den Körpern werden diese zumeist weiblichen Körper im männlichen Blick aus dieser Beobachterperspektive gleichsam entmenschlicht, zu Gegenständen, so wie die schwimmenden Köpfe im Gedicht aus Kautschuk gemacht sind. Wie anders ist dieser männliche Blick als die zeitgleiche Lyrik einer Alfonsina Storni, die später bei Mar del Plata ihr Leben beendete![12] Doch die Grundstimmung dieser Strandszene bei Oliverio Girondo ist heiter, ein fröhliches „découpage" des Vorhandenen. Und dass „alles aus Blau und Gold" ist, wussten schon die Modernisten der Schule Rubén Daríos und vor allem dessen poetische Epigonen. Der Satz, in den 20er Jahren niedergeschrieben, verbirgt eine Sprengladung, die erst einige Zeilen später hochgehen soll und explodiert.

Das Ich des männlichen Dichters gerät in einen künstlerisch-ästhetischen Konflikt. Denn gerade jene Szenerien mit badenden Frauen dienen noch anderen Männern am Strand als Darstellungsobjekte: den Photographen. Sie verkau-

---

[11] Girondo, Oliverio: Croquis en la arena. In (ders.): *Veinte poemas para ser leídos en el tranvía*, S. 13 f.
[12] Vgl. zu Alfonsina Storni die den hispanoamerikanischen Lyrikerinnen des Jahrhundertbeginns gewidmeten Kapitel in Ette, Ottmar: *Von den historischen Avantgarden bis nach der Postmoderne*, S. 423 ff.

fen ihre Kunst Instantartig für achtzig Centavos: Die Photographen setzen damit die Oberflächen ihrer weiblichen Körper-Objekte in klingende Münze um dank jener technischen Reproduzierbarkeit, in deren Zeitalter Girondo und Walter Benjamin[13] gemeinsam schreiben. Demgegenüber ist das Gedicht des argentinischen Avantgardisten lediglich Handarbeit, ein *Croquis*, das wie eine zeichnerische Skizze keine technische Reproduktionsapparatur benötigt.

Doch damit nicht genug! Denn zu allem Überfluss ist da auch noch die Kultur der Kioske, die ihre unmittelbar zu konsumierenden Objekte feilbieten bis zum Überdruss, vollständig klischeehaft, Abziehbildern gleich. Auch am Strand hat die Modernisierung Einzug gehalten: Es gibt Kioske am Strand, so wie jene im ersten Gedicht im urbanen Raum der Metropole ihren zentralen Platz beanspruchen. Der Strand, die Natur, erscheint als Fortsetzung der urbanen Landschaft: Auch diese vermeintliche Natur ist von vielen Menschen, im Grunde Passanten, mit ihren Körpern und Körperteilen bevölkert und bietet dem Dichter die Möglichkeit, all diese Gegenstände durch die Pupillen in sein Inneres aufzunehmen.

Die Klischees setzen sich fort im Meer, dem immer wiederkehrenden Rhythmus, der nun im Gedicht ein für alle Mal abbricht. Denn der Künstler schleudert ihm ein großgeschriebenes „Basta" entgegen – einen willentlichen Bruch, der alles einmal mehr mit zur Schau gestellter Massenkunst, mit dem Zirkus, wohl eher negativierend vergleicht. Wir haben es in dieser Szenerie also mit einer Art Poetologie zu tun, die abrechnet mit den zeitgenössischen Formen der Massenkultur, aber auch mit dem Blau und Gold der Modernisten und ihrer Wahrnehmung von Strand und Meer. Gegen beide Gegensätze, gegen die modernistische Tradition wie die technische Reproduzierbarkeit, setzt sich der argentinische Avantgardist zur Wehr und entwirft sein literarisches *Croquis*.

Jetzt aber Schluss mit diesem Zirkus! Ein sauberer, glatter Schnitt zu dieser Institution einer von den Massen freudig ergriffenen klischeehaften und technisch unendlich reproduzierbaren Kunstfertigkeit! Der avantgardistische Lyriker fordert als Prosaist den Bruch; und versucht zugleich, ihn in seinem Gedicht ohne Verse selbst einzulösen.

Oliverio Girondos Prosagedicht steht für ein Aufbegehren gegen all das, was um uns herum ständig Sinn erzeugt uns nicht aus seiner Klischeehaftigkeit

---

[13] Vgl. zu dieser seriellen Reproduzierbarkeit und den Konsequenzen für die Kunst den bekannten Essay von Benjamin, Walter: Das Kunstwerk im Zeitalter seiner technischen Reproduzierbarkeit (Erste Fassung). In (ders.): *Gesammelte Schriften*. Band I, 2. Herausgegeben von Rolf Tiedemann und Hermann Schweppenhäuser. Frankfurt am Main: Suhrkamp 1980, S. 431–469.

auch und gerade der Empfindungen entlassen will. Die Käuflichkeit einer stets reproduzierten Kunstfertigkeit wird in Gestalt der achtzig Centavos für eine Photographie badender Frauen angeprangert. Doch Oliverio Girondo ist zum Bruch entschlossen, zu einem Bruch, der ihm als finanziell Wohlhabendem und Abgesichertem freilich keinerlei ökonomische Gefährdung bringen konnte, musste er doch im Gegensatz zu Photograph und Budenbesitzer nicht von seinem Tun, von seiner künstlerischen Arbeit leben. Denn dem Weltenbummler standen nicht nur Buenos Aires und Mar del Plata, sondern auch die Großstädte und Strände etwa von Frankreich und Italien zur Verfügung, wo der argentinische Literat uns vergleichbare fragmentierte Bild-Schriften hinterließ.

Und noch ein letztes: Die *Veinte poemas para ser leídos en el tranvía* kosteten bei ihrem Verkauf – anzueignen durch die Leserinnen und Leser in der fahrenden Straßenbahn – gerade einmal zwanzig Centavos. Die Körper der badenden Frauen aber, die die Photographen vertreiben, sind um das Vierfache teurer, kosten sie doch stolze achtzig Centavos. Und doch ist die Prosadichtkunst Oliverio Girondos keine billige Lyrik, wendet sie sich auch an eine breite Leserschicht, die nicht mehr jene der typischen bildungsbürgerlichen Leserschichten von Buenos Aires ist. Die literarische Avantgarde fährt mit und liest jetzt in der Straßenbahn.

Der ‚Fall' des Weltenbummlers und Avantgardisten Oliverio Girondo konfrontiert uns erneut mit der Frage nach jenen transarealen transatlantischen Literaturbeziehungen zwischen Europa und den Amerikas, zwischen Argentinien, dem Cono Sur, Lateinamerika und den verschiedenen Literaturen Europas. Denn zu Beginn des 20. Jahrhunderts waren die Literaturen Lateinamerikas auf dem Sprung, weit über ihren Kontinent hinaus wahrgenommen zu werden. In gewisser Weise war die ‚Einlösung' dieser Situation der hochrenommierte (und damals wie heute umstrittene) Literaturnobelpreis für die chilenische Dichterin Gabriela Mistral im Jahr 1945. Wie also ist das literarische Beziehungsgeflecht zwischen Europa und Hispanoamerika zu denken? Welches sind die verschiedenen Etappen, die im weiteren Verlauf des 20. Jahrhunderts dazu führen sollten, dass die lateinamerikanischen Literaturen aus dem Konzert der Literaturen der Welt auch im 21. Jahrhundert nicht mehr wegzudenken sind? Wie ist das Vorrücken dieser Literaturen des Subkontinents im Bewusstseinshorizont US-amerikanischer, europäischer, aber auch anderer weltweiter Lesergruppen zu erklären?

Ich möchte versuchen, im Kontext unserer Frage nach Geburt, Leben, Sterben und Tod Antworten auf diese Fragen zu finden. Wie auch immer diese Antworten ausfallen werden, an *einem* Namen werden wir nicht vorbeikommen: jenem des Argentiniers Jorge Luis Borges, mit dessen zentraler Bedeutung wir uns bereits in unserer Vorlesung über die Literaturen des 20. wie des beginnenden 21. Jahrhunderts beschäftigt haben.[14] Einige Biographeme dieses großen argentinischen Schriftstellers möchte ich Ihnen in Erinnerung rufen, da sie zugleich ein aussagekräftiges Licht auf die transatlantischen Literaturbeziehungen im vergangenen Jahrhundert zu werfen vermögen.

Jorge Luis Borges wurde am 24. August 1899 in eine traditionsreiche und wohlhabende Familie in Buenos Aires hineingeboren und verstarb am 14. Juni 1986 in Genf. Bereits durch seine Genealogie erweist er sich als typischer Argentinier: Seine Vorfahren sind teils spanischer, teils portugiesischer Herkunft, während seine Großmutter väterlicherseits einer englischen Methodistenfamilie entstammte. Wie die Familie Oliverio Girondos ist auch jene von Jorge Luis Borges wohlhabend und international ausgerichtet; aber ausgerechnet 1914, im Jahr des Ausbruchs des Ersten Weltkrieges, reiste sie nach Europa und bezog ihren Wohnsitz in Genf und Lugano. Mit einem derart langen und erbittert geführten Krieg, der bald weltweite Dimensionen annehmen sollte, hatte die wohlbehütete argentinische Familie nicht gerechnet.

Nicht nur die Schweiz, auch Spanien wurde für den jungen Literaten wichtig. 1919 knüpfte der junge Borges auf einer Reise seiner Familie wichtige Kontakte zu den spanischen und lateinamerikanischen Avantgarden. Der jugendliche Schriftsteller, der damals noch keinerlei Probleme mit seinem Sehvermögen hatte, war vom kreativen Potential der historischen Avantgarden und insbesondere vom unter anderem von Vicente Huidobro begründeten „Ultraísmo"[15] stark beeindruckt. Seine schriftstellerischen Anfänge situierten sich folglich im Umfeld dieser *avantgardistischen* Zirkel, deren notwendige transatlantische Fokussierung wir in unserer früheren Vorlesung besprochen haben.

Abb. 68: Der junge Jorge Luis Borges (1899–1986).

Nach seiner Rückkehr 1921 in sein Heimatland begründete der angehende Autor erste literarische Zeitschriften, doch sollte er sich von den historischen

---

14 Vgl. hierzu Ette, Ottmar: *Von den historischen Avantgarden bis nach der Postmoderne*, S. 494 ff.
15 Vgl. ebda., S. 235.

Avantgarden zunehmend distanzieren und seine frühen Bände, wo ihm dies möglich war, sachte wieder aus dem Verkehr ziehen. Man sagte ihm nach, eigenhändig Exemplare aus Bibliotheken entwendet zu haben, um seine avantgardistisch-ultraistischen Anfänge später zu verbergen. Doch kann kein Zweifel daran bestehen, dass Borges' Anfänge ebenso avantgardistisch wie jene Oliverio Girondos und nicht weniger transatlantisch ausgerichtet wie jene des Verfassers der *Veinte poemas para ser leídos en el tranvía* waren. Im Unterschied zu Girondo aber war Borges bei seiner Suche nach literarischen Anschlussmöglichkeiten stärker an Spanien und der spanischsprachigen Welt orientiert.

Doch Borges war zugleich auf Buenos Aires – seine Stadt – stolz. Es ließe sich mit guten Gründen behaupten, dass Argentiniens Hauptstadt damals zu einem der Zentren internationaler Kunst und Literatur geworden war. Erst 1938, nach dem Tod seines Vaters, war Borges gezwungen, als Bibliothekar Geld zu verdienen. Doch sollte er Ende des Jahres bei einem Unfall einen Teil seines Augenlichts verlieren: Fortan wurde seine Mutter zu seiner Sekretärin und half dem familiär erblich vorbelasteten und langsam erblindenden Sohn in vielen praktischen Belangen. Wie später bei einem Roland Barthes war Borges' Mutter für den argentinischen Schriftsteller die vielleicht wichtigste Stütze in seinem alltäglichen wie schriftstellerischen Leben.

Es gehört zu den für Borges' Leben charakteristischen Einschnitten, dass er 1946, im Jahr nach Peróns Machtergreifung, aufgrund der Unterzeichnung eines antiperonistischen Manifests seines Postens als Bibliothekar enthoben und strafversetzt wurde auf einen Posten als Geflügelinspektor der städtischen Marktaufsicht. Jorge Luis Borges war zum damaligen Zeitpunkt freilich längst ein profilierter und eigenständiger Schriftsteller. Bereits 1944 hatte er den Großen Preis des argentinischen Schriftstellerverbandes erhalten, um zwischen 1950 und 1953 dessen Präsident zu werden: Längst war er als einer der führenden Autoren des Landes anerkannt. Seit den zwanziger Jahren war Borges durch Gedichtbände hervorgetreten, hatte sein erzählerisches Werk aber dann seit den dreißiger Jahren konsequent weiterentwickelt. Es sollten vor allem diese Erzählungen sein, die ihn weltberühmt machten. Die beiden bedeutendsten Sammlungen seiner Erzählungen sind zum einen seine *Ficciones* (1944) und zum anderen *El Aleph* (1949). Sie begründeten in der Tat seinen internationalen Ruhm. Mit dem *friktionalen* Spiel der borgesianischen Fiktionen können wir uns an dieser Stelle jedoch nicht noch einmal auseinandersetzen.

Nach der Absetzung Peróns wurde Borges 1955 von der Militärregierung zum Direktor der Nationalbibliothek bestellt; ein Amt, das er bei zunehmender Erblindung bis 1983 bekleidete. Auf diese Weise wurde er nach José Mármol und Paul Groussac zum dritten großen Schriftsteller in der argentinischen Literaturgeschichte, der erblindet die Leitung dieser größten Bibliothek Argentiniens übernahm.

Die internationale Anerkennung wuchs beständig und weitete sich längst über die Grenzen Europas – wo Frankreich und Italien die ersten großen Ansatzpunkte seines beeindruckenden schriftstellerischen Renommees waren – auch in die USA aus. So wurde Borges immer häufiger zu Gastdozenturen und -aufenthalten nach Europa und an die großen US-amerikanischen Universitäten eingeladen. Mit dem Ruhm wuchsen auch die Feinde, vor allem im literarischen Feld Argentiniens. Während des sogenannten ‚Boom' der lateinamerikanischen Literaturen mit Autoren wie Gabriel García Márquez, Mario Vargas Llosa oder Carlos Fuentes geriet Borges sowohl international als auch in Argentinien unter erheblichen politischen Druck, da man ihm eine ideologisch rechte Position, Kollaboration mit der Militärregierung und mangelndes politisches Gespür bescheinigte. Doch über die Jahrzehnte wurde es still um derlei Anfeindungen: Die Schriftsteller Argentiniens fügten sich in ihr Schicksal, das Jahrhundert mit Borges teilen zu müssen. Dort wurde man sich zunehmend der Tatsache bewusst, wie ‚argentinisch' Borges schrieb, und vereinnahmte ihn zusehends nun als nationalen Schriftsteller. Spätestens mit Beatriz Sarlos Buch über Jorge Luis Borges[16] wurde letzterer von der (ehemaligen) Linken nun unter kulturtheoretischen Vorzeichen als herausragender argentinischer Autor anerkannt: Nichts stand mehr im Wege, Jorge Luis Borges in die große Ikone der Literatur und Kultur seines Heimatlandes zu verwandeln.

Der „politische Dinosaurier", wie ihn Ernesto Sábato einmal nannte, hat seine Erblindung als Autor und Mensch nicht nur ertragen, sondern in eine kreative Energie verwandelt, die ihn von allen anderen Schriftstellern abhob. Seine Augen waren für ihn eine dauerhafte Belastung, sicherlich auch ein Schmerz, bildeten aber zugleich den schöpferischen Antrieb für eine an Überraschungen reiche internationale Laufbahn. 1986 heiratete er – seine Mutter war 1975 neunundneunzigjährig verstorben – seine langjährige Sekretärin María Kodama und das Paar übersiedelte nach Genf. Dort starb Borges am 14. Juni 1986, mit internationalen literarischen Auszeichnungen und Preisen überhäuft – mit Ausnahme des Literaturnobelpreises, der ihm wohl auf Grund seiner zweideutigen Aussagen zur Nazi-Geschichte versagt blieb.

Die internationale Rezeption des hispanoamerikanischen Modernismo beschränkte sich zum größten Teil noch auf die spanischsprachige Welt. Eine neue Phase europäisch-lateinamerikanischer Literaturbeziehungen begann je-

---

16 Vgl. Sarlo, Beatriz: *Jorge Luis Borges. A Writer on the Edge*. Edited by John King. London – New York: Verso 1993.

doch nach Ende des Zweiten Weltkriegs mit der Rezeption des erzählerischen Werkes von Jorge Luis Borges. Freilich gilt es, hierbei nicht die Tatsache zu vergessen, dass lateinamerikanische Lyrikerinnen wie Gabriela Mistral und Juana de Ibarbourou noch in der ersten Jahrhunderthälfte mit ihren Schöpfungen ein Lesepublikum erreichten, das sich keineswegs mehr auf die Länder des Subkontinents oder die hispanophone Welt begrenzen lässt; ein Faktum, auf das ich bereits in meiner Vorlesung über die Literaturen des 20. Jahrhunderts aufmerksam gemacht habe und das ich nicht zu wiederholen brauche.

Zwar soll hier keineswegs das Gewicht der historischen Avantgarden in Lateinamerika außer Acht gelassen oder übersehen werden, dass Autoren wie Alfonso Reyes[17] sich – freilich in durchaus modernistischer Tradition – als wichtige kulturelle Vermittler beiderseits des Atlantik große Verdienste erwarben und Schriftsteller wie Alejo Carpentier, Vicente Huidobro oder César Vallejo als wichtige Gesprächspartner europäischer Autoren agierten. Zweifellos führte der Spanische Bürgerkrieg – wie in seiner Folge der Aufenthalt vieler aus Hitlerdeutschland oder Frankreich exilierter Intellektueller – zu einer Vielzahl neuer kultureller Berührungspunkte; zweifellos wurden während dieser Phase jene Kommunikationsstrukturen innerhalb Lateinamerikas ausgebaut, welche seit dem letzten Drittel des 19. Jahrhunderts entstanden waren; und zweifellos gingen die literarischen Avantgarden in Lateinamerika einen überaus kreativen eigenen Weg beim Umgang mit den kulturellen Traditionen Europas, die als Grundmuster nun wesentlich freier umgestaltet wurden.[18] Gewiss lassen sich viele Entwicklungen der zweiten Hälfte des 20. Jahrhunderts ohne all jene transatlantischen Reisen, Vorstöße oder Exilsituationen nicht denken, die gerade auch zwischen den beiden Weltkriegen die Intellektuellen, die Literat*innen und die Philosoph*innen beider Welten miteinander ins Gespräch brachten – denken wir nur an die Rolle von María Zambrano, von José Gaos oder anderer Intellektueller in Mexiko. Doch trotz des in den zwanziger und dreißiger Jahren gewachsenen Selbstbewusstseins der lateinamerikanischen Schriftsteller scheint die Rezeption lateinamerikanischer Literatur in Europa noch nicht über bestimmte enge Zirkel europäischer Intellektueller hinaus gewirkt zu haben, so dass von einer Erschließung breiter europäischer Leserschichten noch nicht gesprochen werden kann – Diese Situation aber änderte sich Stück für Stück und erstaunlich rapide.

---

17 Vgl. hierzu Ette, Ottmar: Orest und Iphigenie in Mexico. Exilsituation und Identitätssuche bei José Martís und Alfonso Reyes' Beschäftigung mit dem Mythos. In: *Komparatistische Hefte* (Bayreuth) 14 (1986), S. 71–90.
18 Vgl. hierzu Ette, Ottmar: *Von den historischen Avantgarden bis nach der Postmoderne*, insb. S. 188 ff.

Dass diese neue Phase gerade mit dem Werk des Argentiniers Borges und in Frankreich einsetzt, scheint mir in vielerlei Hinsicht bedeutungsvoll, nicht nur aufgrund der Tatsache, dass Paris – die „ville lumière" für so viele Argentinier im 19. Jahrhundert – unverkennbar zur zentralen Drehscheibe für die Rezeption lateinamerikanischer Literatur in Europa geworden war. Diese Rolle der Stadt erstaunt dabei am wenigsten: Paris war nicht nur, wie Walter Benjamin einmal formulierte,[19] die Hauptstadt des neunzehnten Jahrhunderts, sie ist es auch geblieben bis etwa in die ausgehenden siebziger Jahre des vergangenen Jahrhunderts. Doch auch wenn Paris heute nicht mehr die kulturelle Hauptstadt sein kann, da ihr andere Städte wie insbesondere New York den Rang abgelaufen haben, so blieb es doch gerade für die Lateinamerikanerinnen und Lateinamerikaner in Kunst und Literatur ein zentraler Bezugspunkt ihres Schaffens.

Wir hatten gesehen, welche Bedeutung Paris gerade für die Entwicklung der hispanoamerikanischen Literatur der Romantik spielte – wie also von der französischen Hauptstadt jene literarischen Impulse ausgingen, die zur eigenen nationalliterarischen Entwicklung einzelner Länder und Areas Lateinamerikas wesentlich beitrugen. Man könnte mit guten Gründen behaupten, dass Paris eine kardinale Funktion bei der Herausbildung nationalstaatlicher und literarischer Selbstfindung in Hispanoamerika zukam, stand diese doch mit dem geokulturellen Dominanten-Wechsel von Madrid nach Paris in engster Verbindung.[20] Paris war das kulturelle Mekka der hispanoamerikanischen Autorinnen und Autoren des 19. Jahrhunderts gewesen; und es sollte auch über weite Strecken des 20. Jahrhunderts das intellektuelle Mekka für zahllose Künstler*innen, Schriftsteller*innen und Philosoph*innen aus Lateinamerika bleiben. Insofern verwundert die prägende Rolle von Paris für die Rezeption der lateinamerikanischen Literaturen im vergangenen Jahrhundert keineswegs.

Sehr wohl aber erstaunt zumindest auf den ersten Blick die herausragende Rolle von Jorge Luis Borges für die Wahrnehmung lateinamerikanischer Literatur gleichsam auf Augenhöhe in Europa. Dabei war zu Beginn der wesentlich von Roger Caillois initiierten Borges-Rezeption durchaus noch nicht absehbar, dass die *Ficciones* oder *El Aleph* sich einmal ein breites europäisches Publikum erschließen würden, wirkten sie doch zunächst vorrangig in den französischen Intellektuellenzirkeln, aus denen sich der Neo- und Poststrukturalismus entwickeln sollte. Als Motti oder Epigraphe dienten Fragmente aus Borges' Werk un-

---

[19] Vgl. Benjamin, Walter: Paris, die Hauptstadt des XIX. Jahrhunderts. In (ders.): *Das Passagen-Werk*. Bd. 1. Frankfurt am Main: Suhrkamp 1983, S. 45–59.
[20] Vgl. hierzu den vierten Band der Reihe „Aula" in Ette, Ottmar: *Romantik zwischen zwei Welten*, S. 279 ff.

gezählten Publikationen der sechziger und beginnenden siebziger Jahre als Prä-Texte – nun nicht mehr allein in Frankreich, sondern auch in anderen europäischen Ländern oder in den USA.

Ein ganz bestimmter lateinamerikanischer Schriftsteller aus Buenos Aires war damit – weitaus mehr als die chilenische Nobelpreisträgerin Gabriela Mistral – zum gemeinsamen Bezugspunkt breiter intellektueller Kreise im internationalisierten und globalisierten Kulturhorizont geworden. Jorge Luis Borges begann, durch die Rezeption seiner seit Beginn der dreißiger Jahre verfassten *Ficciones*, alle anderen Autorinnen und Autoren seines Kontinents zu überstrahlen. Es handelt sich um eine bald auch massenmedial unterstützte Entwicklung, die durch seine zunehmend geschickter werdenden Interviews, in welchen der Argentinier ein ums andere Mal seine Gesprächspartner narrte, noch verstärkt wurde.

Dies bildete gerade für die hispanoamerikanischen Literaten eine nicht immer leicht zu verkraftende Situation, mussten doch gerade die argentinischen Schriftsteller*innen ihr Jahrhundert mit Borges teilen. Man könnte daher die These wagen, dass es in Europa bezüglich der hispanoamerikanischen Literaturen zunächst zur Grundlegung eines postmodernen Lektüremusters kam, bevor andere Lektüre-Modi dieses Muster zeitweilig überdeckten.[21] In jedem Falle lag dieses Lektüremuster zeitlich *vor* der Rezeption der sogenannten ‚Boom'-Autoren, deren Erfolge endgültig die Grenzen der Goethe'schen Konzeption der Weltliteratur zu sprengen begannen.

Die Rezeption der Schriften von Jorge Luis Borges stellte gerade jene Elemente in den Vordergrund, welche nicht direkt auf einen spezifisch amerikanischen Verweisungszusammenhang hindeuteten und den Kontext ihrer Genese in Szene setzten. In aus europäischer Sicht durchaus legitimer Weise ging es um den Einbau, um die kreative Anverwandlung von Elementen, die mit den aktuellen Fragestellungen der philosophischen und literarischen Avantgarden der späten fünfziger und vor allem der sechziger Jahre zu verbinden waren. Dabei spielte der Borges, den der Autor selbst geschickt vor den Augen seiner Kritiker versteckt hatte keine Rolle, also jener Borges, der sich den historischen Avantgarden zugehörig fühlte und bekennender Ultraist war: Er blieb den europäischen Kritikerinnen und Kritikern zum damaligen Zeitpunkt vollständig unbekannt. Borges' ingeniöse Strategie auf dem Weg zu dem, was später als ‚Postmoderne' bezeichnet wurde, erwies sich als höchst erfolgreich.

Die historischen Avantgarden in Lateinamerika können keineswegs als glatter Bruch mit den Ästhetiken des hispanoamerikanischen Modernismo ge-

---

21 Vgl. hierzu ausführlich den dritten Band der Reihe „Aula" in Ette, Ottmar: *Von den historischen Avantgarden bis nach der Postmoderne*, S. 494 ff.

sehen werden. Wir müssen vielmehr vielfältige Übergänge vom Modernismo zu den unterschiedlich zu verstehenden postmodernistischen Entwicklungssträngen konstatieren, die auch und gerade jenen Spielraum eröffnen, der für die hispanoamerikanischen Literaturen des gesamten 20. Jahrhunderts und ihre Anverwandlungsarten literargeschichtlicher Tradition wie anderer nationalliterarischer Filiationen grundlegend geworden ist. Darin situieren sich auch die historischen Avantgarden Lateinamerikas, die wir in ihrer widersprüchlichen Haltung zum hispanoamerikanischen Modernismo bereits bei Oliverio Girondo beobachten konnten.

Für die Rezeptionsgeschichte von Jorge Luis Borges ist die frühe, die avantgardistische Lyrik des jungen argentinischen Schriftstellers folglich von vernachlässigbarer Bedeutung, nicht aber mit Blick auf ein Verständnis jener Entwicklungen der historischen Avantgarden, die wir in dieser Vorlesung gegenüber den Ausführungen in unseren Reflexionen über die Literaturen des 20. und des beginnenden 21. Jahrhunderts nun aus etwas veränderter Perspektive untersuchen. In diesem Zusammenhang interessiert uns vor allem, wie Borges der Problematik von Zeit und Raum zu Leibe rückte.

Hierbei sollten wir nicht vergessen, dass der Borges, mit dem wir es zwischen 1919 und 1923 zu tun haben, ein wesentlicher Vertreter des Ultraismo ist, der seine ästhetische Praxis und Reflexion in grundlegender Weise an einer Theorie der Metapher auszurichten versuchte. Die Metapher war für diesen literaturtheoretisch gebildeten Schriftsteller keineswegs bloße rhetorische Figur oder literarisches Verfahren, sondern ebenso wie Induktion und Deduktion eine grundsätzliche Möglichkeit des Menschen, die Welt (als Wille und Vorstellung) zu denken. Die Metapher war daher nicht nur literarisch und poetologisch, sondern auch epistemologisch und philosophisch für Borges von größter Bedeutung und Schöpfungskraft.

Jorge Luis Borges machte damit auf Vorstellungen aufmerksam, die erst während der letzten Jahrzehnte grundlegend untersucht wurden – denken wir etwa an Hans Blumenbergs Metaphorologie, die gerade auch die Funktion der Metapher auf epistemologischem Gebiet erforschte. Für Borges jedenfalls ist sie eine grundsätzliche Erklärungsform für die Realität, eine Vorstellungsweise, mit welcher sich der Mensch seiner Welt und ihren Erscheinungen nähert und diese zu begreifen sucht. Die Metapher ist für den argentinischen Schriftsteller vor allem in der Lage, verborgene Beziehungen zwischen sehr unterschiedlichen Phänomenen der Wirklichkeit aufzudecken und verständlich zu machen. Diese nicht in allen Teilen originelle, aber jederzeit für ihn schöpferische Metaphern-Theorie ist keineswegs nur eine Errungenschaft des jungen Borges; der argentinische Schriftsteller wird in seinem Gesamtwerk dieser Dimension seines Denkens und Schreibens eine große, vielleicht sogar entscheidende Rolle einräumen. Der Metapher kommt daher bei Borges eine Funktion zu, wie sie dem Modell und mehr noch der Modellbildung in den Wissenschaften zusteht.

Ich habe schon darauf hingewiesen, dass der spätere Borges, mithin der Borges der dreißiger Jahre, geschickt und sehr erfolgreich versuchte, ebenso sein lyrisches Frühwerk wie auch seine Essays und anderen Prosabände wie etwa *El tamaño de mi esperanza* oder die Aufsätze zu Literatur und Ästhetik aus dem Verkehr zu ziehen und seine avantgardistische Phase aus dem öffentlichen Bewusstsein zu tilgen. Dabei ‚stahl' er nicht nur in Bibliotheken seine frühen Werke, sondern beabsichtigte hintersinnig, in späteren Publikationen, Vorworten und Erläuterungen seine Spuren zu verwischen und völlig neue Kontexte für seine frühen Veröffentlichungen – wo sie sich nicht mehr kaschieren ließen – zu erfinden oder in Interviews falsche Pisten auszulegen. Borges, dessen später so grundlegende Ästhetik der Fälschung weltweit Furore machen sollte, wurde nicht zuletzt Fälscher seiner eigenen Schriften, seiner eigenen Geschichte.

So deutete der Borges von 1969, längst als einer der ‚Väter' der Postmoderne ausgerufen, seinen 1923 erschienen Gedichtband *Fervor de Buenos Aires* um, indem er ihn in eine kontinuierliche Entwicklung seines Schreibens stellte, das von Anfang an im Zeichen von Schopenhauer und Whitman gestanden habe. Man müsse nur ein wenig an den Texten feilen, damit sie diese vielleicht zunächst noch verborgene Kontinuität preisgäben. Borges verhielt sich nicht anders als viele Schriftsteller vor ihm, nur medientechnisch versierter. Wir könnten auf Flaubert und seine erste *Education sentimentale* verweisen, auf den frühen Balzac, der sich nicht mehr gerne an seine ersten Romane erinnerte, an den jungen Jules Verne, der seinen Romanerstling nicht mehr veröffentlichte, oder im lateinamerikanischen Bereich auch an Vicente Huidobro, der seine frühe modernistische Lyrik möglichst rasch einzuordnen versuchte in jenen „Creacionismo", den er schon – eine kleine Änderung auf dem Titelblatt genügte – vor seiner Reise nach Frankreich und vor seiner Begegnung mit Reverdy erfunden haben wollte. Doch nicht alles ließ sich vom späten Borges einverleiben, gleichsam kannibalisieren.

Denn es gab viele Berührungspunkte mit den historischen Avantgarden insbesondere am Río de la Plata und dabei auch mit Oliverio Girondo, wie bereits erwähnt einem der Mitbegründer der avantgardistischen Zeitschrift *Martín Fierro*. Jorge Luis Borges war in jenen Jahren die eigentliche Galionsfigur dieser Zeitschrift, die zwischen 1924 und 1927 eine kaum zu überschätzende Rolle innerhalb des literarischen Feldes Argentiniens spielte; eine Zeitschrift, in der Gedichte der hispanoamerikanischen Avantgarden, aber auch der jungen Franzosen oder auch Texte von James Joyce erschienen, an dessen Schriften sich Borges wohl als erster spanischsprachiger Übersetzer wagte. Die Autoren dieser Gruppe waren auf der Höhe der Zeit. Dies galt in besonderem Maße für Borges, der nicht nur auf Spanisch und Englisch, sondern auf Französisch, Italienisch und nicht zuletzt Deutsch las und viele Schriftstellerinnen und Schriftsteller im Original rezipieren konnte. Er entsprach selbst durchaus jenem Schriftsteller, den er später in seinem berühmten Essay *El escritor argentino y la tradición* skizzierte: weitaus besser als alle Europäer, die außer ihrer eigenen Nationalliteratur nur bestenfalls noch eine zweite lasen, vertraut mit der Gesamtheit der literarischen Entwicklungen im europäischen Raum.

Zugleich war beim jungen Borges die Verbindung mit dem Moderneprojekt überdeutlich, mit Fragestellungen einer ästhetischen, aber auch sozioökonomischen Modernisierung, wie sie die Modernisten und ebenso wie die Avantgardisten beschäftigten. Für bestimmte architektonische Elemente der neuen urbanen Landschaften hatten sich ebenso Borges wie der damals in Lateinamerika arbeitende Le Corbusier interessiert. Es handelte sich um großstädtische Aspekte, welche eine Stadt wie Buenos Aires in die erste Reihe modernster Stadtarchitektur katapultierte. Zugleich sind beim jungen Borges ultraistische Elemente unübersehbar, für welche die Modernität mit der Beschleunigung der Zeit und mit den großen, sich rasch wandelnden Stadtlandschaften einhergingen – Aspekte, wie sie uns aus den programmatischen Visionen der alle Technik verherrlichenden italienischen Futuristen bekannt sind. Der junge Borges war ästhetisch ein Kind seiner Zeit.

Und zugleich ist er als avantgardistischer Dichter höchst originell: Raum und Zeit spielen beispielsweise in einem Gedichtband des Avantgardisten eine zentrale Rolle – im *Cuaderno San Martín* von 1929. Wir befinden uns an einem Punkt der Entwicklung des dreißigjährigen Borges, an dem seine ‚Selbst-Verwandlung' und Metamorphose in den Taktgeber der Postmoderne unmittelbar bevorsteht. Aus diesem Band stammt das erste berühmt gewordene Gedicht mit dem Titel *Fundación mítica de Buenos Aires*, das ich Ihnen in einer Übersetzung von Gisbert Haefs vorstellen darf. Sie können sich übrigens das ganze Gedicht in der bereits kurz erwähnten, 1967 veröffentlichten Aufsprache des damals achtundsechzigjährigen Autors anhören. Denn nicht nur bei Nicolás Guillén, auch bei Jorge Luis Borges sind die Selbstaufsprachen von großer Bedeutung für das Verständnis der poetischen Texte. Schauen wir uns also diese *Mythische Gründung von Buenos Aires*, die natürlich im Wohnviertel von Borges – in Palermo – verortet wird, einmal näher an:

> Also auf diesem trägen und schlammigen Fluss wären damals
> all die Boote gekommen, mir die Heimat zu gründen?
> Die bunten Schiffchen tanzten bestimmt auf den Wellen am Ufer,
> zwischen treibenden Büschen in der Brühe der Strömung.

Um die Sache gut zu bedenken, lasst uns vermuten,
dass der Fluss damals blau war, wie im Himmel entsprungen,
samt seinem roten Sternchen für den Ort, an dem Juan Díaz
frühstückte, und an dem ihn abends die Indios verspiesen.

Sicher ist, tausend Männer und weitere Tausende kamen,
über ein Meer herüber, das damals fünf Monde breit war,
und das noch bevölkert war von Sirenen und Drachen
und von Magnetsteinen, die die Kompassnadeln verführten.

Einige scheue Landstücke nahmen sie an die Küste,
schliefen befremdet. Angeblich war das am Riachuelo,
aber das ist ein Schwindel, erfunden im Viertel von Boca,
es war ein ganzer Block in meinem Viertel, Palermo.

Ein ganzer Block, aber mitten im Feld, und der Morgenröte
ausgesetzt und dem Regen und den südwestlichen Stürmen.
Gleich dem Block der noch immer fortbesteht in meinem Viertel:
Guatemala, Serrano, Paraguay, Gurruchaga.

Ein Schankladen leuchtet rosa wie Spielkartenrücken,
und im Hinterzimmer beredet man einen Truco;
der rosa Schankladen blühte auf zu einem Halunken,
bald schon der Boss der Ecke, bald schon hart und verschlagen.

Den Horizont überwand eine erste Drehorgel, klapprig
in der Bewegung, mit Habaneras und fremdem Geleier.
Sicherlich stimmte der Wagenstall schon für YRIGOYEN,
und irgendein Klavier spielte Tangos von Saborido.

Ein Zigarrenladen räucherte wie eine Rose
diese Öde. Der Abend war schon tief voll von gestern,
eine Illusion von Vergangenheit teilten die Menschen.
Eines nur fehlte noch: der Gehsteig von gegenüber.

Dass Buenos Aires jemals begonnen hat, kann ich kaum glauben:
mir erscheint es so ewig wie die Luft und das Wasser.[22]

¿Y fue por este río de sueñera y de barro
que las proas vinieron a fundarme la patria?
Irían a los tumbos los barquitos pintados
entre los camalotes de la corriente zaina.

---

22 Borges, Jorge Luis: Fundación mítica de Buenos Aires. In (ders.): *Gesammelte Werke*. Herausgegeben von Gisbert Haefs. Band 1: *Gedichte 1923–1965*. München: Carl Hanser 1982, S. 51f.

Pensando bien la cosa, supondremos que el río
era azulejo entonces como oriundo del cielo
con su estrellita roja para marcar el sitio
en que ayunó Juan Díaz y los indios comieron.

Lo cierto es que mil hombres y otros mil arribaron
por un mar que tenía cinco lunas de anchura
y aun estaba poblado de sirenas y endriagos
y de piedras imanes que enloquecen la brújula.

Prendieron unos ranchos trémulos en la costa,
durmieron extrañados. Dicen que en el Riachuelo,
pero son embelecos fraguados en la Boca.
Fue una manzana entera y en mi barrio: en Palermo.

Una manzana entera pero en mitá del campo
expuesta a las auroras y lluvias y suestadas.
La manzana pareja que persiste en mi barrio:
Guatemala, Serrano, Paraguay, Gurruchaga.

Un almacén rosado como revés de naipe
brilló y en la tratienda conversaron un truco;
el almacén rosado floreció en un compadre
ya patrón de la esquina, ya resentido y duro.

Una cigarrería sahumó como una rosa
el desierto. La tarde se había ahondado en ayeres,
los hombres compartieron un pasado ilusorio.
Sólo faltó una cosa: la vereda de enfrente.

A mí se hace cuento que empezó Buenos Aires:
La juzgo tan eterna como el agua y el aire.

Buenos Aires ist, so vermittelt uns stolz der argentinische Dichter, schon immer und ewig da: Sein Geburtsakt einer Gründung aus dem Urschlamm des Río de la Plata ist rein mythischer Natur. In diesem Gedicht führt Jorge Luis Borges seine Leidenschaft für Buenos Aires entschlossen fort, die bereits im Titel seines ersten Gedichtbandes *Fervor de Buenos Aires* zum Ausdruck kam. Diese Leidenschaft ließe sich durchaus autobiographisch deuten, ist doch das spektakuläre Straßennetz der Großstadt für den jungen Borges in der Tat mythisch, ließ ihn doch seine Mutter nach einem Zusammenstoß des Jungen mit einer Straßenbahn, die er wegen seines schlechten Augenlichts nicht hatte kommen sehen, nie mehr alleine auf die Straße.

Wo ein Oliverio Girondo die Lektüre in der Straßenbahn anregt und auf ein derart mobilisiertes Lesen abzielt, stößt der zu diesem Zeitpunkt sehbehinderte Dichter mit der Straßenbahn in Buenos Aires zusammen. Kein Wunder, dass für den Verfasser der *Ficciones* die Straßenbahn nicht das Emblem der Moderne war! Borges erträumt sich fortan sein Viertel und seine Stadt ganz so, wie er sich später als Direktor seine Nationalbibliothek imaginierte. Die Borgesianische Welt ist eine Schopenhauer'sche Welt als Wille und Vorstellung, sie ist Effekt einer Imagination, die sich der Welt – wie später in der Erzählung *Tlön, Uqbar, Orbis Tertius*[23] – bemächtigt.

Auf diese Weise erträumte sich Borges, der die Welt aus der Sicht vergitterter Fenster in seinem Stadtviertel Palermo kennenlernte, eine eigene Stadt im Kopf, ein mythisches Buenos Aires, dem er deshalb auch eine mythische Geschichte mit einem mythischen Geburtsakt zu Grunde legte. Wir werden gleich sehen, welch eine Stadt dies war. Es bleibt indes festzuhalten, dass Borges als einer der ersten Dichter das Buenos Aires der Straßen, der Vorstädte, der kleinen Plätze, der „suburbios", der „arrabales" und „compadritos" besang – und nicht die Metropole der Staatsgründer, Bankiers und großen Leute. Von Beginn seines literarischen Schaffens an war Borges nicht der universalistische, sondern der die Ecken und Geschichten seiner Vaterstadt hervorragend kennende, beschreibende und besingende Dichter.

Borges schuf auf diesem Wege jene Szenerie, die auch in seinen criollistischen Prosaschriften von größter Bedeutung ist. Nicht umsonst war er die zeitweise wichtigste Figur der Zeitschrift *Martín Fierro*, deren historisch-literarische Hintergründe wir in unserer Vorlesung kennengelernt haben. Der Argentinier Horacio Salas hat einmal in der argentinischen Lyrik des 20. Jahrhunderts nachgezählt, und da ist Borges nur einer der ganz frühen von insgesamt nicht weniger als vierhundert argentinischen Dichtern, die ihre geliebte Stadt wie ihre Geliebte besangen.[24] Dabei besingt ein Borges ebenso die prächtigen Stadtviertel wie sein eigenes Palermo, aber auch die kleinen suburbanen Ecken und Bars jenseits aller Modernisierung, in denen die Prostituierten ein- und ausgingen und der Tango entstand. Was aber macht den mythischen Gesang, die mythische Vision von Borges aus?

---

23 Vgl. hierzu Ette, Ottmar: Unterwegs zum Orbis Tertius? Balzac – Barthes – Borges oder Die vollständige Fiktion einer Literatur der Moderne. In: Bremer, Thomas / Heymann, Jochen (Hg.): *Sehnsuchtsorte*. Festschrift zum 60. Geburtstag von Titus Heydenreich. Tübingen: Stauffenburg Verlag 1999, S. 279–305.
24 Vgl. Salas, Horacio: Buenos Aires, mito y obsesión. In: *Cuadernos Hispanoamericanos* (Madrid) 504 (junio 1992), S. 389–399.

Oliverio Girondo, Jorge Luis Borges oder die Avantgarden und die Straßenbahn — 863

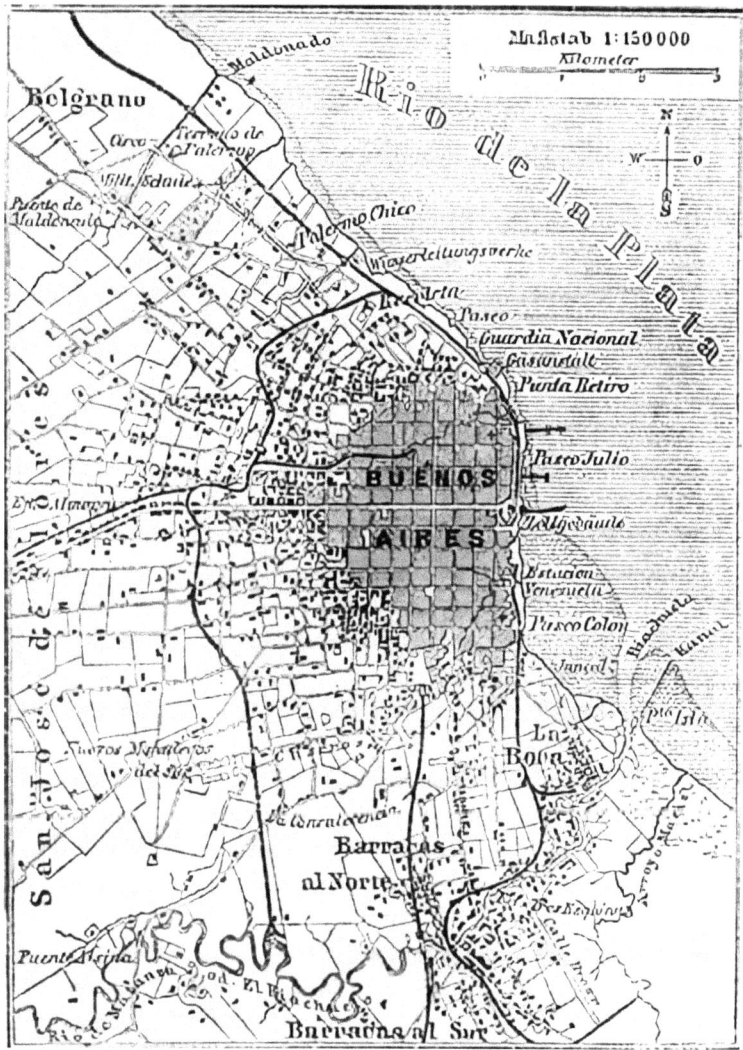

Abb. 69: Situationsplan von Buenos Ayres. In: Meyers Konversationslexikon (1888), Bd. 3, S. 600.

Geschichte und Mythos durchdringen sich in Borges' Stadt-Gedicht, das uns eine andere Facette der Großstadt zeigt als das bereits analysierte Gedicht von Oliverio Girondo. Vielleicht mag es die unliebsame Begegnung mit der Straßenbahn gewesen sein, die Borges dazu bewog, dieser modernisierten Seite der argentinischen Metropole weniger Aufmerksamkeit zu schenken. Wir wollen an dieser Stelle nicht die politische Parteinahme des lyrischen Ich in diesem Gedicht für Hipólito Irigoyen untersuchen und damit für die Radikale Partei (Partido de la Unión Cívica Radical), die Partei der Mittelklasse, welche die Oligarchie von der Herrschaft verdrängte. Ihr stand Irigoyen als Caudillo vor und sie vertrat er als gewählter Präsident, bevor ihn 1930 ein Militärputsch – der erste in einer lang anhaltenden Serie – von der Macht vertreiben sollte. Die Geschichte Argentiniens ist bis heute eine Geschichte wechselnder Macht-Eliten.

Doch Borges war kein Historiker: Seine politischen Stellungnahmen sind oft von so entnervender Beschaffenheit, dass es schwerfällt, sie in eine Gedichtanalyse miteinzubeziehen, obwohl wir sie auch nicht ganz vergessen dürfen; zumal es in der obigen Passage um einen demokratisch gewählten Präsidenten Argentiniens geht. Berüchtigt sind Borges' späteren Stellungnahmen für den Faschismus und die Militärdiktatur geblieben, und nicht alles lässt sich mit dem flotten Hinweis darauf zudecken, dass Borges ja wohl selbst gesagt hatte, dass die politischen Äußerungen immer das Dümmste der Dichter seien. In seinem Falle stimmt die Behauptung zweifelsfrei. Jedenfalls hat Borges in *El tamaño de mi esperanza* das Hohelied von Irigoyen gesungen und ihn mit keinem Geringeren als dem Diktator Juan Manuel de Rosas verglichen, den wir in unserer Vorlesung ebenfalls kennengelernt haben. Wir verstehen, warum Borges – koste es, was es wolle – die Publikation dieses Bandes zu verhindern trachtete und *El tamaño de mi esperanza* auch nur postum und mit dem Einverständnis von María Kodama erscheinen konnte. Ob er selbst einer solchen Veröffentlichung noch zu seinen Lebzeiten zugestimmt hätte, darf man getrost bezweifeln.

In *Fundación mítica de Buenos Aires* geht es um die Geburtsszene einer Stadt, die im Grunde ebenso zeitlos und transhistorisch ist wie das Meer oder die Gebirge: Ihre Zeitrechnung spielt auf einem anderen Blatt. Die mythische Gründung von Buenos Aires stellt zunächst einige Fakten zur Disposition, auf die im Gedicht angespielt, die aber von Beginn an mit einem Fragezeichen versehen werden. So wird zunächst der Ort der Gründung verlegt, und zwar von der sogenannten „Boca" weg (wo wir die historische Gründung ansiedeln dürfen) hin nach Palermo, wo die erste Gründung der künftigen Hauptstadt einen ganzen Häuserblock umfasst haben soll – zumindest dann, wenn wir dem Dichter folgen (Abb. 69).

Doch diese Verlegung ist leicht durchschaubar, wohnte doch Jorge Luis Borges selbst in jenem Carré, das die vier Straßennamen am Ende der Strophe angeben. Diese präzise, auch heute noch auf jedem Stadtplan zu bestimmende Situierung, welche noch durch zusätzliche ortskundige Elemente gestützt wird, macht damit den schicken großbürgerlichen Stadtteil am Rande der damaligen Metropole in den zwanziger Jahren zum eigentlichen Ursprungsort. Sie verschiebt also den Ursprung in einer für jeden Bonaerenser durchsichtigen und nicht ganz ernstzunehmenden Weise. Mythisch ist diese Gründung von Buenos Aires, weil sie jeglicher rationalen Begründung entbehrt.

Die augenzwinkernde Fälschung ist durchschaubar und weist gerade daher nicht auf das Objekt der Fälschung, sondern auf dessen Subjekt, auf dessen Urheber zurück. Dieser setzt am Ende des Gedichts hinzu, dass die Stadt eigentlich keinen Anfang, keine Geburt haben könne: Das Ich stellt sich jeglicher historischen Analyse entgegen. Doch dieses lyrische Ich, das sich somit in den Mittelpunkt des Gedichtes versetzt, lässt es bei der Dezentrierung im Raum und der fingierten Gründung eines eigenen Raums mit eigenem Ursprung, mit eigener Geschichte, mit eigenem Netzwerk von Straßen nicht bewenden. Vielmehr führt es in den beiden letzten Versen auch eine Dezentrierung in der Zeit durch. Wieder sind es die anderen, die die gängige Meinung zum Ausdruck bringen, und wieder hält das Ich dagegen, indem es den gerade erst verschobenen, differierten Ursprungsmythos als Mythos des Ursprungs gleichsam ‚entlarvt'. Dadurch verleiht es der von Menschen, von spanischen Eroberern geschaffenen Stadt eine ursprungslose, gleichsam natürliche, ewige Dimension. Am Ende des Gedichts entbehrt Buenos Aires jeglicher Gründung, jeglicher Geburt: Die Stadt war schon immer da und ist so ewig wie der Fluss oder der Ästuar selbst!

Damit ist Buenos Aires, das von außen her gegründet wurde, das also peripher liegt zum Herkunftsort jener Spanier, welche aus einem fünf Monde entfernten Raume stammen und die Gründung der Stadt durchführten, selbst zum Zentrum geworden. Es hat sich an die Stelle der alten Zentren gesetzt. Auch Palermo erinnert an keine europäische Stadt mehr, sondern befindet sich ganz einfach im Herzen der argentinischen Metropole. Die Spanier stammen von den Goten oder vielleicht den Iberern ab, „descienden de los visigodos"; die Argentinier aber, so eine beliebte Formel, „descienden de los barcos": Sie sind ganz einfach den Schiffen entstiegen; darauf gründet ihre Präsenz.

Dieses Bild wird in diesen Versen vorgeführt und zugleich dekonstruiert, indem die Zeitachse des Gründungsmythos ins Unendliche verschoben oder verbogen wird. Gleichzeitig fällt dies mit der Schöpfung der Welt, mit den Grundelementen des Wassers und der Luft in eins – nicht umsonst trägt die Stadt ja den Namen der Guten Winde und war das Wasser ihr Kreissaal. Lassen Sie es mich mit der für die „Porteños" sprichwörtlichen Bescheidenheit der biblischen *Genesis* sagen: Im Anfang war Buenos Aires. Buenos Aires ist aus dem Ur-Schlamm der Erde geformt. Eine Geburt der argentinischen Metropole dürfen wir uns nur mythenumrankt vorstellen: Die Stadt bleibt im Gedicht im Grunde ursprungslos und ist für die Ewigkeit gebaut.

César Vallejo, Octavio Paz oder die Boten des Todes und der Einsamkeit

Welch unwiderstehliche Anziehungskraft Paris auf die lateinamerikanischen Avantgardisten ausübte, können Sie auch am großen peruanischen Lyriker César Vallejo ermessen.[1] Er wurde am 16. März 1892 in Santiago de Chuco in den peruanischen Anden geboren und verstarb am 15. April 1938 allzu früh in der französischen Hauptstadt. Der vielseitige peruanische Dichter kam als elftes Kind eines kleinen Verwaltungsbeamten auf die Welt. Seine Großväter waren spanische Priester, seine Großmütter indigene Frauen: César Vallejo sollte sich dieser Herkunft stets sehr bewusst bleiben und die indigene gemeinsam mit der sozialen Dimension in seinem Schreiben stark machen. Diese Herkunft prägte seine Gesichtszüge; und sie prägte ihn ein Leben lang!

In diesem Leben war Vallejo stets von zahlreichen finanziellen Engpässen und Nöten begleitet und lernte in seiner Jugend auch die rücksichtslose Ausbeutung des indigenen Proletariats in aller Schärfe kennen. Er versuchte, dieser Welt mit ihrer Ausbeutung zu entfliehen. Nach Abschluss der Grund- und Oberschule schrieb er sich für ein Medizinstudium in Lima ein, das er aus finanziellen Gründen jedoch niemals wirklich aufnehmen konnte. Ab 1913 erlaubt ihm immerhin eine Anstellung als Lehrer die Aufnahme eines Philologie-Studiums an der Universität von Trujillo, das er mit einer Arbeit über die spanische Romantik beendete.

Abb. 70: César Abraham Vallejo Mendoza (1892–1938) im Park von Versailles, Paris 1929.

Ab 1915 schloss sich ein Studium der Rechtswissenschaften an. Ab 1918 treffen wir den oft mittellosen jungen Mann in der peruanischen Hauptstadt Lima, wo er vorübergehend an einer Privatschule Arbeit fand. Es sind Jahre harter Schicksalsschläge, denn mehrfach erschütterte ihn der Tod ihm nahestehender Personen:

---

1 Zum peruanischen Avantgardisten vgl. Lama, Víctor de: César Vallejo y su tiempo. In: Vallejo, César: *Trilce*. Ed. Pedro Alvarez de Miranda. Madrid: Editorial Castalia 1991, S. 10–21.

1915 starb sein jüngster Bruder Manuel, 1918 seine Mutter, 1919 der mit ihm befreundete Schriftsteller Abraham Valdelomar. Wir werden gleich erfahren, wie Vallejo als Dichter auf diese Schicksalsschläge antwortete und ihnen eine ästhetische Form abrang.

Doch das Schicksal trifft auch den jungen Mann hart: Mitte 1920 wird er in einen obskuren Aufstand verwickelt, in dessen Folge er vier Monate ohne jeden Grund inhaftiert wurde. Aus Furcht vor weiteren Verfolgungen entschloss er sich, zusammen mit einem Freund 1923 ins poetisch erträumte Europa zu reisen. Doch der Traum geriet bald zum Alptraum, denn in der französischen Hauptstadt lebte er kümmerlich von wenigen Artikeln und journalistischen Arbeiten für peruanische Periodika[2] sowie von Übersetzungen, die sein großes literarisches Talent zeigen.

César Vallejo zählte zu jenen zahlreichen Schriftstellerinnen und Schriftstellern, für welche die Oktoberrevolution eine Hoffnung bedeutete, die zu erkunden er sich anschickte. Einen ebenso biographischen wie ideologischen Einschnitt bedeuteten mithin drei Reisen in die damalige Sowjetunion in den Jahren 1928, 1929 und 1931, teilweise finanziert von seiner späteren Frau Georgette. Ende 1930 aber musste er wegen seiner kommunistischen Kontakte Frankreich verlassen und zusammen mit Georgette nach Madrid umziehen, wo sich seine prekäre finanzielle Lage kaum verbesserte. Wo auch immer César Vallejo lebte: Stets begleiteten ihn die finanziellen Nöte.

Bereits Anfang 1932 kehrte er heimlich nach Paris zurück, wurde im Sommer aber schon von der Polizei wieder aufgegriffen und verhaftet: Allein seine Zusage, sich aller politischen Aktivitäten zu enthalten, bewahrte ihn vor der Abschiebung. Vergeblich versuchte er, von seinem Schreiben in Paris zu leben; auch seine Theaterversuche fielen durch. Es gelang ihm nicht, finanziell auf eigenen Beinen zu stehen. Politische Frontstellungen schoben sich in den Vordergrund: Der Spanische Bürgerkrieg elektrisierte ihn und er nahm an der antifaschistischen Solidaritätsbewegung teil. Zusammen mit Pablo Neruda gründete er 1937 das Comité Ibero-Americano para la defensa de la República Española und figurierte ebenfalls beim Internationalen Kongress von Schriftstellern und Intellektuellen gegen den spanischen Faschismus in Valencia und Madrid. Seine politischen Überzeugungen hatten sich längst gefestigt; und er wusste sich im Verbund mit zahlreichen ähnlich denkenden Schriftstellerinnen und Schriftstellern aus Europa wie Amerika. Diese Solidarität, welche gerade die politischen und künstlerischen Avantgarden miteinander verband,

---

[2] Vgl. hierzu Kultzen, Peter (Hg.): *Reden wir Spanisch, man hört uns zu. Berichte aus Europa 1923–1930*. Berlin: Berenberg Verlag 2018.

vermochte ihn eine Weile zu tragen. Doch das Leben zeigte sich mit Vallejo unbarmherzig.

Erst nach seinem frühen Tod im Jahre 1938 – er wurde auf dem Cimetière de Montparnasse beerdigt – fand sein gewaltiges dichterisches Schaffen zunehmend Anerkennung. Seine lyrischen Anfänge standen noch im Schatten des Modernismo und insbesondere von Rubén Darío, doch wies sein erster Gedichtband *Los heraldos negros* von 1919 bereits eine höchst individuelle Ausrichtung auf. Lyrische Intensität und Vehemenz, bisweilen chaotische Anhäufung von Lexemen und die Überschreitung, ja Sprengung aller Grenzen von Konvention und traditioneller Rhetorik charakterisieren bereits diesen ersten Band, mit dem wir uns in der Folge beschäftigen wollen.

Man könnte die These wagen, dass die Poesie Vallejo am Leben erhielt. Dichtung war für ihn die unschätzbare Möglichkeit, alle Bereiche des Lebens zu erfassen, Leben in seiner intimsten Form zugänglich zu machen und zugleich in seiner Schönheit und obskuren Unergründlichkeit verwundert und bewundernd zu präsentieren. Vallejo ist der Dichter der Verwunderung und seine Themen ergaben sich geradezu organisch aus seinem intensiven Erleben aller Dimensionen menschlicher Erfahrung, die assoziativ und a-logisch miteinander verknüpft werden. Wir werden uns sogleich mit dem Titelgedicht von *Los heraldos negros* beschäftigen, um diese dichterische Praxis genauer zu erforschen und der Rolle des Todes im Schaffen des peruanischen Avantgardisten nachzuspüren.

Bereits 1922, also noch vor seiner Parisreise, legte er mit dem Gedichtband *Trilce* einen faszinierenden poetisch verdichteten Bruch mit allen Regeln herkömmlicher Sprache vor, der bis über die Grenzen des Unverständlichen und nur mehr Erahnbaren hinausging. Schon der Titel gab Rätsel auf, wurde als Steigerungsform von „dulce", aber auch als Zusammenschluss von „triste" und „dulce" gedeutet. Vallejo überforderte bewusst sein zeitgenössisches Publikum mit einer Dichtung, welche der Sprache alles abverlangte und Gewalt antat: Er versuchte, ins Unbewusste der Sprache und zugleich des Lebens vorzudringen sowie seiner Leserschaft keinerlei Strapazen auf dieser Reise zu ersparen. Vielleicht dauerte es deshalb so lange, bis nach César Vallejos Tod, bevor sich eine kleine, aber stets treue Leserschaft herauskristallisierte und er für viele andere Intellektuelle und Dichter*innen zu einem orientierenden Bezugspunkt werden konnte. Vallejo zählt neben Vicente Huidobro, Pablo Neruda oder Nicolás Guillén zweifellos zu den Granden avantgardistischer lateinamerikanischer Dichtkunst.[3]

---

[3] Vgl. eine zusammenhängende Darstellung der historischen Avantgarden im transarealen Kontext im dritten Band der Reihe „Aula" in Ette, Ottmar: *Von den historischen Avantgarden bis nach der Postmoderne* (2021).

Vallejos letzter, 1938 erstmals veröffentlichter Gedichtband *España, aparta de mí este cáliz* konnte erst postum ediert in den *Poemas humanos* in Paris am Vorabend des Zweiten Weltkriegs erscheinen. Der Band drückte die ganze Erschütterung aus, welche der Spanische Bürgerkrieg in Vallejo ausgelöst hatte. In seinen Kompositionen drang Vallejo darin in einer gegenüber *Trilce* weniger radikalen Sprachdekonstruktion zum menschlichen Gehalt des Sterbens und des Weiterlebens, des Kreatürlichen wie des Schöpferischen im Menschen vor. An Intensität des Humanen in seiner Zerrüttetheit, Zärtlichkeit und Zerbrechlichkeit sind diese Gedichte schwerlich zu übertreffen.[4]

Mit den *Poemas humanos*, die kurz vor seinem Tod entstanden, hinterließ César Vallejo ein lyrisches Vermächtnis, das zugleich Ausdruck der Avantgarde und deren Überwindung war. Diese Gedichte berühren in besonderem Maße, da sie am Abgrund des spanischen Bürgerkrieges, aber auch am Abgrund des bevorstehenden Zweiten Weltkrieges im Zeichen der Leiden alles Menschlichen verfasst wurden. Doch im Angesicht von Sterben und Tod glimmt noch immer eine letzte Hoffnung auf Erlösung des Menschen von all seinen Qualen auf. Den Visionen des Dichters vom eigenen Tod haftet indes etwas Ruhiges, bisweilen fast Heiteres an, so dass der Blick auf das Überindividuelle durch das Individuum selbst stets von Neuem geschärft wird. Es ist, als ob der Tod eine besondere Linse wäre, durch welche der Mensch als Sehender und mit offenen Augen zur letzten Erkenntnis vordringt.

Ein wenig so wie der nikaraguanische Dichter Rubén Darío, der auch als Dichterfürst keineswegs seine indigene Herkunft verschwieg, sondern in manchen Gedichten explizit an diese anknüpfte und sich auf indianische lyrische Traditionen bezog, blieb César Vallejo seinen indigenen Wurzeln ein Leben lang treu. Gerade in seinem ersten Gedichtband ist der starke Einfluss von Darío deutlich zu spüren; und Vallejo sollte dem nikaraguanischen Modernisten ein Leben lang die Treue bewahren. Schon aus den hier versammelten Biographemen wird jedoch ersichtlich, dass César Vallejo anders als Rubén Darío oder Vicente Huidobro weniger auf der Sonnenseite des Lebens stand. Auch als Dichter genoss er zu Lebzeiten nur bescheidenen Erfolg und machte schließlich auch in seinem politischen Engagement eher traumatische Erfahrungen innerhalb jener Jahre, die er in *España, aparta de mí este cáliz* zu höchstem lyrischem Ausdruck erhob.

---

4 Vgl. auch Bosshard, Marco Thomas: Die Reterritorialisierung des Menschlichen in den historischen Avantgarden Lateinamerikas. Für ein multipolares Theoriemodell. In: Asholt, Wolfgang (Hg.): *Avantgarde und Modernismus. Dezentrierung, Subversion und Transformation im literarisch-künstlerischen Feld*. Berlin – Boston: Walter de Gruyter 2014, S. 147–168.

Für César Vallejo war nicht nur die eigene, aus der Distanz schmerzlich vermisste Heimat Peru, sondern vor allem Paris künstlerischer Bezugspunkt und Lebenszentrum. José Carlos Mariátegui hatte als ebenso kommunistisch ausgerichteter Intellektueller Vallejo später gerade mit Blick auf die Zukunft Lateinamerikas in seinen *Siete ensayos de interpretación de la realidad peruana* eine große und wichtige Rolle zugewiesen. Wir werden uns mit Mariátegui noch in einer künftigen Vorlesung über die Entstehung Amerikas auseinandersetzen. In einem César Vallejo gewidmeten Abschnitt seines Buches ließ Mariátegui nicht umsonst mit *Los Heraldos Negros* (1918 laut Impressum, eigentlich 1919 erschienen) die neue peruanische Lyrik beginnen. Er ordnete diesem Gedichtband also eine Gründungsfunktion innerhalb eines neuen literarischen Peru zu. Vielleicht könnte man jedoch aus heutiger Sicht diese Geburt einer neuen Dichtkunst besser mit dem Gedichtband *Trilce* ansetzen.

Bleiben wir jedoch noch einen Augenblick bei Mariáteguis Sichtweise des großen peruanischen Dichters, da sie zeigt, dass Vallejo bei einer kulturellen Elite in Peru durchaus Orientierungspunkt war, obwohl er – wie Mariátegui betonte – unerkannt durch Limas Straßen gegangen sei! Vallejo, der für Mariátegui der „poeta de una estirpe, de una raza" war, habe zum ersten Mal in der peruanischen Literatur ein „sentimiento indígena virginalmente expresado" zum Ausdruck gebracht und damit ein jungfräulich indigenes Gefühl geschaffen. In den *Siete ensayos* Mariáteguis wird Vallejo zum absoluten Schöpfer stilisiert, wofür das Titelgedicht der *Heraldos Negros*, das uns gleich beschäftigen soll, herangezogen wird. Für José Carlos Mariátegui vereinte Vallejo Elemente des Symbolismus, des Expressionismus, des Dadaismus und des „Suprarrealismo", also des Surrealismus, in seiner gedrängten dichterischen Sprache. Der peruanische Intellektuelle betonte bei seinem Landsmann das indigene Element in der Dichtkunst, aber vor allem den radikalen Bruch mit allem, was in der Lyrik Lateinamerikas vor Vallejo vorgeherrscht habe. Vallejo sei ein Mystiker der Armut gewesen, ein wirklicher Schöpfer und authentischer Autor: Hierin erblickte Mariátegui seine Einzigartigkeit und dichterische Größe.

Man kann ohne jede Übertreibung sagen, dass César Vallejo wie kein anderer Dichter in den zwanziger und dreißiger Jahren die Freiheit dichterischer Sprache verkörpert hat. Im Bereich der Poesie erschien Vallejo im Sinne einer grundsätzlichen Neuorientierung der hispanoamerikanischen Lyrik am Experimentellen, am Tastend-Suchenden; er verkörperte eine Tendenz zum Überschreiten bislang eingehaltener Grenzen des Logischen, des Kausalen. Dabei schrieb Vallejo zugleich eine gegenüber Vicente Huidobro wesentlich stärker im andinen Raum verwurzelte und auf dessen kulturelle Traditionen aus der Distanz bezogene Lyrik.

Beschäftigen wir uns also mit dem ersten, im Juli 1919 ausgelieferten Gedichtband *Los Heraldos Negros*! Er ist eine in gewisser Weise hybride Schöpfung, zeigen die verschiedenen hier vereinigten Tendenzen doch unverkennbar zum Teil noch auf den Modernismo eines Rubén Darío oder eines Julio Herrera y Reissig – oder auch auf den Symbolismus europäischer Provenienz. Andererseits aber findet sich in diesen Gedichten ein neuer, am Abrupten, am Suchenden, am Fragenden ausgerichteter Ton, der die Neuheit dieses Bandes ausmacht. Diese neuen Töne, die eine bisweilen eher noch konventionelle Lyrik durchziehen, sind deutlich vernehmbar in Vallejos Titelgedicht der *Heraldos Negros*. Ich möchte Ihnen dieses Gedicht entgegen unserer Tradition direkt auf Spanisch präsentieren und aus guten Gründen die Übersetzung ins Deutsche nachreichen:

> Hay golpes en la vida, tan fuertes... Yo no sé!
> Golpes como del odio de Dios; como si ante ellos,
> la resaca de todo lo sufrido
> se empozara en el alma... Yo no sé!
>
> Son pocos; pero son... Abren zanjas oscuras
> en el rostro más fiero y en el lomo más fuerte.
> Serán tal vez los potros de bárbaros atilas;
> o los heraldos negros que nos manda la Muerte.
>
> Son las caídas hondas de los Cristos del alma,
> de alguna fe adorable que el Destino blasfema.
> Esos golpes sangrientos son las crepitaciones
> de algún pan que en la puerta del horno se nos quema.
>
> Y el hombre... Pobre... pobre! Vuelve los ojos, como
> cuando por sobre el hombro nos llama una palmada;
> vuelve los ojos locos, y todo lo vivido
> se empoza, como charco de culpa, en la mirada.
>
> Hay golpes en la vida, tan fuertes... Yo no sé!⁵

Die wiederholte Aussage, ja der redundante Schrei des Nicht-Wissens durchzieht dieses Gedicht: Wir finden hier eine völlig andere Lyrik und eine existenzielle Dichtkunst vor, der das spielerische Element – zumindest in diesem Werk – weitestgehend fehlt. Es handelt sich um eine Literatur, welche der Sprachlosigkeit angesichts des Todes doch noch immer ein Wort, einen Vers abtrotzt und klar macht, dass die schwarzen Boten mit ihrer Botschaft des

---

5 Vallejo, César: *Los heraldos negros*. Buenos Aires: Editorial Losada 1966, S. 8 f.

Todes nicht auf ein Verstehen von menschlicher Seite zählen können. Doch das Erleben des Todes zählt auf keine Logik, rechnet mit keinem Verstehen. *Los heraldos negros* ist die lyrisch verdichtete Antwort César Vallejos auf all die Todesnachrichten im Kreis der Familie und der engen Freunde, von denen ich vorhin berichtet habe. Dass meine Interpretation dieses Gedichts in eine Zeit fällt, in welcher der Tod eines mir lieben Menschen alles Sprechen und alle Logik leerlaufen lässt, ist nur ein Zeichen für die Tatsache, wie sehr die Literaturen der Welt mit dem verbunden sind, was unser eigenes Wesen und was unser eigenes Leben ausmacht. Doch die Vorlesung dieses Menschen, dessen Auftrag und Berufung die möglichst komplexe und polyseme Deutung von Literatur ist, muss weitergehen!

Los heraldos negros ist ein verdichtetes Spiel mit Leben und Tod, mit dem Vergehen dessen, was als Leben beschieden ist; und dieses Gedicht kann in Verbindung gebracht werden mit der Todesthematik, wie sie gerade in den historischen Avantgarden so häufig erscheint. Denn der Krieg stand den historischen Avantgarden nahe, wurde von den italienischen Futuristen erträumt, von den Zürcher Dadaisten erlitten und persifliert, von den französischen Surrealisten in die Sphäre des Traumatischen und Alptraumhaften gehoben.[6]

In diesem Gedicht aber trifft uns die existenzielle Dimension mit aller Wucht. Dabei geht es nicht allein darum, dass Vallejo durch den Verlust von Freunden und Familienangehörigen, vor allem aber seiner Mutter tief getroffen wurde; ein so starker Schlag, dass er ihm nur noch die Lyrik entgegenzusetzen vermochte. Denn das Erleben des Todes ist Herausforderung und in weiter Ferne das Versprechen auf die Erkenntnis dessen, was die *conditio humana* und das menschliche Sein ausmacht. Freilich bietet die Lyrik keine Antwort, sondern ist Respons nur als ein „Yo no sé", als ein „Ichweißnicht", das Vallejos Dichtkunst wie sein Leben ständig miteinander verbinden und durchziehen sollte. Denn der Mensch wird auch in Vallejos Lyrik zum Spanischen Bürgerkrieg stets ein lebendig Sterbender sein, ein Sterblicher am Leben, der nur aus dem Sterben und Sein-Leben-Lassen noch seine letzte Erkenntnis pressen kann.

Der Mensch erscheint in diesem Gedicht des existenziell stets bedrohten Dichters als „pobre, pobre", im Fadenkreuz ihn übersteigender Gewalten, als Opfer göttlichen Hasses, als Gegenstand der schwarzen Boten des Todes, als vom Schicksal im negativen Sinne Auserkorener, auf Du und Du mit dem Tod, mit dem göttlichen Hass, mit jenen Boten, die ihm gleichsam von hinten, hinterrücks, auf die Schulter klopfen und herausfordern. Lyrik hat in diesem exis-

---

6 Vgl. die Ausführungen in den jeweiligen Kapiteln zu diesen Bewegungen im dritten Band der Reihe „Aula" in Ette, Ottmar: *Von den historischen Avantgarden bis nach der Postmoderne*.

tenziellen Zusammenhang einen anderen Sitz im Leben: Sie wird stets gerade auch bei Vallejo zum Experimentellen, zur absoluten Grenze des Denkens und mehr noch des Sprechens vorstoßen, aber doch stets rückgekoppelt bleiben an die humane Grunderfahrung des Ausgeliefert-Seins menschlichen Daseins.

Ich möchte an dieser Stelle vor der Weiterführung unserer Interpretation eine literarische Übersetzung dieses Gedichts durch Hans Magnus Enzensberger einschieben, einen der großen Vermittler lateinamerikanischer Literatur und Lyrik im deutschsprachigen Raum, um aufzuzeigen, dass literarische Übersetzungen von großem Wert gerade auch für die Untersuchung semantischer Aufladungen und Polyvalenzen sein können. Sie behindern unser Verständnis von Lyrik nicht nur nicht, sondern befördern es in erheblichem Maße. Schauen wir uns also die Übersetzung von Hans Magnus Enzensberger näher an:

> Es gibt Schläge im Leben, so hart... Ich begreife es nicht!
> Als schlüge Gott zu in seinem Haß; als trieben sie
> der Seele die Brandung alles Erlittenen zu
> und stauten sie auf in ihr... Ich begreife es nicht!
>
> Sie kommen nicht oft, doch sie kommen... Und reißen finstere Gräben
> ins wildeste Antlitz und in die kräftigsten Lenden.
> Wie die Hengste barbarischer Hunnenfürsten
> oder die schwarzen Boten, die der Tod nach uns ausschickt.
>
> Die tiefen Abstürze der Gekreuzigten unserer Seele,
> eines göttlichen Glaubens den das Verhängnis lästert.
> Blutige Schläge: ein anderes Brot platzt auf
> unter ihnen, ein Brot das uns verbrennt an der Ofentür.
>
> Und der Mensch ist elend... elend! Er wendet die Augen,
> es trifft ihn wie ein Handschlag auf den Rücken;
> er wendet die irren Augen, und alles Erlebte staut sich,
> wie eine Pfütze von Schuld, in seinem Blick.
>
> Es gibt Schläge im Leben, so hart... Ich begreife es nicht!⁷

Die bedeutungstragenden Akzente von Hans Magnus Enzensbergers Übersetzung sind bereits im Ausgangs- und Endvers des Gedichts von César Vallejo anders gesetzt. Gerade die Tatsache, dass der erste und der letzte Vers identisch sind beziehungsweise sich nur darin unterscheiden, dass beim ersten Auftau-

---

7 Vallejo, César: Die schwarzen Boten [Übersetzt von Hans Magnus Enzensberger]. In: Köhler, Hartmut (Hg.): *Poesie der Welt: Lateinamerika*. Berlin: Edition Stichnote im Propyläen Verlag 1986, S. 151.

chen der erste Vers in eine Strophe integriert, beim letzten Vers aber dann einsam und allein dasteht, ist von größter Bedeutung für das gesamte Gedicht. Denn es deutet sich keine Lösung, keine Entwicklung an: Der Mensch ist gefangen, abhängig, ohnmächtig ausgeliefert allen Gewalten, die von ihm nicht beeinflusst werden können. Reicht da das Wort „begreifen"? Ich weiß nicht.

Abb. 71: Hans Magnus Enzensberger (*1929) in Warschau am 20.05.2006.

Mir scheint, dass an dieser Stelle, bei diesen bewussten Wiederholungen des „Yo no sé", die logische Konnotation des Begreifens zu stark ist, um die existenzielle Betroffenheit in ihrer breiten semantischen Palette zum Ausdruck zu bringen. Denn es geht um eine Betroffenheit, die keineswegs nur logisch-rationaler Natur ist, sondern alle Bereiche des Menschen erfasst. Da gibt es, vereinfacht gesagt, nichts zu begreifen: Der Mensch steht einfach vor diesen Schlägen des Schicksals und weiß nicht, weiß nicht weiter!

Das kognitive Wissen in all seiner Breite ist nicht mehr fähig, nicht länger in der Lage, dem Tod, dem blind zuschlagenden Hass, ja der unverschuldet erworbenen Schuld auf die Spur zu kommen oder gar all diese Dinge rational zu begreifen. So kommt denn Wahnsinn auf in den Augen des betroffenen, des getroffenen Menschen. Der „hombre" ist „pobre, pobre", ein Echo, das die Silben des Wortes Mensch widerhallen lässt und den Menschen in das dunkle Gewand der Armseligkeit kleidet.

Daher scheint mir an dieser Stelle die Übertragung von Hans Magnus Enzensberger gut gewählt, denn hier ist der Mensch eben „elend, elend": Wie im spanischen Original ist der Vokal von Mensch in seiner Echowirkung beibehalten. Die Pluralbildung „Cristos", die hier nicht als Christen und schon gar nicht als Christusse übersetzbar wäre, zeigt uns die existenzielle Dimension der religiösen Symbolik des Gedichts auf, die keineswegs religiös, sondern vorrangig desakralisiert-anklagend verwendet wird. Der biblische Vergleich des Menschen mit dem Brot, das nahe der Ofentür verbrennt, ist eine weitere Symbolik christlicher Provenienz, welche zudem die Absurdität zum Ausdruck bringt, dass ein Lebensmittel zum Aufplatzen und zum Verbrennen gebracht wird – so nahe an seiner Erlösung!

An dieser Stelle könnte man sich fragen: Wusste César Vallejo um den indianischen Mythos vom gebackenen Brot, dem indigenen Schöpfungsmythos des Menschen, demzufolge Gott drei Brote in den Ofen stellt und backen lässt? Das erste nimmt er zu früh heraus, es bleibt ein wenig weiß noch; das zweite ist gerade rechtzeitig dem Ofen entnommen, es ist knusprig braun; doch über dieser Freude vergisst Gott das letzte Brot, das er zu spät aus dem Ofen herausholt, ist es doch schwarz geworden. Die Präsenz der mythischen Verbindung von Brot und Mensch – hier im Triptychon der Genesis der weißen, indianischen und der schwarzen Menschen – ist allpräsent und auch in diesem Gedicht Vallejos poetisch eingewoben.

Christlich ist auch die Rede von der Seele, in welcher sich das Erlittene, das menschliche Leiden anstaut und nur durch die Augen – einem alten Topos christlicher Mystik zufolge die Fenster der Seele – nach außen dringt: als Wahnsinn, der vom Menschen im Menschen nur mühsam zurückgehalten wird. Das völlige Ausgeliefertsein des Menschen ist ebenso total wie absurd. Die *conditio humana* ist unverkennbar die des Leidens, für die Christus als Gekreuzigter, nicht aber als Erlöser steht.

Erlösung ist nicht in Sicht: Überall schwärmen die schwarzen Herolde, die „heraldos negros" aus und verkünden neues Leiden! Ist ihr Ruf der des Todes oder der eines Gottes? Der Dichter, das lyrische Ich, findet hierauf keine Antwort. Der Mensch weiß nicht, und er weiß nicht mehr weiter außer in der Dichtkunst, die freilich seinem Nicht-Wissen nur künstlerischen Raum geben kann. Die mit Majuskel geschriebenen Lexeme der einzelnen Strophen zeigen dies bereits an: in der ersten Strophe „Dios", in der zweiten ganz am Ende „Muerte", in der dritten schließlich „Cristos" und vor allem „Destino", das eine Art Echowirkung erneut zu „Cristos" bildet; in der vierten Strophe aber dann steht der Mensch allein, und zwar nicht als großgeschriebener „Hombre" sondern gerade als „pobre", als Elender. Denn er ist den Schlägen ausgeliefert, die ein Mächtigerer ihm versetzt, als es selbst der stärkste und stolzeste Mensch sein könnte – und nicht so sehr der „wildeste", wie Enzensberger meint und übersetzt.

Was kann demgegenüber selbst noch von der „fe adorable" übrigbleiben, vom bewundernswertesten Glauben des Menschen? Nicht nur die Logisch-Kausale, sondern auch die Mythisch-Religiöse Tröstung sind dem Menschen verwehrt. Denn das kausale Prinzip ist völlig außer Kraft gesetzt: Die Schuld ist bereits in der bloßen Existenz des Menschen zu finden, in seinem Da-Sein und noch stärker – mit Martin Heidegger – in seinem In-die-Welt-Geworfen-Sein. Vielleicht sollte man daher auch „fiero" nicht mit „wild", sondern eher (wie es der Vallejo sicherlich bekannten Martí'schen Tradition entspräche) mit „stolz" übersetzen: Nicht ein Wilder wird hier gezähmt, sondern ein selbstbewusster Mensch gedemütigt. Zugleich erinnern die tiefen Gräben und Furchen, die erbarmungslos in das Antlitz dieses Menschen gerissen werden, exakt an die Metaphorik William Shakespeares in einem seiner berühmtesten Sonette: *When forty winters*. Dort sind es freilich die vierzig Winter, also das unvermeidliche Altern, welche die Risse in ein schönes menschliches Antlitz gezogen haben.

So erkennen wir in *Los heraldos negros* auf den ersten Blick, dass wir es in diesem Titelgedicht mit einer völlig anderen Lyrik zu tun haben, in der es um die gesamte Existenz des Menschen geht, um das spezifische *Humanum*. Vallejos Lyrik kreist nicht allein um die *conditio humana*, sondern um das Elend und das Elendige des Menschen. Lyrik wird zur verdichtetsten Form menschlichen Lebenswissens und menschlichen Erlebenswissens: Sie zeichnet das auf, was sich – „Yo no sé" – jeglicher Rationalität entzieht und doch immer noch in Sprache ausgedrückt werden kann. Denn gerade weil der Mensch dem unergründlichen und harten Schicksal nichts Machtvolles entgegensetzen kann, verfügt er doch noch immer über die Sprache, über den sprachlichen Ausdruck, der seinem Elend, seinem ohnmächtigen Ausgeliefertsein, zumindest Ausdruck verleihen mag. Der Schrei ist im Deutschen dem Schreiben ebenso eingeschrieben wie im Französischen der „cri" in der „écriture". War das „je ne sais quoi" während langer Jahrhunderte die literarische Formel für das nicht mehr sprachlich Erfassbare, für das Irrationale etwa in der Schönheit,[8] so werden die Hammerschläge des „Yo no sé" nun zum fast geschrienen Ausdruck menschlichen Elends.

Wir können ohne Zweifel die „pobreza" des Menschen, die Armseligkeit, seine Armut, in einem sozialen Sinne lesen und mit der Solidarität César Vallejos mit den Armen, den Entrechteten und mit seiner politischen Parteinahme für sozialistische und kommunistische Ideen in Verbindung bringen. Es ist die Verteidigung, die Parteinahme für das Kreatürliche, für die Benachteiligten, für die den Schlägen von oben Ausgesetzten, die über keine Möglichkeit verfügen, den „heraldos negros", den schwarzen Boten, den Gesandten gleich welcher barbarischen Macht etwas entgegenzusetzen. César Vallejo verstand sich als Stimme der Entrechteten: Die unterschiedlichen Isotopien oder Bedeutungsebenen Vallejos sind immer an die existentielle Dimension des Menschen rückgebunden und verweigern sich jeglichem reinen Spielcharakter. Vallejo experimentiert mit dem Wortmaterial, doch die gesellschaftliche Dimension ist bei aller Experimentierfreude niemals ausgeblendet.

So ist der Mensch in seiner Kreatürlichkeit stets den Schlägen des Schicksals in aller existenziellen Einsamkeit ausgesetzt; zugleich weiß er sich aber so-

---

8 Zur Bedeutung des „Je ne sais quoi" vgl. die erhellende Studie von Köhler, Erich: „Je ne sais quoi". Ein Kapitel aus der Begriffsgeschichte des Unbegreiflichen. In (ders.): *Esprit und arkadische Freiheit. Aufsätze aus der Welt der Romania*. Frankfurt am Main: Klostermann 1966, S. 230 ff.

lidarisch mit anderen Menschen im gesellschaftspolitischen Kampf vereint, im politischen Eintreten für ein gerechteres, menschenwürdiges Leben. Hier tritt bei Vallejo die solidarische Gemeinschaft an die Stelle der Einsamkeit. Vallejo kämpfte als Dichter für die Verantwortung des Intellektuellen in einer Gesellschaft, die – anders als auf der individuellen Ebene des Ich – ihr Schicksal bewusst und beherzt in die eigenen Hände nehmen sollte. Das Thema existenzieller Einsamkeit verschwand für ihn auf dieser gemeinschaftlichen Ebene.

Kommen wir nun zu einem Dichter, der sich in der Tradition eines César Vallejo oder Nicolás Guillén als ein Lyriker begriff, der sich ebenfalls in die Geschicke seines Landes einzubringen hatte! Dieser Poet war damit ein typischer Vertreter jener Gruppe, die sich seit langem in Lateinamerika zum Sprachrohr der großen politischen Debatten um Gleichheit, Selbstbestimmung, Unabhängigkeit und Freiheit gemacht hatte.[9]

Octavio Paz war weder Kubaner wie Nicolás Guillén noch andiner Herkunft wie César Vallejo, sondern Mexikaner und damit Bewohner eines Landes, das eine unendlich lange Grenze mit dem großen Nachbarn im Norden teilt, mit den Vereinigten Staaten von Amerika. Er verstand sich als Vertreter der Vereinigten Staaten von Mexiko und damit all jener Volksgruppen, welche diesen Vielvölkerstaat in der ganzen Verschiedenartigkeit seiner Landschaften und Klimazonen bilden.

Abb. 72: Octavio Paz (1914–1998) im März 1984.

Für Octavio Paz ging es freilich weniger um eine reflektierte Beziehung zu den schwarzen Kulturen, die es in Mexiko etwa im Küstenbereich der Karibikküste gibt, als um eine Neubestimmung des Verhältnisses zwischen den Nachfahren des Cortés und den Nachfahren des Moctezuma – oder vielleicht noch mehr der Malinche. Octavio Paz ist zweifellos einer der großen Dichter Lateinamerikas und sein lyrisches Werk von größter Bedeutung für die ästhetische und literarhistorische Entwicklung dieser Gattung; und doch wollen wir uns bei diesem

---

9 Vgl. u. a. Ruy-Sánchez, Alberto: *Octavio Paz, Leben und Werk. Eine Einführung.* Frankfurt am Main: Suhrkamp 1990.

Dichter vor allem mit seinem *Laberinto de la soledad* auseinandersetzen und verstehen, wie der Mexikaner eine poetische Prosa schaffen konnte, die um die Mitte des 20. Jahrhunderts eine so durchschlagende Wirkung nicht nur in Mexiko und in Lateinamerika erzielte.

Beschäftigen wir uns wie gewohnt aber zunächst in der gebotenen Kürze mit einigen Biographemen dieses herausragenden mexikanischen Intellektuellen! Octavio Paz Lozano wurde am 31. März 1914 während der Mexikanischen Revolution in Mexiko-Stadt geboren und starb ebendort am 19. April 1998. Er wuchs in dem nahe der Hauptstadt gelegenen Dorf Mixcoac in einer Familie indigener und spanischer Abstammung auf. Einer seiner Großväter war General und Journalist und galt als herausragende Figur des mexikanischen Liberalismus. Sein Vater, ebenfalls Journalist und Anwalt, war Mitarbeiter des Sozialrevolutionärs Emiliano Zapata. Auch Octavio Paz sollte sich in seinen jungen Jahren zu sozialrevolutionären Positionen bekennen und sich dafür einsetzen.

Von 1932 bis 1937 studierte er an der Juristischen und Philosophischen Fakultät der Universidad Nacional Autónoma de México Recht und Literaturwissenschaften; bereits im Jahre 1931 erschien seine erste Veröffentlichung in einer literarischen Zeitschrift, 1933 sein erster Gedichtband *Luna Silvestre*. 1934 ging er mit Freunden nach Yucatán, um eine Sekundarschule für Kinder von Landarbeitern zu gründen. Als mexikanischer Delegierter – und hier kreuzen sich seine Wege mit denen César Vallejos – nahm er 1937 am Kongress der Antifaschistischen Schriftsteller in Madrid teil, wo er Rafael Alberti, Luis Cernuda, Miguel Hernández, Pablo Neruda und den Autor von *Los heraldos negros* persönlich kennenlernt. Octavio Paz' Gedichte erscheinen in verschiedenen Ausgaben, er nimmt beherzt als Dichter für die Spanische Republik Stellung. Der spätere Gründer der beiden einflussreichen, in den siebziger Jahren konzipierten Zeitschriften *Plural* und *Vuelta* reiste 1943 dank eines Guggenheim-Stipendiums in die USA und lebte bis 1945 in San Francisco und New York.

Nach dem Ende des Zweiten Weltkriegs trat Paz in den Diplomatischen Dienst seines Landes ein und wurde nach Paris entsandt. In der französischen Hauptstadt begegnete er André Breton, dem Kopf des französischen Surrealismus;[10] er arbeitete an Publikationen und Projekten der Gruppe mit. Seine Bekanntschaft mit dem französischen Surrealismus sollte seinen weiteren Werdegang als Dichter, aber auch als Essayist und Intellektueller prägen. Als Diplomat begab er sich 1951 zum ersten Mal nach Indien, 1952 nach Japan: Intensiv beschäftigte er sich damals mit taoistischen und buddhistischen Lehren, die ihn zu einem wichtigen Vermitt-

---

10 Vgl. Meyer-Minnemann, Klaus: Octavio Paz y el Surrealismo. In: *Literatura Mexicana* (México) XXVII, 2 (2016), S. 73–95.

ler Asiens nach Lateinamerika machen. Während der Jahre 1953 bis 1958 lebte Octavio Paz als Beschäftigter des Diplomatischen Dienstes wieder in Mexiko-Stadt.

An diese Zeit schließt sich zwischen 1959 und 1962 ein Aufenthalt in Paris an, den er in der damaligen Weltliteraturhauptstadt äußerst schöpferisch für sich nutzte und mit André Breton sowie Georges Perec zusammenarbeitete. 1962 wird er zum Botschafter in Neu-Delhi ernannt. Doch 1968 legt er das Amt empört und aus Protest gegen das Massaker an demonstrierenden Studenten auf dem Platz der drei Kulturen in Mexiko-Stadt nieder. In scharfem Widerspruch zur damaligen Regierung begibt er sich für einige Zeit in eine Art freiwilligen Exils. Sein politisches Engagement ist ungebrochen, hat nun aber die Richtung gewechselt: Protestierte er zuvor gegen die politische Rechte, so argumentiert und agitiert er nun gegen Menschenrechtsverletzungen in der Sowjetunion oder auf Kuba, wodurch er sich die teils erbitterte Feindschaft der lateinamerikanischen Linken zuzieht. Doch dieser Richtungswechsel hatte sich lange zuvor bereits angedeutet, als er unter dem Eindruck des Hitler-Stalin-Paktes und der Ermordung Trotzkis in Mexiko-Stadt mit dem orthodoxen Kommunismus brach.

In den Folgejahren schließen sich zwischen 1968 und 1970 Gastprofessuren in Cambridge (USA), Austin und Pittsburgh an. Octavio Paz profiliert sich als ein *Poeta doctus*, der den Literaturwissenschaften wichtige Impulse vermittelt. 1972 wird Octavio Paz in die American Academy of Arts and Letters und 1975 in die American Academy of Arts and Sciences gewählt. 1971 kehrt er nach politischen Veränderungen in der Regierung wieder in die mexikanische Hauptstadt zurück, unterbrochen von Gastprofessuren in Harvard und San Diego, wo er hispanoamerikanische und vergleichende Literaturwissenschaft unterrichtet.

1980 führen ihn seine Aktivitäten auch erstmals nach Deutschland, wo er mittlerweile als Poet wie als Essayist auf eine zahlreiche und treue Lesegemeinde zählen kann. Im Herbst des Jahres 1982 hält er dann den prestigeträchtigen Eröffnungsvortrag auf dem *Horizonte*-Festival in Westberlin, das die großen lateinamerikanischen Autorinnen und Autoren in der damals noch geteilten Stadt versammelte. Das Lateinamerika gewidmete *Horizonte*-Festival war für die Rezeptionsgeschichte lateinamerikanischer Literaturen im deutschen Sprachraum entscheidend und wurde auch für mich als noch jungem Doktoranden wichtig für die weitere Entwicklung. Ich kann mich unter anderem noch sehr gut an die Verwunderung der großen lateinamerikanischen Autoren wie Octavio Paz, Carlos Fuentes, Juan Rulfo, Gabriel García Márquez oder Mario Vargas Llosa erinnern, die ihren Augen und Ohren nicht trauten, als sie bemerkten, dass ihr deutsches und insbesondere Berliner Publikum nur wenig mit dem Namen und gar nicht mit den Werken Alexander von Humboldts vertraut war. Diese Erfahrung war – ich gestehe es gerne – eine Art Initialzündung für mich und mein Verständnis von Romanistik als weit ausgreifender und tendenziell weltumspannend vernetzter Wissenschaft.

Octavio Paz wurde mit zahlreichen Preisen und Auszeichnungen geehrt. so erhielt er 1977 den Jerusalem-Preis, 1981 den Premio Cervantes, die höchste Auszeichnung in der spanischsprachigen Literaturwelt, 1984 den Friedenspreis des Deutschen Buchhandels und 1990 schließlich den Nobelpreis für Literatur. Es waren die großen Jahre der lateinamerikanischen Literaturen; und Octavio Paz stand jenseits der sogenannten ‚Boom'-Autoren für die Vielfalt lateinamerikanischen Denkens und Schreibens ein.

Vergessen wir über alledem nicht, dass auch der mexikanische Dichter zu jenen Autoren zählt, die ihren eigenen Werdegang als Lyriker und Essayisten immer wieder in Auseinandersetzung mit dem modernistischen Erbe gingen und von den historischen Avantgarden her Verbindungen zur eigenen lateinamerikanischen Tradition knüpften! Bei Octavio Paz reichte diese Tradition bis in die Barockzeit zurück; er knüpfte mit einer umfangreichen Studie über die wunderbare Barockdichterin Sor Juana Inés de la Cruz Beziehungen zu einer neuspanischen Barockdichterin, die für die poetische Kreativität des mexikanischen Dichters nicht nur als *Poeta doctus* im 20. Jahrhundert äußerst wichtig wurde. Ja, wir müssen lernen, die historischen Avantgarden ebenso transatlantisch zu denken wie die Romantik, die Aufklärung oder das Barockzeitalter![11] Auf diesem Gebiet gibt es für die Romanistik ein noch immer gewaltiges Forschungsfeld, welches ständig weltumspannend unter transarealer Einbeziehung Asiens erweitert werden muss.

Doch bleiben wir kurz beim Modernismus! Octavio Paz beschäftigte sich in einer Vielzahl von Essays entweder mit einzelnen Figuren von „Modernistas" oder mit dem Modernismo insgesamt, so etwa in dem 1964 erstmals veröffentlichten *El caracol y la sirena*, wo er ihm einen Zeitraum zwischen 1880 und 1910 zuwies. Rubén Darío war in diesem Zusammenhang für ihn zweifellos die zentrale Figur, nicht Martí. So überrascht es nicht, dass er die modernistische Ästhetik eher im Zeichen des Nihilismus und der Formsuche sieht und – in einer sehr schönen Definition – den Modernismo nicht nur als Kunst der großen Stadt, sondern vor allem als eine Kunst des Rhythmus und der Rhythmisierung feiert. Auf diese Tatsache waren wir in unserer Vorlesung bereits mehrfach aufmerksam geworden.

---

11 Vgl. hierzu die Bände drei, vier und fünf der Reihe „Aula" mit den Vorlesungen von Ette, Ottmar: *Aufklärung zwischen zwei Welten*; *Romantik zwischen zwei Welten*; sowie *Von den historischen Avantgarden bis nach der Postmoderne*.

Aufschlussreich ist auch Paz' kontrapunktische Absetzung vom Modernismo und von der „vanguardia": „La vanguardia quiere conquistar un sitio; el modernismo busca insertarse en el ahora." Die Avantgarde wolle folglich ein Jahrhundert erobern; der Modernismus versuche hingegen, sich in das Jetzt einzufügen. Die Avantgarde erscheint Paz also deutlich als etwas schon vom Begriff her Kriegerisches, Eroberndes, was sie grundlegend vom Modernismo unterscheide. Der Modernismus ist für Paz damit zugleich auch eine Kunst des „hora", des Augenblicks. Und wer weiß, welch grundlegende Funktion der mexikanische Dichter dem Augenblick zuweist, welche enorme Bedeutung für ihn im Augenblick, in der Epiphanie, in der unwiederbringlichen Erscheinung, im Ausbrechen aus der linearen Zeit liegt, der ahnt schon, warum für Octavio Paz der hispanoamerikanische Modernismo die erste unabhängige literarische Bewegung Hispanoamerikas und zugleich ein wichtiger Bezugspunkt für das eigene Schaffen war. Wieder einmal bestätigt sich unsere These, dass die historischen Avantgarden in Lateinamerika keiner Ästhetik des Bruches huldigen, sondern verändernd auf die eigenen lateinamerikanischen Traditionen zurückzugreifen suchen.

Wir wollen freilich nicht erst am Ende eines der Dichtkunst gewidmeten Teiles unserer Vorlesung auf die für Lateinamerika so grundlegende und bedeutende Arbeit des Lyrikers Octavio Paz eingehen, der wesentlich dazu beitrug, die Aporien der Avantgarde auszugestalten und spätestens seit seinem *Libertad bajo palabra* von 1949 fruchtbar zu überwinden. Nicht der Lyriker Octavio Paz steht im Folgenden im Vordergrund, sondern der Denker, der Essayist, jener Schriftsteller, der als kritischer Intellektueller sinnstiftend und den Bereich der Politik hinterfragend auf die gesamte mexikanische Gesellschaft einzuwirken sucht. Octavio Paz hat sich stets als Hüter des Wortes, als Sprachrohr und als ein tief in die Gesellschaft hinein wirkender Autor und Mensch verstanden. So war auch die Wahl der diplomatischen Karriere, die stets nur die Rahmenbedingungen für das eigene Schaffen zu schaffen hatte, trotz allem nicht zufällig, sondern gehorchte nicht nur der eigenen Tradition Lateinamerikas, sondern auch den eigenen Intentionen und Wirkungsabsichten des mexikanischen Schriftstellers und Intellektuellen.

In seiner Lyrik verstand es Octavio Paz stets meisterhaft, die altamerikanischen Kosmologien zu integrieren und für seine Poesie fruchtbar zu machen. Die kosmologischen Bedeutungen von Tod, Vergehen und Wiedergeburt werden aus den indigenen Traditionen von Anáhuac entfaltet. In einer Vielzahl von Gedichten versucht er, die Symbolik der indigenen mexikanischen Kulturen – angelehnt an die Forschungen von Anthropologen – für seine eigene, individuelle Symbolik anzuwenden und auf diese zu übertragen. Das ist nicht absolut neu, vor allem, wenn wir etwa an den kubanischen Modernisten José

Martí und sein *Nuestra América* oder im mexikanischen Kontext an einen Alfonso Reyes denken, mit dessen *Ifigenia cruel* ich mich in einer anderen Vorlesung beschäftigt habe.[12] Doch ist es hier in so radikaler Weise durchgeführt, dass Langgedichte wie *Blanco* oder *Piedra de sol*, aber auch bestimmte Gedichte wie *Dos cuerpos* aus *Libertad bajo palabra* als die wohl gelungensten lyrischen Schöpfungen zu bezeichnen sind, in welchen sich das indigene Erbe mit der abendländischen Dichtungstradition und teilweise zusätzlich orientalischen Gedichtformen wie etwa dem Haiku verbinden. Denn Octavio Paz verstand es, ganz im Sinne eines Alfonso Reyes, eines José Vasconcelos oder auch eines José Lezama Lima die literarisch-kulturelle Zentralstellung Mexikos in den Amerikas, vor allem aber zwischen Europa und Asien, zwischen Atlantik und Pazifik transareal fruchtbar zu machen.

Diese Art der Relation oder besser Relationierung wie auch das Selbstverständnis von Octavio Paz als Dichterfürst, als *Poeta doctus* Lateinamerikas, als Kritiker bestimmter politischer Entwicklungen ebenso in totalitären Systemen (in der Sowjetunion oder auf Kuba, aber auch im Mexiko des Partido Revolucionario Institucionalizado) wie auch kapitalistischer Wirtschafts- und Gesellschaftsformen, sein Selbstverständnis als privilegierter Bewohner der hohen Kultur, sind seit den achtziger Jahren vermehrt zu Zielscheiben der lateinamerikanischen Kulturtheorie geworden. Diese spielte – wie etwa Néstor García Canclini in seinen einflussreichen *Culturas híbridas*[13] – die Texte und Präsentationsformen eines Jorge Luis Borges, der wenige Jahre zuvor noch bei der Linken verpönt war, gegen den Dichterfürsten Octavio Paz aus, den man zunehmend ultrakonservativer und rechter politischer Ideologien bezichtigte. Während der politische Mainstream in Lateinamerika Borges aus der Versenkung holte, stieß er Paz hinein.

Dies soll uns freilich nicht kümmern: Die Angriffe und Attacken von García Canclini gegen den gebildeten Poeten, gegen den „prototipo del escritor culto" Paz waren nicht immer logisch, musste doch auch der in Mexiko lebende Anthropologe einräumen, dass sich Octavio Paz nicht zuletzt meisterhaft der Massenmedien und der Massenkommunikationsmittel bediente Er tat dies zuvörderst, um seinen kulturellen Diskurs und sein keineswegs elitäres Kunstverständnis in Mexiko dominant werden zu lassen. Die Kritik von Octavio Paz am Staat und dessen Kulturpolitik sei immer viel stärker und vehementer gewesen, so Canclini, als seine Kritik am Markt, dessen Gesetzen er sich letztlich untergeordnet habe. Paz

---

12 Vgl. hierzu das entsprechende Kapitel in Ette, Ottmar: *Von den historischen Avantgarden bis nach der Postmoderne*, S. 196 ff.
13 Vgl. hierzu wie in der Folge García Canclini, Néstor: *Culturas híbridas: estrategias para entrar y salir de la modernidad*. México: Grijalbo 1990.

wurde dargestellt als lebendiger Widerspruch zwischen einer Anlehnung an Prinzipien des Modernismo bei gleichzeitiger Zurückweisung von solchen sozioökonomischer Modernisierung. Ich denke, wir sollten daraus kein Gerichtsurteil machen, sondern vielmehr die spezifische Kulturkonzeption des Octavio Paz vorurteilsfrei untersuchen.

Für Néstor García Canclini war Octavio Paz letztlich ein Hohepriester der hohen Kultur in einer desakralisierten Welt, welche seine Priesterrolle noch stärkte. Daraus erkläre sich seine Hinwendung zur Prämoderne, seine Sehnsucht nach einer Zeit, die lange vor jeder Modernisierung liege. Das Agieren von Octavio Paz in Mexiko wird bisweilen dargestellt als ein Lehrstück, wie „lo culto" mit „lo masivo", die hohe Kultur mit der Massenkommunikation verbunden werden und einhergehen kann; ein Bund, der für García Canclini ansonsten eher positiv, hier bei Paz aber aufgrund dessen Ausrichtung an einer vorgeblichen Elitekultur als absolut verdammenswert dargestellt wird. Ich denke, wir sollten versuchen, jenen Dichotomisierungen zu entgehen, gegen die sich die Kulturtheoretiker gerne wenden, die sie in ihren eigenen Schriften aber nur allzu gerne aufbauen und pflegen, lässt sich doch so ihre eigene Arbeit als Werk der Aufklärung, des Fortschritts inszenieren – sozusagen in Fortführung der politischen Kritik mit nun anderen, spezialwissenschaftlichen Mitteln.[14]

Kein Wunder also, dass Octavio Paz an einem Alfonso Reyes – so sein Nachruf auf den mexikanischen Essayisten und Literaturtheoretiker – gerade schätzte, dass er sich so wie Paz selbst außerhalb der „bandos" und „partidos" hielt, trotz seiner politischen Arbeit als mexikanischer Diplomat. Für Paz war dabei gerade jener Alfonso Reyes von Bedeutung, der es verstand, das Universale auszudrücken, dem er stets mit seinem „apetito de lo universal" – wenn auch bisweilen mit etwas zu viel Gelehrsamkeit – hinterhergelaufen sei. Octavio Paz interessierte Reyes' Rückgriff auf altamerikanische Mythen und Mythologien, aber auch die bei Reyes noch versteckte Erotik, die für Paz ja stets als Epiphanie Befreiung im Augenblick, Befreiung aus der Zeit war.

Zweifellos war der Martí-Kenner Alfonso Reyes wie kein anderer dafür geeignet, eine Art Brücke zwischen dem Modernismo einerseits und dem frühen Surrealismus von Octavio Paz zu sein, der eine lang anhaltende Wirkung entfaltete. Dem Theaterstück *Ifigenia cruel* kam in diesem Kontext sicherlich eine wichtige Funktion zu. Alfonso Reyes war hier Kronzeuge jenes Versuchs der Avantgarde, einer bestimmten lateinamerikanischen Avantgarde, die eigene amerikanische

---

14 Vgl. hierzu den Besprechungsaufsatz von Ette, Ottmar: ¿Heterogeneidad cultural y homogeneidad teórica? Los "nuevos teóricos culturales" y otros aportes recientes a los estudios sobre la cultura en América Latina. In: *Notas* (Frankfurt am Main) 7 (1996), S. 2–17.

Position neu durch die Aufnahme indigener Elemente zu bestimmen, ohne doch letztlich von der abendländischen Ausrichtung gänzlich abzuweichen.

Es ist ebenso aufschlussreich wie bemerkenswert, dass Octavio Paz immer wieder auch in seinen zahlreichen Interviews seiner beiden letzten Lebensjahrzehnte auf die große kulturelle Bedeutung Europas für Lateinamerika hinwies. Dabei vergaß er nicht, dass es nicht zuletzt ein übersteigerter Nationalismus und ein mit Universalanspruch auftretender Marxismus waren, die im 19. und 20. Jahrhundert diese stark asymmetrischen Beziehungen nach der Kolonialzeit noch intensivierten.[15] Der mexikanische Dichter betonte, wie groß der Einfluss spanischer Lyrik und Philosophie – darunter insbesondere José Ortega y Gasset – auf sein eigenes Schreiben und Denken gewesen sei; ganz im Gegensatz zu früheren Generationen, für welche die spanische Gegenwartsliteratur eine völlig vernachlässigbare Rolle gespielt habe. Octavio Paz, der selbst 1937 am Antifaschistischen Schriftstellerkongress von Valencia teilgenommen und 1987 den Erinnerungskongress in Valencia fünfzig Jahre danach eröffnet hatte, machte stets deutlich, dass der spanische Bürgerkrieg für die lateinamerikanischen Intellektuellen so etwas wie der eigene Krieg im eigenen Land gewesen sei – also keineswegs etwas Distanziertes, in einer anderen Welt sich Abspielendes. Die intellektuellen und literarischen Beziehungen dieser im avantgardistischen Kontext gestarteten lateinamerikanischen Generation mit dem ehemaligen spanischen ‚Mutterland' waren solide und intensiv.

Octavio Paz hatte in jenen Jahren bereits die Kehrseite des mit Universalanspruch auftretenden Marxismus erkannt und wandte sich – nach seiner Abwendung vom Kommunismus – zunehmend der eigenen Vergangenheit Mexikos zu. Auf diese Weise versuchte er, die spezifische kulturelle Situation Lateinamerikas wie Mexikos – und damit seine eigene Position – kritisch und geschichtsbewusst zu verstehen. In einem Interview mit Hanns-Albert Steger[16] betonte er dabei, dass der Sartre'sche Existenzialismus niemals eine gangbare Alternative für ihn dargestellt, habe er über José Ortega y Gasset doch bereits – wie andere hispanoamerikanische Intellektuelle auch – viel früher die für den Existenzialismus entscheidenden deutschen Philosophen wie Edmund Husserl oder Martin Heidegger gelesen. Vor diesem Hintergrund schienen ihm auch die Schlüsse, die Jean-Paul Sartre aus dieser Existenzphilosophie für die politische

---

15 Vgl. hierzu Ette, Ottmar: Asymmetrie der Beziehungen. Zehn Thesen zum Dialog der Literaturen Lateinamerikas und Europas. In: Scharlau, Birgit (Hg.): *Lateinamerika denken. Kulturtheoretische Grenzgänge zwischen Moderne und Postmoderne*. Tübingen: Gunter Narr Verlag 1994, S. 297–326.
16 Paz, Octavio / Steger, Hanns-Albert: Diálogo en Estocolmo. In: *Hispanorama* (München) 64 (1993), S. 39–43.

Umsetzung oder gesellschaftliche Anwendung zog, in die Irre zu führen. Albert Camus und dessen Vision des „homme révolté" hingegen seien von wesentlich größerer Bedeutung für ihn als Sartre gewesen. Darüber hinaus erblickte Octavio Paz in einem vor allem französisch geprägten Surrealismus ein ideengeschichtliches Ferment, das für künftige Rebellionen noch sehr nützlich sein werde.

Die bewusste Hinwendung zur altamerikanischen Geschichte und zu den indigenen Kulturen führte Octavio Paz nach 1945 – und damit zugleich nach seinem Eintritt in den Diplomatischen Dienst – zur Standortbestimmung Mexikos und zum intensiv betriebenen Versuch, sich in eine bestimmte Traditionslinie der Reflexion über die „Mexicanidad", über die mexikanische Selbstbestimmung einzuschreiben. Das Ergebnis dieses Nachdenkens über Mexiko ist zweifellos *El laberinto de la soledad*, mit dem wir uns ausführlich beschäftigen wollen. Dieser Essayband über das Labyrinth der Einsamkeit wurde zu einem der erfolgreichsten Publikationen in der Buchgeschichte Mexikos und verkaufte sich allein in seinem Ursprungsland weit über eine Million Mal.

In seinem bereits erwähnten Interview von 1993 hob Octavio Paz hervor, dass der Band zum Zeitpunkt seines Erscheinens zunächst als existentialistisches Buch missverstanden worden sei. Dafür gibt es durchaus Gründe, wenn wir uns gerade das erste Kapitel, den Auftakt von *El laberinto de la soledad*, näher anschauen:

> Uns allen hat sich in irgend einem Augenblick unsere Existenz als etwas Besonderes, Unübertragbares und Wertvolles enthüllt. Fast immer siedelt sich diese Enthüllung in der Jugendzeit an. Die Entdeckung unserer selbst manifestiert sich wie ein Wissen darum, alleine zu sein; zwischen der Welt und uns öffnet sich eine unantastbare, durchsichtige Mauer: jene unseres Bewusstseins. Es stimmt, dass wir kaum auf der Welt sind und uns bereits alleine fühlen; aber Kinder und Jugendliche können ihre Einsamkeit überwinden und sich selbst durch Spiel oder Arbeit vergessen. [...] Den Jugendlichen verwundert sein eigenes Sein. Und der Verblüffung folgt das Nachdenken: Über den Fluss seines Bewusstseins gebeugt, fragt er sich, ob dieses Antlitz, das sich langsam, vom Wasser noch deformiert, aus dem Hintergrund herausschält, das Seinige ist. Die Besonderheit zu sein – beim Kind eine reine Empfindung – verwandelt sich in Problem und Frage, in ein Bewusstsein mit Fragezeichen.[17]

Der Dichter Octavio Paz beugt sich gleich zu Beginn seines Essays über die Existenz des Menschen, über den Menschen in seinem unverwechselbaren Da-Sein und So-Sein. Das Antlitz, das sich vom Hintergrund abhebt, gleichsam noch vom Wasser bedeckt ist und doch immer präziser erkennbar wird: Kein Zweifel,

---

17 Paz, Octavio: *El laberinto de la soledad*. México – Madrid – Buenos Aires: Fondo de Cultura Económica [10]1983, S. 9.

wir haben es mit einer Geburtsszene zu tun! Es handelt sich um einen Gebärvorgang, ein Heraustreten aus den Wassern des Uterus und ein Der-Welt-ansichtig-Werden. Und zugleich ist es ein Antlitz, das durch die Wasser hindurch erkennbar wird, wie eine Ophelia, die sich in ihrem Tode zeigt wie eine Neugeborene; die sich zu erkennen gibt in ihrem Tod, der gleichsam eine Geburt ist, in welcher sich der Zyklus des Lebens zugleich schließt und wieder öffnet. Es handelt sich um einen Zyklus des Lebens nicht als Einbahnstraße von der Geburt bis zum Tode, sondern vom Tode und Nicht-Sein zur Geburt, zum Bewusstsein, zur Erkenntnis – eben zum Leben.

Es ist ein Zyklus, den wir zu Beginn unserer Vorlesung mit dem Kubaner Alejo Carpentier in umgekehrter Abfolge und in größtmöglicher Polysemie entdecken konnten. Und zugleich handelt es sich um einen Zyklus, der uns im berühmten Gemälde von John Everett Millais gleich in den ersten Worten dieser Vorlesung entgegentritt: mit geöffneten Augen, mit geöffneten Lippen, unter einem durchsichtigen Wasser begraben, das zugleich das Fruchtwasser des Todes ist; einer neuen Geburt harrend, lebenstrunken. Wenn jedes Buch, wenn jede Vorlesung auf einem Phantasma aufruhen muss, dann ist es ganz im Sinne von Roland Barthes genau an diesem Punkt: jene Ophelia, die durch das Wasser zu uns spricht, zu neuem Leben geboren, schöner, ja lebendiger denn je.

Wir können in diesen soeben angeführten Sätzen bereits grundlegende Gedanken und Metaphern des gesamten Essayzyklus feststellen. Zugleich können wir aber auch besser verstehen, warum der Band als literarischer Ausdruck des Existentialismus verstanden werden konnte, ja vielleicht sogar verstanden werden musste. Denn von Beginn an dominiert nicht nur ein philosophischer Grundzug über das Sein und über das Da-Sein – über das zu reflektieren in der abendländischen Kultur die Hauptaufgabe der Philosophie ist –, sondern erscheint auch gleich jenes kleine Wörtchen, das in der Nachkriegszeit weltweit Furore machte: die „existencia", die menschliche Existenz.

In diesem Text wird bereits an dessen Beginn – und auch dies würde auf den damals vorherrschenden Existentialismus hinweisen – die individuelle Existenz offenkundig mit der kollektiven verbunden, wobei die Frage nach der „existencia" und deren Bewusstsein sogleich mit der derjenigen nach der bereits im Titel zentral gestellten Einsamkeit verknüpft wird. Die Einsamkeit wird zum zentralen Paradigma menschlichen Seins, menschlichen Lebens, zum Kernbereich einer Ontologie, über die der Mensch zwar reflektieren, der er aber nicht dauerhaft entfliehen kann. Wenn aber allen Menschen die Einsamkeit gemeinsam ist – und Octavio Paz wird nicht müde, dies immer wieder zu betonen –, worin besteht dann die mexikanische Einsamkeit? Was ist diese „Soledad" des Mexikaners in ihrem historischen Gewachsen-Sein, in ihrer charakteristischen kulturellen Eigenheit?

Der Essay gibt viele Antworten auf diese Frage, von denen wir einige gleich kennenlernen. Von Anfang an entsteht dabei eine Grundspannung zwischen dem ontologischen, universellen Gefühl der „Soledad" und der spezifischen Einsamkeit der Mexikaner; eine Einsamkeit, für die Paz unter anderem auch die Abhängigkeit an der Peripherie wirtschaftlicher und politischer Großmächte wie Spanien und später der USA verantwortlich macht. In unserer Vorlesung haben wir diese Abhängigkeiten und Asymmetrien insbesondere am Beispiel Kubas präzise untersucht. Es ließe sich aber auch sagen, dass Octavio Paz damit einer Wesensbestimmung des Mexikaners eine wichtige Grundlage insoweit entzieht, als dieses Wesen historisch gedeutet wird, während die existenzielle Erfahrung der Einsamkeit insgesamt sehr wohl als Ontologie behandelt wird.

Wie wir auch immer diese Fragen und Herausforderungen beantworten mögen: Paz war sicherlich von den zeitgenössischen Problemhorizonten des Existentialismus berührt. Ein existentialistisches Buch aber war *El laberinto de la soledad* nicht. Die Aktualität dieses in einer poetischen und zugleich plastischen Sprache vorgetragenen Essaybandes sollte noch kommen. Denn in der Tat war diese Essaysammlung bei ihrer Erstveröffentlichung im Jahre 1950 nicht auf ein übermäßig großes Echo gestoßen.

Über vierzig Jahre später stellte sich Octavio Paz sehr wohl die frage, ob es sich beim *Laberinto de la soledad* wirklich um eine Beschreibung Mexikos handele oder nicht eher um eine des mexikanischen Poeten selbst; eine Auffassung, der er sich mit einer gewissen Koketterie nicht verschloss. Zugleich verwies er auf die intellektuellen und literarischen Vorläufer in der spanischsprachigen Welt, auf Ezequiel Martinez Estrada, Samuel Ramos, aber auch auf José Ortega y Gasset, Ángel Ganivet und andere Autoren der 98er Generation wie Miguel de Unamuno. All dies mag belegen, wie sehr Octavio Paz noch in dieser Tradition der Sinnkrise um die Wende zum 20. Jahrhundert lebte.

Doch es gab viele Gründe, die für den gewaltigen Erfolg des Bandes ausschlaggebend waren. Eine gewisse Originalität besitze das Buch – und hierin ist Paz zuzustimmen – nicht zuletzt dadurch, dass es mit den Mexikanern nicht in Mexiko selbst, sondern in den USA zu einem Zeitpunkt einsetzte, als Octavio Paz dort lebte. So sei das erste Kapitel vor allem ein Versuch gewesen, sich im Zerrspiegel der USA selbst wiederzufinden.

Wir könnten daher unsererseits mit guten Gründen den Versuch unternehmen, diese in der Tat *ex-zentrische* Eröffnung zum Ausgangspunkt unserer Beschäftigung mit *El laberinto de la soledad* zu machen. Vergessen wir darüber nicht die individuelle, ja bisweilen autobiographische Dimension des Textes, die nicht zuletzt auch im ersten Kapitel deutlich wird und die wir uns im Verbund vornehmen wollen:

> Als ich mein Leben in den Vereinigten Staaten begann, wohnte ich für einige Zeit in Los Angeles, einer Stadt, in der mehr als eine Million Menschen mexikanischen Ursprungs lebten. Auf den ersten Blick überrascht den Reisenden – abgesehen von der Reinheit des Himmels und der Hässlichkeit der ungleichen und protzigen Gebäude – die vage mexikanische Atmosphäre der Stadt, die sich unmöglich in Worte oder Begriffe fassen lässt. Die Mexikanität – der Geschmack an Schmuck, Verwahrlosung und Pracht, an Vernachlässigung, Leidenschaft und Zurückhaltung – schwirrt in der Luft. Und ich sage schwirrt, weil sie nicht mit der anderen Welt, der nordamerikanischen Welt, die aus Präzision und Effizienz gemacht ist, sich vermischt oder verschmilzt. Sie schwirrt, aber stellt sich nicht entgegen; sie wiegt sich im Impuls des Windes, bisweilen zerrissen wie eine Wolke, bisweilen aufgerichtet wie eine aufsteigende Rakete. Sie kriecht, legt sich in Falten, breitet sich aus, zieht sich zusammen, schläft oder träumt, einer zottigen Schönheit gleich. Sie schwirrt: Sie ist nicht endgültig, verschwindet nicht endgültig.[18]

Der autobiographische Auftakt wird hier gekoppelt mit dem Blick des Reisenden, der sich der nordamerikanischen, im engeren Sinne US-amerikanischen Welt nähert. Dieser Blick des Reisenden oder Anthropologen ist natürlich nicht nebensächlich, sondern schreibt sich ein in eine Tradition von Reisen, die zuvor von Norden nach Süden, nur selten aber von Süden nach Norden verliefen. Denn ungezählt waren die Reiseunternehmungen, welche US-amerikanische Forscher nach Mexiko oder nach Zentralamerika führten; sehr selten aber berichteten Mexikaner und Zentralamerikaner über das Forschungsobjekt der Vereinigten Staaten von Amerika.

Der mexikanische ‚Reisende', also der junge Stipendiat namens Octavio Paz, konzentriert sich bei seinem anthropologischen Blick nicht – wie es zu erwarten gewesen wäre – auf die typisch US-amerikanischen Elemente und Attribute, also auf das ‚Fremde', das er kennenzulernen bestrebt ist, sondern auf das ‚Eigene', das freilich in seiner vollständigen Zwitterexistenz zwischen dem Sein und dem Verschwinden beschrieben wird. Der mexikanische Dichter und Intellektuelle ‚übersieht' nicht geflissentlich die vielen Menschen mexikanischer Herkunft, welche die kalifornische Metropole Los Angeles bevölkern, sondern versucht, ihrer nur scheinbar vernachlässigbaren Präsenz nachzuspüren und zu verstehen, was die ‚Mexikanität' dieser Menschen und ihres kalifornischen Lebenskontexts ausmacht. Eine solche Blickrichtung war zum damaligen Zeitpunkt originell und neuartig.

So wird Los Angeles folglich von einem Mexikaner betrachtet, von einem Menschen, der eine mobile Position zwischen Reisendem und Bewohner einnimmt, dessen ephemere Zeit in Los Angeles – „einige Zeit" – aber explizit in diesem Textauftakt erwähnt wird. Dieser junge Mensch wird mit einer Welt kon-

---

18 Paz, Octavio: *El laberinto de la soledad*, S. 12.

frontiert, die offenkundig höchst disparat und heterogen ist. Es handelt sich um eine US-amerikanische Millionenstadt mit einer gewaltigen Minderheit von Menschen mexikanischen Ursprungs, die zur damaligen Zeit nur selten in die Blickrichtung von Betrachtern rückten. Denn was hätten diese Menschen auch über die Städte der USA aussagen können? Und würden diese Herkunftsmexikaner nicht einfach mit der Zeit in ihrer neuen Umgebung aufgehen, sich gleichsam in der Atmosphäre dieser Städte auflösen?

Doch eben diese Atmosphäre ist voll von ihnen. Denn erstaunlicherweise kommt es – so konstatiert der Reisende verwundert – nicht zu einer Mischung („mezcla"), nicht zu einer Verschmelzung („fusión"), womit zwei Begriffe und biopolitische Konzepte genannt sind, welche ebenso für die mexikanische Verfassung seit José Vasconcelos' Zeiten wie für die USA mit ihrer Ideologie des „Melting Pot" konstitutiv sind. Die Untersuchung, die Erfahrung und mehr noch das Erleben des Reisenden sprechen eine andere Sprache. Denn was ‚mexikanisch' ist, wird nicht – wie damals und teilweise auch heute noch – vom mexikanischen Territorium her bestimmt, von dem all jene ausgeschlossen sind, welche ihre mexikanische Heimat verlassen haben. Vielmehr wird es definiert unter Einbeziehung derer, die in den Großstädten des Nachbarn im Norden zum damaligen Zeitpunkt immer zahlreicher wurden.

So beginnt die Untersuchung der „Mexicanidad" – und dies ist nicht nur ein ungewöhnlicher, sondern auch ein provokativer Auftakt – außerhalb der nationalen Grenzen auf der Suche nach einer spezifischen Kultur mit der Feststellung einer kulturellen Heterogenität, die allem zu trotzen scheint, was sich ihr entgegenstellt. Octavio Paz wählt folglich für den Beginn seines kultur- und mentalitätsgeschichtlichen Essays eine in der Tat *ex-zentrische* Positionalität, welche den Blick freigibt auf jenes etwas unheimliche ‚Schwirren', auf jene Mobilität, die sich einer fest gefügten Territorialität, einer zementierten Identität, einer unverrückbaren Mexikanität entschlossen entgegenstellt. Octavio Paz wählt damit einen mobilen Beobachterstandpunkt, der unterschiedlichste Perspektivenwechsel miteinschließt.

Die Mexikaner in den USA, die Octavio Paz noch nicht wie heute üblich als „Chicanos", sondern als „Pachucos" bezeichnet, finden sich innerhalb einer Zivilisation, die sie souverän abweist, nur dadurch zurecht, indem sie ihre eigene „Personalidad" affirmieren.[19] Ohne die weiteren Äußerungen von Octavio Paz zur spezifischen Situation der Mexikaner außerhalb Mexikos weiter verfolgen zu können, dürfen wir doch an dieser Stelle festhalten, dass gleich zu Beginn von *El laberinto de la soledad* ein kulturelles Paradigma – das der Heterogeni-

---

19 Ebda., S. 13.

tät – erscheint, mit dem sich der Name des mexikanischen Poeten und Essayisten hinsichtlich seiner anthropologischen Sichtweise im Allgemeinen nicht zu verbinden scheint.

Das ‚Schwirren', das Flottieren in der Luft, das in der Folge sehr lyrisch ausgesponnene Motiv des Narziss gleich zu Beginn des ersten Kapitels: All dies sind Elemente einer literarischen Herangehensweise, die sicherlich weniger von vorher festgelegten kulturellen Paradigmata ausgeht als vielmehr von dem Wunsch, diese im Medium der Literatur zu erfahren und erfahrbar, *erlebbar* und *nacherlebbar* zu machen. Dass das Element des Spiegels und des Narziss, aber auch zugleich das der linear fließenden Zeit im Sinne Heraklits hinzukommt, dass sich dies mit dem biologischen Reifungsprozess des Menschen verbindet, darf uns hierbei nicht überraschen, ist doch die gesamte Konzeption labyrinthisch rückgebunden an das Konzept der Einsamkeit. Und diese begleitet den Menschen von seiner Geburt durch sein ganzes Leben hindurch bis in den Tod.

In diesem meistgelesenen Prosatext von Octavio Paz, der 1950 erstmals erschien und 1959 mit leichten Veränderungen neu aufgelegt wurde, geht der mexikanische Essayist nicht den Spuren eines National-Wesens, das transhistorisch bestünde, sondern dessen historischen Konkretisierungen und Wandlungen nach. Zugleich entsteht eine Art ‚Innengeschichte' der Mexikanität, in deren Konvergenzpunkt eben die Problematik der „Soledad" steht, die wesentlich mehr und anderes ist als die deutsche Übersetzung durch den Begriff ‚Einsamkeit'. Denn diese „Soledad" ist essentiell beim Übergang vom pränatalen Wesen zum Kind und begleitet den Menschen zeitlebens dadurch, dass sie auf etwas Verschüttetes, auf die verschütteten Entwicklungsmöglichkeiten des Menschen verweist, die von ihm nicht realisiert und in das eigene Leben integriert werden konnten. Denn dieser Mensch bewegt sich innerhalb eines ihm entfremdeten gesellschaftlichen Kontexts und vermag nicht einfach abzurufen, was er von Geburt an in sich trägt. Auch dies macht seine „Soledad", macht seine fundamentale ‚Einsamkeit' aus.

Zweifellos ist es zutreffend, wenn Klaus Meyer-Minnemann darauf verweist,[20] dass die Wiederherstellung eines menschlichen Urzustands oder das Anknüpfen an die verschütteten Erfahrungen zu den Zielen und Absichten der französischen Surrealisten zählten, deren Vorstellungen Octavio Paz ja in vie-

---

20 Vgl. Meyer-Minnemann, Klaus: Octavio Paz. In: Eitel, Wolfgang (Hg.): *Lateinamerikanische Literatur der Gegenwart in Einzeldarstellungen*. Stuttgart: Alfred Kröner Verlag 1978, S. 384–405; sowie ders.: Algunas publicaciones recientes sobre Octavio Paz. In: *Iberoamericana* (Frankfurt am Main – Madrid) II, 8 (diciembre 2002), S. 197–205.

len Bereichen seines Schreibens prägten und die er sich in der Folge höchst kreativ anverwandelte. Doch die nicht mehr mögliche Rückkehr zum Ursprung des eigenen Seins ist letztlich schon einem Modell gesellschaftlicher Entwicklung entnommen, das Jean-Jacques Rousseau im zweiten *Discours*, im *Discours sur l'origine et les fondements de l'inégalité parmi les hommes*,[21] vorgeschlagen hatte. Dessen Spuren lassen sich durchaus – so scheint mir – im Labyrinth der mexikanischen Einsamkeit finden.

Die „Soledad" ist aber – worauf wir schon hingewiesen haben – gleichzeitig ein eminent historischer Begriff, insoweit er einen ganz bestimmten Gesellschaftszustand beschreibt. In diesem befinden sich die abhängigen Gesellschaften an der vermeintlichen Peripherie – und diese Begrifflichkeit von Zentrum und Peripherie war zum damaligen Zeitpunkt gang und gäbe. Eine solche Situation brachte mehr als ‚Hundert Jahre Einsamkeit' mit sich; sie ließe sich aus heutiger Sicht als eine fundamental asymmetrische Relation beschreiben.[22] Auch diese lange historische Situation der kolonialen Dependenz und postkolonialen Abhängigkeit geht in den Paz'schen Begriff der Einsamkeit mit ein.

Schon die Titel der acht Essays plus Appendix machen auf das Ineinander von historisch-gesellschaftskritischen und philosophisch-ontologischen Überlegungen aufmerksam – eine gewiss dialektische Bewegung, die dem gesamten Band *El laberinto de la soledad* unterliegt. Schauen wir nur kurz die Abfolge der einzelnen Kapitel oder Essays durch: erstens „El pachuco y otros extremos"; zweitens „Máscaras mexicanas"; drittens „Todos santos, día de muertos"; viertens „Los hijos de la Malinche"; fünftens „Conquista y colonia"; sechstens „De la Independencia a la Revolución"; siebtens „La ‚inteligencia' mexicana"; achtens „Nuestros días" sowie der Zusatz „La dialéctica de la soledad". Aus diesem zuletzt genannten abschließenden Teil des Essaybandes möchte ich Ihnen mit Blick auf die Präsenz des Ontischen eine kurze Kostprobe geben:

> Zwischen Geborenwerden und Sterben verläuft unser Leben. Aus dem mütterlichen Innenraum hinausgeworfen, beginnen wir einen angsterfüllten, wahrhaft tödlichen Salto mortale, der nicht eher aufhört, als bis wir in den Tod fallen. Wird das Sterben eine Rückkehr dorthin sein, in das Leben vor dem Leben? [...] Heißt geboren werden vielleicht sterben und sterben geboren werden? Wir wissen nichts. Doch obwohl wir nichts wissen, strebt unser ganzes Wesen danach, diesen Gegensätzen zu entfliehen, welche uns zerreißen. Denn wenn alles (Bewusstsein von sich selbst, Zeit, Vernunft, Sitten, Gewohnheiten)

---

21 Vgl. hierzu ausführlich Ette, Ottmar: *Romantik zwischen zwei Welten*, S. 7f., S. 59, S. 170.
22 Vgl. hierzu Ette, Ottmar: Asymmetrie der Beziehungen. Zehn Thesen zum Dialog der Literaturen Lateinamerikas und Europas. In: Scharlau, Birgit (Hg.): *Lateinamerika denken. Kulturtheoretische Grenzgänge zwischen Moderne und Postmoderne*. Tübingen: Gunter Narr Verlag 1994, S. 297–326.

darauf abzielt, aus uns die aus dem Leben Hinausgeworfenen zu machen, so drängt uns auch alles danach, zurückzukehren, in den schöpferischen Schoß hinabzusteigen, aus dem wir gerissen wurden. Und wir flehen die Liebe an – denn als ein Begehren ist sie Hunger nach Vereinigung, Hunger nach einem Fallen und Sterben ebenso wie nach einem Wiedergeborenwerden –, dass sie uns ein Stückchen wahrhaftigen Lebens, wahrhaftigen Todes gebe. Wir bitten sie nicht um Glück und auch nicht um Ruhe, sondern um einen Augenblick, nur um einen Augenblick vollen Lebens, in welchem die Gegensätze verschmelzen und Leben und Tod, Zeit und Ewigkeit miteinander paktieren.[23]

In diesen ebenso poetischen wie philosophischen Formulierungen und Wendungen zeichnet sich die Beziehung zwischen Leben und Tod, zwischen Geborenwerden und Sterben ab, die im Kern unserer gesamten Vorlesung steht und deren eigentlichen Inhalt bildet. Am Ende dieses vorletzten Teiles der Vorlesung schließt sich erkennbar der Kreis, den wir beschritten haben und in dem wir bisweilen den roten Faden von Leben und Sterben, von Geburt und Tod verloren zu haben glaubten. Doch dieser rote Faden war präsent, war gegenwärtig, zog sich durch unsere literarischen und literaturwissenschaftlichen Spaziergänge wie durch unsere literaturtheoretischen und kulturtheoretischen Überlegungen, um sich just an dieser Stelle, am Ende des sechsten Teils, zu einem Kreis zu schließen, welcher sich im abschließenden Teil unserer Vorlesung noch einmal öffnen wird auf die radikale Offenheit aller Literaturen der Welt. Denn diesen Literaturen eignet nichts Geschlossenes, nichts Abschließendes: Sie sind Seismographen des Vergangenen wie des Künftigen, sind unstet und mobil, treiben an und treiben vorwärts. Ihr Lebenswissen, ihr Erlebenswissen, ihr Zusammenlebenswissen ist heilend.

Wir hätten *El laberinto de la soledad* von Octavio Paz auch als Auftakt für unsere Vorlesung heranziehen können: Wie schon im Kontext von Shakespeares Ophelia verbinden sich in dieser Passage Sterben und Geborenwerden, Tod und Leben in einer Überwindung von Gegensatzpaaren, die nichts Stabiles, nichts klar und schroff voneinander Trennendes mehr aufweisen. Ophelia schimmert in allem durch: Alles durchdringt sie!

Nichts wissen wir, wie uns Octavio Paz bedeutet, doch die Literaturen der Welt wissen alles. Sie wissen alles, aber nie an einer einzigen Stelle. Wir wissen zwar nicht, ob es ein Leben vor dem Leben gibt, ob es ein Leben nach dem Leben gibt, doch unser ganzes Sehnen, unser ganzes Leben strebt danach, alle Gegensätze hinter uns zu lassen und im Geborenwerden das Sterben und im Sterben das Geborenwerden zu erblicken, zu erleben. Leben und Tod erscheinen ebenso als überwindbare Oppositionen wie Raum und Zeit, wie Zeit und

---

[23] Paz, Octavio: *El laberinto de la soledad*, S. 176 f.

Ewigkeit, wie Raum und Unendlichkeit. Daher auch die wichtige, die entscheidende Rolle der Liebe,[24] gewährt sie uns doch die Möglichkeit tiefster Erkenntnis in einem Augenblick, in einem einzigen Augenblick, in welchem Leben und Tod und das ganze Leben im kleinen Tod zusammenfallen und den Blick freigeben auf das, was nicht zu erblicken, was von keiner Philosophie auf den Begriff zu bringen ist. Und sie überwindet, und sei es auch nur für einen einzigen Augenblick, die grundlegende Einsamkeit.

Wir erkennen in dieser zentralen Passage die enorme Bedeutung des Augenblicks, des Zeitpunkts und damit auch der Epiphanie, des Erscheinens zugunsten einer Überbrückung aller Gegensätze, aller Widersprüche, in der Aufhebung im Einen und Ganzen. Vor diesem Hintergrund wird ebenfalls deutlich, warum die Liebe – unter Einschluss der körperlichen, orgiastischen Liebe – für Octavio Paz von so zentraler Bedeutung ist: Sie bringt die unvermeidlichen Gegensätze zur Verschmelzung, zu jener Fusion, die letztlich als Grundlage seines mexikanischen Seins-Entwurfs trotz des heterogenen Einstiegs in den Essayband dient.

Daher rührt auch die Bedeutung der Liebeslyrik, der erotischen Gedichte von Octavio Paz, deren Ästhetik und immanente Poetik an diesem Ort kaum deutlicher hätte gesagt werden können. Müssen wir eine solche Konzeption als phallogozentrisch brandmarken, die Überwindung der Einsamkeit also aus Sicht der Geschlechterforschung mit einem mehr als starken Fragezeichen versehen, möglichst moralisierend? Ich glaube nicht, dass das notwendig ist. Und wenn, dann sollte dies nicht die visionäre Macht und verdichtete Kraft der sich dem Surrealismus verdankenden und sich dem Surrealismus entringenden Lyrik des Octavio Paz vergessen machen.

Denn die Problematik des zweigeschlechtlichen, heterosexuellen Mann-Frau-Verhältnisses hat Octavio Paz auch und gerade in *El laberinto de la soledad* bedacht und überdacht, wird doch gleichsam die Geburtsurkunde des kolonialen Neuspanien in der Vereinigung einer Indianerin mit dem spanischen Konquistador unterschrieben; in jener sexuellen Vereinigung der Malinche mit Hernán Cortés, welche seit langen Jahrzehnten zu einer Vielzahl von Neuinterpretationen Anlass gegeben hat (Abb. 73). Denn die Malinche war weitaus mehr als die Übersetzerin – oder körperlicher: die „lengua" – des spanischen Eroberers. Dass es ohne sie zu keiner Eroberung des Reiches der Azteken gekommen wäre, ist freilich eine Behauptung aus dem Reich purer Spekulation.

Im vierten Kapitel von *El laberinto de la soledad* geht Octavio Paz der „condición de los mexicanos" und eben jenen verbotenen Wörtern nach, welche

---

24 Vgl. zur Liebe als Erkenntnis und zur Liebe als Verschmelzung aller Gegensätze den zweiten Band der Reihe „Aula" in Ette, Ottmar: *LiebeLesen* (2020).

Abb. 73: Codex Azcatitlan: Hernán Cortés und die Malinche (ganz rechts) führen das spanische Heer an, 16. oder 17. Jahrhundert.

doch bisweilen herausgeschrien werden: „Viva México, hijos de la Chingada!"[25] Wer aber ist diese „Chingada"? In der „Chingada", so Paz, erschiene eine Repräsentation der Mutter – nicht *einer*, sondern *der* mythischen Mutter schlechthin, wobei in diesem Zusammenhang auch die „Llorona" erwähnt wird. Dem Ausdruck „chingar" haftet laut Paz in Mexico etwas Magisches an, so dass sich dieses Lexem nicht einfach mit „the fucked one" übersetzen ließe. Trotz aller Vielfalt beinhalte das Wörtchen aber stets eine Grundform der Aggression, die bei allen Bedeutungsverschiebungen präsent bleibe.

Das Wörtchen „chingar" besitzt auch für Octavio Paz eine magische Wirkung, definiere es doch einen großen Teil des mexikanischen Lebens, der mexikanischen Kultur, des mexikanischen Selbstverständnisses – aus einer männlichen, ja machistischen Perspektive freilich, wie wir sogleich hinzufügen müssten! Dabei ist für den mexikanischen Essayisten und Dichter dieses Verhältnis zur vergewaltigten Mutter, zur „Chingada", zur Malinche gleichbedeutend mit einer Verweige-

---

25 Paz, Octavio: *El laberinto de la soledad*, S. 68.

rung gegenüber der eigenen Vergangenheit, die gleichsam abgestoßen werde. Gerade hier setzt der mexikanische Intellektuelle seine Arbeit an:

> Unser Schrei ist ein Ausdruck des mexikanischen Willens, gegenüber dem Äußeren abgeschlossen zu leben, ja, aber abgeschlossen vor allem gegenüber der Vergangenheit. In diesem Schrei verurteilen wir unsere Herkunft und verleugnen unsere Hybridität. Das seltsame Andauern von Cortés und der Malinche in der Imagination und der Sensibilität der gegenwärtigen Mexikaner enthüllt die Tatsache, dass diese etwas mehr sind als historische Figuren: sie sind Symbole eines geheimen Konflikts, den wir noch immer nicht gelöst haben. Indem er die Malinche ablehnt – die mexikanische Eva, wie José Clemente Orozco sie in seinem Wandgemälde der *Escuela Nacional Preparatoria* darstellt – zerbricht der Mexikaner seine Bande mit der Vergangenheit, verleugnet seine Herkunft und vertieft sich einsam und alleine in sein geschichtliches Leben.[26]

Octavio Paz nähert sich in dieser Passage einer konfliktiven Zone mexikanischen Selbstverständnisses, der Tatsache nämlich, dass sich die gegenwärtige mexikanische Nation aus der Verbindung der Malinche mit Hernán Cortés ableitet (Abb. 74). Damit wird uns der Mexikaner – um einen bekannten Song zu zitieren – als *A motherless child* präsentiert, dessen Einsamkeit nicht zuletzt auf das historische Trauma der Conquista zurückzuführen ist und das sich in der Personenkonstellation Cortés – Malinche darstellen und vielleicht mehr noch auf den springenden Punkt bringen lässt.

Zweifellos ist in dieser Konstellation Malinche die Verräterin, die es als *Zunge* des Cortés den spanischen Eroberern dem Mythos gemäß überhaupt erst ermöglichte, das zahlenmäßig eigentlich unbesiegbare Aztekenheer und Aztekenreich anzugreifen, in seinen Strukturen zu verstehen und in der Folge zu vernichten. Sie ist die Geliebte, die „Chingada", die nach Gebrauch wieder fallengelassen wird, und zugleich die erste – wenn auch nur mythologisch –, die ein Mestizen-Kind zur Welt bringt. In dieser Geburt aber erkennen sich die Mexikaner, folgt man Octavio Paz, allesamt wieder.

Fassen wir diese Konstellation einer figuralen Geschichtsdeutung mit anderen Worten zusammen; Die Malinche ist das aktive Element, so könnten wir formulieren, das in ein passives, leidendes Element überführt wird und zu einer negativen Identitätsfigur gerinnt, die erst in neuerer Zeit positiv umgedeutet worden ist. Die Söhne der Malinche aber trennen sich von ihrer Mutter; sie sind mutterlose Geschöpfe, weil sie ihre eigene Vergangenheit verdrängen und sich auf diese Weise nur noch stärker in ihrer eigenen Geschichte verstricken. Sie verleugnen ihre Gebärerin, diejenige also, welche sie auf die Welt brachte. Welche Konsequenzen aber hat eine solche Verleugnung der Geburt?

---

26 Ebda., S. 78.

Abb. 74: José Clemente Orozco: Cortés y la Malinche (1926). Fresko im Colegio San Ildefonso, Mexiko-Stadt.

Die Antwort auf diese Frage ist die Gesamtheit von *El laberinto de la soledad*. Denn die hier kurz skizzierte ist zweifellos eine überaus originelle und intelligente Wendung, die Octavio Paz der Figur und dem Symbol der Malinche gab, die ja in der mexikanischen Nationalkultur so etwas wie den Gegenpol zur Virgen de Guadalupe (und zugleich aber auch zur „Llorona") darstellt. Es ist hier nicht der Ort, die sich an Paz anschließenden oder ihn konterkarierenden Deutungen der Malinche zu erwähnen, also der Frage nachzugehen, wie die Malinche reinterpretiert und zu einer positiven Figur weiblicher Unterdrückung und weiblicher Selbstverwirklichung umgedeutet werden konnte. Bleiben wir also noch einen Augenblick im *Labyrinth der Einsamkeit*, mit dem Octavio Paz seinen Landsleuten – und vielleicht besonders seinen Landsmännern – einen literarischen Spiegel vorgehalten hat! In diesem erkannte sie sich wieder, wie der große Bucherfolg des Essaybandes belegen mag.

Ich möchte den abschließenden Teil unseres Durchgangs durch dieses Labyrinth, das noch immer viele Überraschungen bereithält, im Kontext seiner fundamentalen Antworten auf Sterben und Geburt, auf Leben und Tod unter die Frage von Homogenität und Heterogenität oder auch von Partikularem und Universalem, von Lokalem und Nationalstaatlichem und damit letztlich in das Zeichen der Macht stellen. Dabei ist evident, dass Octavio Paz im *Laberinto de la soledad* eine Art Archäologie der mexikanischen Kultur betreibt, welche es erlaubt, die historisch akzeptierten radikalen Trennungen in der Geschichte Mexikos – also die Scheidung von präkolumbischer und kolonialzeitlicher Epoche einerseits und von Kolonialzeit und Independencia andererseits – neu und wesentlich stärker in Kontinuitäten zu denken. Die kanonischen Abtrennungen und Gegensatzpaare werden somit obsolet und weichen einem Geschichtsverständnis, das nicht so sehr in abrupten Brüchen als vielmehr in schleifenden Schnitten, in graduellen Veränderungen und kulturgeschichtlichen Kontinuitäten entfaltet wird.

Dies lässt sich nicht simpel auf einen Prozess des kulturellen „Mestizaje" zurückführen, weist konkret aber immer wieder auf hybride Aufpfropfungs-, Umtopfungs- und Erweiterungs- oder Weitungsprozesse hin,[27] die dem mexikanischen Nationalcharakter und seinen Masken ihr spezifisches Gepräge, ihren jeweiligen mexikanischen Ausdruck verliehen. Aztekenreich und Conquista erschienen als voneinander radikal getrennte historiographische Bereiche, und doch macht Octavio Paz gerade an dieser für die mexikanische Geschichte wichtigen Schnittstelle auf Kontinuitäten aufmerksam:

> Man möge die Conquista insgesamt aus der indigenen oder aus der spanischen Perspektive betrachten, so ist dieses Ereignis doch Ausdruck eines Einheitswillens. Trotz der sie bildenden Widersprüche ist die Conquista eine historische Tatsache, die dafür gemacht ist, Eine Einheit aus der kulturellen Pluralität und der präcortesianischen Politik zu schaffen. Gegenüber der Verschiedenheit von Rassen, Sprachen, Tendenzen und dem Staat der prähispanischen Welt postulieren die Spanier ein einziges Idiom, einen einzigen Glauben, einen einzigen Herrn und Gott. Wenn Mexiko im 16. Jahrhundert geboren wird, dann gilt es darin übereinzustimmen, dass es das Kind einer doppelten imperialen und vereinheitlichenden Gewalt ist: jener der Azteken und jener der Spanier.[28]

Die Geburt Mexikos verdankt sich also wie jeder Geburtsprozess einer Gewalt, in diesem Falle einer doppelten Gewalt, welche sich nicht feinsäuberlich in zwei unterschiedliche Bereiche trennen lässt, die nichts miteinander zu tun hätten, sondern die sich durch ein Zusammenwirken von gewaltsamen Kräften be-

---

27 Vgl. zu derartigen Prozessen Ette, Ottmar / Wirth, Uwe (Hg.): *Nach der Hybridität. Zukünfte der Kulturtheorie*. Berlin: Verlag Walter Frey – edition tranvía 2014; sowie (dies., Hg.): *Kulturwissenschaftliche Konzepte der Transplantation*. Unter Mitarbeit von Carolin Haupt. Berlin – Boston: Walter de Gruyter 2019.
28 Paz, Octavio: *El laberinto de la soledad*, S. 90.

stimmt, welche in diesem schmerzhaften Geburtsvorgang zusammenwirken. Die historische Analyse, die Octavio Paz mit diesen Formulierungen vorlegt, lässt Rückschlüsse zu auf einen historisch-kulturellen Prozess, der eine vorhandene Vielfalt in eine simple Ein-Falt, in eine Einheit und in einen Vorgang überzuführen versucht; ein Prozess, von dem wir lange Zeit annahmen, dass er von zerstörerischem Erfolg gekrönt gewesen sei. Angesichts Hunderter verschiedener in Mexiko gesprochener indigener Sprachen wissen wir aber heute, dass er nur die Oberfläche bildete, unterhalb derer sich die Inter- und Transkulturalität Mesoamerikas von der politischen Macht entfernt und von ihr letztlich ignoriert schützen konnte. Denn auch hier wirkte im Verborgenen jene geschichtliche Kraft, welche Miguel de Unamuno als die *Intrahistoria* bezeichnete.

Der imperiale Zugriff und Ausgriff blieb also letztlich nur bedingt erfolgreich, auch wenn sich die Independencia schließlich mit neuen Kräften dieses Problems annehmen und gerade Mexiko zerspalten sollte in Anhänger der Zentralmacht und Anhänger der Föderalen Macht, in jene Unitarier und „Federales", mit denen wir uns mehrfach, auch im Cono Sur, in unserem Vorlesungszyklus beschäftigt hatten. Die bewusste Leugnung der Geschichte – in diesem Falle der präkolumbischen Geschichte – erweist sich letztlich als Trug, ist doch auch das Reich des Cortés eine geschichtliche Struktur, die sich einer anderen, vor ihr existierenden anpasste und keineswegs auf allen Ebenen, sondern nur an der Spitze neue, nach außen hin zentralisierte Strukturen schuf.

Auf diese Weise wird unter den Brüchen die Kontinuität einer verleugneten Geschichte sichtbar, so wie unter den Zügen des Señor Presidente die alte Legitimation der Aztekenherrscher bewusst gemacht werden kann. Zugleich wird damit der individuelle wie kollektive Weg erfahrbar gemacht, der die Mexikaner zu ihrer spezifischen Einsamkeit innerhalb eines verschlossenen, gegenüber der eigenen Geschichte stummen Universums namens Nationalstaat führte. Hieraus wird die „Mexicanidad" abgeleitet und die spezifische Situation der Mexikaner erklärbar; eine Funktion, wie sie dem organischen Intellektuellen im Sinne Antonio Gramscis zufällt. Und Octavio Paz war in seinem Selbstverständnis als mexikanischer Dichter und lateinamerikanischer Essayist entschlossen, diese Funktion und diese Rolle im nationalen, im kontinentalen wie im transarealen Zusammenhang auszufüllen, was ihm auch gelang.

wir können an dieser Stelle nicht mehr darauf eingehen, dass Octavio Paz nicht nur die Rolle des organischen Intellektuellen, sondern auch jene des kritischen Intellektuellen spielte. Er tat dies, als jene Ereignisse von Tlatelolco begannen, die er später in seinem Nachtrag zum *Laberinto de la soledad* – in *Posdata* von 1970 – aus räumlicher Distanz und das politische Establishment des PRI anklagend verarbeitete. Wenige Wochen vor der Olympiade von 1968 war auf dem Platz der drei Kulturen in Tlatelolco am 2. Oktober 1968 eine friedliche Demonstration von Studenten gegen die mexikanische Regierung und für größere Freiheiten im öffentlichen und privaten Leben mit größter Brutalität und mörderischem Kalkül erstickt worden: Mehrere hundert Tote, die größtenteils spurlos verschwanden, mehr als tausend Verletzte und Tausende Verhafteter waren das Ergebnis des Eingreifens der bewaffneten Staatsmacht. Octavio Paz war in jenen Jahren Vertreter dieser Staatsmacht als Botschafter in Indien, ein Posten, den er aus Protest nach den Ereignissen von Tlatelolco nicht mehr ausüben konnte und niederlegte. Seiner politischen Abrechnung mit dem undemokratischen und stabilen Herrschaftssystem des Partido Revolucionario Institucionalizado, das just in unseren Tagen wieder in Bewegung zu kommen scheint, war hart und klar, kann im Rahmen unserer Vorlesung aber nicht mehr detailliert dargestellt werden.

So möchte ich an den Schluss dieses sechsten Teiles unserer Vorlesung, an dessen Ende sich der Kreis von Geburt und Sterben schloss, einige Sätze, einige Überlegungen von Octavio Paz stellen, die wiederum die Frage der Heterogenität berühren und die uns einen Ausblick auf den abschließenden Teil unserer Vorlesung bieten. Sie sind dem siebten Kapitel oder Essay „La ‚inteligencia' mexicana" entnommen und führen aus heutiger Sicht hin zu einer Problematik der Dezentrierung, die bei Octavio Paz nur angedacht, bei weitem aber noch nicht ausgedacht war. Die Überlegung von Octavio Paz geht dabei aus von der Lektüre eines der großen lateinamerikanischen Philosophen unserer Zeit, des Mexikaners Leopoldo Zea, der freilich alles andere als ein Vertreter der Postmoderne oder postmodernen Denkens war – wie auch Octavio Paz selbst:

> Der Geschichtsschreiber des hispanoamerikanischen Denkens – und ebenso der unabhängige Kritiker auf dem Gebiet der Tagespolitik – Zea betont, dass Amerika bis vor kurzem der Monolog Europas war, eine der historischen Formen, in denen sich sein Denken verkörperte; heute tendiert dieser Monolog dazu, sich in einen Dialog zu verwandeln. Einen Dialog, der nicht rein intellektuell ist, sondern gesellschaftlich, politisch und lebendig. Zea hat die amerikanische Entfremdung studiert, wie wir nicht wir selbst sind und von anderen gedacht werden. Diese Entfremdung stellt – mehr als unsere Besonderheiten – unsere eigene Art und Weise des Seins dar. Doch es handelt sich um eine universale Situation, die von allen Menschen geteilt wird. Davon ein Bewusstsein zu besitzen heißt damit anzufangen, ein Bewusstsein von uns selbst zu haben. In der Tat haben wir an der Peripherie der Geschichte gelebt. Heute hat sich das Zentrum, der Kern der Weltgesellschaft, aufgelöst und wir haben uns alle in periphere Wesen verwandelt, selbst die Europäer und die Nordamerikaner. Wir befinden uns alle am Rande, weil es kein Zentrum mehr gibt.[29]

---

[29] Ebda. S. 152.

Mitte des 20. Jahrhunderts entfaltete Octavio Paz geradezu seismologisch mit Hilfe der Literatur die Einsicht, dass es künftig kein Zentrum mehr geben kann und dass sich alle Menschen gleichsam an der Peripherie befänden und über vergleichbar marginale Möglichkeiten verfügen, miteinander in Kontakt zu treten, sich auszutauschen und Vorstellungen zu entwickeln. Sieben Dekaden später und nach drei Jahrzehnten einer Dominanz der Vereinigten Staaten von Amerika – vom ‚Sieg' im Kalten Krieg bis zum Ende der vierten Phase beschleunigter Globalisierung in der Mitte des zweiten Jahrzehnts unseres Jahrhunderts – wissen wir, dass wir noch immer weit entfernt sind von einer Welt, in welcher alle dieselben oder vergleichbare Chancen auf Teilnahme am weltweiten Gespräch und einer weltumspannenden Zirkulation der Ideen haben.

Doch wir wissen auch, dass es am Ende jener Globalisierungsphase und nach der deutlichen Einsicht in die Tatsache, dass die USA ihre unangefochtene Vorherrschaft keineswegs dazu nutzten, eine gerechtere Weltordnung zu implantieren, einen Bereich gibt, welcher sich der utopischen Vision des mexikanischen Literaturnobelpreisträgers annäherte: Dieser Bereich ist das, was wir die Literaturen der Welt nennen können.[30] Denn die von Goethe apostrophierte *Epoche der Weltliteratur* ist in der zweiten Hälfte des 20. Jahrhunderts an ihr Ende gekommen und hat den Literaturen der Welt Platz gemacht, die längst schon einem zu Goethes Zeiten in Weimar, bis um die Mitte des 20. Jahrhunderts in Paris und danach in New York zentrierten System der Weltliteratur ein sanftes, aber doch deutliches Ende bereitet haben.

An die Stelle des Monologs eines einzigen Zentrums ist der Dialog und an die Stelle des Dialogs der Polylog getreten, in welchem sich die Literaturen der Welt mit Hilfe vieler verschiedener Logiken gleichzeitig weiterentwickelt haben und über das Medium der Intertextualität ihre polylogischen Beziehungen weiter verstärken und pflegen konnten. Mit diesem wunderbaren Ausblick des Octavio Paz auf eine universal dezentrierte Welt und mehr noch auf einen Polylog, in dem es nicht mehr Zentrum und Peripherie, sondern wirklichen Austausch zwischen wirklichen Gesprächspartnern gibt, mit dieser Utopie, die uns seit 1950 ein gutes Stück näher gerückt ist, möchte ich diesen sechsten Teil unserer Vorlesung beschließen, um in einem abschließenden Teil noch einmal unsere für die Vorlesung vorrangige Fragestellung zu öffnen.

---

30 Vgl. hierzu Ette, Ottmar: Die Literaturen der Welt und die Chancen Lateinamerikas. Zu einem neuen Verständnis weltumspannender literarischer Zirkulation. In: *Romanistische Zeitschrift für Literaturgeschichte / Cahiers d'Histoire des Littératures Romanes* (Heidelberg) XLV, 1–2 (2021), S. 203–225.

Denn wir befinden uns allesamt *zugleich* in einem Zentrum und in der Peripherie, an einem Knotenpunkt des Geschehens und in dessen Maschen. Lassen wir daher noch ein letztes Mal die Literaturen der Welt zum Thema der Geburt, zum Thema des Todes sprechen und uns jene Logiken vor Augen führen, die für uns heute eine Schule im viellogischen Denken und damit eine Schule der Konvivenz darstellen, des friedlichen Zusammenlebens in Differenz. Von diesen Formen und Normen des Zusammenlebens sprechen die Literaturen der Welt.

TEIL 7: **Geburt und Tod als Zeichen des Lebens:
Von den Formen und Normen des
Zusammenlebens**

Gustave Flaubert oder das lange, intensive Sterben einer Romantikerin

Gustave Flauberts *Madame Bovary* zählt ohne jeden Zweifel zu den berühmtesten Romanen in der Geschichte der Literaturen der Welt. Innerhalb dieses Romans, der ebenso in Frankreich wie in Europa, im Norden wie im Süden des amerikanischen Kontinents, in Japan wie in Korea oder China seine Leserinnen und Leser gefunden hat, gibt es eine Szene, die darin vielleicht die berühmteste ist. Sie ist dies zum einen, weil sie – wie wir gleich sehen werden – wahrlich meisterhaft geschrieben ist; und zum anderen, weil Flaubert später von ihr sagen konnte, er habe nach ihrer Niederschrift selbst Arsen-Geschmack in seinem Mund verspürt.

Ich spreche von der berühmten Todesszene der Emma Bovary, von welcher Flaubert ja bekanntermaßen behaupten konnte: „Madame Bovary, c'est moi." Dieser großartigen Roman stellt eine Art Abrechnung mit der Romantik dar und atmet doch noch so grundlegend ihren Geist; ganz wie einst Miguel de Cervantes' *Don Quijote de la Mancha* noch den Geist des *Amadís* und anderer Ritterromane, die er parodierte, unverkennbar verströmte. Ich möchte *Madame Bovary* in wenigen Auszügen mit Ihnen besprechen. Dazu vorab vielleicht in aller Kürze einige wenige Angaben zu den ästhetischen und literaturtheoretischen Positionen dieses Autors, der eine lange Spur der Deutungen und Interpretationen durch die Literaturwissenschaften gezogen hat.[1]

Zunächst einmal gilt es anzumerken, dass das Gesamtwerk des am 12. Dezember 1821 im französischen Rouen geborenen und am 8. Mai 1880 in Croisset verstorbenen Gustave Flaubert zu einem Emblem der literarischen Moderne wurde, an dem sich selbst noch ein so ausgefuchster Romancier wie der peruanische Literaturnobelpreisträger Mario Vargas Llosa begeisterte und zugleich wohl zeitlebens abarbeitete. Er hat der Schaffensökonomie des französischen Schriftstellers eine – wie ich finde – wunderbare Studie unter dem Titel *Die*

---

1 Vgl. hierzu die noch im Zeichen des Nationalsozialismus geschriebene Studie von Friedrich Hugo: *Die Klassiker des französischen Romans. Stendhal – Balzac – Flaubert.* Leipzig: Bibliographisches Institut AG 1939; vgl. hierzu ausführlich Ette, Ottmar: *ÜberLebenswissen. Die Aufgabe der Philologie*, S. 67–74. Hugo Friedrich hat bekanntermaßen seine Studie nach dem Ende des Zweiten Weltkriegs und der Herrschaft des Nationalsozialismus umgeschrieben und als eine noch immer lesenswerte Studie veröffentlicht unter dem Titel *Drei Klassiker des französischen Romans. Stendnal – Balzac – Flaubert.* Frankfurt am Main: Klostermann [8]1980.

∂ Open Access. © 2022 Ottmar Ette, publiziert von De Gruyter. Dieses Werk ist lizenziert unter einer Creative Commons Namensnennung - Nicht-kommerziell - Keine Bearbeitung 4.0 International Lizenz.
https://doi.org/10.1515/9783110751321-028

ewige Orgie gewidmet,[2] die das Arbeits-, aber auch das Lustprinzip und die orgiastische Schreiberfahrung Flauberts kreativ auf den Punkt bringt. Doch nicht nur für den lateinamerikanischen Autor, sondern auch für viele Schriftstellerinnen und Schriftsteller des 20. Jahrhunderts, insbesondere auch für die Autorinnen und Autoren des französischen Nouveau Roman, blieb der Verfasser von *L'éducation sentimentale* zeitlebens Ansporn und Herausforderung zugleich in der Bestimmung dessen, was die Modernität des Schreibens und die Erfüllung eines ästhetischen Ideals ausmacht.

Abb. 75: Gustave Flaubert (1821–1880).

Gustave Flaubert hat in seiner Jugend im Stil der Romantik geschrieben und versuchte danach, sich durch die Kraft seines eigenen Stils und die Selbstreflexion seines Schreibens von dieser verpönten romantischen Herkunft zu lösen. Das gelingende Scheitern dieses lebenslangen Ablösungsprozesses, der mit *Bouvard et Pécuchet* einen letzten Höhepunkt erreichte, dessen frühe Rezeption bei José Martí wir in unserem dem kubanischen Dichter gewidmeten Kapitel bereits besprochen haben, stellt die grundlegende Faszination dar, welche bis heute vom Gesamtwerk des oft und mit teilweise guten Gründen dem Realismus zugerechneten Romancier ausgeht.

Alles bei Flaubert dreht sich um Macht und Kraft des Stils. Es war dieser Stilwille, der ihn in der Projektion des Romantischen auf seine Titelfigur *Madame Bovary* ebenso begleitete wie in seiner zweiten, der Romantik entflohenen *Education sentimentale* von 1869, welche die französische Gesellschaft der ersten Jahrhunderthälfte ebenso verdichtet erfasste wie bereits die Alltagsszenerien seines Bovary-Romans. Wie andere Werke großer französischer Schriftsteller in Prosa und – wie etwa Charles Baudelaire mit seinen *Fleurs du Mal* – Lyrik sollte auch Flaubert von einem Immoralismus-Prozess in Misskre-

---

2 Vgl. Vargas Llosa, Mario: *La Orgía Perpetua. Flaubert y Madame Bovary.* Barcelona: Seix Barral 1969.

dit gebracht werden,[3] der aber letztlich zum Skandalerfolg seiner *Madame Bovary* noch beitrug. Es war derselbe eiserne Wille zum Stil, der ihn historische Romanprojekte wie *Salammbô* oder *La Tentation de Saint-Antoine* in den sechziger und siebziger Jahren erfolgreich zu Ende führen ließ. Anders als bei Honoré de Balzac[4] war jeder Satz, war jedes Satzteil von Flaubert genauestens konzipiert, korrigiert und kreiert, ohne dass seine Prosa deswegen schwerfällig wirkte.

Es ging Flaubert weniger um referenzielle Stimmigkeit, auch wenn er sich mit äußerster Sorgfalt auf seine Romansujets einstellte und peinlich genau alle Details recherchierte und protokollierte, als um ästhetische Überzeugungskraft; um ein Ideal von Kunst und Literatur, in dessen Sphäre es galt, „le mot juste", das genaue, das einzig richtige Wort an der richtigen Stelle zu finden und in den Text einzusetzen. Um diese ästhetische Stimmigkeit seiner Romanprosa zu überprüfen, brüllte er in seinem „Gueuloir" an der Seine seine Sätze – denn nur, was diesen Test, diese Erprobung überstand, hatte Anspruch darauf, in seine Romane aufgenommen zu werden. Der Realist Flaubert war zugleich der Verteidiger eines „L'art pour l'art", einer Kunst um der Kunst willen, die aber keineswegs der außersprachlichen Wirklichkeit entsagte, sondern mit der Vorstellung vom „livre sur rien", vom Buch ohne Gegenstand, das Romansujet in die zweite Reihe verbannte, um Literatur als sprachliches Kunstwerk zu zelebrieren, *ohne* jedoch den Anspruch auf künstlerische Mimesis aufzugeben.

Spannend sind die Briefwechsel Flauberts vor allem mit Frauen, wobei er in seiner Korrespondenz mit Louise Colet und George Sand seine ästhetischen Prinzipien immer wieder darlegte. Eine phantastische Lektüre sind auch die Aufzeichnungen von seiner Orientreise, bei dem ihm übrigens der Name „Bovary" eingefallen sein soll. Unvergessen seine Überraschung, wie klein ihm der einst so mächtige Hafen von Karthago in Nordafrika erschien und wie schwer es ihm trotz aller Bedenken fiel, sich nicht von orientalischen Schönheiten verführen zu lassen.

Aber anhand der Schriften zu dieser Reise können wir sehr genau verstehen, wie sich die Beziehungen zwischen Orient und Okzident entwickelt hatten und welche Faszination noch immer vom verschleierten Orient auf männliche abendländische Reisende ausging. Dass diese Orientreise für Edward W. Saids

---

3 Vgl. hierzu die noch immer lesenswerte Studie von Heitmann, Klaus: *Der Immoralismusprozeß gegen die französische Literatur im 19. Jahrhundert*. Bad Homburg – Berlin – Zürich: Verlag Gehlen 1970.
4 Vgl. hierzu das entsprechende Kapitel im vierten Band der Reihe „Aula" in Ette, Ottmar: *Romantik zwischen zwei Welten*, S. 793 ff.

*Orientalism*⁵ und damit für eine sich daraus ableitende Traditionslinie der „Postcolonial Studies" ganz entscheidend war, sei hier nur am Rande vermerkt. Zu meinen Lieblingslektüren, das gestehe ich Ihnen gerne, gehört aber auch der *Dictionnaire des idées reçues*, der Ihnen mit viel Ironie und Sarkasmus gewürzt die Gemeinplätze jenes 19. Jahrhunderts serviert, die Flaubert bei seiner schriftstellerischen Arbeit aufgefallen waren. Wie mit einem Röntgenblick durchleuchtete der aus einer Medizinerdynastie hervorgegangene Flaubert die französische Gesellschaft seiner Zeit.

Für jeden einzelnen Roman Gustave Flauberts gibt es riesige Dokumentensammlungen mit ersten Entwürfen, Skizzen, historischen Archivalien und peniblen Recherchen, die zeigen, in welchem Maße der Schriftsteller aus Rouen seine Gegenstände und Romansujets vorbereitete. Das Eigenleben der Gegenstände in Flauberts Romanen ist gerade bei den Autorinnen und Autoren des Nouveau Roman, insbesondere bei Alain Robbe-Grillet, geradezu sprichwörtlich geworden. Und zugleich ist den Texten Flauberts jene unbändige Lust anzumerken, die in ihm das Schreiben und das Finden des „mot juste" auslösten. Wenn es einen französischen Schriftsteller gibt, auf welchen Roland Barthes' Begriff des „plaisir du texte" unbedingt passt, dann ist es Gustave Flaubert. Und diese Lust verhinderte niemals, dass dieser Mediziner-Sohn, der „Idiot de la famille", als den ihn Jean-Paul Sartre porträtierte, seine Protagonisten gleichsam mit dem Skalpell sezierte – Flaubert konnte schreiben, wie es nur wenige je vermochten!

So wie er in einem von den „affres du style" geprägten Schriftstellerleben die Arbeit und die Lust am Text miteinander versöhnte, so verband er gleichzeitig auch seine Auffassung vom Schönen und der Kunst mit den Erkenntnissen der Wissenschaft. Letztere setzte er ebenso bei der Gestaltung des Selbstmords seiner berühmtesten Romanheldin ein wie bei der historischen Ausgestaltung seines Orientromans *Salammbô*. Wie für einen Honoré de Balzac war auch für Gustave Flaubert die Präzision wissenschaftlicher Sprache ein Vorbild für die stilistische wie die epistemologisch-konzeptionelle Gestaltung seiner Romane. Ganz im Sinne des Aristoteles soll auch für Flaubert die Beschreibung und Darstellung des Partikularen das Besondere transzendieren und wie die Wissenschaftssprache das Allgemeine, ja das Universelle herausarbeiten, das noch in jeder seiner Figuren aufscheint. Dabei war es sein Ziel, das ‚Wahre' der Wissenschaft mit dem Lebendigen des Lebens, mit dem Lebendigen der Literatur zu verschmelzen.

---

5 Vgl. hierzu Said, Edward W.: *Orientalism. Western Conceptions of the Orient*. New York: Vintage Books 1979.

Gustave Flauberts *Madame Bovary*, jener Skandalerfolg, mit dem wir uns nun beschäftigen wollen, ist im Grunde ein Sittenbild aus der französischen Provinz und erschien zunächst 1856 als Fortsetzungsroman im Feuilleton der *Revue de Paris*, im Folgejahr 1857 dann als Buchausgabe. Oft ist darüber berichtet worden, dass dieser Roman seine Entstehung einem Misserfolg verdankt. Denn Flauberts literarische Freunde Maxime Du Camp und Louis Bouilhet waren von der durchgehaltenen, aber ermüdenden Lesung der ersten Fassung von *La Tentation de Saint-Antoine* im Hause des angehenden Romanciers 1849 so erschöpft, dass sie ihren Freund, dessen Werk sie in Bausch und Bogen verdammten, dazu drängten, ein alltägliches, aktuelles und gleichsam ‚herkömmliches' „Fait divers" als Gegenstand für einen Roman zu wählen. Und Flaubert entschied sich für den von Zeitungen kolportierten Selbstmord der Delphine Delamare, die in dem normannischen Dorf Ry unweit von Flauberts Rouen mit einem unbedeutenden Landarzt verheiratet war, mehrfach Ehebruch begangen hatte, sich hoch verschuldete und schließlich 1848 vergiftete. Das Romansujet war gefunden, nun fing die Arbeit an!

Ganze fünf Jahre – von 1851 bis 1856 – arbeitete der junge Romancier, der anders als Balzac lebte nicht von seiner schriftstellerischen Arbeit lebte, verbissen Tag für Tag, mit unendlicher Geduld an dieser Romanfigur und an den Einzelheiten, die diesem Romangegenstand etwas geradezu Überzeitliches, aber gleichwohl tief in der historischen Zeit Verankertes gaben. Denn die Geschichte, die Flaubert erzählte, war gewiss noch immer ein „Fait divers", doch war dieses alltägliche Ereignis mit Ehebruch, Verschuldung und Selbstmord jeglicher Banalität entkleidet – oder besser: Die Banalität erhielt durch den Schriftsteller ihre unbedingte, unwiderlegbare literarische Dignität.

Nicht der leiseste Zweifel daran ist möglich, dass Flaubert mit der größten Aufopferungsbereitschaft an die Aufgabe ging, geradezu in einer Sklavenarbeit diesen Stoff so zu polieren und umzugestalten, dass seine Protagonistin noch immer eine banale Ehebrecherin war, zugleich aber zu einer sublimen Romanfigur wurde, deren Geschichte sie tief mit der Romantik und der Lektüre romantischer Liebesromane verband. Denn Emma Bovary war anders als ihr Autor eine Romantikerin, die ihre Lebensvorstellungen freilich anders als ihr Autor nicht kritisch und selbstkritisch reflektierte. Erst im Selbstmord gelingt ihr eine solch kritische Gesamtsicht ihres eigenen Lebens.

Gustave Flaubert recherchierte alles, selbst die scheinbar unwichtigsten Details; er dokumentierte alles, indem er uns in Materialsammlungen und Skizzenbüchern hinterließ, was für die Niederschrift des Romans für ihn von Belang war. Jede einzelne Szene, auch die der zufälligen Bekanntschaft zwischen dem noch mit einer älteren Witwe verheirateten Charles Bovary und Emma Rouault, wird penibel ausgetüftelt und erscheint in all ihren Details geradezu universell:

Wir haben dies am Beispiel des Anbandelns von Emma und Charles in einer anderen Vorlesung genauestens verfolgt.[6] Emma war in einem Kloster erzogen worden; und das sensible Mädchen wuchs dort mit der Lektüre romantischer Romane, allerlei rührseligen Fiktionen, aber auch mit den Werken von Walter Scott, Bernardin de Saint-Pierre und Chateaubriand auf. sie hatte im Grunde gelesen, was auch Gustave Flaubert selbst gelesen hatte, wovon er sich in *Madame Bovary* nun aber freizuschreiben vermochte.

Flaubert hat das perfekte perspektivische Spiel seiner Erzählerfigur und der Romanfiguren etwa dazu benutzt, die tief empfundene romantische Natursensibilität beispielsweise bei einem Ausritt mit dem Verführer Rodolphe in Emmas Augen zu spiegeln und die romantische Naturbeschreibung damit von der Ebene der Erzählerposition auf jene der inneren Wahrnehmung der Figuren zu blenden. So wird die Romantik in eine kritische Lektüredistanz gestellt, vergleichbar mit jenem literarischen Verfahren, das Miguel de Cervantes im ersten Roman der europäischen Moderne – in seinem *Don Quijote de la Mancha* – anstellte, um die Wucht der literarischen Tradition der Ritterromane präsent zu halten, aber in eine kritische Distanz der Lektüre zu heben.

Es ist hier nicht der Ort, die aus der langen und vertieften literaturwissenschaftlichen Erforschung des Romans bekannten Stilmittel Gustave Flauberts aufzuzählen. Wir werden gleich noch den häufigen Gebrauch des *Imparfait* sehen, das eine Atmosphäre des Unbeweglichen, des Zähen und Hintergründigen, des sich niemals Verändernden erzeugt, das durch einen ereignishaften Bruch, etwa durch Emmas verschiedene Liebschaften, zwar von ihr immer wieder in Bewegung gesetzt wird, sodann aber in die Viskosität und zähe Klebrigkeit des *Imparfait* zurückfällt, aus der die junge Frau, deren Träume und Sehnsüchte von allen männlichen Figuren des Romans niemals verstanden werden, keinen Ausweg finden kann. Ihr finaler Selbstmord erscheint demgegenüber als letzter Versuch einer weiblichen Bewusstwerdung in einer männlich beherrschten Welt, in welcher die Gegenstände – unter Einschluss der Frauen – zwar ihr Eigen-Leben führen, aber letztlich untergeordnet sind. Flaubert hat diese enorme Spannung zwischen den Geschlechtern in den heterosexuellen Liebesabenteuern, aber auch in dem träge dahinfließenden Alltagsleben der Emma Bovary gekonnt entfaltet. Bereits in *Madame Bovary* erwies sich der Romancier aus Rouen als Meister der in scheinbares Leben verwandelten Klischees und Stereotypen, die den Romanfiguren nur vorgaukeln, ein wirkliches Leben geführt zu haben. Auch in *L'éducation sentimentale* werden am Romanende diesmal die männlichen

---

6 Vgl. hierzu die Szene im zweiten Band der Reihe „Aula" in Ette, Ottmar: *LiebeLesen*, S. 677.

Figuren eingestehen, dass sie in ihrem Leben bestenfalls ein Klischee fortgelebt haben.

Flaubert versank nicht in der stofflichen *Trivialität* – eine spannende Metapher, die sich etymologisch von der Position käuflicher Frauen an der Wegkreuzung dreier Straßen herleitet –, sondern entfaltete in diesem Roman eine Vielzahl von Liebesvorstellungen und -praktiken, die freilich allesamt aus der Banalität alltäglicher Lebensbewältigung nicht herausführen. So ist es gerade ihre paradoxe Trivialität, die Emma Bovary zu einer unsterblichen Romanheldin macht, wobei der von ihrem Nachnamen abgeleitete ‚Bovarismus' für die Verwechslung des Traumes mit der Wirklichkeit steht. Zugleich ist es gerade diese *Friktionalität*, die den Reichtum dieser romanesken Frauenfigur ausmacht; ein Oszillieren zwischen Fiktion und Diktion, das die herausragende Vieldeutigkeit dieser Roman-Protagonistin auch für künftige Leserinnen und Leser sicherstellt.

Ich hatte mich – wie bereits erwähnt – in einer früheren Vorlesung bereits mit Ihnen recht ausführlich über die Liebe gebeugt und auf *Madame Bovary* zurückgegriffen, um zu erfahren, wie man sich insbesondere in gänzlich banalen, alltäglichen Lebenssituationen ineinander verlieben kann. Denn die Liebe ist ja bekanntlich ein großes Gefühl, das wir uns ebenso wie Lesen oder Schreiben oder andere Kulturtechniken in einem mehr oder minder langen Lernprozess aneignen.[7] Dazu passte Flauberts berühmter Roman in besonderer Weise, war er doch eine Art Generalabrechnung mit dem Topos der Liebe und zugleich mit einer Literatur, die nur eine oberflächliche Sinnesreizung romantischer Tönung hervorruft. Denn schon *Madame Bovary* ist auf mehr als eine Weise ein Roman über die Liebe nach der Liebe, wenn eigentlich von der Liebe des romantischen „amour-passion" im Sinne Stendhals nicht viel mehr geblieben ist als die ewig gleichen Worte, die ewig wiederholten Gesten, die auf seltsame Weise wie die zerbrochenen Fragmente einer Sprache der Liebe immer wieder leerlaufen. Nun kann ich Ihnen in unserer aktuellen Vorlesung näherbringen, wie die ganze Geschichte rund um die schöne und sensible Emma ausgegangen ist und wie sich ein Leben im Sterben erfüllt.

Dazu aber muss ich Sie ans Totenbett der Emma Bovary führen! Sie ist – wie wir schon hörten – in eine ausweglose Situation verstrickt, die angesichts nicht mehr erfüllbarer Lebenswünsche aus ihrer Sicht nur mehr den Griff zur Giftflasche im Laden jenes Apothekers Homais zulässt, der eine der hintergründigsten Figuren in Flauberts Gesamtwerk darstellt. Arsen ist die letzte Zuflucht der jungen Frau; und ihr von Flaubert peinlich genau verfolgtes Sterben durch Arsen wollen wir untersuchen, wenn wir nach ihrem gesamten Leben fragen.

---

7 Vgl. hierzu ebda., passim.

Nebenbei bemerkt wird Homais, der wissenschaftsgläubige Voltairianer und Bourgeois, am Ende des Romans als der große Gewinner, der Triumphator der Geschichte dastehen. Und doch repräsentiert er nichts anderes als den Triumph des Niederen, des Trivialen, des Mittelmaßes, das freilich in einer der Mediokrität ausgelieferten französischen Gesellschaft letztlich obsiegen muss.

Eben dieser Apotheker – und diese Tatsache ist von Flaubert präzise berechnet – tritt zusammen mit einem Freund ins Totenzimmer, in dem der allerletzte Auftritt der Emma Bovary gerade begonnen hat. Denn es handelt sich um eine öffentliche und zugleich finale Szene, in welcher Flaubert zum letzten Mal die großen Figuren seines Romans in ihrer erschreckenden Winzigkeit um seine ebenso romaneske wie romantische Heldin versammelte. Betrachten wir also die unzählige Male umgearbeitete und gewiss nicht unpathetische Szene dieses langen öffentlichen Sterbens einer großer Romanschöpfung:

> Als sie eintraten, war das Zimmer voll finsterer Feierlichkeit. Auf dem von einem weißen Deckchen bedeckten Nähtisch ruhten fünf oder sechs Baumwollbällchen in einem silbernen Teller neben einem groben Kruzifix zwischen zwei brennenden Kerzen. Emma lag mit dem Kinn auf ihrer Brust mit maßlos geweiteten Augenlidern da, und ihre armen Hände fuhren über die Betttücher mit dieser unschönen und sanften Geste der Sterbenden, die sich scheinbar schon mit dem Leichentuch zu bedecken suchen. Bleich wie eine Statue und die Augen rot wie Kohlen stand Charles ihr gegenüber tränenlos am Fuße des Bettes, während der Priester, auf ein Knie gestützt, leise Worte vor sich hinmurmelte.
>
> Langsam drehte sie ihr Gesicht und schien von Freude ergriffen, als sie mit einem Mal die violette Stola erblickte, wobei sie mitten in einer außerordentlichen Beruhigung wohl die verlorene Wollust ihrer ersten mystischen Erregungen mit Visionen von unendlicher, nun beginnender Wonne in sich wiederfand.
>
> Der Priester erhob sich, um das Kruzifix zu ergreifen, sie machte ihren Hals lang wie jemand, den der Durst plagt, und sie presste ihre Lippen auf den Körper des Gott-Menschen, hinterließ dort mit all ihrer schwindenden Kraft den größten Kuss der Liebe, den sie jemals gegeben. Danach rezitierte er das *Misereatur* und das *Indulgentiam*, tauchte seinen rechten Daumen in das Öl und begann mit den Salbungen: zunächst auf ihren Augen, die so sehr nach aller irdischen Pracht gelechzt; danach auf ihrer Nase, die so sehr die warme Brise und die Wohlgerüche der Liebe eingeatmet; dann auf ihren Mund, der sich zur Lüge geöffnet, der vor Hochmut gebebt und in der Lust gestöhnt; hernach auf ihre Hände, die sich an den sanften Berührungen erfreut, und schließlich auf die Sohle ihrer Füße, früher so flink dabei, wenn sie zur Befriedigung ihrer Begehren eilte, die nun aber niemals mehr laufen würden.[8]

Hätten Sie vermutet, dass der scharfe Kritiker der Romantik, dass der unerbittliche Feind jeglicher romantischer Gefühlsduselei ausgerechnet die Sterbeszene der schönen Atala in Chateaubriands kleinem Roman studierte, bevor er sich

---

[8] Flaubert, Gustave: *Madame Bovary. Mœurs de province.* Paris: Louis Conard 1910, S. 446 f.

an die Niederschrift dieser Szene machte? Hätten Sie gedacht, dass einer, der so sehr gegen die romantischen Romane anschrieb, noch bei seinem Schreiben zu eben jenen Romanen griff, die einst das Leben der jungen Emma im Kloster mit jenen Vorstellungen anfüllten, die sie nun, kurz vor ihrem Ende, in den „élancements" ihrer mystischen Wonnen wiederfinden sollte? Flaubert war wie seine Emma voll von jenen Visionen, die er in *La Tentation de Saint-Antoine* vielleicht ein letztes Mal entwarf, um sich von ihnen lustvoll wie Emma Rouault zu befreien. Denn auch Atala war durch Gift, war durch einen Selbstmord aus einer Welt geschieden, die ihre Hoffnungen, die ihre Sehnsüchte niemals erfüllen konnte.

Der Beginn der berühmten Sterbeszene der Emma Bovary wird zunächst aus der Perspektivik der beiden von außen hinzukommenden Männer gesehen. Sie sind gleichsam dem Sterbeglöckchen des Priesters gefolgt, das über Hunderte von Jahren lang den Weg des Leibes Christi zu einem Toten wies und dem sich alle Christen anschließen konnten, die dies zu tun wünschten – Dies nur zur Erläuterung des Hintergrunds dieser Szenerie sowie des Blickwinkels, aus welcher die Sterbeszene gestaltet wird!

Der Tod war eine auch Außenstehenden, nicht nur den engsten Familienangehörigen vorbehaltene Abschiedsszene eines Menschen, der sich aus dieser Welt begibt. Die Agonie und der Tod waren, wie wir bereits in unserer Vorlesung sahen, eine öffentliche Angelegenheit und nicht wie in unseren Tagen entweder ein Sterben im engsten Familienkreis oder – weitaus häufiger – in der absoluten Einsamkeit eines Pflegeheims, eines Krankenhauses oder eines Hospizes. Wir vergessen heutigentags allzu leicht, wie sehr das Sterben bis weit ins 19. Jahrhundert hinein – gerade auch auf dem Land, wie dies in diesem normannischen Dörfchen der Fall ist – im Zentrum einer öffentlichen Inszenierung stand, an welcher alle Anteil nehmen konnten. Die Agonie oder die letzte Phase des Sterbens eines Menschen stand für die Szene jenes gezähmten Todes, von dem Philippe Ariès gleich zu Beginn unserer Vorlesung in einem aussagekräftigen Zitat sprach. Wir wissen ja, wie fundamental sich das Antlitz des Todes je nach historischer Zeit und kultureller Einbettung verändert und sich überdies in einer sozioökonomischen Bandbreite bewegt, welche Flaubert bei der materiellen Ausstattung dieser Sterbeszene – etwa mit einem einfachen Deckchen und einem groben Kruzifix – diskret, aber genauestens berücksichtigte.

Die einzelnen Schritte dieser Inszenierung des Sterbens waren dabei für den Christenmenschen genauestens vorgesehen. Wir werden in der berühmten Sterbeszene von Emma Bovary Zeugen einer letzten Ölung, die bereits gleich zu Beginn beim Eintreten von Homais auf Ebene der dafür notwendigen Utensilien – die dem Apotheker förmlich ins Auge springen – ins Zentrum der literarischen Darstellung, der Mimesis gerückt wird. Zunächst aber betrachten wir die

Sterbende in all ihren Details und kleinen menschlichen Gesten innerhalb des für sie vorbereiteten Dekors, in dem auch ein großes dickes Kreuz und brennende Kerzen selbstverständlich neben der Stola nicht fehlen dürfen. Welch ein Kontrast zu den Sterbeszenen unserer Gegenwart, die sich zumeist an einem anonymen Krankenhausbett abspielen, nicht selten völlig ohne menschliche Begleitung, in der Einsamkeit eines von Maschinen überwachten Krankenhaustodes! Alle technologischen Entwicklungen und die sich abzeichnende weitgehende Ersetzung von Pflegepersonal durch Altenpflegeroboter, wie sie massiv bereits in Japan eingesetzt werden, zeigt uns an, dass dieser kulturhistorisch-technologische Prozess noch längst nicht an ein Ende gekommen ist.

Emma Bovary ist zunächst lediglich durch kleine Gesten ihrer Hände auf dem Leintuch präsent, gleichsam ihrem Leichentuch; Charles Bovary erscheint wie eine bleiche Statue – nur seine Augen zeigen die innere Erregung an. Alles scheint wie für ein Stillleben erstarrt: Das gesamte Leben ist für einen Augenblick zu einem prekären Stillstand gekommen. Dann aber beginnt der Ritus der letzten Ölung, die der Dorfpfarrer vorschriftsmäßig durchführt. Und doch mischt sich ständig etwas Anderes in diese von Flaubert klug ausgestaltete Szenerie.

Denn Emma hat ihre alten mystischen Sehnsüchte und Begierden anhand eines kleinen Gegenstandes, der sie in ihre Kindheit zurückversetzt, wiedergefunden und die Ursprünge der Liebe in der Leidenschaftlichkeit, ja in der Wollust der Gottesliebe wiederentdeckt. Wir wohnen ihrer ganzen Sehnsucht nach einer *Unio mystica* mit dem Gottesmenschen bei, mit dem zum Menschen gewordenen Gotte: So wird nicht nur das Kruzifix geküsst, sondern der Gott-Mensch, ja mehr noch der Gott-Mann selbst! Er erhält mitten auf seinen nackten Leib, seinen männlichen Körper einen Kuss der Liebe, wie Emma ihn zuvor niemals gegeben hatte. Die gesamte erotische Spannung, die in dieser Todesszene einer Ehebrecherin steckt, die Selbstmord begangen hat, entlädt sich ruckartig in diesem Kuss und semantisiert die nachfolgende Szene auf zutiefst erotische Weise. Denn in dieser erotischen Sterbeszene werden die Hintergründe jener Liebesbegierden deutlich, die Emma Bovary ihr gesamtes Leben lang vor sich hergetrieben hatten.

Dann aber beginnt die letzte Ölung; und sie setzt wie vom katholischen Ritus vorgesehen bei den Augen ein und endet bei den Füßen, von oben nach unten am menschlichen Leib in einer Bewegung, welche gleichsam den ganzen Körper zum Stillstand bringt und in die Todesstarre überleitet. Die Augen sind das Organ der *Concupiscentia oculorum*, der durch die Augen auf andere Menschen gerichteten Begehrlichkeiten, welche die junge Frau zur Ehebrecherin werden ließen. Und so werden sie auch als erstes gereinigt von jenem sinnlichen Ansatzort und jenem Sinn des Begehrens aus der Ferne, wie er für Emma Bovary so charakteristisch war.

Gustave Flaubert, der reale französische Autor, machte sich gleichzeitig aber auch an dieser Stelle noch über seine Protagonistin lustig: Denn dass diese Tochter eines reichen Bauern und Frau eines Landarztes alle „somptuosités" der Erde, alle Pracht dieser Welt gesehen habe, wird ernsthaft niemand von Emma behaupten können. Für eine solche Rolle kämen in der Reihe der Flaubert'schen Frauengestalten andere in Frage, allen voran die reich geschmückte Salammbô, nicht aber Emma Bovary.

Darauf folgt die Nase, die gleichsam die Düfte und Wohlgerüche auch der Liebesleidenschaft in sich aufgenommen, in sich aufgesogen hatte. Die Ohren werden übrigens nicht von diesem erotischen Begehren gereinigt, sie sind als Organ des Christenmenschen *par excellence* – als Organ des G*ehorch*ens – gleichsam davon ausgenommen. Anders als der Fernsinn der Augen aber vermittelt die Nase das an Düften, was in einer unmittelbaren Umgebung von diesem Nahsinn aufgenommen werden kann. Es folgt sodann aber der Mund, der ebenfalls in sich aufnimmt, zugleich aber auch jene Liebesschreie ausstieß, von denen er nun gereinigt werden muss. Denn es ist dieser verführerisch schöne Mund der Emma Bovary, der immer wieder eine wichtige Rolle in den Liebesszenen ihres Lebens spielte und doch nur jene Trivialitäten und Banalitäten in sich aufnahm, die für ihr mediokres Milieu so charakteristisch und zugleich so niederschmetternd waren.

Danach folgen die Hände: Emmas arme Hände, die nach dem Visuellen, dem Olfaktorischen und dem Gustativen – unter Weglassung des Auditiven – nun den taktilen Sinn verkörpern. Sie waren Organe jener Sinnesreizung sanfter Hautkontakte, von denen Emmas gesamter Körper gereinigt werden muss, bevor er sich zur Ewigen Ruhe begeben kann. Am Ende schließlich gelangt der Priester zu den Füßchen der schönen Emma, zur einst flinken Motorik also, die nun buchstäblich zum Erliegen gekommen ist. Emmas Füße vermögen nicht mehr, jene Wege des Ehebruchs zu beschreiten, welche sie später, lange nach ihrem Tod, noch einmal vor eine Gerichtsszene führen sollten: vor das Tribunal eines Immoralismus-Prozesses, den man ihrem Schöpfer Gustave Flaubert im bourgeoisen Frankreich der Jahrhundertmitte unter dem kleinen Napoleon, „Napoléon le petit", wie Victor Hugo ihn nannte, machen sollte. Doch da hatte Emma Bovarys Aufstieg zu *der* skandalumwitterten Romanheldin des französischen 19. Jahrhunderts längst begonnen.

In dieser von Flaubert so detailliert geschilderten letzten Ölung tritt Emma Bovary ein letztes Mal leibhaftig vor uns, wird uns als ein Körper präsentiert, der als „corps morcelé" zerstückelt daliegt, als ein Bündel von Sinnen, die nun in Agonie versinken und zur Ruhe finden. Doch dieser Vorgang erfolgt nicht nur langsam und kontinuierlich, sondern wird von Flaubert auf eine sehr charakteristische Weise rhythmisiert. Denn als sich unter dem segensreichen Wirken der letzten Ölung Emma Bovary gerade ein wenig zu erholen und sich ihr Gesundheitszustand ein wenig zu verbessern scheint – längst hat der Arzt Charles Bovary alle Tätigkeit dem Priester überlassen, der diesen möglichen Erfolg seines Wirkens auch bereits kommentiert –, da erfolgt nun doch der längst befürchtete, dann aber von Hoffnungen fast schon wieder verdrängte Zusammenbruch der jungen Frau.

An seinem Beginn, den ich Ihnen gerne detailliert aufzeigen möchte, steht eine Spiegelszene, jene Konfrontation mit dem Spiegel, die in der abendländischen Literatur eine so lange motivgeschichtliche Präsenz besitzt und zugleich auch im Leben Emmas eine so entscheidende Rolle spielte. Denn die Spiegelung des Ich, die Selbstbetrachtung des Ich im Spiegel generiert stets Erkenntnis:

> Sie blickte in der Tat langsam um sich her, wie jemand, der aus einem Traum erwacht, dann verlangte sie mit einer klaren Stimme nach ihrem Spiegel, blieb eine Zeitlang darüber aufgerichtet bis zu jenem Augenblick, als aus ihren Augen dicke Tränen kullerten. Sie stieß einen Seufzer aus, warf ihren Kopf zurück und ließ sich auf ihr Kopfkissen fallen.
>
> Augenblicklich begann ihre Brust stoßartig zu hecheln. Ihre gesamte Zunge glitt aus ihrem Mund; ihre Augen rollten und wurden bleich wie zwei Kugellampen, die verlöschen, man hätte sie schon für tot gehalten, wäre nicht eine grässliche Atmungsbeschleunigung ihrer Seiten eingetreten, welche von einem wütenden Luftholen durchgeschüttelt wurden, so als hätte ihre Seele Sätze gemacht, um sich abzulösen. Félicité kniete vor dem Kruzifix nieder, und selbst der Apotheker beugte ein wenig die Gelenke, während Herr Canivet vage über den Platz blickte. Bournisien hatte wieder zu beten angefangen, sein Gesicht dem Rande der Bettstatt zugeneigt, mit seiner langen schwarzen Soutane, die in der Wohnung hinter ihm herunterhing. Charles war auf der anderen Seite und kniete, seine Arme zu Emma hin ausgestreckt. Er hatte ihre Hände ergriffen und drückte sie, bei jedem Schlagen ihres Herzens erzitternd, einer zusammenstürzenden Ruine gleich. In dem Maße, wie das Röcheln stärker wurde, beschleunigte der Kirchenmann seine Gebete: sie vermischten sich mit dem erstickten Weinen von Bovary, und bisweilen schien alles im dumpfen Gemurmel lateinischer Silben unterzugehen, die alles wie ein Totenglöcklein einfärbten.
>
> Plötzlich war vom Bürgersteig her ein Geräusch grober Stiefel zusammen mit dem Schleifen eines Stockes zu hören; und eine Stimme erhob sich, eine raue Stimme, die sang:
>
> Oft lässt die Sommerhitze unter Bäumen
>
> Das Mädelein von der Liebe träumen.
>
> Emma zuckte hoch wie ein galvanisierter Leichnam, mit aufgelösten Haaren und klaffenden, starren Augäpfeln.
>
> Um aufzusammeln, wer's bezeugt,
>
> Die Ähren, die die Sichel mäht,
>
> Das Mägdelein sich vornüber beugt,
>
> Zur Furche, in die einst gesät.
>
> „Der Blinde!", schrie sie.
>
> Und Emma begann zu lachen, mit einem furchterregenden, frenetischen, verzweifelten Lachen, denn sie glaubte das hässliche Gesicht des Elenden zu sehen, der sich in den ewigen Finsternissen wie ein Erschauern erhob.

> Der Wind blies stark an jenem Ort,
> Ihr Röcklein flog mit einem fort.
>
> Ein konvulsives Erbeben streckte sie auf die Matratze nieder. Alle kamen näher. Sie existierte nicht mehr.[9]

Dies also ist eine der berühmtesten Sterbeszenen der Literaturen der Welt, die ich für den abschließenden Teil unserer Vorlesung ‚aufgehoben' hatte. Es ist die präzise, ergreifende, aber gleichwohl distanziert geschilderte Szene einer Agonie, in der gleich zu Beginn dieses Ausschnitts ein letzter Bewusstwerdungsprozess bei der Sterbenden einsetzt. Denn die Szenerie mit ihrem Blick in den Spiegel eröffnet auf dem Totenbett einen abschließenden Erkenntnisprozess, in dessen Verlauf sich Emma Bovary ihres Lebens gewahr wird, bis sie zu weinen beginnt. Der Blick in den Spiegel ist wie ein Blick auf ein gesamtes Leben, wie der Reflex und die Reflexion eines Lebens, das kurz vor seinem endgültigen Verlöschen steht.

Und in der Tat setzt unmittelbar nach den Tränen und nach dem Zurücksinken auf das Kopfkissen die Agonie ein mit einem Hecheln und Röcheln, das sich mit den standardisierten Gebeten in lateinischer Sprache für diese arme Seele mischt. Für eine Seele, die gleichsam den Körper der Sterbenden schüttelt und Sätze macht, um aus diesem Körper zu entweichen. Jede einzelne der rund um das Totenbett postierten Figuren verrät eine individuelle Regung, zeigt eine andere Reaktion auf diese dramatische Sterbeszene. Diese individuelle Diversität der einzelnen um das Sterbebett versammelten Figuren endet erst mit der gemeinsamen Bewegung der Annäherung an den Leichnam Emma Bovarys. Als den Schlusspunkt dieser Passage wählte Flaubert nicht das Ende ihres Lebens, sondern das Ende ihrer Existenz, so als hätte nicht ein Mensch, sondern vielmehr eine Pflanze oder vielleicht auch ein Gegenstand sein Dasein auf Erden beendet.

Doch zuvor ist mit dem einsetzenden Hecheln und Röcheln der Sterbenden das Bewusstsein von Emma Bovary noch nicht erloschen. Wir bemerken dies an der Tatsache, dass sie sich wie ein Leichnam, den man unter Strom setzt, noch einmal ruckartig aufrichtet und in ein schreckliches Lachen ausbricht, als sie die Stimme des Blinden erkennt und identifiziert. In dieser Passage können Sie unschwer einen höchst dramatischen Aufbau einschließlich eines retardierenden Verzögerungseffekts erkennen, der kunstvoll zugleich auch noch eine zusätzliche semantische Dimension einblendet. Doch versuchen wir, die Erkenntnisprozesse der jungen, sterbenden Frau in der gesamten ereignisreichen Agonie nochmals aus anderer Perspektive zusammenzufassen!

---

9 Ebda., S. 447–449.

In wichtigen, entscheidenden Abschnitten ihres Lebens hatte Emma Bovary stets in ihren Spiegel geschaut, um sich ihrer selbst zu vergewissern und einen neuen Lebensabschnitt bewusst zu reflektieren. Das eigene Spiegelbild als Augenblick der Selbstvergewisserung und der Spiegel als das Instrument, in dem sich das Kleinkind – im vom französischen Psychoanalytiker Jacques Lacan bekanntlich so apostrophierten ‚Spiegelstadium' – zum ersten Mal in seiner Gesamtheit als Einheit und zugleich von seiner Mutter getrennt erblickt, signalisieren einen Erkenntnisprozess. In diesem erscheint das gesamte Leben. Es taucht aber auch die Gestalt des Blinden auf, die sich in den Finsternissen des Lebens nach dem Tode wie als Sinnbild ewiger Qualen erhebt. Kein Zweifel: In der Gestalt dieses Blinden, den Emma nicht sehen, sehr wohl aber hören kann, blitzt etwas von jenem vom Christentum in Gestalt des Priesters versprochenen Leben nach dem Tode auf – freilich als ewige Finsternis, in welcher der Verstorbenen noch immer Schreckensgestalten erscheinen! Und die Vision dieses ewigen Schreckens, dieser ewigen Verdammnis setzt zumindest der irdischen Existenz der Emma Bovary ein Ende – ein Ende mit Schrecken, auf das ihr irres Lachen die Antwort des Wahnsinns auf die allmächtige Gegenwart des Irrationalen, des Absurden ist.

Gustave Flaubert gelingt es, selbst dieser allerletzten Phase noch eine dramatische Wendung insoweit zu geben, als aus dem Hintergrund, als Stimme im *Off*, die Figur des Blinden erscheint, welche bereits die außerehelichen Seitensprünge Emma Bovarys in Rouen mit ihrem Gesang begleitet hatte. Wir erleben den akustischen Auftritt des Blinden als Seher, wobei wir das kleine Hündchen nicht vergessen sollten, das gemeinhin mit ihm gemeinsam aufzutreten pflegt, welches aber auch als Abgesandter der Hölle, als Höllenhund verstanden werden kann. Schon in Chateaubriands *Atala* tauchte ein solches Hündchen als Begleiter des Priesters auf und verwehrte den Liebenden die unmittelbar bevorstehende Liebesvereinigung im dichten Unterholz der amerikanischen Urwälder.[10] Erneut dürfte sich Flaubert an dieser Stelle bei Chateaubriand und seinem romantischen Roman inspiriert und einen intertextuellen Bezug hergestellt haben, den er freilich tunlichst nicht explizit zu machen suchte. Doch auch dies mag uns zeigen, wieviel Romantik noch in einem Anti-Romantiker namens Gustave Flaubert steckte.

Der blinde Bettler singt ein Lied, das in die letzte Phase des Sterbens von Emma Bovary hinein obszöne Bilder spiegelt. Das Lied des Blinden ist keineswegs unschuldig: Das Röckchen des von der Liebe träumenden Mägdeleins, das sich über die Furche beugt, fliegt hinweg – und Emma deutet diese Verse

---

10 Vgl. hierzu unsere Deutung von *Atala* in Ette, Ottmar: *Romantik zwischen zwei Welten*, S. 151 ff.

richtig und mit Blick auf ihr eigenes Leben. Dieses obszöne Lied und nicht die Gebete des Priesters begleiten Emma bis zum Ende ihrer Existenz – und vielleicht auch darüber hinaus. Der Singsang des Blinden beleuchtet die letzte Phase im Leben Emma Bovarys mit einem irrealen Licht, in dem die sündigen Verfehlungen Emmas ein letztes Mal hervortreten und noch einmal der Traum von der Liebe erscheint. Nach dieser letzten Kapriole ist es aus!

Alles in Flauberts literarischem Arrangement deutet darauf hin, dass die nach Liebe lechzende Frau auch im Jenseits, in der ewigen Finsternis wohl keine Ruhe wird finden können, begleitet sie doch das anzügliche erotische Liedchen des blinden Sängers hinüber in eine andere Welt, die – so viel scheint sich abzuzeichnen – eine Welt ewiger Verdammnis sein wird. Der Gedanke an Dante Alighieris Paolo und Francesca und deren Höllenqualen drängt sich auf.[11]

In den Augenblicken des Todes erkennen wir zum einen höchste Selbsterkenntnis, zum anderen aber auch sekundenhafte und sich auf eine künftige Ewigkeit hin öffnende Verdichtung eines ganzen Lebens, des Lebens der Ehebrecherin Emma Bovary, die wie Paolo und Francesca nur Opfer (romantischer) Lektüren geworden ist. Ein letztes Mal fliegt im Sturmwind ihrer Suche nach Liebe gleichsam ihr kurzes Röckchen weg, an der Schwelle zum Übergang in eine andere Welt, die – trotz des lateinischen Gemurmels des Pfarrers – möglicherweise zu einer Höllenfahrt zu werden droht.

Faszinierend ist die körperliche Dimension, die enorme Körperlichkeit und Leibhaftigkeit dieser nicht enden wollenden Sterbeszene. Die einzelnen mikroskopisch-physiologisch genauen Detailbeobachtungen wechseln einander ab: Eine Kaskade von *Passé simples* ergießt sich über die ebenfalls schon wie Emma hechelnde, mit ihr um Atem ringende Leserschaft, bis dann am Ende plötzlich ein *Imparfait* in die Ewigkeit überleitet: „Elle n'existait plus." Grammatikalisch und semantisch ist sie in den Hintergrund gerückt, hat aufgehört zu existieren. Von ihr zurück bleibt nur ihr Leichnam ...

Diese Szenerie kann mit all ihrer Dramatik, mit allen ihren Wendungen und Wirrungen auch für heutige Leserinnen und Leser noch körperlich anstrengend sein. Doch will ich Sie wieder zu Atem kommen lassen und sie nach dem Sterben von Flauberts großer Protagonistin nun mit einem beginnenden Leben konfrontieren, das in diesem Roman ebenfalls geschildert wird. So möchte ich Ihnen gerne in aller Kürze das junge Mutterglück der damals noch etwas jüngeren Emma – frisch vermählte Bovary – präsentieren. Denn es ist lehrreich, wie Flaubert diese Szenerie aufbaute; und wir wollen gerade aus der Konfrontation

---

11 Vgl. hierzu Ette, Ottmar: *LiebeLesen*, S. 7 ff.

einer Sterbe- mit einer Geburtsszene lernen, wie sich die Geburt als ein prinzipiell prospektiver Vorgang in ein Verhältnis zum Leben und vielleicht auch zum Sterben setzt:

> Sie wünschte sich einen Sohn; er würde stark und braun sein und Georges heißen; und diese Idee, ein männliches Kind zu haben, war wie eine hoffnungsfrohe Revanche für all ihre vergangenen Ohnmächtigkeiten. Ein Mann ist zumindest frei; er kann Leidenschaften und Länder bereisen, Hindernisse queren, in das am weitesten entfernte Glück hineinbeißen. Eine Frau aber ist beständig eingeschränkt. Untätig und flexibel zugleich, hat sie die Weichheit des Fleisches zusammen mit den gesetzlichen Abhängigkeiten gegen sich. Ihr Wille, wie der Schleier an ihrem Hute von einem Bande zurückgehalten, weht in jedem Winde, es gibt immer irgendein Begehren, das zieht, und eine Konvention, die zurückhält.
> An einem Sonntag gegen sechs Uhr, bei aufgehender Sonne, gebar sie.
> „Es ist ein Mädchen!", sagte Charles.
> Sie drehte ihren Kopf und wurde ohnmächtig.
> Fast augenblicklich kam Madame Homais gelaufen und umarmte sie, ebenso Mutter Lefrançois vom *Goldenen Löwen*. Der Apotheker übermittelte ihr, als der zurückhaltende Mann, der er war, nur einige vorläufige Glückwünsche durch die offen stehende Türe. Er wollte das Kind sehen und fand es wohlgeformt.
> Während ihrer Rekonvaleszenz beschäftigte sie sich viel damit, einen Namen für ihre Tochter zu finden. Zunächst ging sie all jene durch, die italienische Endungen aufwiesen wie etwa Clara, Luisa, Amanda, Atala; sie mochte Galsuinde recht gerne, aber mehr noch Yseut oder Léocadie. Charles wünschte sich, dass man das Kind nach seiner Mutter nenne; Emma war dagegen. Man ging den ganzen Kalender von einem Ende bis zum anderen durch und befragte die Fremden.
> „Herr Léon", sagte der Apotheker, „mit dem ich neulich darüber sprach, wundert sich darüber, dass sie das Mädchen nicht Madeleine nennen, was derzeit außergewöhnlich in Mode ist."
> Aber Mutter Bovary eiferte sich lautstark gegen diesen Namen einer Sünderin. [...] Schließlich erinnerte sich Emma daran, wie sie im Schlosse zu Vaubyessard die Marquise eine junge Frau Berthe rufen gehört hatte; von diesem Zeitpunkt an ward dieser Name gewählt, und da Vater Rouault nicht kommen konnte, bat man Herrn Homais, Taufpate zu sein.[12]

In dieser schönen Geburtsszene tischt uns Gustave Flaubert seinen ganzen diskreten Humor, seine Ironie, ja seinen Sarkasmus auf. Wir können hier den Autor gleichsam lachen, ja lauthals lachen hören. Sie haben sicherlich nicht überlesen, dass unter den ‚italienisch klingenden' Namen keineswegs zufällig der von *Atala* war; ein kleiner gehässiger Fingerzeig des französischen Autors auf die Lektüren Emma Rouaults und ein kleiner Hinweis an die Adresse der

---

[12] Flaubert, Gustave: *Madame Bovary*, S. 123–125.

Leserschaft, von Zeit zu Zeit auf intertextuelle Beziehungen zu diesem Erfolgsroman der Romantik zu achten.

Das Sprechendste und Vielsagendste an der ganzen Szene ist, dass wir von dieser Geburt als Leserinnen und Leser so gut wie nichts mitbekommen. Dafür erfahren wir in aller Ausführlichkeit, dass und aus welchen Gründen sich Emma einen Sohn wünschte. Die an Deutlichkeit nicht zu übertreffenden Ausführungen zur Rolle der freien Männer und zur Ohnmacht der abhängigen Frauen unterbreitet uns nicht etwa die Erzählerstimme, sondern das Bewusstsein der künftigen jungen Mutter, welche die Abhängigkeiten ihres Geschlechts nur allzu genau kennt. Sie können am Beginn unseres Auszugs damit sehr präzise beobachten, wie Flaubert immer wieder die Standpunkte und Perspektiven wechselt und seinen Figuren genügend Raum gibt, eigene Blickwinkel zu Gehör zu bringen. Flaubert ist wahrlich ein Meister in dieser polyphonen Orchestrierung eines Lebenswissens, wie es in dieser Passage von Emma Bovary beigesteuert wird und schlaglichtartig die juristischen Bedingungen und gesellschaftlichen Kontexte einer Frau im französischen 19. Jahrhundert beleuchtet.

Doch die erträumte Geburt eines Sohnes bleibt aus. Dazu müssen wir wieder die Perspektive wechseln und zu Charles übergehen, der neutral und in direkter Rede die Geburt eines Mädchens anzeigt. Aus seinem Blickwinkel wiederum sehen wir, wie Emma das Geschlecht ihres Kindes erfährt, den Kopf dreht und ohnmächtig wird. Wieder ist einer der Träume von Emma, diesmal der Wunsch nach Geburt eines Sohnes und künftigen Mannes, wie eine Seifenblase zerplatzt.

Enttäuscht findet sie sich wieder in der bedrängten und beschrankten Rolle einer Frau der französischen Gesellschaft ihrer Zeit. In dieser patriarchalisch strukturierten Gesellschaft ist sie ganz und gar den Männern und deren Konventionen preisgegeben, mögen ihre eigenen Begierden sie als Frau auch in ganz andere Regionen ziehen. Denn nur als Mann ist man dort in der Lage, alle Hindernisse zu besiegen und zum Glück in der Ferne vorzustoßen.

Die eigentliche Geburt wird in einem einzigen und kurzen Satz abgefertigt. Der Geburtsvorgang der Tochter ist auf ein Minimum verknappt, der eigene Mann als Arzt beteiligt. Und dieser verkündet das Geschlecht des Kindes und damit das Scheitern auch dieser Illusionen Emmas: Ihr Kind wird kein Mann, sondern wie sie selbst eine Frau sein, eine der Männerwelt Ausgelieferte, juristisch von Männern abhängig wie sie selbst. Kein Wunder also, dass sie dem Vorschlag ihres Mannes, das Neugeborene doch Emma zu nennen, strikt ablehnt und sich stattdessen für einen Namen entscheidet, den sie in ihrer realen Traumwelt auf Schloss Vaubyessard einmal gehört hat. An die Stelle einer gescheiterten – um es mit einem Ausdruck Honoré de Balzacs zu sagen – „illusion perdue" setzt Emma stets eine neue Illusion, deren Scheitern schon vorhersehbar ist.

So steht die Geburt von Berthe an einem Sonntag frühmorgens bei aufgehender Sonne unter keinem glücklichen Stern. Emmas Mutterglück währt nicht lange, dem Bild einer glücklichen Mutter kann sie nur kurzfristig genügen. Man wird dieses Mädchen bald schon von einer Amme aufziehen lassen; und nur selten wird Emma von plötzlichen Muttergefühlen heimgesucht, die sie dann zu übertriebenen Geschenken anspornen, sie zu kurzen Besuchen verlocken. Aber dabei bleibt es dann auch: Emma wird ihre Tochter nicht großziehen, nicht zur Jugendlichen heranwachsen sehen und erziehen. Ihr Geburtsvorgang war bestenfalls ein mechanisches Zur-Welt-Bringen ohne jede Bindung.

Nach der Geburt erfahren wir nur, dass das Kind wohlgebaut und weiblichen Geschlechts ist. Eine letzte Chance bietet sich Emmas Illusionen also nur noch auf Ebene der Namensgebung. Dabei können wir detailliert die Mechanismen ihrer Illusionsbildung am Werk sehen. Denn an diesem Punkt steigen ihre alten Lektüren hoch, mit jenen Namen romantischer Heldinnen, die sie aus romantischen Romanen kennt. Ich erspare Ihnen einen längeren Exkurs über die Namen, welche der stets siegreiche Apotheker Homais ganz bewusst seinen Kindern gab – und er hatte selbstverständlich Söhne! Die Namensgebung erweist sich als die wichtigere Geburt. Blicken Sie auf Ihre eigenen Namen, so können Sie manche Hoffnungen Ihrer geschätzten Eltern erkennen. Berthes Name verweist – wie schon betont – auf die Sphäre der Illusionen, indem Emma an das Schloss von Vaubyessard zurückdenkt, an jene ein einziges Mal Realität gewordene Traumwelt des Adels, zu dem sie kurz nur Zugang hatte und die ihr ansonsten verschlossen blieb. Selbstverständlich gilt dies auch für ihre ungeliebte Tochter.

Daher erstaunt es nicht, wenn wir auf der letzten Seite des Romans – mittlerweile ist auch Charles Bovary verstorben – erfahren, dass sie einem dunkleren, nicht individualisierten Schicksal entgegen gehen wird, so dass auch hier die Illusionen ihrer Mutter gründlich auf der Strecke bleiben. Was wir von ihrem Schicksal erfahren, fasst Flauberts Erzähler wie folgt zusammen:

> Als alles verkauft war, blieben noch zwölf Francs und fünfundsiebzig Centimes übrig, welche dazu dienten, die Reise von Mademoiselle Bovary zu ihrer Großmutter zu bezahlen. Die gute Frau starb noch im selbigen Jahr; Vater Rouault war gelähmt, eine Tante übernahm sie. Sie ist arm und schickt sie, um sich ihr Leben zu verdienen, in eine Baumwollspinnerei.[13]

---

13 Ebda., S. 481.

Vom weiteren Schicksal Berthes ist nichts mehr bekannt. Sie sinkt gleichsam in den Bereich der *Intrahistoria* ab und verschwindet. Allein Emmas Tod hat wohl eine Größe erreicht, die von Flauberts Erzählkunst gebührend ausgeleuchtet wurde, die aber allen Anwesenden unbewusst blieb. Für Emma selbst spülte der Tod noch einmal jene Bitterkeit einer Verzweiflung am Leben hoch, von der sie sich auch mit Hilfe des Arsens nicht zu befreien vermochte. Am Ende ihres Lebens steht jenes frenetische, erbarmungslose, wahnsinnige Lachen, welches auch das Lachen des Autors selbst über die von ihm gehasste mediokre bürgerliche Gesellschaft Frankreichs war. Geburt und Tod sind im Grunde jene Sinnknoten, an denen ein ganzes Leben von seinem Anfang wie von seinem Ende her seinen tieferen Sinn erhält. Kaum ein anderer Schriftsteller hat dies so meisterhaft umzusetzen gewusst wie Gustave Flaubert.

Clorinda Matto de Turner oder von der Geburt als Frau und Indígena

Die an einem 11. November 1852 im peruanischen Cuzco geborene Clorinda Matto de Turner war noch nicht einmal vier Jahre alt, als Flauberts erster großer Roman im französischen Feuilleton erschien. Wir könnten die peruanische Autorin einer dritten Generation der Romantik zwischen zwei Welten zurechnen, zumindest dann, wenn wir die hispanoamerikanischen Literaturen als eine einzige Literatur verstünden und nicht differenziert nach verschiedenartigen Areas unterschieden, die ihre eigene Geschichtlichkeit und ihre eigenen historischen und ästhetischen Kontexte entwickelt haben und noch immer entwickeln.[1]

Wir werden sehen, dass eine solche Zurechnung zur Romantik bei Clorinda Matto de Turner nicht unproblematisch ist. Nicht problematisch aber ist ihre klar feministische Haltung gegen eine patriarchalisch strukturierte Gesellschaft, gegen die sie Zeit ihres Lebens ankämpfte und damit in gewisser Weise jene Einschätzungen von Flauberts Figur Emma Bovary übernahm, die voller Enttäuschung über ihr bisheriges Leben die Begrenztheiten und Abhängigkeiten von Frauen in den Gesellschaften des 19. Jahrhunderts bitter beklagte. Die peruanische Schriftstellerin, Journalistin und Intellektuelle lamentierte nicht nur, sondern kämpfte unverdrossen gegen jene Grenzen an, welche damals dem Leben von Frauen gesetzt waren, wobei sie der Frauenbildung eine besondere politische Bedeutung beimaß.

In einer anderen Vorlesung, jener über die *Romantik zwischen zwei Welten*, habe ich mich mit der immer wichtiger werdenden Rolle weiblicher Autorinnen innerhalb der hispanoamerikanischen Romantik, aber auch anderenorts beschäftigt; eine geschichtliche Entwicklung mit so herausragenden Figuren wie Gertrudis Gómez de Avellaneda, Juana Borrero, aber auch bereits an der Wende zum 19. Jahrhundert Rahel Levin Varnhagen. Es geht also um einen Prozess, dem ich in unserer aktuellen Vorlesung nicht noch einmal aufgreifen kann. Die Geburt der Peruanerin im Jahr 1852 liegt wenige Monate nach dem Sieg von Caseros über die Truppen von Juan Manuel de Rosas und situiert sich historisch kurz nach dem Ende der Rosas-Diktatur im Nachbarland Argentinien. Dort sollte die Clorinda Matto de Turner die letzten Jahre ihres Lebens verbringen; und dort, in Buenos Aires, sollte sie, deren Werke in Lima – wie diejenigen des späteren pe-

---

1 Vgl. hierzu Ette, Ottmar: *Romantik zwischen zwei Welten*, insb. S. 425 ff., S. 493 ff., S. 519 ff., S. 1038 ff.

ruanischen Literaturnobelpreisträgers Mario Vargas Llosa – öffentlich verbrannt wurden, am 25. Oktober 1909 sterben.

Doch lassen Sie uns einige Biographeme dieser Schriftstellerin aus Peru besser chronologisch ordnen! Sie stammte aus einer guten Familie, ihre Mutter war Angehörige der adeligen Oberschicht; und sie genoss eine gute, für Frauen zweifellos weit überdurchschnittliche und im Übrigen stark literarisch orientierte Ausbildung im Colegio zu Cuzco. Ihr Vater war ein Großgrundbesitzer, der sich ebenfalls als Literat betätigte und über eine Hacienda unweit von Cuzco verfügte, wo die Tochter das Leben der indigenen Bevölkerung aus der Nähe kennen und auch Quechua erlernen konnte. Diese Biographeme wurden später für die Schriftstellerin sehr wichtig, gilt sie doch gemeinhin als Begründerin des *indigenistischen* Romans. Wir werden uns mit dieser Zurechnung zum Indianismus (wie ihn etwa eine Gertrudis Gómez de Avellaneda vertrat) oder aber zum Indigenismus noch auseinandersetzen.

Abb. 76: Clorinda Matto de Turner (1852–1909), circa 1890.

Clorinda musste ihre gute Ausbildung freilich schon mit zehn Jahren abbrechen, als ihre Mutter starb und sich das Mädchen – der Frauenrolle entsprechend – um die jüngeren Geschwister zu kümmern hatte. Ebenso wenig erfüllte der Vater Clorindas Bitten, in den USA Medizin studieren zu dürfen. Doch bald schon heiratete sie durchaus standesbewusst: Denn ihren zweiten Nachnamen verdankte die junge Peruanerin dem Engländer Turner, der über ausgedehnten landwirtschaftlichen Großgrundbesitz verfügte und mit dem sie sich bereits 1871 verband. Mit ihrem Mann zog sie in das Andendorf Tinta.

An der Seite ihres Mannes lernte Clorinda Matto de Turner hoch zu Ross einen guten Teil Perus kennen – Erfahrungen, die auch in ihren sicherlich bekanntesten Roman *Aves sin nido* Eingang fanden. Zugleich trat sie schon früh durch die Veröffentlichung ihrer *Tradiciones cuzqueñas* in Limas wichtigster Tageszeitung *Correo del Perú* hervor, wo sie kostumbristische literarische Texte publizierte, die den *Tradiciones* des Ricardo Palma nahestanden. 1876 gab sie die Zweiwochenzeitschrift *El Recreo* heraus, in der wichtige peruanische Schriftsteller wie Palma oder Fernánd Caballero, vor allem aber auch Schriftstellerinnen wie die Romanautorin Juana Manuela Gorriti publizierten. Ein Jahr später freilich musste sie aus gesundheitlichen Gründen die Arbeit an diesem Periodikum wieder aufgeben und nach Arequipa umziehen.

Nach zehn Jahren glücklicher, aber kinderloser Ehe starb 1881 ihr Mann. Ihre Geschäftstüchtigkeit konnte die junge Frau erst nach seinem Tod unter Beweis stellen, da sie nicht als Ehefrau, wohl aber als Witwe nach peruanischem Gesetz geschäftsfähig war und nun sowohl das Unternehmen ihres Mannes sanieren als auch die umfangreichen, zum Teil elterlich ererbten Besitzungen verwalten musste. Es sind für Peru bittere Jahre, da das Land ab 1879 an der Seite Boliviens in den Salpeter- und Guanokrieg gegen Chile verwickelt wurde, der trotz aller anfänglichen Euphorie zu einer militärischen Niederlage, der Besetzung Limas durch chilenische Truppen 1881 und schließlich zum Friedensvertrag von 1883 führte. Dieser Friede sollte dem Land erhebliche und empfindliche territoriale Verluste einbringen. Etwas mehr als ein halbes Jahrhundert nach Erlangung seiner politischen Unabhängigkeit im Jahr 1824 war Peru in die wohl tiefste Krise seiner Geschichte geraten.

Auch für Clorinda Matto de Turner sind es schwierige Jahre, verliert sie doch auf Grund des Einflusses korrupter Richter und Rechtsanwälte einen beträchtlichen Teil ihres Vermögens. Zwischen 1884 und 1885 ist sie Chefredakteurin der Zeitung *La Bolsa* von Arequipa, wo auch ihre Schrift *Elementos de Literatura según el Reglamento de Instrucción para Uso del Bello Sexo* erschien, in der sie bildungspolitische Verbesserungen für die Frauen einforderte. 1886 geht sie nach Lima: Die peruanische Hauptstadt bietet Clorinda sowohl journalistisch wie literarisch bessere Möglichkeiten. Es gelang ihr, eine wichtige Rolle innerhalb der peruanischen Literaturgesellschaft zu spielen, da sie seit 1887 einen literarischen Salon leitete, in welchem ebenso männliche wie weibliche Talente ihre Schöpfungen vorstellen konnten. Diese Rolle als Literaturvermittlerin beruhte vor allem auf ihrer Tätigkeit in und Herausgabe von literarischen Periodika, zu denen nach der Mitarbeit in Zeitschriften in Cuzco und später auch bei *La Bolsa* in Arequipa nun in Lima unter anderem *La Revista social* und *El Perú Ilustrado* zählten. Stets versuchte sie dabei, Frauen eine Chance zu geben, eigene literarische Texte zu veröffentlichen.

Darüber hinaus gelang es Clorinda Matto de Turner ebenso, diese publizistisch wichtige Funktion sowohl auf der politischen als auch auf der literarischen Ebene weiter zu stärken und unterdrückten Bevölkerungsgruppen in Peru – etwa der indigenen Bevölkerung im andinen Hochland, aber auch den Frauen im gesamten Land – Hilfe zukommen zu lassen. Gegen all diese Aktivitäten regt sich bald Widerstand: Als sie 1889 fast gleichzeitig Chefredakteurin von *El Perú Ilustrado* wird und ihr Roman *Aves sin nido* erscheint, beschließen ihre Feinde, massiv gegen die Autorin und Journalistin vorzugehen. Ein aufgebrachter Pöbel greift ihr Haus an, vom Klerus fanatisierte Frauen gehen in Arequipa und Cuzco auf die Straße, ihre Bücher werden auf den Index gesetzt und im Oktober 1890 in Cuzco öffentlich verbrannt. Wenig später wurde sie vom Erzbischof von Lima exkommuniziert, die Lektüre ihrer Bücher verboten. Zeit also, um aufzugeben?

Nicht eine Clorinda Matto de Turner! Als sie trotzig zusammen mit ihrem Bruder in Lima 1892 die Druckerei *La equitativa* gründet, in welcher nur Frauen beschäftigt werden, reagieren ihre Feinde mit immer stärkeren Gegenmaßnahmen. Seit sie exkommuniziert worden war, wurde ihre Situation in Lima immer bedrohlicher. 1895 schließlich werden ihr Haus und ihre Druckerei geplündert; am 25. April 1895 muss die Schriftstellerin Lima verlassen und ins Exil nach Buenos Aires flüchten, wo sie als Lehrerin an einer Lehrerinnenschule und in Frauenorganisationen aktiv wird. Als erste Frau wird sie in das *Ateneo de Buenos Aires* aufgenommen; eine Auszeichnung, die sich vor der literarischen Autorin verneigt. In ihren späten Jahren unternimmt sie Reisen nach Spanien, Frankreich, Italien, Deutschland und England, wo sie der Frauenfrage eine internationale Dimension zu geben versucht. Bis zu ihrem Tod im argentinischen Exil sollte sie der Sache der Frauen treu bleiben und für Frauenrechte kämpfen.

Literatur und Leben der peruanischen Autorin, die von ihrem peruanischen Landsmann Mario Vargas Llosa einmal unpassenderweise als Matrone bezeichnet worden ist, stehen im Zeichen sozialen und politischen Engagements. Die Schriftstellerin kann aus diesem Blickwinkel – wie zu zeigen sein wird – in vielerlei Hinsicht als eine literarische Figur des Übergangs gesehen werden. Weitaus mehr als Gertrudis Gómez de Avellaneda hat sich Clorinda Matto de Turner für die Belange der Frauen eingesetzt, so dass man sie mit guten Gründen als Vorläuferin feministischer Positionen in Hispanoamerika ansprechen darf.

Auch auf Ebene einer literarischen Beschäftigung mit indigenen Gruppen darf Clorinda Matto de Turner für sich aus literarhistorischer Perspektive in Anspruch nehmen, den Bannkreis *indianistischen* Schreibens und einer indianistischen Beschäftigung mit der autochthonen Bevölkerung Amerikas durchbrochen und einer *indigenistischen*, für die Belange der im Lande lebenden Indianer kämpfenden Literatur den Weg geebnet zu haben. Dieses Engagement geht auf ihre frühen Kindheitsjahre und ihre große Vertrautheit mit indigenen Kulturen, aber auch auf ihre Sprachkenntnisse des Quechua zurück. Es sind vor allem diese beiden Aspekte, die uns in der Folge interessieren sollen: ihr Kampf für die Rechte der Frauen und ihr Kampf für die Rechte der indigenen Bevölkerung.

Vor diesem Hintergrund ist es keineswegs eine Überraschung, dass ihr sicherlich wirkungshistorisch wichtigster Roman *Aves sin nido*, der 1889 erstmals erschien, von Anfang an auf ein breites Leserinteresse stieß und bis heute immer wieder neu aufgelegt wird, auf die Entwicklung der sozialen Literatur in Peru in ungewöhnlichem Maße Einfluss nahm. Ihre Exkommunikation, die zahlreichen

Verbote, die Zensur wie die öffentliche Bücherverbrennung weisen auch in ihrem Fall auf die zumindest für möglich gehaltene gesellschaftliche Spreng- und Durchschlagskraft ihres Werkes und dienen – allgemeiner formuliert – als Seismographen für das, was zu einem bestimmten Zeitpunkt in einer bestimmten Gesellschaft diskutierbar und mehr noch grundlegend veränderbar ist. Wir hatten dies am Beispiel des Immoralismus-Prozesses rund um Flauberts *Madame Bovary* bereits beobachtet und zugleich gesehen, in welchem Maße derartige Verbote das Interesse der Leserschaft zusätzlich erhöhen. So haben weder die Zensur noch die zahlreichen Verbote und Angriffe den Erfolg von Clorinda Matto de Turners Roman verhindern können. *Aves sin nido* ist ein Klassiker der sozialen Literatur Lateinamerikas geworden; eine Funktion, die wir erst verstehen können, sobald wir diesen Roman zumindest in Teilen detailliert untersucht haben.

In diesem Text aus dem Jahr 1889 spielt – wie häufig in den Romanen der Romantik und des 19. Jahrhunderts – der Inzest, spielt das Inzesttabu eine wichtige, strukturierende Rolle. Dies hatten wir bereits bei Chateaubriands *Atala*, aber auch bei ungezählten späteren Romanen der Romantik zwischen zwei Welten gesehen.[2] Dabei ist allerdings dieses durchgängige Element romantischen Schreibens an eine präzise gesellschaftliche Funktion rückgebunden und mit einer Anklage gegen die Katholische Kirche verbunden. Denn es kommt erst zur unglücklichen Situation jener *Vögel ohne Nest,* wie wir den Titel übersetzen könnten, weil die Unmenschlichkeit des Zölibats (das die Autorin schon in ihrem Vorwort anklagt) dogmatisch eine tragische Situation heraufbeschwören konnte. Sie führte dazu, dass Geliebter und Geliebte, aus unterschiedlichen Familien stammend, uneheliche Geschwister, da Kinder ein und desselben Mannes sind: des früheren Priesters von Kíllac und späteren Bischofs. Kein Wunder also, wenn der Erzbischof von Lima gegen ein solches Werk, zumal aus der Feder einer Frau stammend, mit all seiner Macht vorging und die peruanische Schriftstellerin exkommunizierte!

Die Tatsache, dass das Inzestmotiv zugleich mit einer denunziatorischen Anklage verbunden ist und damit eine stark gesellschaftskritische Spitze erhält, zeigt bereits eine Grundstruktur des Romans auf. Gleich im ersten Satz ihres kurzen, auf 1889 datierten *Proemio* äußert sich die Autorin zur gesellschaftlichen Bedeutung ihres Textes beziehungsweise zur Verbindung zwischen Literatur und Gesellschaft, die in *Aves sin nido* zum Ausdruck komme:

> Wenn die Geschichte jener Spiegel ist, in welchem die künftigen Generationen das Bildnis früherer Generationen betrachten sollen, dann muss der Roman die Photographie sein,

---

2 Vgl. hierzu den vierten Band der Reihe „Aula" in Ette, Ottmar: *Romantik zwischen zwei Welten* (2021), passim.

welche die Laster und die Tugenden eines Volkes mit der nachfolgenden Moral als Korrektiv für jene und als ehrende Bewunderung für diese stereotypiert.

Daher ist die Wichtigkeit des kostumbristischen Romans so groß, da er auf seinen Blättern viele Male das Geheimnis der Reform einiger Typen, wenn nicht deren schlichte Auslöschung enthält.[3]

Wieder tritt ein Spiegel in Aktion. Doch diesmal betrachtet sich darin nicht eine Frau, die wie Emma Bovary Auskunft über ihr eigenes Leben erhalten möchte, sondern eine ganze Generation, die aus der Zukunft auf die jetzige Gegenwart blicken und wissen möchte, wie diese Gesellschaft einstens war und von welchen Typen sie geprägt wurde. Wider bietet der Spiegel Erkenntnis; und auch diesmal geht es nicht nur um die Vergangenheit, die darin zu sehen ist, sondern vor allem um die Zukunft. Denn die Literatur und speziell der Roman hat für Clorinda Matto de Turner eine prospektive Aufgabe und die Bedeutung, als Korrektiv mit Blick auf das Kommende zu wirken, Fehler zu erkennen, zu korrigieren oder vollständig auszumerzen.

Damit ist die gesellschaftliche Wirkkraft des Romans aufgerufen. Schon die ersten Sätze dieses Vorworts weisen auf die Verbindung zwischen Erzähltext und Geschichte. Sie beschwören die Spiegelmetaphorik, die seit Stendhal für den Roman des 19. Jahrhunderts zu einer durchgängigen Legitimationsebene und Authentizitätsbegründung wurde: der Roman als Spiegel der Gesellschaft. Clorinda Matto de Turner ‚modernisiert' diese Metaphorik dabei insoweit, als sie zum einen die Schreibmetaphorik durch die Stereotypie beschleunigt. Zum anderen betont sie im Roman die mimetische Wirkungsweise der Photographie, womit sie auf ein modernisiertes Medium mechanischer Reproduktion und Wirklichkeitsdarstellung verweist. Sie tat dies in ähnlicher Weise wie die naturalistischen Romanciers Frankreichs, allen voran Emile Zola, den die Peruanerin selbstverständlich gelesen hatte und dessen Vorstellungen sie auf den Andenraum projizierte beziehungsweise für die lateinamerikanische Hemisphäre umschrieb.

Diese Tatsache erscheint als besonders bedeutungsvoll, da es gerade die Aspekte sozioökonomischer Modernisierung waren, die den Schlussteil dieses Andenromans bestimmen, wie noch zu zeigen sein wird. Bei der Romangattung handelt es sich freilich nicht um ein in ausländischen Händen befindliches, sondern ein von einer Peruanerin selbst benutztes und bewusst eingesetztes Instrument literarischer und gesellschaftlicher Modernisierung. Der Erzähltext

---

3 Matto de Turner, Clorinda: *Aves sin nido*. La Habana: Casa de las Américas 1974, S. 7; vgl. auch dies.: *Aves sin nido (novela peruana)*. Lima: Imprenta del Universo de Carlos Prinz 1889 (Faksimile-Reprint Ann Arbor – London 1979).

will auf Grundlage einer Darstellung geschichtlichen Lebenswissens Zukunft gestalten, um auf diese Weise das in der Literatur akkumulierte Wissen vom Leben im Leben für ein Leben in der Zukunft nutzbar zu machen.[4]

Aus diesem Grunde enthält die gesellschaftlich verantwortliche Gattung des Romans für Clorinda Matto de Turner zugleich in der Funktion eines sozialen Korrektivs die „moraleja", also die ‚Moral der Geschichte': keineswegs nur für die kommenden Generationen, sondern vor allem als Wirkkraft für die gegenwärtige Situation und deren Veränderung. Spricht Clorinda Matto auch von der „novela de costumbres",[5] so sind doch hiermit nicht die konservativen und statischen Elemente kostumbristischen Schreibens gemeint,[6] sondern ein dynamisches, gesellschaftsveränderndes Verständnis, das die behandelten Typen nicht nur deskribiert, sondern seziert, analysiert und wenn nötig exterminiert.

Vor diesem Hintergrund zeigt sich zugleich, dass der Konzeption des Romans eine interessante Abgrenzung zwischen Geschichte als Spiegel und Roman als Photographie zugrunde liegt, wobei sich freilich in beiden Fällen die Frage nach Rahmung und Tiefendimension mit besonderer Dringlichkeit stellt. Der radikalisierte Abbildanspruch des Romans – Matto spricht von der Exaktheit ihrer in der Natur gemachten Beobachtungen, die sie über einen Zeitraum von mehr als fünfzehn Jahren durchgeführt habe – begründet dessen gesellschaftspolitisch gleich zu Beginn eingeklagte Sprengkraft. Dies gilt umso mehr, als sich – nach Aussage des „Proemio" – die Literatur in Peru noch in ihrer Wiege befinde. Für Clorinda Matto de Turner besteht die Aufgabe als Romancière folglich darin, die peruanische Nationalliteratur zunächst einmal zu begründen und jene aktive Leserschaft zu schaffen, welche die vorgelegten ‚Kopien' der gespiegelten Realität beurteilen und gesellschaftlich wirksam reformerisch umsetzen könnte. Dank eines derartigen Verständnisses von Literatur war *Aves sin nido* folglich ein hochpolitischer Roman.

Dieser Text, so macht das „Proemio" unmissverständlich klar, ist eingebettet in die Liebe der Autorin zur indigenen Bevölkerung oder, wie es im Text unter Verwendung des kulturellen „raza"-Begriffs heißt, zur ‚indigenen Rasse'. Den „Indios" in den Anden werden die Vertreter gesellschaftlicher Autorität ge-

---

4 Vgl. hierzu Asholt, Wolfgang / Ette, Ottmar (Hg.): *Literaturwissenschaft als Lebenswissenschaft. Programm – Projekte – Perspektiven*. Tübingen: Gunter Narr Verlag 2010; zur Rezeption dieses Begriffes in Lateinamerika vgl. Ette, Ottmar / Ugalde Quintana, Sergio (Hg.): *La filología como ciencia de la vida*. México, D.F.: Universidad Iberoamericana 2015.
5 Matto de Turner, Clorinda: *Aves sin nido*, S. 7.
6 Vgl. hierzu auch Müller, Hans-Joachim: Clorinda Matto de Turner: „Aves sin nido". In: Roloff, Volker / Wentzlaff-Eggebert, Harald (Hg.): *Der hispanoamerikanische Roman*. Band 1: *Von den Anfängen bis Carpentier*. Darmstadt: Wissenschaftliche Buchgesellschaft 1992, S. 78–91.

genübergestellt, die autoritären Vertreter der Gesellschaft, die oftmals nichts anderes als miserable Tyrannen seien. Deutlich erkennbar ist in diesem Kontext die *indigenistische* und nicht mehr indianistische Perspektive des Romans: Es geht explizit um die Verbesserung des Loses der Indianer und nicht mehr um die lacrimogene Aufarbeitung von Taten historisch gewordener indianischer Helden, wie sie etwa eine Gertrudis Gómez de Avellaneda oder ein Manuel de Jesús Galván gestalteten.[7] Beim melancholisch-romantischen Rückblick auf die in anderen, nicht-andinen Areas größtenteils verschwundenen Indianer konnten sich die betroffenen Autor*innen und Gesellschaften – wenn Sie mir diesen Ausdruck gestatten – höchstens noch deren Skalps an die Weste nationaler Identitätskonstruktion heften. In der Area der Karibik konnte nur ein toter Indianer ein guter Indianer sein, nicht aber in den Literaturen der andinen Kordilleren. Zumindest für Clorinda Matto de Turner galt es, das soziale Los und die gesellschaftliche Partizipation der indigenen Bevölkerung zu verbessern. Denn die Indianer erschienen aus ihrer Sicht als zutiefst moralisch gut; genau daher durften sie nicht rücksichtslosen Tyrannen und Ausplünderern unterworfen werden und sterben. Es galt also, diesen bislang unkontrollierten Vertretern staatlicher Autorität nicht nur genauer auf die Finger zu schauen, sondern vollständig das Handwerk zu legen und die Strukturen staatlicher Institutionen zu verändern. Daher sprach sie in ihrem „Proemio" auch von der Auslöschung bestimmter Typen.

Der Roman *Aves sin nido* ist in zwei Teile und diese wiederum in eine Vielzahl kurzer Kapitel unterteilt, was die Romanstruktur als leicht zugänglich erscheinen lässt. Dies entsprach dem Gebot leichter Verständlichkeit. Auch auf anderen Ebenen ist die Grundstruktur des Romans von Beginn an leicht durchschaubar, was bereits das Incipit mit der Situierung der Romandiegese verrät. Betrachten wir also den Beginn des ersten Kapitels des ersten Teils dieses Romans:

> Es war ein wolkenloser Morgen, an den eine vor Glück lächelnde Natur den Hymnus zur Anbetung des Schöpfers ihrer Schönheit erhob.
> Das Herz gab sich, ruhig wie das Nest einer Taube, der Betrachtung dieses großartigen Gemäldes hin.
> Der einzige Platz des Dorfes Kílac misst dreihundertvierzehn Quadratmeter, und der Weiler hebt sich ab, indem er die bunten, ofengebrannten Ziegeldächer mit den einfachen, von unbearbeitetem Holz gestützten Strohdächer vermengt, so dass sich der Unterschied zwischen dem Namen *Haus* für die *Notablen* und *Hütte* für die *Naturales* herausschält.[8]

---

7 Vgl. hierzu die Ausführungen in Ette, Ottmar: *Romantik zwischen zwei Welten*, S. 425 ff. u. 733 ff.
8 Matto de Turner, Clorinda: *Aves sin nido*, S. 9.

Aus dem Beginn dieses Romans habe ich Ihnen die ersten drei Sätze ausgewählt, die als Abschnitte jeweils eine Rahmung bilden, welche zunächst die herrliche Natur, dann die Ansicht dieser Natur durch den Menschen als ein Gemälde und schließlich die Wohnstätte des Menschen porträtieren: ein Andendorf, das bereits von Anfang an in seiner sozialen Differenzierung und Gegensätzlichkeit vor Augen geführt wird. Wir befinden uns in dem kleinen peruanischen Andenstädtchen Kíllac, einem doch etwas heruntergekommenen Provinznest um das Jahr 1885. Und die gesellschaftliche, in der Natur nicht vorhandene Spaltung lässt sich bereits an den Benennungen und an den Häusern im Sinne distinktiver Merkmale ablesen.

Diese Häuser und Hütten bilden wiederum den Rahmen für das Geschehen auf diesem einzigen Platz, formieren also jene Arena, in welcher gleich schon die Helden der zu berichtenden Ereignisse erscheinen werden. Der schöne Morgen weist schon auf diesen Auftritt; und dass er wolkenlos ist, zeigt nicht nur den guten Willen der Natur, sondern ermöglicht auch den Überblick, der uns Kíllac gleichsam im Vogelflug zeigt. Clorinda Matto de Turner bedient sich einer jahrtausendealten literarischen Konvention der abendländischen Literatur, indem sie das Geschehen an einem Morgen beginnen lässt.

Die belebte wie die unbelebte Natur haben noch ein höheres Wesen über sich, das alles mit Leben erfüllt. Nicht ohne Hintersinn wird dieses höhere Wesen als *Autor* bezeichnet, wodurch sich ein eigenartiges Spannungsverhältnis zwischen der Schöpfung der Natur und der Schöpfung dieser Fiktion ergibt: Im Verlauf des 19. Jahrhunderts wurde das Gottesprädikat auf den literarischen Schöpfer übertragen und entsakralisiert.[9] Gott in seiner Schöpfung, der „Autor de su belleza", ist von Beginn an in der Natur präsent, die in der Großschreibung gleichsam personifiziert wird und mit den „naturales" in ein eigentümliches Spannungsverhältnis tritt, stehen diese doch auf Seiten der Stadt und damit der Kultur.

An die Seite des Schöpfergottes tritt in der Kontemplation aber der Mensch mit einem Herzen, das so ruhig wie das Nest einer Taube sei, womit durch diesen Vergleich sofort die dem Roman durch den Titel vorgegebene Metaphorik des Vogelnestes eingeblendet wird. Die Taube – auch sie Bestandteil der Dreifaltigkeit – zählt zweifellos nicht zu den Vögeln ohne Nest, sondern wäre eher jenem menschlichen Herzen zuzuordnen, das aus der Kontemplation dieser Szene den Text entwickeln wird. Und an erster Stelle folgt die auf den Quadratmeter genaue Beschreibung des peruanischen Örtchens.

---

9 Vgl. hierzu Ette, Ottmar: *Romantik zwischen zwei Welten*, S. 42 ff., 52 ff., 811 ff., 902 ff.

Die an dieser frühen Stelle des Romans bereits erscheinende photographisch-soziologische Mimesis zeigt jene „chozas", jene Hütten, welche uns im Verlauf unserer Betrachtung der Literaturgeschichte einer *Romantik zwischen zwei Welten* gerade im Gefolge von Chateaubriands *Atala* in romantischer Verklärung erschienen waren. Bei Clorinda Matto de Turner jedoch findet sich keine Spur einer solchen Verklärung, sondern eher der Gegensatz zu den besseren Behausungen, die als einzige den Namen „casa" tragen dürfen, zumindest – so zeigt uns die Kursivierung – in der Sprache der dort ansässigen Bewohner von Kíllac.

Die kurz hintereinander eingeführten Schöpferfiguren Gott und Autor treten in Kontrast mit der kurz danach eingeführten Figur des ehemaligen Priesters von Kíllac und späteren Bischofs, der das Verhängnis über Manuel Pancorvo und Margarita Yupanqui bringen wird. Die Problematik des Zölibats wird auf der Ebene des *récit* beziehungsweise des *Plot* also schon sehr früh in den Roman eingeblendet und tritt in einen existierenden Kontrast zwischen der natürlichen Schönheit des von Gott geschaffenen Landes und der kulturell vom Menschen ausgeformten Struktur der Kultur und insbesondere der Religion, wie sie die Katholische Kirche verkörpert.

Die *histoire* oder *Story* dieses Romans ist in ihren Grundzügen rasch erzählt. Die beiden von Lima nach Kíllac gezogenen Angehörigen der Oberschicht, Don Fernando Marín und seine Frau Lucía, beschäftigen sich wohlwollend-paternalistisch mit den Sitten der ortsansässigen indigenen Bevölkerung, erfahren aber rasch anhand der Geschichte der Familie Yupanqui, was es heißt, in diesen andinen Regionen als „Indio" unter der Herrschaft der „Notables" leben zu müssen. In der Tat hatten die von Simón Bolívar eingebrachten Reformen seit 1824 die tatsächliche Situation der indigenen Bevölkerung keineswegs verbessert, waren die „Indios" teilweise doch ihres dürftigen Schutzes während der Kolonialzeit entkleidet worden. Sie waren in noch größere Abhängigkeit geraten, da nun auch ihr Indianerland zum Verkauf angeboten werden konnte, das damit der zuvor begrenzten Ausweitung des Großgrundbesitzes zur Verfügung stand. Durch ihre familiäre Herkunft wusste Clorinda Matto de Turner bestens, wovon sie in dieser gesellschaftspolitischen und wirtschaftlichen Anlage ihres Romans sprach.

Als die Maríns – vor allem von Lucía als gutem Gewissen der Geschichte getrieben – versuchen, den Yupanquis zu helfen und diese Familie vor den Ungerechtigkeiten und Ausplünderungen der lokalen Herrschaftsclique zu beschützen, müssen sie erleben, wie sie selbst zur Zielscheibe von Angriffen der sich gegen den Verlust ihrer Privilegien wehrenden Notables werden. Es kommt zu einem nächtlichen Angriff auf das Haus der Maríns, bei dem nicht diese, wohl aber Vater und Mutter Yupanqui getötet werden. Die Töchter der Getöteten werden in der Folge von aufgeklärten Limanern adoptiert. An dieser dramatischen Situation wird bereits deutlich, dass Clorinda Matto de Turner das Fortbestehen kolonialer Abhängigkeits- und Herrschaftsverhältnisse unter dem Deckmantel politisch unabhängiger republikanischer Formen scharf kritisiert und den Roman als Waffe gegen diese evidenten Ungerechtigkeiten einsetzt. Wir begreifen die Gründe für die gegen sie eingesetzten Zwangsmittel nun besser: Eine gesellschaftliche Elite fürchtet um den Fortbestand ihrer Privilegien – eine Situation, an der sich in den meisten Ländern Lateinamerikas bis heute wenig verändert hat.

Zu den positiven Gestalten des Romans zählt der noch junge Sohn des korrupten „Gobernador" Pancorvo namens Manuel. Er weiß noch nicht, dass er – ebenso wie die mestizische Schönheit Margarita Yupanqui – ein unehelicher Nachkomme des vermaledeiten Priesters ist, der seine Stellung im Dorf unter anderem zur Erzwingung von Liebesdiensten ausnutzte. Auch dies ist ein Thema, das die Katholische Kirche bis heute so gut als möglich unter den Teppich kehrt. Da bleibt freilich die Frage offen, warum gerade seine Kinder so schöne und moralisch integre Menschen sind. Aber oft, so trösten wir uns, stammen die guten Früchte eben vom Baum des Bösen.

Der Roman jedenfalls treibt – Sie haben es schon erraten! – auf die unlösbare Problematik des Inzesttabus zu, da sich die beiden jungen Leute romantisch rasch und natürlich unsterblich ineinander verliebt haben. Denn sie können nicht ahnen, dass sie denselben abgrundtief bösen Vater haben. Der Roman kann hierfür keine Lösung mehr anbieten, sondern nur das Tabu noch stärker zementieren. Er kann allenfalls dafür sorgen wollen, dass derlei Vorkommnisse nicht mehr geschehen – und Sie sehen, hier liegt die ‚Moral von der Geschicht', von der die Autorin in ihrem Vorwort sprach: Traue keinem Priester nicht! – vor allem unter den Vorzeichen des unhinterfragbaren Zölibats. Das romantische Inzestmotiv wird in *Aves sin nido* fortgeschrieben, zugleich aber unter einen gesellschaftspolitischen und religionskritischen Blickwinkel genommen. Dass eine Frau allein diese Problematik nicht erfolgreich bekämpfen konnte, leuchtet aus heutiger Sicht ein – in einer Gegenwart, in welcher diese Probleme noch immer nicht beseitigt wurden.

Die herzensgute Lucía verkörpert den Typus der peruanischen Schönheit, doch sagt ihr Marcela Yupanqui auch, dass sie das Gesicht jener Jungfrau habe, zu der sie immer beteten. Kein Wunder also, dass sich die „candorosa paloma" im Herzen Lucías rührt, als sie von der rücksichtslosen Ausbeutung Marcelas und ihrer Familie erfährt. Die Ausbeutung der indigenen Bevölkerung geschieht auf vielfache, im Roman teils dargestellte, teils als Wissen vorausgesetzte Weise die von der „mita" über den „reparto antelado"[10] bis hin zu kleineren Formen

---

10 Matto de Turner, Clorinda: *Aves sin nido*, S. 14.

wie der „carta de recomendación" reicht, wobei die Indianer stets gezwungen sind, ihre Arbeit – und bei den Frauen teilweise auch ihren Körper – unentgeltlich zur Verfügung zu stellen. Die Abhängigkeiten der indigenen Gruppen aus der Kolonialzeit wurden im andinen Raum Perus also nicht beseitigt, sondern noch durch republikanische Ausbeutungssysteme ergänzt. Dies überrascht nicht, war die Trägerschicht der hispanoamerikanischen Unabhängigkeitsbewegung doch die kreolische Oberschicht, die sorgsam darauf achtete, dass keines ihrer zahlreichen Privilegien beim Übergang in die Independencia verlorenging. Die Verfasserin von *Aves sin nido*, selbst aus der Oberschicht stammend, auf dem väterlichen Großgrundbesitz aufgewachsen und später mit einem englischen Großgrundbesitzer verheiratet, kannte diese Bedingungen nur zu gut.

Die vorzügliche Aufgabe des Erzählerdiskurses ist es immer wieder, die Leserschaft auf einige Funktionsweisen derartiger Abhängigkeitsverhältnisse in denunziatorischem Ton aufmerksam zu machen, so dass die gesellschaftskritische Färbung des Romans nicht nur den Stimmen der einzelnen Figuren, sondern vor allem auch dem zentralisierenden Erzählerdiskurs überantwortet wird. Lucía jedenfalls beginnt bald zu verstehen, dass sich hinter den „seres civilizados" dieses Ortes in Wirklichkeit „mónstruos de codicia y aun de lujuria",[11] sich hinter den scheinbar Zivilisierten also wahre Ungeheuer verstecken, die letztlich barbarisch handeln sowie Neid und Wollust ergeben sind.

Die Zivilisierten erscheinen hier als die Wilden und Barbaren,[12] doch wird dieser Gegensatz nicht etwa aufgelöst, sondern nur verschoben, zeichnet sich der Roman doch sehr wohl auf kulturtheoretischer Ebene durch eine Struktur aus, die an der Präponderanz abendländischer Kulturmodelle keinen Zweifel lässt. Clorinda Matto de Turner war keineswegs eine Revolutionärin: Sie war ebenso eine Vertreterin des christlichen Glaubens an Gott wie eines Gesellschaftssystems, in welchem sie groß geworden war.

Allerdings kämpfte sie sehr wohl gegen die Abhängigkeiten der Frau in einem phallokratischen System sowie gegen die Ausbeutung der indigenen Bevölkerung durch Reiche, die noch reicher werden wollten. Ihr Kampf richtete sich gegen die konkreten Praktiken und gegen die „abusos", gegen alle Formen des Missbrauchs der Macht, die dem christlichen Geiste von Schöpfer und Natur nach ihrer Ansicht zuwiderliefen und gegen die Gleichheit von Mann und Frau verstießen. Doch dies reichte schon, um sie in Peru zur *Persona non grata*

---

[11] Ebda.
[12] Vgl. zu diesem Gegensatz Bitterli, Urs: *Die „Wilden" und die „Zivilisierten". Grundzüge einer Geistes- und Kulturgeschichte der europäisch-überseeischen Begegnung.* München: dtv 1982.

zu machen und ins Exil zu treiben. Erst Jahrzehnte nach ihrem Tod wurden ihre sterblichen Überreste wieder dorthin überführt.

Wie sehr sich der indigenistische Ansatz von Clorinda Matto de Turner von jenem indianistischen unterscheidet, für dessen Aufbau und Funktionsweise uns in unserer Vorlesung über die *Romantik zwischen zwei Welten* die Romane *Sab* von Gertrudis Gómez de Avellaneda und *Enriquillo* von Manuel de Jesús Galván als Beispiele gedient hatten, mag an der das dritte Kapitel eröffnenden Passage deutlich werden, welche den die gesamte Erzählstruktur durchziehenden Modus des Erzählerdiskurses vorstellt. Schauen wir uns eine der vielen Methoden ständiger Ausplünderung der „Indios" einmal näher an:

> In jenen Provinzen, in denen *Alpacas* gezogen werden – und der Handel mit Wolle ist von wenigen Ausnahmen abgesehen die hauptsächliche Quelle des Reichtums –, gibt es die Sitte des *Reparto antelado*, den die Handel treibenden Potentaten, die wohlhabendsten Leute des Ortes, ausüben.
> Für die von ihnen aufgezwungenen Vorauszahlungen, welche die *Laneros* leisten, legen sie einen so lächerlich niedrigen Preis fest, dass der Ertrag das notwendig verwendete Kapital um ein Fünfhundertfaches übersteigt; dies ist ein Wucherzins, der zusätzlich zu den begleitenden Zwangsmitteln geradezu die Existenz einer Hölle für diese Barbaren notwendig macht.
> Die indigenen Besitzer von Alpacas wandern aus ihren Hütten in den Zeiten des *Reparto* aus, um nicht jenes vorgestreckte Geld zu erhalten, das für sie ebenso verflucht ist wie die dreizehn Silberlinge des Judas. Doch sorgt die Aufgabe der Heimstatt und das Umherirren in den einsamen Weiten der hohen Berge für ihre Sicherheit? Nein...[13]

Der Roman tritt an dieser wie an ähnlichen Stellen in die Funktion einer soziologischen Analyse. Wucher, Zwangsverkauf zu lächerlichen Preisen, Ausbeutung und Verfolgung: Dies sind die Umstände jener „costumbres", die von der Erzählerfigur in dieser Passage vorgestellt und kommentiert werden. Dass die Vertreter einer solchen Zivilisation als Barbaren erscheinen, überrascht ebenso wenig wie die Verknüpfung eines derart radikalen Wuchers mit dem Namen Judas; eine Verbindung mit antisemitischem Beigeschmack, die gleichsam innerhalb der christlichen Tradition eingespeichert und jederzeit abrufbar scheint. Denn wo in christlichen Ländern Wucherzinsen erhoben werden, ist der Vorwurf – und der Erzählerdiskurs macht an dieser Stelle keine Ausnahme – an die Adresse der Juden nicht weit.

Antisemitische Tendenzen sind freilich in dieser Passage lediglich implizit vorhanden und sollen der sozial engagierten Autorin auch nicht unterstellt werden – selbst wenn später die finanziellen Transaktionen Don Fernandos an

---

[13] Matto de Turner, Clorinda: *Aves sin nido*, S. 14.

Juden zu zwanzig Prozent ausgeführt werden. Die Einordnung aller vorgegebenermaßen ‚beschriebenen' Sitten in christliche Erklärungsmuster wird aber auch an dieser Stelle deutlich und belegt, wie sehr die christlich-abendländische Kulturtradition als Vorratsspeicher impliziter Bildfolgen und Erklärungsmuster diese Darstellung der interethnischen und interkulturellen (Wirtschafts-)Beziehungen im peruanischen Hochland prägt.

Es ist nicht zuletzt diese zutiefst christliche Gesinnung – vertreten von Lucía und der Erzählerfigur, gerade nicht aber vom Priester des Ortes und seinem Vorgänger –, welche die positiven Phänomene wie die vorgeschlagenen Lösungsmuster dargestellter Probleme vorgibt. Dabei wird die fundamentale Abhängigkeit der indigenen Bevölkerung keineswegs überwunden: Die „Indios" bleiben abhängig, sollen dies nun aber von guten, moralisch und ethisch untadeligen Figuren sein. Auch in derlei Lösungsvorschlägen können wir noch immer eine patriarchalische Ordnung hinter dem Gesellschaftsmodell erkennen, für das die Erzählerfigur steht.

Halten wir also fest: *Aves sin nido* ist ein Roman, der keine radikale Veränderung gesellschaftlicher Verhältnisse, wohl aber zwischenmenschlicher Beziehungen vorschlägt! Dabei müssen natürlich auch politische Strukturen geschaffen werden, die derartig fürsorgliche Beziehungsverhältnisse ermöglichen und fördern. Mag dies auch aus der Perspektive unseres 21. Jahrhunderts als dürftig erscheinen, so zeigt die Passage doch auch, wie grundlegend die Distanz zu den romantisierenden, exotisierenden, historisch deplatzierenden Diskursen und Darstellungsmechanismen indianistischer Schreibweise ist. Clorinda Matto de Turner ist es um die Lage der indigenen Bevölkerungen zu tun; bei diesem Anliegen spricht sie in Gestalt ihrer Figuren und Erzähler für die „Indios", anstelle der „Indios", lässt diese selbst jedoch nicht zu Wort kommen. Ich würde ihren Roman *Aves sin nido* daher nur höchst eingeschränkt als indigenistisch bezeichnen, da er zweifellos den Weg für den indigenistischen Roman bereitete – aber auch nicht mehr!

Die kurzen, knappen Szenen des Romans wirken wie kleine „Estampas", wie kleine Holzschnitte, eine bewährte, im Costumbrismo und auch später vielverwendete Technik, wobei zwischen den einzelnen „Estampas" geradezu Filmschnitte liegen. Die laufenden Szenenwechsel unterbinden die breite Entwicklung einer Szenerie und ermöglichen die Präsenthaltung parallel zueinander verlaufender Erzählstränge, welche nach und nach miteinander verwoben werden. Auf diese Weise entsteht eine narrative Struktur, die man im peruanischen Literaturbereich vielleicht mit einigem guten Willen als Vorläuferin der von Mario Vargas Llosa in *La casa verde* verwendeten strukturellen Anlage verstehen könnte.

Die auf symbolischer Ebene grundlegende Differenz ist die zwischen den Vögeln (etwa Lucía, die Taube, die beiden Töchter Yupanquis etc.) einerseits und den Schlangen wie etwa dem Pfarrer Pascual Vargas andererseits, der mit einem „nido de sierpes lujuriosas" verglichen wird, einem wollüstigen Schlangennest, das von jeglicher Frauenstimme sofort erweckt und befeuert würde. Der Pfarrer oder der Gobernador Pancorvo sind für die Bitten der Taube Lucía unzugänglich, die ein gutes Wort für die Indianer im Allgemeinen und für Marcela, die Frau Juan Yupanquis, im Besonderen einlegen möchte. Lucías Taubenherz, ihr „corazón de paloma", kann hier nichts ausrichten: Für die Dorfpotentaten ist die Limanerin eine „forastera", eine Ausländerin, welche (wie die Romanautorin selbst) die alten „costumbres" der Region – und gemeint ist damit die Ausbeutung letztlich kolonialen Typs – über den Haufen werfen und so die ererbte patriarchalische Ordnung stören wolle. Sie solle einfach verschwinden – ganz so, wie es später Clorinda Matto de Turner widerfuhr.

Die notablen Potentaten und ihre Anhänger werden sprachlich im Roman als dumm und beschränkt abqualifiziert, da sie ständig Wörter wie „francamente" und „cabal" wiederholen, wobei gerade letzteres Wörtchen nicht uninteressant ist, da es in José Mármols *Amalia* bereits Zeichen des Barbarischen und Ungebildeten war.[14] In jedem Falle ist diesen Sprechern klar, dass gegenüber den Ausländern aus Lima die alten „costumbres" von „mita" und „reparto" aufrechterhalten werden müssten. Erneut wird deutlich, dass an diesem Punkt mit den „costumbres" gerade auch das Überkommene, das dringend Abzuschaffende und nicht etwa das nostalgisch zu Konservierende gemeint ist.

Zu ihnen gehört auch, dass die „Potentados", die juristisch, kirchlich, ökonomisch und politisch alle Macht in ihren Händen konzentrieren, die kleine vierjährige Tochter Rosalía mitnehmen, als ihr Vater nicht die geforderte Menge Alpaka-Wolle auf den Tisch legen kann. Sie soll verschleppt und wie viele andere dann nach Arequipa weiterverkauft werden; ein Menschenhandel reinsten Stils, wie wir ihn oft nicht nur im 19. Jahrhundert vorfinden. Nicht umsonst heißt es an anderer Stelle, dass oft in den „pueblos chicos" eben „infiernos grandes" herrschten: Die weißen Notablen machen der indigenen Bevölkerung das Leben wahrlich zur Hölle.

Dies gilt gerade auch für die indigenen Frauen, die einerseits auf Grund ihrer ethnischen Zugehörigkeit, andererseits wegen ihres Geschlechts doppelt diskriminiert werden. Eine Hölle ist das Leben auch für die schöne Margarita, die sich im Dorf verdingen muss und aufgrund ihrer Schönheit (die wenig später in ihrer Exuberanz übrigens als Folge des Klimas gedeutet wird) dem Nachfolger des zum Bischof avancierten Pfarrers ins Auge sticht. Fürwahr: die katholische Kirche kommt in Clorinda Matto de Turners *Vögel ohne Nest* nicht gut weg, zumal

---

14 Vgl. das Kapitel zu Mármol in Ette, Ottmar: *Romantik zwischen zwei Welten*, S. 659 ff.

auch der Mordplan an den Maríns im Hause des Pfarrers ausgeheckt und beschlossen wird! Fernando und Lucía haben freilich schon erkannt, wie gefährdet Margarita im Dienste eines solchen Seelenhirten ist: Sie wollen für ihre Erziehung aufkommen und sie aus den Fängen einer dem Missbrauch zugewandten und bestenfalls alles vertuschenden Kirche befreien.

Der Erzählerdiskurs beschränkt sich keineswegs auf ein kleines Andendorf namens Kíllac. Ein gutes halbes Jahrhundert nach der politischen Unabhängigkeit, so stellt die Erzählerstimme fest, würde sich das Landesinnere immer weiter von der Zivilisation entfernen. Dem Land Peru gingen immer mehr wichtige Bereiche verloren. In diesen und vergleichbaren Passagen wird die Frage des Nationalstaats als Staatsräson gestellt: Sie ist nicht hinterfragbar, sondern nur mehr oder minder gut koordinierbar und durchsetzbar. Allerdings lassen sich die Gesetze des Staates nicht mit der verschworenen Gemeinschaft von Gesetzesbrechern, mit jener „trinidad aterradora", mit jener grässlichen Dreifaltigkeit von Pfarrer, Gobernador und Cobrador oder auch mit einem indianischen Kaziken wie in Kíllac durchsetzen.

Denn diese Trinität der Macht steht für Kíllac, aber auch für viele andere Städte und Dörfer in den peruanischen Anden, dies macht die Erzählerstimme unmissverständlich klar. Kíllac ist folglich nur ein repräsentativer Fall und keineswegs eine besonders schreckliche Ausnahme von der Regel. Die erwähnte Dreifaltigkeit der Macht steht hier auf ähnliche Weise für die Barbarei, wie dies in anderen romantischen Romanen Lateinamerikas der Fall ist – denken Sie an José Mármols *Amalia*! Es erfolgt ein Angriff gegen das Haus der Zivilisierten, die zwar überleben, aber mitansehen müssen, wie sie verteidigende Indianer (unter ihnen die Yupanquis) im Kugelhagel sterben und die geschmackvolle Inneneinrichtung ihres Hauses zertrümmert wird.

Auch in diesem Roman findet sich mithin erneut, diesmal in der andinen Area, dieselbe Raumaufteilung wie bei Mármol: Das Intérieur ist Chiffre des Zivilisierten, in welche die Horde der Barbaren eindringt und alles zerstört. Das Haus wird – zumindest vorübergehend – zu einer *Casa tomada* im Sinne der Erzählung Julio Cortázars.[15] Nach diesem Angriff ist auch klar, dass die Maríns die Kinder der Yupanquis, diese „palomas sin nido", diese „Tauben ohne Nest", bei sich aufnehmen und erziehen werden. Diese Formulierung kehrt nochmals wieder, als Marcela in den Armen Lucías an ihren Verwundungen stirbt und ihre Töchter

---

15 Vgl. hierzu den Ausklang des Beitrags von Ette, Ottmar: Existe-t-il une frontière entre démocratie et dictature? Hans Robert Jauss, Michel Houellebecq, Cécile Wajsbrot. In: Suter, Patrick / Fournier-Kiss, Corinne (Hg.): *Poétique des frontières. Une approche transversale des littératures de langue française (XXe – XXIe siècles)*. Genf: Metis Presses 2021, S. 37–78.

als „palomas sin nido, sin árbol y sin madre" bezeichnet: Es gibt kein Nest, keinen Baum und keine Mutter für diese verlorenen Menschlein!

Diese etwas redundante Wiederholung weist im Übrigen auf Konstruktionsfehler, die sich in den szenischen Aufbau des Romans von Clorinda Matto de Turner eingeschlichen haben. Immerhin hat Marcela auf dem Totenbett noch Zeit, Lucía ein Geheimnis anzuvertrauen, das uns die auktoriale Erzählerfigur zunächst nicht weitererzählen will. Es ist schlicht die Information, dass Margarita nicht die Tochter Yupanquis ist, sondern dass der Pfarrer ihr einst Liebesdienste abgepresst hatte, an denen die Mutter keinerlei Schuld trägt. Es handelt sich vielmehr um den massiven Missbrauch indigener Frauen, die eigentlich unter dem besonderen Schutz der Katholischen Kirche und ihrer Vertreter stehen sollten.

Bemerkenswert ist, dass die gesamte nächtliche Szenerie nicht von der auktorialen Erzählerfigur kommentiert, sondern von der ‚amante en titre' dargestellt wird, der offiziellen Geliebten des Pfarrers, der diese losgeschickt hatte, um Erkundigungen einzuziehen. Es handelt sich also um eine Erzählsituation mit deutlich personalen Zügen, da auch das Berichtete Lücken aufweist, insofern die junge Frau nicht unmittelbar dabei war, sondern ihre Informationen selbst mühsam erfragen muss. Clorinda Matto de Turner bemühte sich offenkundig, die neuen narrativen Entwicklungen in ihren Roman zu integrieren und damit die allwissende Erzählerposition an einigen Stellen ihres Erzähltextes zumindest zeitweise aufzugeben. Von einer grundlegenden erzähltechnischen Neuerung kann man mit Blick auf *Aves sin nido* freilich nicht sprechen: Die Gestaltung des gesellschaftskritischen Inhalts ließ bei der peruanischen Schriftstellerin die formalen Aspekte und Neuerungen in den Hintergrund treten.

Ein zusätzlicher Aspekt sei noch hervorgehoben: Frauen spielen in diesem Roman der peruanischen Autorin wichtige, aber niemals entscheidende Rollen! Lucía ist der gute Geist, der über Don Fernando schwebt. Die Frau des Gobernador ist der Inbegriff der guten „Serrana", aber sie ist nicht in der Lage, dem unmoralischen Treiben ihres Mannes ein Ende zu bereiten. Marcela ist gewiss aktiver als ihr Mann Juan, doch kann auch sie nicht wirklich die Initiative ergreifen und die Geschicke der Familie lenken. Ihre beiden Töchter, die nestlosen Tauben, sind letztlich nur Opfer der sie umgebenden Gesellschaft. Clorinda Matto de Turner stellte eine patriarchalisch strukturierte peruanische Gesellschaft dar, in welcher die Frauen bestenfalls die ‚guten Geister' ihrer Männer sein können, doch in deren Handeln nur selten einzugreifen vermögen.

Daher kann es nicht verwundern, wenn die aktiven, befreienden Kräfte wiederum von Männern ausgehen, von denen ebenso die negativen Kräfte herrühren. Neben Don Fernando Marín ist dies vor allem der junge Manuel, ein Student der Jurisprudenz im zweiten Jahr, der seine Überzeugungen in einer wichtigen Passage fast sprachrohrartig (für die peruanische Autorin) auf den Punkt bringt:

> Dies ist der Kampf der peruanischen Jugend, welche sich in diesen Regionen in der Verbannung befindet. Ich habe die Hoffnung, Don Fernando, dass die Zivilisation, welche die Fahne des reinen Christentums schwingend verfolgt wird, sich bald schon manifestiert und dabei das Glück der Familie und in logischer Konsequenz das Glück der Gesellschaft errichtet.[16]

In diesen etwas pathetischen Äußerungen des jungen Mannes werden die Standpunkte *der* peruanischen Jugend im Sinne der realen, textexternen Autorin formuliert und auf den Punkt gebracht. Es gibt auf dieser Ebene keine ethnischen, sozialen, ökonomischen, politischen, kulturellen oder religiösen Differenzen: Der junge Manuel spricht für *die* nationale Jugend Perus insgesamt. So steht auch das Individuum für die Nation, die Familienstruktur für die angestrebte Gesellschaftsstruktur: Alles löst sich in harmonischen und zugleich homogenen Beziehungen auf.

Spuren der Differenz sind freilich erhalten, weist doch allein schon die Formel der Verbannung darauf hin, dass letztlich das Zentrum der hier angepriesenen Zivilisation (*der* Zivilisation überhaupt) Lima ist. Eckpfeiler dieser Vorstellungen sind ein reines Christentum, die Achtung und Wahrung der Familie und all jener Werte, für welche die abendländische Kultur stets angerufen wird – im Grunde nichts also, wofür man die Autorin hätte verfolgen und exkommunizieren müssen. Es sei denn, man betrachtete sich beispielsweise von Seiten der Katholischen Kirche, die im Roman in ihren massiven Missbrauchspraktiken unter Feuer genommen wird – und nicht als Vertretung eines reinen Christentums.

An derartigen Schlüsselstellen ist zum einen wieder die uns hinlänglich bekannte Strukturanlage präsent, welche die Familie und die Geschlechterbeziehungen zum Nukleus der Gesamtgesellschaft erklärt und somit die Funktionsweise einer nationalen Allegorese begründet.[17] Auf einer zweiten Ebene, jener der unterschiedlichen kulturellen Pole, die in Lateinamerika von entscheidender Bedeutung sind, gilt es festzuhalten, dass der abendländischen Kultur letztlich auch die indigenen Bevölkerungssegmente einzugliedern sind, wenn wir den Vorstellungen folgen, welche der Roman entwickelt. In der frühindigenistischen Position Clorinda Matto de Turners scheinen hier ideologische Elemente auf, die sehr wohl aus der indianistischen Tradition stammen und die kulturelle Vielpoligkeit im ent-

---

16 Matto de Turner, Clorinda: *Aves sin nido*, S. 91.
17 Vgl. hierzu Sommer, Doris: *Foundational Fictions. The National Romances of Latin America*. Berkeley: University of California Press 1991.

scheidenden Augenblick wieder auf die Zentrierung an der abendländischen Kultur zurückschrauben.

Gleichzeitig ist klar, dass die in *Aves sin nido* eingenommene Perspektive nicht die der Indigenen ist, die ihre eigene Kultur repräsentieren und in Wert setzen, sondern dass sie stets abendländisch geprägte Außensicht bleibt, in der die indianische Kultur bestenfalls als das Andere erscheint, das sich früher oder später assimilieren wird. Zugleich aber wird deutlich, warum es sich bei diesem Roman, der sich nach Aussage des „Proemio" in der Wiege der peruanischen Literatur ansiedelt, wieder um ein nationalitätsschaffendes literarisches Dokument handelt, dessen Wirkkraft darauf beruht, dass Entwicklungen und Liebesgeschichten zwischen den Individuen (auch hier im Sinne des „mestizaje" mit der „belleza peruana" Margaritas) metonymisch auf die kollektive, die nationale Ebene verschoben werden können und zugleich in diesem Prozess der Verschiebung andere kulturelle und politische Alternativen *verdrängt* werden.

Verschiebung, Verdrängung und Verdichtung: Diese drei zentralen, von Sigmund Freud ein Jahrzehnt später in seiner *Traumarbeit* herausgearbeiteten psychischen Bewegungen kommen zusammen, wenn nationenbildende Liebesgeschichten als Allegoresen ins Werk gesetzt werden. Die Verdichtung auf einfache Personenkonstellationen, die Verschiebung vom Individuellen ins Kollektive und die Verdrängung anderer kultureller Pole und Alternativen prägen diesen Roman der peruanischen Schriftstellerin, deren Identitätsentwurf in der absoluten Sperre des Inzesttabus aber einmal mehr in Lateinamerika zum Scheitern verurteilt ist. Nicht umsonst wird die Vorkämpferin für die Frauenrechte ihre Tage außerhalb der peruanischen Nation beenden müssen.

Die Ereignisse, die uns der zweite Teil des Romans von 1889 präsentiert, müssen an dieser Stelle unserer Vorlesung nicht detailliert wiedergegeben werden. Die mehr oder minder subtil gestaltete Problematik des Inzesttabus, das wiederum anhand einer sakralisierten, jungfräulichen Mutterfigur (nämlich Lucía) entfaltet wird, die sich zwischen Manuel und Margarita schiebt, spielt zwar für den Romanablauf eine wichtige Rolle, ist aber außerhalb der narrativen auf der diskursiven Ebene des Romans von untergeordneter Bedeutung. Da war die Übertretung des Inzesttabus in zahlreichen Romanen der Romantik und des Kostumbrismus wie etwa in *Cecilia Valdés* von Cirilo Villaverde doch um einiges spannender und libidinös gewürzter.[18] In den *Aves sin nido* kommt es nur zu einem ersten Kuss: nichts, was einen Immoralismus-Prozess gegen die Autorin hätte lostreten müssen. Auf dieser Ebene wird der ganze Unterschied zur erotischen Gestaltung

---

18 Vgl. zu Cirilo Villaverde das entsprechende Kapitel in Ette, Ottmar: *Romantik zwischen zwei Welten*, S. 695 ff.

eines „Fait divers" in Gustave Flauberts *Madame Bovary* erkennbar. Keineswegs belanglos ist in unserem Zusammenhang übrigens die Tatsache, dass sich Manuel und Margarita justament in jenem Augenblick ineinander verlieben, als sie am Totenbett der Mutter Margaritas stehen: Denn Eros und Thanatos werden wie so häufig in Literatur und Kuns aneinander gekoppelt, diesmal aber über den Körper der toten Mutter, also sozusagen über ihre Leiche.[19]

Der erste Teil des Romans endet plakativ mit einer Sentenz: „Amar es vivir" – Lieben heißt also leben! Das Problem dabei ist wie in vielen Aspekten der Liebe nur, dass dies der zweite Teil von *Aves sin nido* nicht einlösen kann. Daher sind Liebe wie Leben am Ende des Romans für die zunächst noch seligen Verliebten schnell verpfuscht: Sie bilden keine Familie, erreichen damit nicht die soziale, die nationenbildende Ebene, deren Kern sie hätten bilden können. Die nationale Allegorese der Liebesbeziehung scheitert so, wie sich die Träume von einer Gleichberechtigung von Frau und Mann bei Clorinda Matto de Turner verflüchtigten.

Denn gänzlich umsonst hatte Margarita in einer schönen Familienszene gleich zu Anfang des zweiten Teils von *Aves sin nido* alle Buchstaben des Alphabets gelernt und war damit der gesellschaftlichen Bildungsblockade für das weibliche Geschlecht entgangen. Doch ist dieser Erfolg nur ein scheinbarer: Denn ihren eigenen Kindern wird sie diese Buchstaben nie beibringen können. Und auch Manuel bleibt letztlich nur die Außensicht, wenn er jenen „cuadro de familia", jenes Familiengemälde betrachtet, das er selbst mit jenem Engel an Mädchen zusammen niemals in die eigene Lebenspraxis umsetzen können wird. Clorinda Matto de Turner hätte entgegen ihres eigenen Lebenswissens die Gesamtstruktur des Romans zu einer Idylle werden lassen müssen, um diese utopischen Hoffnungen der jungen Liebenden in die fiktionale Wirklichkeit des Romans umzusetzen.

Ähnlich wie eine andere Priesterfigur in José Mármols *Amalia*, die aufgrund ihrer schuldhaften Verstrickung in die Barbarei der Rosas-Diktatur laut Erzählerdiskurs zu delirieren begann, fällt der Cura Pascual auch am Ende des ersten Teils von *Aves sin nido* in einen Fieberwahn, dem er schließlich auch erliegen wird. Er findet so seine gerechte Strafe, was laut Erzählerdiskurs in Matto de Turners Roman aber bedauert wird, hätte man ihn doch gerne noch länger leben gesehen, um an seiner Person weitere Negativmuster darstellen zu können. Doch so sei nun einmal das Leben: nicht an den Bedürfnissen des Romans

---

19 Vgl. hierzu die Ausführungen in ebda., passim; sowie in Bronfen, Elisabeth: *Nur über ihre Leiche. Tod, Weiblichkeit und Ästhetik*. München: Deutscher Taschenbuch Verlag 1994; sowie dies. (Hg.): *Die schöne Leiche. Weibliche Todesbilder in der Moderne*. Wien: Goldmann 1992.

ausgerichtet! Dies ist wirklich eine recht intelligente und originelle Wendung, um gerade den Wirklichkeit abbildenden Charakter der romanesken Fiktion zu unterstreichen und die Differenz zwischen Fiktion und außersprachlicher Realität zu betonen.

Die literarische Darstellung des Todes des unglückseligen Priesters wird versöhnlich, allem Schlangengezische zum Trotz, könne man ihm schließlich doch nur ein *requiescat in pace* nachrufen. Dies fällt umso leichter, als auch die anderen Mitglieder der schrecklichen Dreifaltigkeit nach einer politischen Wendung zum Guten in Lima 1885 aus der Macht gedrängt werden – eine klare Anspielung auf die Präsidentschaft von General Cáceres, dessen Parteigängerin Clorinda Matto de Turner war und dessen Politik sie auch in einer als propagandistisch zu nennenden Zeitschrift vertrat. Von Lima ausgehend also wird die Situation im andinen Hochland verändert und verbessert: ein deutliches Plädoyer für eine nationale, zentralisierte peruanische Politik.

Kein Wunder also, dass die Maríns mit allen guten Figuren des Romans nun nach Lima aufbrechen, um wieder den Boden der Zivilisation und den Hort des Fortschritts zu erreichen. Selbst eine Reise Lucías und Fernandos nicht nach Paris oder London, sondern nach Madrid ist geplant, während die armen ‚Vögel ohne Nest' im allerbesten Colegio zu wunderbaren Müttern und Ehefrauen ausgebildet werden sollen. Somit ist nach dem politischen Umschwung alles prima in Lima: Der Nationalstaat zieht die Zügel an und bringt Ordnung in die andinen Gebirgsregionen, die nun von den hauptsächlichen Protagonisten des Romans verlassen werden können!

Wir stoßen an dieser Stelle zugleich auf die nationalstaatlich gezogenen Grenzen des Indigenismus der Clorinda Matto de Turner. Sicherlich: Selbst ein Mario Vargas Llosa wird hundert Jahre Einsamkeit später letztlich keine anderen Vorstellungen auf der politischen Ebene entwickeln als eben jenen Versuch, die Bevölkerung der andinen Bergregionen – so als wären es spanische Bauern – in die spanischsprachige und einzig seligmachende Zivilisation einzubeziehen! Der peruanische „Indigenismo" wird freilich in der Folge andere, radikalere Lösungsansätze vorschlagen und literarisch vorführen, was wir in einer der nächsten Vorlesungen am Beispiel José Carlos Mariáteguis erkunden werden. Clorinda Matto de Turner war hierfür eine Wegbereiterin, keineswegs aber eine Verfechterin derartiger Ideen, wie sie später von Mariátegui oder José María Arguedas vorgetragen und entfaltet wurden.

Bleibt die Frage der Rolle der Frau in der künftigen Gesellschaft Perus. Wir hatten gesehen, dass Clorinda Matto de Turner durch ihre vielfältigen Aktivitäten für die Frauenbildung ein breites Terrain zu erobern gesucht hatte. Was findet sich hiervon im Roman? Erstaunlicherweise keineswegs Positionen, die über eine grundsätzlich passive Frauenrolle hinausgingen. Die weibliche Lichtgestalt dieser Seiten der peruanischen Schriftstellerin ist – *omen est nomen* – die schöne Lucía, die ihrem Manne Don Fernando die ideale (da nicht zuletzt ungleiche) Partnerin ist. Dies möge die folgende Passage belegen:

> Lucía wurde geboren und wuchs auf in einer christlichen Heimstätte, als sie die weiße Tunika der Braut anlegte, für sich das neue Heim mit den Freuden akzeptierte, welche ihr die Zärtlichkeit ihres Ehemannes und die Kinder gaben, wobei sie diesem die Geschäfte und die Turbulenzen des Lebens überließ, von jener großen Sentenz der spanischen Schriftstellerin hingerissen, welche in ihrer Kindheit, am Rockzipfel ihrer Mutter sitzend, mehr als einmal las: „Vergesst, Ihr arme Frauen, Eure Träume von Emanzipation und Freiheit. *Dies sind Theorien kranker Hirne, welche niemals in die Praxis umgesetzt werden können, weil die Frau dazu geboren wurde, um dem Hause poetischen Charme zu schenken.*"
>
> Lucía war zum Magisterium der Mutterschaft aufgerufen, und Margarita war die erste Schülerin, an der sie die Weitergabe der häuslichen Tugenden erprobte.[20]

Es wäre sicherlich etwas übereilt und zu simpel, diese Position mit derjenigen Clorinda Mattos gleichzusetzen, wie dies etwa Müller tut.[21] Doch vermittelt uns der Roman keine alternativen Frauenbilder, welche den kranken Geist einer falschen Emanzipation Lügen gestraft hätten. Die Frauenbilder im Roman *Aves sin nido* sprechen diesbezüglich eine deutliche Sprache: Die Frauen sind Vögel, die – psychoanalytisch nicht uninteressant – ihr Nest in einem starken Baum finden müssen, um sich dann den geschaffenen Innenräumen zuzuwenden. In logischer Konsequenz wäre dann auch – verschöbe man metonymisch die individuelle hin zur kollektiven Ebene – die Aufgabe der Schriftstellerin jene, das Innere des nationalen Hauses zu poetisieren.

Die Geburt bestimmt das Schicksal eines Geschlechts: Frauen sind dazu geboren, die Schönheiten des Hauses zu vergrößern. Dies war jedoch eine Rolle, mit der sich Clorinda Matto de Turner in ihrem eigenen Frauenleben niemals zufrieden gab. Sie kämpfte ebenso auf individueller wie vor allem auf kollektiver Ebene um eine andere Selbstbestimmung ihres Geschlechts und für jene emanzipierte Freiheit, die sie selbst auch vorlebte. Genau deshalb wurde sie von den konservativen, katholischen, patriarchalischen Kräften aus diesem Haus der peruanischen Nation hinausgeworfen. An den in ihrem Roman entworfenen Frauenbildern hatte dies sicherlich nicht gelegen, verwehrte sie ihren fiktiven Frauengestalten doch die emanzipierte freiheitliche Lebensgestaltung, wohl aber an ihrer eigenen Lebenspraxis, die innerhalb der patriarchalisch und katholisch strukturierten politischen Welt Limas offenkundig als gefährlich

---

20 Matto de Turner, Clorinda: *Aves sin nido*, S. 181.
21 Vgl. Müller, Hans-Joachim: Clorinda Matto de Turner: „Aves sin nido", S. 78–91.

empfunden wurde. In Ihrem Exilland Argentinien konnte sie ihre emanzipatorischen Absichten hingegen weitaus stärker verwirklichen.

Mag sein, dass es Clorinda Matto de Turner in *Aves sin nido* wesentlich mehr um eine Umgestaltung der indigenen Ungleichheit ging als um jene der Beziehungen zwischen Frau und Mann. Die indigenen Abhängigkeiten waren für sie vor dem Hintergrund ihrer eigenen Lebenserfahrungen, im Zusammenhang ihres eigenen Lebenswissen entscheidend für ihre in den Anden angesiedelte Fiktion: Sie priorisierte diese ethnosoziale Frage gegenüber jener Emanzipation der Frauen, welche ihr sicherlich im selben Maße am Herzen lag. Doch lassen Sie mich abschließend zu einem wahren Symbol der Moderne und der sozioökonomischen Modernisierung kommen, die nun auch die Andenregionen erreichte! Denn längst hatte die dritte Phase beschleunigter Globalisierung mit ihren fundamentalen Veränderungen eingesetzt; eine Phase, welche weltweit die Lebenskontexte großer Mehrheiten der Bevölkerung – gerade auch in den Amerikas – grundlegend veränderte.

Begleiten wir die Maríns und ihre Gruppe auf ihrer Fahrt mit der Eisenbahn nach Lima! Auf diese Fahrt haben sie wegen eventueller Schwindelgefühle und Unwohlseins Coca in flüssiger Form mitgenommen, ansonsten aber vor allem Bücher, denn eine Zugfahrt ohne Bücher sei eine Folter, ein „tormento". Doch so einfach ist das mit der Modernisierung nicht, wie sich auch an diesem britischen Zug mit einem britischen oder US-amerikanischen Lokführer zeigt! Gestatten Sie mir eine kleine Anmerkung, einen kleinen Seitenverweis am Rande: Die Modernisierung auf Kuba war in Cirilo Villaverdes *Cecilia Valdés* durch die US-amerikanische Dampfmaschine nebst US-amerikanischem Maschinisten repräsentiert worden – Wie die Bilder sich gleichen und nur die jeweiligen industriellen Bezugspartner der abhängigen Wirtschaftssysteme wechseln! Die Literaturen der Welt bezeugen die Beschleunigungen dieser dritten Phase akzelerierter Globalisierung geradezu seismographisch und vermitteln uns ein klares Bild dessen, wie diese Globalisierungsphasen von unterschiedlichen Bevölkerungsschichten *erlebt*, ja *durcherlebt* worden sind.

Wie geht nun eine solche Zugreise in den Anden vonstatten? Bei der Abfahrt des Zuges verkaufen überall Indianerinnen aus der „Sierra del Perú" Lebensmittel, aber auch verschiedene Produkte der Handwerkskunst, der „Artesanía". Im Zug wird dann die mitgebrachte Lektüre verteilt, unter anderem auch die *Tradiciones peruanas* von Palma, die sich Don Fernando für die Fahrt vornehmen wird und die einen wichtigen intertextuellen Bezug für die kostumbristischen Szenen der Clorinda Matto de Turner darstellten: Hier wird also peruanische Literatur gelesen und zugleich als Lektüre auch in Szene gesetzt.

Noch ist der Zug nicht abgefahren; dann aber wird die „rapidez vertiginosa", die schwindelerregende Geschwindigkeit des Zuges gesteigert auf fünfzehn Meilen pro Stunde – und dabei auch noch zu lesen wie bei Oliverio Girondo inmitten urbaner Landschaften: Das die Moderne! Aber wie es so geht mit ihr: keine Modernisierung ohne Unfall! ... In unserem peruanischen Roman passiert dies, weil auf der Brücke unbeaufsichtigt einige Kühe stehen.

Es kommt, wie es kommen muss: Mit der „destructora velocidad del rayo", also mit der Blitzgeschwindigkeit des ausgehenden neunzehnten Jahrhunderts, rast der Zug auf dieses Hindernis zu und erfasst eine zuguntüchtige Kuh. Glücklicherweise geht alles noch glimpflich ab, was also für die importierte Technik und die importierte Modernisierung spricht: Die Zuginsassen kommen, anders als die betroffenen Länder, mit leichten Schrammen und Blessuren davon. Der Zug fährt bald schon weiter, als ob es keinen Unfall gegeben hätte: So leicht lässt sich die Moderne nicht aufhalten!

Bei der Ankunft in der Stadt steht schon eine große Menschenmenge am Bahnhof, die bereits vom Telegraphen über das drohende Unglück informiert worden ist: Eisenbahn und Telegraph, die Embleme der Modernisierung, leiten über zum Leben in der Hauptstadt Lima. Selbstverständlich steigen Don Fernando und seine Familie im Hotel Imperial ab, das natürlich einem Franzosen gehört, einem Monsieur Petit. So ist das halt mit der Moderne an der Peripherie: Sie ist nicht hausgemacht, sondern wird von Ausländern und von ausländischen Mächten zubereitet – Briten, US-Amerikaner und Franzosen steuern diesen Prozess.

Diese Szenerie ist ein wahres Fraktal[22] der abhängigen und peripheren Modernisierung Perus im letzten Drittel des neunzehnten Jahrhunderts und Zeichen jenes Hurrikans, welcher die dritte Phase beschleunigter Globalisierung gerade für die Länder Lateinamerikas darstellte. In diesem Fraktal lassen sich wie in einem „Modèle réduit", wie unter einem Brennglas, alle Dimensionen und Aspekte gesellschaftlicher wie ethnischer Ungleichheiten erkennen, welche die andinen Gesellschaften in dieser Area während der dritten Phase beschleunigter Globalisierung prägten.

Im Rahmen dieser Beschleunigungsphase aber wurden zugleich die tradierten Gesellschaftsmuster und die überkommenen Herrschaftsmodelle – in Gestalt der unheiligen Trinität der Macht in Clorinda Mattos *Aves sin nido* – brüchig. Die peruanische Schriftstellerin hat in ihrem Leben wie in ihren literarischen Werken die Geburt als Frau, aber auch die Geburt indigener Menschen in die noch von traditionellen Mustern beherrschten Gesellschaftsordnungen in den andinen Gebirgsregionen wie in der Stadt in den Fokus gerückt. Sie hat gezeigt, wie diese

---

22 Vgl. zur fraktalen Dimension literarischer Texte im Kontext der Entstehung der Literaturen der Welt Ette, Ottmar: *WeltFraktale. Wege durch die Literaturen der Welt*. Stuttgart: J.B. Metzler Verlag 2017.

Geburt – ganz im Sinne von Flauberts Emma Bovary – das Leben einer Frau determiniert und auch der indigenen Bevölkerung nur geringe Chancen zur Partizipation in einer solchermaßen hierarchisierten Gesellschaft lässt.

Dass das Hineingeborenwerden als Frau und als „Indígena" in derart traditionalistische Gesellschaftsstrukturen das Leben insbesondere für die indigenen Frauen vorbestimmt, zeigte sie ebenso auf wie die Notwendigkeit, gegen derlei Ungerechtigkeiten anzukämpfen. Ihre gesellschaftlichen Zielvorstellungen waren dabei alles andere als revolutionär. Doch in diesem Kampf ließ Clorinda Matto de Turner als Schriftstellerin, als Journalistin und als Frau niemals nach und gab dafür auch ihre Heimat wie ihr nicht unbeträchtliches Vermögen auf. Dass dieser Kampf noch weit davon entfernt ist, mit Blick auf die Gleichstellung von Frauen oder in Hinblick auf die Gleichstellung indigener Völker und Gruppen ausgefochten zu sein, haben wir in unseren Vorlesungen sehr deutlich an einer Vielzahl von Beispielen aus den Literaturen der Welt gesehen. Begeben wir uns nun wieder nach Europa, um die dortigen Entwicklungen und sich verändernden Rollenbilder der Geschlechter im Kontext von Geburt und Sterben, von Leben und Tod zu analysieren!

Gabriele D'Annunzio oder die Lust am Leben

Beschäftigen wir uns folglich mit einem der großen Schriftsteller des europäischen Fin de siècle und zugleich einem der Phänomene und vielleicht sogar großen Rätsel, welche die Literaturgeschichte bis heute aufgibt, was die Verkettung von Literatur, Leben und Geschichte beinhaltet! Beschäftigen wir uns mit dem Leben eines Dichters, der nicht zuletzt als Kriegsheld und Flieger, als Liebhaber und Theatermann auf allen Bühnen berühmt wurde, mit jenem Literaten, der nach langer Pause Italiens Literatur nicht nur wieder berühmt machen, sondern auch an das europäische Niveau heranführen und die Entwicklung der europäischen Literaturen maßgeblich mitprägen sollte! Zunächst freilich sollen Ihnen wie immer einige für unsere Vorlesung wichtige Biographeme helfen, sich diesem finisekulären Schriftsteller aus Italien anzunähern. Ich darf Ihnen versprechen, dass es einer der interessantesten Lebenswege ist, die wir bei europäischen Schriftstellerinnen und Schriftstellern des Fin de siècle entdecken können.

Abb. 77: Gabriele d'Annunzio (1863–1938), Principe di Montenevoso, 1920.

Gabriele D'Annunzio wurde am 12. März 1863 im italienischen Pescara als Sohn eines reichen Landbesitzers und der Luisa de Benedictis geboren. Er starb am 1. März 1938 im schönen Gardone, wo er im Vittoriale degli Italiani monumental begraben liegt. Sein Vater täuschte einen nicht vorhandenen Adelstitel vor, den Gabriele zeit seines Lebens übernahm. 1924 wurde er schließlich als „Principe di Montenevoso" vom König und der faschistischen Regierung unter Mussolini geadelt. Doch zu dieser Entwicklung, die in Kindheit und Jugend des Dichters noch nicht absehbar war, kommen wir später. Denn zunächst einmal ging er ab dem 1. November 1874 ins toskanische Prato auf das Real Convitto Cicognini, wo eine gute Grundlage für seine späteren Studien gelegt wurde. Schon 1879 publizierte der Sechzehnjährige auf eigene Kosten seine erste lyrische Sammlung: *Primo Vere*. Er hatte hochfliegende Pläne …

Nach dem Abitur im Juni 1881 begann er sein literaturwissenschaftliches Studium in Florenz sowie an der Sapienza in Rom. Er ließ sich in der Ewigen

Stadt nieder, wo er bis 1889 blieb und an den Periodika *Capitan Fracassa*, *Fanfulla della Domenica* und *Cronaca Bizantina* sowie als Journalist später an der *Tribuna* mitarbeitete und mit der aristokratischen Gesellschaft Roms Kontakt aufnahm. Schon ein Jahr später, im Jahre 1882, veröffentlichte er den Gedichtband *Canto Novo* sowie die Novellensammlung *Terra vergine*, wobei ihm seine lebensbejahende Lyrik erste Notorietät verschaffte. 1883 ehelichte D'Annunzio die Gräfin Maria Hardouin di Gallese, die 1954 verstarb und ihn endgültig in den Adel aufsteigen ließ. 1889 erschien der erste seiner großen Fin-de-siècle-Romane unter dem Titel *Il Piacere*, zu Deutsch *Lust*, gefolgt von weiteren Romanen, Novellen und Gedichten: Der Schriftsteller erlebte eine höchst produktive Periode – und mit *Il Piacere* werden wir uns sogleich auseinandersetzen.

1891 verlässt Gabriele D'Annunzio Rom und schreibt im Atelier seines Freundes Francesco Paolo Michetti in Francavilla (Abruzzen) *L'Innocente* (Der Unschuldige); er reist nach Neapel und beginnt die Mitarbeit an der neapolitanischen Zeitung *Il Mattino*. 1892 erscheinen seine *Odi Navali* sowie seine *Elegie romane*, daneben Kurzromane und erste Übersetzungen im Ausland. Im folgenden Jahr stirbt sein Vater; D'Annunzio beginnt mit seiner Arbeit am Roman *Il Trionfo della Morte*, der 1894 erscheint und den ich gerne mit Ihnen besprochen hätte.

1895 lernt Gabriele die berühmte italienische Schauspielerin Eleonora Duse kennen, mit der ihn von 1897 bis 1902 eine Liebesbeziehung verband. Sein gestiegenes Interesse am Theater führt ihn gemeinsam mit ihr zur Konzeption eines italienischen Nationaltheaters. Für Eleonora schreibt er verschiedene Theaterstücke, darunter 1901 *Francesca da Rimini*, in dem D'Annunzio den Stoff jener Francesca aufgreift, deren Liebesbeziehung zu Paolo bereits Dante seine unsterblichen Verse gewidmet hatte.[1] 1897 wird D'Annunzio für die Konservativen zum Abgeordneten gewählt; seine Reden werden berühmt, doch an Parteidisziplin hält er sich nicht. So wird er schon 1900 nicht wieder ins Parlament berufen. Im selben Jahr erscheint bereits sein Venedig-Roman *Il Fuoco*, der in enger Verbindung zu seiner Beziehung mit Eleonora Duse steht und mit dem wir uns noch beschäftigen werden. Weitere, ebenfalls sehr erfolgreiche Romane erscheinen, darunter 1910 *Forse che sì, forse che no*, der unter dem Titel *Vielleicht, vielleicht auch nicht* rasch ins Deutsche übersetzt wird und als Roman des Fliegens, einer der Leidenschaften des Schriftstellers, der futuristischen Ästhetik nahesteht.[2] D'Annunzio ist kein

---

[1] Vgl. hierzu den Auftakt des zweiten Bandes der Reihe „Aula" in Ette, Ottmar: *LiebeLesen*, S. 7 ff.
[2] Vgl. hier zu den Bezügen zu den frühen italienischen Avantgarden den dritten Band der Reihe „Aula" in Ette, Ottmar: *Von den historischen Avantgarden bis nach der Postmoderne*, S. 110 ff.

Marinetti: Dafür steht er viel zu sehr in der literarischen Tradition der Spätromantik und des Symbolismus. Aber es gibt Überschneidungsfelder, die den Bereich des Künstlerischen mit dem Politischen verbinden.

Der für seinen luxuriösen Lebensstil bekannte Gabriele D'Annunzio muss 1910 vor seinen italienischen Gläubigern nach Frankreich – zunächst nach Paris, später nach Arcachon – fliehen und veröffentlicht in der Folge eine Reihe von Werken in französischer Sprache. Dabei vertont Claude Debussy D'Annunzios *Le Martyre de Saint-Sébastien*; ein Stück, das 1911 in Paris aufgeführt wird. Als der Erste Weltkrieg ausbricht, die „Grande Guerre", ist D'Annunzio noch in Paris; Italien erklärt sich bei Ausbruch des Krieges zunächst noch für neutral. D'Annunzio sieht seine Stunde für gekommen und greift in die politischen Geschicke ein.

Wie die italienischen Futuristen setzt sich der wieder nach Italien zurückgekehrte Schriftsteller begeistert für den Kriegseintritt Italiens ein, was im Folgejahr zur Realität wird. Am 15. Juli ist der freiwillige Leutnant Gabriele D'Annunzio zum Kampfe bereit und mietet in Venedig die Casetta Rossa, direkt am Canal Grande, wo er während des Krieges wohnt und schreibt. Von dort aus werden eine Vielzahl militärischer Aktionen gestartet. D'Annunzio ist Flieger und Verfasser mehrerer Lobreden auf den Krieg, die einflussreich im *Corriere della Sera* erscheinen. Am 15. Januar 1916 verliert er beim Landen seines Flugzeugs in Grado ein Auge. Selbst in dieser Situation, in aufgezwungener Dunkelheit und Ruhe, schreibt er noch immer: Sein *Notturno* berichtet über eine Zeit der Angst vor einer Erblindung.

Doch schon ab September kann er seine militärischen Aktivitäten wieder aufnehmen: Er ist zum Lanzenreiter von Novara aufgestiegen und versucht, mit seinen Reden die Moral der Soldaten wieder aufzurichten. Am 9. August 1918 erfolgt mit seinem kriegstechnisch sinnlosen, aber weltberühmten Flug über Wien sein militärisches Husarenstück, bei dem er mit einer italienischen Flugzeugstaffel propagandistische Flugblätter, darunter auch einen eigenen Text, über der österreichischen Hauptstadt abwirft. Diese tollkühne Tat geht in die Geschichte der Beziehungen zwischen Literatur und Aviatik ein.[3]

Nach Kriegsende führt er im September 1919 eine Gruppe von Freischärlern in die Adriastadt Fiume, besetzt sie und inszeniert erstmals in einem pathetischen Vorspiel die nationalistischen Rituale des italienischen, aber bald auch schon europäischen Faschismus. Um Ihn als Führer schart sich eine verschwo-

---

3 Vgl. hierzu Ingold, Felix Philipp: *Literaqtur und Aviatik. Europäische Flugdichtung 1909–1927. Mit einem Exkurs über die Flugidee in der modernen Malerei und Architektur.* Frankfurt am Main: Suhrkamp 1978.

rene Gemeinschaft, die keinerlei Rechtstaatlichkeit achtet, sondern gewaltsam ihre Ziele durchzusetzen sucht. Einen knappen Monat nach Eroberung der Stadt besucht ihn dort Mussolini: Auch wenn Gabriele D'Annunzio sich niemals zur Partei bekannte, darf er doch als Wegbereiter des italienischen Faschismus gelten. Mit dem künftigen „Duce" verbindet ihn – trotz anfänglicher Rivalitäten um die Macht, die Mussolini mit seinem Marsch auf Rom beendet – eine lebenslange Freundschaft oder zumindest doch Verbundenheit. Bald schon nimmt das Intermezzo von Fiume ein blutiges Ende: D'Annunzio muss nach einer Intervention der italienischen Regierung, bei der das Kriegsschiff Andrea Doria im Dezember 1920 mit einer Granate das Arbeitszimmer des selbsternannten ‚Führers' trifft, das von ihm besetzte Fiume überhastet räumen. Er verlegt seine Residenz nun in eine beschlagnahmte Villa nach Gardone am südlichen Ende des Gardasees. Seine in alle Winde zerstreuten Anhänger werden zu künftigen Anführern einer gesamtitalienischen faschistischen Bewegung, die bald den italienischen Staat übernimmt und eine dunkle Zeit für Europa heraufführt.

Gabriele D'Annunzio zieht sich in also seine Villa zurück, der er fortan den Namen „Vittoriale degli Italiani" gibt und später dem italienischen Staat vermacht. Von der faschistischen Regierung wird er über König Vittorio Emmanuele III. mit dem erwähnten erblichen Adelstitel. Von größeren politischen Stellungnahmen sieht er fortan ab, unterstützt aber die Expansionspolitik der italienischen Faschisten in Afrika. Der italienische Staat veröffentlicht nun sukzessive das literarische Gesamtwerk des Dichters in nicht weniger als neunundvierzig bänden: Der Mann aus Pescara war unter faschistischen Vorzeichen zu Italiens Nationaldichter geworden. Kurz vor seinem Tod wird Gabriele D'Annunzio noch zum Präsidenten der italienischen Akademie ernannt. Doch die Monumentalisierung des Dichters, Redners und Romanciers gipfelte in der monumentalen Grabstätte, die ihm der italienische Staat nach seinem Tod durch einen Gehirnschlag im Jahre 1938 offerierte: Der große Dichter des europäischen Fin de siècle war zu einem höchst repräsentativen Nationalisten und Faschisten eines nach Kolonialbesitz ausgreifenden Italien geworden.

Sicherlich gibt es kaum einen zweiten Autor (oder auch eine Autorin) des Fin de siècle, dessen Biographie in so starkem Maße wie jene D'Annunzios die grundlegenden Themen und Inszenierungsformen einer Zeit reflektiert, die aus heutiger Sicht auf die großen Katastrophen des 20. Jahrhunderts hinauslaufen musste. Man könnte mit einigen guten Gründen sogar die Behauptung wagen, dass D'Annunzios größtes Kunstwerk – gerade als Kunstwerk des Fin de siècle als Übergangszeit zu einer neuen Epoche – sein eigenes Leben war: Die Besessenheit, mit der er schrieb und redete, die Besessenheit, mit der er um seine Autorentantiemen stritt, war noch zurückhaltend im Vergleich zu jener Besessenheit, mit der er lebte und mit der er dieses Leben selbst öffentlichkeitswirksam in Szene setzte. Neben vielem anderen war Gabriele D'Annunzio vor allem ein Mensch seiner Epoche.

Schon in seinen römischen Jahren nannte man ihn den ‚Wirbelsturm' – und als solcher wirkte er in der Tat auch in seinem eigenen wie in anderen Leben. Es war ein skandalträchtiges Leben, immer wieder von enormen Einkünften, noch enormeren Schulden und immer wieder neuen Beziehungen zu Frauen erfüllt, die er im Übrigen mit Geschenken überschüttete und verehrte. D'Annunzio war zweifelsohne ein Ausnahmemensch; und er inszenierte und verstand sich auch als solcher. Er war geradezu Chiffre eines zu Ende gehenden Europa, das nach dem Ersten Weltkriegs letztlich zu existieren aufhörte, sowie eine Chiffre jenes Übergangs in die Zwischenkriegszeit, die nicht nur in Italien im Zeichen des aufstrebenden Faschismus und seiner Massenaufmärsche steht. D'Annunzio hat hier die Zeichen der Zeit mitgeprägt, selbst wenn es schwerfällt, ihn in seinen letzten Lebensjahren angesichts seiner Kritik an Mussolini und Hitler und seines Rückzugs in die Gefilde von Il Vittoriale am Gardasee als hundertprozentigen Faschisten zu bezeichnen. Zahlreiche faschistoide Elemente finden sich in seinen Schriften und mehr noch in seinem Leben ohne jede Frage und sollen in unserer Vorlesung auch nicht in den Hintergrund treten. Denn er bildete auch ästhetisch und literarisch eine Brücke zwischen Spätromantik und Fin de siècle einerseits, den historischen Avantgarden des 20. Jahrhunderts und insbesondere den italienischen Futuristen andererseits.

D'Annunzios Leben als Kunstwerk zu betrachten, würde in dieser Vorlesung sicherlich reichlich Stoff bereitstellen, den zu bearbeiten uns jedoch die auslaufende Zeit unserer Veranstaltung nicht erlaubt. Darum möchte ich mich zunächst mit jenem Roman beschäftigen, den nicht das Leben, sondern D'Annunzio selbst schrieb; und der für ihn im Jahre 1889 – also zeitnah zum Romanerstling der Clorinda Matto de Turner – den eigentlichen literarischen Durchbruch bedeutete: nicht allein in Italien, sondern in ganz Europa!

Denn spätestens seit *Il Piacere*, dessen Titel wir mit ‚Lust' oder ‚Wollust', auf keinen Fall aber mit ‚Vergnügen' oder ‚Plaisir' übersetzen dürfen, ist D'Annunzio eine feste Größe im Konzert der europäischen Literaturen: Sie erinnern sich vielleicht an die Zitate von Egon Friedell aus dem Jahre 1915, die im Auftakt unserer Vorlesung zum 20. und beginnenden 21. Jahrhundert zu finden sind.[4] D'Annunzio, so liest man oft, führte die italienische Literatur wieder heran an die großen europäischen Literaturen: Er war der einzige unter den italienischen Schriftstellern, der es schaffte, wirklich breiten Erfolg von Italien aus im gesamten Europa zu erzielen. Er darf daher als eine der gesamteuropäi-

---

4 Vgl. hierzu Ette, Ottmar: *Von den historischen Avantgarden bis nach der Postmoderne*, S. 56 ff.

schen Leitfiguren des Fin de siècle betrachtet werden. Was aber war denn an *Il Piacere* so aufsehenerregend?

D'Annunzio war zunächst als Lyriker – schon als Sechzehnjähriger, von seinem Vater unterstützt – hervorgetreten; ein literarischer Schaffensimpuls, der von Beginn an mit der Liebe verbunden war. Seine damalige Muse, die Lehrerstochter Lalla, hat der junge Mann in vielen seiner Gedichte besungen und verewigt, bevor ihn der gestrenge Vater – um diese Liebelei seines Sohnes zu unterbinden – nicht nach Florenz, sondern nach Rom zum Studium schickte. In der italienischen Hauptstadt reüssiert D'Annunzio bald als Journalist und Verfasser von Chroniken – einer der großen und unterschätzten Gattungen eines transatlantischen Fin de siècle. Denn Chroniken waren gerade während der Jahrhundertwende keine marginale Literatur, sondern fast so etwas wie das literarische Markenzeichen der finisekulären Epoche. Es gab kaum einen großen Schriftsteller, eine große Autorin, die oder der keine Chroniken – mehr oder minder regelmäßig – für große Tageszeitungen verfasst hätte.

Auch Gabriele D'Annunzio tut dies; und viele seiner Gesellschaftschroniken verweisen auf Figuren des sozialen Lebens, die sich später in *Il Piacere* bisweilen sogar namentlich wiederfinden werden. D'Annunzio lernt die mondäne Welt und die Welt des Adels kennen; mehr noch: Er wird bald schon ein wichtiger Bestandteil von ihr, öffnete sich diese Welt doch in jener Epoche auf eine Weise, die sicherlich niemand so meisterhaft wie Marcel Proust in *A la recherche du temps perdu* zu beschreiben verstand.

Aus dieser frühen römischen Zeit stammen viele Photographien, die Gabriele D'Annunzio als eher kleingewachsenes Männchen mit hochaufgeschossenen, schlanken Frauen zeigen. Diese Frauen stellten – besonders wenn von adliger Herkunft – seinen Frauentyp dar, an den er sich zwar nicht ausschließlich hielt, den er aber bei weitem bevorzugte. Übrigens hat der Schriftsteller und Lebemann, aber auch Offizier und politische Führer später seine Photographien weitaus präziser kontrolliert und dafür gesorgt, dass er oft einzeln und seitlich von unten aufgenommen wurde, so dass sein wenig athletischer Körperbau nicht auffiel. D'Annunzio baut auf diese Weise seine Bekanntheit als Dichter und als Journalist, aber auch als Liebhaber und mondäner Dandy aus, wobei ihm hierzu trotz seiner sehr guten Einkünfte aus dem Journalismus das Geld im Grunde fehlt. Aus dieser Zeit stammt sein fürstlicher Lebensstil, den er sein Leben lang pflegte.

Doch lassen Sie uns nicht schnöde von seinen Schulden sprechen! Seine Liebschaften und die Verbindung, die sie stets zum Schreiben haben, bringen ihn auf die Spur des Romans, jener literarischen Gattung, an der sich der junge Mann in den achtziger Jahren zu versuchen beschließt. Die Vorbereitungen und Überlegungen, wo denn ein Roman anzusiedeln wäre, ziehen sich lange hin:

Auch das Romanschreiben will ja erst gelernt sein. Seine journalistischen Texte hat D'Annunzio übrigens hierfür sehr gut gebrauchen können, bezog er doch mehrere davon später in den Romantext mit ein.

Wichtig für die Entscheidung, das Setting des Romans in Rom anzusiedeln und darin bestimmte schlanke Frauentypen aufzunehmen, gab ihm aber wiederum die Liebe ein: zum einen die Liebe zu Olga Ossani, weit mehr aber noch die große Liebe zu Barbara Leoni, die er wohl 1887 kennenlernte und mit der er wichtige Monate verlebte. Wir können so zunächst einmal festhalten, dass D'Annunzio seinem Roman bestimmte autobiographische Züge gab sowie ein Setting, in dem er sich zunehmend auskannte: die mondäne Welt der italienischen Hauptstadt.

Il Piacere beginnt und endet daher auch in einem Teile Roms, der nur einen Steinwurf weit entfernt war von seiner eigenen Wohnung: Gleich zu Beginn rücken die Piazza Barberini und die Piazza di Spagna in den Mittelpunkt. Rom wird zu einer nicht weniger wichtigen Protagonistin als in seinem später entstandenen Roman *Il Fuoco* es dann die Stadt Venedig sein sollte. Der Raum der Stadt ist hier, ganz in der poetischen Tradition Baudelaires,[5] jener Raum, in dem Zufallsbegegnungen möglich und die Bewegungen der Zeit erkennbar werden. Dieser Grundzug des Autobiographischen erstreckt sich dann auch über die Frauenfiguren, die den Roman dominieren, zugleich aber auch auf den männlichen Protagonisten selbst, den von hoher adliger Herkunft und aus künstlerischer Familie stammenden Andrea Sperelli, der – wie wenige Jahre zuvor der Held in Joris-Karl Huysmans Bibel der Dekadenz *A rebours*[6] – der letzte Spross eines großen Geschlechts ist. Mit ihm geht letzteres am Ende des Jahrhunderts ebenfalls zu Ende.

Um einen ersten Eindruck des Romangeschehens zu erhalten, möchte ich uns direkt in eine Szenerie hineinwerfen. In ihr dürfen wir gleichsam im Rückblick die Bekanntschaft zwischen Andrea Sperelli, in dem wir selbstverständlich ein *alter ego* und idealisiertes, adelig gewordenes Spiegelbild Gabriele D'Annunzios (der weder aus einer adeligen noch aus einer künstlerischen Familie stammte) erblicken können, und der tödlich schönen Elena Muti erleben. Letztere ist verwitwet und hat sich in zweiter Ehe mit dem bisweilen etwas sadistischen Lord Heathfield verbunden. So haben wir direkt vor unseren Augen das Bild einer schönen jungen Witwe, die das Fin de siècle so begeisterte: von

---

5 Vgl. hierzu die Ausführungen im vierten Band der Reihe „Aula" in Ette, Ottmar: *Romantik zwischen zwei Welten*, S. 901 ff.
6 Vgl. zu dieser Bibel der *Décadents*, die Nachahmer ebenso in Europa wie in Übersee fand, die Überlegungen in Ette, Ottmar: *Romantik zwischen zwei Welten*, S. 963 ff.

vielen heftig umworben, von sinnlicher, erotischer Schönheit, in sexuellen Dingen nicht unerfahren, zugleich mit einem Tupfer Melancholie ausgestattet und vor allem weit von jener Jungfräulichkeit entfernt, die gleichsam das Gegenbild oder die Rückseite der Medaille des konventionellen Frauenbildes darstellt. Denn zur *Femme fatale* passt nun einmal die *Femme fragile* besonders gut.

Genau diese Beziehung skizziert auch schon die Grundstruktur des d'annunzianischen Romans, ist Andrea Sperelli doch ein Mann, der im Dreieck dieser Liebe zwischen den beiden genannten Frauenfiguren und mehr noch Frauentypen – nicht unverliebt in sich selbst – lebt, liebt und handelt. Bevor wir uns mit einigen Grundelementen von *Il Piacere* beschäftigen, werfen wir also einen ersten Blick auf diese schöne Elena, deren Namen natürlich als Urmutter aller Femmes fatales an jene Helena erinnert, um die ein ganzer Krieg entbrannte, der Krieg um das einst so reiche Troja, welcher unser romandiegetisches Geschehen in gewisser Weise an die Welt der Ägäis anbindet. In der Folge also zunächst einmal ein Beispiel jener Portraitkunst D'Annunzios, für die er sich selbst den unbescheidenen Beinamen „Il Immaginifico" oder auch „Der Bilderzauberer" gab:

> Die leichte erotische Erregung, welche die Geister am Ende eines von Frauen und von Blumen geschmückten Gastmahles ergreift, enthüllte sich in den Worten, enthüllte sich in den Erinnerungen an jenes Maienfest, bei dem die von einer brennenden Nacheiferung erfassten Damen, die größtmögliche Menge in ihrer Aufgabe als Verkäuferinnen aufzusammeln, die Käufer mit unerhörter Kühnheit angelockt hatte. [...]
>
> Ihm erschien nun plötzlich das ich weiß nicht wie Exzessive und ich würde fast sagen Höfische, wo sich in bestimmten Augenblicken die große Manier der Dame von Welt verdunkelte. Durch gewisse Klänge der Stimme und des Lachens, durch gewisse Gesten, durch gewisse Haltungen, durch gewisse Blicke verströmte sie vielleicht unwillentlich eine allzu aphrodisische Faszinationskraft. Mit allzu großer Leichtigkeit verstreute sie den visuellen Genuss ihrer Anmut. Bisweilen hatte sie, unter aller Augen, aber vielleicht unwillentlich, eine Bewegung oder eine Pose oder einen Ausdruck, welche einen Liebhaber im Schlafgemach hätten erzittern lassen. Ein jeder konnte ihr bei ihrem Anblick einen Funken der Lust rauben, konnte sie mit unreinen Vorstellungen umhüllen, konnte die geheimen Liebkosungen erahnen. Sie schien wahrlich dafür geschaffen, nichts anderes als Liebe auszuüben; – und die Luft, die sie atmete, war stets von um sie herum ausgelösten Begierden entzündet.
>
> „Wie viele haben sie besessen?", dachte Andrea. „Wie viele Erinnerungen des Fleisches und der Seele dürfte sie ausgelöst haben?"
>
> In ihm plusterte sich sein Herz wie eine bittere Welle auf, an deren Grunde stets seine tyrannische Unduldsamkeit gegenüber jeglichem unvollendeten Besitz köchelte. Und er vermochte es nicht, seine Augen von den Händen Elenas abzuwenden.[7]

---

7 D'Annunzio, Gabriele: *Il Piacere*. Con la *Chronachetta delle pellicce* (D'Annunzio 1884), un racconto storico sulla nascita de *Il Piacere*, una cronologia della vita dell'autore e del suo tempo e una bibliografia a cura di Giansiro Ferrata. Mailand: Oscar Mondadori [11]1984, S. 124 f.

In dieser Passage wird uns also jene Elena literarisch vor Augen gebracht, welche die Männer verführt. Gleich zu Beginn sehen wir eine männliche Imagination am Werk, die das Thema der Blumen einführt und die Frauen auf eine Stufe mit dem Blumenschmuck stellt, womit eine Objektivierung der Frau im männlichen Blick einhergeht; eine Vergegenständlichung, die das weibliche Geschlecht mit Blumen vergleicht, welche Schönheit und Anmut an eine Tafel bringen, bei der es um sinnliche Freuden der Einverleibung geht. Die Frau ist nichts weiter als ein Anregungsmittel des Mannes, eine Blume, die den Mann mit ihrem Duft und ihrem Aussehen betört.

Bei dieser Beschreibung der angebeteten Frau darf auch das berühmte „no so che", das „je ne sais quoi" nicht fehlen, welches im Aufklärungszeitalter wie noch während der Romantik jenen irrationalen Rest, jenen sich der Vernunft entziehenden Bereich bezeichnet,[8] der insbesondere die mit rationalen Mitteln allein nicht zu beschreibende Ästhetik betrifft. Die schöne Elena wird mit allen Attributen weiblicher Schönheit und Anmut belegt. Sie erscheint zunächst wie eine Blume; und in der Tat gehört die Rose zu jener zentralen Chiffre, die nicht nur für diesen Erzähltext zum entscheidenden Symbol der Liebe wird. Denn *Il Piacere* ist der erste Roman des d'annunzianischen Rosenzyklus, der dann mit den Romanen *L'Innocente* und mehr noch mit *Il trionfo della morte* im folgenden Jahrfünft seinen Abschluss finden wird.

Zugleich wird die Frau ähnlich Blumen und Pflanzen – und auch hier ließen sich zahlreiche Parallelen zu Des Esseintes und Huysmans Kultroman *A rebours* aufzeigen – zum Objekt, das etwas ausströmt, das den männlichen Betrachter als Faszinosum fesselt. In der Tat gibt es eine Art Metaphern-Transfer aus der Sprache der Blumen in jene Sprache, die sich auf die schöne Frau bezieht. Das zweifach verwendete „unwillentlich" zeigt überdeutlich an, dass Elena – wohl aber auch nur „vielleicht unwillentlich" – jenes Aphrodisiakum verströmt, das die Männer anzieht und in den Bann eines „piacere", einer Wollust stürzt, der sie nicht leicht entkommen oder widerstehen können.

Dies tritt in eine Beziehung zum „no so che", zu diesem irrationalen Rest, der in eine scheinbar rationale Beschreibung eingewoben ist. Denn auch hier kann der auktoriale Erzähler D'Annunzios dieses Ich-weiß-nicht-was nicht näher bestimmen und nur von gewissen Gesten, von gewissen Körperhaltungen, von gewissen Ausdrucksformen des weiblichen Körper-Leibs sprechen. Elena steht somit von Beginn an gleichsam für jenen irrationalen Rest – und es

---

8 Vgl. hierzu den Aufsatz von Köhler, Erich: „Je ne sais quoi". Ein Kapitel aus der Begriffsgeschichte des Unbegreiflichen. In (ders.): *Esprit und arkadische Freiheit. Aufsätze aus der Welt der Romania*. Frankfurt am Main: Athenäum Verlag 1966, S. 230 ff.

ist ein großer, vielleicht sogar dominanter Rest –, der unter dem Blick des Mannes nicht in *Ratio* verwandelbar ist. Wie die Blumen strömt sie einen erotisierenden Duft, ein Aphrodisiakum aus, das sie willentlich nicht steuern kann, das ihr aber alle in der Nähe befindlichen Männer zuführt.

Die schöne Frau gibt tiefe Einblicke in ihre leibhaftige Körperlichkeit; aber gerade darum wird sie eben nicht transparenter, nicht verständlicher, nicht durchschaubarer, sondern nur um so rätselhafter für den männlichen Blick, der nicht von ihr lassen kann. Wir haben es in diesem Auszug mit einer Darstellung von geschlechtlicher Alterität zu tun, die ganz klassisch – aber wunderschön charakteristisch – die Alterität der Frau mit der Alterität der Natur in Verbindung bringt. Diese kann zwar von der männlichen Verstandeskraft durchdrungen, aber nicht aufgelöst werden. Die Frau steht für das Gefühlsmäßige, für das Irrationale, das die Rationalität des Mannes buchstäblich gefangen nimmt und nicht mehr freigibt.

Wie eine duftende Blume verströmt die schöne Elena einen Hauch von Lust und Ver-Lust, ist sie doch jene Figur, die auf jeden anders wirkt und doch alle zu einer Art inneren Bilderfolge anregt. In dieser werden die Bilder der Realität durch tagtraumartige Bilder ergänzt, welche die angeregte sexuelle Phantasie der Männer auf die bekleidete, aber nicht zugeknöpfte Frau projiziert: Sie wird zur Projektionsfläche all der Ahnungen, all der Vermutungen, all der Imaginationen, die sich rasch dieser Männer bemächtigen. Diese Bilder und Projektionen, welche die Männer entwerfen, bündeln sich in Elena, so dass Andrea Sperelli nicht umhin kommt, die Frage nach dem Besitz dieser Frau zu stellen – und dies ist keineswegs nur sexuell gemeint! Wie bei jedem Gegenstand und insbesondere wie bei schönen Gegenständen erhebt sich sofort die Frage nach dem Besitzer, nach den Eigentums- und den Gebrauchsrechten, die hier in verknappter Form Andrea Sperelli in den Mund gelegt werden, dem *alter ego* des italienischen Dichters. Es handelt sich zweifellos um eine Verführungsszene; doch das zweimal hervorgehobene Unwillentliche dieser Szene macht deutlich, dass die Dame auf Seiten der Natur steht und im Bunde mit ihr ist – nur unwillentlich übernimmt sie eine aktive Rolle.

Dies ist ein in der abendländischen Literatur und Kultur höchst traditionelles Bild der Frau. Doch kehren wir noch einmal von diesem Bild und der evozierten Bilderfolge zum ‚Bilderzauberer' D'Annunzio zurück! Dieser hat den Roman an seinem ersten großen Zufluchtsort geschrieben, in Francavilla al Mare als einem Refugium, das einem Freund gehörte, dem Maler Francesco Paolo Michetti. Ihm eignet er dankbar einen kurzen Widmungstext zu, den wir als Paratextleser sogleich als Versuch deuten können, die Orientierung des Lesepublikums vorzugeben. Wir sollten uns daher mit jener Widmung zumindest kurz beschäftigen, da sie ja nicht nur auf einen autobiographischen Bezug verweist, sondern zugleich auch auf einen Dialog zwischen Text und Bild, der gerade in den Schriften und Romanen D'Annunzios von so großer Bedeutung ist.

Denn die Beziehung zu Freund und Maler beinhaltet, erst einmal in einen Paratext gegossen, selbstverständlich auch eine Selbstbestimmung der literarischen Romankunst im Geflecht der inter- und transmedialen Beziehungen zwischen den verschiedenen Künsten. Sehen wir uns daher einen kurzen Auszug aus dieser langen, zwei Seiten umfassenden und auf den „Convento" im Jahre 1889 datierten Widmung an:

> Dir sei's gewidmet, der Du alle Formen und Mutationen des Geistes studierst, wie Du alle Formen und alle Mutationen der Dinge studierst, Dir, der Du die Gesetze verstehst, dank derer sich das innere Leben des Menschen entfaltet, wie Du die Gesetze des Zeichnens und der Farbe verstehst, Dir, der Du ein so scharfer Kenner der Seelen bist, dem ich als großem Handwerker der Bildkunst die Ausübung und Entfaltung der edelsten unter den Fähigkeiten des Intellekts verdanke: Ich verdank' dir die Gewohnheit der Beobachtung und verdank' Dir vor allem die Methode. Wie Du bin ich jetzt davon überzeugt, dass es für uns ein einziges Objekt des Studiums gibt: das *Leben*. [...]
>
> Ich lächle, wenn ich daran denke, dass dieses Buch, in dem ich nicht ohne Traurigkeit so viel Korruption und so viel Verderbtheit und so viel Subtilität und Falschheit und eitle Grausamkeit studiere, inmitten des einfachen und heiteren Friedens Deines Hauses geschrieben wurde, zwischen den letzten Ernteliedern und den ersten Hirtengesängen des Schnees, während zusammen mit meinen Seiten das teure Leben Deines Sohnes wuchs. [...] Und die kleinen rosigen Fersen vor Dir drücken die Seiten, auf denen das ganze Elend der *Lust* ausgedrückt wird; und jenes unbewusste Drücken sei Symbol und gutes Vorzeichen.[9]

Dieser Widmung liegen eine Reihe von Bedeutungsebenen zu Grunde, von Isotopien, die den Roman in seiner Gesamtheit durchlaufen und daher im Folgenden in der gebotenen Kürze diskutiert und analysiert werden sollten. Zum einen ist es die bereits angesprochene Beziehung zwischen Malerei und Dichtkunst, wobei letztere auf Seiten D'Annunzios gleichsam in der Schülerhaltung gegenüber der Malerei und ihrem Wissen verharrt, ihrer Kunst des perfekten Portraits. In gewisser Weise haben wir es in diesen Formulierungen mit einem Horaz'schen *Ut pictura poesis* zu tun, dass also die Malkunst gleichsam Vorbild- und Modellcharakter für all jene erhält, die nicht mit dem Pinsel des Malers, sondern mit der Feder arbeiten und literarisch malen. Zentraler Begriff dabei ist das Studium oder – maltechnisch gesprochen – die Studie, die im obigen Zitat für D'Annunzio bedeutungsvoll wird. Dort gibt er selbst vor, die große Gabe der künstlerischen Beobachtung am Beispiel seines Malerfreundes erlernt zu haben, wobei er sich nun ähnlich wie dieser ebenso an die verschiedenartigen Formen des Geistes wie der Ding-Welt anzunähern vermag.

---

[9] D'Annunzio, Gabriele: *Il Piacere*, S. 75 f.

Eine weitere grundlegende Argumentationslinie ist in zwei doppelten Kontrasten aufgebaut: Auf der einen Seite steht die Welt, die im Roman dargestellt wird, auf der anderen Seite jene, in welcher der Roman hergestellt wird. Beide Seiten scheinen nicht weiter auseinanderliegen zu können. Auf der einen Seite haben wir die Tumulte der Großstadt, welche natürlich mit dem Topos des Lasters und der Verderbtheit verknüpft werden; auf der anderen Seite die Behaglichkeit und Sittenstrenge einer katholisch geprägten Gegend auf dem Lande, die ihrerseits offenkundig mit dem Bild der Tugend in Einklang gebracht wird.

Natürlich ist in dieser Welt auch die Liebe präsent; aber sie kommt hier gleichsam zu einer Frucht, dem Söhnchen nämlich des befreundeten Malers, das mit seinen rosigen Füßchen in den Seiten des Schriftstellers strampelt. Von diesem Gegensatz wird ein zweiter abgeleitet, welcher letztlich den Charakter einer Schutzbehauptung annimmt. Denn das Studium des *Lebens*, das selbstverständlich auch das Studium des eigenen Lebens miteinschließt, ist als Studie des Lasters, der Korruption, der Falschheit und Grausamkeit benannt. Es beinhaltet also eine klar negative Bewertung aus einem Blickwinkel positiver Werte, welcher – wie wir vorher schon sahen – auch räumlich-topographisch verankert wird. Dieser Gegensatz zwischen dem Topos idyllischer Beschreibungen des Lebens auf dem Lande und dem Topos der Liederlichkeit und Verderbtheit in der Stadt nötigt dem Dichter, der vom Lande aus die urbane Korruption betrachtet, ein Lächeln ab, das vielleicht auch ein wenig ironisch sein könnte.

Der Begriff der Studie weist uns natürlich noch auf vielfältige andere künstlerische Richtungen jener Zeit hin, nicht zuletzt auch auf das Bemühen der europäischen Naturalisten um die literarische Darstellung des Lasters, wie sie etwa ein Emile Zola in Frankreich mit den Mitteln des literarischen Experiments im „Roman expérimental" versuchte; oder auf den „Verismo", der etwa in Gestalt von Giovanni Verga im selben Jahr, nach dem Erfolg von *I Malavoglia*, eines der großen Meisterwerke vorlegt: *Mastro-don Gesualdo*. Die Studie ist daher nicht nur maltechnisch verankert, sondern zugleich auch literar-ästhetisch verknüpft mit dem thematischen Bereich des Naturalismus, wobei dem Dichter selbst wiederum eine von dieser Welt des Bösen abgetrennte Position zukommt, von der aus die Studien des Lebens betrieben werden können. Die Fokussierung auf das Leben ist daher charakteristisch für die ganze Epoche in Italien und Europa – einmal ganz abgesehen davon, dass es in den Literaturen der Welt stets um Formen und Normen eines Wissens vom Leben wie vom Zusammenleben geht.[10]

---

10 Vgl. hierzu die Trilogie von Ette, Ottmar: *ÜberLebensWissen I–III*. Drei Bände im Schuber. Berlin: Kulturverlag Kadmos 2004–2010.

So wird der Dichter Gabriele D'Annunzio zum unbeteiligten und geschulten Beobachter einer Welt, die im Zeichen der Korruption, der Verderbtheit und des Verfalls steht; eine Position, wie sie in dieser Inszenierung vielen Texten, Autorinnen und Autoren eigen ist. Die Lust, das „piacere" also, erscheint in dieser Kodierung als „miseria", als Elend, in dem keine Erfüllung des Lebens gefunden werden kann und gegen das die heile Welt der Provinz gestellt wird – wenn auch nur sehr fadenscheinig angesichts des eigenen Lebenswandels des realen Gabriele D'Annunzio und seines luxuriösen Lebensstils.

Wie ich es bereits zum Ausdruck gebracht habe: All dem liegt die Struktur einer Schutzbehauptung zu Grunde, denn selbstverständlich war der italienische Autor nicht dazu bereit, seinen aufwendigen urbanen Lebenswandel aufzugeben. Doch diese Tatsache änderte selbstverständlich nichts daran, dass der so Sittenstrenge mit diesem Roman einen gewaltigen Erfolg verbuchen konnte, der auf Grund seiner Darstellungstechnik, aber auch der erotisierenden Freizügigkeit der literarischen Beschreibungen nicht ganz vom Etikett des Skandalerfolgs befreit werden kann. Kaum ein Roman des Fin de siécle in Europa, der sinnlicher und erotisch aufgeladener wäre als jener, der die Lust schon im Titel trägt. Anders als um die Mitte des 19. Jahrhunderts musste D'Annunzio freilich – anders als Gustave Flaubert mit *Madame Bovary* – keinen gegen ihn und sein Werk entfachten Immoralismus-Prozess befürchten.

Gleich zu Beginn des zweiten Kapitels des ersten Buches – der Roman ist in insgesamt vier Bücher aufgeteilt – finden wir jene Ausgangssituation, die wir zweifellos aus Joris-Karl Huysmans ein Jahrfünft zuvor erschienenem *A rebours* kennen und mit dieser ‚Bibel der Décadence' intertextuell in Beziehung setzen dürfen. Man kann in dieser intertextuellen Nähe zweifellos den Rückgriff auf ein fremdes Erfolgsrezept erkennen, zugleich aber auch ein epochenspezifisches Lebensgefühl am Ende jenes Jahrhunderts, das – glauben wir den Historikern und Kulturgeschichtlern – eigentlich über die Jahrhundertwende hinaus andauerte und erst mit dem Ersten Weltkrieg unterging.[11] Es handelte sich dabei um einen Untergang, den D'Annunzio im Übrigen so recht niemals anerkennen und glauben mochte. Doch sein Erzähler malt – zum Teil prophetisch – ein anderes Bild der zeitgenössischen Situation:

> Unter der grauen demokratischen Sintflut von heute, die viele schöne und seltene Dinge elendiglich überspült, verschwindet Schritt für Schritt auch jene besondere Klasse alten italienischen Adels, in welchem von Generation zu Generation eine gewisse familiäre Tradition von ausgesuchter Kultur, von Eleganz und Kunst lebendig erhalten wurde.

---

11 Vgl. zum Fin de siècle den vierten Band der Reihe „Aula" in Ette, Ottmar: *Romantik zwischen zwei Welten*, S. 923 ff.

> Zu dieser Klasse, die ich arkadisch nenne, weil sie ihren höchsten Glanz genau im liebreizenden Leben des 18. Jahrhunderts erblickte, gehörten die Sperelli. Die Urbanität, die Ausrichtung am attischen Geiste, die Liebe zur *delicatezza*, die Neigung zu ungewohnten Studien, die Neugier auf das Ästhetische, die Manie für das Archäologische und die verfeinerte Galanterie waren im Hause der Sperelli vererbte Vorzüge.[12]

Schon in diesen Äußerungen von D'Annunzios Erzähler wird eine Stoßrichtung erkennbar, die alles Schöne, Gute und Wahre, die alles Ästhetische, Ausgesuchte und Raffinierte unter der großen Welle einer gleichmacherischen Demokratie verschwinden sieht. Dies war zweifellos eine antidemokratische Haltung, die bereits dem jungen Gabriele D'Annunzio nicht ferne lag, sah er doch im Adel jenes Ideal, welches diese Klasse jenseits des von seinem Vater vorgetäuschten Adelstitels repräsentierte. Lange bevor D'Annunzio selbst unter faschistischen Vorzeichen geadelt werden sollte, vertrat sein Erzähler eine Kultur exquisiter Ausgesuchtheit, für welche der letzte Spross einer alten Familie des italienischen Adels, Andrea Sperelli, ebenso stellvertretend steht wie Huysmans Des Esseintes für die Adelstradition im benachbarten Frankreich.

Deutlich wird in *Il Piacere* das Hohelied des alten Erbadels gesungen, wobei zugleich nicht allein das genetisch-biologische Element, sondern auch das künstlerische mitvererbt wird: Es ist nicht nur ein Geburts-, sondern ein damit verbundener Seelen- und Geistesadel, dem der junge Andrea Sperelli als letzter Spross einer traditionsreichen Adelsfamilie angehört. Der Untergang dieser Familie und ihrer Werte, die D'Annunzios Erzähler auflistet, bringt die individuelle wie auch die kollektive „nobiltà" an ein Ende, das letztlich gesellschaftlich bedingt ist.

Die letzte schöne Epoche Europas, so könnten wir nach der Lektüre des Romans sagen, war jene des 18. Jahrhunderts, mithin noch die Spätzeit des Adels an der politischen Macht, lange vor der Französischen Revolution und dem Aufkommen des Republikanischen und Demokratischen, so dass es den Anschein hat, als ob in *Il Piacere* gleichsam die Zeit zurückgedreht und die bürgerliche Revolution aus der Geschichte getilgt würde. Denn diese bürgerliche Revolution ist es letztlich, welche die „demokratische Sintflut" heraufgeführt hat, in der nun alles Edle, Schöne und Seltene unterzugehen droht. Dies ist – kurz gefasst – der zeitgeschichtliche Kontext, in welchem Gabriele D'Annunzio seinen Roman *Il Piacere* situiert: eine historische Epoche des langsamen Untergangs.

Vergessen wir dabei nicht: Weder Joris-Karl Huysmans noch Gabriele D'Annunzio gehören dem Adel an, auch wenn man bei D'Annunzio das ‚D' fälschlich als Adelsprädikat lesen könnte! Dem aber war keineswegs so: D'Annunzio hat sich für den wohlklingenderen Teil des von seinem Vater aufgehübschten

---

[12] D'Annunzio, Gabriele: *Il Piacere*, S. 106.

Familiennamens entschieden; denn Rapagnetta (‚Rübchen') – so der ihm näherstehende – hätte nicht so schön zu seinen Texten wie zu seinem luxuriösen Lebensstil gepasst. Dergestalt also schmachtet das längst an die Macht gelangte Bürgertum jenen Werten nach, die im Verschwinden begriffen sind: Eine Orientierung an jener Wertewelt setzt ein, die längst bedroht ist und letztlich vom Ersten Weltkrieg dann endgültig hinweggefegt werden wird.

Daher ist es auch nicht gänzlich fehl am Platze, dass der Erzähler diese Klasse des Adels als „arkadisch" bezeichnet: Denn in der Tat handelt es sich um ein Arkadien, das sich ein mit der Macht identifizierbares Bürgertum als Gegenbild zur eigenen schuldhaften Zerstörung einer ‚Elitekultur' mahnend an die Wand projiziert. Der Adel hat keine historische Chance mehr, an die politische Macht zurückzukehren, was den *Bourgeois* wohl bekannt ist. In der adeligen ‚Elitekultur' aber erblickt dieses Bürgertum den besten Weg, um zur Kulturelite zu gehören und von hier aus auf die demokratische, die gemeine Gesellschaft herunterschauen, ja auf diese spucken zu können. Vor diesem Hintergrund ist es weder verwunderlich noch gar verblüffend, dass sich Andrea Sperelli im Namen der Kunst auch gegen jedwede Kommerzialisierung und Demokratisierung von Kunst und Literatur ausspricht, würde doch auch die Kunst des Wortes in einer demokratischen Gesellschaft wie der jetzigen (also damaligen) italienischen Monarchie, die ja demokratisch sei, auf das Utilitäre reduziert.[13] Wir haben es mit einer Rundumablehnung der gesellschaftlichen Veränderungen im damaligen Italien wie in Europa zu tun – und auch dieses Element fügt sich ein in die Zeitepoche des europäischen Fin de siècle.

Es überrascht ebenso wenig, dass auch die Wollust – die körperliche Erfahrung der Liebe – in einer Modalität des Verlusts, der tiefgreifenden Melancholie literarisch in Szene gesetzt wird, also gleichsam eine Doppelkodierung von Lust und Untergang, von Eros und Thanatos entfaltet wird. Wir sollten uns dies einmal anhand einer der Schlüsselszenen zwischen den beiden Liebenden Andrea und Elena näher anschauen; eine semantisch hochpotenzierte literarische Darstellung, die von der strukturellen Anlage wie vom Stil her – insbesondere im Hinblick auf die schon zuvor beobachtbare Nachstellung mehrsilbiger Adverbien wie bei Huysmans – deutlich auf Gustave Flaubert als den stilistischen Urvater hinweist.

Die wunderschöne und ausstrahlungsstarke Elena hat literarisch viel mit Emma Bovary zu tun. Doch ist sie nicht wie diese eine der Illusion Unterliegende, weiß sie doch um die erotische Faszination, die von ihr selbst ausgeht. Denn sie gehört jener für das Bürgertum weit entrückten Welt des Adels an,

---

13 Ebda., S. 126.

von der Emma nur träumen konnte und nach der sie sich seit ihren frühen romantischen Lektüren so sehr sehnte. Doch auch Elena – und auf dieser Ebene ergeben sich deutliche Parallelen – ist wie Emma jene sinnliche Figur einer aktiven Frau in der Liebe, die oftmals die Impulse kontrolliert, ohne zugleich doch dem irrationalen Rest ihres eigenen Körper-Leibs und ihrer eigenen körperlichen Reaktionen, ihrer Lust also, entgehen zu können.

Eines vorab: D'Annunzios Frauenbild ist ganz gewiss nicht von patriarchalischen und phallokratischen Vorurteilen frei und ließe sich gewiss mit Jacques Derrida in die Reihe phallogozentrisch-männlicher Modellierungen von Frauenfiguren einreihen. Aber wie gut vermochte er zu schreiben! Sehen wir uns dies im Übergang vom Gefallen zur Lust, von der Lust zur Wollust einmal genauer an:

> – Du gefällst mir!, wiederholte Elena, wobei sie sah, dass er ihr unablässig auf die Lippen schaute und dabei jene Faszinationskraft verspürte, die sie mit jenem Worte verströmte.
> Dann verstummten sie beide. Der eine fühlte die Gegenwart der anderen und wie sich diese in sein eigenes Blut ergoss, sich mit ihm mischte, bis dies zum Leben von ihm wurde und das Blut von ihm zu ihrem Leben. Ein tiefes Schweigen machte den Raum noch weiter; das Kruzifix von Guido Reni gab dem Schatten der Vorhänge etwas Religiöses; das Treiben der Stadt brandete wie das Murmeln einer weit entfernten Welle.
> Dann, mit einer plötzlichen Bewegung, stieg Elena auf das Bett, nahm den Kopf des jungen Mannes zwischen ihre beiden Hände, zog ihn zu sich, hauchte ihm ihre Begierde ins Gesicht, küsste ihn, ließ sich zurückfallen, gab sich ihm hin.
> Danach erfüllte sie eine unermessliche Traurigkeit; diese dunkle Traurigkeit, die sich am Grunde allen menschlichen Glücks findet, nahm sie ein, so wie an der Mündung aller Flüsse das Wasser bitter ist. Sie lag hingestreckt, ihre Arme außerhalb des an ihren Flanken achtlos liegenden Lakens, ihre Hände nach oben gekehrt, wie tot, noch von einem leichten Keuchen durchfurcht; und schaute mit weit geöffneten Augen auf Andrea mit einem unablässigen, unbeweglichen, unerduldbaren Blick. Langsam, eine nach der anderen, begannen die Tränen hervorzusprudeln; und sie kullerten über ihre Wangen hinab, eine nach der anderen, geräuschlos.[14]

Soweit das Ende einer Liebesszene, nicht aber das Ende einer Liebe. Das Erleben körperlichen Begehrens, die Vereinigung zweier Menschen, die unendlich lange und hier ausgelassene Zeit der wechselseitigen Verbindung von Körper-Haben und Leib-Sein, die in diesen Passagen evoziert, aber nicht beschrieben wird, doch auch die Zeit nach dem Höhepunkt, nach der Vereinigung, werden in der Sprache des Fin de siècle von einem der großen italienischen Künstler des 17. Jahrhunderts in ein religiös eingefärbtes Licht getaucht und dann, nach dem kleinen Tod, einer unendlichen Traurigkeit überlassen. Derartige Szenen und literarische Darstellungen haben die Berühmtheit des jungen D'Annunzio begründet und den italienischen Schriftsteller auch international zu einem der führenden Vertreter des Fin

---

14 Ebda., S. 156f.

de siècle werden lassen. Wie auch immer sie zur geschlechterspezifischen Darstellung dieser intensiven, aber zugleich behutsam geschilderten Szene eines sexuellen Höhepunktes gegenüberstehen mögen: Diese Passage ist großartig geschrieben und eine der großen Szenen literarischer Kunst!

Da ist sie wieder, die ihr vielleicht unbewusste Ausstrahlungskraft der italienischen Helena, die das Gefallen in Lust umschlagen lässt: Denn das „mi piaci" verwandelt sich in der logischen Folge dieser Wendung in „il piacere", in erotische Lust! Deutlich wird in diesen Wendungen mit dem Doppelsinn gespielt, um dieses Gefallen in seiner erotischen Dimension danach wortwörtlich freizulegen. Die Lust aber beginnt dort, wo die Worte verstummen: Das Schweigen wird zur Trennlinie und zur Transition hin zur Sprache der Körper, zur Körpersprache, in welcher sich Körper und Leib der beiden wechselseitig durchdringen. Dies ist die künstlerische Darstellung, die wir hier vorgestellt bekommen.

Abb. 78: Guido Reni: Gesù crocifisso. Öl auf Leinwand, 1619.

Natürlich darf in dieser Erotisierung auch die Religion mit ihrer ästhetischen Komponente nicht fehlen: Sie sehen, es ist die Kombination der immer gleichen Elemente, welche die Mehrfachkodierungen der Künstler des Fin de siécle auszeichnet! Es bedarf einer künstlerischen Sublimierung der schwülen Atmosphäre im Schlafzimmer, in welcher das Kruzifix eines Guido Reni, welcher als Maler die Szenen mit Heiligen stets in einer beleuchteten Körperlichkeit gestaltete, eine religiöse Dimension vermittelt und erneut in der Gestalt des Gekreuzigten eine Engführung von Eros und Thanatos bewerkstelligt (Abb. 78). Ich sage bewusst ‚erneut': Können Sie sich noch erinnern, mit welcher Inbrunst Emma Bovary ihren größten Liebeskuss der Gestalt des Herrn Jesus Christus kurz vor ihrem Tode aufdrückte? Auch in D'Annunzios *Il Piacere* führt der Gekreuzigte die Dimension des Todes ein, nur dass wir es an dieser Stelle nicht mit der Sterbeszene einer französischen Ehebrecherin auf dem Lande, sondern mit dem kleinen Tod einer lustvollen Liebesbegegnung einer italienischen Adeligen mit ihrem Geliebten in der Stadt zu tun haben. Es ist eine Szene, die in ihrer unermesslichen Traurigkeit ebenso Leben, Lieben und Sterben wie Trauer und Lust untrennbar zusammenführt.

Gleichzeitig ist der Liebesakt, der sich zwischen der Beschreibung einer Geste, einer plötzlichen Körperbewegung und einem „dopo" ansiedelt, das fast wie eine Detonation wirkt, der literarische Ort, in dem sich der kleine Tod ereignet, der Orgasmus, geschildert freilich am Körper-Leib der schönen Elena, die aus der Perspektive des Mannes Andrea Sperelli dargestellt wird. Es ist ohne Zweifel die phallogozentrische Perspektive, die in dieser Szene aktiv ist und nur den Blick auf die Frau, nicht aber den Blick auf den Mann präsentiert und repräsentiert. Der männliche Blick auf die Frau ist ohne jeden Zweifel ein Besitz ergreifender; dieser Besitz ist aber flüchtig, entzieht sich letztlich dem Manne wieder, nicht allein in dieser Szene, sondern auch hinsichtlich des fehlenden *Happy Ending* dieses finisekulären Erfolgsromans der Literaturen gegen Ende des europäischen 19. Jahrhunderts.

Die Lust, die den Titel des Romans bildet, steht in der Tat immer wieder im Mittelpunkt des Romangeschehens wie der Reflexionen aller Romanfiguren einschließlich ihrer Erzählerfigur. Wir erfahren, vom jeweils unterschiedlichen Lebenswissen dieser Figuren gespiegelt, viel über die menschliche Lust oder Wollust. Die Lust ist in jedem Falle vorübergehender Natur und macht einer Traurigkeit, ja einer Trauer Platz, die den Menschen postkoital erfasst. Und doch strebt sie genau nach dem Gegenteil, zielt auf Dauer, auf ein Nicht-mehr-Aufhören oder wie Friedrich Nietzsche es formulierte: „Denn alle Lust will Ewigkeit, [...] will tiefe, tiefe Ewigkeit."[15] Doch auf Friedrich Nietzsche und seine profunde Wirkung auf die Künstler des ausgehenden 19. Jahrhunderts wie des anhebenden 20. Jahrhunderts,

---

15 Nietzsche, Friedrich: Das andere Tanzlied. In (ders.): *Werke in vier Bänden*, Bd. 4, S. 286. Vgl. hierzu auch den zweiten Band der Reihe „Aula" in Ette, Ottmar: *LiebeLesen*, passim.

auf die Künstlerinnen und Künstler des Jahrhundertendes wie der Jahrhundertwende also, kommen wir noch einmal zurück.

Wir haben immer wieder intertextuelle Bezüge zu Gustave Flauberts *Madame Bovary*, vor allem aber zu bestimmten Aspekten von Joris-Karl Huysmans *A rebours* betont. Doch es gibt auch klare Unterscheidungen, in denen sich die Blickrichtungen beider Romane der achtziger Jahre des 19. Jahrhunderts voneinander absetzen. Der Lebensüberdruss des jungen italienischen Adligen Andrea Sperelli ist nicht mit der Weltabkehr und den schwindenden Kräften des französischen Adligen Des Esseintes zu vergleichen oder gleichzusetzen. Bei D'Annunzio ist der Protagonist oder ‚Held', ähnlich wie bereits in den frühen Gedichten des italienischen Poeten, mit einer hochvitalistischen Note ausgestattet; und es ist dieser Vitalismus, der – worauf Maria Gazzetti in ihrer lesenswerten Biographie[16] mit Recht hinwies – die Poetik D'Annunzios anders orientierte als die vieler anderer Künstler des Fin de siècle. Denn diese Haltung brachte eine allmähliche Abkehr von Endzeitvorstellungen mit sich und jene schier unerschöpfliche Lebenskraft, die sich nach neuen Zielen umschaute – auch nach *politischen* Zielstellungen des nicht an der Demokratie interessierten italienischen Autors.

So ist trotz vieler Parallelen die Grundstimmung des Romans in *Il Piacere* nicht mit der in Huysmans *A Rebours* oder anderer finisekulärer Romane zu verwechseln: Zu sehr sprüht die Lebenskraft des letzten Sprosses des adeligen italienischen Geschlechtes noch. Nicht weniger freilich auch jene D'Annunzios, der in jenen Jahren längst seine Frau Maria mit den Kindern in der Wohnung ließ und seinen Vergnügungen mit anderen Frauen nachging; Liebesbeziehungen, die er auch in der Folge stets in gewisser Weise öffentlich machte beziehungsweise offizialisierte. Doch noch war vor allem Barbara Leoni die sogenannte offizielle ‚amante en titre' des Gabriele D'Annunzio. Der italienische Schriftsteller scheint sich nur von Zeit zu Zeit einmal bei seiner Frau in Rom aufgehalten zu haben; und er gab bei der Geburt eines weiteren Sohnes nur noch den gewünschten Namen Veniero durch, ohne sich noch selbst nach Rom zu bemühen. Der Machismus des Italieners steht außer Frage, wenn auch nicht im Mittelpunkt unseres Interesses.

Andrea Sperelli ist wie viele Helden D'Annunzios ein künstlerischer Mensch, der sich nicht weniger als Des Esseintes durch seine Belesenheit insbesondere bei jenen Autoren auszeichnet, die zum damaligen Zeitpunkt im Vordergrund einer Fin-de-siècle-Problematik standen. Gewiss konnten sich D'Annunzio und Andrea

---

[16] Vgl. Gazzetti, Maria: *Gabriele D'Annunzio in Selbstzeugnissen und Bilddokumenten*. Reinbek bei Hamburg: Rowohlt ²1995.

Sperelli offenkundig weder für Paul Verlaine oder Arthur Rimbaud[17] noch für Stéphane Mallarmé erwärmen. Der *innerliterarische Raum*, der in *Il Piacere* aufgespannt und durch den künstlerischen Raum ergänzt wird, ist gleichwohl so zeittypisch, das wir ihn hier aus Zeitgründen kaum miteinbeziehen müssen, hatten wir doch schon bei einer anderen, der *Romantik zwischen zwei Welten* gewidmeten Vorlesung in *A rebours* einen für die damalige Zeit geradezu ‚klassischen' Raum als virtuelle Bibliothek vor Augen geführt bekommen. Andrea Sperelli eregänzt diese Bibliothek durch zahlreiche Verweise auf die erotische Literatur.[18] Derlei Hinweise ließen sich beliebig ergänzen.[19]

Ich möchte freilich unsere Lektüre von *Il Piacere* nicht über Gebühr ausdehnen, so repräsentativ dieser Roman des italienischen Autors auch sein mag. Anhand von Andrea Sperelli gelingt es D'Annunzio unter anderem, nicht nur den Prozess des Schreibens – etwa beim Herstellen von vier danach abgedruckten Sonetten –, sondern auch die poetologische Reflexion darüber sehr überzeugend und eindrücklich darzustellen. Die Kunst wird zu einer Art moralinfreiem Religionsersatz: Sie ist die ideale Form und die ideale Geliebte und macht zugleich darauf aufmerksam, dass ihr Kult nicht zuletzt der absoluten künstlerischen Form gelten muss, die nach völliger Perfektion strebt.

Nichts geht in der Lyrik über die formale Perfektion des Verses – eine deutliche Abkehr von Schreibformen des Realismus und Naturalismus, welche sich längst bei D'Annunzio selbst auch gezeigt hatten. Die Ästhetik der Religion geht über in eine Religion der Ästhetik und der reinen Form, die bei D'Annunzio freilich stets mit dem bereits erwähnten vitalistischen Grundprinzip und Drang gekoppelt ist. Auch hier sehen wir folglich wie bei Huysmans eine Schreibtradition des Realismus und Naturalismus beziehungsweise des Verismus als eine Hintergrundfolie, die für die Romane des Fin de siècle – aller auch ästhetischen Widersprüche zum Trotz – letztlich unverzichtbar ist.

Im zweiten Buch des Romans taucht neben anderen, ephemeren Frauengestalten die Figur der Maria Ferres auf, die – wie ihr Vorname schon sagt – als Maria das Gegenbild der Helena sein wird. Andrea Sperelli ist bald auch von ihr fasziniert, wenngleich nicht mit jener Abhängigkeit, in der er sich gegenüber Elena und ihrer erotischen Anziehungskraft befand. Maria Ferres führt ihrerseits Tagebuch, eine Tätigkeit, die im „Libro secondo" ausführlich kommentiert wird. Sie ist nicht die erotisch aktive, sondern die literarisch kreative Frau. Das

---

17 Zu diesen französischen Autoren und ihrer Bedeutung für das Fin de siècle zwischen zwei Welten vgl. den vierten Band der Reihe „Aula" in Ette, Ottmar: *Romantik zwischen zwei Welten*, S. 901 ff.
18 D'Annunzio, Gabriele: *Il Piacere*, S. 386.
19 Vgl. ebda., S. 164 f.

Journal intime eines Amiel war zum Charakteristikum der Literatur des Fin de siécle und zu einer wichtigen Technik der Innendarstellung und der Darstellung von Innerlichkeit geworden, aber auch zur herausragenden Möglichkeit, Bewusstseinsprozesse Schritt für Schritt, in ihrer allmählichen Verfertigung und Herausbildung, (gleichsam beim Schreiben) darzustellen.

Das *Journal intime* der Maria Ferres gibt uns diesen Einblick in das Innenleben einer jungen Frau und ergänzt die Perspektive Andrea Sperellis. Es handelt sich um eine Frau, die gänzlich anders als die vielleicht der Kategorie der Femme fatale zurechenbare Elena Muti die *Femme fragile* verkörpert, die an moralischen Werten ausgerichtete, ‚reine' Frau, welche innerhalb der kulturellen Codes anders verortet beziehungsweise anders kodiert wird. Selbstverständlich stammt die mit dem Botschafter Guatemalas verheiratete Italienerin nicht aus Rom oder Florenz, sondern aus Siena, das im Grunde die spätmittelalterliche Struktur auch auf diese Tochter der Stadt übertrug. Doch da ist noch mehr ...

Maria verkörpert nach dem Vorbild der Präraffaeliten – auf die ich gleich noch kurz eingehen werde – die schöne junge Frau in ihrer Reinheit, von der auf Andrea Sperelli gleichwohl ein starker erotischer Reiz ausgeht: und zwar gerade wegen ihrer Reinheit. Diese Entwicklung einer sich anbahnenden Liebesbeziehung ist wie auch die schürfende Selbstvergewisserung im intimen Tagebuch, dem *Journal intime*, der jungen Sienesin festgehalten. Sie zieht Andrea Sperelli mit der unvergesslichen Klangkraft ihrer sinnlichen Stimme in ihren Bann und so entfaltet sich erneut die weibliche Kraft der Faszination, die weit mehr ist als eine rein sexuelle Attraktivität.

Doch beginnen sich nun bei Andrea Sperelli die beiden so unterschiedlichen Frauentypen miteinander zu vermengen und vermischen, so dass er im weiteren Verlauf des Romans gleichsam in der Verbindung von Helena und Maria, der Verführerin und der Heiligen Mutter, die ideale Geliebte sich erträumt und zwischen beiden Typen oszilliert. Daraus entsteht tendenziell eine einzige Frau: Es ist eine Frau zum Zusammenbasteln, Heilige und Hure zugleich. Die Vermischung beider Frauengestalten ist sehr aufschlussreich eingefädelt:

> Er hörte noch ihre Stimme, diese unvergessliche Stimme. Und Elena Muti kam in seine Gedanken, näherte sich der anderen, mischte sich mit der anderen, ausgelöst von jener Stimme; und langsam kehrten ihm die Gedanken an Bilder der Wollust zurück. Das Bett, auf dem er ruhte, und rundherum alle Dinge, die Zeugen und Komplizen der alten Trunkenheiten waren, suggerierten ihm immer noch mehr Bilder der Wollust. Eigentümlicherweise begann er, in seiner Imagination die Sienesin auszuziehen, sie mit seinem Begehren zu umhüllen, ihr Positionen der Hingabe zu verleihen, sie in seinen Armen zu sehen, sie zu genießen. Der materielle Besitz jener so keuschen und so reinen Frau erschien ihm als der höchste, der neuartigste, der seltenste Genuss, den er erreichen könnte; und jener Raum

erschien ihm als der würdigste Ort, um jenen Genuss zu empfangen, weil er den einzigartigen Geschmack der Profanation und des Sakrilegs noch viel fühlbarer machen würde, den dieser geheime Akt ihm zufolge auslösen musste.
Der Raum war religiös, einer Kapelle gleich.²⁰

Wieder sind es die charakteristischen Innenräume des Fin de siècle, welche die Szene beherrschen.²¹ Sie sind sakral und profan zugleich und bilden stets eine Landschaft der Theorie²² im Innenraum, in welchem sich die immanente Ästhetik der Romane leicht ablesen lässt. In dieser Passage deutet sich die Verbindung der beiden Frauenfiguren nicht nur an, sie wird insgeheim zumindest in der Einbildungskraft Andrea Sperellis bereits vollzogen. Die Heilige nimmt Posen und Stellungen einer Hure an, die Hure erscheint in einer religiösen Aura, auf die uns das Kruzifix von Guido Reni bereits aufmerksam gemacht hatte. Und wie schon in Flauberts *Madame Bovary* wird alles in ein Licht getaucht, in dem sich Liebe und Tod, Heiliges und Lasterhaftes, Religion und Profanation untrennbar miteinander verbinden. Elena Muti, die lustvolle Römerin, wird zu einer keuschen, entrückten Sienesin, welche sich Andrea Sperelli aber in den Stellungen der schönen Elena hingibt. Femme fatale und Femme fragile werden zu der *einen* liebenden Frau, die sich der letzte Spross in einer langen Genealogie italienischen Adels erträumt und zur Befriedigung seiner Wollust herbeisehnt.

Dies alles geschieht im Zeichen von Profanation und Sakrileg, in der wechselseitigen Bewegung einer Profanierung des Sakralen und der Sakralisierung des Profanen. Die reine, keusche Frau wird nicht nur ihrer Kleidung, sondern auch ihrer Reinheit beraubt, durch die Imagination des jungen Mannes in unkeusche Stellungen gebracht, von der männlichen Körperlichkeit besessen und damit jener anderen Frau gleichgemacht, die sich in ihrer erotischen Aktivität zunächst als sexuell aktive Weiblichkeit und als Gegenbild der heiligen Maria präsentierte. Im Gegenzug erhält Elena Muti sakrale Attribute, die bereits in den Tränen der jungen Römerin nach der ersten sexuellen Vereinigung mit Andrea aufscheinen, welche für jene Körperflüssigkeiten stehen, die in Gabriele D'Annunzios Roman eine so große Bedeutung besitzen.

Daher überrascht es nicht allzu sehr, wenn es genau während der körperlichen Vereinigung mit Donna Maria gegen Ende des vierten Buches passiert, dass Andrea Sperelli sich nicht mehr gegen die sadistische Lust stemmen kann,

---

20 D'Annunzio, Gabriele: *Il Piacere*, S. 302.
21 Vgl. zu den Innenräumen auch die Ausführungen in Ette, Ottmar: *Romantik zwischen zwei Welten*, S. 967 ff. u. S. 998 ff.
22 Vgl. zum Begriff der Landschaft der Theorie Ette, Ottmar: *Roland Barthes. Landschaften der Theorie.* Konstanz: Konstanz University Press 2013.

Maria den Namen Elenas ins Ohr, in jenes Organ des Erotischen,[23] zu flüstern. Selbstzerstörung und Zerstörung, Eros und Thanatos sind in dieser Szene, die gleichsam alles beendet, beider Leben beherrschend zugegen. Es ist der Augenblick des „orribile sacrilegio", jenes horriblen Sakrilegs, den die Erzählerfigur kommentiert: der Vollzug jener Profanation, die sich Andrea Sperelli bereits im dritten Buch von *Il Piacere* erträumt und nun in die Tat umgesetzt hatte. Damit ist alles zu Ende!

Selbstverständlich lassen sich in diesen semantisch dichten Passagen die autobiographischen Beziehungen nicht ganz übergehen; nicht nur, weil Gabriele D'Annunzios reale Ehefrau aus dem römischen Hochadel, Maria Hardouin di Gallese, ebenfalls den heiligen Vornamen trug. Es ist – psychoanalytisch gesprochen – zugleich die Profanation der Mutter, zu der die junge, in Rom zurückgelassene Frau, längst für den jungen Schriftsteller aus der Provinz geworden war. Maria soll – so die Biographin D'Annunzios – später im Rückblick auf eine Liebesbeziehung, für die sie so viel, nicht zuletzt auch ihren adligen Lebensstil und Umgang aufgeopfert hatte, gesagt haben, es wäre wohl besser gewesen, ein Buch von D'Annunzio zu kaufen, als diesen Mann geheiratet zu haben. Aber da hatte sie sein und ihr eigenes Lebensbuch schon gelesen; und 1889 stand D'Annunzio freilich erst am Beginn seiner steilen Karriere.

In der fragilen Figur der Maria wird Andrea Sperelli letztlich jene Kraft in den Schmutz ziehen, welche zuvor noch unbefleckt geblieben war, um sie – nicht absichtsvoll, aber lustvoll – erst zu missbrauchen und dann entehrt sich selbst zu überlassen. Gleichzeitig – und darin besteht die Ambiguität dieses Bildes – wird deutlich, dass das Frauenbild hier wie eine Kippfigur funktioniert, indem Maria sich innerhalb kürzester Zeit in eine Elena verwandeln kann, ohne doch freilich an die sinnlichen Reize der Elena Muti auf diesem Gebiet heranreichen zu können. Die Femme fragile enthält gleichsam die Femme fatale, doch ist sie ihr im Reich der Sinnlichkeit D'Annunzios auf dem Gebiet der Wollust, des „piacere" und des „godimento" nur solange ebenbürtig, wie sie den Reiz des Sakrilegs und der Profanierung des Sakralen ausspielen kann oder doch zumindest von dieser sakralen, religiösen Atmosphäre umgeben ist.

Das Bild der Maria in *Il Piacere* orientiert sich weniger an literarischen als an künstlerischen Vorbildern, insbesondere an Modellen aus dem Bereich der Malerei. D'Annunzio war nicht nur eng mit einem italienischen Maler befreundet, unter dessen Dach der Roman geschrieben wurde; er war gerade seit seiner

---

23 Vgl. hierzu die Schlussfigur von Roland Barthes' *Le Plaisir du texte* in Barthes, Roland: *Die Lust am Text*. Aus dem Französischen von Ottmar Ette. Kommentar von Ottmar Ette. Berlin: Suhrkamp Verlag (Suhrkamp Studienbibliothek 19) 2010.

römischen Zeit und seiner Tätigkeit als Journalist und Kunstkritiker wohlinformiert über die neuesten Strömungen in Europa, die er sofort nach Italien zu vermitteln suchte. So wusste er auch um die ‚Wiederentdeckung' der Präraffaeliten, jener englischen Gruppe von Malern, die sich 1848 gründete und weit über ihr ursprüngliches Bestehen bis zum Jahre 1853 hinaus wirkte, dabei insbesondere Kunst und Literatur der Jahrhundertwende zutiefst prägte. Zu den großen Figuren, die im Fin de siècle immer wieder bei verschiedensten Autorinnen und Autoren auftauchen und sich mit deren Werken verbinden, zählt vor allem Dante Gabriel Rossetti. Dessen Gemälde knüpfen in der Darstellung von Frauenportraits und Frauentypen an die italienischen Meister des Quattrocento an, also die Maler vor Raffaello. Dabei entfalteten sie eine solche Meisterschaft, dass sie gerade auch die Literatur und die dortige Porträtkunst tief beeinflussten (Abb. 79).

Nicht allein Joris-Karl Huysmans und sein Des Esseintes waren mit diesen Malern und ihren Theorien wohlvertraut, auch Gabriele D'Annunzio war es; und er kannte selbstverständlich auch die Rolle eines John Ruskin, der als wichtiger Vermittler ihrer Kunsttheorie eine kaum zu überschätzende Rolle spielte. Ich will an dieser Stelle die Gestaltung der Gegenfigur zur „belle dame sans merci" in ihrer Reinheit und Keuschheit auf die Maler der präraffaelitischen Schule zurückbeziehen. Ihre Frauendarstellungen wurden grundlegend für den englischen „Modern Style" und über vielfache Vermittlungen auch für die verschiedenen europäischen Spielarten des Jugendstils. Die Frauengestalten der Präraffaeliten waren allgegenwärtig im europäischen Zeitalter des Jahrhundertendes und der Jahrhundertwende – wie hätte Gabriele D'Annunzio auf diese ‚Modelle' verzichten können?

Maria ist in diesem Sinne eine jener literarischen Gestalten, welche die Rückkehr der italienischen Malerei vor Raffaello über den britischen Umweg des 19. Jahrhunderts nach Italien dokumentieren. Und D'Annunzio darf als der wichtigste Vermittler innerhalb dieses für die europäische Kunst und Kultur so wichtigen Beziehungsnetzes nach Italien gelten. Nicht nur die Texte und Bilder sind jeweils inter- und transmedial mit anderen Texten und Bildern vernetzt, sondern auch die Bild-Texte und Text-Bilder: Erneut stoßen wir in diesem intermedialen Zusammenhang auf Horazens *Ut pictura poesis* als Leitlinie eines Schreibens, das auch Gabriele D'Annunzio beherzigte.

D'Annunzio wird nach dem großen Erfolg von *Il Piacere* nun nicht mehr allein als Dichter, sondern auch als Romancier verehrt; und er wird sich bald auch die Pforten und Bühnen der Theater öffnen – nicht zuletzt auf Grund der Möglichkeiten, die ihm seine Liebschaft mit der damals bekanntesten italienischen Schauspielerin eröffnete, der wohl einzigen „Attrice", die damals der unumstrittenen Sarah Bernhardt das Wasser reichen konnte: Eleonora Duse. Für sie wird er unter anderem

Abb. 79: Dante Gabriel Rossetti: Bocca Baciata. Öl auf Leinwand, 1859.

unter dem Eindruck einer Griechenlandreise, aber auch im Banne Venedigs ein Theaterstück verfassen, das sich ganz und gar einer Thematik des Fin de siècle verschrieben hat: der toten Stadt.

Für den logischerweise unvermeidlichen Bruch zwischen den beiden großen Repräsentant*innen finisekulärer Kunst Italiens wird es dann nicht unwichtig sein, dass D'Annunzio für die Uraufführung in Paris von *La città morta* eben gerade nicht Eleonora Duse, sondern die letzterer verhasste Französin Sarah Bernhardt bevorzugen wird. D'Annunzio liebte es offenkundig, die Frauen gegeneinander auszuspielen – oder dies seine männlichen Helden tun zu lassen. Wir könnten uns gewinnbringend mit dem Theater D'Annunzios beschäftigen, doch leider fehlt uns hierfür die Zeit. Kehren wir daher zur Frage des Romans zurück, um die räumliche Ausdehnung unserer dem italienischen Schriftsteller gewidmeten Überlegungen nicht zu überschreiten!

Nach dem strukturellen Vorbild seiner Romantrilogie im Zeichen der Rose – einer Trilogie, deren Auftaktroman *Il Piacere* gewesen war – beginnt D'Annunzio in den neunziger Jahren mit einem Projekt, das ebenfalls eine Romantrilogie, diesmal im Zeichen des Granatapfelbaumes, werden sollte. Sie ist nie zu Ende geführt worden; ihr einziger Roman ist der, mit dem wir uns in der Folge beschäftigen wollen: *Il Fuoco*. Dieser Roman entstand über mehrere Jahre hinweg und scheint D'Annunzio alles andere als leicht gefallen zu sein. Bei seiner Veröffentlichung im Jahre 1900 aber wurde er zu einem großen, beeindruckenden Erfolg in Italien und geriet auch auf der internationalen Bühne zu einem ungeheuren literarischen Ereignis. Noch im selben Jahr erschienen eine erste deutsche, eine französische, zwei englische und weitere Übertragungen, die von der ungeheuren Einflusskraft D'Annunzios im Europa der Jahrhundertwende zeugen.

Freilich war einer der wesentlichen Gründe dieses großen Erfolgs, dass es sich wiederum um einen Skandalerfolg handelte, da sich dieser Erzähltext – was sich schon vor seiner Publikation herumgesprochen hatte – auf recht hemmungslose und direkte Weise der Liebesbeziehung zwischen Gabriele D'Annunzio und Eleonora Duse widmete. Das ist in etwa so – wenn Sie mir diesen Vergleich gestatten –, als ob Arthur Miller zum Zeitpunkt seiner Ehe einen großen autobiographischen Roman über seine Beziehung zu Marilyn Monroe geschrieben hätte, in der er – wie üblich – kein Blatt vor den Mund genommen hätte. So blieb der Erfolg dem italienischen Autor treu; und einmal mehr trugen seine illustren Liebesbeziehungen ihr Scherflein dazu bei.

Sie verstehen sicherlich, was ich meine: Die literarische Qualität von *Il Fuoco* will ich damit in keiner Weise in Frage stellen! Auf besorgte Fragen ihres Impresario, ob eine Veröffentlichung dieses Textes ihr denn nicht schaden werde, antwortete Eleonora Duse sehr bewusst und stark, dass sie darunter leiden werde, dass man aber Italien ein großes Kunstwerk erhalten müsse – und dies stelle dieser Roman zweifellos dar. Dem darf man durchaus aus heutiger Sicht noch beipflichten. Die Haltung der großen Künstlerin beeindruckt ebenfalls bis heute, strengte sie doch keinen Prozess gegen ihren ehemaligen Liebhaber an, wie es heutigentags wohl angesagt wäre.

So finden wir denn, um einige Jahre zeitlich früher angesetzt, die Beziehung zwischen Eleonora Duse, die sich gerade von dem zehn Jahre älteren Verdi-Librettisten Arrigo Boito getrennt hatte, und dem um fünf Jahre jüngeren D'Annunzio im Zentrum jenes Romans, der sicherlich zu den großen Venedig-Romanen nicht nur der Jahrhundertwende gezählt werden muss. Diese Liebesbeziehung, die damals noch hielt und die auch durch die Veröffentlichung des Romans – aller Legenden zum Trotz – nicht zerstört wurde, verbindet zwei Künstlerseelen und Ausnahmemenschen miteinander. Da ist zum einen der junge Dichter und Komponist Stelio, ein wahrer Nietzscheanischer Übermensch, ein „Superuomo", der im ersten von drei Teilen des Romans das große Erlebnis einer erfolgreichen, umjubelten Rede in Venedig erfährt. Auch D'Annunzio hatte in Venedig eine Rede, genauer: seine erste große und einflussreiche Rede gehalten, und zwar im Jahre 1895, als die erste Biennale die Lagunenstadt berühmt machte.

Anlässlich seiner Rede hatte D'Annunzio wohl zum ersten Mal bemerkt, welch gewaltigen Einfluss er auch als Redner ausüben konnte; und er sollte dieses Talent noch später häufig und gerne für sich nutzen. D'Annunzio hat vieles aus seiner damaligen Rede mit dem Titel „Allegoria dell'autunno" in den ersten Teil von *Il Fuoco* eingehen lassen, der im Übrigen die Überschrift „Epiphanie des Feuers" trägt. Dabei steht das Feuer nicht zuletzt für die große innere Schöpferkraft; jenes Feuer in Stelio Effrena, das alles Leben in Kunst umwandelt, in Gedicht und Musik. Dieses Feuer wird letztlich – als Feuer der

Liebe – das Leben der natürlich wunderschönen Foscarina, die Stelio auch „Perdita" nennt, völlig verändern: Sie wird von diesem Leuchten förmlich angezogen und gerät in den Bann des so kreativen Mannes.

Doch es gibt neben beiden Protagonisten noch eine weitere Hauptperson, so dass sich neben der Liebe und deren Darstellung eine weitere Parallele zu *Il Piacere* ergibt: Es ist die Stadt. Diesmal handelt es sich freilich nicht um das quirlige Rom, das mit seinen urbanen Geräuschen die Hintergrundkulisse vieler Liebesnächte mit Elena Muti bildete, sondern um die Lagunenstadt Venedig mit ihren aquatischen Landschaften. Sie wird zur eigentlichen Trägerin der Handlung: Ihre Kanäle werden in *Il Fuoco* mit den Adern einer wollüstigen Frau verglichen; und sie wird im Leben des realen D'Annunzio auch künftig eine wichtige Rolle spielen.

Schauen wir uns ihr Auftauchen im Roman – im Kontext eines vertrauten Gesprächs zwischen der Foscarina und Stelio – einmal näher an. All dies ereignet sich vor dem literarischen Hintergrund einer sehr langen und sehr reichen Tradition an literarischen Entwürfen der Stadt Venedig, jener Welt aus Inseln, die alle unterschiedliche Formen und Funktionen besitzen, jeweils ihre eigene Logik haben, zugleich aber untereinander verbunden sind zu einem Archipel von Relationen, welche die Protagonisten in ihren Entscheidungen beeinflussen:

> Und diese stille Musik unbeweglicher Linien war so mächtig, dass es das gleichsam sichtbare Phantasma eines schöneren und reicheren Lebens schuf, indem es sich dem Spektakel der unruhigen Menge auflagerte. Diese fühlte die Göttlichkeit der Stunde; und in ihrem Schrei nach jener neuen Form königlicher Landung am alten Gestade bei jener schönen blonden Königin, die von einem unauslöschlichen Lächeln erleuchtet war, verströmte sie wohl das dunkle Streben nach einer Transzendenz dieser vulgären Lebensängste, nach einer Aufnahme der Gaben der über die Steine und über die Wasser verstreuten ewigen Poesie. Die liebende und starke Seele der Väter, welche die triumphierenden Veteranen der See hochleben ließen, erwachte noch undeutlich in den von Langeweile und den Mühen langer Arbeitstage niedergedrückten Menschen; und es kam ihm die Erinnerung an die Aura, die von den großen Schlachtenbannern ausging, als sich diese nach ihrer Flucht wie die Schwingen des Sieges zusammenfalteten, oder an ihre Geschwätzigkeit, die bereits eine Schande für die fliehenden Flotten war, die nicht besänftigt werden konnte.
> – Kennt Ihr, Perdita –, fragte Stelio unvermittelt, – kennt Ihr irgendeine andere Örtlichkeit in der Welt, welche Venedig gleich die Tugend besitzt, die Potenz des menschlichen Lebens in gewissen Stunden zu stimulieren, indem sie alle Begierden wie im Fieber erregt? Kennt Ihr eine gewaltigere Verführerin?
> Die Frau, die er Perdita nannte, hatte das Gesicht nach oben gereckt, als wollte sie sich sammeln, und antwortete nicht; doch sie spürte, wie in all ihren Nervenbahnen jenes unbestimmbare Zittern entlanglief, welches die Stimme des jungen Freundes in ihr hervorrief, indem sie plötzlich eine leidenschaftliche und vehemente Seele enthüllte, von der sie wie von einer grenzenlosen Liebe, einer grenzenlosen Furcht angezogen wurde.[24]

---

24 D'Annunzio, Gabriele: *Il Fuoco*. Mailand: Fratelli Treves Editori 1900, S. 8f.

In dieser literarisch dichten Passage erkennen wir mühelos die Personifizierung der Stadt Venedig, von Venezia als Frau, die zur großen Verführerin und zur großen Vermittlerin einer künstlerischen Schaffenskraft wird. In der stillen, schweigsamen Musik ihrer Linien und damit ihrer aquatischen Landschaft stimuliert sie diese Schaffenskraft, diese Potenz des Künstlers auf eine einzigartige Weise, für die es auf dieser Welt – so die rhetorische Frage Stelios – kein anderes Beispiel gibt. Venedig ist eine über die Maßen attraktive Frau, welche die in den Künstlern schlummernden Kräfte zu wecken und zu ihrem jeweiligen Höhepunkt zu führen vermag: die ideale Stadt also für Menschen mit kreativem Potenzial.

Zugleich erkennen wir, wie sehr Foscarina bereits den jüngeren Stelio bewundert, der seinerseits von der älteren Frau angezogen ist. Sie wird später immer wieder auf ihr müderes Fleisch verweisen; auch er ist sich dieser Tatsache bewusst, genießt jedoch ihren wollüstigen, in Liebkosungen erfahrenen, aber schon verwelkenden Körper in vollen Zügen. Sie bemerken an solchen Stellen mühelos, wie verletzend dieser Roman des fünf Jahre jüngeren Gabriele D'Annunzio für die großartige Künstlerin Eleonora Duse gewesen sein muss.

Vor dem Hintergrund dieser Asymmetrie bahnt sich wie in *Il Piacere* auch in *Il Fuoco* eine Dreiecksgeschichte an, die im richtigen Leben ebenfalls präsent war, ging doch die ältere Eleonora Duse mit der Zeit in Venedig des Öfteren mit einer jungen, ungeheuer hübschen Frau spazieren, was auf D'Annunzio nicht ohne Eindruck bleiben konnte. Er sollte Venedig später, zur Zeit des Ersten Weltkriegs – wie bereits erwähnt – zum Ausgangspunkt für seine militärischen Aktionen machen. Von hier beziehungsweise von Grado aus, wo er bei dem ebenfalls schon erwähnten Flugzeugunfall ein Auge verlor, wird er seine tollkühne Tat verwirklichen, mit einer ganzen Flugzeugstaffel mitten in den Kriegshandlungen nach Wien zu fliegen und über der feindlichen Hauptstadt 400.000 Flugblätter abzuwerfen. Nicht umsonst sind viele Auszüge aus D'Annunzios Roman – wie im obigen Falle – von militärischem Pathos geprägt: Oft wird von zu erringenden Siegen gesprochen, wird – wie bei den italienischen Futuristen – ein Krieg herbeigesehnt, der anderthalb Jahrzehnte später dann auch mit aller brutalen Gewalt kommen sollte.

Die oben angeführte Passage zeigt aber auch, dass Venedig keineswegs nur die tote Stadt ist, als die sie der Dichter beschreibt, die Stadt des Herbstes, die noch einmal zu einer letzten Blüte gekommen ist, so wie in den Augen D'Annunzios Eleonora Duse, die als große Schauspielerin noch immer auf den Bühnen dominiert. Denn die Lagunenstadt ist zugleich eine Stadt der Kraft und Verzückung, die zahlreiche Künstlerinnen und Künstler anlockt; eine Stadt freilich, in welcher in jenen Jahren der große Richard Wagner sein Leben vollenden wird. Auf sein Sterbedatum wird D'Annunzio im Übrigen die Fertigstellung seines Romans datieren.

Die Bewunderung der Frau für die Schaffenskraft des Mannes – als berühmte Schauspielerin ist sie hier ihrerseits jene von ihm bewunderte Maske, jenes ausführende Organ der virilen Schaffenskraft – wird gleichsam vermittelt über die Kraft der Frau Venezia, die schon in den ersten Beschreibungen in ein krepuskuläres herbstliches Licht getaucht ist. Venedig jedoch hat in einer nicht nur für D'Annunzio, sondern für das gesamte Fin de siécle charakteristischen Ästhetik des Reflexes in seinen Wassern jenes lodernde Feuer aufgespeichert, welches die Ruder bei ihrem Eindringen in die Wasseroberfläche zum Erglühen bringen. So wie Sterben und Erstehen, Leben und Tod im Roman in einer für D'Annunzio charakteristischen Weise enggeführt werden, so sind auch Feuer und Wasser in *Il Fuoco* nicht voneinander geschieden, sondern zeigen sich zeitgleich.

Die künstliche Atmosphäre verwandelt Venedig in *die* Stadt der Kunst, die gleichsam realer ist als die wirklichen Leute auf der Straße, deren Ellbogen uns so stören, weil sie uns mit der Realität nur allzu derb in Berührung bringen. D'Annunzio hat im obigen Zitat eine Wendung Friedrich Nietzsches gebraucht, der einmal von den müde gearbeiteten Arbeitssklaven sprach, die Kunst vor Müdigkeit kaum noch genießen können: D'Annunzio schrieb oben parallel von einer wahren Oppression, welche den Enthusiasmus, die Begeisterungsfähigkeit der Menschen niederdrücke. Doch schauen wir uns eine andere Passage am Beginn des Romans an, um besser zu verstehen, auf welche Weise die Stadt Venedig aus den unterschiedlichsten Synästhesien gemacht ist und damit geradezu jenes Gesamtkunstwerk oder totale Kunstwerk bildet, von dem Richard Wagner, aber ebenso die meisten Künstlerinnen und Künstler des Fin de siècle träumten:

> – Welch köstliche Phantasien, Stelio!, sagte die Foscarina, die ihre Jugend wiederfand, indem sie sprachlos wie ein kleines Mädchen wurde, dem man ein Bilderbuch zeigt. – Wer war es noch, der Euch eines Tages einen Bilderzauberer nannte?
> – Ach, die Bilder!, rief der Dichter aus, ganz von der fruchtbaren Wärme erfüllt. Wie kann man in Venedig fühlen wenn nicht auf musikalischem Wege, und wie kann man hier denken wenn nicht in Bildern. Diese kommen zu uns von unzähligen, verschiedenen Orten, realer und lebendiger als Menschen, die uns in engen Gassen mit ihren Ellenbogen anstoßen. Wir können uns bücken, um die Tiefe ihrer Bildung zu untersuchen und von ihren eloquenten gekrümmten Lippen die Worte erraten, die sie uns sagen werden.[25]

Wer hat wohl Stelio einen Bilderzauberer, einen „Immaginifico" genannt? Nun, wir wissen, dass sich zumindest Gabriele D'Annunzio selbst sehr gerne mit diesem Begriff auszeichnete. Die Parallelen zwischen realem Autor und seinem romanesken *alter ego* sind überdeutlich. Sie sollen auch überdeutlich sein; denn darauf beruht der geradezu autobiographische Pakt dieses fiktionalen Romans.

---

25 Ebda., S. 13f.

Bei näherem Hinschauen bemerkt man jedoch, dass die zeitliche Verschiebung des Romans einige Jahre früher bereits unübersehbar vor Augen führt, dass die autobiographische Lesart schnell an ihre Grenzen stößt. Wir merken schon zu Beginn von *Il Fuoco*, dass wir eine künstlerisch fruchtbare Dreiecksbeziehung zwischen der Schauspielerin, dem Dichter und der Lagunenstadt vor uns haben, die uns noch ein wenig weiter beschäftigen soll.

Im Grunde müssten wir von mehreren Dreiecksbeziehungen sprechen, die sich auf verschiedenen Ebenen um den schönen Stelio anordnen lassen. Wir könnten schematisch wohl drei Ebenen voneinander differenzieren: Auf Ebene der zwischenmenschlichen Beziehungen lässt sich erstens eine Dreiecksbeziehung zwischen einem Mann (Stelio) und zwei Frauen ausmachen, nämlich Foscarina einerseits und Donatella andererseits, deren Name zunächst bei der Fahrt mit einer Gondel zwischen Stelio und Foscarina aufgetaucht und vom Widerhall des Bugs eines Kriegsschiffes zurückgeworfen worden war. Donatella Arvale war dann zum ersten Mal körperlich an der Hand Foscarinas erschienen; ganz so, wie der reale D'Annunzio offenkundig tiefbeeindruckt gewesen war, als er erstmals mit der schon etwas älteren Schauspielerin Eleonora Duse immer ein wunderschönes Mädchen hatte spazieren gehen sehen, das seine Aufmerksamkeit gerade durch den Alterskontrast auf sich zog.

Wir haben es in diesem Zusammenhang mit einer Grundkonstellation nicht nur beim realen D'Annunzio, sondern auch bei seinen männlichen Romanfiguren beziehungsweise seinen Romanfigurationen zu tun. Denn die Dreiecksbeziehungen ergeben sich für den Mann in Liebesdingen stets mit einer etwas älteren und zugleich mit einer deutlich jüngeren Frau. Bereits in *Il Piacere* hatten wir gesehen, wie zwei grundverschiedene Frauentypen miteinander zu einer einzigen Frauengestalt vermischt wurden. Diese beiden Frauentypen waren freilich nicht durch einen Altersunterschied voneinander getrennt; anders als dies später bei D'Annunzio dann in weiteren Romanen und Theaterstücken der Fall war. Stets aber sollten zwei Frauen in einer ungeheuren mentalen Kraftanstrengung des männlichen Protagonisten zu einer einzigen weiblichen Gestalt verschmolzen werden. Man könnte in diesem Zusammenhang von *polygamen phallogozentrischen Kombinatoriken* sprechen, welche die Darstellung der Lust und der Lüste, aber auch der List und der Listen[26] bei Gabriele D'Annunzio beflügeln – und ich meine hier auch die schier unerschöpfliche Liste an Frauentypen und Frauenbeziehungen, die der italienische Autor listig einführt.

---

26 Vgl. zu diesen Relationen Ette, Ottmar: *ZusammenLebensWissen. List, Last und Lust literarischer Konvivenz im globalen Maßstab (ÜberLebenswissen III)*. Berlin: Kulturverlag Kadmos 2010.

In *Il Fuoco* finden wir in Foscarina den Typ der älteren Frau, auch wenn Eleonora Duse gerade einmal fünf Jahre älter als D'Annunzio war. Sie verkörpert ohne jeden Zweifel eine Mutterfigur, auf die bestimmte allumfassende Eigenschaften wie Zärtlichkeit, Wärme oder Fürsorge projiziert werden. Doch sind sowohl die Erzählerfigur als auch Stelio und Foscarina selbst immer wieder mit ihrem schon älter werdenden Fleisch beschäftigt, ist ihr Körper als Objekt doch nicht mehr so straff und jugendlich wie der einer jungen Heldin, sondern –- wie es im Roman in ständigen misogynen Wiederholungen heißt – erfahren und erschlafft von den vielen Liebkosungen und Wollüsten, die sie in ihrem Leben erfahren hatte. Der Roman spielt die Tatsache gegen Foscarina aus, dass sich die Alterungsprozesse bei Männern und Frauen unterscheiden und vor allem gesellschaftlich und kulturell unterschiedlich bewertet werden.

Doch es kommt noch ein weiteres Moment hinzu: Foscarina ist Schauspielerin. Sie vereinigt ganz wie Eleonora Duse in ihrem Körper – und dazu gibt es eine schöne Passage, die ich hier aus Raumgründen nicht einblenden kann – die ganze Welt der Figuren und Schicksale von Frauenmythen, angefangen von Kassandra und Cleopatra über Lady Macbeth und Medea bis hin zu Iphigenie und Phaedra, die sie alle schon verkörpert hatte. In ihren Körper sind all diese Figuren schon hindurchgegangen; und diese Frauenrollen haben Spuren hinterlassen. Die Schauspielerin ist so etwas wie ein lebendiges Palimpsest, auf dessen Oberfläche sich immer wieder neue Rollen einschreiben, ohne dass die zuvor hinterlassenen vollständig verschwinden würden. Foscarina ist aus diesem Blickwinkel potenzierte Kunst: Sie *verkörpert* Kunst, ja ist gleichsam die Mutter der Kunst.

Auf ihrem schon etwas in die Jahre gekommenen, aber immer noch schönen und ausdrucksstarken Gesicht haben die hundert Masken verschiedener leidender Frauen ihre Spuren hinterlassen, so dass auch auf dieser physischen Ebene Stelio gleichsam eine Frau entgegentritt, die vielfach Leben in sich potenziert – künstlerisches wie reales Leben. Freilich ist Foscarina eine Schauspielerin, die nicht nur auf der Bühne, sondern auch im realen Leben leidet – und sie leidet vor allem unter Männern!

Vor allem aber durchlebt Foscarina in ihrem Beruf als Schauspielerin auf den Brettern, die die Welt bedeuten, zumeist von Männern erschaffene Tragödien, wird also zum Sprachrohr anderer Autoren, die als männliche Künstler durch sie hindurch sprechen. Dies scheint mir von größter Bedeutung für unser Verständnis der Liebesbeziehung sowie des amourösen Dreiecksverhältnisses zu sein. Denn nicht nur wir, nein, auch Stelio hat längst erkannt, welch wunderbares Werkzeug er da vor sich hat; ein göttliches Werkzeug der Kunst, natürlich auch für einen Demiurgen und Gott wie ihn geschaffen. Foscarina ist folglich die große Figur der älteren Frau, die zum Werkzeug des Künstlers wird, da sie ihre konzentrierte Erfahrung, ihr künstlerisches Erleben der unterschiedlichsten Rollen palimpsestartig einbringen kann. Dies ist ohne Zweifel ein uraltes Motiv der Mann-Frau-Beziehung, das uns seit der griechischen Antike im Abendland folgt und verfolgt – etwa auch in Gestalt des Pygmalion-Mythos.[27]

Abb. 80: Eleonora Duse (1858–1924).

An dieser Stelle des Romans ließe sich in der Tat eine zugrundeliegende autobiographische Isotopie oder Bedeutungsebene erkennen. Denn auch Eleonora Duse schreibt, nachdem sie D'Annunzio im Jahre 1895 kennengelernt hatte, dass sie beide – ohne darüber zu sprechen – einen wechselseitigen Beistandspakt miteinander abgeschlossen hätten. Dieser berührte sicherlich auch den komplexen Bereich der Liebe zwischen den beiden Personen im öffentlichen Rampenlicht; und diese Liebe währte für die Verhältnisse D'Annunzios aller Nebenlieben zum Trotz sehr lange – zumindest bis ins Jahr 1903, als eine andere, bald schon in der Psychiatrie und später im Kloster landende Geliebte, Alessandra, in seinem Landhaus in Settignano bei Fiesole beziehungsweise Florenz Einzug hielt. Auch später noch scheint D'Annunzio Eleonora Duse unentwegt Briefe geschrieben zu haben, die sie unentwegt nie beantwortete, als wäre sie eine Figur aus Gabriel García Márquez' *El amor en los tiempos del cólera*.[28] Erst nach dem Ersten Weltkrieg war sie wieder bereit, zumindest ein wenig den Kontakt zu jenem Bühnenautor aufzunehmen und zu halten, dessen Stücke sie mit großem Erfolg gespielt hatte und dessen *Persona*, dessen Rollenmaske, sie in vielfältiger Weise gewesen war.

Und genau hier liegt vielleicht die noch bestimmendere Dimension des beiderseitigen Beistandspaktes: Eleonora Duse, die lange mit dem mittelmäßigen Opernlibrettisten Verdis, Arrigo Boito, zusammengelebt hatte, musste das damals klassische Repertoire der Frauenfiguren bis hin zu Alexandre Dumas spielen; und ihr war dieses Repertoire, das sich für sie ständig wiederholte, weidlich über. Lange schon suchte sie nach jungen Autoren, die andere, neue Stücke für sie hätten schreiben können. D'Annunzio kam da gerade recht!

---

27 Vgl. zu diesem Mythos und der literarischen Anverwandlung durch Honoré de Balzac den vierten Band der Reihe „Aula" in Ette, Ottmar: *Romantik zwischen zwei Welten*, S. 793 ff.
28 Vgl. zu diesem Roman über die Liebe (im Alter) den zweiten Band der Reihe „Aula" Ette, Ottmar: *LiebeLesen*, S. 677 ff.

Er war ihr schon vor ihrer ersten persönlichen Begegnung kein Unbekannter mehr. Sie mochte zwar seine Person und seine Neigungen nicht, wohl aber die Kunst, die er schuf. Könnte man sagen, dass sie den Künstler, aber nicht den Menschen liebte? In jedem Falle hatte Eleonora Duse also auch durchaus professionelle Interessen und unterlag nicht einfach – wie es im Roman hieß – der anziehenden Stimme des jungen Künstlergenies. Eine solche Interessenlage gilt für D'Annunzio keineswegs weniger, sondern vielmehr in erhöhtem Maße. Denn er konnte sich versprechen, über die berühmteste Schauspielerin Italiens Zugang zu den italienischen Bühnen zu finden, sie sich mit Hilfe dieser großen tragischen Schauspielerin zu öffnen und zu erobern. Und genauso geschah es.

Eleonora Duse und Gabriele D'Annunzio warfen folglich ihr symbolisches Kapital im Bereich der Bühnenkunst wie der Literatur zusammen und vergrößerten damit ihr bereits bestehendes Renommee. Die großen Theatererfolge D'Annunzios sind aus dieser Konstellation heraus sicherlich nicht einseitig erklärbar und ableitbar; aber sie wären ohne diese Kombination von symbolischem Kapital zweifellos nicht so schnell und durchschlagend möglich gewesen. D'Annunzio war von Eleonora Duse berührt, liebte sie vielleicht auch, aber sah in ihr vor allem auch jenes eines Gottes würdige wunderbare Werkzeug der Kunst, das ihm erlauben sollte, noch unmittelbarer seiner Schaffenskraft in Italien zum Durchbruch zu verhelfen. D'Annunzios Liebschaften waren für den italienischen Schriftsteller stets nützlich.

Gabriele D'Annunzio war von der politischen Bühne in jenen Jahren wieder etwas zurückgetreten und spielte in dieser Zeit mit Eleonora Duse – als der sicherlich produktivsten Periode seines Lebens überhaupt – mit jenen illustren Brettern, die für ihn vielleicht nicht die Welt, in jedem Falle aber eine große Öffentlichkeit und Sichtbarkeit bedeuteten. Dies war ein Spiel mit vielen Figuren, mit vielen Böden, mit vielen Resonanzräumen, wie Gabriele D'Annunzio es liebte: ein Spiel in einer höchst komplexen literarischen Echo-Kammer, in der sich Hall und Widerhall begegnen und alles mit allem verbinden. Es handelte sich dabei um Literatur in potenzierter Form, so wie Eleonora Duse eine Frauenrolle mit den verschiedensten Masken einer Schauspielerin verkörperte.

Kehren wir nun wieder zur Frage der Dreieckssituation zurück, die wir – Sie erinnern sich – noch auf der ersten Ebene verlassen hatten! Denn diese Dreieckssituation wird einerseits zwischen einem Mann und einer etwas älteren Frau, andererseits aber dann gleichsam spiegelsymmetrisch mit einer etwas jüngeren Frau aufgebaut. Diese zusätzliche Frauenfigur ist in *Il Fuoco* die junge und blendend schöne, mit einem kränklichen Vater belastete und selbst etwas blutleer und statuenhaft wirkende Sängerin Donatella Arvale. Stelio lernt sie an eben jenem außerordentlichen Tag kennen, an dem er selbst seine große Rede hält, seine „Allegoria dell'autunno", auf die ich gleich zurückkommen werde.

Auch die Dritte im Bunde ist wie Foscarina Künstlerin; und auch sie ist an diesem großen Festtag Venedigs im Dogenpalast präsent, mitten im Zentrum der Aufmerksamkeit. Erhob Stelio seine Stimme, um zu den Massen zu sprechen, so erhebt nach ihm Donatella ihre wunderschöne Stimme, um für ihre vielen Zuhörer zu singen. Sie singt – wie es im Roman so schön heißt – durch einen Wald von Instrumenten hindurch für die Menschen, und da ist Stelio natürlich miteingerechnet. Auch sie lässt sich damit als ein Werkzeug begreifen, singt sie doch das, was andere ihr vorgegeben haben. Wie die Foscarina steht sie damit im Gegensatz zu Stelio, dem Komponisten-Dichter oder Dichter-Komponisten, der seine eigene Rede hielt, für sich selbst, in sich und durch sich hindurch sprach. Anders als die zwei wunderbaren Frauen – und auch hierin lässt sich zweifellos ein phallogozentrisches Element erkennen –, die beide Künstlerinnen zweiter Ordnung sind, ist der Mann ein Künstler erster Ordnung, indem er Kunstwerke schafft und nicht interpretiert.

An eben dieser Stelle scheint mir die grundlegende Differenz zwischen den Männerfiguren, die allesamt hochsensible Schöpferfiguren sind, und den Frauengestalten in den literarischen Kreationen Gabriele D'Annunzios zu liegen. Die Männerfiguren scheinen gleichsam kraft ihrer Virilität die schöpferische Potenz gepachtet zu haben: Nicht umsonst ist Stelio der Herr des Feuers. So stellt Foscarina ihrer Freundin Donatella ihren Stelio wie folgt vor: „Donatella, ecco il Maestro del Fuoco"[29] – und so heißt es mehrfach in diesem ersten Teil des Romans, der „Epifania del fuoco". Stelio steht in klarem Gegensatz zu jenen Künstlerinnenfiguren, die gleichsam die Gedanken, die Wünsche und Sehnsüchte sowie die schöpferische Kraft anderer repräsentieren und verkörpern. Foscarina und Donatella sind letztlich vor allem Werkzeuge männlicher Potenz, sind von ihrem Beruf und ihrer Tätigkeit als Schauspielerin und Sängerin jene notwendigen Figuren, die der Kunst es erst ermöglichen, wortwörtlich Gestalt anzunehmen, sobald sie sich anderer Medien als des Papiers bedient.

Donatella ist als Frauenfigur – jenseits der strukturellen Ähnlichkeiten, die sie mit Foscarina teilt – die Verkörperung einer jüngeren attraktiven Frau, die über einen noch unberührten Körper verfügt, Jungfrau ist, den Duft eines jungfräulichen Mädchens und das Reine, die ‚Reinheit' selbst verströmt und ausstrahlt. Sie kennt die Lust, kennt die Wollust noch nicht, von der die andere, erfahrenere Frau zugleich beseelt und – so der Roman – ‚verdorben' ist. Wir haben erneut einen zwar etwas transzendierten, aber durchaus wiedererkennbaren Gegensatz zwischen der Femme fatale und der Femme fragile, der freilich hier künstlerisch produktiv gemacht wird, ist es doch gerade diese Präsenz des

---

[29] D'Annunzio, Gabriele: *Il Fuoco*, S. 353.

Weiblichen, die Stelios Schöpferkraft anstachelt und immer wieder zu neuen Höhen treibt – und natürlich nicht nur seine Schöpferkraft, sondern auch sein Begehren. Dies ist eine für das Fin de siècle und die Wende zum neuen Jahrhundert höchst charakteristische, repräsentative Konfiguration.

Des Bilderzauberers überragende Schöpferkraft ist es auch, die Foscarina schließlich zu ihrem großen Leid akzeptieren und respektieren muss, der sie sich unterordnet und für die sie das Leiden übernimmt. Sie trennt sich von Stelio und zieht sich zurück, sobald dieser sich ihrer jungen Freundin annimmt. Dies ließe sich durchaus strukturell mit der wahren Gestalt Eleonora Duses verbinden, die – wie eingangs erwähnt – ihrem angesichts der zu erwartenden Beschädigung ihrer Person durch D'Annunzios Roman besorgten Impresario schrieb, dass sie dies erleiden und nichts gegen die Veröffentlichung tun werde, ginge doch sonst der italienischen Literatur ein großes Meisterwerk verloren. D'Annunzio hätte diese große Geste sicherlich gefallen. Und so finden wir nochmals auf dieser Ebene, im Erleiden der Konsequenzen der Kunst, die Dreiecksbeziehung wieder, in deren Zentrum – gleichsam von den Blicken beider Frauen gekreuzt – Stelio Effrena steht, der männliche Protagonist und Künstler. Auf die Qualitäten des „Superuomo", des nietzscheanischen ‚Übermenschen', komme ich gleich zurück.

Soweit dieser Ménage à trois auf Ebene der individuellen Figuren – eine Beziehungskiste (entschuldigen Sie bitte diesen Ausdruck!), mit der D'Annunzio weidlich Erfolg und Erfahrung hatte. In der Tat scheint eine derartige Liebeskonstellation jenes Elixier gewesen zu sein, mit dem er mehr als zu anderen, ruhigeren Zeiten künstlerisch produktiv werden konnte.

Auf einer etwas abstrakteren zweiten Ebene ergibt sich im Kontext des Romans wiederum eine Dreierbeziehung: die zwischen dem Mann (also Stelio), der Frau (hier nun Foscarina, Donatella und all die anderen Frauen) und der Stadt (in diesem Falle Venezia, die mit Hilfe der literarischen Ekphrasis unter Verweis auf die Bilder des aus dem Veneto stammenden Giorgione und des Venezianers Tintoretto personifiziert und semantisiert wird). Glücklicherweise für alle Übersetzungen sind auch im Deutschen die Frau und die Stadt gleichermaßen weiblich, so wie es auch auf der gleich folgenden dritten Ebene die Menge („*la moltitudine*" oder „*la folla*") sein wird. Denn die Stadt ist fraglos eine wichtige Protagonistin in diesem Roman, sie ist ja – wie Stelio Foscarina gleich zu Beginn wie wir sahen anvertraut – die größte Verführerin überhaupt.

Mehr noch: Die Topographie der Stadt mit ihren Kanälen, die wie die Venen einer wollüstigen Frau Stelio zu erscheinen beginnen, wird anthropomorphisiert und erhält dadurch eine erotische Dimension, die ihr Befahren mit den natürlich unvermeidbaren Gondeln zu einem wahrhaft lustvollen Erlebnis macht. Daher sind auch die mit Weintrauben oder Granatäpfeln überfrachteten Gondeln in mehrfach kodierter Weise überladen mit Sinn und Sinnlichkeit, so dass sich der starke Eindruck erklären lässt, den sie im männlichen Betrachter auslösen. Die Stadt ist zugleich eine historische Einheit, welche durchaus bestimmte Seme mit Foscarina teilt, sind beide doch hintergründig schön, ausdrucksstark, lustvoll und ungeheuer erfahren – aber auch schon etwas älter und letztlich einem schleichenden Untergang geweiht. Doch verschmelzen sie nicht miteinander, auch nicht in der dem ersten Teil Einheit gebenden zentralen Passage von „Epifania del fuoco", nämlich der Rede Stelio Effrenas. Diese knüpft an die historische Rede Gabriele D'Annunzios in Venedig an, die ebenfalls „Allegoria dell'autunno" hieß und aus der er verschiedentlich Passagen in seinen Roman am Beginn eines neuen Jahrhunderts einblendete.

Für den historischen, textexternen Gabriele D'Annunzio war es eine grundlegende Erfahrung gewesen, mit seiner bloßen Stimme die anonyme Masse begeistern zu können. Der italienische Dichter sollte sich und der namenlosen Masse ein solches Vergnügen noch mehrfach gönnen, wie sein weiteres politisches Leben mit seinen faschistischen oder faschistoiden Ergüssen zeigt. Doch für Stelio ist Venedig eine wunderbare Geliebte, von der er sich nicht trennen mag; eine urbane Geliebte, der – wenn auch auf andere Weise – nur Roma, das schöne Rom, an die Seite treten und gefährlich werden kann. Denn Venedig ist historisch akkumulierter Luxus, durch die Zeiten angehäufte Kunst, wie sie selbst in den Dekolletés ihrer schönen Damen erscheint, die ihn von der Rede begeistert anfunkeln – mit ihren strahlenden Augen und mit ihren glanzvollen Schmuckstücken ...

Die dritte Ebene der Dreiecksbeziehung ist ebenfalls abstrakter, aber vielleicht noch stärker politischer Natur. Wir haben also wieder *den* Mann und *die* Frau, die wir ja schon kennen, aber an die Stelle der Stadt tritt nun die Menge, die Masse, und dies ist ein eminent politischer Akt. Sie tritt dem Redner Stelio verschiedentlich in anthropomorpher, aber auch tierischer Gestalt entgegen. Zwischen dem Mann und der Masse besteht eine direkte, offene und zugleich geheimnisvolle Kommunikation, die durchaus nicht immer bewusst abläuft, bisweilen aber auch bewusst und von bestimmten Absichten gesteuert werden kann.

Gewiss ist auch auf dieser Ebene die erotische Spannung zu spüren, denn schließlich erscheint ihm die Masse auch als Chimäre mit weiblich vollen Brüsten. Zugleich aber taucht auch ein ihn immer wieder verfolgendes Bild auf: das des Ungeheuers mit den hundert verschiedenen Gesichtern, das ihn unentwegt verfolgt und gegen das er stets mutig anzukämpfen versucht. Wir befinden uns in der nachfolgenden Passage bereits mitten in der festlichen Ansprache und Rede Stelios im Dogenpalast von Venedig, wo sich das Publikum in eine anonyme Masse und eine durch ihren lauten Beifall bemerkliche Gruppe von Schülern Stelios spaltet.

Mit ihrem reichen Schmuck und kunstvollem Geschmeide ragt Foscarina aus dieser Masse heraus. Sie lässt sich an ihren Bewegungen erkennen, ist hochgradig individualisiert; zugleich gibt sie sich durch ihren Blick dem Redner hin und lässt ihre eigene, ungeschmückte Körperlichkeit auf den aktiven Mann einwirken. Doch Stelio erregt nicht nur die Präsenz der sich ihm bereits darbietenden Frau – es ist auch die „folla", die „moltitudine", die Masse, die sich ihm in der ambivalenten Gestalt der Chimäre zur Verfügung stellt:

> Stelio sah nun jene weibliche Büste jener maßlosen, beäugten Chimäre, über der sich hingebungsvoll die Federn der Fächer bewegten; und er verspürte, wie über seinen Gedanken eine allzu warme Trunkenheit huschte, die ihn verwirrte, indem sie ihm Worte zum geradezu fleischlichen Anblick einflüsterte, jene lebendigen, substantiellen Worte, mit denen er die Frauen wie mit zärtlichen und erregenden Fingern zu berühren wusste. Die von ihm hervorgerufene weite Erschütterung hallte in ihm selbst mit einer vervielfachten Kraft wider und schüttelte ihn so tief, dass er den gewohnten Gleichgewichtssinn verlor. Er schien auf der Menge zu oszillieren wie ein konkaver Klangkörper, in welchem die verschiedenen Resonanzen durch einen unterschiedslosen, aber unfehlbaren Willen generiert wurden. In den Pausen wartete er sehnsüchtig auf das unvorhergesehene Sich-Zeigen jenes Willens, während ihm das innere Echo, als wäre es nicht das seiner eigenen Stimme, andauerte, als hätte er ausdrucksstarke Worte von Gedanken hervorgebracht, die für ihn selbst höchst neu waren.[30]

In dieser poetisch durchgearbeiteten Passage lassen sich zwei Grundelemente erkennen, die den gesamten Roman, vielleicht aber auch das ganze Leben Gabriele D'Annunzios rhythmisieren: die Präsenz der sich darbietenden Frau und deren Verbindung mit der eigenen Kreativität. Denn nur so wird in Stelio das Neue, das Schöpferische hervorgerufen, wird er zugleich zum Schöpfer und zur Echokammer der Wünsche und Begierden jener Menge, zu der er spricht. Es ist diese Menge, die ihn gleichsam aus dem Gleichgewicht bringt, den Halt verlieren lässt – denn nur so wird er zum Träger jenes transzendenten, überindividuellen Willens, der weit über ihn selbst und sein logisches Denken hinausgeht. Dieser sein Selbst transzendierende Wille macht ihn umgekehrt zum Sprachrohr aller, zum Fürsprecher aller. Sie erkennen in diesen Formulierungen Bezüge zu faschistoiden Machttheorien und mehr noch Machtpraktiken? Ja, ganz gewiss! Wir hatten ja bereits vielfach bei D'Annunzio gesehen, in welchem Lichte der Wille der Menge, der Masse erscheint: Hier geht es nicht um einen demokratisch formulierten Willen der Masse, sondern um einen dieser Masse nahegebrachten, ja aufoktroyierten Willen, der sich in einer zutiefst erregten Führerpersönlichkeit hierarchisch ausspricht.

---

30 Ebda., S. 82f.

Eine derartige hierarchische Beziehung besteht auch zwischen einem Meister und seinen Schülern – und nicht umsonst werden in der Masse auch die Schüler Stelios erwähnt. Sie bilden so etwas wie die Dominikaner, wie die ‚Hunde des Herrn', auf dessen Zeichen sie hören: Sie verbreiten sein Wort, sie bringen seine Gedanken unter die Menge, sie setzen den Willen des Meisters in der Gesellschaft durch. In der im Fin de siècle nicht selten inszenierten Beziehung zwischen einem Meister und seinen Schülern – an dieser Stelle lässt sich eine Parallele zu José Enrique Rodós im selben Jahr 1900 erstmals erschienenen Band *Ariel* verweisen, in dem ein Meister zu seinen Schülern spricht und alles hierarchisch auf ihn und sein das Menschliche transzendierendes Denken zugeschnitten ist[31] – präfiguriert sich in gewisser Weise schon ein Führerprinzip. Dieses muss man nicht notwendig – und schon gar nicht mit Blick auf *Ariel* – als präfaschistisch charakterisieren. In jedem Falle aber stellt dieses Prinzip eine streng hierarchisierte Beziehung zwischen einerseits dem großen herausragenden Individuum und andererseits einer anonymen Menge oder Masse her; eine Relation, welche auch an die von Friedrich Nietzsche evozierten demokratiefeindlichen Bilder denken lässt.

Unzweideutig an Friedrich Nietzsche orientiert ist ebenso die Abneigung der großen Helden D'Annunzios gegenüber dem Herdentrieb, den der Verfasser von *Jenseits von Gut und Böse* so geißelte, wie auch die Orientierung dieser männlichen Helden an der erotischen Lust. Wie in *Il Piacere* ist auch in *Il Fuoco* stets das Lustprinzip mit dem Prinzip schöpferischer Potenz gepaart. Die Schöpferkraft ereilt Stelio in einem Augenblick fieberartiger Erregung; und er überträgt wenig später diese Erregung auf die Frau, die sich ihm zeitgleich mit dem Schoß der Stadt Venedig darbietet. Diese Koinzidenz ist nicht kontingenter, sondern kausaler Natur, bestätigt sie doch noch einmal eindrucksvoll das Übereinstimmen von schöpferischer und sexueller Potenz einerseits und die Herausforderung durch die mehrfache Dreierbeziehung, die Stelio in beständige Erregung versetzt. Dass die in der Romantik stark besetzte weibliche Musenfunktion bei Gabriele D'Annunzio wie bei anderen Schriftstellern des transatlantischen Fin de siècle zu einem erotischen Höhepunkt geführt wird, ist in den Romanen des italienischen Schriftstellers offenkundig und für die männliche Darstellung der Frau bestimmend.

Wichtig ist aber zweifellos auch die politische Dimension dieses unverkennbar an Nietzsche orientierten Übermenschentums. Denn der Übermensch Stelio, der Künstler und Komponist, der Dichter und Redner, registriert auf überaus sensible und feinsinnige Art jede leichte Veränderung seiner selbst bei

---

31 Vgl. hierzu das Vor- und Nachwort zu dieser Ausgabe in Rodó, José Enrique: *Ariel*. Übersetzt, herausgegeben und erläutert von Ottmar Ette. Mainz: Dieterich'sche Verlagsbuchhandlung 1994.

der eigenen Rede, so wie er auch die Veränderungen seines Publikums und die starke Wirkung seiner um die Ideale der Schönheit kreisenden Vorstellungen geradezu seismographisch erkennt. Hier spricht ein *über* den Menschen stehender Mensch, vor dem sich im Saale des festlich geschmückten Dogenpalastes die Menge teilt, zu *seinem* Volk. Hier zeigt der Künstler der Masse, wohin sie sich zu bewegen hat, hier nimmt ein Führer, der zugleich Dichter ist, die Menge bei der Hand. Und hier nimmt ein großer, künstlerisch sensibler Redner eine namenlose Masse gefangen und in Besitz.

Stelio ist ein Führer; und er ist ein Mann, der Frauen – wie die Massen – zu manipulieren versteht. Die Erfahrung der Masse, die sich ihm jubelnd zuwendet, geht der Bewunderung der beiden Frauen für Stelio voraus, leitet über zur geschlechtlichen Liebe mit Foscarina und der Sehnsucht nach der reinen Liebe zur jungfräulichen Donatella mit ihrem festen, reinen Fleisch – wie es explizit im Roman heißt. Die Parallelen zwischen *Il Fuoco* und *Il Piacere* sind offensichtlich: Elena Muti verkörpert sich in Foscarina, Maria wird zu einer noch jüngeren, noch heiligeren, da jungfräulichen Donatella. Die literarische Obsession derartiger Vorstellungen, der psychoanalytisch deutbare „mythe personnel" der immer gleichen und immer variierenden Konstellation in vielen Texten D'Annunzios ist beeindruckend.

Zugleich wird aber ein (politisches und geschlechterspezifisches) Herrschaftsprinzip erkennbar, das sicherlich auch dem nietzscheanischen Herren- und Übermenschen zurechenbar ist. Stelio ist ein hochkultivierter Herrenmensch, dem es letztlich vor allem um die Schönheit und die eigene Lusterfahrung geht, ohne dass er Gewalt auf die Welt hätte ausüben wollen – ein wenig so, wie sich D'Annunzio bei seiner ersten, erfolgreichen politischen Kampagne schlicht als den ‚Kandidaten der Schönheit' bezeichnete. Versuchen wir aber nun, den zweiten Teil der sensiblen Aufnahme innerer Regungen Stelios und seiner Reaktionen bei der eigenen Rede nochmals aus größerer Nähe zu studieren:

> Er staunte über jene unbekannte Macht, die in ihm zusammenlief, die Grenzen der einzelnen Person aufgab und der einsamen Stimme die Fülle eines Chores gab. – So also war der mysteriöse Aufschub, den die Enthüllung der *Schönheit* der alltäglichen Existenz den hungernden Massen schenken konnte; so also war der mysteriöse Wille, den der Dichter in den Akt des Antwortens auf die unzählbaren fragenden Seelen rund um den Wert des Lebens und die Sehnsucht investieren konnte, sich, und wäre es ein einziges Mal, zur ewigen *Idee* zu erheben. – In jener Stunde war er nichts als der Vermittler, durch welchen die *Schönheit* den Menschen, die an einem Orte zusammenkamen, welcher von Jahrhunderten menschlichen Ruhmes geheiligt war, die göttliche Gabe des Vergessens übermittelte. Er machte nichts anderes als in die Rhythmen des Wortes die sichtbare Sprache zu übersetzen, in welcher schon an diesem Ort die antiken Kunsthandwerker dem Streben und Erflehen des Adelsgeschlechts Bedeutung geschenkt hatten. [...]

> Nicht allein auf jene Masse, sondern auf unbegrenzte Massen richtete sich sein Denken; und er rief sie auf, verdichtet in tiefen Theatern, beherrscht von einer Idee der Wahrheit und Schönheit, stumm und vor dem großen szenischen Bogen stehend, der sich auf eine wunderbare Transfiguration des Lebens öffnete, frenetisch unter dem plötzlichen Glanze, der von einem unsterblichen Worte ausging. Und der Traum von einer höheren Kunst, der sich auch einmal in ihm erhob, zeigte ihm die neuerlich von einer Reverenz gegenüber den Dichtern ergriffenen Menschen wie gegenüber jenen, welche alleine für einen Augenblick die menschliche Angst unterbrechen, den Durst löschen, das Vergessen erweitern konnten.[32]

Wenn man in diesem Auszug die Wortwahl des Erzählers näher ansieht und analysiert, dann kann man bis zu einem gewissen Grade verstehen, warum Eleonora Duse ihrem Gabriele D'Annunzio gegen Ende ihrer Liebesbeziehung einmal schrieb, sie habe genug von seinen großen Worten. Auch in dieser Passage sind die großen Substantive in ungeheurer Dichte vorhanden, werden bestimmte ästhetische Konzepte mit politischen vermengt und historische Vergleiche bemüht, die schwer nachzuvollziehen, aber auch schwer zu belegen oder zu falsifizieren sind. Dabei ist auch hier der Redner in gewisser Weise zu einem Sprachrohr geworden, zu einem Resonanzboden für die Menge, deren Erregung auf den Dichter-Redner übergeht. Aber er hat doch einen wesentlich aktiveren Part im Kontakt mit der Menge als etwa die Schauspielerin oder die Sängerin: Immerhin heißt es, in unverkennbarer Reminiszenz an Nietzsche, dass Sängerin, Schauspielerin und Tänzerin die drei dionysischen Frauenfiguren schlechthin darstellten. Der junge Stelio ist im Grunde ein kompletter Mensch im nietzscheanischen Sinne – das heißt, dass er mit dem Dionysischen seines Körper-Leibes auch das Apollinische seines Geistes zu verbinden weiß.

Er verbindet beide Bereiche miteinander, auch wenn es ihm – außer in der Kunst – nie gelingt, die beiden unterschiedlichen Frauenfiguren dauerhaft miteinander zu verschmelzen. Er vermag es im Übrigen, die politische Tragweite seines Denkens und seiner Kunst bereits in dieser Szenerie zu erkennen; und wir sehen zugleich, wie die verschiedenen Isotopien und Gegenstandsbereiche unauflöslich, wie bei einem synästhetischen Gesamtkunstwerk, ineinander greifen. In der Tat wird in der ersten Hälfte des 20. Jahrhunderts der Kult der Schönheit mit dem Kult der Macht und dem Triumph des Willens eine ungeheuer explosive Vereinigung eingehen; eine Mischung, die hier, in der Rede an das versammelte venezianische Volk der begüterten Bürger und Künstlerjünger, bereits *in nuce* absehbar ist. Die Literatur wirft hier, wenn auch „malgré elle", ein prospektives Licht auf die vielen politischen Führerfiguren und Potentaten, auf Kriege und

---

32 D'Annunzio, Gabriele: *Il Fuoco*, S. 83–85.

Katastrophen der ersten Hälfte des bevorstehenden Jahrhunderts, das D'Annunzio mit diesem Roman des Jahres 1900 geradezu eröffnete.

Nach diesem großen rednerischen Höhepunkt und dem Konzert der schönen Donatella lassen sich die drei zurückrudern zu jenem Ort, wo sich die Jünger und Schüler des Meisters versammelt haben, wo man den Abend und die Nacht – kurz vor der erotischen Explosion – noch mit allerlei Gedankenaustausch über Kunst im Allgemeinen und das Gesamtkunstwerk Richard Wagners im Besonderen zubringt. Dabei darf in der Runde ein soeben aus Bayreuth zurückgekehrter Jünger Wagners, noch halb in der Ekstase befindlich, nicht fehlen. Gegen ihn und den germanischen Geist wendet sich freilich später auch Stelio als Verteidiger der lateinischen Kultur und ,Rasse' („razza"): Die Anklänge an die „latinità" und an den sich gegen den expansiven Pangermanismus richtenden Panlatinismus – mit dem wir uns in früheren Vorlesungen transatlantisch auseinandergesetzt haben[33] – sind epochenspezifisch unüberhörbar.

Doch zurück zu unserer romanesken Figurenkonstellation! Denn es ist Donatella, die Stelio letztlich die für seine Tiraden ausschlaggebende Frage stellt; eine Frage, deren Beantwortung wir nur vor dem Hintergrund unserer Überlegungen zum Panlatinismus und seiner Frontstellung ebenso gegenüber Germanen und Angelsachsen wie gegenüber den Slaven verstehen können. Dieser so zeittypische Diskurs des Gegensatzes zwischen dem kultivierten Lateiner in der Tradition des großen Rom und dem barbarischen Nordmenschen ist nur im Fin de siécle mit seiner Erfahrung der immer weiter wachsenden materiellen Übermacht der germanischen und angelsächsischen Länder verständlich. Dies ist kein Gegensatz, der sich lediglich auf Europa beschränkte: Er besitzt vielmehr grundlegend transareale Dimensionen und ist unter Hinzuziehung der jeweiligen Kolonialismen in der Tat weltumspannend.

Selbstverständlich ist mit alledem letztlich eine Apotheose Roms und ein dem künftigen italienischen Reich geltender Jubel verbunden, der sehr wohl imperiale und bald auch imperialistische Züge trägt. Wir erkennen an dieser Stelle, wie die Diskursivität des Panlatinismus wiederum in Verbindung mit dem Diskurs über eine der Elite allein zugängliche Kunst eine Grundvoraussetzung dafür schafft, dass D'Annunzio gleichsam für das Kleinbürgertum eine Verbindung mit aristokratischen Idealen und Werten in die Wege leiten kann. Doch jetzt zu unserer Szene: Denn Donatella Arvale fragt – reichlich arglos und naiv – den lieben Stelio, ob dieser denn nicht den guten Riccardo Wagner liebe! Damit aber hat sie einen heiklen Punkt getroffen und gleichsam ins pan-

---

33 Vgl. hierzu Ette, Ottmar: *Romantik zwischen zwei Welten*, S. 942 ff. u. S. 1071 ff.

latinistische Wespennest der Literaturen am Ausgang des 19. Jahrhunderts gestochen:

> – Das Werk von Richard Wagner –, antwortete er, – ist auf den germanischen Geist gegründet, es ist von seinem Wesen her rein nordisch. Seine Reform besitzt bestimmte Analogien zu jener, die Luther unternahm. Sein Drama ist nichts außer der höchsten Blüte des Genies eines Geschlechts, nichts außer einem außerordentlich wirkungsvollen Kompendium jener Bestrebungen, welche die Seele der nationalen Symphoniker, der nationalen Dichter ermüdeten, von Bach bis zu Beethoven, von Wieland bis zu Goethe. Wenn Ihr Euch sein Werk an den Ufern des Mittelmeeres, unter unseren klaren Olivenbäumen, unter unserem geschmeidigen Lorbeer, unter der Glorie des lateinischen Himmels vorstellt, dann würdet Ihr es blass werden und sich auflösen sehen. Denn es ist nach seinen eigenen Worten dem Künstler gegeben, aus der Perfektion des Künftigen eine noch unförmige Welt erstrahlen und im Begehren wie in der Hoffnung prophetisch die Tage aufblitzen zu sehen, und so künde ich Euch das Heraufkommen einer neuen oder erneuerten Kunst an, welche durch die starke und ehrliche Schlichtheit ihrer Linien, durch ihre widerstandsfähige Grazie, durch die Begeisterungsfähigkeit ihrer Geister, durch die reine Potenz ihrer Harmonien das unermessliche ideale Bauwerk unseres auserwählten Geschlechts inaugurieren und krönen wird. Ich sonne mich in der Glorie, Lateiner zu sein; und – entschuldigt, oh träumerische Lady Myrthe, verzeiht mir, oh geschmackvoller Hoditz – ich erkenne einen Barbaren in jedem Menschen von anderem Blute.
> – Aber auch er, Richard Wagner, entwickelte den Faden seiner Theorien von den Griechen her –, sagte Baldassare Stampa, der nach seiner Rückkehr aus Bayreuth noch ganz von seiner Ekstase erfüllt war.
> – Ein ungleicher und konfuser Faden –, antwortete der Meister. – Nichts ist weiter entfernt von der Orestiade als die Tetralogie des Rings.[34]

In diesen Äußerungen Stelios zeigt sich die Eloquenz des Meisters, der seinen Schülern gegenübertritt und ihnen die wahren Entwicklungslinien der aktuellen und der künftigen Kunst aufzeigt. Die Verbform „annunzio" zeigt an, dass er dabei im Namen des Dichters spricht. In diesem Gespräch, in diesem einseitigen Dialog, zeigt sich nicht zuletzt auch das Meister-Schüler-Verhältnis, das später – schon unter den Prämissen einer an die Massen gerichteten Rhetorik – evidente Übergänge zu einer Beziehung zwischen Führer und anonymer Masse aufweist; eine Kunstauffassung, die zwar immer noch quasi spätromantisch am großen Genius orientiert ist, zugleich aber auf die Bewegung der Massen zielt, die sich an diesem orientieren und von ihm führen lassen.

Der noch junge italienische Künstler Stelio befindet sich – ungeachtet seiner eigenen Meisterschaft – in einem Spannungsverhältnis seiner elitären Kunstauffassung gegenüber einem anderen großen Meister, Richard Wagner –, der seinen Tod eben in Venedig erfahren sollte. Letzterer ist die Schlüsselfigur für die Jahr-

---

[34] D'Annunzio, Gabriele: *Il Fuoco*, S. 158 f.

hundertwende im Zeichen der Dekadenz, so dass man sehr zutreffend vom ‚dekadenten Wagnerismus' gesprochen hat, einer an Wagner orientierten Ästhetik, welche die Dichte der einzelnen Sinneserfahrungen und deren Verschmelzung zu einem Gesamtkunstwerk im Auge hat. Es ist daher kein Zufall, dass einer der Jünger des jungen italienischen Meisters just aus Bayreuth zurückgekehrt ist – jenem Schauspielhügel, auf dem Wagner den Tempel seiner Kunst und zugleich seiner Konzeption des Gesamtkunstwerks errichten wollte. Bayreuth war längst zu einer Pilgerstätte keineswegs nur germanischer, sondern europäischer Kunstliebhaber geworden. Baldassares Enthusiasmus ist noch längst nicht verschwunden; und doch träumt Stelio gemeinsam mit seinen anderen Schülern und Jüngern davon, das Bauwerk aus Ziegeln und Holz in Rom zu übertreffen durch einen Bau auf einem der sieben Hügel der Stadt, der dann ganz im Zeichen von Marmor und Gold stehen sollte. Unnötig hinzuzufügen, dass hinter Stelio die Ambitionen eines D'Annunzio aufscheinen.

Die Rivalität der Architekturvisionen ist natürlich nicht zufällig, prägt doch auch Stelio eine Rivalität mit dem großen Komponisten und Künstler Wagner, die man ohne Übertreibung als ins Extreme gesteigerte panlatinistische Hassliebe bezeichnen könnte. Man müsste mit Blick auf diese Beziehung mit Harold Bloom von einer *Anxiety of Influence* sprechen,[35] einer geradezu ödipalen Vater-Sohn-Situation, in welcher der Vater – in diesem Falle Richard Wagner – als übermächtig und präpotent wahrgenommen, zugleich in seinen herausragenden Eigenschaften als prägend und zugleich abstoßend empfunden wird. Dieser ‚Vater' fördert die künstlerische Entwicklung des ‚Sohnes' ebenso wie er sie behindert. Daher auch die Rhetorik Stelios, der sich mit der mittlerweile längst auch in Italien positiven Einschätzung Wagners herumschlagen und plagen muss, um seine eigene Kunstauffassung in Absetzung vom Wagner erfolgreich zu propagieren. Vergessen wir dabei nicht, dass Gabriele D'Annunzio in sich den Neubegründer des italienischen Nationaltheaters erblickte!

Der junge Stelio ist ein Gesamtkünstler, in dem sich vor allem Dichter und Komponist, aber auch viele andere Qualitäten und Eigenschaften profilieren – jene des Redners sahen wir schon eindrucksvoll. Das zentrale Ideologem, das es Stelio erlaubt, sich gegenüber Richard Wagner in seiner eigenen auserwählten Kunst abzusetzen, ist das des Gegensatzes zwischen Panlatinismus beziehungsweise Latinität einerseits und Germanentum beziehungsweise Pangermanismus andererseits. Denn dank dieser ideologisch-politischen Opposition darf er hoffen, einen diskursiven Gegensatz aufzubauen, der nicht mehr überbrückbar ist und

---

[35] Vgl. hierzu Bloom, Harold: *The Anxiety of Influence*. New York: Oxford University Press 1973.

der es ihm ermöglicht, sein eigenes, erst noch im Entstehen begriffenes Werk gegen die übermächtigen Einflüsse aus dem Norden abzuschotten.

Gleichwohl gibt es eine Reihe von Theoremen, welche Stelio mit jenen Richard Wagners verbinden, so dass man in der Tat einmal mehr die Zusammengehörigkeit des Fin de siècle nicht allein auf der gesamten europäischen Bühne, sondern transareal weit darüber hinaus erkennen kann. Gerade die auch bei einer lateinamerikanischen Gesellschaftselite sehr beliebten Pilgerfahrten nach Bayreuth, die in den verschiedensten romanischen Ländern angesagt waren (und sind) – selbst in Frankreich, wo noch die Niederlage gegen Preußen schmerzte –, sorgten für eine gemeinsame, Nationalkulturen überspannende Dimension der Kunst der Jahrhundertwende.

Die *Anxiety of Influence* wird über den kulturellen Panlatinismus aufgebaut, wobei dieser nicht mehr vorrangig die Züge einer Dekadenz trägt, sondern nun – im Jahr 1900 des neuen Jahrhunderts, in dem der Roman erschien – unverkennbar von Vitalismus und Aufbruchsstimmung charakterisiert wird. Es ist also kein dekadenter Wagnerismus, dem wir in *Il Fuoco* begegnen, sondern eine Auseinandersetzung, die letztlich vor patriotischem italienischen Hintergrund eine Kunst des Südens, eine durch Klarheit gekennzeichnete Kunst des Mittelmeerraumes der noch immer im Ruf des Barbarischen stehenden Kunst des Nordens offensiv entgegensetzen will.

Man könnte dies mit guten Gründen transareal mit dem berühmten „Así habló Próspero"[36] in José Enrique Rodós *Ariel* vergleichen, das eine trotzige Antwort auf Friedrich Nietzsches *Also sprach Zarathustra* darstellt. Und der Text des uruguayischen Modernisten tut dies durchaus nicht simplistisch als reine Gegenposition, sondern als Konzeption einer Kunst, eines Schreibens und einer Philosophie, die bestrebt ist, die Erfolge des Nordens für ihre eigene lateinische Entwicklung fruchtbar zu machen. In Literatur und Kunst geht es – so dürfen wir allgemein an dieser Stelle hinzufügen – zumeist nicht um schieren und blanken Widerstand, sondern um eine ästhetische Widerständigkeit, welche über die zeitgenössischen Gegenpositionen und Polemiken hinauszuführen fähig ist. Gerade die Literaturen der Welt sind in diesem übergreifenden Sinne widerständig, weil und damit sie prospektiv über die Zeit hinausgehen.

Verlassen wir damit aber Gabriele D'Annunzio, jenen berühmten italienischen Dichter, Schriftsteller, Bühnenautor und politischen Redner, der über einen so langen Zeitraum auch und gerade in Deutschland einflussreich gewirkt hat! Ist in unserer heutigen Zeit auch im Rahmen einer gewissen Renais-

---

36 Vgl. hierzu nochmals Ette, Ottmar: „Así habló Próspero". Nietzsche, Rodó y la modernidad filosófica de *Ariel*. In: *Cuadernos Hispanoamericanos* (Madrid) 528 (junio 1994), S. 48–62.

sance in Deutschland noch immer das relativ bescheidene, aber fokussierte Interesse erkennbar, insoweit noch immer sehr wenige Übersetzungen der literarischen Werke D'Annunzios lieferbar sind – *Il Fuoco* gehörte nicht zufällig zu den ersten wieder lieferbaren Titeln –, so war die Kunst des Italieners doch über einen langen Zeitraum sehr eng mit dem deutschsprachigen Raum verbunden. Große Autoren wie Stefan George, Bertolt Brecht oder Walter Benjamin haben seine Dichtung sehr geschätzt und ins Deutsche übertragen. D'Annunzio blieb über einen langen Zeitraum der bekannteste Gegenwartsautor Italiens, der sich ein breiteres europäisches und selbst darüber hinausreichendes Publikum mit einer Literatur geschaffen hatte, welche das Leben in all seinen Aspekten, in seinen Lüsten und Wollüsten wie in seinen Melancholien, Kriegen und Katastrophen vitalistisch in den Mittelpunkt rückte.

Dies lag nicht zuletzt mit Blick auf die deutschsprachige Welt daran, dass D'Annunzio seine Einflüsse und seine Neugier nicht auf den italienischen oder romanischen Raum beschränkte, sondern darüber hinausblickte und insbesondere aus dem ‚germanischen' Kulturbereich wesentliche Impulse für sein eigenes Schreiben aufnahm. An dieser Stelle wäre es möglich, auf Richard Wagners *Parsifal* aufmerksam zu machen, der in *Il Fuoco* eine besondere Rolle spielt und in der Figur des Amfortas in gewisser Weise jenes Thema der Wunde immer wieder in den Roman einblendet, das sich in der Tat leitmotivartig im Erzähltext von 1900 wiederfindet. Ich blende jetzt die Ouvertüre, das Vorspiel von Richard Wagners *Parsifal* ein, weil sich hier die Leitmotivtechnik sehr schön darstellen lässt anhand der Einführung von drei verschiedenen Leitmotiven, die in der Folge miteinander verwoben werden. Man kann mit guten Gründen behaupten, dass Gabriele D'Annunzio zwar die Latinität betonte und etwa im Satzbau seiner Erzähltexte an die langen Perioden des Lateinischen anknüpfte, dass er aber auch diese leitmotivartigen Techniken aus dem ‚Norden' anwandte, die er bei Wagner in Überfülle studieren konnte.

Doch vor allem sollten wir auf einen weiteren, ebenfalls der finisekulären Stimmung Europas entsprechenden und grundlegenden Einfluss, auf eine allgegenwärtige Intertextualität verweisen, die von dem bereits mehrfach genannten Friedrich Nietzsche ausging. Gleichzeitig lässt sich zeigen, dass vieles in D'Annunzios Schreibweise in *Il Fuoco* auch bei Nietzsche – etwa in seinem Tänzer *Zarathustra* – vorhandene musikalische Kompositionstechniken zurückgeht, so insbesondere die Leitmotivtechnik und die damit verbundenen Redundanzen, die freilich wahrnehmungsgemäß in der Musik leichter toleriert werden als in der Literatur, wo Wiederholungen schnell als störend empfunden werden können.

Man könnte in gewisser Weise die europäische Literatur und Kultur des Fin de siècle aus dem Spannungszustand gerade zwischen Deutschland als dem germanischen Raum im Norden und Italien als dem lateinischen Raum im Süden herleiten, wenn nicht gleichzeitig zu berücksichtigen wäre, dass wie das Barockzeitalter, wie die Aufklärung oder wie die Romantik auch das Fin de siglo eine stark transareale und insbesondere transatlantische Erstreckung besaß.[37] Der Tod Richard Wagners in Venedig ist ein Zeichen dieser wechselseitigen Reisen ebenso wie die Reise eines der Schüler Stelios nach Bayreuth: Diese Bewegungen stehen stellvertretend für die komplexen, aber bipolaren Spannungsverhältnisse, die sich auch rund um das philosophisch-literarische Schaffen von Friedrich Nietzsche ansiedeln, das weit nach Lateinamerika abstrahlte.[38]

Dieser andere ‚germanische' Reisende hat in schweren Tagen ebenso wie Wagner den Weg gerade im Winter nach Italien gesucht, wo ihn die Bläue des Meeres und des Himmels und das Grün der Bäume wieder ins Leben zurückholten – und wo er sich selbst auch wichtige Inspirationen verschaffte. Jenes Mittelmeer mit seinen Olivenhainen und Lorbeerbäumen, von dem Stelio sprach, zog ihn an. Somit ist aus wechselseitiger Perspektive der Verweis Stelios auf den Himmel und das Meer keineswegs nur Moment eines patriotisch-nationalistischen Italieners, sondern ein kulturelles Element – und darüber hinaus natürlich auch ein Topos –, anhand dessen sich auch die Bezüge zwischen *Il Fuoco*, Wagners *Tannhäuser* und Nietzsches *Zarathustra* herstellen lassen. Vergessen wir dabei eines nicht: Natürlich ist Natur nicht natürlich! Sie ist eine jeweils politische, einer im Sinne Bruno Latours verstandenen *Politik der Natur* entsprechende kulturelle Konstruktion, die in anderen Sprachen, Kulturen oder Jahrhunderten völlig anders vorgenommen wurde und wird. Doch beschäftigen wir uns endlich, wenn auch nur kurz, mit Friedrich Nietzsche!

So möchte ich Ihnen zunächst eine kleine Passage aus Nietzsches *Ecce homo* anführen, wo der große Philosoph und Schriftsteller auf die Entstehung seines *Also sprach Zarathustra* zu sprechen kommt:

> Den Vormittag stieg ich in südlicher Richtung auf der herrlichen Straße nach Zoagli hin in die Höhe, an Pinien vorbei und weitaus das Meer überschauend; des Nachmittags, sooft es nur die Gesundheit erlaubte, umging ich die ganze Bucht von Santa Margherita bis hinter nach Porto fino. Dieser Ort und diese Landschaft ist durch die große Liebe, welche Kaiser Friedrich der Dritte für sie fühlte, meinem Herzen noch näher gerückt; ich war zufällig im Herbst 1886 wieder an dieser Küste, als er zum letzten Mal diese kleine verges-

---

37 Vgl. hierzu den vierten Band der Reihe „Aula" in Ette, Ottmar: *Romantik zwischen zwei Welten*, passim.
38 Vgl. hierzu Ette, Ottmar: „Una gimnástica del alma": José Enrique Rodó, Proteo de Motivos. In: Ette, Ottmar / Heydenreich, Titus (Hg.): *José Enrique Rodó y su tiempo. Cien años de „Ariel"*. 12º Coloquio interdisciplinario de la Sección Latinoamérica del Instituto Central para Estudios Regionales de la Universidad de Erlangen-Nürnberg. Frankfurt am Main – Madrid: Vervuert – Iberoamericana 2000, S. 173–202.

sene Welt von Glück besuchte. – Auf diesen beiden Wegen fiel mir der ganze erste Zarathustra ein, vor allem Zarathustra selber, als Typus: richtiger, er *überfiel mich*...[39]

In diesen Worten zeigt sich, wie Natur kulturell (und auch politisch-kaiserlich) aufgeladen werden kann und in dieser verdichteten Semantisierung eine geradezu von der Natur naturierte Normierung erzwingt. Zugleich sehen wir, wie die Natur den Raum für die Gesundheit, zugleich aber – und weit mehr noch – den Raum für die Philosophie oder für das *Philosophieren* im Sinne Friedrich Nietzsches bietet. Die Wegbeschreibungen rund um die Bucht sind nichts anderes als in Bewegung gesetzte Philosophie, die sich – wie stets bei Nietzsche – literarischer Gehhilfen bedient.

Die Passage berührt jene von Stelio zunächst negierte, letztlich aber auch bei ihm miteinbezogene interkulturelle Dimension, die sich zwischen dem Süden und dem Norden, dem Mittelmeer und den Nebeln des Nordens, dem Panlatinismus und dem Pangermanismus, Italien und Deutschland ergibt und das europäische Denken wie die Kunst an der Jahrhundertwende weitertreibt. Hier finden wir also genau jene südliche, von Stelio gepriesene Sonne und eine Landschaft, die förmlich diejenige Stelios sein könnte – wenn sie auch nicht die Adriaküste, sondern die Riviera in der Nähe Genuas meint, die mir übrigens auch sehr lieb ist und zu meinen ersten Erinnerungen an das Mittelmeer zählt: Die Bucht von Rapallo, Santa Margherita und so viele schöne Orte! Auf diese Weise ergibt sich sehr wohl ein direkter Bezug zwischen Gabriele D'Annunzios Stelio und Zarathustra, der großen Figur des Friedrich Nietzsche, jenem Zauberer, Künstler und Redner, der gerade die Literaten am Río de la Plata so tief beeindruckte.

Nicht zufällig sind Zarathustras Aphorismen in die Form der Rede gekleidet; eine Gattungsform der Rede, wie sie oftmals ein Meister auch an seine Schüler, jedoch stets mit Blick auf ein größeres Publikum halten könnte – und wie sie D'Annunzio in *Il Fuoco* romanesk gestaltete. So ist es selbstverständlich kein Zufall, dass Stelio neben vielen anderen Qualitäten auch ein großer Redner ist, ganz so wie Zarathustra dies war. Dieser wandte sich an seine Brüder mit dem Aufruf, den Übermenschen zu schaffen, eben jenen „Superuomo", den auch Gabriele D'Annunzio verehrte, in sich selbst erkannte und in seiner Figur des großen leidenden Bilderzauberers und tief empfindenden Künstlers Stelio entstehen ließ.

In *Il Fuoco* ist Stelio kein anderer als der Herr des Feuers selbst, der durchaus manche Züge Zarathustras (wenn auch weniger jene seiner zahlreichen Listen)

---

[39] Nietzsche, Friedrich: *Ecce homo*. In (ders.): *Werke in drei Bänden*. München: C. Hanser 1954, Bd. 2, S. 1128.

trägt. Sehen wir uns nachfolgend den großen Zarathustra in seinen Überlegungen mit dem Titel „Vom höheren Menschen" einmal näher an:

> Die Sorglichsten fragen heute: „wie bleibt der Mensch erhalten?" Zarathustra aber fragte als der Einzige und Erste: „wie wird der Mensch *überwunden*?"
> Der Übermensch liegt mir am Herzen, *der* ist mein Erstes und Einziges – und *nicht* der Mensch: nicht der Nächste, nicht der Ärmste, nicht der Leidendste, nicht der Beste.
> O meine Brüder, was ich lieben kann am Menschen, das ist, dass er ein Übergang ist und ein Untergang. Und auch an euch ist vieles, das mich lieben und hoffen macht.
> Dass ihr verachtet, ihr höheren Menschen, das macht mich hoffen. Die großen Verachtenden nämlich sind die großen Verehrenden. [...]
> Heute nämlich wurden die kleinen Leute Herr: die predigen alle Ergebung und Bescheidung und Klugheit und Fleiß und Rücksicht und das lange Und-so-weiter der kleinen Tugenden.
> Was von Weibsart ist, was von Knechtart stammt und sonderlich der Pöbel – Mischmasch: *das* will nun Herr werden alles Menschen-Schicksals – o Ekel! Ekel! Ekel! [...]
> Diese Herren von heute überwindet mir, o meine Brüder, diese kleinen Leute: *die* sind des Übermenschen größte Gefahr!
> Überwindet mir, ihr höheren Menschen, die kleinen Tugenden, die kleinen Klugheiten, die Sandkorn-Rücksichten, den Ameisen-Kribbelkram, das erbärmliche Behagen, das „Glück der meisten" – !
> Und lieber verzweifelt, als dass ihr euch ergebt. Und, wahrlich, ich liebe euch dafür, dass ihr heute nicht zu leben wißt, ihr höheren Menschen! So nämlich lebt *ihr* am besten!⁴⁰

Was sich in diesen Worten ausdrückt, ist die Überzeugung, dass nicht das Überleben der Menschheit insgesamt zählt, sondern das Überleben derer, die es auch wert sind, überleben zu dürfen. Es ist ein Wissen vom Leben, das sich in dieser Passage als ein Wissen vom Überleben kundtut – wie jede Literatur, die sich seit Scheherazade in *Tausendundeiner Nacht*,⁴¹ im Grunde aber bereits seit dem *Gilgamesch-Epos* als ein Wissen vom Überleben und vom Zusammenleben manifestiert. Denn die Literaturen der Welt sind in allen Kulturen, sind in allen Jahrhunderten, sind in allen Areas ein Wissen vom Leben und vom Überleben, zugleich aber auch ein prospektives Wissen davon, wie man zusammenleben kann: Sie entfalten mithin ein verdichtetes Wissen von der Konvivenz.

In den Worten von Nietzsches Zarathustra wird ein Auswahlprinzip, eine Selektion vorprogrammiert, die sicherlich – ebenso wenig wie bei Gabriele

---

40 Nietzsche, Friedrich: *Also sprach Zarathustra*. In (ders.): *Werke in drei Bänden*. München: C. Hanser 1954, Bd. 2, S. 522f.
41 Vgl. hierzu den dritten Teil der Lebenswissen-Trilogie in Ette, Ottmar: *ZusammenLebensWissen. List, Last und Lust literarischer Konvivenz im globalen Maßstab (ÜberLebenswissen III)*. Berlin: Kulturverlag Kadmos 2010.

D'Annunzio – nicht demokratisch fundiert, sondern gerade gegen die kleinen Leute mit ihren kleinen Tugenden und mit ihren kleinen Werte gerichtet ist. Der Hass gegen alles Demokratische verbindet sich hier mit dem Hass gegen alles Bürgerliche und Kleinbürgerliche: eine gerade für die Jahrhundertwende, aber zweifellos auch weit darüber hinaus fundamentale Konstellation, die in der sich anschließenden ersten Hälfte des vergangenen Jahrhunderts totalitär gedeutet wurde. Friedrich Nietzsche konnte von unterschiedlichster Seite aus vereinnahmt werden – selbstverständlich auch von den Faschisten sowie den Nationalsozialisten und ihrem Übermenschentum barbarischer Schlächter. Ungeheuerlich ist, dass nach dem millionenfachen Mord, dass nach millionenfachen Gräueltaten derlei Barbaren noch immer und wieder neu – gerade auch im schönen Brandenburg – Zulauf haben und menschenverachtende Nachahmer finden. Dass diese totalitären Traditionen auch in unser Fach hineinreichen und noch lange nicht zu Ende sind, hat mich stets revoltiert.[42]

In der obigen Passage des *Zarathustra* ist deutlich jene Reaktionsweise gegen die demokratischen und insbesondere sozialistischen Entwicklungen des Jahrhundertendes (beziehungsweise des letzten Jahrhundertdrittels) zu erkennen, auf die ich an dieser Stelle nur verweisen kann. Zugleich zeigt sich auch ein ausgeprägter Individualismus, der bei Zarathustra nicht nur die Züge eines Herrenmenschentums anzunehmen vermag, sondern auch unverkennbar anarchistisch eingefärbt ist; freilich ein Anarchismus vor dem Hintergrund einer Auserwählten-Kultur, welche den obersten Platz in einem weltweiten Maßstab beansprucht – und dies schließt selbstverständlich Kolonialismus und Rassismus mit ein.

Diese von Zarathustra vertretene Kultur ist zugleich eine Kultur des Mannes, die sich dagegen sträubt, sich gegenüber Formen eines Anders-Seins, ja einer Alterität zu öffnen, welche ebenso demokratisch wie geschlechtlich bedingt sind. Die ausdrückliche Misogynie, die sich zweifellos bei Friedrich Nietzsche findet, ist freilich jene des Zarathustra, der ja – wie Nietzsche selbst in seinem *Ecce homo* schrieb – genauso wie D'Annunzios Stelio eine literarische Figur ist. Nietzsche ist der schönste Beweis dafür, wie die Philosophie sich im letzten Drittel des 19. Jahrhunderts gegenüber Formen und Verfahren der Literatur geöffnet hat und das entwickelte, was José Enrique Rodó später als „Lite-

---

42 Vgl. hierzu Ette, Ottmar: *Der Fall Jauss. Wege des Verstehens in eine Zukunft der Philologie.* Berlin: Kulturverlag Kadmos 2016.

ratura de ideas" bezeichnete, als Ideenliteratur. Friedrich Nietzsche, der als Philologe begann, steht für eine Traditionslinie in der Philosophie, die jedem Philosophen und jeder Philosophin ins Stammbuch schreibt, zunächst eine Philologin, zunächst ein Philologe zu sein und diesen Status auch nicht hinter sich lassen zu können.

Dass sich von jenem *Also sprach Zarathustra* auch zu einem anderen, freilich lateinischen Geist, der sich nach Italien sehnte, also zum Schöpfer von *Ariel* und seinem „Así habló Próspero" eine direkte Beziehung herstellen lässt, habe ich anderenorts bereits gezeigt.[43] In diesem neuen Lichte sei nochmals erwähnt, dass José Enrique Rodós *Ariel* in eben jenem Jahre erschien, in dem auch Gabriele D'Annunzio seinen Roman *Il Fuoco* nicht zufällig publizierte: Im Jahr des neuen Jahrhunderts, im Jahr der Jahrhundertwende selbst. Dass dies in Europa eine Wende in die Katastrophe sein würde, konnten zum damaligen Zeitpunkt nur wenige ahnen.

Lassen Sie mich abschließend noch einmal auf diese literarische Figur namens Zarathustra kommen, in der wir in gewisser Weise noch ein letztes Mal gleichsam prophetisch gespiegelt den italienischen Dichter und Politiker, Übermenschen und Überflieger Gabriele D'Annunzio erahnen können! Dies war eine Art Ankündigung, mit welcher sich der Schöpfer von *Il Fuoco* auch identifizierte. Es handelt sich dabei um das 18. Fragment desselben Teiles von *Also sprach Zarathustra* „Über den höheren Menschen", wo es heißt:

> Zarathustra der Tänzer, Zarathustra der Leichte, der mit den Flügeln winkt, ein Flugbereiter, allen Vögeln zuwinkend, bereit und fertig, ein Selig-Leichtfertiger: –
> Zarathustra der Wahrsager, Zarathustra der Wahrlacher, kein Ungeduldiger, kein Unbedingter, einer, der Sprünge und Seitensprünge liebt; ich selber setze mir diese Krone auf![44]

Mit einem gewissen Recht wurde in der Forschungsliteratur zu D'Annunzio bisweilen von der Leichtigkeit und Leichtlebigkeit D'Annunzios gesprochen. So könnte man ihn charakterlich in seiner Art, sich selbst zu inszenieren, in der Tat mit Nietzsches Zarathustra in Beziehung setzen – und zwar nicht nur auf dem Gebiet der Aviatik, also der Luftfahrt, die in D'Annunzio ihren militärischen Draufgänger fand: leichtfertig und leichtfliegend, von so vielen bewundert. In jedem Falle zeigt sich, dass hinter der Literatur des Gabriele D'Annunzio viel-

---

43 Vgl. hierzu Ette, Ottmar: „Así habló Próspero". Nietzsche, Rodó y la modernidad filosófica de „Ariel". In: *Cuadernos Hispanoamericanos* (Madrid) 528 (junio 1994), S. 48–62.
44 Nietzsche, Friedrich: *Also sprach Zarathustra*, S. 529.

leicht zwar keine Philosophie, wohl aber eine Reihe von Philosophemen stand, die sich sehr wohl von Nietzsche herleiten lassen und die Kultur und Weltsicht des Fin de siècle bis in den Zweiten Weltkrieg hineintrugen. Das Bild des Gabriele D'Annunzio im Zeichen der Aviatik aber leitet uns hinüber zu einem Roman, in welchem ein Flieger und Überflieger die Hauptrolle spielt.

Márcio Souza, Virgilio Piñera oder das Schwanken zwischen Leben und Tod

In der Tat möchte ich Sie nun im Folgenden zu einem kurzen Ausflug in die brasilianische Gegenwartsliteratur mitnehmen, wobei die Wendung ‚Aus-Flug' recht wörtlich gemeint ist – denn hier geht es in der Tat ums Fliegen! Wir befassen uns nun mit einem Teil der wichtigen Relation zwischen Literatur und Aviatik, die seit dem Anfang des 20. Jahrhunderts eine so bedeutsame Rolle spielt und der eine sehr lesenswerte und umfangreiche Einzelstudie gewidmet wurde;[1] und wir beschäftigen uns mit dem 1985 erschienenen Roman *O Brasileiro Voador* – zu Deutsch also *Der fliegende Brasilianer* – von Márcio Souza. Der Text hat natürlich etwas mit dem ‚Fliegenden Holländer' zu tun, aber dazu später mehr ...

Gestatten Sie mir zunächst einige wenige Biographeme! Der spätere Journalist und Romancier Márcio Gonçalves Bentes de Souza wurde am 4. März 1946 in Manaus am Amazonas geboren. Er arbeitete schon früh – ab dem Alter von vierzehn Jahren – in Periodika seiner Geburtsstadt als Filmkritiker, ging dann nach São Paulo und studierte Sozialwissenschaften. Sein Studium an der berühmten USP musste er 1969 unter jener Militärregierung abbrechen, die im heutigen Brasilien unter der Präsidentschaft von Jair Bolsonaro so gerne verniedlicht wird. Er leitete später die nationale Buchabteilung der Nationalbibliothek von Rio de Janeiro, machte sich vor allem aber durch sein Schreiben einen Namen.

Abb. 81: Márcio Gonçalves Bentes de Souza (*1946).

Als Mitglied einer experimentellen Theatergruppe in Manaus setzte er sich für die Erhaltung der Amazonasregion ein. Márcio Souza ist heute vor allem für seine Berichte über die katastrophale Abholzung des Amazonas-Regenwaldes

---

1 Vgl. hierzu nochmals Ingold, Felix Philipp: *Literatur und Aviatik. Europäische Flugdichtung 1909–1927. Mit einem Exkurs über die Flugidee in der modernen Malerei und Architektur*. Frankfurt am Main: Suhrkamp 1978.

Open Access. © 2022 Ottmar Ette, publiziert von De Gruyter. Dieses Werk ist lizenziert unter einer Creative Commons Namensnennung - Nicht-kommerziell - Keine Bearbeitung 4.0 International Lizenz.
https://doi.org/10.1515/9783110751321-031

berühmt, arbeitete aber stets im Bereich der journalistischen Filmkritik wie auch als Drehbuchautor, Erzähler und Romancier. Unter der Militärregierung begann er mit dem Verfassen von erzählender Prosa. Seine Erlebnisse aus dieser Zeit in São Paulo schilderte er in seinem Roman *Operação Silêncio* von 1979. Sein Roman *Galvez, Kaiser von Amazonien* erschien bereits 1976 und dann 1983 in deutscher Übersetzung, sein Roman *Mad Maria oder das Klavier im Fluss* im Jahr 1984 – ein Text, in dem es um den Bau einer Eisenbahnstrecke im Urwald zu Beginn des 20. Jahrhunderts geht. Einen Namen machte sich Souza aber in Brasilien auch durch eine Reihe von Polit-Krimis, welche sich mit der brasilianischen Gegenwart auseinandersetzen. Sein Roman über den *Fliegenden Brasilianer* erschien 1985 in Rio de Janeiro und er wird uns nun beschäftigen.

Darin geht es um den brasilianischen Flugpionier Alberto Santos Dumont, eine berühmte Figur der brasilianischen Geschichte, die von 1873 bis 1932 lebte und ihre Flugexperimente just in jenem Augenblick durchführte, als Gabriele D'Annunzio seine Leidenschaft für die Fliegerei entdeckte. Alberto Santos Dumont war im Alter von achtzehn Jahren nach Paris gekommen, um sich auf dem Gebiet der Technologie und der Naturwissenschaften weiterzubilden. Márcio Souzas Roman erzählt jedoch, wie rasch er dabei vom Traum des Fliegens überwältigt wurde und fortan nur noch dessen Verwirklichung nachhing. Santos Dumont liebte die Gefahr und das Abenteuer und war schon bald einer der berühmtesten Flugpioniere seiner Zeit.

Abb. 82: Alberto Santos-Dumont (1873–1932), 1922.

O Brasileiro Voador erzählt auch von jener Zeit einer beginnenden Faszination für das Fliegen, die uns freilich stets als eine Geschichte der Europäer sowie bisweilen der US-Amerikaner erzählt wird. Es gab aber auch wichtige Flugpioniere, die nicht aus Europa und nicht aus den USA stammten; sie wurden freilich sorgsam aus der Geschichte verbannt und spielen bestenfalls in ihren Herkunftsländern noch eine Rolle: So war es auch mit Santos Dumont.

Márcio Souza erzählt in szenischen Folgen abgeschlossener kleiner Prosastücke – unschwer bemerkt man dabei seine Herkunft aus dem Bereich des Films – von den Höhenflügen und Bruchlandungen des Alberto Santos Dumont. Der 1873 im Bundesstaat São Paulo geborene Brasilianer kam 1891 erstmals nach Paris, wo er sich 1898 zum ersten Mal mit dem Luftschiff *Santos Dumont I* in den Himmel erhob. Im Oktober 1901 – und damit fast zeitgleich mit der Veröffentlichung von D'Annunzios *Il Fuoco* – gelingt es ihm nach zweimaligem Scheitern, den von Henry Deutsch de la Meurthe ausgesetzten Preis in Höhe von 100.000 Francs für einen Flug nach Paris und rund um den Eiffelturm in weniger als dreißig Minuten zu gewinnen: Der Brasilianer setzte rücksichtslos nicht nur sein eigenes Vermögen, sondern vor allem sein eigenes Leben aufs Spiel.

Denn sein übriges Luftschifferleben war an Abstürzen und Explosionen nicht gerade arm. Er wurde rasch berühmt und nahm am 14. Juli 1903 an der Parade aus Anlass des französischen Nationalfeiertags teil. Aus seinem Luftschiff feuerte er einen Salut ab, was manche ihm als Attentat auf den französischen Präsidenten auslegten. 1904 erschien sein in französischer Sprache verfasstes und in Paris publiziertes Buch *Dans l'air*, also *In der Luft*. 1906 gelang ihm der erste Flug mit dem Entenflügler *Santos Dumont 14* (Abb. 84), der als kubistische Maschine – und Ingold hat in seiner Studie die vielfältigen Beziehungen zwischen Aviatik und Kubismus herausgearbeitet – in die Geschichte eingehen sollte. Sie sehen: Alberto Santos Dumont wart ein Anhänger der Fliegens ‚leichter als Luft', was zu begreifen Ihnen in der Stadt des Luftschiffhafens des Grafen Zeppelin nicht schwerfallen dürfte (Abb. 83)!

Doch Santos Dumont dachte um: Bald hat er sich auf ‚schwerer als Luft' umgestellt und gewann 1906 auch auf diesem Gebiet einen Preis für einen ersten Hüpfer von sage und schreibe fünfundzwanzig Metern. Bereits wenige Monate später gelang ihm ebenfalls in Paris ein Einhundert-Meter-Flug. 1908 entwickelte er die *Demoiselle*, das erste Leichtbau-Flugzeug der Luftfahrtgeschichte. Zugleich stellte ein Arzt bei ihm multiple Sklerose fest. Fortan wusste er, dass ihm nicht allzu viel Zeit für seine Flugexperimente bleiben würde. Im September 1909 gelang ihm ein erster Flug mit der *Demoiselle* mit einer Geschwindigkeit von einhundert Stundenkilometern – doch fand in diesem Jahr sein letzter Flug statt. 1914 vernichtete er alle seine Tagebücher und kehrte schließlich 1928 definitiv nach Brasilien zurück. Im Juli 1932 sollte er dann durch Selbstmord aus dem Leben scheiden.

Márcio Souzas Roman ist chronologisch aufgebaut, freilich mit vielen Prolepsen und Paralepsen, in vier Teile geteilt und besitzt die bemerkenswerte Struktur kleiner, jeweils betitelter Prosaskizzen, eigentlich Mikrotexte oder Mikroerzählungen, die sich durch zahlreiche Verwerfungen hindurch aneinanderfügen. Lassen Sie mich mit einer Passage aus dem ersten Teil des Romans beginnen!

In diesem ist der junge Zauberlehrling, vom Traum des Fliegens magisch angezogen, kaum zum ersten Mal mit einem Ballon aufgestiegen – freilich einem, den er noch nicht selber gebaut hat. Als Attraktion bei einem Dorffest

Abb. 83: ‚Leichter als Luft': Luftschiff No. *9 Baladeuse* von Alberto Santos Dumont, 1903.

Abb. 84: ‚Schwerer als Luft': Französische Postkarte: Santos Dumont fliegt seine *14 bis*.

ist er am Horizont entschwunden, als er auch schon auf seinem weiteren Weg in ein Gewitter kommt, mitgerissen wird und die ganze Nacht hindurch weiterfliegt, ohne zu wissen warum und wohin. Diese Passage ist sehr aufschlussreich und zugleich charakteristisch für jenen kleingewachsenen Mann, den man bald schon in der europäischen Öffentlichkeit als den ‚fliegenden Brasilianer' kennen sollte. Sehen wir uns dies einmal an:

> So sind Unwetter also, denkt Alberto, während er in den Wirbel von schwarzen Wolken, die seine Sicht auf Null reduziert haben, hineingezogen wird. [...] Und er widmet sich dem Anblick der bedrohlichen Schönheit der entfesselten Elemente, während der Ballon ständig weitersteigt.
> Dann Stille. Die Ruhe eines Himmels mit seinen ersten Sternen. Der Ballon hat, wunderbarerweise unbeschädigt, die Unwetterschicht durchquert. Er schwebt in einer anderen Welt, keine scharfen Donnerschläge, Regenböen und flackernden Blitze leisten ihm mehr Gesellschaft. Jetzt ist er allein, schwebt zwischen dem Wahnwitz, der dort in der Tiefe das Land im Norden heimsucht, und der teilnahmslosen Stille der Abendsterne. Er fröstelt in der nassen Kleidung. Der Mangel an Sauerstoff erzeugt eine merkwürdige Euphorie, eine Leichtigkeit, die ihn in trügerische Nähe zu den Sternen rückt. Und jetzt sind nur Sterne da. Nichts anderes ist mehr zu sehen, die dunkle Nacht hat die Erde vollkommen ausgelöscht. Alberto bewegt sich innerhalb der vollendeten geometrischen Form einer unendlichen schwarzen Kugel.
> Vom Wind getrieben, gegen die Müdigkeit und das durch den Sauerstoffmangel verursachte ständige Gefühl von drohender Ohnmacht ankämpfend, fliegt er durch die Nacht. Schreckliche Visionen zucken durch sein Bewußtsein, die Sterne scheinen sich verflüssigt zu haben und aufflackernde Blitze in phantastischen Farben herabtropfen zu lassen. Die Kugel in ihrer Schwärze ist auch kein fester Körper, sie verwindet sich, manchmal flattert sie wie ein erschlaffender Ballon oder bebt wie die keuchende Brust eines monströsen Lebewesens.
> Mitten in diesen Wunderbildern schläft Alberto ein.[2]

In dieser literarisch dank vieler kurzer, geschickt aufgereihter Sätze gestalteten Szenerie kommt zum ersten Mal ein wenig dessen zum Vorschein, was Alberto Santos Dumont im Grunde für sein Leben prägen wird: die Loslösung von der Erde und die Faszination unablässiger Bewegung durch die Lüfte. Sein Leben als Sohn eines reichen brasilianischen Großgrundbesitzers ist im Grunde ja bereits – als Teil der dritten Phase beschleunigter Globalisierung – hochgradig internationalisiert, wird er doch zum Studium nach England und Frankreich geschickt, um sich dort ausbilden zu lassen. Dies war ein Vorgehen, das charakteristisch für das der lateinamerikanischen Eliten im 19. Jahrhundert war.[3] Die Lichterstadt, die „ville-lumière" Paris ist Ort der konkreten Träume und Sehnsüchte vieler wohlsituierter Menschen aus Lateinamerika.

Bei Alberto Santos Dumont freilich verändert sich dies rasch, denn für ihn – wie man deutlich bemerken kann – ist Paris kein Zielpunkt eines Traumes, sondern erst dessen Beginn, gleichsam das Trampolin zur eigentlichen Bewegung, die den Brasilianer zum ‚fliegenden Brasilianer' machen wird. Damit aber ist zugleich auch eine Anspielung auf den ‚Fliegenden Holländer' und damit die Dimension der Ruhelosigkeit, der Ortlosigkeit, der ständigen rastlo-

---

2 Souza, Márcio: *Der fliegende Brasilianer*. Frankfurt am Main: Suhrkamp 1990, S. 22f.
3 Vgl. hierzu Ette, Ottmar: *Romantik zwischen zwei Welten*, S. 282ff.

sen Bewegung eingeblendet, die in der Tat auch das Leben Alberto Santos Dumonts prägen wird. Sein Leben wird das eines Umhergetriebenen sein, ständig auf dem Sprung, in die Lüfte zu entschweben und die Erde unter sich zu lassen, ungeachtet aller Schreckensvisionen, die ihn auf seinem Weg begleiten mögen. Doch die Erde ist für ihn kein Ruhepunkt ...

Bei seiner ruhelosen Bewegung wird er ein ums andere Mal – wie schon in der soeben angeführten Szene – über Grenzen hinweggehen, so wie er in dieser nächtlichen Ballonfahrt ihm selbst unbewusst die Grenze zum nördlich sich anschließenden Belgien überqueren wird. Wunderbarerweise unbeschädigt und unverletzt überschreitet er auch die Grenze zwischen Leben und Tod. Santos Dumont kommt wieder zurück ins Leben, ist ein Wiedergänger, der sich ständig auf der Grenze zwischen Leben und Tod bewegt, einmal mehr in die eine, einmal mehr in die andere Richtung schwankt. Er kehrt – wie alles, was fliegt – wieder auf die Erde zurück, auch wenn er am Ende dieser Prosaminiatur einschlafen wird: Der Ballon lässt ihn wieder sanft auf dem Planeten Erde landen.

Zugleich wird lesbar, dass der Ballon nur eine (topische) Metapher für die Erde selbst ist, die nun als schwarze Kugel erscheinen kann, die sich ständig bewegt. Alberto Santos Dumont ist zumindest zeitweise gleichsam in extraterrestrische Räume entrückt. Erst aus dieser Position heraus wird ihm im Grunde eine kosmische Weltsicht gegeben – es reift in ihm eine kosmische Sicht des Planeten Erde. Interessanterweise ist freilich diese Weltsicht nicht die eines Kosmos als Schmuck und vor allem Ordnung, sondern eine Sicht, die wohl die Sterne und damit das transzendent Erhabene über sich hat, aber doch die Welt selbst gleichsam im Zerfließen, in Visionen der Apokalypse, nicht des Kosmos, sondern des Chaos erlebt. Letzterem setzt Santos Dumont seine Fähigkeit menschlicher Konstruktionen entgegen, ein planvoll menschliches Vorgehen, das zumindest im Bereich der Luft dem herrschenden Chaos eine geordnete Welt der (humanen) Fliegerei entgegensetzt – egal, ob seine Lösungen dabei dem Prinzip ‚leichter als Luft' oder ‚schwerer als Luft' folgen.

In dieser Szenerie, die man noch wesentlich genauer beleuchten könnte und die zugleich auch eine demiurgische, weltenschöpfende Dimension bei dem fliegenden Alberto selbst aufleuchten lässt, zeigt sich, dass menschliche Wahrnehmungsmuster grundlegend verändert werden können. Ich habe über diesen Wandel bereits in meiner Vorlesung über das Fin de siècle gesprochen und möchte an dieser Stelle lediglich erwähnen, wie stark die Möglichkeit, die Dinge von oben zu betrachten, die Welt aus der Vogelperspektive anzuschauen, menschliche Wahrnehmungsgewohnheiten und Sehweisen kurz nach der Jahrhundertwende verändert hat. Wie erwähnt bilden der Kubismus, aber auch ein literarisches Spätwerk wie das von Gabriele D'Annunzio hierfür gute Beispiele.

Natürlich konnte man auch schon früher mit der Montgolfière oder dem Ballon aufsteigen und sich als Mensch in die Lüfte erheben. Und doch ist es die Jahrhundertwende und dann vor allem das Fliegen ‚schwerer als Luft', das entscheidende Impulse für veränderte Wahrnehmungen der Erde aus der Bewegung und nicht zuletzt auch für den Kubismus in der Kunst geben wird. Bei Gabriele D'Annunzio waren wir dabei auch auf die Verbindung von Geschwindigkeit, Rausch der Bilder und Zerstörung gestoßen; eine Dimension, wie sie etwa zeitgleich auch im Manifest der italienischen Futuristen und anderer nachfolgender Manifeste, Aktionen, Theaterstücke historischer Avantgarden wie auch in den Erfahrungen einer ganzen Generation im Ersten Weltkrieg zum Ausdruck kommen wird. Dieser bringt erstmals die noch frühe Form des Luftkriegs ins öffentliche Bewusstsein; Kriegsflugzeuge tauchen selbst in der Spätzeit von Marcel Prousts *A la recherche du temps perdu* am Himmel über Paris auf. All dies ist bereits in den Schreckensvisionen der oben zitierten kleinen literarischen Szenerie gegenwärtig – allerdings aus einer ganz anderen Sicht: aus der Sicht einer Leichtigkeit des Seins, aus der Sicht des Fliegens ‚leichter als Luft'.

Denn Alberto Santos Dumont erfährt auf seinem ersten Aus-Flug zum ersten Mal von einem Leben, das sich jenseits der engen Grenzen der Erde und der auf ihr möglichen Bewegungen ansiedelt. Er erlebt diese zusätzliche Dimension im Grunde nicht als Dimension der Höhe, sondern der freien Bewegung in den drei Dimensionen des Raumes und zum Teil auch jener der Zeit: Denn es war Licht und wurde Dunkelheit und ward wieder Licht. Nicht umsonst gewinnt er den Prix Deutsch, für den ein Limit von dreißig Minuten gesetzt war, so dass man in der Tat von einer kontrollierten Bewegung durch vier Dimensionen – die drei Dimensionen des Raumes und die vierte der Zeit – sprechen könnte. Es geht in der Tat um *Bewegungen* – und die implizieren die Dimension der Zeit!

In seinem bereits angeführten Buch *Literatur und Aviatik* hat Felix Philipp Ingold auf die Zusammenhänge zwischen Luftfahrt, veränderter Wahrnehmung und Künsten eindrucksvoll hingewiesen. Dabei widmete er sich besonders intensiv den futuristischen Anfängen, die in der Tat für die weitere Entwicklung so entscheidend waren. Interessanterweise taucht unter den vielen Namen, die Ingold behandelte, der von Santos Dumont nicht auf – auch dies wohl eine Tatsache, die sich auf den ‚exotischen' Status von Lateinamerikanern zurückführen ließe. Santos Dumont böte mit seinem Buch *Dans l'air* hervorragende Möglichkeiten, das Verhältnis zwischen dem Fliegen, der Wahrnehmung, der Technologie und der Literatur zu untersuchen. Es ist schwer, die im Grunde unübersehbare Tilgungen aller Namen von Forscher*innen oder Pionier*innen zu umgehen, die nicht aus Europa oder den USA stammen und daher nicht zur Geschichte des Fortschritts gerechnet werden.

Dem Verfasser von *Literatur und Aviatik* möchte ich hieraus freilich keinen Vorwurf machen! Felix Philipp Ingold hat zugleich aber auch auf einen wichtigen Bezug hingewiesen; den nämlich, der sich zwischen dem Fliegen und dem Aufsteigen und damit zu einer Transzendenz, zum Höheren, Erhabenen, Sublimen ergibt. In der Tat können wir diese Bewegungen auch in der obigen Szenerie deutlich erkennen – und gerade auch im Oszillieren zwischen Leben und Tod. Alberto wird für seine Zeitgenossen letztlich auch zu einem nicht nur wagemutigen Erfinder und extravaganten Sonderling, sondern zur Verkörperung des Menschen in seiner sublimen, erhabenen, gleichwohl nie vor dem Absturz gefeiten Qualität schlechthin.

Dies macht den eigentlichen Erfolg des Fliegenden Brasilianers aus – nicht allein die Abenteuerlust, die sich natürlich sexuell auch auf die Frauen zu übertragen scheint, die ihm buchstäblich in des Wortes doppelter Bedeutung zu Füßen liegen. Parallelen zu D'Annunzio sind an dieser Stelle keineswegs zufällig. Die Abenteuer in der Luft sind eine späte Frucht von Alberto Santos Dumonts jugendlichen Lektüren Jules Vernes, die ganz unverkennbar seinen Handlungsschemata in Márcio Souzas Roman zu Grunde liegen.

Doch es gibt zugleich die soeben angesprochene Dimension des Erhabenen, wie sie Friedrich Nietzsche im Übrigen auch mit Blick auf die Aviatik – wie Ingold betonte – mehrfach in seinem Denken und in seinen Gedichten zum Ausdruck brachte. So heißt es etwa in Nietzsches „Höheren Menschen" charakteristischerweise:

> Steigt ihr?
> Ist es wahr, dass ihr steigt,
> ihr höheren Menschen?
> Werdet ihr nicht, verzeiht,
> dem Balle gleich
> in die Höhe gedrückt
> - durch euer Niedrigstes?...
> flieht ihr nicht vor euch, ihr
> Steigenden?...[4]

Natürlich ist Nietzsches Gedicht nicht ausschließlich auf die Fliegerei gemünzt; aber das Aufsteigen wird deutlich auf die Gase zurückgeführt, auf das Prinzip leichter als Luft, und zugleich die Erde in jenen Ball verwandelt, der sich in der Form des Ballons wiederfindet. Der fliegende Brasilianer jedenfalls hat – so hat sich bereits zu Beginn unserer kurzen Beschäftigung mit Márcio Souzas schönem Roman gezeigt – eine ganze Reihe von Antrieben für seine bisweilen ätheri-

---

4 Vgl. hierzu Ingold, Felix Philipp: *Literatur und Aviatik*, S. 371f.

schen Bewegungen. Gleichzeitig ist er in unverkennbare Hierarchien zwischen Europa und Amerika verstrickt und eingebunden, welche ihm in ihrer Asymmetrie[5] von französischer Seite immer wieder klar vor Augen geführt werden. Denn er gilt in Frankreich und in Europa zweifellos nicht nur als ein extravagantes Genie, sondern auch als ein nicht ganz ernst zu nehmender exotischer Freigeist, einer letztlich ungesicherten Herkunft entsprungen.

Frankreich ist für Santos Dumont keineswegs – wie man vielleicht meinen könnte – das Mekka der Fliegerei wie des künstlerischen Lebens. Es bietet ihm nur all jene Möglichkeiten, die ihm in Brasilien nicht geboten werden. Dort feiert man zwar den großen Brasilianer, der zu Weltruhm gekommen ist, in unendlich wiederholten Festen und unzähligen Reden, die Santos Dumont bei seinem Brasilienbesuch über sich ergehen lassen muss. Doch würde er in seinem Geburtsland niemals die Voraussetzungen finden, um seine buchstäblich hochfliegenden Pläne tatsächlich in die Tat umsetzen zu können. Sehr viel Zeitkritik im zeitgenössischen Sinne klingt mit, wenn in Márcio Souzas Roman immer wieder davon die Rede ist, man spreche zwar viel in Brasilien, und um als Flieger gefeiert zu werden, müsse man nur darüber in den Zeitungen sprechen; tatsächlich aber setze niemand seine Reden in die Tat, die Worte in Handlungen um. Dies werde auch gar nicht erwartet! Alberto Santos Dumont aber brennt darauf, seine Ideen, seine Skizzen und Zeichnungen, seine Träume vom Fliegen Gestalt annehmen und Wirklichkeit werden zu lassen. Dafür ist er bereit, sein Leben wenn nötig zu opfern.

Eine andere Figur, die im zweiten Teil des Romans auftaucht, versucht ebenfalls, ihre Träume vom Fliegen in die Tat umzusetzen. Es ist die millionenschwere künftige Erbin eines großen kubanischen Vermögens, Aida D'Acosta, die es dank der liebevollen Zuneigung Albertos schafft, tatsächlich gegen den Willen ihrer Eltern mit der Ballonfahrt anzubandeln und als erste Frau in die Lüfte zu schweben, zum großen Erstaunen aller Männer. Nach ihrer Landung aber wird sie von ihren Eltern ergriffen, weggezerrt und nach New York abtransportiert, damit solche ‚Ausflüge' nicht wieder vorfallen können. Den Zeitungen wird mit viel Geld sozusagen ‚das Maul gestopft', so dass im Grunde niemand von dieser ersten Frau erfahren soll und wird, die alleine einen Ballon lenkte. Aida wird in einem zweifachen Sinne als Frau und als Lateinamerikanerin benachteiligt und unsichtbar gemacht.

---

5 Vgl. hierzu Ette, Ottmar: Asymmetrie der Beziehungen. Zehn Thesen zum Dialog der Literaturen Lateinamerikas und Europas. In: Scharlau, Birgit (Hg.): *Lateinamerika denken. Kulturtheoretische Grenzgänge zwischen Moderne und Postmoderne.* Tübingen: Gunter Narr Verlag 1994, S. 297–326.

Als Kubanerin hat sie noch keinerlei Zugang zu diesem Ruhm, den Alberto Santos Dumont sehr wohl zeitgenössisch genießt; aber beide gehören jener Gruppe von gebildeten Lateinamerikanern aus gutem, steinreichem Hause an, die seit der zweiten Hälfte des 19. Jahrhunderts und mit zunehmender Tendenz die europäischen Metropolen bereisen sowie hier ihren Bildungsweg gehen. Es sind noch nicht die Massen an Migranten, die das ausgehende 20. Jahrhundert bevölkern, wohl aber Vertreterinnen und Vertreter gesellschaftlicher Eliten, die weitgehend an Europa ausgerichtet bleiben.

Im Grunde handelt es sich bei der Perspektivik dieses Romans um den Blick Márcio Souzas aus der Mitte der achtziger Jahre einsetzenden vierten Phase beschleunigter Globalisierung zurück auf die dritte Phase beschleunigter Globalisierung, welche spätestens mit dem Ersten Weltkrieg ihr abruptes Ende finden wird. Bemerkenswert und aufschlussreich ist, was ein französischer Freund von Santos Dumont, Sem, sowie im zweiten Teil ein brasilianischer Freund, Antônio Prado, über dessen Haltung zu Brasilien zu sagen haben:

> In meiner Gegenwart hat Alberto sich nie negativ über Brasilien geäußert, erinnerte Sem sich ein paar Monate vor seinem Tod. Er sprach wenig über sein Land, obwohl ich immer Interesse gezeigt habe, etwas über die Sitten und das Leben in Brasilien zu erfahren. Wenn man selbst heute, im Jahre 1932, hier so wenig über Brasilien hört, dann kann man sich vorstellen, wie es damals war. Alberto interessierte sich nur für die Fliegerei und hin und wieder mal für ein schönes nächtliches Vergnügen. Aber vielleicht war es bei Mademoiselle D'Acosta anders. Bei ihr als Lateinamerikanerin, mag sein, dass er sich da frei genug fühlte, Dinge zu äußern, die er mir, einem Franzosen, gegenüber nie geäußert hätte.
> [...]
> Aber natürlich liebte er Brasilien, sagte Antônio Prado immer wieder. Wäre Alberto Politiker geworden, wäre er liberal-progressiv gewesen. Manchmal litt er unter den Nachrichten, die er aus Brasilien erhielt, und er hatte immer im Kopf, dass er Brasilianer war und freiwillig im Ausland lebte, nie machte er sich vor, er könnte auch Franzose sein, obwohl doch französisches Blut in seinen Adern floß...[6]

In diesen Passagen wird deutlich, was wir bereits in anderen Vorlesungen und bei anderen Texten wie etwa Julia Kristevas *Etrangers à nous-mêmes*[7] festgestellt haben: Das Leben auf der Grenze, auf dem Bindestrich, ist flüchtig und fragil – und das Gefühl, im Grunde an mehreren Zugehörigkeiten zu partizipieren und zugleich nirgendwo wirklich ‚Inländer' zu sein, ist schwer zu ertragen. In Brasilien hält Alberto Santos Dumont es nie lange aus; aber in Frankreich weiß er, dass er kein Franzose ist. Im Grunde ist er irgendwo dazwischen,

---

6 Souza, Márcio: *Der fliegende Brasilianer*, S. 88.
7 Vgl. Kristeva, Julia: *Etrangers à nous-mêmes*. Paris: Librairie Arthème Fayard 1988; vgl. hierzu Ette, Ottmar: *Von den historischen Avantgarden bis nach der Postmoderne*, S. 726 ff.

schwebt zwischen Europa und Amerika, hängt in der Luft, wo er letztlich ja auch hängen will.

Insoweit ist die Namensgebung seines von ihm unter dem Titel *Dans l'air* veröffentlichten Buches recht sprechend und charakteristisch. Und bereits im Namen des Autors selbst gibt es eine doppelte Zugehörigkeit: Denn zum einen bindet dieser Name ihn zurück an eine brasilianische Tradition, zum anderen aber auch an eine französische Genealogie, die sich in ihm manifestiert, ohne dass doch Eigenes und Fremdes leicht zu trennen und feste ‚Identitäten' zu bestimmen wären. Ein zweiter Name, mit dem man ihn auf Grund seiner kleinen Gestalt früh schon in Frankreich bezeichnet, macht dies ebenfalls deutlich: Man nennt ihn gerne „Petitsantôs", auch dies also eine Hybridbildung, in der sowohl ein französischer wie ein brasilianischer Bestandteil enthalten sind. Beide Elemente kommen bei ihm letztlich nie zur Ruhe und halten den kleinen Brasilianer in Bewegung. Alberto Santos Dumont ist daher ein Wesen, das zum einen auf der Grenze lebt, zum anderen aber ständig diese Grenzen – vorzüglich in der Luft – quert.

Ich kann an dieser Stelle leider nicht mehr ausführlich auf die weitere Entwicklung dieses brasilianischen Romans eingehen: Recht geschickt sind kleinere oder größere Liebesgeschichten immer wieder in die Handlung narrativ eingewoben. Im Grunde aber geht es um das Leben eines Menschen, der in die Fliegerei ‚verknallt' ist, viel zu ihrem Fortschritt beiträgt und nicht nur auf der Grenze zwischen zwei Kontinenten und zwei Ländern, sondern auch zwischen Leben und Tod lebt.

Der vierte und letzte, recht kurz gehaltene Teil des Romans behandelt die Zeit zwischen 1907 und 1932, dem Jahr des Selbstmords von Alberto Santos Dumont. Wir erfahren indirekt vom Ende des großen Helden durch mehrere Tagebucheinträge der lange Zeit in ihn verliebten Cristina Penteado. Doch nicht weniger wichtig ist ein von Márcio Souza geschickt eingewobener kleiner Verweis auf eine berühmte Stelle in Marcel Prousts *A la recherche du temps perdu*, jenem Roman, von dem in dieser Vorlesung bereits mehrfach die Rede war.[8] Dort nutzt der Erzähler das Bild eines sich aufbäumenden Pferdes, um den über Ross und Reiter hinwegknatternden Flugpionieren ein literarisches Denkmal zu setzen.

Ich möchte Ihnen im Folgenden gerne den Anfang und das Ende dieses vierten Teils unvermittelt nebeneinander präsentieren, weil diese Passagen viel aussagen über die Problematik von Bewegung und Zugehörigkeit, zugleich

---

[8] Vgl. auch die Bände zwei und drei der Reihe „Aula" in Ette, Ottmar: *LiebeLesen* (2020); sowie *Von den historischen Avantgarden bis nach der Postmoderne* (2021).

aber natürlich auch auf die seltsamen Wege der Globalisierung verweisen, die das vergangene 20. Jahrhundert gekannt hat. Doch sehen Sie selbst:

> Gelegentlich verschmilzt Brasilien mit einer Person. Auf den schwedischen Fußballplätzen wurde ein Neger aus Minas zu Brasilien. Selbst ein Kellner aus Hanoi wußte seitdem, wer Pelé ist. Und weil er von Pelé wußte, meinte er, auch über Brasilien Bescheid zu wissen. Vor Pelé verkörperte ein temperamentvolles Mädchen Brasilien. Selbst ein Bauer aus Alabama wußte, wer Carmen Miranda war. Und weil er von ihr wußte, meinte er, über Brasilien Bescheid zu wissen. Vor Carmen Miranda repräsentierte ein berühmter junger Mann aus Minas Brasilien. Selbst ein Buchhalter aus Sansibar wußte, wer Santos Dumont war. Und weil er von Santos Dumont wußte, meinte er, über Brasilien Bescheid zu wissen.
> In diesem Jahrhundert ist Brasilien also ein Sportler, eine Sängerin und ein Flieger gewesen.
> Drei meisterhafte Erfinder: zwei Mineiros und eine Portugiesin. Der Sportler wurde mit Fußballschuhen berühmt.
> Die Sängerin und der Flieger trugen Schuhe mit Plateausohlen.
> [...]
> Als Blériot vom Tod des Pioniers erfährt, tauft er sein neuestes Passagierflugzeug auf den Namen Santos Dumont.
> Das Flugzeug stürzt ab, der Pilot kommt ums Leben.
> RUHM DER NATION Wissen Sie, was geschieht, wenn Sie an Bord eines der vielen Millionen Dollar teuren Flugzeuge, die kreuz und quer durch Brasilien fliegen, den Namen Santos Dumont erwähnen?
> Die gesamte Besatzung klopft dreimal auf Holz.
> Santos Dumont!
> Unberufen, toi, toi, toi.[9]

Selbst in seinem Nachleben steht Alberto Santos Dumont noch für ein Wesen, das in der Luft zwischen Leben und Tod schwebt. Bereits die Nennung seines Namens führt dazu, dass sich jede Brasilianerin, dass sich jeder Brasilianer – vor allem, wenn in der Luft befindlich – vor dem Tod in Acht nimmt.

Doch der brasilianische Romancier und Journalist hat mit seinem Roman Großes bewirkt. Mit *O Brasileiro Voador* hat Márcio Souza seinem ehedem berühmten brasilianischen Landsmann zweifellos ein großes Denkmal gesetzt und zugleich augenzwinkernd nationale Identifikationsprozesse aufgespießt, wie sie ebenso das Fremd- wie auch das Selbstbild Brasiliens im 20. Jahrhundert prägen. Das für uns mittlerweile zurückliegende Jahrhundert ist zweifellos ein Jahrhundert der Migrationen gewesen – und die Geschichte von Santos Dumont, die heute in Europa längst vergessen ist, mag uns daran erinnern, dass an einer Geschichte des Fortschritts nicht nur Europäer oder US-Amerikaner

---

9 Souza, Márcio: *Der fliegende Brasilianer*, S. 181 u. S. 216.

Anteil haben. Vor allem aber gelang es Márcio Souza, eine historische Figur aus der Vergangenheit wiederzubeleben, die zu Lebzeiten in einem eigenartigen Zwischenbereich von Leben und Tod oszillierte und die es verstand, sich selbst noch mit ihren Liebesgeschichten zwischen Eros und Thanatos schwankend zu platzieren.

Zu den bewegten Lebzeiten von Alberto Santos Dumont entfalteten die historischen Avantgarden eine das gesamte System der Künste und Literaturen radikal verändernde Aktivität in Europa, welche in Lateinamerika sehr viel stärker in historische, künstlerische und literarische Kontinuitäten und Traditionen eingebettet war.[10] Dabei nahm die kreative Anverwandlung und Auseinandersetzung mit der *Arbeit am Mythos*[11] eine wichtige Rolle bei der Umgestaltung der literarischen Traditionslinien in, durch und für Lateinamerika ein.

Dies gilt auch und gerade für den kubanischen Schriftsteller und Dramatiker Virgilio Piñera, der innerhalb der kubanischen Literaturszene eine Art Geheimtipp-Status erhielt, weil die Kubanische Revolution den stets aufmüpfigen und rebellischen Dichter maßregeln zu müssen glaubte und verdunkelte. Sie haben noch nie etwas von Virgilio Piñera gehört? Dies ist nicht überraschend, handelt es sich doch um einen Dramaturgen, Lyriker, Erzähler und Romancier, der schon bald nach dem militärischen Sieg der Kubanischen Revolution im wahrsten Sinne des Wortes totgeschwiegen wurde und bis zu seinem Tod im Jahr 1979 fast inexistent schien.

Abb. 85: Virgilio Piñera Llera (1912–1979).

In Anbetracht der großen rezeptionssteuernden Wirkung der kulturpolitischen Institutionen Kubas nach 1959 in ganz Hispanoamerika kann es daher nicht verwundern, wenn der Name Virgilio Piñera einem nur sehr kleinen Kreis von Literaturspezialisten und Literaturfanatikern geläufig war oder blieb. Unver-

---

10 Vgl. hierzu die entsprechenden Kapitel im dritten Band der Reihe „Aula" in Ette, Ottmar: *Von den historischen Avantgarden bis nach der Postmoderne* (2021).
11 Vgl. hierzu die klassische Studie von Blumenberg, Hans: *Arbeit am Mythos*. Frankfurt am Main: Suhrkamp 1979.

gesslich die Worte, die der kubanische Schriftsteller Reinaldo Arenas in seinem letzten Buch, seiner Autobiographie, Virgilio Piñera widmete.

Angesichts dieses lange erfolgreichen Totschweigens ist auch die Forschungsliteratur zu Piñera so dünn, dass man in den einschlägigen Nachschlagewerken zur lateinamerikanischen Literatur auf fast keine Angaben zu Sekundärliteratur stößt. Doch fällt es mir leicht, an dieser Stelle den Propheten zu spielen und zu behaupten, dass dem Gesamtwerk Piñeras in den nächsten Jahrzehnten eine wesentlich größere Bedeutung zukommen wird. Man wird ihm ohne jede Frage ebenso auf dem Gebiet der Lyrik – mit *La isla en peso* (1943) oder *Las Furias* (1941) – wie auf dem Gebiet der Erzählkunst – etwa mit seinen *Cuentos fríos* (1956) sowie den Romanen *Pequeñas maniobras* oder *La Carne de René* (1953) –, nicht zuletzt aber auch auf dem Gebiet des Theaters – mit seinen Stücken *Electra Garrigó*, *Jesús*, *La Boda* oder *Falsa alarma* – in Zukunft einen wichtigen Platz innerhalb der Literaturgeschichten zuerkennen. Bei Virgilio Piñera gibt es noch immer viel zu entdecken!

Gerade als Dramatiker und Theatermann war sich Virgilio Piñera der Tatsache bewusst, dass seine gesamte literarische Arbeit unter den schwierigen Schaffens-, Aufführungs- und Veröffentlichungsbedingungen erheblich litt. Ein Leben lang hielt er dagegen. So schrieb er in einer kurz nach dem Sieg der Kubanischen Revolution zugleich hoffnungsvollen und ironischen Vorwort zu einer Ausgabe seiner Theaterstücke, dass er eigentlich nur ein „casi-autor" von Theaterstücken sei, habe er doch nur alle sieben bis zehn Jahre eine Aufführung verzeichnen und damit nur wenig Kontinuität bei seinem Theaterpublikum erzielen können. Gerade hieran, am Erfolg bei seinem Publikum, wollte Piñera den Wert seiner Bühnenschöpfungen messen, so dass es ihm schwerfiel, bestimmte eigene Stücke zu bewerten, hatte er sie selbst doch noch nie auf der Bühne in einer öffentlichen Inszenierung gesehen.

Das sollte sich auch nach Veröffentlichung dieser Ausgabe seines *Teatro completo*[12] 1960 in Kuba nicht ändern. Dies erstaunt nicht gänzlich, sprach er sich selbst doch theatralische Qualitäten, mehr aber noch den stets unerfüllt gebliebenen Wunsch zu, die Welt durch theatralische Auftritte in Erstaunen zu setzen – wie jemand, der nackt auf die Straße rennt oder wie Fidel Castro, der nach dem Triumph in der Sierra Maestra glanzvoll in Havanna einzieht. Derartige Bemerkungen kamen bei der sich institutionalisierenden Revolution nicht immer gut an: Die kubanischen Revolutionäre und allen voran Fidel Castro verstanden auf dem Gebiet der Literatur keinen Spaß. Sie hielten es lieber mit

---

12 Vgl. Piñera, Virgilio: *Teatro completo*. La Habana: Ediciones R 1960.

Schriftstellerinnen und Schriftstellern, die sie nicht notwendig beweihräuchern mussten, aber treu und fest zur Revolution standen.

Dies war – wenn Piñera auch in seinem Vorwort noch manche eilfertige Verbeugung vor den neuen Machthabern in Havanna nachlieferte – denn doch zu starker Tobak, als dass man in dem kubanischen Dichter und Dramatiker einen treuen Anhänger des „Fidelismo" hätte erkennen können. Und in der Tat sollte sein literarisches Schaffen im Zuge der Verfestigung und Institutionalisierung des ‚revolutionären' Kulturbetriebs auf der Insel immer stärker marginalisiert und kriminalisiert werden. Virgilio Piñera, einer der klügsten Köpfe der kubanischen Literatur seit den vierziger Jahren, erhielt ständige Besuche von der kubanischen Staatssicherheit[13] und kaum noch Veröffentlichungsmöglichkeiten, so dass der Bühnenautor für das letzte Jahrzehnt seines Lebens bis zu seinem Tode, den Reinaldo Arenas in *Antes que anochezca* als verdächtig und ungeklärt bezeichnete, faktisch mit Veröffentlichungsverbot belegt war.

Das Stück, mit dem wir uns im Folgenden beschäftigen wollen, ist zwar nicht das bekannteste Theaterstück Piñeras (*Falsa alarma*), hat aber durchaus mehrere Aufführungen erlebt und gehört zweifellos zu den bekannteren Bühnenschöpfungen des kubanischen Dichters. *Electra Garrigó* wurde 1941 niedergeschrieben, entstand also knapp zwanzig Jahre nach Alfonso Reyes' *Ifigenia cruel*.[14] Es wurde zuerst 1948 und in der Folge 1958 sowie 1960 in Kuba aufgeführt. Das Stück entstammt einer Schaffensperiode, in der sich Virgilio Piñera als vom ‚griechischen Bazillus' infiziert deklarierte; eine Tatsache, die er übrigens mehr als zweideutig in seinem knapp zwanzig Jahre später verfassten Vorwort geradezu bedauerte und auf eine revolutionäre Ästhetik in negativer, geradezu entschuldigender (vielleicht sogar selbsterniedrigender Weise bezog): „tenía un gusto marcado por los modelos extranjeros", er habe damals eine ausgesprochene Vorliebe für ausländische Vorbilder gehabt. Und weiter: „Lo que pudo haber sido cubano del uno al otro extremo, lo falsée con unos griegos exhumados por que sí." Was also durch und durch kubanisch hätte sein können, habe er mit einigen grundlos wieder ausgebuddelten Griechen verfälscht.[15] Schauen wir uns diese Griechen aber einmal näher an, um diesen zweifellos selbstironischen Ton des großen Dramaturgen besser verstehen zu können!

Schon der Titel des Stücks macht deutlich, dass es sich hierbei nicht um eine klassisch-antike Elektra handelt, sondern um eine Frau, deren Vorname

---

13 Vgl. zur kreativen Seite hierzu Loyola, Guillermo: El interrogatorio en el teatro piñeriano. In: *Encuentro de la Cultura Cubana* (Madrid) 14 (octubre 1999), S. 29–35.
14 Vgl. zu Reyes' avantgardistischem Theaterstück Ette, Ottmar: *Von den historischen Avantgarden bis nach der Postmoderne*, S. 196 ff.
15 Vgl. Piñera, Virgilio: *Teatro completo*, S. 11.

scheinbar zufällig Electra lautet und deren Nachname Garrigó ist. Auch alle anderen Figuren verfügen über Vor- und Nachnamen: so etwa Orestes Garrigó, Agamenón Garrigó oder seine Frau Clitemnestra Pla wie auch deren Liebhaber Egisto Don. Die Vornamen zeigen jedoch an, dass wir uns mitten in der griechischen Mythologie befinden.

Folgen wir dem griechischen Mythos in seinen Hauptlinien, so wurde der Heerführer der Griechen Agamemnon, der durch das Opfer seiner eigenen Tochter Iphigenie – die von der Göttin Artemis gerettet und nach Tauris versetzt wurde – von den Göttern mit Wind für die Abfahrt seines Heeres nach Troja beschenkt wurde, nach Ende des gewonnenen Trojanischen Krieges wieder nach Hause zurückgekehrt dort wenig liebevoll empfangen. Dies war eine mythologische Tatsache, die etwa nach Ende des Zweiten Weltkriegs eine Vielzahl von Atridenstücken hervorbrachte, welche die komplexe Situation des störenden, die blutige Geschichte heimbringenden Heimkehrers thematisierten. In einem Krieg, in jedem Krieg, sind folglich selbst noch die Sieger Verlierer.

Doch zurück zu unserem griechischen Mythos! So kehrt der wegen der Opferung Iphigeniens von Frau und anderer Tochter, aber natürlich auch von Clitemnestras Liebhaber bestgehasste Führer nach Hause zurück, um dort dann zum Opfer einer von Ägisth an ihm verübten Bluttat zu werden. Bis hierher stimmt das Ganze durchaus mit dem griechischen Mythos überein. Nur kehrt Agamemnon – und dies wird dem Bühnenpublikum wie der Leserschaft von Beginn an klar gemacht – nicht in seine griechische, sondern in seine kubanische Heimat zurück: An dieser Stelle also beginnt Virgilio Piñeras Arbeit am Mythos!

Electra Garrigó ist eine hübsche, attraktive Kubanerin, der Liebhaber ihrer Mutter ein weißgekleideter kubanischer „Chulo", und Agamemnons Palast ist eine typische, im Kolonialstil mit vorgesetzten Säulen erbaute Villa in der – wie der uns wohlbekannte Alejo Carpentier sagen würde – *Ciudad de las columnas*[16] Havanna. Diese Stadt der Säulen mitten in der Karibik bietet also das perfekte Bühnenbild für einen nach Amerika verpflanzten Mythos aus der griechischen Antike. Wir finden auf dieser Ebene folglich eine Veränderung der raum-zeitlichen Diegese wie in Alfonso Reyes' *Ifigenia cruel* vor; eine Transposition nach Lateinamerika, wenn auch die Zeichen dieser Transposition im Stück von Reyes vorsichtiger und diskreter zum Ausdruck gebracht worden waren. Was ist aber nun das Kubanische an Piñeras Theaterstück, so dürfen wir uns schon nach den ersten Zeilen oder Minuten seiner *Electra Garrigó* fragen?

---

[16] Vgl. Carpentier, Alejo: *La Ciudad de las Columnas*. La Habana: Editorial Letras Cubanas 1982.

Dieser Frage – Was ist kubanisch? Was ist der Kubaner? Was ist die Kubanerin? – stellt sich auch Virgilio Piñera in seinem Vorwort zur Textausgabe. Und er stellt für ein kubanisches Publikum wenig überraschend fest, dass ‚der Kubaner' – im Gegensatz zum Deutschen etwa – ein Wesen sei, das das Tragische nicht ertragen und ständig mit dem Witz, dem „chiste" reagieren müsse – er hätte besser vielleicht auch „choteo"[17] sagen können –, um diese Speise nach Belieben garnieren und würzen zu können. Für Virgilio Piñera ist der Kubaner also ein Wesen, das die Tragik ständig durch Komik und allerlei Komisches *durchbrechen* – insofern stoßen wir an dieser Stelle auf den avantgardistischen Bruch – und nicht nur unterbrechen müsse.

Eben dies sei es auch gewesen, so Virgilio Piñera, was den Erfolg von *Electra Garrigó* beim kubanischen Theaterpublikum schon der vierziger Jahre erklären könne: jener Bruch mit dem rein Tragischen und mit der reinen klassischen Form, der das Stück in der Tat auszeichnet. Piñera nennt hierfür sogar ein Beispiel, dessen wir uns auch gleich bedienen wollen. Was ist die Ausgangssituation dieser Szene?

Agamemnon ist mittlerweile längst ermordet, ‚stranguliert' (wie es heißt) durch die geschickten Finger und Hände Ägisths. Kein Wunder also, wenn die im Hass ihrer Tochter Electra lebende Mutter und Geliebte des Mörders, Clitemnestra, um ihr Leben fürchtet und gerade davor Angst hat, wie ihr ehemaliger Gatte Agamemnon umgebracht zu werden: keine simple kubanische Familiengeschichte also! Doch die lustige Witwe hat nicht nur Schreckensvisionen, sondern auch Geld: Um sich vor dem Erdrosselt-Werden zu schützen, hat sie sich aus massivem Silber einen Halsschmuck anfertigen lassen – und so erleben wir sie auf der Bühne. Achten wir hier besonders auf die Mischung des Tragischen und Erhabenen mit dem Komischen und Banalen:

> CLITEMNESTRA: Überall sehe ich Electras. Electras, die mich überfallen wie die Flocken eines grausamen Schnees, den ich nie gesehen. Sehe ich einen Stuhl, ist es Electra. Sehe ich einen Kamm, Electra, einen Spiegel, die versinkende Sonne, diese Platten, jene Säulen. (*Pause.*) Alles ist Electra. Das ist das Schreckliche. Diese Frau verfolgt mich. (*Sie spioniert wieder mit ihren Augen.*) Sie will meinen Tod. Dazu ihre grässlichen Hexereien ... Hat sie irgend einen Gegenstand in diesem Palast erst einmal angeschaut, kann ich ihn selbst nicht mehr anschauen. Was mich anschaut, ist Electra; was ich anschaue, ist Electra; was sich durch mich angeschaut fühlt, wird zu Electra. Ich selbst werde am Ende zu Electra werden! (*Pause.*) Aber nein, lieber der Tod. Diese schleimige Frau, diese gegenständliche

---

[17] Vgl. hierzu u. a. Rodríguez Gutiérrez, Milena: El choteo de la cubanidad. In: *Encuentro de la cultura cubana* (Madrid) 47 (2008), S. 12–17; sowie Campa, Román de la: Caribbean Post-Modernity, Cuban choreo, and „The Repeating Island". In: *Apuntes Postmodernos – Postmodern Notes* (Miami) VI–VII, 1–2 (Spring – Fall 1996), S. 2–15.

Frau, diese Frau, die nur die Figur aus einer Tragödie ist. (*Pause.*) Kann man eine Figur aus einer Tragödie umbringen? Kann man einen Schatten vergiften? Und all das ist sie ... (*Pause.*) sie bringt mich zur Verzweiflung, selbst mein Verbrechen kann ich nicht in aller Ruhe genießen. Sie schaut mich an, und mit diesen Kuhaugen, die sie hat, sagt sie mir: „Reue lade ich nicht auf Dich, doch wirst Du wie der Tote sterben, den Du schufst." (*Sie fasst sich an den Hals.*) Das ist der Grund für dieses Silberteil. Alles in allem, es steht mir nicht schlecht, es macht mir einen biegsameren Hals. Doch Orest versicherte mir, dass ich nicht stranguliert sterben würde. (*Pause.*) Ach Du süße Überraschung, ich beiß' Dich: Orest, Orest ist das Gegengift gegen Electra![18]

Dieser Monolog Clitemnestras in der Mitte des dritten und letzten Akts enthält bereits alle Elemente und Ingredienzien des tragischen Geschehens. Die beständige Drohung Electras, die über der schuldhaft verstrickten Frau und Gattenmörderin Clitemnestra schwebt, äußert sich in dieser eindringlichen Szene in all ihrer Beklemmung, in dem vergeblichen Versuch, gegen die sich in Electra verwandelnde Welt den eigenen Hals zu schützen und ihn so zu retten. Alles ist in Electra verwandelt, alles durchbohrt die Mutter und Gattenmörderin mit den Blicken Electras!

In der Tat wird sich alles am Ende von *Electra Garrigó* in deren Fluidum, in Electra verwandelt haben. Die Welt der Objekte kündigt es bereits an: Alles wird Electra sein, ein wenig so, wie die Welt Tlöns in Borges' Erzählung *Tlön, Uqbar, Orbis Tertius* über die ‚reale Welt' hereinbricht und allem ihren Stempel aufdrückt.[19] Vergeblich versucht sich die angsterfüllte Clitemnestra davor zu schützen, werden es doch gerade Spiegel und Kamm neben den hier noch nicht genannten Objekten Tisch und Papaya-Frucht sein, die an ihrem Lebensende stehen, die ihrem Leben ein Ende bereiten.

Clitemnestras Tod erscheint bereits mehrfach in dieser Passage: Es wird jener Gifttod sein, den sich die Mutter für ihre Tochter vergeblich wünscht, könne man doch einen Schatten, die literarische Figur aus einer Tragödie, nicht so leicht vergiften. Orest aber, der hier als Gegengift gegen Electra erträumt wird, wird gerade jenes Gift reichen, das „dulce", ganz süß, in Clitemnestras Körper eindringen und sie töten wird. Sie wird eine vergiftete Schnitte der „Fruta bomba" essen, jener Frucht also, die in Kuba einen anderen Namen erhalten hat, weil dort der eigentliche Begriff ‚Papaya' zu ungehörig geworden ist, da man damit das weibliche Geschlechtsteil bezeichnet. Aber genau dieses ist in Virgilio Piñeras Stück mitgemeint!

---

18 Piñera, Virgilio: *Electra Garrigó*. In (ders.): *Teatro completo*. Compilación, ordenamiento y prólogo de Rine Leal. La Habana: Letras Cubanas, 2002. S. 33 f.
19 Vgl. hierzu Ette, Ottmar: *Von den historischen Avantgarden bis nach der Postmoderne*, S. 521 ff.

Diese verborgene Sexualität, die versteckte Geschlechtlichkeit der Papaya, das verborgene Inzesttabu, das Orest von seiner ihn liebenden Mutter trennt und den Sohn zum Mord an seiner Mutter führt – und nicht etwa die Ermordung seines Vaters Agamemnon, den auch er nicht liebte: Alles ist in dieser Szene bereits enthalten, wird in dieser Szene dichterisch komprimiert. Clitemnestra wird wenig später Orest vergeblich bitten, Electra umzubringen, denn sie selbst wird Orests Opfer sein; eine schreckliche, mordlüsterne Grausamkeit hat sich des Hauses der (kubanischen) Atriden bemächtigt.

Inmitten des tragischen Geschehens greift sich die attraktive und sehr auf ihre Schönheit bedachte Kubanerin an den schlanken Schwanenhals und überlegt zufrieden, dass der silberne Halsschmuck ihr doch recht gut stehe. Durch diese schnelle Geste und den kurzen, hingeworfenen Satz wird die Tragik des Geschehens wie auch die Erhabenheit des Tons durchbrochen: Plötzlich sehen wir nicht mehr eine tragische Figur vor uns, sondern eine Kubanerin, die sich fernab aller Todesängste Sorgen um ihr Äußeres macht.

Die Banalität dieser weiblichen Geste, unvorstellbar in klassischen Theaterversionen des Mythos, wirkt in jener intimen Szene wie ein Wellenbrecher und öffnet dem Alltäglichen wie dem Komischen die Tür: Das von der Tragik des Geschehens geschüttelte Publikum muss plötzlich lachen. Zum Alltäglichen gehört aber auch jene Lieblingsfrucht der in sich verliebten Frau, die Papaya oder „Fruta bomba", die Orest ihr nicht von ungefähr vom Markt geholt hat: eine Frucht, die käuflich erwerblich ist und damit auf ihre Besitzerin abstrahlt. Virgilio Piñera hat als erfahrener Theatermann derlei Elemente eingestreut, um die tragische Spitze seiner Version des Atriden-Stoffs zu brechen.

Am Ende des Stücks aber wird alles Banale und Alltägliche verschwunden sein und nur mehr Electra alle Dimensionen ausfüllen: Alles wird, ganz wie in der alptraumartigen Vorstellung ihrer Mutter Clitemnestra, zu Electra geworden sein – alle Figuren, alle Gesten, alle Gegen-Stände! Alle Personen sind entweder tot oder – wie Ägisth und Orest – gegangen, haben das Weite gesucht, bevor sie in den Sog der tragischen Ereignisse gezogen werden können. Zugleich sind die Erinnyen nicht gekommen, ihr Flügelschlag ist nicht zu hören: Es gibt sie nicht – aber damit auch nicht jenen Areopag, der Orest (und damit auch Electra) dereinst von der Anklage des Muttermordes freisprechen und erlösen könnte.

Electra bleibt auf Kuba, Orestes aber zieht in die Welt: Er ist nicht nach Kuba zurückgekehrt, um die seinem Vater angetane Schmach zu rächen, sondern bricht im Grunde erst nach vollbrachter Rache auf, die ihn gleichsam freisetzt. Dies überrascht in der Konsequenz der Deutung Virgilio Piñeras nicht. Orestes hat nicht seinen Vater gerächt, sondern den Willen seiner Schwester ausgeführt und vor allem sich von seiner Mutter und deren fesselnder Liebe befreit: Er kann nun gehen! Erst jetzt beginnt im Grunde sein Exil,[20] zu dem ihn Electra geleitet – bis zu einer lichterfüllten Tür, durch die Orestes freilich allein in eine andere Welt eintritt.

Zweifellos verhält es sich so, wie schon frühe Theaterkritiker bemerkten und wie Virgilio Piñera es auch selbst einräumte: *Electra Garrigó* ist irgendwo zwischen Jean-Paul Sartres *Les mouches* – das zum damaligen Zeitpunkt noch nicht in Textform veröffentlicht war – und damit dem französischen existentialistischen Theater einerseits anzusiedeln, dem Theater des Absurden eines Eugène Ionesco andererseits. Nicht umsonst füllt sich die Szenerie mit Objekten, wie wir dies aus Stücken des Absurden Theaters kennen und wie wir dies auch schon in dieser Passage aus *Electra Garrigó* sehen: Clitemnestra beschreibt in ihrem Monolog, was sich bereits ereignet und was sich im weiteren Verlauf des Stückes ereignen wird.

Die Bühne füllt sich mit Objekten, die sich allesamt in Electra verwandeln und deren gespenstisch-schwarzes, schönes Bild tausendfach auf ihre Mutter zurückwerfen, die mit ihren eigenen Worten endlich einmal in Ruhe ihren Gattenmord und die Liebe ihres Liebhabers genießen will. Virgilio Piñera hat all diese Elemente, die damals im zeitgenössischen Theater in Europa wie in Amerika in der Luft lagen, aufgenommen und in sein Stück einbezogen, zugleich aber speziell auf die kubanische Situation zugeschnitten.

Nach dem Tod ihres Vaters Agamemnon bleibt Electra gleichsam verwaist zurück – einsam und isoliert in ihrer weiblichen Schönheit. Ihr Liebhaber in spe hatte sich schon früh aus Verzweiflung umgebracht; und weder Orest noch Ägisth, die beiden einzigen übriggebliebenen Männer, bleiben bei ihr. Der plötzliche Tod des Agamemnon ist gleichsam der Tod des alten Hahns auf dem bald schon verwaisten Hühnerhof: Ihm wird einfach der Hals umgedreht, eine „mera cuestión sanitaria", eine rein hygienische Angelegenheit, wie es mehrfach spöttisch bei Electra und Clitemnestra heißt. Sehen wir uns diesen banalen Diktatoren-, diesen Tyrannenmord einmal näher an:

> CLITEMNESTRA: Eine arme Frau verlangt nur, dass man diesen Horror aus ihren schönen Augen entferne, diesen alten Hahn. (*Mit dröhnender Stimme*) Der junge Hahn, der junge männliche Hahn: Möge er einer schönen Frau zu Hilfe eilen! (*Zu Electra.*) Was soll ich tun, Electra, was soll ich tun?
> ELECTRA: Handeln.

---

[20] Zu einer anderen Deutung des Orest-Stoffes im Kontext einer kubanischen Exilierung vgl. Ette, Ottmar: Orest und Iphigenie in Mexico. Exilsituation und Identitätssuche bei José Martís und Alfonso Reyes' Beschäftigung mit dem Mythos. In: *Komparatistische Hefte* (Bayreuth) 14 (1986), S. 71–90.

CLITEMNESTRA: (*sich erneut drehend.*) Ja, handeln, und schnell handeln. (*schreiend*) Egisto! Egisto! (*Es erscheint zwischen den beiden zentralen Säulen der gigantische Schatten eines Hahns.*) Schöner weißer Hahn, schöner männlicher Hahn: Komm herbei! Heute ist der Tag des Blutes! (*Der Schatten bewegt sich grotesk. Clitemnestra zieht ihren Schal aus. Sie läuft dem Schatten entgegen.*) Egisto, auf ihn, auf den alten Hahn! auf den schwarzen Hahn! Heut' muss er sterben! Ja, Egisto, mach' ihn mit Deinen Sporen fertig! (*Sie schlägt den Schatten.*) Auf den alten Hahn, auf den schwarzen Hahn! (*Der Schatten verschwindet. Clitemnestra geht schreiend durch die Säulen hinaus.*) Drauf auf den alten Hahn, auf den schwarzen Hahn!
CHOR: Der Tod wie ein starker Strahl
auf Agamemnon sich richtet,
und Clitemnestra verrichtet
mit ihrem Geliebten zerstörend
zwischen Laken Gekeuch betörend,
dann den Hals so fest umfassend,
schlangengleich, niemals ablassend,
inmitten des Horrors ganz fahl.

Hör, Clitemnestra, Treulose,
den Totenbericht ohne Fragen,
hör das Orchester laut klagen,
Dir schon den baldigen Tod.
Schau, alles ist aus dem Lot,
Ehebruch, Mutter, fatal,
verstrickt in die Aura der Qual,
bald schon in grässlicher Pose.[21]

In dieser eindrucksvollen, lyrisch verdichteten Szenerie, in der sich der weiße Hahn, der neue Liebhaber, des alten schwarzen Hahns bemächtigt und den alten Herrscher Agamemnon aus dem Wege räumt, verbindet sich das Tierische mit dem Menschlichen, das Menschliche im Schattenwurf mit dem Übermenschlichen, zugleich und vor allem aber Macht und Gewalt mit Männlichkeit und Sexualität. Eros und Thanatos werden gekonnt von Virgilio Piñera eingeführt: Die Bettlaken sind die Laken der Mörder wie die Laken der Liebenden; ihr Geräusch ist das Gekeuche des Mordens wie das der körperlichen Liebe. Und im gewaltsamen Tod des Gatten scheint schon der gewaltsame Tod seiner Ehegattin auf.

Das konkrete Handeln, das „obrar", ist in dieser dramatischen Szene – wie auch der Mord an Clitemnestra – Männersache, die Fäden jedoch halten die Frauen in der Hand. Am Ende wird auch der junge, männliche weiße Hahn von der schwarzen Electra vertrieben sein, jener schönen schwarzen Kubanerin, die

---

21 Piñera, Virgilio: *Electra Garrigó*, S. 22f.

an Martís Rede von „Cuba, cual viuda triste" in einem Gedicht erinnert, mit dem wir uns im Rahmen dieser Vorlesung auseinandergesetzt haben.

Der Chor, ganz in seiner antiken Stellung und Position die Handlung zusammenfassend und vorantreibend, führt den Bluttag über die Bewegungen der Liebenden in den Bettlaken weiter zum Tod der Clitemnestra, deren Triumph nur vorübergehend ist. Denn sie kann, wie sie im oben angeführten Monolog beklagt, die Früchte ihres Mordes nicht genießen. *Trauer muss Electra tragen*: So könnten wir mit dem Dramatiker Eugene O'Neill und dem Titel seines 1931 uraufgeführten Bühnenstückes sagen und auf Kuba beziehen. Die Situation erscheint als ausweglos: Kein Heilsversprechen, keine Erlösung, kein Freispruch folgt dem Morden am Ende und versöhnt den Menschen mit dem Übermenschlichen, dem Transzendenten, dem Göttlichen! Der Mensch ist radikal alleingelassen, radikal sich selbst überlassen, nicht aufgehoben in einer Welt, in welcher das Geschehen mit berechenbarer Gewalt voranschreitet.

Wie in César Vallejos im Rahmen unserer Vorlesung analysierten Gedicht gibt es Schläge von irgendwo her, Schläge des Schicksals, die hier freilich von Menschenhand ausgelöst wurden, von Menschenhand aber nicht mehr weiter aufzuhalten sind. Der Chor klagt Clitemnestra an, zur Ehebrecherin und zur Mörderin geworden zu sein; und der Chor weist auf den baldigen Mord an der schönen, begehrenswerten Frau hin, einen Mord, dem sie nicht mehr ausweichen kann – auch nicht durch attraktiven silbernen Halsschmuck. Absurdität und Groteske begleiten am Ende diese eher schon spätavantgardistische Anverwandlung des antiken Mythos, in dem schließlich alles zu Electra geworden ist und kein Raum mehr zum Atmen bleibt.

Virgilio Piñeras *Electra Garrigó* ist eine Transposition des Electra-Stoffs in die Karibik und die kubanische Welt, wobei gerade die Symbolik des Hahns – wie auch die schwarzen Diener – auf eine andere kulturelle, ja volkskulturelle Einbettung schließen lassen, welche dem Hahnenkampf in der Area der Karibik eine ganz besondere Stellung zuweist. Der antike Mythos dient damit Virgilio Piñera – wie vor ihm bereits Alfonso Reyes – zu einer Mythenübertragung, die letztlich die Identitätsproblematiken der eigenen Gesellschaft aufwirft. Historische Avantgarde und Identitätssuche sind in Lateinamerika aufs Engste miteinander verwoben, paaren sich in diesem Bühnenstück aber mit einer Engführung von Eros und Thanatos, von Liebe und Tod, von körperlicher Sexualität und tödlichem Orgasmus, die untrennbar verschlungen sind. Denn das Animalische, Tierische wird im Menschen zum Vorschein gebracht und als Teil der *conditio humana* sichtbar gemacht.

Wenn wir Virgilio Piñeras *Electra Garrigó* auf die verschiedenen kulturellen Pole beziehen, von denen in dieser Vorlesung, aber auch schon in unserer Vorlesungen über die *Romantik zwischen zwei Welten* sowie *Von den historischen*

Avantgarden bis nach der Postmoderne die Rede war, dann wird zunächst deutlich, dass sich dieses Bühnenstück des kubanischen Dichters in den ersten Pol der abendländischen Traditionsstränge einschreibt, insofern es sich auf den griechischen Mythos der Atriden und die Problematik der Orestie bezieht. Es gelingt dem kubanischen Schriftsteller, durch Einführung lokaler, arealer, aber auch nationalkultureller und nationalliterarischer Isotopien andere kulturelle Pole miteinzublenden und auf diese Weise den dominanten ersten Pol einer Ausrichtung an den Traditionen Europas zu bereichern.

Nicht nur die Beziehung zum Hahnenkampf, sondern auch die Anspielungen auf die kultische Bedeutung des Hahns in afrokaribischen und afrokubanischen Religionen macht im Verbund mit der Einblendung etwa einer schwarzen Dienerschaft auf die veränderte Diegese und damit auf die spezifische *Arbeit am Mythos* aufmerksam. Wie in Alfonso Reyes' Rückgriff auf den Atriden-Stoff und den Mythos von Iphigenie auf Tauris wird die gesamte Problematik auch bei Virgilio Piñera auf die Frage des Exils bezogen, ist es in *Electra Garrigó* doch der am Ende von seiner eigenen Schwester Electra durch die Tür geleitete und damit von der Insel entfernte Orest, der in eine lichtvolle, aber ungewisse Zukunft im Exil hinausgeht. Während in Alfonso Reyes' *Ifigenia cruel* – wie wir sahen – vor allem eine Beziehung zum kulturellen Pol der indigenen Kulturen hergestellt wird, insofern eine direkte Verschmelzung des griechisch-abendländischen Mythos mit dem aztekischen, mit dem indigenen Mythos erfolgt, treten bei Virgilio Piñera an die Stelle der auf Kuba längst ausgerotteten indigenen Bevölkerungen gleichsam die importierten ‚Autochthonen', die schwarzen Kulturen, welche als nationalkulturell wichtiger Faktor allerdings nur wenig skizziert bleiben. Hier hängt es stark von der jeweiligen Inszenierung ab, wie sehr dieser kulturelle Pol der schwarzen, der afrokaribischen Kulturen in *Electra Garrigó* akzentuiert wird.

Márcio Souzas Beschäftigung mit einem historischen brasilianischen Stoff wie Virgilio Piñeras Transposition des griechischen Mythos in die Diegese einer erkennbar kubanischen Umgebung behandeln die Frage von Leben und Tod aber jeweils in der wechselseitigen Beziehung zur Liebe, welche bei Santos Dumont die Gewichte zwischen Leben und möglichem Sterben zumindest zeitweise immer wieder verschiebt und den Wiedergänger zwischen Leben und Tod am erotischen Kitzel amouröser Liebschaften ausrichtet. In *Electra Garrigó* hingegen werden alle Figuren in den Strudel des Schicksals hineingezogen, welcher in einer unvordenklichen Kette an Gräueltaten vom Mord an Agamemnon zurück auf dessen Aufopferung seiner Tochter verweist und immer tiefer in eine Geschichte der Atriden hineinführt, aus welcher auch die späten kubanischen Verwandten nicht mehr herauszufinden in der Lage sind.

Ist Santos Dumont ganz vom Mythos des Fliegens erfasst, mit welchem sich selbstverständlich in der Freud'schen Traumsymbolik die sexuelle Vereinigung verbindet, ist er also diesem Mythos ausgeliefert und gibt sein Leben dafür hin, so ist bei Virgilio Piñera jegliches Handeln, jegliches „obrar", ein letztlich schon immer vorbestimmtes und todbringendes Tun, mit dem keine Aktivität des Menschen, sondern nur der passive Vollzug des Willens der Götter erfüllt wird. Der Tod kümmert sich nicht um den einzelnen Menschen: Er lacht über alle menschlichen Bemühungen, ihm einen Sinn zu verleihen, und vollzieht sich ungerührt, ohne dass der Mensch noch in das eigene Sterben wie das Sterben ihm liebevoll verbundener Menschen eingreifen könnte. Das schicksalsschwere Motiv von César Vallejos *Hay golpes en la vida* taucht ebenso unvermittelt wie unabweisbar wieder auf. Denn im Angesicht des Todes ist alles menschliche Handeln Täuschung und Selbsttäuschung – gerade dann, wenn die Verstorbenen der eigenen Familie entstammen, ja unsere Väter und Mütter sind.

Roland Barthes, das Fehlen der Mutter und die Geburt

In der Familie der Atriden löst in Virgilio Piñeras *Electra Garrigó* der Mord an der eigenen Mutter deren Mord am Gatten ab. Bleiben wir in der Familie, aber lassen Sie uns gegen Ende dieser Vorlesung nunmehr von Morden und damit der *mors repentina* absehen und uns erneut mit dem Tod in der Form eines sanfteren Hinschwindens beschäftigen! Ich möchte dabei gerne die Problematik der Mutter, wie sie etwa bei Reinaldo Arenas erscheint – bei dem die Mutter im gesamten Oeuvre stets auch als Diktatorin, als Verkörperung der Diktatur allgegenwärtig ist –, mit Hilfe von Roland Barthes noch um eine weitere dialektische Wendung bereichern: um den Tod, um das Hinscheiden, um das Fehlen der Mutter, das seinen künstlerischen Ausdruck in Form eines Buches findet. Und ich gestehe dabei gerne, dass meine erste Vorlesung, die ich zu unserem Thema in Potsdam hielt, durch den Tod meiner Mutter ausgelöst wurde.

Dabei möchte ich gerne auf ein Buch des französischen Zeichen- und Kulturtheoretikers kommen, das in der langen Reihe von Bänden seiner Mutter gleichsam die Totenwache hielt. Im März 1979 bereitete sich Barthes auf die Arbeit an jenem Buch vor,[1] das sein letztes zu Lebzeiten erscheinenes werden sollte: *La Chambre claire*, auf Deutsch *Die helle Kammer. Bemerkung zur Photographie*. Im Sommer 1977, also lange Monate vor dem Tod seiner Mutter, hatte Barthes davon gesprochen, über die Photographie (wie auch die Musik) erst dann schreiben zu können, wenn er eine gewisse „Weisheit" erreicht habe, scheitere man doch stets beim Sprechen über das, was man liebe.[2] *La Chambre claire* entstand während weniger Wochen – Barthes gab am Ende des Bandes den Zeitraum vom 15. April bis zum 3. Juni an – und erschien wenige Wochen vor seinem eigenen Tod. Es hielt, wie Jacques Derrida, meine Eingangsbemerkung ergänzend, in seinem Nachruf auf den Verfasser von *Am Nullpunkt des Schreibens* treffend formulierte, „wie nie zuvor ein Buch seinem Autor die Totenwache".[3]

Roland Barthes ist als Zeichen- und Medientheoretiker nicht an der Aufdeckung der Hintergründe für sein Buch interessiert. In diesem Band, der auf den ersten Blick eine Untersuchung über die Photographie zu sein scheint, wird

---

1 Vgl. Calvet, Louis-Jean: *Roland Barthes. Eine Biographie*. Aus dem Französischen von Wolfram Bayer. Frankfurt am Main: Suhrkamp 1993, S. 322.
2 Vgl. Compagnon, Antoine (Hg.): *Prétexte: Roland Barthes*. Colloque de Cerisy. Paris: Union Générale d'Editions, 10/18 1978, S. 126 f.
3 Derrida, Jacques: Die Tode des Roland Barthes. In: Henschen, Hans-Horst (Hg.): *Roland Barthes*. München: Klaus Boer Verlag 1988, S. 33.

zwischen drei verschiedenen Praktiken unterschieden, die sich um das Photo gruppieren: „tun, geschehen lassen, betrachten."⁴ Da er selbst, so Barthes, die Erfahrung des Fotografierens (das ‚Tun') nicht besitze, könne er nur auf das Betrachten und das Betrachtet-Werden eingehen. Dabei wird ein für das Buch grundlegender Unterschied eingeführt, jener zwischen *Studium* und *Punctum*. Während beim Studium die Aktivität generell vom Betrachter ausgeht, der sich mit dem Objekt Photographie auf eine allgemeine oder wissenschaftliche, stets aber wohl metasprachliche Weise auseinandersetzt, unterscheidet sich das Punctum bereits hinsichtlich der Bewegungsrichtung zwischen Photographie und Betrachter: „Diesmal bin nicht ich es, der es aufsucht (wohingegen ich das Feld des *Studium* mit meinem souveränen Bewusstsein ausstatte), sondern das Element selbst schießt wie ein Pfeil aus der Szene hervor, um mich zu durchbohren."⁵

Abb. 86: Roland Barthes (1915–1980).

Das *Punctum* einer Photographie sei daher „jener Zufall an ihr, der *mich besticht* (mich aber auch verwundet, trifft)."⁶ Die bemerkenswerte Aufwertung des Zufalls in dieser Konzeption lässt den „hasard" freilich nicht als ein Element des ‚Textes-an-sich' (als künstlerisches Artefakt), sondern des ‚Textes-für-mich' erscheinen. Barthes' Abwertung der Rolle des Zufalls bei der künstlerischen Produktion bliebe davon unberührt.⁷ Die Ebene des Studiums spielt fortan nur noch eine untergeordnete Rolle bei der Auseinandersetzung zwischen Bild-Text und skripturalem Text; das *Punctum* wird zum beherrschenden Element des ge-

---

4 Barthes, Roland: *La Chambre claire. Note sur la photographie*. Paris: Cahiers Cinéma – Gallimard – Seuil 1980, S. 22.
5 Ebda, S. 49: „Cette fois, ce n'est pas moi qui vais le chercher (comme j'investis de ma conscience souveraine le champ du *studium*), c'est lui qui part de la scène, comme une flêche, et vient me percer."
6 Ebda.
7 Vgl. zur Problematik des Kontingenten in der Literatur auch Köhler, Erich: *Der literarische Zufall, das Mögliche und die Notwendigkeit*. München: Fink 1973. Zur Bedeutung des zufällig erblickten Details Burgin, Victor: Diderot, Barthes, „Vertigo". In: Burgin, Victor / Donald, James / Kaplan, Cora (Hg.): *Formations of Fantasy*. London – New York: Methuen 1986, S. 90 ff.

samten Buches. Dies verwundert nicht, ließ Barthes am Ende seiner Vorlesung ‚über' Proust doch keinen Zweifel daran, dass es ihm nicht mehr um das Studium eines Produkts, sondern um die Übernahme einer Produktion gehe. Damit deutete sich bereits an, dass *La Chambre claire* nur vordergründig eine theoretische Abhandlung *über* die Photographie – oder wie wir etymologisierend sagen könnten: *über* das Schreiben mit Licht – war und es eigentlich um etwas anderes ging, das ihn buchstäblich *getroffen* hatte.

Erlauben Sie eine kurze Anmerkung zur Unterscheidung von *Studium* und *Punctum*! Der vielleicht grundlegende Unterschied besteht darin, dass sich nicht nur der stumpfe (aber keineswegs stumpfsinnige) Sinn in einen überaus scharfen (aber nicht unbedingt scharfsinnigen) Sinn, sondern vor allem die Bewegungsrichtung der beiden verschiedenen ‚Sinne' im Gegensatz zu früheren Schriften von Roland Barthes gewandelt hat. Kam der „sens obvie" dem Betrachter entgegen, sprang er ihm förmlich ins Gesicht, so ist die Bewegungsrichtung beim Studium die nun genau umgekehrte: Der Betrachter wendet sich dem Bild zu und versucht, sein ‚souveränes Bewusstsein' darauf anzuwenden. In dieser ausschließlich mentalen Dimension ist sie wissenschaftlich, im Sinne Barthes' also unfähig, den Körper miteinzubinden.

Der „sens obtus" kehrt seinerseits in der Form des *Punctum* wieder: Ein Detail des Bilds löst sich wie ein Pfeil aus der Szenerie und ‚trifft', ja ‚verletzt' den Betrachter oder die Betrachterin. Die Erfahrung schließt die körperliche Dimension mit ein. So sind Studium und Punctum keineswegs grundlegend neue Vorstellungen in der begrifflichen Welt des Roland Barthes. Sie nehmen vielmehr die in vorigen Begriffsbildungen und Oppositionen gespeicherten Bedeutungselemente in sich auf. Die Semiologie der „signifiance" und „jouissance", die Barthes zuvor entwickelte, wird – was sich schon zuvor andeutete – auf *ein* Ich, das Ich des Betrachters, bezogen. Es ist, so könnte man formulieren, eine Semiologie des ‚Zeichens-für-mich'. Die Konsequenz dieser partikularisierten Semiologie, welche die Ebenen von Kommunikation und Bedeutung einer Erforschung durch die (universitäre) Linguistik und Semiotik überlässt, kann auf literarischer Ebene nur die Verwendung der ersten Person Singular sein. *La Chambre claire* nähert sich folglich der Form der Autobiographie beziehungsweise Formen autobiographischen Schreibens an.

Der semiologisch begründeten Verwendung der ersten Person Singular lässt sich noch eine zweite, literarische Begründung hinzufügen. *Die helle Kammer* setzt mit einem ‚proustianischen' Akzent ein, der – wie wir sehen werden – im Anfangssatz des zweiten Teils wiederaufgenommen und verdeutlicht werden wird: „Eines Tages, vor recht langer Zeit, stieß ich auf eine Photographie des jüngsten Bruders von Napoleon, Jérôme (1852)."[8] In diesem Incipit ist ebenso die Thematik des gesamten Buches wie die von der Theorie bedingte Form und deren literarische Modellierung am Vorbild Marcel Prousts gegenwärtig. Es ist die Auseinandersetzung eines Betrachters, der sich über eine Reihe von Photographien und damit über die (eigene) Vergangenheit beugt, wobei das Element des Zufalls („je tombai") und des Unwillentlichen eine große Rolle spielt. Wir gehen – wie Sie sehen – aus von der Ebene des *Studium*.

Das dem fortlaufenden Text vorangestellte paratextuelle Element eines leicht geöffneten Vorhangs – eine Photographie von Daniel Boudinet (1979), die in der deutschen Ausgabe fehlt – führt intratextuell die Verbindung von Zwischenraum, Textgewebe, Liebe und Erotik ein, die in der Form eines leicht geöffneten Vorhangs mit einer Geisha bereits in Barthes' *L'Empire des signes*, auf Deutsch *Das Reich der Zeichen*, verwendet worden war (Abb. 87). Die Textelemente literarischer Modellierung raten dazu, das seit dem ersten Satz präsente ‚Ich' – wie in den vorstehenden theoretischen Erläuterungen aus didaktischen Gründen mitunter geschehen – nicht mit dem textexternen Autor Roland Barthes

Abb. 87: Daniel Boudinet: Polaroid, 1979.

---

8 Barthes, Roland: *La Chambre claire*, S. 13.

gleichzusetzen, sondern als Erzählerfigur und damit als textinterne Instanz zu verstehen. Dies sollten wir bei der Analyse von *La Chambre claire* beherzigen.

Im ersten des in zwei Hälften geteilten und in eine Abfolge von insgesamt achtundvierzig durchnummerierten Kapiteln untergliederten Buches geht die Erzählerfigur von einer existentiellen Dimension der Photographie aus: „Was die *Photographie* unendlich reproduziert, hat nur ein einziges Mal stattgefunden: sie wiederholt mechanisch das, was sich existentiell nie mehr wiederholen kann."[9] Damit wird ein Thema aufgenommen, das der Wissenschaftler Roland Barthes in seinen Artikeln über die Photographie während der sechziger Jahre herausgearbeitet hatte.[10] In seinem grundlegenden Aufsatz *Die Rhetorik des Bildes*, der 1964 in der Zeitschrift *Communications* erschien, blieb für den Zeichentheoretiker der Primat der Sprache in den Bild-Text-Beziehungen noch unangetastet, werde das Bild doch stets im Text ‚verankert'. Doch hatte Barthes schon dort fast nebenbei ein Grundelement des photographischen Bildes ‚entwickelt', das sechzehn Jahre später in verändertem Kontext in *La Chambre claire* wieder ‚aufgenommen' werden sollte: das „avoir-été-là" der Photographie, weniger in ihrer Eigenschaft als Zeugnis (heideggerianisch gesprochen) eines Da-Seins, sondern eines Da-Gewesen-Seins als *vergangene Präsenz*. Diese vergangene Präsenz ist aber mit dem Tode verbunden, ist vom Tode nicht abtrennbar. Sie ahnen, wie der Tod der eigenen Mutter in das Buch über die vergangene Präsenz des Photographischen transponiert werden konnte.

Dabei gilt es festzuhalten, dass dieses zutiefst existentielle Element des *Da-Gewesen-Seins* von größter Bedeutung für Barthes' letztes Buch über *Die helle Kammer* werden sollte. Denn „in jeder Photographie", so heißt es nun, „ist jene ein wenig schreckliche Sache vorhanden: die Rückkehr des Toten".[11] Kurz zuvor schon war die für den Ich-Erzähler existentielle Bedeutung dieser Tatsache blitzartig erleuchtet worden:

> Jedes Mal, wenn ich etwas über die *Photographie* las, dachte ich an jenes geliebte Photo, und das brachte mich in Rage. Denn *ich* sah immer nur den Referenten, das begehrte Objekt, den geliebten Körper; doch eine lästige Stimme (die Stimme der Wissenschaft) sagte mir dann in strengem Ton: „Kehr zur Photographie zurück. Was Du hier siehst und was Dich leiden macht, fällt unter die Kategorie ‚Amateurphotographie', welche ein Soziologenteam behandelt hat [...]."[12]

---

9 Ebda., S. 15.
10 Vgl. hierzu Ette, Ottmar: *Roland Barthes. Eine intellektuelle Biographie*. 3, unveränderte Auflage. Frankfurt am Main: Suhrkamp Verlag 2012.
11 Barthes, Roland: *La Chambre claire*, S. 23.
12 Ebda., S. 19.

Barthes spielt hier zweifellos an auf ein Soziologenteam unter der Leitung von Pierre Bourdieu:[13] Darum soll es aber in unserer heutigen Vorlesung nicht gehen. Im obigen Zitat wird zum ersten Mal nicht *die* Photographie als wissenschaftlicher Gegenstand (der mit einer Majuskel versehen wird), sondern *eine* bestimmte Photographie eingeführt, die im ersten Teil des Buches stets kleingeschrieben und praktisch nicht beim Namen genannt wird. Die ‚Stimme der Wissenschaft', einem wissenschaftlichen Über-Ich gleich, wendet sich von der einen Photographie ab und der *Photographie* zu; denn der Untertitel des Buches kennzeichnet sich als *Note sur la photographie*. Damit ist dem gesamten Band schon im Untertitel gleichsam kryptographisch eingeschrieben, dass er nicht der Stimme der Wissenschaft folgt: *La Chambre claire* ist eine Bemerkung – fast könnte man im musikalischen Sinne Theodor W. Adornos von einer ‚Note' sprechen – zu einer bestimmten Photographie in ihrer existentiellen Bedeutung für den Ich-Erzähler. Denn vor diesem macht ‚die Rückkehr des Toten' (oder genauer: *der* Toten) nicht Halt.

Das vom Photographen ins Bild gesetzte Ich ist zum „*Ganz-und-gar-Bild*", zum „*Tod* in Person" geworden.[14] Wir finden hier auf einer anderen Ebene jene Angst wieder, die Barthes in seinem Vortrag „Das Bild" in Cerisy-la-Salle zum Ausdruck brachte, nämlich zum ausgelieferten Objekt, zum Bild der anderen verdinglicht zu werden. Doch in diesem Eingehen auf ein Bild und wieder Weggehen von diesem Bild kommt eine andere Ökonomie zum Vorschein, in der wir unschwer jene von *Studium* und *Punctum* wiedererkennen: Wir müssen sie mit dem Körper-Leib des Betrachtenden verbinden.

Ein längeres Zitat aus Jean-Paul Sartres 1940 erschienenem Essay *Das Imaginäre*,[15] dem Barthes – sozusagen zum vierzigsten Jubiläum seiner Veröffentlichung – *La Chambre claire* widmete, verdeutlicht die existentielle Dimension der Photographie,[16] macht zugleich aber auch auf die Betonung der (Bild-)Leserseite aufmerksam. Jean-Paul Sartre hatte in seiner Schrift das Kunstwerk nur als das äußere, materielle Analogon verstanden, als jenes (tote) Objekt, das vom Leser oder Betrachter zu einem inneren Bild umgeformt wird, welches erst das eigentliche Kunstwerk ausmache.[17] Die Widmung an Sartre ist gut gewählt: Denn es ist genau dieses Kunstwerk, das Roland Barthes mit *La Chambre claire*

---

13 Vgl. Bourdieu, Pierre et al. (Hg.): *Un art moyen. Les usages sociaux de la photographie*. Paris: Minuit 1965.
14 Barthes, Roland: *La Chambre claire*, S. 31.
15 Ebda., S. 38 f.
16 Vgl. Sartre, Jean-Paul: *L'Imaginaire*. Paris: Gallimard 1940, S. 39.
17 Auf zusätzliche Beziehungen zwischen *La Chambre claire* und *L'Imaginaire*, insbesondere das Spiel von Absenz und Präsenz, verweist Halley, Michael: Argo sum. In: *Diacritics* (Ithaca) XII, 4 (winter 1982), S. 73 ff.

und seiner Verwandlung der Photographien in ‚inneren Bilder' wie einst Marcel Proust *gegen den Tod* errichtet. Es rührt im Übrigen eigenartig an, dass ebenso Sartre wie Barthes in jenem Jahr 1980 verstarben und damit zugleich einen Endpunkt in der säkularen Dominanz französischer Theoriebildung weltweit markierten. Ab diesem Zeitpunkt, so darf man getrost aus heutiger Sicht hinzufügen, übernahmen die USA für knapp vier Jahrzehnte die Oberhoheit im Feld einer weltweiten Literatur-, Zeichen- und Kulturtheorie, welche zum gegenwärtigen Zeitpunkt, nach dem Ende der vierten Phase beschleunigter Globalisierung, wieder ins Wanken gekommen zu sein scheint.

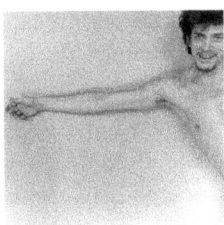

Abb. 88: Robert Mapplethorpe: Self Portrait, 1975.

Doch zurück zu *La Chambre claire*! Die in *Die helle Kammer* wiedergegebenen, voneinander sehr verschiedenen Photographien unterschiedlichster Photographen werden nicht dem Studium unterworfen: Weder dienen sie als ‚Illustrationen' für eine bestimmte Theorie, noch kommentiert der skripturale den Bildtext in metasprachlicher Weise. Der Ich-Erzähler setzt sich absolut: „Ich verabschiede alles Wissen, jegliche Kultur, ich verzichte darauf, einen anderen Blick zu beerben."[18] Wir finden hier den *Refus d'hériter*, die bei Barthes schon früh in seinen Schriften vorkommende Erbverweigerung, die im Gegensatz zum gleichnamigen Essay von 1968 nicht auf den abendländischen Diskurs, sondern – in einer geradezu nietzscheanischen Geste – auf die Kultur überhaupt bezogen wird.[19] Die Beziehung zwischen Bild und Text ist nicht die einer wie auch immer gearteten ‚Verankerung' des Ikonischen im Skripturalen; beide Zeichensysteme bilden eine prekäre Einheit: *La Chambre claire* ist im vollen Sinne ein Ikonotext.

Das Punctum ist, wie schon der dritte Sinn, eine Heterologie, „ein Supplement: Es ist das, was ich dem Photo hinzufüge und *was dennoch schon da ist*".[20] Es sind kleine Bildelemente, Details, die wie in Eisensteins Film den Betrachter treffen, ihn verletzen: ein Blick, ein Schnürsenkel oder eine Halskette springen

---

18 Barthes, Roland: *La Chambre claire*, S. 82.
19 Vgl. hierzu die Überlegungen in Ette, Ottmar: *Roland Barthes. Eine intellektuelle Biographie*.
20 Barthes, Roland: *La Chambre claire*, S. 89.

dem Betrachter ins Auge, lösen das Punctum aus, das lustvolle Verletzung ist. Sie treffen den Körper-Leib des Betrachtenden. Doch weder muss diese Verletzung lustvoll erfahren werden, noch müssen die Bild-Text-Relationen von Photographien ausgehen, die im Band selbst wiedergegeben sind. Dies entwickelt der zweite Teil des Bandes, auf den der ausgestreckte Arm der letzten Photographie (R. Mapplethorpe, Abb. 88)[21] des ersten Teils in ‚körperlicher' Weise deutet. Und in diesem zweiten Teil kommen wir der existenziellen Bedeutung des Todes für Barthes in diesem Buch erheblich näher.

Dieser zweite Teil, der ebenfalls vierundzwanzig Kapitel umfasst, beginnt stärker noch als der erste in Proust'scher Modellierung:

> Nun, an einem Novemberabend, kurz nach dem Tod meiner Mutter, ordnete ich Photos. Ich hoffte nicht, sie „wiederzufinden", ich versprach mir nichts von „diesen Photographien einer Person, durch deren Anblick man sich weniger an diese erinnert fühlt, als wenn man nur an sie denkt" (Proust).[22]

Die direkte, präzise zitierte Bezugnahme auf Marcel Prousts *Auf der Suche nach der verlorenen Zeit* setzt nicht nur die eigene Modellierung in Szene, sondern auch Metasprache und Objektsprache in eins. Das Autobiographische verschmilzt mit dem Literarischen, das Intratextuelle mit dem Intertextuellen, und erweist sich angesichts des allgegenwärtigen Todes analog zum Vorbild als ein Anschreiben gegen den Tod der Mutter und ein Anschreiben gegen den eigenen Tod. Denn zu Beginn des zweiten Teiles von *La Chambre claire* wird der Tod der Mutter explizit genannt.

Das Erzähler-Ich erweist sich als Autorkonstruktion, welche literarischen Gesetzmäßigkeiten gehorcht. Es spricht nicht ein wissenschaftliches Subjekt, das uns eine präzise medienwissenschaftliche Studie vorlegt. Die lichtvolle Helle der Augen der Mutter durchzieht – wie ein nicht aufgelöstes *Punctum*, eine innere, intimste Verletzung – jene Photographien,[23] die dem ordnenden

Abb. 89: ‚La Souche': Henriette Barthes und ihr älterer Bruder als Kinder.

---

21 Ebda., S. 94.
22 Barthes, Roland: *La Chambre claire*, S. 99.
23 Ebda., S. 104.

Ich zu Gesicht kommen. Das Ich sucht nach der „Wahrheit des Gesichts, das ich geliebt hatte".[24] Es ist die *Gesichtlichkeit*, die seit Barthes' Texten der fünfziger Jahre immer wieder für die Wahrheit, für die Totalität des Menschen steht.

Diese Warheit der Gesichtlichkeit, der „visagéité", wird in einer alten Photographie zugänglich, welche die Mutter als fünfjähriges Mädchen zusammen mit ihrem zwei Jahre älteren Bruder im Wintergarten zeigt (Abb. 89).[25] Aus der Lektüre des Bilds der Mutter als kleines Mädchen entsteht der Tod der Mutter, aber auch der eigene Tod; es ist eine Lektüre der Liebe der Mutter und der Liebe zur Mutter, die sich – ganz im Proust'schen Sinne – zum Schreibprojekt gegen den Tod verbinden:

> Nun, da sie tot war, hatte ich keinerlei Grund mehr, mich dem Gang des Höheren Lebens (der Gattung) anzupassen. Meine Singularität würde sich nie mehr ins Universale wenden können (es sei denn, utopisch, durch das Schreiben, das Projekt, das seitdem zum alleinigen Ziel meines Lebens werden sollte). Ich konnte nur noch auf meinen vollständigen, undialektischen Tod warten.
> Das war es, was ich in der *Photographie* aus dem Wintergarten las.[26]

Das *Punctum* hat sein Ziel erreicht: Roland Barthes ist getroffen, ist betroffen. An dieser Stelle ist die Photographie der Mutter, im Gegensatz zum ersten Teil, zur Photographie schlechthin geworden. In dieser Aufnahme verbinden sich die Liebe und der Tod[27] mit dem Projekt des eigenen Schreibens, das hier zum einzigen noch verbliebenen Ziel des Lebens erklärt wird. Im Gegensatz zu Proust führt die willentliche Suche, das Ordnen der Photographien, zur ‚Entdeckung' des eigenen Wegs zum Schreiben. Doch wie bei Proust wird das Projekt dieses Schreibens durch eine sinnliche, eine körperliche Wahr-Nehmung ausgelöst, vom Punctum geradezu *punktiert*. Die sinnliche Erfahrung ‚trifft' den Ich-Erzähler und lässt die Vergangenheit in ihrer Totalität gegenwärtig werden. Leistete dies bei Proust der Geschmackssinn (ein Gebäckstück) oder der Tastsinn (ungleich hohe Pflastersteine), so wird dies in Barthes' Text durch den Blickkontakt bewerkstelligt. Und die Struktur des Auges wird zugleich zur Struktur des Buches.

---

24 Ebda., S. 106.
25 Ebda.
26 Ebda., S. 113.
27 Vgl. zu dieser Konstellation auch den zweiten Band der Reihe „Aula" in Ette, Ottmar: *Liebe-Lesen* (2020), passim. Häufig ist auf die Todessehnsucht Barthes' nach dem Tod seiner Mutter verwiesen worden; vgl. etwa Morin, Edgar: Le retrouvé et le perdu. In: *Magazine littéraire* (Paris) 314 (octobre 1993), S. 29.

Der Diskurs der Liebe fand seine sprachliche Grenze in der körperlichen Vereinigung, dem ‚kleinen Tod'.[28] Der Diskurs der Liebe zur Mutter findet seine Grenze im Tod des geliebten Wesens: „Ich habe keinen anderen Rückhalt als diese *Ironie*: darüber zu sprechen, dass es ‚nichts zu sagen gibt'."[29] Hier ist die Grenze des Sprechens, des Philosophierens,[30] des Schreibens erreicht. Es ist das Schweigen im Zentrum des Schriftstellers, jenes Schweigen, das bereits in Barthes' erstem Buch *Le Degré zéro de l'écriture*, in *Am Nullpunkt des Schreibens*, thematisiert wurde. Jetzt ist es ein leer gewordenes, ein leeres Zentrum, das doch immer wieder neu zum Sprechen gebracht werden muss und doch nicht schweigen kann.

Wie *L'Empire des signes* ist auch *La Chambre claire* um ein leeres Zentrum gebaut. Im Reigen all jener Photographien, die von Barthes in dieses Buch aufgenommen wurden, fehlt eine einzige: die Photographie des fünfjährigen Mädchens im Wintergarten. In *L'Empire des signes* war dieses leere Zentrum durch einen zitierten Text von Philippe Sollers ‚gefüllt' und gerade dadurch als leer markiert worden. In *La Chambre claire* weist der ausgestreckte Arm des jungen Mannes nicht nur auf den zweiten Teil des Buches, sondern auch auf die nächste Photographie.

Abb. 90: Nadar: Mère ou femme de l'artiste, 1890.

Anstelle des jungen Mädchens im Wintergarten sehen wir eine Photographie von Nadar, die eine alte, weißhaarige Frau zeigt (Abb. 90). Die Photographie trägt den im Kontext des Buches vielfach beziehbaren Titel „Mutter oder Frau des Künstlers".[31] Um als leeres Zentrum wahrgenommen werden zu können, muss dieses Zentrum markiert sein: Die Greisin signalisiert das Fehlen des Mädchens, dessen Bild uns nur durch die bruchstückhafte Ekphrasis des Erzählers ‚vor das innere

---

28 Vgl. hierzu Ette, Ottmar: *LiebeLesen*, S. 60 ff.
29 Barthes, Roland: *La Chambre claire*, S. 125.
30 Vgl. hierzu Ette, Ottmar: Der Schriftsteller als Sprachendieb. Versuch über Roland Barthes und die Philosophie. In: Nagl, Ludwig / Silverman, Hugh J. (Hg.): *Textualität der Philosophie: Philosophie und Literatur*. Wien – München: R. Oldenbourg Verlag 1994, S. 161–189.
31 Barthes, Roland: *La Chambre claire*, S. 108.

Auge' geführt wird. Zugleich deutet dieses Fehlen, deutet diese Photographie Nadars auf die künstlerische, die literarische Dimension des gesamten Bandes.

Im Fehlen des biographisch auf den textexternen Autor beziehbaren ikonischen Elements affirmiert sich der Text in seiner Verfertigung, in seinem Geweben-Sein und entzieht sich jeglicher strikt autobiographischen Fixierung: Wir *sehen* die Mutter von Roland Barthes nicht: Sie ist verschwunden, auf Französisch „disparue", folglich tot. Hat nicht die Bildbeschreibung, die Ekphrasis, ein Bild in uns evoziert? Gewiss. Doch dieses in uns heraufbeschworene Bild des Gesichts mit den hellen Augen, diese Hypotypose ist – glauben wir einer Jahre zuvor gemachten Bemerkung Roland Barthes' – nicht mehr als eine Täuschung. Das letzte Bild des ersten und das erste Bild des letzten Teils verweisen wechselseitig auf das leere Zentrum und dessen Inszenierung. Im Gegensatz zu *Das Reich der Zeichen* wird in *Die helle Kammer* dem ikonischen (und nicht dem schrifttextlichen) Element des Ikonotexts die Aufgabe überantwortet, die Leere des Zentrums zu re-präsentieren – und nicht etwa, diese Leere zu füllen!

Roland Barthes scheint gezögert zu haben, bevor er die Photographie im Wintergarten aus seinem Text herauslöste.[32] Doch gab er damit seinem Buch über die Photographie (der Mutter) die Struktur eines Auges, in dessen Zentrum – leicht verschoben – sich ein blinder Fleck befindet.[33] Der Ikonotext nimmt die Struktur des Auges in sich auf, wird zum Auge selbst. Der blinde Fleck im letzten Buch von Roland Barthes markiert nicht nur den leer gewordenen Platz, den die Mutter – Henriette Barthes – im Leben des Zeichentheoretikers und Schriftstellers hinterließ. Er deutet auch auf das leere Zentrum im Gesamtwerk des Roland Barthes.

Über sein gesamtes geschriebenes Leben hinweg findet sich bei Roland Barthes die Metapher, ja die Metaphorologie des leeren Zentrums. Logischerweise findet sie sich in einer anderen Umdrehung seiner literarischen Spirale erneut, in seinem letzten zu Lebzeiten erschienenen Buch *La chambre claire*. Damit war schon jene Leere angedeutet, die der Tod des Subjekts beziehungsweise des Autors im Zentrum des Textes hinterlassen sollte und die nur unvollständig und prekär von der 1968 in *La mort de l'auteur* verkündeten Geburt des Lesers ausgeglichen werden konnte. *Incidents*, *S/Z* und *L'Empire des signes* ordneten sich um ein leeres Zentrum an, welches durch das Theorem vom Tod des Autors ausgefüllt wurde.[34] 1964 wurde das ‚leere Denkmal' des Eiffelturms zum

---

32 Vgl. Calvet, Louis-Jean: *Roland Barthes. Eine Biographie*, S. 324.
33 Vgl. auch Melkomian, Martin: *Le corps couché de Roland Barthes*. Paris: Librairie Séguier 1989, S. 38.
34 Vgl. hierzu nochmals Ette, Ottmar: *Roland Barthes. Eine intellektuelle Biographie*.

Signum der Moderne erklärt, so wie 1970 die Stadtlandschaft von Tokyo als leeres Zentrum erschien, darin dem japanischen Haus strukturell verwandt.

Auch das Fehlen einer Philosophie der Liebe wurde nicht etwa von den *Fragmenten eines Diskurses der Liebe* beseitigt, sondern als ein nicht auszufüllendes leeres Zentrum kenntlich gemacht.[35] Und so ist auch die *camera lucida*, deren Bildprojektionen vermittels eines offenen, leeren Zentrums entstehen, in *La Chambre claire* mit einem blinden Fleck versehen, der den eigentlichen Mittelpunkt des Buches ausmacht: ein Zentrum freilich, das die Bedeutung in Barthes' letztem Buch nicht (etwa autobiographisch) zentriert, sondern diffundiert und vervielfacht. Der Band stellt eine weitere Umdrehung in der Spirale des Barthes'schen Schreibens dar, aber er ist vor allem auch dies: eine in der Bewegung des eigenen wissenschaftlichen Tuns verankerte Antwort auf den Tod der eigenen Mutter. Denn Henriette Barthes bildete ohne jeden Zweifel das inverse Zentrum dieses Bandes über *diese* Photographie – und das Zentrum des Lebens von Roland Barthes, der mit seiner Mutter fast ein ganzes Leben lang zusammenwohnte.

In einer auf den 2. September 1979 datierten Eintragung, welche die zweitletzte datierte Notiz in seinem posthum erschienenen *Tagebuch der Trauer*, seinem *Journal de deuil*, ist, hat Roland Barthes nur diese beiden Zeilen festgehalten: „Siesta. Traum: *exakt* ihr Lächeln. / Traum: integrale, gelungene Erinnerung."[36] Es fällt nicht schwer, zwischen diesen Zeilen des abbrechenden Tagebuches nicht nur das (wie) im Traum erscheinende Lächeln der Mutter, sondern auch das Projekt zu erkennen, das Barthes zu diesem Zeitpunkt bereits abgeschlossen hatte: sein Buch über die Photographie, das zugleich – wie wir sahen – sein so oft beschworenes Buch über die Mutter wurde. Das Lächeln der Mutter war für Barthes allgegenwärtig.

Versuchen wir, die Dinge zeitlich zu ordnen! Das letzte Buch von Roland Barthes, *Die helle Kammer*, ist wie erwähnt auf den Zeitraum zwischen dem 15. April und dem 3. Juni 1979 datiert. Der letzte Eintrag des *Journal de deuil*, der vor den ‚Start' der Arbeit an diesem „dernier livre", diesem „letzten Buch" fällt, ist unschwer auf das neue und so rasch, binnen weniger Wochen ausgeführte Vorhaben zu beziehen:

> Ich lebe ohne jegliche Sorge um die Nachwelt, ohne jedes Begehren, später noch gelesen zu werden (abgesehen von M., aus finanziellen Gründen), die vollkommene Akzeptanz, gänzlich zu verschwinden, keinerlei Lust aufs ‚Monument' – aber ich kann es nicht ertra-

---

[35] Vgl. zu Roland Barthes und seinen *Fragmenten eines Diskurses der Liebe* nochmals den zweiten Band der Reihe „Aula" in Ette, Ottmar: *LiebeLesen*, S. 60 ff.
[36] Barthes, Roland: *Journal de deuil. 26 octobre 1977–15 septembre 1979*. Texte établi et annoté par Nathalie Léger. Paris: Seuil – Imec 2009, S. 254.

gen, dass es so auch für Mam. kommt (vielleicht weil sie nicht geschrieben hat und weil die Erinnerung an sie gänzlich von mir abhängt).[37]

Diese Worte werfen ein eigentümliches Licht auf das Schreiben des Sohnes. Denn dieser erklärt sich für allein dafür verantwortlich, das Andenken an seine Mutter aufrecht zu erhalten. Mit seinem Buch *La Chambre claire* hat Roland Barthes nicht nur seiner Mutter ein literarisches Monument errichtet, sondern ihr Vergangen-Sein in eine offene Zukunft projiziert; ein Andenken an Henriette Barthes, das längst auch auf unsere Vorlesung übergesprungen ist. Insofern ist dieser Band, aus der Angst vor dem Vergessen geboren; eine Form der Vergegenwärtigung, die unbestreitbar auf Zukunft zielt: die helle Kammer eines Gedenkens, das – Dank und Gedächtnis zugleich – nicht auf den (eigenen) Tod, sondern prospektiv aufs Künftige gerichtet ist.

War das 1979 erschienene Bändchen mit dem Titel *Sollers, Schriftsteller* – das aus einer Abfolge von sechs eher kurzen Texten über den Kopf der *Tel Quel*-Gruppe besteht – eher eine Solidaritätsbekundung und mehr noch eine Pflichtübung, die offenkundig auf eine Bitte des im intellektuellen Feld Frankreichs zunehmend in Bedrängnis geratenen Philippe Sollers selbst zurückging, so ist *Die helle Kammer* für Barthes offenkundig ein Buch von geradezu vitaler, existentieller Bedeutung. Es handelt sich um ein Buch, das freilich im *Journal de deuil* seinen Vorläufer in einer expliziten Auseinandersetzung mit dem Tod der Mutter hat, einen skripturalen Vorläufer, der jedoch zumindest nicht zu Barthes' Lebzeiten für die Publikation und damit für die Öffentlichkeit bestimmt war. Als Buch über die eigene Mutter war Roland Barthes' *La Chambre claire* Schlusspunkt und Ausgangspunkt zugleich.

Der elegante, 1980 erschienene Band weist eine gewisse Abkehr von der fraktalen, archipelischen Schreibweise der „écriture courte" auf, die Barthes' Schreiben so sehr charakterisiert hatte. Auch wenn er mit seinem Sollers gewidmeten Buch noch ein letztes Mal pflichtschuldig die französische Avantgarde seiner Zeit gegrüßt hatte, war es ihm nun – wie er in einem in *Tel Quel* veröffentlichten Tagebucheintrag vom 5. August 1977 wissen ließ – um anderes zu tun. Plötzlich sei es ihm „gleichgültig geworden, nicht *modern* zu sein. (... und wie ein Blinder, dessen Finger über den Text des Lebens (*texte de la vie*) tastet und hier und dort das erkennt, ‚was schon gesagt worden ist'.)".[38] Barthes tastete sich, seinem Lebens-Text folgend, in der Tat in eine neue Richtung vor. Sein *erstes* Ergebnis war

---

37 Ebda., S. 245. Das Kürzel bezieht sich auf Michel Salcedo, den Halbbruder Roland Barthes', der zu seinem literarischen Erben wurde.
38 Barthes, Roland: *Œuvres Complètes*. Edition établie et présentée par Eric Marty. Paris: Seuil 1993–1995, hier Bd. 3, S. 1011.

sein letztes Buch: *Die helle Kammer*. Das Buch über den Tod der Mutter war zugleich die Geburt einer neuen Schreibweise.

Seinen Text des Lebens versucht der sehende Barthes als Licht-Schrift zu lesen, als Photo-Graphie. Barthes' *Die helle Kammer* war als Buch über den Tod zugleich ein Buch des Lebens, insofern die intime Verklammerung von Texten und Bildern, von Schriftbild und Bildschrift ein lebendiges ikonotextuelles Oszillieren erzeugt, in dem sich Bild und Text wechselseitig durchdringen. Dabei wird der Körper der Mutter im *Journal de deuil* ertastet, vielleicht sogar geschrieben. Auf den ‚Vorwurf' an die Adresse des Homosexuellen, den Körper der Frau niemals kennengelernt zu haben, ‚antwortete' Barthes in seinem zweiten, auf den 27. Oktober 1977 datierten Eintrag: „ vous n'avez pas connu le corps de la Femme! / J'ai connu le corps de ma mère malade, puis mourante."[39] Barthes hatte den Körper seiner kranken, seiner sterbenden Mutter, mit der er zusammenlebte, kennengelernt.

Der Körper der Mutter ist im *Journal de deuil* wie in den Photographien und Texten von *La Chambre claire* allgegenwärtig und selbst in den Körpern anderer Photographierter omnipräsent. kann. Auf diese Weise erscheinen hier jene vervielfachten Doppelungen zwischen Buch der Photographie und Buch der Mutter, Buch des Lebens und Buch des Todes, Buch der Theorie und Buch der Literatur, die nicht einfach übereinander gelegt werden können. *Die helle Kammer* führt auf kunstvolle Weise vor, wie diese Doppelungen nicht als Gegensätze, sondern als sich wechselseitig semantisierende Pole eines Bewegungsraums gedacht und geschrieben werden können, der sich gleichwohl nicht auf das *Studium*, sondern das *Punctum* konzentriert. Der zugleich aber auch im Getroffen-Werden durch den Pfeil des Todes die Frage nach dem Leben stellt und das Leben *unter Einschluss des Todes* in den Mittelpunkt rückt.

Das *Journal de deuil* und in seiner Nachfolge auch *La Chambre claire* ist ein Abschied von einer Art und Weise des Wissens, die Roland Barthes einst so wichtig gewesen war: eine Verabschiedung des wissenschaftlichen Wissens, das Barthes mit dem Begriff des *Studium* anspricht. Stattdessen zielt Barthes, verändert durch die Erfahrung des Todes seiner Mutter Henriette, nun auf ein Wissen vom Leben, welches das teilweise Verlernen des wissenschaftlichen Wissens voraussetzt und das Wissen vom Tode als Ausgangspunkt nimmt. Acht Monate nach dem Tod seiner Mutter trägt er am 14. Juni 1978 ein: „(Huitmois après): le second deuil."[40] Roland Barthes musste lernen, ohne seine Mutter zu leben. So heißt es in einem Eintrag vom 22. Februar 1979, also wenige Wochen vor dem erklärten Beginn der Niederschrift von *La Chambre claire*:

---

[39] Barthes, Roland: *Journal de deuil*, S. 14.
[40] Ebda., S. 157.

> Was mich von Mam. trennt (von der Trauer, die meine Identifizierung mit ihr war), das ist die (größer werdende, immer mehr akkumulierte) Dicke der Zeit, in der ich seit ihrem Tod ohne sie leben, das Appartement bewohnen, arbeiten, ausgehen usw. konnte.[41]

Der Tod ist für Roland Barthes einschließlich des eigenen Todes zu einem Bestandteil des Lebens geworden, ja mehr noch: Durch das Leben und Arbeiten in der einst mit der Mutter geteilten Wohnung hat der Verfasser des *Tagebuchs der Trauer* gelernt, den Tod zu bewohnen, mit Leben zu füllen und zu erfüllen. So entfaltet sich ein Wissen im Zeichen des Lebens – und damit selbstverständlich auch des Todes. Der Tod wird zu einem Ausgangspunkt für ein neues Schreiben, für ein neues Leben, für eine neue Geburt.

Am Ende dieser Vorlesung soll daher nicht der Tod, das (laut Roland Barthes) Undialektische stehen. Vielmehr soll es weitergehen, soll die Spirale des Lebens sich noch um weitere Umdrehungen drehen. In diesem gedanklichen Zusammenhang möchte ich es nicht als eine Flucht verstanden wissen, wenn wir uns am Ende unseres langen Parcours ein letztes Mal der Geburt zuwenden. Es handelt sich vielmehr um einen Ausdruck des Lebenswissens – und ich würde sagen: zugleich des ÜberLebenswissens –, wenn es nun am Ausgang dieser umfangreichsten thematischen Vorlesung wieder um die Geburt gehen soll.

Erst am Ende des eigenen Lebens, so hielt die spanische Schriftstellerin María Teresa León in ihrer Autobiographie *Memoria de la melancolía* einmal fest, sei man in der Lage, das Rätsel der eigenen Identität lüften zu können, um dieser Bemerkung sogleich aber hinzuzufügen, dass auch dies dann letztlich wieder eine Erniedrigung sei. Daraus ergibt sich die bange Frage, ob wir denn sterben müssen, ohne unsere eigene Geschichte zu Ende zu bringen; oder ob wir noch an unserem Ende das weitergeben, was in einem übertragenen Sinne als eine neue Geburt verstanden werden kann.

Geburt und Tod, Sterben und Auf-die-Welt-Kommen antworten sich über ein ganzes Leben hinweg in einem ständigen Polylog, der um Konstruktionen von Selbstvergewisserungen kreist, welche doch – so meine ich – nie zur Ruhe kommen können, sondern in ständiger Bewegung sind; hierin vergleichbar mit der Unruhe eines mechanischen Uhrwerks.[42] Dies bedeutet aber nicht, dass damit notwendigerweise ein Entwicklungsprozess verbunden ist. Im Gegenteil: Viele Darstellungen von Geburtsszenen oder auch von pränatalen Situationen sind gerade so gestaltet, dass die jeweiligen Protagonisten gerade keinen Entwicklungsgang durchmachen, sondern eigentlich schon immer so waren, wie

---

41 Ebda., S. 239.
42 Vgl. hierzu Ette, Ottmar: Unrest as Driving Force: On Vectoricity and Economy of a Monumental Feeling. In (ders.): *Literatures of the World. Beyond World Literature.* Translated by Mark W. Person. Leiden: Brill 2021, S. 297–336.

sie im weiteren Verlauf des Lebens – um dies paradox zu formulieren – *geworden* sind. Denn die Literaturen der Welt müssen sich auf dieser Ebene nicht um die Problematik der Irreversibilität des Lebens kümmern, der Unumkehrbarkeit aller Lebensprozesse; und ebensowenig müssen diese Lebensformen eine unilineare Entwicklung darstellen, wie sie letztlich allen gängigen Modellen von Geschichte(n) zu Grund liegt – und auch praktisch allen Modellen der oftmals sehr naiv erzählenden Geschichtswissenschaften.

Lassen Sie mich am Ende dieser Vorlesung noch einmal daran erinnern, dass wir an ihrem Anfang festgehalten hatten, dass es drei zentrale Charakteristika des Lebens gibt, die wir zunächst aus den Biowissenschaften abgeleitet hatten. Erstens die Irreversibilität des Lebens, zweitens die Tatsache, dass die Summe der Teile nicht das Ganze ausmacht und daher sich das Leben nicht einfach in seine Einzelteile zerlegen lässt und danach wieder zusammengesetzt werden kann – und schließlich drittens die Unvorhersagbarkeit des Lebens; eine Einsicht, die sich gerade auch im Bereich der Biowissenschaften durchzusetzen beginnt und daher längst nicht mehr ein Charakteristikum von (mangelnder) Wissenschaftlichkeit ist.

In gewisser Weise behaupten zwar die Literaturen der Welt nicht selten die nicht notwendige Vorhersehbarkeit und Prophezeibarkeit des Lebens ihrer Protagonist*innen; doch machen sie oft deutlich, dass die Natalität literarischer Figuren an eine Konzeption – und dies ist eine Geburtsmetaphorik – zurückgebunden ist, die letztlich die zentralen Züge und Entwicklungsmöglichkeiten bereits festgelegt hat. Vielleicht sind wir daher so anfällig für die in diesen Jahren so grassierenden Vorstellungen, dass alles in unserem genetischen Code, in unserem Genom angelegt und letztlich lesbar ist. Dies aber ist ein Glaube an eine Lesbarkeit und Ablesbarkeit in einem naturwissenschaftlich bestimmbaren Sinne, der in periodischen Zyklen die Menschheit – wie schon zu Balzacs Zeiten – heimsucht und danach wieder in die Freiheit entlässt.

Ich möchte Ihnen abschließend diese Überlegungen ganz kurz an zwei deutschsprachigen Texten beziehungsweise Textauszügen vorstellen, die Sie sicherlich zum Teil kennen. Der erste Textauszug ließe sich auf die standardisierte Metapher ‚Das Licht der Welt erblicken' reduzieren und damit als eine Art Geburtsszene *par excellence* begreifen. Sie beginnt mit einer langen Reflexion des Ich-Erzählers über Glühbirnen, die für dieses Licht der Welt stehen, noch bevor dieser Ich-Erzähler im Grunde die Glühbirnen dieser Welt erblickt und zu Gesicht bekommt. Ich spreche natürlich vom bekanntesten Roman aus der *Danziger Trilogie* des Günter Grass:

> Ich habe heute einen langen Vormittag zertrommelt, habe meiner Trommel Fragen gestellt, wollte wissen, ob die Glühbirnen in unserem Schlafzimmer vierzig oder sechzig Watt zählten. Es ist nicht das erste Mal, dass ich diese, für mich so wichtige Frage mir und meiner Trommel stelle. Oft dauert es Stunden, bis ich zu jenen Glühbirnen zurückfinde. [...]

Mama kam zu Hause nieder. Als die Wehen einsetzten, stand sie noch im Geschäft und füllte Zucker in braune Pfund- und Halbpfundtüten ab. Schließlich war es für den Transport in die Frauenklinik zu spät; eine ältere Hebamme, die nur noch dann und wann zu ihrem Köfferchen griff, musste aus der nahen Hertastraße gerufen werden. Im Schlafzimmer half sie mir und Mama, voneinander loszukommen.)

Ich erblickte das Licht dieser Welt in Gestalt zweier Sechzig-Watt-Glühbirnen. Noch heute kommt mir deshalb der Bibeltext: „Es werde Licht und es ward Licht" – wie der gelungenste Werbeslogan der Firma Osram vor. Bis auf den obligaten Dammriss verlief meine Geburt glatt. Mühelos befreite ich mich aus der von Müttern, Embryonen und Hebammen gleichviel geschätzten Kopflage.

Damit es sogleich gesagt sei: Ich gehörte zu den hellhörigen Säuglingen, deren geistige Entwicklung schon bei der Geburt abgeschlossen ist und sich fortan nur noch bestätigen muss. So unbeeinflussbar ich als Embryo nur auf mich gehört und mich im Fruchtwasser spiegelnd geachtet hatte, so kritisch lauschte ich den ersten spontanen Äußerungen der Eltern unter den Glühbirnen. Mein Ohr war hellwach.[43]

Sie sehen: Unser Oskar, der Ich-Erzähler in Günter Grass' *Die Blechtrommel*, wusste von allem Anfang an Bescheid! Er braucht sich in seiner geistigen Entwicklung nicht mehr weiterzuentwickeln, sie ist längst vor der Geburt abgeschlossen. Daher kann er auch sofort die Glühbirnen als solche ausmachen und erkennen, obwohl er es eigentlich noch eine ganze Zeit hätte bis zu dem, was man so schön als die ‚Geburt des Blickes' bezeichnet. Diese Geburtsszene ist eine typische Verkörperung des Immer-schon-dagewesen-Seins, die für viele Geburtsszenen in der Literatur gilt: Die Geburt ist dann nur noch eine physische Präsenz, eine Anwesenheit, ein Angekommen-Sein.

Und so ist sie für Oskar daher vor allem jener Zeitpunkt, an dem er und seine Mutter voneinander loskommen und er sich von den unterschiedlichsten Verbindungen und Nabelschnüren losmachen kann. Als Individuum ist er bereits vollendet. Das selbstbestimmte, unteilbare Individuum hat seinen nicht mehr mit einem anderen Körper zusammenhängenden Körper-Leib gefunden, mit dem es nunmehr insulär allen anderen Körpern in der Welt gegenübersteht. Der Roman des Lebens kann beginnen!

Als zweites und letztes Beispiel möchte ich Ihnen einen kurzen Textauszug aus dem Roman nicht eines männlichen Autors, sondern einer Schriftstellerin vorstellen, für welche Migration und jegliche Form von Bewegung – auch die eines translingualen Oszillierens – von zentraler Bedeutung ist. Das Incipit ihres Romanerstlings ist daher aus der Bewegung heraus in einem fahrenden Zug situiert, auch wenn die Ich-Erzählerin noch alles aus der Perspektive des Bauchs ihrer Mutter sieht. Es handelt sich um Emine Sevgi Özdamars *Das Leben ist eine Karawanserei hat zwei Türen aus einer kam ich rein aus der anderen ging*

---

[43] Grass, Günter: *Die Blechtrommel*. Frankfurt a. M.: Fischer 1962, S. 35 f.

ich raus – einen 1992 erstmals erschienenen Roman, den ich Ihnen ebenso wenig hier in seinen Zusammenhängen vorstellen will wie Günter Grass' *Die Blechtrommel*. Mich interessiert an dieser Stelle[44] lediglich der Romananfang, und dieser lautet wie folgt:

> Erst habe ich die Soldaten gesehen, ich stand da im Bauch meiner Mutter zwischen den Eisenstangen, ich wollte mich festhalten und fasste an das Eis und rutschte und landete auf demselben Platz, klopfte an die Wand, keiner hörte.
> Die Soldaten zogen ihre Mäntel aus, die bisher von 90.000 toten und noch nicht toten Soldaten getragen waren. Die Mäntel stanken nach 90.000 toten und noch nicht toten Soldaten und hingen schon am Haken. Ein Soldat sagte: „Mach für die schwangere Frau Platz!"
> Die Frau, die neben meiner Mutter stand, hatte in einer Nacht weiße Haare gekriegt, weil sie hörte, dass ihr Bruder tot war. Sie hatte nur einen Bruder und einen Ehemann, den sie nicht liebte. Diese Frau nannte ich später im Leben ‚Baumwolltante' [...].[45]

An dieser Passage fasziniert die in holzschnittartigen, starken und leicht agrammatischen Sätzen vorgetragene Szenerie einer Wahrnehmung aus dem Bauch der Mutter: Das weibliche Ich, die Erzählerin und Protagonistin, ist bereits völlig wach, in ihren geistigen Fähigkeiten ausgebildet und entwickelt. Und doch hat das Leben, wie der Schlusssatz dieses gelungenen Romanauftakts zeigt, zumindest offiziell noch nicht begonnen. Von allem Anfang an aber steht dieses Leben im Zeichen des Todes, impliziert bereits vor der Geburt immer schon – und dies ist eine biopolitisch sehr relevante Tatsache – das Bewusstsein des Lebensendes, des eigenen wie des fremden Todes.

Das Wissen über den Tod noch vor der eigenen Geburt gibt uns die Möglichkeit, im Medium der Literaturen der Welt über Geburt, Leben, Sterben und Tod auf eine Weise nachzudenken, die sich der biowissenschaftlich gegebenen Voraussetzungen und Grundlagen bewusst ist – insbesondere der Irreversibilität, des Nicht-Aufgehens des Lebens in einer Addition seiner Bestandteile sowie der Nichtvoraussagbarkeit von Leben. Wo nötig setzt sie sich über diese Grundlagen souverän hinweg.

---

44 Vgl. hierzu Ette, Ottmar: Die Fremdheit (in) der Muttersprache. Emine Sevgi Özdamar, Gabriela Mistral, Juana Borrero und die Krise der Sprache in Formen des weiblichen Schreibens zwischen Spätmoderne und Postmoderne. In: Kacianka, Reinhard / Zima, Peter V. (Hg.): *Krise und Kritik der Sprache. Literatur zwischen Spätmoderne und Postmoderne*. Tübingen – Basel: A. Francke Verlag 2004, S. 251–268; sowie (ders.): Über die Brücke Unter den Linden. Emine Sevgi Özdamar, Yoko Tawada und die translinguale Fortschreibung deutschsprachiger Literatur. In: Arndt, Susan / Naguschewski, Dirk / Stockhammer, Robert (Hg.): *Exophonie. Anders-Sprachigkeit (in) der Literatur*. Berlin: Kulturverlag Kadmos 2007, S. 165–194.
45 Özdamar, Emine Sevgi: *Das Leben ist eine Karawanserei hat zwei Türen aus einer kam ich rein aus der anderen ging ich raus*. Köln: Kiepenheuer & Witsch 1992, S. 9.

Denn die Bewusstmachung dieser Dimensionen im Medium der Literatur bedeutet nicht, dass die Literaturen der Welt, dass die literarische Schöpfung und Konzeption an diese Lebensbedingungen gebunden wären. Die Literaturen der Welt erlauben es uns seit dem *Gilgamesch-Epos* oder dem *Shijing* in den umfangreichsten wie in den kleinsten Formen vielmehr,[46] über diese Randbedingungen unserer eigenen Existenz nachzudenken. Sie werden dort gleichsam von außen perspektiviert und so auf eine völlig neue und freie Weise gesehen. Das – so scheint mir – gehört zu den wichtigsten Vorzügen jener Welten, welche sich die Literaturen schaffen. Diese Welten befinden sich gleichsam zwischen Geburt und Tod, jenem Zeit- und Zwischenraum, in welchem sich unser Leben entfaltet.

Die beiden letzten Zitate unserer Vorlesung zeigen es deutlich: Wir kommen durch unsere Geburt in eine *fertige* Welt, in eine Welt, die von bestimmten Charakteristika, von Helle und Gewalt, von Zeugung und Tötung, von Krisen aller Art geprägt ist. Das ist heute nicht anders als in früheren Jahrhunderten. Wir kommen zugleich in eine *unfertige* Welt, die von uns stets gestaltet und umgestaltet werden muss. Die Literaturen der Welt sind von all ihren Anfängen her dafür geschaffen, den Menschen quer durch alle Sprachen, quer durch alle Jahrtausende, quer durch alle kulturellen Areas hindurch jene Freiräume des Denkens zu ermöglichen, welche das Leben braucht, um sich als vieldimensionales, als viellogisches Leben entfalten zu können. Doch erst mit dem Lesen kommt das Leben, kommt unser Leben in die pure Textualität der Literaturen der Welt. Lesen wir also, gerade in den Semesterpausen! Auf diese faszinierende Weise sind wir alle in der Lage, die uns von den Literaturen der Welt geschaffenen Freiräume auf unsere eigene Weise zu nutzen, durchzuspielen und vor allem: zu genießen.

---

46 Vgl. hierzu Ette, Ottmar: La lírica como movimiento condensado: miniaturización y archipelización en la poesía. In: Ette, Ottmar / Prieto, Julio (Hg.): *Poéticas del presente. Perspectivas críticas sobre poesía hispanoamericana contemporánea*. Madrid – Frankfurt am Main: Iberoamericana – Vervuert 2016, S. 33–69.

Die Zitate in der Originalsprache

Die Zitate sind in alphabetischer Reihenfolge nach den Nachnamen der Autor*innen angeordnet. Bei mehreren Zitaten derselben Autorin oder desselben Autors aus verschiedenen Werken oder Werkausgaben erfolgte die Anordnung in chronologischer Reihenfolge nach den Publikationsjahren der verwendeten Ausgaben, wobei mit den älteren Publikationen begonnen wurde. Bei mehreren Zitaten innerhalb einer Textausgabe richtet sich deren Abfolge nach den Seitenzahlen.

Arenas, Reinaldo: *Humor e irreverencia* **(28 de diciembre de 1989):** Siempre he pensado que las contradicciones son fundamentales en la creación, porque, primero, si estuviéramos en paz y reconciliados con el mundo no crearíamos nada; y segundo, porque esas contradicciones son las que nos hacen ver la realidad desde diversos ángulos y diversos puntos de vista y, hasta cierto punto, pueden enriquecer la visión literaria de esa realidad. Yo creo que todo lo que he escrito, en realidad, forma parte como de un solo libro, un libro que, desde luego, espero que Vds. nunca tengan la desgracia de leerlo completo, ni yo la fortuna de terminarlo, pero, en realidad, forma todo un mismo contexto. Un contexto, si se quiere, dentro de diversas categorías infernales, de diversas épocas, todas espantosas, como es natural, desde la época de Batista, o incluso, hasta antes de Batista, como transcurrió mi infancia en los años 40, la época de la dictadura de Fidel Castro y la desolación, el desarraigo y la crueldad horrorosa del exilio, es decir, el infierno al que Dante condenaba a casi todos sus enemigos con mucha inteligencia y con mucho acierto.

Arenas, Reinaldo: *Antes que anochezca.* **Barcelona: Turquets Editores 1992, S. 9:** Yo pensaba morirme en el invierno de 1987. Desde hacía meses tenía unas fiebres terribles. Consulté a un médico y el diagnóstico fue SIDA. como cada día me sentía peor, compré un pasaje para Miami y decidí morir cerca del mar. No en Miami específicamente, sino en la playa. Pero todo lo que uno desea, parece que por un burocratismo diabólico, se demora, aún la muerte. En realidad no voy a decir que quisiera morirme, pero considero que cuando no hay otra opción que el sufrimiento y el dolor sin esperanzas, la muerte es mil veces mejor. Por otra parte, hacía unos meses yo había entrado en un urinario público, y no se produjo esa sensación de expectación y complicidad que siempre se había producido. Nadie me hizo caso, y los que allí estaban siguieron en sus juegos eróticos. Yo ya no existía. No era joven. Allí mismo pensé que lo mejor era la muerte. Siempre he considerado un acto miserable mendigar la vida como un favor. O se vive como uno desea o es mejor no seguir viviendo. [...] Al cabo de tres meses y medio me dieron de alta. Casi no podía caminar [...]. Ya en la casa, comencé como pude a sacudir el polvo. De pronto, sobre la mesa de noche tropecé con un sobre que contenía un veneno para ratas llamado Troquemichel. Aquello me llenó de coraje, pues obviamente alguien había aquel veneno allí para que yo me lo tomara. Allí mismo decidí que el suicidio que yo en silencio había planificado tenía que ser aplazado por el momento, no podía darle ese gusto al que me había dejado en el cuarto aquel sobre.

S. 17: Yo tenía dos años. Estaba desnudo, de pie; me inclinaba sobre el suelo y pasaba la lengua por la tierra. El primer sabor que recuerdo es el sabor de la tierra. Comía tierra con mi prima Dulce Ofelia, quien también tenía dos años. era un niño flaco, pero con una barriga muy grande debido a las lombrices que me habían crecido en el estómago de comer tanta tierra. La tierra la comíamos en el rancho de la casa; el rancho era el lugar donde dormían las bestias; es decir, los caballos, las vacas, los cerdos, las gallinas, las ovejas. El rancho estaba a un costado de la casa. Alguien nos regañaba porque comíamos tierra. ¿Quién era esa persona que nos regañaba? ¿Mi madre, mi abuela, una de mis tías, mi abuelo? Un día sentí un dolor de barriga terrible; No me dio tiempo a ir al excusado, que quedaba fuera de la casa, y utilicé el orinal que estaba debajo de la cama donde yo dormía con mi madre. Lo primero que solté fue una lombriz enorme; era un animal rojo con muchas patas, como un ciempiés, que daba saltos dentro del orinal; sin duda, estaba enfurecido por haber sido expulsado de su elemento de una manera tan violenta. Yo le cogí mucho miedo a aquella lombriz, que se me aparecía ahora todas las noches y trataba de entrar en mi barriga mientras yo me abrazaba a mi madre. Mi madre era una mujer muy bella, muy sola. conoció sólo a un hombre: a mi padre. Disfrutó de su amor sólo unos meses.

S. 138: Esos casos se daban mucho también. Recuerdo a un muchacho bronceado, encantador, extremadamente varonil. y siempre cuando iba a mi cuarto, era él quien era poseído. Confieso que a mí me gustaba poseer a ese tipo de muchachos que parecían extremadamente varoniles. quizás al cabo de muchas prácticas uno terminaba aburriéndose, pero al principio era una aventura. Este muchacho, después de ser poseído y haber gozado más de lo que había gozado yo, se vestía, me daba un fuerte apretón de mano y me decía: "Me voy, que tengo que ir a ver la 'jeva'." Y, efectivamente, no creo que me mintiera; era un bellísimo muchacho, y tenía unas novias también encantadoras.

S. 339 f.: ¿Qué era aquel vaso que había estallado? Era el dios que me protegía, era la diosa que siempre me había acompañado, era la misma luna, que era mi madre transformada en Luna. ¡Oh Luna! Siempre estuviste a mi lado, alumbrándome en los momentos más terribles; desde mi infancia fuiste el misterio que velaste por mi terror, fuiste el consuelo en las noches más desesperadas, fuiste mi propia madre, bañándome en un calor que ella tal vez nunca supo brindarme; en medio del bosque, en los lugares más tenebrosos, en el mar; allí estabas tú acompañándome; eras mi consuelo; siempre fuiste la que me orientaste en los momentos más difíciles. Mi gran diosa, mi verdadera diosa, que me has protegido de tantas calamidades; hacia ti en medio del mar; hacia ti junto a la costa; hacia ti entre las rocas de mi isla desolada, elevaba la mirada y te miraba; siempre la misma; en tu rostro veía una expresión de dolor, de amargura, de compasión hacia mí; tu hijo. Y ahora, súbitamente, Luna, estallas en pedazos delante de mi cama. Ya estoy solo. Es de noche.

S. 341: Queridos amigos: debido al estado precario de mi salud y a la terrible depresión sentimental que siento al no poder seguir escribiendo y luchando por la libertad de Cuba, pongo fin a mi vida. En los últimos años, aunque me sentía muy enfermo, he podido terminar mi obra literaria, en la cual he trabajado por casi treinta años. Les dejo pues como legado todos mis temores, pero también la esperanza de que pronto Cuba será libre. [...] Pongo fin a mi vida voluntariamente porque no puedo seguir trabajando. Ninguna de las personas que me rodean están comprometidas en esta decisión. Sólo hay un responsable: Fidel Castro. Los sufrimientos del exilio, las penas del destierro, la soledad y las enfermedades que haya podido contraer en el destierro seguramente no las hubiera sufrido de haber vivido libre en mi país. Al pueblo cubano tanto en el exilio como en la isla los exhorto a que sigan luchando por la libertad. Mi mensaje no es un mensaje de derrota, sino de lucha y esperanza. Cuba será libre. Yo ya lo soy. Firmado, Reinaldo Arenas.

Aub, Max: *Diarios (1939–1972)*. Edición de Manuel Aznar Soler. Barcelona: Alba Editorial 1998, S. 128 f.: ¡Qué daño no me ha hecho, en nuestro mundo cerrado, el no ser de ninguna parte! El llamarme como me llamo, con nombre y apellido que lo mismo pueden ser de un país que de otro ... En estas horas de nacionalismo cerrado el haber nacido en París, y ser español, tener padre español nacido en Alemania, madre parisina, pero de origen también alemán, pero de apellido eslavo, y hablar con ese acento francés que desgarra mi castellano, ¡qué daño no me ha hecho! El agnosticismo de mis padres –librepensadores– en un país católico como España, o su prosapia judía, en un país antisemita como Francia, ¡qué disgustos, qué humillaciones no me ha acarreado! ¡Qué vergüenzas! Algo de mi fuerza –de mis fuerzas– he sacado para luchar contra tanta ignominia.

Quede constancia, sin embargo, y para gloria de su grandeza, de que en España es donde menos florece ese menguado nacionalismo, hez bronca de la época; aunque parezca mentira. Allí jamás oí lo que he tenido que oír, aquí y allá, en pago de ser hombre, un hombre como cualquiera.

Aub, Max: *Manuscrito Cuervo. Historia de Jacobo*. Introducción, edición y notas de José Antonio Pérez Bowie con un Epílogo de José María Naharro-Calderón. Segorbe – Alcalá de Henares: Fundación Max Aub – Universidad de Alcalá de Henares 1999, S. 53 f.: El caso es que no sé donde nací. Considero importante este aspecto porque los hombres han resuelto que el lugar donde ven la luz primera es de trascendencia supina para su futuro. Es decir: que si en vez de nacer en un nido A, se nace en el nido B, las condiciones de vida cambian de todo en todo. Si usted ha nacido en Pekín, por las buenas le declaran chino; del propio modo si es usted bonaerense, cátese argentino, así sea blanco, negro, amarillo o cobrizo. Añádense los pasaportes, para mayor claridad. ¿Os figuráis un cuervo francés o un cuervo español, por el hecho de haber nacido de un lado u otro de los Pirineos? [...] Es decir, que aúnan la paternidad con el suelo, lo que debe ser producto de muy antiguos ritos. Simbolizan las tierras con vistosas banderas. Estas varían con el tiempo y las banderías.

S. 58: Todo cuanto describa o cuente ha sido visto y observado por mis ojos, escrito al día en mis fichas. Nada he dejado a la fantasía –esa enemiga de la política– ni a la imaginación –esa enemiga de la cultura. Todos los hechos aquí traídos a cuenta no lo son por mi voluntad, sino porque así sucedieron. He rechazado todos los relatos que me pudieran parecer sospechosos aunque el informador me mereciera crédito. He procurado seguir el procedimiento más riguroso posible.

S. 110: Estos últimos tiempos, en los que las matanzas han sido mejor organizadas, han llegado a extremos inauditos, hijos de la desesperación. Con tal de ofendernos, queman las carnes, después de haberlas desinfectado con gases, en cámaras especiales. Supongo que la reclamación acerca de tal desacato, de nuestro ministro en Ginebra, surtirá algún efecto. Si no hay holocausto en nuestro honor, ¿para qué las guerras? ¿para qué tanto cadáver? Y ¡oh colmo de la estupidez!, ni siquiera escogen a los mejor cebados!

S. 168 f.: Pero en el momento en el que uno del grupo no está conforme con el sentir de la mayoría, lo expulsan acusándole de lo peor; lo ignoran como si fuese apestado; lo que nada tiene que ver con lo que pregonan: el hombre primero. Intransigentes y sectarios, roídos por la desconfianza. El que no piensa como ellos, traidor. [...] No admiten, en ningún momento, considerar las cosas desde otro punto de vista que no sea el suyo, aun dándose el lujo de cambiarlo frecuentemente. [...] Aseguran que el hombre es producto de su medio, pero cuando no piensa como ellos lo aniquilan, sin pensar que –según su teoría– no tiene culpa. Lo malo: que los demás son peores, por el dinero. Debe haber algo más.

Aub, Max: Carta al Presidente Vicente Auriol. In (ders.): *Hablo como hombre.* **Edición, introducción y notas de Gonzalo Sobejano. Segorbe: Fundación Max Aub 2002, S. 112:** Soy escritor, español y fui agregado cultural de la Embajada de España en Francia en 1936 y 1937. Dejemos aparte que nací en París, lo que no hace si no dar cierto sesgo tragicómico a la situación. En marzo de 1940, por una denuncia, posiblemente anónima, fui detenido, a lo que supe después, por comunista. Conocí campos de concentración –París, Vernet, Djelfa–, cárceles –Marsella, Niza, Argel–, fui conducido esposado a través de Toulouse para ser transportado, en las bodegas de un barco ganadero, a trabajar en el Sahara y otras amenidades reservadas a los antifascistas. Esto no tiene, desgraciadamente, nada de particular [...].

Barthes, Roland: *Sade, Fourier, Loyola.* **Paris: Seuil 1971, S. 152 f.:** La pratique libidineuse est chez Sade un véritable texte – en sorte qu'il faut parler à son sujet de *pornographie*, ce qui veut dire : non pas le discours que l'on tient sur les conduites amoureuses, mais ce tissu de figures érotiques, découpées et combinées comme les figures rhétoriques de discours écrit. On trouve donc dans les scènes d'amour, des configurations de personnages, des suites d'actions formellement analogues aux « ornements » repérés et nommés par la rhétorique classique. Au premier rang, la *métaphore*, qui substitue indifféremment un sujet à un autre selon un même paradigme, celui de la vexation. Ensuite, par exemple : l'*asyndète*, succession abrupte de débauches (« Je parricidais, j'incestais, j'assassinais, je prostituais, je sodomisais », dit Saint-Fond en bousculant les unités du crime comme César celles de la conquête : *veni, vidi, vici*) ; l'*anacoluthe*, rupture de construction par laquelle le styliste défie la grammaire (*Le nez de Cléopâtre, s'il eût été plus court* ...) et le libertin celle des conjonctions érotiques (« Rien ne m'amuse comme de commencer dans un cul l'opération que je veux terminer dans un autre »). Et de même qu'un écrivain audacieux peut créer une figure de style inouïe, de même Rombeau et Rodin dotent le discours érotique d'une figure nouvelle (sonder tour à tour et rapidement les postérieurs alignés de quatre filles), à laquelle, en bons grammairiens, ils n'oublient pas de donner un nom (le *moulin à vent*).

S. 180 u. 193: Ce qui produit Sade, ce sont des pornogrammes. Le pornogramme n'est pas seulement la trace écrite d'une pratique érotique, ni même le produit d'un découpage de cette pratique, traitée comme une grammaire de lieux et d'opérations ; c'est par une chimie nouvelle du texte, la fusion (comme sous l'effet d'une température ardente) du discours et du corps (« Me voilà toute nue, dit Eugénie à ses professeurs : dissertez sur moi autant que vous voudrez »), en sorte que, ce point atteint, l'écriture soit ce qui règle l'échange de Logos et d'Éros, et qu'il soit possible de parler de l'érotique en grammairien et du langage en pornographe. [...] **Sadisme:** Le sadisme ne serait que le *contenu* grossier (vulgaire) du texte sadien.

Barthes, Roland: *La Chambre claire. Note sur la photographie.* **Paris: Cahiers Cinéma – Gallimard – Seuil 1980, S. 19:** Chaque fois que je lisais quelque chose sur la Photographie, je pensais à telle photo aimée, et cela me mettait en colère. Car moi, je ne voyais que le référent, l'objet désiré, le corps chéri; mais une voix importune (la voix de la science) me disait alors d'un ton sévère: « Reviens à la Photographie. Ce que tu vois là et qui te fait souffrir rentre dans la catégorie 'Photographie d'amateurs', dont a traité une équipe de sociologues [...]. »

S. 99: Or, un soir de novembre, peu de temps après la mort de ma mère, je rangeai des photos. Je n'espérais pas la « retrouver », je n'attendais rien de « ces photographies d'un être, devant lesquelles on se le rappelle moins bien qu'en se contentant de penser à lui » (Proust).

S. 113: Elle morte, je n'avais plus aucune raison de m'accorder à la marche du Vivant supérieur (l'espèce). Ma particularité ne pourrait jamais plus s'universaliser (sinon, utopiquement, par l'écriture, dont le projet, dès lors, devait devenir l'unique but de ma vie). Je ne pouvais plus qu'attendre ma mort totale, indialectique. Voilà ce que je lisais dans la Photographie du Jardin d'Hiver.

Barthes, Roland: La Rature. In (ders.): *Œuvres complètes.* **Edition établie et présentée par Eric Marty. 3 Bde. Paris: Seuil 1993–1995, Bd. 1, S. 1437 f.:** Un test connu dit que personne ne supporte bien d'entendre sa propre voix (au magnétophone) et souvent même on ne la reconnaît pas; c'est que la voix, si on la détache de sa source, fonde toujours une sorte de familiarité étrange, qui est, en définitive, celle-là même du monde cayrolien, monde qui s'offre à la reconnaissance par sa précision, et cependant s'y refuse par son déracinement. Là est encore un autre signe: celui du temps; aucune voix n'est immobile, aucune voix ne cesse de *passer*; bien plus, ce temps que la voix manifeste n'est pas un temps serein; si égale et discrète qu'elle soit, si continu que soit son flux, toute voix est menacée; substance symbolique de la vie humaine, il y a toujours à son origine un cri et à sa fin un silence; entre ces deux moments, se développe le temps fragile d'une parole; substance fluide et menacée, la voix est donc la vie même, et c'est peut-être parce qu'un roman de Cayrol est toujours un roman de la voix pure et seule qu'il est toujours aussi un roman de la vie fragile.

Barthes, Roland: Le Plaisir du texte. hier Bd. 2, S. 1528: S'il était possible d'imaginer une esthétique du plaisir textuel, il faudrait y inclure: *l'écriture à haute voix*. Cette écriture vocale (qui n'est pas du tout la parole), on ne la pratique pas, mais c'est sans doute elle que recommandait Artaud et que demande Sollers. Parlons-en comme si elle existait. Dans l'Antiquité, la rhétorique comprenait une partie oubliée, censurée par les commentateurs classiques: *L'actio*, ensemble de recettes propres à permettre l'extériorisation corporelle du discours: il s'agissait d'un théâtre de l'expression, l'orateur-comédien 'exprimant' son indignation, sa compassion, etc. *L'écriture à haute voix*, elle, n'est pas expressive; elle laisse l'expression au phéno-texte, au code régulier de la communication: pour sa part elle appartient au géno-texte, à la signifiance; elle est portée, non par les inflexions dramatiques, les intonations malignes, les accents complaisants, mais par le *grain* de la voix, qui est un mixte érotique de timbre et de langage, et peut donc être lui-aussi, à l'égal de la diction, la matière d'un art: l'art de conduire son corps (d'où son importance dans les théâtres extrême-orientaux). En égard aux sons de la langue, *l'écriture à haute voix* n'est pas phonologique, mais phonétique: son objectif n'est pas la clarté des messages, le théâtre des émotions: ce qu'elle cherche (dans une perspective de jouissance), ce sont les incidents pulsionnels, c'est le langage tapissé de peau, un texte où l'on puisse entendre le grain du gosier, la patine des consonnes, la volupté des voyelles, toute une stéréophonie de la chair profonde: l'articulation du corps, de la langue, non celle du sens, du langage. Un certain art de la mélodie peut donner une idée de cette écriture vocale; mais comme la mélodie est morte, c'est peut-être aujourd'hui au cinéma qu'on la trouverait le plus facilement. Il suffit en effet que le cinéma prenne *de très près* le son de la parole (c'est en somme la définition généralisée du 'grain' de l'écriture) et fasse entendre dans leur matérialité, dans leur sensualité, le souffle, la rocaille, la pulpe des lèvres, toute une présence du museau humain (que la voix, que l'écriture soient fraîches, souples, lubrifiées, finement granuleuses et vibrantes comme le museau d'un animal) pour qu'il réussisse à déporter le signifié très loin et à jeter, pour ainsi dire, le corps anonyme de l'acteur dans mon oreille: ça granule, ça grésille, ça caresse, ça râpe, ça coupe: ça jouit.

Barthes, Roland: *Journal de deuil. 26 octobre 1977–15 septembre 1979.* **Texte établi et annoté par Nathalie Léger. Paris: Seuil – Imec 2009, S. 239:** Ce qui me sépare de mam. du deuil qui était mon identification à elle), c'est l'épaisseur (grandissante, progressivement accumulée) du temps où, depuis sa mort, j'ai pu vivre sans elle, habiter l'appartement, travailler, sortir, etc.

S. 245: Je vis sans aucun souci de la postérité, aucun désir d'être lu plus tard (sauf, financièrement, pour M.), la parfaite acceptation de disparaître complètement, aucune envie de 'monument' – mais je ne peux supporter qu'il en soit ainsi pour mam. (peut-être parce qu'elle n'a pas écrit et que son souvenir dépend entièrement de moi).

Bolívar, Simón: *Carta de Jamaica, The Jamaica Letter. Lettre à un Habitant de la Jamaïque*.Caracas: Ediciones del Ministerio de Educación 1965, S. 69 f.: Todavía es más difícil presentir la suerte futura del Nuevo Mundo, establecer principios sobre su política, y casi profetizar la naturaleza del gobierno que llegará a adoptar. Toda idea relativa al porvenir de este país me parece aventurada. ¿Se pudo prever cuando el género humano se hallaba en su infancia, rodeado de tanta incertidumbre, ignorancia y error, cuál sería el régimen que abrazaría para su conservación? ¿Quién se habría atrevido a decir tal nación será república o monarquía, ésta será pequeña, aquélla grande? En mi concepto, esta es la imagen de nuestra situación. Nosotros somos un pequeño género humano; poseemos un mundo aparte; cercado por dilatados mares, nuevo en casi todas las artes y ciencias, aunque en cierto modo viejo en los usos de la sociedad civil. Yo considero el estado actual de la América como cuando desplomado el Imperio Romano cada desmembración formó un sistema político, conforme a sus intereses y situación o siguiendo la ambición particular de algunos jefes, familias o corporaciones; con esta notable diferencia, que aquellos miembros dispersos volvían a restablecer sus antiguas naciones con las alteraciones que exigían las cosas o los sucesos; mas nosotros, que apenas conservamos vestigios de lo que en otro tiempo fue, y que por otra parte no somos indios ni europeos, sino una especie media entre los legítimos propietarios del país y los usurpadores españoles: en suma, siendo nosotros americanos por nacimiento y nuestros derechos los de Europa, tenemos que disputar éstos a los del país y que mantenernos en él contra la invasión de los invasores; así nos hallamos en el caso más extraordinario y complicado; no obstante que es una especie de adivinación indicar cuál será el resultado de la línea de política que la América siga, me atrevo a aventurar algunas conjeturas, que, desde luego, caracterizo de arbitrarias, dictadas por un deseo racional, y no por un raciocinio probable.

S. 83: Felizmente los directores de la independencia de Méjico se han aprovechado del fanatismo con el mejor acierto, proclamando a la famosa virgen de Guadalupe por reina de los patriotas; invocándola en todos los casos arduos y llevándola en sus banderas. Con esto el entusiasmo político ha formado una mezcla con la religión, que ha producido un fervor vehemente por la sagrada causa de la libertad. La veneración de esta imagen en Méjico es superior a la más exaltada que pudiera inspirar el más diestro profeta.

Carpentier, Alejo: Viaje a la semilla. In: Gordon, Samuel (Hg.): *El Tiempo en el cuento hispanoamericano – antología de ficción y crítica.* **México Ciudad: Universidad Nacional Autónoma de México 1989, S. 129–146, hier S. 133:** Don Marcial, el Marqués de Capellanías, yacía en su lecho de muerte, el pecho acorazado de medallas, escoltado por cuatro cirios con largas barbas de cera derretida. – III – Los cirios crecieron lentamente, perdiendo sudores. Cuando recobraron su tamaño, los apagó la monja apartando una lumbre. Las mechas blanquearon, arrojando el pabilo. La casa se vació de visitantes y los carruajes partieron en la noche. Don Marcial pulsó un teclado invisible y abrió los ojos. Confusas y revueltas, las vigas del techo se iban colocando en su lugar. Los pomos de medicina, las borlas de damasco, el escapulario de la cabecera, los daguerrotipos, las palmas de la reja, salieron de sus nieblas. Cuando el médico movió la cabeza con desconsuelo profesional, el enfermo se sintió mejor. Durmió algunas horas y despertó bajo la mirada negra y cejuda del Padre Anastasio. De franca, detallada, poblada de pecados, la confesión se hizo reticente, penosa, llena de escondrijos. ¿Y qué derecho tenía, en el fondo, aquel carmelita, a entrometerse en su vida? Don Marcial se encontró, de pronto, tirado en medio del aposento. Aligerado de un peso en las sienes, se levantó con sorprendente celeridad. La mujer desnuda que se desperezaba sobre el brocado del lecho buscó enaguas y corpiños, llevándose, poco después, sus rumores de seda estrujada y su perfume. Abajo, en el coche cerrado, cubriendo tachuelas del asiento, había un sobre con monedas de oro.

S. 135 f.: Después de un amanecer alargado por un abrazo deslucido, aliviados de desconciertos y cerrada la herida, ambos regresaron a la ciudad. La Marquesa trocó su vestido de viaje por un traje de novia, y, como era costumbre, los esposos fueron a la iglesia para recobrar su libertad. Se devolvieron presentes a parientes y amigos, y, con revuelo de bronces y alardes de jaeces, cada cual tomó la calle de su morada. Marcial siguió visitando a María de las Mercedes por algún tiempo, hasta el día en que los anillos fueron llevados al taller del orfebre para ser desgrabados. Comenzaba, para Marcial, una vida nueva. En la casa de altas rejas, la Ceres fue sustituida por una Venus italiana, y los mascarones de la fuente adelantaron casi imperceptiblemente el relieve al ver todavía encendidas, pintada ya el alba, las luces de los velones.

S. 144 f.: Hambre, sed, calor, dolor, frío. Apenas Marcial redujo su percepción a la de estas realidades esenciales, renunció a la luz que ya le era accesoiria. Ignoraba su nombre. Retirado el bautismo, con su sal desagradable, no quiso ya el olfato, ni el oído, ni siquiera la vista. Sus manos rozaban formas placenteras. Era un ser totalmente sensible y táctil. El universo le entraba por todos los poros. Entonces cerró los ojos que sólo divisaban gigantes nebulosos y penetró en un cuerpo caliente, húmedo, lleno de tinieblas, que moría. El cuerpo, al sentirlo arrebozado con su propia sustancia, resbaló hacia la vida. Pero ahora el tiempo corrió más pronto, adelgazando sus últimas horas. Los minutos sonaban a glissando de naipes bajo el pulgar de un jugador.

S. 145: Las aves volvieron al huevo en torbellino de plumas. Los peces cuajaron la hueva, dejando una nevada de escamas en el fondo del estanque. Las palmas doblaron las pencas, desapareciendo en la tierra como abanicos cerrados. Los tallos sorbían sus hojas y el suelo tiraba de todo lo que le perteneciera. El trueno retumbaba en los corredores. Crecían pelos en la gamuza de los guantes. Las mantas de lana se destejían, redondeando el vellón de carneros distantes. Los armarios, los vargueños, las camas, los crucifijos, las mesas, las persianas, salieron volando en la noche, buscando sus antiguas raíces al pie de las selvas. Todo lo que tuviera clavos se desmoronaba. Un bergantín, anclado no se sabía dónde, llevó presurosamente a Italia los mármoles del piso y de la fuente. Las panoplias, los herrajes, las llaves, las cazuelas de cobre, los bocados de las cuadras, se derretían, engrosando un río de metal que galerías sin techo canalizaban hacia la tierra. Todo se metamorfoseaba, regresando a la condición primera. El barro, volvió al barro, dejando un yermo en lugar de la casa.

Cohen, Albert: Jour de mes dix ans. In: *La France libre* **(16 juillet), S. 193–200 / (15 août 1945), S. 287–294, hier S. 193:** Page blanche, ma consolation, mon amie intime lorsque je rentre du méchant dehors qui me tue chaque jour sans qu'ils s'en doutent, je veux te raconter et me raconter une histoire hélas vraie de mon enfance. Toi, fidèle plume d'or que je veux qu'on enterre avec moi, dresse ici un fugace mémorial assez drôle. Oui, souvenir d'enfance. [...] Non, il s'agit d'un souvenir d'enfance juive. Il s'agit du jour où j'eus dix ans. Messeigneurs, oyez et préparez-vous à rire. O rictus faussement souriants de mes douleurs. O tristesse de cet homme dans la glace que je regarde.

S. 196 f.: Si j'allais au bord de la mer, j'étais sûr que cette Méditerranée que je voyais se trouvait aussi dans ma tête, pas l'image de la Méditerranée mais cette Méditerranée elle-même, minuscule et salée, dans ma tête, en miniature mais vraie et avec tous ses poissons, mais tout petits, avec toutes ses vagues et un petit soleil brûlant, une vraie mer avec tous ses rochers et tous ses bateaux absolument complets dans ma tête, avec charbon et matelots vivants, chaque bateau avec le même capitaine que le grand bateau du dehors, le même capitaine mais très nain et qu'on pourrait toucher si on avait des doigts assez fins et petits. J'étais sûr que dans ma tête, cirque du monde, il y avait la terre vraie avec ses forêts, tous les chevaux de la terre mais si petits, tous les rois en chair et en os, tous les morts, tout le ciel avec ses étoiles et même Dieu extrêmement petit et mignon. Et tout cela, je le crois encore un peu, mais chut.

Cohen, Albert: *Ô vous, frères humains*. Paris: Gallimard 1980, S. 56f.: Puis, pour passer le temps ou pour me tenir compagnie, je fis des comédies funèbres avec les doigts de ma main droite, cinq marionnettes. On fait ainsi de petites absurdités pendant un malheur, je l'appris en ce jour de mes dix ans. [...] Oui, les humains ont besoin de s'occuper un peu pendant un malheur. Pendant un malheur solitaire, les humains, pauvres humains, ont d'étranges menues occupations, ont besoin de répéter des mots saugrenus, ou de ressasser un bout de poème [...], peut-être pour recouvrir le malheur avec des mots ou des gestes, pour le recouvrir avec un rideau de petites occupations inutiles et ne pas voir le gouffre du malheur, peut-être pour nier l'existence du malheur, pour la nier avec des mots ou de gestes simples et normaux, pour la nier avec de l'habituel et du non catastrophique, peut-être pour faire une magie, pour offrir un petit holocauste au malheur et le conjurer, peut-être pour tromper le malheur avec de mots ou des gestes [...].

S. 201: Bien sûr, antisémites, âmes tendres, bien sûr, ce n'est pas une histoire de camp de concentration que j'ai contée, et je n'ai pas souffert dans mon corps en ce dixième anniversaire, en ce jour de mes dix ans. Bien sûr, on a fait mieux depuis. Bien sûr, le camelot n'a fait que donner de la honte à un petit enfant, il l'a seulement renseigné sur sa qualité d'infâme. Bien sûr, il l'a seulement convaincu du péché d'être né, péché qui mérite le soupçon et la haine.

Cohen, Albert: *Mangeclous*. Paris: Gallimard 1980, S. 494f.: – Jé suis né à Lituanie. – Ah bon. C'est un petit pays que j'ai entendu parler. Alors tu es un Lituanien. – Non, messié Scipion. Parce qué mon père est né à Roumanie. – J'ai compris, tu es roumain, dit Scipion conciliant. – Non, pas roumaine. Parce qué les messiés roumaines ont enlévé passéport à mon messié père. – Alors tu es quoi? – Plutôt serbe. – Comment, plutôt? – Parce qué jé suis un peu anglais aussi. Scipion porta ses mains à son front déjà lourd. Esplique, ma belle, vas-y. T'émotionne pas. – Ma mère est née à Pologne. Mais son messié père était né à Salonique et il était turc mais pas beaucoup. – Alors tu es turc, quoi. – Oh non. Voilà, c'est simple. Mais lé consul n'a pas compris parce qu'il n'était pas intelligent. Lé messié père de mon messié père vivait à Maroc mais il était né à Malte pays de Angléterre. Mais comme lé consul n'a pas réconnu qu'il était bulgare malgré qué lé messié père du messié père dé mon père était dé Tatar-Pazardjik alors comme j'ai un cousin dé Canada qui était russe avant dé venir Canada (Scipion gémit douloureusement.) et qu'il était grand riche à Manchester avec beaucoup amis à Londres, ils m'ont donné un commencement dé papier qué jé suis dé Malte mais après mon cousin est mort ... – Arrête! cria Scipion. – Pourquoi, messié Scipion? – Parce que je veux pas mourir aussi! – C'est la fin qui est intéressante pour expliquer qué jé suis grec malgré mon passeport serbe parce qué j'ai ami à Belgrade qui ... Scipion s'enfuit.

Cohen, Albert: *Belle du Seigneur*. Edition établie par Christel Peyrefitte et Bella Cohen, Paris: Gallimard 1986, S. 274: Ignoré de tous et dépourvu de congénères, le pauvre lépreux faisait alors le pressé pour se donner une contenance, sa participation au cocktail consistant à fendre bravement, à intervalles réguliers, la jacassante cohue. La tête baissée, comme alourdie par son nez, il traversait en hâte et d'un bout à l'autre l'immense salon, heurtant parfois des invités et sans nul résultat s'excusant. Faisant ainsi de foudroyantes diagonales, il camouflait son isolement en feignant d'avoir à rejoindre d'urgence une connaissance qui l'attendait là-bas, à l'autre extrémité. Son manège ne trompait d'ailleurs personne. [...] Alors, une fois de plus, le docteur en sciences sociales et rapide Juif errant se mettait en marche, reprenait en terre d'exil un de ses inutiles voyages et se dirigeait avec la même hâte vers le buffet où l'attendait un sandwich consolateur, son seul contact social et son seul droit en ce cocktail. Pendant deux heures, de six heures à huit heures, le malheureux Finkelstein s'imposait ainsi une marche de plusieurs kilomètres, qu'il se défendait d'avouer à sa femme, en rentrant chez lui.

D'Annunzio, Gabriele: *Il Fuoco*. Mailand: Fratelli Treves Editori 1900, S. 8 f.: E quella musica silenziosa delle linee immobili era così possente che creava il fantasma quasi visibile di una vita più bella e più ricca sovrapponendolo allo spettacolo della moltitudine inquieta. Sentiva essa la divinità dell'ora; e nel suo clamore verso quella forma novella di regalità approdante all'antica riva, verso quella bella regina bionda illuminata da un sorriso inestinguibile, esalava forse l'oscura aspirazione a trascendere l'angustia della vita volgare e a raccogliere i doni dall'eterna Poesia sparsi su le pietre e su le acque. L'anima cupida e forte dei padri acclamanti ai reduci trionfatori del Mare si risvegliava confusamente negli uomini oppressi dal tedio e dal travaglio dei lunghi giorni mediocri; e rimembrava l'aura mossa dai grandi vessilli di battaglia nel ripiegarsi come le ali della Vittoria dopo il volo o il loro garrito, già onta alle flotte fuggiasche, non placabile. – Conoscete voi, Perdita, – domandò Stelio d'improvviso – conoscete voi qualche altro luogo del mondo che abbia, come Venezia, la virtù di stimolare la potenza della vita umana in certe ore eccitando tutti i desiderii sino alla febbre? Conoscete voi una tentatrice più tremenda? La donna ch'egli chiamava Perdita, reclinata il volto come per raccogliersi, non rispose; ma sentì in tutti i suoi nervi correre quel fremito indefinibile che le suscitava la voce del giovine amico quando si faceva d'improvviso rivelatrice di un'anima appassionata e veemente verso di cui ella era attratta da un amore e da un terrore senza limiti.

S. 13 f.: – Che deliziose fantasie, Stelio! – disse la Foscarina ritrovando la sua giovinezza per sorridere attonita come una fanciulla a cui si mostri un libro figurato. – Chi fu che vi chiamò un giorno l'Immaginifico? – Ah, le immagini! – esclamò il poeta, tutto invaso dal calore fecondo. A Venezia, come non si può sentire se non per modi musicali così non si può pensare se non per immagini. Esse vengono a noi da ogni parte innumerevoli e diverse, più reali e più vive delle persone che ci urtano col gomito nella calle angusta. Noi possiamo chinarci a scrutare la profondità delle loro pupille seguaci e indovinar le parole ch'esse ci diranno, dalla sinuosità delle loro labbra eloquenti.

S. 82 f.: Vedeva Stelio quel busto femmineo della smisurata chimera occhiuta, sul quale palpitavano mollemente le piume dei ventagli; e sentiva passare sul suo pensiero un'ebrezza troppo calda, che lo turbava suggerendogli parole dall'aspetto quasi carneo, quelle vive sostanziali parole con cui egli sapeva toccare le donne come con dita carezzevoli e incitatrici. La vasta vibrazione da lui prodotta ripercotendosi in lui medesimo con una forza moltiplicata, lo scoteva così profondamente ch'egli smarriva il senso dell'equilibrio abituale. Sembravagli d'oscillare su la folla come un corpo concavo e sonoro in cui le risonanze varie si generassero per una volontà indistinta e tuttavia infallibile. Nelle pause, egli aspettava con ansia il manifestarsi improvveduto di quella volontà mentre gli durava l'eco interiore come d'una voce non sua che avesse proferito parole espressive di pensieri per lui novissimi.

S. 83–85: Egli si stupiva di quell'ignoto potere che convergeva in lui abolendo i confini della persona particolare e conferendo alla voce solitaria la pienezza d'un coro.– Tale era dunque la tregua misteriosa che la rivelazione della Bellezza poteva dare all'esistenza quotidiana delle moltitudini affannate; tale era la misteriosa volontà che poteva investire il poeta nell'atto di rispondere all'anima innumerevole interrogante intorno al valore della vita e agognante a sollevarsi pur una volta verso l'Idea eterna. – In quell'ora egli non era se non il tramite pel quale la Bellezza porgeva agli uomini, raccolti in un luogo consacrato da secoli di glorie umane, il dono divino dell'oblio. Egli non faceva se non tradurre nei ritmi della parola il linguaggio visibile con cui già in quel luogo gli antichi artefici avevano significato l'aspirazione e l'implorazione della stirpe. [...] Né soltanto verso quella moltitudine ma verso infinite moltitudini andò il suo pensiero; e le evocò addensate in profondi teatri, dominate da una idea di verità e di bellezza, mute e intente dinanzi al grande arco scenico aperto su una meravigliosa trasfigurazione della vita, o frenetiche sotto il repentino splendore irradiato da una parola immortale. E il sogno d'un arte più alta, levandosi in lui anche una volta, gli dimostrò gli uomini nuovamente presi di reverenza verso i poeti come verso coloro i quali potevano soli interrompere per qualche attimo l'angoscia umana, placare la sete, largire l'oblio.

S. 158 f.: L'opera di Riccardo Wagner – egli ripose – è fondata su lo spirito germanico, è d'essenza puramente settentrionale. La sua riforma ha qualche analogia con quella tentata da Lutero. Il suo dramma non è se non il fiore supremo del genio d'una stirpe, non è se non il compendio straordinariamente efficace delle aspirazioni che affaticarono l'anima dei sinfoneti e dei poeti nazionali, dal Bach al Beethoven, dal Wieland al Goethe. Se voi immaginaste la sua opera su le rive del Mediterraneo, tra i nostri chiari olivi, tra i nostri lauri svelti, sotto la gloria del cielo latino, la vedreste impallidire e dissolversi. Poiché – secondo la sua stessa parola – all'artefice è dato di veder risplender della perfezione futura un mondo ancóra informe e di gioirne profeticamente nel desiderio e nella speranza, io annunzio l'avvento d'un arte novella o rinnovellata che per la semplicità forte e sincera delle sue linee, per la sua grazia vigorosa, per l'ardore de' suoi spiriti, per la pura potenza delle sue armonie, continui e coroni l'immenso edifizio ideale della nostra stirpe eletta. Io mi glorio d'essere un latino; e – perdonatemi, o sognante Lady Myrta, perdonatemi, o delicato Hoditz – riconosco un barbaro in ogni uomo di sangue diverso. – Ma anch'egli, Riccardo Wagner, sviluppando il filo delle sue teorie, si parte dai Greci – disse Baldassare Stampa che, reduce da Bayreuth, era ancor tutto pieno dell'estasi. – Filo ineguale e confuso – rispose il maestro. – Nulla è più lontano dall'Orestiade quanto la tetralogia dell'Anello.

D'Annunzio, Gabriele: *Il Piacere*. Con la *Chronachetta delle pellicce* (D'Annunzio 1884), un racconto storico sulla nascita de *Il Piacere*, una cronologia della vita dell'autore e del suo tempo e una bibliografia a cura di Giansiro Ferrata. Mailand: Oscar Mondadori [11]1984, S. 75 f.: A te che studii tutte le forme e tutte le mutazioni dello spirito come studii tutte le forme e tutte le mutazioni delle cose, a te che intendi le leggi per cui si svolge l'interior vita dell'uomo come intendi le leggi del disegno e del colore, a te che sei tanto acuto conoscitor di anime quanto grande artefice di pittura io debbo l'esercizio e lo sviluppo della più nobile tra le facoltà dell'intelletto: debbo l'abitudine dell'osservazione e debbo, in ispecie, il metodo. Io sono ora, come te, convinto che c'è per noi un solo oggetto di studii: la Vita. [...] Sorrido quando penso che questo libro, nel quale io studio, non senza tristezza, tanta corruzione e tanta depravazione e tante sottilità e falsità e crudeltà vane, è stato scritto in mezzo alla semplice e serena pace della tua casa, fra gli ultimi stornelli della messe e le prime pastorali della neve, mentre insieme con le mie pagine cresceva la cara vita del tuo figliuolo. [...] E le piccole calcagna rosee, dinanzi a te, premano le pagine dov'è rappresentata tutta la miseria del Piacere; e quel premere inconsapevole sia simbolo e augurio.

S. 106: Sotto il grigio diluvio democratico odierno, che molte belle cose e rare sommerge miseramente, va anche a poco a poco scomparendo quella special classe di antica nobiltà italica, in cui era tenuta viva di generazione in generazione una certa tradizione familiare d'eletta cultura, d'eleganza e di arte. A questa classe, ch'io chiamerei arcadica perché rese appunto il suo più alto splendore nell'amabile vita del XVIII secolo, appartenevano gli Sperelli. L'urbanità, l'atticismo, l'amore delle delicatezze, la predilezione per gli studii insoliti, la curiosità estetica, la mania archeologica, la galanteria raffinata erano nella casa degli Sperelli qualità ereditarie.

S. 124 f.: La leggera eccitazione erotica, che prende gli spiriti al termine d'un pranzo ornato di donne e di fiori, rivelavasi nelle parole, rivelavasi ne' ricordi di quella Fiera di maggio ove le dame spinte da una emulazione ardente a raccogliere la maggior possibile somma nel loro ufficio di venditrici, avevano attirato i compratori con inaudite temerità. [...] Gli appariva ora, all'improvviso, quel no so che di eccessivo e quasi direi di cortigianesco onde in qualche momento offuscavasi la gran maniera della gentildonna. Da certi suoni della voce e del riso, da certi gesti, da certe attitudini, da certi sguardi ella esalava, forse involontariamente, un fascino troppo afrodisiaco. Ella dispensava con troppa facilità il godimento visuale delle sue grazie. Di tratto in tratto, alla vista di tutti, forse involontariamente, ella aveva una movenza o una posa o una espressione che nell'alcova avrebbe fatto fremere un amante. Ciascuno, guardandola, poteva rapirle una scintilla di piacere, poteva involgerla d'immaginazioni impure, poteva indovinarne le segrete carezze. Ella pareva creata, in verità, soltanto ad esercitare l'amore; – e l'aria ch'ella respirava era sempre accesa dai desiderii sollevati intorno. "Quanti l'han posseduta?" pensò Andrea. "Quanti ricordi ella serba, della carne e dell'anima?" Il cuore gli si gonfiava come d'un'onda amara, in fondo a cui pur sempre bolliva quella sua tirannica intolleranza d'ogni possesso imperfetto. E non sapeva distogliere gli occhi dalle mani d'Elena.

S. 156 f.: – Mi piaci! – ripeteva Elena, vedendo ch'egli la guardava fiso nelle labbra e forse conoscendo il fascino ch'ella emanava con quella parola. Poi tacquero ambedue. L'uno sentiva la presenza dell'altra fluire e mescersi nel suo sangue, finché questo divenne la vita di lei e il sangue di lei la vita sua. Un silenzio profondo ingrandiva la stanza; il crocifisso di Guido Reni faceva religiosa l'ombra dei cortinaggi; il rumore dell'Urbe giungeva come il murmure d'un flutto assai lontano. Allora, con un movimento repentino, Elena si sollevò sul letto, strinse fra le due palme il capo del giovine, l'attirò, gli alitò sul volto il suo desiderio, lo baciò, ricadde, gli si offerse. Dopo, una immensa tristezza la invase; la occupò l'oscura tristezza che è in fondo a tutte le felicità umane, come alla foce di tutti i fiumi è l'acqua amara. Ella, giacendo, teneva le braccia fuori della coperta abbandonate lungo i fianchi, le mani supine, quasi morte, agitate di tratto in tratto da un lieve sussulto; e guardava Andrea, con gli occhi bene aperti, con uno sguardo continuo, immobile, intollerabile. A una a una, le lacrime incominciarono a sgorgare; e scendevano per le gote a una a una, silenziosamente.

S. 302: Egli ancóra udiva la voce di lei, l'indimenticabile voce. Ed Elena Muti gli entrò ne'pensieri, si avvicinò all'altra, si confuse con l'altra, evocata da quella voce; e a poco a poco gli volse i pensieri ad immagini di voluttà. Il letto dov'egli riposava e tutte le cose intorno, testimoni e complici delle ebrezze antiche, a poco a poco gli andavano suggerendo immagini di voluttà. Curiosamente, nella sua immaginazione egli cominciò a svestire la senese, ad involgerla del suo desiderio, a darle attitudini di abbandono, a vedersela tra le braccia, a goderla. Il possesso materiale di quella donna così casta e così pura gli parve il più alto, il più nuovo, il più raro godimento a cui potesse egli giungere; e quella stanza gli parve il luogo più degno ad accogliere quel godimento, perché avrebbe reso più acuto il singolar sapore di profanazione e di sacrilegio che il segreto atto, secondo lui, doveva avere. La stanza era religiosa, come una cappella.

Darío, Rubén: Cyrano en casa de Lope (en España Contemporánea). In (ders.): ***Obras completas,*** **Bd. 3.:** ***Viajes y crónicas.*** **Madrid: Afrodisio Aguado 1950, S. 73:** Creo que el fuerte vasco Unamuno, a raíz de la catástrofe, gritó en un periódico de Madrid de modo que fue bien escuchado su grito: ¡Muera Don Quijote! Es un concepto a mi entender injusto. Don Quijote no puede ni debe morir; en sus avatares cambia de aspecto, pero es el que trae la sal de la gloria, el oro del ideal, el alma del mundo. Un tiempo se llamó el Cid, y aun muerto ganó batallas. Otro, Cristóbal Colón, y su Dulcinea fue la América [...].

Darío, Rubén: D.Q. In (ders.): ***Don Quijote no debe ni puede morir (Páginas cervantinas).*** **Prólogo de Jorge Eduardo Arellano. Anotaciones de Günther Schmigalle. Managua: Academia Nicaragüense de la Lengua 2002, S. 21:** Estamos de guarnición cerca de Santiago de Cuba. Había llovido esa noche; no obstante el calor era excesivo. Aguardábamos la llegada de una compañía de la nueva fuerza venida de España, para abandonar aquel paraje en que nos moríamos de hambre, sin luchar, llenos de desesperación y de ira. La compañía debía llegar esa misma noche, según el aviso recibido. Como el calor arreciase y el sueño no quisiese darme reposo, salí a respirar fuera de la carpa. Pasada la lluvia, el cielo se había despejado un tanto y en el fondo oscuro brillaban algunas estrellas. Di suelta a la nube de tristes ideas que se aglomeraban en mi cerebro. Pensé en tantas cosas que estaban allá lejos; en la perra suerte que nos perseguía; en que quizá Dios podría dar un nuevo rumbo a su látigo y nosotros entrar en una nueva vía, en una rápida revancha. En tantas cosas pensaba ...

S. 22: Nos traían noticias de la patria. Sabían los estragos de las últimas batallas. Como nosotros estaban desolados, pero con el deseo quemante de luchar, de agitarse en una furia de venganza, de hacer todo el daño posible al enemigo. Todos éramos jóvenes y bizarros, menos uno; todos nos buscaban para comunicar con nosotros o para conversar; menos uno. Nos traían provisiones que fueron repartidas. A la hora del rancho, todos nos pusimos a devorar nuestra escasa pitanza, menos uno. Tendría como cincuenta años, más también podía haber tenido trescientos. Su mirada triste parecía penetrar hasta lo hondo de nuestras almas y decirnos cosas de siglos. Alguna vez que se le dirigía la palabra, casi no contestaba, sonreía melancólicamente; se aislaba, buscaba la soledad; miraba hacia el fondo del horizonte, por el lado del mar. Era el abanderado. ¿Cómo se llamaba? No oí su nombre nunca.

S. 25: De pronto, creí aclarar el enigma. Aquella fisonomía, ciertamente, no me era desconocida. –D.Q. –le dije– está retratado en este viejo libro: Escuchad. "Frisaba la edad de nuestro hidalgo con los cincuenta años; era de complexión recia, seco de carnes, enjuto de rostro, gran madrugador y amigo de la caza. Quieren decir que tenía el sobrenombre de Quijada o Quesada –que en eso hay alguna diferencia en los autores que de este caso escriben– aunque por conjeturas verosímiles se deja entender que se llamaba Quijano."

Darío, Rubén: En tierra de D. Quijote. In (ders.): ***Don Quijote no debe ni puede morir*, S. 40:** En Argamasilla de Alba, no existe fonda ni cosa por el estilo. Hay que ir á la posada con los arrieros ó ser hospedados por algún particular. A mí me recomendaron á la madre del sastre del pueblo, que se llama como la mujer de Sócrates, Jantipa y como media España, Parera. ¿Cómo referiros la exigüidad de sus recursos y la revolución causada con mi presencia en aquella casa mantenida como seguramente se mantenían las de hace tres y cuatro siglos?

Echeverría, Esteban: *El Matadero*. **In (Gutiérrez, Juan María, Hg.):** *Obras completas de Esteban Echeverría*. **Buenos Aires: Antonio Zamora 1951, S. 310–324, hier S. 113 f.:** En un momento liaron sus piernas en ángulo a los cuatro pies de la mesa volcando su cuerpo boca abajo. Era preciso hacer igual operación con las manos, para lo cual soltaron las ataduras que las comprimían en la espalda. Sintiéndolas libres, el joven, por un movimiento brusco en el cual pareció agotarse toda su fuerza y vitalidad, se incorporó primero sobre sus brazos, después sobre sus rodillas y se desplomó al momento murmurando: –Primero degollarme que desnudarme, infame canalla. Sus fuerzas se habían agotado; inmediatamente quedó atado en cruz, y empezaron la obra de desnudarlo. Entonces un torrente de sangre brotó borbolloneando de su boca y las narices del joven, y extendiéndose, empezó a caer a chorros por entrambos lados de la mesa. Los sayones quedaron inmóviles y los espectadores estupefactos.

S. 310: A pesar de que la mía es historia, no la empezaré por el arca de Noé y la genealogía de sus ascendientes como acostumbraban hacerlo los antiguos historiadores españoles de América, que deben ser nuestros prototipos. Tengo muchas razones para no seguir ese ejemplo, las que callo por no ser difuso. Diré solamente que los sucesos de mi narración pasaban por los años de Cristo de 183 ... . Estábamos, a más, en cuaresma, época en que escasea la carne en Buenos Aires, porque la iglesia, adoptando el precepto de Epicteto, *sustine, abstine* (sufre, abstente), ordena vigilia y abstinencia a los estómagos de los fieles, a causa de que la carne es pecaminosa, y, como dice el proverbio, busca a la carne.

S. 317 f.: Por un lado dos muchachos se adiestraban en el manejo del cuchillo tirándose horrendos tajos y reveses; por otro, cuatro ya adolescentes, ventilaban a cuchilladas el derecho a una tripa gorda y un mondongo que habían robado a un carnicero; y no de ellos distante, porción de perros flacos ya de la forzosa abstinencia, empleaban el mismo medio para saber quién se llevaría un hígado envuelto en barro. Simulacro en pequeño era éste del modo bárbaro con que se ventilaban en nuestro país las cuestiones y los derechos individuales y sociales. En fin: la escena que se representaba en el matadero era para vista, no para escrita.

S. 319: Y en efecto, el animal, acosado por los gritos y sobre todo por las picanas agudas que le espoleaban la cola, sintiendo flojo el lazo, arremetió bufando a la puerta, lanzando a entrambos lados una rojiza y fosfórica mirada. Dióle el tirón el enlazador sentando su caballo, desprendió el lazo de la asta, crujió por el aire un áspero zumbido y al mismo tiempo se vio rodar desde lo alto de una horqueta del corral, como si un golpe de hacha lo hubiese dividido a cercén, una cabeza de niño cuyo tronco permaneció inmóvil sobre su caballo de palo, lanzando por cada arteria un largo chorro de sangre.

Flaubert, Gustave: *Madame Bovary. Mœurs de province*. Paris: Louis Conard 1910, S. 123–125: Elle souhaitait un fils; il serait fort et brun, et s'appellerait Georges; et cette idée d'avoir pour enfant un mâle était comme la revanche en espoir de toutes ses impuissances passées. Un homme, au moins, est libre; il peut parcourir les passions et les pays, traverser les obstacles, mordre aux bonheurs les plus lointains. Mais une femme est empêchée continuellement. Inerte et flexible à la fois, elle a contre elle les mollesses de la chair avec les dépendances de la loi. Sa volonté, comme le voile de son chapeau retenu par un cordon, palpite à tous les vents, il y a toujours quelque désir qui entraîne, quelque convenance qui retient. Elle accoucha un dimanche, vers six heures, au soleil levant. «C'est une fille!» dit Charles. Elle tourna la tête et s'évanouit. Presqu'aussitôt, Mme Homais accourut et l'embrassa, ainsi que la mère Lefrançois du *Lion d'or*. Le pharmacien, en homme discret, lui adressa seulement quelques félicitations provisoires, par la porte entrebâillée. Il voulut voir l'enfant et le trouva bien conformé. Pendant sa convalescence, elle s'occupa beaucoup à chercher un nom pour sa fille. D'abord elle passa en revue tous ceux qui avaient des terminaisons italiennes, tels que Clara, Luisa, Amanda, Atala; elle aimait assez Galsuinde, plus encore Yseult ou Léocadie. Charles désirait qu'on appelât l'enfant comme sa mère; Emma s'y opposa. On parcourut le calendrier d'un bout à l'autre, et l'on consulta les étrangers. «M. Léon, disait le pharmacien, avec qui j'en causais l'autre jour, s'étonne que vous ne choisissiez point Madeleine, qui est excessivement à la mode maintenant.» Mais la mère Bovary se récria bien fort sur ce nom de pécheresse. [...] Enfin, Emma se souvint qu'au château de la Vaubyessard elle avait entendu la marquise appeler Berthe une jeune femme; dès lors ce nom-là fut choisi, et, comme le père Rouault ne pouvait venir, on pria M. Homais d'être parrain.

S. 446f.: La chambre, quand ils entrèrent, était toute pleine d'une solennité lugubre. Il y avait sur la table à ouvrage, recouverte d'une serviette blanche, cinq ou six petites boules de coton dans un plat d'argent, près d'un gros crucifix, entre deux chandelles qui brûlaient. Emma, le menton contre sa poitrine, ouvrait démesurément les paupières, et ses pauvres mains se traînaient sur les draps, avec ce geste hideux et doux des agonisants qui semblent vouloir déjà se recouvrir du suaire. Pâle comme une statue et les yeux rouges comme des charbons, Charles, sans pleurer, se tenait en face d'elle au pied du lit, tandis que le prêtre, appuyé sur un genou, marmottait des paroles basses. Elle tourna sa figure lentement et parut saisie de joie à voir tout à coup l'étole violette, sans doute retrouvant au milieu d'un apaisement extraordinaire la volupté perdue de ses premiers élancements mystiques avec des visions de béatitude éternelle qui commençaient. Le prêtre se releva pour prendre le crucifix, alors elle allongea le cou comme quelqu'un qui a soif, et, collant ses lèvres sur le corps de l'Homme-Dieu, elle y déposa de toute sa force expirante le plus grand baiser d'amour qu'elle eût jamais donné. Ensuite, il récita le *Misereatur* et l'*Indulgentiam*, trempa son pouce droit dans l'huile et commença les onctions: d'abord sur les yeux, qui avaient tant convoité toutes les somptuosités terrestres; puis sur les narines, friandes de brises tièdes et de senteurs amoureuses; puis sur la bouche, qui s'était ouverte pour le mensonge, qui avait gémi d'orgueil et crié dans la luxure; puis sur les mains, qui se délectaient aux contacts suaves, et enfin sur la plante des pieds, si rapides autrefois quand elle courait à l'assouvissance de ses désirs, et qui maintenant ne marcheraient plus.

S. 447–449: En effet, elle regarda tout autour d'elle, lentement, comme quelqu'un qui se réveille d'un songe, puis d'une voix distincte, elle demanda son miroir, et elle resta perchée dessus quelque temps, jusqu'au moment où de grosses larmes lui découlèrent des yeux. Alors elle se renversa la tête en poussant un soupir et retomba sur l'oreiller. Sa poitrine aussitôt se mit à haleter rapidement. La langue tout entière lui sortit hors de la bouche; ses yeux, en roulant, pâlissaient comme deux globes de lampe qui s'éteignent, à la croire déjà morte, sans l'effrayante accélération de ses côtes, secouées par un souffle furieux, comme si l'âme eût fait des bonds pour se détacher. Félicité s'agenouilla devant le crucifix, et le pharmacien lui-même fléchit un peu les jarrets, tandis que M. Canivet regardait vaguement sur la place. Bournisien s'était remis en prière, la figure inclinée contre le bord de la couche, avec sa longue soutane noire qui traînait derrière lui dans l'appartement. Charles était de l'autre côté, à genoux, les bras étendus vers Emma. Il avait pris ses mains et il les serrait, tressaillant à chaque battement de son cœur, comme au contrecoup d'une ruine qui tombe. A mesure que le râle devenait plus fort, l'ecclésiastique précipitait ses oraisons: elles se mêlaient aux sanglots étouffés de Bovary, et quelquefois tout semblait disparaître dans le sourd murmure des syllabes latines, qui teintaient comme un glas de cloche. Tout à coup on entendit sur le trottoir un bruit de gros sabots, avec le frôlement d'un bâton; et une voix s'éleva, une voix rauque, qui chantait: Souvent la chaleur d'un beau jour / Fait rêver fillette à l'amour. Emma se releva comme un cadavre que l'on galvanise, les cheveux dénoués, la prunelle fixe, béante / Pour amasser diligemment / Les épis que la faux moissonne, / Ma Nanette va s'inclinant /Vers le sillon qui nous les donne. « L'Aveugle! » s'écria-t-elle. Et Emma se mit à rire, d'un rire atroce, frénétique, désespéré, croyant voir la face hideuse du misérable, qui se dressait dans les ténèbres éternelles comme un épouvantement. / Il souffla bien fort ce jour-là, / Et le jupon court s'envola. Une convulsion la rabattit sur le matelas. Tous s'approchèrent. Elle n'existait plus.

S. 481: Quand tout fut vendu, il resta douze francs soixante et quinze centimes qui servirent à payer le voyage de Mlle Bovary chez sa grand-mère. La bonne femme mourut dans l'année même; le père Rouault étant paralysé, ce fut une tante qui s'en chargea. Elle est pauvre et l'envoie, pour gagner sa vie, dans une filature de coton.

Ganivet, Ángel: Ideárium español. In (ders.): *Obras Completas*. Bd. 1. Prólogo de Melchor Fernández Almagro. Madrid: Aguilar 1961, S. 147–305, hier S. 165 f.: Sus trabajos, si realmente han ejercido influencia en los inventos de que se enorgullece nuestro siglo, habrán sido útiles; han proporcionado al hombre ciertas comodidades no del todo desagradables, como el poder viajar de prisa, aunque por desgracia sea para llegar a donde lo mismo se llegaría viajando despacio. Pero su valor ideal es nulo, y en vez de destronar a la metafísica, han venido a servirla y hasta quizá a favorecerla; querían ser amos y apenas llegan a criados. El que desdeñando la fe y la razón se consagra a los experimentos y descubre el telégrafo o el teléfono, no crea que ha destruido las *viejas ideas*; lo que ha hecho ha sido trabajar para que circulen con más rapidez, para que se propaguen con mayor amplitud. [...] Yo aplaudo a los hombres sabios y prudentes que nos han traído el telescopio y el microscopio, el ferrocarril y la navegación por medio del vapor, el telégrafo y el teléfono, el fonógrafo, el pararrayos, la luz eléctrica y los rayos X; a todos se les deben agradecer los malos ratos que se han dado, como yo agradecí a mi criada, en gracia de su buena intención, el que se dio para llevarme el paraguas; pero digo también que, cuando acierto a levantarme siquiera dos palmos sobre las vulgaridades rutinarias que me rodean y siento el calor y la luz de alguna idea grande y pura, todas esas bellas invenciones no me sirven para nada.

S. 169: El verdadero cristianismo, no como aspiración filantrópica en favor de razas inferiores sino como creencia conscientemente profesada, es impropio de pueblos primitivos, y solo arraiga en estos cuando la acompaña la acción permanente de una raza superior; es decir, cuando ese pueblo primitivo se confunde con la vida común o por el cruce con un pueblo civilizado que le domina y educa, como ocurrió en los pueblos descubiertos y subyugados por España. La universalidad o catolicidad del cristianismo no se opone a esta idea.

S. 247: Una nación no es como un hombre; necesita varios siglos para desarrollarse. Las naciones hispanoamericanas no han pasado de la infancia, en tanto que los Estados Unidos han comenzado por la edad viril. ¿Por qué? Porque las unas, al recibir la influencia de sus territorios, han retrocedido y han comenzado la evolución como pueblos jóvenes, paso a paso, tropezando en los escollos en que tropiezan las sociedades nuevas que carecen de un exacto conocimiento del camino que deben seguir; y la otra ha continuado viviendo con vida artificial, importada de Europa, como pudiera vivir en cualquier otro territorio, por ejemplo, en Australia. [...] Así, el defensor de los Estados Unidos a que antes aludí, y que es grandemente aficionado a la música, estaba a punto de convenir después conmigo en que la habanera, por sí sola, vale por toda la producción de los Estados Unidos, sin excluir la de máquinas para coser y aparatos telefónicos; y la habanera es una creación del espíritu territorial de la Isla de Cuba que en nuestra raza engendra esos profundos sentimientos de melancolía infinita, de placer, que se desata en raudales de amargura y que en la raza a que pertenecen los súbditos de la Unión no haría la menor mella.

Este carácter que nosotros sabemos infundir en nuestras creaciones políticas y en el que damos el arma de la rebelión, la fuerza con que después somos combatidos, es una joya de inapreciable valor en la vida de las nacionalidades, pero es también un obstáculo grave para el ejercicio de nuestra influencia.

S. 300: Yo tengo fe en el porvenir espiritual de España; en esto soy acaso exageradamente optimista. Nuestro engrandecimiento material nunca nos llevaría a oscurecer el pasado; nuestro florecimiento intelectual convertirá el siglo de oro de nuestras artes en una simple enunciación de este siglo de oro que yo confío ha de venir. Porque en nuestros trabajos tendremos de nuestra parte una fuerza desconocida, que vive en estado latente en nuestra nación [...].

S. 306: Hemos de hacer acto de contrición colectiva, hemos de desdoblarnos, aunque muchos nos quedemos en tan arriesgada operación; y así tendremos pan espiritual para nosotros y para nuestra familia, que lo anda mendigando por el mundo, y nuestras conquistas materiales podrán ser aún fecundas, porque, al renacer, hallaremos una inmensidad de pueblos hermanos a quienes marcar con el sello de nuestro espíritu.

García Márquez, Gabriel: *El amor en los tiempos del cólera*. **Barcelona: Penguin Random House Grupo Editorial 2015, S. 68 f.:** Subió el tercer travesaño, y el cuarto enseguida, pues había calculado mal la altura de la rama, y entonces se aferró a la escalera con la mano izquierda y trató de coger el loro con la derecha. Digna Pardo, la vieja sirvienta que venía a advertirle que se le estaba haciendo tarde para el entierro, vió de espaldas al hombre subido en la escalera y no podía creer que fuera quien era de no haber sido por las rayas verdes de los tirantes elásticos. –¡Santísimo Sacramento!– gritó–. ¡Se va a matar! El doctor Urbino agarró el loro por el cuello con un suspiro de triunfo: *ça y est*. Pero lo soltó de inmediato, porque la escalera resbaló bajo sus pies y él se quedó un instante suspendido en el aire, y entonces alcanzó a darse cuenta de que se había muerto sin comunión, sin tiempo para arrepentirse de nada ni despedirse de nadie, a las cuatro y siete minutos de la tarde del domingo de Pentecostés. Fermina Daza estaba en la cocina probando la sopa para la cena, cuando oyó el grito de horror de Digna Pardo y el alboroto de la servidumbre de la casa y enseguida el del vecindario. Tiró la cuchara de probar y trató de correr como pudo con el peso invencible de su edad, gritando como una loca sin saber todavía lo que pasaba bajo de las frondas del mango, y el corazón le saltó en astillas cuando vió a su hombre tendido boca arriba en el lodo, ya muerto en vida, pero resistiéndose todavía un último minuto al coletazo final de la muerte para que ella tuviera tiempo de llegar. Alcanzó a reconocerla en el tumulto a través de las lágrimas del dolor irrepetible de morirse sin ella, y la miró por última vez para siempre jamás con los ojos luminosos, más tristes y más agradecidos que ella no le vió nunca en medio siglo de vida en común, y alcanzó a decirle con el último aliento: –Sólo Dios sabe cuánto te quise. Fue una muerte memorable, y no sin razón.

S. 296f.: Se refugió en el hijo recién nacido. Ella lo había sentido salir de su cuerpo con el alivio de liberarse de algo que no era suyo, y había sufrido el espanto de sí misma al comprobar que no sentía el menor afecto por aquel ternero de vientre que la comadrona le mostró en carne viva, sucio de sebo y de sangre, y con la tripa umbilical enrollada en el cuello. Pero en la soledad del palacio aprendió a conocerlo, se conocieron, y descubrió con un grande alborozo que los hijos no se quieren por ser hijos sino por la amistad de la crianza. Terminó por no soportar nada ni a nadie distinto de él en la casa de su desventura.

S. 366f.: Florentino Ariza la vio alejarse del brazo del esposo entre la muchedumbre que abandonaba el cine, y se sorprendió de que estuviera en un sitio público con una mantilla de pobre y unas chinelas de andar por casa. Pero lo que más lo conmovió fue que el esposo tuvo que agarrarla por el brazo para indicarle el buen camino de la salida, y aun así calculó mal la altura y estuvo a punto de caerse en el escalón de la puerta. Florentino Ariza era muy sensible a esos tropiezos de la edad. Siendo todavía joven, interrumpía la lectura de versos en los parques para observar a las parejas de ancianos que se ayudaban a atravesar la calle, y eran lecciones de vida que le habían servido para vislumbrar las leyes de su propia vejez. A la edad del doctor Juvenal Urbino aquella noche en el cine, los hombres florecían en una especie de juventud otoñal, parecían más dignos con las primeras canas, se volvían ingeniosos y seductores, sobre todo a los ojos de las mujeres jóvenes, mientras que sus esposas marchitas tenían que aferrarse de su brazo para no tropezar hasta con la propia sombra. Pocos años después, sin embargo, los maridos se desbarrancaban de pronto en el precipicio de una vejez infame del cuerpo y del alma, y entonces eran sus esposas restablecidas las que tenían que llevarlos del brazo como ciegos de caridad, susurrándoles al oído, para no herir su orgullo de hombres, que se fijaran bien que eran tres y no dos escalones, que había un charco en mitad de la calle, que ese bulto tirado de través en la acera era un mendigo muerto, y ayudándolos a duras penas a atravesar la calle como si fuera el único vado en el último río de la vida. Florentino Ariza se había visto tantas veces en ese espejo, que no le tuvo nunca tanto miedo a la muerte como a la edad infame en que tuviera que ser llevado del brazo por una mujer. Sabía que ese día, y sólo ese, tendría que renunciar a la esperanza de Fermina Daza.

S. 481 f.: Florentino Ariza se tendió bocarriba en la cama, tratando de recobrar el dominio, otra vez sin saber qué hacer con la piel del tigre que había matado. Ella le dijo: «No mires». El preguntó por qué sin apartar la vista del cielo raso. – Porque no te va a gustar –dijo ella. Entonces él la miró, y la vio desnuda hasta la cintura, tal como la había imaginado. Tenía los hombros arrugados, los senos caídos y el costillar forrado de un pellejo pálido y frío como el de una rana. Ella se tapó el pecho con la blusa que acababa de quitarse, y apagó la luz. Entonces él se incorporó y empezó a desvestirse en la oscuridad, tirando sobre ella cada pieza que se quitaba, y ella se las devolvía muerta de risa. Permanecieron acostados bocarriba un largo rato [...]. Hablaron de ellos, de sus vidas distintas, de la casualidad inverosímil de estar desnudos en el camarote oscuro de un buque varado, cuando lo justo era pensar que ya no les quedaba tiempo sino para esperar a la muerte.

Girondo. Oliverio: Apunte callejero. In (ders.): *Veinte poemas para ser leídos en el tranvía. Calcomanías. Espantapájaros.* **Buenos Aires: Centro Editor de América Latina 1981, S. 13 f.:** La mañana se pasea en la playa empolvada del sol. Brazos. Piernas amputadas. Cuerpos que se reintegran. Cabezas flotantes de caucho. Al tornearles los cuerpos a las bañistas, las olas alargan sus virutas sobre el aserrín de la playa. ¡Todo es oro y azul! La sombra de los toldos. Los ojos de las chicas que se inyectan novelas y horizontes. Mi alegría, de zapatos de goma, que me hace rebotar sobre la arena. Por ochenta centavos, los fotógrafos venden los cuerpos de las mujeres que se bañan. Hay quioscos que explotan la dramaticidad de la rompiente. Sirvientas cluecas. Sifones irascibles, con extracto de mar. Rocas con pechos algosos de marinero y corazones pintados de esgrimista. Bandadas de gaviotas, que fingen el vuelo destrozado de un pedazo blanco de papel. ¡Y ante todo está el mar! ¡El mar! ... ritmo de divagaciones. ¡El mar! con su baba y con su epilepsia. ¡El mar! ... hasta gritar ... ¡BASTA! como en el circo. Mar del Plata, octubre, 1920.

S. 16: En la terraza de un café hay una familia gris. Pasan unos senos bizcos buscando una sonrisa sobre las mesas. El ruido de los automóviles destiñe las hojas de los árboles. En un quinto piso, alguien se crucifica al abrir de par en par una ventana. Pienso en dónde guardaré los quioscos, los faroles, los transeúntes, que se me entran por las pupilas. Me siento tan lleno que tengo miedo de estallar ... Necesitaría dejar algún lastre sobre la vereda ... Al llegar a una esquina, mi sombra se separa de mí, y de pronto, se arroja entre las ruedas de un tranvía.

Guillén, Nicolás: Charla en el Lyceum. In (ders.): *Prosa de prisa 1929–1972.* **2 Bde. La Habana: Editorial Arte y Literatura 1975, Bd. 1, S. 294 f.:** Es curioso. Porque he de decir que el nacimiento de tales poemas está ligado a una experiencia onírica de la que nunca he hablado en público y la cual me produjo vivísima impresión. Una noche – corría el mes de abril de 1930 – habíame acostado ya, y estaba en esa línea indecisa entre el sueño y la vigilia, que es la duermevela, tan propicia a trasgos y apariciones, cuando una voz que surgía de no sé dónde articuló con precisa claridad junto a mi oído estas dos palabras *negro bembón*. ¿Qué era aquello? Naturalmente no pude darme una respuesta satisfactoria, pero no dormí más. La frase, asistida de un ritmo especial, nuevo en mí, estúvome rondando el resto de la noche, cada vez más profunda e imperiosa: *Negro bembón, Negro bembón, Negro bembón* ... Me levanté temprano, y me puse a escribir. Como si recordara algo sabido alguna vez, hice de un tirón un poema en el que aquellas palabras servían de subsidio y apoyo al resto de los versos [...]. Escribí, escribí todo el día, consciente del hallazgo. A la tarde ya tenía un puñado de poemas – ocho o diez – que titulé de una manera general *Motivos de son*. [...] Se los entregué a Urrutia para su página, y en ella aparecieron publicados un domingo, me parece que el 20 de abril de 1930, apenas unos días después de haber sido escritos.

S. 295: Salvo alguno que otro poema («Llegada», «La canción del bongó»), éstos carecen de preocupación humana trascendental. Embriagado el poeta con el ritmo recién descubierto, lánzalos al aire como monedas, por el placer de verlos brillar heridos por el sol. Sólo cuando creciera en altura interior, sólo cuando su cuerpo chocara ásperamente con la vida, sólo cuando sufriera y llorara, y viera sufrir y llorar alrededor suyo, podría echarse mar afuera en su bajel, que ahora se columpiaba al abrigo del viento bajo el cielo azul, ligero e inocente

Guillén, Nicolás: *Páginas vueltas. Memorias.* **Edición homenaje al 80 aniversario de su nacimiento. La Habana: Ediciones Unión 1982, S. 79:** Confieso que me sentí un poco preocupado cuando vi los *Motivos* ya impresos. Yo se los había entregado a Urrutia dos o tres semanas antes, pero le había pedido que no los publicara sin aviso mío. De paso diré que esta medida me fue inspirada por el temor, en realidad bien pueril, de que los versos no me pertenecieran, y no hubiera hecho yo más que recordarlos desde el misterio del subconsciente. Claro que tal cosa era un disparate, pero meticuloso hasta la exasperación como he sido siempre, y a veces caprichoso hasta el absurdo, ese temor que digo me embargaba. En realidad hasta entonces, es decir, hasta la aparición de los *sones*, yo sólo había escrito, de lo que después se llamó «poesía negra», un poema titulado «Oda a Kid Chocolate» (1929), cuyo título cambié más tarde por el de «Oda a un negro boxeador cubano». Cuando comuniqué a Urrutia mis aprehensiones, él soltó una carcajada y me dijo: «Pero estás loco, qué tontería; son tuyos y bien tuyos; y ahora, aguanta lo que va a venir.»

Martí, José: Discurso pronunciado en la velada en honor de Centroamérica de la Sociedad Literaria Hispanoamericana. In (ders.): *Obras Completas*. 28 Bde. La Habana: Editorial de Ciencias Sociales 1975, Bd. 8, S. 113: Y era la vida candil y procesiones, como aquella del certamen de la Universidad, sobre la "Contienda Amorosa de Italia, Francia y España", cuando iban delante los atabaleros, y luego en mulas los estudiantes e hidalgos, y los doctores y la clerecía, y luego un señorón de portaestandarte, con el tema muy floreado entre pinturas, y luego criados de librea, y luego soldados –a tiempo que entraba en la ciudad la hilera de indios, con la frente ya hecha al mecapal de la bestia de carga, y el ministril se llevaba preso a un criollo, porque leía el Quijote. Se movió el mundo; vivió Carlos III; entró en la Capitanía la Enciclopedia, bajo una capa española; y de la mesa de un canónigo andaluz salió la juventud del señorío a ganar a la independencia la voluntad del general español; ¡y aún hoy es día de gala en Centroamérica, de gozo puro y sublime, aquel día de septiembre!

Martí, José: *Manifiesto de Montecristi. El Partido Revolucionario Cubano a Cuba*. La Habana: Editorial de Ciencias Sociales 1985, S. 6 u. 16: La guerra no es contra el español, que, en el seguro de sus hijos y en el acatamiento a la patria que se ganen, podrá gozar respetado, y aun amado, de la libertad que sólo arrollará a los que le salgan, imprevisores, al camino. [...] En los habitantes españoles de Cuba, en vez de la deshonrosa ira de la primera guerra, espera hallar la revolución, que ni lisonjea ni teme, tan afectuosa neutralidad o tan veraz ayuda, que por ellas vendrán a ser la guerra más breve, sus desastres menores, y más fácil y amiga la paz en que han de vivir juntos padres e hijos.

Martí, José: Una ojeada a la Exposición (V). In (ders.): *Obras Completas. Edición crítica*. Bd. 2. La Habana: Casa de las Américas y Centro de Estudios Martianos 1985, S. 245: Fuimos ayer al Palacio, temerosos de hallar en él escasas cosas nuevas, y sorpresa, satisfacción, orgullo por vivir en esta tierra de México, todo esto sentimos a la vez ante las numerosas muestras de riqueza con que se han aumentado los aparadores, el centro, todos los lugares de la Exposición. Aquí rica madera; allá adelantos de la maquinaria y de la industria: junto al engañador producto de las minas, los instrumentos prometedores del trabajo: un Estado, pequeño en sí, aparece respetable, rico y grande: vese la industria que comienza, y productos tales y tan abundantes, que a ser atendidos con empeño, rebosarán los mercados en nuestra tierra y las extrañas.

Martí, José: Prólogo al Poema del Niágara. In (ders.): *Obras Completas*, **Bd. 7, S. 228:** El genio va pasando de individual a colectivo. El hombre pierde en beneficio de los hombres. Se diluyen, se expanden las cualidades de los privilegiados a la masa; lo que no placerá a los privilegiados de alma baja, pero sí a los de corazón gallardo y generoso, que saben que no es en la tierra, por grande criatura que se sea, más que arena de oro, que volverá a la fuente hermosa de oro, y reflejo de la mirada del Creador.

Martí, José: En los Estados Unidos. In (ders.): *Obras Completas*, **Bd. 13, S. 458:** Los del oficio literario, apréndanlo todo, porque no hay goce como el de leer a Homero en el original, que es como abrir los ojos a la mañana del mundo, ni lectura que beneficie más que la de Catulo elegante, por lo ordenado y preciso, o la de Horacio, el maestro del reposo. Pero para vivir, apréndase lo vivo en las lenguas vivas, donde se contiene hoy lo nuevo y lo viejo, y no en las muertas, donde sólo lo viejo está, que es menos de lo que se debe aprender, y lo que menos importa, puesto que fuera de las curiosidades de aquellos tiempos de Lesbias y Falernos, y la certeza de que siempre fue igual a sí propio el hombre y no vernos hoy menos, ni mucho más que los romanos, ¿qué aprende de veras, con aprenderse todo Plinio, y todo Ennio? A comparar con imparcialidad, a observar por sí, y a decir con orden, vigor y música, es lo que se ha de aprender; y eso no viene de una literatura sola, o de ella y sus ramajes y renacimientos, sino de ponerse fuera de ellas, y estudiarlas con mente judicial a todas. Precisión, ¿dónde se aprende mejor que en el inglés? En gracia y limpieza, lo francés ¿no es lo mejor? Y si se dice lo que se piensa con verdad, y sin churriguaras ni florianes, sin cascabeles ni pasamanerías, ¿qué lengua enseña más ni disciplina mejor que la propia?

Martí, José: Oscar Wilde. In (ders.): *Obras Completas*, **Bd. 15, S. 361:** Vivimos, los que hablamos lengua castellana, llenos todos de Horacio y de Virgilio, y parece que las fronteras de nuestro espíritu son las de nuestro lenguaje. ¿Por qué nos han de ser fruta casi vedada las literaturas extranjeras, tan sobradas hoy de ese ambiente natural, fuerza sincera y espíritu actual que falta en la moderna literatura española? [...] Conocer diversas literaturas es el medio mejor de libertarse de la tiranía de algunas de ellas; así como no hay manera de salvarse del riesgo de obedecer ciegamente a un sistema filosófico, sino nutrirse de todos [...].

Martí, José: *Nuestra América.* **Edición crítica. Investigación, presentación y notas Cintio Vitier. La Habana: Centro de Estudios Martianos – Casa de las Américas 1991, S. 13:** Cree el aldeano vanidoso que el mundo entero es su aldea, y con tal que él quede de alcalde, o le mortifiquen al rival que le quitó la novia, o le crezcan en la alcancía los ahorros, ya da por bueno el orden universal, sin saber de los gigantes que llevan siete leguas en las botas, y le pueden poner la bota encima, ni de la pelea de los cometas en el cielo, que van por el aire dormido[s] engullendo mundos. Lo que quede de aldea en América ha de despertar. Estos tiempos no son para acostarse con el pañuelo a la cabeza, sino con las armas de almohada, como los varones de Juan de Castellanos: las armas del juicio, que vencen a las otras. Trincheras de ideas, valen más que trincheras de piedras.

Matto de Turner, Clorinda: *Aves sin nido.* **La Habana: Casa de las Américas 1974, S. 7:** Si la historia es el espejo donde las generaciones por venir han de contemplar la imagen de las generaciones que fueron, la novela tiene que ser la fotografía que estereotipe los vicios y las virtudes de un pueblo, con la consiguiente moraleja correctiva para aquéllos y el homenaje de admiración para éstas. Es tal, por esto, la importancia de la novela de costumbres, que, en sus hojas contiene muchas veces el secreto de la reforma de algunos tipos, cuando no su extinción.

S. 9: Era una mañana sin nubes, en que la Naturaleza, sonriendo de felicidad, alzaba el himno de adoración al Autor de su belleza. El corazón, tranquilo como el nido de una paloma, se entregaba a la contemplación del magnífico cuadro. La plaza única del pueblo de Kíllac mide trescientos catorce metros cuadrados, y el caserío se destaca confundiendo la techumbre de teja colorada, cocida al horno, y la simplemente de paja con alares de palo sin labrar, marcando el distintivo de los habitantes y particularizando el nombre de *casa* para los *notables* y *choza* para los *naturales*.

S. 14: En las provincias donde se cría la *alpaca*, y es el comercio de lanas la principal fuente de riqueza, con pocas excepciones, existe la costumbre del *reparto antelado* que hacen los comerciantes potentados, gentes de las más acomodadas del lugar. Para los adelantos forzosos que hacen los *laneros*, fijan al quintal de lana un precio tan ínfimo, que, el rendimiento que ha de producir el capital empleado, excede del quinientos por ciento; usura que, agregada a las extorsiones de que va acompañada, casi da la necesidad de la existencia de un infierno para esos bárbaros. Los indios propietarios de alpacas emigran de sus chozas en las épocas de reparto, para no recibir aquel dinero adelantado, que llega a ser para ellos tan maldito como las trece monedas de Judas. ¿Pero el abandono del hogar, la erraticidad en las soledades de las encumbradas montañas, los pone a salvo? No ...

S. 91: Esa es la lucha de la juventud peruana desterrada en estas regiones. Tengo la esperanza, don Fernando, de que la civilización que se persigue tremolando la bandera del cristianismo puro, no tarde en manifestarse, constituyendo la felicidad de la familia y, como consecuencia lógica, la felicidad social.

S. 181: Lucía que nació y creció en un hogar cristiano, cuando vistió la blanca túnica de desposada, aceptó para ella el nuevo hogar con los encantos ofrecidos por el cariño del esposo y los hijos, dejando para éste los negocios y las turbulencias de la vida, encariñada con aquella gran sentencia de la escritora española, que en su niñez leyó más de una vez, sentada junto a las faldas de su madre: *"Olvidad, pobres mujeres, vuestros sueños de emancipación y de libertad. Esas son teorías de cabezas enfermas, que jamás se podrán practicar, porque la mujer ha nacido para poetizar la casa."* Lucía estaba llamada al magisterio de la maternidad, y Margarita era la primera discípula en quien ejercitara la transmisión de las virtudes domésticas.

Neruda, Pablo: *Confieso que he vivido.* **Barcelona: Seix Barral 1974. S. 235:** Pienso que el hombre debe vivir en su patria y creo que el desarraigo de los seres humanos es una frustración que de alguna manera u otra entorpece la claridad del alma. Yo no puedo vivir sino en mi propia tierra […]. Me detuve en el Perú y subí hasta las ruinas de Macchu Picchu. Ascendimos a caballo. Por entonces no había carretera. Desde lo alto vi las antiguas construcciones de piedra rodeadas por las altísimas cumbres de los Andes verdes. Desde la ciudadela carcomida y roída por el paso de los siglos se despeñaban torrentes. Masas de neblina blanca se levantaban desde el río Wilcamayo. Me sentí infinitamente pequeño en el centro de aquel ombligo de piedra; ombligo de un mundo deshabitado, orgulloso y eminente, al que de algún modo yo pertenecía. Sentí que mis propias manos habían trabajado allí en alguna etapa lejana, cavando surcos, alisando peñascos. Me sentí chileno, peruano, americano. Había encontrado en aquellas alturas difíciles, entre aquellas ruinas gloriosas y dispersas, una profesión de fe para la continuación de mi canto. Allí nació mi poema "Alturas de Macchu Picchu".

Paz, Octavio: *El laberinto de la soledad.* **México – Madrid – Buenos Aires: Fondo de Cultura Económica** [10]**1983, S. 9:** A todos, en algún momento, se nos ha revelado nuestra existencia como algo particular, intransferible y precioso. Casi siempre esta revelación se sitúa en la adolescencia. El descubrimiento de nosotros mismos se manifiesta como un sabernos solos; entre el mundo y nosotros se abre una impalpable, transparente muralla: la de nuestra conciencia. Es cierto que apenas nacemos nos sentimos solos; pero niños y adultos pueden trascender su soledad y olvidarse de sí mismos a través de juego o trabajo. […] El adolescente se asombra de ser. Y al pasmo sucede la reflexión: inclinado sobre el río de su conciencia se pregunta si ese rostro que aflora lentamente del fondo, deformado por el agua, es el suyo. La singularidad de ser –pura sensación en el niño– se transforma en problema y pregunta, en conciencia interrogante.

S. 12: Al iniciar mi vida en los Estados Unidos residí algún tiempo en Los Angeles, ciudad habitada por más de un millón de personas de origen mexicano. A primera vista sorprende al viajero –además de la pureza del cielo y de la fealdad de las dispersas y ostentosas construcciones– la atmósfera vagamente mexicana de la ciudad, imposible de apresar con palabras o conceptos. Esta mexicanidad –gusto por los adornos, descuido y fausto, negligencia, pasión y reserva– flota en el aire. Y digo que flota porque no se mezcla ni se funde con el otro mundo, el mundo norteamericano, hecho de precisión y eficacia. Flota, pero no se opone; se balancea, impulsada por el viento, a veces desgarrada como una nube, otras erguida como un cohete que asciende. Se arrastra, se pliega, se expande, se contrae, duerme o sueña, hermosura harapienta. Flota: no acaba de ser, no acaba de desaparecer.

S. 78: Nuestro grito es una expresión de la voluntad mexicana de vivir cerrados al exterior, sí, pero sobre todo, cerrados frente al pasado. En ese grito condenamos nuestro origen y renegamos de nuestro hibridismo. La extraña permanencia de Cortés y de la Malinche en la imaginación y en la sensibilidad de los mexicanos actuales revela que son algo más que figuras históricas: son símbolos de un conflicto secreto, que aún no hemos resuelto. Al repudiar a la Malinche –Eva mexicana, según la representa José Clemente Orozco en su mural de la Escuela Nacional Preparatoria– el mexicano rompe sus ligas con el pasado, reniega de su origen y se adentra solo en la vida histórica.

S. 90: En resumen, se contemple la Conquista desde la perspectiva indígena o desde la española, este acontecimiento es expresión de una voluntad unitaria. A pesar de las contradicciones que la constituyen, la Conquista es un hecho histórico destinado a crear una unidad de la pluralidad cultural y política precortesiana. Frente a la variedad de razas, lenguas, tendencias y Estados del mundo prehispánico, los españoles postulan un solo idioma, una sola fe, un solo Señor. Si México nace en el siglo XVI, hay que convenir que es hijo de una doble violencia imperial y unitaria: la de los aztecas y la de los españoles.

S. 152: Historiador del pensamiento hispanoamericano –y, asimismo, crítico independiente aun en el campo de la política diaria– Zea afirma que, hasta hace poco, América fue el monólogo de Europa, una de las formas históricas en que encarnó su pensamiento; hoy ese monólogo tiende a convertirse en diálogo. Un diálogo que no es puramente intelectual sino social, político y vital. Zea ha estudiado la enajenación americana, el no ser nosotros mismos y el ser pensados por otros. Esta enajenación –más que nuestras particularidades– constituye nuestra manera propia de ser. Pero se trata de una situación universal, compartida por todos los hombres. Tener conciencia de esto es empezar a tener conciencia de nosotros mismos. En efecto, hemos vivido en la periferia de la historia. Hoy el centro, el núcleo de la sociedad mundial, se ha disgregado y todos nos hemos convertido en seres periféricos, hasta los europeos y los norteamericanos. Todos estamos al margen porque ya no hay centro.

S. 176f.: Entre nacer y morir transcurre nuestra vida. Expulsados del claustro materno, iniciamos un angustioso salto de veras mortal, que no termina sino hasta que caemos en la muerte. ¿Morir será volver allá, a la vida de antes de la vida? [...] ¿Quizá nacer sea morir y morir, nacer? Nada sabemos. Mas aunque nada sabemos, todo nuestro ser aspira a escapar de estos contrarios que nos desgarran. Pues si todo (conciencia de sí, tiempo, razón, costumbres, hábitos) tiende a hacer de nosotros los expulsados de la vida, todo también nos empuja a volver, a descender al seno creador de donde fuimos arrancados. Y le pedimos al amor –que, siendo deseo, es hambre de comunión, hambre de caer y morir tanto como de renacer– que nos dé un pedazo de vida verdadera, de muerte verdadera. No le pedimos la felicidad, ni el reposo, sino un instante, sólo un instante, de vida plena, en la que se fundan los contrarios y vida y muerte, tiempo y eternidad, pacten.

Piñera, Virgilio: *Electra Garrigó.* **In (ders.):** *Teatro completo.* **Compilación, ordenamiento y prólogo de Rine Leal. La Habana: Letras Cubanas 2002, S. 22f.:** CLITEMNESTRA: Una pobre mujer pide solamente que aparten de sus hermosos ojos ese horror que es un gallo viejo. (*Con voz atronadora*) ¡El gallo joven, el gallo macho: que venga en socorro de una hermosa mujer! (*A Electra.*) ¿Qué debo hacer, Electra, qué debo hacer? ELECTRA: Obrar. CLITEMNESTRA (*girando de nuevo.*) Sí, obrar, obrar rápidamente. (*Gritando*) ¡Egisto, Egisto! (*Aparece entre las dos columnas centrales la sombra gigantesca de un gallo*). ¡Hermoso gallo blanco, hermoso gallo macho: acude! ¡Hoy es el día de la sangre! (*La sombra se mueve grotescamente. Clitemnestra se quita el chal. Corre hacia la sombra.*) ¿Egisto, a él, al gallo viejo! ¡Al gallo negro! ¡Hoy debe morir! ¡Sí, Egisto, remátalo con tus espolones! (*Golpea la sombra*) ¡Al gallo viejo, al gallo negro! (*La sombra desaparece. Clitemnestra sale por las columnas gritando.*) ¡Al gallo viejo, al gallo negro! CORO: La muerte se fuerte rayo / hacia Agamenón dirige, / y ya Clitemnestra inflige / con su amante destructor, / de sábanas el rumor / sobre su cuello envolviendo, / como serpiente cayendo / en medio de tanto horror. // Oye, Clitemnestra infiel, / esta relación funesta, / oye la doliente orquesta / que te augura pronta muerte. / Mira que tu buena suerte, / madre adúltera y fatal, / envuelta en aura letal / pronto será horrenda fiesta.

S. 33 f.: CLITEMNESTRA: Veo Electras por todas partes. Electras que me asaltan como esos copos de una nieve cruel que nunca he visto. Si veo una silla es Electra. Si un peine, Electra, un espejo, el sol que se pone, estas losas, aquellas columnas. (*Pausa.*) Todo es Electra. He ahí lo terrible. Esa mujer me persigue. (*Vuelve a espiar con la mirada.*) Quiere mi muerte. Además, sus horribles sortilegios ... Después que ella ha mirado cualquier objeto de este palacio, ya no puedo mirarlo. Lo que me mira, es Electra; lo que miro, es Electra; lo que se siente mirado por mí, se hace Electra. ¡Yo misma acabaré por volverme Electra! (*Pausa.*) Pero, no, antes la muerte. Esa mujer viscosa, esa mujer objeto, esa mujer que es sólo un personaje de tragedia. (*Pausa.*) ¿Se puede matar a un personaje de tragedia? ¿Se puede envenenar a una sombra? Y ella es todo eso ... (*Pausa.*) Me tiene desesperada, no puedo disfrutar mi crimen tranquilamente. Me mira, y con esos bovinos ojos que tiene me dice: «No te cargo de remordimiento, pero morirás como el muerto que produjiste». (*Se toca el cuello.*) He ahí el motivo de esta pieza de plata. Sin embargo, no me cae mal, me hace el cuello más flexible. Pero Orestes me aseguró que no moriré estrangulada. (*Pausa.*) ¡Ah, dulce sorpresa, te muerdo: Orestes, Orestes es el antídoto contra Electra!

Renan, Ernest: *Vie de Jésus.* **Edition établie, présentée et annotée par Jean Gauthier. Paris: Editions Gallimard 1974, S. 122 ff.:** Jésus naquit à Nazareth, petite ville de Galilée, qui n'eut avant lui aucune célébrité. Toute sa vie il fut désigné du nom de « Nazaréen », et ce n'est que par un détour assez embarrassé qu'on réussit, dans sa légende, à le faire naître à Bethléhem. Nous verrons plus tard le motif de cette supposition, et comment elle était la conséquence obligée du rôle messianique prêté à Jésus. On ignore la date précise de sa naissance. Elle eut lieu sous le règne d'Auguste, probablement vers l'an 750 de Rome, c'est-à-dire quelques années avant l'an 1 de l'ère que tous les peuples civilisés font dater du jour où il naquit. Le nom de *Jésus*, qui lui fut donné, est une altération de *Josué*. C'était un nom fort commun; mais naturellement on y chercha plus tard des mystères et une allusion au rôle de Sauveur. Peut-être Jésus lui-même, comme tous les mystiques, s'exaltait-il à ce propos. Il est ainsi plus d'une grande vocation dans l'histoire dont un nom donné sans arrière-pensée à un enfant a été l'occasion. Les natures ardentes ne se résignent jamais à voir un hasard dans ce qui les concerne.

S. 394: Bien que le motif réel de la mort de Jésus fût tout religieux, ses ennemis avaient réussi, au prétoire, à la présenter comme coupable de crime d'Etat; ils n'eussent pas obtenu du sceptique Pilate une condamnation pour cause d'hétérodoxie. Conséquents à cette idée, les prêtres furent demander pour Jésus, par la foule, le supplice de la croix. Ce supplice n'était pas juif d'origine; si la condamnation de Jésus eût été purement mosaïque, on lui eût fait subir la lapidation. La croix était un supplice romain, réservé pour les esclaves et pour les cas où l'on voulait ajouter à la mort l'aggravation de l'ignominie. En l'appliquant à Jésus, on le traitait comme les voleurs de grand chemin, les brigands, les bandits, ou comme ces ennemis de bas étage auxquels les Romains n'accordaient pas les honneurs de la mort par le glaive. C'était le chimérique « roi des Juifs », non le dogmatiste hétérodoxe, que l'on punissait.

S. 402: L'atrocité particulière du supplice de la croix était qu'on pouvait vivre trois et quatre jours dans cet horrible état sur l'escabeau de douleur. L'hémorragie des mains s'arrêtait vite et n'était pas mortelle. La vraie cause de la mort était la position contre nature du corps, laquelle entraînait un trouble affreux dans la circulation, de terribles maux de tête et de cœur, et enfin la rigidité des membres. Les crucifiés de forte complexion pouvaient dormir et ne mouraient que de faim.

Rodó, José Enrique: Rubén Darío. Su personalidad literaria, su última obra. En (*id.*): *Obras Completas*. Editadas con introducción por Emir Rodríguez Monegal. Madrid: Aguilar 1957, S. 187: Yo soy un *modernista* también; yo pertenezco con toda mi alma a la gran reacción que da carácter y sentido a la evolución del pensamiento en las postrimerías de este siglo; a la reacción que, partiendo del naturalismo literario y del positivismo filosófico, los conduce, sin desvirtuarlos en lo que tienen de fecundos, a disolverse en concepciones más altas. Y no hay duda de que la obra de Rubén Darío responde, como una de tantas manifestaciones, a ese sentido superior; es en el arte una de las formas personales de nuestro anárquico idealismo contemporáneo; aunque no lo sea –porque no tiene intensidad para ser nada serio– la obra frívola y fugaz de los que le imitan, el vano producir de la mayor parte de la juventud que hoy juega infantilmente en América al juego literario de los colores

Rousseau, Jean-Jacques: *Les Confessions*. Illustrations par Maurice Leloir. 2 Bde. Paris: Launette 1889, Bd. 1, S. 2–4: Je suis né à Genève en 1712, d'Isaac Rousseau, Citoyen, et de Suzanne Bernard, Citoyenne. Un bien fort médiocre à partager entre quinze enfants, ayant réduit presque à rien la portion de mon père, il n'avait pour subsister que son métier d'horloger, dans lequel il était à la vérité fort habile. Ma mère, fille du ministre Bernard, était plus riche; elle avait de la sagesse et de la beauté: ce n'était pas sans peine que mon père l'avait obtenue. Leurs amours avaient commencé presque avec leur vie: dès l'âge de huit à neuf ans [...]. Mon père, après la naissance de mon frère unique, partit pour Constantinople, où il était appelé, et devint horloger du sérail. [...] Ma mère avait plus que de la vertu pour s'en défendre, elle aimait tendrement son mari, elle le pressa de revenir: il quitta tout et revint. Je fus le triste fruit de ce retour. Dix mois après, je naquis infirme et malade; je coûtai la vie à ma mère, et ma naissance fut le premier de mes malheurs. Je n'ai pas su comment mon père supporta cette perte, mais je sais qu'il ne s'en consola jamais. Il croyait la revoir en moi, sans pouvoir oublier que je la lui avais ôtée; jamais il ne m'embrassa que je ne sentisse à ses soupirs, à ses convulsives étreintes, qu'un regret amer se mêlait à ses caresses; elles n'en étaient que plus tendres. Quand il me disait: Jean-Jacques, parlons de ta mère, je lui disais: hé bien! mon père, nous allons donc pleurer; et ce mot seul lui tirait déjà des larmes. Ah! disait-il en gémissant, rends-la-moi, console-moi d'elle, remplis le vide qu'elle a laissé dans mon âme. T'aimerais-je ainsi si tu n'étais que mon fils? Quarante ans après l'avoir perdue, il est mort dans les bras d'une seconde femme, mais le nom de la première à la bouche, et son image au fond du cœur. [...] J'étais né presque mourant; on espérait peu de me conserver. J'apportai le germe d'une incommodité que les ans ont renforcée [...].

Sade, Marquis de: *Justine ou les malheurs de la vertu*. Paris: Union Générale d'Editions 1969, S. 15: [Madame la comtesse de Lorsange] avait reçu néanmoins la meilleure éducation: fille d'un très gros banquier de Paris, elle avait été élevée avec une sœur nommée Justine, plus jeune qu'elle de trois ans, dans une des plus célèbres abbaye de cette capitale, où jusqu'à l'âge de douze et de quinze ans, aucun conseil, aucun maître, aucun livre, aucun talent n'avaient été refusés ni à l'une ni à l'autre de ces deux sœurs. A cette époque fatale pour la vertu de deux jeunes filles, tout leur manqua dans un seul jour: une banqueroute affreuse précipita leur père dans une situation si cruelle qu'il en périt de chagrin. Sa femme le suivit un mois après au tombeau. Deux parents froids et éloignés délibérèrent sur ce qu'ils feraient des jeunes orphelines; leur part d'une succession absorbée par les créances se montait à cent écus pour chacune. Personne ne se souciant de s'en charger, on leur ouvrit la porte du couvent, on leur remit leur dot, les laissant libres de devenir ce qu'elles voudraient. Mme de Lorsange, qui se nommait pour lors Juliette, et dont le caractère et l'esprit étaient, à fort peu de chose près, aussi formés qu'à trente ans, âge qu'elle atteignait lors de l'histoire que nous allons raconter, ne parut sensible qu'au plaisir d'être libre sans réfléchir un instant aux cruels revers qui brisaient ses chaînes. Pour Justine, âgée comme nous l'avons dit, de douze ans, elle était d'un caractère sombre et mélancolique qui lui fit bien mieux sentir toute l'horreur de sa situation. Douée d'une tendresse, d'une sensibilité surprenante, au lieu de l'art et de la finesse de sa sœur, elle n'avait qu'une ingénuité, une candeur qui devaient la faire tomber dans bien des pièges.

S. 16: Juliette, enchantée d'être sa maîtresse, voulut un moment essuyer les pleurs de Justine, puis voyant qu'elle n'y réussirait pas, elle se mit à la gronder au lieu de la consoler; elle lui reprocha sa sensibilité; elle lui dit, avec une philosophie très au-dessus de son âge, qu'il ne fallait s'affliger dans ce monde-ci que de ce qui nous affectait personnellement; qu'il était possible de trouver en soi-même des sensations physiques d'une assez piquante volupté pour éteindre toutes les affections morales dont le choc pourrait être douloureux; que ce procédé devenait d'autant plus essentiel à mettre en usage que la véritable sagesse consistait infiniment plus à doubler la somme de ses plaisirs qu'à multiplier celles de ses peines; qu'il n'y avait rien, en un mot, qu'on ne dût faire pour émousser dans soi cette perfide sensibilité, dont il n'y avait que les autres qui profitassent tandis qu'elle ne nous apportait que des chagrins. Mais on endurcit difficilement un bon cœur, il résiste aux raisonnements d'une mauvaise tête, et ses jouissances le consolent des faux brillants du bel esprit. Juliette, employant d'autres ressources, dit alors à sa sœur qu'avec l'âge et la figure qu'elles avaient l'une et l'autre, il était impossible qu'elles mourussent de faim. [...] Justine eut horreur de ces discours. Elle dit qu'elle préférait la mort à l'ignominie [...].

S. 307 f.: Le délire s'empare enfin de mon persécuteur, ses cris affreux annoncent le complément de son crime; je suis inondée, l'on me détache. –Allons, mes amis, dit Cardoville aux deux jeunes gens, emparez-vous de cette catin, et jouissez-en à votre caprice; elle est à vous, nous vous l'abandonnons. Les deux libertins me saisissent. Pendant que l'un jouit du devant, l'autre s'enfonce dans le derrière; ils changent et rechangent encore: je suis plus déchirée de leur prodigieuse grosseur que je ne l'ai été du brisement des artificieuses barricades de Saint-Florent; et lui et Cardoville s'amusent de ces jeunes gens pendant qu'ils s'occupent de moi. Saint-Florent sodomise La Rose qui me traite de la même manière, et Cardoville en fait autant à Julien qui s'excite chez moi dans un lieu plus décent. Je suis le centre de ces abominables orgies, j'en suis le point fixe et le ressort; déjà quatre fois chacun, La Rose et Julien ont rendu leur culte à mes autels, tandis que Cardoville et Saint-Florent, moins vigoureux ou plus énervés, se contentent d'un sacrifice à ceux de mes amants. C'est le dernier, il était temps, j'étais prête à m'évanouir.

S. 312 f.: Mille excuses, madame, dit cette fille infortunée en terminant ici ses aventures; mille pardons d'avoir souillé votre esprit de tant d'obscénités, d'avoir si longtemps, en un mot, abusé de votre patience. J'ai peut-être offensé le ciel par des récits impurs, j'ai renouvelé mes plaies, j'ai troublé votre repos. Adieu, madame, adieu; l'astre se lève, mes gardes appellent, laissez-moi courir à mon sort, je ne le redoute plus, il abrégera mes tourments. Ce dernier instant de l'homme n'est terrible que pour l'être fortuné dont les jours se sont écoulés sans nuages; mais la malheureuse créature qui n'a respiré que le venin des couleuvres, dont les pas chancelants n'ont pressé que des ronces, qui n'a vu le flambeau du jour que comme le voyageur égaré voit en tremblant les sillons de la foudre; celle à qui ses cruels revers ont enlevé parents, amis, fortune, protection et secours; celle qui n'a plus dans le monde que des pleurs pour s'abreuver et des tribulations pour se nourrir; celle-là, dis-je, voit avancer la mort sans la craindre, elle la souhaite même comme un port assuré où la tranquillité renaîtra, pour elle, dans le sein d'un Dieu trop juste pour permettre que l'innocence, avilie sur la terre, ne trouve pas dans un autre monde le dédommagement de tant de maux.

Sade, Marquis de: *Les cent-vingt journées de Sodome.* **In:** *Œuvres complètes du marquis de Sade.* **Édition définitive. 16 Bde. Paris: Tête de feuilles 1973, Bd. 8, Règlements, S. 50 u. 55 f.:** On se lèvera tous les jours à dix heures du matin. A ce moment, les quatre fouteurs qui n'auront pas été de service pendant la nuit viendront rendre visite aux amis et amèneront chacun avec eux un petit garçon; ils passeront successivement d'une chambre à l'autre. Eux agiront au gré et aux désirs des amis, mais dans les commencements les petits garçons qu'ils amèneront ne seront que pour la perspective, car il est décidé et arrangé que les huit pucelages des cons des jeunes filles ne seront enlevés que dans le mois de décembre, et ceux de leurs culs ainsi que ceux des culs des huit jeunes garçons, ne le seront que dans le cours de janvier, et cela afin de laisser irriter la volupté par l'accroissement d'un désir sans cesse enflammé et jamais satisfait, état qui doit nécessairement conduire à une certaine fureur lubrique que les amis travaillent à provoquer comme une des situations les plus délicieuses de la lubricité. [...] Tout sujet qui fera quelque refus de choses qui lui seront demandées, même en étant dans l'impossibilité, sera très sévèrement puni: c'était à lui de prévoir et de prendre ses précautions. Le moindre rire, ou le moindre manque d'attention, ou de respect et de soumission, dans les parties de débauche, sera une des fautes les plus graves et les plus cruellement punies. Tout homme pris en flagrant délit avec une femme sera puni de la perte d'un membre quand il n'aura pas reçu l'autorisation de jouir de cette femme. Le plus petit acte de religion de la part d'un des sujets, quel qu'il puisse être, sera puni de mort. Il est expressément enjoint aux amis de n'employer dans toutes les assemblées que les propos les plus lascifs, les plus débauchés et les expressions les plus sales, les plus fortes et les plus blasphématoires. [...] Si un sujet quelconque entreprend une évasion pendant la tenue de l'assemblée, il sera à l'instant puni de mort, quel qu'il puisse être.

S. 60 f.: C'est maintenant, ami lecteur, qu'il faut disposer ton cœur et ton esprit au récit le plus impur qui ait jamais été fait depuis que le monde existe, le pareil livre ne se rencontrant ni chez les anciens ni chez les modernes. Imagine-toi que toute jouissance honnête ou prescrite par cette bête dont tu parles sans cesse sans la connaître et que tu appelles nature, que ces jouissances, dis-je, seront expressément exclues de ce recueil et que lorsque tu les rencontreras par aventure, ce ne sera jamais qu'au temps qu'elles seront accompagnées de quelque crime ou colorées de quelque infamie. Sans doute, beaucoup de tous les écarts que tu vas voir peints te déplairont, on le sait, mais il s'en trouvera quelques-uns qui t'échaufferont au point de te coûter du foutre, et voilà tout ce qu'il nous faut. Si nous n'avions pas tout dit, tout analysé, comment voudrais-tu que nous eussions pu deviner ce qui te convient? C'est à toi à le prendre et à laisser le reste [...].

Saint-Simon, Louis de Rouvroy, Duc de: *Mémoires.* **Texte établi par Adolphe Chéruel. Paris: Hachette 1856, Bd. 1, S. 1–3.:** Je suis né la nuit du 15 au 16 janvier 1675, de Claude, duc de Saint-Simon, pair de France, et de sa seconde femme Charlotte de L'Aubépine, unique de ce lit. De Diane de Budos, première femme de mon père, il avoit eu une seule fille et point de garçon. Il l'avoit mariée au duc de Brissac, pair de France, frère unique de la duchesse de Villeroy. Elle étoit morte en 1684, sans enfants, depuis longtemps séparée d'un mari qui ne la méritoit pas, et par son testament m'avoit fait son légataire universel. Je portois le nom de vidame de Chartres, et je fus élevé avec un grand soin et une grande application. Ma mère, qui avoit beaucoup de vertu et infiniment d'esprit de suite et de sens, se donna des soins continuels à me former le corps et l'esprit.[...] Mon père, né en 1606, ne pouvoit vivre assez pour me parer ce malheur, et ma mère me répétoit sans cesse la nécessité pressante où se trouveroit de valoir quelque chose un jeune homme entrant seul dans le monde, de son chef, fils d'un favori de Louis XIII, dont tous les amis étoient morts ou hors d'état de l'aider, et d'une mère qui, dès sa jeunesse, élevée chez la vieille duchesse d'Angoulême, sa parente, grand-mère maternelle du duc de Guise, et mariée à un vieillard, n'avoit jamais vu que leurs vieux amis et amies, et n'avoit pu s'en faire de son âge. [...] Mon goût pour l'étude et les sciences ne le seconda pas, mais celui qui est comme né avec moi pour la lecture et pour l'histoire, et conséquemment de faire et de devenir quelque chose par l'émulation et les exemples que j'y trouvois, suppléa à cette froideur pour les lettres; [...] Cette lecture de l'histoire et surtout des Mémoires particuliers de la nôtre, des derniers temps depuis François Ier, que je faisois de moi-même, me firent naître l'envie d'écrire aussi ceux de ce que je verrois, dans le désir et dans l'espérance d'être de quelque chose et de savoir le mieux que je pourrois les affaires de mon temps.

S. 379 f.: N'y ayant plus rien à faire et les troupes allant dans leurs quartiers de fourrage, je voulus m'en aller à Paris. Le mois d'octobre étoit fort avancé, Mme de Saint-Simon avoit perdu M. Frémont, père de Mme la maréchale de Lorges, et elle étoit en même temps heureusement accouchée de ma fille le 8 septembre. [...] Presque en même temps, c'est-à-dire le 29 mai dans la matinée, Mme de Saint-Simon accoucha fort heureusement, et Dieu nous fit la grâce de nous donner un fils. Il porta, comme j'avois fait, le nom de vidame de Chartres. Je ne sais pourquoi on a la fantaisie des noms singuliers; mais ils séduisent en toutes nations, et ceux même qui en sentent le foible les imitent.

Bd. 8, S. 111 u. 119 f.: Le samedi 15 février le roi fut réveillé à sept heures, qui étoit une heure plus tôt qu'à l'ordinaire, parce que Mme la duchesse de Bourgogne se trouvoit mal pour accoucher. Il s'habilla diligemment pour se rendre auprès d'elle. Elle ne le fit pas attendre longtemps. À huit heures trois minutes et trois secondes elle mit au monde un duc d'Anjou, qui est le roi Louis XV, aujourd'hui régnant, ce qui causa une grande joie. [...] Une autre mort épouvanta le monde et le mit en même temps à son aise. M. le Duc, tout occupé de son procès, dont la plaidoirie devoit commencer le premier lundi de carême, étoit attaqué d'un mal bizarre qui lui causoit quelquefois des accidents équivoques d'épilepsie et d'apoplexie qui duroient peu, et qu'il cachoit avec tant de soin qu'il chassa un de ses gens pour en avoir parlé à d'autres de ses domestiques. [...] Sur le soir du lundi, il alla à l'hôtel de Bouillon, et de là chez le duc de Coislin, son ami de tout temps, qui étoit déjà assez malade; il n'avoit point de flambeaux et un seul laquais derrière son carrosse. Passant sur le pont Royal, revenant de l'hôtel de Coislin, il se trouva si mal qu'il tira son cordon et fit monter son laquais auprès de lui, duquel il voulut savoir s'il n'avoit pas la bouche tournée, et il ne l'avoit pas, et par qui il fit dire à son cocher de l'arrêter au petit degré de sa garde-robe pour entrer chez lui par-derrière, et n'être point vu de la grande compagnie qui étoit à l'hôtel de Condé pour souper. En chemin il perdit la porole et même la connoissance, il balbutia pourtant quelque chose pour la dernière fois, lorsque son laquais et un frotteur qui se trouva là le tirèrent du carrosse et le portèrent à la porte de sa garde-robe qui se trouva fermée. Ils y frappèrent tant et si fort qu'ils furent entendus de tout ce qui étoit à l'hôtel de Condé, qui accourut. On le jeta au lit. Médecins et prêtres mandés en diligence firent inutilement leurs fonctions. Il ne donna nul autre signe de vie que d'horribles grimaces, et mourut de la sorte sur les quatre heures du matin du mardi gras. Mme la Duchesse, au milieu des parures, des habits de masques et de tout ce grand monde convié, éperdue de surprise et du spectacle, ne perdit sur rien la présence d'esprit.

Bd. 10., S. 92–115: Mgr le Dauphin, malade et navré de la plus intime et de la plus amère douleur, ne sortit point de son appartement où il ne voulut voir que M. son frère, son confesseur, et le duc de Beauvilliers qui, malade depuis sept ou huit jours dans sa maison de la ville, fit un effort pour sortir de son lit, pour aller admirer dans son pupille tout ce que Dieu y avoit mis de grand, qui ne parut jamais tant qu'en cette affreuse journée, et en celles qui suivirent jusqu'à sa mort. Ce fut, sans s'en douter, la dernière fois qu'ils se virent en ce monde. [...] Il me montra qu'il s'en apercevoit avec un air de douceur et d'affection qui me pénétra. Mais je fus épouvanté de son regard, également contraint, fixe, avec quelque chose de farouche, du changement de son visage, et des marques plus livides que rougeâtres, que j'y remarquai en assez grand nombre et assez larges, et dont ce qui étoit dans la chambre s'aperçut comme moi. [...] Il me jeta un regard à percer l'âme, et partit. [...] On ne peut exprimer la consternation générale. [...] Le mardi 16 il se trouva plus mal, il se sentoit dévorer par un feu consumant auquel la fièvre ne répondoit pas à l'extérieur; mais le pouls, enfoncé et fort extraordinaire, étoit très-menaçant. Le mardi fut encore plus mauvais, mais il fut trompeur; ces marques de son visage s'étendirent sur tout le corps. [...] Le mercredi 17, le mal augmenta considérablement. [...] Je n'espérois donc plus, mais il se trouve pourtant qu'on espère jusqu'au bout contre toute espérance. Le mercredi les douleurs augmentèrent comme d'un feu dévorant plus violent encore; [...] Le jeudi matin, 18 février, j'appris dès le grand matin que le Dauphin, qui avoit attendu minuit avec impatience, avoit ouï la messe bientôt après, y avoit communié, avoit passé deux heures après dans une grande communication avec Dieu, que la tête s'étoit après embarrassée; et Mme de Saint-Simon me dit ensuite qu'il avoit reçu l'extrême-onction; enfin, qu'il étoit mort à huit heures et demie. Ces Mémoires ne sont pas faits pour y rendre compte de mes sentiments. En les lisant on ne les sentira que trop, si jamais longtemps après moi ils paroissent, et dans quel état je pus être et Mme de Saint-Simon aussi. Je me contenterai de dire qu'à peine parûmes-nous les premiers jours un instant chacun, que je voulus tout quitter et me retirer de la cour et du monde, et que ce fut tout l'ouvrage de la sagesse, de la conduite, du pouvoir de Mme de Saint-Simon sur moi que de m'en empêcher avec bien de la peine. Ce prince, héritier nécessaire puis présomptif de la couronne, naquit terrible, et sa première jeunesse fit trembler; [...] La France tomba enfin sous ce dernier châtiment; Dieu lui montra un prince qu'elle ne méritoit pas. La terre n'en étoit pas digne, il étoit mûr déjà pour la bienheureuse éternité.

Sarmiento, Domingo Faustino: *Facundo o Civilización y Barbarie.* **México, D.F.: SEP/UNAM 1982, S. 61f.:** P.– ¿A qué número ascenderá aproximadamente la población actual de La Rioja? R.– Apenas mil quinientas almas. Se dice que sólo hay quince varones residentes en la ciudad. P.– ¿Cuántos ciudadanos notables residen en ella? R.– En la ciudad serán seis u ocho. P.– ¿Cuántos abogados tienen estudio abierto? R.– Ninguno. P.– &Qué jueces letrados hay? R.– Ninguno. P.– ¿Cuántos hombres visten frac? R.– Ninguno. P.– ¿Cuántos jóvenes riojanos están estudiando en Córdoba o Buenos Aires? R.– Sólo sé de uno. P.– ¿Cuántas escuelas hay y cuántos niños asisten? R.– Ninguna. P.– ¿Hay algún establecimiento público de caridad? R.– Ninguno, ni escuela de primeras letras. El único religioso franciscano que hay en aquel convento tiene algunos niños. P.– ¿Cuántos templos arruinados hay? R.– Cinco: sólo la Matriz sirve de algo. P.– ¿Se edifican casas nuevas? R.– Ninguna, ni se reparan las caídas. [...]

S. 74: Intentó la fiera un salto impotente: dio vuelta en torno del árbol, midiendo su altura con ojos enrojecidos por la sed de sangre, y al fin, bramando de cólera, se acostó en el suelo, batiendo sin cesar la cola, los ojos fijos en su presa, la boca entreabierta y reseca. Esta escena horrible duraba ya dos horas mortales; la postura violenta del gaucho y la fascinación aterrante que ejercía sobre él la mirada sanguinaria, inmóvil, del tigre, del que por una fuerza invencible de atracción no podía apartar los ojos, habían empezado a debilitar sus fuerzas, y ya veía próximo el momento en que su cuerpo extenuado iba a caer en su ancha boca, cuando el rumor lejano del galope de caballos le dio esperanza de salvación. En efecto, sus amigos habían visto el rastro del tigre y corrían sin esperanza de salvarlo. El desparramo de la montura les reveló el lugar de la escena, y volar a él, desenrollar sus lazos, echarlos sobre el tigre, *empacado* y ciego de furor, fue la obra de un segundo. La fiera, estirada a dos lazos, no pudo escapar a las puñaladas repetidas con que en venganza de su prolongada agonía le traspasó el que iba a ser su víctima. «Entonces supe lo que era tener miedo» –decía el general don Juan Facundo Quiroga, contando a un grupo de oficiales este suceso. También a él le llamaron *Tigre de los Llanos*, y no le sentaba mal esta denominación, a fe. [...] Facundo Quiroga fue hijo de un sanjuanino de humilde condición, pero que, avecindado en los Llanos de La Rioja, había adquirido en el pastoreo una regular fortuna.

S. 292: Ese Estado se levantará en despecho suyo, aunque siguen sus retoños cada año, porque la grandeza del Estado está en la pampa pastora; en las producciones tropicales del norte y en el gran sistema de ríos navegables cuya aorta es el Plata. Por otra parte, los españoles no somos ni navegantes ni industriosos, y la Europa nos proveerá, por largos siglos, de sus artefactos, en cambio de nuestras materias primas; y ella y nosotros ganaremos en el cambio; la Europa nos pondrá el remo en la mano y nos remolcará río arriba, hasta que hayamos adquirido el gusto de la navegación.

S. 239 f.: Llega al punto fatal, y dos descargas traspasan la galera por ambos lados, pero sin herir a nadie; los soldados se echan sobre ella con los sables desnudos, y en un momento inutilizan los caballos y descuartizan al postillón, correos y asistente. Quiroga entonces asoma la cabeza, y hace por un momento vacilar a aquella turba. Pregunta por el comandante de la partida, le manda acercarse y a la cuestión de Quiroga «¿qué significa esto?», recibe por toda contestación un balazo en un ojo que lo deja muerto. Entonces Santos Pérez atraviesa repetidas veces con su espada al malaventurado secretario, y manda, concluida la ejecución, tirar hacia el bosque la galera llena de cadáveres, con los dos caballos hechos pedazos y el postillón, que con la cabeza abierta se mantiene aún a caballo. «¿Qué muchacho es éste? – pregunta viendo al niño de la posta, único que queda vivo –. Este es un sobrino mío – contesta el sargento de la partida –; yo respondo de él con mi vida.» Santos Pérez se acerca al sargento, le atraviesa el corazón de un balazo, y enseguida, desmontándose, toma de un brazo al niño, lo tiende en el suelo y lo degüella a pesar de sus gemidos de niño que se ve amenazado de un peligro.

S. 327: ¡Sombra terrible de Facundo, voy a evocarte para que, sacudiendo el ensangrentado polvo que cubre tus cenizas, te levantes a explicarnos la vida secreta y las convulsiones internas que desgarran las entrañas de un noble pueblo! Tú posees el secreto: ¡revélanoslo! Diez años aun después de tu trágica muerte, el hombre de las ciudades y el gaucho de los llanos argentinos, al tomar diversos senderos en el desierto decían: «¡No!; ¡no ha muerto! ¡Vive aún! ¡El vendrá!» ¡Cierto! Facundo no ha muerto; está vivo en las tradiciones populares, en la política y revoluciones argentinas; en Rosas, su heredero, su complemento; su alma ha pasado a este otro molde más acabado, más perfecto y lo que en él era sólo instinto, iniciación, tendencia, convirtióse en Rosas en sistema, en efecto y fin. La naturaleza campestre, colonial y bárbara, cambióse en esta metamorfosis en arte, en sistema y en política regular capaz de presentarse a la faz del mundo como el modo de ser un pueblo encarnado en un hombre que ha aspirado a tomar los aires de un genio que domina los acontecimientos, los hombres y las cosas. Facundo, provinciano, bárbaro, valiente, audaz, fue reemplazado por Rosas, hijo de la culta Buenos Aires, sin serlo él [...].

Semprún, Jorge: *Mal et Modernité: le Travail de l'Histoire, suivi de « ... vous avez une tombe dans les nuages ... »* **Marseille: Editions Climats 1995, S. 87:** Au moment où l'Allemagne efface « la déchirure qui traverse son cœur », où elle le fait dans l'expansion de la raison démocratique, où les puissances de l'Est s'effondrent en tant que telles, où les prévisions apocalyptiques de Heidegger sont démenties par le travail de l'histoire, il est réconfortant de rappeler la pensée allemande qui, de Herbert Marcuse, en 1935, à Jürgen Habermas aujourd'hui, en passant par l'œuvre immense de Karl Jaspers, a maintenu la déchirante lucidité de la raison.

Semprún, Jorge: *Adieu, vive clarté* ... Paris: Gallimard 2005, S. 33 f.: En somme, si le sens de la vie lui est immanent, sa valeur lui est transcendante. La vie est transcendée par des valeurs qui la dépassent: elle n'est pas la valeur suprême. Ce serait désastreux qu'elle le fût, d'ailleurs. ça a toujours été un désastre historique que de considérer la vie, dans la pratique historique, comme une valeur suprême. Le monde réel serait sans cesse retombé dans l'esclavage, l'aliénation sociale ou le conformisme béat, si les hommes avaient toujours considéré la vie comme une valeur suprême. La vie en soi, pour elle-même, n'est pas sacrée: il faudra bien s'habituer à cette terrible nudité métaphysique, à l'exigence morale qui en découle, pour en élaborer les conséquences. La vie n'est sacrée que de façon dérivée, vicariale: lorsqu'elle garantit la liberté, l'autonomie, la dignité de l'être humain, qui sont des valeurs supérieures à celle de la vie même, en soi et pour soi, toute nue. Des valeurs qui la transcendent.

S. 53 f.: Ainsi, Juan Larrea, personnage de *La montagne blanche*, se jetait-il dans la Seine, du côté de Freneuse, à l'aube, n'ayant pu résister au retour brutal des souvenirs du crématoire de Buchenwald. Et Artigas était assassiné par une bande de jeunes voyous, dans les dernières pages de *L'Algarabie*. Je savais très bien quel rôle jouaient ces trépas fictifs dans ma vie réelle: c'était des leurres que j'agitais devant le mufle du noir taureau de ma propre mort, celle à laquelle je suis de tout temps destiné. Par là, par ce jeu d'esquive, je détournais son attention. Le temps que la mort – aussi brave et stupide qu'un taureau de combat – eût deviné qu'elle n'avait, une fois de plus, encorné qu'un simulacre, c'était autant de gagné: du temps gagné.

S. 126: Mais la vie n'est pas un roman, semble-t-il. Revenons au roman de la vie. En revanche, par exemple et pour l'exemple, il n'en serait pas advenu de même si je n'avais pas lu *Le sang noir* de Louis Guilloux. Outre que c'est l'un des plus grands romans français de ce siècle – étrangement méconnu, à mon avis: il doit y avoir des raisons; sans doute sont-elles inavouables, scandaleuses, du moins –, j'y ai appris des choses essentielles: sur la densité de la vie, sur le Mal et le Bien, sur les misères de l'amour, sur le courage et la lâcheté des hommes, sur l'espoir et le désespoir.

Semprún, Jorge: *GURS: une Tragédie européenne*. Unveröffentlichte Manuskriptfassung 2006, S. 5: C'est moi qui en ai hérité. Quand la persécution a commencé, mon père a voulu que la famille se disperse, pour qu'il y ait au moins un survivant ... J'ai choisi la France. «C'est toi qui gardes les clefs de Sefarad» a dit mon père ... «En France, tu vas survivre.» La petite clef, dorée, elle ouvrait sûrement un tiroir secret ...

Semprún, Jorge: *Le grand voyage.* **Paris: Gallimard 2006, S. 22–24:** Il a eu le temps de savoir. C'était l'époque des départs massifs pour les camps. Des renseignements sommaires parvenaient à filtrer. Les camps de Pologne étaient les plus terribles, les sentinelles allemandes en parlaient, paraît-il, en baissant la voix. Il y avait un autre camp, en Autriche, où il fallait espérer également ne pas aller. Il y avait ensuite des tas de camps, en Allemagne même, qui se valaient plus ou moins. La veille du départ, on avait su que notre convoi était dirigé vers l'un de ceux-là, près de Weimar. [...] «Il y a des camps en France?» Il me regarde, interloqué. «Bien sûr.» «Des camps français, en France?» «Bien sûr», je répète, «pas des camps japonais. Des camps français, en France.» «Il y a Compiègne, c'est vrai. Mais je n'appelle pas ça un camp français.» «Il y a Compiègne, qui a été un camp français en France, avant d'être un camp allemand en France. Mais il y en a d'autres, qui n'ont jamais été que des camps français en France.» Je lui parle d'Argelès, Saint-Cyprien, Gurs, Châteaubriant. «Merde alors», qu'il s'exclame.

Semprún, Jorge: *L'écriture ou la vie.* **Paris: Editions Gallimard 2006, S. 165:** –ça veut dire quoi, «bien racontées»? s'indigne quelqu'un. Il faut dire les choses comme elles sont, sans artifices! C'est une affirmation péremptoire qui semble approuvée par la majorité des futurs rapatriés présents. Des futurs narrateurs possibles. Alors, je me pointe, pour dire ce qui me paraît une évidence. –Raconter bien, ça veut dire: de façon à être entendus. On n'y parviendra pas sans un peu d'artifice. Suffisamment d'artifice pour que ça devienne de l'art!

S. 215: Je regarde le ciel bleu au-dessus de la tombe de César Vallejo, dans le cimetière Montparnasse. Il avait raison, Vallejo. Je ne possède rien d'autre que ma mort, mon expérience de la mort, pour dire ma vie, l'exprimer, la porter en avant. Il faut que je fabrique de la vie avec toute cette mort. Et la meilleure façon d'y parvenir, c'est l'écriture. Or celle-ci me ramène à la mort, m'y enferme, m'y asphyxie. Voilà où j'en suis: je ne puis vivre qu'en assumant cette mort par l'écriture, mais l'écriture m'interdit littéralement de vivre.

Souza, Márcio: *O brasileiro voador.* **Rio de Janeiro – São Paulo: Editora Record 2009, S. 34 f.:** Então as tempestades eram assim, pensava Alberto, sugado para o inerior daquele turbilhão de nuvens negras que reduziam a visibilidade a zero.[...] E se dedicou a contemplar a ameaçadora beleza dos elementos enlouquecidos enquanto o balão não parava de subir. Então, o silêncio. A calmaria de um céu com suas primeiras estrelas. O balão, milagrosamente incólume, atravessara a camada tempestuosa. Ele pairava num outro universo, já não tinha a companhia dos trovões rascantes, das rajadas de chuva e dos relâmpagos cintilantes. Agora estava só, pairando entre o desvario que assolava lá embaixo os campos do norte e a calmaria indiferente das estrelas vespertinas. As roupas molhadas faziam-no tiritar. O pouco oxigênio provocava uma estranha euforia, uma leveza, que tornava enganosa a distância entre ele e as estrelas. E só havia estrelas, agora. Nada mais era visível e a noite escura apagara completamente a terra. Alberto viajava no interior da perfeita geometria de uma infinita esfera negra. Tangido pelo vento, resistindo ao cansaço e à contínua sensação de desmaio provocada pela falta de oxigênio, ele travessa a noite. Visões espantosas crispam-se em sua consciência, as estrelas parecem liquefeitas a gotejar raios coruscantes de extraordinárias cores. A esfera também não é sólida em seu negror, é coleante, às vezes adeja como um balão que murcha ou estremece como o peito arfante de uma monstruosa criatura. Alberto adormece em meio a esses prodígios.

S. 124 f.: Jamais Alberto externou qualquer opiniao desfovorável au Brasil em minha presença – lembrava Sem, meses antes de morrer. – Ele pouco falava o seu páis, embora eu demonstrasse curiosidade em saber a respeito dos costumes e das coisas do Brasil. Se hoje, em pleno 1932, pouco se ouve falar do Brasil aqui, imaginem naquele tempo. Alberto só se interessava por aeronáutica e por uma boa noitada de vez em quando. Mas talvez com mademoiselle D'Acosta tenha sido diferente. Com uma latino-americana como ela, se sentiu livre, quem sabe, para fazer comentários que jamais faria em minha presença, sendo eu francês. [...] Mas claro que ele era um homem apaixonado pelo Brasil – sempre repetia Antônio Prado. – O Alberto, se tivesse sido um político, teria sido um liberal progressista. Ele às vezes sofria com as notícias que recebia do Brasil, e jamais esqueceu que era um brasileiro vivendo voluntariamente no estrangeiro, nunca se iludiu que podia ser um francês, ainda que o sangue francês corresse em veias ...

S. 249: De vez em quando o Brasil se confunde com uma pessoa. Nos campos da Suécia um negrinho mineiro se transformou no Brasil. Até mesmo um garçom de Hanói passou a saber quem é Pelé. E sabendo de Pelé, pensava saber do Brasil. Antes dele, uma cachopa elétrica encarnou o Brasil. Até mesmo um lavrador do Alabama sabia quem era Carmem Miranda. E sabendo dela, pensava que sabia do Brasil. Antes dela, um moreno rapaz de Minas representou o Brasil. Até mesmo um escriturário de Zanzibar sabia quem era Santos Dumont. E sabendo de Santos Dumont, pensava que sabia do Brasil. Neste século o Brasil, então, foi um atleta, uma cantora e um aviador. Três magistrais inventores: dois mineiros e uma portuguesa. O atleta fez sua fama usando chuteiras. A cantora e o aviador usavam sapatos de plataforma.

S. 299 Ao saber da morte do pioneiro, Louis Blériot dá o nome de Santos Dumont para o seu mais recente avião de passageiros. O avião cai, matando o piloto. *Glória nacional* Sabe o que acontece quando você diz o nome de Santos Dumont abordo de um desses aviões de milhões de dólares que circulam pelo Brasil? A tripulação em peso isola batendo na madeira. Santos Dumont. Toc-toc-toc.

Unamuno, Miguel de: *En torno al casticismo*. Madrid: Espasa-Calpe ⁹1979, S. 17 f.: Lo mismo los que piden que cerremos o poco menos las fronteras y pongamos puertas al campo, que los que piden más o menos explícitamente que se nos conquisten, se salen de la verdadera realidad de las cosas, de la eterna y honda realidad, arrastrados por el espíritu de anarquismo que llevamos todos en el meollo del alma, que es el pecado original de la sociedad humana, pecado no borrado por el largo bautismo de sangre de tantas guerras. Piden un nuevo Napoleón, un gran anarquista, los que tiemblan de las bombas del anarquismo y mantienen la paz armada, fuente de él.

S. 27 f.: Las olas de la historia, con su rumor y su espuma que reverbera al sol, ruedan sobre un mar continuo, hondo, inmensamente más hondo que la capa que ondula sobre un mar silencioso y a cuyo último fondo nunca llega el sol. Todo lo que cuentan a diario los periódicos, la historia toda del «presente momento histórico», no es sino la superficie del mar, una superficie que se hiela y cristaliza en los libros y registros, y una vez cristalizada así, una capa dura no mayor con respecto a la vida intrahistórica que esta pobre corteza en que vivimos con relación al inmenso foco ardiente que lleva dentro. Los periódicos nada dicen de la vida silenciosa de los millones de hombres sin historia que a todas horas del día y en todos los países del globo se levantan a una orden del sol y van a sus campos a proseguir la oscura y silenciosa labor cotidiana y eterna, esa labor que como la de las madréporas suboceánicas echa las bases sobre que se alzan los islotes de la historia. Sobre el silencio augusto, decía, se apoya y vive el sonido; sobre la inmensa humanidad silenciosa se levantan los que meten bulla en la historia. Esa vida intrahistórica, silenciosa y continua como el fondo mismo del mar, es la sustancia del progreso, la verdadera tradición, la tradición eterna, no la tradición mentira que se suele ir a buscar al pasado enterrado en libros y papeles, y monumentos, y piedras.

S. 54: ¡Ancha es Castilla! Y ¡qué hermosa la tristeza reposada de ese mar petrificado y lleno de cielo! Es un paisaje uniforme y monótono en sus contrastes de luz y sombra, en sus tintas disociadas y pobres en matices. Las tierras se presentan como en inmensa plancha de mosaico de pobrísima variedad, sobre que se extiende el azul intensísimo del cielo. Faltan suaves transiciones, ni hay otra continuidad harmónica que la de la llanura inmensa y el azul compacto que la cubre e ilumina. No despierta este paisaje sentimientos voluptuosos de alegría de vivir, ni sugiere sensaciones de comodidad y holgura con sus concupiscibles: no es un campo verde y graso en que den ganas de revolcarse, ni hay repliegues de tierra que llamen como un nido. [...] Nos desase más bien del pobre suelo, envolviéndonos en el cielo puro, desnudo y uniforme. No hay aquí comunión con la naturaleza, si nos absorbe ésta en sus espléndidas exuberancias; es, si cabe decirlo, más que panteístico, un paisaje monoteístico este campo infinito en que, sin perderse, se achica el hombre, y en que siente en medio de la sequía de los campos sequedades del alma. El mismo profundo estado de ánimo que este paisaje me produce aquel canto en que el alma atormentada de Leopardi nos presenta al pastor errante que, en las estepas asiáticas, interroga a la luna por su destino.

Vargas Llosa, Mario: *La fiesta del Chivo.* **Madrid: Alfaguara 2000, S. 64f.:** La recibe una luz viva, que irrumpe por la ventana abierta de par en par. La resolana la ciega unos segundos; después, va delineándose la cama cubierta con una colcha gris, la cómoda antigua con su espejo ovalado, las fotografías de las paredes – ¿cómo conseguiría la foto de su graduación en Harvard? – y, por último, en el viejo sillón de cuero de respaldar y brazos anchos, el anciano embutido en un pijama azul y pantuflas. Parece perdido en el asiento. Se ha apergaminado y encogido, igual que la casa. La distrae un objeto blanco, a los pies de su padre: una bacinilla, medio llena de orina. Entonces tenía sus cabellos negros, salvo unas elegantes canas en las sienes; ahora, los ralos mechones de su calva son amarillentos, sucios. Sus ojos eran grandes, seguros de sí, dueños del mundo (cuando no estaba cerca el Jefe); pero, esas dos ranuras que la miran fijamente son pequeñitas, ratoniles y asustadizas. Tenía dientes y ahora no; le deben haber sacado la dentadura postiza (ella pagó la factura hace algunos años), pues tiene los labios hundidos y las mejillas froncidas casi hasta tocarse. Se ha sumido, sus pies apenas rozan el suelo. Para mirarlo ella tenía que alzar la cabeza, estirar el cuello; ahora, si se pusiera de pie, le llegaría al hombro. –Soy Urania– murmura, acercándose. Se sienta en la cama, a un metro de su padre. –¿Te acuerdas de que tienes una hija? En el viejecillo hay una agitación interior, movimientos de las manitas huesudas, pálidas, de dedos afilados, que descansan sobre sus piernas. Pero los diminutos ojillos, aunque no se apartan de Urania, se mantienen inexpresivos. –Yo tampoco te reconozco– murmura Urania. –No sé por qué he venido, qué hago aquí.–

S. 74f.: –Yo he sido un hombre muy amado. Un hombre que ha estrechado en sus brazos a las mujeres más bellas de este país. Ellas me han dado la energía para enderezarlo. Sin ellas, jamás hubiera hecho lo que hice. (elevó su copa a la luz, examinó el líquido, comprobó su transparencia, la nitidez de su color.)

¿Saben ustedes cuál ha sido la mejor de todas las hembras que me tiré? («Perdonen, mis amigos, el tosco verbo», se disculpó el diplomático, «cito a Trujillo textualmente».) (Hizo otra pausa, aspiró el aroma de su copa de brandy. La cabeza de cabellos plateados buscó y encontró, en el círculo de caballeros que escuchaban, la cara lívida y regordeta del ministro. Y terminó:) ¡La mujer de Froilán! Urania hace una mueca, asqueada, como la noche aquella en que oyó al embajador Chirinos añadir que don Froilán había heroicamente sonreído, reído, festejado con los otros, la humorada del Jefe. «Blanco como el papel, sin desmayarse, sin caer fulminado por un síncope», precisaba el diplomático. – ¿Cómo era posible, papá? Que un hombre como Froilán Arala, culto, preparado, inteligente, llegara a aceptar eso. ¿Qué les hacía? ¿Qué les daba, para convertir a don Froilán, a Chirinos, a Manuel Alfonso, a ti, a todos sus brazos derechos e izquierdos, en trapos sucios? No lo entiendes, Urania. Hay muchas cosas de la Era que has llegado a entender; algunas, al principio, te parecían inextricables, pero, a fuerza de leer, escuchar, cotejar y pensar, has llegado a comprender que tantos millones de personas, machacadas por la propaganda, por la falta de información, embrutecidas por el adoctrinamiento, el aislamiento, despojadas de libre albedrío, de voluntad y hasta de curiosidad por el miedo y la práctica del servilismo y la obsecuencia, llegaran a divinizar a Trujillo. No sólo a temerlo, sino a quererlo, como llegan a querer los hijos a los padres autoritarios, a convencerse de que azotes y castigos son por su bien.

S. 206: –Eso de monstruosidades no sé por qué lo dices– murmura, asombrada. Tal vez mi tío se equivocó siendo trujillista. Ahora dicen que fue un dictador y eso. Tu papá lo sirvió de buena fe. A pesar de haber tenido cargos tan altos, no se aprovechó. ¿Acaso lo hizo? Pasa sus últimos años pobre como un perro; sin ti, estaría en un asilo de ancianos. Lucinda trata de controlar el disgusto que se ha apoderado de ella. [...] –Sé muy bien que mi papá no sirvió a Trujillo por interés– Urania no puede evitar el tonito sarcástico. –No me parece un atenuante. Un agravante, más bien. Su prima la mira, sin comprender. [...] –Bueno, tal vez se equivocó –repite su prima, pidiéndole con la mirada que cambie de tema–. Reconoce al menos que fue muy decente. Tampoco se acomodó, como tantos, que siguieron pasándose la gran vida con todos los gobiernos, sobre todo con los tres de Balaguer.

S. 510 f.: A Urania la tenía fascinada ese pecho que subía y bajaba. Procuraba no mirar su cuerpo, pero, a veces, sus ojos corrían sobre el vientre algo fofo, el pubis emblanquecido, el pequeño sexo muerto y las piernas lampiñas. Este era el Generalísimo, el benefactor de la Patria, el Padre de la Patria Nueva, el Restaurador de la Independencia Financiera. Este, el Jefe al que papá había servido treinta años con devoción y lealtad, al que había hecho el más delicado presente: su hija de catorce años. Pero, las cosas no ocurrieron como el senador esperaba. De modo que –el corazón de Urania se alegró– no rehabilitaría a papá; acaso lo metiera a la cárcel, acaso lo hiciera matar. –De repente, alzó el brazo y me miró con sus ojos rojos, hinchados. Tengo cuarenta y nueve años y, de nuevo, vuelvo a temblar. He estado temblando treinta y cinco años desde ese momento. Alarga sus manos y su tía, primas y sobrina lo comprueban: tiemblan. La miraba con sorpresa y odio, como a una aparición maligna. Rojos, ígneos, fijos, sus ojos la helaban. No atinaba a moverse. La mirada de Trujillo la recorrió, bajó hasta sus muslos, saltó a la colcha con manchitas de sangre, y volvió a fulminarla. Ahogado de asco, le ordenó: –Anda, lávate, ¿ves cómo has puesto la cama? ¡Vete de aquí! –Un milagro, que me dejara salir –reflexiona Urania–. Después de haberlo visto desesperado, llorando, quejándose, apiadándose de sí mismo. Un milagro de la patrona, tía. Se incorporó, saltó de la cama, recogió la ropa esparcida por el suelo, y, tropezando contra un gavetero, se regugió en el baño. [...] No se entretuvo en limpiarse; él podría cambiar de opinión. Correr, salir de la Casa de Caoba, escapar.

Wajsbrot, Cécile: *Caspar-Friedrich-Strasse.* **Paris: Zulma 2002, S. 9:** Les ruines sont partout autour de nous, pour peu qu'on veuille les voir, certes, leur destin est de disparaître sous les constructions et les reconstructions car nous avons appris à maquiller et à masquer, à modeler l'avenir à partir de ce qui existe, et si nos tours de verre s'élancent, déracinées, vers un futur en croyant s'élever vers le ciel, ceux qui nous suivent y liront la trace d'un passé. Les places que nous créons, les artères, la ville vers laquelle nous nous dirigeons est la copie de notre ville ancienne, au lieu de regarder vers l'avenir, nous nous tournons vers le passé, fermant la parenthèse des décennies écoulées pour reprendre le cours.

S. 28: Nous sommes des Orphée et jamais Eurydice ne remontera, nous le savons de toute éternité, pourtant nous ne cessons de descendre aux Enfers, oui, nous y descendons, notre route est un chemin qui s'enfonce sous la terre, notre parcours, une vaine tentative pour revenir à la lumière, comment faire pour vivre notre présent quand il y eut leur passé, comment poursuivre après une rupture dont on dit qu'il ne faut pas qu'elle soit intégrée dans l'histoire, dont on dit qu'il faut qu'elle reste l'exception terrible et innombrable qui porte pourtant un nom – et dont nous n'avons pas d'autre choix que de l'intégrer, nous qui venons après, si nous voulons vivre?

S. 57: Le 8 décembre 1787 est mort un garçon de douze ans, à Greifswald, qui voulait sauver son frère de la noyade. Le frère s'appelait Caspar David Friedrich. Devoir la vie à la mort de quelqu'un, un être cher, un frère plus jeune d'un an, devoir la vie au sacrifice d'un autre, au droit d'aînesse s'exerçant à mort, imaginez ce que cela peut être, malgré toutes les consolations qu'on se donne, imaginez la vie qu'il faut avoir, ensuite, pour justifier ce sacrifice. Est-ce à ce moment qu'il a commencé de peindre, était-ce avant, a-t-il tenté ainsi d'exorciser la peur, le désespoir, cette rupture intérieure a-t-elle déterminé d'autres ruptures, commandé la discontinuité de l'histoire familiale, induit la décision de ne pas être artisan, comme son père, de ne pas passer son temps dans des ateliers de soie, des fabriques de bougies, comme ses frères, mais construire sa vie autrement et devenir artiste, avoir son atelier? Dans chaque rupture existe une continuité et il est fascinant de penser à la fabrique de bougies – la cire modelée à la main et le travail acharné – et au rôle de la lumière dans les tableaux de Caspar Friedrich.

S. 86: –Vous ne savez pas vivre, dit-elle. Elle prononçait ma condamnation, un verdict sans appel. Que voulez-vous répondre? Si on commence à se justifier, tout devient sujet à caution. Je savais ce que j'avais écrit, je savais ce que j'éprouvais. Et c'est moi qui partis, sans un mot, et sans me retourner.

S. 114: Et pourtant, ces vallonnements sont nos secousses intérieures et nos perturbations, ces éclaircissements progressifs, nos hésitations, et notre longue venue à la lumière, jusqu'à ce ciel, enfin, à la fois pur et légèrement voilé – comme notre bonheur n'est jamais sans mélange – jusqu'à ce jaune, à la fois clair et profond, strié de longues îles mauves effilochées qui sont nos souvenirs, la trace qu'ils laissent, une fois la perturbation de l'événement apaisée, jusqu'à ce jaune qui vient se perdre aussi, dans une brume immatérielle, ni mauve ni rose ni blanche, mais à la croisée de ces teintes diluées, comme parfois nos sentiments peuvent l'être, une dilution qui n'est pas une perte mais une ouverture, la place faite pour recevoir ce qui va venir.

Abbildungsverzeichnis

Abb. 1 David Wagner auf der Leipziger Buchmesse 2018. Photograph*in: Heike Huslage-Koch. Quelle: Wikimedia Commons: Creative Commons Attribution-Share Alike 4.0 International license. https://commons.wikimedia.org/wiki/File:David_Wagner_Leipziger_Buchmesse_2018.jpg —— **6**

Abb. 2 Virchow-Klinikum Forum in Berlin-Wedding 2016. Photograph*in: Fridolin freudenfett. Quelle: Wikimedia Commons: Creative Commons Attribution-Share Alike 4.0 International license. https://commons.wikimedia.org/wiki/File:Wedding_Virchow-Klinikum_Forum-001.JPG —— **9**

Abb. 3 Erich Auerbach (1892 –1957) im Jahr 1919 in Bad Tölz. Copyright: Deutsches Literaturarchiv Marbach —— **16**

Abb. 4 Jürgen Habermas (*1929) bei einer Diskussion in der Hochschule für Philosophie München. Photograph*in: Wolfgang Huke. Quelle: Wikimedia Commons: Creative Commons Attribution-Share Alike 3.0 Unported license. https://commons.wikimedia.org/wiki/File:Juergen Habermas_retouched.jpg —— **38**

Abb. 5 Pablo Neruda (1904-1973). Photograph*in: Annemarie Heinrich (1912-2005), 1967. Quelle: Wikimedia Commons: gemeinfrei. https://commons.wikimedia.org/wiki/File:Pablo_Neruda_by_Annemarie_Heinrich,_1967.jpg —— **48**

Abb. 6 Diego Rivera: *América prehispánica*, Öl auf Leinwand 1950. Quelle: Privatbesitz, México © 2016 Banco de México Diego Rivera Frida Kahlo Museums Trust, Mexico, D.F./Artists Rights Society (ARS). Photo © Rafael Doniz —— **60**

Abb. 7 Andrés Bello (1781-1865). Quelle: Biblioteca del Congreso Nacional de Chile, derivative work: restoration and cut by Wilfredor. Wikimedia Commons: Creative Commons Attribution 3.0 Chile license. https://commons.wikimedia.org/wiki/File:Andr%C3%A9s_Bello_cropped_restored.jpg —— **84**

Abb. 8 Birth of a Baby. Folio 57r of the Codex Mendoza, a mid-16th century Aztec codex. Original held at the Bodleian Libraries, Oxford. Shelfmark: MS. Arch. Selden. A. 1. Quelle: The Bodleian Library, University of Oxford. Wikimedia Commons: gemeinfrei. https://commons.wikimedia.org/wiki/File:Codex_Mendoza_folio_57r.jpg —— **122**

Abb. 9 Folio 58r from the Codex Mendoza. Early training of Aztec boys and girls, in four rows, each representing one year of their ages from three to six. In each row, from left to right, a father instructs his son, and a mother her daughter. The blue dots represent their ages, and the appropriate ration of tortillas for one meal is also depicted, from half a tortilla for three-year-olds to one and a half for six-year-olds. (1) Three-year-olds, already being instructed by their parents (as shown by the speech-glyph at each parent's mouth) though not yet in specific tasks. (2) At age four, the boy is fetching water and the girl is

	being shown equipment for spinning. (3) Two five-year-old boys carry loads on their backs, and the girl is being taught to use the spindle. (4) The six-year-old boys are gleaning prickly pear cactus fruit and maize at the market-place, whilst the girl has started to spin thread. Shelfmark: MS. Arch. Selden. A. 1. Quelle: The Bodleian Library, University of Oxford. Wikimedia Commons: Creative Commons Attribution 4.0 International. https://commons.wikimedia.org/wiki/File:Bodl_Arch.Selden.A.1_roll236.2_frame7.jpg —— 123
Abb. 10	Folio 59r from the Codex Mendoza. Training of Aztec boys and girls from ages seven to ten. The meal-ration remains constant, at one and a half tortillas. (1) The seven-year-old boy is being taught to fish with a net, and the girl is twirling the spindle in the spinning bowl and pulling out the thread. The scenes from eight to ten all concern punishments: (2) The eight-year-olds are threatened with maguey spikes by their respective parents, as a punishment for deceitfulness. (3) At aged nine, the incorrigible boy is bound and pierced, whilst the mother pricks the girl's wrist for negligence and idleness. (4) The ten-year-olds are about to be beaten with sticks: the boy's crime is unspecified, but the failure of the bound girl evidently lies in her poor spinning. Shelfmark: MS. Arch. Selden. A. 1. Quelle: The Bodleian Library, University of Oxford. Wikimedia Commons: Creative Commons Attribution 4.0 International. https://commons.wikimedia.org/wiki/File:Bodl_Arch.Selden.A.1_roll236.2_frame8.jpg —— 124
Abb. 11	Folio 61r from the w:en:Codex Mendoza. Fifteen-year-old boys and girls face their future. (1) (upper half of page) For boys, there are two alternative routes of further education, depicted in the top half of this page and in the next four leaves (fols. 62r-5r). The father, seated here on the left, can present his son to the head priest for higher training at the temple school (calmecac) for noble boys. Alternatively (below), he can entrust his son to the master of youths at 'the young men's house' (telpochcalli), where an essentially military training was provided for commoners, though there would also be training in ritual singing and dancing at the 'house of song' (cuicali). (2) (lower half of page) The fifteen-year-old girl undergoes her wedding ceremonies. At the bottom, a torch-lit procession accompanies the bride to the groom's house on the first night; she is carried on the back of the female matchmaker. Inside, a feast is laid out: a basket of tamales, a tripod bowl of turkey-meat, and a pitcher and bowl of pulque (fermented juice of the maguey plant). Four aged wedding guests are shown talking. The bride and her older groom, their garments tied together, sit in front of a hearth and a bowl of incense, on the mat on which they will eventually sleep. Shelfmark: MS. Arch. Selden. A. 1. Quelle: The Bodleian Library, University of Oxford. Wikimedia Commons: Creative Commons Attribution 4.0 International. https://commons.wikimedia.org/wiki/File:Bodl_Arch.Selden.A.1_roll113D_frame63.jpg —— 125

Abb. 12	Folio 71r from the Codex Mendoza (1534). Alternative final scenes of life's journey: (1) (top) six execution-victims: (left) a young commoner and a noble youth, executed for drunkenness; (middle) an upper-class woman, executed for drunkenness, and a thief, killed by stoning; (right) an adulterer lying under a blanket with a married woman, both to be stoned to death. (2) (middle and lower) The counters of ten dots and three (x20) banners at the upper centre denote seventy years, the age at which old people, after raising their children and grandchildren, 'had permission, in public as well as in private, to drink wine and become intoxicated'. The old man at the centre, wearing a green wreath and carrying flowers, has a large speech-glyph perhaps to denote loud singing; below, his aged wife sits drinking pulque, with another picture of an old woman to the right. The couple are each attended by male and female (?grand)children. Shelfmark: MS. Arch. Selden. A. 1. Quelle: The Bodleian Library, University of Oxford. Wikimedia Commons: Creative Commons Attribution 4.0 International license. https://commons.wikimedia.org/wiki/File:Bodl_Arch.Selden.A.1_roll113D_frame73.jpg —— 126
Abb. 13	Der kubanische Schriftsteller Alejo Carpentier (1904-1980), August 1979. Quelle: Pajaro de fuego Nr. 18 (August 1979). Wikimedia Commons: gemeinfrei. https://commons.wikimedia.org/wiki/File:Alejocarpentier.jpg —— 154
Abb. 14	Statue of the type of the Artemis of Ephesus (2nd century AD). The head, hands and feet are a modern restoration by Giuseppe Valadier. Quelle. Naples National Archaeological Museum – Farnese Collection, Inv. 6278. Photographin: Marie-Lan Nguyen (2011). Wikimedia Commons: Creative Commons Attribution 2.5 Generic license. https://commons.wikimedia.org/wiki/File:Artemis_of_Ephesus_MAN_Napoli_Inv6278.jpg —— 160
Abb. 15	Der kolumbianische Schriftsteller Gabriel García Márquez (1927-2014). Gewinner des Nobelpreises im Jahr 1982, am 7.2.2002. Photograph: José Lara. Wikimedia Commons: gemeinfrei. https://commons.wikimedia.org/wiki/File:Gabriel_Garcia_Marquez.jpg —— 175
Abb. 16	Friedrich Cramer: Network of molecular events that lead to aging and death. In (ders.): *Chaos and Order*. Translated by D.I.Loewus. Foreword by I. Prigogine. Weinheim – New York: VCH 1993, S. 199, Abb. 8.5 —— 189
Abb. 17	Friedrich Cramer: Number of survivors per 100000 human births in the USA since the beginnings of modern medicine. In (ders.): *Chaos and Order*. Translated by D.I.Loewus. Foreword by I. Prigogine. Weinheim – New York: VCH 1993, S. 195, Abb. 8.2 —— 190
Abb. 18	Perrine Viger du Vigneau: Portrait von Louis de Rouvroy, duc de Saint-Simon (1675-1755), Château de Versailles 1887. Wikimedia Commons: gemeinfrei. https://commons.wikimedia.org/wiki/File:Louis_de_Rouvroy_duc_de_Saint-Simon.jpg —— 196

Abb. 19	Jean-Baptiste Santerre: Philippe, duc d'Orléans, régent de France (1674-1723) mit seiner Maitresse Marie-Magdeleine de La Vieuville, marquise de Parabère, als Minerva, Öl auf Leinwand, zwischen 1715 und 1716. Quelle: Château de Versailles, Accession number MV 3701; INV 7839; LP 972. Wikimedia Commons: gemeinfrei —— 205
Abb. 20	Jean Ranc: Portrait von Louis XV. (1710-1774) im Alter von neun Jahren im Krönungsornat, Öl auf Leinwand, 1719. Quelle: Château de Versailles, Accession number MV 4386; INV 9366; AC 1646. Wikimedia Commons: gemeinfrei. https://commons.wikimedia.org/wiki/File:Louis_XV_Ranc_2.jpg —— 206
Abb. 21	Maurice Quentin de La Tour: Portrait von Jean-Jacques Rousseau (1712–1778), Pastellzeichnung, 1753. Genf: Musée d'art et d'histoire. Quelle: Wikimedia Commons, gemeinfrei. https://de.wikipedia.org/wiki/Datei:Jean-Jacques_Rousseau_(painted_portrait).jpg —— 219
Abb. 22	Charles-Amédée-Philippe van Loo: Angebliches Porträt von Donatien Alphonse François de Sade, genannt Marquis de Sade (1740–1814), um 1760–1762. Privatsammlung. Quelle: Wikimedia Commons, gemeinfrei.https://commons.wikimedia.org/wiki/File:Marquis_de_Sade_en_1760.jpg —— 225
Abb. 23 und 24	Erté: Alphabet. Buchstaben „E" und „O". Erté, eigentlich Romain de Tirtoff (Zeichner, 1892–1990) —— 235
Abb. 25	Roland Barthes: Schematische Skizze eines Folterkellers in *Sade, Fourier, Loyola*. Paris: Seuil 1971, S. 151 —— 243
Abb. 26	Hannah Arendt auf dem 1. Kulturkritikerkongress, 1958, FM. Fotografin Barbara Niggl Radloff (1936–2010). Quelle: https://sammlungonline.muenchner-stadtmuseum.de/objekt/hannah-arendt-auf-dem-1-kulturkritikerkongress-10218949.html, über Wikimedia Commons: Lizenz: CC BY-SA 4.0 https://commons.wikimedia.org/wiki/File:Hannah_Arendt_auf_dem_1._Kulturkritikerkongress,_Barbara_Niggl_Radloff,_FM-2019-1-5-9-16.jpg?uselang=de —— 247
Abb. 27	Albert Cohen (1895 – 1981) im Jahr 1968. Fotograf/in: Studio Harcourt. © Ministère de la Culture – Médiathèque du Patrimoine, Dist. RMN-Grand Palais / Studio Harcourt —— 261
Abb. 28	Max Aub (1903-1972) in seinem Büro an der Nationalen Autonomen Universität von Mexiko, 1962. Fotograph*in: Ricardo Salazar. Fundación Max Aub —— 304
Abb. 29	Max Aub: *Manuscrito cuervo. Historia de Jacobo*. Cover. Granada: Colección Ediciones a la Carta 2011 —— 306
Abb. 30	Jorge Semprun (1923-2011) in der *Comédie du livre de Montpellier*, am 23. Mai 2009. Wikimedia Commons: Creative Commons Attribution-Share Alike 3.0 Unported, 2.5 Generic, 2.0 Generic and 1.0 Generic license. https://commons.wikimedia.org/wiki/File:Jorge_Semprun_2009.jpg —— 342
Abb. 31	Cécile Wajsbrot: *Caspar Friedrich Strasse*, Cover der französischen Ausgabe. Paris: Zulma 2002 —— 378

Abb. 32	Caspar David Friedrich (1774–1840): Eichbaum im Schnee. Öl auf Leinwand 1829. Berlin: Alte Nationalgalerie, A II 338. Quelle: Wikimedia Commons: gemeinfrei. https://commons.wikimedia.org/wiki/File:1829_Friedrich_Eichbaum_im_Schnee_anagoria.JPG —— 380
Abb. 33	Jacques-Louis David (1748–1825): Bonaparte franchissant le Grand-Saint-Bernard (Bonaparte beim Überschreiten der Alpen am Großen Sankt Bernhard), Öl auf Leinwand 1800. Château de Malmaison, Joconde database: entry 00000095069. Quelle: Wikimedia Commons: gemeinfrei. https://commons.wikimedia.org/wiki/File:David_-_Napoleon_crossing_the_Alps_-_Malmaison2.jpg —— 381
Abb. 34	Cécile Wajsbrot (Paris, 1954). Copyright: Deutsche Welle. Quelle: https://www.dw.com/de/frankreich-schicksalswahl-f%C3%BCr-europa/av-38617402 —— 383
Abb. 35	Caspar David Friedrich (1774–1840): Morgen im Riesengebirge. Öl auf Leinwand 1810/11. Berlin: Alte Nationalgalerie. Bildindex der Kunst und Architektur, object 02531365. Quelle: Wikimedia Commons: gemeinfrei. https://commons.wikimedia.org/wiki/File:Caspar_David_Friedrich,_Morgen_im_Riesengebirge.jpg —— 385
Abb. 36	Caspar David Friedrich (1774–1840): Meeresküste bei Mondschein. Öl auf Leinwand, ca. 1830. Berlin: Alte Nationalgalerie. Bildindex der Kunst und Architektur, object 02531381. Quelle: Wikimedia Commons: gemeinfrei. https://commons.wikimedia.org/wiki/File:Caspar_David_Friedrich_-_Meeresk%C3%BCste_bei_Mondschein.jpg —— 392
Abb. 37	Caspar David Friedrich (1774–1840): Abtei im Eichenwald. Öl auf Leinwand, zwischen 1809 und 1910. Berlin: Alte Nationalgalerie. Bildindex der Kunst und Architektur, object 02531364. Quelle: Wikimedia Commons: gemeinfrei. https://commons.wikimedia.org/wiki/File:Caspar_David_Friedrich_-_Abtei_im_Eichwald_-_Google_Art_Project.jpg —— 394
Abb. 38	Caspar David Friedrich (1774–1840): Klosterruine Eldena bei Greifswald. Öl auf Leinwand, ca. 1825. Berlin: Alte Nationalgalerie. Bildindex der Kunst und Architektur, object 02531376. Quelle: Wikimedia Commons: gemeinfrei. https://commons.wikimedia.org/wiki/File:Caspar_David_Friedrich_-_Klosterruine_Eldena_(ca.1825).jpg —— 399
Abb. 39	Mario Vargas Llosa (Arequipe, 1936) am 10. Mai 2019. Photograph: Jindřich Nosek (NoJin). Quelle: Wikimedia Commons: Creative Commons Attribution-Share Alike 4.0 International. https://commons.wikimedia.org/wiki/File:Mario_Vargas_Llosa_(2019)_II.jpg —— 408
Abb. 40	Rafael Leónidas Trujillo (1891 – 1961) im Jahr 1952. Wikimedia Commons: gemeinfrei. https://commons.wikimedia.org/wiki/File:Rafael_Le%C3%B3nidas_Trujillo.jpg —— 410
Abb. 41	Fernando García del Molino: Portrait des Diktators Juan Manuel de Rosas (1793-1877). Öl auf Leinwand ca. 1850. Photographische Quelle: Antônia Soares de Sousa (1955): Um caricaturista brasileiro no Rio da Prata. Revista do Instituto Histórico e Geográfico Brasileiro. Rio

	de Janeiro: Imprensa Nacional, S. 227. Quelle: Wikimedia Commons: Creative Commons Attribution-Share Alike 4.0 International. https://commons.wikimedia.org/wiki/File:JuanManueldeRosas.png —— **430**
Abb. 42	Ernest Charton: Postumes Portrait des Schriftstellers Esteban Echeverria (1805 – 1851), gemalt 1874. Buenos Aires: Facultad de Filosofía y Letras de la Universidad de Buenos Aires. Quelle: Wikimedia Commons: gemeinfrei. https://commons.wikimedia.org/wiki/File:EstebanEcheverria.jpg —— **432**
Abb. 43	Portraitphotographie von Ernest Renan (1823-1892), zwischen 1876 und 1884. The Art Institute of Chicago. Photograph*in: Antoine Samuel Adam-Salomon. Quelle: Wikimedia Commons: gemeinfrei. https://commons.wikimedia.org/wiki/File:Ernest_Renan_1876-84.jpg —— **454**
Abb. 44	Domingo Faustino Sarmiento (1811-1888) im Jahr 1874. Academia Nacional de Ciencias de Córdoba – Misc. N° 103. Quelle: Wikimedia Commons: gemeinfrei. https://commons.wikimedia.org/wiki/File:Sarmiento.jpg —— **463**
Abb. 45	Alfonso Fermepin: Portrait des Facundo Quiroga (1788-1835). Öl auf Leinwand, 1839. Quelle: Wikimedia Commons: gmeinfrei. https://commons.wikimedia.org/wiki/File:Facundo_Quiroga_por_Fermepin.JPG —— **468**
Abb. 46	Reinaldo Arenas Fuentes (1943-1990). Fotograf/in: Louis Monier. © Louis Monier/GAMMA —— **499**
Abb. 47	Der Romanist Werner Krauss (1900-1976) im Jahr 1946. Photograph*in: Abraham Pisarek. Deutsche Fotothek df_pk_0000220_034. Quelle: Wikimedia Commons: Creative Commons Attribution-Share Alike 3.0 Germany. https://commons.wikimedia.org/wiki/File:Fotothek_df_pk_0000220_034_Portr%C3%A4ts,_Prof._(Max_%5E)_Pechstein,_(Johannes%5E)_Stroux,_Kraus,_Benedik,_Lederer,.jpg —— **520**
Abb. 48	Escamilla Guzmán: Portrait von José María Heredia (1803-1839), um 1834/35. Quelle: Wikimedia Commons: gemeinfrei. https://commons.wikimedia.org/wiki/File:Jose_Maria_Heredia.jpg —— **558**
Abb. 49	Nordansicht der Pyramide von Cholula mit dem Heiligtum der „Virgen de los Remedios". Aufgenommen am 1. November 2012. Quelle: Wikimedia Commons: Creative Commons Attribution-Share Alike 3.0 Unported. https://commons.wikimedia.org/wiki/File:VistaNortePir%C3%A1mide.JPG —— **567**
Abb. 50	Freigelegte Fundamente der Pyramide. Aufgenommen am 12. Oktober 2013. Fotograph*in: Diego Delso. Quelle: Wikimedia Commons. Diego Delso, delso.photo, License CC-BY-SA. https://commons.wikimedia.org/wiki/File:Gran_Pir%C3%A1mide_de_Cholula,_Puebla,_M%C3%A9xico,_2013-10-12,_DD_10.JPG —— **567**
Abb. 51	José Gil de Castro: Portrait von Simón Bolívar (1783-1830). Öl auf Leinwand, ca. 1823. Lima: Lima Art Museum V-2.0-1753. Quelle: Wikimedia Commons: gemeinfrei. https://commons.wikimedia.org/

	wiki/File:Jos%C3%A9_Gil_de_Castro_-_Sim%C3%B3n_Bol%C3%ADvar_-_Google_Art_Project.jpg —— **576**
Abb. 52	José Martí (1853-1895). Quelle: Wikimedia Commons: gemeinfrei. https://commons.wikimedia.org/wiki/File:Jose-Marti.jpg —— **589**
Abb. 53	Carlos Morel (1813-1894): Gauchos bei einer Payada. Rote Kleidungsstücke weisen sie als Anhänger der „Federales" aus. Öl auf Leinwand. Buenos Aires: Museo Nacional de Bellas Artes. Datum unbekannt. Quelle: Wikimedia Commons: gemeinfrei. https://commons.wikimedia.org/wiki/File:Carlos_Morel_-_Payada_en_una_pulper%C3%ADa.jpg —— **629**
Abb. 54	César Hipólito Bacle, Andrea Bacle: Gaucho enlazando. Aus: *Trajes y costumbres de la Provincia de Buenos Aires*, zwischen 1830 and 1835. Quelle: Wikimedia Commons: gemeinfrei. https://commons.wikimedia.org/wiki/File:BacleTyC8331-Gaucho.jpg —— **635**
Abb. 55	José Hernández (1834-1886). Biblioteca Virtual Cervantes. Quelle: Wikimedia Commons: gemeinfrei. https://commons.wikimedia.org/wiki/File:Jos%C3%A9_Hern%C3%A1ndez.jpg —— **640**
Abb. 56	Rotonda Don Quijote, Aguascalientes, México. Quelle: Wikimedia Commons: Creative Commons Attribution-Share Alike 4.0 International license. https://commons.wikimedia.org/wiki/File:Rotonda_Don_Quijote,_Aguascalientes,_M%C3%A9xico.jpg —— **671**
Abb. 57	Rubén Darío (1867-1916), unbekannte/r Fotograph*in. Quelle: Wikimedia Commons: gemeinfrei. https://commons.wikimedia.org/wiki/File:Rub%C3%A9n_Dar%C3%ADo.jpg —— **690**
Abb. 58	Henri-Paul Motte: Leda und der Schwan, Öl auf Leinwand, um 1900. Quelle: Wikimedia Commons: gemeinfrei. https://commons.wikimedia.org/wiki/File:Motte_Leda_et_le_cygne.jpg —— **728**
Abb. 59	Ángel Ganivet (1865-1898). Fotograph*in: Manuel Compañy, Madrid, Ende des 19. Jahrhunderts. Quelle: Wikimedia Commons: gemeinfrei. https://commons.wikimedia.org/wiki/File:1903-12-05,_Blanco_y_Negro,_%C3%81ngel_Ganivet,_Compa%C3%B1y.jpg —— **740**
Abb. 60	Miguel de Unamuno y Jugo (1864-1936), im Jahr 1921. Fotograph*in: Agence de presse Meurisse. Quelle: Wikimedia Commons: gemeinfrei. https://commons.wikimedia.org/wiki/File:Miguel_de_Unamuno_Meurisse_c_1925.JPG —— **757**
Abb. 61	Kastilisches Hochland der Meseta im September 2005. Fotograph*in: Dietmar Giljohann, Wikipedia Deutschland. Quelle: Wikimedia Commons: Creative Commons Attribution-Share Alike 3.0 Unported license. https://commons.wikimedia.org/wiki/File:Meseta_Sept2005.JPG —— **767**
Abb. 62	Die Son-Gruppe „Sexteto Habanero", 1925. Arhoolie/Folklyric LP 9054. Quelle: Wikimedia Commons: gemeinfrei.https://commons.wikimedia.org/wiki/File:SextHabanero72.jpg —— **788**
Abb. 63	Die Son-Gruppe „Sexteto Habanero", 1920. In: Ned Sublette: Cuba and Its Music: From the First Drums to the Mambo. Chicago: Chicago Review Press 2007, S. 336. Quelle: Wikimedia Commons: gemeinfrei. https://commons.wikimedia.org/wiki/File:S._Habanero.jpg —— **788**

Abb. 64	Nicolás Guillén (1902-1989). Casa Natal de Nicolás Guillén, Camagüey, Cuba. Diario La Nación. Quelle: Wikimedia Commons: gemeinfrei. https://commons.wikimedia.org/wiki/File:Nicol%C3%A1sGuill%C3%A9n-1942.jpg —— 790
Abb. 65	Oliverio Girondo (1891-1967). Quelle: Wikimedia Commons: gemeinfrei —— 840
Abb. 66	Fahrgäste im Inneren einer elektrischen Straßenbahn in Buenos Aires, ca. 1897. Archivo General de la Nación Argentina „INV. 214.364 – 3.71.657 – 1357". Quelle: Wikimedia Commons: gemeinfrei. https://commons.wikimedia.org/wiki/File:1897_Buenos_Aires_interior_de_un_tranv%C3%ADa_(tranway)_el%C3%A9ctrico.jpg —— 843
Abb. 67	Straßenbahn in Buenos Aires mit Feiernden des 17. Oktobers 1945 (Geburt des Peronismus). Asociación Amigos del Tranvía. Wikimedia Commons: gemeinfrei. https://commons.wikimedia.org/wiki/File:Tranvia_completo_con_los_festejos_del_17_de_octubre_(Buenos_Aires).jpg —— 844
Abb. 68	Der junge Jorge Luis Borges (1899-1986). Archivos Literarios. Quelle: Wikimedia Commons: gemeinfrei. https://commons.wikimedia.org/wiki/File:Jorge_Luis_Borges_21.jpg —— 851
Abb. 69	Situationsplan von Buenos Ayres. In: *Meyers Konversationslexikon* (1888), Bd. 3, S. 600. Quelle: Wikimedia Commons: gemeinfrei. https://commons.wikimedia.org/wiki/File:Situationsplan_von_Buenos_Ayres.jpg —— 863
Abb. 70	César Abraham Vallejo Mendoza (1892-1938) im Park von Versailles, Paris 1929. Fotograph*in: Juan Domingo Córdoba; Photo-Restauration: John Manuel Kennedy Traverso. Quelle: Wikimedia Commons: gemeinfrei. https://commons.wikimedia.org/wiki/File:Cesar_vallejo_1929_RestauradabyJohnManuel.jpg —— 866
Abb. 71	Hans Magnus Enzensberger (*1929) in Warschau am 20.05.2006. Fotograph*in: Mariusz Kubik. Quelle: Wikimedia Commons: gemeinfrei. https://commons.wikimedia.org/wiki/File:Hans_Magnus_Enzensberger.JPG —— 874
Abb. 72	Octavio Paz (1914-1998) im März 1984. Fotograph*in: Fototeca Zona Paz, Rafael Doniz. Quelle: Wikimedia Commons: Creative Commons Attribution-Share Alike 4.0 International license. https://commons.wikimedia.org/wiki/File:Octavio_Paz_1984.jpg —— 877
Abb. 73	Codex Azcatitlan: Hernán Cortés und die Malinche (ganz rechts) führen das spanische Heer an, 16. oder 17. Jahrhundert. Gallica Digital Library: ID btv1b84582686/f29. Quelle: Wikimedia Commons: gemeinfrei. https://commons.wikimedia.org/wiki/File:Codex_azcatitlan222.jpg —— 894
Abb. 74	José Clemente Orozco: Cortés y la Malinche. Fresko, 1926. México: Colegio San Ildefonso. Quelle: Wikimedia Commons: gemeinfrei. https://commons.wikimedia.org/wiki/File:Mitos_y_Fantasias_de_los_aztecas_foto_60.png —— 896

Abb. 75	Gustave Flaubert (1821-1880). Fotograph*in: Nadar. Circa 1865-1869 Gallica Digital Library ID btv1b100502719/f1. Quelle: Wikimedia Commons: gemeinfrei. https://commons.wikimedia.org/wiki/File:Gustave_Flaubert.jpg —— **906**
Abb. 76	Grimanesa Martina Matto Usandivaras de Turner alias Clorinda Matto de Turner (1852-1909), circa 1890. Quelle: Wikimedia Commons: gemeinfrei. https://commons.wikimedia.org/wiki/File:ClorindaMattodeTurner.jpg —— **925**
Abb. 77	Gabriele d'Annunzio (1863-1938), Principe di Montenevoso, 1920. Quelle: Wikimedia Commons: gemeinfrei. https://commons.wikimedia.org/wiki/File:Photo_of_prince_d%27_annunzio.jpg —— **949**
Abb. 78	Guido Reni: Gesù crocifisso. Öl auf Leinwand, 1619. Modena: Galleria Estense. Quelle: Wikimedia Commons: Creative Commons Attribution-Share Alike 4.0 International license. https://commons.wikimedia.org/wiki/File:Reni_-_Ges%C3%B9_crocifisso,_414.jpg —— **965**
Abb. 79	Dante Gabriel Rossetti: Bocca Baciata. Model: Fanny Cornforth. Öl auf Leinwand, 1859. Boston: Museum of Fine Arts. Quelle: Wikimedia Commons: gemeinfrei. https://commons.wikimedia.org/wiki/File:Dante_Gabriel_Rossetti_Bocca_Baciata_1859.png —— **973**
Abb. 80	Eleonora Duse (1858-1924), vor 1909. Fotograph*in: Guigoni & Bossi. Quelle: Wikimedia Commons: gemeinfrei. https://commons.wikimedia.org/wiki/File:Photography_of_Eleonora_Duse.jpg —— **980**
Abb. 81	Márcio Gonçalves Bentes de Souza (*1946), am 28 07 1997. Quelle: https://alchetron.com/M%C3%A1rcio-Souza#mrcio-souza-46fa6573-7b6b-440a-bf1e-2d3228b8bf6-resize-750.jpeg —— **1000**
Abb. 82	Alberto Santos-Dumont (1873-1932), 1922. Fotograph*in: Agence de presse Meurisse. Paris: Bibliothèque nationale de France. Quelle: Wikimedia Commons: gemeinfrei. https://commons.wikimedia.org/wiki/File:Alberto_Santos-Dumont_1922.jpg —— **1001**
Abb. 83	Luftschiff No. 9 „Baladeuse" von Alberto Santos Dumont, 1903. Quelle: Wikimedia Commons: gemeinfrei. https://de.wikipedia.org/wiki/Datei:1903.S-D.no.9.Baladeuse.jpg —— **1003**
Abb. 84	Französische Postkarte: Santos Dumont fliegt seine „14 bis". Quelle: Wikimedia Commons: gemeinfrei. https://commons.wikimedia.org/wiki/File:Santos-Dumont_flying_the_14_bis.jpg —— **1003**
Abb. 85	Virgilio Piñera Llera (1912-1979). Quelle und Copyright: http://www.thecubanhistory.com/2013/03/virgilio-pinera-lenfant-terrible-of-cuban-literature-virgilio-pineralenfant-terrible-de-la-literatura-cubana/ —— **1012**
Abb. 86	Roland Barthes (1915-1980). Fotograph*in: Ulf Andersen – Getty. Quelle: https://www.franceculture.fr/conferences/universite-de-nantes/roland-barthes-et-la-passion-du-langage —— **1025**
Abb. 87	Daniel Boudinet: Polaroid, 1979. Aus: Roland Barthes: *La chambre claire. Note sur la photographie*, Paris: Gallimard 2008 —— **1027**

Abb. 88	Robert Mapplethorpe: Self Portrait, 1975. Aus: Roland Barthes: *La chambre claire. Note sur la photographie*. Paris: Gallimard 2008 —— **1030**
Abb. 89	La Souche. Aus: Roland Barthes: La chambre claire. Note sur la photographie. Paris: Gallimard 2008 —— **1031**
Abb. 90	Nadar: Mère ou femme de l'artiste, 1890. Aus: Roland Barthes: La chambre claire. Note sur la photographie. Paris: Gallimard 2008 —— **1033**

Personenregister

Abréu, Luis 789
Acosta, José de 310, 336, 339
Adorno, Theodor W. 38, 39, 228, 236, 248, 250, 251, 333, 522, 1029
Agamben, Giorgio 15, 19, 42, 243, 254, 327–329, 332, 334, 338, 356, 363
Agrán, Raúl 393
Agustini, Delmira 737
Alberdi, Juan Bautista 466
Alberti, Rafael 155, 878
Allende, Salvador 50, 51
Amiel, Henri-Frédéric 969
Apollinaire, Guillaume 841
Arenas, Reinaldo 175, 498–514, 515, 582, 1013, 1014, 1024, 1045
Arendt, Hannah 28, 115, 242–247, 251, 254, 257, 258, 302, 305, 313, 320, 325, 327, 329–331, 333, 335, 336, 338, 339, 343, 345, 348, 353, 355, 357, 358, 372, 373, 403, 442, 446, 504
Arguedas, José María 944
Ariès, Philippe 2, 180, 496, 913
Aristoteles 5–8, 202, 441, 453, 908
Artaud, Antonin 228
Artigas, José Gervasio 364, 478, 1084
Ascasubi, Hilario 626, 630, 635, 648
Assange, Julian 337
Asturias, Miguel Ángel 49, 155, 410, 451
Aub, Max 302–339, 342, 348–350, 355, 364, 373, 374, 378, 403, 499, 527, 543, 1046, 1047
Auerbach, Erich 3, 15–18, 33, 39, 72, 83, 114, 197, 209, 211, 515, 530, 540, 542, 550, 718
Augier, Ángel 791, 793, 796, 826, 835
Auriol, Vincent 322, 323, 1047
Averroës 453
Azaña, Manuel 751, 760
Azorín 551

Bach, Johann Sebastian 990, 1056
Bachtin, Michail 439, 627
Ballagas, Emilio 810

Balzac, Honoré de 198, 207, 225, 907, 908, 921, 980
Barcha, Mercedes 174, 175
Barck, Karlheinz 539, 550, 552
Barthes, Henriette 1031, 1034–1036
Barthes, Roland 10, 29, 30, 39, 120, 127, 139, 144–147, 149, 160, 169, 186, 224, 227, 232–238, 240, 242, 243, 247, 255, 285, 314, 319, 372, 384, 439, 504, 550, 614, 768, 782, 783, 822, 826, 845, 852, 886, 908, 970, 971, 1024–1042, 1047–1049
Batista, Fulgencio 156, 498, 826
Baudelaire, Charles 225, 725, 845, 846, 906
Baum, Christopher 147, 148
Beethoven, Ludwig van 990, 1056
Bello, Andrés 47–110, 481, 562, 565, 568, 570, 577, 643
Benjamin, Walter 849, 855, 993
Benoin, Daniel 353
Bernal del Riesgo, Alfonso 682
Bernaza, Luis Felipe 806, 836, 837
Bernhardt, Sarah 972, 973
Betancourt, José Victoriano 620
Betancourt, Luis Victoriano 620
Bettelheim, Bruno 303
Bhabha, Homi K. 113, 114, 485
Blanchot, Maurice 236
Blériot, Louis 1087
Bloch, Marc 370
Bloom, Harold 295, 991
Blum, Léon 370
Blumenberg, Hans 392, 397, 665, 728, 857, 1012
Boito, Arrigo 974, 980
Bolívar, Simón 84, 86, 439, 472, 569–576, 584, 585, 588, 684, 686, 933, 1050
Böll, Heinrich 524
Bolsonaro, Jair 1000
Bonaparte, Jérôme 381
Borello, Rodolfo 627–629, 661
Borges, Jorge Luis 47, 53, 69, 283, 318, 371, 665, 669, 675, 709, 761, 839–865, 882,

Borrero, Juana 12, 737, 924, 1041
Boudinet, Daniel 1027
Bouilhet, Louis 909
Bourdieu, Pierre 1029
Boussenard, Louis 285
Brecht, Bertolt 993
Breton, André 155, 795, 847, 878, 879
Broch, Hermann 370
Brovot, Thomas 505
Brull, Mariano 789
Brutus, Marcus Iunius 584–585
Busch, Ernst 356
Busch, Wilhelm 309, 325
Byron, George Gordon 86, 433

Caballero, Fernánd 925
Cabrera, Lydia 785
Cáceres, Andrés Avelino 944
Caillois, Roger 855
Cambaceres, Eugenio 729
Camus, Albert 885
Cánovas del Castillo, Antonio 568
Carpentier, Alejo 153–172, 182, 218, 221, 481, 681, 785, 786, 821, 854, 886, 1015, 1051
Carpentier, Georges Julien 154
Casanova, Giacomo 233
Cassou, Jean 759
Castro, Fidel 79, 80, 157, 175, 408, 498, 500, 501, 503, 508–510, 684, 718, 826, 827, 829, 831, 832, 836, 837, 1013, 1043, 1045
Cato, Marcus Porcius 584, 585
Cayrol, Jean 145
Celan, Paul 376
Cernuda, Luis 878
Cervantes, Miguel de 310, 401, 669, 679, 680, 685, 686, 697, 704, 706, 709, 711, 755, 758, 905, 910
Cervera, Pascual 695
Chamisso, Adelbert von 12, 667, 845
Charolais, Charles de Bourbon de 223
Chateaubriand, François-René de 352, 433, 910, 918
Cienfuegos, Camilo 826
Clarín 711
Clavijero, Francisco 131

Cohen, Albert 259–301, 305, 378, 403, 527, 842, 845, 1052–1054
Colet, Louise 907
Corneille, Pierre 285, 535, 538
Cortázar, Julio 939
Cortés, Hernán 563, 572, 575, 893, 894, 895
Costa, Joaquín 743
Cramer, Friedrich 116–119, 121, 147, 172, 187, 189, 190
Cuauthémoc 91
Curtius, Ernst Robert 515, 544, 759

D'Acosta, Aida 1008
D'Alembert, Jean-Baptiste le Rond 671
D'Annunzio, Gabriele 752, 949–999, 1001, 1005, 1006, 1054, 1056
Dante 52, 62, 63, 67, 69, 94, 138, 503, 528, 532, 755, 774, 919, 950, 972, 973, 1043
Darío, Rubén 61, 74, 79, 438, 588, 615, 669, 689–739, 743, 753, 756, 848, 868, 869, 871, 880, 1058, 1059, 1075
Daston, Lorraine 111
David, Jacques-Louis 379, 381, 386
De Benedictis, Luisa 949
Debussy, Claude 951
De la Cruz, Juana Inés 880
Delamare, Delphine 909
Del Campo, Estanislao 635
Del Casal, Julián 732, 737
Del Monte, Domingo 560
Derrida, Jacques 236, 249, 781, 792, 964, 1024
Descartes, René 119
Desnos, Robert 155
Deutsch de la Meurthe, Henry 1002
Díaz, Porfirio 623
Diderot, Denis 671, 1025
Dreyfus, Alfred 276, 284, 285, 287, 296, 300
Du Camp, Maxime 909
Duguesclin, Bertrand 285
Dumas, Alexandre 980
Duse, Eleonora 950, 972–974, 976, 978–981, 983, 988

Echeverría, Esteban 409, 428–451, 460, 462, 463, 464, 469, 475, 480, 490, 492,

495, 620, 629, 630, 632–634, 637, 638, 652, 655, 840, 1059
Eckermann, Johann Peter 373, 380
Eco, Umberto 117
Enzensberger, Hans Magnus 873, 874
Erté 235, 237
Estrade, Paul 610, 611, 621
Ezcurra, Encarnación 439, 447, 448

Fallois, Bernard de 294
Fernández de Lizardi, José Joaquín 93, 366, 663
Fernández Retamar, Roberto 80, 712
Fillmann, Elisabeth 518, 520, 521, 523, 524, 528, 530, 541, 542, 544, 545, 548
Finkielkraut, Alain 267–269
Fischer-Dieskau, Dietrich 822
Flaubert, Gustave 135, 178, 179, 225, 366, 409, 477, 681, 905–923, 943, 961, 963, 967, 1060
Florit, Eugenio 591
Ford, John 660
Foucault, Michel 42, 85, 327
Franco, Francisco 750, 760
Franzbach, Martin 551, 742, 751, 793, 838
Fréjaville, Eva 155
Friedell, Egon 953
Friedrich II. (Preußen) 403
Friedrich, Caspar David 379, 380, 382–396, 399, 401–403, 1091
Friedrich, Hugo 515, 905
Frisch, Max 37–39
Fuentes, Carlos 669, 853, 879
Fuhrmann, Manfred 5, 6

Gadamer, Hans-Georg 45, 547, 779–781, 805
Galeano, Eduardo 71
Ganivet, Ángel 740–770, 887, 1063
Gaos, José 854
García Canclini, Néstor 471, 882, 883
García Caturla, Alejandro 785, 793, 804
García Lorca, Federico 48, 155
Gavidia, Francisco 689
Gazzetti, Maria 967
Genette, Gérard 550, 653
George, Stefan 993
Gide, André 19, 365

Giménez Caballero, Ernesto 751
Giorgione 983
Giraudoux, Jean 366
Girondo, Oliverio 839–865, 947, 1066
Goebbels, Joseph 551
Goethe, Johann Wolfgang von 143, 352, 373, 418, 429, 462, 667, 900, 990, 1056
Goetze, Ursula 541
Goitein-Galperin, Denise R. 270, 271, 283
Goldbaum, Wenzel 727
Gómez de Avellaneda, Gertrudis 96, 577, 626, 924, 925, 927, 931, 936
Gómez de la Serna, Ramón 28, 549, 601, 844
Gómez, Máximo 705
González, Manuel Pedro 683, 692
Göring, Hermann 551
Gorriti, Juana Manuela 925
Gounod, Charles 635
Goya, Francisco de 443
Gracián, Baltasar 532
Gramsci, Antonio 898
Grant, Ulysses S. 698, 700
Grass, Günter 1039–1041
Grenet, Eliseo 793
Grenet, Emilio 793, 804
Groussac, Paul 852
Guevara, Ernesto Che 684, 686, 826
Guillén, Nicolás 50, 107, 155, 156, 773–838, 840, 841, 846, 859, 868, 877, 1067
Guilloux, Louis 365, 1084
Guimarães Rosa, João 481, 638
Guirao, Ramón 810
Gutiérrez Nájera, Manuel 726

Habermas, Jürgen 37–43, 46, 249, 370, 1083
Haefs, Gisbert 859, 860
Halbwachs, Maurice 345, 346, 351, 356, 358, 370, 371, 375, 376, 397
Hardouin, Maria 950, 971
Harnack, Arvid 519, 541, 545
Härtling, Peter 524, 525, 528, 551
Hegel, Georg Wilhelm Friedrich 361, 368
Heidegger, Martin 219, 327, 369, 370, 875, 884
Hein, Christoph 340

Henríquez Ureña, Pedro 414, 415, 784
Heraklit 890
Herder, Johann Gottfried 778-779
Heredia, José María 88, 103, 557-586, 587
Hernández, José 625-665
Hernández, Miguel 155, 878
Herodot 5
Herrera Franyutti, Alfonso 591
Herrera y Reissig, Julio 737, 871
Hidalgo, Bartolomé 628
Hitler, Adolf 533
Homer 15-17, 675
Honecker, Erich 50
Horaz 675, 677, 678
Horkheimer, Max 228, 236, 248-251, 522
Hösle, Johannes 53, 54
Hughes, Langston 810
Hugo, Victor 54, 86, 433, 759, 915
Huidobro, Vicente 791, 840, 851, 854, 858, 868-870
Humboldt, Alexander von 12, 84-86, 90, 93, 94, 96, 97, 101, 102, 115, 131, 132, 144, 178, 493, 563, 667, 768, 776, 785, 879
Husserl, Edmund 367, 368, 884
Huysmans, Joris-Karl 226, 740, 955, 961, 962, 967, 972

Ibarbourou, Juana de 726, 737, 854
Ignatius von Loyola 234
Ingold, Felix Philipp 136, 951, 1000, 1002, 1006, 1007
Ionesco, Eugène 1019
Irigoyen, Hipólito 864

Jakobson, Roman 831
Jarry, Alfred 841
Jaspers, Karl 333, 370, 1084
Jauss, Hans Robert 114, 515, 516, 939
Jeanne d'Arc 285
Jesús Galván, Manuel de 96, 783, 931, 936
Jesus von Nazareth 456, 1074
Jiménez, Juan Ramón 682
Joly, Maurice 276

Kafka, Franz 296, 366

Kann, Emma 257, 332, 347, 355, 358
Kant, Immanuel 248, 368, 370
Karl III. (Spanien) 670
Karl IV. (Spanien) 87
Karl V. (HRR) 127, 131
Kennedy, John Fitzgerald 74
Khoury, Elias 407
Kierkegaard, Sören 40
Kingsborough, Edward King 127
Klemperer, Victor 544
Klossowski, Pierre 226, 236, 360
Kodama, María 853, 864
Köhler, Erich 41, 114, 160, 225, 311, 530, 876, 957, 1025
Köhler, Hartmut 604, 716, 727, 797, 873
Kolumbus, Christoph 747, 785
Korodi, Dieter 521
Krause, Karl Christian Friedrich 745
Krauss, Werner 135, 136, 314, 515-553, 673
Kristeva, Julia 249, 268, 319, 795, 822, 1009

Laabs, Klaus 505
Lacan, Jacques 918
La Fontaine, Jean de 285, 309, 310
Lam, Wilfredo 156
La Rochefoucauld, François de 199
Lavalle, Juan 434
Le Corbusier 859
Lely, Gilbert 224, 226, 236
Leoni, Barbara 955, 967
Leopardi, Giacomo 769
Lerdo de Tejada, Sebastián 593
Lessert, Marguerite 155
Leval, Kurt 356
Levi, Primo 343, 346, 365, 376
Levin Varnhagen, Rahel 924
Lévi-Strauss, Claude 19
Lévi Toledano, Myriam 354
Lezama Lima, José 73, 79, 156, 500, 569, 882
Limbach, Jutta 361
Lizárraga, Concha 758
Lombroso, Cesare 785
López, Regino 792
López Méndez, Luis 86

Lotman, Jurij M. 115, 118
Ludmer, Josefina 647
Ludwig XIV. (Frankreich) 196, 197, 201, 210
Ludwig XV. (Frankreich) 204
Lugones, Leopoldo 720
Lussich, Antonio 635

Maalouf, Amin 359, 374, 677
Machado, Gerardo 155, 801, 810
Maeztu, Ramiro de 755, 756
Maistre, Xavier de 23
Malherbe, Delphine de 379
Malinche 877, 891, 893–896, 1072
Mallarmé, Stéphane 968
Malraux, André 356, 366
Mañach, Jorge 687, 696
Mapplethorpe, Robert 1030, 1031
Maradona, Diego 469
Marais, Louis 223
Marcuse, Herbert 370, 1083
Mariátegui, José Carlos 784, 801, 870, 944
Maria Teresa von Spanien 1038
Marinello, Juan 156, 679, 707
Marinetti, Filippo Tommaso 951
Maritain, Jacques 370
Mármol, José 103, 410, 431, 451, 466, 472, 586, 630, 852, 938, 939, 943
Márquez, Gabriel García 172, 173–194, 407–409, 412, 451, 500, 570, 669, 853, 879, 980, 1064
Martí, José 76, 77, 79–81, 83, 498, 500, 557, 558, 560, 587–624, 626, 643, 666–688, 689–692, 700, 701, 703–705, 708, 710, 711, 714, 715, 717, 718, 722, 723, 737, 745, 756, 775, 776, 784, 786, 820, 829, 830, 836, 837, 854, 906, 1019
Martínez Estrada, Ezequiel 74, 683, 887
Marx, Karl 361, 368
Matto de Turner, Clorinda 718, 924–948, 953, 1070
Mejía Sánchez, Ernesto 595, 691, 697, 726
Mella, Julio Antonio 810
Mendoza, Alfonso de 127
Meyer-Minnemann, Klaus 878, 890
Michetti, Francesco Paolo 950, 958
Mier, Servando Teresa de 500, 569, 570, 574

Mignolo, Walter 471
Millais, John Everett 1, 886
Millán, José 760
Miller, Arthur 974
Miranda, Carmen 1011, 1086
Mistral, Gabriela 48, 77, 726, 737, 850, 854, 856, 1041
Mitre, Bartolomé 647
Mitterrand, François 176, 286
Molière 201
Monroe, Marilyn 974
Montaigne, Michel de 285
Montalvo, Juan 669, 684
Montesquieu, Charles de Secondat de 319
Montezuma II. 95, 699
Montreuil, Renée Pélagie de 223
Morales, Diego 344
Moreira, Juan 664
Müller, Hans-Joachim 930, 945
Müller-Heß, Victor 547
Mussolini, Benito 252, 949, 952, 953

Nadar 1033–1034
Napoleon I. 224, 285, 379, 488, 762, 763, 1027
Napoleon III. 915
Nathan, Alfred 356
Neruda, Pablo 47–110, 114, 119, 430, 480, 481, 777, 831, 832, 835, 867, 868, 878, 1071
Nerval, Gérard de 158, 159, 161
Newton, Isaac 117–119
Nezahualcóyotl 698, 702
Nietzsche, Friedrich 248, 359, 360, 367, 723, 738, 745–746, 795, 966, 977, 986, 992–998, 1007
Noailles, Anna de 295

O'Neill, Eugene 336, 1021
Onís, Federico de 737, 738
Orozco, José Clemente 895, 896, 1072
Ortega y Gasset, José 755, 760, 761, 884, 887
Ortiz, Fernando 162, 784, 785, 810
Ossani, Olga 955
Özdamar, Emine Sevgi 1040, 1041

Padilla, Heberto 175, 407, 801, 836

Palés Matos, Luis 810
Palin, Nils Gustaf 131
Palma, Ricardo 607, 684, 925, 946
Panzéra, Charles 822
Pasolini, Pier Paolo 250–252, 255, 309
Pasteur, Louis 285
Paulus (Apostel) 323
Paz, Octavio 155, 866–901, 1071
Pelé 1011, 1086
Perec, Georges 879
Pérez, Rafael 630
Pérez, Santos 489, 1083
Pérez Bonalde, Juan Antonio 614
Pérez Firmat, Gustavo 559
Perón, Evita 469, 852
Perón, Juan 469, 852
Petrarca, Francesco 68
Philipp II., von Orléans 197
Picasso, Pablo 49, 155
Piñera, Virgilio 1000–1023, 1024, 1073
Pinochet, Augusto 51, 53
Pivot, Bernard 502
Pizarro, Francisco 572
Plácido 625, 626, 630, 639, 642, 797, 798, 821
Platon 5, 698, 700
Plessner, Helmuth 14, 28, 602, 777–779, 822
Poe, Edgar Allan 309
Polo, Carmen 760
Pontius Pilatus 459
Portuondo, José Antonio 836
Primo de Rivera, José Antonio 751
Primo de Rivera, Miguel 742, 751, 756, 759, 760
Proust, Marcel 27, 198, 206, 207, 262, 294–296, 301, 709, 954, 1006, 1010, 1026, 1027, 1030–1032

Quesada y Aróstegui, Gonzalo de 591, 605, 624, 679, 696, 1059
Quiroga, Facundo 464, 467, 468, 470, 480, 482, 483, 485, 488–491, 495, 580, 628, 1082, 1083

Racine, Jean 199, 233, 285
Raffael 972
Ramos, Samuel 887
Ramsden, Herbert 751
Redonnet, Marie 117
Regler, Gustav 308, 309
Renan, Ernest 452–461, 477, 738, 1074
Reni, Guido 964–966, 970, 1057
Reverdy, Pierre 858
Reyes, Alfonso 159, 589, 712, 720, 736, 738, 789, 841, 854, 882, 883, 1014, 1015, 1019, 1021, 1022
Ricoeur, Paul 370
Rilke, Rainer Maria 308
Rimbaud, Arthur 618, 968
Ripoll, Carlos 594, 595, 602, 613
Rivadavia, Bernardino 431, 436
Rizal, José 668, 701
Roa Bastos, Augusto 410, 451
Robbe-Grillet, Alain 908
Rodó, José Enrique 480, 680, 690, 705, 711, 714, 715, 718, 719, 723, 724, 728, 737, 738, 739, 745, 753, 755, 756, 765, 766, 986, 992, 994, 997, 998, 1075
Rodríguez, Simón 570
Rojas, Ricardo 431
Roldán, Amadeo 156, 785, 793, 798, 804
Roosevelt, Theodore 712
Rosas, Juan Manuel de 429, 430, 433, 436, 450, 465, 470, 489, 490, 495, 630, 633, 639, 649, 864, 924
Rossetti, Dante Gabriel 972, 973
Rougemont, Denis de 173, 226, 236
Rousseau, Jean-Jacques 134, 212, 217, 218, 219, 221–223, 227, 253, 566, 659, 769, 891, 1075
Rousset, David 303
Rueda, Isabel 558
Rulfo, Juan 879
Ruskin, John 972

Sábato, Ernesto 853
Saborido, Enrique 860
Saco, Antonio 568

Sade, Donatien Alphonse François
    de 217–258
Said, Edward W. 907
Saint-Pierre, Bernardin de 910
Saint-Simon, Louis de Rouvroy de 195–213,
    218, 220, 1079–1081
Salas, Horacio 862
Sand, George 907
Santos Dumont, Alberto 1001–1012, 1022,
    1023, 1086, 1087
Sanz del Río, Julián 745
Sarlo, Beatriz 471, 617, 853
Sarmiento, Domingo Faustino 85, 86, 103,
    105, 409, 420, 430, 431, 443, 462–497,
    580, 586, 626, 628–630, 639, 643, 647,
    648, 652, 661, 715, 1081
Sartre, Jean-Paul 53, 884, 885, 908, 1019,
    1029, 1030
Schelling, Friedrich Wilhelm Joseph 11, 361,
    368, 370
Schopenhauer, Arthur 758, 858
Schulze-Boysen, Harro 519, 541, 544, 545
Scott, Walter 910
Semprún, Jorge 143, 332, 340–377, 378,
    380–382, 403, 499, 527, 1083–1085
Shakespeare, William 1, 723, 738, 755, 876
Snowden, Edward 337
Sokrates 709
Sollers, Philippe 1033, 1036
Souza, Márcio 1000–1023, 1085
Spaak, Paul-Henri 272
Spitzer, Leo 114, 515
Stalin, Josef 879
Steger, Hanns-Albert 884
Stendhal 198, 681, 905, 911, 929
Sterne, Laurence 13
Storni, Alfonsina 737, 848

Tallet, José Z. 810
Teresa de Jesús (Heilige) 170, 744
Thevet, André 127
Thomas von Aquin 11
Tintoretto 983
Tocqueville, Alexis de 473
Torres, Camilo 174
Tristan, Flora 475

Trujillo, Leónidas 408–418, 420–426, 435,
    436, 439, 486, 866, 1089, 1090
Trujillo, Ramfis 415
Twain, Mark 678, 679

Uhrbach, Carlos Pío 737
Unamuno, Miguel de 537, 538, 703, 711,
    740–770, 814, 816, 887, 898, 1058,
    1087
Urquiza, Justo José de 630
Urrutia, Gustavo E. 794
Urrutia, Matilde 50

Valdelomar, Abraham 867
Valera, Juan 711
Valerón, Hortensia 792
Valle-Inclán, Ramón del 410, 451
Vallejo, César 49, 341, 344, 345, 350, 367,
    376, 840–841, 854, 866–901, 1021,
    1023, 1085
Valmont, Lina 154
Vargas Llosa, Mario 175, 407–427, 428, 438,
    439, 442, 446, 451, 486, 487, 498, 550,
    669, 672, 673, 853, 879, 905, 906, 925,
    927, 937, 944, 1088
Vasconcelos, José 784, 841, 882, 889
Verdi, Giuseppe 974
Verga, Giovanni 960
Vergil 62, 97, 102, 677, 678
Verlaine, Paul 968
Verne, Jules 285, 858, 1007
Videla, Gonzáles 49
Viktor Emanuel III. (Italien) 952
Villaverde, Cirilo 942, 946
Virchow, Rudolf 9, 20, 22
Volney, Constantin François 560
Voltaire 199
Vossler, Karl 114, 515, 540, 547

Wagner, David 4–6, 8–15, 19, 23–29, 30–33,
    39, 57, 143, 149, 170, 182
Wagner, Richard 976, 977, 989–994
Wajsbrot, Cécile 378–404, 939, 1090
Washington, George 584, 585, 698, 699
Weiss, Peter 529
Wertheimer, Jürgen 781, 792

White, Blanco 570
White, Hayden 8, 9, 419
Whitman, Walt 618, 698, 699, 726, 858
Wieland, Christoph Martin 456, 990, 1056
Wilde, Oscar 676–678, 680, 1069

Zambrano, María 854
Zapata, Emiliano 878
Zea, Leopoldo 899, 1072
Zeppelin, Ferdinand von 1002
Zola, Émile 929, 960
Zumwinkel, Klaus 518